"十四五"时期国家重点出版物出版专项规划项目
"十二五"普通高等教育本科国家级规划教材

石油炼制工程

(第五版·富媒体)

徐春明　杨朝合◎主编

石油工业出版社

内 容 提 要

本书共分为十六章,从石油的化学组成、性质和对石油产品的要求出发,阐述了石油加工的方法、过程及相关理论。全书重视从基本原理来分析石油加工中的有关问题。书中以二维码为纽带,加入了大量教学视频、彩图和思政点,拓展了教师的教学方式和学生的知识面,也有助于提高学生的学习兴趣。

本书可作为高等学校相关专业的教材和炼油工程技术人员的参考书。

图书在版编目(CIP)数据

石油炼制工程:富媒体/徐春明,杨朝合主编. —5 版. —北京:石油工业出版社,2022.10(2025.9 重印)

"十四五"时期国家重点出版物出版专项规划项目

ISBN 978 - 7 - 5183 - 5377 - 4

Ⅰ.①石… Ⅱ.①徐…②杨… Ⅲ.①石油炼制　Ⅳ.①TE62

中国版本图书馆 CIP 数据核字(2022)第 082168 号

出版发行:石油工业出版社

(北京市朝阳区安华里2区1号楼　100011)

网　　址:www.petropub.com

编辑部:(010)64256990

图书营销中心:(010)64523633　(010)64523731

经　　销:全国新华书店

印　　刷:北京晨旭印刷厂

2022 年 10 月第 5 版　2025 年 9 月第 3 次印刷

787 毫米×1092 毫米　开本:1/16　印张:47　插页:1

字数:1203 千字

定价:100.00 元

(如发现印装质量问题,我社图书营销中心负责调换)

版权所有,翻印必究

第五版前言

《石油炼制工程》第四版出版至今已有十三年。在此期间,炼油行业逐渐转型升级,"分子炼油"理念深入人心,新技术不断出现,产品标准愈加严格,教育方式逐步发展,同时许多读者也提出了宝贵的建议。为了满足炼油行业和教育发展的需要,对本书第四版相关章节内容进行了更新和完善,作为第五版出版发行。

本书第五版在结构上未作重大改动,按照"压缩基础知识与补充新技术"的思路进行编写。与第四版相比,第五版将第四版的第十二章"溶剂分离过程"调整为第十一章;将第四版的第十一章"高辛烷值组分的合成"调整为第十二章"炼厂轻烃加工利用";将第四版的第十六章"炼油厂污染的防治"调整为第十四章"炼油厂的污染防治";删除第四版的第十五章"炼油过程先进控制",并将第四版的第十四章"炼油厂的能量利用"调整为第十五章;将第四版的第十七章"炼油厂技术经济分析"调整为第十六章"炼油项目技术经济评价"。

本书第五版由中国石油大学的教师编写,徐春明和杨朝合为主编。参加编写工作的教师有:徐春明(第一、十章)、杨朝合(第三、四章)、刘晨光(第二、九章)、赵锁奇(第五、十一章)、孟祥海(第六章)、王宗贤(第七章)、高金森(第八章)、刘植昌(第十二章)、夏道宏(第十三章)、陈春茂(第十四章)、冯霄(第十五章)、孙仁金(第十六章)。徐春明、高金森和孟祥海录制富媒体视频;孟祥海、李瑞丽、赵锁奇、史权、蓝兴英、王刚、张睿、魏强、赵亮、张霖宙等整理课程思政案例;李瑞丽和孟祥海进行校核。

书中难免有不足之处,恳请读者批评指正,使本书不断完善。

编 者
2022 年 5 月

第四版前言

《石油炼制工程》第三版出版至今已近十年。在此期间,国内外的炼油技术有了长足的进步,产品标准要求等也都有了很大的提高,国内的教育改革也有了重要的发展,同时,许多读者对本书也提出了一些宝贵的建议和要求。为了满足发展的需要,对本书的第三版作了较大的修改和补充,作为第四版出版发行。

本书的第四版在全书的结构上未作重大改动,按照把基本原理相似的内容归属于同一章的思路进行编写。与第三版相比,第四版将第三版的第五章与第六章合并为第五章"原油评价及加工方案流程",将第三版的第十七章内容分解到第四版的有关章节中。第四版全书共十七章,各章节内容主要是在第三版基础上除旧补新,尤其是对石油蒸馏、能量利用、技术经济分析等内容做了较大调整。

本书第四版的主编为徐春明、杨朝合,主审为林世雄。参加编写工作的同志有:中国石油大学徐春明(第一、第十章)、杨朝合(第三、第四、第十六章)、阙国和(第二章)、赵锁奇(第五、第十二章)、刘艳升(第六章)、高金森(第八章)、刘晨光(第九章)、王宗贤(第七章)、刘植昌(第十一章)、夏道宏(第十三章)、罗雄麟(第十五章)。此外,还特别邀请了吉林化工学院的魏奇业教授及中国石油天然气股份有限公司规划总院刘蜀敏研究员等分别编写了第十四章和第十七章。感谢孟祥海和李瑞丽等老师所做的大量文字校对工作。

编 者
2009 年 2 月

第一版前言

本书从石油的性质和对石油产品的要求出发,阐述石油加工的方法、过程、设备及有关理论。全书共分四篇,分上下册出版,每册各两篇。第一篇,石油及其产品的组成和性质;第二篇,炼厂蒸馏过程;第三篇,燃料的生产;第四篇,润滑油的生产。

在本书编写过程中,尽管我们注意了对炼油工业有关的技术基础理论的介绍,但鉴于石油是极其复杂的混合物,有关它的加工过程的问题和规律中有相当的一部分,目前尚不能从理论上完全解释清楚,在很大的程度上还依赖于实际经验的总结。因此,本书对生产和科研中所得的第一性数据和资料也作了一定的分析和介绍。在此基础上,同时也注意了介绍科研和生产最新的进展。

本书由华东石油学院炼油工程教研室编写,并经大庆石油学院、上海化工学院、抚顺化工学院、河北工学院共同审定。参加本书编写工作的同志有阙国和、林依、周佩正、梁文杰、贾宽和、李奉孝、王廷芬、邓春森、李集田、林世雄等,由林世雄同志主编,张怀祖同志审校。

由于编者的水平所限,本书的编写中会有不少的缺点和错误,欢迎读者批评指正。

编　者
1978年5月

目 录

第一章 绪论 … 1
- 第一节 炼油工业概述 … 1
- 第二节 "石油炼制工程"课程的学习 … 3
- 课程思政 … 4

第二章 石油的化学组成 … 5
- 第一节 石油的一般性质、元素组成和馏分组成 … 5
- 第二节 石油馏分的烃类组成 … 10
- 第三节 石油中的非烃化合物 … 29
- 第四节 石油中的微量元素 … 41
- 第五节 渣油以及渣油中的胶质、沥青质 … 46
- 课程思政 … 56
- 参考文献 … 56

第三章 石油及其产品的物理性质 … 57
- 第一节 蒸气压、沸程和平均沸点 … 57
- 第二节 密度、特性因数和平均分子量 … 62
- 第三节 油品的黏度 … 71
- 第四节 临界性质、压缩因子及偏心因子 … 78
- 第五节 热性质 … 85
- 第六节 其他物理性质 … 94
- 课程思政 … 100
- 参考文献 … 101

第四章 石油产品的质量要求 … 102
- 第一节 汽油 … 102
- 第二节 柴油 … 115
- 第三节 喷气燃料 … 125
- 第四节 燃料油 … 133
- 第五节 润滑油 … 136
- 第六节 石油沥青 … 150
- 第七节 石油蜡 … 156
- 第八节 石油焦 … 159
- 课程思政 … 162
- 参考文献 … 162

第五章　原油评价及加工方案 ... 163
第一节　原油评价方法概述 ... 163
第二节　原油的分类方法 ... 166
第三节　渣油的评价 ... 169
第四节　原油加工方案的确定 ... 173
第五节　炼油厂的构成 ... 178
第六节　炼油过程的结构分析 ... 179
课程思政 ... 181
参考文献 ... 181

第六章　石油蒸馏 ... 182
第一节　蒸馏概述 ... 182
第二节　石油及其馏分的蒸馏曲线 ... 184
第三节　石油体系的气液平衡 ... 206
第四节　原油蒸馏塔的操作特征 ... 219
第五节　减压蒸馏塔的操作特征 ... 240
第六节　原油蒸馏工艺流程 ... 249
第七节　原油蒸馏塔的工艺计算 ... 256
第八节　其他石油蒸馏塔 ... 265
课程思政 ... 271
参考文献 ... 271

第七章　热加工过程 ... 273
第一节　石油烃类的热反应 ... 273
第二节　焦化过程 ... 279
第三节　减黏裂化 ... 289
第四节　其他渣油热转化过程 ... 293
课程思政 ... 295
参考文献 ... 295

第八章　催化裂化 ... 297
第一节　概述 ... 297
第二节　石油烃类催化裂化反应 ... 303
第三节　催化裂化催化剂 ... 322
第四节　催化裂化催化剂失活与再生 ... 332
第五节　催化裂化原料及主要产品 ... 343
第六节　催化裂化过程流态化原理 ... 363
第七节　催化裂化工艺过程 ... 380
第八节　反应—再生系统工艺计算 ... 392

第九节	催化裂化技术新进展	404
课程思政		410
参考文献		410

第九章　催化加氢 　413

第一节	加氢过程的化学反应及动力学	414
第二节	加氢过程的催化剂	437
第三节	加氢过程的工艺流程及操作条件	448
第四节	重油加氢工艺	474
第五节	加氢过程的工艺计算	487
第六节	加氢反应器及其他高压设备	501
第七节	氢气的制取	513
课程思政		521
参考文献		521

第十章　催化重整　524

第一节	概述	524
第二节	催化重整的化学反应	528
第三节	重整催化剂	540
第四节	重整工艺流程与反应器	548
第五节	重整反应器的工艺计算	557
课程思政		569
参考文献		569

第十一章　溶剂分离过程　571

第一节	渣油溶剂脱沥青过程	571
第二节	润滑油溶剂精制	583
第三节	润滑油溶剂脱蜡	593
第四节	芳烃抽提	603
课程思政		608
参考文献		609

第十二章　炼厂轻烃加工利用　610

第一节	炼厂干气与苯烷基化制乙苯	610
第二节	碳四烷基化	613
第三节	小分子烷烃异构化	622
第四节	高辛烷值醚类的合成	625
课程思政		629
参考文献		630

第十三章 石油产品精制与调和 ... 631
第一节 概述 ... 631
第二节 轻质油品反应吸附脱硫精制 ... 633
第三节 炼厂气脱硫精制 ... 636
第四节 液化气脱硫醇精制 ... 639
第五节 白土精制 ... 642
第六节 润滑油和燃料添加剂 ... 645
第七节 油品调和 ... 652
课程思政 ... 655
参考文献 ... 655

第十四章 炼油厂的污染防治 ... 657
第一节 炼油过程的污染源 ... 657
第二节 污水的处理与回用 ... 661
第三节 废气的减排与处理 ... 672
第四节 固体废物的处理处置 ... 679
第五节 噪声污染防治 ... 685
参考文献 ... 687

第十五章 炼油厂的能量利用 ... 688
第一节 概述 ... 688
第二节 用能过程分析的基本原理和方法 ... 689
第三节 炼油装置和炼油厂用能分析 ... 694
第四节 炼油厂节能途径 ... 703
参考文献 ... 719

第十六章 炼油项目技术经济评价 ... 720
第一节 项目投资可行性研究 ... 720
第二节 新建项目经济评价方法 ... 725
第三节 改扩建项目经济评价方法 ... 730
第四节 炼油项目财务评价参数 ... 732
第五节 不确定性分析及风险分析 ... 737
参考文献 ... 739

富媒体资源目录

名称		页码	名称		页码
视频1-1	炼油工业简介	1	视频4-9	柴油机的工作原理及对燃料的使用要求	116
视频1-2	世界炼油工业发展状况	1	视频4-10	柴油在柴油机内的燃烧与爆震	117
视频1-3	我国炼油工业发展状况	1	视频4-11	柴油的发火性能及其与组成的关系	118
视频1-4	我国油气资源与炼油业形势分析	1	视频4-12	柴油的蒸发性与流动性	120
视频1-5	"石油炼制工程"课程宣讲	3	视频4-13	柴油的安定性、腐蚀性和洁净度	122
视频2-1	石油的一般性质和馏分组成	5	视频4-14	清洁柴油和生物柴油	123
视频2-2	石油的元素组成	7	视频4-15	柴油的牌号与质量标准	123
视频2-3	石油烃类组成表示方法	11	视频4-16	喷气发动机的工作原理及对燃料的使用要求	126
视频2-4	石油馏分的烃类组成——气体与汽油	15	视频4-17	喷气燃料的燃烧性能	127
视频2-5	中间及高沸点馏分与固态烃	22	视频4-18	喷气燃料的其他性能与质量标准	129
视频2-6	石油中的含硫化合物	30	视频4-19	燃料油	133
视频2-7	石油中的含氮、含氧化合物	34	视频4-20	润滑油概述与作用	136
视频2-8	石油中的微量元素	41	视频4-21	润滑油的分类	137
视频2-9	减压渣油的性质与化学组成	47	视频4-22	润滑油基础油	139
视频2-10	渣油中的胶质、沥青质	51	视频4-23	润滑油添加剂	139
视频2-11	重质油简介	55	视频4-24	石油沥青	151
视频3-1	蒸气压、沸程和平均沸点	57	视频4-25	石油蜡	156
视频3-2	油品的密度	62	视频4-26	石油焦	160
视频3-3	油品的特性因数和平均分子量	65	视频5-1	原油评价方法	163
视频3-4	油品的黏度与测定方法	71	视频5-2	原油的分类方法	166
视频3-5	油品黏度的影响因素	72	视频5-3	渣油的评价	169
视频3-6	油品的临界性质、压缩因子及偏心因子	78	视频5-4	原油加工方案	173
视频3-7	油品的热性质	85	视频5-5	炼油厂的构成	178
视频3-8	油品的表面张力、折射率和溶解度	94	视频5-6	主要炼油工艺介绍	180
视频3-9	油品的燃烧性质和低温性质	98	视频5-7	炼油工艺过程简介	180
视频4-1	石油产品简介	102	视频5-8	渣油组合加工方案	180
视频4-2	汽油机的工作原理及对燃料的使用要求	103	视频6-1	蒸馏重要性及其基本类型	182
视频4-3	汽油的蒸发性	104	视频6-2	石油及其馏分的蒸馏曲线	185
视频4-4	汽油的安定性与腐蚀性	105	视频6-3	常压蒸馏塔的工艺特征	220
视频4-5	汽油的抗爆性及其表示方法	107	视频6-4	蒸馏塔的分馏离精确度	224
视频4-6	汽油抗爆性与燃料组成的关系	109	视频6-5	常压塔的气液相负荷分布规律	228
视频4-7	车用汽油的牌号与质量标准	112	视频6-6	蒸馏塔的回流方式	232
视频4-8	醇类汽油与新配方汽油	114	视频6-7	蒸馏塔操作条件的确定	236

名称		页码	名称		页码
视频6-8	减压蒸馏塔的工艺特征	240	视频8-17	催化裂化多产低碳烯烃技术	408
视频6-9	减压蒸馏塔的抽真空系统	244	视频9-1	催化加氢概述	413
视频6-10	常减压蒸馏工艺流程与原油预蒸馏	249	视频9-2	加氢脱硫、氮、氧与金属的反应	415
视频6-11	原油电脱盐	253	视频9-3	加氢裂化反应	426
视频6-12	其他石油蒸馏塔	266	视频9-4	加氢过程的催化剂	437
视频7-1	热加工概述	273	视频9-5	加氢过程的影响因素	448
视频7-2	烃类的热反应及自由基反应机理	273	视频9-6	加氢精制工艺流程及操作条件	455
视频7-3	渣油热反应的特点	276	视频9-7	催化裂化汽油加氢精制	457
视频7-4	反应热和反应速率	277	视频9-8	催化裂化汽油GARDES脱硫技术	460
视频7-5	焦化概述	279	视频9-9	加氢裂化工艺流程及操作条件	463
视频7-6	延迟焦化工艺流程	281	视频9-10	重油加氢转化工艺	474
视频7-7	流化焦化与灵活焦化工艺流程	282	视频9-11	轻烃转化制氢	513
视频7-8	焦化原料与反应条件	284	视频9-12	重油部分氧化制氢	520
视频7-9	加热炉设计与石油焦	287	视频10-1	催化重整概述	524
视频7-10	减黏裂化	291	视频10-2	催化重整的主要反应与特点	528
视频7-11	其他渣油热转化过程	293	视频10-3	催化重整反应的热力学与动力学	531
视频8-1	催化裂化概述	297	视频10-4	影响催化重整反应的主要操作因素	536
视频8-2	单体烃催化裂化反应	303	视频10-5	重整催化剂的种类与组成	540
视频8-3	烃类催化裂化反应机理	305	视频10-6	重整催化剂的失活与再生	544
视频8-4	石油烃类催化裂化反应特征	307	视频10-7	重整工艺流程与反应器	548
视频8-5	催化裂化反应热力学特征	310	视频11-1	渣油溶剂脱沥青	572
视频8-6	催化裂化反应动力学规律	312	视频11-2	润滑油溶剂精制	583
视频8-7	催化裂化反应动力学模型	316	视频11-3	润滑油溶剂脱蜡	593
视频8-8	催化裂化催化剂的组成及结构	323	视频11-4	重油梯级分离技术	608
视频8-9	催化裂化催化剂使用性能与助剂	324	视频12-1	碳四烷基化过程	613
视频8-10	催化裂化催化剂失活与再生	332	视频12-2	浓硫酸碳四烷基化	616
视频8-11	催化裂化汽油降烯烃的背景与原理	354	视频12-3	氢氟酸碳四烷基化	618
视频8-12	提升管反应器	383	视频12-4	离子液体碳四烷基化	620
视频8-13	再生器及反—冉系统结构型式	387	视频12-5	轻烃异构化	622
视频8-14	两段提升管催化裂化	405	视频12-6	高辛烷值醚类的合成	625
视频8-15	辅助提升管改质降烯烃技术	406	视频13-1	催化裂化汽油催化吸附脱硫	633
视频8-16	MIP与FDFCC技术	407			

第一章　绪　论

第一节　炼油工业概述

一、炼油工业在国民经济中的地位

炼油工业是国民经济重要的支柱产业之一，是提供能源（尤其是交通运输燃料）和有机化工原料的最重要的工业。据统计，全世界总能源需求的约32%依赖于石油，车辆、飞机、轮船等交通运输工具使用的燃料绝大部分是石油产品。有机化工原料也主要来源于炼油工业，世界石油总产量的约10%用于生产有机化工原料。表1-1列出了1995年、2006年、2016年和2020年各类能源在世界总能源消费结构中的比例（按能量计算），还给出了中国2020年的能源消费结构。

表1-1　世界能源消费结构　　　　　　　　　　　　　　%

年　份	1995年	2006年	2016年	2020年	2020年(中国)
石油	40.1	37.3	32.1	31.2	19.6
天然气	22.9	23.9	23.0	24.7	8.2
煤	27.1	26.5	25.5	27.2	56.6
核能、水力及其他	9.9	12.3	19.4	16.9	15.6
合计	100.0	100.0	100.0	100.0	100.0

石油是十分复杂的烃类及非烃类化合物的混合物，组成石油的化合物的分子量从几十到几千，相应的常压沸点从0℃以下到500℃以上，其分子结构也多种多样。因此，石油不能直接作为产品使用，必须经过各种加工过程，炼制成各种在质量上符合使用要求的石油产品。石油产品种类繁多，市场上各种牌号的石油产品达1000种以上，包括燃料（汽油、柴油、喷气燃料、燃料油、液化石油气等）、润滑油（内燃机油、齿轮油、液压油、电器绝缘油等）、有机化工原料（乙烯的裂解原料、各种芳烃和烯烃等）、沥青（道路沥青、建筑沥青、防腐沥青、特殊用途沥青等）、蜡（食用、药用、化妆品用、包装用的石蜡和微晶蜡）、溶剂油以及石油焦等。

上述石油产品品种多、用途广、产量大，体现了炼油工业在国民经济和国防中的重要地位。

视频1-1　炼油工业简介

视频1-2　世界炼油工业发展状况

视频1-3　我国炼油工业发展状况

视频1-4　我国油气资源与炼油业形势分析

二、炼油工业的发展概况

炼油工业最早主要是生产灯用煤油，其主要加工手段是简单蒸馏。20世纪初，汽车工业的发展和第一次世界大战对汽油的需求猛增,从石油蒸馏直接取得的汽油在数量上已不能满足需要,从较重的馏分油或重油生产汽油的热裂化技术应运而生。20世纪40年代,催化裂化技术出现并且发展迅速,逐渐成为生产汽油的主要加工过程。与此同时,润滑油生产技术也有了较大的发展。50年代,为满足对汽油抗爆性的要求,出现了铂重整技术,促进了催化重整技术的大发展。由于催化重整产出廉价的副产品氢气,也促进了加氢技术的发展。在此期间,各种催化反应技术在炼油工业中有了全面的、较大的发展。60年代,分子筛催化剂的出现并首先在催化裂化过程中大规模地使用,使催化裂化技术发生了革命性的变革。同时分子筛催化剂也在其他的催化反应过程中得到广泛的应用。70年代,由中东石油禁运引起的石油危机促进了节能技术的发展。同时,石油来源受限和石油价格上涨促进了重质油轻质化技术的发展。在此期间,计算机技术、过程系统优化技术等在炼油工业中也得到了广泛的应用。进入80年代,从世界范围来看,炼油工业的规模和基本技术构成相对比较稳定,在工艺设备、催化剂、系统优化、过程模拟和先进控制、环境保护等方面的技术都有了重要的进步和发展。进入21世纪,随着油品清洁化、产品精细化、管理智能化等新的需求发展,分子炼油与管理应运而生。

我国的炼油工业发展较晚,虽然在1907年就建立了陕西石油官矿局炼油房,但是直到1949年,全国仅有几个小规模的炼油厂。1958年,我国建立了第一座处理量为100×10^4t/a(100万吨/年)的炼油厂。20世纪60年代,在大庆油田的发现和开发的带动下,我国炼油工业迅速发展。目前,我国炼油工业的规模已位居世界第二位,炼油技术水平也进入世界先进行列。

表1-2列出了2020年世界炼油能力位于前20位的国家(按原油蒸馏能力计算),同时也列出了这些国家的石油储量和产量。由表1-2可见,炼油工业是一个规模庞大的产业。

表1-2 世界主要炼油大国的炼油能力及其石油储量和产量

国家或地区	2020年炼油能力[①],10^6t/a	2020年石油储量,10^8t	2020年石油产量,10^6t
美国	907.2	82	712.7
中国[②]	834.6	35	194.8
俄罗斯	336.8	148	524.4
印度	250.9	6	35.1
韩国	178.6	—	—
日本	164.3	—	—
沙特阿拉伯	145.3	409	519.6
伊朗	123.8	217	142.7
巴西	114.5	17	159.2
德国	104.3	—	—
加拿大	103.3	271	252.2
意大利	95.0	1	5.4
西班牙	79.3	—	—
墨西哥	77.9	9	95.1
新加坡	75.7	—	—
阿联酋	66.6	130	165.6
委内瑞拉	65.2	480	27.4
英国	62.6	3	48.1

续表

国家或地区	2020 年炼油能力①,10^6 t/a	2020 年石油储量,10^8 t	2020 年石油产量,10^6 t
法国	62.3	—	—
泰国	62.3		15
世界合计	4424.3	2444	4165.1

注：本表数据来源于 BP 公司 2021 年的 Statistical Review of World Energy，石油储量和石油产量数据包括原油、页岩油、油砂沥青、凝析油等。
① 炼油能力数据根据 1t = 7.3bbl 换算得到。
② 中国炼油能力、石油储量和石油产量均未包括中国台湾省。

纵观炼油技术发展的历史，促进炼油技术发展的最基本的动力是如何从具有一定性质、组成的原油生产出能满足不断发展的质量要求和数量要求（各种产品的比例）的石油产品。换句话说，就是如何解决原油与石油产品之间在质量上和数量上的矛盾。科学技术的发展和社会的进步对促进炼油技术发展发挥了重要的作用。进入 21 世纪以来，炼油技术发展中有几个重要的趋势值得重视：

（1）重质油轻质化技术日益受到重视。世界石油市场所供应的原油逐渐变重，原油中的轻质馏分含量减少。对我国炼油工业来说，此问题更具有特殊的重要性。国产原油多数偏重，多数原油中大于 500℃ 的减压渣油含量达 40%～50%，而且国产原油在数量上也远不能满足国民经济发展的需要。

（2）环境保护的要求已经成为推动炼油技术发展的重要动力。明显的例子是 1990 年美国的清洁空气修正法案（CAAA）从环境保护要求出发对汽油的质量提出了一系列新的要求，促使美国炼油厂对炼油过程的结构及工艺进行了一系列的变革。我国已于 2019 年 1 月 1 日起在全国实施《车用汽油》（GB 17930—2016）质量标准（国ⅥA 标准）和《车用柴油》（GB 19147—2016）质量标准（国Ⅵ标准）。从世界范围来看，环境保护对炼油技术提出了越来越高的要求，也促进了一些新工艺技术的开发。

（3）石油化学工业的发展将会在原料的品种和数量上对炼油工业提出更多的要求。从炼油厂本身来说，为了充分利用原油资源和提高经济效益，也必须更多地与石油化工相结合，对炼油厂的产品和副产品进行化工综合利用。因此，大型炼化一体化综合型企业不断壮大。

（4）从分子层次认识和表征石油，利用计算机技术、信息技术和大数据技术等提高炼油技术水平的作用日益显著。

第二节　"石油炼制工程"课程的学习

一、"石油炼制工程"课程的特点

炼油工业属于广义的化学工业的范畴。从所属学科来看，石油炼制工程是化学工程的一个分支，本质上是化学工程在炼油技术中的应用。它的主要理论基础是化学工程（包括流体流动、传热、传质、反应等）和基础化学（如分析化学、物理化学、有机化学等）。因此，如果缺乏上述理论基础，欲求较深入地理解、掌握炼油技术是不可能的。作为一门专业课程，"石油炼制工程"有以下两个重要特点：

视频1-5　"石油炼制工程"课程宣讲

(1)"石油炼制工程"研究的对象是含有极多组分的复杂混合物,无论是加工的原料还是产品均是如此,在表征其物理和化学性质时都要考虑复杂混合物的特点。传统的化学和化学工程研究的对象是纯物质或有限组分数的混合物,由此所得到的基本原理虽也适用于石油和石油产品,但是在处理具体问题时,常常必须不同程度地依据经验,有条件地进行适当的简化处理。

(2)"石油炼制工程"的主要任务是高效、合理地把原油加工成各种石油产品。在现代炼油厂,通常需要通过多个加工过程才能完成此任务,而每一个加工过程通常又由多个单元过程所组成。如何最优地把多个单元过程组合成一个加工过程,并进而组合成一个总加工流程,是"石油炼制工程"研究的核心问题之一。因此,扎实的基础知识和综合分析问题的能力,以及丰富的实践经验对较好地解决此问题是很有必要的。

二、"石油炼制工程"课程的学习方法

根据"石油炼制工程"课程的内容和特点,对于如何学习本门课程提出以下建议:

(1)充分重视理论联系实际。学习任何一门工艺、工程性课程,理论联系实际都是一个十分重要的原则。理论联系实际有双重含义,一方面,对于实际的经验、数据等要努力运用基本原理对其进行分析,从而深入地理解其本质或内在的规律性;另一方面,在解决一些具体问题时,注意在基本原理的指导下结合实际的经验或数据来分析问题。对于对炼油生产实际了解不多的同学,努力利用实践教学等各种机会丰富自己对炼油生产实践的感性认识会对学好本门课程有很大的益处。

(2)提高综合分析问题的能力。加强学习和丰富基础理论知识是提高综合分析问题能力的基础。在这方面,除了基础化学和化学工程等基本理论知识外,还须注意学习有关能量利用、系统优化、安全环保、技术经济等领域的理论和知识。同时,经常注意运用这些理论、知识对炼油过程进行整体的、全面的分析,可以有效提高实际的综合分析问题的能力。

思政点1:学石油,爱石油,奉献石油,传承石油精神与铁人精神

思政点2:自力更生,艰苦奋斗,快速发展我国石油炼制工业

思政点3:我国炼油行业发展初期绽放的"五朵金花"

第二章 石油的化学组成

第一节 石油的一般性质、元素组成和馏分组成

一、石油的一般性质

视频2-1 石油的一般性质和馏分组成

石油(或称原油)通常是黑色、褐色或黄色的流动或半流动的黏稠液体,相对密度一般介于 0.80~0.98 之间。世界各地所产的原油由于成因、形成年代和成熟度差别较大,在性质上有很大的差异,甚至同一油区在不同年代、采用不同方法开采的原油都有不同程度的差异。

表 2-1 和表 2-2 分别为我国陆上和海上主要油区所产原油的一般性质,表 2-3 为国外部分原油的一般性质。与国外原油相比,我国主要油区原油的凝点及蜡含量较高,庚烷沥青质含量较低,相对密度大多在 0.85~0.95 之间,属偏重的常规原油。

表 2-1 我国陆上主要原油的一般性质

原油名称	大庆	长庆	胜利	孤岛	辽河	华北	中原	新疆吐哈
密度(20℃),g/cm^3	0.8554	0.8428	0.9005	0.9495	0.9204	0.8837	0.8466	0.8197
运动黏度(50℃),mm^2/s	20.19	9.85	83.36	333.7	109.0	57.1	10.32	2.72
凝点,℃	30	21	28	2	17(倾点)	36	33	16.5
蜡含量(质量分数),%	26.2	14.7	14.6	4.9	9.5	22.8	19.7	18.6
庚烷沥青质(质量分数),%	0	1.34	<1	2.9	0	<0.1	0	0
残炭(质量分数),%	2.9	2.2	6.4	7.4	6.8	6.7	3.8	0.90
灰分(质量分数),%	0.003	0.003	0.020	0.096	0.010	0.010	—	0.014
硫含量(质量分数),%	0.10	0.10	0.80	2.09	0.24	0.31	0.52	0.03
氮含量(质量分数),%	0.16	0.18	0.41	0.43	0.40	0.38	0.17	0.05
镍含量,μg/g	3.1	1.86	26.0	21.1	32.5	15.0	3.3	0.50
钒含量,μg/g	0.04	0.60	1.6	2.0	0.6	0.7	2.4	0.03

表 2-2 我国海上主要原油的一般性质

原油名称	渤海油区				南海油区			东海油区
	渤西	渤中	绥中	渤海2号	惠州	涠州	陆丰	平湖(凝析油)
密度(20℃),g/cm^3	0.8647	0.8514	0.9571	0.9190	0.8333	0.8624	0.8562	0.7962
运动黏度(50℃),mm^2/s	8.597	5.96	560.7	80.74	5.80	21.08	21.92	1.01
凝点,℃	21	20	13	−30	30	32	42	3
蜡含量(质量分数),%	13.2	21.4	—	3.8	25.8	15.1	26.4	4.19

续表

原油名称	渤海油区				南海油区			东海油区
	渤西	渤中	绥中	渤海2号	惠州	涠州	陆丰	平湖(凝析油)
酸值,mg KOH/g	0.45	0.05	—	3.57	0.11	0.82	0	—
残炭(质量分数),%	2.83	2.00	9.94	5.13	2.33	3.77	4.00	0.06
灰分(质量分数),%	0.008	0.010	0.040	0.024	0.012	0.008	0.008	—
硫含量(质量分数),%	0.17	0.13	0.33	0.28	0.06	0.21	0.10	195(μg/g)
氮含量(质量分数),%	0.16	0.08	0.60	0.41	0.12	0.15	0.13	26.4(μg/g)
镍含量,μg/g	8.76	3.22	37.52	27.27	1.11	1.51	1.8	<0.1
钒含量,μg/g	0.20	0.12	1.57	0.99	0.17	0.17	0.25	<0.1

表2-3 国外部分原油的一般性质

原油名称	沙特阿拉伯(轻质)	沙特阿拉伯(中质)	沙特阿拉伯(轻重混合)	伊朗(轻质)	科威特	阿联酋(穆尔班)	伊拉克	印度尼西亚(米纳斯)	哈萨克斯坦
密度(20℃) g/cm³	0.8578	0.8680	0.8716	0.8531	0.8650	0.8239	0.8559	0.8456	0.8538
运动黏度(50℃) mm²/s	5.88	9.04	9.17	4.91	7.31	2.55	6.50(37.8℃)	13.4	1.088
凝点,℃	-24	-7	-25	-11	-20	-7	-15(倾点)	34(倾点)	-13
蜡含量(质量分数),%	3.36	3.10	4.24	—	2.73	5.16	—	—	4.5
庚烷沥青质(质量分数),%	1.48	1.84	3.15	0.64	1.97	0.36	1.10	0.28	—
残炭(质量分数),%	4.45	5.67	5.82	4.28	5.69	1.96	4.2	2.8	3.02
硫含量(质量分数),%	1.91	2.42	2.55	1.40	2.30	0.86	1.95	0.10	1.03
氮含量(质量分数),%	0.09	0.12	0.09	0.12	0.14	—	0.10	0.10	0.20

除了上述类型原油外,近年来国内外相继对蕴藏量很丰富的重质原油(或称稠油)进行开采。表2-4列出了国内外几种重质原油的一般性质。这类原油的相对密度均大于0.92,有的甚至大于1.0,而且黏度较高。其中若干重质原油酸值较高(例如单家寺、新疆九区等),属含酸重质原油。

表2-4 国内外几种重质原油的一般性质

原油名称	单家寺	欢喜岭	新疆(九区)	井楼	委内瑞拉(博斯坎)	加拿大(冷湖)	加拿大(阿萨巴斯卡)
密度(20℃),g/cm³	0.9731	0.9434	0.9273	0.9531	0.9991	1.0013	1.030
运动黏度(50℃),mm²/s	8108	287	381	1539	1832(60℃)	670(100℃)	—
凝点,℃	5	-20	-18	11	—	15.6	10

续表

原油名称	单家寺	欢喜岭	新疆（九区）	井楼	委内瑞拉（博斯坎）	加拿大（冷湖）	加拿大（阿萨巴斯卡）
蜡含量（质量分数），%	3.4	2.2	7.4	9.6	—	—	—
庚烷沥青质（质量分数），%	1.2	0	0	0	15.2	15.0	16.9
残炭（质量分数），%	9.7	4.8	5.4	9.1	15.0	13.1	18.5
酸值，mg KOH/g	7.4	—	3.4	4.9		0.7	—
硫含量（质量分数），%	0.82	0.26	0.15	0.32	5.7	4.4	4.9
氮含量（质量分数），%	0.72	0.41	0.35	0.74	0.44	0.64	0.40

此外，还有一类相对密度小于 0.80 的轻质原油。该类原油的特点是密度小、轻油收率高、渣油含量少。这类原油目前在世界上的探明储量及产量均较少。表 2-5 为我国及国外几种轻质原油的一般性质。

表 2-5　我国及国外几种轻质原油的一般性质

原油名称	新疆（塔南）	新疆（塔中1号）	南海西部（涠洲北2号）	也门（麦瑞波）	印度尼西亚（巴达）	印度尼西亚（波唐米克斯）
密度（20℃），g/cm³	0.7864	0.7632	0.7719	0.7986	0.7845	0.7907
运动黏度（50℃），mm²/s	2.28	—	1.72	1.52	1.00	1.36
凝点，℃	9	-56	17	-24	<-30	<-30
蜡含量（质量分数），%	—	0.22	11.9	3.94	2.50	—
庚烷沥青质（质量分数），%	0	1.89	0.05	0.12	0.02	0.20
残炭（质量分数），%	0	0.02	0.3	0.82	0.15	0.29
硫含量（质量分数），%	0.04	—	—	0.08	0.48	0.05
氮含量（质量分数），%	0.09	<0.3	—	—	—	0.03

二、石油的元素组成

研究有机化合物的组成和结构都离不开元素组成，对于石油这样复杂的混合物，其化学组成的研究更是从分析其元素组成入手。世界上各种原油的性质虽然差别甚远，但基本上由五种元素即碳、氢、硫、氮、氧所组成。其质量分数一般为：碳 83.0% ~ 87.0%，氢 11.0% ~ 14.0%，硫 0.05% ~ 8.00%，氮 0.02% ~ 2.00%，氧 0.05% ~ 2.00%。

视频 2-2　石油的元素组成

1. 碳、氢含量和氢碳原子比

表 2-6 为国内外一些原油中的碳、氢元素含量和氢碳原子比。在组成原油的五种主要元素中，碳、氢这两种元素一般占 95%（质量分数）以上，而硫、氮、氧等杂原子总含量不到 5%（质量分数）。由于不同原油中杂原子含量相差甚大，所以单纯用它的碳含量或氢含量不易进行比较，原油的氢碳原子比则更能反映原油的属性。一般来说，轻质原油或石蜡基原油，例如表 2-6 中的大庆原油和印度尼西亚米纳斯原油其氢碳原子比较高（约为 1.9），而重质原油或环烷基原油如欢喜岭等原油其氢碳原子比较低（约为 1.5）。氢碳原子比还包含着重要的结构信息，它是一个与其化学结构有关的参数。由表 2-7 可以看出，对于不同系列的烃类，在分子量相近的情况下（碳原子数相同）其氢碳原子比大小顺序是：烷烃＞环烷烃＞芳香烃（简称芳

烃）。表2-7中数据也表明,随着烷烃分子量增加以及环烷烃和芳烃环数的增加,其氢碳原子比逐渐降低。这进一步说明了不同原油或同一原油不同馏分其氢碳原子比差别的原因。

表2-6 原油中的碳、氢元素含量和氢碳原子比

原油名称	元素含量(质量分数),%			H/C(原子比)
	C	H	C+H	
大庆	85.87	13.73	99.60	1.90
印度尼西亚(米纳斯)	86.24	13.61	99.85	1.88
长庆	86.12	13.40	99.52	1.87
大港	85.67	13.40	99.07	1.86
新疆	86.13	13.30	99.43	1.84
江汉	83.00	12.81	95.81	1.84
伊朗(轻质)	85.14	13.13	98.27	1.84
美国(堪萨斯)	84.20	13.00	97.20	1.84
俄罗斯(格罗兹尼)	85.59	13.00	98.59	1.81
美国(加利福尼亚州文图拉)	84.00	12.70	96.70	1.80
辽河	85.86	12.65	98.51	1.75
俄罗斯(杜依玛兹)	83.90	12.30	96.20	1.75
井楼	85.06	12.10	97.16	1.69
胜利	86.26	12.20	98.46	1.68
孤岛	85.12	11.61	96.73	1.62
欢喜岭	86.36	11.13	97.49	1.53

表2-7 氢碳原子比与烃类结构的关系

分子式	H/C(原子比)	分子式	H/C(原子比)	分子式	H/C(原子比)
C_6H_{14}	2.33	C_6H_{12}	2.00	C_6H_6	1.00
$C_{10}H_{22}$	2.20	$C_{10}H_{18}$	1.80	$C_{10}H_8$	0.80
$C_{14}H_{30}$	2.14	$C_{14}H_{24}$	1.71	$C_{14}H_{10}$	0.71
$C_{18}H_{38}$	2.11	$C_{18}H_{30}$	1.67	$C_{18}H_{12}$	0.67

在石油的各种加工过程中,氢碳原子比也是一个重要的参数和指标。对于纯粹的脱碳(无外加氢)加工过程(例如催化裂化和焦化),在生成氢碳原子比高的轻质产物的同时,必然得到氢碳原子比低的重质产物,整个加工过程氢碳原子比将保持守恒。

2. 硫、氮、氧的含量

在石油的元素组成中,除了碳、氢外,还有硫、氮、氧以及一些微量元素。在石油中氧含量较少,一般不直接测定,常用减差法估算石油中的氧含量。石油中非碳氢元素也称杂原子,其含量一般不超过5%(质量分数)。但某些原油,例如委内瑞拉(博斯坎)原油硫含量高达5.7%(质量分数)。大多数原油氮含量很低,一般为千分之几至万分之几。表2-8为我国及国外部分原油中硫、氮元素的含量。数据表明,与国外原油相比,我国原油硫含量较低,除了少数原油硫含量高于1%(质量分数)外,大多数原油硫含量低于1%(质量分数)。与国外原油相比,我国原油的氮含量偏高,一般在0.3%以上,例如高升原油氮含量高达0.72%,这在世界上也属于较少见的高氮原油。综上所述,从元素组成上看,含硫低、含氮高是我国原油的特点之一。

表2-8 原油中的硫、氮元素含量

中国原油			国外部分原油		
原油名称	硫含量 (质量分数),%	氮含量 (质量分数),%	原油名称	硫含量 (质量分数),%	氮含量 (质量分数),%
大庆	0.10	0.16	沙特阿拉伯(轻质)	1.91	0.09
长庆	0.10	0.18	沙特阿拉伯(中质)	2.42	0.12
胜利	0.80	0.41	沙特阿拉伯(轻重混合)	2.55	0.09
孤岛	2.09	0.43	伊朗	1.40	0.12
新疆	0.05	0.13	科威特	2.30	0.14
大港	0.12	0.23	英国(北海)	0.35	0.07
欢喜岭	0.26	0.41	俄罗斯(杜依玛兹)	2.67	0.33
高升	0.56	0.72	美国(堪萨斯)	1.90	0.45

虽然非碳氢元素在石油中的含量较少,但是这些非碳氢元素都是以碳氢化合物的衍生物形态存在于石油中,因而含有这些元素的化合物所占的比例就很大。这些非碳氢元素的存在对于石油的性质、石油加工过程和石油产品质量有很大的影响。

除了碳、氢、硫、氮、氧外,石油中还含有微量的金属和非金属元素,它们的含量一般为百万分之几甚至十亿分之几。这些元素虽然含量甚微,但它们对石油加工,尤其是石油的催化加工中的催化剂有很大的影响,必须引起充分重视。

关于微量元素在石油中的含量、存在形态及其分布等内容将在本章第四节加以阐述。

三、石油的馏分组成

石油是一个多组分的复杂混合物,其沸点范围很宽,从常温一直到500℃以上。所以,无论是对石油进行研究或进行加工利用,都必须对石油进行蒸馏。蒸馏就是按照组分沸点的差别将石油"切割"成若干"馏分",例如<200℃馏分、200~350℃馏分等,每个馏分的沸点范围简称为馏程或沸程。

在我国石油馏分常冠以汽油、煤油(喷气燃料)、柴油、润滑油等石油产品的名称,但馏分并不就是石油产品,还需将馏分进一步加工才能成为满足油品规格要求的石油产品。所以将石油蒸馏得到的馏分称为汽油馏分或石脑油馏分、喷气燃料馏分、柴油馏分或常压瓦斯油馏分、润滑油馏分(减压馏分油或减压瓦斯油)、常压渣油和减压渣油更为确切或科学。各种石油产品往往在馏分范围之间有一定的重叠。例如,喷气燃料与汽油和轻柴油的馏分范围间有一段重叠。为了统一称呼,一般把原油在常压蒸馏时从开始馏出的温度(初馏点)到200℃(或180℃)之间的轻馏分称为汽油馏分(也称轻油或石脑油馏分),200(或180)~350℃之间的中间馏分称为煤柴油馏分,或称常压瓦斯油(简称 AGO)。由于原油从350℃开始即有明显的分解现象,所以对于沸点高于350℃的馏分,需在减压下进行蒸馏,再将减压下蒸出馏分的沸点换算成常压沸点。一般将相当于常压下350~500℃的高沸点馏分称为减压馏分或润滑油馏分,或减压瓦斯油(简称 VGO);而减压蒸馏后残留的>500℃的油称为减压渣油(简称 VR);同时也将常压蒸馏后>350℃的油称为常压渣油或常压重油(简称 AR)。表2-9是国内外部分原油的馏分组成。

表2-9 国内外部分原油的馏分组成

原油名称	馏分组成(质量分数),%			
	初馏点~200℃	200~350℃	350~500℃	>500℃
大庆	11.5	19.7	26.0	42.8
长庆	18.48	26.88	25.57	29.07
胜利	7.6	17.5	27.5	47.4
孤岛	6.1	14.9	27.2	51.8
辽河	9.4	21.5	29.2	39.9
华北	6.1	19.9	34.9	39.1
中原	19.4	25.1	23.2	32.3
新疆(管输油)	15.4	26.0	29.9	29.7
新疆(库尔勒)	19.6	31.1	26.1	23.2
新疆(九区)	2.3	18.9	28.9	49.9
单家寺	1.2	12.2	18.3	68.3
沙特阿拉伯(轻质)	23.3	26.3	25.1	25.3
沙特阿拉伯(轻重混合)	20.7	24.5	23.2	31.6
阿联酋(麦瑞波)	31.5	30.6	23.2	14.7
英国(北海)	29.0	27.6	25.4	18.0
印度尼西亚(米纳斯)	11.9	30.2	24.8	33.1

与国外原油相比,我国多数产油区原油中>500℃的减压渣油的含量较高,<200℃的汽油馏分含量较少。原油中的汽油馏分含量低、渣油含量高是我国原油馏分组成的一个特点。

从石油直接蒸馏得到的馏分称为直馏馏分,它们基本上保留着石油原来的性质,例如基本上不含不饱和烃。石油直馏馏分经过二次加工(如催化裂化等)后,所得到的馏分与相应直馏馏分的化学组成不同,例如催化裂化产物的化学组成中就含有不饱和烃(并非所有二次加工产物都含有不饱和烃)。

本章着重讨论石油的直馏馏分的化学组成。

第二节 石油馏分的烃类组成

从化合物组成来看,石油中主要含有烃类和非烃类这两大类物质。烃类和非烃类存在于石油的各个馏分中,但因石油的产地及种类不同,烃类和非烃类的相对含量差别很大。有的石油(轻质石油)烃类含量可高达90%以上,但有的石油(重质石油)烃类含量甚至低于50%。在同一原油中,随着馏分沸程增高,烃类含量降低而非烃类含量逐渐增加。在最轻的轻油馏分中,非烃类的含量很少,烃类占绝大部分,即使从含硫原油中得到的汽油馏分,烃类的含量也可达98%~99%。反之,在高沸点的石油馏分,尤其是在减压渣油中,烃类的含量明显降低。

石油中的烃类主要是由烷烃、环烷烃和芳烃以及在分子中兼有这三类烃结构的混合烃构成。下面着重讨论石油的烃类组成表示方法和烃类在石油及其馏分中的分布。

一、石油烃类组成表示方法

为了了解石油的烃类组成,必须首先了解烃类组成的表示方法。在前文已经谈到过石油的元素组成,这种烃类组成的表示方法最为简单,而且氢碳原子比也是表征石油的平均化学结构的重要参数。但仅从元素组成来认识石油是不够的,往往不能满足生产和科研上的要求。为了进一步认识石油中的烃类组成,另有三种表示方法:单体烃组成、族组成、结构族组成。

视频2-3 石油烃类组成表示方法

1. 单体烃组成

单体烃组成表明石油及其馏分中每一单体化合物的含量。石油及其馏分中的单体化合物数目繁多,而且随着石油馏分沸程的增高(或分子量增大),其单体化合物数目急剧增加。目前单体烃组成表示法大多限于阐述石油气及石油低沸点馏分的组成时采用。例如,利用气相色谱技术已可分析鉴定出汽油馏分中的几百种单体化合物。随着高分辨质谱技术的进步,现在已可从石油中分析出3万多个具有确切化学组成的单体化合物。

2. 族组成

单体烃组成表示法过于细繁,在实际应用中不需要或不可能进行单体化合物分析时,常采用族组成表示法。所谓"族",就是化学结构相似的一类化合物。至于要分成哪些族则取决于分析方法以及实际应用的需要。

对于汽油馏分的分析,一般以烷烃、环烷烃、芳烃的含量来表示。如果要分析裂化汽油,因其含有不饱和烃,所以需增加不饱和烃的分析。如果对汽油馏分要求分析得更细致些,则可将烷烃再分成正构烷烃和异构烷烃,将环烷烃分成环己烷系和环戊烷系,将芳烃分为苯和其他芳烃等。

煤油、柴油及减压馏分,由于所用分析方法不同,所以其分析项目也不同。例如,若采用液固色谱法,则族组成通常以饱和烃(烷烃和环烷烃)、轻芳烃(单环芳烃)、中芳烃(双环芳烃)、重芳烃(多环芳烃)及非烃组分等的含量表示。若采用质谱分析法,则族组成以烷烃(正构烷烃、异构烷烃)、环烷烃(单环、二环及多环环烷烃)、芳烃(单环、二环及多环芳烃)和非烃化合物的含量表示。

对于减压渣油,目前一般还是用溶剂处理法及液相色谱法将减压渣油分成饱和分、芳香分、胶质、沥青质四个组分,如有需要还可将芳香分及胶质分别再进一步分离为轻、中、重芳香分及轻、中、重胶质等亚组分。这里之所以称为"分"而不是"烃",是因为其中还含有其他烃类或含有杂原子(硫、氮、氧等)的非烃组分,如饱和分中会含有少量的芳烃;芳香分中会含有少量的饱和烃和非烃;在胶质和沥青质中非烃组分甚至占主要部分,因此胶质也称为极性芳香分。

3. 结构族组成

1) 结构族组成表示方法

由于高沸点馏分以及渣油中各种类型分子的数目太过繁多,而且由于分子量较大,分子结构复杂,往往在一个分子中同时含有芳香环、环烷环以及不同长度和数目的烷基侧链,例如

等化合物。这些化合物很难用族组成的概念来准确地描述它们究竟属于烷族、环烷族或是芳香族。虽然在液固色谱分析中将上述两种化合物归为单环芳烃和双环芳烃,实际上它们是混合烃类型的结构,为此又提出结构族组成概念来描述这类混合烃结构。

按照烃类结构族组成概念,不论石油烃类的结构多么复杂,它们都由烷基、环烷基和芳香基这三种结构单元所组成。结构族组成就是确定复杂分子混合物中这些结构单元的含量,而不是研究在分子中这些结构单元的结合方式。一般可以认为具有 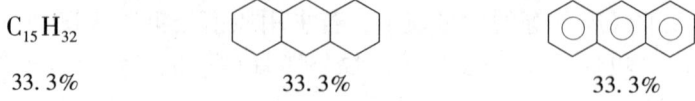 结构的化合物是由芳香环、环烷环和烷基侧链三种结构单元组成的。这三种结构单元在分子中所占的比例可以用芳香环上的碳原子占分子总碳原子的百分数($\%C_A$)、环烷环上的碳原子占分子总碳原子的百分数($\%C_N$)和烷基侧链上的碳原子占分子总碳原子的百分数($\%C_P$)来表示。

在上述化合物中各种结构单元在分子中所占的比例为:

$$\%C_A = \frac{6}{20} \times 100 = 30$$

$$\%C_N = \frac{4}{20} \times 100 = 20$$

$$\%C_P = \frac{10}{20} \times 100 = 50$$

除了上述三种碳原子分布百分数外,还可用下列三种环的结构参数来表示:

$$\text{分子中总环数 } R_T = 2$$
$$\text{分子中芳香环数 } R_A = 1$$
$$\text{分子中环烷环数 } R_N = 1$$

采用上述六个结构参数即$\%C_A$、$\%C_N$、$\%C_P$、R_T、R_A、R_N就可对该烃分子的结构进行描述。

石油馏分中烃类的组成也可以用这种方法表示,只是在此处要将整个馏分(各种烃分子的混合物)当作一个平均分子看待,此时的$\%C_A$、$\%C_N$、$\%C_P$以及R_T、R_A、R_N都是对平均分子而言的。例如,若有三个化合物所构成的混合物,其中每个化合物所占的比例(摩尔分数)为:

C$_{15}$H$_{32}$ 　　　　　　　　　
33.3%　　　　　　　33.3%　　　　　　　33.3%

该混合物可以看成由具有下列结构参数的平均分子所组成,其中:$\%C_A$为32.6(%),$\%C_N$为32.6(%),$\%C_P$为34.8(%),R_T为2.0,R_A为1.0,R_N为1.0。

2) 中间馏分及高沸点馏分的结构族组成测定($n-d-M$法)

上文已经谈过结构族组成中$\%C_A$、$\%C_N$、$\%C_P$、R_T、R_A、R_N等结构参数所表示的意义。但是在石油馏分中若要直接测定这些结构参数,一般须在严格控制的条件下对油样进行选择性加氢,将油样中的芳香环结构全部饱和为环烷环,而不发生任何 C—C 键断裂。根据油样的平

均分子量及加氢前后的碳、氢元素组成,求得加氢前后油样的平均分子式,从而计算出油样的平均结构参数。上述这种直接测定油样平均结构参数的方法耗时太多而且条件苛刻,不是一般实验室所能做到的,所以无法用于日常的分析。

进一步研究发现,石油馏分的某些物理参数,如密度、折射率等与其烃的族组成有关。在各族烃类中,芳烃的密度和折射率最大,而且随着芳香环环数的增加,其密度和折射率也增加。而烷烃的密度和折射率最小,环烷烃介于二者之间。这些事实表明,烃类分子中的各种结构单元与烃类以及烃类混合物的物理常数之间存在着一定的关系。由于烃类的物性与其结构单元密切相关,因此先后提出了多种利用物理常数来测定石油馏分的结构族组成的方法。例如,以折射率、密度、分子量为基础的 $n-d-M$ 法,以折射率、密度、黏度为基础的 $n-d-\gamma$ 法,和以折射率、密度、苯胺点为基础的 $n-d-A$ 法等,其中最常用的是 $n-d-M$ 法。

在实际应用中,只要测定石油的中间馏分或高沸点馏分的折射率(n)、密度(d)和平均分子量(M)(如果预期样品的硫含量较高,那么也应测定硫含量值),就可以按表 2-10 中的公式计算出馏分的 %C_A、%C_R、%C_N、%C_P 以及 R_T、R_A 和 R_N 数值,其中 %C_R 表示总环上的碳原子数占分子总碳原子数的百分数。

表 2-10　$n-d-M$ 法的计算公式

项目		20℃时测定		70℃时测定
		$V=2.51(n-1.4750)-(d-0.8510)$ $W=(d-0.8510)-1.11(n-1.4750)$		$X=2.42(n-1.4600)-(d-0.8280)$ $Y=(d-0.8280)-1.11(n-1.4600)$
%C_A	V 为正值	%$C_A=430V+\dfrac{3660}{M}$	X 为正值	%$C_A=410X+\dfrac{3660}{M}$
	V 为负值	%$C_A=670V+\dfrac{3660}{M}$	X 为负值	%$C_A=720X+\dfrac{3660}{M}$
%C_R	W 为正值	%$C_R=820W-3S+\dfrac{10000}{M}$	Y 为正值	%$C_R=775Y-3S+\dfrac{11500}{M}$
	W 为负值	%$C_R=1440W-3S+\dfrac{10600}{M}$	Y 为负值	%$C_R=1400Y-3S+\dfrac{12100}{M}$
%C_N		%$C_N=$%C_R-%C_A		%$C_N=$%C_R-%C_A
%C_P		%$C_P=100-$%C_R		%$C_P=100-$%C_R
R_A	V 为正值	$R_A=0.44+0.055MV$	X 为正值	$R_A=0.41+0.055MX$
	V 为负值	$R_A=0.44+0.080MV$	X 为负值	$R_A=0.41+0.080MX$
R_T	W 为正值	$R_T=1.33+0.146M(W-0.005S)$	Y 为正值	$R_T=1.55+0.146M(Y-0.005S)$
	W 为负值	$R_T=1.33+0.180M(W-0.005S)$	Y 为负值	$R_T=1.55+0.180M(Y-0.005S)$
R_N		$R_N=R_T-R_A$		$R_N=R_T-R_A$

注:S——硫含量(质量分数),%。

$n-d-M$ 法在实际应用中很方便,准确性也较高,可以适用于不同属类的石油,甚至对于纯烃也能得到与实际相符的结果。但是必须注意,此法的适用范围只限于符合下列条件的石油馏分:$M>200$,不含不饱和烃;$R_T\leqslant 4$,$R_A\leqslant 2$ 或者 %$C_R\leqslant 75(\%)$;$C_A/C_N\leqslant 1.5$;$S\leqslant 2\%$,$N\leqslant 0.5\%$,$O\leqslant 0.5\%$,其中 S、N、O 分别为硫含量、氮含量、氧含量。

3) 重油的结构族组成测定(密度法)

$n-d-M$ 法虽然使用方便,但一般仅适用于分子量大于 200 的中间馏分以及减压馏分油。

对于重油或渣油,由于其环数以及杂原子较多,因此已超出了 $n-d-M$ 法的适用范围。对于重油或渣油可以采用密度法测定其结构参数,在分子量相近的情况下,不同类型烃类其密度不同,因而可用密度来关联油样的化学结构。在关联中人们引入了参数 M_C,该参数表示以每个碳原子计的平均分子量,即 $\frac{M}{C_T}$,此处 M 表示平均分子量,C_T 表示每个平均分子中的总碳原子数。如果将参数 M_C 再除以密度 $\left(\frac{M_C}{d}=\frac{M}{C_T \cdot d}\right)$,则表示每个碳原子所占有的摩尔体积。对于不同结构的烃,每个碳原子所占有的摩尔体积 $\left(\frac{M_C}{d}\right)$ 不同,如表 2-11 所示。

表 2-11 不同结构烃中每个碳原子所占有的摩尔体积

烃 类	d	M	C_T	M_C	$\frac{M_C}{d}$
正己烷	0.6594	86.17	6.0	14.36	21.78
环己烷	0.7785	84.16	6.0	14.03	18.02
苯	0.8789	78.11	6.0	13.02	14.81

表 2-11 表明,$\frac{M_C}{d}$ 包含着烃类的结构信息,苯分子结构最紧凑,$\frac{M_C}{d}$ 值最小,其次是环己烷,正己烷分子最不紧凑。

由于在重油或渣油中一般都含有杂原子,因此必须将 $\frac{M_C}{d}$ 进行杂原子校正,将其校正为 $\left(\frac{M_C}{d}\right)_C$。研究得出的经验校正式为:

$$\left(\frac{M_C}{d}\right)_C = \frac{M_C}{d} - 6.0 \times \frac{100 - \%C - \%H}{\%C}$$

式中 $\%C$——碳含量,%;
$\%H$——氢含量,%。

为了将 $\left(\frac{M_C}{d}\right)_C$ 与重油的芳香碳率 f_A 进行关联(芳香碳率是指油样平均分子中芳香碳原子数占总碳原子数的分率,相当于 $\%C_A$ 值,只是 $\%C_A$ 是以百分数表示,而 f_A 是以小数表示),Williams 通过实验数据提出 f_A 值与 $\left(\frac{M_C}{d}\right)_C$ 及氢碳原子比 $R_{H/C}$ 的关联式:

$$f_A = 0.09 \left(\frac{M_C}{d}\right)_C - 1.15 R_{H/C} + 0.77$$

如果假定油样平均分子中整个环系均为渺位缩合,即任何两个苯环、苯环与环烷环或环烷环之间均共用且只共用两个碳原子,同时环烷环都是六元环并与芳香环并合,那么根据芳香碳率、平均分子量和元素组成,可以求得其他结构参数如下:

$$C_T = \frac{\%C \cdot M}{12}$$

$$C_A = C_T \cdot f_A$$

$$R_A = \frac{C_A - 2}{4}$$

$$R_T = C_T + 1 - \frac{H_T}{2} - \frac{C_A}{2}$$

$$R_N = R_T - R_A$$

$$C_N = 4R_N$$

$$C_P = C_T - C_A - C_N$$

式中　C_T, C_A, C_N, C_P, H_T——平均分子中的总碳数、芳香碳数、环烷碳数、烷基碳数和总氢数；

　　　R_T, R_A, R_N——平均分子中的总环数、芳香环数和环烷环数。

此外,在密度法中还常用缩合指数(CI)来表示平均分子中环结构的缩合程度。其定义为:

$$CI = \frac{2(R_T - 1)}{C_T} = 2 - R_{H/C} - f_A$$

对于烷烃 $R_T = 0$, $CI < 0$; 单环烃类 $R_T = 1$, $CI = 0$; 多环烃类 $R_T > 1$, $0 < CI < 1$。CI 值越大表示其缩合程度越高。

当直接取得试样的密度值有困难时,可用下列经验公式从氢含量(%H)计算其近似值:

$$d_4^{20} = 1.4673 - 0.0431(\%H)$$

综上所述,若知重油的平均分子量(M),以及硫含量、氢含量即可计算出 d_4^{20}、$R_{H/C}$、$\frac{M_C}{d}$、$\left(\frac{M_C}{d}\right)_C$ 以及 f_A、CI、R_T、R_A、R_N、C_T、C_A、C_N、C_P 等结构参数。密度法一般适用于计算芳香碳率 f_A 在 0.23~0.34 之间的重质油样,如常压渣油、减压渣油及其组分。

二、石油气体及石油馏分的烃类组成

1. 石油气体的烃类组成

石油气体主要由气态烃组成。石油气体因其来源不同,可分为天然气和石油炼厂气两类。其中,来自天然气田和油田的天然气称为常规天然气,来自页岩层和天然气水合物储层的天然气称为非常规天然气。

视频2-4 石油馏分的烃类组成——气体与汽油

1)天然气的组成

天然气是指埋藏于地层中自然形成的气体。天然气可分为伴生气和非伴生气。伴生气伴随原油共生,与原油同时被采出;非伴生气包括凝析气田天然气和纯气田天然气,两者在地层中均为气相。凝析气田天然气从井口流出后,经减压、降温分离成气液两相。气相经净化后成为商品天然气,液相主要是凝析油。纯气田天然气的主要成分是甲烷,一般占90%(体积分数)以上,此外还有少量的乙烷、丙烷、丁烷和非烃气体,例如氮气、硫化氢和二氧化碳等。纯气田天然气一般称为干气。凝析气田天然气虽然以甲烷为主,但其中乙烷、丙烷、丁烷的含量明显增高,可达10%~20%(体积分数),甚至还含有少量戊烷和己烷。凝析气田天然气一般称为湿气。原油伴生气的组成与凝析气田天然气的组成比较接近。

在天然气中还经常杂有非烃气体,其中最主要的是二氧化碳,它的含量可以从千分之几到百分之几。在个别天然气井中,二氧化碳含量高达90%(体积分数)以上,如美国新墨西哥州的圣安得烈气田,我国胜利油田滨南油区以及南海天然气中二氧化碳含量也很高。除二氧化碳外,氮气在天然气中也经常可见,一般含量低于2%(体积分数)。在天然气中有时也有氦气存在,例如美国犹他州桑卡尼昂气田含氦气量高达1.3%(体积分数),我国四川威远气田含氦气量也达0.316%(体积分数),具有工业开采价值。氦气是很有价值的惰性气体,工业上需要的氦的主要来源就是天然气。在含硫石油产地的天然气中,常有硫化氢存在,硫化氢含量有时可达百分之一至百分之几。天然气中一般不含氧,也不含一氧化碳和不饱和烃。天然气中氢含量极少,一般为万分之几至十万分之几。表2-12列出了天然气组成的典型数据。

表2-12 天然气的组成

类型	产地	天然气组成(体积分数),%												
		CH_4	C_2H_6	C_3H_8	$i-C_4H_{10}$	$n-C_4H_{10}$	$i-C_5H_{12}$	$n-C_5H_{12}$	H_2S	CO_2	N_2	Ar	He	H_2
纯气田天然气	四川自流井	97.76	0.53	0.07	—	—	—	—	0.04	0.89	0.67	0.004	0.029	0.008
	四川阳高寺	96.15	1.54	0.43	0.050	0.069	0.151		0	0.16	1.38		0.060	0.005
	四川卧龙河	94.07	0.83	0.16	0.044	0.073	0.011	0.010	3.83	0.12	0.73	0	0.022	0.004
	四川威远	87.58	0.17	0.07	—	—	—	—		1.22	4.13	6.48	0.22	0.09
凝析气田天然气	四川遂南	84.76	9.58	3.04	14.13				0	0.12	0.95	0.007	0.032	0
	四川中坝	88.60	7.02	1.90	0.024	0.247	0.115	0.057	—	0.35	1.47			
	美国宾州	87.84	5.38	2.51	0.30	0.73	0.18	0.22		0.33	1.05			
	俄罗斯加涅夫	88.50	3.8	2.9	1.7		0.4				0.6			
原油伴生气	大庆油田	82.76	5.76	5.88	2.6		0.4		0.002	0.5	1.59	—	—	
	胜利油田	86.60	4.2	3.5	0.7	1.9	0.6	0.5		0.6	1.1			
	辽河油田	81.50	8.5	8.5	5.0		—			1.0	1.0			
	华北油田	74.31	11.90	6.75	3.56		1.31		1.62	0.55	—			

2) 天然气水合物及其组成

天然气在高压、低温等条件下与水会生成天然气水合物,又称为笼形包合物。天然气水合物是在一定条件(合适的温度、压力、气体饱和度、水的盐度、pH值等)下,由低分子量烃类气体与水相互作用过程中形成的白色固态结晶物质,外观像冰。由于天然气水合物中通常含有大量甲烷或其他碳氢气体,因此极易燃烧,被称为"可燃冰"。形成天然气水合物的主要气体是甲烷,若天然气中甲烷的含量超过99%(体积分数),通常称为甲烷水合物。从化学结构看,天然气水合物中的水分子以氢键相连形成结晶晶格,并具有0.5~0.7nm大小不同的孔穴,因而小于0.7nm的天然气分子(甲烷、乙烷、丙烷等气体)可以进入孔穴中并形成笼形包合物。

天然气水合物的形成有三个条件,缺一不可。首要条件是温度不能太高。第二是压力要足够高,但不需太高,例如,温度为0℃时,30atm以上就可生成。第三是地下要有气源。天然气水合物只分布于特定的地理位置和地质构造单元内。一般来说,除在高纬度地区永久冻土带中的天然气水合物之外,在海底发现的天然气水合物通常存在于水深300m以下(由温度决定)的海床中,主要附存于陆坡、岛屿和盆地的表层沉积物或沉积岩中,也可以散布于海底以颗粒状出现。绝大部分的天然气水合物分布在海洋里,其资源量为陆地的100倍以上。在标准状况下,每单位体积的天然气水合物解离,最多可产生164单位体积的甲烷气体,因而天然气水合物是未来一种重要的潜在能源。天然气水合物的储量非常可观,初步估计目前世界上在永久冻土带以及海洋底部的天然气水合物资源总碳量约为当前已探明的所有化石燃料(包括煤、石油、天然气)中总碳量的2倍。我国天然气水合物的初步勘探表明,其资源量也十分丰富,仅海域天然气水合物资源量就达约 $800 \times 10^8 t$ 油当量。

天然气水合物中的气体组成与常规天然气类似,不同的水合物矿藏其气体组成变化很大。有的接近纯气田天然气(干气),主要成分是甲烷,一般占95%(体积分数)以上,此外还有少量的乙烷、丙烷、丁烷和极少量非烃气体,例如氮气、硫化氢和二氧化碳等。有的接近凝析气田天然气(湿气),虽然以甲烷为主,但其中乙烷、丙烷、丁烷的含量明显增高,可达10%~30%(体积分数),甚至还含有少量戊烷和己烷。

2017年我国在南海神狐海域成功进行了天然气水合物工业试采,连续试采60天,累计产气 $30.9 \times 10^4 m^3$,平均日产 $5151 m^3$,甲烷含量最高达99.5%。

在石油和天然气开采、输送及气体的化学加工中,常常发生天然气水合物堵塞管道和设备的现象。为了防止天然气水合物的生成和排除已经出现的堵塞,可以采取提高温度、降低压力或干燥等方法。

3) 页岩气的组成

页岩气是以吸附或游离状态为主要方式赋存于富有机质泥页岩及其夹层中可供开采的天然气资源。我国页岩气可采储量排名世界第一,2017年达到 $31.6 \times 10^{12} m^3$。2017年我国页岩气产量 $91 \times 10^8 m^3$,仅次于美国和加拿大排名世界第三。页岩气田中的页岩气从井口流出后,经减压、降温分离成气液两相。气相经净化后成为商品天然气,液相主要是页岩油,类似于凝析油。与常规天然气相比,页岩气气质优良,甲烷含量更高。页岩气化学成分主要为甲烷(CH_4),一般含量在85%以上,最高达到99.8%,另外还含有少量的乙烷、丙烷和丁烷。一般认为我国页岩气中存在少量氮气、二氧化碳等非烃气体,不含硫化氢或极少有硫化氢气体。我国目前投入工业开采的页岩气田主要集中在四川省的威远—长宁和重庆市的涪陵地区。表2-13为四川珙县N201-H1井页岩气的组成。

表2-13 四川珙县 N201-H1 井页岩气的组成(体积分数)   %

CH_4	C_2H_6	C_3H_8	$i-C_4H_{10}$	$n-C_4H_{10}$	$i-C_5H_{12}$	$n-C_5H_{12}$	C_6H_{14}	C_7H_{16}	C_8H_{18}	H_2S	N_2	CO_2
97.447	0.704	0.524	0.088	0.104	0.032	0.066	0.009	0.004	0.001	0.416	0.448	0.157

4) 炼厂气的组成

石油炼厂气的组成因加工过程、工艺条件及原料的不同,可以有很大差别。在石油热转化和催化裂化反应所得的气体中,除了含有烷烃外,普遍都含有烯烃。表2-14列出了一些热加工及催化加工过程的典型气体组成。由表2-14可以看出,在催化裂化和催化裂解(深度催化裂化)反应的气体中含有大量的乙烯、丙烯和丁烯,催化裂解反应的气体中烯烃含量高于催化裂化,催化裂化反应的气体中还含有大量异丁烷;在加氢裂化反应的气体中不含烯烃,含有大量的丙烷和丁烷,甲烷、乙烷和丁烷含量依次增加;延迟焦化反应的气体中甲烷和乙烷含量最高,丙烷和丁烷含量依次降低,也含有一定量的乙烯、丙烯和丁烯;而在催化重整反应的气体中,其主要成分是氢气,不含烯烃,甲烷、乙烷、丙烷和丁烷含量依次降低。

表2-14 石油炼厂气的典型组成

加工过程	催化裂化	催化裂解	加氢裂化	延迟焦化	催化重整
原料	减压馏分	重质原料油	减压馏分	减压渣油	石脑油
反应温度,℃	480~530	550	350~450	500	500

续表

加工过程		催化裂化	催化裂解	加氢裂化	延迟焦化	催化重整
气体组成（质量分数），%	氢气	0.16	0.5	0.19	0.66	26.66
	甲烷	4.21	7.0	1.56	26.61	21.81
	乙烷	1.03	4.3	3.95	21.23	17.98
	乙烯	7.86	8.8	—	3.97	—
	丙烷	11.04	6.6	27.11	18.09	16.62
	丙烯	27.64	37.5	—	10.55	—
	正丁烷	4.37	1.8	18.77	10.78	4.44
	异丁烷	18.43	4.5	41.54		6.29
	丁烯	23.75	29.0	—	7.53	—
	C_4^+ 及其他	1.51	0	6.88	0.58	6.20

2. 汽油馏分的单体烃组成

1）汽油馏分的单体烃组成

由于分离及分析技术的进步，对石油馏分特别是对汽油馏分的单体烃组成进行了较详细的研究。结果表明，组成汽油馏分的单体烃数目繁多。例如，我国大庆原油直馏60~200℃馏分中已定量鉴定出187种单体烃，大港原油直馏60~153℃馏分中也已定量鉴定出148种单体烃。随着馏分变重，所含的单体烃数目迅速增加。

虽然组成汽油馏分的单体烃数目繁多，但各单体烃含量之间的差别悬殊。在大多数石油的直馏汽油馏分中，往往20种主要单体烃的含量就占该直馏汽油馏分总量的一半以上。表2-15是我国四种原油直馏汽油馏分中一些主要的单体烃含量。

表2-15 直馏汽油馏分中主要单体烃含量

烃族	化合物名称	大庆 初馏点~130℃	大港 60~153℃	胜利 初馏点~130℃	华北 初馏点~130℃
正构烷烃 （质量分数） %	正戊烷	7.69	0.39	2.89	5.58
	正己烷	10.15	2.04	6.37	8.91
	正庚烷	12.12	4.42	8.77	8.34
	正辛烷	11.07	8.69	5.40	5.66
	正壬烷	—	4.78	—	1.39
	五种正构烷总量	41.03	20.32	23.43	29.88
异构烷烃 （质量分数） %	2-甲基戊烷	2.46	0.77	3.67	5.08
	3-甲基戊烷	1.48	0.67	2.68	3.13
	2-甲基己烷	1.46	1.09	2.73	2.57
	3-甲基己烷	1.91	1.25	3.06	2.69
	2-甲基庚烷	2.28	2.38	3.04	3.58
	五种异构烷总量	9.59	6.16	15.18	17.05
环烷烃 （质量分数） %	甲基环戊烷	3.91	2.03	6.21[③]	4.26
	环己烷	5.29	2.75	4.35	2.60

续表

烃族	化合物名称	大庆 初馏点~130℃	大港 60~153℃	胜利 初馏点~130℃	华北 初馏点~130℃
环烷烃 （质量分数） %	甲基环己烷	9.61[①]	9.18	9.12[①]	5.72[①]
	顺-1,3-二甲基环己烷	2.47	4.62	2.88[④]	2.69
	反-1,4-二甲基环己烷				—
	五种环烷总量	21.28	18.45	22.56	15.27
芳烃 （质量分数） %	苯	—	0.80	0.80	0.46
	甲苯	0.78	4.17[⑤]	4.98	1.65
	对二甲苯	0.49	1.57	0.96	—
	间二甲苯	2.27	5.21[⑥]	0.31	0.21
	邻二甲苯	0.19[②]	0.86[⑦]	0.38	0.15
	五种芳香烷总量	3.73	12.61	7.43	2.47
单体烃个数		20	20	20	20
占汽油馏分(质量分数),%		75.63	57.56	68.60	64.67
已鉴定单体烃个数		60	148	50	103

① 包括 2,2,3,3-四甲基丁烷。
② 包括 2,2,4,5-四甲基己烷。
③ 包括 2,2-二甲基戊烷。
④ 包括 1,1-二甲基环己烷。
⑤ 包括 3,3-二甲基己烷。
⑥ 包括 3,3,4-三甲基己烷。
⑦ 包括 2,2,4,5-四甲基己烷。

由表 2-15 可以看出，在大庆原油初馏点~130℃直馏汽油馏分中，已鉴定了 60 种单体烃，其中约 20 种单体烃的含量就占该馏分的 75.63%（质量分数）；而华北原油初馏点~130℃的直馏汽油馏分中已鉴定出 103 种单体烃，其中约 20 种单体烃的含量占该馏分的 64.67%（质量分数）。

由表 2-15 还可以看出，在单体烃中，各正构烷烃的含量都比较高。对于异构烷烃，往往带一个甲基支链的异构烷烃的含量要占整个异构烷烃的一半以上。对于同碳原子数的异构烷烃，其含量随异构程度的增加而减少。

对于环烷烃，在我国汽油馏分中一般只有环戊烷系和环己烷系两类化合物。在环己烷系中，以甲基环己烷的含量为最高。

对于芳烃，我国汽油馏分中芳烃总含量均较少，尤其是苯含量很低，甲苯和二甲苯含量相对高些，在三种二甲苯异构体中以间二甲苯含量为最高。

2）汽油馏分的烃族组成

直馏汽油馏分的单体烃组成分析方法虽然比较细致，但在生产上，往往更需要简单明了的烃族组成表示方法。

汽油馏分的烃族组成分析，过去常用液相色谱法，现已多采用气相色谱法。同时，质谱法也可用来对汽油馏分进行烃族组成分析。表 2-16、表 2-17 为液相色谱法及气相色谱法所得到的直馏汽油馏分的烃族组成。

表 2-16 直馏汽油馏分的烃族组成(质量分数)——液相色谱法　　　　　　　　　%

沸点范围 ℃	大庆			胜利			大港			孤岛[①]		
	烷烃	环烷烃	芳烃	烷烃	环烷烃	芳烃	烷烃	环烷烃	芳烃	烷烃	环烷烃	芳烃
60~95	56.8	41.1	2.1	52.9	44.6	2.5	51.5	42.3	6.2	47.5	51.4	1.1
95~122	56.2	39.0	4.8	45.9	49.8	4.3	42.2	47.6	10.2	36.3	59.6	4.1
122~150	60.5	32.6	6.9	44.8	43.6	11.6	44.8	36.7	18.5	27.2	64.1	8.7
150~200	65.0	25.3	9.7	52.0	35.5	12.5	44.9	34.6	20.5	13.3	72.4	14.3

① 孤岛汽油的第一个馏分沸点范围为初馏点~95℃。

表 2-17 直馏汽油馏分的烃族组成——气相色谱法

原油名称	沸点范围 ℃	烃族组成(质量分数),%		
		烷烃	环烷烃	芳烃
大庆	初馏点~145	58.5	39.2	2.3
	初馏点~160	58.1	39.1	2.8
	初馏点~180	57.0	40.0	3.0
胜利	60~145	49.6	41.5	8.9
	60~180	48.4	42.1	9.5
华北	初馏点~145	56.1	41.6	2.3
大港	初馏点~145	41.1	46.9	12.0
	60~180	38.5	45.8	15.7
辽河	初馏点~180	44.0	42.4	13.6
新疆(库尔勒)	初馏点~140	76.3	20.6	3.1
	初馏点~180	68.1	18.6	13.3
沙特阿拉伯(重质)	100~150	70.8	19.5	9.7
	150~190	60.6	21.3	18.1
沙特阿拉伯(轻质)	100~150	69.5	18.2	12.3
	150~190	57.1	22.8	20.1
科威特	15~145	77.4	15.9	6.7
	15~180	72.7	16.3	11.0

从表 2-16 及表 2-17 可以看出，烷烃和环烷烃占直馏汽油馏分的大部分，芳烃含量一般不超过 20%(质量分数)。就其分布规律而言，随着沸点的增高，芳烃含量逐渐增加。芳烃含量的这种分布规律，对国内外大多数原油的直馏汽油馏分都具有普遍意义。

在实际应用中，原油的汽油馏分既可作为车用汽油的调和组分，也可作为催化重整的原料。因此，汽油馏分的烃族组成对车用汽油和催化重整产品的性质及产率有直接影响。在实际应用中，重整原料切割的终馏点一般为 130~180℃。表 2-18、表 2-19、表 2-20 分别列出了我国大庆、胜利及辽河重整原料按碳数分布的烃族组成。表中各碳数的烃族组成数据可以用来评价重整原料的性质及作为判断重整反应后芳烃收率的指标。可以看出，重整原料的碳数范围集中在 $C_6 \sim C_9$，其中大庆重整原料的烷烃含量最高，芳烃含量最低；胜利重整原料的烷烃含量较低，芳烃含量较高；辽河重整原料的烷烃含量最低，芳烃含量最高。这都与原油的属性有关。

表 2-18 大庆重整原料(初馏点~145℃)的烃族组成(质量分数) %

碳 数	烷 烃	环烷烃	芳 烃	总 计
C_3	0.38	—	—	0.38
C_4	2.53	—	—	2.53
C_5	6.18	0.87	—	7.05
C_6	10.19	6.53	0.20	16.92
C_7	13.62	12.16	0.67	26.45
C_8	15.79	11.38	1.34	28.51
C_9	9.81	7.20	0.11	17.12
C_{10}	—	1.04	—	1.04
总计	58.50	39.18	2.32	100.00

表 2-19 胜利重整原料(60~145℃)的烃族组成(质量分数) %

碳 数	烷 烃	环烷烃	芳 烃	总 计
C_4	0.3	—	—	0.3
C_5	3.1	0.7	—	3.8
C_6	11.7	8.5	0.7	20.9
C_7	13.1	13.4	3.9	30.4
C_8	12.0	10.9	3.8	26.7
C_9	7.7	7.2	0.5	17.9
C_{10}	1.7	0.8		
总计	49.6	41.5	8.9	100.0

表 2-20 辽河重整原料(初馏点~180℃)的烃族组成(质量分数) %

碳 数	烷 烃	环烷烃	芳 烃	总 计
C_3	0.04	—	—	0.04
C_4	0.70	—	—	0.70
C_5	2.82	0.52	—	3.34
C_6	5.46	5.14	0.48	11.08
C_7	7.13	9.30	3.42	19.85
C_8	7.88	10.27	6.00	24.15
C_9	8.06	10.24	3.21	21.51
C_{10}	10.06	6.43	0.48	16.97
C_{11}	1.81	0.55	—	2.36
总计	43.96	42.45	13.59	100.00

　　催化裂化、催化重整、焦化等二次加工后所得的汽油馏分,其烃族组成与直馏汽油馏分的烃族组成有较大差别。大多数经二次加工(尤其是催化裂化和焦化加工)后的汽油馏分,均含有程度不同的不饱和烃,尤其是烯烃。此外,因各加工工艺不同,各族烃类的含量差异较大。例如,催化裂化汽油馏分含有较多的烯烃和异构烷烃,正构烷烃含量比直馏汽油馏分少得多,而芳烃含量较直馏汽油馏分有显著增加。在催化重整汽油馏分中,其芳烃含量远比直馏汽油

馏分高得多。详细情况会在后续的各个加工过程介绍。

近年来随着气相色谱如多维色谱和全二维色谱(GC×GC)技术的进步,对汽油馏分可以按碳数提供更为详细的PIONA(正构烷烃、异构烷烃、烯烃、环烷烃和芳烃)单体烃组成数据,即分子族组成;并且轻质石油馏分和产品烃族组成的多维色谱法已经成为我国(GB/T 30519)和美国(ASTM D7753)的标准方法,得到广泛应用。这为从分子层次上揭示轻质石油馏分组成结构与性质的关系,以及反应转化行为奠定了基础。

3. 中间馏分及高沸点馏分的烃类组成

1) 中间馏分及高沸点馏分的烃类类型

石油中间馏分(200~350℃)中的烷烃主要包括C_{11}~C_{20}的正构烷烃和异构烷烃。环烷烃和芳烃以单环及双环为主,三环及三环以上的环烷烃和芳烃含量较少。与汽油馏分的烷烃、环烷烃、芳烃的不同之处在于中间馏分烷烃的碳原子数增多,环烷烃和芳烃的环数增加(不仅有单环而且有双环、三环等),单环环烷烃和单环芳烃的侧链数目或侧链长度增多或增长。中间馏分中双环环烷烃、三环环烷烃、双环芳烃、三环芳烃以及环烷—芳香混合烃主要为表2-21所列结构类型的化合物及其衍生物。

视频2-5 中间及高沸点馏分与固态烃

表2-21 中间馏分中双环和三环环烷烃、芳烃以及环烷—芳香混合烃的结构类型

烃 类 型	结构类型	结 构 式
双环环烷烃	十氢萘型和氢化茚满类	
三环环烷烃	全氢菲型和全氢蒽型	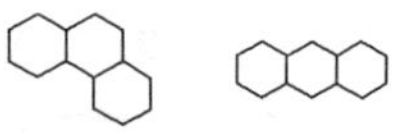
	全氢苯并茚满类和全氢二茚满类	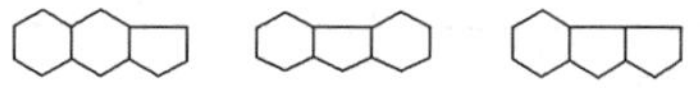
双环芳烃	萘类和茚类	
	芴类和联苯类	
三环芳烃	菲型和蒽型	
环烷—芳香混合烃	四氢萘型、二氢茚型和环己烷基苯型	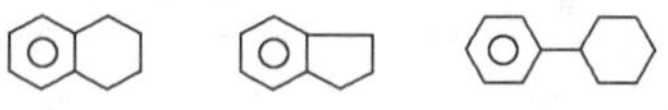

石油高沸点馏分(350~500℃)的烃类类型和中间馏分相似,只是其烃分子中碳原子数、环数更多,而且环的侧链数更多或侧链更长。高沸点馏分的烷烃主要包括从C_{20}到C_{36}的正构烷烃和异构烷烃。环烷烃包括从单环到六环的带有环戊烷环或环己烷环的环烷烃,其结构主要是以稠合类型为主。芳烃以单环、双环、三环芳烃的含量为多,同时还含有一定量的四环以及少量高于四环的芳烃。此外,在芳香环外还常并合有环数不等的环烷环(多至5~6个环烷环)。多环芳烃多数也是稠合型的。

2) 中间馏分及高沸点馏分中的单体正构烷烃

由于中间馏分及高沸点馏分单体烃的数目十分繁多,而且异构体间的性质又十分相近,因此目前按单体烃进行分离和鉴定还存在技术困难。但是,在我国的中间馏分及高沸点馏分(200~500℃)中,各单体正构烷烃含量高,可以通过分析测定其含量及在馏分中的分布。从应用角度看,无论是碳数小于16在常温下呈液态的正构烷烃(又称液体石蜡),还是碳数大于16在常温下是固态的正构烷烃(石蜡的主要成分),都是重要的有机化工原料。从地球化学研究的角度看,正构烷烃是一类与石油的成因有关的生物标志化合物,另一类生物标志化合物是类异戊二烯烷烃。这两类单体烷烃在我国大庆、胜利、华北原油的中间馏分及高沸点馏分(200~500℃)中的含量、分布见图2-1、图2-2和图2-3。由图可以看出,单体正构烷烃的含量在碳数分布上大都有一最高值,如大庆原油200~500℃馏分中C_{19}正构烷烃含量最高,占原油0.94%;华北原油200~500℃馏分中C_{23}正构烷烃含量最高,占原油1.05%。胜利原油200~500℃馏分中正构烷烃分布呈双峰形。各图右上角的小图为各原油200~500℃馏分中每50℃馏分的正构烷烃含量(在馏分中的质量分数)。大庆原油300~350℃馏分中正构烷烃最多,占45%;而华北原油350~400℃馏分中正构烷烃最多,占46.8%。比较图2-1与图2-3可以明显看出,大庆原油低碳数(C_{20}以下)的正构烷烃比华北原油多,而高碳数的正构烷烃比华北原油少。图2-1、图2-2、图2-3同时表明有C_{15}到C_{20}的类异戊二烯烷烃($i\text{-}C_{15} \sim i\text{-}C_{20}$)的存在。

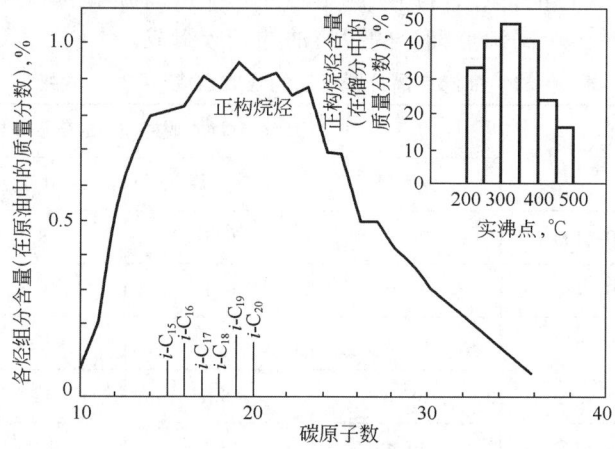

图2-1　大庆原油200~500℃馏分中单体正构烷烃及$i\text{-}C_{15} \sim i\text{-}C_{20}$类异戊二烯烷烃含量

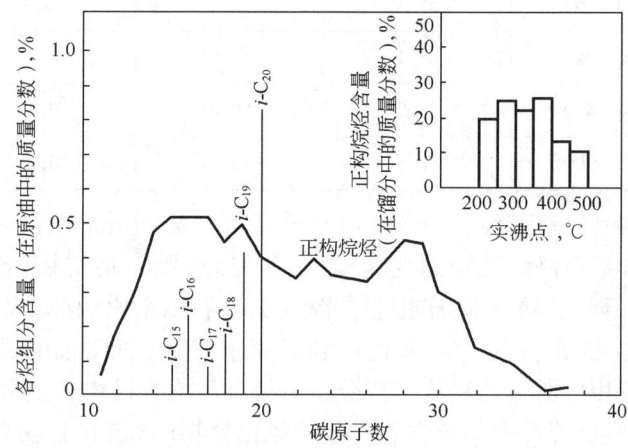

图2-2　胜利原油200~500℃馏分中单体正构烷烃及$i\text{-}C_{15} \sim i\text{-}C_{20}$类异戊二烯烷烃含量

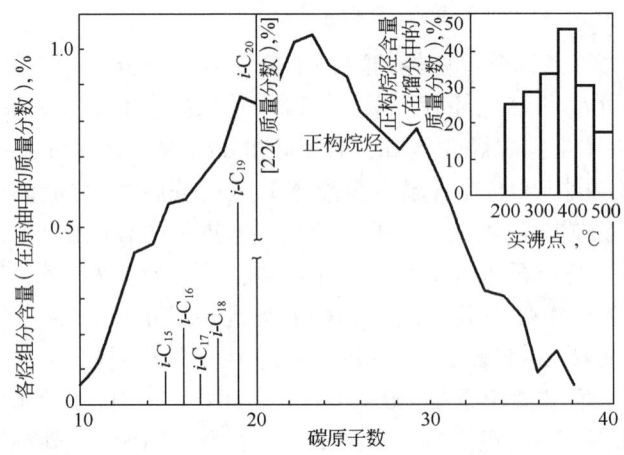

图 2-3 华北原油 200~500℃ 馏分中单体正构烷烃及 $i\text{-}C_{15} \sim i\text{-}C_{20}$ 类异戊二烯烷烃含量

3) 中间馏分及高沸点馏分的烃族组成

石油中间馏分及高沸点馏分的烃族组成的测定可采用质谱法或液相色谱法。

液相色谱法可将石油的中间馏分及高沸点馏分分离成饱和烃(烷烃及环烷烃)、轻芳烃、中芳烃、重芳烃及胶质。目前,该法可用来测定石油高沸点馏分中的润滑油潜含量。表 2-22 为大庆、胜利、大港原油三个高沸点馏分的脱蜡油的烃族组成。

表 2-22 高沸点馏分脱蜡油的烃族组成(-30℃脱蜡)

原油名称	沸点范围 ℃	烃族组成(在脱蜡油中的质量分数),%			
		饱和烃	轻芳烃	中芳烃	重芳烃及胶质
大庆原油	350~400	76.8	6.5	8.1	8.6
	400~450	75.6	6.4	9.8	8.3
	450~500	66.2	17.5	7.9	8.6
胜利原油	355~399	58.1	18.1	11.8	12.0
	399~450	59.4	18.1	11.0	11.5
	450~500	55.3	15.6	15.2	14.5
大港原油	350~400	63.1	12.6	8.3	16.0
	400~450	66.0	10.6	7.7	15.7
	450~500	60.5	12.9	8.0	18.6

表 2-22 中的饱和烃、轻芳烃及中芳烃的总含量可作为润滑油的潜含量。表中数据还表明,各馏分的饱和烃含量很高。虽经深度脱蜡(-30℃)脱除正构烷烃,各脱蜡油馏分的饱和烃(剩余的异构烷烃和环烷烃)含量仍超过一半,尤其是石蜡基原油(如大庆原油)的高沸点馏分的饱和烃含量更高。因此,石蜡基原油的高沸点馏分是生产润滑油的优质原料。

必须指出,采用液相色谱法的烃族组成分析所得到的饱和烃中未能分开正构烷烃、异构烷烃和环烷烃。在轻、中、重芳烃中仍包含着一些非烃化合物(含硫化合物),而且轻、中、重芳烃也并不能完全对应于单环、双环和多环芳烃。

随着石油加工技术的发展,采用液相色谱法得到的烃族组成数据已不能完全满足加工工艺的技术要求,近年来已广泛采用液相色谱与质谱相结合的方法分析石油的中间馏分及高沸点馏分,即先用液相色谱将柴油或蜡油馏分分离成饱和烃以及单环、双环和多环芳烃,然后再用质谱分析各个烃族,得到正构烷烃、异构烷烃、不同环数的环烷烃以及不同环数的芳烃的组成数据。该方法已经成为我国(NB/SH/T 0606)和美国(ASTM D2425 及 ASTM D8144-18)石油中间馏分烃族组成的标准方法。表2-23及图2-4、图2-5和图2-6为我国大庆、胜利、华北原油200~500℃馏分用质谱法所测得的烃族组成数据。图中 n-P 代表正构烷烃;i-P 代表异构烷烃;N_1、N_2、N_{3+} 分别代表单环、双环、三环及三环以上的环烷烃;A_1、A_2、A_{3+} 分别代表单环、双环、三环及三环以上的芳烃。各烃类含量均以归一化的面积百分数表示。

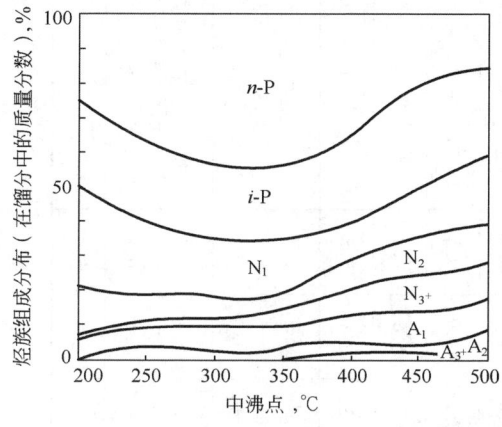

图2-4 大庆原油200~500℃馏分的烃族组成分布

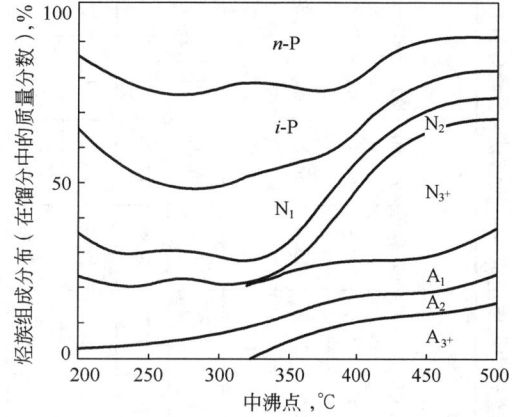

图2-5 胜利原油200~500℃馏分的烃族组成分布

由表2-23以及图2-4、图2-5、图2-6可以看出,三种原油200~500℃馏分中的烷烃含量都很高,而且在200~300℃(或350℃)馏分范围内,烷烃含量随馏分沸点上升而增加;在300~500℃(或350~500℃)馏分范围内,烷烃含量随馏分沸点上升而下降。环烷烃含量则与此相反,在200~400℃(或350℃)馏分范围内,环烷烃含量随馏分沸点上升而降低;在400~500℃(或350~500℃)馏分范围内,环烷烃含量随馏分沸点上升而增加。芳烃含量基本上随馏分沸点上升而增加。三种原油200~

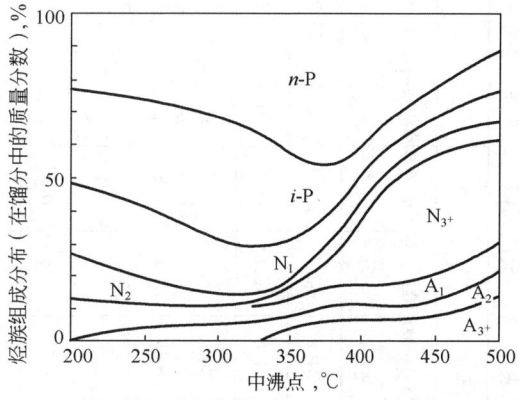

图2-6 华北原油200~500℃馏分的烃族组成分布

500℃馏分中环烷烃及芳烃的含量均随环数的增加逐步降低,大于四环的芳烃和环烷烃含量很少;其中,中间馏分的环烷烃及芳烃中仍以单环及双环为主,而高沸点馏分的环烷烃及芳烃中以三环及四环占优势。大庆原油200~450℃馏分的烷烃含量均大于50%,450~500℃馏分中下降至45%;环烷烃含量为25%~39%;芳烃含量为8%~16%;环烷烃及芳烃中均以单环烃占优势。胜利原油各馏分的烷烃含量比大庆原油低,大部分馏分的烷烃含量小于50%;而环烷烃含量在400~500℃馏分内较多,为46%~49%;芳烃含量在200~500℃馏分中为20%~25%。华北原油200~350℃馏分的烷烃含量很高,为57%~72%,350℃以后馏分烷烃含量逐渐降低,200~500℃馏分的总芳烃含量为10%~19%。

表2-23 大庆、胜利、华北原油200～500℃馏分的烃族组成——质谱法（质量分数） %

实沸点蒸馏温度范围℃		大庆原油							胜利原油							华北原油					
		200~250	250~300	300~350	350~400	400~450	450~500	200~240	240~300	300~350	350~400	400~450	450~500	200~250	250~300	300~350	350~400	400~450	450~500
烷烃		55.7	62.0	64.5	63.1	52.8	44.7	43.8	53.4	49.3	43.6	27.5	20.3	56.9	63.3	72.2	62.9	38.8	27.9
环烷烃	合计	36.6	27.6	25.6	24.8	33.2	39.0	36.3	25.7	30.1	29.9	45.6	48.5	32.7	24.5	16.7	20.8	43.8	48.1
	单环环烷	25.6	18.2	17.1	11.8	13.6	17.4	26.3	16.1	24.8	13.7	7.4	8.1	21.2	19.8	14.5	9.2	5.6	8.1
	二环环烷	9.7	6.9	5.7	6.8	8.4	10.6	9.1	8.0	5.3	7.4	7.5	6.5	10.2	4.7	2.2	5.0	5.3	4.7
	三环环烷	1.3	2.5	2.8	2.6	5.3	7.3	0.9	1.6	1.0	3.3	8.8	13.6	1.3	—	—	3.4	6.9	11.2
	四环环烷	0	0	—	2.9	3.3	3.1	0	0	—	5.2	19.4	18.1	0	0	—	3.2	23.5	21.0
	五环环烷	0	0	0	0.7	1.8	0.6	0	0	—	0.3	1.9	2.2	0	0	—	0	1.7	2.8
	六环环烷	0	0	0	0	0.8	—	0	0	—	0	0.6	0	0	0	—	0	0.8	0.3
芳烃	合计	7.7	10.4	9.9	11.8	13.8	15.9	19.9	20.9	20.6	22.9	20.6	25.1	10.4	12.2	11.1	13.9	15.4	19.8
	单环芳香	5.2	6.6	6.8	6.5	7.8	9.0	16.4	15.0	12.1	11.9	9.5	11.1	8.0	7.9	5.9	5.6	6.8	7.2
	双环芳香	2.5	3.6	2.5	3.2	3.3	3.8	3.5	5.7	8.3	6.6	6.2	7.1	2.3	4.2	4.7	4.3	4.7	6.5
	三环芳香	0	0.2	0.6	1.5	1.4	1.6	—	0.2	0.2	2.3	2.8	4.5	0.1	0.1	0.5	2.3	2.2	3.4
	四环芳香	0	0	0	0.5	0.8	0.8	—	—	—	1.3	0.8	1.5	—	—	—	1.2	0.9	1.2
	五环芳香	0	0	0	0	0.1	0.3	—	—	—	0.1	0	0.1	—	—	—	0.1	0	0.2
	未鉴定	0	0	0	0.1	0.4	0.4	—	—	—	0.7	1.3	0.8	—	—	—	0.4	0.8	1.3
噻吩类		0	0	0	0.3	0.2	0.4	—	—	—	1.1	0.4	0.4	—	—	—	0.2	0.3	0.3
胶质①		0	0	0	—	—	—	—	—	—	2.5	5.9	5.7	—	—	—	2.2	1.7	3.9

① 从吸附色谱分离柱上冲洗下来的残留物。

全二维气相色谱(GC×GC)也可以直接得到柴油馏分烃族组成的详细数据,从而避免液相色谱分析的复杂性及带来的累积误差。近年来发展的气相色谱/场电离—飞行时间质谱(GC/FI-TOF MS)技术可以直接得到柴油馏分的碳数分布和化合物类型,甚至可以得到含硫、含氮和含氧等非烃化合物的组成信息。GC/FI-TOF MS 数据通常表示为化合物类型(或同系物)和碳数分布,其一般表达式为 $C_cH_{2c+z}S_sN_nO_o$,其中 c 为碳数,s、n、o 代表分子中杂原子 S、N 和 O 的个数,z 为由分子中的双键数、环数和杂原子个数决定的缺氢数。这些分析技术为从分子层次上快速、细致地分析石油中间馏分组成奠定了基础,也为未来分子炼油技术的实现和智慧炼厂的建立提供基础。

4)中间馏分及高沸点馏分的结构族组成

如上文所述,对于沸点较高的馏分,由于其分子结构复杂以及所含的单体化合物的数目繁多,所以不仅无法测定其单体化合物组成,即使是族组成方法也很难确切地表述其结构特征。而用结构族组成方法则不管馏分的组成和结构如何复杂,都可对其碳氢结构部分用很少的几个平均结构参数从总体上加以定量的描述。该方法可用来比较不同原油在平均结构上的差异或考察石油加工过程中平均结构的变化。对于石油的中间馏分及高沸点馏分(200~500℃),目前常用 $n-d-M$ 法来确定其结构族组成。表 2-24 列出了大庆、胜利、大港原油 200~500℃馏分的结构族组成数据。

表 2-24　大庆、胜利、大港原油 200~500℃馏分的结构族组成($n-d-M$ 法)

原油名称	沸点范围 ℃	结构族组成					
		R_A	R_N	R_T	%C_P	%C_A	%C_N
大庆原油	200~250	0.15	0.43	0.58	68.5	6.0	25.5
	250~300	0.22	0.60	0.82	74.0	8.0	18.0
	300~350	0.28	0.58	0.86	74.5	9.0	16.5
	350~400	0.50	1.00	1.50	66.0	21.8	12.2
	400~450	0.50	1.70	2.20	64.0	25.0	11.0
	450~500	0.70	2.30	3.00	60.0	27.5	12.5
胜利原油	200~250	0.24	0.77	1.01	55.4	11.0	33.6
	250~300	0.31	0.62	0.93	62.1	12.5	25.4
	300~350	0.31	0.71	1.02	64.7	10.7	24.6
	350~425	0.5	1.2	1.7	65.5	11.5	23.0
	425~454	0.8	0.9	1.7	70.5	17.5	12.0
	454~500	0.7	2.3	3.0	56.0	14.0	30.0
大港原油	200~250	0.3	1.0	1.3	38.6	17.2	44.2
	250~300	0.4	1.1	1.5	50.0	17.9	32.1
	300~350	0.5	1.1	1.6	56.0	16.0	28.0
	350~400	0.65	0.60	1.25	68.0	18.0	14.0
	400~450	0.75	1.15	1.90	64.5	16.0	19.5
	450~500	1.00	1.30	2.30	62.0	19.5	18.5

由表 2-24 可以看出,随着馏分沸点增高,各馏分的总环数(R_T)及芳香环数(R_A)逐渐增加。从各类碳的分布来看,烷基碳(C_P)部分在平均结构中一般均超过 50%,大庆原油 250~

350℃馏分中烷基碳部分甚至达到74%,环烷碳(C_N)部分为11.0%～44.2%,芳香碳(C_A)部分为6.0%～27.5%,说明在200～500℃馏分的平均结构中烷基碳占主体。另外,随馏分沸点的增加烷基碳(C_P)、环烷碳(C_N)和芳香碳(C_A)的变化趋势与烷烃、环烷烃和芳烃含量的变化趋势基本一致,这说明结构族组成与烃族组成反映的馏分组成信息是一致的。

4. 石油固态烃的化学组成

石油中有一些高熔点、在常温下为固态的烃类,例如C_{16}以上的正构烷烃以及某些分子量较大、异构程度小、碳链长的异构烷烃,长侧链的环烷烃及芳烃。这些在常温下为固态的烃类在石油中通常是处于溶解状态,但如果温度降低到一定程度,就会有一部分结晶析出。这种从石油中分离出来的固态烃类在工业上称为蜡。按其结晶形状及来源的不同,蜡又分为两种,一种是从柴油及减压馏分中分离出来的结晶较大并呈板状结晶的蜡,称为石蜡;另一种是从减压渣油中分离出来的呈细微结晶的蜡,称为微晶蜡(旧称地蜡)。

石蜡的分子量一般为300～450,分子中碳原子数为17～35,相对密度为0.86～0.94,熔点为30～70℃。

微晶蜡的分子量一般为450～800,分子中碳原子数为30～60。由于微晶蜡化学组成比石蜡复杂,所以无明显的熔点,一般用滴点或滴熔点表示。微晶蜡滴点范围为70～95℃。

1) 石蜡的化学组成

从化学组成来看,石蜡的主要成分是长链正构烷烃,尤其是经过精制后所得的商品石蜡中正构烷烃含量更高。从石蜡基原油所得到的石蜡中正构烷烃含量一般在80%以上。除正构烷烃外,在石蜡中还含有少量异构程度小、碳链长的异构烷烃,长侧链的环烷烃以及极少量的芳烃。表2-25为国外六种石蜡的化学组成。表2-26为我国几种石蜡样品的化学组成。

表2-25 国外六种石蜡的化学组成

项目		石 蜡					
		A	B	C	D	E	F
熔点,℃		52.8	57.8	58.1	59.4	—	63
组成(质量分数)%	正构烷烃	94.0	86.4	81.9	82.2	75.5	66.5
	异构烷烃	2.6	6.3	10.4	8.2	13.5	17.9
	单环环烷	3.4	7.1	7.4	9.0	10.2	13.4
	双环环烷	0.0	0.1	0.3	0.5	0.6	1.9
	单环芳烃	0.0	痕迹	0.0	0.1	0.2	0.3
	双环芳烃	0.0	0.0	0.0	0.0	0.0	痕迹

表2-26 我国几种石蜡样品的化学组成(质量分数)　　　%

项目		大庆硬蜡	大庆皂蜡	大庆蜡膏(350～500℃)	长庆蜡膏(350～500℃)	华北蜡膏(350～500℃)
烷烃		95.1	84.6	88.4	89.3	86.5
环烷烃	总计	4.8	13.6	10.9	6.6	12.6
	单环环烷	4.0	10.7	8.1	2.8	6.6
	二环环烷	0.6	2.1	2.0	2.0	1.4
	三环环烷	0.2	0.8	0.8	1.1	1.3

续表

项目		大庆硬蜡	大庆皂蜡	大庆蜡膏（350~500℃）	长庆蜡膏（350~500℃）	华北蜡膏（350~500℃）
环烷烃	四环环烷	0.0	0.0	0.0	0.7	3.3
	五环环烷	0.0	0.0	0.0	0.0	0.0
	六环环烷	0.0	0.0	0.0	0.0	0.0
总饱和烃		99.9	98.2	99.3	95.9	99.1
芳烃	总计	0.1	1.6	0.7	4.1	0.9
	单环芳烃	0.1	0.5	0.7	4.1	0.9
	二环芳烃	0.0	0.4	0.0	0.0	0.0
	三环芳烃	0.0	0.4	0.0	0.0	0.0
	四环芳烃	0.0	0.1	0.0	0.0	0.0
	五环芳烃	0.0	0.0	0.0	0.0	0.0
	未鉴定	0.0	0.2	0.0	0.0	0.0
噻吩类		0.0	0.0	0.0	0.0	0.0
胶质[①]		0.0	0.2	0.0	0.0	0.0

①胶质含量是吸附色谱分离结果。

2) 微晶蜡的化学组成

微晶蜡的分子量、密度、黏度及折射率等都比石蜡高，其颜色一般也比石蜡深。微晶蜡不像石蜡那样容易脆裂，具有较好的延性、韧性和黏附性。

从化学组成上看，微晶蜡与石蜡的化学组成不一样。石蜡的主要成分是正构烷烃，而微晶蜡中正构烷烃含量一般较少，其主要成分是带有正构或异构烷基侧链的环状烃，尤其是环烷烃。表2-27列出了三种原油微晶蜡的化学组成数据。三种原油微晶蜡组成中，环状烃类的含量约为80%，其中大部分是环烷烃。

表2-27 微晶蜡的化学组成（质量分数） %

原油种类	正构烷烃	异构烷烃	带正构烷基侧链环烷烃	带异构烷基侧链环烷烃	带正构烷基侧链芳烃	带异构烷基侧链芳烃
原油A	15.4	0	67.3	13.2	0	4.1
原油B	12.9	0	56.6	29.7	0.8	0
原油C	10.3	10.3	22.0	38.3	14.7	4.4

第三节 石油中的非烃化合物

石油中含有相当数量的非烃化合物，即分子中含有硫、氮、氧以及金属的有机化合物，尤其在石油重质馏分和减压渣油中其含量更高。在前面曾提到烃类是石油的主体，组成石油的主要元素是碳和氢，而硫、氮、氧等杂元素总量一般占1%~5%。但是切不可以为这些杂原子的含量是无足轻重的，因为在石油中硫、氮、氧主要是以化合物形态存在。因此从非烃化合物角度来看，它们在石油中的含量就相当可观了。

非烃化合物的存在对于石油的加工工艺以及石油产品的使用性能都具有很大影响。例如,石油加工中的催化转化过程、大部分精制过程以及催化剂的中毒问题、炼油厂的环境污染问题和石油产品的储存、使用等许多问题都与非烃化合物密切相关。

为了更好地解决石油加工和产品应用中的一些问题,同时也为了合理利用非烃化合物这部分石油资源,就必须对石油中非烃化合物的化学组成、存在形态及分布规律等有所认识。

石油中的非烃化合物主要包括含硫、含氮、含氧化合物以及胶状沥青状物质。

一、石油中的含硫化合物

1. 石油及其馏分中硫的分布

视频2-6 石油中的含硫化合物

硫是石油的组成元素之一。不同原油的硫含量相差很大,从万分之几到百分之几,例如,我国克拉玛依原油硫含量只有0.04%~0.09%(质量分数),委内瑞拉原油硫含量高达5.5%(质量分数)。由于硫对石油加工、油品应用和环境保护的影响很大,所以硫含量常作为评价石油的一项重要指标。

通常将硫含量高于2.0%(质量分数)的石油称为高硫石油,低于0.5%(质量分数)的称为低硫石油,介于0.5%~2.0%(质量分数)之间的称为含硫石油。由表2-8中可看出,我国原油大多属于低硫石油(如大庆、长庆等原油)和含硫石油(如胜利等原油)。

硫在石油馏分中的分布一般是随着石油馏分沸程的升高而增加,大部分硫集中在重馏分和渣油中。表2-28为我国主要原油各馏分中硫的分布。数据表明,汽油馏分的硫含量最低,减压渣油的硫含量最高,除吐哈和轮一联原油外,我国大多数原油中约有70%的硫集中在减压渣油中。表2-29为中东等地区原油各馏分中硫的分布。数据也表明,随着石油馏分沸程的升高,硫含量也呈增多的趋势,但渣油中硫占原油中硫的比例普遍比我国原油的低,半数原油低于50%。这并不一定是硫在减压渣油中的富集程度(渣油的硫含量/原油的硫含量之比)低,也可能是国外原油偏轻致使减压渣油收率低的缘故。

表2-28 我国原油各馏分中硫的分布

馏分(沸程)℃	硫含量,μg/g							
	大庆	胜利	孤岛	辽河	中原	江汉①	吐哈	轮一联
原油	1000	8000	20900	2400	5200	18300	300	8598
<200	108	200	1600	60	200	600	20	30
200~250	142	1900	5200	130	1300	4400	110	250
250~300	208	3900	8800	460	2200	5900	200	980
300~350	457	4600	12300	880	2800	6300	300	3020
350~400	537	4600	14200	1190	3400	10400	350	5540
400~450	627	6300	11020	1100	3400	15400	440	6640
450~500	802	5700	13300	1460	4300	16000	680	8570
>500(渣油)	1700	13500	29300	3600	9400	23500	940	16700
渣油中硫/原油中硫,%	74.7	73.3	75.0	70.0	68.0	72.2	30.1	38.1

①江汉原油的馏分切割温度稍有差异。

表 2-29　中东等地区原油各馏分中硫的分布

馏分(沸程) ℃	硫含量, μg/g						
	伊朗轻质	沙特阿拉伯中质	沙特阿拉伯重质	沙特阿拉伯轻质	阿联酋	阿曼①	安哥拉
原油	14000	24200	28500	18000	8300	9500	2170
<200	800	700	790	410	270	300	80
200~250	4300	2840	3230	1730	1030	1400	250
250~300	9300	8120	10960	10310	5600	2900	540
300~350	14400	14230	20400	16110	9300	6200	750
350~400	17000	19590	25200	22100	11600	7400	1090
400~450	17000	22420	27100	23400	12500	9200	1100
450~500	20000	25400	30100	25700	13500	11600	1250
>500(渣油)	34000	38100	55000	39300	16000	21700	2400
渣油中硫/原油中硫,%	55.9	48.2	57.3	43.4	30.6	66.1	38.8

①阿曼原油的馏分切割温度稍有差异。

必须指出,有一部分含硫化合物对热不稳定,在原油蒸馏过程中容易分解成分子较小的硫化物,因而测定蒸馏产物中的硫含量往往并不能完全准确地反映原来石油馏分中硫的真正分布情况。

2. 石油及其馏分中硫的存在形态

硫在石油中的存在形态已经确定的有单质硫、硫化氢及硫醇、硫醚、二硫化物、噻吩等类型的有机含硫化合物,此外尚有少量其他类型的含硫化合物。这些含硫化合物按性质可分为两大类:活性硫化物和非活性硫化物。活性硫化物主要包括单质硫、硫化氢和硫醇等,它们的共同特点是对金属设备有较强的腐蚀作用;非活性硫化物主要包括硫醚、二硫化物和噻吩等对金属设备腐蚀作用很小甚至无腐蚀作用的硫化物,一些非活性硫化物经受热分解后会转变成活性硫化物。

石油中的硫化物除了单质硫和硫化氢外,其余均以有机硫化物的形式存在。表 2-30 列出了国外几种原油中硫类型的分布,表中的"其余硫"可以认为主要是噻吩硫。由表中可以看出,虽然不同原油之间的硫化物类型含量差别较大,但原油中的含硫化合物一般以硫醚类和噻吩类为主。表中数据表明原油中元素硫含量很少,硫化氢含量极少。由于油藏处于弱还原环境和一定的温度,原油中的硫化物在地层岩石和微生物催化条件下受热分解会产生硫化氢,而硫化氢又容易被氧化生成单质硫,所以原油中的硫化氢可能原生和次生共存,单质硫可能主要是次生的。利用硫化氢易氧化的特性,在原油开发、储运过程中可以通过加入少量氧化剂的办法消除硫化氢挥发带来的中毒危险、环境污染和腐蚀问题。

表 2-30　国外几种原油中硫类型的分布

原油产地	原油中硫含量(质量分数)%	硫类型分布(质量分数),%					
		单质硫	硫化氢硫	硫醇硫	硫醚硫	二硫化物硫	其余硫
美国,得克萨斯州,威逊	1.85	0.1	0	15.3	24.6	7.4	52.6
美国,密歇根州,得波利法	0.58	0.0	0	45.9	3.0	22.5	28.6

续表

原油产地	原油中硫含量(质量分数)%	硫类型分布(质量分数),%					
		单质硫	硫化氢硫	硫醇硫	硫醚硫	二硫化物硫	其余硫
美国,俄克拉荷马州,瓦尔玛	1.36	0.4	0	1.1	53.9	0.7	43.9
伊朗,阿卡加里	1.36	0.0	0	8.5	22.4	3.4	65.7
伊拉克,克利考克	1.93	0.0	0	7.9	45.5	3.5	41.0
美国,加利福尼亚州,萨塔玛利亚	4.99	0.0	0	0.2	41.6	0.0	58.2
美国,怀俄明州,阿米哥巴斯	3.25	0.3	0	1.7	28.5	1.3	68.2
美国,得克萨斯州,斯洛塔	2.01	1.2	0	10.8	30.0	9.2	48.8
美国,密西西比州,哈依得巴克	3.76	0.2	0	0.0	19.5	0	80.3
美国,得克萨斯州,克鲁多苏米斯	2.17	42.5	0	10.6	20.7	8.4	17.3

原油中硫醇(RSH)的含量一般不多,而且多存在于轻馏分中,在轻馏分中硫醇硫的含量往往占其总硫含量的40%~50%(表2-31)。随着馏分沸程升高,硫醇含量急剧降低,在350℃以上的高沸点馏分中硫醇的含量极少(表2-31)。硫醇中的R基可为烷基,也可以是环烷基或芳香基(如苯硫酚),有的硫醇同时含有芳香基和烷基,例如苄硫醇以及混合结构的更为复杂的硫醇。低分子的甲硫醇(CH_3SH)、乙硫醇(CH_3CH_2SH)等具有极为强烈的特殊臭味,空气中甲硫醇浓度为$2.2 \times 10^{-12} g/m^3$时,人就可以闻到,因此可以将它们加入燃气中作为漏气的警报信号。

表2-31 原油各馏分中的硫化物类型分布

原油	馏 分		馏分中硫化物类型分布(质量分数),%					
	沸程℃	硫含量(质量分数),%	单质硫	硫化氢硫	硫醇硫	硫醚硫	二硫化物硫	其余硫
伊朗达留斯	<38	0.0100	—	—	84.00	—	—	16.00
	38~110	0.0410	0.98	9.76	46.34	39.02	—	3.90
	110~150	0.1137	3.52	7.04	50.15	29.46	7.04	2.81
	150~200	0.1780	2.13	3.37	18.87	64.43	5.00	6.18
	200~250	0.3650	—	—	1.26	65.75	0.63	32.36
	250~300	1.1800	—	0.06	0.40	30.76	0.34	68.44
	300~350	1.7600	—	0.04	0.06	26.55	0.07	73.27
沙特阿拉伯中质	20~100	0.05	0.00	2.14	49.00	35.45	9.00	4.45
	100~150	0.07	0.00	1.80	43.60	33.99	4.29	16.32
	150~200	0.11	0.00	0.36	16.36	54.55	2.27	26.45
	200~250	0.41	0.00	0.73	48.25	0.12	50.90	
	250~300	1.06	0.00	0.00	0.26	25.28	0.00	74.44
	300~350	1.46	0.00	0.00	0.18	21.23	0.00	78.59

硫醇对热不稳定,低分子硫醇如丙硫醇在300℃下即分解生成硫醚和硫化氢,当温度高于400℃时,硫醇分解生成相应的烯烃和硫化氢。硫醇可与氢氧化钠反应生成硫醇钠,因此可以通过碱洗脱除:

$$RSH + NaOH \longrightarrow RSNa + H_2O$$

随着硫醇分子量的增大其酸性减弱,使得所生成的硫醇钠更容易发生水解,从而使碱洗脱硫醇变得更加困难。此外,硫醇在一定条件下可以氧化生成二硫化物,从而脱除臭味。

硫醚(RSR′)是石油中含量较高的硫化物,它在石油的轻馏分和中间馏分中的含量往往可达该馏分硫含量的 50% ~ 70%。

硫醚的存在形态很多,硫醚中的 R 基可以是烷基(正构或异构)、环烷基或芳香基,相应的硫醚分别称为烷基硫醚、环烷基硫醚和芳香基硫醚。当硫原子位于环烷环上时也称环硫醚。在石油中的环硫醚多为五元环或六元环的环硫醚,但也发现了少量其他环结构的环硫醚。研究表明,在许多原油的柴油及减压馏分中,所含的硫醚主要是环硫醚。此外,也存在 R 基为芳香基的硫醚(例如二苯硫醚)。芳香硫醚和环硫醚的热稳定性相当高,在 400 ~ 450℃或更高的温度下才开始分解。但当有硅酸铝(催化裂化催化剂)存在时,硫醚加热到 300 ~ 450℃时就开始分解而生成硫化氢等产物。当有加氢催化剂(如 Co-Mo/Al$_2$O$_3$)和氢气存在时,硫醚的分解温度更低。

硫醚属于中性有机化合物,因此不能用碱将它除去。低分子硫醚无色但有臭味,沸点比相应的醚类高。硫醚不溶于水,也不与金属发生反应,但分子中的硫原子有形成高价化合物的倾向。在室温下,硫醚与硝酸或过氧化物作用生成亚砜;在较高温度下,双氧水—冰醋酸溶液能使硫醚直接氧化成砜。其反应式如下:

$$CH_3-S-CH_3 + H_2O_2 \longrightarrow CH_3-\overset{O}{\underset{\parallel}{S}}-CH_3 + H_2O$$

$$CH_3-S-CH_3 + 2H_2O_2-CH_3COOH \xrightarrow{加热} CH_3-\overset{O}{\underset{\underset{O}{\parallel}}{\overset{\parallel}{S}}}-CH_3 + 2H_2O + 2CH_3COOH$$

二硫化物(RSSR′)在石油馏分中含量很少,一般不超过该馏分硫含量的 10%(质量分数),而且较多集中于石油的低沸点馏分中。二硫化物也属中性有机化合物,不与金属作用,它与硫醚相比热稳定性较差,受热后分解成硫醚和单质硫,也可分解成硫醇、烯烃和单质硫,反应如下:

$$\begin{matrix} R-CH_2CH_2-S \\ | \\ R-CH_2CH_2-S \end{matrix} \xrightarrow{加热} \begin{matrix} R-CH_2CH_2 \\ \diagdown \\ \diagup \\ R-CH_2CH_2 \end{matrix} S + S$$

$$\begin{matrix} R-CH_2CH_2-S \\ | \\ R-CH_2CH_2-S \end{matrix} \xrightarrow{加热} R-CH_2CH_2SH + R-CH=CH_2 + S$$

噻吩及其同系物是一种芳香性的杂环化合物,它们是石油中主要的一类含硫化合物。噻吩的物理化学性质与苯系芳烃很接近,例如易溶于浓硫酸中、容易被磺化等。噻吩没有难闻的气味,对热的稳定性很高,故在热分解产物中噻吩含量相当高。目前在石油馏分中已分离出许多噻吩的同系物,例如:

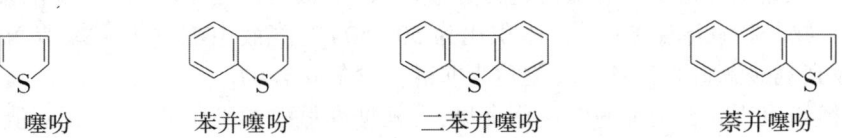

噻吩　　　苯并噻吩　　　二苯并噻吩　　　萘并噻吩

噻吩及<C_3烷基取代的噻吩主要集中在汽油馏分中,苯并噻吩系和<C_3烷基取代的二苯并噻吩主要集中在柴油馏分中,长侧链或多烷基取代的苯并噻吩系、二苯并噻吩系和萘并噻吩系化合物主要集中在石油重质馏分中,它们的结构及性质都与苯系稠环化合物相似,热稳定性都很高,化学反应性也不活泼。

除上述含硫化合物外,原油中还有一部分硫存在于渣油及其胶质、沥青质中,将在第五节中述及。

二、石油中的含氮化合物

1. 石油中的氮含量及分布

石油中的氮含量一般比硫含量低,通常在0.05%～0.5%(质量分数)范围内,仅有约4%的原油的氮含量超过0.6%(质量分数)。石油中的氮分布也是随着馏分沸程的升高,氮含量迅速增加,约有80%的氮集中在400℃以上的重油中。我国原油氮含量偏高,而且我国大多数原油的渣油中浓集了约90%的氮(表2-32)。国外原油的渣油中氮占原油中氮的比例比我国原油低,有些原油低于80%。这并不一定是氮在减压渣油中的富集程度(渣油的氮含量/原油的氮含量之比)低,也可能是原油减压蒸馏拔出率高、减压渣油收率低的缘故。

视频2-7 石油中的含氮、含氧化合物

表2-32 原油各馏分中氮的分布

馏分(沸程),℃	氮含量,$\mu g/g$								
	大庆	胜利	孤岛	中原	吉尔格朗图	轮南	惠州	伊朗轻质	阿曼
原油	1600	4100	4300	1700	3600	1100	390	1200	1600
<200	0.8	3.0	2.4	1.6	<24	1.3	1.2	2.7	1.7
200～250	6.4	12.4	17.6	11.0	47	4.7	4.2	9.5	2.6
250～300	12.4	77.4	44.3	41.0	148	15.5	13	87.5	8.4
300～350	67.0	111	199	102	531	—	35	558	94.4
350～400	176	776	927	280	1221	240	127	1072	132
400～450	414	1000	1060	440	1700	615	427	1518	906
450～500	705	1600	1710	660	1900	1265	750	1948	1300
>500(渣油)	2900	8500	8800	5300	5400	2800	3098	3700	5200
$\frac{渣油中氮}{原油中氮}$,%	90.9	92.2	92.5	93.5	89.2	64.9	73.6	70.4	88.9

石油中的含氮化合物对石油的催化加工和产品的使用性能都有不利的影响,它们往往使催化剂中毒失活,或引起石油产品的安定性变差,易生成胶状沉淀。发动机燃料中的含氮化合物在燃烧时生成氮氧化合物危害人体健康,污染环境,所以必须尽可能加以脱除。

2. 石油中含氮化合物的类型

石油中的含氮化合物按其酸碱性通常分成两大类:碱性含氮化合物和非碱性含氮化合物。碱性含氮化合物是指在冰醋酸—苯(体积比为50:50)的溶液中能够被高氯酸滴定的含氮化合物,不能被高氯酸滴定的含氮化合物称为非碱性含氮化合物。

为了更精细地研究石油中的含氮化合物,可根据高氯酸的滴定曲线,按pK_a值将其进一步分成强碱性、弱碱性和非碱性含氮化合物,即 pK_a > 2 的为强碱性含氮化合物, $-2 \leq pK_a \leq 2$ 的为弱碱性含氮化合物,pK_a < -2 的为非碱性含氮化合物。一般粗略地认为,胺类、吡啶类和喹啉类属于强碱性含氮化合物,吡咯类和酰胺类属于弱碱性含氮化合物,而将咔唑类归为非碱性含氮化合物(表 2-33)。但这种区分并不严格,而且碱性的强弱仅具有相对的意义,在一定条件下,碱性与非碱性含氮化合物之间能够相互转化。例如,在加氢过程中含氮杂环会发生部分饱和,使非碱性或弱碱性含氮化合物转化为碱性或强碱性含氮化合物,如非碱性含氮化合物咔唑加氢时部分饱和转化成碱性的四氢咔唑:

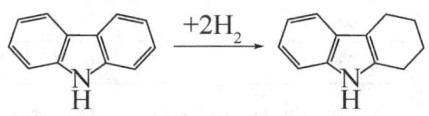

表 2-33 一些典型含氮化合物的 pK_a 值

化合物名称		pK_a值	化合物名称		pK_a值
胺类	二乙胺	11.0	吡啶类、喹啉类	吖啶	5.58
	三甲胺	9.8		3,4-二苯并喹啉	4.61
	四氢吡咯	11.3	吡咯类、吲哚类、咔唑类	吡咯	-0.27
	苯胺	4.6		吲哚	-2.4
	2,6-二甲基苯胺	3.9		咔唑	< -2
吡啶类、喹啉类	吡啶	5.21		2-甲基吡咯	0.2
	2-甲基吡啶	6.5		N-甲基吡咯	-1.8
	2,4-二甲基吡啶	6.99	酰胺类	乙酰基苯胺	-1.6
	喹啉	4.9		苯甲酰胺	-1.8
	异喹啉	5.42		乙酰胺	-0.5
	2,4-二甲基喹啉	5.12		苯酰基苯胺	-2

研究表明,尽管各种原油的产地、性质不同,但它们含有碱性氮的量与总氮量之间的比例关系大体相同。一般来说,原油中的碱性氮的含量占总氮含量的 1/4 ~ 1/3(表 2-34),在石油渣油中碱性氮与总氮之间的比例关系基本符合上述规律(表 2-35)。然而原油的轻馏分中碱性氮含量与总氮含量之比并不遵循此规律,往往碱性含氮量占到总氮含量 50% ~ 70%,甚至更多。

表 2-34 原油中碱性氮与总氮含量关系

原 油 名 称	碱性氮(N_B)含量 (质量分数),%	总氮(N_T)含量 (质量分数),%	N_B/N_T,%
杰克逊(美国)	0.01	0.04	25
米兰都(美国)	0.01	0.04	25
斯库利哥提(美国)	0.02	0.06	33
东得克萨斯(美国)	0.02	0.08	25
西得克萨斯(美国)	0.03	0.11	27
堪萨斯(美国)	0.04	0.12	33
密得康蒂南(美国)	0.025	0.10	25
圣大玛利(美国)	0.19	0.66	29

原油名称	碱性氮(N_B)含量（质量分数），%	总氮(N_T)含量（质量分数），%	N_B/N_T，%
文图拉(美国)	0.13	0.42	31
凯特曼(美国)	0.14	0.41	34
威明顿(美国)	0.14	0.50	28
蒂博比丘利(美国)	0.033	0.13	25
格依哥利欧(美国)	0.02	0.08	25
科威特	0.03	0.12	25

表2-35 石油渣油中碱性氮与总氮含量关系

渣油名称	碱性氮(N_B)含量（质量分数），%	总氮(N_T)含量（质量分数），%	N_B/N_T，%
大庆减渣	0.156	0.52	30.0
孤岛减渣	0.344	0.90	38.2
单家寺减渣	0.342	1.03	33.2
威明顿渣油(美国)	0.34	1.13	30.1
圣大玛利渣油(美国)	0.26	0.93	28.0
科威特渣油	0.09	0.35	25.7

石油及其馏分中的碱性含氮化合物主要有吡啶类、喹啉类、异喹啉类和吖啶类，在石油中苯胺类衍生物的含量极少。随着馏分沸程的升高，其碱性含氮化合物的环数也相应增多。从表2-36可以看出，在美国威明顿原油的轻馏分中，碱性含氮化合物主要以烷基吡啶和环烷基吡啶的衍生物为主，随着馏分沸程升高，吡啶衍生物的含量降低而喹啉衍生物的含量增加。目前已检测到的石油含氮化合物，不论碱性或非碱性含氮化合物，其氮原子均处在环结构中，为氮杂环系化合物。脂肪族含氮化合物在石油中较少发现。

表2-36 美国威明顿原油各馏分中碱性含氮化合物

碱性含氮化合物类型	各馏分中碱性含氮化合物的类型分布(质量分数)，%		
	130~250℃馏分	250~300℃馏分	300~350℃馏分
烷基吡啶	37	5	0
环烷基吡啶	55	45	18
苯基吡啶	0	19	5
烷基喹啉	8	31	60
环烷基喹啉	0	0	10
苯并喹啉	0	0	7

石油及其馏分中的弱碱性和非碱性含氮化合物主要有吡咯类、吲哚类和咔唑类。随着馏分沸程升高，非碱性含氮化合物增加，非碱性含氮化合物更集中在石油较重的馏分以及渣油中。石油中的非碱性含氮化合物(如吡咯、吲哚等的衍生物)性质不稳定，易被氧化和聚合，是导致石油二次加工油品颜色变深和产生沉淀的主要原因之一。

近年来，随着气相色谱检测器技术的进步，多种对微量硫、氮敏感的选择性检测器不断商业化,如 AED(原子发射检测器)、SCD(硫化学发光检测器)和 PFPD(脉冲火焰光度检测器)等,已经可以实现对汽油和柴油馏分中硫、氮化合物的类型以及单体结构进行直接色谱分析,提供了更为细致的含硫、含氮化合物组成和结构信息。

石油中还有另一类重要的非碱性含氮化合物,即卟啉化合物。卟啉化合物是石油含氮化合物中最引起人们兴趣的一类非碱性含氮化合物,这不仅由于它对石油加工有重要影响,而且是因为它们是重要的生物标志物质,在研究石油的成因中有重要的意义。卟啉化合物的基本结构单元是卟吩或卟啉核。卟吩是由四个吡咯环对称地与四个次甲基交替相连而构成的一种复杂共轭环系结构。当卟吩的吡咯环上带有各种取代基时,便形成各种卟啉化合物。石油中的卟啉化合物大多是与钒(VO^{2+})或镍(Ni^{2+})以配合物的形式存在的。石油中卟啉化合物的类型很多,其中最主要的有两种类型,即脱氧叶红初卟啉(简称 DPEP)和初卟啉Ⅲ(简称 ETIO),其结构如下:

脱氧叶红初卟啉　　　　　　初卟啉Ⅲ

研究表明,由于卟啉中四个吡咯环构成高度稳定的共轭双键体系,因此在紫外和可见光范围内有强烈的特征吸收峰。游离卟啉在 500～600μm 处有四个特征吸收峰,金属卟啉化合物则在 515～535μm 和 550～575μm 处各有一个吸收峰。

石油中金属卟啉化合物主要是钒卟啉化合物和镍卟啉化合物这两种类型。它们大部分存在于石油重馏分中,尤其是存在于减压渣油中(>500℃)。一般说来,在含硫的石油中钒卟啉化合物含量较高,而在少硫、高氮的石油中则镍卟啉化合物含量较高。我国原油多为少硫、高氮石油,因而卟啉化合物多以镍卟啉化合物为主,钒卟啉化合物的含量较少。关于金属卟啉化合物的其他性质将在第四节中进一步加以阐述。

三、石油中的含氧化合物

石油中的含氧量一般在千分之几范围内,只有个别石油含氧量较高,可达 2%～3%。但是,若石油在加工前或加工后长期暴露在空气中,那么其含氧量就会大大增加。由于过去的元素分析技术不能直接测定石油的氧含量,氧含量数值多是从元素分析中用减差法求得的(即用 100% 减去碳、氢、硫、氮的含量),实际上包含了全部的分析误差,因此数据并不十分可靠。目前,氧含量已经可以实际测得,数据比之前更加准确。石油中的含氧量虽然很低,但石油中含氧化合物的数量仍然可观。而且,含氧化合物尤其是酸性含氧化合物对石油的加工和产品使用均有不利的影响,如引起设备腐蚀和安定性变差等。

石油中的氧元素都是以有机含氧化合物的形式存在的。这些含氧化合物大致有两种类型:酸性含氧化合物和中性含氧化合物。石油中的酸性含氧化合物包括环烷酸、芳香酸、脂肪酸和酚类等，它们总称为石油酸。石油中的中性含氧化合物包括酮、醛和酯类等，它们在石油中的含量极少，因而石油中的含氧化合物以酸性含氧化合物为主。

1. 石油中的酸性含氧化合物

石油中酸性含氧化合物的含量一般用酸度（或酸值）来间接表示。酸度是指中和100mL油样中的酸性化合物所需的氢氧化钾毫克数（mg KOH/100mL），一般适用于轻质油品；酸值是指中和1g油样中的酸性化合物所需的氢氧化钾毫克数（mg KOH/g），一般适用于重质油品。需指出，酸度（或酸值）与酸含量并不是等同的概念。油样中的酸性化合物含量不仅与其酸度（或酸值）有关，而且与其平均分子量有关。当油样的酸度（或酸值）相同时，分子量越大表明其中酸性化合物的含量越高。倘若样品的分子量相同，那么酸度（或酸值）越高，表明其中酸性化合物的含量也越高。表2-37为我国原油的酸值。由表可看出，环烷基原油的酸值较高，其中单家寺原油的酸值高达7.4mg KOH/g，而石蜡基原油的酸值较低。通常来说，原油越重，其酸值越高；大部分石蜡基轻质原油的酸值较低，而大部分环烷基重质原油的酸值较高。

表2-37 我国原油的酸值

原油产地	酸值 mg KOH/g	原油类别	原油产地	酸值 mg KOH/g	原油类别
大庆	0.045	低硫石蜡基	二连浩特	0.24	低硫石蜡基
长庆	0.10	低硫中间—石蜡基	吉尔格朗图	2.93	低硫环烷基
兴隆台	0.18	低硫中间—石蜡基	冀中	0.34	低硫石蜡基
坨子里	1.82	低硫环烷—中间基	大港	0.64	低硫中间基
胜利	1.08	含硫中间基	井楼	5.85	低硫环烷基
孤岛	1.28	含硫环烷—中间基	克拉玛依0号	0.08	低硫中间基
孤东	2.36	低硫中间基	克拉玛依1号	1.02	低硫中间基
欢喜岭	2.01	低硫环烷基	克拉玛依2号	0.74	低硫中间基
单家寺	7.4	含硫环烷基	克拉玛依3号	1.32	低硫中间基
中原	0.45	低硫石蜡基	塔南（柯克亚）	0.02	低硫石蜡基
南阳	0.73	低硫石蜡基	吐哈	0.025	低硫石蜡基
江汉	0.30	含硫石蜡基	轮南	0.79	含硫中间基

研究表明，原油的酸值一般在0~16mg KOH/g范围，酸值是原油品质的重要指标之一，也是原油加工工艺选择的重要依据之一。一般按照酸值大小将原油分为四类：≤0.5mg KOH/g为低酸值原油或正常原油，0.5~1.0mg KOH/g为含酸原油，1.0~5.0mg KOH/g为高酸原油，>5.0mg KOH/g为特高酸原油。由此可见，表2-37所列的我国原油大部分为含酸和高酸原油。由于重质原油（包括天然油砂沥青）资源量远远超过常规原油，这些重质油和沥青大部分为含酸或高酸原油，因此，世界范围内含酸和高酸值原油的比例很高。近年来，随着重质油资源的加大开发利用，所加工原油的酸值逐渐增大。

图2-7给出了新疆克拉玛依0号、1号、2号、3号等六种原油各馏分的酸值分布。由图可看出，原油中的酸值一般不是随其沸点升高而逐渐增大，而是呈现若干个峰值。不同原油其峰值并不相同，但大多数原油在300~450℃馏分有一个酸值最高峰。

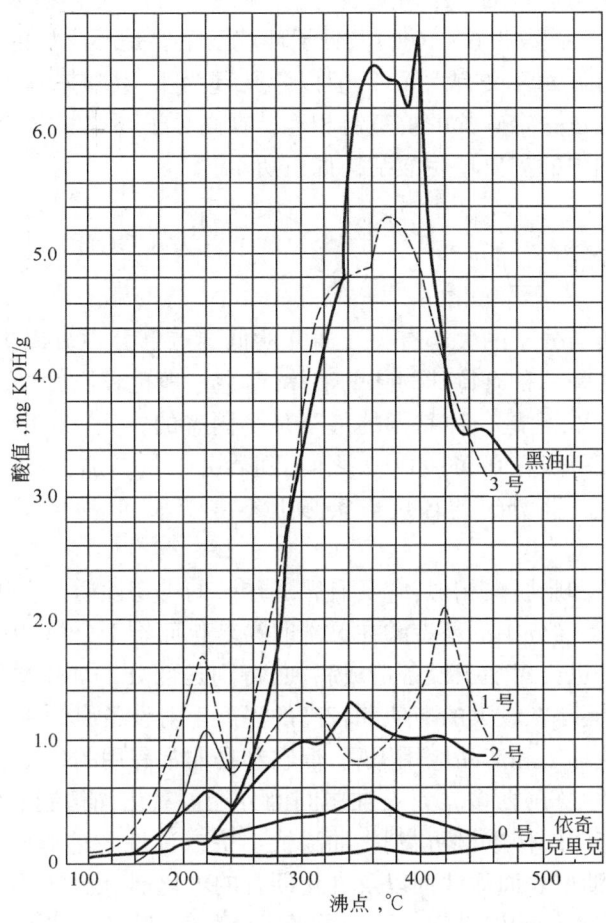

图 2-7 新疆克拉玛依 0 号、1 号、2 号、3 号等原油馏分的酸值分布

1) 石油中的环烷酸

一般认为,石油中小于八个碳原子的羧酸多为脂肪酸。但石油中的脂肪酸含量很少,主要是环烷酸,约占石油酸性含氧化合物的 90%。环烷酸的含量因石油产地和原油类型不同而异。石蜡基石油的环烷酸含量较少,中间基和环烷基石油的环烷酸含量较多。环烷酸一般在中间馏分(沸程为 250~400℃)中含量最高。例如,我国克拉玛依原油其沸程为 350~400℃ 的馏分环烷酸含量最高,而纯环烷酸的酸值随馏分沸程升高(或分子量增大)而降低(表 2-38)。

表 2-38 克拉玛依混合原油各馏分的环烷酸含量

沸程范围 ℃	馏分占原油比例 %	环烷酸占馏分油比例 %	环烷酸占原油比例 %	纯环烷酸酸值 mg KOH/g
200~250	6.86	0.0063	0.0004	245.2
250~300	7.05	0.15	0.0106	240.5
300~350	9.32	0.30	0.028	166.2
350~400	9.13	0.58	0.053	101.5
400~450	7.90	0.55	0.0435	81.9
450~500	11.61	0.39	0.0453	74.3

对环烷酸的组成结构进行的广泛研究表明：环烷酸一般是一元羧酸，其环烷环数从 1 个至 15 个，且多为稠合环系。碳数为 6~10 的低分子环烷酸主要是环戊烷的衍生物；碳数为 12 以上的高分子环烷酸既有五元环又有六元环，但以六元环为主，其羧基有的直接与环烷环相连，也有的与环烷环之间通过一定碳数的烷基链相连。在高分子环烷酸中甚至还存在环烷—芳香混合环的环烷酸。石油中的主要环烷酸结构如下所示：

$$R-\bigcirc\!\!-COOH \quad R-\bigcirc\!\!-COOH \quad R-\bigcirc\!\!\bigcirc-COOH \quad R-\bigcirc\!\!\bigcirc-COOH$$

环烷酸的物理性质与分子的大小有关。通常从低沸点馏分中分离出的环烷酸，其分子量都比较小，黏度也不大，是一种有特殊气味的液体，颜色一般也较浅；但从高沸点馏分中分离出的环烷酸，其分子量较大，且是一种黏稠的甚至是半固态的物质，颜色也深得多，一般为暗褐色。环烷酸的相对密度一般在 0.93~1.02 之间，随着分子量增加，环烷酸的酸值降低。环烷酸在水中的溶解度很小，高分子的环烷酸实际上不溶于水，但易溶于石油烃类和许多有机溶剂。

环烷酸的化学性质和脂肪酸相似，它具有普通羧酸的一切性质。在用碱中和时，环烷酸很容易生成各种盐类，较重馏分中的环烷酸在碱洗时易乳化而难于分离，因为较长链的环烷酸盐是表面活性剂。环烷酸也会对加工设备造成腐蚀，特别是低分子环烷酸因酸性较强而对设备造成较严重的腐蚀，尤其是在较大的酸值和较高的温度下对设备腐蚀更严重。

虽然环烷酸对石油加工和产品应用不利，但它却是非常有用的化工产品。例如，以环烷酸为主要成分的石油酸（也称阿西多），是石油中间馏分经氢氧化钠精制后的碱渣中分离出的有机酸混合物。石油酸广泛用作木材防腐剂、油漆快干剂或环烷酸皂的原料。石油酸的钠盐易溶于水，是很好的水包油型表面活性剂以及乳化沥青的乳化剂，也可用作油包水型原油乳状液的破乳脱水剂以及植物生长的促进剂。石油酸的锰、钙、锌、铁、镍等盐类还可作为燃料和润滑油的添加剂。石油酸本身可作为许多稀土金属的萃取剂。

2）石油酚类

在石油的酸性含氧化合物中，除环烷酸外，还存在脂肪酸和酚类，其含量通常不超过酸性含氧化合物总量的 10%。

酚类大多存在于石油的热转化和催化裂化的油品中，在低沸点馏分中的酚大多是重质油中热稳定性较差的高分子酚类热分解的产物，它们主要是甲酚、二甲酚，同时也含有三甲酚及萘酚等。

酚类的结构特征是分子中有一个或几个羟基官能团与芳香环相连，它具有酸性，能与碱作用生成盐，并溶解在碱性溶液中。

酚的铁盐是一种强染色剂，如酚与三氯化铁反应能给出强烈的紫色。该方法是检出酚类存在的定性方法。

酚类结构中的羟基由于直接连在苯环上，因此对苯环的化学性质有强烈的影响，使酚能发生缩合反应和氧化反应，甚至空气中的氧也能使酚氧化变黑。

2. 石油中的中性含氧化合物

由于石油中的中性含氧化合物含量极少，而且是一组非常复杂的混合物（包括醇、醛、酮、酯、醚及苯并呋喃等），因此至今研究得较少。

石油中的醇类是比较稳定的化合物,只有在一定条件下才能发生氧化作用。石油中的羰基化合物(醛和酮)的反应能力较强,易氧化生成酸。石油中还含有酯类,它们主要存在于350℃以上馏分和渣油中。此外,石油中也发现有醚类,常为环状醚。在石油中还发现有苯并呋喃、二苯并呋喃及环烷并呋喃等中性含氧杂环化合物。

第四节 石油中的微量元素

石油中的微量元素与石油中的碳、氢、硫、氮、氧这五种元素相比,其含量要少得多,质量分数一般为 10^{-6}(ppm)或 10^{-9}(ppb)数量级。但其中有些元素对石油的加工过程,特别是对所用催化剂的活性有很大影响,因此必须对石油中的微量元素的含量、存在形态及其分布等加以重视。到目前为止已从石油中检测出 59 种微量元素,其中金属元素 45 种。我国大庆、胜利、大港等原油的灰分中也检测出 34 种元素。石油中的微量元素按其化学属性可划分成如下三类:

(1)过渡金属,如 V、Ni、Fe、Mo、Co、W、Cr、Cu、Mn、Pb、Ga、Hg、Ti 等。

(2)碱金属和碱土金属,如 Na、K、Ba、Ca、Sr、Mg 等。

(3)卤素和其他元素,如 Cl、Br、I、Si、Al、As 等。

一、石油中微量元素的含量

表 2-39 列出了我国五种原油中 13 种微量元素的含量。表 2-40 列出了国外几种原油中 22 种微量元素的含量。就世界范围来看,在石油中含量最多的微量元素是钒(V),其最高含量可达 $1000\mu g/g$ 以上(如委内瑞拉原油);其次是镍(Ni),其最高含量可达 $100\mu g/g$ 以上(如我国的高升原油及委内瑞拉原油)。在上述几十种微量元素中,对石油加工影响最大的微量元素有钒(V)、镍(Ni)、铁(Fe)、铜(Cu)、钙(Ca),它们是催化裂化催化剂的毒物,而且在重油固定床加氢裂化过程中也能造成催化剂的失活和床层的堵塞。此外,砷(As)是催化重整催化剂的毒物;钠(Na)和钾(K)也会使催化剂减活;在燃气透平中,燃料油中金属钒的存在会对透平叶片产生严重的熔蚀和烧蚀作用。因此需要重视对上述这些有害微量元素的研究。

表 2-39 我国五种原油中微量元素的含量　　　　　　　μg/g

元素	高升	王官屯	孤岛	胜利	羊三木
Fe	22.0	8.2	12.0	13.0	7.0
Ni	122.5	92.0	21.1	26.0	25.8
Cu	0.4	0.1	<0.2	0.1	0.17
V	3.1	0.5	2.0	1.6	0.9
Pb	0.1	0.1	0.2	0.2	0.1
Ca	1.6	15.0	3.6	8.9	38.0
Mg	1.2	3.0	3.6	2.6	2.5
Na	29.0	30.0	26.0	81.0	1.2
Zn	0.6	0.4	0.5	0.7	0.5
Co	17.0	13.0	1.4	3.1	3.9

续表

元素	高升	王官屯	孤岛	胜利	羊三木
As	0.21	0.09	0.25	—	0.14
Mn	<0.1	<0.1	0.1	0.1	0.2
Al	0.5	0.5	0.3	12.0	1.1

表 2-40　国外几种原油中微量元素的含量　　μg/g

元素	加利福尼亚（美国）	利比亚	博斯坎（委内瑞拉）	艾伯塔（加拿大）	阿萨巴斯卡（加拿大）	伊朗（轻质）
As	0.655	0.077	0.284	0.024	0.111	0.095
Br	0.29	1.33	—	0.072	0.491	0.016
Cd	0.004	—	—	—	—	—
Cl	1.47	1.81	—	25.5	39.3	2.27
Co	13.5	0.032	0.178	0.0027	0.054	0.30
Cr	0.640	0.0023	0.430	—	0.093	0.017
Cu	0.93	0.19	0.21	—	—	0.032
Fe	68.9	4.94	4.77	0.696	10.8	1.4
Ga	0.30	0.01	—	—	—	—
Hg	23.1	—	0.027	0.048	0.051	—
I	—	—	—	1.36	0.719	—
K	—	4.93	—	—	—	—
Mn	1.20	0.79	0.21	0.048	0.01	—
Mo	—	—	7.85	—	—	—
Na	13.2	13.0	20.3	2.92	3.62	0.6
Ni	98.4	49.1	117	0.609	9.38	12
Sb	0.056	0.055	0.303	—	—	—
Sc	0.0009	0.0003	0.004	—	0.0008	—
Se	0.364	1.10	0.369	0.0094	0.0052	0.058
U	—	0.015	—	—	—	—
V	7.5	8.2	1110	0.682	13.6	53
Zn	9.76	62.9	0.692	0.670	0.046	0.324

　　石油中钒、镍等微量元素的含量与石油的属性有关。一般来说，密度比较大的环烷基重质原油（或稠油），其微量金属镍（或钒）的含量高于密度较小的石蜡基轻质原油。表 2-41 为国内一些原油中 Ni、V、Fe、Cu 的含量。数据表明，我国绝大多数原油的 Ni 含量明显高于 V 含量，除少数油田（例如新疆轮南）外，镍钒比（Ni/V）均大于 1。含镍高、含钒低，这是我国原油的一大特点。表 2-42 表明，国外原油中有的是镍含量高于钒，有的是钒含量高于镍。原油的 Ni/V 比与其成因有关，一般说来，在含硫、密度较高及海相成油的石油中含钒较多，而在低硫、高氮及陆相成油的石油中镍含量较高。

表 2-41 我国原油的主要微量金属含量

原油名称	微量金属含量,μg/g				Ni/V
	Ni	V	Fe	Cu	
大庆	3.1	0.04	0.7	0.25	78
胜利	26.0	1.6	13.0	0.1	26
孤岛	21.1	2.0	12.0	<0.2	11
辽河	32.5	0.6	9.3	0.3	54
华北	15.0	0.7	1.8	<0.3	21
中原	3.3	2.4	8.2	0.4	1.4
单家寺	42.3	3.4	17.6	—	12
欢喜岭	19.0	0.22	3.6	—	86
新疆混合	5.6	0.07	—	0.55	80
新疆九区	15.4	0.66	28.6	—	23
新疆吐哈	0.5	0.03	6.6	0.35	16
新疆轮南	6.0	64.0	3.5	0.6	0.09
南海惠州	0.33	0.11	0.58	0	3.0
江汉	12.0	0.4	<1.0	0.5	30
渤海埕北	22.5	0.8	5.9	<1.2	28
南海涠州	0.64	0.07	1.67	0.12	9.1

表 2-42 国外原油的主要微量金属含量

原油名称	微量金属含量,μg/g				Ni/V
	Ni	V	Fe	Cu	
哈萨克斯坦	8.33	21.08	7.76	1.02	0.39
伊朗	8.7	88.8	4.0	0.07	0.10
沙特阿拉伯混合原油	11.2	37.1	1.4	0.08	0.30
沙特阿拉伯中质原油	11.1	31.4	1.9	0.06	0.35
沙特阿拉伯轻质原油	1.34	5.34	1.7	0.25	0.25
尼日利亚(布拉斯河)	1.22	0.12	4.7	0.13	10.2
阿联酋(穆尔班)	1.38	1.35	2.44	0.04	1.02
美国(东得克萨斯)	1.7	1.2	3.2	0.4	1.4
美国(威明顿)	46	4.1	28	0.6	11
科威特	6.0	22.5	0.7	0.1	0.27
利比亚(锡尔提加)	14.2	3.62	17.1	0.09	3.92
也门(麦瑞波)	0.8	0.05	0.48	0.18	16.0
安哥拉(卡赛达)	15.0	1.4	2.0	0.06	10.7
英国(北海)	0.59	3.46	0.23	0.26	0.17
西非(加蓬拉比)	8.9	0.11	0.96	0.10	80.9
印度尼西亚(米纳斯)	8.8	0.14	5.4	0.35	63
委内瑞拉(博斯坎)	117	1110	4.8	0.2	0.11

表2-43为我国一些原油中的钙含量及其酸值。钙含量高是我国原油的另一特点。原油中的钙无论对催化裂化工艺还是对加氢裂化工艺都有不良影响,原油中钙含量的增高很容易造成催化剂失活、加氢反应器压降升高以及催化裂化催化剂结块等生产事故。表2-43数据表明,除个别例外,钙含量与原油的酸值存在一定的关系,即酸值高钙含量也高。研究表明,原油中的钙主要以环烷酸钙的形式存在,也就是说原油中的钙主要来自环烷酸与地层岩石反应的产物。因此,高酸原油往往钙含量也高,例如我国克拉玛依九区原油的酸值高达4.28mg KOH/g,其钙含量高达143μg/g;苏丹达尔富尔六区稠油酸值高达5.49mg KOH/g,其钙含量为目前已知的最高值1120μg/g,铁含量也为目前已知的最高值100μg/g。

表2-43 我国原油钙含量及其酸值

原 油 名 称	钙含量,μg/g	酸值,mg KOH/g
南阳稠油	132	5.85
克拉玛依九区	143	4.28
冀东重油	340	3.4
孤东	238	2.36
曙光	24.6	1.95
辽河	46.1	1.78
鲁宁管线	16.24	1.36
孤岛	45.25	1.28
东营	44.75	1.07
新疆混合	32.5	1.05
胜坨	1.7	0.81
兴隆台	1.1	0.18
吉林	2.3	0.14
陕北	12.6	0.10
大庆	1.52	0.09

二、石油中微量元素的分布

与石油中氮、硫等元素的分布规律类似,石油中微量元素的含量也是随着沸程的升高而增加,主要浓集在>500℃的渣油中。表2-44为我国一些原油中五种微量元素含量随沸程的变化。表2-45为我国一些原油及减压渣油中钙的分布。

表2-44 我国原油各馏分中五种微量元素的含量分布

原 油 名 称	馏分(沸程),℃	含量,μg/g				
		Fe	Ni	Cu	V	As
大庆	原油	0.7	3.1	<0.2	0.04	0.900
	初馏~200	<0.4	<0.1	<0.2	<0.01	0.200
	200~350	<0.4	<0.1	<0.2	<0.01	0.500
	350~500	<0.4	<0.1	<0.2	0.01	0.700
	>500	2.4	7.2	<0.2	0.1	1.700

续表

原油名称	馏分(沸程),℃	含量,μg/g				
		Fe	Ni	Cu	V	As
胜利	原油	13	26	0.1	1.6	—
	200~350	0.5	0.05	0.08	0.03	0.059
	350~500	2.5	0.08	0.4	0.03	0.026
	>500	15.0	75	<0.3	4.1	0.054
华北	原油	1.8	15	<0.3	0.73	0.220
	200~350	0.4	0.05	0.08	0.04	0.033
	350~500	0.96	0.08	0.06	0.03	0.020
	>500	—	56.9	0.5	1.5	
辽河	原油	9.3	32.5	0.3	0.6	0.045
	350~500	1.2	0.2	0.1	0.01	
	>350	17.7	34.9	0.2	0.8	
	>500	36.8	64.7	0.3	2.2	
大港	原油	—	18.5	0.76	<1	
	350~500		1.86	0.38	<0.1	
	>500		67.5	2.6	<1	

表2-45 我国原油及减压渣油中钙的分布

原油名称	原油中钙含量 μg/g	>500℃渣油中钙含量 μg/g	>500℃渣油产率 %	>500℃渣油钙占原油中钙的比例,%
辽河	46	106	43.22	99.9
冀东	340	898	36.62	96.7
克拉玛依	145	428	33.32	98.3
大港	2300	1060	54.90	96.9

由表2-44可以看出,有95%以上的镍和钒集中在>500℃的渣油中,其浓集程度高于硫、氮等元素,铁在>500℃的渣油中的集中度也有80%以上,但砷并不集中在>500℃的渣油中,在汽油、煤柴油、蜡油等馏分中均有分布,这是有机砷化物的分子量分布较宽和沸点较低造成的。由表2-45可以看出,有96%以上的钙集中在>500℃的渣油中。

三、石油中微量元素的存在形态

在石油中,一部分微量金属以无机的水溶性盐类形式存在,例如钾、钠的氯化物盐类,这些金属盐主要存在于原油乳化的水相里。在原油脱盐过程中,这些盐类可通过水洗或加破乳剂而除去。另一部分微量金属以油溶性的有机金属化合物或配合物的形式存在,例如镍、钒、铁、铜等,这类金属经过蒸馏后,少部分进入馏分中而大部分浓集于渣油中。但有机砷化物的存在形态比较特殊,类似于有机硅化物,可能以有机砷氧烷的形态存在,因此分子量较小、沸点较低,可以随汽油、煤柴油、蜡油等馏分蒸馏出来。此外,一些微量金属还可能以极细的矿物质微粒形态悬浮于原油中。在经过脱盐、脱水后的原油中,微量金属主要以有机化合物或配合物的形式存在。其存在的形态有多种可能,例如可能与碳原子以化学键形态相结合,形成有机酸盐形态;与氧、氮、硫原子形成配位化合物;但目前研究最多的是镍、钒等与卟啉形成的金属卟啉配合物。金属卟啉配合物是石油中的一种复杂金属配合物。所谓金属卟啉配合物,是在由四个吡咯环所构成的卟啉环的中间的空隙里,卟啉化合物以共价键和配位键形式与不同金属元素(如镍、钒、铁等)相结合而形成的配合物。

石油中常见的金属卟啉配合物是镍或钒的卟啉配合物。在镍卟啉配合物中,镍是以 Ni^{2+} 存在,而在钒卟啉配合物中,钒则以 VO^{2+} 形式存在。石油中金属卟啉配合物的沸点在 565~650℃之间,分子量为 500~800,是一种结晶状固体,极易溶于石油烃中。金属卟啉配合物主要浓集在石油渣油中,但由于原油中的金属卟啉配合物有挥发性(共沸),因此蒸馏时可能会被携带而进入减压馏分油中,所以催化裂化蜡油馏分中也含有一定量的金属卟啉配合物。

石油中的钒和镍并非全以金属卟啉配合物的形式存在,卟啉镍与卟啉钒仅占镍和钒总量的 10%~55%。表 2-46 为我国五种原油中总镍与卟啉镍的含量,数据表明,我国这五种原油中卟啉镍占总镍的 30%~61%。表 2-47 为国外五种原油中卟啉镍与卟啉钒的总量,数据表明,卟啉镍及卟啉钒含量仅占总镍及总钒量的 12%~34%。应该指出,对于石油中镍和钒的存在形态还有争议。最近的研究表明,石油中可能并不存在非卟啉配合物形式的镍和钒,所谓非卟啉镍、非卟啉钒,只是与胶质、沥青质缔合的镍卟啉和钒卟啉配合物丧失了其特征的紫外—可见吸收峰,但其镍和钒的配位结构依然与游离的镍卟啉和钒卟啉完全相同。

表 2-46 我国五种原油中总镍与卟啉镍的含量

原油名称	胜利	孤岛	辽河(高升)	大港(羊三木)	大港(王官屯)
Ni,μg/g	26.0	21.1	122.5	25.8	92.0
卟啉 Ni,μg/g	15.8	7.4	59.2	10.1	27.6
卟啉 Ni/总 Ni,%	60.8	35.1	48.3	39.1	30.0

表 2-47 国外五种原油中卟啉镍与卟啉钒含量

原油名称	阿加贾利(伊朗)	博斯坎(委内瑞拉)	加奇萨兰(伊朗)	科威特	马拉(委内瑞拉)
Ni+V,μg/g	44	1385	140	39	195
卟啉 Ni+卟啉 V,μg/g	15	320	22	5	23
卟啉(Ni+V)/总(Ni+V),%	34	25	16	13	12

石油中的金属卟啉配合物以镍和钒的卟啉配合物最稳定,而且以镍卟啉配合物的热稳定性最高。在重质油加氢脱硫反应过程中,同时也伴随着脱金属的反应,通常钒比镍更容易脱除,钒比镍更容易沉积在加氢催化剂的表面上。

第五节 渣油以及渣油中的胶质、沥青质

在我国大多数重要油田的原油中,减压渣油的含量较高,>500℃减压渣油的产率一般为 40%~50%。如何充分利用和合理加工这部分重质组分一直是石油炼制技术的最大难题与挑战,也是目前石油炼制工作者的重要课题之一。

减压渣油是原油中沸点最高、分子量最大、杂原子含量最多和结构最为复杂的部分。不同原油的减压渣油的组成和性质既有共性又各有其特点。因此,必须对其化学组成、化学结构及特点有较深入的了解,才能根据其各自特点有针对性地进行合理加工。

一、减压渣油的性质及其化学组成与结构

1. 减压渣油的性质

视频2-9 减压渣油的性质与化学组成

表2-48与表2-49为我国及国外减压渣油的性质。我国原油减压渣油中的碳含量一般在85%~87%之间,氢含量一般在11%~12%之间。就氢碳原子比而言,我国多数减压渣油为1.6左右,而国外的减压渣油尤其是中东减压渣油一般不超过1.5。另外,国外的减压渣油尤其是中东减压渣油的残炭值也普遍高于我国减压渣油。与表2-49所示的国外减压渣油相比,我国减压渣油中硫含量一般都不高,而氮含量相对较高。由于氮主要存在于具有芳香性的杂环结构中,所以它比硫更难脱除。表2-48和表2-49中数据还表明,减压渣油的平均分子量大多在800~1000。我国减压渣油性质的另一特点是金属含量一般不高(大部分低于50μg/g),远远小于国外减压渣油,并且镍含量远大于钒含量,镍钒比一般都大于10;而大部分国外减压渣油尤其是中东减压渣油镍含量远小于钒含量,镍钒比一般都小于1。正是由于我国大部分原油减压渣油的密度较低、氢碳原子比较高、残炭值较低、金属含量较低,所以比较适宜于催化裂化加工。

表2-48 我国主要原油减压渣油(>500℃)的性质

渣油名称		大庆	华北	中原	胜利	孤岛	辽河	大港	江汉
收率(在原油中的质量分数),%		41.1	38.7	32.3	47.1	51.0	39.3	32.3	44.3
密度(20℃),g/cm³		0.9221	0.9653	0.9424	0.9698	1.002	0.9717	0.9470	0.9492
运动黏度(100℃),mm²/s		106	958.5	256.6	861.7	1120	549.9	143.8	167.6
非金属元素含量(质量分数),%	C	86.77	85.9	85.62	85.5	84.83	87.54	86.26	84.7
	H	12.81	11.8	11.78	11.6	11.16	11.55	11.76	11.9
	S	0.16	0.47	1.13	1.35	2.93	0.31	0.29	2.35
	N	0.38	0.91	0.53	0.85	0.77	0.60	0.57	0.96
H/C(原子比)		1.77	1.65	1.60	1.63	1.58	1.60	1.63	1.68
残炭(质量分数),%		8.8	17.5	13.3	13.9	16.2	14.0	9.2	—
平均分子量(VPO法)		900	930	900	940	1020	990	870	
金属元素含量,μg/g	Ni	10	42	12.6	46	42.2	83	25.8	
	V	0.15	1.2	5.7	2.2	4.4	1.5	0.53	1.0
	Ni/V	66.7	35	2.2	20.9	9.6	55.3	48.7	—

表2-49 国外部分原油减压渣油的性质

渣油名称	阿拉伯(轻质)	科威特	卡夫基	加奇萨兰(伊朗)	阿哈加依(伊朗)	米纳斯(印度尼西亚)
收率(在原油中的质量分数),%	25.8	31.3	33.9	28.9	27.6	30.2
密度(15.6℃),g/cm³	1.0031	1.0148	1.0305	1.0110	0.9999	0.9539
°API	9.48	7.85	5.73	8.38	9.93	16.75
残炭(质量分数),%	18.2	18.8	22.5	18.5	16.2	9.9

续表

渣 油 名 称		阿拉伯(轻质)	科威特	卡夫基	加奇萨兰(伊朗)	阿哈加依(伊朗)	米纳斯(印度尼西亚)
非金属元素含量(质量分数),%	C	85.10	83.97	84.13	84.80	85.62	87.13
	H	10.30	10.12	9.84	10.24	10.45	12.04
	S	2.93	5.05	5.40	3.45	3.22	0.16
	N	0.22	0.31	0.36	0.49	0.49	0.47
H/C(原子比)		1.45	1.45	1.40	1.45	1.46	1.66
平均分子量(VPO法)		800	910	980	850	800	880
金属元素含量,μg/g	Ni	16.4	27.3	48.6	73.7	56.2	31.1
	V	62.2	95.3	153.2	234.2	182.0	1.6
	Ni/V	0.26	0.29	0.32	0.30	0.31	19.4

2. 减压渣油的化学组成

国内外在研究减压渣油的化学组成时,常采用将减压渣油分离成饱和分、芳香分、胶质和沥青质的四组分分析法。该法首先用正庚烷将渣油中的沥青质沉淀出来,并进行定量分析。正庚烷的可溶部分则在含水量为1%的中性氧化铝吸附色谱柱上用不同的溶剂进行冲洗,从而分离为饱和分、芳香分和胶质。四组分分析法已经成为英国石油协会(IP)和美国材料试验与测试协会(ASTM)的标准方法,也是我国石油工业公认的标准方法。

表2-50为我国及国外一部分减压渣油的四组分组成。由表可见,我国减压渣油化学组成的一个突出特点是胶质含量较高,大多在40%~50%;芳香分含量一般在30%左右;饱和分含量差别较大,从井楼渣油的14.3%到新疆白克渣油的47.3%;庚烷沥青质的含量普遍较低,大多数小于3%。与国外渣油相比,胶质含量高、沥青质含量低是我国减压渣油的一个显著特点。因此,胶质的转化和利用是减压渣油加工的核心问题。当然,为进一步更细致地研究减压渣油的化学组成,还可以将其中的芳香分进一步分离成单环、双环和多环芳香分,发展出六组分分析法;甚至将胶质进一步分离成轻、中、重胶质,发展出八组分分析法。

表2-50 减压渣油的化学组成(质量分数) %

渣 油 名 称		饱 和 分	芳 香 分	胶 质	庚烷沥青质	戊烷沥青质
我国渣油	大庆	40.8	32.2	26.9	<0.1	0.4
	胜利	19.5	32.4	47.9	0.2	13.7
	孤岛	15.7	33.0	48.5	2.8	11.3
	单家寺	17.1	27.0	53.5	2.4	17.0
	高升	22.6	26.4	50.8	0.2	11.0
	欢喜岭	28.7	35.0	33.6	2.7	12.6
	华北	19.5	29.2	51.1	0.2	10.1
	大港	30.6	31.6	37.5	0.3	—
	中原	23.6	31.6	44.6	0.2	15.5
	新疆白克	47.3	25.2	27.5	<0.1	3.0
	新疆九区	28.2	26.9	44.8	<0.1	8.5
	井楼	14.3	34.3	51.3	0.1	5.4

续表

渣油名称		饱 和 分	芳 香 分	胶 质	庚烷沥青质	戊烷沥青质
国外渣油	科威特	15.7	55.6	22.6	6.1	13.9
	卡夫基(沙特阿拉伯)	13.3	50.8	22.3	13.6	22.6
	加奇萨兰(伊朗)	19.6	50.5	23.0	6.9	13.3
	阿哈加依(伊朗)	23.3	51.2	21.1	4.4	9.6
	米纳斯(印度尼西亚)	46.8	28.8	22.6	1.8	12.2
	沙特阿拉伯(轻质)	21.0	54.7	18.5	5.8	11.1

3. 减压渣油及其组分的化学结构

在本章第二节曾介绍以密度、折射率和分子量等物性为依据研究石油馏分结构族组成的 $n-d-M$ 法。由于减压渣油的分子量较大,分子中环数较多,而且杂原子含量也已明显超过 $n-d-M$ 法所规定的范围,因而 $n-d-M$ 法已不适用于减压渣油。

近些年,随着核磁共振技术的发展,对于减压渣油等重质油,普遍采用的是以氢谱 ^{1}H-NMR 及碳谱 ^{13}C-NMR 为基础数据来计算其平均结构的改进的 Brown—Ladner 法(简称 B—L 法)。该方法主要使用重油的碳含量、氢含量、数均分子量 M_n(VPO 法)以及 ^{1}H-NMR 氢分率数据 H_A、H_α、H_β 和 H_γ(H_A 表示芳香环上未被取代的氢原子,H_α 表示芳香环上取代氢原子的烷基或环烷碳原子所接的氢原子,H_β 是烷基或环烷基上排在 H_α 之外的碳原子所连的氢原子,H_γ 为 α 位以后的碳原子所连接的 CH_3 上的氢原子)等原始数据,计算得到芳香环部分、环烷部分和烷基链部分的结构参数。芳香环部分结构参数主要有芳碳率 f_A、芳香环系缩合度 H_{Au}/C_A(表示平均分子中的芳香环系在假定未被取代情况下的氢碳原子比)、单元结构分子量 USW(unit sheet weight)、芳香环系周边碳取代率 σ、芳香内碳 C_I(连接 2 个或 3 个芳环的芳香碳原子)及迫碳 C_F(连接 3 个芳环的芳香碳原子)、芳香环数 R_A 等;环烷部分结构参数主要有环烷环数 R_N、环烷碳率 f_N 等;烷基链部分结构参数主要有烷基碳率 f_P、烷基链平均链长 L 等。

表 2-51 所列的数据是以核磁共振氢谱(^{1}H)为基础,以 B—L 法计算得到的我国大庆、胜利、孤岛等八种减压渣油的一部分结构参数。

表 2-51 我国原油减压渣油的结构参数(B—L 法)

渣油名称	大庆	胜利	孤岛	临盘	欢喜岭	华北	中原	新疆九区
芳碳率 f_A	0.16	0.22	0.29	0.23	0.30	0.23	0.23	0.23
环烷碳率 f_N	0.11	0.17	0.23	0.18	0.22	0.18	0.16	0.14
烷基碳率 f_P	0.73	0.61	0.48	0.59	0.48	0.59	0.61	0.63
总环数 R_T	5.2	6.3	9.2	6.7	9.2	7.8	7.1	9.0
芳香环数 R_A	3.0	3.2	4.9	3.5	5.1	4.2	4.0	5.6
环烷环数 R_N	2.3	3.1	4.3	3.2	4.1	3.6	3.1	3.4
R_A/R_N	1.3	1.0	1.1	1.1	1.2	1.2	1.3	1.7
平均链长 L	6.6	4.7	3.7	4.3	3.7	5.1	—	3.9

由表 2-51 可见,在所列的八种减压渣油中,大庆减压渣油的芳碳率(f_A)最小(0.16),烷基碳率(f_P)最大(0.73);欢喜岭减压渣油的芳碳率(f_A)最大(0.30),烷基碳率(f_P)最小(0.48,与孤岛相同);其余几种减压渣油的芳碳率和烷基碳率居中。上述碳的分布情况反映

了这些减压渣油的平均结构。至于平均链长参数(L),则以大庆的为最长(6.6),以孤岛和欢喜岭的为最短(3.7)。此外,它们的总环数(R_T)在5～10之间,芳香环数在3～6之间,而R_A/R_N比值一般略大于1。这些结构参数也反映了原油的属性,例如大庆原油是典型的石蜡基原油,因而其减压渣油的芳碳率(f_A)最小,烷基碳率(f_P)最大;孤岛和欢喜岭原油是典型的环烷基原油,因而其减压渣油的芳碳率(f_A)较大,烷基碳率(f_P)较小,总环数(R_T)、芳香环数(R_A)和环烷环数(R_N)较大。

渣油结构参数与渣油的加工和使用性能是有密切内在联系的,例如芳碳率较低、烷基碳率较高、芳香环数较少及平均链长较长的减压渣油易于轻质化;而芳碳率较高、烷基碳率较低、芳香环数较多及平均链长较短的减压渣油则难以轻质化,较适于制取沥青。

表2-52为大庆、胜利、孤岛减压渣油各组分的结构参数。从表2-52可以看出,饱和分的平均分子量为650～900,是减压渣油各组分中最小的,其相当的碳数为40～60。饱和分的组成虽都属于链烷烃和环烷烃,但其平均结构仍有明显差异。从大庆、胜利到孤岛减压渣油饱和分的氢碳原子比依次减小,其环烷碳率f_N则依次增大。

表 2-52 减压渣油各组分的结构参数

结构参数	饱和分			芳香分			胶质			沥青质	
	大庆	胜利	孤岛	大庆	胜利	孤岛	大庆	胜利	孤岛	胜利	孤岛
C(质量分数),%	85.5	85.7	85.6	87.3	85.5	84.7	86.7	84.3	85.8	84.1	81.0
H(质量分数),%	14.4	14.2	13.9	12.1	11.6	11.1	10.6	10.2	10.0	9.0	7.8
S(质量分数),%	—	—	—	0.31	1.83	3.66	0.31	1.61	3.31	2.27	7.37
N(质量分数),%	—	—	—	0.20	0.56	0.44	0.99	1.44	1.49	1.73	1.36
H/C(原子比)	2.01	1.98	1.94	1.67	1.63	1.56	1.47	1.45	1.40	1.28	1.16
M	880	650	710	1080	850	760	1780	1730	1380	3410	5620
n	—	—	—	—	—	—	2.1	2.1	1.9	3.9	5.8
USW	—	—	—	—	—	—	850	820	730	870	980
f_A	—	—	—	0.21	0.23	0.26	0.31	0.32	0.36	0.41	0.47
f_N	0.08	0.18	0.25	0.14	0.21	0.23	0.15	0.15	0.17	0.17	0.18
f_P	0.92	0.82	0.75	0.65	0.56	0.51	0.54	0.53	0.47	0.42	0.35
$R_T^*(R_T)$	—	—	—	(6.5)	(5.6)	(5.9)	8.1	7.9	7.8	10.5	13.5
$R_A^*(R_A)$	—	—	—	(3.7)	(2.4)	(2.8)	5.1	4.9	4.8	7.1	9.5
$R_N^*(R_N)$	(0.8)	(1.6)	(2.7)	(2.8)	(3.2)	(3.1)	3.0	3.0	3.0	3.4	4.0
R_A/R_N	—	—	—	1.3	0.8	0.9	1.7	1.6	1.6	2.1	2.4
H_{Au}/C_A	—	—	—	0.67	0.80	0.75	0.58	0.59	0.59	0.51	0.46
σ	—	—	—	0.50	0.57	0.59	0.54	0.53	0.53	0.54	0.57
L	—	—	—	7.1	5.3	4.6	5.2	4.6	4.1	4.3	3.4
平均分子式	$C_{63}H_{126}$	$C_{46}H_{92}$	$C_{51}H_{98}$	$C_{79}H_{130}N_{0.15}$	$C_{61}H_{98}N_{0.34}$	$C_{54}H_{84}N_{0.74}$	$C_{128}H_{187}N_{1.3}$	$C_{121}H_{175}N_{1.8}$	$C_{99}H_{137}N_{1.5}$	$C_{289}H_{304}S_{2.4}N_{4.2}$	$C_{379}H_{435}S_{12.9}N_{5.5}$

注:R_T^*、R_A^*、R_N^*分别表示结构单元中的总环数、芳香环数、环烷环数;n表示每个平均分子中的结构单元数;M表示平均分子量。

表2-52也表明,各减压渣油的芳香分并不完全是烃类,它们都含有一定量的硫、氮等杂原子。芳香分的氢碳原子比为1.5～1.7,平均分子量略高于饱和分,为750～1100。胶质中的

杂原子含量较高,每个平均分子中有 1.5~2.0 个氮原子,基本属于非烃类。胶质的氢碳原子比在 1.4~1.5 之间,每个平均分子中的结构单元数约为 2。

从表 2-52 数据还可以看出,从饱和分、芳香分、胶质到沥青质,其平均分子量(M)、芳碳率(f_A)、总环数(R_T)、芳香环数(R_A)以及 R_A/R_N 是逐渐增大的,而其氢碳原子比(H/C)、烷基碳率(f_P)、平均链长(L)是逐渐减小的,H_{Au}/C_A 参数的逐渐减小则说明其芳香环系的缩合程度是逐渐增大的。胶质和沥青质的平均分子量相差很多,但它们的单元结构分子量(USW)都接近 1000。

表 2-52 中数据也表明,各种减压渣油的同一种组分在结构上是有其共性的,但也随其化学属性不同而有所区别。例如,环烷基原油减压渣油中芳香分和胶质的芳碳率要高于石蜡基原油减压渣油中的相应组分。

近年来,多种电离技术与傅里叶变换离子回旋共振质谱(FI-ICR MS)技术的结合可以直接得到石油重馏分和渣油中各种高碳数烃类以及含 S、含 N、含 O 的复杂结构的组成和分子结构信息。

二、减压渣油中的胶质、沥青质

由表 2-50 数据可以看出,我国减压渣油中庚烷沥青质含量较低,而胶质的含量大多为 40%~50%。原油中的大部分硫、氮、氧以及绝大多数金属均集中在减压渣油的胶质、沥青质中。

视频 2-10 渣油中的胶质、沥青质

关于胶质和沥青质,目前国际上尚没有统一的严格定义。胶质、沥青质的成分并不十分固定,它们是石油中各种不同结构的含硫、氮、氧及其他杂原子的大分子非烃化合物的复杂混合物。由于分离方法和所采用的溶剂不同,所得结果也不相同。目前的方法大多是根据胶状沥青状物质在各种溶剂中的不同溶解度来区分。一般把石油中不溶于低分子($C_5 \sim C_7$)正构烷烃但能溶于热苯(或甲苯)的物质称为沥青质。在生产和研究中常用到的是正戊烷沥青质和正庚烷沥青质。石油中既能溶于苯,又能溶于低分子($C_5 \sim C_7$)正构烷烃的物质称为可溶质,因此渣油中的可溶质实际上包括了饱和分、芳香分和胶质。通常采用氧化铝吸附色谱法,用不同溶剂进行冲洗,将渣油中的可溶质分离成饱和分、芳香分和胶质。

1. 减压渣油中的胶质

我国石油减压渣油中的胶质是用氧化铝吸附色谱法,从正庚烷可溶质中分离出饱和分、芳香分而得到的(即四组分分析法)。由于分离方法及分离条件的差别,胶质的含量和性质会有较大的差异。

胶质通常为褐色至暗褐色的黏稠且流动性很差的液体或无定形固体,受热时熔融或熔化。胶质的相对密度在 1.0 左右。胶质是石油中分子量及极性仅次于沥青质的大分子非烃化合物。还应指出,长期存放或暴露在空气中的石油馏分,尤其是热裂化或焦化得到的中质和重质石油馏分,甚至是轻质石油馏分如催化裂化汽油和焦化汽油,也会生成少量胶质,使油品颜色变深。这些胶质是由石油馏分中的不稳定物质如二烯烃和烯烃以及含硫、氮、氧的非烃化合物经氧化、缩合生成的较大分子的极性缩聚物。少量胶质就会对油品的使用性质和进一步加工产生不利影响。

胶质具有很强的着色能力,在无色汽油中只要加入极少量胶质,汽油将被染成草黄色。从不同沸点馏分中分离出来的胶质,其分子量随着馏分沸程的升高而逐渐增大。减压渣油中胶质的元素组成和平均分子量见表 2-53。

表2-53　减压渣油中胶质的元素组成和平均分子量

石油产地	平均分子量（VPO法）	元素组成(质量分数),%				H/C（原子比）
		C	H	N	S	
大庆	1780	86.7	10.6	0.99	0.31	1.47
胜利	1730	84.3	10.2	1.44	1.61	1.45
孤岛	1380	85.8	10.0	1.49	3.31	1.40
华北	2260	86.3	10.4	1.42	—	1.44
中原	2780	85.4	10.0	1.07	—	1.39
科威特	860	83.1	10.2	0.5	5.6	1.47
加拿大	790	86.1	11.9	0.5	0.4	1.66

从表2-52及表2-53可以看出,胶质、沥青质元素组成的特点是其中的杂原子含量明显高于饱和分和芳香分。减压渣油中大约有80%的氮和60%的硫以及绝大多数金属(尤其是重金属,95%以上)浓集在胶质、沥青质中。表2-53数据进一步表明,尽管我国石油的产地不同,但各产地渣油胶质的氢碳原子比变化范围很小,在1.3~1.5之间。

表2-53还表明,虽然我国减压渣油中胶质的平均分子量(VPO法)为1000~3000,但由于它们是由不同的物质所组成的很复杂的多分散体系,所以它们的平均分子量分布范围很宽。如表2-54所示,大庆渣油胶质各组分的平均分子量中,最小的不足1000,最大的已经超过7000。

表2-54　减压渣油中胶质的分子量分布(凝胶色谱法)

样品	组分编号	平均分子量	占胶质（质量分数),%	样品	组分编号	平均分子量	占胶质（质量分数),%
大庆渣油胶质	1	860	12.7	孤岛渣油胶质	1	1020	21.0
	2	1100	17.4		2	1070	12.2
	3	1160	18.8		3	1290	14.4
	4	1740	17.6		4	1350	19.5
	5	2840	15.6		5	1550	13.7
	6	5180	12.5		6	2340	10.0
	7	7460	5.4		7	3310	9.2
胜利渣油胶质	1	1050	14.0	华北渣油胶质	1	1080	6.5
	2	1120	15.0		2	1160	22.5
	3	1200	10.6		3	1200	12.0
	4	1330	17.0		4	1470	10.8
	5	1620	13.4		5	1680	10.8
	6	1940	13.0		6	2030	11.0
	7	2890	11.4		7	2770	14.1
	8	4320	5.6		8	4630	12.3

从化学性质上看,胶质是不稳定的物质,即使在常温下,它也易被空气氧化而缩合为沥青质。胶质对热很不稳定,即使在没有空气的情况下,若温度升高到260~300℃,胶质也能缩合

成沥青质。当温度升高到350℃以上时,胶质即发生明显的分解,产生气体产物、液体产物、沥青质以及焦。胶质很容易被磺化而溶解在浓硫酸中,因此可用硫酸来脱除油料中的胶质以及测定硫酸法胶质的含量。胶质还能与金属氯化物(例如四氯化钛)等生成配合物。

胶质是道路沥青、建筑沥青、防腐沥青等沥青产品的重要组分之一,它的存在提高了石油沥青的延伸度。但油品中含有胶质则会使油品使用时生成炭渣,造成机器零件磨损和堵塞,所以一般应将其脱除。

2. 减压渣油中的沥青质

从石油或渣油中分离沥青质的主要原理是沥青质对不同溶剂具有不同的溶解度。因此,溶剂的性质以及分离条件直接影响沥青质的组成和性质。所以在涉及沥青质时,必须指明它是用什么溶剂分离而得到的,最常用的是正庚烷沥青质和正戊烷沥青质。

从石油或渣油中用 $C_5 \sim C_7$ 正构烷烃沉淀分离得到的沥青质是无定形的固体物质,颜色为深褐色至黑色,相对密度稍高于胶质,略大于1.0,加热时不熔化,但当温度升高到300℃以上时,它会分解成气态产物、液态产物以及缩合生焦。沥青质一般不挥发,石油中的全部沥青质都集中在减压渣油中。

沥青质是石油中分子量最大、结构最为复杂、含杂原子最多的物质。由于测定分子量的方法不同以及所用溶剂和测定条件的不同,因而所得的沥青质分子量数值相差很大。例如,某沥青质样品,用质谱法测得的平均分子量约为1000,而用超离心法测得的平均分子量却为几十万。目前人们常用的沥青质分子量测定法是以苯为溶剂的蒸气压平衡法(VPO法)。关于正庚烷沥青质的元素组成及平均分子量数据见表2-55。

表2-55 正庚烷沥青质的元素组成和平均分子量

石油产地	平均分子量 (VPO法)	元素组成(质量分数),%				H/C (原子比)
		C	H	N	S	
胜利	3410	84.0	9.0	1.73	2.27	1.28
孤岛	5620	81.0	7.8	1.36	7.37	1.16
单家寺	9730	85.1	9.0	1.86	1.53	1.27
欢喜岭	6660	87.4	8.2	1.90	—	1.11
巴夫林(俄罗斯)	—	83.5	7.8	1.15	3.78	1.12
罗马什金(俄罗斯)		83.7	7.9	1.19	4.52	1.13
杜依玛兹(俄罗斯)		84.4	7.9	1.24	4.45	1.12

由表2-54及表2-55数据对比可以看出,渣油中的正庚烷沥青质的平均分子量一般为3000~10000,明显高于渣油中胶质的平均分子量。表2-55中数据也表明,正庚烷沥青质的氢碳原子比在较窄的范围内变化,一般在1.1~1.3之间,低于其相应胶质的氢碳原子比。

3. 胶质、沥青质的结构特征

由于胶质、沥青质是由各种不同结构的非烃化合物所构成的多分散复杂混合物体系,因而研究胶质、沥青质的结构存在着许多困难。20世纪50年代以来,以美国晏德福(T. F. Yen)为代表的一些学者,采用了近代各种物理仪器分析方法(核磁共振波谱、电子自旋共振波谱、X光衍射谱、红外光谱等),并配合元素分析和分子量测定等手段,对胶质、沥青质的结构进行了研究。

关于胶质、沥青质分子的基本结构,目前一般认为是以稠合的芳香环系为核心且合有若干个环烷环,在芳香环和环烷环上带有若干个长度不等的烷基侧链,在其分子中还杂有各种硫、氮、氧的基团,并配合有镍、钒、铁等金属。胶质、沥青质分子由若干个上述的以稠合芳香环系为核心的单元结构(或称单元薄片)所组成,各单元结构一般以长度不等的烷基桥或硫醚桥等相连接。胶质的单元结构数较少,一般为1~3个,沥青质的单元结构数较多,一般为4~6个,但它们单元结构分子量差别不大,一般为800~1200。图2-8为胶质—沥青质的单元结构示意图。

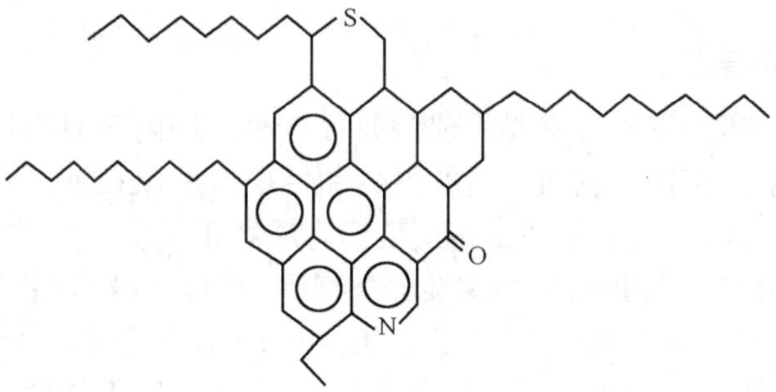

图2-8 胶质—沥青质的单元结构示意图

目前对胶质、沥青质的化学结构研究,多以核磁共振波谱方法为主,计算其平均结构参数。虽然胶质、沥青质中含有较多的杂原子,但碳、氢仍然是其主要元素,因此胶质、沥青质的主要结构特征仍由其碳、氢骨架所决定。表2-56为减压渣油中芳香分、胶质、沥青质分子中碳氢结构部分的平均结构参数的一般范围。数据表明,在渣油各组分中,沥青质的芳碳率f_A值最高,而烷基碳率f_P值最低。这表明沥青质不仅平均分子量高于胶质,而且芳香化程度也最高。对于每个单元结构的环数而言,沥青质的R_A^*范围为7~10,也明显高于胶质的R_A^*范围(5~7)。

表2-56 减压渣油中芳香分、胶质、沥青质平均结构参数的一般范围

结构参数	芳香分	胶质	沥青质
H/C	1.5~1.7	1.4~1.5	1.1~1.3
M	700~1100	1000~3000	3000~10000
n	1	1~3	4~6
USW	700~1100	800~1200	800~1200
f_A	0.2~0.3	0.3~0.4	0.4~0.5
f_P	0.5~0.7	0.45~0.55	0.35~0.45
R_T^*	5~6	7~10	11~14
R_A^*	2~4	5~7	7~10
R_N^*	2~3	2.5~3.5	3.5~4.5
R_A/R_N	0.8~1.3	1.6~2.3	2~3
H_{Au}/C_A	0.6~0.8	0.5~0.6	0.4~0.5
L	4~7	4~5	3~4

胶质、沥青质集中了石油中绝大部分杂原子,但杂原子在胶质、沥青质中的结合状态至今尚不十分清楚。由于胶质、沥青质的分子中往往同时含有2个或2个以上的杂原子,因此按单个官能团分离难以实现。

研究表明,胶质、沥青质中的氮绝大部分以环状结构(五元环吡咯类或六元环吡啶类的杂环)形式存在;在胶质、沥青质中的硫以硫醚和噻吩类结构居多,例如烷基取代的噻吩、苯并噻

吩、二苯并噻吩以及五元环硫醚和六元环硫醚等系列；胶质、沥青质中氧的存在往往是引起沥青质缔合及具有表面活性的重要原因。胶质、沥青质中氧的含量与其来源、经历的变化等条件密切相关。由于空气中的氧很容易结合到沥青质中去，所以沥青质中的氧含量常变化不定，且难以准确测定。因此确定胶质、沥青质中氧的存在形态和分布较为困难，一般认为这些含氧化合物主要是以醇、酮、酸和亚砜以及酯、钒氧卟啉等形式存在。

石油中的金属 90% 以上都存在于胶质、沥青质中，除了卟啉类金属外，在胶质、沥青质中有很大一部分以非卟啉形式存在（前已述及，实际上这部分非卟啉金属可能是与胶质和沥青质缔合的金属卟啉）。已有研究表明，卟啉金属或者通过与沥青质缔合，或者被包容于沥青质的胶束结构中，甚至还可能以化学键连于沥青质的大分子结构中。

研究发现，石油中分出的沥青质的 X 射线衍射谱图在 $2\theta \approx 26°$ 处有类似石墨(002)峰的存在。这表明沥青质中也有类似石墨的有序排列的结构，也就是说沥青质分子中的以稠合芳香环为核心的单元薄片之间由于分子内或分子间芳香环 π 电子云的重叠（π-π 作用）以及氢键等弱化学作用配合，形成部分有序的似晶结构。但由于这些芳香环系都连有非平面结构的环烷环和烷基链等，所以它们的层间距略大于石墨，约为 0.36nm。沥青质的这种似晶结构微粒可用图 2-9 来表示。

胶质、沥青质的存在使原油或渣油形成一种比较稳定的胶体分散体系。在这个分散体系中，分散相是以沥青质为核心，外围附有一部分胶质而构成的胶束；分散介质则主要由油分（饱和分+芳香分）和其余部分胶质组成。胶体分散体系的稳定性与体系中分散相和分散介质的相对含量及二者的结构性质（例如芳香度、黏度、分子量等）密切相关。上述因素的改变将会破坏胶体分散体系的稳定性，从而导致沥青质的聚沉。原油或渣油胶体分散体系的结构如图 2-10 所示。

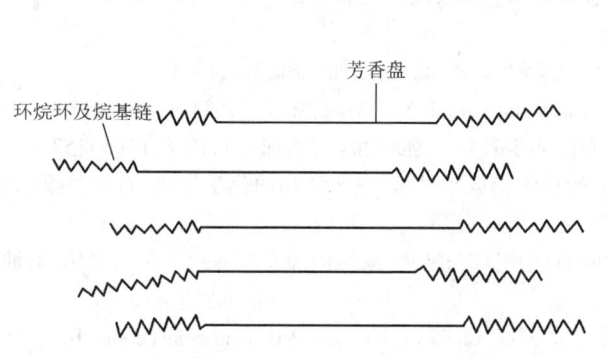

图 2-9 沥青质的似晶结构微粒的示意图

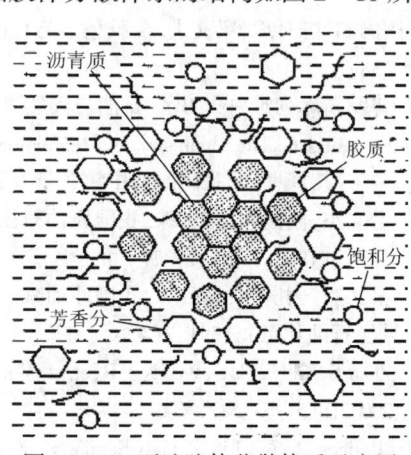

图 2-10 石油胶体分散体系示意图

拓展阅读：重质油简介

视频 2-11 重质油简介

思政点4：依托高分辨质谱，开发精准分析技术，深入认识重质油分子结构

参 考 文 献

[1] 侯祥麟.中国炼油技术.2版.北京：中国石化出版社,2001.
[2] 刘长久,张广林.石油和石油产品中非烃化合物.北京：中国石化出版社,1991.
[3] 梁文杰,阙国和,刘晨光,等.石油化学.2版.东营：中国石油大学出版社,2009.
[4] 程之光.重油加工技术.北京：中国石化出版社,1994.
[5] 陆婉珍,张寿增.我国石油组成的特点.石油炼制与化工,1979(7):1-9.
[6] 陈水海,高红,苏焕华.石油馏分油烃类组成的质谱分析.石油炼制,1982(1):34-42,49.
[7] 祁鲁梁,李占武.我国一些原油和馏分油的金属含量.石油炼制,1982(12):17-20.
[8] 祁鲁梁,郎纫赤,汪燮卿.我国一些原油中镍卟啉化合物初步研究.石油学报,1981,2(4):107-116.
[9] 阙国和,陈月珠,梁文杰.凝胶色谱与核磁共振波谱结合考察减压渣油芳香组分.石油炼制,1983(11):45-58.
[10] 普罗斯库列雅科夫 B A.石油与天然气化学.阙国和,等译.北京：烃加工出版社,1984.
[11] Speight J G. The chemistry and technology of petroleum. 3rd ed. New York: Marcel Dekker, Inc., 1980.
[12] 朱玉霞,汪燮卿.我国原油中钙含量及其分布的初步研究.石油学报(石油加工),1998,14(3):57-61.
[13] 梁文杰,阙国和,陈月珠.我国原油减压渣油的化学组成与结构：减压渣油的化学组成.石油学报(石油化工),1991,7(3):1-7.
[14] 梁文杰,阙国和,陈月珠.我国原油减压渣油的化学组成与结构：减压渣油及其各组分平均结构.石油学报(石油化工),1991,7(4):1-11.
[15] Zhao S, Kotlyar L S, Woods J R, et al. Molecular nature of Athabasca bitumen. Petroleum Science and Technology, 2000, 18(5-6): 587-606.
[16] Buuger J W, Li N C. Chemistry of asphaltenes (Advances in chemistry series). American Chemical Society, 1981.
[17] Lucas A G. Modern petroleum technology, Volume 2 Dewustream. 6th ed. New York: John Wiley & Sons Ltd., 2002.
[18] 陆廷清,胡明,刘墨翰,等.川南地区海相页岩气中发现微量硫化氢.中国地质,2018,45(4):859-860.
[19] 窦立荣,侯读杰,程顶胜,等.高酸原油的成因与分布.石油学报,2007,28(1):8-13.
[20] 程刚,陈磊,刘向普,等.脱钙剂在苏丹原油脱钙工艺中的工业化应用.化工进展,2006,25(3):343-346.
[21] 徐春明,张霖宙,史权,等.石油炼化分子管理基础.北京：科学出版社,2019.
[22] 徐春明,杨朝合.石油炼制工程.4版.北京：石油工业出版社,2009.

第三章　石油及其产品的物理性质

石油及其产品的物理性质是评定石油加工性能及油品使用质量的重要指标,同时也是设计炼油设备和装置的必要依据。

石油及其产品是由各种烃类和非烃类化合物组成的复杂混合物,其物理性质是组成它的各种化合物性质的综合表现,因此石油及其产品的物理性质与其化学组成有着密切的内在联系。由于石油及其产品的组成不易测定,其许多物理性质又不具有简单的可加性,所以对它们的物理性质需采用规定的采样和试验方法(如 ISO 标准、ASTM 标准、GB/T 标准或行业标准等)直接进行测定。在实际工作中,往往根据若干基本物性数据、采用图表查找或公式计算的方法获得其他物性数据,以节约时间、提高效率。这些图表和公式是依据大量实测数据归纳得到的,是经验性的或半经验性的。近年来,由于计算机技术的广泛应用,各种物性之间的关联基本上都采用数学公式表示,以便于运算。

第一节　蒸气压、沸程和平均沸点

一、蒸气压

蒸气压是在某一温度下一种物质的液相与其上方的气相呈平衡状态时的压力,也称饱和蒸气压。蒸气压表示液体在一定温度下蒸发和汽化的能力,蒸气压越高的液体越易于汽化。蒸气压是石油加工设备设计的重要基础物性数据,也是某些轻质油品的质量指标。

视频3-1　蒸气压、沸程和平均沸点

1. 纯烃的蒸气压

对于同一族烃类,在同一温度下,分子量较大的烃类的蒸气压较小。就某一种纯烃而言,其蒸气压随温度的升高而增大。

当体系的压力不太高时,液相的摩尔体积与气相的摩尔体积相比可以忽略。气相可看作理想气体时,纯化合物的蒸气压与温度间的关系可用 Clapeyron—Clausius 方程表示:

$$\frac{\mathrm{d}\ln p}{\mathrm{d}T} = \frac{\Delta H_\mathrm{v}}{RT^2} \tag{3-1}$$

式中　ΔH_v——摩尔蒸发热,J/mol;

R——摩尔气体常数,8.3143J/(mol·K);

p——化合物在 T(K)时的蒸气压,Pa。

当温度变化不大时,ΔH_v 可视为常数,则可将上式积分得到:

$$\ln p = -\frac{\Delta H_\mathrm{v}}{RT} + C \tag{3-2}$$

或

$$\ln \frac{p_1}{p_2} = \frac{\Delta H_\mathrm{v}}{R}\left(\frac{1}{T_2} - \frac{1}{T_1}\right) \tag{3-3}$$

即 $\ln p$ 与 $1/T$ 之间呈线性关系。

在实际应用中,常用经验的或半经验的方法来计算纯烃的蒸气压。其中比较简便的如 Antoine 方程:

$$\ln p = A - \frac{B}{T + C} \tag{3-4}$$

式中的 A、B、C 是常数,其大小随不同烃类而异,可从有关数据手册查得。式(3-4)的使用范围为 $1.3 \sim 200 \text{kPa}$。

当已知烃类的临界性质和偏心因子时,建议用下式计算其蒸气压:

$$\ln p_r^* = (\ln p_r^*)^{(0)} + \omega(\ln p_r^*)^{(1)} \tag{3-5}$$

其中
$$(\ln p_r^*)^{(0)} = 5.92714 - 6.09648/T_r - 1.28862\ln T_r + 0.169347 T_r^6$$
$$(\ln p_r^*)^{(1)} = 15.2518 - 15.6875/T_r - 13.4721\ln T_r + 0.43577 T_r^6$$
$$p_r^* = p^*/p_c$$
$$T_r = T/T_c$$

式中　p_r^*——对比蒸气压;

　　p^*——蒸气压,kPa;

　　p_c——临界压力,kPa;

　　ω——偏心因子(表征分子大小和形状的参数,详见第四节);

　　T_r——对比温度;

　　T——温度,K;

　　T_c——临界温度,K。

式(3-5)仅适用于非极性化合物,对比温度要大于 0.3,且不能用于冰点以下温度。当对比温度大于 0.5 时本方法最为可靠。

2. 烃类混合物及石油馏分的蒸气压

当体系压力不高、气相近似于理想气体、与其相平衡的液相近似于理想溶液时,对于组分比较简单的烃类混合物,其总的蒸气压可用 Dalton—Raoult 定律求得:

$$p = \sum_{i=1}^{n} p_i x_i \tag{3-6}$$

式中　p,p_i——混合物和 i 组分的蒸气压,Pa;

　　x_i——平衡液相中 i 组分的摩尔分数。

与纯烃不同,烃类混合物的蒸气压不仅取决于温度,同时也取决于其组成。在一定的温度下,只有其气相、液相或整体组成一定时,其蒸气压才是定值。

石油尤其是其中较重馏分的组成极其复杂,尚难以测定其单体烃组成,因此无法用 Dalton—Raoult 定律求取其蒸气压。对于纯烃化合物或沸点范围较窄的石油馏分(指实沸点蒸馏温度差小于 30℃ 的馏分),可根据其特性因数 K(为一种表征石油馏分烃类组成的参数,详见本章第二节)和平均沸点,利用下列各式通过迭代法计算其蒸气压。

(1)当蒸气压 $p^* < 0.27\text{kPa}(X > 0.0022)$ 时:

$$\lg p^* = \frac{3000.538X - 6.761560}{43X - 0.987672} - 0.8752041 \tag{3-7}$$

(2)当 $0.27\text{kPa} \leqslant p^* \leqslant 101.3\text{kPa}(0.0013 \leqslant X \leqslant 0.0022)$ 时:

$$\lg p^* = \frac{2663.129X - 5.994296}{95.76X - 0.972546} - 0.8752041 \qquad (3-8)$$

（3）当 $p^* > 101.3 \text{kPa}(X < 0.0013)$ 时：

$$\lg p^* = \frac{2770.085X - 6.412631}{36X - 0.989679} - 0.8752041 \qquad (3-9)$$

式中，X 是温度（T,K）和沸点（T_b,K）的函数，由下式计算：

$$X = \frac{T'_b/T - 0.00051606 T'_b}{748.1 - 0.3861 T'_b} \qquad (3-10)$$

其中 T'_b 是校正到特性因数 $K=12$ 时的沸点，其校正式如下：

$$T'_b = T_b - 1.39f(K - 12)\lg(p^*/101.3) \qquad (3-11)$$

式中，f 为校正因子。对蒸气压小于 0.1MPa 和沸点高于 204℃ 的物质，其 $f=1$；对沸点低于 93℃ 的物质，其 $f=0$；对蒸气压大于 0.1MPa 和沸点在 93℃ 至 204℃ 之间的物质，其 f 值由下式算得：

$$f = (T_b - 366.5)/111.1 \qquad (3-12)$$

当蒸气压接近常压时，此方法较为可靠。

二、沸程

对于液态纯物质，其饱和蒸气压等于外压时的温度，称为该液体在此外压下的沸点。因此，在一定的外压下，液态纯物质的沸点为一定值。如不加以说明，物质的沸点一般都是指其在常压下的沸腾温度。当液体为若干种化合物的混合物时，在一定外压下其沸腾温度并不是恒定的，随着汽化过程中液相里的较重组分不断富集，其沸点会逐渐升高。所以，对于石油馏分这类组成复杂的混合物，一般常用沸点范围来表征其蒸发及汽化性能。沸点范围又称沸程。

石油馏分沸程的数值，会因所用的蒸馏设备不同而不同。对于同一种油品，当采用分离精度较高的蒸馏设备时，其沸程较宽，反之则较窄。因此，在列举石油馏分的沸程数据时，需说明所用的蒸馏设备和方法。一般通过标准试验方法所得到的沸程数据，习惯上称为馏程。在石油加工生产和设备设计、标定计算中，常常以标准试验方法得到的馏程数据来表征石油馏分的蒸发和汽化性能。

轻质石油产品的馏程，是在标准设备中，按照国家标准 GB/T 6536—2010《石油产品常压蒸馏特性测定法》的规定进行简单蒸馏得到的。该标准方法采用了美国材料试验学会（ASTM，American Society for Testing Material）的 ASTM D86 标准，简称恩氏（Engler）蒸馏。由于这种蒸馏属于渐次汽化（一个理论分馏塔板），基本不具有精馏作用，所以随着温度的逐渐升高，不断汽化和馏出的都是组分逐渐变重、组成范围较宽的混合物。因而馏程只是概略地表示该油品的沸点范围和一般蒸发性能，同时只有严格按照所规定的条件进行测定，其结果才有意义，才能相互进行比较。其测定过程是，将 100mL 按标准方法要求储存的油品放入标准的蒸馏瓶中，按规定的速度进行加热，流出第一滴冷凝液时的气相温度称为初馏点。随后，其温度逐渐升高，而液体不断地馏出，依次记下馏出液达 10mL、20mL 直至 90mL 时的气相温度，称为 10%、20%、……、90% 馏出温度（蒸发温度）。当气相温度升高到一定数值后，它就不再上升反而回落，这个最高的气相温度称为终馏点。蒸馏烧瓶中最底部的最后一滴液体汽化时的一瞬间所观察到的温度计读数称为干点。有时根据产品规格要求，需要测定 5%、15%、85%、95% 或 98%、97.5% 时的馏出温度。在大多数液体燃料规格中，只要求测定其具有代表性的

10%、50%、90%时的馏出温度及终馏点即可。

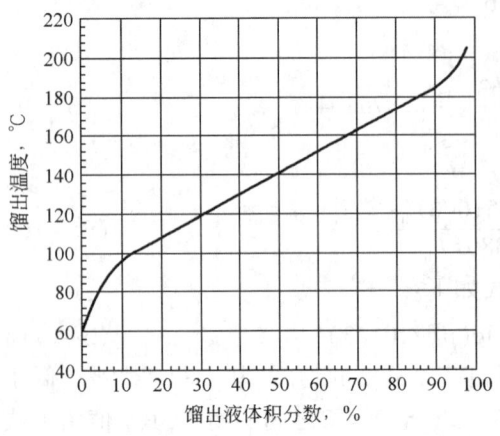

图3-1 大庆原油汽油馏分的恩氏蒸馏曲线

根据馏程测定的数据,以气相馏出温度为纵坐标,以馏出液体积分数为横坐标作图,即可得到该油品的蒸馏曲线。图3-1为大庆原油汽油馏分的恩氏蒸馏曲线。由该图可见,其中10%~90%这一段接近于直线。因此,往往可以用蒸馏曲线的10%~90%之间的斜率$S(℃/\%)$来表示该油品馏程的宽窄,即当石油馏分的馏程越宽时,其蒸馏曲线的斜率越大。具体计算式如下:

$$斜率\ S = \frac{90\%\ 馏出温度 - 10\%\ 馏出温度}{90 - 10} \tag{3-13}$$

此斜率表示从馏出10%到90%之间,每馏出1%的沸点平均升高值。例如,某石油馏分恩氏蒸馏曲线中的10%点为84℃,90%点为180℃,则其斜率为

$$S = \frac{180 - 84}{90 - 10} = 1.2(℃/\%)$$

由于石油中部分分子量较大的组分对热不稳定,所以蒸馏时的液相温度一般不能超过350℃,否则就会发生分解现象。因此,对于较重的石油馏分需要在减压下进行蒸馏,以降低其加热温度。从所测得的减压下的馏出温度,可借助有关的图表或计算公式求得其相应的常压下的馏出温度。

三、平均沸点

在求定石油馏分的各种物性参数时,为简化起见,常用平均沸点来表征其汽化性能。石油馏分的平均沸点的定义有以下五种。

(1)体积平均沸点t_V(℃):体积平均沸点t_V由馏程测定过程中得到的、流出体积百分数为10%、30%、50%、70%、90%所对应的五个馏出温度(t_{10}、t_{30}、t_{50}、t_{70}、t_{90})计算得到。

$$t_V = \frac{t_{10} + t_{30} + t_{50} + t_{70} + t_{90}}{5} \tag{3-14}$$

(2)质量平均沸点t_w(℃):

$$t_w = \sum_{i=1}^{n} w_i t_i \tag{3-15}$$

(3)实分子平均沸点t_m(℃):

$$t_m = \sum_{i=1}^{n} x_i t_i \tag{3-16}$$

(4)立方平均沸点T_{cu}(K):

$$T_{cu} = (\sum_{i=1}^{n} \varphi_i T_i^{\frac{1}{3}})^3 \tag{3-17}$$

(5)中平均沸点t_{Me}(℃):

$$t_{Me} = \frac{t_m + t_{cu}}{2} \tag{3-18}$$

式中 w_i, x_i, φ_i——相应 i 组分的质量分数、摩尔分数和体积分数；
t_i, T_i——i 组分在常压下的摄氏温度沸点（℃）和绝对温度沸点（K）。

这五种平均沸点中，仅有体积平均沸点可由石油馏分的馏程测定数据直接计算得到，其他几种平均沸点可借助体积平均沸点与蒸馏曲线斜率由图 3-2 查得。

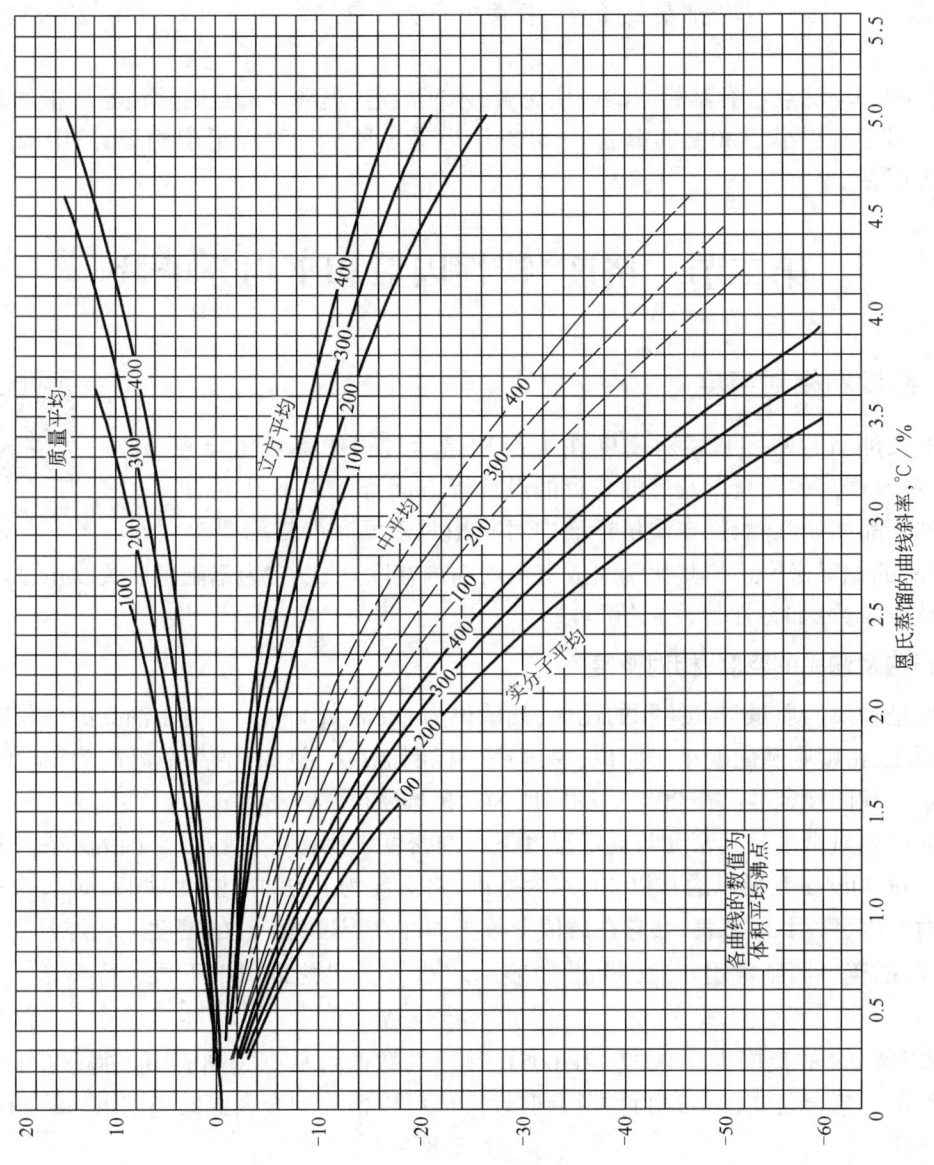

图 3-2 平均沸点温度校正图

周佩正根据石油馏分的体积平均沸点 t_V 及其馏程的斜率 S，将五种平均沸点关联如下：

$$t_w = t_V + \Delta_w, \ln\Delta_w = -3.64991 - 0.027060 t_V^{0.6667} + 5.16388 S^{0.25} \quad (3-19)$$

$$t_m = t_V - \Delta_m, \ln\Delta_m = -1.15158 - 0.011810 t_V^{0.6667} + 3.70684 S^{0.3333} \quad (3-20)$$

$$t_{cu} = t_V - \Delta_{cu}, \ln\Delta_{cu} = -0.82368 - 0.089970 t_V^{0.45} + 2.45679 S^{0.45} \quad (3-21)$$

$$t_{Me} = t_V - \Delta_{Me}, \ln\Delta_{Me} = -1.53181 - 0.012800 t_V^{0.6667} + 3.64678 S^{0.3333} \quad (3-22)$$

式中 $\Delta_w, \Delta_m, \Delta_{cu}, \Delta_{Me}$——质量平均沸点 t_w、实分子平均沸点 t_m、立方平均沸点 t_{cu} 及中平均沸点 t_{Me} 的校正值,℃。

例如,某石油馏分馏程的 t_{10}、t_{30}、t_{50}、t_{70} 及 t_{90} 相应为 64.9℃、109.9℃、138.9℃、162.9℃ 及 188.4℃,用以上计算公式可求得其体积平均沸点 t_V、质量平均沸点 t_w、实分子平均沸点 t_m、立方平均沸点 t_{cu} 及中平均沸点 t_{Me} 的计算值相应为 133.0℃、137.1℃、116.2℃、129.1℃ 及 122.5℃。

这几种平均沸点各有其相应的应用场合,不能混淆,当涉及沸点时须注意所指的是何种平均沸点。对于沸程小于30℃的窄馏分,可以认为其各种平均沸点近似相等,用中沸点代替不会有很大误差。

第二节 密度、特性因数和平均分子量

一、密度和相对密度

石油及油品的密度和相对密度在生产和储运过程中有着重要意义,在原料及产品的计量以及炼油装置的设计等方面都是必不可少的。有的石油产品如喷气燃料,在质量标准中对其相对密度有严格的要求。

视频3-2 油品的密度

此外,油品的相对密度还与其化学组成有密切的内在联系,以它为基础可以关联出油品的其他重要的性质参数(如特性因数 K 值等)。

1. 石油及油品的密度、相对密度

密度是物质的质量与其体积的比值,其单位为 g/cm³ 或 kg/m³。由于油品的体积随温度的升高而膨胀,密度则随之变小。所以,密度还应标明温度。例如,油品在温度为 t 时的密度用 ρ_t 来表示。我国规定油品在20℃时的密度为其标准密度,表示为 ρ_{20}。

物质的相对密度是其密度与规定温度下水的密度之比,其量纲为1。因为水在4℃时的密度等于1.0000g/cm³,所以通常以4℃水为基准,将温度为 t 的油品密度对4℃时水的密度之比称为相对密度,常用 d_4^t 来表示,它在数值上等于油品在温度为 t 时的密度。我国常用 d_4^{20} 表示相对密度,欧美各国则常用 $d_{15.6}^{15.6}$(即 $d_{60°F}^{60°F}$)表示。$d_{15.6}^{15.6}$ 与 d_4^{20} 之间可按下式进行换算:

$$d_{15.6}^{15.6} = d_4^{20} + \Delta d \tag{3-23}$$

式中,校正值 Δd 的范围为 0.0037~0.0051,具体的数值可从有关图表中查得,也可以直接按杨朝合给出的拟合公式(3-24)计算得到,计算值可以精确到查表值的小数点后第四位。

$$\Delta d = \frac{1.598 - d_4^{20}}{176.1 - d_4^{20}} \tag{3-24}$$

在欧美各国,对油品尤其是原油的相对密度还常用比重指数来表示,它又可称为 API 度。API 度(°API)的定义为:

$$比重指数(°API) = \frac{141.5}{d_{15.6}^{15.6}} - 131.5 \tag{3-25}$$

由此式可见,相对密度越小则°API 越大,而相对密度越大则°API 越小。

气体的密度一般以 kg/m³ 为单位,其相对密度是该气体的密度与空气在标准状态(0℃,0.1013MPa)下的密度之比,空气在标准状态下的密度为 1.2928kg/m³。在较低的压力下

（<0.3MPa），气体的密度和比容（密度的倒数）可用理想气体状态方程式计算；而当压力较高时，就需要用计算真实气体的状态方程式来求取。

2. 液体油品相对密度与温度、压力的关系

当温度升高时，油品的体积就会膨胀，这就导致其密度和相对密度减小。当温度变化不大时，油品的体积膨胀系数 γ 只随油品相对密度的不同而有所变化，其范围为 0.0006～0.0010℃$^{-1}$。当温度在 0～50℃ 范围内时，不同温度下的相对密度可按下式换算：

$$d_4^t = d_4^{20} - \gamma(t-20) \tag{3-26}$$

其中的 γ 值可以由简单表格查得。若温度与20℃差别较大，则须查专门的图表（GB/T 1885—1998）。

在工程计算中，石油馏分在任一温度下的密度，可根据其特性因数 K、相对密度 $d_{15.6}^{15.6}$ 和中平均沸点三个参数中的任意两者，由图3-3查得。

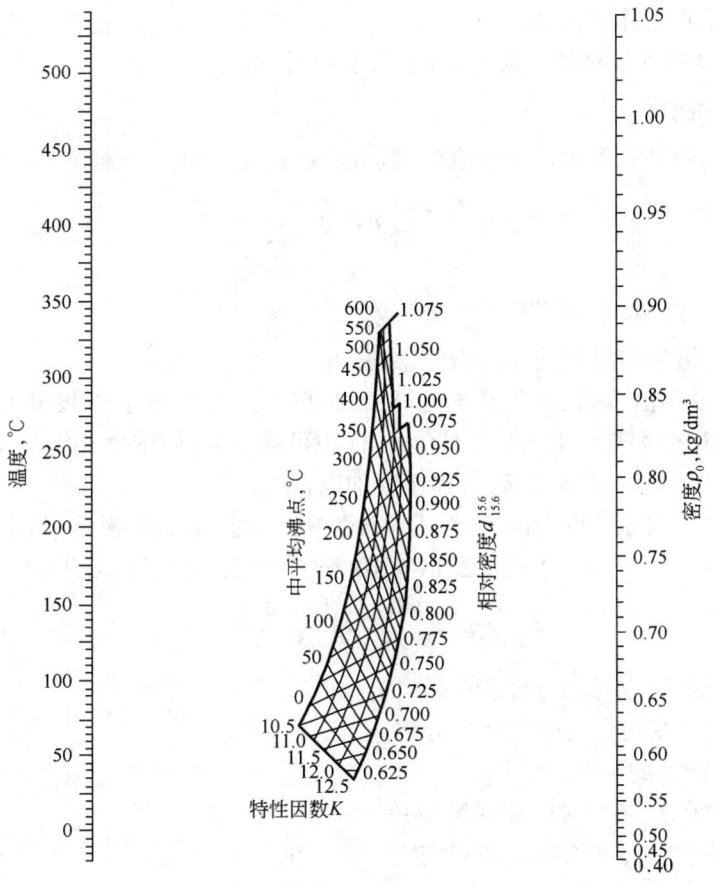

图 3-3 常压下的石油馏分液体密度图

由于液体受压后体积变化很小，通常压力对液体油品密度的影响可以忽略，只有在几十兆帕的极高压力下才考虑压力的影响。

任意温度和压力下的石油馏分液体密度可用下式计算：

$$\frac{\rho_0}{\rho} = 1.0 - \frac{p}{B_T} \tag{3-27}$$

B_T 的计算方法如下:

$$B_T = -\frac{1}{\rho_0}\left(\frac{\Delta p}{\Delta V}\right)_T \quad (3-28)$$

其中
$$B_T = mX + B_I$$
$$m = 188.1 + 0.03739 \times p + 2.2735 \times 10^{-4} \times p^2 - 1.9396 \times 10^{-7} \times p^3$$
$$B_I = 22.744 + 4.395 \times p - 0.002954 \times p^2 + 1.6283 \times 10^{-6} \times p^3$$
$$X = \frac{B_{138} - 564.0}{197.1}$$
$$\lg B_{138} = -1.098 \times 10^{-3} \times (T - 273.15) + 0.7133\rho_0 + 2.7737$$

式中 ρ_0——常压下温度 T 时的密度,g/cm³;

ρ——温度 T 和压力 p 下的密度,g/cm³;

p——压力,MPa;

B_T——等温正割体积模数;

B_{138}——在138MPa和给定温度下的正割体积模数。

3. 混合油品的密度

当属性相近的两种或多种油品混合时,其混合物的密度可近似地按可加性计算,即:

$$\rho_{混} = \sum_{i=1}^{n}\varphi_i\rho_i = \frac{1}{\sum_{i=1}^{n}\frac{w_i}{\rho_i}} \quad (3-29)$$

式中 φ_i, w_i——i 组分的体积分数和质量分数;

$\rho_i, \rho_{混}$——i 组分和混合油品的密度,g/cm³。

一般情况下,油品混合时,体积基本是可加的,按上式计算不会引起很大误差。但当属性相差很大的两类组分(如烷烃和芳烃)混合时,体积可能增大;而密度相差悬殊的两个组分(如重油和轻烃)混合时,体积可能收缩,这样便须加以校正。

低分子量的烃类与原油混合时其体积可能收缩,可用下式计算其收缩因子:

$$S = 2.14 \times 10^{-3}\varphi_1^{-0.0704}R^{1.76} \quad (3-30)$$

$$R = \frac{141.5(d_h - d_1)}{d_h d_1} \quad (3-31)$$

式中 S——收缩因子,以轻组分体积分数计;

φ_1——轻组分在混合物中的体积分数;

R——相对密度的函数;

d_h——原油在15.6℃时的相对密度;

d_1——轻组分在15.6℃时的相对密度。

4. 相对密度与化学组成及分子量的关系

表3-1列出了部分烃类的相对密度,从中可以看出,各族烃类的相对密度有明显差别。当分子中碳原子数相同时,芳烃的相对密度最大,环烷烃的次之,烷烃的最小,烯烃稍大于烷烃。可见烃类的相对密度与其分子结构相关,芳烃的芳香环中碳与碳之间的键长最短,其结构最紧凑,按每个碳原子计的分子体积最小,所以它的相对密度最大。环烷烃的分子结构也较烷烃的紧凑,所以其相对密度也大于烷烃。从表3-1还可以看出,就正构烷烃和正烷基环己烷而言,其相对密度都是随其分子量的增大而增大的。而正烷基苯则不然,它们的相对密度则是随其

分子量的增大而减小,这是由于当其分子量增大时,其苯环在分子结构中所占的比例下降所致。

表 3−1 部分烃类的相对密度 (d_4^{20})

烃 类	C_6	C_7	C_8	C_9	C_{10}
正构烷烃	0.6594	0.6837	0.7025	0.7161	0.7300
正构 α-烯烃	0.6732	0.6970	0.7149	0.7292	0.7408
正烷基环已烷	0.7785	0.7694	0.7879	0.7936	0.7992
正烷基苯	0.8789	0.8670	0.8670	0.8620	0.8601

表 3−2 为原油及其馏分相对密度的一般取值范围,显然沸程越高的馏分其相对密度越大。表 3−3 中大庆、胜利、孤岛、羊三木四种原油各馏分的相对密度数据表明,不同原油的相同沸程的馏分的相对密度是有相当差别的,而且与原油的基属有关,其大小顺序为环烷基 > 中间基 > 石蜡基。显然,这是由其烃族组成所决定的。环烷基原油的馏分中环烷烃及芳烃含量较高,所以其相对密度也较大;而石蜡基原油的相应馏分中则烷烃含量较高,因而其相对密度较小。所以,对于沸点范围相近的馏分,根据其相对密度的大小即可大致判明其化学属性。

表 3−2 原油及其馏分的相对密度 (d_4^{20})

油品	原油	汽油	航空煤油	轻柴油	减压馏分	减压渣油
相对密度	0.8~1.0	0.74~0.77	0.78~0.83	0.82~0.87	0.85~0.94	0.92~1.00

表 3−3 不同原油各馏分的相对密度 (d_4^{20})

馏分沸程,℃	大庆原油	胜利原油	孤岛原油	羊三木原油
初馏~200	0.7432	0.7446	—	0.7650
200~250	0.8039	0.8204	0.8625	0.8630
250~300	0.8167	0.8270	0.8804	0.8900
300~350	0.8283	0.8350	0.8994	0.9100
350~400	0.8368	0.8606	0.9149	0.9320
400~450	0.8574	0.8874	0.9349	0.9433
450~500	0.8723	0.9067	0.9390	0.9483
>500	0.9221	0.9698	1.0020	0.9820
原油	0.8554	0.9005	0.9495	0.9492
原油基属	石蜡基	中间基	环烷—中间基	环烷基

同时,表 3−2 和表 3−3 还表明,石油中各馏分的相对密度是随其沸程的升高而增大的,这一方面是由于分子量的增大,但更重要的是由于较重的馏分中芳烃的含量一般较高。至于减压渣油,则不仅因为其中含有较多的芳烃(尤其是多环芳烃),而且还含有较多的胶质和沥青质,所以其相对密度最大,接近甚至超过 1.0。

二、特性因数

特性因数 K 值,又称 Watson K 值或 UOP K 值,它是油品的平均沸点和相对密度的函数,其具体关系式如下:

$$K = \frac{1.216 T^{1/3}}{d_{15.6}^{15.6}} \qquad (3-32)$$

视频 3-3 油品的特性因数和平均分子量

式中，T 为油品平均沸点的绝对温度（K），此处的 T 最早是实分子平均沸点，后改用立方平均沸点，现一般使用中平均沸点。

由式(3-32)可见，在平均沸点相近时，K 值取决于其相对密度，相对密度越大则 K 值越小。前已述及，当分子量相近时，相对密度大小的顺序为芳烃 > 环烷烃 > 烷烃。因此，如表 3-4 所示，烷烃的 K 值最大，约为 12.7；环烷烃的次之，为 11~12；芳烃的 K 值最小，为 10~11。所以 K 值是表征油品化学组成的重要参数，常可用于关联其他物理性质。但对于含有大量烯烃、二烯烃和芳烃的二次加工产物以及渣油，特性因数并不能准确地表征其化学属性，使用时会导致较大误差。

表 3-4　烃类的特性因数和相关指数

化 合 物		特性因数 K	相关指数 $BMCI$
烷烃	正己烷	12.81	0.01
	正庚烷	12.71	0.10
	正辛烷	12.67	-0.03
	正壬烷	12.66	-0.21
	正癸烷	12.67	-0.27
环烷烃	 环己烷	10.98	51.75
	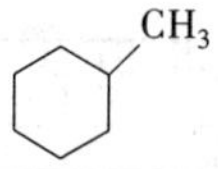 甲基环己烷	11.32	39.87
	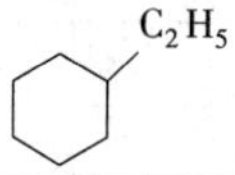 乙基环己烷	11.36	38.58
	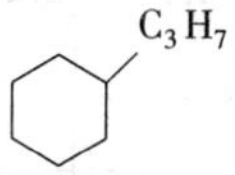 丙基环己烷	11.52	34.21
	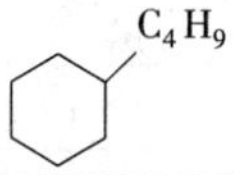 丁基环己烷	11.64	30.73
芳烃	 苯	9.72	99.84
	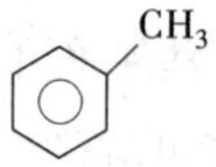 甲苯	10.14	82.91
	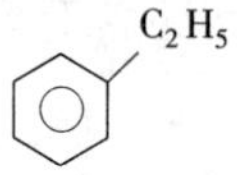 乙苯	10.36	74.99
	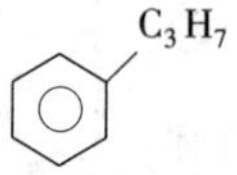 丙苯	10.62	66.15
	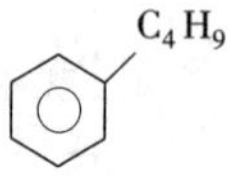 丁苯	10.83	59.32

对于分子量大于300的较重石油馏分,其平均沸点不易得到,此时可从图3-4用比重指数和另外一个性质来求取其特性因数K,但其中碳氢质量比及苯胺点两条线的准确性较差。

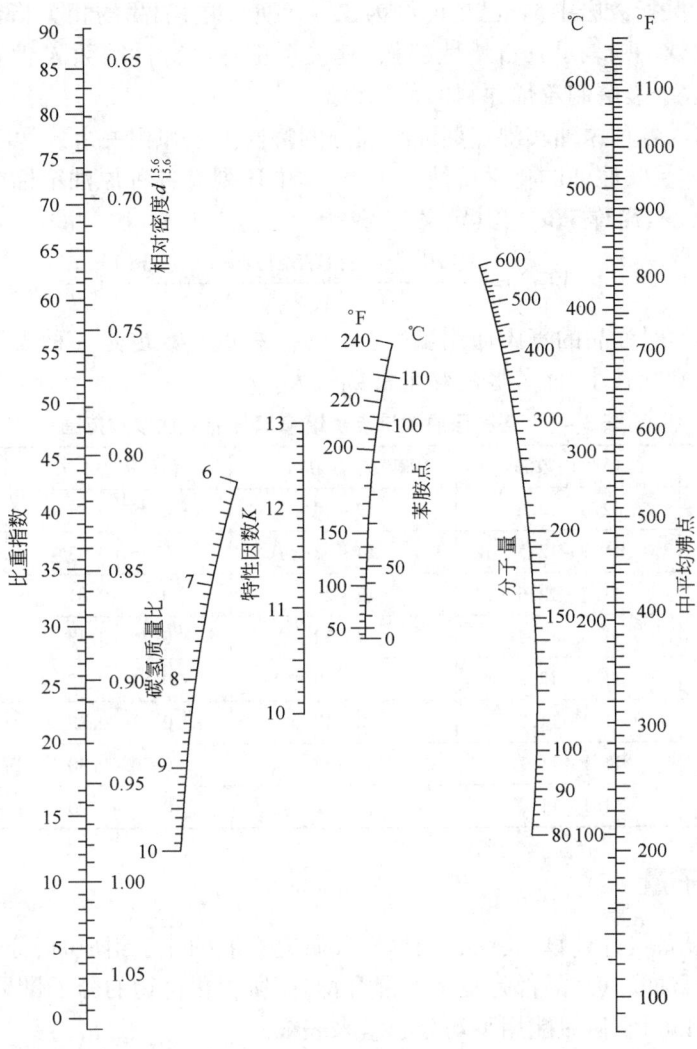

图3-4 石油馏分特性因数和分子量图

中国石油大学重质油国家重点实验室研究并提出了表征渣油的化学特性的特征化参数K_H,它可以从三个较易测定的性质求得：

$$K_H = 10 \times \frac{R_{H/C}}{M^{0.1236} \cdot \rho_{20}} \tag{3-33}$$

式中 $R_{H/C}$——氢碳原子比；

M——平均分子量；

ρ_{20}——20℃时的密度,g/cm³。

除特性因数K外,相关指数$BMCI$(美国矿务局相关指数 United States Bureau of Mines Correlation Index 的简称)也是一个与相对密度及沸点相关联的指标,其定义如下式：

$$BMCI = \frac{48640}{t_V + 273} + 473.7 \times d_{15.6}^{15.6} - 456.8 \tag{3-34}$$

对于烃类混合物,式中的 t_V 为体积平均沸点(℃);对于纯烃,t_V 即为其沸点(℃)。

表 3-4 还表明,正构烷烃的相关指数最小(基本为零),芳烃的相关指数最大(苯的约为 100),环烷烃的相关指数居中(环己烷的约为 52)。换言之,油品的相关指数越大表明其芳香性越强,相关指数越小则表示其石蜡性越强,其关系正好与特性因数 K 值相反。相关指数这个指标广泛用于表征裂解制乙烯原料的化学组成。

表 3-5 所列为各种原油实沸点蒸馏窄馏分的特性因数和相关指数,可以清楚地看出这两种指标都可以大体反映原油的化学属性。表 3-5 中还列有各种原油窄馏分的黏重常数(viscosity-gravity constant,简称 VGC),其定义为

$$VGC = \frac{10\, d_{15.6}^{15.6} - 1.0752 \lg(\nu_{37.8} - 38)}{10 - \lg(\nu_{37.8} - 38)} \quad (3-35)$$

式中,$\nu_{37.8}$ 为 37.8℃时油品的赛氏通用黏度(SUS)。黏重常数也是一种表征油品化学组成的参数,烷烃的黏重常数较小,而芳烃的黏重常数较大。

表 3-5 各种原油实沸点蒸馏窄馏分的特性参数范围

原油名称	特性因数 K	相关指数 $BMCI$	黏重常数 VGC	原油基属
大庆	12.0~12.6	17~24	0.78~0.81	石蜡基
华北	11.9~12.5	14~33	0.76~0.83	石蜡基
中原	11.7~12.6	17~29	0.76~0.81	石蜡基
新疆	11.8~12.4	19~32	0.71~0.83	石蜡—中间基
胜利	11.2~12.2	14~39	0.81~0.85	中间基
辽河	11.4~11.9	28~47	0.84~0.88	中间基
孤岛	11.1~11.7	36~57	0.82~0.88	环烷—中间基
羊三木	11.1~11.7	49~62	0.82~0.90	环烷基

三、平均分子量

在进行炼油设备设计计算、关联石油物性及研究石油的化学组成时,分子量是必不可少的原始数据。由于石油及其产品都是复杂的混合物,而所含化合物的分子量是各不相同的,其范围往往又很宽,所以对它们只能用平均分子量来表征。

1. 平均分子量的定义

对于石油及其产品这种含有众多分子量不同组分的不均一多分散体系,用不同的统计方法可以得到不同定义的平均分子量。下面介绍对石油常用的数均分子量和重均分子量。

数均分子量 $\overline{M_n}$ 是应用最广泛的一种平均分子量,它是依据溶液的依数性(冰点下降法、沸点上升法、蒸气压渗透法等)来进行测定的。它的定义是体系中的各种分子量的分子的摩尔分数与其相应的分子量的乘积的总和,也就是体系的质量除以其所含各类分子的摩尔数总和的商,具体可由下式表达:

$$\overline{M_n} = \sum_{i=1}^{n} x_i M_i = \frac{\sum_{i=1}^{n} N_i M_i}{\sum_{i=1}^{n} N_i} = \frac{\sum_{i=1}^{n} W_i}{\sum_{i=1}^{n} N_i} \quad (3-36)$$

式中 x_i ——i 组分的摩尔分数;

M_i ——i 组分的分子量,g/mol;

N_i——i 组分的摩尔数,mol;

W_i——i 组分的质量,g。

重均分子量 $\overline{M_w}$ 是用光散射等方法测定的。其定义是体系中的各种分子量的分子的质量分数与其相应的分子量的乘积的总和,具体可表示如下:

$$\overline{M_w} = \sum_{i=1}^{n} w_i M_i = \frac{\sum_{i=1}^{n} W_i M_i}{\sum_{i=1}^{n} W_i} = \frac{\sum_{i=1}^{n} N_i M_i^2}{\sum_{i=1}^{n} N_i M_i} \quad (3-37)$$

式中 w_i——i 组分的质量分数。

应当指出,对于同一个混合体系,$\overline{M_n}$ 与 $\overline{M_w}$ 是不相等的。这是由于混合物中低分子量部分对 $\overline{M_n}$ 的影响较大,而 $\overline{M_w}$ 则主要受其中高分子量部分的影响。这样,对于同一体系,一般来说是 $\overline{M_w} > \overline{M_n}$。而 $\overline{M_w}/\overline{M_n}$ 的比值(即多分散系数)的大小可以表征该体系的多分散程度,也就是说,当体系中分子量的分布范围越宽时,其 $\overline{M_w}/\overline{M_n}$ 比值也就越大。

在炼油设备计算中所用的石油馏分分子量一般是指其数均分子量。

2. 石油馏分平均分子量的近似计算方法

在不具备实测条件的情况下,石油馏分的平均分子量还可用一些经验公式近似地计算得到。现将有关的经验公式介绍如下。

(1) Riazi 关联式。

$$M = 42.965[\exp(2.097 \times 10^{-4}T - 7.78712S + 2.0848 \times 10^{-3}TS)]T^{1.26007}S^{4.98308} \quad (3-38)$$

式中 T——石油馏分的中平均沸点,K;

S——相对密度 $d_{15.6}^{15.6}$。

该方法又称为 API - 87 方法,适用的范围是分子量为 70~700,中平均沸点为 305~840K。

(2) 寿德清—向正为关系式。

$$M = 184.5 + 2.295T - 0.2332KT + 1.329 \times 10^{-5}(KT)^2 - 0.6222\rho T \quad (3-39)$$

式中 T——中平均沸点,K;

K——特性因数;

ρ——20℃时的密度,g/cm³。

此式是用国产原油直馏馏分油、催化裂化和焦化馏分油实测数据回归得到的。

(3) 杨朝合—孙昱东关联式。

目前所普遍使用的计算方法在石油馏分的分子量较大时,计算误差较大,无法满足实际需要,主要原因是得到重质石油馏分的馏程数据非常困难。模拟蒸馏方法的广泛应用,在测定重质石油馏分的馏程数据时表现出显著优势。杨朝合、孙昱东在充分考虑油品代表性的前提下,收集了包括 31 种纯化合物(烷烃、烯烃、环烷烃、烷基苯、多环芳烃)和 79 种石油馏分(39 种国外馏分油和 40 种国内馏分油)的实测分子量、20℃时的密度和模拟实沸点蒸馏的 50% 点温度等物性数据,在文献方法的基础上,得到计算分子量的关联式:

$$M = 0.010726 \cdot T_b^{1.52849 + 0.06435\ln\frac{T_b}{1078 - T_b}}/d_4^{20} \quad (3-40)$$

式中 T_b——常压沸点,或模拟蒸馏 50% 点温度,或实沸点蒸馏 50% 点温度,或中平均沸点,K;

d_4^{20}——相对密度;

1078——无限长碳链化合物的渐近沸点,K。

式(3-40)的适用范围为 $M=76\sim1685$, $T_b=303\sim1013K$, $d_4^{20}=0.63\sim1.09$。

当两种或两种以上油品混合时,混合油品的平均分子量可用加和法计算:

$$M_m = \frac{\sum_{i=1}^n W_i}{\sum_{i=1}^n \frac{W_i}{M_i}} \tag{3-41}$$

式中 M_m, M_i——混合油和 i 组分的分子量,g/mol;

W_i—— i 组分的质量,g。

3. 石油及其馏分的平均分子量

原油中所含化合物的分子量从几十到几千。表 3-6 列出了几种原油不同馏分的分子量,由表可见,各馏分的平均分子量随其沸程的上升而增大。当沸程相同时,各原油相应馏分的平均分子量还是有差别的。显然石蜡基原油如大庆原油的分子量最大,中间基原油如胜利原油的次之,而环烷基原油如欢喜岭原油的最小。

表 3-6 几种原油不同馏分的分子量

沸程,℃	大庆原油	胜利原油	欢喜岭原油
200~250	193	180	185
250~300	240	205	190
300~350	270	244	234
350~400	323	298	273
400~450	392	374	337
450~500	461	414	362
>500	1120	1080	1030
原油基属	石蜡基	中间基	环烷基

尽管如此,石油各馏分的平均分子量还是有个大致的范围。如表 3-7 所示,一般情况下,汽油馏分的平均碳数约为 8,其平均分子量为 100~120;轻柴油馏分的平均碳数约为 16,其平均分子量为 220~240;减压馏分的平均碳数约为 30,其平均分子量为 370~400;减压渣油的平均碳数约为 70,其平均分子量约为 1000。

表 3-7 石油各馏分的平均分子量

馏 分	沸程,℃	碳 数 范 围	平 均 碳 数	平 均 分 子 量
汽油馏分	<200	$C_5 \sim C_{11}$	~8	100~120
轻柴油馏分	200~350	$C_{11} \sim C_{20}$	~16	220~240
减压馏分	350~500	$C_{20} \sim C_{35}$	~30	370~400
减压渣油	>500	>C_{35}	~70	900~1100

第三节 油品的黏度

黏度是评定油品流动性的指标,是油品特别是润滑油质量标准中的重要项目,也是炼油工艺计算中不可缺少的物理性质。任何真实的流体,当其内部分子之间作相对运动时,都会因流体分子之间的摩擦而产生内部阻力。黏度值就是用以表示流体运动时分子间摩擦阻力大小的指标。

一、黏度的基本概念

1. 绝对黏度

原油的黏度常用绝对黏度(η)表示,绝对黏度又称动力黏度或物理黏度,由下列牛顿方程式所定义:

$$\frac{F}{A} = \eta \frac{dv}{dl} \tag{3-42}$$

式中 F——作相对运动的两流体层间的内摩擦力(剪切力),N;
  A——两流体层间的接触面积,m^2;
  dv——两流体层间的相对运动速度,m/s;
  dl——两流体层间的距离,m;
  η——流体内摩擦系数,即该流体的绝对黏度,Pa·s。

绝对黏度不随剪切速度梯度 dv/dl 的变化而变化的体系称为牛顿体系,在一定温度下为一定值。若绝对黏度不是定值,而是随 dv/dl 的变化而变化时,此体系称为非牛顿体系。一般的液体油品均为牛顿体系,但当有蜡析出或含有较多的沥青质,或加入聚合物添加剂后,则往往是非牛顿体系。在过去所用的 c·g·s 制中,绝对黏度 η 的单位是泊(P,poise),其百分之一是厘泊(cP,centipoise),在现用的 SI 制中它的单位是 Pa·s。这两者的关系如下:

$$1 Pa·s = 1000 cP = 10 P$$

2. 运动黏度

在石油产品的质量标准中常用的黏度是运动黏度(ν),它是绝对黏度 η 与相同温度和压力下该液体密度 ρ 之比:

$$\nu = \frac{\eta}{\rho} \tag{3-43}$$

在 c·g·s 制中运动黏度的单位是斯(St,Stoke),其百分之一为厘斯(cSt,centistoke),在现用的 SI 制中以 mm^2/s 为单位。这两者的关系如下:

$$1 cSt = 1 mm^2/s$$

3. 条件黏度

在石油产品的质量标准中,还常见到各种条件黏度指标。它们都是在一定温度下,在一定仪器中,使一定体积的油品流出,以其流出时间(s)或其流出时间与同体积水流出时间之比作为其黏度值。具体的条件黏度主要有下列几种:

(1)恩氏黏度(Engler viscosity)。恩氏黏度源于德国,它是以油品在某温度下从恩氏黏度计中流出 200mL 的时间与同样体积的水在 20℃时流出的时间之比值(°E)作为指标。

（2）赛氏黏度（Saybolt viscosity）。它是以60mL油品从赛氏黏度计中流出的时间（s）作为指标，具体尚有赛氏通用黏度（Saybolt universal viscosity，单位为SUS）、赛氏重油黏度（Saybolt furol viscosity，单位为SFS）之别。美国习惯用赛氏通用黏度作为润滑油的指标。

（3）雷氏黏度（Redwood viscosity）。英国采用的是雷氏黏度，它是以50mL油品从雷氏黏度计中流出的时间（s）作为指标，单位为RIS。

这几种黏度之间的关系可参见有关图表。它们之间的近似比值为：运动黏度（mm^2/s）：恩氏黏度（°E）：赛氏通用黏度（SUS）：雷氏黏度（RIS）=1:0.132:4.62:4.05。

二、黏度的测定方法

最常用的黏度的测定方法是毛细管黏度计法（GB/T 265—1988）。当油品在层流状态下流经毛细管时，其流动状态符合下列关系式：

$$\frac{Q}{t} = \frac{\Delta p \pi R^4}{8 \eta l} \quad (3-44)$$

式中　Q/t——单位时间内的体积流量，mL/s；

Δp——两端压差，Pa；

R——毛细管的半径，cm；

η——流体的绝对黏度，Pa·s；

l——毛细管的长度，cm。

由于在毛细管黏度计中油品流动的推动力是其自身所受的重力，所以Δp与其密度成正比。这样，对于一定型式的黏度计，油品的运动黏度ν是与一定体积的该油品流经毛细管的时间t成正比的，即

$$\nu = c \cdot t \quad (3-45)$$

式中，c是黏度计常数（mm^2/s^2），每支毛细管黏度计均有其特定的黏度计常数，需用已知黏度的标准油品加以标定。

还需说明，毛细管黏度计只能用来测定属于牛顿型体系的油品黏度。对于非牛顿型体系的流体，由于其黏度是剪切速率的函数，故不能用毛细管黏度计，而需用旋转式黏度计来测定其流变特性。

三、黏度与化学组成的关系

既然黏度反映液体内部分子之间的摩擦力，它必然与分子的大小和结构有密切的联系。表3-8、表3-9和表3-10分别列出了几种烃类的黏度、烃类分子中环数对黏度的影响、环状烃类分子中侧链长度对黏度的影响。由这三个表可以看出：

视频3-5 油品黏度的影响因素

（1）对于同一系列的烃类，除个别情况外，化合物的分子量越大，其黏度也越大。

（2）当分子量相近时，具有环状结构的分子的黏度大于链状结构的，而且分子中的环数越多则其黏度也越大。因此，在习惯上有"分子中的环状结构是其黏度的载体"的说法。这同时也说明了液体的黏度中也包含了它的分子结构的信息。

（3）当烃类分子中的环数相同时，其侧链越长则其黏度也越大。分子量相近、结构相同

时,环烷环对黏度的贡献大于芳香环。

表 3-8　烃类的黏度(25℃)

烃类	绝对黏度 mPa·s	烃类	绝对黏度 mPa·s	烃类	绝对黏度 mPa·s
正己烷	0.298	 环己烷	0.895	 苯	0.601
正庚烷	0.396	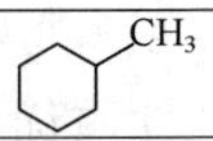 甲基环己烷	0.683	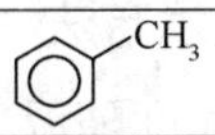 甲苯	0.550
正辛烷	0.514	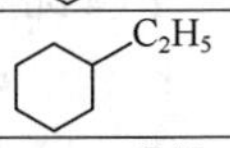 乙基环己烷	0.785	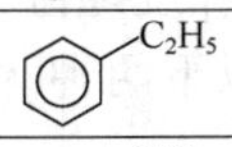 乙苯	0.635
正壬烷	0.668	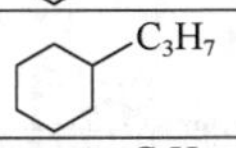 丙基环己烷	0.931	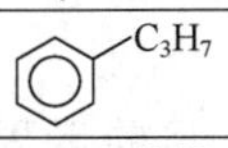 丙苯	0.796
正癸烷	0.859	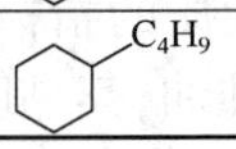 丁基环己烷	1.204	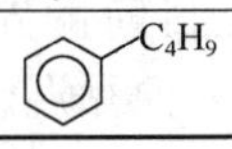 丁苯	0.957

表 3-9　烃类分子中环数对黏度的影响

化合物	运动黏度(ν_{98}) mm²/s	化合物	运动黏度(ν_{98}) mm²/s
C_8-C-C_8 (以C_8为支链)	2.49	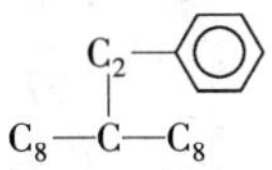 C_8-C-C_8 (含苯环,C_2支链)	2.53
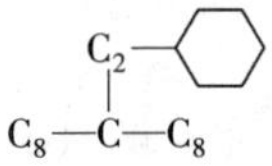 C_8-C-C_8 (含环己基,C_2支链)	3.29	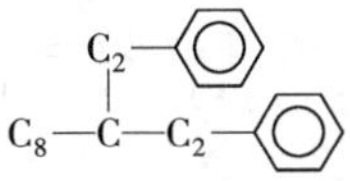 C_8-C-C_2 (含苯环及C_2支链)	2.74
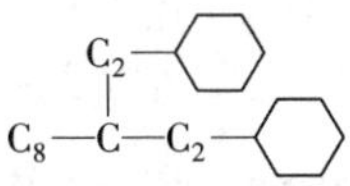 C_8-C-C_2 (含环己基,C_2支链)	4.98	二苯基甲烷型(C_2支链)	3.82
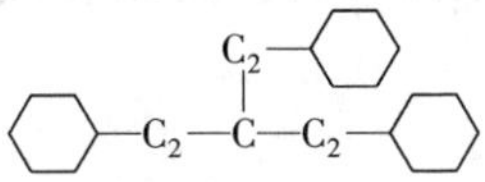 双环己基型(C_2支链)	10.10	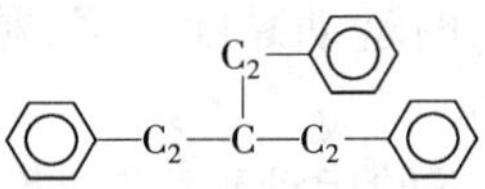	

表 3-10　环状烃类分子中侧链长度对黏度的影响

化合物	赛氏通用黏度 SUS(100℃)	化合物	赛氏通用黏度 SUS(100℃)
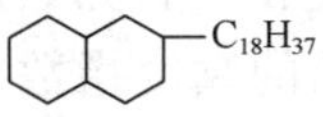 十氢萘-$C_{18}H_{37}$	148.0	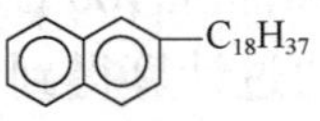 萘-$C_{18}H_{37}$	113.5
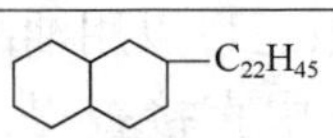 十氢萘-$C_{22}H_{45}$	208.0	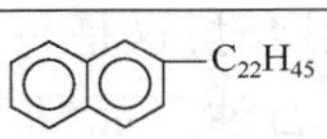 萘-$C_{22}H_{45}$	168.0

四、黏度与温度的关系

油品的黏度随其温度的升高而减小,而润滑油往往是在环境温度变化较大的条件下使用,所以要求它的黏度随温度变化的幅度不要太大。

1. 油品黏度随温度变化的关系式

油品黏度与温度的关系一般可用下列经验式关联:

$$\lg\lg(\nu + a) = b + m\lg T \tag{3-46}$$

式中　ν——运动黏度,mm²/s;

T——绝对温度,K;

a,b,m——随油品性质而异的经验常数,对于我国的油品,常数 a 以取 0.6 较为适宜。

若已知某油品在两个不同温度下的黏度,即可求得该油品的 b 及 m,这样便能利用式(3-46)算出在其他温度下的黏度。也可用以 $\lg\lg(\nu+0.6)$ 为纵坐标,以 $\lg T$ 为横坐标的作图法求取。此法比较简便,但不很准确,外延过远时误差更大,而且只适用于牛顿体系。

2. 黏温性质的表示方法

对于润滑油,其黏度随温度变化的情况是衡量其性质优劣的重要指标。目前常用的表征黏温性质的指标有以下两种。

1)黏度指数

黏度指数(VI)是目前世界上通用的表征黏温性质的指标,我国目前也采用此指标。此法是选定两种标准油,一种黏温性质良好,称为 H 标准油,其黏度指数人为地规定为 100;另一种黏温性质不好,称为 L 标准油,其黏度指数人为地规定为 0。一般油品的黏度指数介于两者之间,黏度指数越大表明其黏温性质越好。油品的黏度指数可按照 GB/T 1995—1998《石油产品黏度指数计算法》,用下面的公式计算得到。

当黏度指数(VI)为 0~100 时:

$$VI = \frac{L - U}{L - H} \times 100 \tag{3-47}$$

当黏度指数(VI)等于或大于 100 时:

$$VI = \frac{10^N - 1}{0.00715} + 100 \tag{3-48}$$

其中

$$N = \frac{\lg H - \lg U}{\lg Y} \tag{3-49}$$

式中 L——与油品 100℃时运动黏度相同、黏度指数为 0 的 L 标准油在 40℃时的运动黏度, mm^2/s;

U——油品在 40℃下的运动黏度, mm^2/s;

H——与油品 100℃时运动黏度相同、黏度指数为 100 的 H 标准油在 40℃时的运动黏度, mm^2/s;

Y——油品在 100℃下的运动黏度, mm^2/s。

H 和 L 的数值可以根据油品在 100℃和 40℃条件下的运动黏度,利用 GB/T 1995—1998 查表或根据相应的计算公式通过计算得到,然后根据上述公式计算得到油品的黏度指数。当然,油品的黏度指数范围不确定时,这是一个试差计算过程。油品的黏度指数还可以用油品的 40℃及 100℃的运动黏度从《石油产品黏度指数算表》(GB/T 2541—1981)中直接查得。此外,从有关的列线图也可求得油品的黏度指数,但准确性较差。对于黏温性质很差的油品,其黏度指数可以是负值。

2)黏度比

黏度比是表征油品黏温性质的一种简单方法,通常指油品 50℃条件下的运动黏度与其 100℃条件下运动黏度之比,即 ν_{50}/ν_{100}。对于黏度水平相当的油品,这个比值越小,表示该油品的黏温性质越好。但当黏度水平相差较大时,则不能用黏度比进行比较。

3. 黏温性质与分子结构的关系

烃类的黏温性质与分子的结构有密切关系。表 3-11 列出了几种烃类的黏度指数,从中可以看出如下规律：

(1) 正构烷烃的黏温性质最好,分支程度较小的异构烷烃的黏温性质比正构烷烃的稍差,随其分支程度的增大,黏温性质越来越差。

(2) 环状烃(包括环烷烃和芳烃)的黏温性质都比链状烃的差。当分子中只有一个环时,黏度指数虽有下降,但下降不多。当分子中环数增多时,则黏温性质显著变差,甚至黏度指数变为负值。

(3) 当分子中环数相同时,其侧链越长则黏温性质越好,侧链上如有分支也会使黏度指数下降。

表 3–11　各种烃类的黏度指数

化 合 物	黏度指数	化 合 物	黏度指数
$n-C_{26}$	177	C_8-C-C_2-⌬(苯环), 上有C_8	108
$C_5-C(C_5)(C_5)-C_4-C_5$	72	$C_8-C(C_2-$苯$)(C_2-$苯$)$	77
C_8-C-C_2-环己基, 上有C_8	101	苯$-C_2-C(C_2-$苯$)(C_2)$	−15
C_8-C-C_2-环己基, 上有C_2	70	十氢萘$-C_{18}$	144
环己$-C_2-C(C_2-$环己$)(C_2-$环己$)$	−6	蒽/菲环$-C_{14}$	40
		四环$-C_8$	−70

综上所述,烃类中正构烷烃的黏温性质最好,带有少分支长烷基侧链的少环烃类和分支程度不大的异构烷烃的黏温性质比较好,而多环短侧链的环状烃类的黏温性质很差。

五、黏度与压力的关系

当液体所受的压力增大时,其分子间的距离缩小,引力也就增强,导致其黏度增大。对于石油产品而言,只有当压力大到20MPa时,对黏度才有显著的影响,如压力达到35MPa时,油品的黏度约为常压下的2倍。当压力进一步增加时,黏度的变化率增大,直至使油品变成膏状半固体。黏度的这种性质对于在重负荷下应用的润滑油(如齿轮油)特别重要。石油馏分在高压下的黏度可用下列经验方程计算：

$$\lg \frac{\eta}{\eta_0} = \frac{p}{6.89476}(-0.0102 + 0.04042\eta_0^{0.181}) \tag{3-50}$$

式中　η——在温度 T、压力 p 下的黏度,mPa·s;

　　　η_0——在温度 T 和大气压力下的黏度,mPa·s;

　　　p——压力,MPa。

此式不宜用于压力大于70MPa的情况。

六、石油及石油馏分的黏度和黏温性质

石蜡基及中间基的原油均含有一定量的蜡,它们在较低温度下往往呈现非牛顿流体的特性。所以,对于原油或其重馏分除测定其不同温度下的黏度外,往往还要测定其流变曲线,以便了解其黏度随剪切速率变化的情况,这对于原油和重质油的输送和利用都是很重要的。

表 3-12 列出了几种石油减压馏分的黏度和黏温性质,表中数据表明,石油各馏分的黏度都是随其沸程的升高而增大的。这一方面是由于其分子量增大,更重要的是由于随馏分沸程的升高,其中环状烃增多所致。当馏分的沸程相同时,石蜡基原油的黏度最小,环烷基的最大,中间基的居中。至于黏温性质,则以石蜡基原油馏分的最好,中间基的次之,环烷基的最差。这些显然是由其化学组成所决定的,也就是说在石蜡基原油中含有较多的黏度较小、黏温性质较好的烷烃和少环长侧链的环状烃,而在环烷基原油中,则含有较多的黏度较大而黏温性质不好的多环短侧链的环状烃。

表 3-12　石油减压馏分的黏度和黏温性质

原　　油	沸程 ℃	ν_{50} mm²/s	ν_{100} mm²/s	黏度比 ν_{50}/ν_{100}	黏度指数 VI
大庆 (石蜡基)	350~400	6.91	2.66	2.60	200
	400~450	15.82	4.65	3.40	140
	450~500	—	8.09	—	—
新疆 (中间基)	350~400	13.00	3.70	3.51	80
	400~450	39.74	7.45	5.33	70
	450~500	128.8	16.20	7.96	60
孤岛 (环烷—中间基)	350~400	16.03	3.99	4.02	40
	400~450	102.0	12.15	8.40	12
	450~500	219.3	19.22	11.41	0
羊三木 (环烷基)	350~400	23.27	4.72	4.93	0
	400~450	146.3	13.66	10.71	-35
	450~500	356.9	23.37	15.27	<-100

七、油品的混合黏度

实践证明,黏度并没有可加性。相混合的两种油品的组成及性质相差越远、黏度相差越大,则混合后实测的黏度与用加和法计算出的黏度相差就越大。如不便实测时,可借助图 3-5 求取混合物的黏度。把需混合的两种油品的黏度值分别标于图中 A、B 两侧的纵坐标上,两点间连一直线,即可在此直线上求得两者以任何比例混合时的黏度。

八、气体的黏度

前已述及,液体的黏滞性源于其分子间的引力,当温度升高时其分子能量增高,从而更易于相互脱离,导致黏度减小。而气体分子间的距离很大,相互间的引力很小,所以气体的黏滞性与液体有本质区别。根据气体分子运动论,可以认为气体的黏滞性取决于分子间的动量传递速度。当温度升高时,气体分子的运动加剧,其动量传递速度加快,从而导致在相对运动时其层间的阻力增大。所以,与液体相反,气体的黏度是随温度的升高而增大的。

在工程计算中,当压力较低时,不同温度下石油馏分蒸气的黏度可从图 3-6 根据其平均分子量查得。

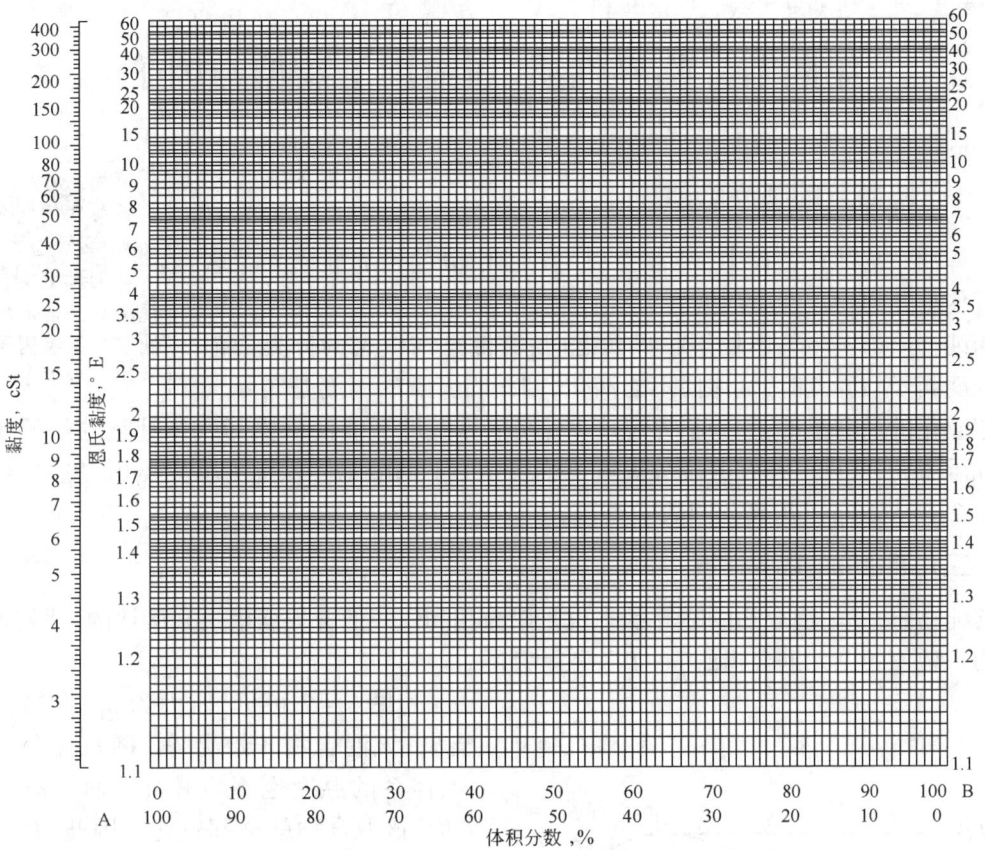

图 3-5 油品混合黏度图

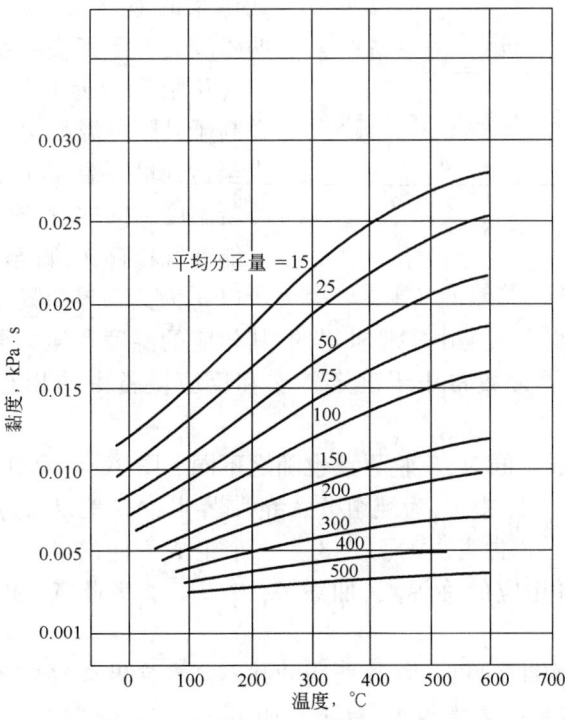

图 3-6 石油馏分蒸气黏度图

第四节 临界性质、压缩因子及偏心因子

一、石油馏分的临界性质

在炼油工艺计算过程中,经常会利用石油馏分的临界性质来关联计算其他重要的物理性质数据。

视频3-6 油品的临界性质、压缩因子及偏心因子

当纯物质的实际气体处于临界状态时,其液态与气态的分界面消失。温度高于临界点时,气体便不能液化,因而临界点的温度是实际气体能够液化的最高温度,称为临界温度 T_c;在临界温度下能使该实际气体液化的最低压力称为临界压力 p_c;实际气体在其临界温度与临界压力下的摩尔体积称为临界体积 V_c。纯烃的临界常数 T_c、p_c 及 V_c 可从有关图表中查得。

1. 二元混合物的临界性质

与纯物质一样,混合物的临界状态也是以液相和气相的分界面消失来确认的。图3-7是组成为一定值的二元混合物的 p—T 关系示意图。

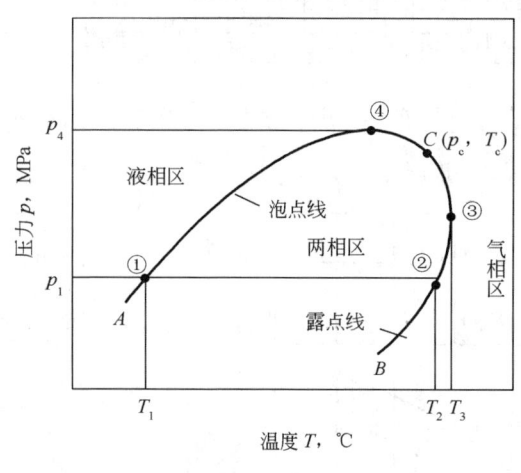

图3-7 一定组成的二元混合物的 p—T 关系示意图

由图3-7可见,压力为 p_1 时,当温度升至 T_1,该混合物开始沸腾。随汽化分率的增大,体系的温度也逐步升高。而当温度达到 T_2 时,该混合物就全部汽化。因此,T_1 是该混合物液相的泡点,T_2 是该混合物气相的露点。此体系的泡点线与露点线之间为两相区,这两条线会聚于其临界点 C。

从图3-7还可以看出,对于混合物来说,在高于其临界温度 T_c 时,仍可能有液相存在,直至达到最高温度 T_3 为止,所以 T_3 为其临界冷凝温度。同样,在高于其临界压力 p_c 时,仍可能有气相存在,直至达到最高压力 p_4 为止,所以 p_4 为其临界冷凝压力。

多元混合物的真实临界点是由实验求得的,其相应的温度和压力分别称为真临界温度和真临界压力。这些真临界常数常用于确定传质和反应设备中的相态及其允许的操作条件范围。

当多元混合物的组成不同时,其临界点也随之不同。图3-8为组成不同的 A—B 二元混合物的 p—T 关系示意图。图中 C_A 为纯组分 A 的临界点,AC_A 为 A 的 p—T 曲线;C_B 为组分 B 的临界点,BC_B 为 B 的 p—T 曲线。①、②、③为三个组成不同的 A—B 混合物的 p—T 曲线,C_1、C_2、C_3 三点为其各自相应的临界点,曲线 $C_A C_1 C_2 C_3 C_B$ 为此 A—B 二元混合物的真临界点轨迹。

而当涉及混合物的物性关联时,往往所用的并不是真临界常数,而常用借助分子平均法求得的假临界常数(或称虚拟临界常数)。其定义如下:

$$假临界温度\ T'_c = \sum_{i=1}^{n} x_i T_{ci}$$

$$假临界压力\ p'_c = \sum_{i=1}^{n} x_i p_{ci}$$

式中　x_i——i 组分的摩尔分数；

　　　T_{ci}, p_{ci}——i 组分的临界温度和临界压力。

图 3-8 中的直线 $C_A C_B$ 为该二元混合物的假临界点轨迹。由图可见，计算得到的假临界常数显然与相应由实验求得的真临界常数不同。例如，一个由正己烷（其临界压力为 3.07MPa）和正癸烷（其临界压力为 2.18MPa）组成的混合物，其中所含正己烷的摩尔分数为 0.4，经实验测定此混合物的真临界压力为 2.86MPa。当用分子平均法计算其假临界压力时，得到：

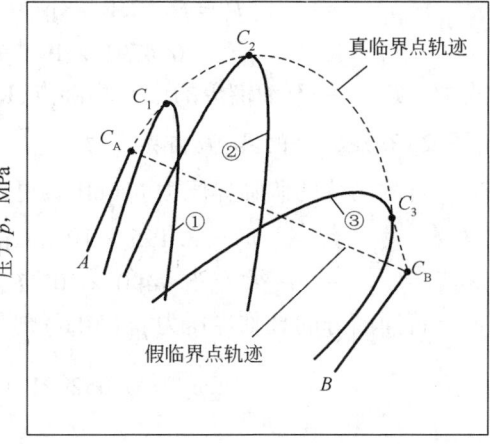

图 3-8　组成不同的二元混合物的 p—T 关系示意图

$$p'_c = 0.4 \times 3.07 + 0.6 \times 2.18 = 2.54 (\text{MPa})$$

明显可见假临界压力较小。

2. 石油馏分真、假临界常数的求取方法

表 3-13 中所列为中国石油大学重质油国家重点实验室对我国辽河原油直馏馏分的一些实测临界常数。因石油馏分临界常数的实际测定比较困难，所以一般常借助其他物性数据用经验关联式或有关图表求取。

表 3-13　辽河原油直馏馏分的实测临界常数

沸点范围, ℃	临界温度 T_c, K	临界压力 p_c, MPa
75~100	551.13	3.371
125~150	603.97	2.967
175~200	655.31	2.591
225~250	703.59	2.300
275~300	764.71	2.054
325~350	796.56	1.899
375~400	853.09	1.708
425~450	898.95	1.465
475~500	956.49	1.276

1）石油馏分的真、假临界温度

石油馏分的真临界温度可用下列经验式计算：

$$t_c = 85.66 + 0.9259D - 0.3959 \times 10^{-3} D^2 \tag{3-51}$$

其中

$$D = d(1.8 t_V + 132) \tag{3-52}$$

式中　t_c——石油馏分的真临界温度，℃；

　　　d——石油馏分的相对密度（$d_{15.6}^{15.6}$）；

　　　t_V——石油馏分的体积平均沸点，℃。

而石油馏分的假临界温度 T'_c (K) 则可用下列经验式求得：

$$T'_c = 9.5232[\exp(-9.3145 \times 10^{-4} T_{Me} - 0.54444d + 6.4791 \times 10^{-4} T_{Me}d)] \times T_{Me}^{0.81067} d^{0.53691} \qquad (3-53)$$

式中 T_{Me}——石油馏分的中平均沸点，K。

2) 石油馏分的真、假临界压力

石油馏分的假临界压力 p'_c(MPa)可用下列经验式计算：

$$p'_c = 3.195 \times 10^4 [\exp(-8.505 \times 10^{-3} T_{Me} - 4.8014d + 5.7490 \times 10^{-3} T_{Me}d)] T_{Me}^{-0.4844} d^{4.0846} \qquad (3-54)$$

石油馏分的真临界压力 p_c(MPa)则可从其假临界压力 p'_c 等用下式求得：

$$\lg p_c = 0.052321 + 5.656282 \lg \frac{T_c}{T'_c} + 1.001047 \lg p'_c \qquad (3-55)$$

其中 $$T_c = t_c + 273.15$$

式中 T_c——石油馏分的真临界温度，K。

石油馏分的真、假临界压力也可从图3-9中查得。

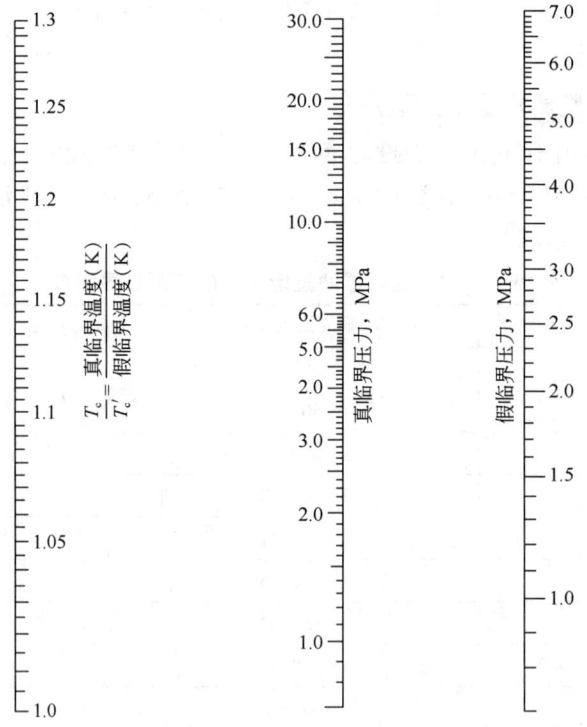

图3-9 烃类混合物和石油馏分的真、假临界压力图

二、压缩因子和对比状态

实际气体的 p—V—T 关系常用下式表示：

$$Z = \frac{pV}{RT} \qquad (3-56)$$

式中的 Z 称为压缩因子，它表示实际气体偏离理想气体行为的程度。实际气体的 Z 值不但随气体种类而异，并且同一种气体在不同状态下的 Z 值也是不同的。

当实际气体处于临界点时，此时的压缩因子称为临界压缩因子 Z_c，有

$$Z_c = \frac{p_c V_c}{RT_c} \tag{3-57}$$

鉴于对比温度 $T_r = T/T_c$、对比压力 $p_r = p/p_c$、对比体积 $V_r = V/V_c$，式(3-56)和式(3-57)还可表示为

$$Z = \frac{p_r V_r}{RT_r} \cdot \frac{p_c V_c}{T_c} = Z_c \frac{p_r V_r}{T_r} \tag{3-58}$$

根据对比状态定律，认为当实际气体的对比温度和对比压力相同时，其对比体积也相同。实验数据表明，许多实际气体的临界压缩因子 Z_c 比较接近，大多在 $0.25 \sim 0.31$ 之间。如取 $Z_c = 0.27$，以压缩因子 Z 及对比压力 p_r 的对数值分别为纵坐标及横坐标，即可得如图3-10所示的实际气体通用压缩因子图。当涉及的实际气体的 Z_c 并不等于 0.27 时，所得数值会有一定误差。注意：此图只有在 $T_r > 2.5$ 时才能用于氢、氮、氩、氖，此时 $T_r = \frac{T}{T_c + 8}, p_r = \frac{p}{p_c + 8}$。

例如，对于温度为5℃，压力为7.0MPa的甲烷（$T_c = 190.65\text{K}, p_c = 4.58\text{MPa}$），其对比温度与对比压力分别为

$$T_r = \frac{5 + 273.15}{190.65} = 1.46, p_r = \frac{7.0}{4.58} = 1.53$$

由图3-10可查得其 $Z = 0.86$，则其摩尔体积为

$$V = \frac{ZRT}{p} = \frac{0.86 \times 8.314 \times (273.15 + 5)}{7.0} = 284(\text{cm}^3/\text{mol})$$

三、偏心因子

1. 偏心因子的定义

由于实际气体的 Z_c 并不都等于 0.27，因而在使用图3-10时会产生一定的误差。为了提高关联的准确性，引入另一个参数——偏心因子 ω，而把压缩因子 Z 看作是 p_c、T_c 与 ω 三者的函数。

偏心因子 ω 的定义为

$$\omega = -\lg p_{r,0.7}^* - 1.0 \tag{3-59}$$

式中，$p_{r,0.7}^*$ 为 $T_r = 0.7$ 时的对比蒸气压（p^*/p_c）。偏心因子是反映物质分子形状、极性和大小的参数。对于小的球形分子如氩、氪、氖等惰性气体，其 $\omega = 0$，这类物质称为简单流体。其余的物质称为非简单流体，它们的 $\omega > 0$。换言之，偏心因子 ω 可表征特定物质的对比蒸气压与简单球形分子间的偏差。

偏心因子 ω 的更通用的表达式为

$$\omega = \frac{\ln p_r^* - (\ln p_r^*)^{(0)}}{(\ln p_r^*)^{(1)}} \tag{3-60}$$

式中　p_r^*——任意对比温度下的对比蒸气压；

$(\ln p_r^*)^{(0)}, (\ln p_r^*)^{(1)}$——关联项，其计算式见第一节式(3-5)。

表3-14为一些烃类的偏心因子 ω 值。由表可见，对于同一系列烃类，分子量越大，其偏心因子也越大；当分子中的碳数相同时，烷烃的偏心因子较大，环烷烃和芳烃的较小。由表中的数据也可看出，对于实际体系，引入偏心因子是很必要的，否则会引起较大误差。

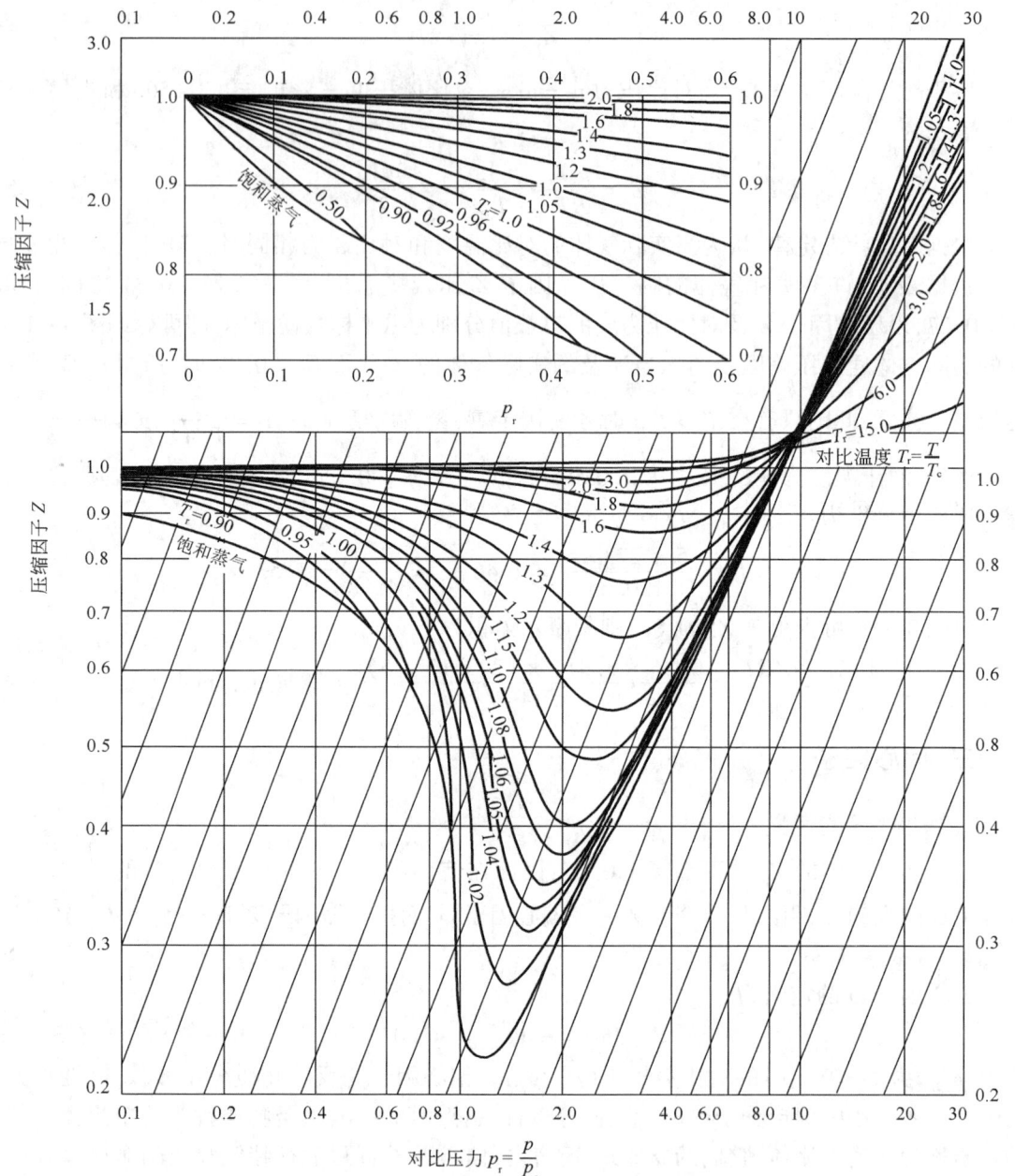

图 3-10　实际气体通用压缩因子图

表 3-14　一些烃类的偏心因子 ω 值

化合物	甲烷	乙烷	正己烷	正十六烷	正二十烷	2-甲基戊烷	环己烷	苯	甲苯
偏心因子 ω	0.0115	0.0908	0.2957	0.7468	0.9065	0.2791	0.2144	0.2100	0.2566

混合物的偏心因子 ω 可由下式计算：

$$\omega = \sum_{i=1}^{n} x_i \omega_i \tag{3-61}$$

式中　n——混合物中组分数；

　　　x_i——i 组分的摩尔分数；

　　　ω_i——i 组分的偏心因子。

2. 石油馏分偏心因子的求定

石油馏分的偏心因子可根据其假临界温度、假临界压力和实分子平均沸点,从图 3-11 中求得。

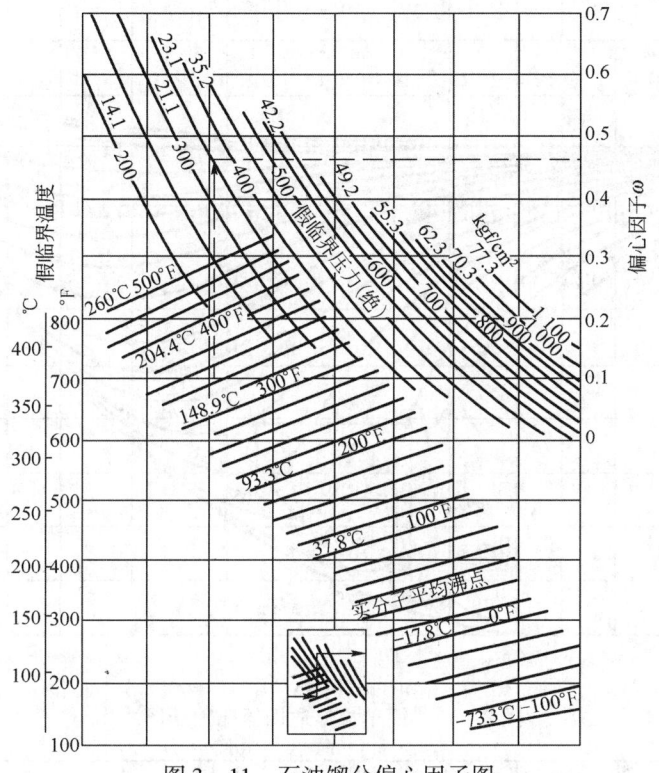

图 3-11 石油馏分偏心因子图

$1 kgf/cm^2 = 9.807 \times 10^4 Pa$

此外,石油馏分的偏心因子 ω 还可用下面经验式进行估算:

$$\omega = \frac{3}{7} \cdot \frac{T_{Me}}{T_c - T_{Me}} (\lg p_c + 1) - 1.0 \tag{3-62}$$

式中 T_{Me}——中平均沸点,K;

T_c——临界温度,K;

p_c——临界压力,MPa。

3. 偏心因子 ω 的应用

偏心因子在石油加工设备设计中的应用范围很广泛,可用于求取石油馏分的压缩因子、饱和蒸气压、热焓、比热容等,以及用于某些物性的关联。此处仅介绍偏心因子在求取压缩因子 Z 时的应用。

对于非简单流体,其压缩因子 Z 不仅是对比温度 T_r 和对比压力 p_r 的函数,而且还是偏心因子 ω 的函数,其关系可表示如下:

$$Z = Z^{(0)} + \omega Z^{(1)} \tag{3-63}$$

式中 Z——非简单流体的压缩因子;

$Z^{(0)}$——简单流体的压缩因子,其 $\omega = 0$;

$Z^{(1)}$——非简单流体的压缩因子校正值,其 $\omega > 0$。

在计算时,先求取其临界温度及临界压力,然后得到其对比温度和对比压力。据此,从

图 3 – 12 及图 3 – 13 查得其相应的 $Z^{(0)}$ 及 $Z^{(1)}$ 值,再从图 3 – 11 中查得其 ω 值。这样便可得到较为准确的压缩因子 Z 值。

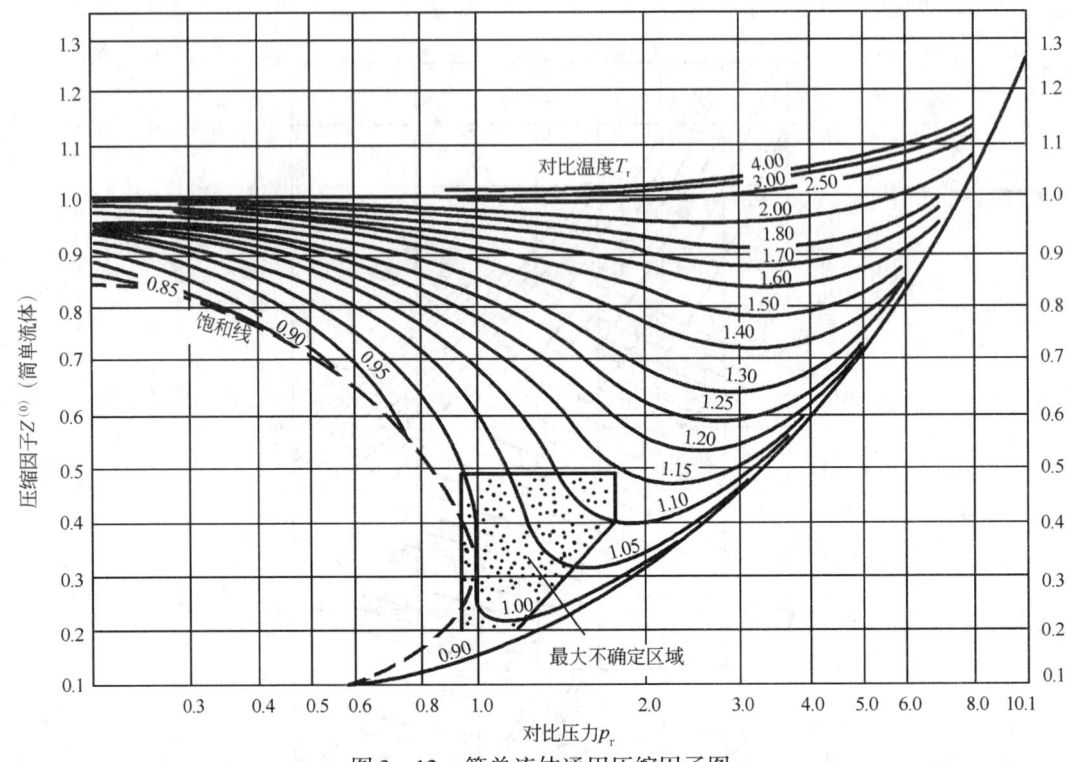

图 3 – 12　简单流体通用压缩因子图

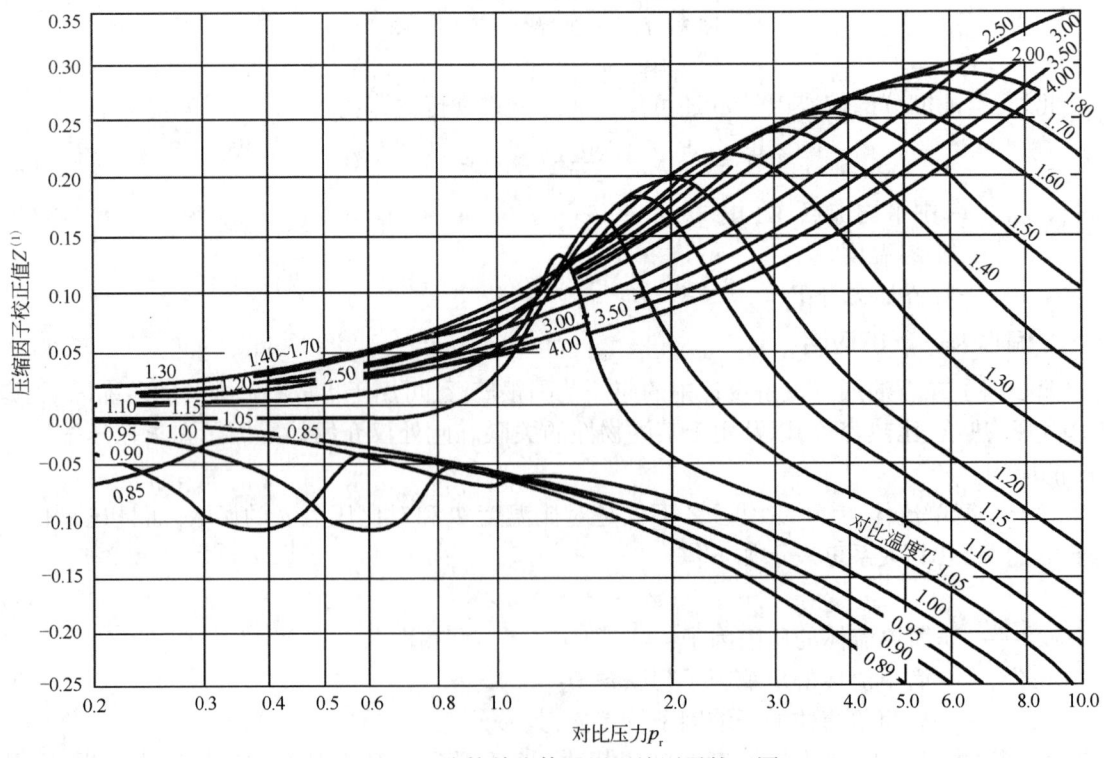

图 3 – 13　非简单流体通用压缩因子校正图

此外,还可用下述方法计算压缩因子 Z:

$$Z = Z^{(0)} + \frac{\omega}{\omega^{(h)}}[Z^{(h)} - Z^{(0)}] \tag{3-64}$$

式中　$Z^{(h)}$——重参比流体(正辛烷)的压缩因子;

$\omega^{(h)}$——重参比流体(正辛烷)的偏心因子,$\omega^{(h)} = 0.3978$。

$Z^{(0)}$、$Z^{(h)}$ 由下式计算:

$$Z^{(i)} = 1 + \frac{B}{V_r} + \frac{C}{V_r^2} + \frac{D}{V_r^5} + \frac{c_4}{T_r^3 V_r^2}\left(\beta + \frac{\gamma}{V_r^2}\right)\exp\left(\frac{-\gamma}{V_r^2}\right)(i = 0, h) \tag{3-65}$$

其中

$$B = b_1 + b_2/T_r - b_3/T_r^2 - b_4/T_r^3$$
$$C = c_1 - c_2/T_r + c_3/T_r^3$$
$$D = d_1 + d_2/T_r$$

式中,b_1、b_2、b_3、b_4、c_1、c_2、c_3、c_4、d_1、d_2、β、γ 为两组常数,分别对应于简单流体和重参比流体,其值见表 3-15。

表 3-15　式(3-65)中的常数值

常　数	简　单　流　体	重参比流体
b_1	0.1181193	0.2026579
b_2	0.265728	0.331511
b_3	0.154790	0.027655
b_4	0.030323	0.203488
c_1	0.0236744	0.0313385
c_2	0.0186984	0.0503618
c_3	0.0	0.016901
c_4	0.042724	0.041577
$d_1, 10^{-4}$	0.155488	0.48736
$d_2, 10^{-4}$	0.623689	0.0740366
β	0.65392	1.226
γ	0.060167	0.03754

第五节　热　性　质

在石油加工过程中,石油及其馏分的温度、压力和相态都可能发生变化,同时还往往伴随有热效应。要计算热效应的大小,就必须知道其焓值、质量热容、汽化潜热等热性质。这些性质还常用作关联石油馏分其他物性的参数。若过程中还发生化学变化,则尚需知道其反应热、生成热等。本节只涉及与石油及其馏分的物理变化有关的热性质。

视频 3-7　油品的热性质

一、焓

1. 焓的定义

焓又称热函,是体系的热力学状态函数之一,通常用符号 H 表示,其定义为

$$H = U + pV$$

式中,U、p、V分别代表体系的内能、压力、体积。焓的量纲与能量相同。焓是体系的单值函数,其增量$\Delta H = H_2 - H_1$仅决定于体系的始态与终态,而与变化的途径无关。在恒压且只做膨胀功的条件下,体系焓的增量为

$$\Delta H = \Delta U + p\Delta V = Q_p \tag{3-66}$$

式中,Q_p为恒压热。此式表示在上述情况下,体系所吸收的热等于体系焓的增量。

因为内能U及体积V都是容量性质,所以焓H也是体系的容量性质。由于体系内能的绝对值无法测得,因此焓的绝对值也无法确定,只能测定焓的变化值。为了便于计算,往往人为地规定某个状态下的焓值为零,称该状态为基准状态,而将体系从基准状态变化到指定状态时发生的焓变称为该体系在该指定状态下的焓值,工程上常以 kJ/kg 或 kJ/kmol 为单位。这样定义的焓值只具有相对的意义,它是随所选基准状态的不同而不同的。

在焓值的计算中,其基准状态的压力通常选用常压,即 1atm(0.1013MPa);其基准温度则可有多种选择,如0℃、0K、-17.8℃(0°F)或-129℃(-200°F)。因此,当计算某个体系物理变化的焓变时,一定要注意求取其始态和终态焓值的基准状态必须相同,否则无法比较。

2. 石油馏分焓值的求定

石油馏分的焓值是温度、压力及其性质的函数。数据表明,在相同温度下,密度小、特性因数K值大的石油馏分具有较高的焓值(kJ/kg),烷烃的焓值高于芳烃的,轻馏分的焓值高于重馏分的。当压力较低时($p_r < 1.0$),压力对于液相石油馏分焓值的影响可以忽略。但压力对于气相石油馏分焓值的影响较大,因而当压力较高时必须对气相的焓值进行压力校正。

石油馏分的焓值可从有关图表中查得,也可借助有关的方程式计算,现分述如下。

1)用查图法求定石油馏分的焓值

图 3-14 是一种求取石油馏分焓值的经验图。其基准温度为-17.8℃(0°F),是由特性因数$K=11.8$的石油馏分在常压下的实测数据绘制而成的。图中有两组曲线,上方的一组表示气相的焓值,下方的一组表示液相的焓值。当石油馏分的特性因数K值不等于11.8时,需用其中的两张小图对其气相或液相的焓值分别进行校正;而当体系的压力高于常压时,还需用左上方的小图对其气相的焓值加以校正。

例如,将相对密度d_4^{20}为0.7796、特性因数K值为11.0的石油馏分,从100℃、1atm下加热并完全汽化至温度为316℃、压力为27.2atm时,其所需的热量可用图 3-14 求取:

(1)由图 3-14 下方曲线,可查得d_4^{20}为0.7796、特性因数K值为11.8的液相石油馏分在100℃时的焓值为 58kcal/kg;

(2)由液相的焓对K的校正图可查得$K=11.0$时的校正因子为0.955,这样校正后的液相焓值为 $58 \times 0.955 = 55$(kcal/kg);

(3)由图 3-14 上方曲线,可查得d_4^{20}为0.7796、特性因数K值为11.8的气相石油馏分在常压、316℃时的焓值为 251kcal/kg;

(4)由气相的焓对K的校正图可查得$K=11.0$时的校正值为 6kcal/kg,再由气相的焓对压力的校正图查得压力为27.2atm时的校正值为 11kcal/kg,如此校正后在316℃、27.2atm下的气相焓值为 $251 - 6 - 11 = 234$(kcal/kg);

(5)由此可见,将相对密度d_4^{20}为0.7796、特性因数K值为11.0的石油馏分,从100℃、1atm下加热并完全汽化至温度为316℃、压力为27.2atm时,其所需的热量为 $234 - 55 = 179$(kcal/kg)=749(kJ/kg)。

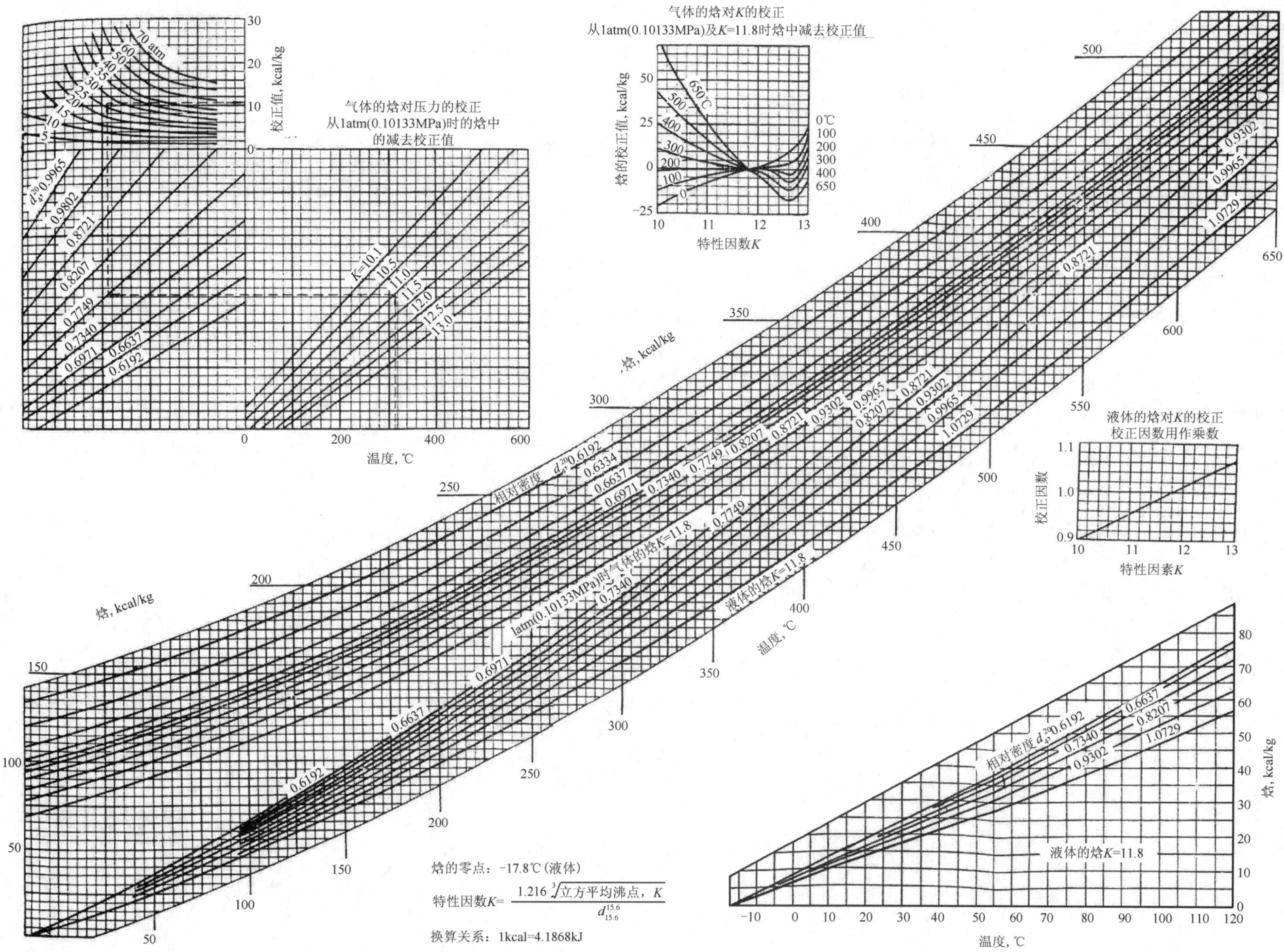

图3-14 石油馏分焓图

2) 用计算法求定石油馏分的焓值

上述借助查图求定石油馏分焓值的方法比较简便,但不够准确。此外,当压力超过70atm 或接近体系的临界点时,便无法使用此图。为此,下面介绍一种由 Lee—Kesler 提出的计算烃及其混合物液体和实际气体焓值的方法。

(1) 对于 $T_r \leqslant 0.8$、$p_r \leqslant 1.0$ 的液相焓值用下式计算:

$$H_L = A_1(T - 259.7) + A_2(T^2 - 259.7^2) + A_3(T^3 - 259.7^3) \qquad (3-67)$$

其中
$$A_1 = 10^{-3}\left[-1171.26 + (23.722 + 24.907 d_{15.6}^{15.6})K + \frac{1149.82 - 46.535K}{d_{15.6}^{15.6}}\right]$$

$$A_2 = 10^{-6}\left[(1.0 + 0.82463K)\left(56.086 - \frac{13.817}{d_{15.6}^{15.6}}\right)\right]$$

$$A_3 = -10^{-9}\left[(1.0 + 0.82463K)\left(9.6757 - \frac{2.3653}{d_{15.6}^{15.6}}\right)\right]$$

式中　H_L——液相焓值,Btu/lb(即英热单位/磅,1Btu/lb = 2.326kJ/kg);

T——温度,°R(1.8°R = 1K);

K——特性因数。

(2) 对于气相或 $T_r \geqslant 0.8$、$p_r \geqslant 1.0$ 的液相焓值用下式计算:

$$H = H_L^* + B_1(T - 0.8T_c') + B_2(T^2 - 0.64T_c'^2) + B_3(T^3 - 0.512T_c'^3) +$$

$$\frac{RT_c'}{M}\left[4.507 + 5.266\omega - \left(\frac{\widetilde{H}^0 - \widetilde{H}}{RT_c'}\right)\right] \qquad (3-68)$$

其中
$$B_1 = 10^{-3}\left[-356.44 + 29.72K + B_4\left(295.02 - \frac{248.46}{d_{15.6}^{15.6}}\right)\right]$$

$$B_2 = 10^{-6}\left[-146.24 + (77.62 - 2.772K)K - B_4\left(301.42 - \frac{253.87}{d_{15.6}^{15.6}}\right)\right]$$

$$B_3 = 10^{-9}(-56.487 - 2.95B_4)$$

$$B_4 = \left[\left(\frac{12.8}{K} - 1.0\right)\left(1.0 - \frac{10.0}{K}\right)(d_{15.6}^{15.6} - 0.885)(d_{15.6}^{15.6} - 0.70) \times 10^4\right]^2$$

(对于 $10.0 < K < 12.8$, $0.70 < d_{15.6}^{15.6} < 0.885$)

$B_4 = 0.0$(对于其他情况)

$$\left(\frac{\widetilde{H}^0 - \widetilde{H}}{RT_c'}\right) = \left(\frac{\widetilde{H}^0 - \widetilde{H}}{RT_{c,0}}\right)^{(0)} + \frac{\omega}{\omega^{(h)}}\left[\left(\frac{\widetilde{H}^0 - \widetilde{H}}{RT_{c,h}}\right)^{(h)} - \left(\frac{\widetilde{H}^0 - \widetilde{H}}{RT_{c,0}}\right)^{(0)}\right] \qquad (3-69)$$

$$\left(\frac{\widetilde{H}^0 - \widetilde{H}}{RT_{c,i}}\right)^{(i)} = -T_r\left[Z^{(i)} - 1 - \frac{b_2 + 2b_3/T_r + 3b_4/T_r^2}{T_r V_r}\right.$$

$$\left. - \frac{c_2 - 3c_3/T_r^2}{2T_r V_r^2} + \frac{d_2}{5T_r V_r^5} + 3E\right](i = 0, h) \qquad (3-70)$$

$$E = \frac{c_4}{2T_r^3 \gamma}\left[\beta + 1 - \left(\beta + 1 + \frac{\gamma}{V_r^2}\right)\exp\left(-\frac{\gamma}{V_r^2}\right)\right]$$

式中　H——气相或 $T_r \geqslant 0.8$、$p_r \geqslant 1.0$ 的液相焓值,Btu/lb;

H_L^*——在对比温度为 0.8 时,用式(3-67)计算的液相石油馏分焓值,Btu/lb;

T——温度,°R;

T'_c——假临界温度,°R;

R——摩尔气体常数,$R = 1.986$ Btu/(lb·mol·°R);

ω——偏心因子;

M——分子量;

$\left(\dfrac{\widetilde{H}^0 - \widetilde{H}}{RT_c}\right)$——压力对焓的影响,用式(3-69)计算;

$\left(\dfrac{\widetilde{H}^0 - \widetilde{H}}{RT_{c,0}}\right)^{(0)}$——压力对简单流体焓的影响,由式(3-70)计算;

$\left(\dfrac{\widetilde{H}^0 - \widetilde{H}}{RT_{c,h}}\right)^{(h)}$——压力对重参比流体(正辛烷)焓的影响,由式(3-70)计算;

$Z^{(i)}$——$Z^{(0)}$或$Z^{(h)}$,取决于式(3-70)用于哪种流体,可用式(3-65)计算;

$b_2, b_3, b_4, c_2, c_3, c_4, d_2, \gamma, \beta$——两组常数,分别对应简单流体和重参比流体,其值见表3-15。

综上所述,用计算法求定石油馏分焓值的步骤如下:

第一步,用所得数据,求取石油馏分的假临界温度和假临界压力;

第二步,求取石油馏分的偏心因子ω;

第三步,计算对比温度和对比压力,若该石油馏分处于气相状态,或虽处于液相状态但其$T_r \geq 0.8$、$p_r \geq 1.0$,则直接进行第五步;

第四步,用式(3-67)计算石油馏分液相的焓值;

第五步,用式(3-67)计算石油馏分$T = 0.8 T'_c$时的H^*_L;

第六步,用式(3-69)计算压力对焓的影响$\left(\dfrac{\widetilde{H}^0 - \widetilde{H}}{RT'_c}\right)$,当$p_r < 0.01$时此步骤可以略去;

第七步,用式(3-68)计算石油馏分气相或$T_r \geq 0.8$、$p_r \geq 1.0$的液相焓值。

尚需指出,上述计算方法中所涉及的临界常数均为石油馏分的假临界常数,本法算得的焓值是以-129℃(-200°F)下的饱和液体为基准状态。计算焓值时最好使用同一种方法,以保证焓值基准的一致性,如这里所介绍的查图方法和计算方法的焓值基准就不一样。

二、质量热容

1. 质量热容的定义

单位质量物质温度升高1℃所吸收的热量称为该物质的质量热容,用c表示,其单位是kJ/(kg·℃)。但是,物质的质量热容与其所处的温度有关。严格地讲,质量热容的定义应为:单位质量物质在某一温度T下,所吸热量dQ与温度升高值dT之比,即

$$c = \dfrac{dQ}{dT} \tag{3-71}$$

在工艺计算中,为简便起见,常采用平均质量热容$\bar{c}$。当单位质量物质的温度从T_1改变到T_2时,若吸收的热量为Q,则其平均质量热容$\bar{c}$为

$$\bar{c} = \dfrac{Q}{T_2 - T_1} \tag{3-72}$$

若温度变化范围不大,则可近似地取平均温度$(T_1 + T_2)/2$处的质量热容为平均质量热

容。但是,当温度变化范围较宽或接近临界点时,则不能这样计算。

由热力学可知,质量热容不仅与温度的高低有关,而且还与其压力和体积的变化情况有关。在体积恒定时的质量热容称为质量定容热容(c_V),当压力恒定时的质量热容称为质量定压热容(c_p),有

$$c_V = \left(\frac{\partial U}{\partial T}\right)_V \tag{3-73}$$

$$c_p = \left(\frac{\partial H}{\partial T}\right)_p \tag{3-74}$$

对于液体和固体,质量定压热容和质量定容热容相差很少,而对于气体则两者相差较大。对于理想气体,这两者的差值为摩尔气体常数:

$$c_p - c_V = R \tag{3-75}$$

2. 烃类的质量热容

实验测定烃类的质量热容时可以发现,不论是液态还是气态,其质量热容都随温度的升高而逐渐增大。压力对于液态烃类质量热容的影响一般可以忽略,但气态烃类的质量热容随压力的增高而明显增大,当压力高于 0.35MPa 时,其质量热容需作压力校正。

表 3-16 中列出了一些烃类在 25℃时的液相质量热容数据。由表可见,液态烃类的质量热容小于水的质量热容[4.2kJ/(kg·℃)],其范围为 1.6~3.0kJ/(kg·℃)。就不同族的烃类而言,当分子量接近时,烷烃的质量热容最大,环烷烃的次之,芳烃的最小。

表 3-16 烃类的质量热容和汽化热

化 合 物		液相质量热容(25℃) kJ/(kg·℃)	汽化热(常压沸点下) kJ/kg
正构烷烃	$n-C_6$	2.37	334.8
	$n-C_7$	2.25	316.3
	$n-C_8$	2.22	301.3
	$n-C_9$	2.22	287.8
环烷烃	 ⬡	1.86	356.0
	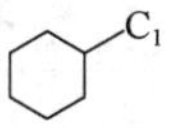 ⬡-C_1	1.88	317.0
	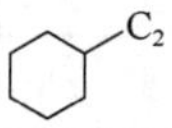 ⬡-C_2	1.89	305.7
	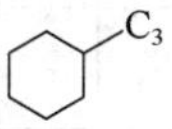 ⬡-C_3	1.92	285.7
芳烃	 ⌬	1.74	393.8
	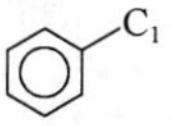 ⌬-C_1	1.71	360.1
	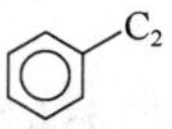 ⌬-C_2	1.75	335.0
	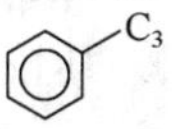 ⌬-C_3	1.79	318.2

3. 石油馏分质量热容的求定

石油馏分的质量热容可用查图法或计算法求取。但是，相对而言，在热平衡计算中采用焓值更为准确。

1) 查图法

液相石油馏分的质量定压热容可根据其温度、相对密度和特性因数从图 3-15 查得。气相石油馏分的质量定压热容则可根据其温度及特性因数从图 3-16 中查得。

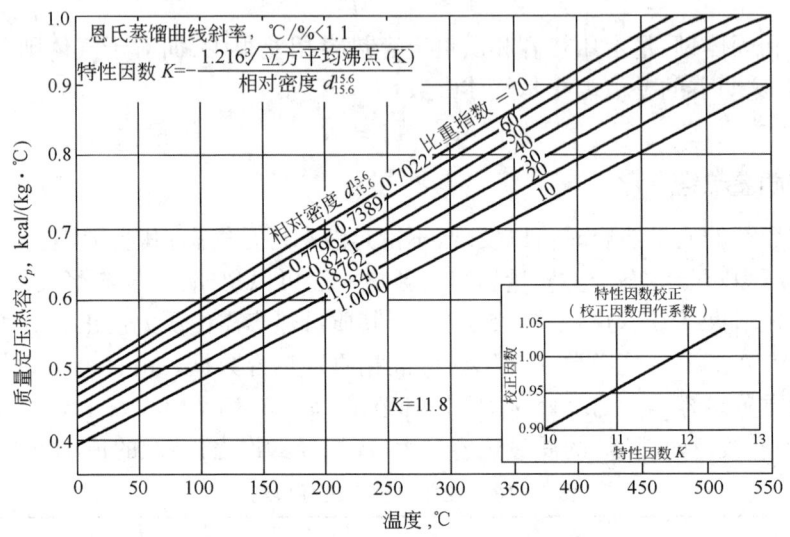

图 3-15　液相石油馏分质量热容图
1kcal/(kg·℃)=4.1868kJ/(kg·℃)

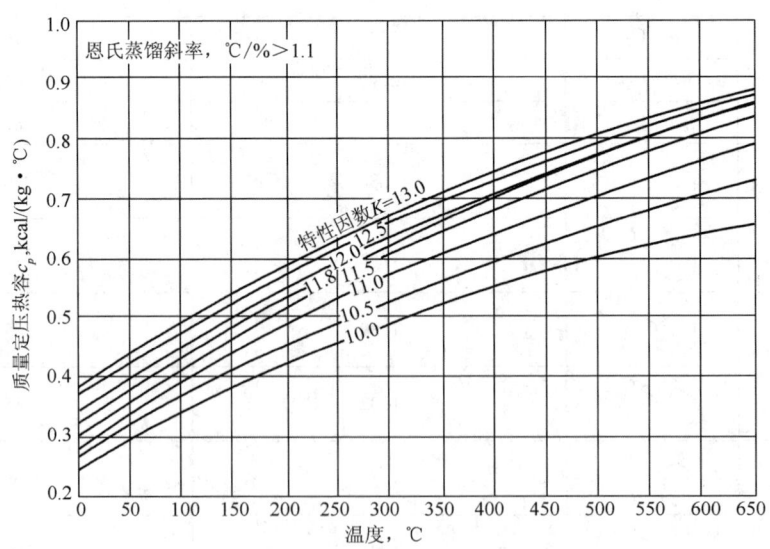

图 3-16　气相石油馏分常压质量热容图
1kcal/(kg·℃)=4.1868kJ/(kg·℃)

图 3-16 仅适用于压力小于 0.35MPa，且含烯烃和芳烃不多的石油馏分蒸气。当压力高于 0.35MPa 时，便需对气相石油馏分的质量定压热容进行压力校正，其校正式如下：

$$c_p = c_p^0 - \frac{R}{M}\left(\frac{\tilde{c}_p^0 - \tilde{c}_p}{R}\right) \tag{3-76}$$

$$\left(\frac{\tilde{c}_p^0 - \tilde{c}_p}{R}\right) = \left(\frac{\tilde{c}_p^0 - \tilde{c}_p}{R}\right)^{(0)} + \omega\left(\frac{\tilde{c}_p^0 - \tilde{c}_p}{R}\right)^{(1)} \tag{3-77}$$

式中 c_p——真实气体的质量定压热容,kJ/(kg·℃);

$\tilde{c}_p$——和 c_p 对应的摩尔定压热容,kJ/(kmol·℃);

c_p^0——理想气体的质量定压热容,kJ/(kg·℃);

$\tilde{c}_p^0$——和 c_p^0 对应的摩尔定压热容,kJ/(kmol·℃);

R——摩尔气体常数,$R = 8.3140$ kJ/(kmol·K);

M——分子量;

$\left(\dfrac{\tilde{c}_p^0 - \tilde{c}_p}{R}\right)$——质量定压热容的压力校正项,用式(3-77)计算;

$\left(\dfrac{\tilde{c}_p^0 - \tilde{c}_p}{R}\right)^{(0)}$——简单流体质量定压热容的压力校正项,可从图 3-17 查得;

$\left(\dfrac{\tilde{c}_p^0 - \tilde{c}_p}{R}\right)^{(1)}$——非简单流体质量定压热容的压力校正项,可从图 3-18 查得;

ω——偏心因子。

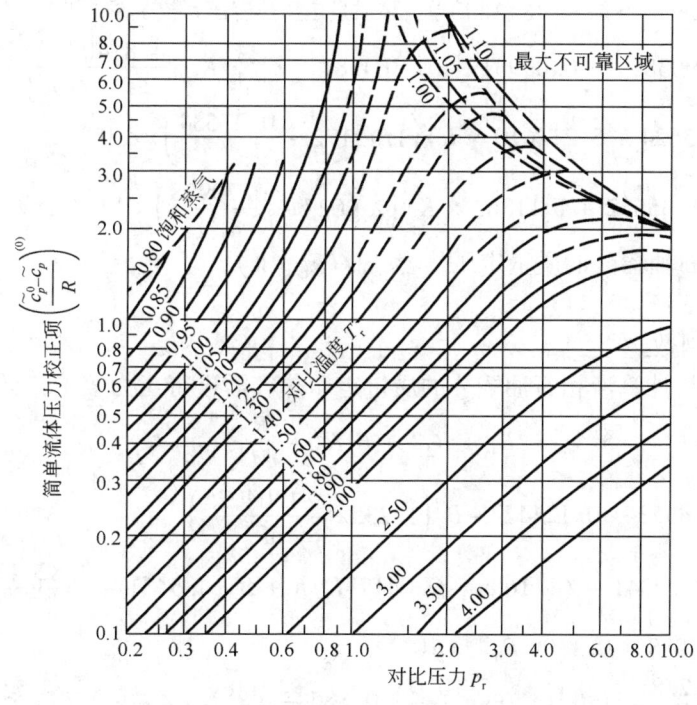

图 3-17 简单流体质量定压热容压力校正图

对于石油馏分,其对比温度及对比压力均需用其假临界常数计算。

2)计算法

(1)对于液相石油馏分,当 $T_r \leqslant 0.85$ 时,可用下式计算其质量定压热容:

$$c_p = A_1 + A_2 T + A_3 T^2 \tag{3-78}$$

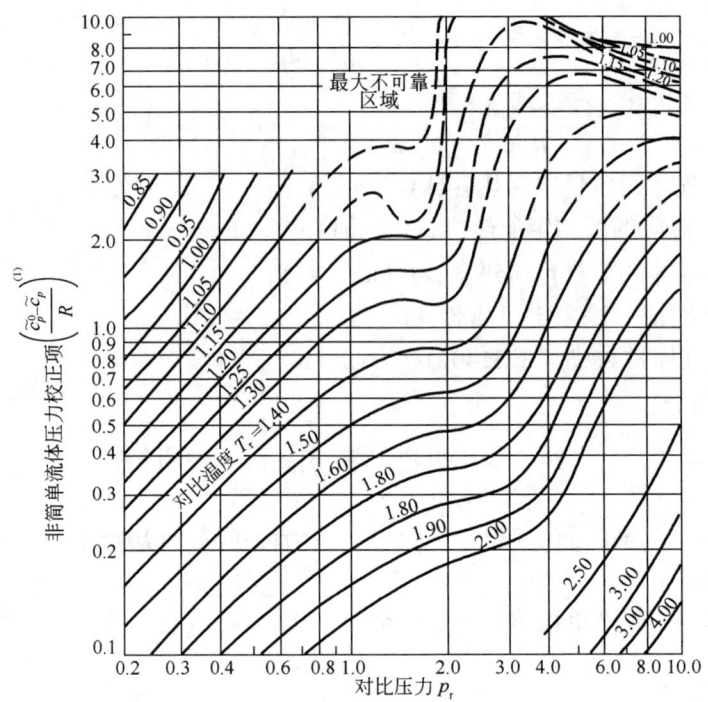

图 3-18 非简单流体质量定压热容压力校正图

其中　　$A_1 = -4.90383 + (0.099319 + 0.104281 \times d_{15.6}^{15.6})K + \dfrac{4.81407 - 0.194833K}{d_{15.6}^{15.6}}$

$A_2 = (7.53624 + 6.214610 \times K)\left(1.12172 - \dfrac{0.27634}{d_{15.6}^{15.6}}\right) \times 10^{-4}$

$A_3 = -(1.35652 + 1.11863 \times K)\left(2.9027 - \dfrac{0.70958}{d_{15.6}^{15.6}}\right) \times 10^{-7}$

式中　c_p——液相石油馏分的质量定压热容，kJ/(kg·K)；

　　　T——温度，K；

　　　K——特性因数。

当 $T_r \geq 0.85$ 时，计算液相石油馏分的质量定压热容需进行压力校正，具体计算式如下：

$$c_p = B_1 + B_2 T + B_3 T^2 - \dfrac{R}{M}\left(\dfrac{\tilde{c}_p^0 - \tilde{c}_p}{R}\right) \qquad (3-79)$$

其中　　$B_1 = -1.4923 + 0.1244K + B_4\left(1.2352 - \dfrac{1.04025}{d_{15.6}^{15.6}}\right)$

$B_2 = -\left[2.2041 - (1.1699 - 0.04177K)K + B_4\left(4.5431 - \dfrac{3.8204}{d_{15.6}^{15.6}}\right)\right] \times 10^{-3}$

$B_3 = (2.2988 + 0.1199 B_4) \times 10^{-6}$

$B_4 = \left[\left(\dfrac{12.8}{K} - 1.0\right)\left(1.0 - \dfrac{10.0}{K}\right)(0.885 - d_{15.6}^{15.6})(d_{15.6}^{15.6} - 0.70) \times 10^4\right]^2$

　　　（对于 $10 < K < 12.8, 0.7 < d_{15.6}^{15.6} < 0.885$）

$B_4 = 0.0$（对于其他情况）

式中　R——摩尔气体常数，$R = 8.314$ kJ/(kmol·K)；

　　　M——分子量；

　　　$\left(\dfrac{\tilde{c}_p^0 - \tilde{c}_p}{R}\right)$——质量定压热容的压力校正项，由式(3-77)计算。

(2)对于气相石油馏分,可按 $T_r \geqslant 0.85$ 时计算液相石油馏分质量定压热容的公式(3-79)计算。

尚需说明,上述计算石油馏分质量热容值的方法不适宜于临界区附近。

三、汽化热

单位质量物质在一定温度下由液态转化为气态所吸收的热量称为汽化热,其单位为 kJ/kg。物质的汽化热是随其温度、压力的变化而变化的,当温度和压力升高时,其汽化热逐渐减小。如不特殊说明,通常所谓的汽化热是指在常压沸点下的汽化热。

由表 3-16 可见,烃类的汽化热比水的小许多,一般在 300kJ/kg 左右(水在常压 100 ℃ 的汽化热为 2257.2kJ/kg),其数值随分子量的增大而减小。当分子量相近时,烷烃与环烷烃的汽化热相差不多,而芳烃的汽化热稍高一些。

纯烃的汽化热可从有关图表中查得。对于石油馏分,可查取或计算其在该条件下气相和液相的焓值,此两者的差值即为其汽化热。

此外,石油馏分的常压汽化热还可根据中平均沸点 T_{Me}、平均分子量和比重指数三个参数中的两个,从图 3-19 中查得。对其他温度、压力条件下的汽化热,还需从图 3-20 中查取其校正因子 φ,按下式计算得到:

$$Q_T = Q_b \cdot \varphi \cdot \frac{T}{T_{Me}}$$

式中 Q_T——在温度 $T(K)$ 时的汽化热,kcal/kg;

Q_b——在常压沸点(中平均沸点 T_{Me},K)下的汽化热,kcal/kg。

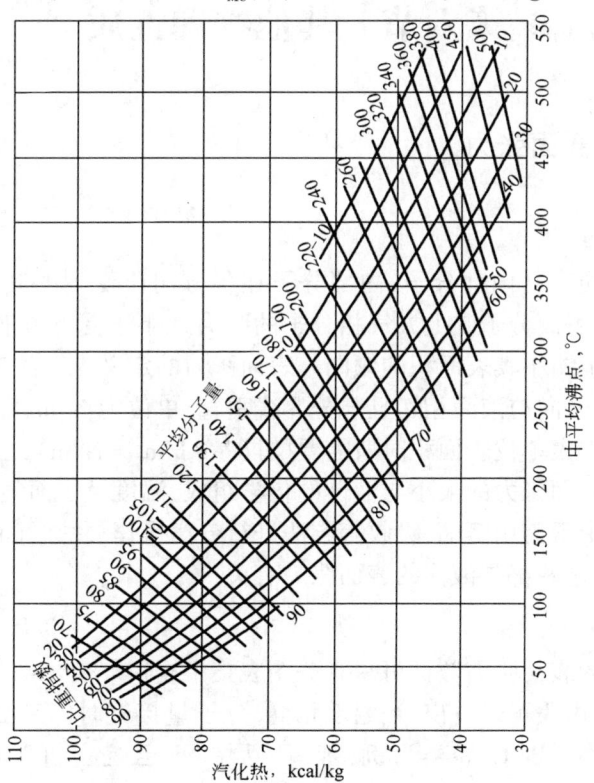

图 3-19 石油馏分常压汽化热图

1kcal/(kg·℃) = 4.1868kJ/(kg·℃)

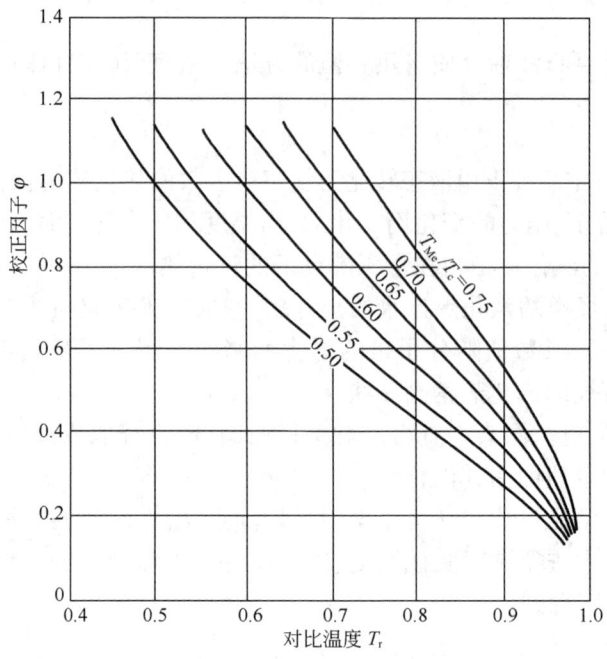

图 3-20　石油馏分汽化热校正图

第六节　其他物理性质

一、表面张力及界面张力

视频 3-8　油品的表面张力、折射率和溶解度

1. 表面张力

液体表面分子不同于其内部分子,内部分子在各方向所受到的其他分子的引力相同,而表面分子受上方气相分子的引力远小于受下方液相分子的引力。这种内向引力使液体有尽量缩小其表面积的倾向。表面张力的定义为液体表面相邻两部分单位长度上的相互牵引力,其方向与液面相切且与分界线垂直,单位为 N/m,常用符号 σ 表示。表面张力还可定义为液体增大单位表面积时所需要的能量($J/m^2 = N/m$),也称为液体的表面能或表面自由能。液体的表面张力的大小与液体的化学组成、温度及表面气氛等因素有关。

在石油加工过程中常需用蒸馏、吸收等方法进行分离操作,此类气液传质设备的设计中涉及雾沫和泡沫等问题,这些都与液体的表面张力有关。

1) 烃类的表面张力

烃类等纯化合物的表面张力数据可从有关图表集中查得。表 3-17 列出了几种烃类在不同温度下的表面张力,由表可以看出,当温度相同、分子量接近时,芳烃的表面张力最大,环烷烃的次之,烷烃的最小。以 C_6 烃类为例,苯、环己烷、正己烷在 20℃ 时的表面张力分别为 $28.8 \times 10^{-3} N/m$、$25.2 \times 10^{-3} N/m$ 和 $18.0 \times 10^{-3} N/m$。表中的数据还表明,就正构烷烃而言,其表面张力是随分子量的增大而增大的,对于环烷烃则不一定如此,而芳烃的表面张力随分子量的变化而变化的程度较小。由该表还可以看出,烃类的表面张力均随温度的升高而减小。

表 3-17 烃类在不同温度下的表面张力

烃 类		表面张力,10^{-3}N/m			
		20℃	40℃	60℃	80℃
正构烷烃	正戊烷	16.0	13.9	11.8	9.7
	正己烷	18.0	16.0	14.0	12.1
	正庚烷	20.2	18.2	16.3	14.4
	正辛烷	21.5	19.6	17.8	16.0
环烷烃	环戊烷	22.0	19.6	17.2	14.9
	环己烷	25.2	22.9	20.6	18.4
	甲基环己烷	23.5	21.5	19.5	17.5
	乙基环己烷	25.2	23.3	21.5	19.6
芳烃	苯	28.8	26.3	23.7	21.2
	甲苯	28.5	26.2	23.9	21.7
	乙苯	29.3	27.1	25.0	22.9
	丙苯	29.0	27.0	24.9	23.0

此外,液体的表面张力还受压力和所接触气体性质的影响,增高压力通常使气体的溶解度增大。从图 3-21 可以看出,液体的表面张力随压力的增高而减小,其减小的幅度则随所接触气体性质的不同而不同。

2)石油馏分的表面张力

石油馏分在常温下的表面张力一般在 $24\times10^{-3}\sim39\times10^{-3}$N/m 之间,汽油的约为 26×10^{-3}N/m,煤油的约为 30×10^{-3}N/m,润滑油的约为 34×10^{-3}N/m。未经精制的石油馏分中还含有一些非烃类物质,它们一般具有表面活性,会在表面富集从而降低体系的表面张力。

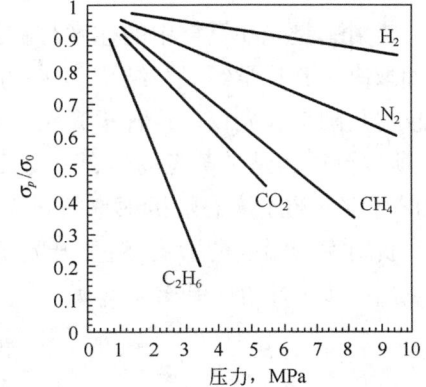

图 3-21 25℃下正己烷和不同气体接触时的表面张力与压力的关系
σ_0—常压下正己烷的表面张力;
σ_p—压力 p 下正己烷的表面张力

原油和石油馏分的表面张力可用下面经验式求取:

$$\sigma = \{673.7[(T_c - T)/T_c]^{1.232}/K\} \times 10^{-3} \quad (3-80)$$

式中 σ——液体的表面张力,N/m;
T_c——临界温度,K;
T——体系温度,K;
K——特性因数。

2. 界面张力

界面张力是指每增加一个单位液—液相界面面积时所需的能量，单位是 N/m。与液体的表面能相似，两个液相界面上的分子所处的环境和内部分子所处的环境不同，因而能量也不同。界面张力对于萃取等液—液传质过程有重要影响。虽然温度和压力对于界面张力都有影响，但温度的影响要大得多。

石油在地质储层中或在生产、加工过程中常与水接触，油—水界面上的界面张力受两相化学组成及温度等因素的影响。油或水中原有的或外加的少量表面活性物质会显著影响其界面张力，可增加或降低其界面膜的强度，从而导致油水乳状液的稳定或破坏。

烃类与水的界面张力可近似用下式计算：

$$\sigma_{HW} = \sigma_H + \sigma_W - 1.10(\sigma_H \times \sigma_W)^{1/2} \tag{3-81}$$

式中 σ_{HW}——烃、水间的界面张力，N/m；

σ_H——烃类的表面张力，N/m；

σ_W——水的表面张力，N/m。

式(3-81)主要适用于包含5个或更多碳原子的饱和烃，当烃相的 $T_r > 0.53$ 时，此法的精度迅速下降。

二、折射率

光在介质中的传播速度与介质的化学组成和结构有关，因此在石油的研究和产品的质量检验中，常常用油品的光学性质诸如折射率、分子折射和色散率等来关联其化学组成和结构。

折射率是光在真空中的速度与在介质中的速度之比，其数值均大于1。油品的折射率一方面取决于其化学组成与结构，另一方面还取决于温度及入射光的波长。常用的测定折射率的仪器是阿贝折光仪。这种折光仪的光源虽然是阳光或电灯，但因其中装有消除色散的补偿器，所以测得的是钠黄光的 D 线（波长为589.3nm）的折射率，用 n_D 表示。标准 SH/T 0724—2002 详细介绍了液态烃折射率的测定方法。

折射率受温度的影响，温度升高折射率减小。可用下式从温度为 t_0 时测得的折射率 $n_D^{t_0}$ 估算温度为 t 时的折射率 n_D^t：

$$n_D^t = n_D^{t_0} - \gamma(t - t_0) \tag{3-82}$$

式中，γ 为折射率的温度系数，其值在 0.0004~0.0006 之间。对一般油品，常在20℃下测定其折射率 n_D^{20}；而对于含蜡较多、熔点较高的油品，则须在70℃下测定其折射率 n_D^{70}。

1. 烃类和石油馏分的折射率

从表3-18各种烃类的折射率 n_D^{20} 数据可看出，在各族烃中，烷烃的折射率最小，一般在1.3~1.4之间，芳烃的折射率最大，约为1.5，环烷烃介于两者之间。在同一系列的烃中，烷烃和环烷烃的折射率一般是随其分子量的增大而增大；而单环芳烃的折射率则相反，随分子量的增大而减小，但分子量对折射率的影响远不如分子结构的影响显著。总的看来，折射率与分子结构的关系和密度与分子结构的关系相似。

表 3-18　烃类的折射率

烃　类	n_D^{20}	烃　类	n_D^{20}	烃　类	n_D^{20}
正己烷	1.3749	环己烷	1.4262	苯	1.5011
正庚烷	1.3876	甲基环己烷	1.4231	甲苯	1.4969
正辛烷	1.3974	乙基环己烷	1.4330	乙苯	1.4959
正壬烷	1.4054	丙基环己烷	1.4371	丙苯	1.4920
正癸烷	1.4119	丁基环己烷	1.4408	丁苯	1.4898

表 3-19 为大庆、胜利、孤岛和羊三木原油各馏分的折射率。从表中的数据可以看出，一方面，对于沸程相同的馏分，石蜡基的大庆原油的折射率最小，环烷基的羊三木原油的折射率最大，中间基的胜利原油的折射率居中，这显然反映了它们化学组成上的差别；另一方面，对于同一种原油，其馏分的折射率随沸程的升高而增大，这主要是由于较重的馏分中芳烃的含量较多所致。

表 3-19　石油馏分的折射率（n_D^{20}）

馏分沸程,℃	大庆原油	胜利原油	孤岛原油	羊三木原油
200~250	1.4484	1.4580	1.4774	1.4714
250~300	1.4561	1.4630	1.4888	1.4897
300~350	1.4627	1.4670	1.5009	1.5053
350~400	1.4493①	1.4583①	1.5102	1.5190
400~450	1.4598①	1.4770①	1.5024①	1.5230
450~500	1.4680①	1.4840①	1.5609①	1.5260
原油基属	石蜡基	中间基	环烷—中间基	环烷基

①为 70℃时的折射率。

2. 石油馏分折射率的计算方法

石油馏分的折射率可由其沸点、密度和分子量用下式推算：

$$n = \left(\frac{1+2I}{1-I}\right)^{0.5} \tag{3-83}$$

其中

$$I = 3.587 \times 10^{-3} T_{Me}^{1.0848} \left(\frac{M}{\rho}\right)^{0.4439} \tag{3-84}$$

式中　n——20℃时的折射率；

　　　I——20℃ Hnang 特性参数；

　　　T_{Me}——中平均沸点，K；

　　　M——分子量；

　　　ρ——20℃时的密度，g/cm³。

对于国产原油直馏馏分和催化裂化、焦化馏分的折射率，借助寿德清—向正为提出的下述

经验式,可得到较准确的结果:

$$n_D^{20} = 0.520545 + 0.854754\rho + \frac{0.193995}{\rho} \quad (3-85)$$

式中 ρ——20℃时的密度,g/cm³。

三、导热系数

导热系数又称热导率,它反映物质的热传导能力,其定义为单位温度梯度(在1m长度内温度降低1K)在单位时间内经单位导热面积所传递的热量,常用 λ 表示,单位是 W/(m·K)。导热系数是进行换热器等传热设备计算时必不可少的物性数据。

1. 气体的导热系数

对于理想气体,其导热系数不受压力影响,只是温度的函数。而当压力较高时,则需考虑压力的影响,加以校正。

对于石油馏分低压蒸气,可近似地看作是理想气体,用下面经验式进行计算:

$$\lambda = 0.0023103 + \frac{0.42624}{M} + \frac{1.9891}{M^2} + (T - 255.37)$$

$$\left(0.00010208 + \frac{0.00013407}{M} + \frac{0.0057405}{M^2}\right) \quad (3-86)$$

式中 λ——导热系数,W/(m·K);
　　　T——温度,K;
　　　M——分子量。

当气体中含有少量氢气时,其误差较大,式(3-86)不适用。

2. 液体的导热系数

当压力低于3.4MPa时,液体的导热系数不受压力影响,它随温度的升高而减小,两者基本呈线性关系。而当对比温度大于0.8时,其导热系数则随温度的升高而急剧下降。

液体石油馏分低压下的导热系数可用下式估算:

$$\lambda = 0.1322 - 1.420 \times 10^{-4}(T - 273.15) \quad (3-87)$$

四、闪点、燃点和自燃点

石油及其产品都是极易着火的物质,因此测定它们与爆炸、燃烧有关的性质如闪点、燃点和自燃点,对于油品的生产、储存、运输、加工以及应用过程的安全具有重要意义。

视频3-9 油品的燃烧性质和低温性质

闪点是指在规定条件下,加热油品所溢出的蒸气和空气组成的混合物与火焰接触时发生瞬间闪火时的最低温度。这种闪火现象的实质是爆炸,其必要条件是混合气中燃料蒸气的浓度要在一定的范围以内,这个范围就称为该燃料的爆炸极限(或燃烧极限)。燃料蒸气的浓度在爆炸极限以内的混合气称为可燃混合气。由于燃烧过程的化学反应速度或释放出热能的速度取决于燃料蒸气和空气二者的浓度,因此其中任何一个浓度过低,均会使反应速度减小并使释放的热量不足以补偿其散失,而使混合气不能点燃,这就是混合气浓度过低或过高都不能发生爆炸的原因。通常把混合气能够点燃时其中燃料蒸气的最低浓度称为爆炸下限,其最高浓度称为爆炸上限。

一些可燃物质在空气中的爆炸极限见表3-20。氢气、一氧化碳和乙炔的爆炸浓度范围很宽,在使用过程中更应注意安全。

表3-20 一些可燃物质在空气中的爆炸极限(体积分数)

可燃物质	爆炸极限,%		可燃物质	爆炸极限,%	
	下限	上限		下限	上限
氢气	4.0	75	苯	1.4	7.1
一氧化碳	12.5	74	正庚烷	1.2	6.7
甲烷	5.3	14	甲苯	1.4	6.7
乙烷	3.0	12.5	辛烷	1.0	—
乙烯	3.1	36	二甲苯	1.0	6.0
乙炔	2.5	81	丙酮	3.0	11
丙烷	2.2	9.5	甲醇	7.3	36
正丁烷	1.9	8.5	乙醇	4.3	19
正戊烷	1.5	7.8	车用汽油①	1.3	7.1
正己烷	1.2	7.5	航空汽油①	1.4	7.1
环己烷	1.3	8.0			

①因产品具体规格不同,其爆炸极限会有所变化。

燃点是在规定条件下加热油品,当火焰靠近油品表面的油气和空气组成的混合物时发生着火,并持续燃烧至规定时间所需的最低温度。油品的闪点和燃点主要与其馏分组成有关,油品的沸程越高,其闪点和燃点越高,油品越轻其闪点和燃点也越低。

自燃点是指在规定条件下,油品在没有火焰时自发着火的最低温度。自燃点与闪点和燃点不同,不需要外部火源,是由于在一定温度下油品与空气发生剧烈氧化而导致自行燃烧的现象。自燃点与油品的沸程有关,但与闪点和燃点相反,油品越轻、分子量越小,其自燃点越高。例如汽油的自燃点常在400℃以上,柴油的自燃点为350℃左右,渣油的自燃点则更低(可低至300℃)。因此,在加工或使用过程中,对于高温的油品尤其是重质油品,一定要防止其泄漏,以防它与空气接触而自燃,引起火灾。部分烃类及燃料在空气中的自燃点见表3-21。

表3-21 部分烃类及燃料在空气中的自燃点

物质名称	自燃点,℃	物质名称	自燃点,℃
乙烷	515	苯	562
正丁烷	405	甲苯	536
正戊烷	260	间二甲苯	528
正己烷	234	萘	526
正庚烷	215	α-甲基萘	528
正壬烷	206	蒽	540
异辛烷	418	航空汽油	440
正癸烷	210	1号喷气燃料	228
正十六烷	205	2号喷气燃料	238
环己烷	245	3号喷气燃料	242

油品闪点的测定有闭口杯法(GB/T 261—2008)和开口杯法(GB/T 267—1988),前者对于轻质油品和重质油品都可以测定,后者一般用于测定重质油品。燃点则应用开口杯法测定。

五、浊点、结晶点、冰点、倾点和凝点

对于纯化合物,在一定的压力下,其熔点与结晶点(或凝点)是相同的,具有一个定值。石油中烃类的熔点随其分子量及结构而异,各种烃类的熔点一般都随其分子量的增大而升高,其中正构烷烃的熔点最高。例如,分子中碳数为16的正十六烷的熔点为18.2℃,在常温下已是固态,异构烷烃的熔点一般低于正构烷烃。除环己烷和苯外,碳数相同时,环烷烃和芳烃的熔点一般低于烷烃。由于石油及其产品都是含有多种组分的复杂混合物体系,因此在石油及其产品指标中经常出现的浊点、结晶点、倾点和凝点等没有定值,都是在规定条件下测得的数据。

1. 浊点、结晶点和冰点

浊点是在规定试验条件(GB/T 6986—2014)下,清澈、洁净的液体石油产品在降温过程中,由于出现蜡结晶而呈雾状或浑浊时的最高温度。

结晶点是指在规定试验条件(SH/T 0179—2013)下,轻质石油产品在降温过程中,由于出现蜡结晶而先呈现雾状或浑浊,当用肉眼可以看出试样中有结晶时的最高温度。

冰点是在规定试验条件(GB/T 2430—2008)下,轻质石油产品在降温过程中出现结晶后,再使其升温,原来形成的烃类结晶消失的最低温度。

2. 凝点和倾点

凝点是指试样在规定条件(GB/T 510—2018)下冷却至停止移动时的最高温度;倾点是指试样在规定条件(GB/T 3535—2006,GB/T 26985—2011)下能流动的最低温度。

如前所述,石油及其产品是复杂的混合物体系,油品在低温下失去流动性与纯化合物的凝固是不同的。纯化合物冷却到其结晶点后即开始出现结晶,并在这个恒定温度下,结晶逐渐增多,直至完全凝固。而油品在冷却过程中,随着温度的下降其流动性逐渐变差,并无温度恒定的现象,所以只能根据人为规定的条件来定义其失去流动性的温度。至于油品失去流动性的原因,则有两种情况。一种是对于含蜡较多的油品,随温度的下降,其中正构烷烃等高熔点烃类的结晶不断析出,进而连接形成结晶骨架,并把此时尚处于液态的其他组分包在骨架中,从而使整个油品失去流动性,这就是所谓结构凝固;另一种情况是对于含蜡很少的油品,当温度降低时虽还没有结晶析出,但因其组成分子中环状结构较多,在低温下其黏度很大,直至由于过度黏滞而丧失流动性,这就称为黏温凝固。一般情况下,油品失去流动性,是结构凝固和黏温凝固共同作用的结果。

思政点5:熟悉性质,遵守规范,避免油气"火冒三丈"

参 考 文 献

[1] API. Technical data book-petroleum refining. 6th ed. 1997.
[2] 何良知. 石油化工工艺计算程序. 北京:中国石化出版社,1993.
[3] 汪文虎,秦延龙. 烃类物理化学数据手册. 北京:烃加工出版社,1990.
[4] 卢焕章. 石油化工基础数据手册. 北京:化学工业出版社,1982.
[5] 周佩正. 石油馏分的平均沸点和假临界常数的关联. 华东石油学院学报,1980,(2):91-106.
[6] 寿德清,向正为. 我国石油基础物性的研究(一). 石油炼制,1984,(4):1-8.
[7] 孙昱东,杨朝合. 一种计算石油馏分分子量的新方法. 石油大学学报,2000,(3):5-7.
[8] 石铁磐,胡云翔. 减压渣油特征化参数的研究. 石油学报(石油加工),1997,(2):1-7.
[9] 中国石油化工股份有限公司科技开发部. 石油和石油产品试验方法国家标准汇编. 北京:中国标准出版社,2016.
[10] 中国石油化工股份有限公司科技开发部. 石油和石油产品试验方法行业标准汇编. 北京:中国石化出版社,2016.

第四章 石油产品的质量要求

由于使用石油产品的场合众多、目的各异,因而对其使用性能提出了许多不同的要求,而油品的使用性能与其化学组成之间有着密切的内在联系。这样,在制定各种石油产品的质量指标时,既要考虑尽量满足其各种使用要求,也要考虑石油及其经过相应的加工过程后所得产物的组成和性能。一般地讲,石油产品并不包括以石油为原料合成的各种石油化工产品。现有石油产品1000余种,如包括石油化工产品则达数千种之多。我国按照现行标准(GB/T 498—2014)将石油产品和有关产品分为五大类,未包含石油焦。但石油焦作为一种重要的冶金、化工部门的原料,本章中仍将其作为一类石油产品简单介绍。

视频4-1 石油产品简介

(1)燃料。燃料包括汽油、柴油、喷气燃料(航空煤油)等发动机燃料,以及船用燃料油、炉用燃料油等。我国的石油产品中燃料约占80%,而其中车用汽油和柴油就占到50%以上。随着国民经济的发展变化,石油炼制工业的产品结构也在不断变化,我国消费柴油与汽油之比由1990年的1.30增长到2005年最高时的2.31,2020年回落到1.20;有的新建炼化一体化企业,燃料在石油产品中的占比降到了50%以下。

(2)溶剂和化工原料。约有10%的石油产品用作石油化工原料和溶剂,其中包括制取乙烯的原料(轻质油品),以及石油芳烃和各种溶剂油。

(3)润滑剂、工业润滑油和有关产品。它们主要用于减少机件之间的摩擦和磨损,以降低能耗和延长机械寿命。其产量不多,仅占石油产品总量的2%左右,但品种达数百种之多。

(4)蜡。石油蜡属于石油中的固态烃类,是轻工、化工和食品等工业部门的原料,其产量约占石油产品总量的1%。

(5)沥青。石油沥青用于道路、建筑及防水等方面,其产量约占石油产品总量的3%。

(6)石油焦。石油焦广泛应用于冶金、化工等部门,作为制造石墨电极或生产化工产品的原料,也可直接用作燃料,其产量约占石油产品总量的2%。

石油产品的质量必须满足一定的标准(国家标准、行业标准、地方标准和企业标准)才能销售。随着社会经济情况的变化、环境保护意识的增强以及科学技术水平的提高,石油产品的品种不断增加,产品质量指标不断变化。例如近十几年来车用汽柴油的质量标准不断升级,相应的汽柴油质量也不断提升。

第一节 汽 油

一、汽油机的工作过程及其对燃料的使用要求

在汽油机中,燃料是由电火花点燃的,故又称点燃式发动机。汽油机主要用于轻型汽车,也可用于采用活塞式发动机的飞机及快艇等。

1. 汽油机的构造及工作原理

按燃料供给方式的不同,汽油机可分为化油器式及喷射式(或称电喷式)两大类。化油器常见于老车型的发动机上,现在大部分发动机使用喷射式燃料供给方式。在喷射式汽油机中,汽油可在进气口喷入,也可在进气冲程期间直接向气缸内喷射;喷油过程可由计算机程序控制,燃料可更均匀地分配给各个气缸;同时,由于不需要喉管而减少了进气的阻力等,可提高气缸内的平均有效压力和热效率;此外,还可以减弱或避免爆震燃烧。图4-1为喷射式汽油机的结构示意图。

活塞在气缸中上行所能达到的最高位置称为上止点,下行所能达到的最低位置称为下止点。这两种情况如图4-2所示。其中V_1为活塞处于下止点时气缸的容积,V_2为活塞处于上止点时气缸的容积,两者之比V_1/V_2称为压缩比。在许多发动机内,在上止点时,活塞的顶部与气缸体的顶部齐平,燃烧室容积就是活塞上方气缸盖内的空腔容积,但这部分容积会因活塞顶部的形状而稍有改变。因此,压缩比的精确定义应该是下止点时总的气缸容积与上止点时总的燃烧室容积之比。压缩比是表征发动机性能的一个重要指标。从上止点到下止点之间的直线距离称为冲程。

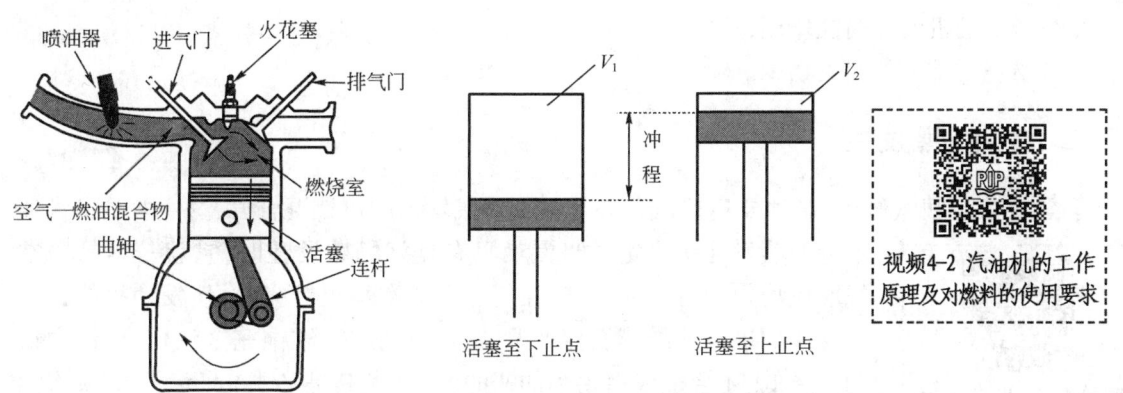

图4-1 喷射式汽油机结构示意图　　图4-2 汽油机上止点与下止点示意图

汽油机一般是以四冲程循环工作,依次完成进气、压缩、燃烧膨胀做功、排气这四个过程。有的汽油机为两冲程。用于摩托车等的小型汽油机一般是两冲程的,其工作循环由压缩(及换气)与膨胀(及换气)两个冲程来完成。

(1)进气过程。在这一冲程中,进气门打开、排气门关闭,活塞从上止点向下止点移动,活塞上方的容积增大,气缸内的压力降低。空气经进气支管被吸入,在这里与喷油器以细小油滴喷出的燃油混合,随后不断吸热蒸发,逐渐形成均匀的可燃混合气进入气缸。可燃混合气进入气缸后,因受到气缸和活塞等高温机件及残留废气的加热,使进气终了时的混合气温度达到85~130℃。

(2)压缩过程。在压缩冲程中,进气门和排气门均关闭,活塞由下止点向上止点运动。气缸中的可燃混合气被逐渐压缩,其压力和温度都随之逐渐升高。当活塞运动到上止点、压缩过程终了时,被压缩混合气的压力和温度取决于其压缩比,其压力范围为0.7~1.5MPa,温度可达300~450℃。

(3)燃烧膨胀做功过程(点火燃烧)。在整个做功过程中,进气门和排气门都是关闭的。当活塞运动到接近上止点时,火花塞即发出电火花而点燃混合气,火焰以20~30m/s的速度迅速向四周传播。混合气燃烧产生大量的热能,使气缸内气体的温度和压力骤增。其最高燃烧温度达 2000~2500℃,最高压力为 3~4MPa。由于高温高压气体的膨胀,将活塞向下止点推动,通过连杆使曲轴旋转而对外做功。随着活塞向下移动,活塞上方容积增大,气体的温度、压力也随之降低。当活塞到达下止点、做功过程结束时,燃气的温度降至 900~1200℃,压力降至 0.4~0.5MPa。

(4)排气过程。当做功过程结束后,进气门仍保持关闭,排气门开启,活塞由下止点向上运动,燃烧后的废气被排出气缸,废气的温度为 700~800℃。

经历上述四个过程后,汽油机就完成了一个工作循环,紧接着进入下一个工作循环,如此周而复始,循环进行。一般汽油机都是由四个、六个或八个气缸按一定顺序组合而连续进行工作的。

2. 汽油机对燃料的使用要求

点燃式发动机对汽油的使用要求主要有:

(1)在所有的工况下,具有足够的挥发性以形成可燃混合气;

(2)燃烧平稳,不产生爆震燃烧现象;

(3)储存安定性好,生成胶质的倾向小;

(4)对发动机没有腐蚀作用;

(5)燃烧后排出的污染物少。

二、汽油的蒸发性

汽油在发动机气缸内,必须要迅速汽化并与空气形成均匀的可燃混合气,这主要是由汽油本身的蒸发性所决定。当汽油具有良好的蒸发性时,它就较容易与空气形成均匀的可燃混合气,在气缸内的燃烧也较完全,使发动机能正常运转。如果汽油的蒸发性太差,它就不能在气缸中完全汽化,使汽油机功率降低,还会造成启动和加速的困难(尤其是冬季)。反之,如果汽油的蒸发性太强,对于化油器式进油系统的发动机,汽油易在导油管中因汽化而形成气阻,最终造成供油不足,这种现象在夏季尤其容易发生;

视频 4-3 汽油的蒸发性

对于喷射式发动机,燃油泵在燃油箱内将燃油加压后,使其直接进入供油管,不易发生气阻现象,但汽油的蒸发性太强,在储存和运输过程中会造成较大损失。

反映汽油蒸发性能的指标是其馏程和饱和蒸气压。

1. 馏程

汽油规格标准中用恩氏蒸馏数据描述其蒸发性能,对 10%、50%、90% 各馏出温度和终馏点作出了具体要求。

(1)10% 馏出温度。它表示汽油中所含低沸点馏分的多少,对汽油机启动的难易有决定性影响。10% 馏出温度越低,表明汽油中所含低沸点馏分越多、蒸发性越强,能使汽油机在低温下易于启动。汽油的 10% 馏出温度与发动机能迅速启动的最低温度之间的关系见表 4-1。我国车用汽油质量标准(GB 17930—2016)中要求其 10% 馏出温度不高于 70℃。

表 4-1 汽油的 10% 馏出温度与发动机最低启动温度的关系

10% 馏出温度,℃	54	60	66	71	77	82
最低启动温度,℃	-21	-17	-13	-9	-6	-2

（2）50%馏出温度。它表示汽油的平均蒸发性能，与汽油机启动后升温时间的长短以及加速是否及时均有密切关系。汽油的50%馏出温度低，在正常温度下便能较多地蒸发，从而能缩短油气均匀混合的时间，同时，还可使发动机加速灵敏、运转柔和。如果50%馏出温度过高，当发动机需要由低速转换为高速、供油量急剧增加时，汽油来不及完全汽化，导致燃烧不完全，严重时甚至会突然熄火。在2019年实施的国六汽油标准中，要求50%馏出温度不高于110℃（以前为不高于120℃）。

（3）90%馏出温度和终馏点。这两个温度表示汽油中重馏分含量的多少。如果过高，说明汽油中含有的重馏分过多，难以保证汽油在使用条件下完全蒸发和完全燃烧。这将导致气缸内积炭增多，耗油率上升；同时蒸发不完全的汽油重质部分还会沿气缸壁流入曲轴箱，使润滑油稀释而加大机件磨损。

表4－2所示为汽油干点与发动机活塞磨损及汽油消耗量的关系。由表可见，当使用干点为225℃的汽油时，发动机活塞的磨损比使用干点为200℃的汽油大一倍，汽油消耗量也增加7%。

表4－2 汽油干点与发动机活塞磨损及汽油消耗量的关系

汽油干点，℃	发动机活塞相对磨损，%	汽油相对消耗量，%
175	97	98
200	100	100
225	200	107
250	500	140

我国车用汽油质量标准中要求90%馏出温度不高于190℃，终馏点不高于205℃。

2. 饱和蒸气压

汽油的饱和蒸气压是用规定的仪器，在燃料蒸气与液体的体积比约为4∶1，以及37.8℃的条件下（GB/T 8017—2012）测定的，国外将此指标称为雷德蒸气压（RVP）。汽油的饱和蒸气压越大，蒸发性也就越强，发动机易于冷启动，但同时蒸发损耗也越大，并带来环境污染。我国车用汽油质量标准中规定，从11月1日至4月30日使用的汽油饱和蒸气压为45～85kPa，从5月1日至10月31日使用的汽油饱和蒸气压为40～65kPa。

对航空汽油来说，由于高空气压低，燃料中轻质馏分更易蒸发，因此要求其饱和蒸气压比车用汽油的要低得多。我国航空汽油质量标准（GB 1787—2018《航空活塞式发动机燃料》）中规定75号和95号的饱和蒸气压为27～48kPa，100号的饱和蒸气压为38～49kPa。

三、汽油的安定性

汽油在常温和液相条件下抵抗氧化的能力称为汽油的氧化安定性，简称安定性。安定性不好的汽油，在储存和输送过程中容易发生氧化反应，生成胶质，使汽油的颜色变深，甚至会产生沉淀。这种汽油使用过程中在油箱、滤网、汽化器中会形成黏稠的胶状物，严重时会影响供油；胶质沉积在火花塞上在高温下会形成积炭而引起短路；沉积在进气门、排气门上会结焦，导致阀门关闭不严；沉积在气缸盖和活塞上将形成积炭，造成气缸散热不良、温度升高，导致发

视频4-4 汽油的安定性与腐蚀性

动机的压缩比增加,以致爆震燃烧的倾向增强。由此可见,汽油的安定性不好会严重影响发动机的正常工作。

1. 汽油的化学组成与其安定性的关系

影响汽油安定性的最根本原因是其化学组成。汽油中的烷烃、环烷烃和芳烃在常温下均不易发生氧化反应,而其中的各种不饱和烃则容易发生氧化和叠合等反应,从而生成胶质。所以,汽油中所含有的不饱和烃是导致其性质不安定的主要原因。

在不饱和烃中,由于化学结构的不同,氧化的难易也有差异。其产生胶质的倾向依下列次序递增:链烯烃<环烯烃<二烯烃。在链烯烃中,直链的 α - 烯烃比双键位于中心附近的异构烯烃更不稳定。在二烯烃中,尤以共轭二烯烃、环二烯烃(如环戊二烯)最不安定,燃料中如含有此类二烯烃,除它们本身很容易生成胶质外,还会促使其他烃类氧化。此外,带有不饱和侧链的芳烃也较易发生氧化。

除不饱和烃外,汽油中的含硫化合物,特别是硫酚和硫醇,也能促进胶质的生成。含氮化合物的存在也会导致胶质的生成,使汽油在与空气接触时颜色变红变深,甚至产生胶状沉淀物。

直馏汽油馏分不含不饱和烃,所以它的安定性很好。而二次加工生成的汽油馏分(如裂化汽油等)由于含有大量不饱和烃以及其他非烃化合物,其安定性就较差。

2. 外界条件对汽油安定性的影响

汽油的变质除与其本身的化学组成密切相关外,还和许多外界条件有关,例如温度、金属表面的作用、与空气接触面积的大小等。

(1)温度。温度对汽油的氧化变质影响显著。在较高的温度下,汽油的氧化速度加快,诱导期缩短,生成胶质的倾向增大。许多试验表明,当储存温度增高10℃时,汽油中胶质生成的速度加快2.4~2.6倍。

(2)金属表面的作用。汽油在储存、运输和使用过程中不可避免地要和不同的金属表面接触。试验证明,汽油在金属表面的作用下,不仅颜色易变深,而且胶质的增长也加快。在各种金属中,铜的影响最大,它可使汽油试样的诱导期降低75%,其他金属如铁、锌、铝和锡等也都能使汽油的安定性降低。

(3)与空气的接触面积。汽油的氧化变质开始于其与空气接触的表面,燃料与空气的接触面积越大,其氧化的倾向自然也越大。

鉴于光照、温度以及与空气的接触状况均对汽油的安定性有明显的影响,因此在储存汽油时应采取避光、降温及减小与空气的接触面积等措施。

3. 评定汽油安定性的指标

(1)胶质含量(按照 GB/T 8019—2008 测定)。在一定的温度条件下,用一定流速的热空气吹过汽油表面使它蒸发至干,所留下的棕色或黄色残渣称为实际胶质(航空燃料)或未洗胶质(非航空燃料),经正庚烷抽提后的残余物称为溶剂洗胶质。胶质含量以100mL油品中所得残余物的毫克数来表示,它一般用来说明汽油在进气管道及进气阀上可能生成沉积物的倾向。我国车用汽油标准要求溶剂洗胶质不大于 5mg/100mL。

(2)诱导期(按照 GB/T 8018—2015 测定)。把一定量的油品放入标准的钢筒中,充入氧气至压力为 690~705kPa,然后放入100℃的沸水中。氧化初期,由于反应速度很慢,耗氧较少,氧压基本不变。经过一定时间后,氧化反应加速,耗氧量显著增大,氧压也就明显下降。从油品放入100℃的沸水中开始到氧压明显下降所经历的时间称为诱导期,以min表示。我国车用汽油的诱导期要求不小于480min。诱导期较长的汽油在储存中胶质增长速度较慢,比较适宜于长期储存。

(3)碘值(按照SH/T 0234—1992测定)。利用碘与不饱和烃分子中的双键进行加成反应,以测定汽油中不饱和烃的含量。它是以100g油品中消耗的碘的克数来表示。碘值越大说明其中不饱和烃含量越多,汽油的安定性也就越差。我国的航空汽油要求碘值不大于12gI/100g。

4.改善汽油安定性的方法

要提高汽油的安定性,一方面可以通过适当的精制方法除去其中某些不饱和烃(主要是二烯烃)和非烃化合物等不安定组分;另一方面可以加入适量的抗氧剂和金属钝化剂。

抗氧剂的作用是抑制燃料氧化变质进而生成胶质,金属钝化剂是用来抑制金属对氧化反应的催化作用,通常两者复合使用。抗氧剂又称防胶剂,在燃料中常用的是受阻酚型的添加剂,主要是2,6-二叔丁基对甲酚(T 501)。我国目前使用最多的金属钝化剂是N,N-二亚水杨基丙二胺(T 1201),这种金属钝化剂能与铜反应生成稳定的螯合物,从而抑制铜对生成胶质的催化作用。

四、汽油的抗爆性

汽油在发动机中燃烧不正常时,会出现机身强烈震动的情况,并发出金属敲击声,同时,发动机功率下降,排气管冒黑烟,严重时导致机件的损坏。这种现象便是爆震燃烧,也叫敲缸。究其发生的原因,包括两个方面,一是与发动机的结构和工作条件有关,二则取决于所用燃料的质量。衡量燃料是否易于发生爆震的性质称为抗爆性。

视频4-5 汽油的抗爆性及其表示方法

1.汽油机的爆震燃烧

在汽油机的压缩过程中,可燃混合气的温度和压力都很快上升,汽油便开始发生氧化反应并生成一些过氧化物,即所谓焰前反应。当火花塞点火后,火花附近的混合气温度急剧升高,氧化加剧,进而出现最初的火焰中心。在正常燃烧的情况下,火焰中心形成后,随即发生火焰传播现象,火焰的前锋逐层向未燃混合气推进[图4-3(a)]。未燃混合气和已燃混合气的接触部分因受热而温度升高,同时由于已燃混合气的膨胀而使其压力升高,这样便大体以球面形状逐层发火燃烧,向前推进,直至绝大部分燃料燃尽为止。研究表明,在正常的情况下,汽油机燃烧室中火焰的传播速度为30~70m/s,压力变化的速度比较平缓[图4-3(c)],发动机的工作比较平稳,动力性能和经济性能均较好。

爆震是汽油机的一种不正常燃烧,它发生在燃烧过程的后期。当火花塞点火后,随着最初形成的火焰中心在气缸中的传播,未燃部分的混合气受已燃气体的压缩和火焰的辐射,温度、压力急剧升高,其氧化反应加速,过氧化物急剧分解,分支链反应激增,以致在最初形成的火焰前锋尚未到达之前,未燃混合气的局部温度已超过其自燃点,从而发生爆炸性燃烧。此时,在发动机内便有2个或2个以上的火焰中心[图4-3(b)],并从这些中心以100~300m/s(轻微爆震)直到800~1000m/s(激烈爆震)的速度传播火焰,迅速将混合气燃烧完毕。在激烈爆震时,短时间局部压力可增高至10MPa以上,局部温度可达2000~2500℃。这样,在气缸内便出现剧烈的压力振荡,从而产生速度很大的冲击波(1000～1500m/s)[图4-3(d)]。这种冲击波经过缸壁的多次反射,就会产生频率很高(3000～7000Hz)的金属敲击声,即为爆震。

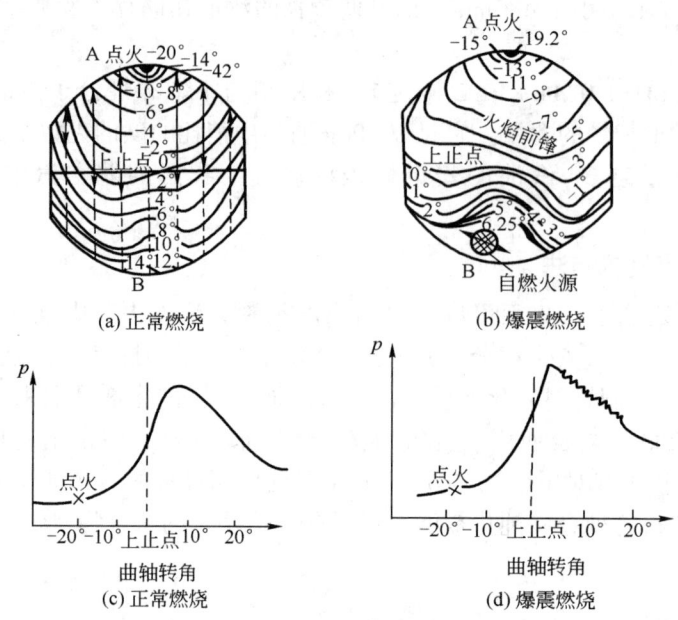

图4-3 汽油机正常燃烧与爆震燃烧的火焰传播及示功图

爆震燃烧对汽油机的危害极大。它所形成的冲击波破坏气缸壁面层流边界层,从而使气缸的热损失增大,输出功率降低。在这种压力波的冲击下,使机件的磨损大大增加,还常引起发动机过热,甚至使机件烧坏。爆震燃烧还导致排气管冒黑烟,这是因为燃烧室中局部温度急剧升高,使燃烧产物(CO_2、CO 等)发生离解而析出游离碳。这些游离碳来不及燃烧就被排出气缸形成黑烟,同时也造成燃料的消耗量增加。因此,爆震燃烧使发动机的功率和经济性降低。据研究,在激烈爆震的情况下,汽油机的最大功率会降低10%左右。

爆震现象的产生与发动机的压缩比有密切的联系。发动机的压缩比越大,压缩终了时气缸内混合气的温度和压力就越高,这就加速了未燃混合气中过氧化物的生成和聚积,自燃的倾向增大,更易于发生爆震。对于结构已确定的发动机,如果燃料的自燃点低,就比较容易产生爆震现象。

2. 汽油抗爆性的表示方法——辛烷值

汽油的抗爆性是用辛烷值(octane number,简称 ON)来表示的,它是在标准的试验用可变压缩比单缸汽油发动机中,将待测试样与参比燃料试样进行对比试验而测得的。所用的参比燃料是异辛烷(2,2,4-三甲基戊烷)、正庚烷及其混合物。人为地规定抗爆性极好的异辛烷的辛烷值为100,抗爆性极差的正庚烷的辛烷值为0。两者的混合物则以其中异辛烷的体积百分含量值为其辛烷值。例如,80%(体积分数)异辛烷和20%(体积分数)正庚烷的混合物的辛烷值即为80。在测定汽油辛烷值时,借助改变压缩比,并用一个电子爆震表来测量爆震强度而获得标准爆震强度。可以通过内插法获得待测试样的辛烷值,即在固定的压缩比条件下,使试样的爆震表读数位于两个参比燃料的爆震表读数之间,试样的辛烷值用内插法计算。

车用汽油辛烷值的测定方法包括马达法及研究法,所测得的辛烷值分别用 MON 及 RON

表示。马达法辛烷值测定(GB/T 503—2016)的试验工况规定为：转速900r/min，冷却液温度100℃，混合气温度149℃。研究法辛烷值测定(GB/T 5487—2015)的试验工况规定为：转速600r/min，冷却液温度100℃，混合气温度52℃。用研究法测定时，由于其发动机的转速较低，混合气温度也较低，条件不如马达法苛刻，所得到的RON通常比MON高5~10个单位。

RON与MON两者的差值称为燃料的敏感度，它反映汽油的抗爆性能随发动机工况改变而变化的程度。此外，还有一种表示方法叫作道路辛烷值(也称行车辛烷值)，它是用汽车进行实测或在全功率试验台上模拟汽车在公路上行驶的条件下进行测定的。道路辛烷值也可用马达法和研究法辛烷值按经验公式计算求得，它的数值介于RON及MON之间。MON和RON的平均值$\frac{MON+RON}{2}$称为抗爆指数(ONI)，它可以近似地表示汽油的道路辛烷值，现也被列为衡量车用汽油抗爆性能的指标之一。

对于航空汽油，除辛烷值外，还规定了用增压法测定其在富混合气条件下(过剩空气系数较低 $\alpha = 0.6~0.65$)的抗爆性，测得的结果称为品度。品度是该汽油在富混合气条件下，不发生爆震时所能发出的最大功率与用异辛烷(规定其品度为100)工作时所发出的最大功率之比。

3. 汽油的抗爆性与化学组成的关系

表4-3中列举了各族烃类的辛烷值。由此可见，汽油的抗爆性取决于其化学组成。对于同族烃类，其辛烷值随分子量的增大而降低。当分子量相近时，各族烃类抗爆性优劣的大致顺序如下：芳烃 > 异构烷烃及异构烯烃 > 正构烯烃及环烷烃 > 正构烷烃。

视频4-6 汽油抗爆性与燃料组成的关系

如表4-3所示，烷烃分子的碳链上分支越多、排列越紧凑，则抗爆性越好。烯烃比同碳数的直链烷烃的抗爆性好，而且，烯烃中的双键越接近分子链中间位置，其抗爆性越好。环烷烃比同碳数的正构烷烃的抗爆性好得多，但比异构烷烃的差。环烷环上如带有侧链则其抗爆性变差，侧链越长其辛烷值越低；如果侧链上有支链，则其抗爆性有所改善。芳烃的抗爆性在各类烃中是最好的，许多芳烃的辛烷值超过100，带有侧链的芳烃的抗爆性稍差，其辛烷值随侧链的加长而降低。各种烃类组分互相调和时，其调和辛烷值并不一定与其调和比例成线性关系。其中，烷烃与烷烃或烷烃与环烷烃的调和辛烷值与组成成线性关系，而烷烃与芳烃或与烯烃的调和辛烷值与组成则不成线性关系，而且多数情况下有增值的效应。可见，一般来说辛烷值并不具有简单的可加性。

从馏分组成来看，由同一种原油蒸馏得到的直馏汽油馏分，其终馏点温度越低，抗爆性也就越好。不同基属原油中的直馏汽油馏分由于化学组成不同，其辛烷值有较大差别。例如，石蜡基的大庆原油的直馏汽油馏分由于其中正构烷烃的含量较高，其辛烷值很低，MON只有37左右；而环烷基的欢喜岭原油的直馏汽油馏分由于含异构烷烃和环烷烃较多，其辛烷值就较高，MON为60左右。我国的原油大多为石蜡基和中间基，其直馏汽油的抗爆性一般都达不到车用汽油抗爆性的要求，必须经过进一步加工或与辛烷值较高的催化裂化、催化重整汽油，以及其他高辛烷值组分(烷基化油、甲基叔丁基醚等)进行调和后才能作为商品出厂。目前我国车用汽油的主要组分是催化裂化汽油，它因含有较多的芳烃、异构烷烃和烯烃，所以抗爆性较好，其RON达到90左右。

为改善汽油的抗爆性，还可用添加抗爆剂的方法来提高其辛烷值。曾用过的抗爆剂包括甲基叔丁基醚、甲基叔戊基醚、甲基环戊二烯三羰基锰、二茂铁、四乙基铅等。最初,人们最常用的抗爆剂是四乙基铅[$Pb(C_2H_5)_4$,简称 TEL],但四乙基铅是剧毒物质,能通过呼吸和接触使人中毒,加铅汽油中的铅随燃烧后的废气排入大气,会污染环境、危害人体。因此,现行车用汽油标准中严禁添加四乙基铅。由于金属类抗爆添加剂所产生的颗粒不但污染环境,而且对发动机造成危害,因此目前国家标准(GB 17930—2016)中已经严禁人为加入含铅、含铁和含锰添加剂。尽管各种醚类被认为是较好的汽油抗爆添加剂,但也要注意水污染问题。

表 4-3 各族烃类的辛烷值

烃类		研究法辛烷值 RON	马达法辛烷值 MON	烃类		研究法辛烷值 RON	马达法辛烷值 MON
烷烃	正戊烷	62	62	烯烃	1-辛烯	98	79
	2-甲基丁烷	92	90		3-辛烯	97	80
	2,2-二甲基丙烷	85	80		2,2,4-三甲基-1-戊烯	>100	86
	正己烷	25	26	环烷烃	环戊烷	>100	85
	2-甲基戊烷	73	73		甲基环戊烷	91	80
	2,2-二甲基丁烷	92	93		乙基环戊烷	67	61
	正庚烷	0	0		正丙基环戊烷	31	28
	2-甲基己烷	42	46		异丙基环戊烷	81	76
	2,2-二甲基戊烷	93	96		环己烷	83	77
	2,2,3-三甲基丁烷	112	101		甲基环己烷	75	71
	正辛烷	—	-17		乙基环己烷	46	41
	2-甲基庚烷	22	13		正丙基环己烷	18	14
	2,2-二甲基己烷	73	77	芳烃	苯	>100	>100
	2,2,3-三甲基戊烷	109	100		甲苯	>100	>100
	2,2,4-三甲基戊烷	100	100		二甲苯	>100	>100
烯烃	1-戊烯	98	82		乙基苯	>100	98
	1-己烯	99	85		正丙基苯	>100	98
	2-己烯	99	81		异丙基苯	>100	99
	4-甲基-2-戊烯	99	84		1,3,5-三甲基苯	>100	>100

4. 汽油机压缩比与爆震燃烧的关系

汽油机是否发生爆震燃烧,除取决于汽油的抗爆性外,同时也与汽油机的压缩比有密切关系。汽油机的压缩比越大,压缩过程终了时气缸内混合气的温度和压力就越高,这就大大加速了未燃混合气中过氧化物的生成和聚积,使其更容易自燃,因而爆震的倾向增强。所以,对于压缩比越大的汽油机就应该选用抗爆性越好的汽油,才不致产生爆震燃烧。也就是说,在压缩比较大的汽油机中需要用辛烷值较高的汽油。

提高汽油机的压缩比可以提高气缸内可燃气的爆发压力,从而可提高汽油机的热效率和降低油耗。因此,汽油机朝着提高压缩比的方向发展。20 世纪 20 年代,汽车刚出现时,其压缩比只有 4~5,而现在已达到 8~10,相应所需汽油的 RON 也从低于 80 提高至 90,甚至 98。表 4-4 列出了汽车发动机压缩比与功率和耗油率的关系。

表 4-4 汽车发动机压缩比与功率和耗油率的关系

压缩比	功率,%	耗油率,%
6.0	100	100
7.4	108	93
8.0	114	88
9.0	118	85
10.0	120	82

除了燃料油和发动机的压缩比影响爆震现象的发生以外,爆震现象还与气温、海拔高度、点火正时、燃油设置和驾驶方式有关。如点火正时延迟、可燃混合气中配置的燃料浓度越高,所要求的辛烷值就会降低。因此,随着发动机设计技术(如电子控制技术、直喷技术等)的提高,也在一定程度上降低了对汽油辛烷值的要求。

五、汽油的腐蚀性

汽油在使用和储运过程中均与金属相接触,为此要求控制汽油及其燃烧产物对金属的腐蚀性。汽油中会引起腐蚀的物质主要有硫及含硫化合物、有机酸和水溶性酸或碱等,现分述如下。

1. 硫及含硫化合物

硫及各类含硫化合物在燃烧后均生成 SO_2 及 SO_3,它们对金属有腐蚀作用,特别是当温度较低遇冷凝水形成亚硫酸及硫酸后,更具有强烈腐蚀性。目前,国内在车用汽油质量标准中规定其硫含量不大于 10mg/kg。

元素硫在常温下对铜等有色金属有强烈的腐蚀作用,当温度较高时它也能腐蚀铁。汽油中所含的含硫化合物中相当一部分是硫醇,硫醇不仅具有恶臭还有较强的腐蚀性。当汽油中不含硫醇时,元素硫的含量达到 0.005% 会引起铜片的腐蚀;而当汽油中含有 0.001% 的硫醇时,只要有 0.001% 的元素硫就会在铜片上出现腐蚀。为此,在汽油的质量标准中不仅规定了硫含量指标,同时还规定铜片腐蚀试验(50℃,3h)不大于 1 级。

2. 有机酸

汽油中的有机酸一般情况下主要是原油中原来就含有的环烷酸,在储存过程中也可能由于氧化而生成少量的有机酸。这些有机酸对金属有腐蚀作用,其中分子量较小的有机酸腐蚀性更强。汽油中有机酸的含量用酸度(mg KOH/100mL)来表示,具体测定方法见 GB/T 258—2016。在某些汽油质量标准中规定了对酸度的具体指标,如航空汽油(航空活塞式发动机燃料)标准中要求酸度不大于 1.0mg KOH/100mL。

3. 水溶性酸或碱

正常生产出的汽油本不应该含有水溶性酸或碱,但是,如果生产过程中控制不严,或在储存运输过程中容器不清洁,均有可能混入少量水溶性酸或碱。水溶性酸对钢铁有强烈腐蚀作用,水溶性碱则对铝及铝合金能产生强烈的腐蚀。因此,汽油的质量标准中规定不允许含有水溶性酸或碱。

六、清洁汽油

汽车尾气造成的大气污染已经成为全球的一大公害。20 世纪发达国家采取了机内净化和机外净化等一系列措施,使汽车尾气造成的大气污染状况有所改善,但效果并不明显。因此,进入21世纪,从燃料源头控制污染排放成为一个主攻方向,并由不同组织、不同国家提出了一系列的清洁汽油和清洁柴油标准。随着环境保护法规的日益严格,对清洁汽油(新配方汽油)在硫含量和烃类组成方面提出了更高的要求。目前,美国、日本、欧盟等发达国家和组织要求汽油中的硫含量小于10mg/kg。自2000年以来我国车用汽油的质量升级走上快车道,硫含量从2000年的1000mg/kg也降到了2017年的10mg/kg。处理汽车尾气的三效催化剂可减少95%以上的污染物排放,若汽油中硫含量高,则尾气中二氧化硫排放量增加,导致三效催化剂中毒,严重影响其使用性能,使其寿命缩短,导致一氧化碳、氮氧化物和挥发性有机化合物排放量增加。

烯烃的挥发性强,光化学反应活性很高,易与氮氧化物混合,经太阳的紫外线照射可形成有毒的光化学烟雾,对大气臭氧层有破坏作用。并且,汽油中的烯烃含量高,会导致尾气中氮氧化物排放量的增加。汽油中芳烃含量过高,会增加汽车尾气排放物中的芳烃含量。同时,芳烃的燃烧温度较高,也会导致尾气中氮氧化物排放量的增加。因此,各国和地区根据各自的环境和炼油装置构成的具体情况,都对汽油中的烯烃含量和芳烃含量进行了限制。

由于苯是致癌物质,燃烧不充分会使汽车尾气中的苯含量增加,危害公众健康。因此,在所有清洁汽油标准中都对其进行了严格限制。

七、汽油产品标准

汽油按其用途分为车用汽油和航空汽油(航空活塞式发动机燃料),各种汽油均按辛烷值划分牌号。

视频4-7 车用汽油的牌号与质量标准

表4-5为我国车用汽油(GB 17930—2016)质量标准,表4-6列出了国外的部分车用汽油质量指标。我国车用汽油按其研究法辛烷值(RON)分为89号、92号、95号及98号四个牌号,它们分别适用于压缩比不同的各型汽油机;车用汽油(Ⅵ)与车用汽油(Ⅴ)相比,对苯含量、芳烃含量和烯烃含量做出了更严格的要求,并于2019年1月1日起在全国实施。

表4-5 我国车用汽油质量标准(GB 17930—2016)

项 目		车用汽油(Ⅴ)				车用汽油(Ⅵ)			
		89号	92号	95号	98号	89号	92号	95号	98号
抗爆性									
研究法辛烷值(RON)	不小于	89	92	95	98	89	92	95	98
抗爆指数[(MON+RON)/2]	不小于	84	87	90	93	84	87	90	93
馏程									
10%蒸发温度,℃	不高于	70				70			
50%蒸发温度,℃	不高于	120				110			
90%蒸发温度,℃	不高于	190				190			
终馏点,℃	不高于	205				205			
残留量(体积分数),%	不大于	2				2			

项目		车用汽油(Ⅴ)				车用汽油(Ⅵ)			
		89号	92号	95号	98号	89号	92号	95号	98号
蒸气压,kPa									
从11月1日至4月30日	不大于	\multicolumn{4}{c}{45~85}		\multicolumn{4}{c}{45~85}	
从5月1日至10月31日	不大于	\multicolumn{4}{c}{40~65}		\multicolumn{4}{c}{40~65}	
胶质含量,mg/100mL									
未洗胶质含量	不大于	30				30			
溶剂洗胶质含量	不大于	5				5			
诱导期,min	不小于	480				480			
硫含量,mg/kg	不大于	10				10			
硫醇(博士试验)		通过				通过			
铜片腐蚀(50℃,3h),级	不大于	1				1			
水溶性酸或碱		无				无			
机械杂质及水分		无				无			
苯含量(体积分数),%	不大于	1.0				0.8			
芳烃含量(体积分数),%	不大于	40				35			
烯烃含量(体积分数),%	不大于	24				18/15*			15
氧含量(质量分数),%	不大于	2.7				2.7			
甲醇含量(质量分数),%	不大于	0.3				0.3			
铅含量,g/L	不大于	0.005				0.005			
锰含量,g/L	不大于	0.002				0.002			
铁含量,g/L	不大于	0.01				0.01			
密度(20℃),kg/m³		720~775				720~775			

* 国Ⅵ汽油标准自2019年1月1日起实施,并要求自2023年1月1日起89号、92号和95号汽油执行烯烃含量不大于15%的指标。

表4-6 国外车用汽油质量标准主要质量指标

项目		欧洲标准			美国	世界燃油规范		
		欧Ⅲ	欧Ⅳ	欧Ⅴ		Ⅱ类	Ⅲ类	Ⅳ类
硫含量,mg/kg	不大于	150	50	10	10	200	30	未检出
苯含量(体积分数),%	不大于	1.0	1.0	1.0	0.7	2.5	1.0	1.0
芳烃含量(体积分数),%	不大于	42	35	35	25	40	35	35
烯烃含量(体积分数),%	不大于	18	18	18	4	20	10	10
氧含量(质量分数),%	不大于	2.7	2.7	2.7	—	2.7	2.7	2.7

我国根据辛烷值的不同将航空汽油(GB 1787—2008)分为75号、95号和100号三个牌号。75号航空汽油用于无增压器的小型活塞式航空发动机,后两者用于有增压器的大型活塞式航空发动机。

八、醇类汽油机燃料

在各种可以替代汽油的物质中,甲醇和乙醇可从天然气、煤或植物转化而得。这些醇类的

视频4-8 醇类汽油与新配方汽油

辛烷值都相当高,甲醇的 RON/MON 为 114/95,乙醇的为 111/94,其调和辛烷值则更高。在点燃式发动机中,它们的动力性能接近于一般汽油。醇类燃料在燃烧过程中不易生成积炭或冒黑烟,排放污染物较少,发动机较为清洁,有利于保护环境。

但是,醇类燃料由于含氧使其低发热值比一般汽油小很多,其汽化热远大于一般汽油,这会给寒区冬季汽车的冷启动带来困难。此外,醇类对金属有一定的腐蚀性,对橡胶及塑料部件也易产生不良影响。所以,在使用醇类燃料时,发动机需要作相应的改装。此外尚需指出,甲醇具有毒性,饮后会使人眼睛失明,饮量大时可以致死。吸入甲醇蒸气或长期与甲醇蒸气接触也会引起中毒,因此在使用中应特别注意防毒。此外,醇类易溶于水,在储运过程中容易发生损耗。

国内外单纯用醇类作为汽油机燃料的情况还较少,但将醇类作为高辛烷值组分,以一定比例掺入汽油以提高其抗爆性的情况则逐渐增多。含有醇类15%以下的汽油在原汽油机上(不需改造)就可使用。低分子醇与汽油调和时必须使其相溶而不分层,其相溶性取决于基础汽油的组成、醇浓度以及调和油中的水分。烃类中芳烃与醇的互溶性最好,饱和烃最差。水分的存在能迅速恶化调和油的相溶性。所以在汽油中掺入低分子醇的量不能过多,一般应低于15%,同时还需加入少量高级醇类等作为助溶剂,以增加其稳定性,避免分相。

目前,应用比较广泛的是乙醇汽油。所谓车用乙醇汽油,就是在普通汽油中添加一定量的变性燃料乙醇(加入变性剂后不能饮用的乙醇),经过均匀混合的一种含有乙醇的汽油。燃料乙醇的加入量根据发动机对燃油指标的要求确定。巴西车用乙醇汽油中规定的乙醇体积含量为22%,美国规定为 5.5%~10%,在我国的国家标准中规定为 8%~12%。我国车用乙醇汽油(E10)按研究法辛烷值划分为 89 号、92 号、95 号和 98 号四个牌号,具体质量指标见表 4-7。E10(Ⅵ)与 E10(Ⅴ)相比,对苯含量、芳烃含量和烯烃含量做出了更严格的要求,并于 2019 年 1 月 1 日起在全国实施。

表 4-7 车用乙醇汽油(E10)的主要质量指标(GB 18351—2017)

项 目		E10(Ⅴ)				E10(Ⅵ)			
		89号	92号	95号	98号	89号	92号	95号	98号
抗爆性									
研究法辛烷值(RON)	不小于	89	92	95	98	89	92	95	98
抗爆指数[(MON+RON)/2]	不小于	84	87	90	93	84	87	90	93
馏程									
10%蒸发温度,℃	不高于	70				70			
50%蒸发温度,℃	不高于	120				110			
90%蒸发温度,℃	不高于	190				190			
终馏点,℃	不高于	205				205			
残留量(体积分数),%	不大于	2				2			
蒸气压,kPa									
从11月1日至4月30日	不大于	45~85				45~85			
从5月1日至10月31日	不大于	40~65				40~65			

续表

项 目		E10(V)				E10(Ⅵ)			
		89号	92号	95号	98号	89号	92号	95号	98号
胶质含量,mg/100mL									
未洗胶质含量	不大于	30				30			
溶剂洗胶质含量	不大于	5				5			
诱导期,min	不小于	480				480			
硫含量,mg/kg	不大于	10				10			
硫醇(博士试验)		通过				通过			
铜片腐蚀(50℃,3h),级	不大于	1				1			
水溶性酸或碱		无				无			
机械杂质		无				无			
水分(质量分数),%	不大于	0.2				0.2			
乙醇含量(体积分数),%		10.0±2.0				10.0±2.0			
其他有机含氧化合物(质量分数),%	不大于	0.5				0.5			
苯含量(体积分数),%	不大于	1.0				0.8			
芳烃含量(体积分数),%	不大于	40				35			
烯烃含量(体积分数),%	不大于	24				18/15*			15
铅含量,g/L	不大于	0.005				0.005			
锰含量,g/L	不大于	0.002				0.002			
铁含量,g/L	不大于	0.010				0.010			
密度(20℃),kg/m^3		720~775				720~775			

* E10(Ⅵ)汽油标准自2019年1月1日起实施,并要求自2023年1月1日起89号、92号和95号的汽油执行烯烃含量不大于15%的指标。

第二节 柴 油

柴油是压燃式发动机的燃料,根据柴油机转速的不同,应使用不同类型的柴油。转速1000r/min以上的高速柴油机以轻柴油为燃料,转速为500~1000r/min的中速柴油机及转速低于500r/min的低速柴油机则使用重柴油。本节中涉及的主要是轻柴油。

一、柴油机的工作过程及其对燃料的使用要求

柴油机属于压燃式发动机,主要用于农用机械、重型车辆、坦克、铁路机车、船舶舰艇、工程和矿山机械等。柴油机与汽油机相比,具有良好的燃油经济性,特别是自然吸气直接喷射(SDI)、直喷式涡轮增压(TDI)、电控直喷共轨(CRDI)等一系列新技术在柴油发动机上的应用,进一步提高了其燃油经济性和环保性能。

1. 柴油机的工作过程

图4-4为柴油机的结构示意图。柴油机的工作循环和汽油机基本一样,有进气、压缩、膨胀做功和排气四个过程。其主要差别是:

（1）柴油机的压缩比远高于汽油机，一般为 16~30。这样，压缩后气体的温度、压力都比较高，分别可达到 500~700℃、3~5MPa，此时温度超过了柴油的自燃点。

（2）汽油发动机的进气是空气—燃油混合气，而柴油发动机在进气过程只吸入空气，在压缩过程接近上止点时开始喷入燃油。

（3）柴油是用高压油泵喷入气缸中，经雾化后的细小油滴与被压缩的高温空气混合，并迅速蒸发汽化、自燃发火，不像汽油机那样需要用电火花点火。其燃烧气体温度高达 1500~2000℃，压力猛增至 5~12MPa，随之即膨胀做功。

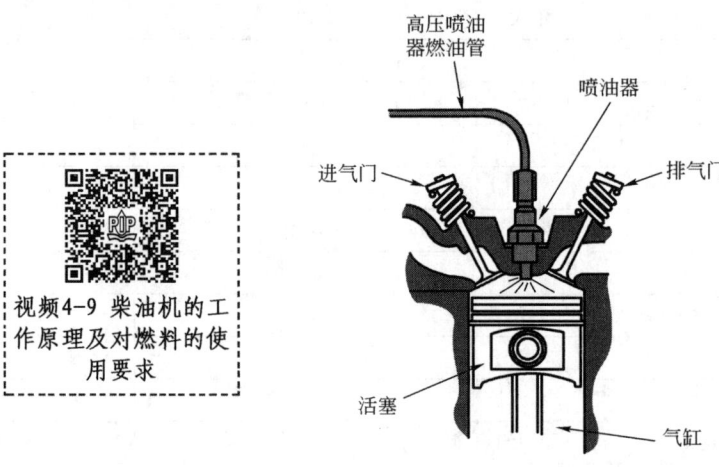

图 4-4 柴油机结构示意图

柴油机与汽油机的这些差别导致柴油和汽油的质量指标显著不同。由于柴油机的压缩比及气缸内的温度和压力都显著高于汽油机，因此其热效率一般比汽油机高。当二者功率相同时，柴油机可节约燃料 20%~30%。

目前，有不少柴油机采用增压技术。柴油机增压就是将空气在进入气缸前进行压缩，提高进入气缸内空气的密度，以增加充气量，相应便可增加每次循环的燃料供应量，从而提高柴油机的功率和经济性。同时，由于采用增压技术能使柴油机气缸内的燃烧温度提高，因而可降低 CO 及未燃烃等污染物的排放量，有利于保护环境。

2. 柴油机燃料的使用要求

柴油是可用作压燃式发动机燃料的石油轻质馏分，其使用要求主要有：

（1）具有良好的雾化性能、蒸发性能和燃烧性能；

（2）具有良好的燃料供给性能；

（3）对机件没有腐蚀和磨损作用；

（4）良好的储存安定性和热安定性；

（5）低污染排放。

二、柴油的燃烧性

柴油的燃烧性好是指喷入燃烧室内与高温空气形成均匀的可燃混合气之后，能在较短的时间内发火自燃，并正常地完全燃烧。

1. 柴油机内燃料的燃烧过程

柴油在发动机内的燃烧过程，从喷油开始到全部燃烧为止，大体可分为四个阶段。其气缸中压力与活塞所处位置(用曲轴的转角来表示)的关系如图 4-5 所示。

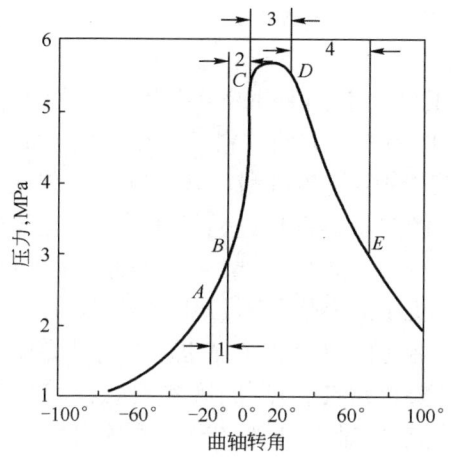

视频4-10 柴油在柴油机内的燃烧与爆震

图 4-5 柴油机中气缸压力与活塞所处位置的关系
1—滞燃期;2—急燃期;3—缓燃期;4—后燃期

1) 滞燃期(发火延迟期)

滞燃期是指从喷油开始(A 点)到混合气开始着火(B 点)之间的一段时间。这个时期极短,只有 1~3ms。在这一时期的前段,柴油喷入气缸后进行雾化、受热、蒸发、扩散,以及与空气混合而形成可燃混合气等一系列燃烧前的物理准备过程,所以这段时间又称为物理延迟。在这一时期的后段,燃料受热后开始进行燃烧前的氧化链反应,生成过氧化物,过氧化物达到一定浓度便自燃着火,这就是化学延迟。这两种延迟互相影响,在时间上部分重叠。

滞燃期虽然很短促,但它对发动机的工作有决定性的影响。因为在这一时期结束时,气缸内已积累了一定量的柴油,而且经过了不同程度的物理的和化学的准备,一旦发火后,燃烧极为迅速。由此可见,滞燃期越长,发火前喷入的柴油越多,自行发火后,大量柴油在气缸内同时燃烧,会导致气缸内的压力和温度都急剧升高,造成发动机工作粗暴,甚至出现敲缸现象。

因此,缩短滞燃期有利于改善柴油机的燃烧性能,这就要求燃料具有较低的自燃点,发动机应具有较高的压缩比以及较高的进气温度等。

2) 急燃期

急燃期指发动机中柴油开始燃烧(B 点)直至气缸中压力不再急剧升高为止(C 点)的时间。在急燃期内,燃料着火燃烧,其燃烧速度极快,单位时间内放出的热量很多,气缸内温度和压力上升很快,压力升高速率的大小对柴油机的工作影响很大。急燃期中,压力上升的速率取决于滞燃期的长短,滞燃期越短,发动机的工作越柔和。如滞燃期过长,着火前喷入的柴油积累过多,一旦燃烧起来则温度、压力就会上升过快。气缸内的压力上升速率过快,就会出现发动机工作粗暴现象,严重时会发出金属敲击声,导致机件磨损的加剧甚至损坏。

3) 缓燃期(主燃期)

缓燃期是柴油机中燃烧过程的主要阶段,大量的燃料(50%~60%)是在这段时期内烧掉的。缓燃期就是指从气缸压力不再急剧升高时起,到压力开始迅速下降时(通常也即喷油终止时)为止的这一段时间,相当于图 4-5 中的 CD 段。

这个时期的特点是气缸内的压力变化不大,在后期还稍有下降。经过急燃期后,气缸中的压力、温度都已上升得很高,这时喷入的燃料的发火延迟期大大缩短,几乎随喷随着火。燃料在柴油机中燃烧时应保证在缓燃期内燃烧掉大部分,从而取得较大的功率和较高的效率,而最大压力又不致过高。

4) 后燃期

后燃期是燃烧的最后阶段,是指从压力迅速下降到燃烧结束为止,相当于图 4-5 中的 DE 段。在后燃期中,喷油虽已停止,但气缸中尚未燃完的燃料仍继续燃烧。此时的燃烧是在膨胀过程中进行的,压力和温度都逐渐降低,这样会使能量利用效率降低。因此,后燃期中释放出的热量不宜超过燃料释放出的全部热量的 20%。

由此可见,柴油在柴油机中的燃烧与汽油在汽油机中的燃烧是有原则区别的,前者是靠自燃发火,后者是靠点火燃烧。也就是说从燃烧角度看,对柴油的要求是自燃点低,容易自燃,而对汽油则要求其自燃点高,难于自燃。当柴油的自燃点过高时,会造成滞燃期过长,着火前气缸中积累燃料太多,急燃期压力升高太猛,因而使燃烧粗暴,导致敲缸,这种情况发生在燃烧阶段的初期。而汽油机的爆震则是由于汽油的自燃点过低而引起的,这种情况并不发生在燃烧阶段的初期,而是出现在火焰的传播过程中。汽油机爆震和柴油机工作粗暴性的比较如图 4-6 所示。

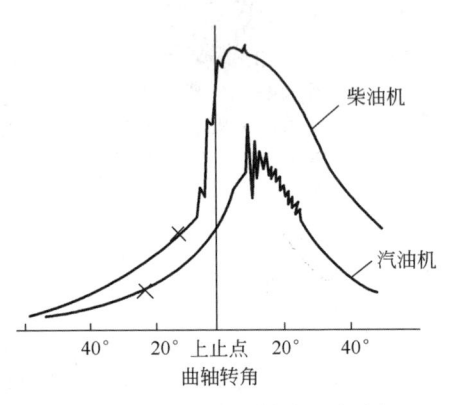

图 4-6 汽油机爆震和柴油机工作粗暴性的比较

2. 评定柴油发火性能的指标——十六烷值

十六烷值(cetane number,简称 CN)是衡量燃料在压燃式发动机中发火性能的指标。十六烷值高,表明该燃料在柴油机中发火性能好,滞燃期短,燃烧均匀且完全,发动机工作平稳。十六烷值低则表明燃料发火困难,滞燃期长,发动机工作状态粗暴。但十六烷值过高,也将会由于局部不完全燃烧,而产生少量黑色排烟。不同转速的柴油机对柴油的十六烷值有不同的要求。高速柴油机的燃料其十六烷值应为 40~60;中速柴油机可使用十六烷值为 30~35 的燃料;对于低速柴油机,即使使用十六烷值低于 25 的燃料,其燃烧也不会发生特殊的困难。

视频4-11 柴油的发火性能及其与组成的关系

和汽油的辛烷值相似,柴油的十六烷值也是在规定操作条件下,在标准的试验用单缸柴油机中测定的(GB/T 386—2010)。所用的标准燃料是正十六烷和 2,2,4,4,6,8,8 - 七甲基壬烷。正十六烷具有很短的发火延迟期,自燃性能很好,因而规定其十六烷值为 100。而七甲基壬烷发火延迟期较长,自燃性能较差,规定其十六烷值为 15。将这两种化合物按不同比例掺和,即可配成各种十六烷值不同的标准燃料。把所测燃料与标准燃料进行对比,与其发火性能相同的标准燃料的十六烷值即为所测燃料的十六烷值。标准燃料的十六烷值按下式计算:

$$十六烷值 = 100\varphi_{正十六烷} + 15\varphi_{七甲基壬烷}$$

在没有条件直接测定燃料的十六烷值的情况下,可用下列经验公式从柴油的理化性质来关联其燃烧性能。需要注意,计算公式往往来源于统计数据,只有馏分油的馏程接近柴油产品的馏程时计算结果才比较可靠。

1) 十六烷指数

按照 GB/T 11139—1989 标准方法,可以通过馏分油的密度和中平均沸点用下式计算其十六烷指数：

$$十六烷指数 = 431.29 - 1586.88\rho_{20} + 730.79(\rho_{20})^2 + 12.392(\rho_{20})^3 + \\ 0.0515(\rho_{20})^4 - 0.554t_{50} + 97.803(\lg t_{50})^2$$

式中 ρ_{20}——馏分油在20℃时的密度，g/cm^3；

      t_{50}——馏分油的中平均沸点，即用 GB/T 6536—2010 方法对油品进行蒸馏时，馏出 50%体积时的相应温度，℃。

同一柴油的十六烷指数一般与十六烷值比较接近。

2）柴油指数

$$柴油指数 = \frac{(1.8A + 32)(141.5 - 131.5 d_{15.6}^{15.6})}{100 d_{15.6}^{15.6}}$$

式中的 A 表示其苯胺点（℃）。苯胺点是等体积的油样和苯胺混合时能完全互溶的最低温度。同一柴油油样的柴油指数和十六烷值并不相等，但两者的数值比较接近。

3）十六烷值

我国石油商业部门根据我国柴油性质的大量实测数据回归出如下相对密度与十六烷值的关联式：

$$十六烷值 = 442.8 - 462.9 d_4^{20}$$

此式的平均偏差为 ±3.5。

3. 柴油的十六烷值与化学组成的关系

柴油的十六烷值决定于它的化学组成，其大体规律如下：

（1）烷烃。正构烷烃的十六烷值最高，并且分子量越大，十六烷值越高。碳数相同的异构烷烃的十六烷值比正构烷烃低。分子量相同的异构烷烃，其十六烷值随支链数的增加而降低。然而，单取代基和许多二取代基异构烷烃的十六烷值在 40～70 之间，也具有较好的自燃性。

（2）烯烃。正构烯烃有相当高的十六烷值，但稍低于相应的正构烷烃，支链的影响与烷烃相似。

（3）环烷烃。环烷烃的十六烷值低于碳数相同的正构烷烃和正构烯烃，有侧链的环烷烃的十六烷值比无侧链的环烷烃更低。

（4）芳烃。无侧链或短侧链的芳烃的十六烷值最低，且环数越多，十六烷值越低。带有较长侧链的芳烃的十六烷值则相对较高，而且随侧链链长的增长其十六烷值增高。碳数相同的直链烷基芳烃比有支链的烷基芳烃的十六烷值高。

各种烃类十六烷值的不同，主要是反映其自燃性质的差别。由表 4-8 可见，正构烷烃的十六烷值高是由于其自燃点低，而芳烃的十六烷值低则是由于其自燃点高。据研究，燃料的十六烷值与自燃点之间有如图 4-7 所示的对应关系。

表 4-8　烃类的自燃点

烃类名称		自燃点,℃	烃类名称		自燃点,℃
烷烃	正庚烷	215	芳烃	苯	562
	正癸烷	210		甲苯	536
	正十六烷	205		间二甲苯	528
环烷烃	环己烷	245		萘	526
	丙基环戊烷	285		甲基萘	528

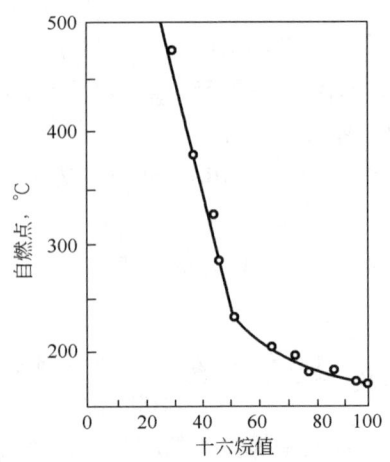

图 4-7 十六烷值与自燃点的关系曲线

由于化学组成的差异,产自石蜡基原油的直馏柴油的十六烷值显然要比产自环烷基原油的高。如表 4-9 所示,大庆、华北等石蜡基原油中柴油馏分的十六烷值接近 70,而环烷基的羊三木原油中柴油馏分的十六烷值还不到 40。

表 4-9 不同原油中柴油馏分的十六烷值

原油名称	馏分,℃	十六烷值	基 属
大庆	200~350	68	石蜡基
华北	180~350	67	石蜡基
胜利	180~350	58	中间基
孤岛	180~350	42	环烷—中间基
羊三木	200~350	37	环烷基

三、柴油的蒸发性

1. 柴油的蒸发性对柴油机工作的影响

柴油在柴油机气缸中发火和燃烧都是在气态下进行的,因而必须先汽化并与空气形成可燃混合气后,才能使柴油机启动和正常工作。所以柴油的滞燃期不单是取决于其十六烷值,同时还受其蒸发性的影响。

视频4-12 柴油的蒸发性与流动性

柴油机内可燃混合气形成的速度主要由柴油的蒸发速度决定,而柴油蒸发速度的快慢,又由燃烧室内空气温度的高低和柴油馏分的轻重所决定。温度越高,轻馏分越多,则蒸发速度越快。柴油机的转速越快,它的每一工作循环的时间越短,要求柴油的蒸发速度越快,所用的馏分也就应该越轻。

如柴油的馏分过重,则蒸发速度太慢,从而使燃烧不完全,导致功率下降、油耗增大,以及由于润滑油被稀释而磨损加重等。若柴油的馏分过轻,则由于蒸发速度太快而使发动机气缸压力急剧上升,也会导致柴油机的工作不稳定。

由于柴油机可燃混合气的形成与气缸内的空气运动有关,所以,不同类型燃烧室的柴油机对柴油蒸发性能的要求也有所差异。

2. 评定柴油蒸发性的指标

1）馏程

柴油的馏程按 GB/T 6536—2010 规定的方法测定，主要指标是 50% 馏出温度、90% 馏出温度及 95% 馏出温度。

（1）50% 馏出温度越低，说明柴油中的轻馏分越多，柴油机易于启动。我国国家标准规定轻柴油（《车用柴油》GB 19147—2016）的 50% 馏出温度不高于 300℃。研究表明，柴油中小于 300℃ 馏分的含量对耗油量的影响很大，小于 300℃ 馏分含量越高，则耗油量越小。柴油中小于 300℃ 馏分含量与耗油量的关系如表 4-10 所示。

表 4-10 柴油中小于 300℃ 馏分含量与耗油量的关系

柴油中小于 300℃ 馏分含量,%	39	34	20
相对耗油量,%	100	114	131

（2）90% 馏出温度及 95% 馏出温度越低，说明柴油中的重馏分越少。我国国家标准规定轻柴油的 90% 馏出温度不高于 355℃，95% 馏出温度不高于 365℃。

2）闪点

为了控制柴油的蒸发性不致过强，国家标准中规定了各种牌号柴油的闭口杯法闪点，要求 -35 号及 -50 号车用柴油的闪点不低于 45℃，-20 号车用柴油的闪点不低于 50℃，-10 号、0 号和 5 号车用柴油的闪点要求不低于 60℃。从储存和运输来看，馏分过轻的柴油不仅蒸发损失大，而且也不安全。所以柴油的闪点也是保证安全性的指标。

四、柴油的流动性

1. 黏度

柴油的黏度与柴油机供油量的大小以及雾化的好坏有密切关系。

柴油的黏度过小，就容易从高压油泵的柱塞和泵筒之间的间隙中漏出，因而会使喷入气缸的燃料减少，造成发动机功率下降。同时，柴油的黏度越小，雾化后液滴直径就越小，喷出的油流射程也越短，因而不能与气缸中全部空气均匀混合，会造成燃烧不完全。

柴油的黏度过大会造成供油困难，同时，喷出的油滴的直径过大，油流的射程过长，使油滴的有效蒸发面积减小，蒸发速度减慢，这样也会使混合气组成不均匀，燃烧不完全，燃料的消耗量增大。

所以，在柴油的质量标准中对各种牌号柴油都规定了允许的黏度范围。柴油的黏度大小与柴油的化学组成有关，一般含烷烃较多的石蜡基原油的柴油黏度较小，而环烷基原油的柴油黏度较大。

2. 低温流动性

柴油在低温下的流动性能，不仅关系到柴油机燃料供给系统在低温下能否正常供油，而且与柴油在低温下的储存、运输等作业能否正常进行有密切关系。柴油的低温流动性与其化学组成有关，其中正构烷烃的含量越高，则低温流动性越差。我国评定柴油低温流动性能的指标为凝点和冷滤点。

我国的轻柴油质量标准中规定了按 GB/T 510—2018 测定的凝点。凝点是在规定的实验条件下,试样开始失去流动性时的温度。因为柴油在凝固之前,可能已先出现石蜡晶体,所以严格说来凝点并不能确切表明柴油实际使用的最低温度。

冷滤点是指按照 NB/SH/T 0248—2019 规定的测定条件,当油品不能流过过滤器或 20mL 油品流过过滤器的时间大于 60s 或油品不能完全流回试杯时的最高温度。由于冷滤点测定的条件近似于使用条件,所以可以用来粗略地判断柴油可能使用的最低温度。冷滤点高低与柴油的低温黏度和含蜡量有关。低温下的黏度大或出现的蜡结晶多,都会使柴油的冷滤点升高。

我国大部分原油含蜡量较多,其直馏柴油的凝点一般都较高。改善柴油低温流动性能的主要途径有三种:

(1)脱蜡。柴油脱蜡成本高而且收率低,在特殊情况下才采用。

(2)调入二次加工柴油。如通过加氢异构可以获得低凝点的柴油馏分。

(3)添加低温流动改进剂。向柴油中加入低温流动改进剂,可防止、延缓石蜡形成网状结构,从而使柴油凝点降低。此种方法较经济且简便,因此采用较多。

五、柴油的安定性、腐蚀性和洁净度

1. 柴油的安定性

视频4-13 柴油的安定性、腐蚀性和洁净度

柴油的安定性一般用总不溶物和10%蒸余物残炭来评定。安定性差的柴油在储存中颜色容易变深,甚至产生沉淀,严重时会造成喷油嘴和滤清器堵塞等,并导致气缸中沉积物增加、磨损加剧。10%蒸余物残炭可在一定程度上大致反映柴油在喷油嘴和气缸零件上形成积炭的倾向。我国车用柴油的质量标准中规定总不溶物不大于2.5mg/100mL,10%蒸余物残炭不大于0.3%。

柴油的安定性取决于其化学组成。二烯烃、多环芳烃、含硫化合物、含氮化合物,以及酚类都是不安定组分,它们使发动机中沉积物的数量显著增加。因此,必须通过各种精制方法减少这些化合物的含量。

2. 柴油的腐蚀性

柴油中含硫化合物对发动机的工作寿命影响很大,其中活性含硫化合物(如硫醇等)对金属有直接的腐蚀作用。所有的含硫化合物在气缸内燃烧后都生成 SO_2 和 SO_3,这些氧化硫不仅会严重腐蚀高温区的零部件,而且还会与气缸壁上的润滑油起反应,加速漆膜和积炭的形成。同时,柴油机排出尾气中的氧化硫还会污染环境。因此,为了保护环境及避免发动机腐蚀,目前我国车用柴油的质量标准中规定含硫量不大于 10mg/kg。

为防止腐蚀,在质量标准中还要求柴油中不含有水溶性酸或碱,并对其酸度限定不大于 7mg KOH/100mL。

3. 柴油的洁净度

影响柴油洁净度的物质主要是水分和机械杂质。精制良好的柴油一般不含水分和机械杂质,但在储存、运输和加注过程中都有可能混入。柴油中如有较多的水分,在燃烧时将降低柴油的发热值,在低温下会结冰,从而使柴油机的燃料供给系统堵塞。而机械杂质的存在除了会引起油路堵塞外,还可能加剧喷油泵和喷油器中精密零件的磨损。因此,在柴油的质量标准中不允许有机械杂质,并规定水分含量为痕迹。

六、清洁柴油和生物柴油

1. 清洁柴油

视频4-14 清洁柴油和生物柴油

随着人们对环境保护的日益重视,为减少汽车排气污染,同汽油质量的发展趋势一样,提高柴油质量也已成为必然。清洁柴油的重要指标就是低硫和超低硫含量,以及对多环芳烃和总芳烃含量的严格限制。

柴油的情况与汽油有很大的不同,汽油绝大部分都用作汽车燃料,而柴油的用途则十分广泛,各国的分类标准也不一致,因此适用的柴油标准也是千差万别。但是基于减少污染物排放、保护环境的要求,各国的车用柴油标准迅速趋向于清洁化。其中,对大幅度降低车用柴油硫含量,各国和地区的态度几乎一致,其主要原因是柴油中所含的硫直接影响到柴油车尾气排放中颗粒物的组成。这种颗粒物主要是炭(烟炱)、可溶性有机物和硫酸盐。柴油中硫含量越高,生成的硫酸盐就越多,容易引起人体呼吸系统疾病,并可能致癌。柴油车如果安装了高效尾气转化器,则柴油中的硫很容易使催化剂中毒,使其功能大幅度降低,增加尾气排放。此外,柴油中的芳烃也是直接造成柴油车尾气排放物中氮氧化物和颗粒物浓度较高的原因之一。因此,车用柴油标准对芳烃和多环芳烃含量的限制将逐步趋严,我国标准要求从2019年1月1日起车用柴油中的多环芳烃含量从之前的不大于11%降到不大于7%。

2. 生物柴油

生物柴油(biodiesel)又称脂肪酸甲酯(fatty acid ester)。它是利用甲醇或乙醇等醇类物质与天然植物油或动物脂肪中的主要成分甘油三酸酯发生酯交换反应,利用甲氧基取代长链脂肪酸上的甘油基,将甘油三酸酯断裂为脂肪酸甲酯,从而减短碳链长度,降低油料的黏度,改善油料的流动性和汽化性能,达到作为燃料使用的要求。

生物柴油硫含量极低,芳烃含量少,含氧量高,十六烷值高,闪点高,废气逸出少。燃烧后逸出的废气中颗粒物、总碳氢化合物和一氧化碳含量少。此外,它还是一种无毒性的物质,具有环境友好及健康效应。与其他替代燃料如压缩天然气、液体天然气、液化石油气、甲醇和乙醇等相比,使用生物柴油系统投资少,原有的发动机、加油设备、储存设备、保养设备等基本不需进行改动。生物柴油既可以作为燃料使用,也可以作为添加剂与普通柴油以任意比例混合。但与普通柴油相比,生物柴油仍存在黏度较大、凝点较高、容易氧化、酸值较高等不足。我国的B5柴油国家标准GB 25199—2017规定了在石油柴油中添加1%~5%生物柴油的技术指标要求。

七、柴油产品标准

我国的柴油产品国家标准为《车用柴油》(GB/T 19147—2016)和《B5柴油》(GB 25199—2017),它们的质量指标分别见表4-11和表4-12。柴油按凝点划分为5号、0号、-10号、-20号、-35号和-50号六个牌号;B5柴油仅有三个牌号,5号、0号、-10号。不同凝点的轻柴油适用于不同的地区和季节。

视频4-15 柴油的牌号与质量标准

表 4-11 车用柴油的质量指标(GB/T 19147—2016)

项 目		质量指标					
		5号	0号	-10号	-20号	-35号	-50号
氧化安定性(以总不溶物计),mg/100mL	不大于	2.5					
硫含量,mg/kg	不大于	10					
酸度(以KOH计),mg/100mL	不大于	7					
10%蒸余物残炭(质量分数),%	不大于	0.3					
灰分(质量分数),%	不大于	0.01					
铜片腐蚀(50℃,3h),级	不大于	1					
水含量(体积分数),%	不大于	痕迹					
机械杂质		无					
润滑性:磨痕直径(60℃),μm	不大于	460					
多环芳烃含量(质量分数),%	不大于	11/7*					
总污染物含量,mg/kg		—/24*					
运动黏度(20℃),mm²/s			3.0~8.0		2.5~8.0	1.8~7.0	
凝点,℃	不高于	5	0	-10	-20	-35	-50
冷滤点,℃	不高于	8	4	-5	-14	-29	-44
闪点(闭口),℃	不低于	60			50	45	
十六烷值	不小于	51			49	47	
十六烷指数	不小于	46			46	43	
馏程							
50%蒸发温度,℃	不高于	300					
90%蒸发温度,℃		355					
95%蒸发温度,℃	不高于	365					
密度(20℃),kg/m³		810~850/810~845*				790~840	
脂肪酸甲酯(体积分数),%	不大于	1.0					

*国Ⅵ标准,自2019年1月1日起执行。相对国Ⅴ标准多环芳烃含量由11%降为7%,并增加了总污染物含量的要求。

表 4-12 B5车用柴油的质量指标(GB/T 25199—2017)

项 目		质量指标		
		5号	0号	-10号
氧化安定性(总不溶物),mg/100mL	不大于	2.5		
硫含量,mg/kg	不大于	10		
酸值(以KOH计),mg/g	不大于	0.09		
10%蒸余物残炭(质量分数),%	不大于	0.3		
灰分(质量分数),%	不大于	0.01		
铜片腐蚀(50℃,3h),级	不大于	1		
水含量(质量分数),%	不大于	0.030		
总污染物含量,mg/kg	不大于	24		
运动黏度(20℃),mm²/s		2.5~8.0		

续表

项 目		质 量 指 标		
		5 号	0 号	-10 号
闪点(闭口),℃	不低于	60		
凝点,℃	不高于	5	0	-10
冷滤点,℃	不高于	8	4	-5
十六烷值	不小于	51		
密度(20℃),kg/m³		810~845		
馏程				
50% 回收温度,℃	不高于	300		
90% 回收温度,℃	不高于	355		
95% 回收温度,℃	不高于	365		
润滑性:校正磨痕直径(60C),μm	不大于	460		
脂肪酸甲酯(体积分数),%	(要求的范围)	1.0~5.0		
多环芳烃含量(质量分数),%	不大于	7		

我国多数原油的轻质油含量少,直馏柴油收率低,因而曾经催化裂化柴油在成品柴油中占相当大的比重,还有部分热加工生产的柴油馏分经加氢精制后调入柴油产品。由石蜡基原油和含蜡较多的中间基原油通过常减压蒸馏,采用不同的馏分切割方案,可生产满足 -10 号、0 号和 5 号十六烷值要求的柴油。-35 号和 -50 号轻柴油可由含蜡比较少的中间基原油和环烷基原油来生产,也可用临氢降凝和加氢裂化等方法生产。催化裂化柴油中含芳烃和烯烃较多,一般十六烷值较低、安定性也较差,热加工柴油的安定性更差,都需经过加氢精制后才能作为柴油产品的调和组分。

表 4-13 为国外部分车用柴油的主要质量指标。我国柴油质量已经达到国际先进水平。

表 4-13 国外部分车用柴油的主要质量指标

项 目		欧洲标准			世界燃油规范		
		欧Ⅲ	欧Ⅳ	欧Ⅴ	Ⅱ类	Ⅲ类	Ⅳ类
硫含量,mg/kg	不大于	350	50	10	300	30	10
总芳烃(体积分数),%	不大于	—	—	—	25	15	15
多环芳烃(体积分数),%	不大于	11	11	8	5.0	2.0	2.0
十六烷值	不小于	51	51	51	53	55	55

第三节 喷 气 燃 料

一、喷气发动机的工作过程及其对燃料的要求

第二次世界大战以后,喷气发动机在航空工业得到越来越广泛的应用。目前不仅在军用上,而且在民用上已基本取代了点燃式航空发动机。点燃式航空发动机受高空空气稀薄及螺旋桨效率所限,只能在 10000m 以下的空域飞行,时速也无法超过 900km。喷气发动机是借助

高温燃气从尾喷管喷出时所形成的反作用力推动前进的,它的突出优点是可以在 20000m 以上高空以 2 马赫(马赫数为速度与音速的比数,通常用 M 表示。音速约为 1224km/h)以上高速飞行。

喷气发动机根据燃料燃烧时所需要的氧化剂的来源分为两大类:一类是火箭发动机,燃料燃烧时所需要的氧化剂是自身携带的;另一类是空气喷气发动机,自身只携带燃料而利用空气中的氧气作为氧化剂。本节所介绍的喷气发动机,即指空气喷气发动机,所用的燃料就是所谓的喷气燃料,俗称航空煤油。

空气喷气发动机可分为无压气机式和有压气机式两种,前者如图 4-8 所示的罗兰型冲压式喷气发动机,其主要构成包括进气道、燃烧室和尾喷管;后者除了通过冲压作用提高空气的压力外,主要依靠专门的增加部件——压气机来实现空气压力的增加。由于压气机式喷气发动机都拥有核心部件——燃气发生器(压气机、燃烧室和涡轮),故统称为燃气涡轮喷气发动机。图 4-9 为惠特尔型燃气涡轮喷气发动机示意图。各种型式的空气喷气发动机的燃料在燃烧室燃烧时的工作原理是相同的,如图 4-10 所示。下面以涡轮喷气发动机为例介绍其工作过程。

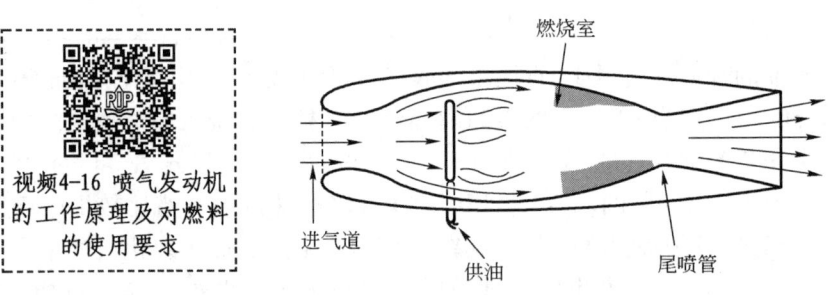

图 4-8 罗兰型冲压式喷气发动机

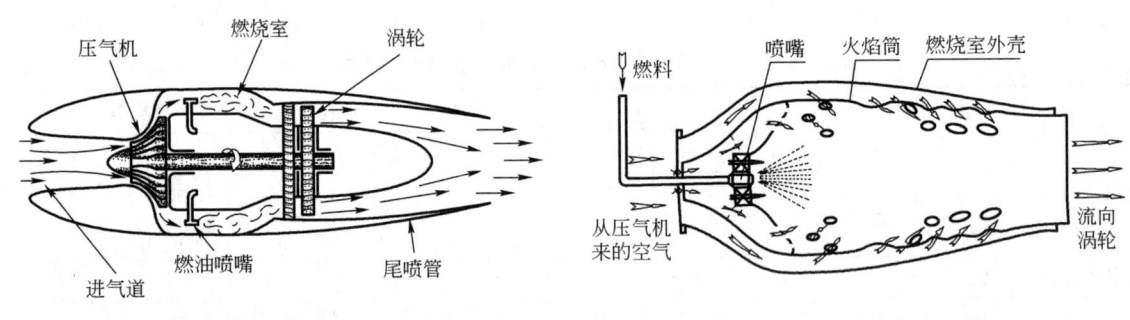

图 4-9 惠特尔型燃气涡轮喷气发动机   图 4-10 燃烧室原理图

1. 涡轮喷气发动机的工作过程

如图 4-9 所示,涡轮喷气发动机主要是由压气机、燃烧室、涡轮和尾喷管等部分构成。

(1)压气机。因高空的空气稀薄,需将迎面进入发动机的空气用压气机(离心式压气机或轴流式压气机)压缩至 0.3~0.5MPa,温度达 150~200℃,然后再进入燃烧室。空气压力越高,燃料的热能利用程度也越高,从而可提高发动机的经济性,增强发动机的推力。

(2)燃烧室。如图 4-10 所示,在燃烧室中,经压缩的空气与燃料混合,形成混合气,在启动时需要用电点火,随后即可连续不断地进行燃烧。燃烧室中心温度可高达 1900~2200℃,为防止因高温使涡轮中的叶片受损,需通入部分冷空气,使燃气的温度降至 750~800℃。

（3）涡轮。燃气推动涡轮高速旋转，将热能转化为机械能。涡轮在同一轴上带动压气机工作，旋转的速度为 8000~16000r/min。

（4）尾喷管。从涡轮中排出的高温高压燃气在尾喷管中膨胀加速，尾气在 500~600℃ 下高速喷出，由此产生反作用推动力以推动飞机前进。

由此可见，喷气发动机与活塞式发动机（汽油机及柴油机）有很大的区别。首先，在喷气发动机中，燃料与空气同时连续进入燃烧室，一经点燃，其可燃混合气的燃烧过程是连续进行的，而活塞式发动机的燃料供给和燃烧则是周期性的。其次，活塞式发动机燃料的燃烧在密闭的空间进行，而喷气发动机燃料的燃烧是在 30~50m/s 的高速气流中进行，所以燃烧速度必须大于气流速度，否则会造成火焰中断。

2. 喷气发动机对燃料的要求

喷气发动机的推力是借助燃料的热能转变为燃气的动能产生的。这个能量的转换过程是在高空飞行条件下实现的，所以对燃料的质量要求非常严格，以保证安全可靠。对喷气发动机燃料质量的主要要求如下：

（1）良好的燃烧性能；
（2）适当的蒸发性；
（3）较高的热值和密度；
（4）良好的安定性；
（5）良好的低温性；
（6）无腐蚀性；
（7）良好的洁净性；
（8）较小的起电性；
（9）适当的润滑性。

视频4-17 喷气燃料的燃烧性能

二、喷气燃料的燃烧性能

喷气燃料的燃烧性能良好，是指它的热值要高，燃烧要稳定，不易因工作条件变化而熄火，一旦高空熄火后容易再启动，燃烧要完全，产生的积炭要少。

1. 喷气燃料的启动性、燃烧稳定性及燃烧完全度

喷气发动机燃料不仅应保证发动机在严寒冬季能迅速启动，而且使发动机在高空一旦熄火时也能迅速再点燃，恢复正常燃烧，以保证飞行安全。要保证发动机在高空低温下再次启动，必须要求燃料能在 0.01~0.02MPa 和 -55℃ 的低温下形成可燃混合气并能顺利点燃，而且稳定地燃烧。燃料的启动性取决于燃料的自燃点、着火延滞期、燃烧极限、可燃混合气发火所需的最低点火能量、燃料的蒸发性大小和黏度等。

在冷燃烧室中是否容易形成适当的可燃混合气，主要取决于燃料中的轻质组分，轻质组分多，则低温下容易形成可燃混合气，发动机易于启动。合适的低温黏度，能保证发动机在低温启动时燃料必需的雾化程度。

燃料在喷气发动机中能连续而稳定地燃烧意义重大。如果燃烧不稳定，不仅会使发动机的功率降低，严重时还会因熄火而酿成事故。燃料燃烧的稳定性除与燃烧室结构及操作条件有关外，还和燃料的烃类组成及馏分轻重有密切关系。研究结果表明，正构烷烃和环烷烃的燃烧极限较芳烃的宽，特别是在温度较低的情况下更为明显。所以，从燃烧的稳定性角度看，烷

烃和环烷烃是较理想的组分,而芳烃的燃烧极限较窄,容易熄火。此外,燃料的馏分组成对燃烧稳定性也有影响,如果馏分太轻,燃烧极限也会太窄。所以,喷气燃料一般采用燃烧极限较宽、燃烧比较稳定的煤油馏分。

喷气燃料燃烧时,首先是要求易于启动和燃烧稳定,其次是要求燃烧完全。所谓燃烧完全度,是指单位质量燃料燃烧时实际放出的热量占燃料净热值的百分率,它直接影响到飞机的动力性能、航程远近和经济性能。

燃料的燃烧完全度一方面受进气压力、温度和飞行高度等工作条件的影响,另一方面也受燃料的黏度、蒸发性和化学组成的影响,将后者分述如下。

(1)黏度。燃料的黏度与其雾化的质量有直接联系。燃料的雾化程度越好,越能加快可燃混合气的形成,因而也就加快了燃烧速度,有利于燃烧的稳定和完全。如果黏度过大,则燃料的喷射角小、液滴大、射程远而雾化不良,从而使燃烧完全度下降。黏度较小的燃料一般燃烧完全度较高,但黏度也不能太小,否则会由于燃料的喷射角大、射程短而引起燃烧室的局部过热。

(2)蒸发性。燃料的蒸发性对燃烧完全度的影响也很大。馏分较轻、蒸发性较好的喷气燃料,能较快地与空气形成可燃混合气,其燃烧完全度较高。馏分过重的燃料不易挥发,形成可燃混合气的速度较慢,其燃烧完全度较低。因此,一般喷气燃料的终馏点都控制在300℃以下。

(3)化学组成。研究表明,各种烃类的燃烧完全度高低顺序是:正构烷烃 > 异构烷烃 > 单环环烷烃 > 双环环烷烃 > 单环芳烃 > 双环芳烃。由此可见,燃料中芳烃含量越高,其燃烧完全度越差,这是在喷气燃料中限制芳烃含量不大于20%(体积分数)的重要原因之一。

2. 喷气燃料生成积炭的倾向

喷气燃料在燃烧过程中会产生炭质微粒,炭质微粒积聚在喷嘴、火焰筒壁上就形成积炭。喷嘴上的积炭会恶化燃料的雾化质量,使燃烧过程变坏。积炭附在火焰筒壁的某些部位,会使火焰筒因受热不均匀而变形,甚至产生裂纹。此外,在发动机工作时,火焰筒壁上剥落下来的积炭碎片会进入涡轮,擦伤叶片。

喷气燃料燃烧时在发动机中生成积炭的倾向,与燃烧室的构造、发动机工作条件及燃料的性质都有关系。就燃料而言,其化学组成对生成积炭的影响最大。由表4-14可见,在喷气发动机中最容易生成积炭的成分是芳烃,尤其是双环芳烃。为此,在喷气燃料的质量标准中除限制芳烃含量外,还规定萘系烃的含量不大于3%(体积分数)。在喷气燃料质量标准中,表征其积炭倾向的指标可在萘系烃含量、烟点和辉光值中任选其一。

表4-14 各种烃类在燃烧室中生成积炭的比较(试验时间:15min)

烃类	正庚烷	异辛烷	环己烷	苯	甲基萘
积炭,g	很少	很少	0.45	1.64	2.79

(1)烟点。烟点又称无烟火焰高度,是指油料在一标准灯具内,于规定条件下作点灯试验(GB/T 382—2017),所能达到的无烟火焰的最大高度,单位为mm。燃料的烟点取决于其化学组成,烟点与芳烃含量有一定的对应关系,其芳烃含量越多,则其烟点就越低。喷气燃料的烟点与发动机中生成积炭量之间也有密切关系,烟点越低,生成的积炭就越多。我国的喷气燃料要求烟点不小于25mm。

(2) 辉光值。当燃料燃烧的生炭性大时,其燃气流中的炭粒就多,炽热的炭粒能使火焰的亮度增加,热辐射加强。辉光值是在一定的火焰辐射强度(相当于四氢萘烟点时的辐射强度)下,将试验燃料和两个标准燃料分别在灯中燃烧,比较火焰的温度升高(温升)多少而得出的(GB/T 11128—1989)。生炭性大的燃料,达到同样辐射强度的火焰温升小,辉光值也小;生炭性小的燃料,火焰温升大,辉光值也大。对于碳数相同的烃类而言,烷烃的辉光值最大,环烷烃的居中,芳烃的最小。在测定时,人为地规定一种标准燃料——四氢萘的辉光值为0,另一种标准燃料——异辛烷的辉光值为100。试样的辉光值是与四氢萘、异辛烷两者相比较而得到的。其计算式如下:

$$辉光值 = \frac{\Delta T_3 - \Delta T_1}{\Delta T_2 - \Delta T_1} \times 100$$

式中,ΔT_1、ΔT_2、ΔT_3 分别表示燃烧四氢萘、异辛烷及试样时火焰的温升,℃。我国2号喷气燃料的辉光值指标要求不小于45。

3. 热值和密度

喷气发动机的推力取决于所用燃料的热值。如使用热值低的燃料,必然导致耗油率增大。对于喷气燃料,不仅要求有较高的质量热值(MJ/kg),而且也要求有较高的体积热值(MJ/dm³)。质量热值越大,发动机的推力越大,耗油率越低。由于喷气飞机上油箱的体积是有限的,为了使航程尽可能长,就要求燃料有尽可能高的体积热值。换言之,既要求喷气燃料有较高的质量热值,还要有较大的密度,这样,在一定容量的油箱中可装有质量更多的燃料,储备更多的热量。我国喷气燃料的质量标准中规定其净热值不小于42.8MJ/kg,20℃时的密度不小于775kg/m³。

喷气燃料的热值和密度与其化学组成和馏分组成有关。由于氢的质量热值比碳大得多,因此,氢碳比越高的燃料的质量热值也越大。由表4-15可见,以烃类而言,烷烃的氢碳比最高,其质量热值也最大,环烷烃的次之,芳烃的最低。而密度正好相反,芳烃的最大,环烷烃的次之,烷烃的最低。兼顾这两方面,喷气燃料较理想的组分是环烷烃。

表 4-15 不同 C_{10} 烃类的密度、质量热值和体积热值

烃 类	相对密度 d_4^{20}	质量热值,MJ/kg	体积热值,MJ/dm³
正癸烷	0.7299	44.25	32.30
丁基环己烷	0.7992	43.44	34.72
丁基苯	0.8646	41.50	35.88

三、喷气燃料的安定性

喷气燃料的安定性包括储存安定性和热安定性。

视频4-18 喷气燃料的其他性能与质量标准

1. 储存安定性

喷气燃料在储存过程中容易变化的质量指标有胶质、酸度及颜色等。胶质和酸度增加的原因是其中含有少量不安定的成分,如烯烃、带不饱和侧链的芳烃以及非烃等。喷气燃料质量标准中对实际胶质、碘值以及硫、硫醇含量都作了严格的规定。

储存条件对喷气燃料的质量变化有很大影响,其中最重要的是温度。当温度升高时,燃料氧化的速度加快,使胶质增多、酸度增大,同时也使燃料的颜色变深。此外,与空气的接触、与

金属表面的接触以及水分的存在,都能促进喷气燃料氧化变质。

2. 热安定性

当飞行速度超过音速以后,由于与空气摩擦生热,使飞机表面温度上升,油箱内燃料的温度也上升,可达 100℃ 以上。在这样高的温度下,燃料中的不安定组分更容易氧化而生成胶质和沉淀物。这些胶质沉积在热交换器表面上,导致冷却效率降低;沉积在过滤器和喷嘴上,则会使过滤器和喷嘴堵塞,并使喷射的燃料分配不均,引起燃烧不完全等。因此,对长时间作超音速飞行的喷气燃料,要求具有良好的热安定性。

喷气燃料的热安定性主要取决于其化学组成。研究表明,喷气燃料中的饱和烃生成的沉淀物很少,而加入芳烃后沉淀物就成十倍地增多;而燃料中的胶质和含硫化合物也会使其热安定性显著变差,使产生的沉淀物量大大增加。

四、喷气燃料的低温性能

喷气燃料的低温性能,是指在低温下燃料在飞机燃料系统中能否顺利地泵送和过滤的性能,即不能因产生烃类结晶体或所含水分结冰而堵塞过滤器,影响供油。喷气燃料的低温性能是用结晶点或冰点来表示的。对喷气燃料低温性能的要求,取决于地面的最低温度和在高空中油箱里燃料可能达到的最低温度。我国 3 号喷气燃料要求冰点不高于 $-47℃$。

在第三章中已述及,不同烃的结晶点相差悬殊,因此燃料的低温性能很大程度取决于其化学组成。分子量较大的正构烷烃及某些芳烃的结晶点较高,而环烷烃和烯烃的结晶点则较低;在同族烃中,结晶点大多随其分子量的增大而升高。

燃料中含有的水分在低温下形成冰晶,也会造成过滤器堵塞、供油不畅等问题。水分在油中不仅可能以游离水形式存在,还可能以溶解状态存在。由表 4-16 可见,不同的烃类对水的溶解度是不同的,在相同温度下,芳烃特别是苯对水的溶解度最高。因而从降低燃料对水的溶解度的角度来看,也需要限制芳烃的含量。

表 4-16 水在各种烃类中的溶解度

烃 类	正戊烷	正庚烷	苯	甲苯	二甲苯
温度,℃	25	25	22	22	22
溶解度,%	0.011	0.015	0.066	0.052	0.038

五、喷气燃料的腐蚀性

喷气燃料的腐蚀性主要是指喷气燃料对储运设备和发动机燃料系统产生的腐蚀。对金属材料有腐蚀作用的主要是燃料中的含氧化合物、含硫化合物和水分。需要注意的是,喷气发动机的高压燃料油泵一般都采用了镀银机件,而银对于硫化物的腐蚀极为敏感。因此,喷气燃料质量标准中除规定了酸度、含硫量、硫醇硫含量、铜片腐蚀等指标外,还增加了银片腐蚀试验。

六、喷气燃料的洁净度

喷气发动机燃料系统机件的精密度很高,因而,即使较细的颗粒物质也会造成燃料系统的故障。引起燃料脏污的物质主要是水、表面活性物质、固体杂质及微生物。

水的存在,除了对燃料的腐蚀性、低温性产生不良影响外,还会破坏燃料在系统部件中所起的润滑作用,并能导致絮状物的生成和微生物的滋长。

燃料中的表面活性物质会增强油水乳化,使油中的水不易分离,并且会促使一些细微的杂质聚集在过滤器上,使过滤器的使用周期大大缩短。

在喷气燃料储运过程中,带入燃料的固体颗粒主要是腐蚀产生的氧化铁及外界进入的尘土等。它们对燃料系统中的高压油泵和喷油嘴等精密部件危害极大。因此,喷气燃料质量标准中规定不能含有机械杂质。

喷气燃料中若含有细菌,不但会加速油料容器的腐蚀和使涂层松软,如果条件有利,还会大量繁殖,以致堵塞过滤器。

我国喷气燃料质量标准中,用外观和水反应试验等技术指标来保证喷气燃料的洁净度。水反应试验的目的是检查喷气燃料中的表面活性物质及其对燃料和水的界面的影响。

七、喷气燃料的起电性

喷气发动机的耗油量很大,在机场往往采用高速加油。在泵送燃料时,燃料和管壁、阀门、过滤器等高速摩擦,油面就会产生和积累大量的静电荷,其电势可达到数千伏甚至上万伏。这样,到一定程度就会产生火花放电,如果遇到可燃混合气,就会引起爆炸失火,往往酿成重大灾害。

影响静电荷积累的因素很多,其中之一是燃料本身的电导率。电导率小的燃料,在相同的条件下,静电荷消失慢而积累快;电导率大的燃料,静电荷消失速度快而不易积累。质量标准中要求喷气燃料的电导率(20℃)为 50~600pS/m,但加油安全主要是通过加油设备的技术进步和严格的操作规范来保证。

八、喷气燃料的润滑性

在喷气发动机中,燃料泵的润滑依靠的是自身泵送的燃料。当燃料的润滑性能不足时,燃料泵的磨损增大,这不仅降低油泵的使用寿命,而且影响油泵的正常工作,引起发动机运转失常甚至停车等故障,威胁飞行安全。

燃料的润滑性是由它的化学组成决定的。据研究,燃料组分的润滑性能按照非烃化合物>多环芳烃>单环芳烃>环烷烃>烷烃的顺序依次降低。这是由于非烃化合物具有较强的极性,易被金属表面吸附,形成牢固的油膜,可有效地降低金属间的摩擦和磨损。

含有少量的极性物质,对喷气燃料的润滑性能是有利的。当然,含量不能过多,否则会引起腐蚀等其他弊病。由此可见,对喷气燃料的精制深度要适当,若精制过深,则会使其润滑性能变差。

九、喷气燃料牌号

喷气燃料按生产方法可分为直馏喷气燃料和二次加工喷气燃料两类。按馏分的宽窄、轻重又可分为煤油型、宽馏分型及重煤油型。我国喷气燃料中的 1 号喷气燃料(RP-1)、2 号喷气燃料(RP-2)、3 号喷气燃料(RP-3)均为煤油型,且主要应用于民航飞机和军用飞机;4 号喷气燃料(RP-4)为宽馏分型,主要为备用燃料,平时不生产;而 5 号喷气燃料(RP-5)和 6 号喷气燃料(RP-6)均为重煤油型,主要用于军用特种喷气燃料。其中 3 号喷气燃料具有闪点较高、不控制初馏点等优点,使得其生产工艺具有较大的灵活性,适合我国石蜡基原油生产喷气燃料的现状,所以 RP-3 广泛用于民用和军用飞机、出口等各个方面。而其他喷气燃料由于种种原因,用途并不广泛,并且1号和2号喷气燃料已经停产。表4-17给出了于2019年2月1日实施的3号喷气燃料的质量指标(GB 6537—2018)。

表4-17 喷气燃料的质量指标(GB 6537—2018)

项目		指标
外观		室温下清澈透明,目视无不溶解水及固体物质
颜色	不小于	+25
组成		
总酸值,mg KOH/g	不大于	0.015
芳烃含量(体积分数),%	不大于	20
烯烃含量(体积分数),%	不大于	5.0
总硫含量(质量分数),%	不大于	0.20
硫醇硫含量(质量分数),%	不大于	0.002
或博士试验		通过
挥发性		
馏程:		
初馏点	不高于	报告
10%回收温度,℃	不高于	205
50%回收温度,℃	不高于	232
终馏点,℃	不高于	300
残留量(体积分数),%	不大于	1.5
损失量(体积分数),%	不大于	1.5
闪点(闭口),℃	不低于	38
密度(20℃),kg/m^3		775~830
流动性		
冰点,℃	不高于	-47
运动黏度,mm^2/s		
20℃	不小于	1.25
-20℃	不大于	8.0
燃烧性		
净热值,MJ/kg	不小于	42.8
烟点,mm	不小于	25
或烟点最小为20mm时,萘系烃含量(体积分数),%	不大于	3.0
腐蚀性		
铜片腐蚀(100℃,2h),级	不大于	1
银片腐蚀(50℃,4h),级	不大于	1
热安定性(260℃,2.5h)		
压力降,kPa	不大于	3.3
管壁评级,级		小于3,且无孔雀蓝色或异常沉淀物
洁净性		
胶质含量,mg/100mL	不大于	7.0
水反应		
界面情况,级	不大于	1b
分离程度,级	不大于	2
固体颗粒污染物含量,mg/L	不大于	1.0
导电性		
电导率(20℃),pS/m		50~600
水分离指数		
未加抗静电剂	不小于	85
或加入抗静电剂	不小于	70
润滑性		
磨痕直径 WSD,mm	不大于	0.65

第四节 燃料油

燃料油一般是指广泛应用于家庭、船舶发动机或工业燃烧器的石油基燃料。与用于内燃机的汽油、柴油和喷气燃料相比,一般都属于馏分组成较重的燃料油或残渣燃料油。

视频4-19 燃料油

一、燃料油的分类

根据不同的用途,我国燃料油标准目前分为炉用燃料油(GB 25989—2010)和船用燃料油(GB/T 17411—2015)。在很多场合下,可以根据供货商和用户的协商,参照相关标准制定所供应燃料油的标准。

GB 25989—2010 将炉用燃料油分为馏分型和残渣型两类,根据产品黏度不同,馏分型又分为 2 个牌号,残渣型分为 4 个牌号,适用于各种商业或工业燃油燃烧器。对不同牌号的炉用燃料油提出了黏度、闪点、硫含量、水和沉淀物的具体要求,主要质量指标见表 4-18。

表 4-18 炉用燃料油的质量指标(GB 25989—2010)

牌 号		馏 分 型		残 渣 型			
		F-D1	F-D2	F-R1	F-R2	F-R3	F-R4
运动黏度 mm²/s	40℃	<5.5	>5.5~24	—	—	—	—
	100℃	—	—	>5.0~15.0	>15.0~25.0	>25.0~50	>50~185
闪点(闭口),℃ 不低于		55	60	80	80	80	—
闪点(开口),℃ 不低于		—	—	—	—	—	120
硫含量(质量分数),% 不大于		1.0	1.5	1.5	2.5	2.5	2.5
水和沉淀物(体积分数),% 不大于		0.50	0.50	1.00	1.00	2.00	3.00
灰分(质量分数),% 不大于		0.05	0.10	报告	报告	报告	报告
酸值(以 KOH 计),mg/g 不大于		报告		2.0			
馏程(250℃回收体积分数),%		报告					
倾点,℃		报告					
密度(20℃),kg/m³		报告					
水溶性酸或碱		报告					

燃料油中应无无机酸,无过量的固体物和外来的纤维状物质。在正常储存条件下,含有残渣组分的各号燃料油都应保持均质,不因重力作用而分成黏度超出该牌号范围的轻和重的两种油。

随着航运业的快速发展,船用燃料油的消费量日益增加,而且对其质量要求不断提高,尤其是对硫含量提出了更高的要求。GB/T 17411—2015 中馏分燃料的硫含量限值规定了三个等级,其中 I 级与 ISO/CD 8217:2015 船用馏分燃料油硫含量要求一致、II 级符合国际海事组织(IMO)拟定的 2020 年船舶行驶在普通区域对燃料油硫含量的要求、III 级符合目前船舶行驶在 SO_x 排放控制区内对燃料油硫含量的要求。同样,I 级残渣燃料油符合 IMO 船舶行驶在普通区域对燃料油硫含量的要求、II 级符合 IMO 拟定的 2020 年船舶行驶在普通区域对燃料油硫含量的要求、III 级符合目前船舶行驶在 SO_x 排放控制区内对燃料油硫含量的要求。

GB/T 17411—2015 将船用燃料油分为 D 组(馏分燃料)和 R 组(残渣燃料)两大类,馏分燃料分为 DMX、DMA、DMZ 和 DMB 四个牌号，残渣燃料分为 RMA、RMB、RMD、RME、RMG 和 RMK 六个牌号，不同牌号燃料油按照硫含量又分为三个或两个等级。表 4-19 列出了部分牌号船用燃料油的质量指标，船用残渣燃料油要求净热值不小于 39.8MJ/kg。

表 4-19 部分船用燃料油的主要质量指标（GB/T 17411—2015）

牌号			船用馏分燃料油				船用残渣燃料油			
			DMX	DMA	DMZ	DMB	RMA10	RME180	RMG380	RMK500
运动黏度 mm²/s	40℃	不大于	5.50	6.00	6.00	11.00	—	—	—	—
		不小于	1.40	2.00	3.00	2.00	—	—	—	—
	50℃	不大于	—	—	—	—	10.00	180.0	380.0	500.0
密度（需满足下列要求之一）										
15℃，kg/m³		不大于	—	890.0	890.0	900.0	920.0	991.0	991.0	1010.0
20℃，kg/m³			—	886.5	896.9	896.0	916.5	987.6	987.6	1006.6
十六烷值		不小于	45	40	40	35	—	—	—	—
硫含量（质量分数），% 不大于										
Ⅰ			1.00	1.00	1.00	1.50	3.50		3.50	
Ⅱ			0.50	0.50	0.50	0.50	0.50		0.50	
Ⅲ			0.10	0.10	0.10	0.10	0.10		—	
闪点（闭口），℃		不低于	60	60	60	60	60	60	60	60
硫化氢，mg/kg		不大于	2.00	2.00	2.00	2.00	2.00	2.00	2.00	2.00
酸值（以 KOH 计），mg/kg		不大于	0.5	0.5	0.5	0.5	2.5	2.5	2.5	2.5
总沉淀物（质量分数），% 不大于										
热过滤法			—	—	—	0.10	—	—	—	—
老化法			—	—	—	—	0.10	0.10	0.10	0.10
氧化安定性，mg/100mL			2.5	2.5	2.5	2.5	—	—	—	—
10% 蒸余物残炭（质量分数），%		不大于	0.30	0.30	0.3	—	—	—	—	—
残炭（质量分数），%		不大于	—	—	—	0.3	2.50	15.0	18.0	20.0
浊点，℃		不高于	-16	—	—	—	—	—	—	—
倾点，℃	冬季	不高于	—	-6	-6	0	0	30	30	30
	夏季	不高于	—	0	0	6	6	30	30	30
灰分（质量分数），%		不大于	0.01	0.01	0.01	0.05	0.04	0.07	0.10	0.15
水分（体积分数），%		不大于	—	—	—	0.30	0.30	0.50	0.50	0.50

续表

牌号	船用馏分燃料油				船用残渣燃料油			
	DMX	DMA	DMZ	DMB	RMA10	RME180	RMG380	RMK500
校正磨痕直径(WS1.4,60℃),μm 不大于	520	520	520	520	—	—	—	—
碳芳香度指数(CCAI) 不大于	—	—	—	—	850	860	870	870
钒,mg/kg 不大于	—	—	—	—	50	150	350	450
钠,mg/kg 不大于	—	—	—	—	50	50	100	100
铝+硅,mg/kg 不大于	—	—	—	—	25	40	60	60

二、燃料油的主要性能

燃料油应具有良好的雾化性能和低腐蚀性,并含有较少的胶质和沥青质,以使燃料油能充分燃烧并较少结焦,使发动机或炉子的使用周期得以延长。

1. 燃料油的黏度

黏度是燃料油的重要指标。黏度过大会导致燃料的雾化性能恶化、喷出的油滴过大,造成燃烧不完全、燃烧炉热效率下降。所以,使用黏度较大的燃料油时必须经过预热,以保证喷嘴要求的适当黏度。低黏度燃料油的质量指标中规定了其40℃运动黏度的范围,而对于高黏度燃料油则以其50℃或100℃运动黏度为指标。

燃料油的黏度与其化学组成有关。从石蜡基原油生产的燃料油中含蜡较多,含胶质较少,当加热到倾点以上后其流动性较好、黏度较小。而从中间基尤其是环烷基原油生产的燃料油,含胶质较多,黏度也较高。

2. 燃料油的低温性能

燃料油的低温性能一般用倾点来评定。燃料油的倾点与其含蜡量有关,石蜡基原油生产的燃料油因其含蜡较多而倾点较高。对于低黏度的燃料油,质量标准中要求其倾点不能太高,以保证它在储运和使用中的流动性。而对于黏度较大的燃料油,因使用时均需加热,其倾点可以较高或不控制其倾点。

3. 燃料油的含硫量

燃料油中的含硫化合物在燃烧后均生成SO_2和SO_3,它们会污染环境,危害人体健康,同时遇水后变成的亚硫酸和硫酸会严重腐蚀金属设备。所以在所有燃料油质量标准中都对其硫含量提出了要求。自2020年开始,规定船用燃料油的硫含量不大于0.5%,甚至不大于0.1%。

4. 燃料油的安定性

高黏度燃料油往往是以减黏渣油为原料通过调和进行生产的。由于渣油在热转化过程中,其化学组成与物理结构均会发生变化,若所用的条件不当,就有可能导致在储存及使用中出现沉淀、分层现象,从而会影响输送供油并降低传热效率。为此,要求高黏度的燃料油具有较好的热安定性和储存安定性。

第五节 润 滑 油

视频4-20 润滑油概述与作用

润滑剂是一类很重要的石油产品,可以说所有带有运动部件的机器都需要润滑剂,否则,就无法正常运行。虽然润滑剂的产量仅占原油加工量的2%左右,但因其使用条件千差万别,润滑剂的品种多达数百种,而且对其质量的要求非常严格,其加工工艺也较复杂。润滑剂包括润滑油和润滑脂,本节仅就润滑油进行讨论。

一、概述

1. 摩擦与润滑

1) 干摩擦

在机器中,两个互相接触而又发生相对运动的部件叫摩擦副。每个摩擦件的表面即使经过精密加工,放大来看还是凹凸不平的,也就是说有一定的粗糙度。如不加润滑剂,那么互相压紧的摩擦副在发生相对运动时要克服两种阻力:(1)当微凸体互相咬住时,运动中较硬的物体会在较软的物体上犁沟;(2)当微凸体之间由于受压变形而发生黏着和焊连产生结点时,在运动过程中,结点会不断扯断和生成。这种状况称为干摩擦。机械部件之间的干摩擦一方面会无谓消耗有效的能量使之转化为热能,降低机械效率;另一方面会使摩擦件的表面发生磨损,缩短机器的使用寿命。这种干摩擦的摩擦系数因材料及表面粗糙度的不同而不同,其范围为 0.15~0.40,是相当大的。

2) 流体动力润滑

就滑动轴承而言,它在运动中能否保持流体动力润滑的状态,取决于润滑油的黏度、轴的转速和轴上的负荷。当轴转动起来时,它带动润滑油以相同的方向运动,此时油就从较宽的缝隙挤入较窄的缝隙,形成油楔力。当油楔力足够大时,便可将轴顶起。这时,轴和轴承之间便能在运动中形成一层足够厚的油膜(其厚度一般大于 1μm),使机件的表面不直接接触。这样,就以润滑油膜的内摩擦取代了摩擦件之间的干摩擦。由于润滑油的内摩擦系数一般仅在 0.001~0.005 之间,大大低于干摩擦系数,从而就可以大大提高机械效率,并延长机器的使用寿命。这种在运转时摩擦件之间的油膜厚度足以使摩擦件完全不接触的润滑,称为流体动力润滑,见图4-11(a)。

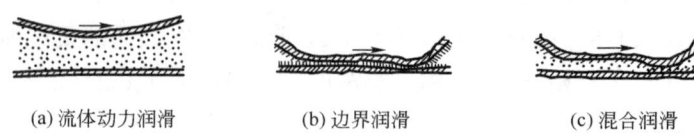

(a) 流体动力润滑　　(b) 边界润滑　　(c) 混合润滑

图 4-11 流体动力润滑、边界润滑及混合润滑

润滑油黏度、轴转速和轴上负荷这三者的关系可以用轴承特性因数 C 来表示,关系式如下:

$$C = \frac{\eta N}{p}$$

式中　η——润滑油的黏度,mPa·s;

N——轴的转速,r/min;

p——轴单位投影面上的负荷,MPa。

经验表明,C 的数值较大时,该轴承一般能保持在良好的流体动力润滑状态下运转。从此式可以看出,对于转速快、负荷小的轴承可以用黏度较小的润滑油,而对于转速慢、负荷大的轴承则需用黏度大的润滑油。

3) 边界润滑与混合润滑

当摩擦件之间的相对速度较低及负荷较大,也就是轴承特性因数 C 太小时,润滑油膜就会薄到不足以维持流体动力润滑,而处于如图 4-11(b) 所示的边界润滑状态。这时摩擦件之间只存在一层极薄的($<0.1\mu m$)边界膜,这层膜有可能是吸附于摩擦件表面的极性物质所形成的吸附膜,也可能是由摩擦件表面和润滑油添加剂在摩擦产生的高温下形成的反应膜。边界膜的存在可以避免摩擦件之间的干摩擦,从而显著降低摩擦损耗,大大减少磨损。边界润滑的摩擦系数大于流体动力润滑的摩擦系数,为 0.05~0.15。

当摩擦件之间不能形成连续的流体层,部分固体表面直接接触时,则出现流体动力润滑和边界润滑兼而有之的情况,可称为混合润滑,如图 4-11(c) 所示。

图 4-12 为斯特里贝克(Stribeck)曲线,它表示处于流体动力润滑、边界润滑及混合润滑三种状态下摩擦系数与轴承特性因数 C 之间的关系。

4) 弹性流体动力润滑

有些机械部件如齿轮及滚动轴承等,其相互接触面积极小,而其负荷却极大,可高达几百至几千兆帕,这样便会使机件的受压部分发生弹性变形。同时,润滑油膜则会因受高压而黏度增大,变得十分黏稠甚至成油膏状物质,不易被挤出,从而使摩擦件之间仍能保持连续的油膜而得到润滑。这种情况称为弹性流体动力润滑。

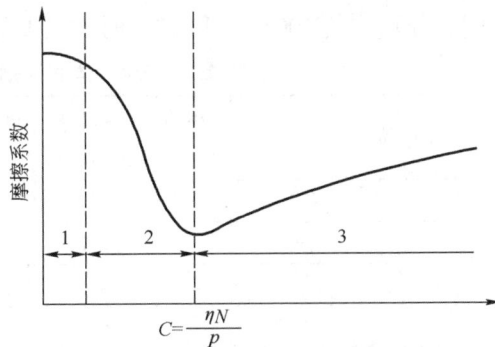

图 4-12 摩擦系数与轴承特性因数的关系
1—边界润滑区;2—混合润滑区;3—流体动力润滑区

2. 润滑油的分类

由于各种机械的使用条件相差很大,它们对所需润滑油的要求也大不一样,因此,润滑油按其使用的场合和条件的不同,分为很多种类。各类润滑油的性质各异,均有其特定的用途,切不可随意使用,不然,会影响机器的正常运转,甚至导致机件的烧损。

视频4-21 润滑油的分类

(1) 内燃机润滑油:包括汽油机油、柴油机油等。这是需要量最多的一类润滑油,约占润滑油总量的 50%。

(2) 齿轮油:是在齿轮传动装置上使用的润滑油,其特点是它在机件间所受的压力很高。

(3) 液压油及液力传动油:是在传动、制动装置及减震器中用来传递能量的液体介质,它同时也起润滑及冷却作用。

(4) 工业设备用油:包括机械油、汽轮机油、压缩机油、汽缸油以及并不起润滑作用的电绝缘油、金属加工油等。

我国等同采用国际标准化组织的 ISO 6743-99:2002 润滑剂、工业用油和有关产品分类标准制定了 GB/T 7631.1—2008 国家标准,把润滑剂、工业用油和有关产品分为 18 组,具体见表 4-20。

表 4-20 润滑剂、工业用油和有关产品的分类(GB/T 7631.1—2008)

组 别	应 用 场 合	组 别	应 用 场 合
A	全损耗系统	N	电器绝缘
B	脱模	P	气动工具
C	齿轮	Q	热传导液
D	压缩机(包括冷冻机和真空泵)	R	暂时保护防腐蚀
E	内燃机油	T	汽轮机
F	主轴、轴承和离合器	U	热处理
G	导轨	X	用润滑脂的场合
H	液压系统	Y	其他应用场合
M	金属加工	Z	蒸汽气缸

我国等效采用 ISO 3448—1992 标准制定了 GB/T 3141—1994 标准,将工业液体润滑剂按其 40℃时的运动黏度(mm^2/s)分为 20 个等级,见表 4-21。此外,内燃机润滑油和车辆齿轮油则是分别按其 100℃时和 40℃时的黏度划分等级。

表 4-21 工业液体润滑剂 ISO 黏度分类(GB/T 3141—1994)

ISO 黏度等级	中间点运动黏度(40℃) mm^2/s	运动黏度范围(40℃),mm^2/s	
		最小	最大
2	2.2	1.98	2.42
3	3.2	2.88	3.52
5	4.6	4.14	5.06
7	6.8	6.12	7.48
10	10	9.00	11.00
15	15	13.5	16.5
22	22	19.8	24.2
32	32	28.8	35.2
46	46	41.4	50.6
68	68	61.2	74.8
100	100	90.9	110
150	150	135	165
220	220	198	242
320	320	288	352
460	460	414	506
680	680	612	748
1000	1000	900	1100
1500	150	1350	1650
2200	2200	1980	2420
3200	3200	2880	3520

3. 润滑油的基础油

由于机械的要求和使用条件千差万别,润滑油的品种多达数百种,假如每种润滑油都单独生产,那就不胜其烦。为了简化润滑油生产,目前各国都采取先制成一系列符合一定规格的、黏度不同的基础油,然后根据市场需要将不同牌号的若干种基础油进行调和,并加入适量的添加剂,以制得符合各种规格的润滑油商品。这样不仅使润滑油的生产规范化,同时还易于根据市场的变化及时调整产品结构。

视频4-22 润滑油基础油

视频4-23 润滑油添加剂

由此可见,润滑油的品种虽然很多,但都是以基础油为主体并加入适量的各种添加剂而制成的。基础油可分为矿物油和合成润滑油两大类。所谓矿物油,就是以原油的减压馏分或减压渣油为原料,并根据需要经过脱沥青、脱蜡和精制等过程而制得的润滑油基础油。矿物油是目前生产各种润滑油的主要原料。但是,矿物油有时还不具备航空、航天和国防等特殊场合所要求的耐低温、耐高温、高真空、抗燃、抗辐射等性能。因此,还需通过合成的途径制取一些具有特殊性能的合成润滑油。合成润滑油包括聚 α-烯烃类、硅油类、聚乙二醇类、双酯类、磷酸酯类、硅酸酯类、全氟烃类、氟氯碳油类、聚醚类等。

美国石油学会(API)将润滑油基础油按饱和烃含量、硫含量和黏度指数分为五类,即 API Ⅰ、API Ⅱ、API Ⅲ、API Ⅳ 和 API Ⅴ 类基础油,如表4-22所示。API Ⅰ 类基础油硫含量和芳烃含量较高,可通过常规的溶剂精制获得;API Ⅱ 类基础油硫、氮含量和芳烃含量较低,一般不能通过常规溶剂精制工艺获得,而是通过加氢工艺得到;API Ⅲ 类基础油不仅硫、氮和芳烃含量低,而且黏度指数很高,一般要通过深度加氢裂化或加氢异构脱蜡获得。

表4-22 API基础油分类

基础油类别	饱和烃(质量分数),%	硫含量(质量分数),%	黏度指数
Ⅰ	<90	>0.03	80~120
Ⅱ	≥90	≤0.03	80~120
Ⅲ	≥90	≤0.03	≥120
Ⅳ	聚 α-烯烃(PAO)		
Ⅴ	除以上四类以外的其他基础油		

对于从原油制取的润滑油基础油,我国原来是按原油类别将其质量标准分为石蜡基基础油系列、中间基基础油系列及环烷基基础油系列。但是,实际上基础油的性质不仅与原油的基属有关,很大程度上还取决于所用的加工方法,例如日益广泛采用的加氢技术可使基础油的质量有很大改善。黏度指数是润滑油的重要质量指标,而原用的润滑油基础油分类方法无法体现基础油在这方面的差别。因此,我国现已采用一种润滑油基础油的新的分类方法。这种新的分类方法将润滑油基础油按其黏度指数分为超高黏度指数、很高黏度指数、高黏度指数、中黏度指数及低黏度指数 5 类,它们的黏度指数相应为 ≥140、≥120、≥90、≥40 及 <40。同时根据生产和使用的需要,每一类又分为通用基础油和专用基础油,专用基础油分为低凝和深度

精制两个品种。

各类润滑油基础油的代号见表4-23。表中的 VI 为"黏度指数"(viscosity index)的英文字头，UH 为"超高"(ultra high)的英文字头，VH 为"很高"(very high)的英文字头，H 为"高"(high)的英文字头，M 为"中"(middle)的英文字头，L 为"低"(low)的英文字头。此外，W 为"winter"的字头，表示低凝；S 为"super"的字头，表示深度精制。

表4-23 润滑油基础油分类

润滑油基础油 黏度指数		超高黏度指数 $VI \geq 140$	很高黏度指数 $VI \geq 120$	高黏度指数 $VI \geq 90$	中黏度指数 $VI \geq 40$	低黏度指数 $VI < 40$
润滑油基础油 代号	通用基础油	UHVI	VHVI	HVI	MVI	LVI
	专用基础油 低凝	UHVIW	VHVIW	HVIW	MVIW	LVIW
	深度精制	UHVIS	VHVIS	HVIS	MVIS	LVIS

习惯上，将从原油减压馏分制取的基础油称为中性油，将从减压渣油制取的基础油称为光亮油。每类中性油又按其黏度分为若干牌号，如 HVI350、MVIS75 等，其牌号中的数字表示的是该基础油在 100°F(37.8℃)时的赛氏通用黏度秒数(SUS)的大约值。每类光亮油也按其黏度分为若干牌号，如 HVIW120BS 及 MVIS90BS 等，其牌号中的数字表示的是该基础油在 210°F(98.9℃)时的赛氏通用黏度秒数(SUS)的大约值，BS 则是光亮油(bright stock)的英文字头。表4-24所示为我国部分基础油的牌号。

表4-24 我国部分基础油牌号

类 别	牌 号
HVI	75,100,150,200,350,400,500,650,120BS,150BS
HVIW	75,100,150,200,350,400,500,650,120BS
HVIS	75,100,150,200,350,400,500,650,120BS,150BS
MVI	60,75,100,150,250,500,600,750,900,90BS,125/140BS,200/220BS
MVIW	60,75,100,150,250,500
MVIS	60,75,100,250,500,600,750,900,90BS,125/140BS
LVI	60,75,100,150,300,500,900,1200,90BS,230/250BS

二、内燃机润滑油

内燃机润滑油简称内燃机油，也称发动机油或曲轴箱油，它是润滑油中耗量最大的一类。内燃机润滑油有四个主要作用，即润滑、冷却、清洁及密封发动机的各种部件。由于其在汽油机或柴油机中的工作条件相当苛刻，对它的质量要求也就比较高，所以往往除需经过严格精制外，还要加入一系列相当量的各类添加剂后，才能符合其质量指标。

1. 内燃机润滑油的工作条件

内燃机润滑系统见图4-13，它由下曲轴箱(机油盘)、润滑油泵、润滑油散热器、粗滤清器、细滤清器和集滤器等组成。润滑油通过油泵的压力循环或通过激溅等方法，被送到气缸和活塞之间，以及连杆轴承、曲轴轴承等摩擦部位，以保证发动机的正常润滑和运转。随着内燃机向高速和大功率的方向发展，它的工作条件越来越苛刻，其主要特点如下：

(1) 使用温度高。内燃机的气缸和活塞都直接与燃气接触，燃气的温度最高可达2000℃

以上,这样,汽油机活塞顶部的温度可达 250℃。而柴油机的条件更苛刻,其活塞顶部的温度更高一些,约为 300℃。曲轴箱油温度也在 100℃ 左右。

(2)摩擦件间的负荷较大。主轴承处的负荷为 5~12MPa,连杆轴承处可达 35MPa。

(3)运动速度多变。活塞在气缸中的运动速度是周期性变化的,其速度最快时达每秒数十米,而在上止点和下止点时其速度为零。

(4)所处的环境复杂。内燃机润滑油是循环使用的,它长时间与空气中的氧以及多种能对氧化反应起催化作用的金属相接触。

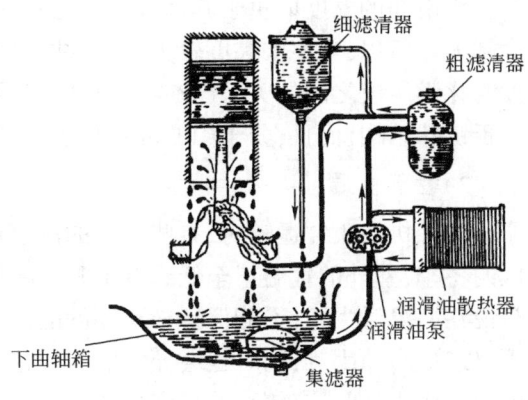

图 4-13 内燃机润滑系统

2.润滑油在内燃机中的作用

(1)润滑作用。使用润滑油,可以减少内燃机各运动部件之间的磨损和因摩擦引起的功率损失和摩擦热。这样就可以增加机械的有效功率,降低燃料消耗,节约能量,同时也延长机械的使用寿命。

(2)冷却发动机部件。燃料在内燃机中燃烧产生很高的温度,如不对机件加以冷却,内燃机就不能正常工作。内燃机的冷却介质是润滑油、水或空气等。新近设计的内燃机常采用风冷而不是水冷,这就更增加了润滑油冷却作用的负荷,要求润滑油有更好的耐高温性能和冷却发动机的性能。

(3)密封作用。发动机中的活塞环与缸套、活塞环与环槽之间都有一定的间隙,如得不到密封,燃气就会窜入曲轴箱内,使燃烧室压力降低,从而降低发动机的功率。润滑油在这些部位能起到密封作用,防止窜气,保证发动机的正常工作。

(4)保持摩擦部件清洁。内燃机工作时,其各个部位都会出现各种类型由润滑油及燃料形成的沉积物。这就要求内燃机润滑油具有将这些沉积物从机件上清洗下来、分散在润滑油中,并送到润滑油滤清器的能力。

(5)防锈和抗腐蚀。燃料在发动机中燃烧会产生一定量的水和氧化硫,它们随着窜气进入曲轴箱,对各金属部件产生腐蚀作用。为此,便要求内燃机润滑油还具有防锈和抗腐蚀性能。

3.内燃机润滑油的主要质量要求及其与化学组成的关系

内燃机润滑油的质量要求很多,主要有黏度、黏温性质、抗氧化安定性、清净分散性、低温流动性、抗氧性六个方面。

1)黏度

要使摩擦副保持液体润滑,润滑油黏度的大小必须足以使它能在机件之间形成连续的油膜。假如润滑油的黏度太小,就会导致油膜厚度太薄,从而加大机件的磨损,甚至烧坏;假如润滑油的黏度太大,则用于克服液体内摩擦所耗的能量就会太大,也不经济。此外,从润滑油的冷却作用来看,黏度较小的润滑油冷却效果较好;而从密封作用来看,则要求润滑油的黏度不能太小。至于黏度以多大为宜,则要根据不同内燃机的具体工作条件来确定。因此,往往需要生产一系列黏度不同的内燃机润滑油以供用户选择。

润滑油的黏度取决于其馏分组成与化学组成。就馏分组成而言,润滑油的沸程越高,其黏度越大。所以,当要求黏度较大时,往往要以较重的减压馏分甚至减压渣油作为原料。至于黏度与化学组成之间的关系已在第三章中述及,即当分子量相近时,具有环状结构的分子的黏度大于链状结构,而且,分子中的环数越多,其黏度也就越大。

2) 黏温性质

内燃机在正常运转时,有些部位的温度可高达 300℃,而在启动时温度比较低。在高寒地区的冬季,室外的气温甚至低到零下几十摄氏度。假如润滑油的黏度随温度的变化太大,也就是说在高温时太稀,不能保持必要厚度的油膜,这将使机器的磨损加大;而在低温时又太稠,这不仅造成启动困难,同时也会导致磨损。这就要求内燃机润滑油的黏度随温度的变化而变化的幅度要小,即具有较高的黏度指数。

烃类的黏温性质取决于其分子结构,其关系已于第三章中讨论过。大体上说,烃类中除正构烷烃的黏温性质最好外,带有少分支的长烷基侧链的少环烃类和分支程度不大的异构烷烃的黏温性质也比较好,而多环短侧链的环状烃类的黏温性质是很差的。

3) 抗氧化安定性

内燃机润滑油不仅使用的温度高,而且是循环使用,不断与含氧的气体接触,所以很容易因氧化而变质。因此,需要设法提高润滑油的抗氧化安定性,以延长其在内燃机中的使用寿命。

(1) 烃类组成对氧化安定性的影响。

润滑油中烃类的氧化反应大体可分为两种途径。一是烷烃、环烷烃和带长侧链(C_5以上)的芳烃的氧化,其特点是烷基的氧化,大致过程为:烃→过氧化物→单官能团含氧化合物(醇、醛、酮、酸)→双官能团含氧化合物(羟基酸、酮酸等)→半交酯、酯类等→缩合产物;二是无侧链或短侧链芳烃的氧化,其特点是芳香基的氧化,大致过程为:烃→过氧化物→酚类→胶质→沥青质。遵循这两种途径反应生成的氧化产物对机械都是有害的:生成的酸性物质对金属部件有腐蚀作用;产生的缩合产物和胶质会附着于金属表面,从而导致机件过热、磨损加剧;同时也会使润滑油的黏度增大,损耗更多的能量。

研究表明,在高温条件下,润滑油所含的各类烃单独存在时,以烷烃最易氧化,环烷烃次之,芳烃最不易氧化。而在混合条件下,其氧化结果与单体烃氧化有显著区别。当饱和烃与多环芳烃同时存在时,饱和烃易于氧化生成过氧化物而促进多环芳烃的氧化,而多环芳烃的氧化产物酚类又能抑制饱和烃的氧化。

(2) 含硫化合物对氧化安定性的影响。

实践证明,润滑油中的含硫化合物具有抗氧化作用,含有一定量的硫会使其更加安定。图 4 - 14 为大庆润滑油中添加不同量的含硫化合物后,对其氧化安定性的影响。由图可见,在试验范围内,试样中的含硫量越高,其吸氧速度就越慢,也就是更趋安定。而进一步的研究发现,在各类含硫化合物中,硫醚类尤其是环硫醚类对润滑油氧化的抑制作用最为明显,而噻吩类则影响很小。硫醚类化合物对氧化的抑制,是由于其能分解润滑油氧化时所产生的过氧化物,从而阻滞了氧化的链反应所致。

(3) 含氮化合物对氧化安定性的影响。

研究表明,含氮化合物对润滑油的氧化是起促进作用的。如图 4 - 15 是用旋转氧弹法测得的氮含量对润滑油氧化诱导期的影响。所谓旋转氧弹法,即将润滑油试样置于密闭耐压容

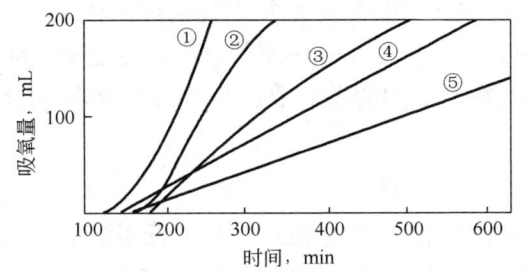

图 4-14 硫含量对润滑油氧化安定性的影响

器(氧弹)中,充入氧气并放入150℃油浴中,使氧弹与水平面成30°,以100r/min的速度轴向旋转,当压力从最高点显著下降时停止试验,以所经历时间(min)作为氧化安定性的指标,也可称为氧化诱导期。这个时间越长表明氧化安定性越好。由图可以看出,碱性含氮化合物(碱氮)和非碱性含氮化合物(非碱氮)的含量增多都会使润滑油的氧化安定性下降,而相比之下,碱性含氮化合物的影响更为显著。据研究,含氮化合物在润滑油的氧化过程中起引发或促进自由基形成及加快抗氧剂消耗的作用。

由于润滑油的烃类和非烃类组成对其氧化安定性的影响比较复杂,迄今还没有比较成熟的看法。但是,总的来说,在润滑油中饱和烃和单环芳烃的含量高有利于改善其氧化安定性。同时,含有一定量的硫对烃类的氧化能起抑制作用,而多环芳烃和碱氮的含量高则对润滑油的氧化安定性不利。针对我国大部分原油含氮量高、含硫量低的特点,为了改善润滑油的氧化安定性,必须通过精制把其中所含的氮尤其是碱氮脱到相当低的水平,但同时又要注意保存一定量的硫。

尚需指出,实际上,单靠用精制手段来除去非理想组分的方法,还不能使其符合内燃机润滑油氧化安定性的要求,一般还需添加适量的抗氧抗腐添加剂。

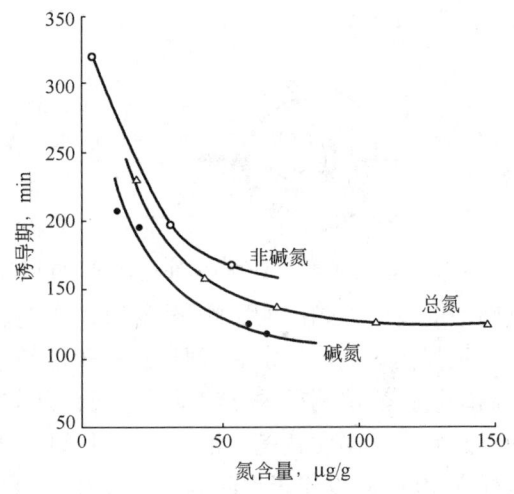

图 4-15 含氮量对某基础油氧化诱导期的影响(旋转氧弹法)

4) 清净分散性

内燃机润滑油在使用过程中的老化、衰败,虽然可以采取措施进行一定程度的控制,但在那样苛刻的条件下,是不可能完全避免的。由于润滑油本身的氧化和缩合,以及与燃料燃烧产物的相互作用,在内燃机中会产生各种沉积物。其沉积物可以分为三类,即积炭、漆膜和油泥。

(1) 积炭:它是高温引发反应的缩合产物,为棕色到黑色的固态物质,其氢碳原子比约为0.7。它主要生成于活塞顶部、燃烧室壁、阀门等高温部位,会使金属部件磨损甚至烧蚀。

(2) 漆膜:它是氧化缩合的产物,为淡棕色到黑色的薄而坚固的膜,其氢碳原子比约为1.2。它主要生成于活塞环槽及活塞裙部等处,会使活塞环黏结及传热变差,导致密封不严及磨损增大。

(3) 油泥:它是由水、润滑油及固态杂质等形成的乳状沉积物,为灰棕色到黑色的凝块。它主要沉积于曲轴箱及输油管等低温部位,会导致油路堵塞。

为此,内燃机润滑油还要求具有把各类沉积物尽量从金属表面上洗涤下来并分散于润滑油中的功能,这就是润滑油的清净分散性。由于基础油本身并不具备这种功能,所以必须加入各种类型的清净分散添加剂。内燃机润滑油的清净分散性是否符合要求,需要经过规定的台架试验或模拟试验加以测定。

5) 低温流动性

由于内燃机在冬季的启动温度很低,润滑油如果没有良好的低温流动性,便不能正常地泵送,这样运动部位就不能形成正常的润滑状态,从而导致磨损。影响润滑油低温流动性的因素主要有两方面,一是在使用温度下因形成蜡结晶结构而丧失流动性;二是在使用温度下因黏度大、流动太慢而造成润滑油泵抽空或供油不足。

从化学组成来看,各种烃类中正构烷烃的凝点最高,对于低温性能是不利的。此外,多环烃类的低温黏度一般较大,从低温流动性角度来看也不是理想组分。

一般情况下,倾点可以作为评定润滑油低温性能的参考指标。但是,即使环境温度高于润滑油的倾点,润滑油不一定能被泵送,发动机不一定能启动。为了使润滑油在低温下能在内燃机中正常循环以保证摩擦副的良好润滑,在内燃机润滑油质量指标中还规定了其低温动力黏度及边界泵送温度。

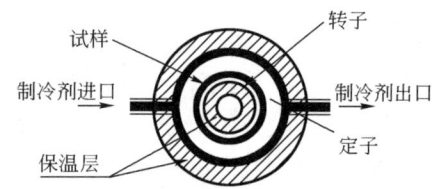

图 4-16 冷启动模拟机核心部件示意图

低温动力黏度测定采用冷启动模拟机法(GB/T 6538—2010),此法适用于测定内燃机油在高剪切速度下 -35 ~ -5℃时的低温表观黏度。该模拟机的核心部件如图 4-16 所示,它是由一个断面为缺圆圆柱体的转子和一个铜制定子构成的。试样置于定子与转子之间的间隙中,并用制冷剂循环控温。转子由电动机带动,其转速受润滑油黏度的影响,当黏度增大时转动的阻力也增大,转子的转速就会相应减小。经用一系列标准油样标定后,便可从转子的转速关联出润滑油在该温度下的低温动力黏度。用冷启动模拟机法测得的低温动力黏度能较好地反映发动机在低温下启动时的实际情况。

边界泵送温度就是能把内燃机油连续、充分地供给到润滑油泵入口的最低温度。测定时,试样在 10h 内,以非线性降温程序冷却,由 80℃ 冷却到试验要求的温度,恒温 16h。然后在微型旋转黏度计上,逐步施加规定的扭矩,观察并测定其转动速度。根据不同试验温度下所得到的结果可确定该试样的边界泵送温度。内燃机中润滑油泵供油不正常有两种情况:一种是因为油的流动性太差,当泵吸油时,周围的油不能流过来而使油泵抽空;另一种情况则由于油过于黏稠,导致进口滤网和进口管的阻力太大,因而不能有足量的油流过。前一种情况叫作气阻,后一种情况叫作流动限制,这两种情况均与极低剪切速率下的黏度有关。

6) 抗磨性

由于在气缸壁上油膜很难维持,所以气缸壁与活塞之间经常处于边界润滑或混合润滑状态,同时,在主轴承和连杆轴承上的负荷比较大,这就要求内燃机润滑油具有良好的抗磨性能。各种烃类的抗磨性能虽有差别,但都还不能满足要求,这就需要加入具有抗磨作用的添加剂来改善这方面的性能。

综上所述,内燃机润滑油的各种质量要求中,除清净分散性和抗磨性是靠加入相应的添加剂来改善外,主要还是取决于基础油的化学组成结构以及馏分组成。就黏度而言,其大小既与润滑油原料馏分的轻重有关,又与其化学结构有关,一般来说,环状烃的黏度比链状烃的大。

至于黏温性质,则以正构烷烃最好,少环长侧链的环状烃及少分支的异构烷烃也比较好,以多环短侧链结构的烃类为最差。而抗氧化安定性的情况比较复杂。据研究,内燃机润滑油中饱和烃和单环芳烃含量高有利于改善其抗氧化安定性,而多环芳烃含量高则是不利的;同时,非烃的含量也有较大的影响,一般认为,一定量的含硫化合物可以对氧化起抑制作用,而即使很少量的含氮化合物,也会促进烃类的氧化。再者,影响润滑油低温性能主要是其中的正构烷烃和其他高熔点烃类的含量。这样看来,对于内燃机润滑油,其理想的组分是少环长侧链的烃类以及少分支的异构烷烃,而多环短侧链烃类和正构烷烃则是非理想组分,应该用脱蜡和精制等方法将它们除去。

4. 内燃机润滑油的分类

我国内燃机润滑油的分类,采用了国际上通用的SAE(Society of Automotive Engineers,美国汽车工程师学会)黏度等级分类和API(美国石油学会)的质量等级分类。

1) 内燃机油黏度等级的分类

我国等效采用 ANSI/SAE J300—1993 标准,制定了内燃机油黏度分类国家标准(GB/T 14906—1994,后来修订为 GB/T 14906—2018),如表 4-25 所示。

表 4-25 内燃机油的黏度分类(GB/T 14906—2018)

黏度等级	低温启动黏度 mPa·s 不大于	低温泵送黏度 mPa·s 不大于	运动黏度(100℃) mm²/s 不小于	运动黏度(100℃) mm²/s 小于	高温高剪切黏度(150℃),mPa·s 不小于
0W	6200 (-35℃)	60000 (-40℃)	3.8	—	—
5W	6600 (-30℃)	60000 (-35℃)	3.8	—	—
10W	7000 (-25℃)	60000 (-30℃)	4.1	—	—
15W	7000 (-20℃)	60000 (-25℃)	5.6	—	—
20W	9500 (-15℃)	60000 (-20℃)	5.6	—	—
25W	13000 (-10℃)	60000 (-15℃)	9.3	—	—
8	—	—	4.0	6.1	1.7
12	—	—	5.0	7.1	2.0
16	—	—	6.1	8.2	2.3
20	—	—	6.9	9.3	2.6
30	—	—	9.3	12.5	2.9
40	—	—	12.5	16.3	3.5(0W-40,5W-40 和 10W-40 等级)
40	—	—	12.5	16.3	3.5(15W-40,20W-40 和 20W-40 和 40 等级)
50	—	—	16.3	21.9	3.7
60	—	—	21.9	26.1	3.7

内燃机油黏度等级分为含字母 W 及不含字母 W 两个系列。含字母 W 的单级内燃机油黏度等级对低温性能有特殊要求,是以其最大低温启动黏度、低温泵送黏度及 100℃时最小运动黏度划分等级;不含 W 的单级内燃机油是以其 100℃时的运动黏度和 150℃的高温高剪切黏度划分等级。

近年来,内燃机中越来越多地使用多级油。所谓多级油,是指其100℃时的黏度在某一非W黏度等级范围内,而同时其低温黏度和边界泵送温度又能满足某一W黏度等级的指标,可表示为5W/30、10W/30及20W/40等。多级油大多是由较低黏度的基础油添加黏度添加剂稠化后制成的,所以也称稠化机油。多级油的黏温性质显著优于单级油,它的使用不受地区和季节的限制,冬、夏季和南、北地域通用,同时还可以节约燃料。

2) 内燃机油质量等级的分类

我国参照 SAE J183 分类方法,以 S 代表汽油机油系列,分为 SE、SF、SG、SH、GF-1、SJ、GF-2、SL、GF-3、SM、GF-4、SN 和 GF-5 等 13 个汽油机油品种;柴油机油系列则以 C 代表,分为 CC、CD、CF、CF-2、CF-4、CG-4、CH-4、CI-4 和 CJ-4 等 9 个柴油机油品种(GB/T 28772—2012)。其质量水平都是顺序依次提高。

在内燃机润滑油中还有一类既可用于汽油机、又可用于柴油机的产品,它们称为通用内燃机油,其牌号可用 SJ/CF-4、CF-4/SJ 等表示,前者表示其配方首先满足 SJ 汽油机油要求,后者表示其配方首先满足 CF-4 柴油机油要求,两者均需同时满足 SJ 汽油机油和 CF-4 柴油机油的标准指标要求。此类通用内燃机油的性能全面、适应面宽,可简化油品管理、方便使用。

3) 内燃机润滑油的品种

我国现行标准规定的汽油机油的品种见表4-26,柴油机油的品种则列于表4-27。需要注意,一些新的机油品种有待标准修订时纳入。尚需指出,我国现行的内燃机油质量标准中除规定了其理化性能外,还提出了发动机试验要求。内燃机油的发动机试验包括轴瓦腐蚀试验、剪切安定性试验、低温锈蚀试验、高温清净性和抗磨性试验,以及按照不同程序进行的发动机性能评定试验。除符合上述要求外,对于新研制的内燃机油,往往还要进行长距离的实地行车试验,才能评定其质量是否合格。每类润滑油都有特定的评定方法和指标体系,柴油机油的要求比汽油机油的要求更为苛刻。

表4-26 汽油机油的品种(GB 11121—2006)

质量等级	黏度等级
SE、SF	0W/20、0W/30、5W/20、5W/30、5W/40、5W/50、10W/30、10W/40、10W/50、15W/30、15W/40、15W/50、20W/40、20W/50、30、40、50
SG、SH、GF-1、SJ、GF-2、SL、GF-3	0W/20、0W/30、5W/20、5W/30、5W/40、5W/50、10W/30、10W/40、10W/50、15W/30、15W/40、15W/50、20W/40、20W/50、30、40、50

表4-27 柴油机油的品种(GB 11122—2006)

质量等级	黏度等级
CC、CD	0W/20、0W/30、0W/40、5W/20、5W/30、5W/40、5W/50、10W/30、10W/40、10W/50、15W/30、15W/40、15W/50、20W/40、20W/50、20W/60、30、40、50、60
CF、CF-4、CH-4、CI-4	0W/20、0W/30、0W/40、5W/20、5W/30、5W/40、5W/50、10W/30、10W/40、10W/50、15W/30、15W/40、15W/50、20W/40、20W/50、20W/60、30、40、50、60

除此以外,对于二冲程汽油机润滑油、铁路内燃机车柴油机润滑油、船用柴油机润滑油和航空润滑油还各有其牌号及质量指标。

三、齿轮油

齿轮传动是机械传动中最主要的一种方式。由于它具有传动比恒定、传递动力准确可靠、传递功率较高等特点,因而在汽车、拖拉机、机床和轧钢机等机械设备中已得到广泛应用。齿轮油是专用于齿轮传动装置的润滑油。

1. 齿轮油的工作条件

齿轮之间的接触面积很小,基本是线接触,而在运动过程中既有滚动摩擦,又有滑动摩擦,这样,齿轮油的工作条件就与其他润滑油存在很大差别。由于齿轮间接触面积小,所以其承受的压力很大。一些载重机械的减速器齿轮的齿面压力达 400~1000MPa。汽车传动装置中双曲线齿轮的使用条件更为苛刻,负荷更大,其接触部位的压力可高达 1000~4000MPa。在如此高的压力下,润滑油极易从齿间被挤压出来,容易引起齿面的擦伤和磨损。为此,齿轮油要具有在高负荷下使齿面处于边界润滑和流体动力润滑状态的性能。

2. 齿轮油的主要性能

与内燃机油相同,齿轮油也要求有适当的黏度以及良好的黏温性质、抗氧化安定性和防腐性等。尤其突出的是要求它具有良好的抗磨损、耐负荷的性能,也就是要有较高的承载能力。

测定润滑油承载能力需借助摩擦磨损试验机。此种试验机的类型甚多,各有其用途。其中的一种叫四球试验机,如图 4-17 所示,它的摩擦件是由四个 $\phi 12.7\text{mm}$ 的铬钢球组成。上球用卡头卡住,由电动机带动旋转,转速为 1400~1500r/min,下面三个球固定在球盒中,浸以润滑剂试样,并有加载装置,在规定的负荷下使上球和下球压紧。试验时,不断加大负荷(p),并用显微镜测定球上因磨损形成的磨痕直径(D_H)的大小,可得如图 4-18 所示的双对数坐标曲线。曲线上的第一个转折点 B 表明油膜开始破裂,钢球之间开始卡咬,此时 p_B 叫作最大无卡咬负荷,也称为临界负荷,AB 之间称为无卡咬区域。BC 之间,由于部分卡咬而磨损急剧增加,称为延迟卡咬区域。CD 之间为接近卡咬区域,此时的磨损增加率虽比 BC 间的小,但其磨痕直径仍在逐步增大。D 为烧结点,即达到因烧结而焊死或磨痕直径为 4mm 时的情况,p_D 称为烧结负荷。

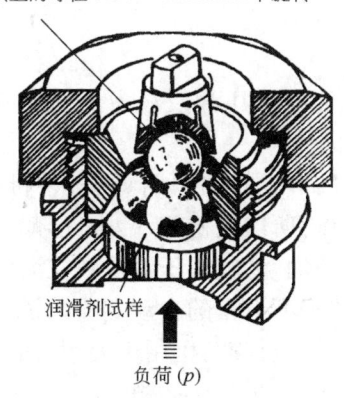

图 4-17 四球试验机示意图

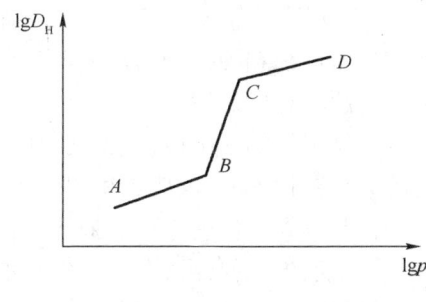

图 4-18 四球试验机试验曲线(磨痕直径 D_H—负荷 p)

除上述四球试验机外,还需用 Timken 试验机及 FZG 齿轮试验机等进行评定。此外,若要开发新的齿轮油品种,还需要通过专用的齿轮油台架试验机的评定。

各种烃类的承载能力都比较低,其抗磨性能都不能满足齿轮油的要求。所以,齿轮油中必须加入相应抗磨添加剂,这些添加剂中都含有极性的或具有化学活性的化合物。

3. 齿轮油的分类

我国的齿轮油分为工业齿轮油及车辆齿轮油两大类。

工业齿轮油按使用场合的不同,分为工业闭式齿轮油和工业开式齿轮油。按其质量要求(GB/T 7631.7—1995),工业闭式齿轮油分为 CKB、CKC、CKD、CKE、CKS、CKT、CKG 七个品种,工业开式齿轮油分为 CKH、CKJ、CKL、CKM 四个品种。《工业闭式齿轮油》(GB 5903—2011)标准中包括 L-CKB、L-CKC 和 L-CKD 三个品种,并按40℃时运动黏度的中心值 L-CKB 分为 100、150、220、320 四个牌号,L-CKC 分为 32、46、68、100、150、220、320、460、680、1000 和 1500 十一个等级,L-CKD 分为 68、100、150、220、320、460、680 和 1000 八个等级。

车辆齿轮油按其使用条件的苛刻程度分为 GL-3、GL-4、GL-5 和 MT-1 四种(GB/T 28767—2012),分别对应普通车辆齿轮油、中负荷车辆齿轮油、重负荷车辆齿轮油和非同步手动变速箱油。车辆齿轮油按210°F赛氏通用黏度秒的大约值,分为70W、75W、80W、85W、90、140、250等七个黏度等级,详见表4-28。近年来,标号为80W/90、85W/90、85W/140等多级齿轮油应用较广,它们同时具有良好的低温启动性和高温润滑性。

表4-28 车辆齿轮油的黏度分类

类 别	达到150Pa·s的最高温度,℃	100℃运动黏度,mm²/s	
		最低	最高
70W	-55	4.1	—
75W	-40	4.1	—
80W	-26	7.0	—
85W	-12	11.0	—
90	—	13.5	24.0
140	—	24.0	41.0
250	—	41.0	—

四、液压油及液力传动油

液体静压系统和液体动力系统所使用的工作介质相应为液压油及液力传动油两大类,它们可由矿物油或合成烃制成。

液压油是根据帕斯卡(Pascal)原理传递液体静压能的介质,可用以操纵各种机械。由于液压传动具有结构紧凑、反应灵敏、易于实现自动化等优点,所以在机床、冶金、船舶、建筑及航空航天等行业得到广泛的应用。液压油又可分为抗磨液压油、低凝液压油及数控液压油等。

液力传动油中主要是汽车自动传动液,它用于轿车和轻型卡车的自动变速系统,使汽车能自动适应行驶阻力的变化,做到启动无冲击、变速震动小、乘坐舒适;也用于大型装载车的变速传动箱、动力转向系统、农用机械的分动箱。液力传动油主要功能为:在扭矩转换器中作为流体动能的传动介质;在伺服机构和压力环路系统中作为静压能的传递介质;在离合器中作为滑动摩擦能的传递介质。它同时还起润滑及冷却作用。

1. 液压油及液力传动油的主要性能

液压油在系统中的主要作用除了传递静压能外,它还具有润滑、冷却、防锈、减震等作用,以保证液压系统在不同的环境和工作条件下长期、有效地工作。为此,液压油除像一般润滑油一样要求有合适的黏度、良好的黏温性质、抗氧化安定性等之外,还有如下一些特殊的要求:

(1) 抗磨性。在系统中各种摩擦元件经常处于边界润滑状态,所以,往往需要加入抗磨添加剂,以便在摩擦副中形成边界润滑膜。

(2) 抗乳化性。在液压元件搅动下,如有水很容易形成乳状液,这样便会增大机件的腐蚀和磨损。

(3) 抗泡沫性。液压油在循环时,溶于油中的空气量会不断增加,从而导致气泡的生成,这样便会影响液压机构传递能量的稳定性和效率。因此,要求液压油具有良好的空气释放能力和消泡能力。

(4) 抗剪切安定性。液压油在高压、高速使用条件下,通过泵、阀件、微孔等元件,要经受很高剪切速度的剪切作用,这就要求添加增黏剂的液压油具有良好的抗剪切安定性,以免因黏度降低过多而造成磨损。

(5) 对密封材料的适应性。液压系统一般以橡胶为密封件,所以,要求液压油不侵蚀橡胶,不使其过分溶胀,也不允许使其收缩或硬化,以免降低其密封性能。以石油为原料制成的液压油中芳烃含量越高,对橡胶的侵蚀越厉害。

液力传动油是一类性能更为全面的油品,要求它具有良好的扭矩转换性能、低温流动性能、抗烧结和抗磨损性能、抗氧化性能、清净分散性能、抗泡沫性能、防锈性能、与各种密封材料的适应性能以及适当的摩擦特性。它虽然没有像内燃机油对抗氧化性和清净分散性要求那样严格,也没有像齿轮油对抗磨性要求那样苛刻,但它却集中了对内燃机油、齿轮油和液压油各方面性能的全面要求,而且还增加了对摩擦特性的要求。

2. 液压油的分类

我国适用于流体静态液压系统的矿物油型和合成烃型液压油分为 L-HL、L-HM、L-HV、L-HG 及 L-HS 五个品种(GB 11118.1—2011)。每一类品种中,还包括若干不同的黏度等级。其中 L-HM 又分为普通和高压使用环境两种情况。

五、电器绝缘油

电器绝缘油的品种有变压器油、电缆油、电容器油和断路器油等,其中变压器油占 95% 以上。

1. 对电器绝缘油的质量要求

电器绝缘油的功能并不是起润滑作用,所以,对其性能的要求与一般润滑油有很大差别。其主要的质量要求如下。

1) 电气性能

电器绝缘油的电气性能要求,主要有绝缘击穿电压及介质损耗因数这两项。我国目前有 10kV、35kV、220/110kV、330kV、500kV 及 1000kV 输电电压系统,这就需要有击穿电压大于上述各种电压的变压器油。

在理想状态下,电容器中的介质在交变电场作用下不会引起电能的损失,其电压和电流的相位差是 90°。而实际介质(如变压器油等)在交变电场中因介质中某些分子的扭动和位移会引起电能的损失,损失的电能转变为热能而使油温升高。这样便导致电流和电压的相位差并不正好是 90°,而是比 90°要小一个 δ 角,这个 δ 角就称为介质损失角。介质损失角的正切值 $\tan\delta$,称为介质损耗因数,其数值是表明在交变电场作用下在介质中电能损失的大小。一般要求变压器油的介质损耗因数不大于 0.005。

2) 黏度

变压器是靠变压器油的循环流动来散热的,黏度过大会影响油的循环,导致变压器超温而不能正常工作。所以,一般要求在保证闪点不过低的条件下,黏度尽量低些,同时还要有较好的黏温特性。

3) 抗氧化安定性

变压器油等电器绝缘油的工作温度并不高,大体为60~80℃。但变压器油一般要求使用10年甚至15年以上。这样长期与空气、铜和铁等金属接触,假如油的抗氧化安定性不好,就会生成酸类、缩聚物和水等,从而导致油的电气性能变坏以及设备腐蚀等弊病。

4) 析气性

电器绝缘油的析气性,是指它在高压电场下发生化学变化而析出气体的性能。这是由于在高电场强度下,会出现瞬间放电和边缘放电,从而使油品发生脱氢反应。所生成的氢气若不能被油品本身吸收,则会形成气泡。如析出气体过多,会使电气设备内压力增大,甚至引起爆炸和燃烧。

2. 电器绝缘油与化学组成性能的关系

(1) 烷烃。烷烃的电气性能较好,抗氧化安定性较差,其析气性在烃类中是最差的,在强电场作用下容易发生脱氢反应。

(2) 环烷烃。环烷烃的电气性能和抗氧化安定性与烷烃差不多,其凝点一般较低,是电器绝缘油的较理想组分,因此,常选用环烷基原油作为生产电器绝缘油的原料。

(3) 芳烃。单环芳烃的电气性能较好,吸氢能力也较强,但其抗氧化安定性差,特别是带环烷环的单环芳烃最差。双环芳烃的抗氧化安定性比单环的好一些。多环芳烃虽是天然的抗氧剂,但它氧化后生成的沉淀会使油品颜色变深,同时它的介质损耗因数比单、双环芳烃大得多,而吸氢能力则比单、双环芳烃低。因此,多环芳烃在电器绝缘油中属于非理想组分,应尽量除去。

(4) 非烃化合物。含氮化合物容易促进氧化而产生沉淀和导致颜色变深。少量的含硫化合物对油品的抗氧化安定性有利,但含硫量不应大于0.15%,否则会引起设备腐蚀。酸性含氧化合物也是有腐蚀性的,而中性含氧化合物则影响不大。胶质氧化后易生成沉淀,导致介质损耗因数剧增及散热困难等。

综上所述,电器绝缘油的理想组分是环烷烃,其次是烷烃,同时也要有适量的单环和双环芳烃。而多环芳烃、含氮化合物、酸性含氧化合物和胶质则是非理想组分,应予脱除。

3. 电器绝缘油的品种

GB 2536—2011规定了变压器油和低温开关油的技术指标要求。变压器油分为通用和特殊两类,按最低冷态投用温度0℃、-10℃、-20℃、-30℃和-40℃分为五个牌号,相应的倾点要求不大于-10℃、-20℃、-30℃、-40℃和-50℃。它们的介质损耗因数都不大于0.005,未处理油的击穿电压不小于30kV,并要求稠环芳烃的含量不大于3%。

其他电器绝缘油的性能指标可参见相关行业标准、企业标准或国际标准。

第六节 石油沥青

石油沥青是以减压渣油为主要原料制成的一类石油产品,它是黑色固态或半固态黏稠状物质。石油沥青主要用于道路铺设和建筑工程,也广泛用于水利工程、管道防腐、电器绝缘和油漆涂料等方面。

一、石油沥青的主要性质

视频4-24 石油沥青

石油沥青的性能指标反映产品在使用过程中的性能。如何评价石油沥青的性能才能准确反映其使用性能,是在产品使用和标准方法的研究中不断延伸的课题。目前,对石油沥青性能的评价分为传统评价方法和SHRP评价方法,在我国的石油沥青产品标准中仍然采用传统评价方法。

1. 传统评价方法

石油沥青的传统评价方法中主要有下列五个性能指标。

1) 针入度

石油沥青的针入度是以标准针在一定的荷重、时间及温度条件下垂直穿入沥青试样的深度来表示,单位为1/10mm,国家标准为GB/T 4509—2010。除非另行规定,其标准的荷重为100g,时间为5s,温度为25℃。为了考察沥青在较低温度下塑性变形的能力,有时还需要测定其在15℃、10℃或5℃下的针入度。

针入度表示石油沥青的硬度,针入度越小表明沥青越稠硬。我国用25℃时的针入度来划分道路石油沥青和建筑石油沥青的牌号。

2) 延度

石油沥青的延度是以规定的蜂腰形试件,在一定温度下、以一定速度拉伸试样至断裂时的长度,其单位是cm,国家标准为GB/T 4508—2010。非经特殊说明,试验温度为25℃,拉伸速度为5cm/min。为了考察沥青在低温下是否容易开裂,有时还需要测定其在15℃、10℃或5℃下的延度。

延度表示沥青在应力作用下的黏弹性,也表示它拉伸到断裂前的伸展能力。延度大,表明沥青的塑性变形性能好,不易出现裂纹,即使出现裂纹也容易自愈。

3) 软化点

在规定的仪器和测定条件下,将一定尺寸和质量的钢球放置在规定尺寸的金属环内的沥青试样上,在加热介质中以恒定的速度加热。随温度升高,沥青试样逐渐软化,当软化到一定程度时,在钢球的重力作用下试样从环上下落。因受热而下坠25.4mm时的温度称为石油沥青的软化点,其单位是℃,国家标准为GB/T 4507—2014。

软化点表示沥青受热从固态转变为具有一定流动能力时的温度。软化点高,表示石油沥青的耐热性能好,受热后不致迅速软化,并在高温下有较高的黏滞性,所铺路面不易因受热而变形。软化点太高,则会因不易熔化而造成施工困难。

4) 蜡含量

石油沥青中的蜡含量是石油沥青产品的重要性能指标之一,在许多国家的产品标准中都列入了对蜡含量的限定值,我国在重交通道路石油沥青标准中规定蜡含量不大于3.0%。

蜡含量的测定方法有多种,我国等效采用日本JPI标准制定的标准方法SH/T 0425—2003,利用规定的实验仪器,按照规定的操作程序和条件,首先将一定量的石油沥青样品裂解脱胶质和沥青质,然后在乙醚乙醇溶剂中脱蜡(-20℃),最后过滤洗涤(-20℃)得到蜡,通过数据处理计算得到试样的蜡含量。

5）抗老化性

石油沥青在使用过程中，由于长期暴露在空气中，加上温度及日光等环境条件的影响，沥青会因氧化而变硬、变脆，即所谓老化，表现为针入度和延度减小、软化点增高。所以，要求沥青有较好的抗老化性能，以延长其使用寿命。测定沥青抗老化性能的主要方法是薄膜烘箱法，即将沥青薄膜（约厚 3.2mm）在 163℃的烘箱中加热 5h，通过测定试样在加热前后物理性质的变化，来确定热和空气对沥青质量的影响。衡量其性质变化的具体指标有针入度比等。针入度比是经薄膜烘箱试验后试样的针入度与原试样的针入度之比，用百分率来表示。针入度比小，说明该沥青的抗老化性不好。

此外，针入度指数（简称 PI）是表征沥青感温性的指标，其定义如下：

$$PI = \frac{30}{1 + 50A} - 10, \quad A = \frac{\lg 800 - \lg P}{T - 25}$$

式中　P——沥青在 25℃时的针入度，1/10mm；

T——沥青的软化点，℃。

式中用 800 这个数字是因为多数沥青在软化点温度时其针入度为 800。针入度指数越大，表示该沥青的针入度对温度的敏感性越小。

表示沥青的低温性能的指标还有脆点（即弗拉斯脆点）。测试时，在一薄金属片的一面涂以沥青，使之成为厚约 0.5mm 的均匀薄膜，以 1℃/min 的速度降温，同时每分钟将金属片以一定的速率和一定的曲率弯曲一次。沥青最初发生裂缝时的温度定为脆点。通常，沥青针入度越大，其脆点越低。脆点高的沥青在低温下易转变为脆硬的玻璃态，很容易开裂。

因为沥青在铺路时需与砂石进行热拌和，以制成沥青混合料，所以还要求它对砂石有较好的黏附性，使之相互牢固结合。

2. SHRP 评价方法

美国战略公路研究计划（Strategic Highway Reasearch Program，SHRP）中的专题 A002A 就是研究沥青的物理性能与路用性能的关系和建立测定这些性能的方法。SHRP 研究结果认为，目前测定沥青性能的方法都是经验的、简单的，不能反映沥青的流变特性。因而，基于流变学及抗老化性能分析方法——Superpave 体系，提出了 SHRP 评价方法。

Superpave 体系的指导思想是将沥青的流变特性与沥青的路用性能相关联。根据施工性能及路面在不同温度下的破坏机理，Superpave 体系制定了高温、中温、低温下的测定内容。

（1）在高于 100℃时，是沥青泵送、拌和、摊铺和碾压的过程。沥青的黏度是影响这些过程难易的因素。因此，在这一温度区间内，测定沥青的黏度就可以说明沥青的施工性能。在 SHRP 规范中，用 135℃的黏度表征沥青的施工性能。

（2）在路面温度较高（45～85℃）的情况下，路面的破坏主要是因为车辙引起的。在这一温度区间内，只测定沥青的黏度是不够的，需要了解沥青在这一温度区间内的黏性部分和弹性部分对抗车辙能力的贡献，因此需要测定复合模量和相位角。在 SHRP 规范中，用动态剪切流变仪（DSR）测定薄膜烘箱试验前后沥青的复合模量和相位角表征沥青的抗车辙能力。

（3）在中等温度情况下，路面的破坏主要是疲劳引起的，要求沥青应比在高温下具有更高的弹性和更大的硬度。对于像沥青这样的黏弹材料，用复合模量和相位角表征沥青的抗疲劳能力具有同样的重要性，较软的材料和高弹性材料对抗疲劳是有利的。车辙、疲劳与载荷的施加速度有关,因此,在确定复合模量和相位角的测定条件时,要模拟路面在使用过程中载荷的施加速度。在 SHRP 规范中,测定压力老化罐(PAV)试验后沥青的复合模量和相位角表征沥青的抗疲劳能力。

(4)沥青路面处于低温区时,路面的破坏主要是由于温度收缩开裂引起的。随着温度的降低,沥青的劲度逐渐增加,从而使得沥青产生一定收缩应变时具有较大的应力,这种应力可以通过沥青的黏弹流动释放。因此,要预测沥青的抗收缩开裂能力,只测定沥青的硬度或黏度是不够的,需要了解沥青在低温下的劲度和应力释放的速度。在一定温度下,低的劲度和高的释放速度对抗温缩开裂是有利的,在 SHRP 规范中,用低温弯曲梁试验(BBR)和直接拉伸试验(DTT)表征沥青的抗低温开裂性能。

关于 SHRP 评价方法中的各种具体指标的测试方法可参见有关专业书籍或试验方法标准。

二、石油沥青使用性能与化学组成、胶体结构的关系

石油的渣油是胶体分散体系,其分散相是以沥青质为核心吸附部分胶质而形成的胶束。大量事实表明,沥青的理化性质和使用性能很大程度决定于其胶体体系的性质,而能否形成稳定的胶体体系又与其化学组成密切相关。

沥青中饱和分的含量不能过多,饱和分过多,将使沥青中分散介质的芳香度过低,便不能形成稳定的胶体分散体系;沥青中芳香分的存在是必需的,它的存在提高了沥青中分散介质的芳香度,使胶体体系易于稳定;胶质本身具有良好的塑性和黏附性,是沥青中必不可少的组分,它能使沥青质稳定地胶溶于体系中;沥青质的存在可改善沥青的高温性能,但沥青质含量过多,会使沥青的延度大大减小,易于脆裂。

中国石油大学对于从大庆原油制取道路沥青的组成研究表明,只有当其中所含油分(饱和分和芳香分)、胶质、沥青质的量符合一定的关系时,沥青的性能才能符合要求。如图 4-19 所示的三组分三角坐标图,形象地说明了这种关系,即对于这种油源的沥青,只有当其组成落在图中用虚线标明的区域内时,其性能才是合格的。显然,这个区域的范围很有限。

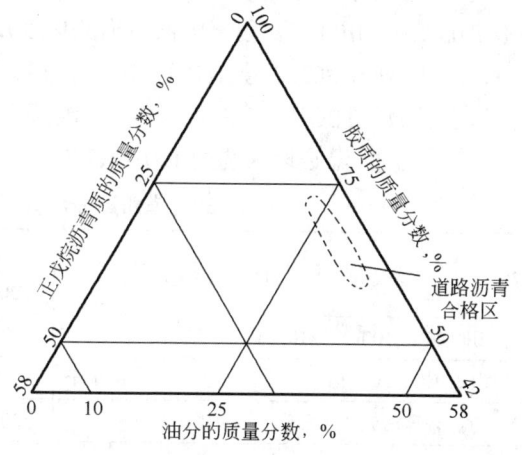

图 4-19 大庆渣油道路沥青组成的三角坐标图

实际上,沥青的各组分之间的配伍不仅是数量上的关系,同时还与各组分本身的组成和结构有关。

尚需指出,蜡含量对沥青的性能也有很大影响。沥青中的蜡在高温下会使其黏稠性降低,而在低温下由于蜡的结晶骨架的形成会使沥青变得更加不易变形和流动。表 4-29 所列为脱蜡前后孤岛沥青的性质,沥青中含蜡多时,会使其针入度降低、软化点升高,尤其突出的是其低温延度大大降低。实践证明,蜡含量高的沥青其低温性能差,用它铺设的路面在冬季容易开裂,寿命短。因此,对于高等级公路路面用沥青,必须限制蜡的含量,以保证它有较好的低温性能和较长的道路寿命。

表 4-29　孤岛沥青脱蜡前后性质

试样状况	针入度(25℃) 1/10mm	软化点,℃	延度,cm		
			25℃	15℃	5℃
脱蜡前	90	48.4	100⁺	67	4.8
脱蜡后	108	47.4	100⁺	100⁺	30

沥青在使用中由于空气、温度和阳光的作用会老化变质。究其原因乃是由于其化学组成发生变化而使其胶体性质变坏所致。研究表明,其化学组成的主要变化是芳香分缩合成胶质和胶质缩合成沥青质,从而使体系中沥青质的含量增多。这样,由于分散相的增多和分散介质胶溶能力的减弱,便导致沥青的使用性能变差,表现为其针入度降低、软化点增高及延度减小。

三、石油沥青的分类

我国的石油沥青产品可分为道路沥青、建筑沥青、专用沥青和乳化沥青四大类。各类沥青产品根据不同的技术指标又可分为不同的牌号。

1. 道路沥青

道路沥青主要用于铺设沥青路面。其生产的方法因原料而异:对于低蜡的环烷基原油,往往可将其减压渣油直接用作道路沥青;而对于石蜡基原油,则需采用溶剂脱沥青等方法,才能从其减压渣油制取道路沥青。为了改善道路沥青某些方面的性质,有时还需进行浅度氧化或采用调合等方法。

我国将道路沥青分为道路石油沥青和重交通道路石油沥青两个档次。道路石油沥青(NB/SH/T 0522—2010)主要用于中低级道路以及城市道路非主干道路建设。我国道路石油沥青按其25℃针入度划分为 200 号、180 号、140 号、100 号和 60 号这五个牌号,其质量指标见表 4-30。各牌号道路沥青可供用户按路面结构、气候条件及施工要求等选用。在寒冷地区选用 140 号、180 号、200 号为主,温暖地区选用 100 号、140 号、180 号,较热地区选用 60 号、100 号。

表 4-30　道路石油沥青质量指标(NB/SH/T 0522—2010)

项　目		质　量　指　标				
		200 号	180 号	140 号	100 号	60 号
针入度(25℃,100g),1/10mm		200~300	150~200	110~150	80~110	50~80
延度(25℃),cm	不小于	20	100	100	90	70
软化点(环球法),℃		30~48	35~48	38~51	42~55	45~58
溶解度,%	不小于	99.0				
闪点(开口杯法),℃	不低于	180	200	230		
蜡含量(蒸馏法),%	不大于	4.5				
薄膜烘箱试验(163℃,5h)						
质量变化,%		1.3	1.3	1.3	1.2	1.0
针入度比,%		报告	报告	报告	报告	报告
延度(25℃),cm		报告	报告	报告	报告	报告

重交通道路石油沥青主要用于修筑高速公路、一级公路、城市快速路和主干道路。由于这种道路要求承受重负荷,交通量也比较大,易引起道路变形和开裂,因此要求所用的道路沥青

具有更好的承载和耐磨能力。我国国家标准的质量指标中规定15℃延度大于100cm或80cm,限制蜡含量小于3%,同时要求控制其薄膜烘箱试验后的质量变化、针入度比和延度(表4-31)。重交通道路石油沥青一般用低蜡的环烷基原油来制取。

表4-31 重交通道路石油沥青质量指标(GB/T 15180—2010)

项 目		质 量 指 标					
		AH-130	AH-110	AH-90	AH-70	AH-50	AH-30
针入度(25℃,100g,5s),1/10mm		120~140	100~120	80~100	60~80	40~60	20~40
延度(15℃),cm	不小于	100	100	100	100	80	报告
软化点,℃		38~51	40~53	42~55	44~57	45~58	50~65
溶解度,%	不小于	99.0	99.0	99.0	99.0	99.0	—
闪点(开口杯法),℃	不低于	230					260
密度(15℃或25℃),g/cm³		报告					
蜡含量,%	不大于	3.0	3.0	3.0	3.0	3.0	3.0
薄膜烘箱试验(163℃,5h)							
质量变化,%	不大于	1.3	1.2	1.0	0.8	0.6	0.5
针入度比,%	不小于	45	48	50	55	58	60
延度(15℃),cm		100	50	40	30	报告	报告

2. 建筑沥青

建筑沥青主要用作屋面或地下设施的防水材料,也可以用作制造涂料、油毡和防腐材料等,是由减压渣油经氧化法或其他工艺过程加工制成的。对这类沥青要求硬度大、耐温性好、有良好的黏结性和防水性能,并有较好的抗氧化性和抗热老化能力,以保证能较长时间使用而不致因老化变脆而开裂。

我国建筑石油沥青(GB/T 494—2010)按针入度划分为三个牌号,即10号、30号和40号。10号建筑沥青主要用作屋顶沥青防水层材料或屋顶防水用油毡的外层涂层以及油毡纸防水层的黏结材料,也可用作低温保温及防潮材料。30号和40号建筑沥青用作屋面或地下设施的油毡防水层的胶结料,也广泛用于生产建筑或防潮用的包装纸和油毡纸。

由于沥青具有不透水性,在水利工程上应用日益广泛,可用于水渠、蓄水池、水库的防渗以及河堤和海堤的护坡。

3. 专用沥青

专用沥青是指具有特殊性能的、能适应某些特殊环境和满足特殊要求的石油沥青,根据其用途及使用范围可以分为防护类沥青、绝缘类沥青、涂料类沥青、封口类沥青和工艺类沥青。现举例说明如下。

(1)管道防腐沥青。管道防腐沥青是一种高软化点氧化沥青,主要用于地面或埋入地下的管道和电缆的防腐、防潮。用于输油、输气管道的防腐沥青,对黏结力和高、低温性能等有更高的要求,以避免在高温下流淌和在低温下冻裂。根据管道输送介质的温度要求,管道防腐沥青按软化点分为两个牌号[SH/T 0098—1991(2005)]:1号管道防腐沥青,软化点为95~110℃,适用于输送介质温度低于50℃的情况;2号管道防腐沥青,软化点为125~140℃,适用于输送介质温度为50~80℃的情况。

(2)绝缘沥青。绝缘沥青由渣油经氧化或石油沥青添加改性剂制得。我国绝缘沥青[SH/T

0419—1994(2005)]按软化点分为 70 号、90 号、110 号、130 号、140 号、150 号六个牌号。70 号、90 号、110 号适用于灌注电缆接线中间盒和终端盒作绝缘填充剂;130 号、140 号、150 号适用于灌注避雷器、镇流器、汽车点火线圈等电器作绝缘填充剂,以及用作调制特种蓄电池封口剂及蓄电池壳体的配料,也适用于作电解槽涂料及其他需要高软化点沥青的场合。

(3)油漆沥青。油漆沥青一般是氧化沥青,它可以溶于干性油配制成各种沥青漆,作为耐水、耐酸碱的涂料。适于制造沥青漆的沥青应该是纯正黑色、有光泽、有较强的黏附力,并要求其中油分和蜡的含量少,否则会影响漆层的质量。油漆石油沥青根据使用特性分为 1 号、2 号和 3 号三个牌号[SH/T 0523—1992(2005)]:1 号为环烷基或中间环烷基石油渣油经加工制得的高软化点、高黑亮度沥青,主要用于制取具有良好装饰性的沥青烘干清漆;2 号适于制取一般装饰和防腐的沥青清漆;3 号适于制取满足防腐要求的沥青清漆。

4. 乳化沥青

所谓乳化沥青,就是将沥青热融,经过机械剪切作用,以细小的微滴状态分散于含有乳化剂的水溶液之中,使沥青与水形成稳定的水包油型的乳状液。乳化沥青可以在常温下储存、运输和施工,与普通沥青相比还可简化操作、节约沥青、避免环境污染。因此,乳化沥青广泛应用于铺路、建筑屋面及洞库防水、金属材料表面防腐、农业土壤改良及植物养生、铁路的整体道床、沙漠的固沙等方面。

按所使用的沥青乳化剂不同,乳化沥青可分为阴离子型乳化沥青、阳离子型乳化沥青、两性离子型乳化沥青和非离子型乳化沥青。按乳化沥青与矿料接触后分解破乳的速度可分为快裂型乳化沥青、中裂型乳化沥青和慢裂型乳化沥青。我国的阳离子型乳化沥青参见石油化工行业标准 SH/T 0624—1995(2003)。

四、改性沥青

所谓改性沥青,是指通过一定的工艺方法,将橡胶或塑料等高分子聚合物、磨细的橡胶粉或其他添加剂,与石油沥青均匀混合,使沥青的性能得以改善而制成的沥青混合物,如高黏高弹道路沥青(GB/T 30516—2014)、聚合物改性道路沥青(SH/T 0734—2003)和橡胶沥青(NB/SH/T 0818—2010)等。由于改性沥青价格较高,产量增长依然缓慢,目前主要用于机场跑道、防水桥面、停车场、运动场、重交通路面、交叉路口和路面转弯处等特殊场合。

不同的改性剂可以在不同程度上改善沥青或沥青混合料的使用性能。由于聚合物的加入可以有效地改善沥青的高温抗车辙能力、抗疲劳开裂能力、抗低温开裂能力,可以有效提高路面的使用寿命,所以改性沥青越来越受到人们的青睐。

第七节 石 油 蜡

蜡广泛存在于自然界,在常温下大多为固体,按其来源可分为动物蜡、植物蜡和从石油或煤中得到的矿物蜡。在化学组成上,石油蜡和动物蜡、植物蜡有很大的区别,前者是烃类,而后二者则是高级脂肪酸的酯类。石油蜡主要包括液蜡、石蜡和微晶蜡,它是具有广泛用途的一类石油产品。我国原油多数为含蜡原油,蜡的资源十分丰富,其中含蜡较多的有大庆、华北、南阳、沈阳原油。

视频4-25 石油蜡

液蜡一般是指 $C_9 \sim C_{16}$ 的正构烷烃,它在室温下呈液态。液蜡一般由天然原油的直馏馏分经尿素脱蜡或分子筛脱蜡而得到,可以制成 α-烯烃、氯化烷烃、仲醇等,以生产合成洗涤剂、农药乳化剂、塑料增塑剂等化工产品。

下面对石蜡和微晶蜡予以重点介绍。

一、石蜡

石蜡又称晶形蜡,它是从减压馏分中经精制、脱蜡和脱油而得到的固态烃类。其烃类分子的碳原子数为 $C_{17} \sim C_{35}$,平均分子量为 300~450。

1. 石蜡的主要质量指标

石蜡的主要质量指标是熔点、含油量和安定性。

1) 熔点

石蜡是烃类的混合物,因此它并不像纯化合物那样具有严格的熔点。所谓石蜡的熔点,是指在规定的条件下,冷却熔化了的石蜡试样,当冷却曲线上第一次出现停滞期的温度。各种蜡制品都对石蜡要求有良好的耐温性能,即在特定温度下不熔化或软化变形。按照使用条件、使用地区和季节以及使用环境的差异,要求商品石蜡具有一系列不同的熔点。

影响石蜡熔点的主要因素是所选用原料馏分的轻重,从较重馏分脱出的石蜡的熔点较高。此外,含油量对石蜡的熔点也有很大的影响,石蜡中含油越多,则其熔点就越低。

2) 含油量

含油量是指石蜡中所含低熔点烃类的量。含油量过高会影响石蜡的色度和储存的安定性,还会使它的硬度降低。所以从减压馏分中脱出的含油蜡膏,还需用发汗法或溶剂法进行脱油,以降低其含油量。但大部分石蜡制品中需要含有少量的油,这对改善制品的光泽和脱模性能是有利的。

3) 安定性

石蜡制品在造型或涂敷过程中,长期处于热熔状态,并与空气接触。假如安定性不好,就容易氧化变质、颜色变深,甚至发出臭味。此外,使用时处于光照条件下石蜡也会变黄。因此,要求石蜡具有良好的热安定性、氧化安定性和光安定性。

影响石蜡安定性的主要因素是其所含有的微量的非烃化合物和稠环芳烃。为提高石蜡的安定性,就需要对石蜡进行深度精制,以脱除这些杂质。

2. 石蜡的化学组成和结晶形态

石蜡的主要组分是正构烷烃。从石蜡基原油得到的石蜡中,烷烃的含量占 90%(质量分数)以上,正构烷烃含量一般在 80%(质量分数)以上,此外尚有少量的环烷烃,而芳烃的含量甚微。从中间基原油得到的石蜡,异构烷烃和环烷烃的含量比石蜡基原油中的要高一些,但仍以正构烷烃为主。表 4-32 中的数据表明,随着馏分沸程的升高,其中所含石蜡的熔点也逐渐升高,而其中的正构烷烃含量则是逐渐下降的。

表 4-32 南阳原油各馏分中石蜡的性质

馏分沸程,℃	所含石蜡的熔点,℃	所含石蜡中正构烷烃含量(质量分数),%
350~400	49.2	97.2
400~440	51.3	93.1
440~480	56.4	87.3

从结晶形态上看,单体正构烷烃为多晶型物质,在熔点下生成的结晶呈六方型纤维状,当温度降至晶型转变温度后又转变为斜方型片状晶体。从异构烷烃结晶得到的是细长的针状晶体。环烷烃特别是芳烃的晶体细小而呈针状。在混合物当中有足够量的正构烷烃存在时,它仍可生成斜方型片状晶体。

由于石蜡是多种烃类的混合物,其结晶过程十分复杂,不仅会出现单一烃类组分的单晶,而且还会生成不同烃类的共晶混合体。石蜡的晶体结构除与原料中石蜡的烃类组成有关外,还与晶体的生成条件有关。例如,冷却速度就是一个重要条件;当冷却速度过快时,液相中突然生成大量的晶核,从而导致晶体尺寸很小;而当冷却速度适当时,则会形成较大尺寸的片状石蜡晶体。

3. 石蜡产品的品种和用途

石蜡产品按其精制程度及用途,可分为粗石蜡、半精炼石蜡、全精炼石蜡、食品用石蜡等,各种石蜡又按熔点分为不同的牌号。

(1)粗石蜡。粗石蜡是以含油蜡为原料,经发汗或溶剂脱油,不经精制脱色所得到的石蜡产品。粗石蜡(GB/T 1202—2016)按熔点分为50号、52号、54号、56号、58号、60号、62号、64号、66号、68号和70号十一个牌号,要求50号~58号的含油量不大于2.0%,60号~70号的含油量不大于3.0%,主要作为橡胶制品、篷帆布、火柴及其他工业用原材料。

(2)半精炼石蜡。半精炼石蜡是以含油蜡为原料,经发汗或溶剂脱油,再经白土或加氢精制所得到的石蜡产品。半精炼石蜡原称白石蜡,是石油蜡产品中产量最大、应用最广的品种。半精炼石蜡(GB/T 254—2010)同粗石蜡一样按熔点分为50号~70号十一个牌号,要求含油量不大于2.0%,主要用作蜡烛、蜡笔、蜡纸、一般电信器材及轻工和化工原料。

(3)全精炼石蜡。全精炼石蜡又称精白蜡,是经过深度脱油精制而成的。全精炼石蜡(GB 446—2010)要求其含油量不大于0.8%,按熔点分为52号、54号、56号、58号、60号、62号、64号、66号、68号和70号十个牌号,主要应用于高频瓷、复写纸、铁笔蜡纸、精密制造、装饰吸音板等产品。

(4)食品用石蜡。食品用石蜡是以含油蜡为原料,经发汗或溶剂脱油,再经白土或加氢深度精制所得到的石蜡产品。我国食品用石蜡(GB 1886.26—2016)是将石蜡列为食品添加剂,按熔点分为52号、54号、56号、58号、60号、62号、64号和66号八个牌号。此外,食品用石蜡还广泛应用于化妆品。由于涉及人体健康,所以对食品用石蜡的质量有严格的规定,如要求限制稠环芳烃的含量,嗅味不大于0号(测试方法参见行业标准 SH/T 0414—2004)。

二、微晶蜡

我国过去把微晶蜡称为地蜡。地蜡原指天然存在的矿地蜡,目前这种资源已经枯竭,但有时仍沿用这个旧称。微晶蜡是从石油减压渣油中脱出的蜡,经脱油和精制所得,它的碳原子数为30~60,平均分子量为450~800。我国微晶蜡的资源相当丰富,南阳原油就是一种生产微晶蜡的理想原料。

1. 微晶蜡的性能

微晶蜡的分子量比石蜡大,所以比石蜡更难熔化。由于其组成比石蜡复杂,所以无明显的熔点,一般用滴点或滴熔点表示其耐热性能。滴点的测定方法与润滑脂的相同。滴熔点的含义是:在规定的条件下,将已冷却的温度计垂直浸入试样中,使试样黏附在温度计球上,然后把附有试样的温度计置于试管中,通过水浴加热使试样熔化,直至从温度计球部滴落第一滴为准,此时温度计的温度读数即为试样的滴熔点。滴熔点一般比滴点高1~2℃。微晶蜡的滴熔点取决于其化学组成和含油量,其范围为70~90℃。

微晶蜡不像石蜡那样容易脆裂,具有较好的延性、韧性和黏附性。微晶蜡的密度、黏度与折光率均明显高于石蜡,而其安定性较石蜡差。

2. 微晶蜡的化学组成和结晶形态

微晶蜡的化学组成与石蜡不同,微晶蜡中正构烷烃的含量一般较少,而其主要成分是带有正构或异构烷基侧链的环状烃,尤其是环烷烃。

由于减压渣油中蜡的主要成分一般并不是正构烷烃,而是以带有长侧链的环状烃为主,而环烷烃尤其是芳烃所形成的结晶都很小,这样便导致减压渣油中的蜡的结晶形态不像石蜡那样是尺寸较大的片状晶体,所以称为微晶蜡。

3. 微晶蜡的品种和用途

我国微晶蜡(NB/SH/T 0013—2019)按滴熔点划分为70号、75号、80号、85号和90号五个牌号。微晶蜡在军工、电子、冶金和化工等行业主要用于防潮、防腐、黏结、上光、绝缘、钝感、铸膜和橡胶防护等。微晶蜡还广泛用于润滑脂的稠化剂,由于它的黏附性和防护性能好,可制造密封用的烃基润滑脂等。

微晶蜡的质地细腻、柔润性好,经过深度精制的微晶蜡是优质的日用化工原料,可制成软膏及化妆品等。我国食品级微晶蜡(GB 22160—2008)也是分为70号、75号、80号、85号和90号五个牌号,并要求限制稠环芳烃的含量,嗅味不大于1号。

微晶蜡还可作为石蜡的改质剂。向石蜡中添加少量微晶蜡,即可改变石蜡的晶型,提高其塑性和挠性,从而使石蜡更适用于防水、防潮、铸模、造纸等各领域。

综上所述,石蜡和微晶蜡之间的区别可归纳为表4-33。

表4-33 石蜡和微晶蜡的主要区别

项目	石蜡	微晶蜡
主要来源	减压馏分	减压渣油
结晶形状	片状	针状或微粒状
平均分子量	300~450	450~800
分子中碳原子数	17~35	30~60
熔点(或滴熔点),℃	50~70	70~90
化学组成	正构烷烃为主	带长链烷基的环状烃为主

第八节 石 油 焦

石油焦为黑色或暗灰色的固体石油产品,它是带有金属光泽、呈多孔性的无定形碳素材料。石油焦一般含碳90%~97%,含氢1.5%~8.0%,其余为少量的硫、氮、氧和金属,其氢碳原子比在0.8以下。石油焦一般是各种渣油、沥青或重油经延迟焦化而制得,广泛应用于冶金、化工等部门,作为制造石墨电极或生产化工产品的原料,也可直接用作燃料。我国现行标准(GB/T 498—2014)中未将石油焦列入石油产品和有关产品的总分类。

一、石油焦的分类

石油焦通常有下列三种分类方法。

视频4-26 石油焦

1. 按加工方法分类

按加工方法的不同,石油焦可分为生焦和熟焦。由延迟焦化装置的焦炭塔直接得到的焦称为生焦,又称原焦,它含有较多的挥发分,强度较差。由于焦化原料性质的不同,生焦在性质和外形上也有差距。

生焦经过高温煅烧(1300℃)处理除去水分和挥发分而得到的焦称为熟焦,或称为煅烧焦。煅烧焦再在2300~2500℃进行石墨化,使微小的石墨结晶长大,最后可以加工成电极。

2. 按硫含量分类

石油焦中的硫含量主要取决于原料的硫含量。按硫含量的高低,石油焦一般可分为高硫焦(硫含量>4%)、中硫焦(硫含量2%~4%)和低硫焦(硫含量<2%)。硫含量增高,焦炭质量降低,进一步加工过程不仅带来更大的环保治理问题,还直接影响制成品的质量,所以其用途也随之而改变。《中华人民共和国大气污染防治法》(2016年1月1日实施)第三十七条中明确规定:禁止进口、销售和燃用不符合质量标准的石油焦。

3. 按显微结构形态分类

按显微结构形态的不同,石油焦可分为海绵焦和针状焦。海绵焦多孔如海绵状,又称普通焦,一般是由高胶质、沥青质含量的原料生成的焦炭。

针状焦致密如纤维状,又称优质焦,主要是从芳烃含量高且非烃含量少的原料制得。它在性质上与海绵焦有显著差别,具有密度高、强度高、热膨胀系数低等特点,在导热、导电、导磁和光学上都有明显的各向异性。针状焦经过煅烧、石墨化后可制造高级电极等石墨制品。

此外,从焦炭的结构形态还可分为弹丸焦和蜂窝焦。特重的原料进行焦化时,尤其是在低压和低循环比操作条件下,可生成一种球形的弹丸焦,一般为粒径5mm左右的小球,有的大如篮球。弹丸焦不能单独存在,彼此结合成不规则的焦块,破碎后小球状弹丸焦就会散开。蜂窝焦是由胶质、沥青质含量较低的原料生成,内部具有定向的、分布均匀的椭圆形孔,焦炭的断面呈蜂窝状。

二、石油焦的主要质量指标

1. 挥发分

石油焦中含挥发分太多,在煅烧时焦炭易于破碎。

2. 硫含量

硫含量是石油焦最关键的质量要求。因为在生产石墨电极焦时,即使在高温煅烧石墨化过程中,硫也不能全部释出,仍残留在石墨电极里。但当电极处在1500℃以上的高温时,硫会分解出来,使电极晶体膨胀,再冷却时又会收缩,以致使电极破裂。对于化学工业用石油焦,硫含量高也有不良影响,如生产电石时会生成硫化氢污染环境。

3. 灰分

在高温石墨化过程中,部分灰分会挥发而形成孔隙,从而使成品电极的机械强度和电性能降低。此外,石墨电极中灰分的存在还会影响冶金产品的纯度。

三、石油焦的品种

石油焦包括普通石油焦、石油针状焦和特种石油焦。标准[NB/SH/T 0527—2019]将石油焦(生焦)分为普通石油焦(生焦)和石油针状焦(生焦)。

普通石油焦(生焦)按灰分和硫含量的大小及用途分为1号、2A、2B、2C、3A、3B、3C。普通石油焦(生焦)1号主要适用于炼钢工业中制作普通功率石墨电极,也适用于炼铝工业中制作铝用炭素;2A、2B、2C主要适用于炼铝工业中制作铝用炭素;3A、3B、3C主要适用于制作碳化硅、工业硅、炼铝工业中制作铝用炭素等。

石油针状焦(生焦)按热膨胀系数和硫含量的大小分为1号、2号和3号。1号石油针状焦(生焦)主要适用于制作超高、高功率石墨电极;2号、3号石油针状焦(生焦)主要适用于制作高功率石墨电极。1号、2号石油针状焦(生焦)也可适用于制作锂离子电池负极材料。石油针状焦的质量指标中,除对其硫含量、灰分和挥发分有更严格的规定外,还要求其具有较大的真密度及较小的热膨胀系数。真密度能大体反映针状焦的结晶度,真密度大表示其结晶度高、结构致密,这样便可确保成品电极的机械强度高。热膨胀系数小反映针状焦的抗热冲击性能好,这是指其在承受突然升至高温或从高温急剧冷却时不易破裂。用针状焦生产的石墨电极具有热膨胀系数小、电阻低、结晶度高、纯度高、密度大等优良性能,从而可以提高电炉炼钢的冶炼强度,缩短冶炼时间。石油焦主要性质指标见表4-34。

表4-34 普通石油焦和针状石油焦性质对比

项 目		普通石油焦(生焦)							针状石油焦(生焦)		
		1号	2A	2B	2C	3A	3B	3C	1号	2号	3号
硫含量(质量分数),%	不大于	0.5	1.0	1.5	1.5	2.0	2.5	3.0	0.4	0.5	0.5
挥发分(质量分数),%	不大于	12.0	12.0	12.0	12.0	12.0	12.0	12.0	6.0	8.0	10.0
灰分(质量分数),%	不大于	0.30	0.35	0.40	0.45	0.50	0.50	0.50	0.1	0.25	0.3
真密度(1300℃煅烧,5h),g/cm³	不小于	2.05	—	—	—	—	—	—	2.12	2.11	2.10
热膨胀系数(CET),10^{-6}/℃	不大于	—	—	—	—	—	—	—	1.3	1.5	1.7
总水分(质量分数),%	不大于	报告							报告	报告	报告
粉焦量(质量分数),%	不大于	35	报告	报告	—	—	—	—	35	报告	报告
氮含量(质量分数),%	不大于	报告	—	—	—	—	—	—	0.5	0.6	报告
硅含量,μg/g	不大于	300	300	报告	—	—	—	—	100	报告	报告
钒含量,μg/g	不大于	150	300	报告	—	—	—	—	80	报告	报告
铁含量,μg/g	不大于	250	300	报告	—	—	—	—	150	报告	报告
钙含量,μg/g	不大于	200	300	报告	—	—	—	—	100	报告	报告
镍含量,μg/g	不大于	150	250	报告	—	—	—	—	100	报告	报告
钠含量,μg/g	不大于	100	200	报告	—	—	—	—	100	报告	报告

特种石油焦是核工业和国防工业上不可缺少的重要原料,它是生产核反应堆用石墨套管的原料,反应堆内层的中子反射层也是由石墨制成。因此,要求它有更高的质量,所含的灰分、硫、挥发分都要更少。

思政点6：推进汽柴油质量标准，减少车辆尾气排放，减缓城市大气污染

思政点7：发展生物燃料，优化燃油结构，减少石油对外依赖

参 考 文 献

[1] 侯祥麟.中国炼油技术.2版.北京:中国石化出版社,2001.
[2] 黄乙武.液体燃料的性质和应用.北京:烃加工出版社,1985.
[3] 寿德清.储运油料学.东营:石油大学出版社,1988.
[4] 刘济瀛.中国喷气燃料.北京:中国石化出版社,1991.
[5] 董浚修.润滑原理及润滑油.北京:烃加工出版社,1987.
[6] 吕兆岐,唐俊杰,王锡础,等.国内外润滑油品简明手册.北京:中国石化出版社,1996.
[7] 张德勤,范耀华,师洪俊.石油沥青的生产与应用.北京:中国石化出版社,2001.
[8] 中国石油化工股份有限公司科技开发部.石油产品国家标准汇编.北京:中国标准出版社,2016.
[9] 中国石油化工股份有限公司科技开发部.石油产品行业标准汇编.北京:中国石化出版社,2016.
[10] 斯卡沃勒尔 A E.汽车构造原理与维修应用(发动机篇).北京:机械工业出版社,2004.
[11] 赵延渝.航空燃气涡轮动力装置.成都:西南交通大学出版社,2004.
[12] 侯祥麟,林风,杨怡生,等.碳氢化合物对镍铬合金高温燃烧腐蚀的研究.石油学报,1981,2(3):93-102.
[13] 陈波水,严正泽,朱钟敏,等.柴油自燃点与十六烷值对应关系的研究.石油炼制与化工,1990,(5):50-53.
[14] 高原青,张镜成,韩长宁.含硫化合物在大庆中质润滑油氧化过程中的作用.石油学报(石油加工),1986,2(4):57-66.
[15] 陈月珠,周文勇,周亚松,等.润滑油基础油中含氮化合物对其氧化安定性的影响.石油学报(石油加工),1996,12(2):67-72.
[16] 万银坤,祖德光.硫化物及氮化物在润滑油氧化进程中的作用.石油炼制与石油化工,1995,28(8):23-27.
[17] 阙国和,陈月珠.大庆油道路沥青的研究:组成和使用性质关系及沥青结构的初步探讨.华东石油学院学报,1980,(1):107-117.
[18] 阙国和,陈月珠,梁文杰.胜利100号沥青化学组成与使用性质关系.石油炼制,1985,(10):12-15.
[19] 阙国和,陈月珠,梁文杰.道路沥青的化学组成和使用性质间关系.石油炼制,1987,(6):32-37.
[20] 张艳芳,刘晨光,梁文杰.道路沥青的组成和使用性质的关系.石油炼制,1988,(9):57-61.
[21] 苑金岐.汽油抗爆增标剂市场调研报告.化工科技市场,2004,(4):34-37.
[22] 郑丽君,朱庆云,李雪静,等.欧盟汽柴油质量标准与实际质量状况.国际石油经济,2015,(5):42-48.
[23] 胡志远.车用生物柴油的应用与发展.汽车研究与开发,2004,(11):27-31.
[24] 车用汽油:GB 17930—2016.
[25] 车用柴油:GB 19147—2016.
[26] 3号喷气燃料:GB 6537—2018.
[27] 车用乙醇汽油:GB 18351—2017.
[28] 内燃机油黏度分类:GB/T 14906—2018.
[29] 粗石蜡:GB/T 1202—2016.
[30] 食品安全国家标准—食品添加剂—石蜡:GB 1886.26—2016.

第五章 原油评价及加工方案

第一节 原油评价方法概述

确定一种原油的加工方案是炼厂设计和生产的首要任务。人们根据所加工原油的性质、市场对产品的需求、加工技术的先进性和可靠性以及经济效益等方面的大量信息,进行全面的综合分析、研究对比,制订出合理的加工方案。在上述的诸多考虑因素中,原油性质是最基本的因素。原油评价就是通过各种实验和分析,取得对原油性质的全面认识。

原油评价按其目的不同,大体上可分为三个层次:
(1)原油的基本性质分析。
(2)常规评价。除了原油基本性质外,还包括原油实沸点蒸馏及其窄馏分性质。
(3)综合评价。除上述两项内容外,还包括直馏产品的产率和性质。根据需要,也可增加某些馏分的化学组成、某些重馏分或渣油的二次加工性能等。

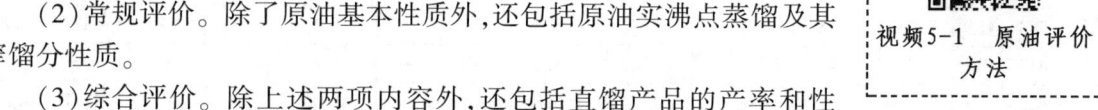

视频5-1 原油评价方法

根据不同的目的和需要,可以选择不同的评价内容以及具体的分析测试项目。通常,在取得详细的原油性质数据的基础上,还须对该原油的加工方案提出建议。

一、原油的一般性质

在测定原油性质之前,应先测定原油的含水量、含盐量和机械杂质。若原油含水量大于0.5%,应先脱水。原油的主要性质包括密度、黏度、凝点、含蜡量、胶质、沥青质、酸值、残炭及元素分析等,国内外一些代表性原油性质见第二章。

二、原油实沸点蒸馏及其窄馏分性质

实沸点蒸馏是用规定的试验装置和操作条件将原油蒸馏切割得到不同馏分油的实验方法(ASTM D2892 和 D5236、GB/T 17280 和 GB/T 17475)。试验装置是一种间歇式釜式精馏设备,通常由两个塔来完成原油的蒸馏切割,馏出物的最终馏出温度一般为500~560℃,釜底残留物为渣油。为避免原油的裂解,蒸馏时釜底温度不得超过350℃。塔Ⅰ精馏柱的理论板数为15~17,精馏过程在回流比为5:1~4:1的条件下进行。塔Ⅱ是不带精馏柱的蒸馏塔。因此,整个蒸馏过程分几段进行:塔Ⅰ,常压蒸馏、减压一段(100mmHg)、减压二段(10mmHg)、减压三段(2mmHg)等;塔Ⅱ(不带精馏柱),重油蒸馏。

原油在实沸点蒸馏装置中按沸点高低被切割成多个窄馏分或宽馏分和渣油。宽馏分是指石脑油馏分、煤油馏分、柴油馏分、VGO等直馏馏分。一般按照25℃或30℃沸点范围作为一个窄馏分,将窄馏分按馏出顺序编号、称重及测量体积,然后测定各窄馏分和渣油的性质。大庆原油实沸点蒸馏及其窄馏分性质数据见表5-1。

根据表5-1的数据可绘制原油的实沸点蒸馏曲线和中比性质曲线,见图5-1。以馏出温度为纵坐标,累计馏出质量分数(欧美多用体积分数)为横坐标作图,即可得实沸点蒸馏曲

线。该曲线上的某一点表示原油馏出某累计收率时的实沸点蒸馏馏出温度。

表 5-1 大庆原油实沸点蒸馏及窄馏分性质数据

馏分号	沸点范围 ℃	占原油质量分数,%		密度(20℃) g/cm³	运动黏度 mm²/s			凝点 ℃	苯胺点 ℃	酸度 mg KOH/100mL	闪点(开) ℃	折射率		平均分子量
		每馏分	累计		20℃	50℃	100℃					n_D^{20}	n_D^{70}	
1	初馏~112	2.98	2.98	0.7108	—	—	—	—	54.1	0.98	—	1.3995	—	98
2	112~156	3.15	6.13	0.7461	0.89	0.64	—	—	59.0	1.58	—	1.4172	—	121
3	156~195	3.22	9.35	0.7699	1.27	0.89	—	-65	62.2	2.67	—	1.4350	—	143
4	195~225	3.25	12.00	0.7958	2.03	1.26	—	-41	66.4	3.02	78	1.4445	—	172
5	225~257	3.40	16.00	0.8092	2.81	1.63	—	-24	71.2	2.74	—	1.4502	—	194
6	257~289	3.46	19.46	0.8161	4.14	2.26	—	-9	77.2	3.65	125	1.4560	—	217
7	289~313	3.44	22.90	0.8173	5.93	3.01	—	4	84.8	4.39	—	1.4565	—	246
8	313~335	3.37	26.27	0.8264	8.33	3.84	1.73	13	88.0	7.18	157	1.4612	—	264
9	335~355	3.45	29.72	0.8348	—	4.99	2.07	22	91.6	7.98	—	—	1.4450	292
10	355~374	3.43	33.15	0.8363	—	6.24	2.61	29		0.08②	184	—	1.4455	299
11	374~394	3.35	36.50	0.8396	—	7.70	2.86	34		0.09			1.4472	328
12	394~415	3.55	40.05	0.8479	—	9.51	3.33	38		0.22	206		1.4515	349
13	415~435	3.39	43.44	0.8536		13.3	4.22	43		0.12			1.4560	387
14	435~456	3.88	47.32	0.8686		21.9	5.86	45		0.06	238		1.4641	420
15	456~475	4.05	51.37	0.8732		—	7.05	48		0.05			1.4675	438
16	475~500	4.52	55.89	0.8786			8.92	52		0.03	282		1.4697	—
17	500~525	4.15	60.04	0.8832			11.5	55		0.03			1.4730	
渣油	>525	38.5	98.54	0.9375	—	—	—	41①	—	—	—			
损失		1.46	100.0											

① 为软化点。
② 以下为酸值,单位为 mg KOH/g。

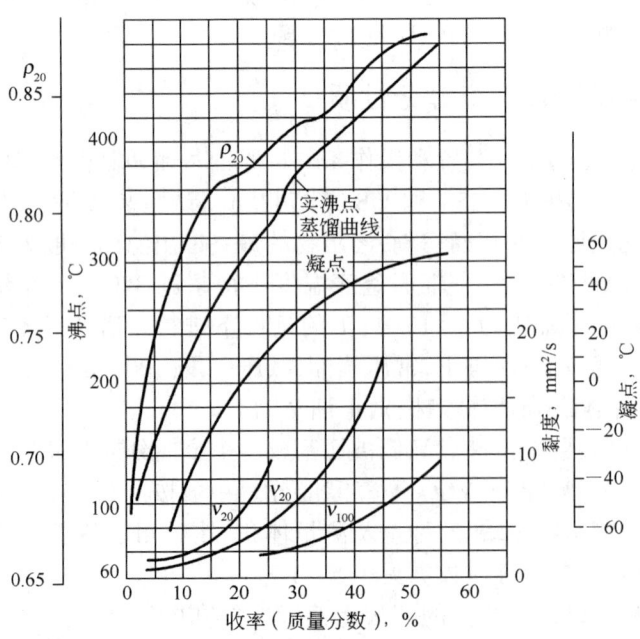

图 5-1 大庆原油实沸点蒸馏曲线和中比性质曲线

从原油实沸点蒸馏所得的各窄馏分仍然是一个复杂的混合物,因此,所测得的窄馏分性质是组成该馏分的各种化合物性质的综合表现,具有平均的性质。在绘制原油性质曲线时,假定测得的窄馏分性质表示该窄馏分馏出一半时的性质,这样标绘的性质曲线就称为中比性质曲线。例如表 5-1 中第六个窄馏分是从累计收率为 16.00% 开始到 19.46% 结束,密度为 0.8161g/cm³,在标绘时,以 0.8161 为纵坐标、(16.00% + 19.46%)/2 = 17.73% 为横坐标,就得到中比密度曲线上的一个点。连接各点即得原油的中比密度曲线。用同样的方法可以绘出其他各性质的中比性质曲线。

原油中比性质曲线表示了窄馏分的性质随沸点的升高或累计馏出百分数增大的变化趋势。通过此曲线,也可以预测任意一个窄馏分的性质。例如要了解馏出率在 23.0% 至 27.0% 之间的窄馏分的性质,可从图 5-1 中横坐标为 (23.0% + 27.0%)/2 = 25.0% 时对应的性质曲线上查得该窄馏分的 20℃ 密度为 0.8280g/cm³,20℃ 运动黏度为 8.7mm²/s 等。绝大多数原油的物理性质都没有加成性(密度除外),因此,这种预测方法只适用于窄馏分,对宽馏分是不适用的。馏分越宽,预测结果的误差越大。

三、直馏产品的性质及产率

直馏产品一般是较宽的馏分,为了取得其较准确的性质数据作为设计和生产的依据,必须由实验实际测定。通常的做法是先由实沸点蒸馏将原油切割成多个窄馏分和渣油,然后根据产品的需要把相邻的几个馏分按其在原油中的含量比例混合,测定该混合物的性质。也可以直接由实沸点蒸馏切割得到相应于该产品的宽馏分。表 5-2 和表 5-3 分别列出了大庆原油直馏汽油和重整原料油、直馏柴油的性质。表 5-4 列出了大庆原油的润滑油潜含量和性质。

表 5-2 大庆原油直馏汽油和重整原料油的性质

沸点范围 ℃	占原油质量分数,%	密度(20℃) g/cm³	馏程,℃			酸度 mg KOH/100mL	硫含量 %	砷含量 μg/g	实际胶质	族组成(质量分数),%			辛烷值 (MON)
			10%	50%	90%					烷烃	环烷烃	芳烃	
45~115	2.98	0.7102	80	92	110	—	—	—		54.64	42.89	1.47	—
60~130	4.07	0.7241	92	106	126	—	—	—		51.19	45.44	3.37	—
初馏点~130	4.26	0.7109	75	96	136①	0.9	0.009	0.163		56.2	41.7	2.1	—
初馏点~200	9.38	0.7439	94	127	196①	1.1	0.02		0				37

①终馏点。

表 5-3 大庆原油直馏柴油的性质

沸点范围 ℃	占原油质量分数 %	密度(20℃) g/cm³	馏程,℃			苯胺点 ℃	柴油指数	凝点 ℃	黏度(20℃) mm²/s	硫含量 %	闪点 ℃	酸度 mg KOH/100mL
			初馏点	50%	终馏点							
180~300	13.2	0.8072	203	246	—					0.028	81	
180~350	21.0	0.8142	207	271	331	80.1	72.9	-5	4.45	0.048	93	2
200~350	18.9	0.8169	232	278	330	81.0	72.6	-2	5.02	0.064	105	2

表 5-4 大庆原油的润滑油潜含量和性质

馏 分	对原油收率(质量分数),%	凝点 ℃	黏度,mm²/s		ν_{50}/ν_{100}	黏度指数
			50℃	100℃		
350~400℃原馏分	9.4	31	6.91	2.66	—	—
脱蜡油	5.3	-10	8.75	3.01	2.91	94
P + N + LA①	4.6	-12	7.97	2.84	2.81	112

续表

馏　　分	对原油收率(质量分数),%	凝点 ℃	黏度,mm²/s 50℃	黏度,mm²/s 100℃	ν_{50}/ν_{100}	黏度指数
400~450℃原馏分	11.8	43	15.82	4.65	—	—
脱蜡油	7.1	-4	26.08	5.96	4.38	92
P+N+LA	6.0	-4	22.14	5.57	3.97	104
450~500℃原馏分	9.1	51	—	8.09	—	—
脱蜡油	5.6	-4	63.92	10.92	5.82	82
P+N+LA	4.4	-4	46.24	9.49	4.87	106
>500℃渣油	41.4	—	—	106	—	—
(脱蜡后)P+N+LA	7.50	—	162.5	23.1	7.15	98
馏分油润滑油潜含量	15.0	—	—	—	—	—
渣油润滑油潜含量	7.5	—	—	—	—	—

①P+N+LA=烷烃+环烷烃+轻芳烃。

对直馏汽油和渣油,还可以根据实验数据绘制它们的产率—性质曲线以方便使用,见图5-2和图5-3。产率—性质曲线与表示平均性质的中比性质曲线不同,它表示的是累计性质。曲线上的某一点表示相应于该产率下的汽油或渣油的性质。

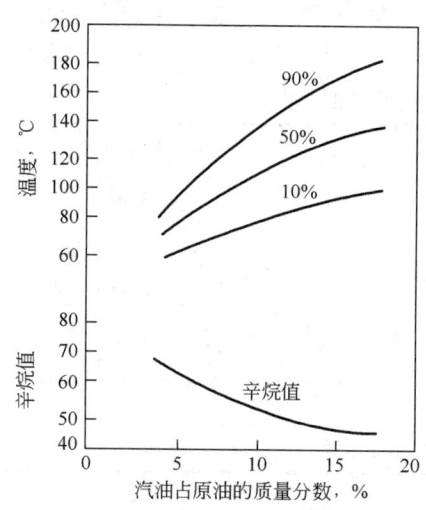

图5-2　大庆原油汽油产率—性质曲线

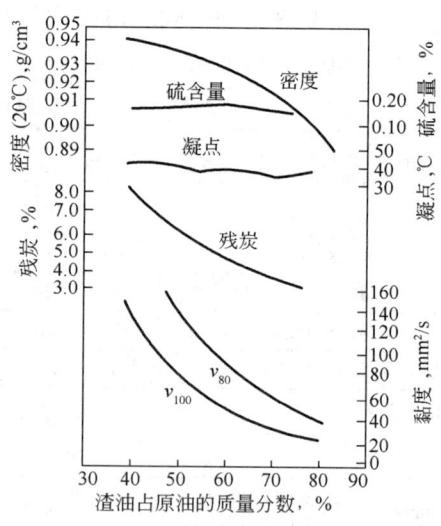

图5-3　大庆原油渣油产率—性质曲线

第二节　原油的分类方法

视频5-2　原油的分类方法

不同地区和不同地层所开采的原油,从化学组成和物理性质来看,有一些彼此很相似,在加工过程中所遇到的问题也很相似。因此人们研究原油的合理分类方法,以便按一定的指标把原油分类。一旦知道原油的类别后,就可以大致推测它的性质和加工方案,判断它适宜于生产哪些产品,产品质量大致如何等。可见科学的分类方法对认识石油和利用石油是十分必要的。但原油的组成十分复杂,对原油的确切分类是十分困难的。概括地说,原油可以按工业、地质或化学等的观点来区分,每一大类中又有多种分类法。例如,化学分类法中就有关键馏分特性分类法、特性因数分类法、相关系数分类法、结构族组成分类法等。本节主要介绍商品分类法和关键馏分特性分类法。

一、商品分类法

国际石油市场对原油按密度、硫含量及酸值高低分类并计算不同原油的价格。普遍以布伦特(Brent)原油或 WTI 原油为参比基准,按所交易原油的密度(比重指数)、硫含量及酸值与基准原油的差别来计算价格:原油密度低有较高的轻质油收率,硫含量高增加加工成本,高酸值会导致石油加工过程设备严重腐蚀。

1. 按密度分类

轻质原油:API° > 34,ρ_{20} < 0.852g/cm³。
中质原油:API° = 34 ~ 20,ρ_{20} = 0.852 ~ 0.930g/cm³。
重质原油:API° = 20 ~ 10,ρ_{20} = 0.931 ~ 0.998g/cm³。
特稠原油(油砂沥青):API° < 10,ρ_{20} > 0.998g/cm³。

2. 按硫含量分类

低硫原油:硫含量 < 0.5%。
含硫原油:硫含量 = 0.5% ~ 2.0%。
高硫原油:硫含量 > 2.0%。

3. 按酸值分类

低酸原油:酸值 < 0.5mg KOH/g。
含酸原油:酸值 = 0.5 ~ 1.0mg KOH/g。
高含酸原油:酸值 > 1.0mg KOH/g。有时将酸值 > 5.0mg KOH/g 的原油称为特高酸原油。

二、关键馏分特性分类法

1935 年,美国矿务局提出了对原油的关键馏分特性分类法。此分类法能较好地反映原油的化学组成特性,在我国也被推荐使用。

用原油简易蒸馏装置在常压下蒸馏得 250 ~ 275℃馏分作为第一关键馏分,残油用没有填料柱的蒸馏瓶在 40mmHg 残压下蒸馏,切取 275 ~ 300℃馏分(相当于常压 395 ~ 425℃)作为第二关键馏分。分别测定上述两个关键馏分的密度,对照表 5 – 5 中的相对密度(或比重指数 API°)分类标准,决定两个关键馏分的属性,最后按照表 5 – 6 确定该原油属于所列七种类型中的哪一类。表 5 – 5 中括号内的特性因数 K 值是根据关键馏分的中平均沸点和比重指数求定的,它不作为分类标准,仅作为参考数据。

表 5 – 5 关键馏分的分类指标

关键馏分	石 蜡 基	中 间 基	环 烷 基
第一关键馏分	d_4^{20} < 0.8210	d_4^{20} = 0.8210 ~ 0.8562	d_4^{20} > 0.8562
	API° > 40	API° = 33 ~ 40	API° < 33
	K > 11.9	K = 11.5 ~ 11.9	K < 11.5

续表

关键馏分	石蜡基	中间基	环烷基
第二关键馏分	$d_4^{20} < 0.8723$ API° > 30 $K > 12.2$	$d_4^{20} = 0.8723 \sim 0.9305$ API° = 20 ~ 30 $K = 11.5 \sim 12.2$	$d_4^{20} > 0.9305$ API° < 20 $K < 11.5$

表 5–6 原油的关键馏分特性分类

序号	第一关键馏分的属性	第二关键馏分的属性	原油类别
1	石蜡基	石蜡基	石蜡基（P）
2	石蜡基	中间基	石蜡—中间基（P—I）
3	中间基	石蜡基	中间—石蜡基（I—P）
4	中间基	中间基	中间基（I）
5	中间基	环烷基	中间—环烷基（I—N）
6	环烷基	中间基	环烷—中间基（N—I）
7	环烷基	环烷基	环烷基

上述关键馏分的取得也可以取实沸点蒸馏装置蒸出的 250~275℃ 和 395~425℃ 馏分分别作为第一和第二关键馏分。

为了更全面地反映原油的性质，可考虑把商品分类法中的硫含量分类作为关键馏分特性分类的补充，即硫含量 <0.5% 的为低硫原油，0.5%~2.0% 为含硫原油，>2.0% 为高硫原油。

表 5–7 列出了我国几种原油根据此方法进行分类的情况。属于同一类的原油，具有明显的共性。石蜡基原油一般烷烃含量超过 50%，其特点是密度较小、含蜡量较高、含硫和胶质较少，属于地质年代古老的原油。

表 5–7 几种国产原油的分类

原油名称	硫含量（质量分数）%	第一关键馏分 d_4^{20}	第二关键馏分 d_4^{20}	原油的关键馏分特性分类	建议原油分类命名
大庆混合	0.11	0.814 ($K = 12.0$)	0.850 ($K = 12.5$)	石蜡基	低硫石蜡基
克拉玛依	0.04	0.828 ($K = 11.9$)	0.895 ($K = 11.5$)	中间基	低硫中间基
胜利混合	0.88	0.832 ($K = 11.8$)	0.881 ($K = 12.0$)	中间基	含硫中间基
大港混合	0.14	0.860 ($K = 11.4$)	0.887 ($K = 12.0$)	环烷中间基	低硫环烷中间基
孤岛	2.06	0.891 ($K = 10.7$)	0.936 ($K = 11.4$)	环烷基	高硫环烷基

大庆原油是低硫石蜡基原油，其主要特点是含蜡量高、凝点高、沥青质含量低、重金属含量低、硫含量低。初馏~200℃ 直馏石脑油的辛烷值低，仅有 37；直馏喷气燃料的密度较小；直馏柴油的十六烷值高，但凝点较高；350~500℃ 减压馏分的润滑油潜含量（烷烃 + 环烷烃 + 轻芳

烃)约占原油的15%,而黏度指数可达90~120,是生产润滑油的良好原料;减压渣油硫含量低、沥青质和重金属含量低、饱和分含量高,可以掺入减压馏分油甚至单独作为催化裂化原料,也可以经丙烷脱沥青、脱沥青油精制生产残渣润滑油。由于渣油含沥青质和胶质较少而蜡含量较高,难以生产高质量的沥青产品,脱油沥青也不适合作为高品质沥青产品,可作为延迟焦化掺炼原料。

胜利原油是含硫中间基原油,硫含量在1%左右,在加工方案中应充分考虑原油含硫的问题。直馏汽油的辛烷值约为47,初馏~130℃馏分中芳烃潜含量高,是重整的良好原料;航空煤油馏分的密度大、结晶点低;直馏柴油的十六烷值低于大庆直馏柴油的十六烷值,凝点不高,可以生产−20号、−10号、0号柴油馏分;减压馏分油脱蜡油的黏度指数低,而且硫含量及酸值较高,不宜生产润滑油,可以用作催化裂化或加氢裂化的原料;减压渣油的黏温性质不好,而且含硫,也不宜用来生产润滑油;尽管渣油的胶质、沥青质含量较高,但并不适于生产高品质沥青产品。

环烷基原油的特点是含环烷烃和芳烃较多,凝点低,一般含硫、胶质和沥青质较多,是地质年代较年轻的原油。它所生产的汽油中含环烷烃多,辛烷值较高;航空煤油的密度大,质量热值和体积热值都较高,可以生产大密度航空煤油;柴油的十六烷值较低;大部分环烷基原油减压馏分的黏温性质差,但也有少数是环烷基润滑油的良好原料。

环烷基原油中的重质原油含有大量的胶质和沥青质,又称为沥青基原油,部分沥青基原油可用来生产各种高质量的沥青。全世界环烷基原油的储量很大,典型的有加拿大油砂沥青和委内瑞拉Orinoco超稠油。我国探明的稠油储量也不小,年产已达千万吨以上。稠油的特点是密度和黏度大、胶质及沥青质含量高、凝点低,多数稠油的硫含量较高、酸值高,其渣油的残炭值高、重金属含量高,稠油的轻质油含量很低,减压渣油一般占原油的60%以上。

第三节 渣油的评价

世界石油市场上的原油趋重,而交通运输和石油化工的发展对轻质油品的需求不断增长,近年来,渣油轻质化问题已成为炼油技术发展中的最重要的问题之一。我国原油偏重,多数原油含>500℃减压渣油达40%~50%,渣油轻质化问题更为突出。因此,如何对渣油进行正确的评价并对其性质有一个较深入的认识对于合理加工渣油有很重要的实际意义。

视频5-3 渣油的评价

渣油是十分复杂的混合物,但由于沸点很高,高温下又易分解,难以用蒸馏等一般的分离方法作进一步分离。因此,多年来对渣油的认识只限于把它作为一个整体测定其平均性质,或者进一步用色谱法测定其SARA族组成(四组分组成)。表5-8和表5-9列出了几种减压渣油的主要性质和SARA族组成。对于渣油加工技术的发展需要来说,这样程度的认识尚不能完全满足要求。至于对渣油的特性表征则迄今尚未有较好的方法。目前流行的表征原油化学特性的UOP K值实际上是根据馏分油的某些物性求得,然后由此推论整个原油的特性。实验数据表明,这种推论对于渣油并不总是对的。例如,按UOP K值分类,大庆原油和任丘原油同属石蜡基原油,而实际上,这两种原油的渣油的性质有很大的差异。在实际生产中也能明显地发现这个问题。

表 5-8 几种减压渣油的主要性质

原油名称	占原油质量分数 %	密度(20℃) g/cm³	黏度(100℃) mm²/s	H/C (原子比)	硫含量(质量分数) %	氮含量(质量分数) %	残炭 %	Ni μg/g	V μg/g
大庆	42.8	0.9166	109.35	1.74	0.27	0.37	11.9	8	<0.1
华北	39.2	0.9653	958.5	1.63	0.76	0.6	18.6	42	1.2
胜利	42.4	0.9732	2122	1.63	1.35	0.86	15.4	47	4
孤岛	51.8	1.002	1102	1.56	2.43	0.87	19.2	35	4.6
高升	64.1	0.9943	10525	1.6	0.77	1.19	17.4	131	5
阿拉伯(轻)(>500℃)	19.3	1.0245	2202	1.52	4.15	0.35	23.49	25.8	93.2
阿曼原油(>500℃)	24.5	0.9259	689.1	1.58	2.33	0.27	14.2	23	26.4
委内瑞拉超重油	65.2	1.0524	41000(120℃)	1.43	4.52	0.68	26.19	165	747
加拿大油砂沥青	59.6	1.0584	187442	1.44	6.07	0.68	23.6	144	357

表 5-9 几种减压渣油的 SARA 族组成(质量分数)　　　　　　%

原油名称	饱和分	芳香分	胶质	正庚烷沥青质
大庆	40.8	32.2	26.9	<0.1
华北	19.5	29.2	51.1	0.2
胜利	19.5	32.4	47.9	0.2
孤岛	15.7	33	48.5	2.8
单家寺	17.1	27	53.5	2.4
高升	12.1	30.4	57.5	0
阿拉伯(轻)	21	54.7	18.5	5.8
阿曼原油(>500℃)	23.4	50	25.5	1.1
委内瑞拉超重油	7.3	32.36	37.24	14.6
加拿大油砂沥青	3.5	41.6	33.6	21.3

中国石油大学重质油国家重点实验室将超临界溶剂萃取技术应用于渣油评价,发展了分离渣油的超临界溶剂萃取分馏技术(SFEF)。利用此技术可以将渣油大体上按分子量大小在较低的温度下(<250℃)分离成多个窄馏分,所抽出的馏分油的累计收率可达减压渣油的70%~90%。其中,最重的窄馏分的平均沸点(相当于常压下)可达950℃以上。该技术所得试样量较大,可以对各窄馏分和抽余残渣油进行组成、性质的测定,从而得到详细的渣油的组成和性质数据。

一、渣油性质和结构组成的变化规律

图 5-4 至图 5-7 是根据 SFEF 实验数据给出的几种渣油的窄馏分的分子量、氢碳原子比、残炭值、镍含量等随窄馏分收率(质量分数)变化的规律。同样,对于其他组成和性质,也可以根据其实验数据绘制出表示它们变化规律的曲线。

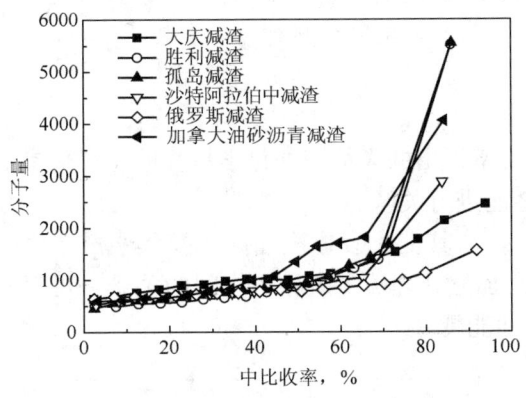

图 5-4 减压渣油 SFEF 窄馏分及萃余残渣的分子量

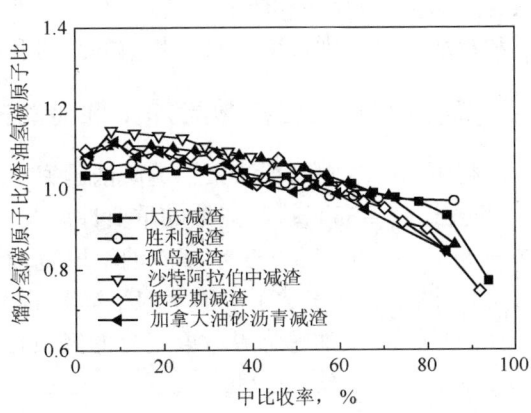

图 5-5 减压渣油 SFEF 窄馏分及萃余残渣的氢碳原子比相对值

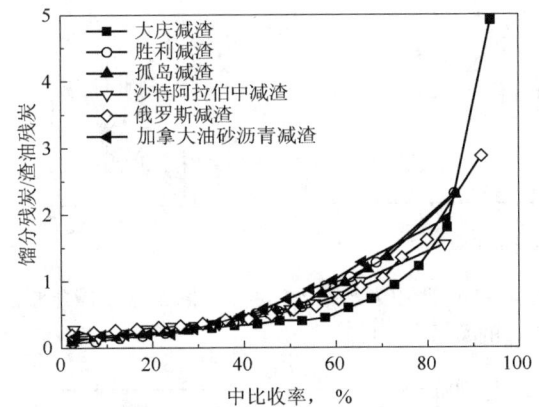

图 5-6 减压渣油 SFEF 窄馏分及萃余残渣残炭相对值

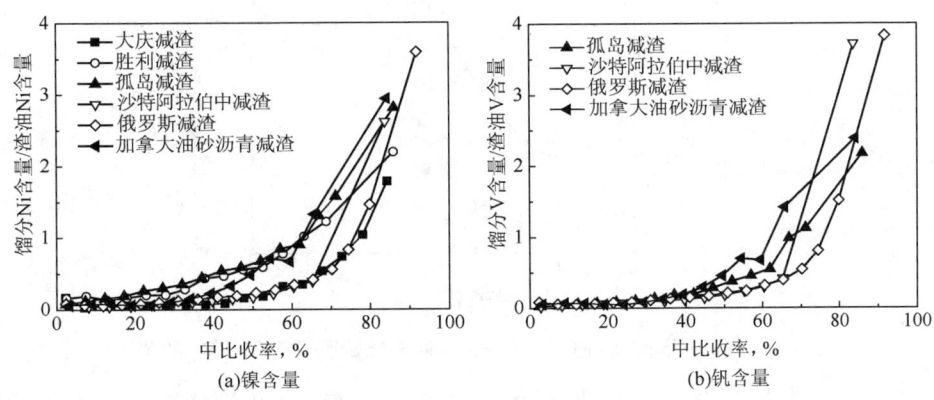

(a) 镍含量　　　　　　　　(b) 钒含量

图 5-7 减压渣油 SFEF 窄馏分及萃余残渣镍、钒相对含量

从图 5-4 曲线的形状来看,与原油的实沸点蒸馏曲线比较相似,只是纵坐标是渣油的窄馏分的分子量而不是馏分油的沸点,这说明采用超临界溶剂萃取分馏技术可以基本上按分子量大小对渣油进行分离。由图 5-5 至图 5-7 可见,渣油各窄馏分的组成和性质呈规律性变化。总的来说,随着窄馏分收率的增大(或分子量的提高),窄馏分的氢碳原子比降低、残炭和

镍含量增大,但存在性质的突变点,在此前变化比较平缓,之后显著增加,特别是萃余残渣的性质和萃取组分差别很大。对于其他的性质和组成,也有相应的变化规律。

二、渣油特征化参数与加工性能的关系

利用第三章中国石油大学重质油国家重点实验室提出的表征渣油化学特性的特征化参数 K_H 和公式(3-33),可与渣油的重要性质及反应性能进行关联。

图5-8 和图5-9 表示了渣油萃取宽馏分的 K_H 与其催化裂化汽油产率及焦炭产率之间的关系,图5-10 表示了渣油萃取窄馏分的 K_H 与其加氢处理硫氮脱除率之间的关系。可以看到,K_H 越大,重质油超临界萃取组分的轻质化反应性能越好。

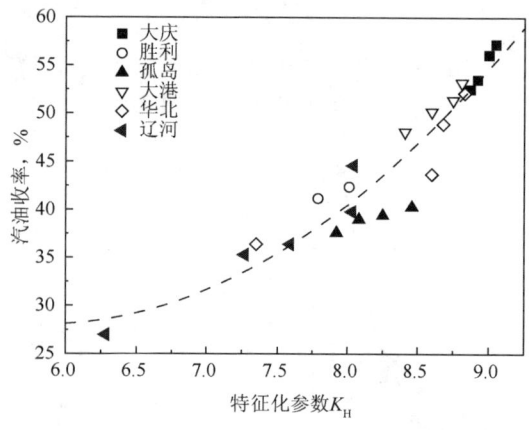 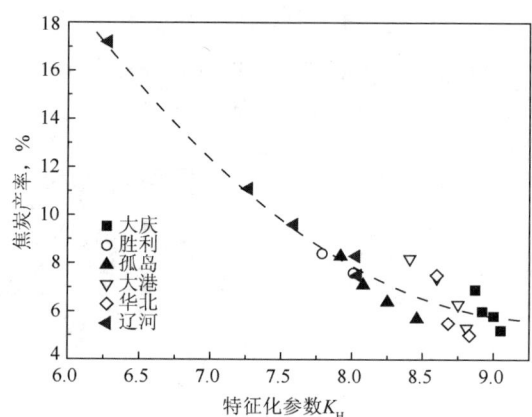

图5-8 减压渣油 SFEF 宽馏分催化裂化汽油产率与其 K_H 的关系　　图5-9 减压渣油 SFEF 宽馏分催化裂化焦炭产率与其 K_H 的关系

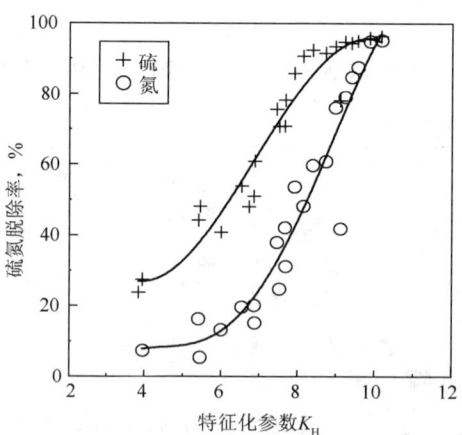

图5-10 减压渣油 SFEF 窄馏分加氢处理硫氮脱除率与其 K_H 的关系

从上述研究结果来看,特征化参数 K_H 能较好地表征渣油的化学特性。为此,中国石油大学重质油国家重点实验室提出将渣油分为三类,对应不同的轻质化反应能力。后来提出重油梯级分离加工利用的思路,建议按 K_H 值将减压渣油分离为几个组分,分别加工利用,以实现渣油高效转化利用。不同渣油组分的可加工性能分类见表5-10。认为 $K_H \geq 8.5$ 的渣油可加工性能好,$7.0 \leq K_H < 8.5$ 时可加工性能较好,$5.0 \leq K_H < 7.0$ 时可加工性能一般,$K_H < 5.0$ 时加工性能差。

表 5－10　渣油萃取分馏馏分可加工性能判据

分类	第一判据 K_H	轻质化加工性能	第二判据 Ni＋V，μg/g	加工方式
第一类	$K_H \geq 8.5$	优	≤2	加氢裂化
			＞2	加氢处理＋加氢裂化
第二类	$7.0 \leq K_H < 8.5$	良	≤20	催化裂化
			＞20	调和催化裂化
第三类	$5.0 \leq K_H < 7.0$	中	≤150	固定床加氢处理－催化裂化
			＞150	沸腾床或浆态床加氢裂化
第四类	$K_H < 5.0$	差	—	气化或固体燃料

第四节　原油加工方案的确定

为设计建立一个炼油厂,在确定厂址、规模、原油来源之后,首要的任务是选择和确定原油的加工方案。所谓原油加工方案,其基本内容是生产什么产品及使用什么样的加工过程。原油加工方案的确定取决于诸多因素,例如市场需求、经济效益、投资力度、原油特性等。本节主要从原油特性的角度来讨论如何选择原油加工方案。理论上,可以从任何一种原油生产出各种所需的石油产品,但实际上,如果选择的加工方案适应原油的特性,则可以做到用最小的投入获得最大的产出。

原油的综合评价结果是选择原油加工方案的基本依据。有时还需对某些加工过程进行中型试验以取得更详细的数据。对生产航空煤油和某些润滑油,往往还需做产品的台架试验和使用试验。

根据目的产品的不同,原油加工方案大体上可以分为三种基本类型:

(1)燃料型。燃料型主要生产用作燃料的石油产品。减压馏分油和减压渣油除了生产部分重质燃料油外,还通过各种轻质化过程转化为各种轻质燃料。

(2)燃料—润滑油型。燃料—润滑油型除了生产用作燃料的石油产品外,部分或大部分减压馏分油和减压渣油还被用于生产各种润滑油产品。

(3)燃料—化工型。燃料—化工型除了生产燃料产品外,还生产化工原料及化工产品,例如某些烯烃、芳烃、聚合物的单体等。这种加工方案体现了充分合理利用石油资源的要求,也是提高炼厂经济效益的重要途径,是石油加工的发展方向。

以上只是大体的分类,实际上各个炼厂的具体加工方案是多种多样的,没有必要作严格的区分,主要目标是提高经济效益和满足市场需求。

下面结合几种具体的原油讨论各种类型的加工方案。

一、燃料型加工方案

针对燃料型加工方案,不同基属原油的加工方案可能有较大的差别,而即使同一类原油,其加工方案也会有不同。

视频5-4　原油加工方案

石蜡基原油和部分金属含量不很高的中间基原油可采用如图5－11所示的加工方案,原油经过常减压蒸馏,得到的石脑油采用催化重整生产高辛烷值汽油;煤油馏分经过加氢精制生产航空煤油;柴油馏分可以和催化裂化柴油混合加氢处理;减压馏分油是良好的催化裂化原料,可生产液化气、汽油和柴油,催化汽油通过加氢脱硫等工艺进行精制;减压渣油可作为催化裂化原料混合进料,对金属含量低的大庆原油,其减压渣油可以全部进入催化裂化;对金属含量较高的石蜡基原油(如任丘原油)和部分中间基原油,则可以通过溶剂脱沥青脱除渣油中大部分金属,脱沥青油作为催化裂化混合进料。

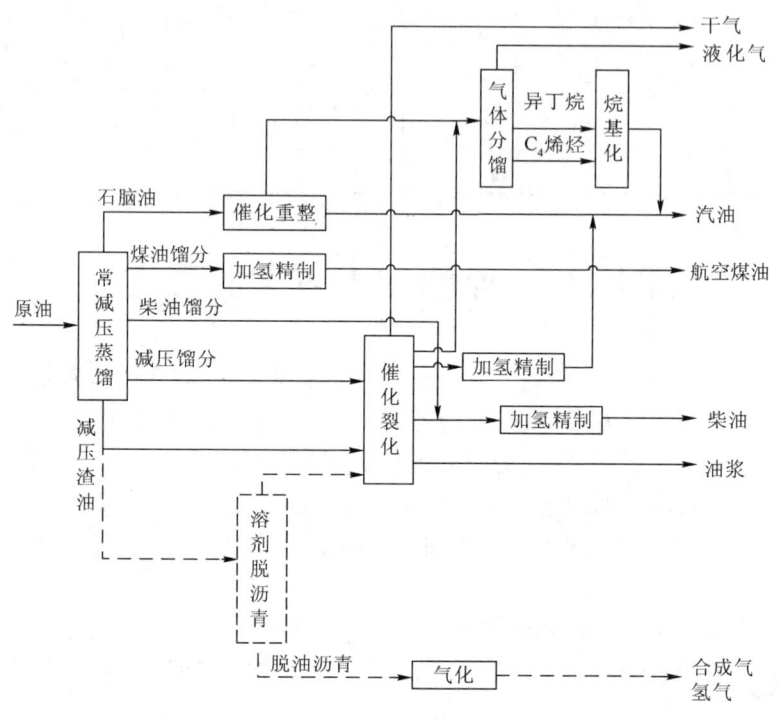

图 5 - 11 燃料型加工方案 1

对较重的中间基和环烷基原油,可采用图 5 - 12 的加工方案。针对减压馏分油催化裂化的反应性能可能较差的情况,采用加氢裂化工艺加工,可显著提升轻质油产率。加氢裂化的汽油馏分辛烷值一般在 80 左右,可作为汽油调和组分,或作为催化重整原料;加氢裂化柴油可作为车用柴油调和组分。由于减压渣油残炭高、金属含量高,可掺入催化裂化原料的比例较低,需采用加氢处理或延迟焦化来加工。加氢处理适用于金属 Ni + V 含量 < $150\mu g/g$ 和残炭小于 15% 的渣油,加氢尾油可以作为渣油催化裂化原料;延迟焦化几乎适用于各种渣油,生产液化气、石脑油、柴油和焦化蜡油,焦化石脑油经加氢处理,可作为催化重整原料,焦化柴油加氢处理作为车用柴油调和组分,焦化蜡油作为加氢裂化原料或经加氢处理后作为催化裂化原料。当然渣油也可以采用渣油加氢裂化工艺加工,较成熟的渣油加氢裂化是沸腾床工艺,浆态床(悬浮床)加氢裂化工艺也已实现工业化。

二、燃料—润滑油型加工方案

石蜡基原油的润滑油加工生产,可对图 5 - 11 的减压馏分油进行溶剂脱蜡和溶剂精制,但这种方案只能生产 I 类润滑油基础油。

图 5 - 13 给出了全加氢润滑油生产方案,减压馏分经过加氢脱蜡和加氢精制,可以生产品质较高的 II 类甚至 III 类润滑油基础油。减压渣油经过溶剂脱沥青,脱沥青油经加氢可生产残

渣润滑油基础油。图 5-14 给出了以加氢裂化尾油生产润滑油基础油的方案,加氢尾油经过溶剂脱蜡和加氢精制,可生产Ⅱ类润滑油基础油。

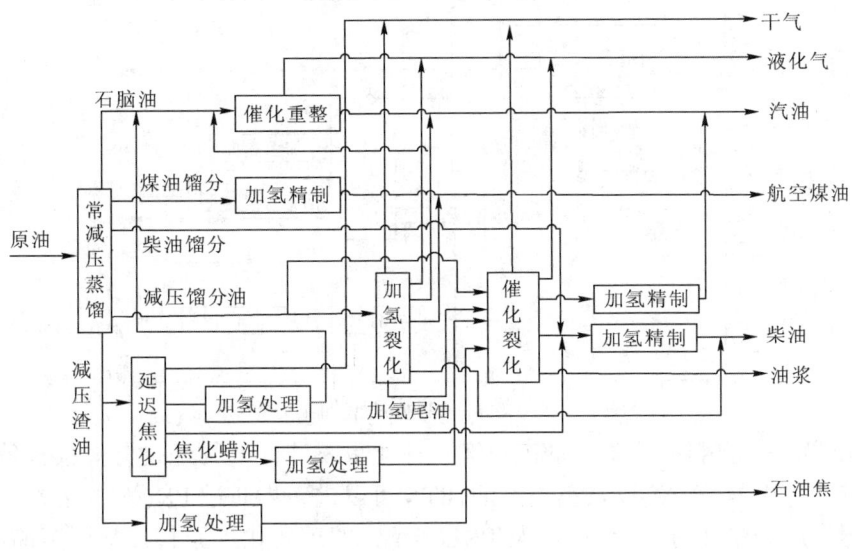

图 5-12　燃料型加工方案 2

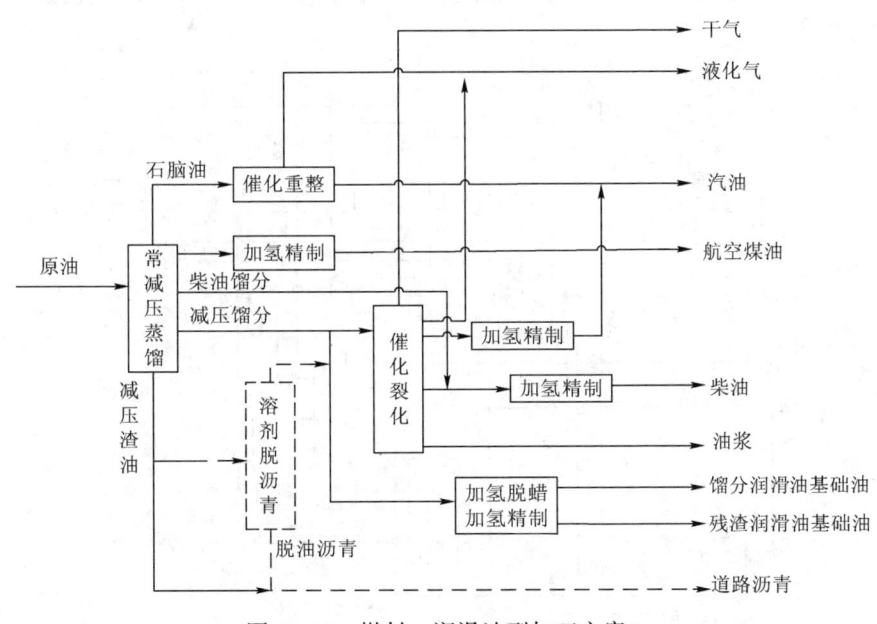

图 5-13　燃料—润滑油型加工方案 1

三、燃料—化工型加工方案

为了合理利用石油资源和提高经济效益,许多炼油厂的加工方案都考虑同时生产化工产品,只是其程度因原油性质和其他具体条件不同而异。有的是最大量地生产化工产品,有的则只是予以兼顾。关于化工产品的品类,多数炼油厂主要是生产化工原料和聚合物的单体,有的也生产少量的化工产品。

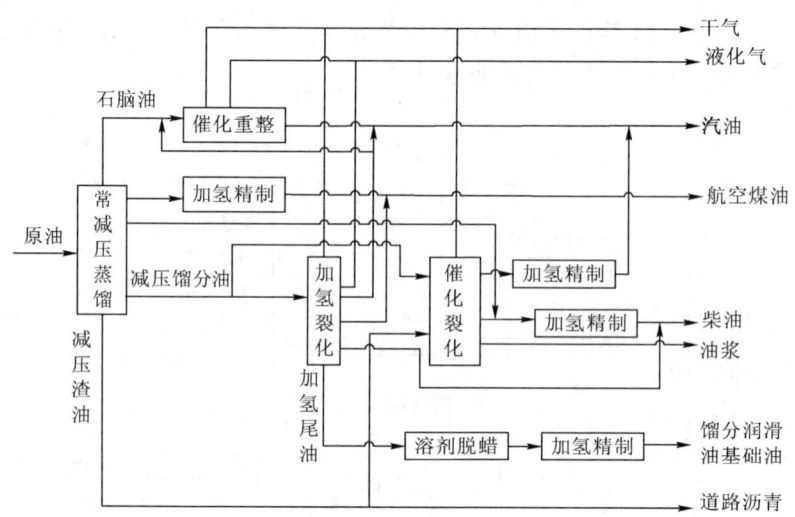

图 5-14　燃料—润滑油型加工方案 2

图 5-15 为一个燃料—化工型加工方案。催化重整液体产物经过芳烃抽提等分离工艺，得到苯、甲苯和二甲苯（BTX）以及重整汽油，BTX 可以进一步通过 PX（对二甲苯）工艺生产对二甲苯，PX 是合成 PTA（对二苯甲酸）及 PET（聚酯）的重要化工原料。常压蒸馏的煤柴油馏分及经过加氢处理的焦化石脑油馏分可作为蒸汽裂解原料，生产三烯（乙烯、丙烯和丁二烯），催化裂解的气体经分馏也可以生产三烯；蒸汽裂解和催化裂解的汽油先加氢再进行芳烃抽提，可副产 BTX。

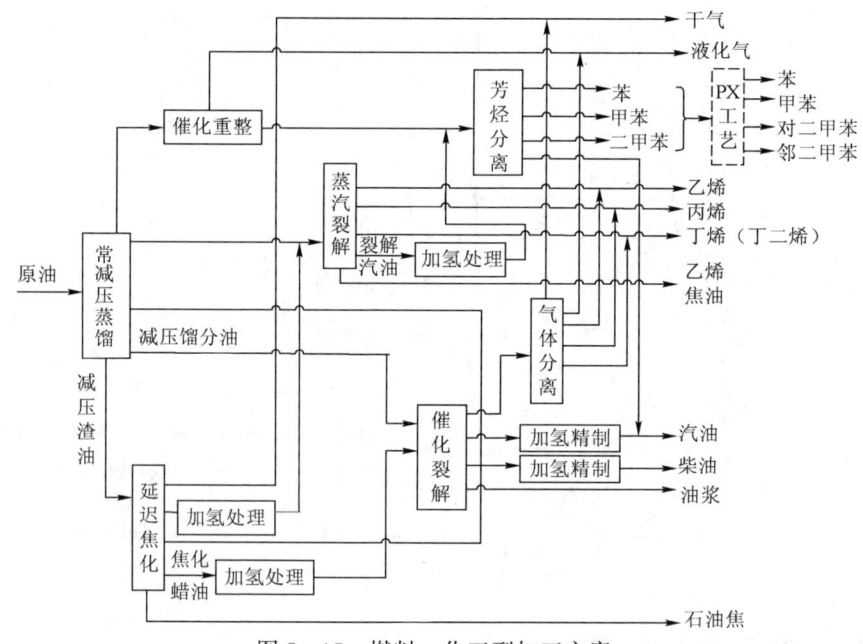

图 5-15　燃料—化工型加工方案

上述列出的几种加工方案仅仅是众多加工方案中的几个代表。在实际设计原油加工方案时，可根据原油性质和生产要求灵活组合加工过程，获得符合产品生产要求的加工方案。

炼油厂的详细加工方案制定中，需要反映炼油厂的加工流程、各生产装置之间的关系。图 5-16 为某燃料—化工型炼油厂的全厂工艺方案。图中的数字表示物流量（10^4 t/a），生产装置的方框中的数字表示该装置的处理能力。

图 5-16 某燃料—化工型炼油厂的全厂生产工艺方案

第五节　炼油厂的构成

视频5-5　炼油厂的构成

炼油厂主要由两大部分组成,即炼油生产装置和辅助设施。从原油生产出各种石油产品一般需经过多个物理的及化学的炼油过程。通常,每个炼油过程相对独立地自成为一个炼油生产装置。在某些炼油厂,从有利于减少用地、余热利用、中间产品输送、集中控制等考虑,把几个炼油生产装置组合成一个联合装置。为保证炼油生产的正常进行,炼油厂还必须有完备的辅助设施,例如供电、供水、三废处理、储运等系统。下面对这两部分分别作简要介绍。

一、炼油生产装置

各种炼油生产装置大体上可以按生产目的分为以下几类:

(1)原油分离装置。原油加工的第一步是把原油分离为多个馏分油和渣油,因此,每一个常规的炼油厂都应有原油蒸馏装置。在此装置中,还应设有原油脱盐脱水设施。

(2)重质油轻质化装置。为了提高轻质油品收率,须将部分或者全部减压馏分油及渣油转化为轻质油,此任务由裂化反应过程来完成,如催化裂化、加氢裂化、焦化等。

(3)油品改质及油品精制装置。此类装置的作用是提高油品的质量以达到产品质量指标的要求,如催化重整、加氢精制、电化学精制、溶剂精制、氧化沥青等装置。加氢处理、减黏裂化装置也可归入此类。

(4)气体加工装置。例如气体分离、气体脱硫、烷基化、C_5/C_6异构化、合成甲基叔丁基醚(MTBE)等装置。

(5)油品调和装置。为了达到产品质量要求,通常需要进行馏分油之间的调和(有时也包括渣油),并且加入各种提高油品性能的添加剂。油品调和方案的优化对提高现代炼油厂的效益具有重要作用。

(6)制氢装置。在现代炼油厂,由于加氢过程的耗氢量大,催化重整装置的副产氢气不敷使用,需要建立专门的制氢装置。

(7)化工产品生产装置。例如芳烃分离、含硫化氢气体制硫、某些聚合物单体的合成等装置。

此外,为了保证出厂产品的质量,炼油厂中都设有产品分析中心。

由于生产方案不同,各炼油厂包含的炼油过程的种类和多少,或者说复杂程度会有很大的不同。一般来说,规模大的炼油厂其复杂程度会高些,但也有一些大规模的炼油厂的复杂程度并不高。

二、炼油辅助设施

炼油辅助设施是维持炼油厂正常生产所必需的,主要的辅助设施如下:

(1)供电系统。多数炼油厂使用外来高压电源,炼油厂应有降低电压的变电站及分配用电的配电站。为了保证电源不间断,多数炼油厂备有两个电源。为了保证在断电时不发生安全事故,炼油厂还自备小型的发电机组。

(2)供水系统。新鲜水的供应系统主要由水源、泵站和管网组成,有的还需要水的净化设施。大量的冷却用水需要循环使用,故应设有循环水系统。

(3)蒸汽系统。蒸汽系统主要由蒸汽锅炉和蒸汽管网组成,供应全厂的工艺用蒸汽、吹扫用蒸汽、动力用蒸汽等。一般炼油厂都备有1MPa和4MPa两种压力等级的蒸汽锅炉。

(4)供气系统。例如压缩空气站、氧气站(同时供应氮气)等。

(5)原油和产品储运系统。例如原油及产品的输油管或铁路装卸站、原油储罐区、产品储罐区等。

(6)"三废"处理系统。例如污水处理系统、有害气体(如含硫化氢、二氧化硫气体)处理系统、废渣(如废碱渣、酸渣)处理系统等。"三废"的排放应符合环境保护的要求。

此外,多数炼油厂还设有机械加工维修、仪表维护、研究机构、消防队设施。

第六节 炼油过程的结构分析

本章前面概述了炼油过程的大致分类及各类炼油过程的作用。本节主要是通过对一个炼油厂或一个国家的炼油过程的结构讨论如何进一步分析某个炼油厂或某个国家对原油的加工能力及其特点。这里所说的加工能力除了年加工量外,更主要的是指从同性质的原油生产出市场所需的各种产品(包括品种、质量、数量)的适应能力。表5-11列出了2017年世界上炼油能力最大的11个国家的原油年加工量及其各主要炼油过程所占的地位。

表5-11 2017年主要炼油国家的原油加工能力[①](2017年12月)

国家或地区	炼油过程能力,Mt/a									
	常压蒸馏	减压蒸馏	焦化	热裂化	减黏裂化	催化裂化	催化重整	加氢裂化	加氢处理	润滑油[②]
世界总计	4938.83	2179.04	542.52	60.05	199.07	1074.29	704.43	556.13	3730.26	39.55
美国	915.67	461.02	163.15	—	1.92	291.28	159.15	121.95	825.94	11.78
中国[③]	859.84	401.07	158.04	0.99	11.78	247.28	112.86	121.56	632.22	6.17
俄罗斯	333.41	157.04	16.88	13.81	27.54	32.17	49.37	40.06	217.2	3.79
印度	255.46	115.57	55.07	0.28	9.62	53	25.86	32.87	186.98	0.44
日本	174.05	89.43	6.14	1.6		54.07	32.48	11.27	221.32	1.06
韩国	140.58	31.58	1.69	—		23.58	24.8	15.97	105.85	3.68
沙特阿拉伯	136.65	63.19	14.07	—	9.74	12.82	22.02	22.87	98.35	0
巴西	114.21	44.85	16.45	0.41		28.78	5.69	—	69.19	1.06
德国	103.24	49.75	6.16	3.37	10.48	16.72	14.07	12	84.4	0.3
伊朗	97.27	39.12	0	1.51	11.33	13.34	16.71	7.81	72.5	0.49
加拿大	95.92	33.87	2.88	4.39	2.8	24.64	14.42	13.19	63.6	0.16

①由bbl/d折合为t/a的换算系数:蒸馏50,热加工55,催化裂化50,催化重整43,加氢裂化50,加氢处理47,润滑油53。
②原文无2017年度数据,采用截至2016年底数据。
③不包括中国台湾省数据。

表5-11中的原油加工能力是指原油常压蒸馏装置的处理能力。下面根据表中的数据进一步从几个方面分析适应市场需要的能力。

(1)重质油轻质化的能力。这是指将减压馏分油和减压渣油转化为轻质油的能力。通常以催化裂化、加氢裂化和焦化三种过程的处理能力之和与原油加工能力之比来表示此能力。在美国等国家,把此比值称为转化指数 C.I.(Conversion Index)。由表 5-11 可计算,全世界的 C.I. 平均值约为 44.0%,中国、美国和印度是深度加工型的国家,其 C.I. 值分别为 61.28%、62.95%、55.2%;俄罗斯、韩国和沙特则是浅度加工型的国家,其 C.I. 值分别为 26.7%、29.3% 和 21.7%。

(2)生产汽油的能力。此能力包括生产汽油的数量和质量水平。除了直馏汽油外,催化裂化是最主要的生产汽油的过程,因此,催化裂化的处理能力在很大程度上反映了生产汽油的能力。催化重整、烷基化、异构化、含氧化合物(主要是醚类)合成等过程的主要作用是提高汽油的辛烷值,同时也改善汽油的其他性能,这些过程的生产能力从质量上反映了生产汽油的能力。美国是个汽油消费大国,中国的原油偏重,需要通过催化裂化来生产较多的汽油和柴油,故催化裂化的处理能力也较大,中美催化裂化处理量对原油处理量的比例分别达 28.8% 和 31.8% 左右。但我国在催化重整等提高汽油质量的炼油过程方面,加工能力稍低,催化重整占炼油能力比值 13.1%,但也比前些年有较大幅度提高,而美国为 17.4%。俄罗斯、韩国、德国、沙特和伊朗的催化裂化处理量对原油处理量的比值虽较低,只有 9.3% ~ 16.2%,但催化重整的比值较高,为 13.6% ~ 17.6%。

(3)加工含硫原油的能力。国际石油市场上中东原油占很大的比例,原油进口国所进口的原油主要是中东原油,而中东原油多数含硫较高。加工含硫原油的主要问题是设备腐蚀和产品质量,近年来由于环境保护的要求日益严格,对汽油、柴油等的含硫量的限制更苛刻,使加工含硫原油的问题更显突出。加工含硫原油的主要手段是加氢过程,包括加氢裂化、加氢处理(加氢精制)等。因此,加氢过程处理能力与原油处理能力的比值可以反映加工含硫原油的能力。实际上,加氢过程能力的大小除了反映加工含硫原油的能力以外,还反映了对市场需要的适应能力和提高产品质量的能力。从表 5-11 可见,全球加氢过程(加氢裂化 + 加氢处理)能力对原油加工能力的比值达到 86.8%,日本高达 133.6%,美国为 103.5%,我国的加氢能力比值为 87.7%,近年来有大幅度提高。

从表 5-11 中还可以看到,加氢过程能力中,加氢裂化的比例都较小,而加氢处理的比例却很高。其主要原因是加氢裂化过程的投资及操作费用都很高,加氢处理过程的反应条件较缓和、投资及操作费用相对较低,而加氢处理过程与其他过程的组合能很好地解决含硫原油加工的问题。

(4)润滑油生产能力。润滑油的品种很多,在国民经济中的作用也很重要,但是其产量对原油处理量的比值并不大,世界平均比值只有 0.86%,各个国家的差别较大。表 5-11 的数据只是反映了润滑油产量的大小,并不反映其质量水平。

上述的分析只是定性的,原则上也适用于对某个炼油厂的分析,但在分析时还需要结合具体的国情或厂情。在 20 世纪 40 年代末,W. L. Nelson 提出了以"复杂程度(complexity)"来定量地表示炼油厂生产各种产品的能力,至今在国外尚有应用。

视频5-6 主要炼油工艺介绍

视频5-7 炼油工艺过程简介

视频5-8 渣油组合加工方案

思政点8：敢为人先，开创重质油超临界溶剂萃取分离评价方法

参 考 文 献

[1] Zhao SQ, Xu ZM, Xu CM, et al. Systematic characterization of petroleum residua based on SFEF. Fuel, 2005, 84(6):635-645.

[2] Shi T P, Xu Z M, Cheng M, et al. Characterization index for vacuum residua and their subfractions [J]. Energy & Fuels, 1999, 13:871-876.

[3] Xu CM, Gao JS, Zhao SQ, et al. Correlation between feedstock SARA components and FCC product yields. Fuel, 2005, 84(6):669-674.

[4] Yang C, Du F, Zheng H, et al. Hydroconversion characteristics and kinetics of residue narrow fractions. Fuel, 2005, 84(6 SPEC. ISS.):675-684.

[5] 萧芦. 2017年世界主要国家和地区原油加工能力统计. 国际石油经济, 2018, (5):103-105.

第六章 石油蒸馏

原油是沸程极宽的烃类和非烃类组成的复杂混合物。从原油加工得到多种多样的燃料、润滑油和其他产品,往往先将原油分割为不同沸程的馏分,然后按照产品的使用要求,脱除这些馏分中的非理想组分,或者经化学转化生成所需要的组分,进而获得合格的石油产品。因此,炼油厂必须解决石油的分割和各种石油馏分在加工过程中的分离问题。蒸馏是石油加工最经济、最容易实现的分离方法。几乎所有的炼油企业,第一个加工过程就是原油蒸馏(常减压蒸馏),该过程也称为原油的一次加工过程。

常减压蒸馏装置将原油分割成一次加工产品和二次加工原料。一次加工产品包括直馏汽油、煤油、柴油等馏分,这些馏分经过适当的精制和调配便成为合格的石油产品。二次加工原料包括石脑油、减压馏分和减压渣油等,它们分别是催化重整、异构化、蒸汽裂解、催化裂化、加氢裂化、润滑油加工、焦化等过程的原料。常减压蒸馏决定着整个石油加工过程的物料平衡,既能得到炼油过程的初级产品和二次加工装置的原料,也能得到石油化工装置的生产原料,被誉为石油加工的"龙头"。

在炼油厂的二次加工装置中,蒸馏同样发挥着重要作用。例如:重整装置的原料预处理及产品的分离,催化裂化装置、焦化装置、加氢裂化装置的产品分离,润滑油生产装置的溶剂回收等,都用到蒸馏操作。蒸馏也是石油化工、煤炭化工、天然气化工等众多化工过程中原料处理和产品精制的主要手段。

蒸馏也是实验室中原油评价和产品质量控制的基本方法。ASTM(美国材料试验协会)制定了各种标准条件下的原油蒸馏方法,为全球炼油行业普遍采用,我国也制定了相应的国家标准。例如原油评价主要采用实沸点蒸馏(ASTM D2892 和 D5236、GB/T 17280 和 GB/T 17475)和模拟色谱蒸馏(ASTM D2887 和 D5307),产品质量控制采用恩氏蒸馏(ASTM D86 或 D1160、GB/T 6536 或 GB/T 9168 等)。

第一节 蒸馏概述

从中文字面上理解,"蒸"为加热蒸发,"馏"是将加热汽化的气相冷凝。由于体系中各组分相对挥发度(或沸点)的不同,蒸发的气相和未蒸发的液相间存在着组成的差异,从而实现了体系分离。依据原理和操作方式,可以把蒸馏分为连续操作的闪蒸、精馏、水蒸气蒸馏(汽提)和间歇操作的简单蒸馏。

一、闪蒸——平衡蒸馏

液相进料以某种方式被加热至部分汽化或气相进料以某种方式被部分冷凝,然后进入一个容器空间内(如闪蒸罐、蒸发塔、蒸馏塔的汽化段、塔顶部分冷凝器等),在一定的温度和压力下,气液两相迅速分离,

视频6-1 蒸馏重要性及其基本类型

得到相应的气相和液相产物,此过程即为闪蒸,也称为平衡蒸馏。

闪蒸是连续操作的一次汽化过程,有减压闪蒸、等温闪蒸、等压闪蒸、等焓闪蒸等多种操作方式,适应于不同的生产场合,选用的具体类型取决于闪蒸过程所控制的工艺条件,如进料和闪蒸罐的操作温度和压力等。

闪蒸过程一般有平衡汽化和平衡冷凝两种情况,前者进料为液相,需要加热;而后者进料为气相,需要冷凝。最常用的平衡汽化过程是减压闪蒸,见图6-1(a),例如原油的拔头、蒸馏塔进料的汽化段等。平衡冷凝过程的应用也十分常见,例如,催化裂化分馏塔顶的气相馏出物经过冷凝冷却,进入接受罐中进行分离,此时汽油馏分冷凝为液相,而裂化气和一部分汽油蒸气则仍为气相,即裂化富气,见图6-1(b)。

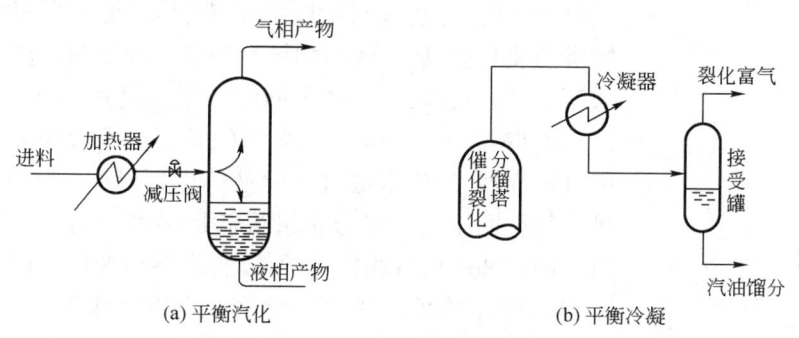

图6-1 闪蒸(平衡蒸馏)过程

闪蒸过程理论上的最高分离能力为一次相平衡,在工艺中按一个理论平衡级处理。在实际生产过程中,气、液两相的接触时间和接触面积都有限,因此难以达到相平衡。鉴于相际传质过程大部分发生在气液接触的一瞬间,但对于黏度不高的体系可在90%以上的程度接近气液平衡,因而闪蒸过程可以近似地按相平衡来处理。例如在原油蒸馏装置中,原油流经换热网络加热,从汽化点开始,每一点都可以近似地看作平衡汽化。闪蒸在工业上应用广泛,如原油闪蒸拔头脱除轻组分,稠油闪蒸除去硫化氢,凝析油闪蒸脱不凝气,轻污油闪蒸脱除轻组分,海上原油负压闪蒸提升原油闪点并将轻组分作发电燃料等。

二、简单蒸馏——渐次汽化

简单蒸馏是一种分离程度不高的间歇操作过程,多用于实验室或小型装置浓缩物料或粗略分割油料,其基本流程如图6-2所示。简单蒸馏不适于大规模的连续生产,但却是原油评价和产品表征的各种条件性蒸馏方法的基础,其中恩氏蒸馏就可以近似看作是简单蒸馏。

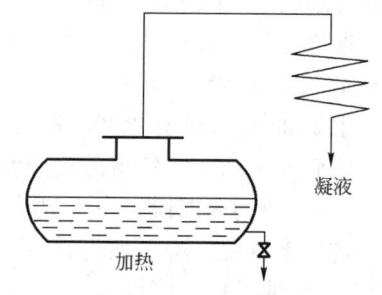

图6-2 简单蒸馏

一次性投入的液体物料在蒸馏釜中被加热,在一定压力下,当温度达到混合物的泡点时,液体开始汽化,生成的气相当即被引出并经冷凝冷却后收集起来,同时液体被继续加热,继续生成蒸气并被引出,这种蒸馏方式称为简单蒸馏或微分蒸馏。

在简单蒸馏中,每个瞬间形成的气相都与蒸馏釜中的液相(残液)处于平衡状态。由于气相不断被引出,因此气相组成在整个蒸馏过程中不断变化。最初得到的馏出液含轻组分最多,随着加热温度的升高,气相中轻组分的浓度逐渐降低,同时残液不断变重。对在每一瞬间所产生的气相来说,其轻组分浓度总是高于与之平衡的残液中的浓度,因此简单蒸馏可以使原料中的轻、重组分得到一定程度的分离。若在不同时刻将馏出液收集在多个罐中,则各罐的轻组分浓度依次降低。从本质上看,简单蒸馏是由无穷次平衡汽化所组成的,是渐次汽化过程。简单蒸馏的分离效果要优于平衡汽化。

三、精馏

精馏是分离混合物常用的有效手段。精馏有连续式和间歇式两种,现代石油加工装置中都采用连续式精馏,而间歇式精馏则一般只用于小型装置和实验室(如实沸点蒸馏)。

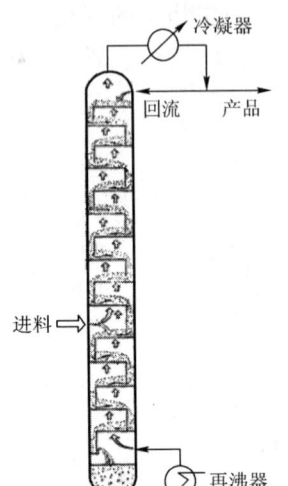

图6-3 连续式精馏塔示意图

图6-3是一连续式精馏塔示意图。该精馏塔有两段:进料段以上是精馏段,进料段以下是提馏段,是一个完全精馏塔。精馏塔内装有提供气、液两相接触的塔板或填料。塔顶送入轻组分浓度很高的液体,称为塔顶回流。通常是把塔顶馏出物冷凝(冷却)后,取其一部分作为塔顶回流,而其余部分作为塔顶产品。塔底有再沸器,加热塔底流出的液体以便产生一定量的气相回流,塔底气相回流是轻组分含量很低且温度较高的蒸气。由于塔顶液相回流和塔底气相回流的作用,沿着精馏塔高度建立了两个梯度:(1)温度梯度,即自塔底至塔顶温度逐级下降;(2)浓度梯度,即气、液相物流的轻组分浓度自塔底至塔顶逐级增大。由于这两个梯度的存在,在每一个气、液接触级内,由下而上的较高温度和较低轻组分浓度的气相与由上而下的较低温度和较高轻组分浓度的液相互相接触,进行传质和传热,产生新的平衡的气、液两相,使气相中的轻组分和液相中的重组分分别得到提浓。如是经过多次的气、液相逆流接触,最后在塔顶得到较纯的轻组分,而在塔底则得到较纯的重组分。精馏的分离效果显然远优于闪蒸和简单蒸馏。由此可见,精馏塔内沿塔高的温度梯度和浓度梯度的建立以及良好的接触设施是精馏过程得以进行的必要条件。

对于石油精馏,一般只要求其产品是有规定沸程的馏分,而不是某个组分纯度很高的产品,或者在一个精馏塔内并不要求同时在塔顶和塔底都出很纯的产品。因此,炼油厂常常有些精馏塔在精馏段还抽出一个或几个侧线产品,也有一些精馏塔只有精馏段或提馏段,前者称为复杂塔,而后者称为不完全塔。例如原油常压蒸馏塔,除了塔顶馏出汽油馏分外,在精馏段还抽出煤油、轻柴油和重柴油馏分。原油常压精馏塔的进料段以下的塔段与前述的提馏段不同,在塔底只是通入一定量的过热水蒸气,降低塔内油气分压,使进料段液相带下来的一部分轻馏分蒸发,回到精馏段。由于过热水蒸气提供的热量很有限,轻馏分蒸发时所需的热量主要是依靠物流本身温度降低而得,因此自进料段往下,塔内温度是逐步下降而不是逐步增高的。综上所述,原油常压蒸馏塔是一个复杂塔,同时也是一个不完全塔。

第二节 石油及其馏分的蒸馏曲线

一、常用的三种蒸馏曲线

最常用的石油特征化实验室蒸馏方法有三种:恩氏蒸馏、实沸点蒸馏和平衡汽化。三种蒸馏方法所得结果既可用馏分组成数据表示,也可用蒸馏曲线(馏出温度—馏出体积分数)表示。利用三种曲线之间的关系,可得出石油的泡点、露点以及一系列平衡汽化温度与馏出体积分数之间的关系,从而进行工艺计算。

1. 恩氏蒸馏曲线

恩氏蒸馏是一种简单蒸馏,是以规格化的仪器在规定的实验条件下进行的,因而是一种条件性的实验方法(ASTM D86,GB/T 6536)。将馏出温度(气相温度)对馏出体积分数作图,得到如图6-4所示的恩氏蒸馏曲线。

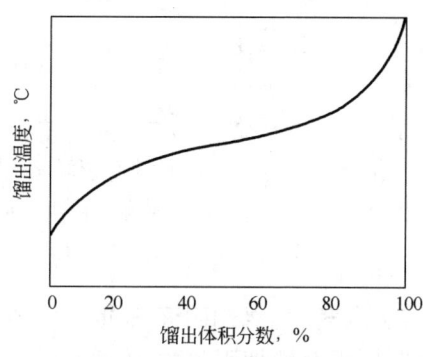

视频6-2 石油及其馏分的蒸馏曲线

图6-4 恩氏蒸馏曲线示意图

恩氏蒸馏本质上是渐次汽化过程,因而馏出温度不能表征油品中各组分的实际沸点。但它能反映油品在一定条件下的汽化性能,而且简便易得,故广泛用于计算油品的部分性质参数。它也是油品最基本的物性数据之一。

2. 实沸点蒸馏曲线

实沸点蒸馏(TBP)是一种标准化的实验室间歇精馏过程。如果一个间歇精馏设备的分离能力足够高,则可以得到混合物中各个组分的量及对应的沸点,将所得数据标绘在馏出温度—馏出体积分数的图上,可以得到一根阶梯形曲线,但这不易做到。实际上,实沸点蒸馏设备是一种规格化的蒸馏设备,规定其精馏柱应相当于15~17块理论板的分离能力,并在规定的试验条件下进行。因石油中相邻组分的沸点十分接近,而每个组分的含量又很少,故所得石油的实沸点蒸馏曲线是一条连续曲线(图6-5),它可以大致反映各组分馏出量随沸点的变化情况。蒸馏时一般规定每个馏分的馏出温度范围,并称量相应的馏出质量或测量馏出体积,用于计算对应馏出温度或温度范围的馏出质量或体积分数。

实沸点蒸馏主要用于油品评价,蒸馏所得的最高馏出温度相当于常压下的550℃左右。近些年出现了由气相色谱法分析得到石油模拟实沸点蒸馏数据的方法。气相色谱法模拟实沸点蒸馏可以节约大量实验时间,所用的试样量也很少,但不能得到馏分样品。因此,气相色谱模拟法还不能完全代替实验室的实沸点蒸馏。

3. 平衡汽化曲线

在实验室平衡汽化设备中,将油品加热汽化,使气液两相在恒定压力和温度下密切接触足够长的时间后迅速分离,即可测得油品在该条件下的平衡汽化率。在恒压下选择几个合适的温度(一般至少5个)进行试验,就可以得到恒压下平衡汽化率与温度的关系。以汽化温度对汽化率作图,即可得油品的平衡汽化曲线,见图6-6。根据平衡汽化曲线,可以确定油品在不同汽化率时的温度(如精馏塔进料段温度)、泡点温度(如精馏塔侧线温度和塔底温度)、露点温度(如精馏塔顶温度)等。

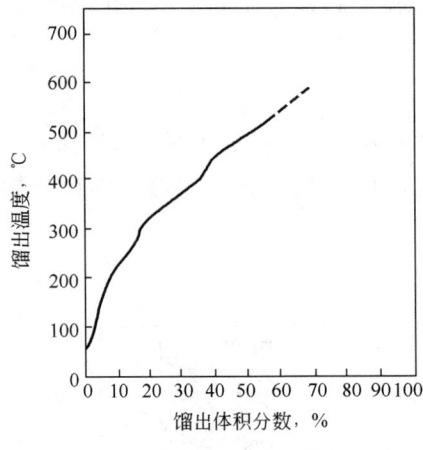
图 6-5　原油的实沸点蒸馏曲线示意图

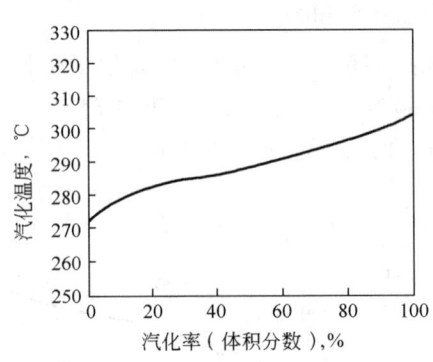
图 6-6　平衡汽化曲线示意图

4. 三种蒸馏曲线的比较

恩氏蒸馏主要用于表征产品的质量,实沸点蒸馏主要用于石油馏分组成的表征,两种蒸馏方法都采用间歇蒸馏过程。而平衡汽化主要用于石油加工过程中汽化率的确定,因此平衡汽化曲线是连接原油特征化与实际工艺工程的桥梁。

图 6-7 是同一种油品的三种不同的蒸馏曲线。就曲线的斜率而言,平衡汽化曲线最平缓,恩氏蒸馏曲线较陡一些,而实沸点蒸馏曲线的斜率最大。这反映了三种蒸馏方式的分离效率,即实沸点蒸馏的分离精确度最高,恩氏蒸馏次之,而平衡汽化则最差。

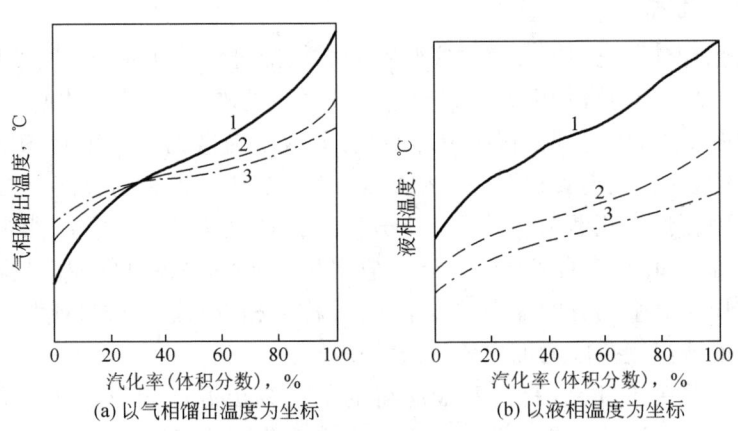
图 6-7　三种蒸馏曲线比较
1—实沸点蒸馏曲线;2—恩氏蒸馏曲线;3—平衡汽化曲线

通常在标绘蒸馏曲线时所用的温度都是指气相馏出温度,如图 6-7(a)所示。为了比较这三种蒸馏方式,图 6-7(b)给出了以液相温度为纵坐标绘制的结果。由该图可见,为了获得相同的汽化率,实沸点蒸馏要求达到的液相温度最高,恩氏蒸馏次之,平衡汽化最低。这是因为实沸点蒸馏是精馏过程,精馏塔顶的气相馏出温度与蒸馏釜中的液相温度必然会有一定的温差,这个温差在实沸点蒸馏时可达数十摄氏度之多;恩氏蒸馏基本上是渐次汽化过程,但由于蒸馏瓶颈散热产生少量回流,多少有一些精馏作用,因而造成气相馏出温度与瓶中液相温度之间有几摄氏度至十几摄氏度的温差;至于平衡汽化,由于是一个平衡闪蒸过程,其气相温度与液相温度是相同的。

由此可见,在对分离精度没有严格要求的情况下,采用平衡汽化可以用较低的温度得到较高的汽化率,这一点对炼油分离过程有重要的实际意义。在石油蒸馏流程中,涉及许多平衡闪蒸过程,例如闪蒸罐、蒸馏塔进料段等。

5. 蒸馏曲线的外推和内插

1) 恩氏蒸馏和实沸点蒸馏数据的外推和内插

在炼油工程装置的设计中,经常遇到产品恩氏蒸馏数据不全的问题。而商业流程模拟软件要求的蒸馏数据最少点数为5个点,因此产品恩氏蒸馏数据的外推和内插十分重要。

恩氏蒸馏数据的外推和内插有两种基本方法:概率坐标纸法和模型法。对于沸程不太宽的馏分油,其恩氏蒸馏数据在正态概率坐标纸(图6-8)上十分接近于一条直线。正态概率坐标纸的横坐标为正态概率坐标,纵坐标为算术坐标,因此,可以在其上标绘出已有的恩氏蒸馏数据并作出直线,从而内插和外推,求出其他各点的馏出温度。由于实沸点蒸馏数据与恩氏蒸馏数据趋势上的一致性,实沸点蒸馏数据在正态概率坐标纸上也接近于一条直线,也可用于数据补缺。

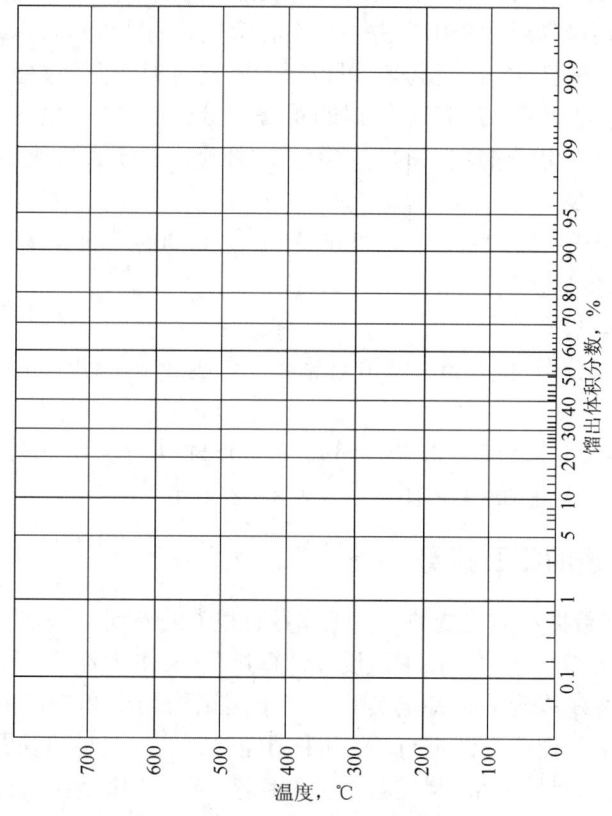

图6-8 恩氏蒸馏曲线坐标纸

另一种方法就是采用恩氏蒸馏曲线的数学模型,参见式(6-1):

$$\begin{cases} t = t_0 + a \left[-\ln\left(1 - \dfrac{V}{101}\right) \right]^b, & V \in (0,100) \\ V = 101 \times \left[1 - \exp\left(-\dfrac{(t - t_0)}{a}^{1/b} \right) \right], & V \in (0,100) \end{cases} \quad (6-1)$$

式中,a、b 为模型待定参数,t_0 表示初馏点的温度。通过不少于2个点和初馏点数据,应用该模型就可以回归出待定参数 a 和 b。若无初馏点,则需要用 3 个不同馏出体积分数的数据点进行估计。

2) 实沸点蒸馏曲线的扩展

受到油品分解温度的限制,原油的常规实沸点蒸馏(TBP)只能达到 520℃ 左右,而蒸馏残液占原油的质量分数是较高的,如大庆原油约为 42.8%,胜利原油约为 47.4%。因此石油相平衡计算中,常将 520℃ 以后的残余馏分作为 1~4 个假组分进行计算,并且各种假组分的物性多数都是外推的结果,精度差,这样处理对于减压塔深拔和减压渣油再加工利用过程中的相平衡计算是不适宜的。

现代石油特征化技术的发展,形成了高真空实沸点蒸馏(TBP,1mmHg)、分子蒸馏和气相色谱模拟蒸馏等诸多新技术,为重质馏分油的深度加工提供了可靠的基础数据,但均不能进行全流程 TBP 蒸馏评价。采用分子蒸馏对石油体系的平衡汽化数据测量可达 630℃ 左右,采用气相色谱模拟蒸馏技术能够达到 750℃,但这些技术都不能进行馏分物性的进一步测试。

中国石油大学重质油国家重点实验室开发了超临界流体萃取分馏(SFEF)重质油评价技术,其平均沸点的预测值最高可达 850℃,并可以对各窄馏分的物性进行深入的测试。若将 SFEF 得到的数据与常规 TBP 蒸馏数据结合起来,可以得到完整的 TBP 蒸馏数据与物性分布数据。

通过对原油 TBP 蒸馏数据与 SFEF 数据的重叠部分进行考察,发现偏差很小,因此 SFEF 数据可以作为全馏程的 TBP 蒸馏数据的重质馏分的补充。对于大庆原油,其全馏程 TBP 蒸馏数据的数学模型为

$$t_b = 49.380 + 13.984V - 0.053423V^{2.5} + 0.0050735V^3, t_b \leq 840℃ \quad (6-2)$$

式中　V——馏出质量分数,%;

t_b——常压实沸点,℃。

相应大庆原油各馏分分子量 M_W 和相对密度 d_4^{20} 随馏出温度的变化可由式(6-3)和(6-4)计算:

$$M_W = 55.72555 + 0.704063 t_b - 0.06243 t_b^{1.5} + 0.003264 t_b^2 \quad (6-3)$$

$$d_4^{20} = 0.647809 + 1.0864 \times 10^{-3} t_b - 2.8168 \times 10^{-5} t_b^{1.5} + 1.25295 \times 10^{-10} t_b^3 \quad (6-4)$$

二、石油蒸馏曲线的相互换算

测定三种蒸馏曲线数据所需花费的实验工作量有很大的差别,其中平衡汽化的工作量最大,恩氏蒸馏的最小,实沸点蒸馏居中。在工艺设计计算过程中,往往需要三种蒸馏曲线间的换算。

但由于各种蒸馏曲线体现的是特定实验条件下测试的结果和特殊的石油体系性质,故它们之间的换算不可能采用理论方法进行,普遍采用经验方法。具体方法是:通过大量实验数据的处理,找出各种曲线之间的关系,制成若干关联图表,或采用图表拟合的公式进行换算。由于各种石油和石油馏分的性质有很大的差异,而在做关联工作时不可能对所有的油料都进行蒸馏试验,因而所制得的经验图表的适用性有限,在使用时也必然会带来一定的误差。因此,在使用这些经验图表时必须严格注意其使用范围以及可能的误差,只要有可能应尽量采用实测的实验数据。

1. 常压蒸馏曲线的相互换算

1) 恩氏蒸馏曲线和实沸点蒸馏曲线的相互换算

当恩氏蒸馏温度超过 246℃ 时,换算时需考虑热裂化的影响,可用下式进行温度校正:

$$\lg D = 0.00852t - 1.691 \tag{6-5}$$

式中 D——温度校正值(加至 t 上),℃;

t——超过246℃的恩氏蒸馏温度,℃。

目前,常压下从恩氏蒸馏曲线转换成实沸点蒸馏曲线最常用的方法是 API 1987 法,且此法不需进行热裂化修正,已为各种商业流程模拟软件所推荐,参见下式:

$$t_{TBP} = \frac{5}{9}\left[a\left(\frac{9}{5}t_{D86} + 491.67\right)^b - 491.67\right] \tag{6-6}$$

式中 t_{TBP}, t_{D86}——常压 TBP 和 D86 的温度,℃;

a, b——随馏出体积分数变化的常数,其数值见表 6-1。

表 6-1 公式(6-6)中常数 a、b 的值

体积分数	0%~5%	10%	30%	50%	70%	90%	95%~100%
a	0.916668	0.5277	0.7249	0.89303	0.87051	0.948975	0.80079
b	1.001868	1.090011	1.042533	1.017560	1.02259	1.010955	1.03549

2)恩氏蒸馏曲线和平衡汽化曲线的相互换算

常压恩氏蒸馏曲线和平衡汽化曲线的相互换算可以用图 6-9 和图 6-10 进行。这两幅

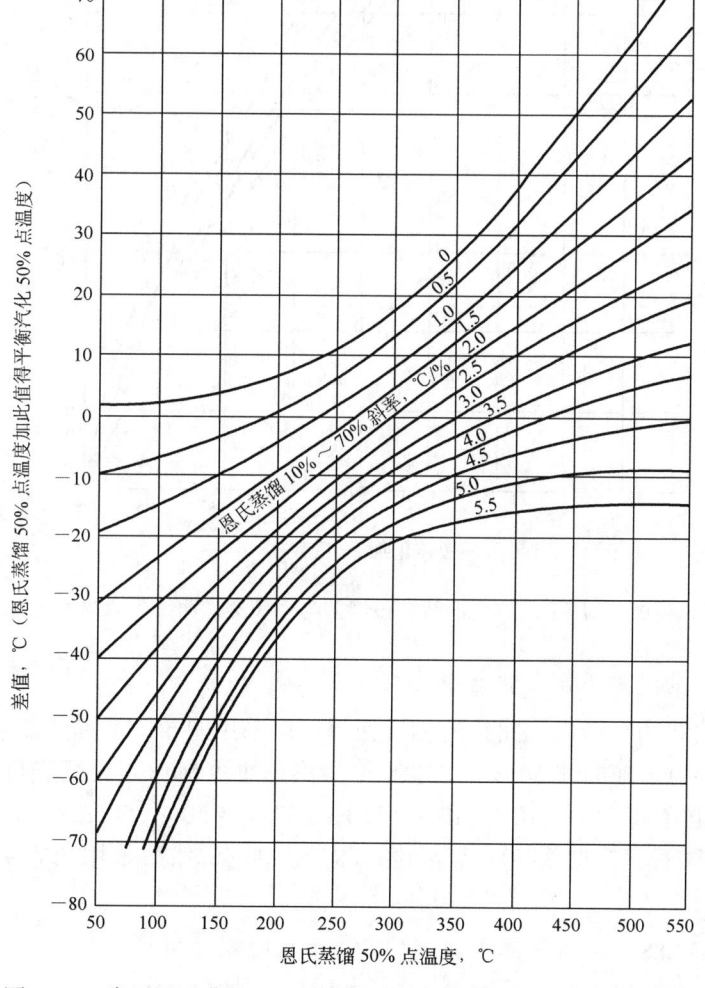

图 6-9 常压恩氏蒸馏 50% 点温度与平衡汽化 50% 点温度换算图

图适用于特性因数 $K=11.8$、沸点低于 427℃ 的油品,据若干实验数据核对,计算值与实验值之间的偏差在 8.3℃ 以内。采用图 6-9 将 D86 与 EFV50% 点温度进行换算,再将该蒸馏曲线分为若干线段(如 0%~10%、10%~30%、30%~50%、50%~70%、70%~90% 和 90%~100%),以两种蒸馏曲线 50% 点温度或温差为基点,然后采用图 6-10 进行相应温差的换算。

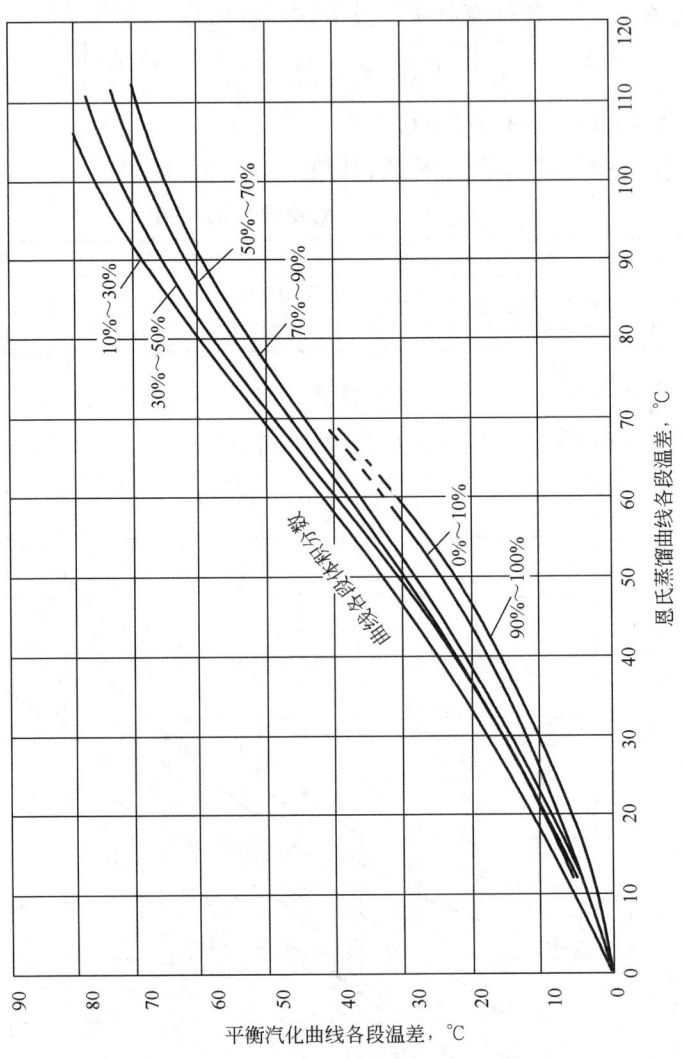

图 6-10 常压平衡汽化曲线各段温差与恩氏蒸馏曲线各段温差换算图

3)实沸点蒸馏曲线和平衡汽化曲线的相互换算

实沸点蒸馏曲线和平衡汽化曲线的相互换算可以采用图 6-11 和图 6-12 进行。首先利用图 6-11 将实沸点蒸馏曲线 50% 点温度与平衡汽化曲线 50% 点温度进行换算,再将该蒸馏曲线分为若干线段(如 0%~10%、10%~30%、30%~50%、50%~70%、70%~90% 和 90%~100%),以两种蒸馏曲线 50% 点温度或温差为基点,然后采用图 6-12 进行相应温差的换算。

4)模拟蒸馏(D2887)曲线和恩氏蒸馏(D86)曲线的相互换算

可按下式把每个馏分的 D2887 温度转化成相应的 D86 温度:

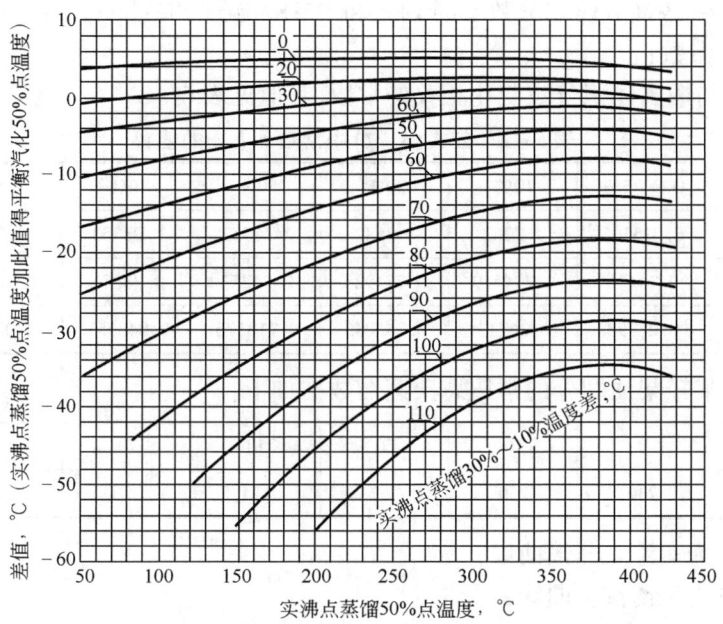

图 6-11 常压实沸点蒸馏 50%点温度与平衡汽化 50%点温度换算图

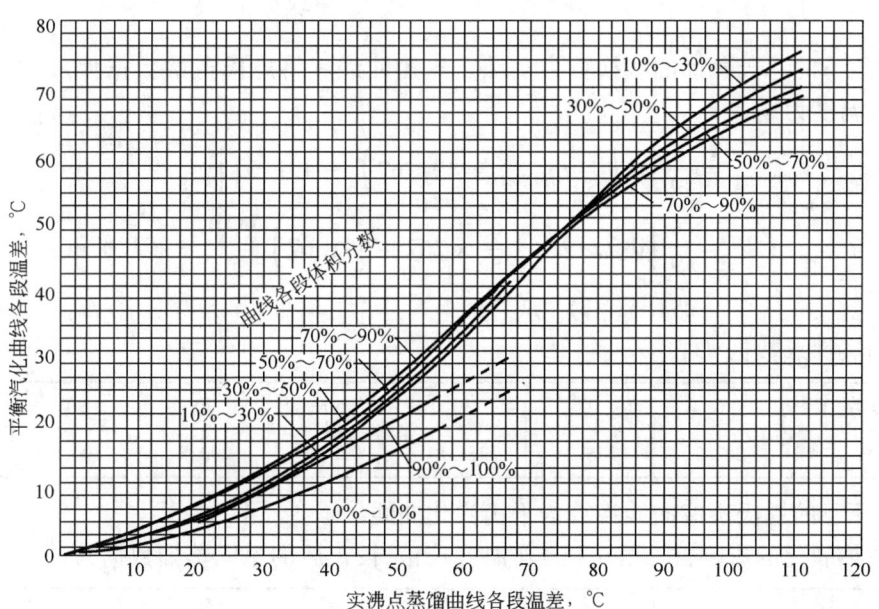

图 6-12 常压实沸点蒸馏曲线各段温差与平衡汽化曲线各段温差换算图

$$\begin{cases} \tau_{D2887} = \dfrac{9}{5} t_{D2887} + 491.67 \\ F = 0.009524 (\tau_{D2887,10\%})^{0.05434} (\tau_{D2887,50\%})^{0.6147} \\ \tau_{D86} = a (\tau_{D2887})^{b} F^{c} \\ t_{D86} = \dfrac{5}{9}(\tau_{D86} - 491.67) \end{cases} \quad (6-7)$$

式中 τ_{D86}, τ_{D2887}——D86 和 D2887 的兰氏温度，°R；

t_{D86}, t_{D2887}——各馏分体积分数下的 D86 和 D2887 温度,℃;
F——中间参数;
a, b, c——与馏出体积分数变化相关的常数,其值见表 6-2。

表 6-2 公式(6-7)中常数 a、b、c 的值

体积分数	0% ~5%	10%	30%	50%	70%	90%	95% ~100%
a	6.015365	4.2262	4.8882	24.1357	1.08353	1.09555	1.90734
b	0.74446	0.794429	0.771928	0.54253	0.98671	0.98344	0.9000
c	0.28793	0.26713	0.345035	0.713175	0.048551	0.03542	0.06251

【例 6-1】 某轻柴油馏分的常压恩氏蒸馏数据如下:

馏出体积分数,%	0	10	30	50	70	90	100
温度,℃	239	250	267	274	283	296	306

(1)将其换算为实沸点蒸馏曲线;
(2)将其换算为平衡汽化曲线;
(3)将(1)得到的实沸点蒸馏曲线换算为平衡汽化曲线;
(4)假设恩氏蒸馏的 50% 点温度没有测得,用内插法和模型法计算并比较结果。

解:
(1)常压下的恩氏蒸馏曲线换算为实沸点蒸馏曲线。将恩氏蒸馏数据代入式(6-6),以 30% 点馏出温度为例:

$$t_{TBP,30\%} = \frac{5}{9}\left[a\left(\frac{9}{5}t_{D86,30\%} + 491.67\right)^b - 491.67\right]$$

$$= \frac{5}{9}\left[0.7249 \times \left(\frac{9}{5} \times 267 + 491.67\right)^{1.042533} - 491.67\right]$$

$$= 251.5(℃)$$

得到的实沸点数据如下:

馏出体积分数,%	0	10	30	50	70	90	100
温度,℃	202.3	238.2	251.5	278.3	292.8	309.6	320.4

(2)常压下的恩氏蒸馏曲线换算为平衡汽化曲线。
①考虑热裂化的影响,按式(6-5)作温度校正,校正后的恩氏蒸馏数据为:

馏出体积分数,%	0	10	30	50	70	90	100
温度,℃	239	252.8	270.8	278.4	288.3	302.8	314.2

②按图 6-9 换算 50% 点的温度:
恩氏蒸馏 10% ~70% 点斜率 = (288.3 - 252.8)/(70 - 10) = 0.592(℃/%)
由图查得:
平衡汽化 50% 点温度 - 恩氏蒸馏 50% 点温度 = 9.5(℃)
故 平衡汽化 50% 点温度 = 278.4 + 9.5 = 287.9(℃)
③由图 6-10 查得平衡汽化曲线各段温差:

曲 线 线 段	恩氏蒸馏温差,℃	平衡汽化温差,℃
0%~10%	13.8	5.0
10%~30%	18.0	11.0
30%~50%	7.6	3.8
50%~70%	9.9	4.5
70%~90%	14.5	6.2
90%~100%	11.4	3.2

④由50%点温度及各线段温差推算平衡汽化曲线的各点温度：

$$t_{EFV,30\%} = 287.9 - 3.8 = 284.1(℃)$$
$$t_{EFV,10\%} = 284.1 - 11 = 273.1(℃)$$
$$t_{EFV,0\%} = 273.1 - 5 = 268.1(℃)$$
$$t_{EFV,70\%} = 287.9 + 4.5 = 292.4(℃)$$
$$t_{EFV,90\%} = 292.4 + 6.2 = 298.6(℃)$$
$$t_{EFV,100\%} = 298.6 + 3.2 = 301.8(℃)$$

得到的平衡汽化数据如下：

馏出体积分数,%	0	10	30	50	70	90	100
温度,℃	268.1	273.1	284.1	287.9	292.4	298.6	301.8

（3）常压下的实沸点蒸馏曲线换算为平衡汽化曲线。由题(1)求得的实沸点蒸馏数据为：

馏出体积分数,%	0	10	30	50	70	90	100
温度,℃	202.3	238.2	251.5	278.3	292.8	309.6	320.4

根据实沸点蒸馏50%点温度278.3℃和实沸点蒸馏30%~10%温度差13.3℃，查图6-11,得到：

平衡汽化50%点温度 - 实沸点蒸馏50%点温度 = 3.5(℃)

故   平衡汽化50%点温度 = 278.3 + 3.5 = 281.8(℃)

由图6-12查得平衡汽化曲线各段温差：

曲 线 线 段	实沸点蒸馏温差,℃	平衡汽化温差,℃
0%~10%	35.9	10.5
10%~30%	13.3	3.8
30%~50%	26.8	9.0
50%~70%	14.5	5.0
70%~90%	16.8	5.8
90%~100%	10.8	2.4

由50%点温度及各线段温差推算平衡汽化曲线的各点温度：

$$t_{EFV,30\%} = 281.8 - 9.0 = 272.8(℃)$$
$$t_{EFV,10\%} = 272.8 - 3.8 = 269.0(℃)$$
$$t_{EFV,0\%} = 269.0 - 10.5 = 258.5(℃)$$
$$t_{EFV,70\%} = 281.8 + 5.0 = 286.8(℃)$$

$$t_{\text{EFV},90\%} = 286.8 + 5.8 = 292.6(℃)$$
$$t_{\text{EFV},100\%} = 292.6 + 2.4 = 295.0(℃)$$

得到的平衡汽化数据为:

馏出体积分数,%	0	10	30	50	70	90	100
温度,℃	258.5	269.0	272.8	281.8	286.8	292.6	295.0

与题(2)得到的平衡汽化数据相比,出现了较大偏差,一方面说明了读图误差,另一方面也说明用图表计算有局限性。当同时具备恩氏蒸馏和实沸点蒸馏数据时,建议从恩氏蒸馏数据换算平衡汽化曲线更为妥当。

(4)计算恩氏蒸馏曲线50%点温度。已知初馏点 $t_0 = 239℃$,将30%点温度和70%点温度的值代入式(6-1):

$$t = t_0 + a\left[-\ln\left(1 - \frac{V}{101}\right)\right]^b$$

可求得参数 $a = 41.35, b = 0.3738$。

所以,$V = 50\%$ 时,$t = 274.8℃$,与实测值对比,误差为0.3%。

由图6-8作直线可得到50%点对应的温度为275℃,与实测值对比,误差为0.36%。

内插法和模型法得到的数值与实测值都相近;两者对比,恩氏蒸馏模型更接近于实测值。

【例6-2】 已知某石油馏分 ASTM D2887 数据如下:

馏出体积分数,%	10	30	50	70	90
温度,℃	455	482	497	510	530

确定它在760mmHg下的 ASTM D86 曲线和 TBP 曲线。

解:(1)根据式(6-7),将摄氏温度转化成兰氏温度:

馏出体积分数,%	10	30	50	70	90
摄氏温度,℃	455	482	497	510	530
兰氏温度,°R	1310.7	1359.3	1386.3	1409.7	1445.7

(2)根据式(6-7),将 D2887 温度转化为 D86 温度:

$$F = 0.009524(\tau_{\text{D2887},10\%})^{0.05434}(\tau_{\text{D2887},50\%})^{0.6147} = 1.2009$$

馏出体积分数,%	10	30	50	70	90
τ_{D2887},°R	1310.7	1359.3	1386.3	1409.7	1445.7
τ_{D86},°R	1329.9	1365.4	1392.9	1399.5	1413.1

(3)根据式(6-6),将 D86 温度转化为 TBP 温度:

馏出体积分数,%	10	30	50	70	90
t_{D86},℃	465.7	485.4	500.7	504.3	511.9
t_{TBP},℃	471.8	474.4	511.6	524.0	533.5

以30%点温度计算为例:

$$\tau_{\text{D2887},30\%} = \frac{9}{5}t_{\text{D2887},30\%} + 491.67 = \frac{9}{5} \times 482 + 491.67 = 1359.3(°R)$$

$$\tau_{D86,30\%} = a(\tau_{D2887,30\%})^b F^c$$
$$= 4.8882 \times 1359.3^{0.7719} \times 1.2009^{0.3450} = 1365.4(°R)$$
$$t_{TBP,30\%} = \frac{5}{9}\left[a\left(\frac{9}{5}t_{D86,30\%} + 491.67\right)^b - 491.67\right]$$
$$= \frac{5}{9}\left[0.7249 \times \left(\frac{9}{5} \times 485.4 + 491.67\right)^{1.04253} - 491.67\right] = 474.4(℃)$$

2. 减压 1.33kPa(残压 10mmHg)蒸馏曲线的相互换算

减压为 1.33kPa(残压 10mmHg)的各种蒸馏曲线的相互换算可以采用下列经验图表：

(1)恩氏蒸馏和实沸点蒸馏曲线的互换用图 6-13，使用该图时假定恩氏蒸馏 50％ 点温度与实沸点蒸馏 50％ 点温度相同。

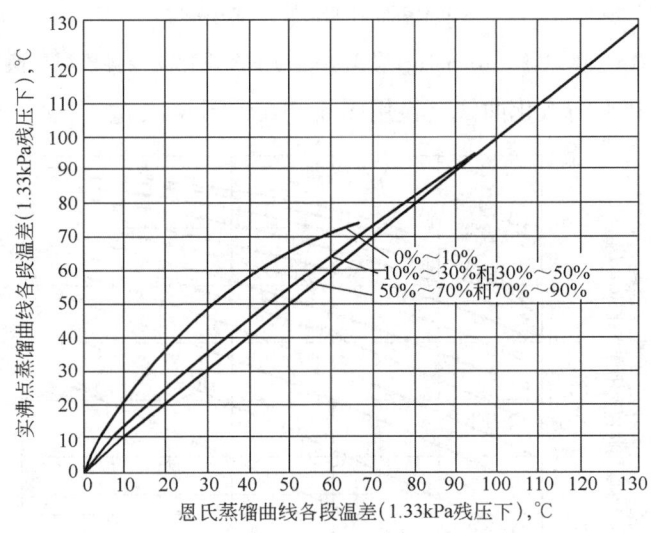

图 6-13　1.33kPa(10mmHg)恩氏蒸馏与实沸点蒸馏曲线各段温差换算图

(2)恩氏蒸馏和平衡汽化曲线互换用图 6-14 和图 6-15。

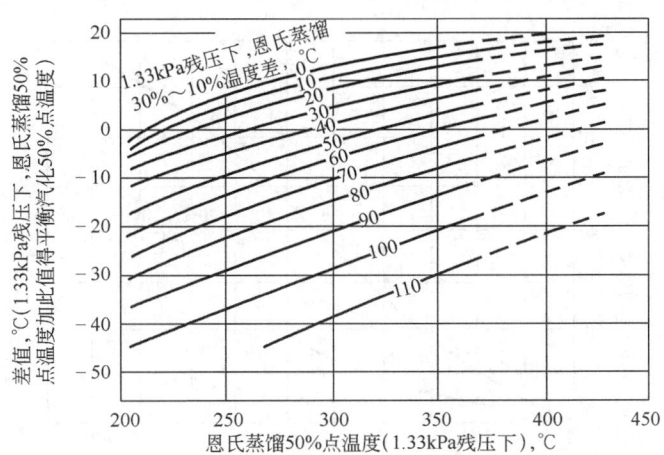

图 6-14　1.33kPa(10mmHg)恩氏蒸馏 50％点温度与平衡汽化 50％点温度换算图

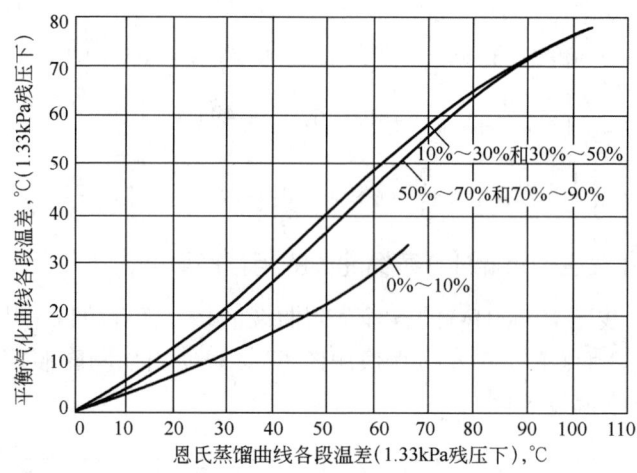

图 6-15　1.33kPa(10mmHg)恩氏蒸馏与平衡汽化曲线各段温差换算图

（3）实沸点蒸馏和平衡汽化曲线互换用图 6-16 和图 6-17。

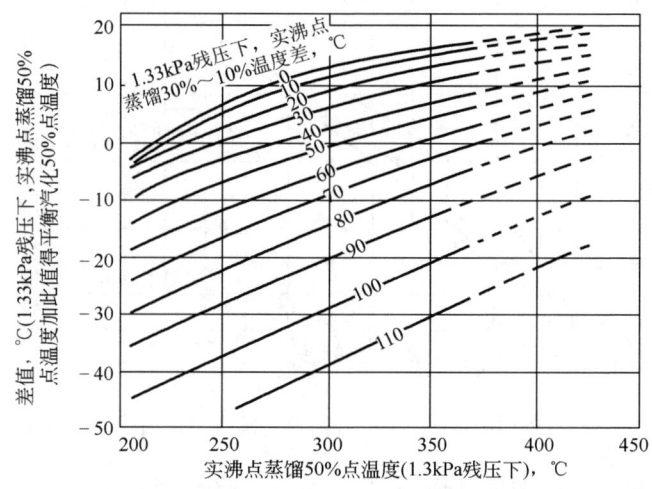

图 6-16　1.33kPa(10mmHg)实沸点蒸馏 50% 点温度与平衡汽化 50% 点温度换算图

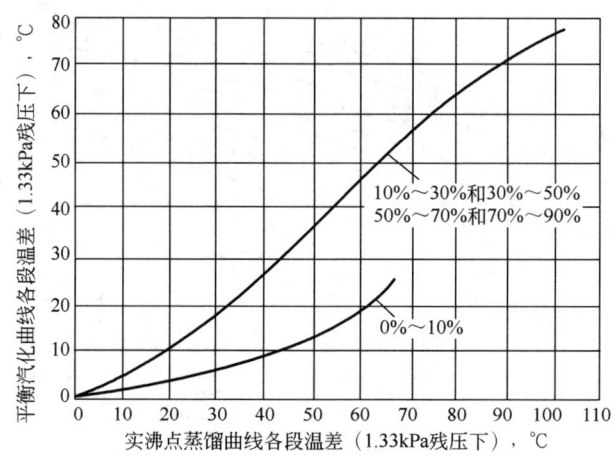

图 6-17　1.33kPa(10mmHg)实沸点蒸馏与平衡汽化曲线各段温差换算图

这些换算图表是根据若干重残油的实验数据归纳而得的,只适用于重残油。据校验,使用这些图表换算的误差约在14℃以内,其用法同常压恩氏蒸馏与实沸点蒸馏曲线的换算图的用法相似。

【例6-3】 已知某石油馏分在10mmHg残压下的恩氏蒸馏(ASTM D1160)数据如下:

馏出体积分数,%	10	30	50	70	90
华氏温度,℉	300	400	475	550	650

确定它在10mmHg下的实沸点(TBP)蒸馏曲线的数值。

解: 根据已知条件计算出各蒸馏段的温差(℉),计算出以摄氏度表示的温差(℃),之后用图6-13查得10mmHg实沸点蒸馏曲线各段温差(℃),再换算为华氏度温差(℉)如下:

曲线线段(体积分数)	ASTM D1160 温差,℉	ASTM D1160 温差,℃	TBP 温差,℃	TBP 温差,℉
10%~30%	100	55.6	59.4	106.9
30%~50%	75	41.7	47.6	85.7
50%~70%	75	41.7	41.7	75.1
70%~90%	100	55.6	55.6	100.1

假设10mmHg下ASTM D1160和TBP在50%点温度相同,那么50%点的温度是475℉,则实沸点蒸馏在以下各点的温度为

$$t_{TBP,30\%} = 475 - 85.7 = 389.3(℉)$$
$$t_{TBP,10\%} = 389.3 - 106.9 = 282.4(℉)$$
$$t_{TBP,70\%} = 475 + 75.1 = 550.1(℉)$$
$$t_{TBP,90\%} = 550.1 + 100.1 = 650.2(℉)$$

3. 减压1.33kPa(残压10mmHg)蒸馏曲线换算为常压蒸馏曲线

这类换算可以分为以下几种情况:

(1)减压实沸点蒸馏曲线换算成常压实沸点蒸馏曲线,见图6-18和图6-19。
(2)减压1.33kPa(10mmHg)恩氏蒸馏曲线换算为常压实沸点蒸馏曲线可分两步进行:
第一步,1.33kPa恩氏蒸馏曲线换算成1.33kPa实沸点蒸馏曲线,见图6-13;
第二步,1.33kPa实沸点蒸馏曲线换算成常压实沸点蒸馏曲线。
(3)减压1.33kPa(10mmHg)恩氏蒸馏曲线换算为常压恩氏蒸馏曲线可分两步进行:
第一步,1.33kPa恩氏蒸馏曲线换算成常压实沸点蒸馏曲线;
第二步,常压实沸点蒸馏曲线换算成常压恩氏蒸馏曲线。

4. 不同压力下平衡汽化曲线的相互换算

1) 常压平衡汽化曲线换算为压力下平衡汽化曲线

这种换算需借助于石油馏分的$p—T—e$相图,见图6-20。此图的纵坐标是压力的对数,横坐标是绝对温度的负倒数。如果将一种石油馏分在几个不同压力下的平衡汽化数据标绘在这种坐标纸上,就会发现不同压力下同样汽化百分数的各点可以连成直线,而且这一束不同汽化百分数的$p—T$线会聚焦于一点,这一点称为焦点。基于这种特性,只要能确定该石油馏分的焦点,再有一套常压平衡汽化数据,就可以作出该油品的$p—T—e$相图,从而可以读出不同压力下的平衡汽化数据。需要注意,不同的石油馏分具有不同的$p—T—e$相图。

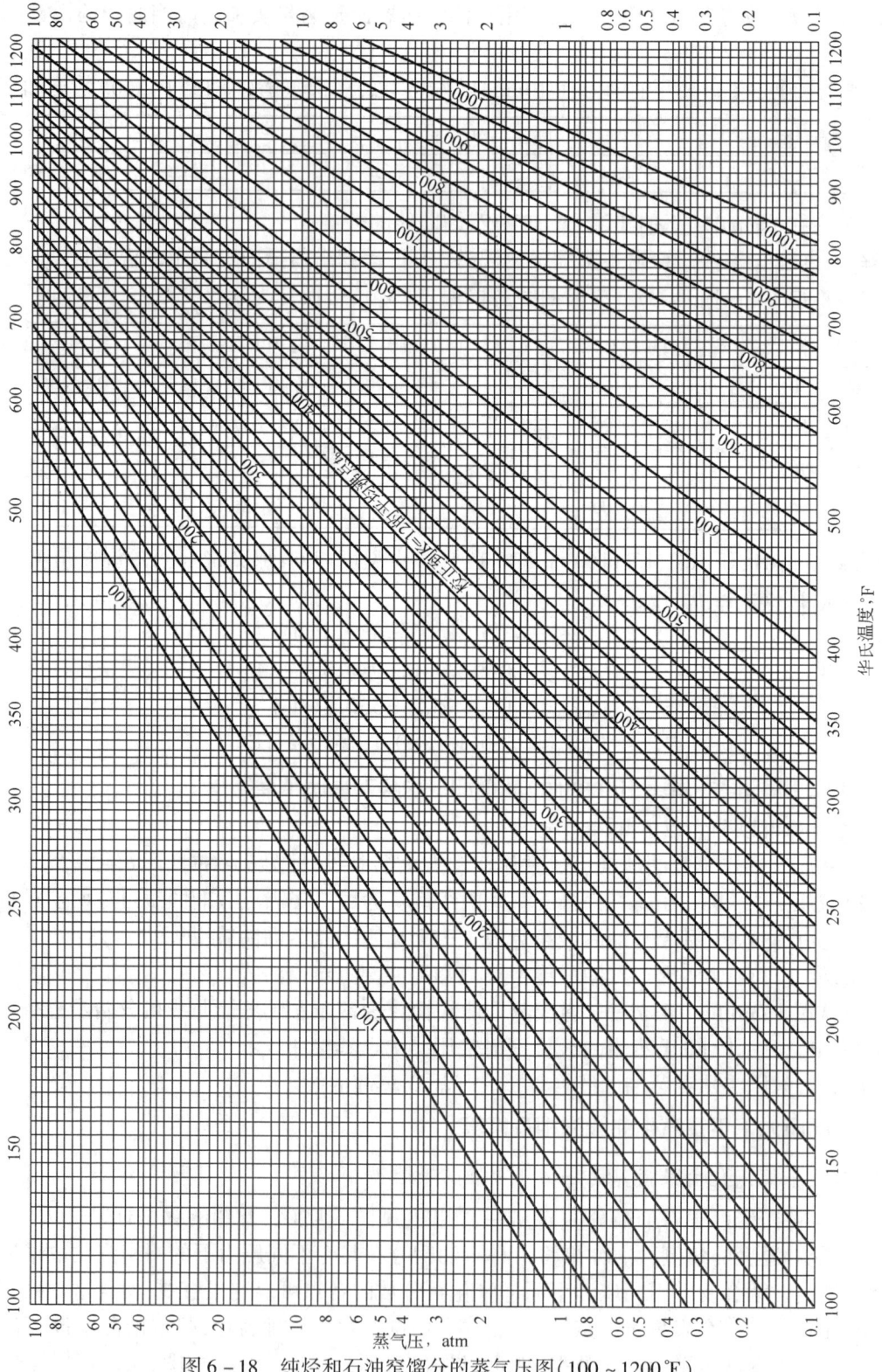

图 6-18　纯烃和石油窄馏分的蒸气压图(100～1200℉)

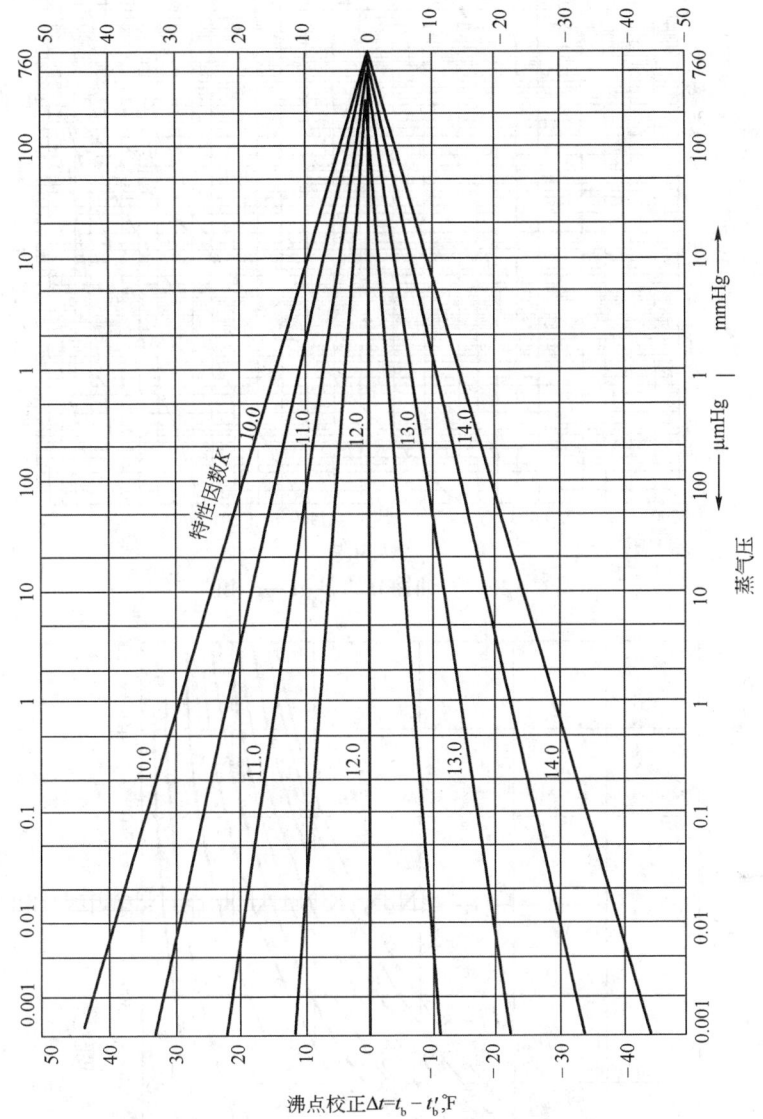

图 6-19 纯烃和石油窄馏分的蒸气压图的 K 值校正
(1mmHg = 133.32Pa;1μmHg = 0.13332Pa)

石油馏分的 p—T—e 相图中的焦点只不过是由实验数据制作的不同汽化率 e 的几条 p—T 线的会聚点,它并不是临界点。石油馏分的焦点位置可由图 6-21 和图 6-22 求得。

本法只适用于临界温度以下的温度。当采用的常压平衡汽化数据为实验值时,误差一般在 11℃ 以内。本法不适用于求定减压下的平衡汽化数据。

在采用本方法时要用到 p—T—e 相图坐标纸和求定石油馏分的临界温度和临界压力,这可以从《石油炼制及石油化工计算方法图表集》(石油大学炼制系,1988)中的图 3-5-1、图 3-5-2、图 4-2-1、图 4-2-2 和图 4-2-3 找到。

【例 6-4】 已知某石油馏分的常压平衡汽化数据如下:

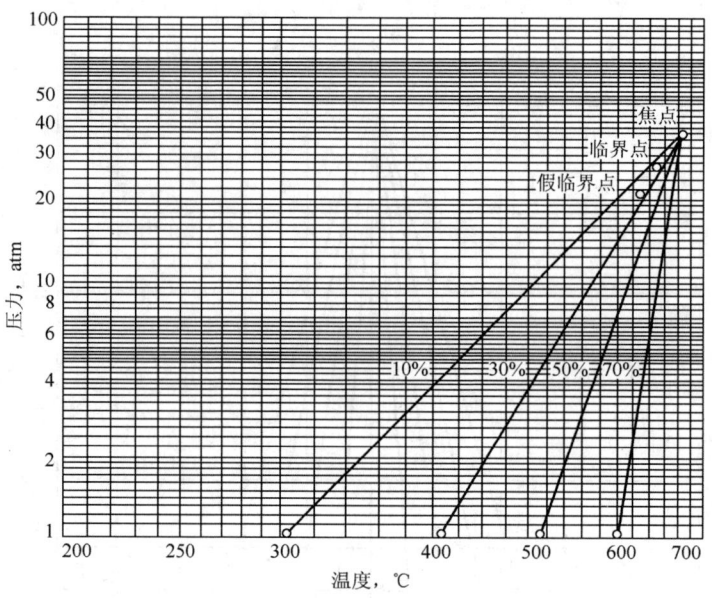

图 6-20 石油馏分的 p—T—e 相图

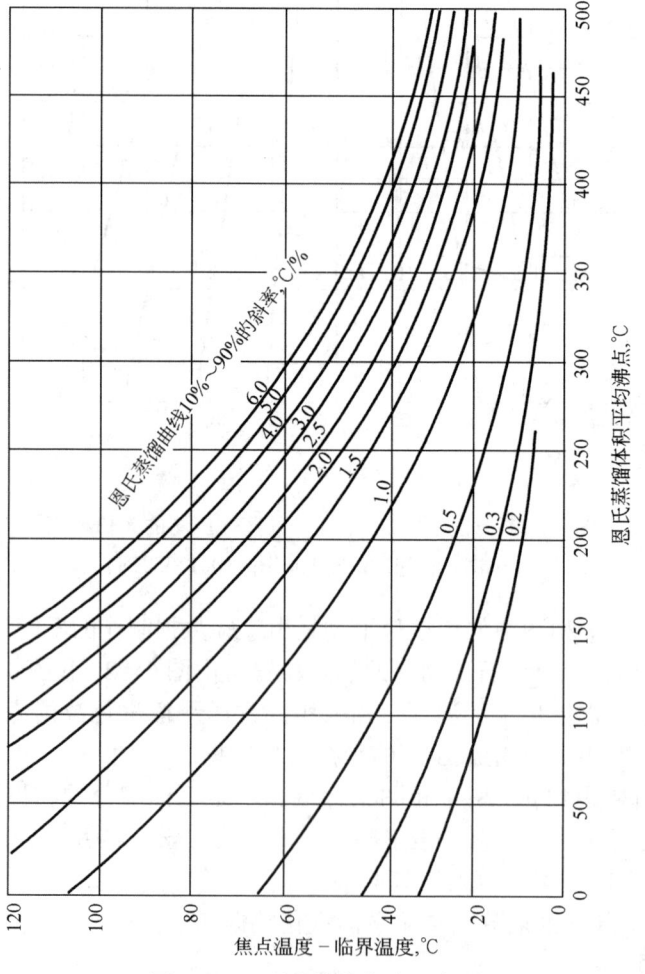

图 6-21 石油馏分焦点温度图

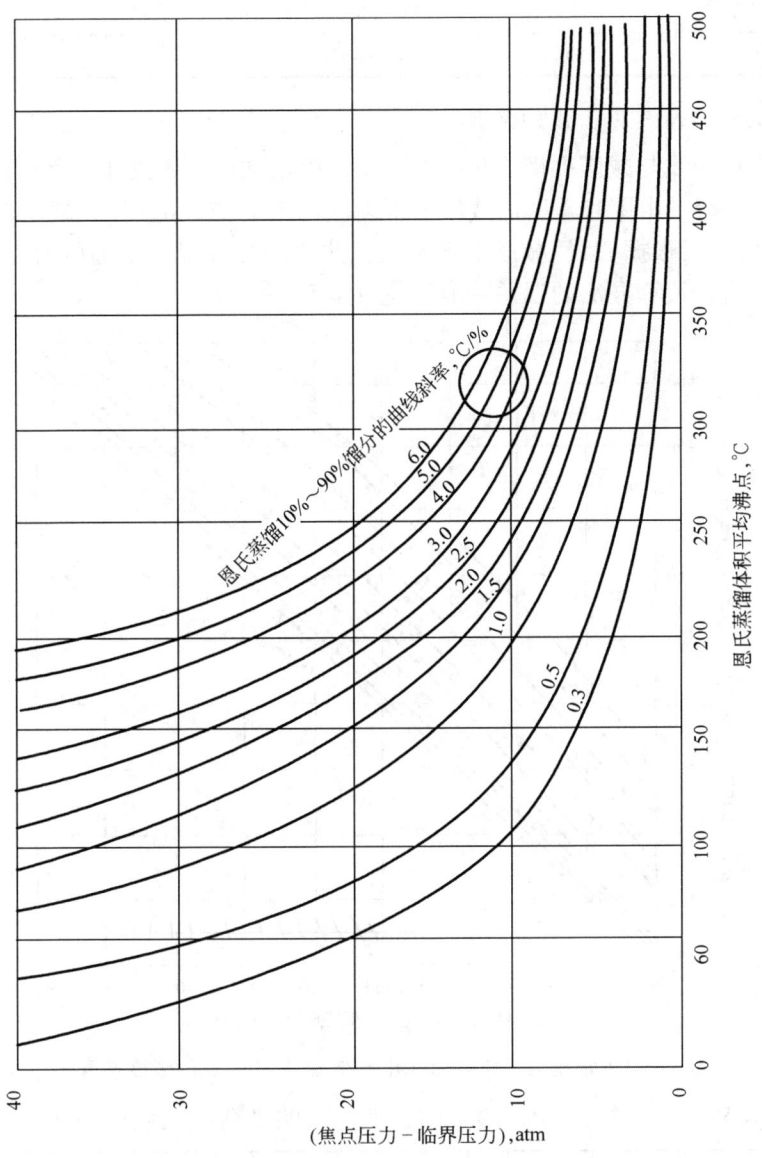

图 6-22 石油馏分焦点压力图(1atm=0.101MPa)

汽化体积分数,%	10	30	50	70
温度,℃	302.5	405.0	492.0	579.5

其他性质为:相对密度 $d_4^{20}=0.9459$;特性因数 $K=11.7$;体积平均沸点 $=468.5℃$;恩氏蒸馏曲线 10%~90% 的斜率 $=6.0℃/\%$;临界温度 $=638℃$;临界压力 $=2.72\text{MPa}$。求该石油馏分在 220kPa 下的平衡汽化数据。

解: 由图 6-21 和图 6-22 可确定:

$$\text{焦点温度}=638+32=670(℃)$$
$$\text{焦点压力}=2.72+0.78=3.5(\text{MPa})$$

在 $p-T-e$ 相图坐标纸上标出焦点和常压平衡汽化的各点,连成一组 $p-T-e$ 直线,即得该石油馏分的 $p-T-e$ 相图(类似于图 6-20)。由图可读得 220kPa 的平衡汽化数据如下:

汽化体积分数,%	10	30	50	70
温度,℃	356	448	515	600

2) 常压与减压平衡汽化曲线的换算

常压平衡汽化曲线与减压平衡汽化曲线的换算以及减压下不同压力平衡汽化曲线的换算可以用图 6-23 求得。由图查得所需残压下平衡汽化 50% 点的温度(在缺乏 50% 点数据时可用 30% 点温度),然后根据假设:减压下平衡汽化曲线的各段温差不随压力而变,从而推算出其他各点温度。这种换算方法的误差一般不超过 14℃。

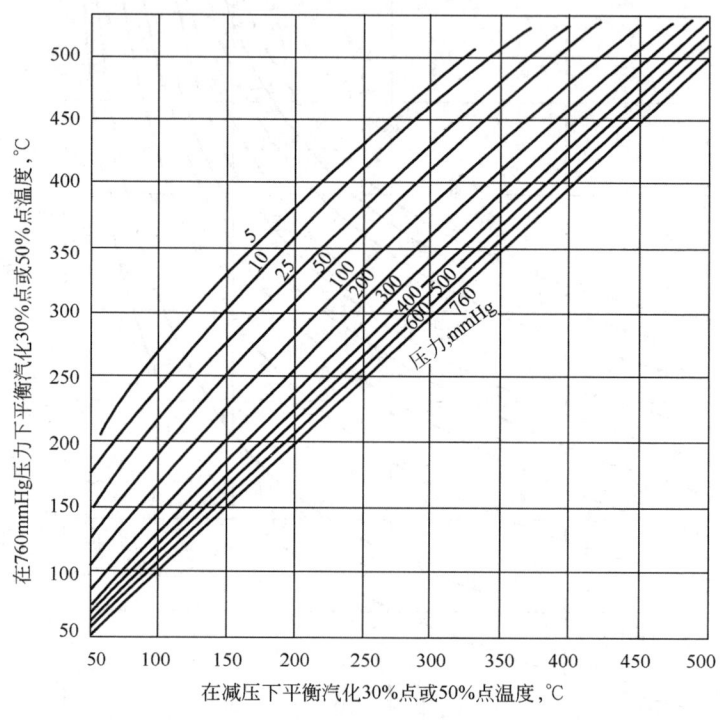

图 6-23 常压与减压平衡汽化 50% 点或 30% 点的温度换算图

【例 6-5】 某油料在 1.33kPa(10mmHg) 残压下的平衡汽化数据如下:

汽化体积分数,%	10	30	50	70	90
温度,℃	158.3	190.2	214.2	232.7	263.4

确定它在 13.33kPa(100mmHg) 下的平衡汽化曲线。

解:在图 6-23 的横坐标 214.2℃ 处作一垂直线,与 1.33kPa(10mmHg) 等压线交于一点。由此点作水平线,与 13.33kPa(100mmHg) 等压线交于一点。由此点再作垂直线交横坐标于 288℃ 处,此即为 13.33kPa(100mmHg) 残压下平衡汽化 50% 点温度。

1.33kPa 平衡汽化曲线各段温差为:

线段,%	10~30	30~50	50~70	70~90
温度,℃	31.9	24.0	18.5	30.7

这也是 13.33kPa(100mmHg) 平衡汽化曲线的各段温差。

由此可得 13.33kPa(100mmHg) 平衡汽化数据如下:

$$t_{\text{EFV},50\%} = 288(\text{℃})$$
$$t_{\text{EFV},30\%} = 288 - 24.0 = 264.0(\text{℃})$$
$$t_{\text{EFV},10\%} = 264.0 - 31.9 = 232.1(\text{℃})$$
$$t_{\text{EFV},70\%} = 288 + 18.5 = 306.5(\text{℃})$$
$$t_{\text{EFV},90\%} = 306.5 + 30.7 = 337.2(\text{℃})$$

3) ASTM D1160 曲线的转换

据 API 手册介绍,D1160 曲线转换成常压 TBP 曲线需三个步骤。首先,把 D1160 曲线转换成 10mmHg 压力下的数据,其次在 10mmHg 压力下将 D1160 曲线转换为 TBP 曲线,最后将 10mmHg 压力下的 TBP 曲线转换为常压 TBP 曲线。

D1160 曲线由常压向 10mmHg 压力的转换采用给定正常沸点时估计不同压力下沸点温度的方法。对 API 方法简化,通过回归得出如下关系:

$$X = 0.00225 - 2.87366 \times 10^{-4} \lg p^* - 1.077 \times 10^{-5} (\lg p^*)^2 \quad (6-8)$$

或
$$\lg p^* = 6.12513 - 2006.413X + 314318.663X^2 \quad (6-9)$$

$$t_{10} = \frac{t_{760} + 273.15}{748.1X - \left(\frac{9}{5}t_{760} + 491.67\right)(0.2145X - 0.0002867)} - 273.15 \quad (6-10)$$

式中 p^*——蒸气压,mmHg;

X——沸点参数;

t_{760}——760mmHg 压力下的沸点,℃;

t_{10}——10mmHg 压力下沸点,℃。

式(6-8)和式(6-9)分别表示沸点参数 X 和压力间的关系,用该关系可容易地估计不同压力下的沸点参数 X,也可用于估计不同沸点参数 X 时的压力,再通过式(6-10)反推出沸点。

考虑到已有 10mmHg 压力下 TBP 曲线转换为常压 TBP 曲线的方法,因此,首先需要将常压 D1160 数据转换为 10mmHg 压力下的 D1160 数据。因此按照式(6-8),计算出沸点参数 X 为 0.0019735。

采用图 6-13 将 10mmHg 压力下的 D1160 曲线换算成 10mmHg 压力下的 TBP 曲线,采用图 6-18 和图 6-19 将 10mmHg 压力下的 TBP 曲线转换成常压 TBP 曲线。

5. 各种蒸馏曲线间的换算关系及方法

换算过程仅仅是一种特定的图表方法,并且图表量十分巨大。图 6-24 列出了本章不同压力下的恩氏蒸馏、实沸点蒸馏、平衡汽化曲线间的相互换算关系以及方法。

三、石油体系的处理方法

在早期手工设计的年代,主要采用石油产品实沸点蒸馏数据切割的宏观方法,并通过经验方法(详见本章第六节)进行蒸馏塔的设计计算。随着计算机在工程辅助设计中的应用,严格设计已经成为主要手段,如何应用明确组分的方法以及化学工程理论成为石油体系处理方法向半微观发展中最为关键的科学问题。依据实沸点蒸馏曲线的特点,目前已经发展的方法有假组分法、正构烷烃法和连续热力学法等。

(1) 假组分法:按照适宜的切割温度范围对实沸点蒸馏曲线进行离散,是目前最常用的方法,已经形成大量的基础积累,为各种商业流程模拟软件普遍采用。

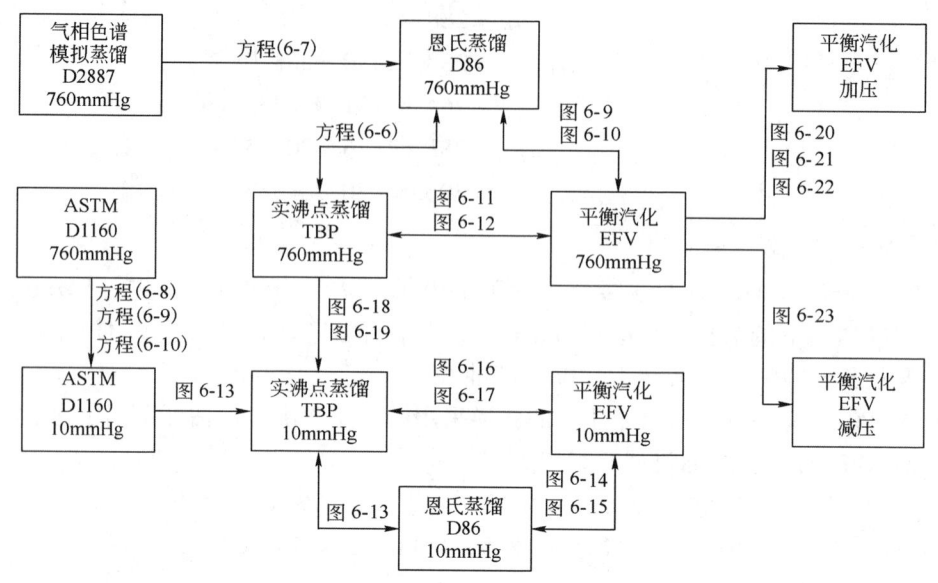

图6-24 各种蒸馏曲线间的换算关系及方法

（2）正构烷烃法：即用正构烷烃的常压沸点数据切割石油馏分的实沸点蒸馏曲线，把切割出来的虚拟组分当作正构烷烃处理，其物性数据均采用正构烷烃确定的物性数据。该方法对石蜡基石油较为合适，但普适性较差。

（3）连续热力学法：Kehlen和Ratzsch提出了连续热力学法（continuous thermodynamics method），这种方法是将石油当作含有无限多组分的混合物，其组分性质可通过适当的分布函数来表达。虽然这种方法看起来比假组分法更合理，但因计算较为复杂，且计算精度一般并不比假组分法高，并且因缺乏相关物性数据等支撑研究而不具普遍性。

以下重点介绍实沸点切割方法和假组分法。

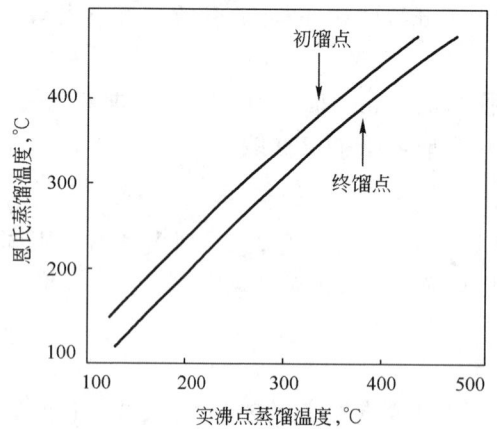

图6-25 实沸点蒸馏与恩氏蒸馏的初馏点和终馏点的换算

1. 石油体系的实沸点切割和产品收率

原油常减压蒸馏实沸点切割点和产品收率的确定一般是根据原油评价数据，主要是实沸点蒸馏数据。但在实际工作中，经常已知各产品所要求的恩氏蒸馏数据，要求确定实沸点切割点和产品收率。

依据前面介绍的蒸馏曲线间的换算方法，将各产品的恩氏蒸馏初馏点和终馏点换算为实沸点蒸馏初馏点和终馏点，也可用图6-25近似换算。取$(t_0^H + t_{100}^L)/2$为实沸点切割温度，其中t_0^H和t_{100}^L分别是重馏分的实沸点蒸馏初馏点和轻馏分的实沸点蒸馏终馏点。有了实沸点切割温度，在原油的实沸点蒸馏曲线上即可查得相应的产品收率。在实际生产中，通常采用产品的侧线蒸汽汽提减少相邻馏分的重叠部分。从生产数据来看，对于汽提良好的馏分，由于重叠引起的相邻产品馏分之间互相交换的量是相等的。

为了说明问题，假设某原油常压蒸馏要求得到汽油和煤油两个产品，汽油的恩氏蒸馏终馏点温度为141℃,煤油的恩氏蒸馏初馏点温度为159℃。首先用图6-25进行恩氏蒸馏初馏点和终馏点与实沸点蒸馏初馏点和终馏点换算。在恩氏蒸馏温度坐标轴上找到汽油终馏点温度141℃作横坐标的平行线与终馏点曲线相交,交点所对应的横坐标值就是汽油的实沸点蒸馏终馏点温度,即150℃。同理,用煤油的恩氏蒸馏初馏点温度可换算得到煤油的实沸点蒸馏初馏点温度为133℃,则实沸点切割温度为(150℃+133℃)/2=141.5℃。

图6-26标绘了所切割原油的实沸点蒸馏曲线。在图中纵坐标141.5℃处作一水平线,与原油实沸点蒸馏曲线交于一点,由此点读出汽油的蒸馏收率为4.2%(体积分数)。至于煤油的蒸馏收率,需定出煤油和轻柴油之间的切割点后才能确定。

在图6-26中,同时将汽油的实沸点蒸馏终馏点和煤油的实沸点蒸馏初馏点也标注在馏出体积分数4.2%位置的垂直线上,则两点之间的温差表示实沸点重叠。关于产品重叠和脱空的讨论参见第四节。

2. 假组分的切割方法和假多元系

迄今为止,实沸点切割的方法仍是处理石油馏分气液平衡的一种基本方法,但具有精确性不高和不能用计算机计算两个主要缺点。

假组分法是把石油或石油馏分按沸程分为一系列窄馏分,每个窄馏分都被看作一个组分,称为假组分

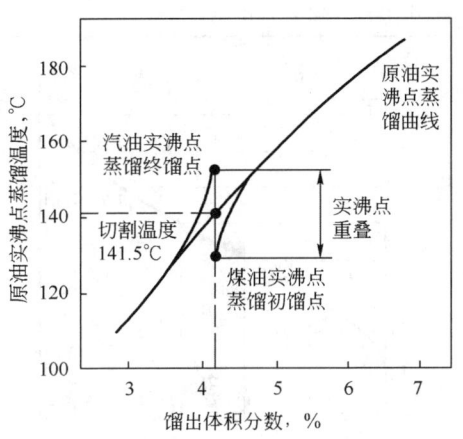

图6-26 实沸点蒸馏曲线

或虚拟组分,同时以窄馏分的平均沸点、密度、分子量等表征各假组分的性质。这样,石油馏分这一复杂混合物就可以看成是由一定数量假组分构成的假多元系混合物,然后按多元系气液平衡的处理方法进行计算。这种处理方法称为假组分法或假多元系法。

对于假组分体系的理解可以按照明确组分,同时也可以看成产品数为假组分数的实沸点切割。由于馏分温度范围很窄,使得假组分的初馏点和终馏点温度十分接近,此时就可以按照平均沸点来考虑切割问题。

1)适宜馏分切割温度

作为假组分的窄馏分,其馏分宽度和假多元系所含的假组分数目视具体情况而定。馏分越窄,越接近纯化合物,计算误差也越小,但体系的假组分数目增多则导致计算工作量成倍增加。根据石油馏分气液平衡特性的要求,窄馏分切割宽度一般为10~20℃。馏分的宽度可根据需要决定,多数情况下以不超过30℃为宜,需要具体问题具体分析。

商业流程模拟软件的发展使得现代石油加工过程完全实现了全流程模拟。各种通用的商业流程模拟软件推荐的标准切割点基本相近,参见表6-3。但应用流程模拟软件对于相对窄馏分的原料进行计算时,假组分的馏分宽度需要进行人为规定,否则可能会引起较大的计算误差。

表6-3 各种商业流程模拟软件推荐的标准实沸点曲线切割点

ProⅡ和Aspen		Hysys		DesignⅡ			
				FBP≤540℃		FBP>540℃	
实沸点范围,℃	切割宽度,℃	实沸点范围,℃	切割宽度,℃	实沸点范围,℃	切割宽度,℃	实沸点范围,℃	切割宽度,℃

续表

Pro Ⅱ 和 Aspen		Hysys		Design Ⅱ			
				FBP≤540℃		FBP>540℃	
37.8~425	15	IBP~425	15	IBP~315	约9	IBP~315	15
425~650	30	425~650	30	315~425	17	315~425	30
650~870	55	650~900	55	425~FBP	55	425~FBP	55

注：IBP—初馏点；FBP—终馏点

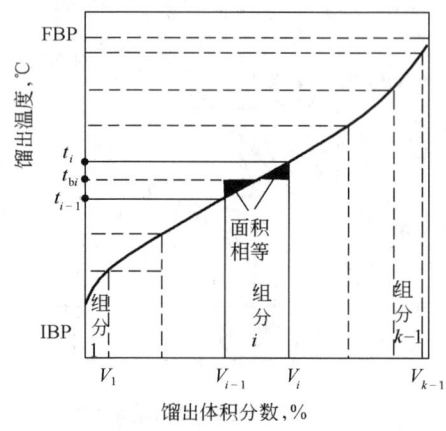

图 6-27 假多元系的处理方法

2) 切割温度及组成计算

在设计计算中，窄馏分的切割是借助于实沸点蒸馏曲线来完成的，图 6-27 是某石油馏分的实沸点蒸馏曲线，它被切割成 k 个窄馏分。

严格地说，第 i 个窄馏分的平均沸点 t_{bi} 应按图解积分求定，即在该窄馏分温度区间 $(t_{i-1}-t_i)$ 和馏出体积区间 $(V_{i-1}-V_i)$ 内与实沸点蒸馏曲线 $T_{TBP}(V)$ 形成的上、下方的面积应相等。严格计算采用液体体积平均[式(6-11)]和温度平均[式(6-12)]两种方式，其中以液体体积平均最为通用。

$$t_{b_i} = \frac{1}{V_i - V_{i-1}} \int_{V_{i-1}}^{V_i} T_{TBP}(V) dV \quad (6-11)$$

$$t_{bi} = T_{TBP}(\overline{V}_i), \overline{V}_i = \frac{1}{t_{bi} - t_{bi-1}} \int_{t_{bi-1}}^{t_{bi}} T_{TBP}(t_b) dt_b \quad (6-12)$$

式(6-12)中，$T_{TBP}(t_b)$ 为实沸点蒸馏曲线 $T_{TBP}(V)$ 的反函数。

当窄馏分足够多时，在其沸程内的蒸馏曲线可近似看成直线，平均沸点可取该窄馏分沸程的中点，即中平均沸点，也可以取该窄馏分液体体积平均值对应的实沸点温度，经验设计常采用中平均沸点进行简化计算。在表 6-3 所列的各种商业流程模拟软件中，在其所推荐的实沸点蒸馏曲线的标准切割点范围内，各假组分平均沸点计算推荐了液体体积中平均沸点和温度中平均沸点，其缺省值为液体体积中平均沸点。

第三节 石油体系的气液平衡

一、假组分体系的气液平衡计算

假组分体系的气液平衡计算是石油加工单元设备设计中至关重要的工作。理论上，不同体系相平衡计算需要选用不同的非理想性修正模型，例如逸度系数修正、活度系数修正、含氢体系修正等，模型的选择需要具体问题具体分析，但由于石油体系基本上为烃类体系，操作压力也不十分高，因此模型的选择相对简单。围绕着原油蒸馏的需要，本节介绍石油体系的理想系相平衡计算方法、三参数状态方程法和普遍化关联法。

1. 理想系相平衡计算方法

当体系的压力为 0.1~1.0MPa 时，气液平衡常数 K 值可以看作只是温度和压力的函数。

以乙烷(C_2)和庚烷(C_7)为参考流体,高沸点石油馏分的 K 值可表示为

$$K = K_{C_7}^{b+1}/K_{C_2}^{b} \quad (6-13)$$

其中

$$\ln K_{C_2}(\text{或} \ln K_{C_7}) = a_0 + \frac{a_1}{t} + \frac{a_2}{t^2} + \frac{a_3}{t^3} + \frac{a_4}{p} + \frac{a_5}{p^2} + \frac{a_6}{tp} + \frac{a_7}{t^2 p} + \frac{a_8}{t^3 p} \quad (6-14)$$

$$b = -0.723 + 0.0629 t_b - 2.91 \times 10^{-4} t_b^2 + 2.63 \times 10^{-6} t_b^3 \quad (6-15)$$

式中 b——挥发度指数;

$a_0, a_1, \cdots, a_8$——模型常数,参见表 6-4;

t——体系温度,℃;

p——体系压力,atm;

t_b——假组分的常压平均沸点,℃。

表 6-4 常数 $a_0, a_1, \cdots, a_8$ 的值

常数	K_{C_2}	K_{C_7}	常数	K_{C_2}	K_{C_7}	常数	K_{C_2}	K_{C_7}
a_0	1.750	2.708	a_3	2.702×10^6	8.807×10^5	a_6	-1.386×10^2	-1.723×10^2
a_1	3.608×10^2	-6.377×10^2	a_4	4.750	4.782	a_7	2.192×10^4	2.328×10^4
a_2	-6.260×10^4	4.032×10^3	a_5	-2.156	-2.198	a_8	1.060×10^6	-8.993×10^5

当假多元系混合物与理想溶液有显著的偏差或计算精度要求相当高时,必须按非理想体系进行严格计算。

2. 三参数状态方程法

状态方程法以 SRK 方程等三参数状态方程为代表,其他还有 PR、PRSV、PT 等方程。

1949 年,Redlish—Kwong 提出了著名的 RK 方程,见下式:

$$p = \frac{RT}{V-b} - \frac{a}{V(V+b)} \quad (6-16)$$

式中 p——体系压力,kPa;

R——摩尔气体常数,$R = 8.314 \text{kJ}/(\text{kmol} \cdot \text{K})$;

T——体系温度,K;

V——摩尔体积,m^3/kmol;

a, b——分别为引力修正参数和体积修正参数。

若采用 a 和 a_i 分别表示混合物和纯组分的引力修正参数(kPa/kmol),b 和 b_i 分别表示混合物和纯组分的体积修正参数(m^3/kmol),则模型参数预测如下:

$$a = \left(\sum_{i=1}^n x_i a_i^{0.5}\right)^2, \quad b = \sum_{i=1}^n x_i b_i \quad (6-17)$$

其中

$$\begin{cases} a_i = \Omega_a \dfrac{R^2 T_{ci}^2}{p_{ci}} \\ \Omega_a = 0.42748 \end{cases} \begin{cases} b_i = \Omega_b \dfrac{R T_{ci}}{p_{ci}} \\ \Omega_b = 0.08664 \end{cases}$$

式中 Ω_a, Ω_b——中间参数;

T_{ci}——i 组分的临界温度,K;

p_{ci}——i 组分的临界压力,kPa。

1972 年,Soave 发现 RK 方程对纯组分和混合物蒸气压预测精度差的主要原因是引力项修正参数 a 未能考虑与温度的关系,借此提出了 a_i 的适宜预测方程式(6 – 18),RK 方程形式不变,统称为 SRK 方程。

$$\begin{cases} a_i = \eta_i \Omega_a \dfrac{R^2 T_{ci}^2}{p_{ci}} \\ \eta_i^{0.5} = 1 + m_i(1 - T_{ri}^{0.5}) \\ m_i = 0.480 + 1.574\omega_i - 0.176\omega_i^2 \end{cases} \quad (6-18)$$

式中　η_i——校正温度函数;

　　　T_{ri}——对比温度;

　　　ω_i——i 组分的偏心因数。

因此 RK 方程实际上是 SRK 方程 $\eta_i = 1$ 的特殊形式。

若令 $A = ap/(R^2T^2)$,$B = bp/(RT)$,则 SRK 方程可表示成压缩因子 z 的形式:

$$z^3 - z^2 + z(A - B - B^2) - AB = 0 \quad (6-19)$$

应用式(6 – 19)就可以推导出计算混合物中 i 组分在气液两相中的逸度系数 ϕ_i 的方程:

$$\ln\phi_i = \ln\dfrac{f_i}{px_i} = \dfrac{b_i}{b}(z-1) - \ln(z-b) - \dfrac{A}{B}\left[2\left(\dfrac{a_i}{a}\right)^{0.5} - \dfrac{b_i}{b}\right]\ln\left(1 + \dfrac{B}{z}\right) \quad (6-20)$$

式中　f_i——i 组分的逸度,kPa;

　　　x_i——i 组分的摩尔分数,%。

式(6 – 19)为压缩因子 z 的一元三次方程,对该方程进行求解,可以得到 z 的三个根,其中最大实根 z_{max} 是气相混合物的压缩因子,最小实根 z_{min} 是液相混合物的压缩因子,中间的 z 值无意义。

将求得的 (z_{max}, y_i) 和 (z_{min}, x_i) 分别代入式(6 – 20),可分别计算出 i 组分的气液相的逸度 f_{iV} 和 f_{iL}。

按照相平衡准则,当气液两相达到相平衡时,i 组分的气相逸度和液相逸度相等,即:

$$f_{iV} = f_{iL} \quad (6-21)$$

将气液逸度的定义 $f_{iV} = p\phi_{iV}y_i$ 和 $f_{iL} = p\phi_{iL}x_i$ 代入相平衡准则式(6 – 21),则:

$$K_i = \dfrac{y_i}{x_i} = \dfrac{\phi_{iL}}{\phi_{iV}} \quad (6-22)$$

式中,ϕ_{iV} 和 ϕ_{iL} 分别为气相和液相的逸度系数。

SRK 方程用于烃类体系相平衡预测具有很高的精度,但该方程对液相密度的预测精度相对较差,用于蒸馏过程计算会引起气液负荷计算的偏差,实际计算也应当选用 API 推荐的其他液体密度的计算方程。

寿德清依据 White—Brown 的石油馏分气液平衡实验数据考察了 SRK 方程对石油体系的适用性,发现采用不同的方法计算 m_i、ω_i、p_{ci} 和 T_{ci} 会对 K 值和泡点计算有明显的影响,而且 SRK 方程的适用范围有一定的局限性。为此对 SRK 方程进行了修正,使 SRK 方程在石油体系对比压力的应用范围扩大到 0.39 ~ 1.22,并提高了预测 K 值和泡点的准确性。具体内容为:

(1)当体系的对比压力 $p_r < 0.54$ 时,对于 $\omega_i > 0.60$ 的假组分,在计算气相逸度 f_{iV} 时用下式取代式(6 – 17)、式(6 – 18)中的 Ω_a、Ω_b:

$$\begin{cases} \Omega_a = 0.412534 + 0.159045\omega_i \\ \Omega_b = 0.083962 + 0.032357\omega_i \end{cases} \tag{6-23}$$

(2) 采用本书第三章推荐的临界性质和偏心因子关联。

经上述修正后的 SRK 方程用于计算石油馏分的气液平衡时既简单又较准确。SRK 方程应用于非极性组分混合物的气液平衡计算时,一般能获得满意的结果,但是对于含 CO_2 和 H_2S 的体系则会有明显的偏差,尚需引入其他修正。

Pen—Robinson(PR) 状态方程用于石油馏分气液平衡计算的情况与 SRK 方程相似。

3. 普遍化关联法

普遍化关联一般包括 Chao—Seader、Grayson—Streed 和 Braun K10 等。

1) Chao—Seader(CS) 和 Grayson—Streed(GS) 模型

Chao—Seader 模型对于气相体系的非理想性按逸度模型考虑,液相体系的非理想性按活度系数模型进行修正,由此相平衡常数 K_i 可表示为

$$K_i = \frac{y_i}{x_i} = \frac{\gamma_{iL} f_{iL}^0}{\phi_{iV} p} = \frac{\gamma_{iL} \phi_{iL}^0}{\phi_{iV}} \tag{6-24}$$

式中 γ_{iL}——i 组分在液相中的活度系数;

ϕ_{iL}^0——i 组分在液相中的逸度系数。

(1) i 组分的液相逸度系数。

按照 Pitzer 的三参数对应状态理论,纯组分的热力学性质可以用简单流体的热力学性质和非简单流体的校正值来计算,即 i 组分的液相逸度系数 ϕ_{iL}^0 可以表示为

$$\ln\phi_{iL}^0 = \ln\phi_{iL}^{(0)} + \omega_i \ln\phi_{iL}^{(1)} \tag{6-25}$$

式中 $\phi_{iL}^{(0)}$——i 组分简单流体的液相逸度系数;

$\phi_{iL}^{(1)}$——i 组分非简单流体的液相逸度系数校正值。

$\phi_{iL}^{(0)}$ 和 $\phi_{iL}^{(1)}$ 都是对比温度 T_{ri} 和对比压力 p_{ri} 的函数,由以下两个关联式表示:

$$\begin{aligned} \lg\phi_{iL}^{(0)} = & A_0 + \frac{A_1}{T_{ri}} + A_2 T_{ri} + A_3 T_{ri}^2 + A_4 T_{ri}^3 \\ & + (A_5 + A_6 T_{ri} + A_7 T_{ri}^2)p_{ri} + (A_8 + A_9 T_{ri})p_{ri}^2 - \lg p_{ri} \end{aligned} \tag{6-26}$$

$$\begin{aligned} \lg\phi_{iL}^{(1)} = & -4.23893 + 8.65808 T_{ri} - \frac{1.22060}{T_{ri}} \\ & - 3.15224 T_{ri}^3 - 0.025(p_{ri} - 0.6) \end{aligned} \tag{6-27}$$

式(6-26)中 A_i 的值列于表 6-5 中。

表 6-5 $A_0, A_1, \cdots, A_9$ 的值

常数	简单流体		甲烷		氢	
	CS 法	GS 法	CS 法	GS 法	CS 法	GS 法
A_0	5.75748	2.05135	2.43840	1.36822	1.96718	1.50709
A_1	-3.01761	-2.10899	-2.24550	-1.54831	1.02972	2.74283
A_2	-4.98500	0	-0.34084	0	-0.054009	-0.0210
A_3	2.02299	-0.19396	0.00212	0.02889	0.0005288	0.00011
A_4	0	0.02282	-0.00223	-0.01076	0	0

续表

常数	简单流体		甲烷		氢	
	CS法	GS法	CS法	GS法	CS法	GS法
A_5	0.08427	0.08852	0.10486	0.10486	0.008585	0.008585
A_6	0.26667	0	−0.0369	−0.02529	0	0
A_7	−0.31138	−0.00872	0	0	0	0
A_8	−0.02655	−0.00353	0	0	0	0
A_9	0.02883	0.00203	0	0	0	0

对甲烷和氢,由于一般体系的温度远远超过它们的临界点,故需采用表6-5中的专用常数值,在计算时,甲烷和氢的偏心因数均取为零。在某些体系条件下,纯组分不能以液相存在,此时可作为虚拟的液相组分处理。

(2)液相活度系数。

CS法把烃类溶液按正规溶液处理,其活度系数 γ_{iL} 按下式计算:

$$\ln \gamma_{iL} = \frac{\nu_{iL}(\delta_i - \delta)^2}{RT} \quad (6-28)$$

$$\delta = \frac{\sum_{i=1}^{n} x_i \nu_{iL} \delta_i}{\sum_{i=1}^{n} x_i \nu_{iL}} \quad (6-29)$$

式中 ν_{iL}——i 组分的液体比容,m³/kmol;

δ_i, δ——i 组分和液体混合物的溶解度参数,(kJ/m³)$^{0.5}$。

常用烃类化合物 δ_i、ν_{iL} 和 ω_i 的数值可查有关的手册和资料。δ_i 是温度的函数,根据正规溶液理论,当组分确定时,$RT\ln\gamma_i$ 是常数,因此 δ_i 和 ν_{iL} 可以取任意一个温度的数值进行计算,但是求 δ_i 和 ν_{iL} 时必须取同一个温度。

(3)气相逸度系数。

Chao—Seader 关联模型在开发时,Soave 对 a 的修正工作尚未进行,因此 i 组分的气相逸度采用了 RK 方程计算,再比上 i 组分分压即可得到 i 组分的气相逸度系数 ϕ_{iV}。对于非极性或轻微极性和非缔合性组分,CS法计算气液平衡常数所得结果一般比较符合实际情况。

Grayson—Streed 根据氢压下原油馏分的气液平衡实验数据,改变计算液相逸度系数 $\phi_{iL}^{(0)}$ 时式(6-26)中常数 A_i 的值,且在 $T_r > 1.0$ 时,按 $T_r = 1.0$ 计算 $\phi_{iL}^{(1)}$ 值。修正后使其使用范围扩展至426℃和20MPa的高温高压条件,更适用于含氢原油馏分体系 K 值的计算。GS关联式可应用于高氢压下的重油加氢体系、初馏拔出设备以及减压重油。CS法和GS法的适用范围对比见表6-6。

表6-6 CS、GS法的适用范围

方 法	温度范围,℃	压力,psi❶	压力,MPa
CS	18~260	<1500	<10.3
GS	18~426	<3000	<20.6

❶ psi 是英制压力单位,1psi=6895Pa。

寿德清用 White—Brown 的高温高压气液平衡实验数据考察了 CS 法和 GS 法的适用性,结果表明:两种方法计算 K 值的准确性相近,对于泡点计算,GS 法优于 CS 法,但在计算 K 值和泡点时,CS 法不适于 $p_r > 0.8$ 的情况。由于在计算的 351 个液相逸度系数中,大多数都在 1.00~1.01 之间,这表明在高温高压条件下石油馏分的非理想性主要表现在气相。在此基础上对 CS 法提出了以下的几点修正:

——取消液相逸度系数的修正,$K_i = \phi_{iL}^0 / \phi_{iV}$。

——体系 $p_r \leq 1.0$ 时,$\phi_{iL}^0 = \dfrac{\phi_{iL}^0(\text{CS 法}) + \phi_{iL}^0(\text{GS 法})}{2}$,即液相纯组分的逸度系数采用 CS 法和 GS 法的算术平均值。

——体系 $p_r > 1.0$ 时,$\phi_{iL}^0(\text{CS 法}) = \phi_{iL}^0(\text{GS 法})$。

——对于体系 $p_r > 1.0$,$\omega_i > 0.8$ 的假组分,$\Omega_a = 0.412534 + 0.159045\omega_i$,$\Omega_b = 0.083962 + 0.032357\omega_i$。

Chao—Seader 模型和 Grayson—Streed 模型在体系的常压和加压蒸馏塔的计算中常常采用,具有十分可靠的精度,为许多商业流程模拟软件所推荐。

2) 会聚压法——Braun K10

对于非理想溶液中混合物组成对相平衡常数的影响,除了采用活度系数模型以外,还可以引入参数——会聚压来校正,尤其是预测低压下非明确组分的重质烃类体系的气液平衡常数 K。该方法被各种商业流程模拟软件推荐用于原油减压塔、催化裂化主分馏塔和焦化分馏塔的相平衡预测。

(1) 相平衡体系的会聚压。

以一个由组分 A(轻组分)和 B(重组分)组成的二元混合物为例,说明什么是体系的会聚压。作 A 和 B 在恒温下的相平衡常数和压力的双对数曲线,如图 6-28 所示。

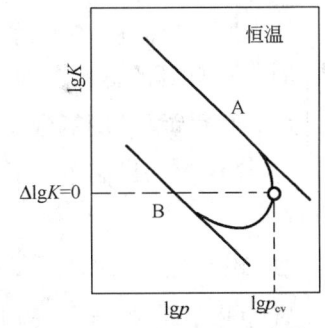

图 6-28 恒温下相平衡常数和压力的双对数曲线

如果体系是理想溶液,则 A 和 B 是两条不会相交的直线,然而在高压下,实际体系必然是非理想溶液,表现出与理想溶液有明显的差别,两条曲线在 $K = 1.0$ 处会聚于一点。对应于这个会聚点的压力就称为混合物的会聚压。实验证明,实际体系只要温度不高于混合物中最重组分的临界温度,就会出现会聚现象,只是温度不同时,体系的会聚压数值不同。如果所选的温度条件正好是混合物的临界温度,则此时的会聚压就等于体系的临界压力。因此利用临界温度和临界压力可以表示体系的会聚压。

会聚压是混合物组成和温度的函数,因此,在一定温度下,会聚压被看成表示混合物特性的一个因数,它在一定程度上反映了混合物各组分之间的相互影响。因此可以利用会聚压作为一个参数,对理想溶液的相平衡常数进行校正,求取非理想溶液的相平衡常数。

(2) Braun K10 模型。

Braun K10 模型由 Cajander 等于 1960 年提出。该模型认为,低压体系相平衡常数是温度、压力、会聚压和组成的函数。由于四个参数对作图法来说显得异常繁笨,因此用压力为 10psi (0.06895MPa) 或会聚压为 5000psi (34.475MPa) 的平衡常数 K_{10} 作为中间变量,来取代会聚压和组成两个相关变量。在这种条件下,K_{10} 仅仅是组分和温度的函数,因此任意压力下的平衡

常数即可定义为 K_{10}、压力 p 和会聚压 p_{cv} 的函数：

$$K = f(K_{10}, p, p_{cv}) \tag{6-30}$$

式(6-30)可以表示为 K 与 K_{10} 的关系，参见式(6-31)，其中，α、β 为仅与压力和会聚压相关的常数。

$$\lg K = \alpha \lg K_{10} + \lg \beta \tag{6-31}$$

定义 K_{10} 可以减少四参数之间的大量换算关系，而且可以用气体压力数据预测缺少经验数据的烃类的相平衡常数。当给定一个组分的常压沸点后，就能计算出在系统温度和 10psi 压力下的气液平衡常数 K_{10}，然后利用相关的图表对 K_{10} 值进行压力修正即可。

当压力小于 25psi(0.172375MPa) 时，K_{10} 用下式推算：

$$K_{10} = \frac{p_i^s / 0.172375}{10} = \frac{p_i^s}{1.72375} \tag{6-32}$$

式中，p_i^s 为纯烃或未知组分的蒸气压(MPa)。当压力大于 25psi 时，式(6-32)给出的结果偏大。当体系中有大量酸性气体或轻烃类存在时，会影响该模型应用的准确性。因此 Braun K10 模型可以较好地适用于减压塔、催化裂化分馏塔和焦化分馏塔的气液相平衡计算。

定义 K_{10} 后还有其他一些优点，例如对于同系物可以根据已知的 K_{10} 曲线类似地推断出整个曲线；对没有实验数据而且 K_{10} 小于 2.5 的烃，可用蒸气压数据通过式(6-32)进行推算，蒸气压数据可以采用图 6-18 进行推算。相关图表量很大，本章不罗列，具体细节参见 API 技术手册。

二、假多元系的平衡闪蒸计算

石油及其馏分假多元系的平衡闪蒸计算包括泡点计算、露点计算和平衡汽化(或平衡冷凝)计算。计算的基本原理与多元系相同，需要进行迭代计算。

1. 平衡闪蒸计算的数学模型

平衡闪蒸是最简单的平衡级(图 6-1)，与蒸馏过程的描述一样，其数学模型也是 MESH 方程组。

1) MESH 方程组及其变换

(1) 物料平衡——M 方程：

$$F = V + L$$
$$Fz_i = Vy_i + Lx_i \quad (i = 1, 2, \cdots, n-1) \tag{6-33}$$

(2) 相平衡——E 方程：

$$y_i = K_i x_i \tag{6-34}$$

(3) 组成加和——S 方程：

$$\sum_{i=1}^{n} x_i = 1, \quad \sum_{i=1}^{n} y_i = 1 \tag{6-35}$$

(4) 热量平衡——H 方程：

$$F h_F = V h_V + L h_L \tag{6-36}$$

式中 F, V, L——进料、气相和液相产品的流量，kmol/h；

x, y, z——液相、气相产品和进料的组成(摩尔分数)，%；

h_F, h_V, h_L——进料焓值和饱和气相、液相的焓值，kJ/mol；

i——第 i 个组分；

n——组分数。

为了更好地求解单级闪蒸过程，需要对 MESH 方程组进行变换，为此需定义汽化率 e_V：

$$e_V = \frac{V}{F} \Rightarrow \begin{cases} e_V = 0, & \text{泡点操作} \\ e_V \in (0,1), & \text{平衡闪蒸} \\ e_V = 1, & \text{露点操作} \end{cases} \quad (6-37)$$

因此汽化率取不同数值时，就可以描述闪蒸过程的操作情况。在规定压力的情况下，求解出的温度即为闪蒸过程的平衡终温，汽化率即为闪蒸过程的平衡汽化率。

将式(6-37)代入物料平衡方程(6-33)和相平衡方程(6-34)中，可得：

$$x_i = \frac{z_i}{1+(K_i-1)e_V} \quad (6-38)$$

$$y_i = \frac{K_i z_i}{1+(K_i-1)e_V} \quad (6-39)$$

将式(6-37)代入热平衡方程(6-36)中，可得：

$$e_V = \frac{h_F - h_L}{h_V - h_L} \quad (6-40)$$

由式(6-40)可知，e_V 是由热平衡决定的。在确定的体系和闪蒸压力下，饱和气相和液相的焓值是确定的，因此 e_V 的大小取决于进料的焓值。当进料焓值小于饱和液相的焓值或大于饱和气相的焓值时，e_V 出现小于 0 或大于 1 的情况，此时闪蒸过程不能进行。因此闪蒸过程进料的换热直接影响着平衡闪蒸过程。

进料的焓值可表示为换热前的初始焓值 h_{F0} 和进料换热量 Q 之间的关系：

$$h_F = h_{F0} + \frac{Q}{F} \quad (6-41)$$

利用初始进料的焓值可以判断闪蒸过程的类型。当 $h_{F0} < h_L$ 时，进料需要加热，过程属于平衡汽化过程；当 $h_{F0} > h_V$ 时，进料需要冷凝，过程属于平衡冷凝过程。这种方式判断闪蒸过程类型需要进行焓值计算，不太方便。通常采用组成加和方程的方式判断闪蒸过程的属性，参见表 6-7。

表 6-7　两相区的判别式

判别式		状态
$\sum_{i=1}^{n} K_i x_{Fi}$	>1.0	$T > T_b, e > 0$, 处于两相区
	=1.0	$T = T_b, e = 0$, 处于泡点
	<1.0	$T < T_b$, 过冷液体
$\sum_{i=1}^{n} x_{Fi}/K_i$	>1.0	$T > T_d$, 过热蒸气
	=1.0	$T = T_d, e = 1.0$, 处于露点
	<1.0	$T > T_d, e < 1.0$, 处于两相区

注：T_b、T_d 分别为泡点温度和露点温度。

2) 闪蒸计算模型及方法

通常，闪蒸计算的任务是已知进料的条件(温度、压力和组成)，求解：(1) 规定闪蒸压力下的泡点温度、露点温度、平衡温度、汽化率、汽化组成；(2) 某一平衡闪蒸温度下的汽化率和平衡压力。其中规定压力求温度是化工设计变量规定中普遍的方法。由于压力和温度在模型(6-38)或模型(6-39)中是一个隐函数,过程求解需要迭代计算,因此需要构造迭代函数。以求解闪蒸温度为例,介绍平衡闪蒸过程计算。

定义函数

$$f(T) = \sum_{i=1}^{n} x_i - \sum_{i=1}^{n} y_i = 0 \tag{6-42}$$

将式(6-38)和式(6-39)代入式(6-42)中并整理,可得:

$$f(T) = \sum_{i=1}^{n} \frac{(1-K_i)z_i}{1+(K_i-1)e_V} = 0 \tag{6-43}$$

对于式(6-43),当 $e_V = 0$ 时,计算出的温度为泡点温度 t_b;当 $e_V = 1$ 时,计算出的温度为露点温度 t_d。

$f(T)$ 的迭代方法有多种,例如二分法、黄金分割法(0.618法)和 Newton—Raphson 法等,其中 Newton—Raphson 法最为常用,但需要计算函数 $f(T)$ 的导数,二分法和黄金分割法收敛略慢,但仅需要计算函数值。

众所周知,平衡级分离过程是一个强非线性矩阵计算的过程,其中引起强非线性的因素就是相平衡常数 K_i 的计算,其原因是 K_i 与温度的关系是一个复杂的隐函数关系,若采用 Newton—Raphson 法,进行 K_i' 的计算需要进行数值求导。从数值计算的角度来看,不同的相平衡关系采用同种计算策略时易于引起迭代过程中出现数值溢出,因此需要对 K' 的计算方法进行简化。

Newton—Raphson 法的步长项 ΔT 虽然有严格的数学意义,但其实际目的是按照温度影响的趋势来定制适宜的收敛步长,因此采取一些温度影响趋势正确、函数关系简单的其他方程和函数关系来替代,仅仅会影响收敛速度,而不会对计算精度产生影响。因此,K_i 的导数可以选用多项式简化,也可以按照理想系相平衡方程进行函数关系估计。前者的出发点是任何复杂的函数关系在数值上都可以近似表示为多项式函数,而后者的依据是温度对任何体系相平衡影响的趋势基本上是一致的,在活度系数或逸度系数与温度无关的假定下,就可以用组分的饱和蒸气压方程和总压表示相平衡常数的导数。但该方式比较适合于明确组分计算,用于假组分体系计算缺乏相关的物性常数。

另一种方式是将相平衡关系简化为多项式的形式。在计算考察的温度、压力和浓度范围内,通过数值计算或实验数据,对 K_i 和 T 进行多项式关联,也可以采用数据库查询的方式,其中应用较为广泛的多项式经验方程的形式为

$$\left(\frac{K_i}{T}\right)^{1/3} = \alpha_0 + \alpha_1 T + \alpha_2 T^2 + \alpha_3 T^3 \tag{6-44}$$

式中,α_0、α_1、α_2、α_3 为由实测或相平衡模型计算的 K_i—T 数据回归而得到的经验系数。

式(6-45)和式(6-46)示出了 Newton—Raphson 法的迭代方程,若令 $e_V = 0$,计算出的温度为泡点温度 T_b;若令 $e_V = 1$,计算出的温度为露点温度 T_d。计算出的泡点温度或露点温度以及汽化率就可以作为迭代计算的初值。

$$\Delta T^{k+1} = \frac{f(T^k)}{f'(T^k)} = \frac{\sum_{i=1}^{n} \frac{(1-K_i)z_i}{1+(K_i-1)e_V}}{\sum_{i=1}^{n} \frac{z_i K_i'}{1+(K_i-1)e_V}} \tag{6-45}$$

$$T^{k+1} = T^k + \Delta T^{k+1} \qquad (6-46)$$

对于闪蒸过程计算,不仅需要上述温度的迭代,也需要组成的迭代,参见以下两式:

$$\Delta x_i^{k+1} = -x_i^k + \frac{z_i - e_V x_i^k \left(\frac{\partial K_i}{\partial T}\right)\Delta T^{k+1}}{1 + e_V(K_i - 1)} \qquad (6-47)$$

$$x_i^{k+1} = \frac{x_i^k + \Delta x_i^{k+1}}{\sum_{i=1}^{N}(x_i^k + \Delta x_i^{k+1})}, (i = 1,2,\cdots,N) \qquad (6-48)$$

对于平衡闪蒸计算,若提供良好的初值,一般迭代 3~5 次便可以收敛。

2. 平衡闪蒸计算过程

利用以上所述的假组分切割方法,确定假组分数及馏分的体积平均沸点。假组分的含量通常由实沸点蒸馏曲线求得。假组分的性质参数,如密度、分子量等,尽可能选用实测数据。当实测数据不足而需要计算求得时,应注意选择合适的计算方法,以免影响计算结果的准确性。

在缺乏假组分的密度数据时,可以由整个油料的密度和恩氏蒸馏数据计算油料的特性因数 K,并假设每个窄馏分的 K 都与整个油料的 K 相等,从而由下式计算各窄馏分的相对密度 $d_{15.6}^{15.6}$:

$$d_{15.6}^{15.6} = \frac{1.216 T_b^{1/3}}{K} \qquad (6-49)$$

式中 T_b——窄馏分的平均沸点,K。

在确定的闪蒸压力下,平衡闪蒸计算的任务一般为泡点、露点和平衡闪蒸汽化(冷凝)率的计算,采用式(6-43)就可以实现全部计算。详细的计算过程框图参见图 6-29。

泡点和露点的计算策略完全相同,仅需规定式(6-43)中 e_V 分别为 0 和 1,计算过程基本上是一种温度的迭代过程。温度迭代的精度 ε_T 越小,则计算的精度越高,但一般情况选 $|T^{k+1} - T^k|/T^k \leq \delta, \delta \in [10^{-3},10^{-4}]$ 就可以达到工程要求。

平衡汽化或平衡冷凝的计算需要求解闪蒸温度、气液相组成和流率以及汽化(冷凝)率。从温度、组成和汽化率的数值灵敏度分析,一般控制汽化率的精度 $|e_V^{k+1} - e_V^k|/e_V^k \leq \delta, \delta \in [10^{-5},10^{-6}]$ 就可以满足工程要求。

对于热力学相平衡模型的选择应当依据体系的实际情况进行。对于石油体系,轻质馏分油可以选用 SRK、CS 和 GS 等,对于重质馏分油,可以选用 Braun K10 模型等。

将 MESH 方程组推广到多级情况,就可以实现油品蒸馏塔的模拟计算,具体的算法和程序框架可以参考相关分离工程书籍。

三、油水不互溶体系的气液平衡

水在油中的溶解度很小,一般情况下都把水和油的混合物看作是不互溶体系。至于气相,则任何气体都能均匀混合。因此油水不互溶仅指液相而言。

在石油加工过程中经常会遇到油水共存体系的气液平衡问题:进入炼油厂加工装置的原油总是带有少量的水分;在原油蒸馏塔中,常常吹入一定量的过热水蒸气以降低油气分压;蒸馏塔塔顶的气相馏出物往往在水蒸气的存在下冷凝冷却等。这些情况可以归纳成三种类型,即过热水蒸气存在下油的汽化、饱和水蒸气存在下油的汽化、油气—水蒸气混合物的冷凝。

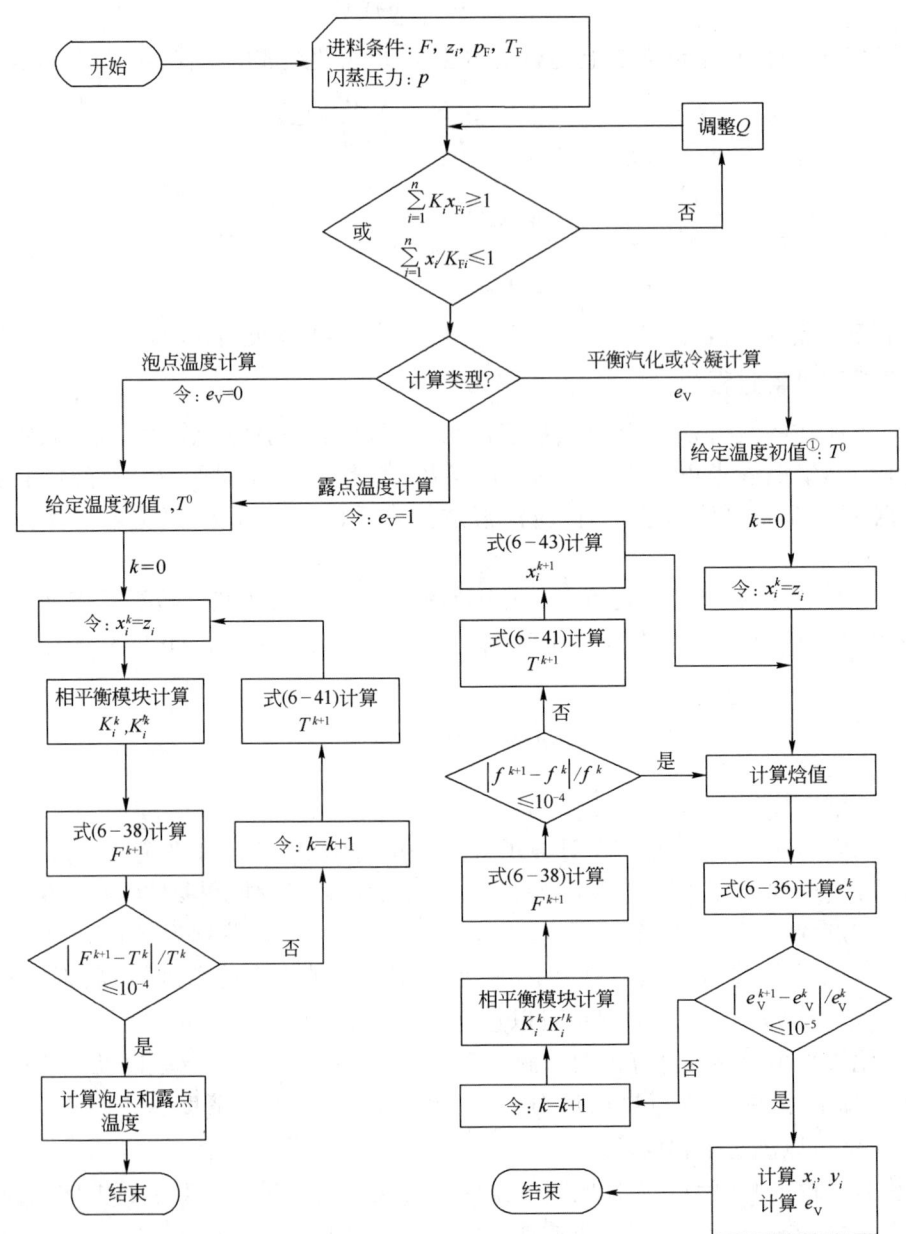

图 6-29　平衡汽化或平衡冷凝计算框图
①闪蒸计算的温度初值最好选用泡点温度

1. 过热水蒸气存在下油的汽化

当体系的操作温度高于该压力下水的沸点时,体系内注入过热水蒸气,水蒸气始终处于过热状态,即没有液相水的存在。例如,减压塔底吹入过热水蒸气以降低塔内油气分压、石油精馏塔侧线汽提、某些溶剂回收过程所用的汽提塔等都属于此类。在这些例子中,过热水蒸气的作用是降低油气分压,从而降低油的沸点。

为阐述方便,先以纯物质 A 代替石油馏分来进行分析,在气相中:

$$p = p_A + p_s \tag{6-50}$$

式中　p——体系总压,kPa;

p_A——A 蒸气的分压,kPa;

p_s——水蒸气的分压,kPa。

由于只有 A 一个液相,而且与气相呈平衡,故:

$$p_A = p_A^0 \tag{6-51}$$

式中 p_A^0——纯物质 A 的饱和蒸气压。

当体系总压一定且没有水蒸气存在时,则液体 A 要在 $p_A = p_A^0 = p$ 时才能沸腾。可当有水蒸气存在时,只要 $p_A = p_A^0 = p - p_s$,液体 A 就能沸腾。因此过热水蒸气的存在降低了 A 的沸点。

这里,体系的组分数 $C = 2$,相数 $\Phi = 2$,根据相律,体系的自由度 $F = C - \Phi + 2 = 2$,即必须同时规定两个独立变量才能确定体系的状态。例如,仅仅规定一个温度条件,只能规定 p_A^0 和 p_A,而 p 或 p_s 是可以在一定范围内自由变动的。这意味着,用过热水蒸气来蒸馏或汽提,p 和 T 都是可以人为控制的。为了保证体系中的水保持过热水蒸气状态,p_s 必须低于水在温度 T 下的饱和蒸气压 p_s^0,否则体系中就会出现液相水。

下面再分析一下过热水蒸气的数量的影响。根据分压定律,在气相中:

$$\frac{N_s}{N_A} = \frac{p_s}{p_A} = \frac{p - p_A}{p_A} = \frac{p - p_A^0}{p_A^0} = \frac{p}{p_A^0} - 1 \tag{6-52}$$

式中,N_s 和 N_A 分别为水蒸气和 A 蒸气的物质的量。

由式(6-52)可见:

(1)当 p 和要求 A 的汽化量 N_A 一定时,则 N_s 增大,p_A^0 可降低;换言之,增加 N_s 可以在更低的温度下得到相同数量的 N_A。

(2)当 p 和 T 都一定时,方程式的右方为一常数,则增大 N_s 时,N_A 会按比例增大。

如果体系中的物料不是纯物质 A 而是石油馏分 O,上述的基本原理仍然适用,但是由于石油馏分不是纯物质而是一种混合物,在具体计算中会有一些较大的差别。

对石油馏分—过热水蒸气体系,式(6-52)可写成:

$$\frac{N_s}{N_O} = \frac{p - p_O}{p_O} = \frac{p - p_O^0}{p_O^0} \tag{6-53}$$

其中,油的饱和蒸气压 p_O^0 在一定温度下不是一个常数,它还与汽化率 e 有关,即 p_O^0 是 T 和 e 的函数。当 T 一定时,p_O^0 随着 e 的增大(油变重)而降低。换言之,当 T 一定时,N_s/N_O 不是一个常数,而是随着 e 的增大而增大,即随着 e 的增大,每汽化 1mol 油所需的水蒸气的物质的量要增加。这需要依据石油馏分的 p—T—e 相图才能作定量的计算。

图 6-30 是某石油馏分的 p—T—e 相图。当温度为 t_1、汽化率为 10% 时,油品的饱和蒸气压是 $p_{O,1}^0$。若 $p_{O,1}^0$ 正好等于总压 p,则不需要水蒸气的帮助,该油品在 t_1 下就可以汽化 10%。若 $p_{O,1}^0 < p$,就需要借助于水蒸气,此时:

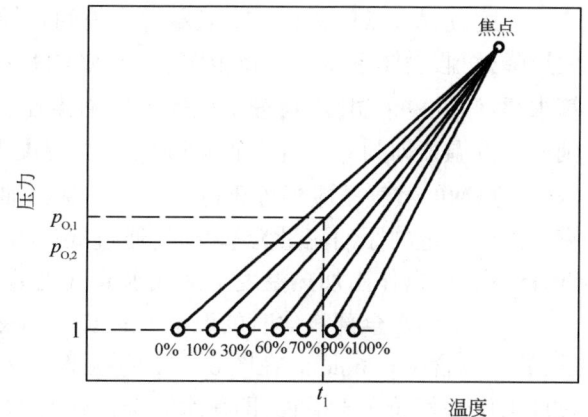

图 6-30 某石油馏分的 p—T—e 相图

$$p = p_{o,1}^0 + p_{s,1} \tag{6-54}$$

每汽化 1 mol 油品所需过热水蒸气的物质的量为

$$\frac{N_{s,1}}{N_{o,1}} = \frac{p_{s,1}}{p_{o,1}} = \frac{p - p_{o,1}^0}{p_{o,1}^0} \tag{6-55}$$

如果温度 t_1 不变，要求汽化率为 30%，则：

$$\frac{N_{s,2}}{N_{o,2}} = \frac{p_{s,2}}{p_{o,2}} = \frac{p - p_{o,2}^0}{p_{o,2}^0} \tag{6-56}$$

式中，$p_{o,2}^0$ 为温度 t_1 下，汽化率为 30% 时油品的饱和蒸气压。显然，$p_{o,2}^0 < p_{o,1}^0$，故 $\frac{N_{s,2}}{N_{o,2}} > \frac{N_{s,1}}{N_{o,1}}$。

2. 饱和水蒸气存在下油的汽化

对于这种情况，在气相中是水蒸气和油气组成的均匀相，在液相中则有不互溶的两相——水相和油相。在平衡时：

$$p_o = p_o^0, \quad p_s = p_s^0$$

而且

$$p = p_o + p_s = p_o^0 + p_s^0 \tag{6-57}$$

因此

$$\frac{N_s}{N_o} = \frac{p_s}{p_o} = \frac{p_s^0}{p_o^0} \tag{6-58}$$

式(6-58)与过热水蒸气存在下的式(6-53)的不同之处在于 N_s/N_o 还受制于水的饱和蒸气压。

油与水一起汽化的过程比较复杂。现以含水原油在换热器中被加热汽化为例说明。含水原油在换热器内流动时，由于换热而使其温度逐渐升高，原油和水的饱和蒸气压也随之增大。当温度升高至某一温度 t_0，原油的泡点压力 p_o^0 和水的饱和蒸气压 p_s^0 之和等于体系总压 p 时，油和水就同时开始汽化。随着汽化量增加，油的蒸气压开始下降，如果体系温度仍然是 t_0，则此时 $p_o^0 + p_s^0 = p$，达成汽化平衡，汽化就不能继续下去。若继续加热升温，则油的蒸气压与水的饱和蒸气压之和又能继续保持与体系总压相等，汽化量又可以增加一点。如此进行下去，随着温度的升高，油和水的汽化持续地发生着，油和水的饱和蒸气压也不断地变化着，但是两者之和总是保持着与体系的总压相等。这个过程一直持续到液相中的水全部汽化为止。水全部汽化之后就属于过热水蒸气存在下油的汽化问题了。

上述过程可以用图 6-31 表示。为使问题简化便于阐明，先不考虑管线流动阻力所造成的压降，而假设体系压力保持恒定。0 点是油和水同时开始汽化之点，其位置和温度 t_0 可由试算求得：假设一个温度值，查出该原油的泡点压力 $p_{o,0}^0$ 和水的饱和蒸气压 $p_{s,0}^0$，若 $p_{o,0}^0 + p_{s,0}^0 = p$，则此假设温度即为 t_0。当原油流到 1 点时，温度上升到 t_1。从手册上查得水在 t_1 时的饱和蒸气压 $p_{s,1}^0$，则油的蒸气压应当等于 $(p - p_{s,1}^0)$。从原油的 $p—T—e$ 相图上即可据此查得 1 点的汽化率。当以一定的原油流量为基准时，通过式(6-58)即可计算出 1 点的水汽化量。如此逐点计算下去，可以作出加热温度与油或水的汽化量的关系图，见图 6-32。

原油中的水全部汽化时的温度 t_2 的求定方法如下：以一定流量的原油（例如 100 mol）为基准，若其中含水 6.6 mol。在图 6-32 的纵坐标等于 6.6 处作水平线，与水的汽化线交于一点，过此点作垂直线交于横轴，即得水完全汽化时的温度 t_2。此垂直线与油的汽化线的交点指明了油的汽化量(物质的量)，从而得到 2 点油的汽化率。温度超过 t_2 以后的过程则按过热水蒸气存在下油的汽化过程来处理。

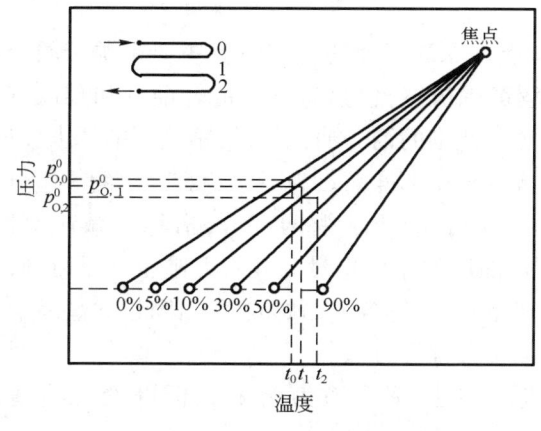
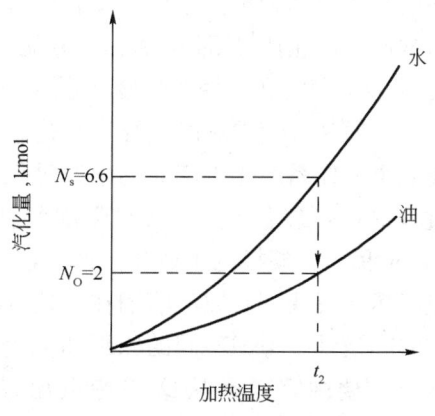

图 6-31 含水原油加热汽化过程　　图 6-32 含水原油加热温度与汽化量的关系

在实际过程中,流动阻力会造成压降,体系的压力沿着原油流动的路程是不断地下降的。因此在计算温度—汽化率关系时,要根据流体力学原理同时测算体系总压的变化,计算过程会复杂一些。如果沿着含水原油流动的路程上没有温度的实测点,则还需要通过传热计算来确定温度和位置的关系,计算过程就更为复杂,但是计算的基本原理是相同的。

3. 油气—水蒸气混合物的冷凝

油气—水蒸气混合物的冷凝实际上就是前述两种情况的逆过程。只要对前述的汽化过程弄清楚了,就不难理解和处理它的逆过程。

原油加工装置的蒸馏塔塔顶馏出物常常带有一定数量的水蒸气,它们在冷凝冷却器中所经历的过程就是属于油气—水蒸气混合物的冷凝过程。如果油气和水蒸气都处于过热状态,则在混合气中,$p_O + p_s = p$。在恒压下冷却时,这个关系不会改变,直到冷却到某个温度 t_1。在此 t_1 下,油的露点压力等于 p_O,或是水的饱和蒸气压等于 p_s,这时就开始冷凝而出现第一个液相。通常是油的露点压力首先到达 p_O 值而使油气先冷凝。为了防止水蒸气在精馏塔顶部凝结成水而加重腐蚀,精馏塔的操作条件总是选择使塔内的水蒸气处于过热状态的条件,而塔顶馏出的油气则总是处于露点状态。因此,在冷却时,油气首先开始冷凝,出现液相的油,而水蒸气则仍处于过热状态。当油气冷凝了一点后,气相中的 p_O 降低而 p_s 增大,若体系温度不继续降低,则油气的冷凝就停止。只有使体系温度继续降低,油的饱和蒸气压继续下降,又使 $p_O = p_O^0$,油气才能继续冷凝。这样的过程一直进行至某个温度 t_2,在 t_2 下水的饱和蒸气压也等于当时的 p_s,则水汽也开始冷凝。以后,随着体系温度不断下降,油气和水汽的冷凝分率不断增大,一直到油气和水汽在同一时间冷凝完毕。再继续降低温度,则只是液态的水和油的冷却问题了。

在实际过程中,油气—水蒸气混合物是在流动中被冷凝冷却,在流动中会有流动压降,因此,混合物的冷凝过程也不是一个恒压过程。但是,此过程的基本原理仍是一样的,只是问题变得复杂一些罢了。在系统压降不太大时,为方便起见,常可把它当作恒压过程来对待。

第四节 原油蒸馏塔的操作特征

经过原油实沸点蒸馏数据的切割或假组分的处理,原油体系的加工过程就可以按照多组分明确体系来处理,这样就可以实现原油假多元系的相平衡计算。因此,原油蒸馏过程可以按照精馏的基本原理和规律进行设计和分析。

与常规精馏相比,原油蒸馏有十分显著的特点。原油蒸馏的这些特点主要来源于两个方面:(1)原油是烃类和非烃类的复杂混合物,沸程范围极宽,包括易汽化的轻馏分和难以汽化的重馏分。原油蒸馏得到的蒸馏产品是某一个沸程范围的馏分油,对分馏精确度的要求较低,不像明确组分体系的化工产品的精馏过程对组成要求得那样高。为了避免难汽化的重组分在蒸馏过程中发生裂化,通常原油蒸馏包括常压蒸馏和减压蒸馏两部分,俗称常减压蒸馏。(2)炼油过程是大规模的工业化生产,现代大型炼油厂的年处理量为几百万吨至几千万吨,这个特点必然会反映到对原油蒸馏在工艺、设备、成本、安全等各方面的要求。因此,这些特点会导致在实际设计中考虑不同的原则和采用不同的设计计算方法。

本节主要内容就是从这些特点出发,以原油常压蒸馏塔为例来分析讨论石油精馏过程。

一、常减压蒸馏工艺流程

在讨论常压蒸馏塔之前,先对常减压蒸馏装置的工艺流程进行简要介绍。工艺流程是指一个生产装置的设备、机泵、工艺管线和控制仪表按生产的内在联系而形成的有机组合。有时在图中只列出主要的设备、机泵和工艺管线,这称为原理流程图。学会深入分析和正确设计工艺流程是对炼油工程师的一项基本要求。

图6-33是典型的原油常减压蒸馏原理流程图。它是以蒸馏塔和加热炉为主而组成的蒸馏装置。脱盐脱水的原油流经一系列换热器换热,再经常压炉加热(常压炉)至370℃左右,此时原油的一部分已汽化,油气和未汽化的油一起经过转油线进入常压蒸馏塔(常压塔),原油在常压塔里进行精馏,从塔顶馏出汽油馏分(也称石脑油馏分),从塔侧引出煤油、轻柴油、重柴油等侧线馏分。塔底产物称常压重油(常压渣油),一般是原油中沸点高于350℃的重组分。常压渣油经过减压加热炉(减压炉)加热后进入减压蒸馏塔(减压塔)继续蒸馏得到减压馏分,作为润滑油生产、催化裂化料或加氢裂化的原料。采用减压操作是为了在分离出较重石油馏分的同时大幅减少重组分的分解、缩合等副反应的发生,以保证产品的质量和设备的运转周期。常压渣油在减压条件下进行蒸馏,温度限制在420℃以下,减压塔的残压一般在8.0kPa或更低。从减压塔顶逸出的主要是裂化气、水蒸气以及少量的油气,馏分油则从侧线抽出,塔底产品是沸点更高的减压渣油。减压渣油进一步可作为焦化、减黏裂化、溶剂脱沥青、加氢处理、催化裂化或加氢裂化等工艺过程的原料。

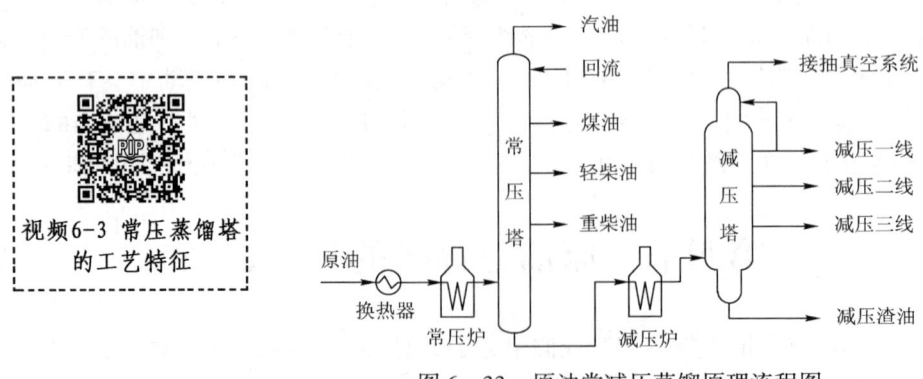

图6-33 原油常减压蒸馏原理流程图

二、原油常压蒸馏塔的工艺特征

由于原油是复杂的混合物及炼油工业规模巨大,致使石油蒸馏具有很多特点。下面讨论原油常压蒸馏塔的工艺特征,其他石油蒸馏塔也常常具有与之相似的工艺特征。

1. 复合塔

原油通过常压蒸馏要将原油切割成汽油、煤油、轻柴油、重柴油和重油等四到五种产品,按照一般的多元精馏方法,需要 $N-1$ 个精馏塔才能把原料分离成 N 个产品。如图 6-34 所示,如果要分离成 5 个产品时就需要 4 个精馏塔。当要求得到较高纯度的产品,即要求分馏精确度较高时,这种方案无疑是必要的。但是在原油精馏时,各种产品本身也还是一种复杂混合物,它们之间的分离精确度要求不高,两种产品之间需要的塔板数并不多,如果按照图 6-34 的方案,则需要多个矮而粗的精馏塔,其间还有油、气管线相连。这种方案的投资和能耗高,占地面积大,这些问题由于炼油厂规模大而显得尤为突出。因此,可以把这几个塔结合成一个塔,如图 6-35 所示。这种塔实际是把几个简单精馏塔重叠起来,它的精馏段相当于原来四个简单塔的四个精馏段组合而成,而其下段则相当于塔 1 的提馏段,这样的塔称作复合塔或复杂塔。诚然,这种塔的分离精确度不会很高,例如,在轻柴油侧线抽出板上除了柴油馏分以外还有较轻的煤油和汽油的蒸气通过,这必然会影响到侧线产品(轻柴油馏分)的组成。但是,由于这些石油产品要求的分馏精确度不是很高,而且还可以采取一些诸如侧线汽提塔的弥补措施,因而常压塔采用复合塔的形式是可行的。

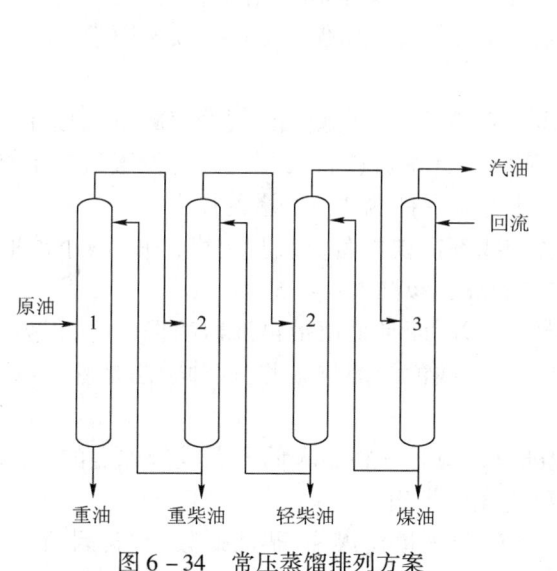

图 6-34 常压蒸馏排列方案　　图 6-35 常压塔构型

2. 一次汽化过程

原油中的常压重油在高温时易于发生热裂化。热裂化产生的焦炭,尤其是胶质所产生的胶状炭易于堵塞塔设备,从而引起生产事故。为了减少重质油在塔底的停留时间和裂化反应的发生,原油常压塔和减压塔都采用了无再沸器和无提馏段的加热炉加热一次汽化工艺,原料从蒸馏塔下部进入,因此常压塔和减压塔都是仅有精馏段及塔顶冷凝系统的不完整精馏塔。

为了保证产品的收率,这种一次汽化工艺要求加热炉的出口温度一方面保证原油热裂化程度极低,不会产生积炭;另一方面也要保证原油进入蒸馏塔后的汽化率达到实沸点切割的产品收率。因此常压塔和减压塔的产品方案制定都是按照常压炉和减压炉的最高不生焦加热温度制定的。根据目前的生产经验,一般常压炉的最高炉出口温度在360~370℃之间,减压炉的最高炉出口温度在420~435℃之间。

3. 汽提塔和汽提段

原油蒸馏塔的构型为仅有精馏段和塔顶冷凝系统的多侧线复合塔。按照相平衡原理,各侧线产品和塔底重油都会含有相当多的轻馏分,这会影响侧线产品的质量(如轻柴油的闪点等),降低较轻馏分的收率,同时常压渣油中过多的轻馏分会降低常压产品的收率,增加下游减压炉和减压塔的热负荷,增大减压塔分离难度和抽真空的难度,因此侧线产品质量的控制和重油中轻馏分的分离必须考虑相应的对策。

侧线和塔底产品质量的控制仅仅是产品分离过程的补充,主要的分离任务应当由蒸馏塔来完成。对蒸馏塔分离的补充可以采用两种方式:侧线汽提塔或带再沸器的提馏段。

1) 侧线汽提塔

常采用侧线汽提塔控制侧线产品质量。在汽提塔底部吹入少量过热水蒸气以降低油气分压,使混入侧线产品中的轻馏分汽化而返回蒸馏塔内,达到产品的分离要求。侧线汽提用的过热水蒸气量通常为侧线产品的2%~3%(质量分数),汽堤塔塔板数一般为4~6层。

侧线汽提塔的液相产品出装置,而气相产品则需回注到侧线抽出板的气相空间,这就要求侧线汽提塔的操作压力高于侧线抽出板的压力。因此侧线汽提塔的进料位置和蒸馏塔侧线抽出位置要求有一定的位差,以保证侧线液体自然流出蒸馏塔和气相能够顺利返回蒸馏塔。位差的大小取决于侧线馏分的液体密度,位差的工程设计必须保证足够的安全因素,以抵御操作波动的影响。

当侧线馏分油的密度较小时,有时操作中需要频繁提高侧线汽提蒸汽的量,但这样会造成侧线汽提塔的气相返回和液相抽出不畅。实际设计中可以将气相返回的位置适当上移1~2层塔板,由于返回口的操作压力更低而能够更好地保证侧线汽提塔的操作。

由于侧线汽提塔的塔板数很少,并且各侧线都需要配备侧线汽提塔,为了减小占地面积,各侧线汽提塔常常重叠起来,但相互之间是隔开的,参见图6-35。

有些情况下,侧线的汽提塔不采用水蒸气汽提,而是采用带再沸器的提馏段,称为再沸汽提塔。再沸器一般采用该侧线以下温度更高的侧线油为加热热源,这种做法是基于以下几点考虑:

(1)侧线油品汽提时,产品中会溶解微量水分,对有些要求低凝点或低冰点的产品(如航空煤油)可能使冰点升高。采用再沸提馏可避免此弊病。

(2)汽提用水蒸气的质量分数虽小,但水的分子量比煤油、柴油低数十倍,因而体积流量相当大,增大了塔内的气相负荷。采用再沸提馏代替水蒸气汽提有利于提高常压塔的处理能力。

(3)水蒸气的冷凝潜热很大,采用再沸提馏有利于降低塔顶冷凝器的负荷,节约冷却水,同时也可以减少装置的含油污水量。

但对于重质馏分油的侧线,由于热裂化的问题而不宜采用再沸提馏方式。采用带再沸器的提馏代替水蒸气汽提会使流程设备更复杂,但可以减少污水排放,因此采用何种方式要具体分析。至于侧线油品用作裂化原料时可不必汽提。

2）塔底汽提段

常压塔进料汽化段中未汽化的油料流向塔底,这部分油料中还含有相当多<350℃的轻馏分。为了提高常压塔的拔出率,降低后续加工的难度,常压渣油也要继续分离,也可以采用侧线汽提塔的方式。但在生产实际中,塔底产品汽提和侧线汽提略有差异。

由于常压渣油的流量极大,一般占原油的40%~80%(质量分数),因此采用侧线汽提塔需要较大的位差和塔径,在这种情况下,常常在蒸馏塔底设置汽提段,塔板数为4~6层,塔底汽提在塔底吹入过热水蒸气以使其中的轻馏分汽化后返回精馏段,以达到提高常压塔拔出率和减轻减压炉、减压塔负荷的目的。塔底吹入的过热水蒸气的质量分数一般为原油的2%~4%。

在常压塔和减压塔底不可能用再沸器代替水蒸气汽提,因为常压塔底温度一般在350℃左右,如果用再沸器,一方面很难找到合适的热源,再沸器也十分庞大;另一方面会导致重质油的热裂化和热缩合。减压塔的情况也是如此。至于某些塔底温度不高的石油精馏塔,例如稳定塔等,则另作别论。

4. 恒分子流假定不适用

在二元和多元精馏塔的设计计算中,为了简化计算,对性质及沸点相近的体系做出了恒分子流的近似假设,即在无进料和抽出料的塔段内,塔内的气、液相的摩尔流量不随塔高而变化,但这个近似假设对原油常压蒸馏塔完全不适用。

原油是复杂混合物,各组分间的性质差别很大,摩尔汽化潜热相差很远,沸点差别甚至可达几百摄氏度,例如常压塔顶和塔底之间的温差就可达250℃左右。显然,以精馏塔上、下部温差不大、塔内各组分的摩尔汽化潜热相近为基础而作出的恒分子流假设不适用于常压塔。实际上,常压塔内回流的摩尔流量沿塔高会有很大的变化。关于这个问题在后面还要详细分析讨论。

5. 全塔热平衡

由于常压塔塔底不用再沸器,它的热量来源几乎完全取决于经加热炉加热的进料。塔底和侧线汽提水蒸气(一般约450℃)虽然也带入一些热量,但由于只放出部分显热,而且水蒸气量不大,因而这部分热量是相对很小的。通过全塔热平衡,可得出以下结论:

(1)常压塔进料的汽化率至少应等于塔顶产品和各侧线产品的产率之和,否则不能保证要求的拔出率或轻质油收率。在实际设计和操作中,常压塔精馏段最低一个侧线至进料段之间塔段内的塔板上要有足够的液相回流以保证最低侧线产品的质量。原料油进塔后的汽化率应比塔上部各种产品的总收率略高一些,高出的部分称为过汽化度。

(2)过汽化度越高,侧线产品的质量越好,但加热炉的热负荷就会越高,加工能耗也就越高。实际生产中,只要侧线产品质量能保证,过汽化度低一些是有利的,这不仅可减轻加热炉负荷,而且对于降低炉出口温度、减少油料的裂化是十分有利的。适宜常压塔的过汽化度一般为2%~4%。

(3)常压塔只靠进料供热,在进料的状态(温度、汽化率)已被规定的情况下,塔内的回流比实际上就被全塔热平衡确定了。因此常压塔的回流比是由全塔热平衡决定的,变化的余地不大。由于常压塔产品要求的分离精度不高,只要塔板数选择适当,在一般情况下,由全塔热平衡所确定的回流比完全能满足精馏的要求。在常压塔的操作中,如果回流比过大,则必然会引起塔的各点温度下降、馏出产品变轻、拔出率下降。

视频6-4 蒸馏塔的分馏精确度

三、分馏精确度

1. 分馏精确度的表示方法

对二元或多元物系,分馏精确度(分离精确度)可以容易地用组成来表示。例如对轻组分 A 和重组分 B 二元混合物的分馏精确度可用塔顶产物中 B 的含量和塔底产物中 A 的含量来表示。

对于石油精馏塔中相邻两个馏分之间的分馏精确度,则通常用该两个馏分的馏分组成或蒸馏曲线(一般是恩氏蒸馏曲线)的相互关系来表示。如图 6-36 所示,倘若较重馏分的初馏点高于较轻馏分的终馏点,则两个馏分之间有些"脱空",称这两个馏分之间有一定的"间隙"。间隙可以用下式表示:

$$恩氏蒸馏(0\% \sim 100\%)间隙 = t_0^H - t_{100}^L \tag{6-59}$$

式中,t_0^H 和 t_{100}^L 分别表示重馏分的初馏点和轻馏分的终馏点。间隙越大表示分馏精确度越高。当 $t_0^H < t_{100}^L$ 时则称为重叠,这意味着一部分重馏分进到轻馏分中去了;重叠的绝对值越大,表示分馏精确度越差。

表面上看,相邻两个馏分"脱空"的现象似乎不可思议。其实,这只是由于恩氏蒸馏本身是一种粗略的分离过程,恩氏蒸馏曲线并不严格反映各组分的沸点分布,因此才会出现这种"脱空"现象。如果用实沸点蒸馏曲线来表示相邻两个馏分的相互关系,则只会出现重叠而不可能出现间隙。

在图 6-37 中,1 是某一原料馏分的实沸点蒸馏曲线,要求在 t_f 温度处分馏切割为两个馏分产品。当分馏精确度很高以致达到理想分离时,两个产品的实沸点蒸馏曲线为 2 和 3,它们之间刚好衔接,即 $t_0^H = t_{100}^L$,既不重叠,也无间隙。当分馏精确度不很高时,则所得轻馏分的实沸点蒸馏曲线 5 与重馏分的实沸点蒸馏曲线 4 就出现了重叠。一直到分离效果最差,即平衡汽化,所得到的轻、重馏分的实沸点蒸馏曲线 7 和 6 就完全重叠了。

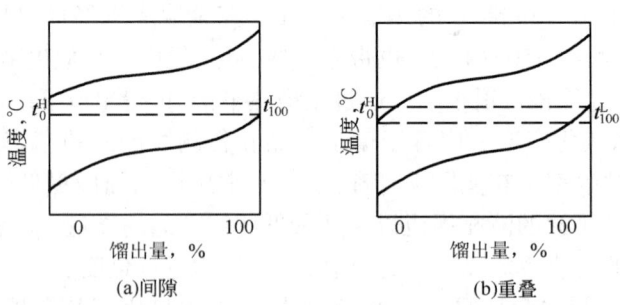

图 6-36 相邻馏分间的间隙与重叠

在实际应用中,恩氏蒸馏的 t_0 和 t_{100} 不易得到准确数值,通常是用较重馏分的 5% 点 t_5^H 与较轻馏分的 95% 点 t_{95}^L 之间的差值来表示分馏精确度,即:

$$恩氏蒸馏(5\% \sim 95\%)间隙 = t_5^H - t_{95}^L \tag{6-60}$$

上式结果为负值时表示重叠。

对常压塔馏出的几种馏分,由恩氏蒸馏间隙($t_5^H - t_{95}^L$)换算为实沸点蒸馏重叠($t_5^H - t_{100}^L$)可用图 6-38 近似地估计。

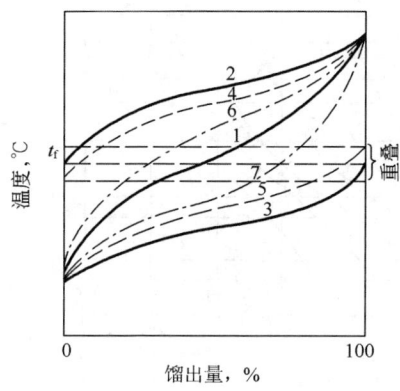 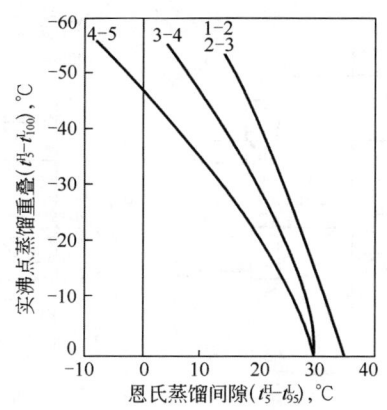

图 6-37 实沸点蒸馏曲线的重叠　　图 6-38　常压馏分实沸点蒸馏重叠与恩氏蒸馏间隙关系图
（1—<150℃馏分；2—150~205℃馏分；3—205~302℃馏分；
4—302~370℃馏分；5—370~413℃馏分）

一般常压蒸馏产品的分馏精确度文献推荐值见表 6-8。

表 6-8　常压蒸馏产品的分馏精确度推荐值

馏分	轻汽油—重汽油	煤油、轻柴油—重柴油	汽油—煤油、轻柴油	重柴油—常压瓦斯油
恩氏蒸馏 (5%~95%)间隙,℃	11~16.5	0~5.5	14~28	0~5.5

2. 分馏精确度与回流比、塔板数的关系

影响分馏精确度的主要因素是体系中组分之间分离的难易程度、回流比和塔板数。对二元和多元物系，分离的难易程度可以用组分之间的相对挥发度来表示；对于石油馏分，则可以用两馏分的恩氏蒸馏 50% 点的温差 Δt 来表示。对石油馏分的精馏，从理论上说，可以用虚拟组分体系的办法来计算所需的回流比和塔板数，但是这种方法十分复杂且目前缺乏完整的数据。况且石油精馏塔的回流比是由全塔热平衡确定的而不是由精馏计算确定的，加之石油馏分的分馏精确度一般不是要求非常高，因此，通常可以用经验的 Packie 图（图 6-39、图 6-40）关联来估计达到分馏精确度要求所需要的回流比和塔板数。

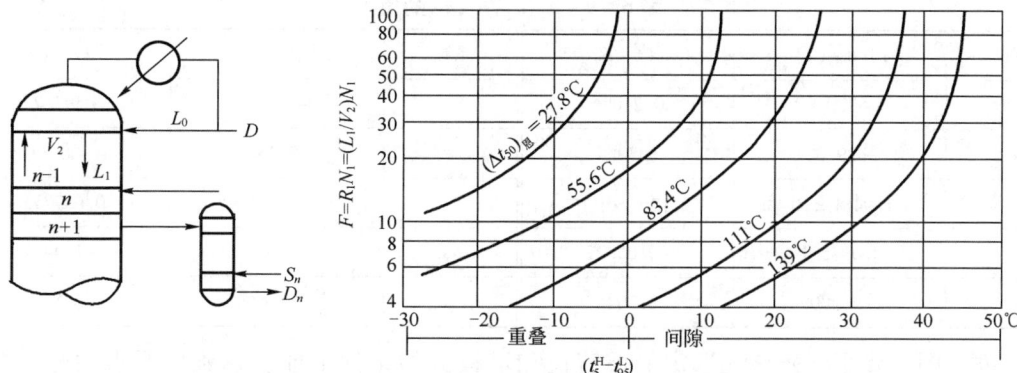

图 6-39　石油常压精馏塔塔顶产品与一线产品之间分馏精确度图
R_1—第一层塔板下的回流比 = L_1/V_2，均按 15.6℃体积流量计算；N_1—塔顶与一线之间实际塔板数

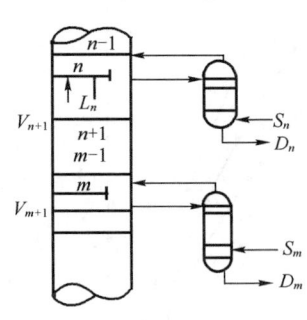
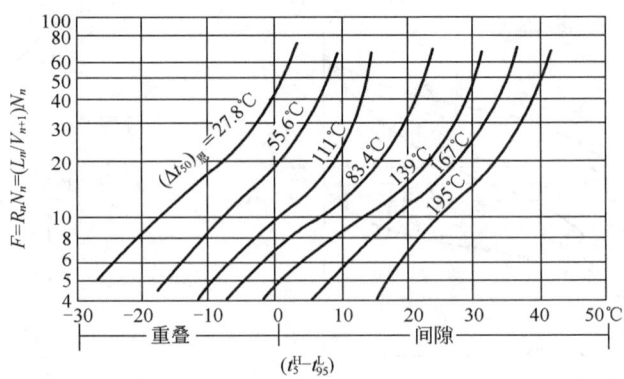

图 6-40 石油常压精馏塔侧线产品之间分馏精确度图

图 6-39 和图 6-40 是常压塔中分馏精确度与分离能力和混合物分离难易程度的关系图,可用于工艺计算。图中纵坐标 F 为回流比与塔板数的乘积,表示该塔段的分离能力;横坐标是相邻两馏分的恩氏蒸馏间隙;图 6-39 中 $(\Delta t_{50})_{恩}$ 等值线表示塔顶产品与一线产品之间恩氏蒸馏 50% 点的温差,而图 6-40 中 $(\Delta t_{50})_{恩}$ 等值线则表示第 m 板侧线与第 m 板以上所有馏出物(作为一个整体)50% 点的温差。

为了便于计算机计算,对图 6-39 和图 6-40 分别进行关联,参见式(6-61)和式(6-62)。平均相对误差分别为 6.34% 和 3%。

$$HL = [a_1/(\Delta t_{50} + a_2)] F^{(a_3 \Delta t_{50}^2 + a_4 \Delta t_{50} + a_5)} + (a_6 \Delta t_{50}^2 + a_7 \Delta t_{50} + a_8) \tag{6-61}$$

$$HL = [(a_1 \Delta t_{50} + a_2 \Delta t_{50}) F + (a_3 \Delta t_{50}^3 + a_4 \Delta t_{50}^2 + a_5 \Delta t_{50} + a_6)]/$$
$$[F + (a_7 t_{50}^3 + a_8 t_{50}^2 + a_9 \Delta t_{50} + a_{10})] \tag{6-62}$$

式中 F——回流比与塔板数的乘积,表示该塔段的分离能力;

HL——相邻两馏分的恩氏蒸馏(5%~95%)间隙,即 $HL = t_5^H - t_{95}^L$;

Δt_{50}——塔顶产品与一线产品恩氏蒸馏 50% 点的温差(图 6-39),第 m 板侧线与第 m 板以上所有馏出物 50% 点的温差(图 6-40);

$a_1, a_2, \cdots, a_{10}$——系数,其值见表 6-9。

表 6-9 $a_1, a_2, \cdots, a_{10}$ 的值

系数	式(6-61)	式(6-62)	系数	式(6-61)	式(6-62)
a_1	-8739.00	0.24096	a_6	-5.888	-597.27
a_2	-29.82	5.3967	a_7	19.183	-4.300×10^{-4}
a_3	-1.9461×10^{-4}	2.1261×10^{-4}	a_8	33.025	0.037731
a_4	0.037531	-0.068272	a_9	—	-1.4402
a_5	-2.4009	8.3024	a_{10}	—	26.555

Packie 图主要用于校核在选定的回流比和塔板数的条件下能否达到所要求的分馏精确度,也可以据此来调整所选的回流比和塔板数。Packie 图也可以推广用于减压塔,但准确性变差,至于催化裂化分馏塔则不宜采用。

石油精馏塔的塔板数主要靠经验选用,表 6-10 和表 6-11 是常压塔塔板数的参考值。

表 6-10 常压塔塔板数国外文献推荐值[①]

被分离的馏分	推荐板数	被分离的馏分	推荐板数
轻汽油—重汽油	6~8	轻柴油—重柴油	4~6
汽油—煤油	6~8	进料—最低侧线	3~6
煤油—柴油	4~6	汽提段—侧线汽提	4

①表中板数均未包括循环回流的换热塔板。

表 6-11 国内某些炼油厂的常压塔塔板数[①]

被分离的馏分	甲厂	乙厂	丙厂
汽油—煤油	8	10	9
煤油—轻柴油	9	9	6
轻柴油—重柴油	7	4	6
重柴油—裂化原料	8	4	6
最低侧线—进料	4	4	3
进料—塔底	4	6	4

①表中板数均未包括循环回流的换热塔板。

3. 石油蒸馏过程蒸馏塔的板效率范围

对于石油蒸馏过程而言，不同塔段具有不同的操作特点和特征，其板效率是不同的。依据国内外的工程经验、技术资料和 FRI 及其他学术研究的结果，汇总出了油品蒸馏塔的各塔段的参考板效率范围，见表 6-12。

表 6-12 油品蒸馏塔板效率

类别	板效率建议的范围	说明
初馏塔、常压塔	60%~80%	进料波动较大，体系较轻
减压塔	40%~60%	组分较重，液相负荷小
水蒸气汽提塔	30%~50%	效率低，气相负荷小（汽提效率）
常压再沸汽提塔	60%~70%	再沸器增加一个理论板（精馏效率）
塔底汽提段	30%~50%	气相负荷低
中段循环塔板	33%~40%	过冷状态操作，全返混

四、石油精馏塔的气、液相负荷分布规律

精馏塔中的气、液相负荷是塔径设计和塔板水力学计算的依据。如前所述，恒分子流假设对石油精馏塔完全不适用。要正确地指导设计和生产，必须对石油精馏塔内部的气、液相负荷分布规律作深入的分析，适用的分析手段就是蒸馏塔热量平衡。

为了分析石油精馏塔内气、液相负荷沿塔高的分布规律，可以选择几个有代表性的截面，作适当的隔离体系，然后分别作热平衡计算，求出它们的气、液相负荷，从而了解气、液相负荷沿塔高的分布规律，下面以常压塔为例进行分析。

1. 塔顶气、液相负荷

图 6-41 是常压精馏塔全塔热平衡示意图。对虚线框示出的隔离体系作热平衡计算。为了简化，侧线汽提蒸汽量暂不计入。若先不考虑塔顶回流，则进入该隔离体系的热量为

$$Q_{入} = Feh_{F,t_F}^V + F(1-e)h_{F,t_F}^L + Sh_{S,t_S}^V \tag{6-63}$$

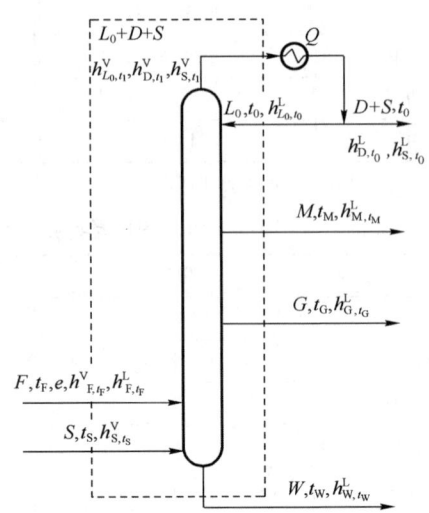

图 6-41 常压精馏塔全塔热平衡示意图

并且,离开隔离体系的热量为

$$Q_{出} = Dh_{D,t_1}^V + Sh_{S,t_1}^V + Mh_{M,t_M}^L + Gh_{G,t_G}^L + Wh_{W,t_W}^L \tag{6-64}$$

令 $Q = Q_{入} - Q_{出}$,则 Q 显然是为了达到全塔热平衡必须由塔顶回流取走的热量,即全塔的总回流取热。

当温度为 t_0、流量为 L_0 的塔顶回流入塔后,在塔顶部第一层塔板上先被加热至饱和液相状态,继而汽化为温度 t_1 的饱和气相,并自塔顶管线出塔,将回流热 Q 带走,故:

$$Q = L_0(h_{L_0,t_1}^V - h_{L_0,t_0}^L) \tag{6-65}$$

由式(6-65)可计算出塔顶回流量:

$$L_0 = \frac{Q}{(h_{L_0,t_1}^V - h_{L_0,t_0}^L)} \tag{6-66}$$

塔顶气相负荷:

$$V_1 = L_0 + D + S \tag{6-67}$$

2. 汽化段气、液相负荷

如果忽略过汽化度,则汽化段液相负荷(即从精馏段最下一层塔板 n 流下的液相回流量)为 0,即 $L_n = 0$。

在气、液相负荷实际计算中应将过汽化度计入,此时 L_n 不等于零,L_n 的计算方法类似于下面介绍的塔中部某板下的回流的计算方法。

气相负荷(从汽化段进入精馏段的气相流量)为

$$V_F = D + M + G + S + L_n \tag{6-68}$$

3. 最低侧线抽出板下方的气、液相负荷

图 6-42 是汽化段至柴油侧线抽出板下的塔段。首先需要分析 L_{n-1} 和 L_{m-1},进而分析此塔段中气、液相负荷沿塔高的变化规律。

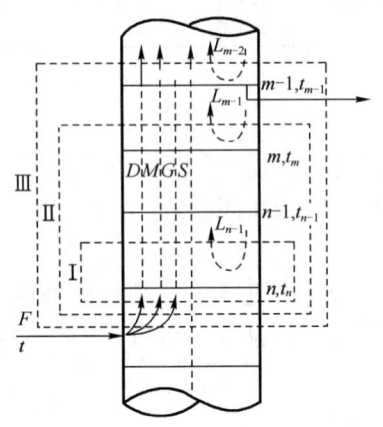

图 6-42 常压塔汽化段与精馏段的气、液相负荷

首先考察 L_{n-1}。为此,作隔离体系 I,并对隔离体系 I 作热平衡。

暂不计液相回流 L_{n-1} 在第 n 层板上汽化时焓的变化,则进出隔离体系 I 的热量为

$$Q_{入,n} = Dh_{D,t_F}^V + Mh_{M,t_F}^V + Gh_{G,t_F}^V + Sh_{S,t_F}^V \tag{6-69}$$

$$Q_{出,n} = Dh_{D,t_n}^V + Mh_{M,t_n}^V + Gh_{G,t_n}^V + Sh_{S,t_n}^V \tag{6-70}$$

在精馏过程中,沿塔高自下而上有一个温度梯度,故 $t_F > t_n$,因此,$Q_{入,n} > Q_{出,n}$。令 $Q_n = Q_{入,n} - Q_{出,n}$,则 Q_n 就是液相回流 L_{n-1} 在第 n 层板上汽化所取走的热量,称为第 n 层板上的回流热。显然:

$$L_{n-1} = Q_n / (h_{L_{n-1},t_n}^V - h_{L_{n-1},t_{n-1}}^L) \tag{6-71}$$

式(6-71)的分母项由该回流在温度 t_n 时的千摩尔汽化潜热和回流由 t_{n-1} 升温至 t_n 时吸收的显热所组成,而前者占主要部分。由此可见,即使在汽化段处没有液相回流的情况下,汽化段上方的塔板上已有回流出现,若没有这个回流,则温度为 t_F 的上升气相在第 n 层板不会降低到温度 t_n。式(6-71)中的 L_{n-1} 就是第 $(n-1)$ 层板下的液相负荷。

第 n 层板上的气相负荷为

$$V_n = D + M + G + S + L_{n-1} \tag{6-72}$$

现在再考察柴油抽出板第 $(m-1)$ 层板下的 V_m 和 L_{m-1}。

在图 6-42 中作隔离体系 II,并对其作热平衡,则进出隔离体系 II 的热量如下:

$$Q_{入,m} = Dh_{D,t_F}^V + Mh_{M,t_F}^V + Gh_{G,t_F}^V + Sh_{S,t_F}^V = Q_{入,n} \tag{6-73}$$

$$Q_{出,m} = Dh_{D,t_m}^V + Mh_{M,t_m}^V + Gh_{G,t_m}^V + Sh_{S,t_m}^V \tag{6-74}$$

令第 m 层板上的回流热为 Q_m,则 $Q_m = Q_{入,m} - Q_{出,m}$,由此计算得出从第 $(m-1)$ 层板流至第 m 层板的液相回流量为

$$L_{m-1} = Q_m / (h_{L_{m-1},t_m}^V - h_{L_{m-1},t_{m-1}}^L) \tag{6-75}$$

现在先由式(6-71)和式(6-75)比较 L_{n-1} 与 L_{m-1}。前面提到:

$$Q_m = Q_{入,m} - Q_{出,m}, Q_n = Q_{入,n} - Q_{出,n}$$

而 $$Q_{入,m} = Q_{入,n}$$

又因 $$t_m < t_n$$

故 $$Q_{出,m} < Q_{出,n}$$

因此 $$Q_m > Q_n$$

即自汽化段以上,沿塔高上行,须由塔板上取走的回流热逐板增大。

再看式(6-71)和式(6-75)的分母项。分母项基本上是该板上回流的千摩尔汽化潜热。表 6-13 列出了某些烃类的汽化潜热数值,由表可见,烃类的摩尔汽化潜热随着分子量和沸点的升高而增大。因此,式(6-71)的分母项大于式(6-75)的分母项。

表 6-13 几种烃类的汽化潜热

烃		正己烷	正十二烷	环己烷	甲基环己烷	苯	异丙苯
分子量		86.172	170.33	84.16	98.18	78.1	120.19
常压沸点,℃		68.7	216.28	80.74	100.93	80.10	152.39
汽化潜热	kJ/kg	335	230	357	323	394	312
	10^4kJ/kmol	2.8864	3.9176	3.0093	3.1735	3.0764	3.7541

综合上述分析,可得 $L_{m-1} > L_{n-1}$。由此可得出结论:沿着石油精馏塔自下而上,各层塔板上的油料越来越轻,分子量越来越小,其摩尔汽化潜热也不断减小,但是每层板上的回流热却

越来越大。由此可以判断,以摩尔流量表示的液相回流量沿塔高自下而上是逐渐增大的,即
$$L_n < L_{n-1} < L_m < L_{m-1}$$

现再分析气相负荷。自第 n 层板上升的气相负荷应为
$$V_n = D + M + G + S + L_{n-1} \tag{6-76}$$

自第 m 层板上升的气相负荷应为
$$V_m = D + M + G + S + L_{m-1} \tag{6-77}$$

既然 $L_{n-1} < L_{m-1}$,显然 $V_m > V_n$。与液相回流的变化规律相同,以摩尔流量表示的气相负荷也沿塔的高度自下而上增加。

4. 经过侧线抽出板时气、液相负荷的变化

以柴油侧线抽出板第 $(m-1)$ 层板为例。仍用图 6-42 对隔离体系 Ⅲ 作热平衡。先不计回流,则
$$Q_{入,m-1} = Q_{入,m} = Q_{入,n}$$
$$\begin{aligned}Q_{出,m-1} &= Dh_{D,t_{m-1}}^V + Mh_{M,t_{m-1}}^V + Gh_{G,t_{m-1}}^L + Sh_{S,t_{m-1}}^V \\ &= Dh_{D,t_{m-1}}^V + Mh_{M,t_{m-1}}^V + Gh_{G,t_{m-1}}^V + Sh_{S,t_{m-1}}^V - G(h_{G,t_{m-1}}^V - h_{G,t_{m-1}}^L) \end{aligned} \tag{6-78}$$

第 $(m-1)$ 层板上的回流热 $Q_{m-1} = Q_{入,m-1} - Q_{出,m-1}$,故由第 $(m-2)$ 层板流至第 $(m-1)$ 层板的液相回流量为
$$L_{m-2} = Q_{m-1}/(h_{L_{m-2},t_{m-1}}^V - h_{L_{m-2},t_{m-2}}^L) \tag{6-79}$$

由以上分析不难看出,经过柴油侧线抽出板第 $(m-1)$ 层板时,除了因为塔板温度下降而引起的少量回流热增加以外,回流热有突然增加,这个突增值就是 $G(h_{G,t_{m-1}}^V - h_{G,t_{m-1}}^L)$,相当于柴油馏分的冷凝潜热。

与回流热的突增情况相对应,流到柴油侧线抽出板上的液相回流量 L_{m-2} 也要比自该抽出板流下去的液相回流量 L_{m-1} 多出一个较大的突增量。

多出的回流量可以看作是由两部分组成的:一部分是由于塔板自下而上的温降所需的回流量,这一部分和没有侧线抽出的塔板是类似的;另一部分则相当于上述回流热的突增,即该侧线馏分(如柴油)的冷凝潜热必须由这部分回流在抽出板上汽化而带走。正是由于这部分突增回流的变化,才使气相柴油馏分在抽出板上冷凝下来,并从抽出口抽出。

由此又可得一结论:沿塔高自下而上,每经过一个侧线抽出板,液相回流量除由于塔板温降所造成的少量增加外,另有一个突然的增加。这个突增量可以认为等于侧线抽出量。L_{m-2} 与柴油的组成和物性(如汽化潜热)可以近似地看作是相同的,至于侧线抽出板上的气相负荷,则情况与液相负荷有所不同。柴油抽出板上的气相负荷为
$$V_{m-1} = D + M + S + L_{m-2} \tag{6-80}$$

与式(6-77)的 V_m 相比较,V_{m-1} 中减少了 G,但是 L_{m-2} 比 L_{m-1} 却除了因塔板温降而引起的少量增加外,还增加了一个突增量,这个突增量正好相当于式(6-78)中的 G。因此,经过侧线抽出板时,虽然液相负荷有一个突然的增量,而气相负荷却仍然只是平缓地增大。

5. 塔顶第一、第二层塔板之间的气、液相负荷

前面讨论的从汽化段往上的液相回流分布情况所涉及的回流都是热回流。到了塔顶第一层板上,情况发生了变化,进入塔顶第一层板上的液相回流不是热回流而是冷回流,即是温度低于泡点的液体。因此,在第一层板上的回流量的变化不同于其下面各板上回流量变化的规律。下面分析回流量在第一、第二层板之间的变化情况。

图 6-43 示出塔顶部的物流及其温度。令 Q_2 为第二层板上的回流热，Q_1 为第一层板上的回流热。在不设循环回流时，Q_1 也就是全塔回流热。从第一层板流至第二层板的回流量为

$$L_1 = Q_2/(h^V_{L_1,t_2} - h^L_{L_1,t_1}) \qquad (6-81)$$

塔顶冷回流量为

$$L_0 = Q_1/(h^V_{L_0,t_1} - h^L_{L_0,t_0}) \qquad (6-82)$$

根据前面的分析，由于塔板的温降，Q_1 比 Q_2 稍有增加，但增量不大。由于相邻两板的温差不大，为方便比较，可近似地认为 Q_1 约等于 Q_2，t_1 约等于 t_2。又因相邻两板上液体的组成和性质相近，因而又可以简化地认为 $h^V_{L_1,t_2} \approx h^V_{L_0,t_1}$。

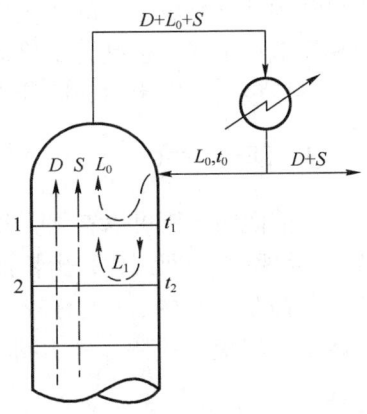

图 6-43 塔顶部的气、液相负荷

比较式(6-81)和式(6-82)，可以看到由于 t_0 明显低于 t_1，故 $h^L_{L_0,t_0}$ 也明显地小于 $h^L_{L_1,t_1}$，其结果是

$$L_1 > L_0$$

即沿塔高自下而上，液相回流逐板增大，至第二层板上达到最大，而到第一层板上则有一明显的突降。

对于气相负荷，可由以下两式计算：

$$V_1 = D + S + L_0 \qquad (6-83)$$
$$V_2 = D + S + L_1 \qquad (6-84)$$

显然 $V_2 > V_1$，即从第二层板进入第一层板后，气相负荷也有一明显的突降。

综合以上对各塔段的分析，原油精馏塔内的气、液相负荷分布规律可归纳如下(不考虑汽提水蒸气)：原油进入汽化段后，其气相部分进入精馏段。自下而上由于温度逐板下降引起液相回流量(kmol/h)逐渐增大，因而气相负荷(kmol/h)也不断增大。到塔顶第一、第二层塔板之间，气相负荷达到最大值。经过第一层板后，气相负荷显著减小。从塔顶送入的冷回流，经第一层板后变成了热回流(即处于饱和状态)，液相回流量有较大幅度增加，达到最大值。

在这以后自上而下，液相回流量逐板减小。每经过一层侧线抽出板，液相负荷均有突然的下降，其减少的量相当于侧线抽出量。到了汽化段，如果进料没有过汽化量，则从精馏段末一层塔板流向汽化段的液相回流量等于零。通常原油入精馏塔时都有一定的过汽化度，则在汽化段会有少量液相回流，其数量与过汽化量相等。

进料的液相部分向下流入汽提段。如果进料有过汽化度，则相当于过汽化量的液相回流也一起流入汽提段。由塔底吹入过热水蒸气，自下而上地与往下流的液相接触，通过降低油气分压的作用，使液相中所携带的轻组分汽化。因此，在汽提段，由上而下液相和气相负荷越来越小，其变化大小视流入的液相携带的轻组分的多少而定。轻组分汽化所需的潜热主要靠液相本身来提供，因此液体向下流动时温度逐板有所下降。图 6-44 是常压塔精馏段的气、液相负荷分布规律示意图。

应当注意的是，在分析精馏塔中的气、液相负荷时，只着眼于量的变化而没有涉及质的变化，切

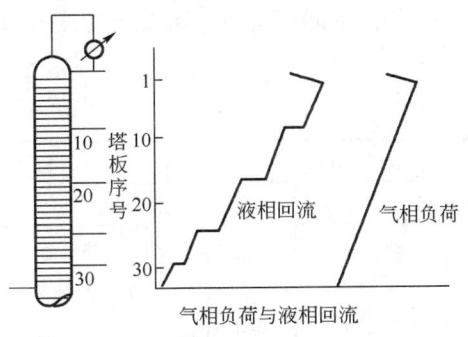

图 6-44 常压塔精馏段的气、液相负荷分布图

不可认为从汽化段上升的气相物流在组成上原封不动地通过各层塔板,而从每层塔板流下的液相回流在组成上也毫无变化地全部汽化返回上一层塔板。事实上,液相和气相物流在通过每一层塔板时都发生热和质的交换作用,即在每层塔板上都发生着精馏作用。

五、回流方式

从前面的分析可以看到,与二元系或多元系精馏塔相比,原油精馏塔具有一些特有的工艺特点:处理量大;回流比是由精馏塔的热平衡确定而不是由分馏精确度确定;塔内气、液相负荷沿塔高是变化的,甚至有较大的变化幅度;沿塔高的温差比较大等。由于这些特点,原油精馏塔的回流方式除了采用常规的塔顶冷回流和塔顶热回流以外,还常常采用其他回流方式。

1. 塔顶油气二级冷凝冷却

原油常压塔的年处理量经常以数百万吨计。以年处理量为 $250 \times 10^4 t$ 的常压塔为例,其塔顶馏出物的冷凝冷却器的传热面积常达 $2 \sim 3 km^2$,耗费大量的钢材和投资。塔顶冷凝冷却面积如此巨大的原因,一是负荷很大,二是传热温差比较小。为了减少常压塔顶冷凝冷却器所需的传热面积,在某些条件下可采用如图 6 – 45 所示的二级冷凝冷却方案。

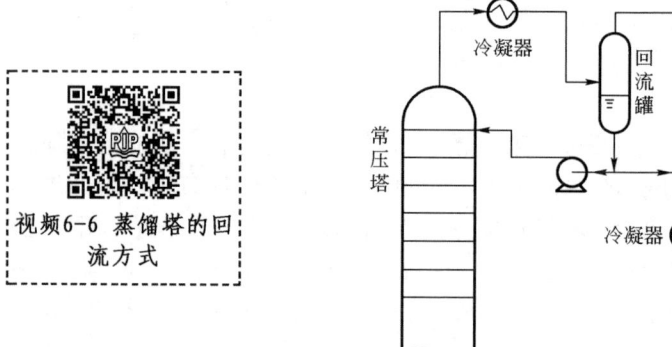

图 6 – 45 二级冷凝冷却

所谓二级冷凝冷却,是首先将塔顶油气(例如 105℃)基本上全部冷凝(一般冷到 55 ~ 90℃),将回流部分用泵送回塔顶,然后将出装置的产品部分进一步冷却到安全温度(例如 40℃)以下。以下举例对两种冷凝冷却方案的传热温差和热负荷进行对比。

【例 6 – 6】 某常压塔顶馏出温度为 105℃,塔顶馏出物包括汽油 10000kg/h、回流 50000kg/h、水蒸气 5000kg/h。估算采用一级冷凝冷却(一般的冷回流方式)和二级冷凝冷却两种方案时的热负荷和传热温差。

估算结果如下:

物　流	一级冷凝冷却方案		二级冷凝冷却方案			
			第一级		第二级	
	温度 ℃	热负荷 $10^6 kJ/h$	温度 ℃	热负荷 $10^6 kJ/h$	温度 ℃	热负荷 $10^6 kJ/h$
汽油	105(气) →40(液)	4.56	105(气) →70(液)	3.81	70(液) →40(液)	0.75

续表

物 流	一级冷凝冷却方案		二级冷凝冷却方案			
			第一级		第二级	
	温度 ℃	热负荷 10^6 kJ/h	温度 ℃	热负荷 10^6 kJ/h	温度 ℃	热负荷 10^6 kJ/h
回流	105(气) →40(液)	22.8	105(气) →70(液)	22.8	—	—
水蒸气	105(气) →40(液)	12.2	105(气) →70(液)	11.57	70(液) →40(液)	0.63
冷却水 对数平均温差,℃	40←30 29.4		40←30 51.5		40←30 18.2	
总热负荷,10^6 kJ/h		39.56		38.18		1.38

从例 6-6 的估算结果可以看到二级冷凝冷却方案有它的优点：由于油气和水蒸气在第一级冷凝冷却上全部冷凝，故集中了绝大部分热负荷，而此时的传热温差较大，单位传热负荷需要的传热面积可以减小；到二级冷却时，虽然传热温差较小，但其热负荷只占总热负荷的很小部分。因此，总的来说，二级冷凝冷却方案所需的总传热面积要比一级冷凝冷却方案小得多。应该指出，无论是哪一种方案，回流热是相同的，在采用二级冷凝冷却方案时回到塔顶的是热回流，因此回流量要比冷回流量多，输送回流所需的能耗也相应增大。此外，在采用二级冷凝冷却方案时，流程也比较复杂。对于是否采用二级冷凝冷却方案应当作具体、全面的分析。一般来说，对于大型装置，采用此方案会比较有利。

2. 塔顶循环回流

塔顶循环回流的工艺流程如图 6-46 所示。循环回流从塔内抽出经冷却至某个温度再送回塔中，物流在整个过程中都处于液相，而且在塔内流动时一般也不发生相变化，它只是在塔内外循环流动，借助于换热器取走回流热。

循环回流量可由下式计算：

$$L_c = \frac{Q_c}{(h_{t_1}^L - h_{t_2}^L)} \qquad (6-85)$$

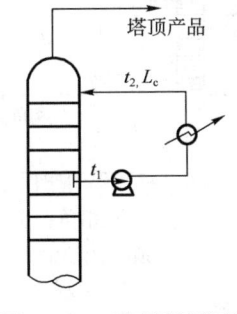

图 6-46 塔顶循环回流

式中 L_c——循环回流量,kg/h；

Q_c——由 L_c 取走的回流热,kJ/h；

$h_{t_1}^L, h_{t_2}^L$——L_c 在出塔和入塔温度下的液相焓值,kJ/kg。

式(6-85)对于计算其他形式的循环回流量同样适用。

循环回流返塔的温度低于该塔段的塔板上温度，为了保证塔内精馏过程的正常进行，在采用循环回流时必须在循环回流的出入口之间增设 2~3 块换热塔板，以保证其在流入下一层塔板时能达到要求的相应的温度。塔顶循环回流主要是用在以下几种情况：

(1)塔顶回流热较大，应回收这部分热量以降低装置能耗。塔顶循环回流的热量的温位(或者称能级)较塔顶冷回流的高，便于回收。

(2)塔顶馏出物中含有较多的不凝气(如催化裂化主分馏塔)，使塔顶冷凝冷却器的传热系数降低,采用塔顶循环回流可大大减少塔顶冷凝冷却器的传热负荷,避免使用庞大的塔顶冷凝冷却器群。

(3)要求尽量降低塔顶馏出线及冷凝冷却系统的流动压降,以保证塔顶压力不致过高(如催化裂化主分馏塔),或保证塔内有尽可能高的真空度(如减压蒸馏塔)。

(4)塔顶产品为汽油的蒸馏塔,一般为常压操作,塔顶温度处于 100～130℃ 之间,因此塔顶冷凝器的冷却介质一般为水和空气。前者需要消耗大量的冷却水资源,而后者需要耗电。为了节能,一般塔顶需要设置塔顶循环回流。回流所取的低温位热量除了与本装置或其他生产装置热联合以外,也可以用于产生低压蒸汽。

在有些情况下,也可以同时采用塔顶冷回流和塔顶循环回流两种形式的回流方案。

3. 中段循环回流

循环回流如果设在蒸馏塔的中部,就称为中段循环回流。原油精馏塔采用中段循环回流主要是出于以下两点考虑:

(1)在前面关于原油蒸馏塔的气、液相负荷分布规律的讨论中,已经得出结论:塔内的气、液相负荷沿塔高分布是不均匀的,当只有塔顶冷回流时,气、液相负荷在塔顶第一、第二层板之间达到最高峰。在设计精馏塔时,总是根据最大气、液相负荷来确定塔径,也就是根据第一、第二层板间的气、液相负荷来确定塔径。实际上,对于塔的其余部位并不要求有这样大的塔径。造成气、液相负荷这样分布的根本原因在于精馏塔内独特的传热方式,即回流热由下而上逐板传递并逐板有所增加,最后全部回流热由塔顶回流取走。因此,如果在塔的中部取走一部分回流热,则其上部回流量可以减少,第一、第二层板之间的负荷也会相应减小,从而使全塔沿塔高的气、液相负荷分布比较均匀。这样,在设计时就可以采用较小的塔径,或者对某个生产中的蒸馏塔采用中段循环回流后可以提高塔的生产能力。图 6-47 显示了采用中段循环回流前后塔内气、液相负荷分布的变化情况。

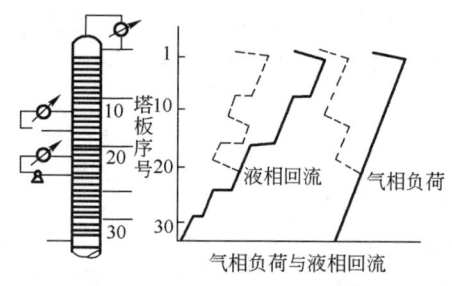

图 6-47 采用中段循环回流前后气、液相负荷分布情况
--- 塔顶冷回流和两个中段循环回流;
—— 仅有塔顶冷回流

(2)原油蒸馏塔的回流热数量巨大,如何合理回收利用是蒸馏装置节能降耗的关键之一。原油蒸馏塔沿塔高的温度梯度较大,从塔的中部取走的回流热的温位显然要比从塔顶取走的回流热的温位高出许多,因而是价值更高的可利用热源。

基于以上两点考虑,大、中型原油蒸馏塔几乎都采用中段循环回流。当然,采用中段循环回流也会带来一些不利之处:中段循环回流上方塔板上的回流比相应降低,塔板效率有所下降;中段循环回流的出入口之间要增设换热塔板,使塔板数和塔高增大;相应地增设泵和换热器,工艺流程变得复杂等。上述的不利影响应予以注意并采取一定的措施,如中段回流上部回流比减小的问题,可以对中段回流的取热量适当限制以保证塔上部的分馏精确度能满足要求。对常压塔,中段回流取热量一般以占全塔回流热的 40%～60% 为宜,有时可达到 70% 以上。

设置中段循环回流时,还需考虑以下几个具体问题:

(1)中段循环回流的数目。理论上讲,数目越多,塔内气、液相负荷越均匀,但工艺流程则越复杂,设备投资也越高。一般来说,对有三四个侧线的精馏塔,推荐用两个中段循环回流;对只有一两个侧线的塔,以采用一个中段循环回流为宜。在塔顶和一线之间,一般不设中段循环回流,因为这对负荷均匀化的作用不大,而且取出的热量温位也较低。

(2)中段循环回流进出口的温差。温差越大,在塔内需要增设的换热塔板数也越多,而且温位降低过多的热量也不好利用。国外采用的温差常在 60~80℃ 上下,国内则多用 80~120℃。

(3)中段循环回流的进出口位置。中段回流的返塔口一般设在抽出口的上部,在两个侧线之间。抽出口太靠近下一个侧线不好,因为上方塔板上的回流大减,上面几层塔板的分馏效果会降低很多。返塔口紧挨着上一侧线的抽出口也不太好,因为可能会有部分循环回流混入该侧线,使其干点升高。因此,常用的方案是使中段回流的返塔口与上一侧线的抽出板隔一层塔板,见图 6-48(a)。在液体抽出量很小的情况下,抽出量很难控制,需采用图 6-48(b)的方案,此时侧线抽出板要采用全抽出斗,并且回流需用泵回注到塔内。

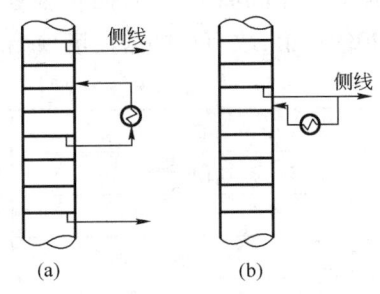

图 6-48 中段循环回流的进出口位置

在此需要说明:(1)正是由于蒸馏塔侧线很多,在塔中部才可以增设中段循环取热。若在常规蒸馏塔中部增设以取高温位热量为目标的中段循环取热,会造成产品收率的降低,或者再沸器热负荷的增加。(2)蒸馏塔设置中段循环的位置须在侧线产品之间。对于最低的中段循环(第二个中段循环回流)以下无产品侧线的情况,该中段循环最好停用,否则将引起蒸馏塔拔出率降低和加热炉热负荷增加。

4. 原油蒸馏塔回流取热的影响

原油蒸馏塔不同于常规精馏塔最显著的特点是无再沸器且原料一次加热汽化,如果加热炉的热负荷和全塔产品方案确定后,虽然分别由塔顶冷凝器和各中段循环进行取热,但总取热量是确定的。

在塔顶冷凝器取热量不变的情况下,提高任何一个中段循环取热器的取热负荷,将改善该取热器以上产品的质量;在各中段循环取热器的取热负荷不变的情况下,提高塔顶冷凝器的热负荷,将改善各侧线产品的质量。但是两种情况最直接的结果是降低各侧线产品的收率。其原因是原油蒸馏塔总取热量是确定的,取热负荷的增加,工艺上将降低对理论板数的需求,提高分离效果,但会引起过汽化油量的增加。

过汽化油相当于常规精馏塔精馏段流向提馏段的液相。原油蒸馏塔由于塔底汽提段的汽提能力有限,不能像再沸器那样将进入提馏段的轻组分重新汽化到精馏段,因而降低了产品收率。

中段循环取热是饱和液相抽出,取热后回注于塔内,相当于过冷回流的情况。过冷的液体注入蒸馏塔内,会将大量轻组分压制在中段循环取热之下的塔段,造成该塔段内侧线产品初馏点降低,同时也会引起中段循环取热以上塔段产品的干点变轻。

以上讨论了原油蒸馏塔几种回流方式的特点及其选用的一般原则。实际生产情况复杂多样,因此在考虑回流方案时必须特别注意对具体情况作具体综合的分析。例如,近年来炼油厂日益重视节能,在某些情况下为了多回收一些能级较高的热量,有的常压塔还考虑了采用第三个中段循环回流,而这在过去一般是不采用的。

表 6-14 列出了几个炼油厂的常压塔的回流方案,其中有的即使是加工同一种原油,所采用的方案也不尽相同,更不要说加工不同原油时的情况了。国内炼油厂的常压塔过去几乎都

只采用塔顶冷回流而不采用塔顶循环回流,这主要是由于我国原油含轻馏分少,一般来说,塔顶产品产率很低。若采用塔顶循环回流,则塔顶的烃分压降低,在压力不变的条件下,塔顶温度过低,有可能低于塔顶水蒸气的露点温度引起水蒸气在塔内冷凝而无法正常操作。在此情况下,只能采用少量的塔顶循环回流,其意义也就不很大了。但是在节能的经济效益日益显得重要时,考虑的方法又有变化了。例如某炼油厂的常压塔调整了回流方案,增设了塔顶循环回流并用于同原油换热,回收热量达 $15 \times 10^6 kJ/h$。表 6-14 中日本某厂的常压塔顶产品产率达 20% 以上,故有可能采用塔顶循环回流的方案。

表 6-14 几种常压塔的回流方案

炼油厂		甲厂	乙厂	丙厂	丁厂	日本某厂
加工原油		大庆	大庆	胜利	胜利	轻质原油
各回流取热,%	塔顶冷回流	21.2	46.5	44.7	56.7	—
	塔顶循环回流	27.3	—	—	—	54.0
	第一个中段循环回流	31.0	31.0	23.6	10.8	25.8
	第二个中段循环回流	20.5	22.5	31.7	32.5	20.4

视频6-7 蒸馏塔操作条件的确定

六、操作条件的确定

在确定了物料平衡和选定了塔板数之后,就可以着手确定石油蒸馏塔的操作条件:压力、温度和回流量等。下面主要讨论石油蒸馏塔各点的压力和温度,至于回流方案的选择和回流量的计算方法在前面已讨论过。确定石油蒸馏塔压力、温度的原则与二元精馏塔是相同的,只是在具体方法上有所差别。确定操作压力和温度的主要手段是热平衡和相平衡计算,在计算时可以采用假多元系法,也可以采用经验图表算法。

1. 操作压力

石油常压精馏塔的最低操作压力最终受制于塔顶产品接受罐温度下的塔顶产品的泡点压力。常压塔顶产品通常是汽油馏分或重整原料,当用水作为冷却介质时,塔顶产品冷至 40℃ 左右,产品接受罐(在不使用二级冷凝冷却流程时也就是回流罐)在 0.1 ~ 0.25MPa 的压力下操作时,塔顶产品能基本上全部冷凝,不凝气很少。为了克服塔顶馏出物流经管线和设备的流动阻力,常压塔顶的压力应稍高于产品接受罐的压力,或者说稍高于常压。

在确定塔顶产品接受罐或回流罐的操作压力后,加上塔顶馏出物流经管线、管件和冷凝冷却设备的压降即可计算得到塔顶的操作压力。根据经验,通过冷凝器或换热器壳程(包括连接管线在内)的压降一般约为 0.02MPa,使用空冷器时压降可能稍低些。国内多数常压塔的塔顶操作压力在 0.13 ~ 0.16MPa 之间。

有的文献资料建议常压塔采用较高的操作压力,如采用 0.3MPa 左右的塔顶压力。因为在同样的塔径条件下,提高操作压力可以提高处理能力,而且整个塔的操作温度也增高,有利于侧线馏分热量的回收。但提高塔的操作压力也有不利之处:精馏效率会有所降低,塔顶冷凝冷却器的负荷会增大,特别是由于加热炉的出口温度不能任意提高而使轻质油品的收率受到影响。

塔顶操作压力确定后,塔的各部位的操作压力也随之可以计算得到。塔的各部位的操作压力与油气流经塔板时所造成的压降有关。油气自下而上流动,故塔内压力由下而上逐渐降低。常压塔采用的各种塔板的压降大致如表 6-15 所示。由加热炉出口经转油线到蒸馏塔汽化段的压降通常为 0.034MPa，因此，由汽化段的压力即可推算出炉出口压力。

表 6-15　各种塔板的压降

塔 板 型 式	压降，kPa	塔 板 型 式	压降，kPa
泡罩	0.5~0.8	舌型	0.25~0.4
浮阀	0.4~0.65	金属破沫网	0.1~0.25
筛板	0.25~0.5		

2. 操作温度

确定蒸馏塔各部位的操作压力后，就可以求定各点的操作温度。从理论上说，在稳定操作的情况下，可以将蒸馏塔内离开任一块塔板或汽化段的气、液两相都看成处于相平衡状态。因此，气相温度是该处油气分压下的露点温度，而液相温度则是其泡点温度。虽然在实际上由于塔板上的气、液两相常常未能完全达到相平衡状态而使实际的气相温度稍偏高，但是在设计计算中往往按上述的理论假设来计算各点的温度。

上述的计算方法中要计算油气分压必须知道该处的回流量。因此，求定各点的温度需要综合运用热平衡和相平衡两个工具，用试差计算的方法。计算时，先假设某处温度为 t，作热平衡以求得该处的回流量和油气分压，再利用相平衡关系——平衡汽化曲线，求得相应的温度 t'（泡点、露点或一定汽化率下的温度）。t' 与 t 的误差应小于 1%，否则须另设温度 t，重新计算直至达到要求的精度为止。

为了减小试算的工作量，应尽可能参照炼油厂同类设备的操作数据来假设各点的温度值。如果缺乏可靠的经验数据，或为做方案比较而只须作粗略的热平衡时，可以根据以下经验来假设温度的初值：(1) 在塔内有水蒸气存在的情况下，常压塔顶汽油蒸气的温度可以大致定为该油品的恩氏蒸馏 60% 点温度。(2) 当全塔汽提水蒸气用量不超过进料量的 12% 时，侧线抽出板温度大致相当于该油品的恩氏蒸馏 5% 点温度。

下面分别讨论求定各点温度的方法。

1）汽化段温度

汽化段温度就是进料的绝热闪蒸温度。已知汽化段和炉出口的操作压力，而且产品总收率或常压塔拔出率和过汽化度、汽提蒸汽量等也已确定，就可以算出汽化段的油气分压。进而可以作出进料在常压下、在汽化段油气分压下以及炉出口压力下的三条平衡汽化曲线，如图 6-49 所示。根据预定的汽化段中的总汽化率 e_F，由该图查得汽化段温度 t_F，由 e_F 和 t_F 可算出汽化段内进料的焓值。

在汽化段内发生的是绝热闪蒸过程。如果忽略转油线的热损失，则加热炉出口处进料的焓 h_0 应等于汽化段内进料的焓 h_F。加热炉出口温度 t_0 必定高于汽化段温度 t_F，而炉出口处汽化率 e_0 则必然低于 e_F。

前已提及，为了抑制进料中不安定组分在高温下发生化学反应，进料被加热的最高温度（即加热炉出口温

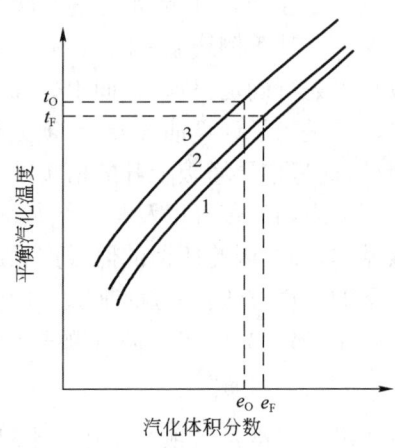

图 6-49　进料的平衡汽化曲线
1—常压下的平衡汽化曲线；2—汽化段油气分压下的平衡汽化曲线；3—炉出口压力下的平衡汽化曲线

度)应有所限制。因此,如果由前面求得的 t_F、e_F 推算出的 t_O 超出允许的最高加热温度,则应对所规定的操作条件进行适当的调整。

生产航空煤油时,原油的最高加热温度一般为 360~365℃,而生产一般原油产品时则可放宽至约 370℃。在设计计算时可以根据此要求选择一个合适的炉出口温度 t_O,并在图 6-49 上查得炉出口的汽化率 e_O,从而求出炉出口处油料的焓值 h_O。考虑到转油线上的热损失,此 h_O 值应稍大于由汽化段的 t_F、e_F 推算出的 h_F 值。如果 h_O 值高出 h_F 值甚多,说明进料在塔内的汽化率还可以提高;反之,若 h_O 值低于 h_F 值而炉出口温度又不允许再提高,则可以调整汽提水蒸气量或过汽化度使汽化段的油气分压适当降低以保证所要求的拔出率。

2) 塔底温度

进料在汽化段闪蒸形成的液相部分,汇同精馏段流下的液相回流(相当于过汽化部分),向下流至汽提段。塔底通入过热水蒸气逆流而上与油料接触,不断地将油料中的轻组分汽提出去。轻组分汽化需要的热量一部分由过热水蒸气供给,一部分由液相油料本身的显热提供。由于过热水蒸气提供的热量有限,加之又有散热损失,因此油料的温度由上而下逐板下降,塔底温度比汽化段温度低不少。虽然文献资料中有关于计算塔底温度方法的介绍,但计算值与实际情况往往有较大的出入,所以一般均采用经验数据。原油蒸馏装置的初馏塔、常压塔及减压塔的塔底温度一般比汽化段温度低 5~10℃。

3) 侧线温度

严格地说,侧线抽出温度应该是未经汽提的侧线产品在该处的油气分压下的泡点温度,它比汽提后的产品在同样条件下的泡点温度略低一点。然而往往能够得到的是经汽提后的侧线产品的平衡汽化数据。考虑到在同样的条件下,汽提前后的侧线产品的泡点温度相差不大,为简化起见,侧线温度通常都是按经汽提后的侧线产品在该处油气分压下的泡点温度来计算。

侧线温度的计算要用试算法。先假设侧线温度 t_m,作适当的隔离体系和热平衡,求出回流量,算得油气分压,再求得该油气分压下的泡点温度 t'_m。t'_m 应与假设的 t_m 相符,否则重新假设 t_m,直至达到要求的精度为止。这里要说明两点:

一是计算侧线温度时,最好从最低的侧线开始,这样计算比较方便。因为进料段和塔底温度可以先行确定,故自下而上作隔离体系和热平衡时,每次只有一个侧线温度是未知数。

二是为了计算油气分压,须分析侧线抽出板上气相的组成情况。该气相是由下列物料构成的:通过该层塔板上升的塔顶产品和该侧线上方所有侧线产品的蒸气,还有在该层抽出板上汽化的内回流蒸气以及汽提水蒸气。可以认为内回流蒸气的组成与该塔板抽出的侧线产品组成基本相同,因此所谓的侧线产品的油气分压即是指该处内回流蒸气的分压。国内一般采用以下的计算方法:一方面把除内回流蒸气以外的所有油气都看作和水蒸气一样起着降低分压的作用,另一方面按汽提后侧线产品的平衡汽化数据来计算泡点温度。

4) 塔顶温度

塔顶温度是塔顶产品在其本身油气分压下的露点温度。塔顶馏出物包括塔顶产品、塔顶回流(其组成与塔顶产品相同)蒸气、不凝气(气体烃)和水蒸气。塔顶回流量须通过假设塔顶温度作全塔热平衡才能求定。算出油气分压后,求出塔顶产品在此油气分压下的露点温度,并以此校核所假设的塔顶温度。

原油初馏塔、常压塔的塔顶不凝气量很少,可忽略不计。忽略不凝气后求得的塔顶温度比实际塔顶温度约高3%,可将计算所得的塔顶温度乘以0.97作为采用的塔顶温度。

在确定塔顶温度时,应同时校核水蒸气在塔顶是否会冷凝。若水蒸气的分压高于塔顶温度下水的饱和蒸气压,则水蒸气就会冷凝。遇到此情况时应考虑减少水蒸气用量或降低塔的操作压力,重新进行全部计算。对于一般的原油常压塔,只要汽提水蒸气用量不是过大,就只有当塔顶温度约低于90℃时才会出现水蒸气冷凝的可能性。

5) 侧线汽提塔塔底温度

当用水蒸气汽提时,汽提塔塔底温度比侧线抽出温度约低8~10℃,有的也可能低得更多些。当需要严格计算时,可以根据汽提出的轻组分含量通过热平衡计算求取。

当用再沸提馏时,侧线汽提塔塔底温度为该处压力下侧线产品的泡点温度,此温度有时可高出该侧线抽出板温度十几摄氏度。

3. 汽提水蒸气用量

石油蒸馏塔的汽提蒸汽一般都是用温度为400~450℃的过热水蒸气(压力约为0.3MPa),用过热水蒸气的主要原因是防止冷凝水带入塔内。

侧线产品汽提的目的主要是去除其中的低沸组分,从而提高产品的闪点和改善蒸馏精确度。常压塔底汽提主要是为了降低塔底重油中350℃以前馏分的含量以提高直馏轻质油品的收率,同时减轻减压炉与减压塔的负荷。减压塔底汽提的目的则主要是降低汽化段的油气分压,从而在所能达到的最高温度和真空度之下尽量提高减压塔的拔出率。

汽提水蒸气的用量与需要提馏出来的轻组分含量有关,其关系大致如图6-50所示。在设计计算中可以参考表6-16所列的经验数据选择汽提水蒸气的用量。

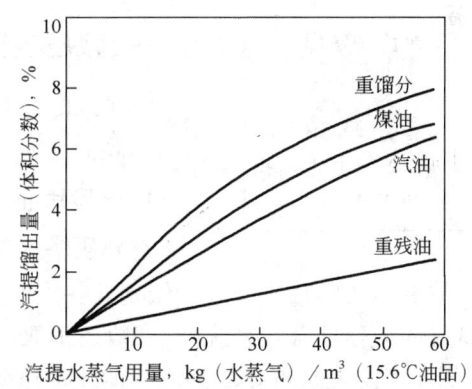

图6-50 汽提水蒸气用量(四层汽提塔板)

表6-16 汽提水蒸气用量

塔	产 品	水蒸气用量(质量分数),%(对产品)
初馏塔	塔底油	1.2~1.5
常压塔	溶剂油	1.5~2
	煤油	2~3
	轻柴油	2~3
	重柴油	2~4
	轻润滑油	2~4
	塔底重油	2~4
减压塔	中、重润滑油	2~4
	残渣燃料油	2~4
	残渣润滑油	2~5

由于原料不同,操作情况多变,适宜的汽提水蒸气用量还应当通过实际生产情况的考察来调整。近年来由于对节能的重视,在可能的条件下,倾向于减少汽提水蒸气的用量。

第五节　减压蒸馏塔的操作特征

原油中350℃以上的高沸点馏分是润滑油馏分、催化裂化和加氢裂化等的原料,但是由于高沸点馏分在高温下会发生分解反应,所以只能在减压和较低的温度下通过减压蒸馏获得。在现代技术水平下,通过减压蒸馏可以从常压渣油中蒸馏出沸点约560℃以前的馏分油。减压蒸馏的核心设备是减压蒸馏塔与抽真空系统。

根据生产任务的不同,减压塔可分为润滑油型和燃料型两种。在一般情况下,无论是哪种类型的减压塔,都要求有尽可能高的拔出率。因为馏分油的残炭值较低、重金属含量很低,适宜于制备润滑油和作为裂化原料。减压塔底的渣油可用作燃料油、催化裂化原料、焦化原料、渣油加氢原料或经过加工后生产高黏度润滑油和各种沥青。在生产燃料油时,有时为了照顾燃料油的规格要求(如黏度),也不能拔得太深。但是在一些大型炼油厂则多采用尽量深拔以取得较多的减压馏分,然后根据需要再在减压渣油中掺入一些质量较差的二次加工馏分油的方案,以获得较好的经济效益。

视频6-8　减压蒸馏塔的工艺特征

一、减压蒸馏塔的工艺特征

减压塔除了具有一般常压塔的工艺特征以外,由于塔顶抽真空系统的不同而具有特殊的工艺特征和特点。

1. 一般特征

对减压塔的基本要求是在尽量避免油料发生分解反应的条件下尽可能多地拔出减压馏分。做到这一点的关键在于提高汽化段的真空度,因此除了需要有一套良好的塔顶抽真空系统外,一般还采取以下几种措施:

(1)降低从汽化段到塔顶的流动压降。这一点主要依靠减少塔板数和降低气相通过每层塔板的压降来实现。减压塔在很低的压力(几千帕)下操作,各组分间的相对挥发度比在常压条件下大得多,容易分离;另一方面,减压馏分之间的蒸馏精确度要求一般比常压馏分的低,因此有可能采用较少的塔板而达到分离的要求。通常在减压塔的两个侧线馏分之间只设3~5块塔板就能满足分离的要求。为了降低每层塔板的压降,在我国,20世纪80年代以前减压塔内采用压降较小的塔板,常用的有舌型塔板、网孔塔板、筛板等。自90年代以后,国内的绝大部分减压塔应用规整填料技术进一步降低压降,目前规整填料减压塔的压降已经降低到1.333~2.000kPa之间。其中燃料型减压塔的压降在1.333~1.600kPa之间,润滑油型减压塔在1.600~2.000kPa之间。

(2)降低塔顶油气馏出管线的流动压降。现代减压塔塔顶都不出产品,塔顶管线只供抽真空设备抽出不凝气之用,以减少通过塔顶馏出管线的气体量。因为减压塔顶没有产品馏出,故只采用塔顶循环回流而不采用塔顶冷回流。

(3)一般减压塔塔底汽提蒸汽用量比常压塔的大,其主要目的是降低汽化段中的油气分压。当汽化段的真空度比较低时,要求塔底汽提蒸汽量较大。因此,从总的经济效益来看,减压塔的操作压力与汽提蒸汽用量之间有一个最优的配合关系,在设计时必须具体分析。近年来,少用或不用汽提蒸汽的干式减压蒸馏技术有较大的发展,关于这个问题将在后面再讨论。

(4)常压渣油在减压蒸馏系统中所经受的最高温度的部位是减压炉出口处。为了避免油品分解,对减压炉出口温度要加以限制,在生产润滑油时不得超过395℃,在生产裂化原料时为400~420℃,同时在高温炉管内采用较高的油气流速以减少停留时间。近年来,在进行减压深拔操作时,减压炉的出口温度可以达到435℃以上。如果减压炉到减压塔的转油线的压降过大,则炉出口压力高,使该处的汽化率降低而造成渣油在减压塔汽化段中由于热量不足而不能充分汽化,从而降低了减压塔的拔出率。降低转油线压降的办法是降低转油线中的油气流速,以往采用的转油线中流速为300m/s左右,近年来转油线多采用低流速。在减压炉出口之后,油气先经一段不长的转油线过渡段后进入低速段,在低速段采用的流速为35~50m/s,国内则多采用较低值。

(5)缩短渣油在减压塔内的停留时间。塔底减压渣油是最重的物料,如果在高温下停留时间过长,则其分解、缩合等反应会进行得比较显著。其结果一方面生成较多的不凝气使减压塔的真空度下降;另一方面会造成塔内结焦。常常缩小减压塔底部的直径以缩短渣油在塔内的停留时间。例如一座直径为6.4m的减压塔,其汽提段的直径只有3.2m。此外,有的减压塔还在塔底打入急冷油以降低塔底温度,减少渣油分解、缩合的倾向。

除了上述为满足"避免分解、提高拔出率"这一基本要求而引出的工艺特征外,减压塔还由于其中的油、气的物性特点而反映出另一些特征:

(1)在减压下,油气、水蒸气、不凝气的比容大,比常压塔中油气的比容要高出十余倍。尽管减压蒸馏时允许采用比常压塔高得多(通常约两倍)的空塔线速,但减压塔的直径还是很大。因此,在设计减压塔时需要更多地考虑如何使沿塔高的气相负荷均匀以减小塔径。为此,减压塔一般采用多个中段循环回流,常常是在每两个侧线之间都设中段循环回流。这样做也有利于回收利用回流热。

(2)减压塔处理的油料比较重、黏度比较高,而且还可能含有一些表面活性物质。加之塔内的蒸汽速度又相当高,因此蒸汽穿过塔板上的液层时形成泡沫的倾向比较严重。为了减少携带泡沫,减压塔内的板间距比常压塔大。加大板间距同时也是为了减少塔板数。此外,在塔的进料段和塔顶都设计了很大的气相破沫空间,并设有破沫网等设施。

由于上述各项工艺特征,从外形来看,减压塔比常压塔显得粗而短。此外,减压塔的底座较高,塔底液面与塔底油抽出泵入口之间的高差在10m左右,这主要是为了给热油泵提供足够的灌注头。

2.润滑油型减压塔的工艺特征

润滑油型减压塔为后续的加工过程提供润滑油料,它的分馏效果的优劣直接影响其后续的加工过程和润滑油产品的质量。从蒸馏过程本身来说,对润滑油料的质量要求主要是黏度合适、残炭值低、色度好,在一定程度上也要求馏程窄。因此,对润滑油型减压塔的分馏精确度的要求与原油常压蒸馏塔差不多,故它的设计计算也与常压塔大致相同。

图6-51是润滑油型减压塔的示意图。由于减压下馏分之间的相对挥发度较大,而且减压塔内采用较大的板间距,故两个侧线馏分之间的塔板数比常压塔少,一般3~5块塔板即能满足要求。有的减压塔的侧线抽出板采用升气管式(或称烟囱形)抽出板。这种抽出板形式对于集油和抽油操作比较好,但是它没有精馏作用,其压降为0.13~0.26kPa。

中段回流可以采用图6-51(a)或图6-51(b)的形式,后者是把中段回流抽出与侧线抽出结合在一起,这样可使塔板效率受循环回流的影响小些,以减少由于中段循环回流而加设的塔板的数目,有利于降低精馏段的总压降。

减压塔各点温度条件的求定方法按理应与常压塔相同,但是在减压塔中,内回流对油气分

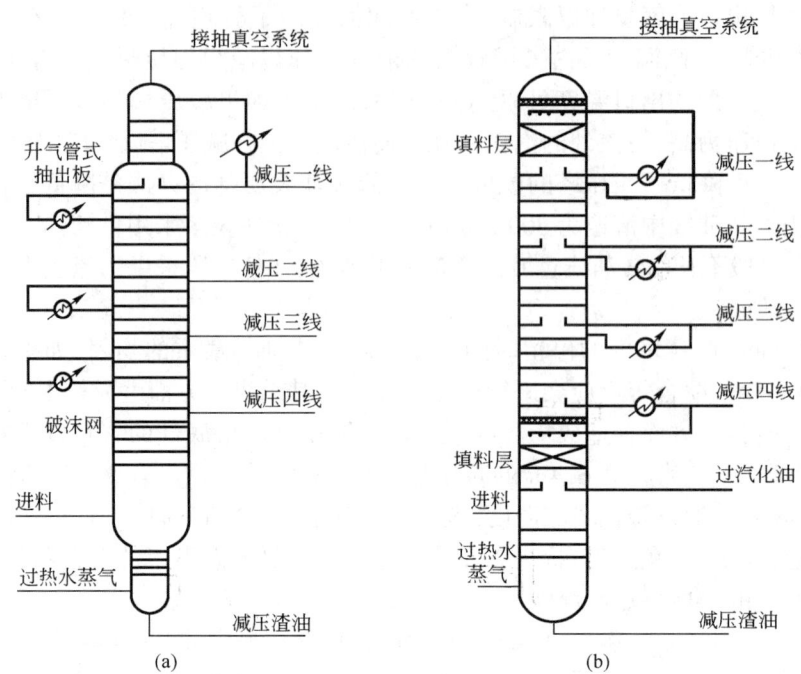

图 6-51 润滑油型减压塔

压的作用比较难确定,因此对减压塔的温度条件常按如下经验来求定:

侧线温度——取抽出板上总压的 30%～50% 作为油气分压,计算在该分压下侧线油品的泡点。

塔顶温度——不凝气和水蒸气离开塔顶的温度,一般比塔顶循环回流进塔温度高出 28～40℃。

塔底温度——通常比汽化段温度低 5～10℃,也有多达十几摄氏度的。

3. 燃料型减压塔的工艺特征

燃料型减压塔的主要任务是为催化裂化和加氢裂化提供原料。对裂化原料的质量要求主要是残炭值尽可能低,即胶质、沥青质的含量要少,以免催化剂上结焦过多;同时还要求控制重金属含量,特别是镍和钒的含量以减少对催化剂的污染。至于对馏分组成的要求则不严格。实际上,尽管燃料型减压塔设有 2～3 个侧线,但常常是把这些馏分又混合到一起去作裂化原料。其所以要分为少数几个侧线的原因主要是照顾到沿塔高的负荷比较均匀。一般燃料型减压塔只设两个侧线,一线蜡油的量约占全部拔出率的 30%。由此可见,燃料型减压塔的基本要求是在控制馏出油中的胶质、沥青质和重金属含量的前提下尽可能提高馏出油的拔出率。为达到这个基本要求,燃料型减压塔具有以下的特点:

(1) 可以大幅度地减少塔板数以降低从汽化段到塔顶的压降。如图 6-52 所示是一个典型的燃料型减压

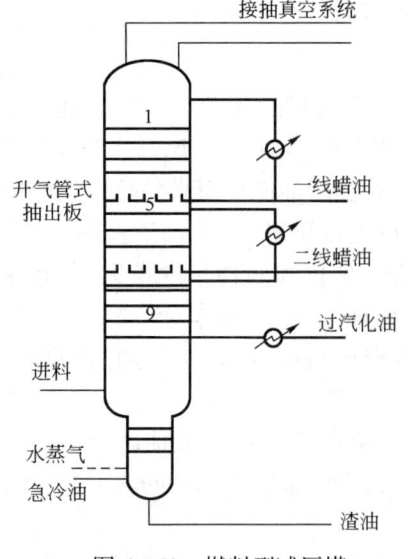

图 6-52 燃料型减压塔

塔,全塔总共只有13层塔板。由图可以看到,侧线之间的塔板实质上只是换热板。

（2）可以大大减少内回流量,在某些塔段甚至可使内回流量减少到零。这可以通过塔顶循环回流和中段循环回流做到。例如在图6-52顶部和中部两个塔段中,其回流热几乎全部由塔顶循环回流和中段循环回流取走。因此,在这两塔段中只有产品蒸气以及水蒸气和不凝气通过,而没有内回流蒸气,塔段与塔段之间只有升气管相通而没有内回流相联系。由此可见,这几层塔板实质上是换热板。在其上面,低温的循环回流把该段侧线产品蒸气冷凝下来而抽出,所发生的是一个平衡冷凝过程,故这种塔段事实上是一个冷凝段。

塔内内回流大大减少甚至基本消除可降低塔段的压降以提高汽化段的真空度,此外,如果产品蒸气在上升过程中很快减少也会降低上部塔板的压降。因此,在设计时常使二线中段回流热占总回流热的较大比例,即使馏出油大部分在二线抽出。通常塔顶循环回流与中段循环回流的取热比例约为1∶4。对于有两个中段回流的减压塔,塔顶循环回流的取热比例更小,例如国内几套装置仅为6%~8%,余下的回流热都由中段回流取走,而一中回流与二中回流取热的比例则为1∶1至1∶2。

（3）为了降低馏出油的残炭值和重金属含量,在汽化段上面设有洗涤段。洗涤段中设有塔板和破沫网。所用的回流油可以是最下一个侧线馏出油,也可以设循环回流。循环回流的流程比较复杂,而且目前多倾向于认为在这里气相内存在的杂质主要并不是被气流夹带上去的雾沫或液滴,而是从闪蒸段汽化上去的馏分,因此,使用上一层的液相回流通过蒸馏作用除去杂质的效果比使用冷循环回流的效果要更好一些。为了保证最低侧线抽出板下有一定的回流量,通常应有1%~2%的过汽化度。对裂化原料要求严格时,过汽化度可高达4%。一般来说,过汽化度不要过高。

（4）由于以上特点,燃料型减压塔的气、液相负荷分布与常压塔或润滑油型减压塔有很大的不同。在燃料型减压塔内,除了汽化段上面的几层塔板上有内回流以外,其余塔段里基本上没有内回流。因此,它的气、液相负荷分布无须借助于热平衡和试算而可以通过分析直接算出。现以图6-53为例进行分析。进料在汽化段中生成的气相,往上进入过汽化油冷凝段（第8~10层）,由于温度逐渐下降,故逐板生成一些内回流,所以气、液相负荷由下而上逐板增加。进入到第二侧线产品冷凝段的气相量等于所有侧线产品的量加上不凝气和汽提蒸汽以及回流。这些气体与过冷的循环回流相接触,温度逐步下降,其中的二线产品蒸气不断被冷凝,因此气相负荷由下而上逐板下降,在上升入一线产品冷凝段时就只剩下一线产品蒸气、不凝气和水蒸气。进入一线产品冷凝段后,气相负荷也同样是逐板下降,直至塔顶时只剩下不凝气、水蒸气以及它们所携带的少量油气,再进入抽真空系统。至于液相负荷,在一线和二线冷凝段的顶板上,液相负荷就是进塔的循环回流量。如果不考虑循环回流,则每个冷凝段顶上的液相负荷为零。往下流动时,由于侧线产品逐板冷凝而使液相负荷逐板增大,至第一侧线抽出板上,液相负荷等于该侧线产品流量加上该塔段的循环回流量。这部分液相在抽出板上全部被抽走而不流到下一个冷凝段中去。在下一个塔段中又重现这样的过程。第二侧线抽出板上液相负荷等于该侧线产品的流量加上该塔段的循环回流量及送入洗涤段（过汽化油冷凝段）的回流。图6-53的液相负荷中不包括循环回流。

除了上述特点外,燃料型减压塔的侧线产品对闪点没有要求,因而可以不设侧线汽提。

燃料型减压塔的温度条件的确定方法如下:因为对油品的分解反应的限制不如对润滑油料那样严格,故进料的加热最高允许温度可提高至420~435℃。塔底温度比汽化段温度一般低5~10℃。侧线温度是该处油气分压下侧线产品的泡点温度。由于在洗涤段以上的塔段中没有内回流,因此,侧线抽出板上的油气分压的计算是将所有油料蒸气计算在内,只将水蒸气和不凝气看作是惰性气体。也可以根据常压渣油进料在该处油气分压下的平衡汽化曲线,取在该处的汽化率时的温度作为侧线抽出板温度。在计算油气分压时,有时也可以根据经验,取抽出板上总压的30%~50%近似地作为该处的油气分压。近年来,对燃料型减压塔倾向于用填料取代塔板并采用干式减压蒸馏技术。

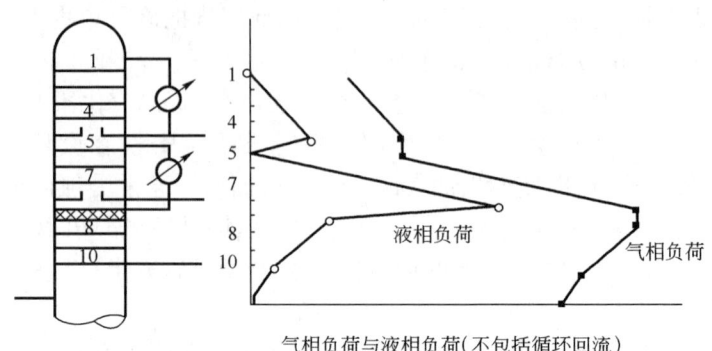

图6-53 燃料型减压塔的气、液相负荷分布

二、减压蒸馏塔的抽真空系统

减压塔的抽真空设备可以用蒸汽喷射器(也称蒸汽喷射泵或抽空器)或机械真空泵。蒸汽喷射器结构简单,没有运转部件,使用可靠而无需动力机械,且水蒸气在炼油厂中安全易得。因此炼油厂中的减压塔广泛地采用蒸汽喷射器来产生真空。

1. 抽真空系统的基本流程

1) 传统的二级抽真空系统流程

图6-54是减压蒸馏装置采用蒸汽喷射器的二级抽真空系统的流程。减压塔顶出来的不凝气、水蒸气和由它们带出的少量可凝油气首先进入减顶预冷凝器。大部分水蒸气和可凝油气被冷凝后排入减顶分水罐,未凝气体(不凝气和少量未凝的可凝油气、水蒸气)由一级蒸汽喷射器(减顶一级抽空器)抽出从而在冷凝器中形成真空。由一级喷射器抽来的未凝气体再进入中间冷凝器(减顶一级冷凝器)冷凝冷却,冷凝液排入减顶分水罐,未凝气体再由二级蒸汽喷射器(减顶二级抽空器)抽出,并经后置冷凝器(减塔二级冷凝器)冷凝冷却后,冷凝液和不凝气体分别排入减顶分水罐。冷凝器是采用间接冷凝的管壳式冷凝器,故通常称为间接冷凝式二级抽真空系统。

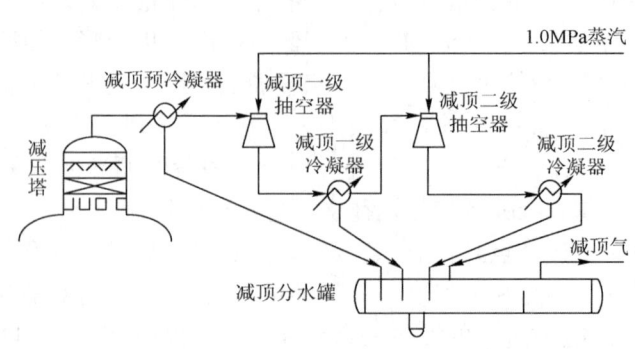

图6-54 二级抽真空系统流程示意图

抽真空系统中冷凝器的作用是使可凝的水蒸气和油气冷凝后排出,从而减小蒸汽喷射器的负荷。冷凝器是在真空下操作的,为了使冷凝液顺利地排出,排液管内液柱的高度应克服大气压与冷凝器内残压之间的压差以及管内的流动阻力。通常此排液管的高度至少应在10m以上,在炼油厂俗称此排液管为大气腿。由抽真空系统排出的尾气中,气体烃类占80%以上,并含有硫化物,不能直接排入大气,应考虑回收利用这部分气体烃。

2)蒸汽喷射器的基本结构与抽真空原理

蒸汽喷射器的基本结构如图6-55所示。工作蒸汽(压力为0.5~1.0MPa)进入蒸汽喷射器时先经过扩缩喷嘴,气流通过喷嘴时流速增大、压力降低,喷嘴处达到极限速度,在喷嘴的周围形成了高度真空。被抽气体从进口被抽进来,在混合室内与驱动蒸汽部分混合,并被带入扩压管;在扩压管前部两种气流进一步混合并进行能量交换。气流在通过扩压管时,其动能转化为压力能,流速降低而压力升高。气流在扩压管喉颈附近形成冲击波,将吸入腔和扩散腔分开,冲击波的形成是动能转化为压力能的关键,也是抽空器达到抽真空能力的关键。冲击波的下游为亚音速状态,流速逐渐降低,压力进一步提高,最后达到满足排出压力的要求。

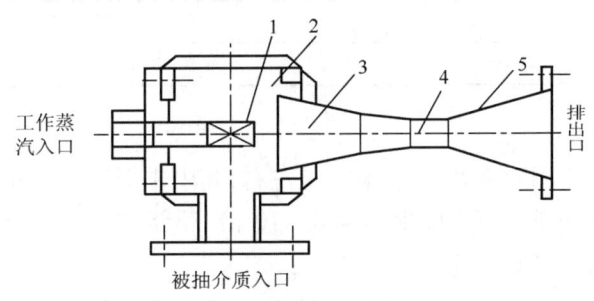

图6-55 蒸汽喷射器基本结构示意图
1—扩缩喷嘴;2—混合室;3—扩压管混合段;4—扩压管喉管;5—扩压管扩压段

2. 多级抽真空系统

(1)真空度的极限。抽真空系统中会有水的存在,由于水在本身温度下会有一定的饱和蒸汽压,因此冷凝器内总会有若干水蒸气。冷凝器中所能达到的最低残压理论上只能达到该温度下水的饱和蒸汽压。减压塔顶残压比冷凝器中水的饱和蒸汽压大得多。当水温20℃时,冷凝器中所能达到的最低残压为2.3kPa,此时减压塔顶的残压就可能高于4.0kPa了。

(2)增压喷射器。如果减压塔顶要求更高的真空度,就必须打破水的饱和蒸汽压这个限制。为此可在减压塔顶增设一个蒸汽喷射器,塔顶气流先进入蒸汽喷射器,之后才进入冷凝器。这个喷射器称为增压喷射器或增压喷射泵。增压喷射器与减顶馏出线直接连接,所以塔顶真空度能摆脱水温的限制。减压塔顶的残压相当于增压喷射器所能造成的残压加上馏出线的压降。增压喷射器吸入的气体包括不凝气和减压塔的汽提蒸汽,负荷很大。这使得增压喷射器尺寸大,工作蒸汽耗量大,因此除非特别需要,尽可能不使用增压喷射器。

(3)多级抽真空系统流程。为了获得更高的减压塔顶真空度,需要采用三级或三级以上抽真空系统。图6-56是三级抽真空系统的流程示意图。多级抽真空系统使用了增压喷射器,为了降低装置能耗和操作费用,可以采用能灵活启用的增压喷射器。抽真空的级数根据减压塔所要求的真空度来确定,表6-17列出了二者的关系。对于常规湿式减压蒸馏,塔顶残压一般为5.5~8.0kPa,因而通常采用两级(喷射)抽真空系统;对于干式减压蒸馏,塔顶残压一般为1.3kPa左右,通常要用三级抽真空系统。

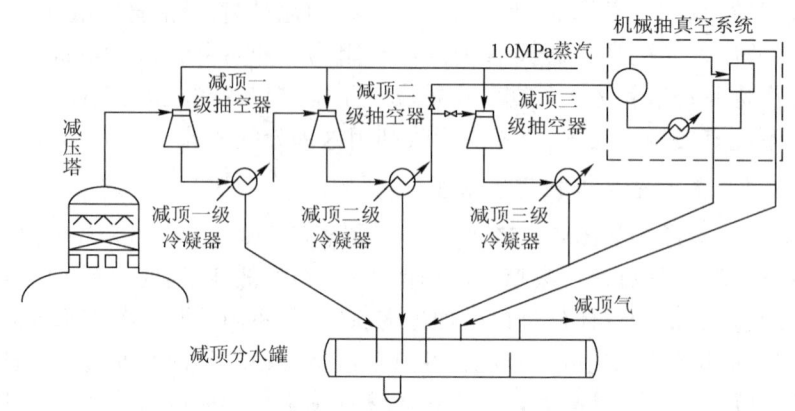

图6-56 三级抽真空系统流程示意图

表6-17 减压塔顶残压与抽真空级数的关系(级数3、4、5设有增压喷射器)

抽真空级数	1	2	3	4	5
塔顶残压,kPa	13.3	12~2.7	3.3~0.5	0.8~0.04	0.13~0.007

3. 混合式抽真空系统

蒸汽喷射器的能量利用效率非常低,仅2%左右,其中末级蒸汽喷射器的效率最低。机械真空泵的能量利用效率一般比蒸汽喷射器高8~10倍,还能减少污水量。蒸汽喷射器与机械真空泵的能耗对比数据见表6-18。

表6-18 蒸汽喷射器及机械真空泵的能耗

	吸入压力,kPa	66.6	33.3	16.6	8.33	1.3
能耗,kJ/kg	蒸汽喷射器	1745.6	7007.4	17522.6	15140.8	47686.9
	液环泵	159.1	347.4	699	1331.2	11243.6
	鼓风机(罗茨)	67	276.3	422.8	866.5	—
	机械真空泵	105	226	422.8	636.5	2779.5

对于一套加工能力为250×10^4t/a的常减压装置,若把减压塔的二级蒸汽喷射器改为液环式真空泵(液环泵),则能量利用效率可由1.1%提高到25%,可节省能量3195.8MJ/h,装置处理每吨原油的能耗下降10.22MJ。国外大型蒸馏装置的数据表明,采用蒸汽喷射器与机械真空泵的组合抽真空系统操作良好,具有较好的经济效益。近些年来,机械加工技术和产品质量逐步提升,液环泵以其能耗低、排污量少等优点,得到越来越多的应用。特别是装置大型化之后,液环泵的节能效果显著。由于液环泵的投资较高,转动部件存在易磨损的情况,工业上通常会采用蒸汽喷射器加冷凝冷却器作为其备用方式,如图6-56所示。

三、干式减压蒸馏

传统的减压塔使用塔底水蒸气汽提,并且在加热炉管中注入水蒸气,其目的是在最高允许温度和汽化段能达到的真空度的限制条件下尽可能地提高减压塔的拔出率。通常,当减压塔顶残压约为8kPa时,水蒸气用量约为5kg/t进料,而在塔顶残压为13.3kPa时,水蒸气用量则达约20kg/t进料。

减压塔中使用水蒸气虽然起到提高拔出率的作用,但是也带来一些不利的结果,主要体现在以下方面:

(1)消耗蒸汽量大。

(2)塔内气相负荷增大。塔内水蒸气在质量上虽只占塔进料的1%~3%,但对气相负荷(按体积流量计)却影响很大,因为水蒸气的分子量比减压瓦斯油的分子量小得多。例如以进料拔出率为35%(质量分数)、减压瓦斯油分子量为350计算,则当水蒸气量为进料量的1%(质量分数)时,在气相负荷中,水蒸气的份额约占1/3。

(3)增大塔顶冷凝器负荷。

(4)含油污水量增大。

如果能够提高减压塔顶的真空度,并且降低塔内的压降,则有可能在不使用汽提蒸汽的条件下也能获得提高减压拔出率的效果。这种不依赖注入水蒸气以降低油气分压的减压蒸馏方式称为干式减压蒸馏,而传统使用水蒸气的方式则称为湿式减压蒸馏。近年来,干式减压蒸馏技术已有很大发展,在燃料型减压蒸馏方面已有取代湿式减压蒸馏的趋势。

1. 实现干式减压蒸馏的技术措施

从近年的情况来看,实现干式减压蒸馏主要是采取了以下的技术措施。

1)使用三级抽真空以提高减压塔顶的真空度

采用增压喷射器能够把减压塔顶残压降至1.3~2.7kPa,而干式减压蒸馏不使用汽提蒸汽,给使用增压泵创造了条件。通常是在减压塔顶使用增压喷射器,并在中间冷凝器之后再用两级抽真空。这样的抽真空系统有可能将减压塔顶的残压降至0.7kPa左右,但从优选条件的计算结果来看,塔顶残压在1.2~2.7kPa时的经济效益为最佳。干式减压蒸馏完全可以用机械真空泵来代替蒸汽喷射器。

2)降低从汽化段至塔顶的压降

不用或少用水蒸气汽提本身就有利于减小塔内的压降,但仅仅如此还是不够的,还需选用高效、低压降的塔板。近年来,在干式减压塔内广泛采用新型填料部分或全部代替塔板。这些填料不仅具有气液接触效率高的优点,而且压降小。近年使用较多的填料有阶梯环、英特洛克斯(矩鞍环)、扁环、共轭环等乱堆填料和栅格(格里希)、GEMPAK、MELLAPAK等规则填料。在一个减压塔内也可以根据需要,在不同的塔段使用不同型式的填料,也可以在部分塔段使用低压降塔板以减少投资。

对于燃料型减压塔,塔的上部实质上是冷凝段,因此,填料层的高度主要是根据传热需要来确定的。填料层的传热系数$K[J/(m^3 \cdot h \cdot ℃)]$是容量因子$C_S\left(空塔气速\times\sqrt{\dfrac{液气相密度差}{液相密度}}\right.$, m/s)和平均液相负荷$L[m^3/(m^2 \cdot h)]$的函数,函数的形式因填料类型不同而异。已知$K$,则可计算该段所需的填料层高度$H(m)$:

$$H = Q/(K \cdot \Delta t \cdot F) \qquad (6-86)$$

式中 Q——该段的传热负荷,J/h;

Δt——该段的对数平均温差,℃;

F——塔截面积,m^2。

每米填料层的压力降也是容量因子和液相负荷的函数,可根据有关公式计算。

3) 降低减压炉出口至减压塔入口间的压降

由于减压炉内不再注入水蒸气,故在炉出口处应维持较高的真空度以保证常压重油在炉出口处有足够的汽化率,否则,即使减压塔汽化段的温度、压力条件具备达到要求的汽化率的可能性,也会由于减压炉供热不足而不能达到要求的汽化率。降低减压炉出口处压力的办法是采用低速转油线以减小从炉出口至减压塔的压降。

4) 设洗涤段和喷淋段

除了在汽化段上方设洗涤段以减少携带的杂质外,在采用填料时,填料层的上方应设有适当设计的液体分配器,其作用是将回流液体均匀地喷淋到填料层以保证填料表面的有效利用率。

2. 使用干式减压蒸馏的效益

根据一些原油蒸馏装置技术改造的情况,将湿式减压蒸馏改造成干式减压蒸馏时,一般都能获得以下的效益:提高拔出率或提高处理量,降低能耗,降低加热油料的最高温度,使产品质量有所改善而不凝气量有所减少,减少含油污水量等。表 6-19 列出了国内某厂常减压装置进行技术改造后,采用干式减压蒸馏与采用湿式减压蒸馏的结果比较。

表 6-19 某厂石油蒸馏装置干式减压蒸馏和湿式减压蒸馏比较

操作方式		干式	干式	湿式
抽真空级数		3	3	2
处理量,t/d		6009	7089	6000
塔顶残压,kPa		0.8	2.0	7.3
汽化段残压,kPa		3.4	5.0	9.3(油气分压6.6)
汽化段温度,℃		365	372	373
塔底温度,℃		362	369	365
拔出率(对减压塔进料),%		49.61	49.94	49.13
减压系统水蒸气用量,kg/h	汽提蒸汽	0	—	1900
	炉注入蒸汽	0	—	0
	抽空器蒸汽	2796	—	3652
	合计	2796	—	5552
减压系统水蒸气单耗,kg/t		11.17	—	22.21
减压炉入口温度,℃		345	—	345
减压炉出口温度,℃		385	—	395
减压炉热负荷,10^4 kJ/h		4032	—	4714
塔顶冷凝器热负荷,kJ/h		7660	—	18080
节约能耗(与湿式比),10^4 kJ/t 石油		53.6	—	—

分析表中的数据,可以看到以下几点:

(1) 由于汽化段真空度的提高,即使汽化段的温度比湿式减压蒸馏低 8℃时,也仍然可以得到更高一些的拔出率。

(2) 在同样的汽化段温度下,可提高处理量 18%,虽然汽化段的残压稍有升高,但仍可保持较高的拔出率。

（3）虽然干式减压蒸馏时采用了增压喷射泵，但因减压塔顶馏出线内基本上不含水蒸气，且由于加热炉出口温度降低，分解产物（不凝气）减少，因此增压喷射泵的负荷并不大，后面的两级蒸汽喷射泵的负荷也有所降低，抽真空系统消耗的水蒸气有所减少。

（4）由于炉出口温度降低，在同样的处理量时，减压炉的热负荷降低，节约了燃料。

（5）塔顶馏出物基本上不含水蒸气，大大降低了塔顶冷凝器的负荷，可以减少冷却水用量或减少风机（当用空冷时）的耗电量。

（6）综合前述三项能耗的减少，采用干式减压蒸馏时节约的能耗约相当于 53.6MJ/t 原油。

（7）采用干式减压蒸馏时，塔底温度比汽化段温度只低3℃左右。塔底渣油温位的提高有利于热量的回收利用。

由以上分析可以看到干式减压蒸馏有许多优点，对燃料型减压塔，采用干式减压蒸馏应当是个发展方向。对于润滑油型减压塔，国外一些资料报道认为在采用填料代替塔板后，润滑油馏分的头尾部分有所延伸，对生产润滑油品不利；但国内某厂采用填料、塔板混合的干式减压蒸馏的实践表明，馏分油的质量有所提高，其残炭值也符合润滑油馏分的要求。对于润滑油型减压塔而言，在无水蒸气汽提的情况下，干式减压蒸馏需要合理平衡拔出率与产品馏分宽度之间的矛盾。

第六节　原油蒸馏工艺流程

每个炼油生产装置都有其工艺流程。工艺流程的确定主要取决于原料的来源和性质、对产品的要求、采用的工艺路线或生产方法以及当地具体的技术、经济条件、安全环保等因素。如果工艺流程选择不适当，则尽管各单个设备都设计得很好，也不可能获得好的经济效益。因此，工艺流程的设计是一个关系到全局的战略性的问题。评价一个工艺流程优劣的标准在于看它能否以最低的投资和消耗达到生产的目的。

一、原油蒸馏的典型工艺流程

原油蒸馏工艺流程设计主要考虑以下几个问题：流程方案的制定，汽化段数的确定，换热方案的选择。回流方式的选择也可以看作是工艺流程设计中的一个组成部分，但是这个问题多在精馏塔设计时一并解决。

视频6-10 常减压蒸馏工艺流程与原油预蒸馏

1. 流程方案的制定

原油蒸馏的流程方案是根据原油特性和生产任务要求所制定的产品生产方案，也即原油加工方案在工艺流程中的体现。为了高效地利用石油资源，在制定原油加工方案时应充分考虑所加工原油的特性。关于原油性质及其产品方案的问题在第五章里已有所论述。根据产品方案的不同，原油的蒸馏方案可以分为以下几种基本类型。

（1）燃料型。这类方案的目的产品基本上都是燃料。最简单的燃料型蒸馏流程就是常压蒸馏流程，产品是汽油、煤油、柴油等轻质燃料，常压重油则作为发电厂和钢铁厂的重质燃料。这种方案常称为拔头蒸馏，它的主要生产目的常常是着眼于燃料。一般来说，这种方案虽然比较简单,但是经济效益不高。为了尽量提高轻质燃料产品的收率,燃料型蒸馏流程常常是采用常减压蒸馏流程,减压馏分油用作裂化原料供进一步的二次加工。这种流程中的减压塔是燃料型的。由于催化裂化和催化加氢技术的进展,某些金属含量较少的原油(如大庆原油),其常压渣油也可以直接作为催化裂化或催化加氢的原料,此时也可以考虑只有常压蒸馏的简单流程。如果常压渣油不是全部用作裂化/加氢原料,则往往还需有减压蒸馏。

(2)燃料—化工型。这类方案的目标产品包括燃料和石油化工原料。如果只要求取得直馏轻质油供裂解制取烯烃,那么拔头蒸馏可能是个合理的流程方案。如果所要求的石油化工原料比较广泛,并且也要求多产轻质燃料,通常采用常减压蒸馏流程方案。其产品方案可以是以石脑油作为重整原料制取芳烃,轻质油的一部分作轻质燃料,一部分裂解制烯烃,重质馏分油用作催化裂化或加氢裂化原料制取轻质燃料或重整和裂解的原料。这种流程中的减压塔也是燃料型的。

(3)燃料—润滑油型。当原油的性质适于制取润滑油而且又有此必要时,产品方案可以是生产轻、重质燃料和各种品种的润滑油。这种方案所要求的蒸馏流程无例外是常减压蒸馏流程。其中的减压塔也必然是润滑油型减压塔。

除了以上三种基本类型之外,还可以有一些其他的方案,例如燃料—润滑油—化工型方案等,但是这些方案的蒸馏流程都属于以上三种基本的流程方案中的某一种,无非是在产品分割上略有特点罢了。

2. 汽化段数的制定

在原油蒸馏流程中,原油经历的加热汽化蒸馏的次数称为汽化段数。例如上面提到的常压蒸馏或拔头蒸馏就是所谓的一段汽化,提到的常减压蒸馏是两段汽化。前者只有一个常压塔,后者有一个常压塔和一个减压塔。汽化段数和流程中的蒸馏塔个数是相关的。

在某些条件下,原油常压蒸馏也采用两段汽化流程。在这种流程中,在常压塔之前再设置一个初馏塔(也称预汽化塔)。此原油蒸馏流程即为三段汽化流程,即包括初馏塔、常压塔和减压塔。图6-57是三段汽化的原油蒸馏工艺流程图。原油经过电脱盐装置脱盐和脱水后进入换热网络,加热到180~230℃进入初馏塔。初馏塔塔顶生产重整料或汽油,塔底油进入换热网络进行换热,换热终温达290~308℃,然后经常压炉加热到350~370℃后进入常压塔。常压塔顶油换热后出装置或与初顶油混合,侧线馏分经过汽提、换热网络后出装置;常压渣油进入减压炉加热到380~420℃后进入减压塔。减压塔各产品经过换热网络换热后出装置。如果减压塔是润滑油型的,则侧线馏分需要进行汽提。

除了两段常压蒸馏外,个别炼油厂也有采用两段减压蒸馏的。所谓两段减压蒸馏,就是将减压蒸馏分为两段进行,以提高汽化段的真空度而提高减压拔出率。采用两段减压蒸馏无疑会增加流程的复杂程度和投资,而且第二个减压塔的进料中要加入一定量的轻馏分来帮助高黏度油品汽化或者要提高进料的温度。这种流程一般针对重质原油,以及在没有丙烷脱沥青装置而又要求多生产高黏度润滑油的炼油厂。此外,该流程也适用于燃料型原油蒸馏装置的扩能改造,在原常减压蒸馏的基础上,新增一级减压炉和一级减压塔,分别转移部分常压负荷和减压负荷到一级减压塔。如果常压蒸馏和减压蒸馏都采用两段流程,则此蒸馏流程就成为四段汽化的流程。三炉四塔四级蒸馏工艺流程尽管有其优越性,但由于增加了一炉一塔和一套减压塔顶抽真空系统,侧线产品增多,热源增多,换热器与机泵数量增多,装置复杂性增大。

汽化段数的确定需要综合考虑原油性质、产品方案、处理量等方面因素。

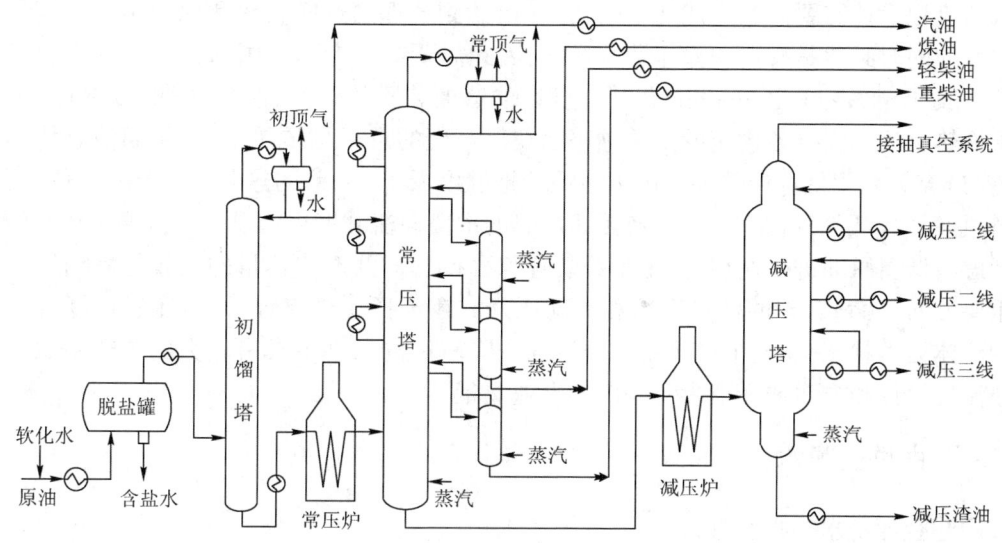

图 6-57 三段汽化的原油常减压蒸馏工艺流程

3. 换热方案的选择

常减压蒸馏装置的能耗在炼油厂全厂能耗中占有重要的比例,其燃料消耗约相当于加工原油量的 2%,为全厂消耗自用燃料量最大的生产装置。在原油蒸馏装置中,原油升温及部分汽化所需的热量很大,表 6-20 列出了某年加工 250×10^4 t/a 大庆原油的蒸馏装置所需的热量。如果不通过换热回收部分热量,则此热量最终是通过产品被冷却至出装置温度而被冷却水(或冷却空气)带走。从该表可以看出,原油进初馏塔的温度只有 235℃,所需的热量完全能通过与离塔产品换热而取得。如此,在全部所需热量中就可以回收约 48% 的热量。事实上,在某些蒸馏装置中,原油换热后的终温达 300℃ 左右,热量的回收率达 60% 以上。由此可见,换热流程的设计对炼油厂节能有很重要的意义。

表 6-20 某 250×10^4 t/a 大庆原油蒸馏装置所需热量

项 目	初 馏 塔	常 压 塔	减 压 塔	合 计
拔出率(质量分数),%	7.94①	26.7	23.7	—
进塔温度,℃	235	365	400	—
所需热量,10^4 kJ/h	18042	14110	5213	37365

① 包括侧线的 3.84%。

换热流程涉及的方面很广,冷热物流变量又很多,所以问题复杂,特别是常减压蒸馏装置的换热流程,在炼油厂各装置中算是最复杂的一个。换热方案理论上有很多个,因此在选择方案时涉及最优化问题,这就需要计算机辅助和人工分析相结合的方法来确定合适的换热方案。近些年来,随着计算机流程模拟技术的发展,各种商业流程模拟软件,如 Aspen Plus、Simsci Pro Ⅱ、Hysys 和 Design Ⅱ 等在常减压装置的流程模拟优化以及大量工程经验的积累,使得常减压装置的流程优化发展到一个全新的阶段和水平;尤其是夹点(pinch point)换热网络优化技术的全方位应用,极大地降低了常减压蒸馏装置的能耗。

换热流程的评价涉及多方面的因素。一般来说,一个完善的换热流程应当达到以下要求:充分利用各种余热,使原油预热温度较高且合理;换热器的换热强度较大,可用较少的换热面积达到换热要求;原油流动压降较小;操作可靠,检修方便。总的要求就是投资小,操作费用低。

换热流程设计需要注意下述几个问题。(1)达到合理的热回收率和原油预热温度。提高热回收率的同时必然是投资和操作费用增加，因此需要综合考虑。国内常减压蒸馏装置的热回收率一般在60%左右，一些经过最优化设计的蒸馏装置的热回收率可达80%左右。(2)合理匹配冷热物流。安排各物流的换热顺序以获得合理的总平均传热温差，从而使总传热面积较小。(3)充分利用低温位热能。国内习惯于把温度低于130℃的热源归属于低温位热源，如初馏塔顶油气、常压塔顶油气、经过换热而降温的中段回流和馏出产品等。低温位热源的利用首先考虑与低温原油进行换热，甚至是跨装置综合换热。低温位热量的回收是炼油厂节能的一个重要方面。(4)合理的传热系数和流动压降。在选择换热流程时，需注意选择合理的冷热流的流体力学状态，使整个换热系统中流动压降较小的条件下具有较大的传热系数。详细的换热流程设计和方案选择请参考相应的专业文献。

二、原油脱盐脱水

1. 原油脱盐脱水的必要性

油井采出的原油往往含水，且溶有Na、Ca、Mg等盐类。原油含盐量低的仅几毫克每升，高的几百毫克每升；在油田生产后期，广泛应用三次采油技术，原油含盐量和含水量大幅度增加。一般规定原油采出后，需要就地进行脱盐脱水，要求含盐量≤50mg/L、含水量≤0.5%后输送到炼油厂。

原油含盐会给下游加工带来很多危害，如造成设备管道结垢或堵塞，严重时炉管烧穿，换热器堵塞；造成设备管道腐蚀，原油蒸馏过程中所含的盐类往往在塔顶低温部位水解生成HCl，遇到液态水会生成具有强腐蚀性的盐酸；造成后续加工过程的催化剂中毒；影响产品质量，如石油焦灰分、沥青的延度等。原油含水会增加原油储存运输负荷；少量水汽化后体积急剧增大，影响原油蒸馏的平稳操作；增加原油蒸馏的能耗，水含量增加1%，原油换热温度降低约10℃，加热炉负荷增加5%左右。

原油脱盐脱水是炼油加工装置实现安全、稳定、长周期生产的重要保证。在原油进入常减压装置之前，必须进行脱盐脱水，且脱除要求随着防腐、节能、降低催化剂消耗和提高产品质量等要求的逐渐严格而不断提高。例如，我国炼油厂在1984年以前，对脱后原油的含盐量要求一般<10mg/L，含水量在0.1%~0.2%。1985年开始执行脱后原油含盐量<5mg/L的规定要求，以减缓蒸馏装置腐蚀，保证装置长周期运行。现今一般要求脱后原油含盐量<3mg/L，含水量<0.2%，脱盐排水的含油量≤200mg/L；有的炼油厂甚至要求常顶冷凝水中氯离子含量<20mg/L。

原油电脱盐是为后续装置提供优质原料不可少的预处理工艺，是炼油厂降低能耗、减轻设备结垢和腐蚀、防止催化剂中毒、减少催化剂消耗的重要过程。

2. 原油脱盐脱水的工艺流程

图6-58给出了典型的原油二级电脱盐脱水装置的工艺流程。原油通过原油泵从储罐中抽出，在原油泵入口管线中注入破乳剂，并与常减压装置的换热网络进行换热，温度达到120~140℃，开始注入去离子水，经过混合阀或静态混合器后，进入一级脱盐罐。脱后原油继续注入破乳剂和去离子水，经混合阀混合后，进入二级脱盐罐，脱后原油进入常减压装置的换热网络，所生成的含盐污水去污水厂。一般情况下原油电脱盐的注水量为原油总加工量的5%~7%（质量分数）。为了节能，一级脱盐罐的含盐污水需与新鲜去离子水换热。由于一级脱盐罐脱

除了绝大部分可溶性金属离子,因此二级脱盐罐中金属离子的含量大大降低,为了节水,二级脱盐罐的污水可注入一级脱盐罐回用。

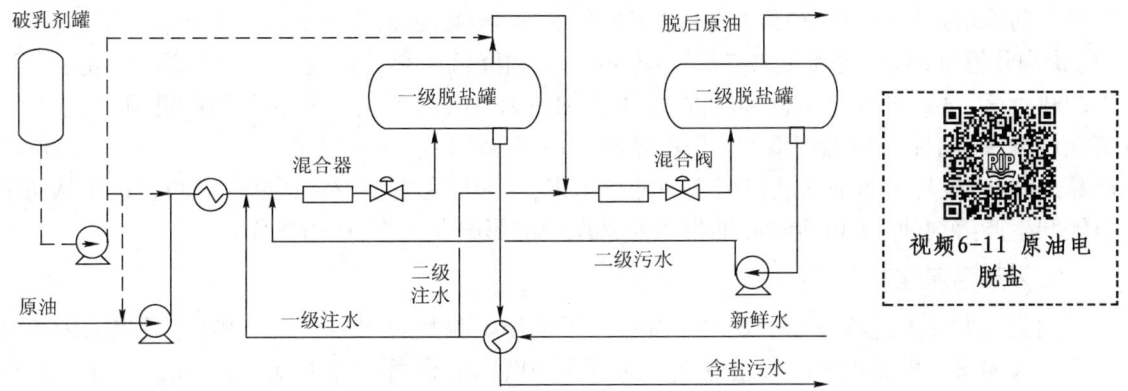

图 6-58 典型的二级电脱盐装置工艺流程

节能减排是当今炼油过程备受重视的问题。近些年来,在减少电脱盐过程的注水量和新鲜水用量方面获得了很大的发展。许多汽提过程的污水由于离子含量很低而替用新鲜水,目前国内大部分原油电脱盐的注水量也基本控制在5%左右。

三、原油预蒸馏

原油预蒸馏指的是原油经过脱盐脱水预处理后,与高温油品换热升温后进入闪蒸塔或初馏塔进行预分馏,蒸出部分轻组分和大部分水蒸气的过程。原油预蒸馏主要有两方面的作用:一是将通过换热即可汽化的轻馏分分离出来,不进常压炉,减少加热炉的负荷;二是使原油中的气体烃类和水分在进入常压塔之前被除去,稳定常压塔的操作。

1. 原油预蒸馏流程的主要影响因素

(1)原油中轻馏分含量。轻馏分含量多时,其换热过程中会汽化,原油混相体积大幅增大,流速与压降增大,从而导致原油泵所需扬程,换热网络中设备、管路和仪表的压力等级提升。采用预蒸馏后,部分轻馏分在初馏塔或闪蒸塔蒸出,拔头油进换热网络第二段,汽化量减少,压降减小。一般原油中汽油馏分(<180℃)小于20%时,宜用闪蒸塔流程;大于20%时,宜用初馏塔流程。

(2)原油中腐蚀性物质。原油含硫、含盐较高时,蒸馏塔顶系统低温部位的 H_2S-HCl-H_2O 型腐蚀较严重。设置初馏塔流程后,将大部分腐蚀移至温度较低的初馏塔系统,减轻常压塔顶的腐蚀。

(3)原油含砷量。随蒸馏温度的升高,原油中大部分砷化物分解并随轻馏分进入塔顶,致使塔顶产品砷含量增高。若塔顶产品用作铂重整原料,直接影响预加氢催化剂的使用寿命。此时需要设置初馏塔,从塔顶蒸出砷含量小于 200ng/g 的初顶油,其余轻馏分从常压塔顶分出。

(4)轻烃回收。加工轻质原油时,需要回收大量轻烃(C_3~C_4)。轻烃回收流程包括初馏塔提压或闪蒸塔+常顶气压缩机两大方式,回收流程将影响预蒸馏的流程。

(5)装置的灵活性。当原油来源不稳定或需要适应多种不同原油时,采用初馏塔流程可以调整初馏塔的参数,从而稳定常压塔的操作,以确保常压产品质量。

2. 初馏塔流程

初馏塔方案工艺流程如图 6-59 所示。原油经电脱盐脱水后继续换热至 220~240℃，之后进入初馏塔。塔顶得到初顶馏分，塔底馏分继续换热后进入常压炉。此流程具有下述优点：(1)提高装置处理量，尤其在加工轻质原油时，大幅降低换热系统与常压炉的压降，减小常压炉的热负荷。(2)转移塔顶低温腐蚀，将部分 H_2S-HCl-H_2O 型腐蚀转移到初馏塔顶，减小常压塔顶的腐蚀；初馏塔顶温度低，盐类分解少，HCl 不多，腐蚀并不严重，且容易控制。(3)增加产品品种，将较轻的石脑油从初馏塔顶分离出来，作为催化重整、蒸汽裂解的原料，也可从初馏塔侧线生产溶剂油。(4)缓解原油带水对常压塔的影响，稳定常压塔操作。

3. 闪蒸塔流程

闪蒸塔方案工艺流程如图 6-60 所示。原油经电脱盐脱水后继续换热，之后进入闪蒸塔进行一次闪蒸。塔顶出来的轻组分气体送至常压塔中段合适的部位，塔底产品进一步换热后进入常压炉。此流程具有下述特点：(1)流程简单，塔顶不打回流，无需设置塔顶冷凝冷却系统及回流系统，闪蒸塔顶不出产品。(2)闪蒸塔顶温度较高，不需考虑塔顶的低温腐蚀。(3)只是一次平衡闪蒸，没有过汽化油，相比初馏塔，在同样温度下可以蒸出更多的物料进入常压塔合适部位，减少常压炉进料量与负荷。

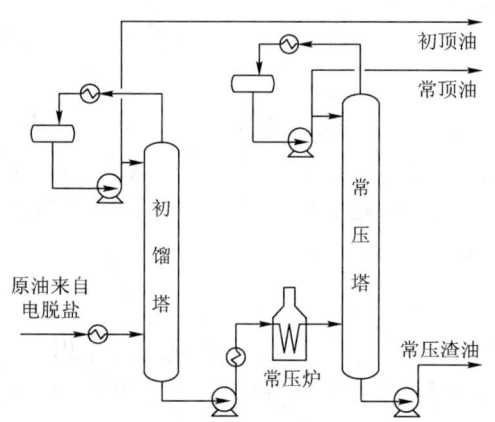

图 6-59 初馏塔方案工艺流程

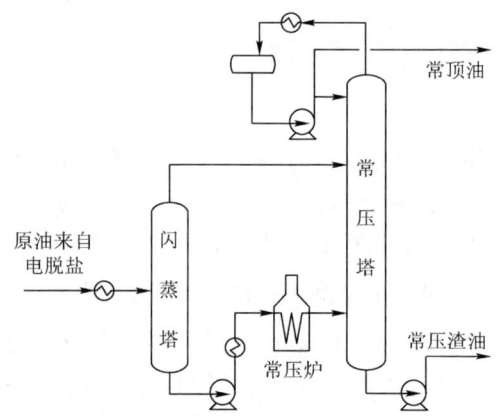

图 6-60 闪蒸塔方案工艺流程

4. 初馏塔—闪蒸塔联合流程

常规原油中 C_5 以下轻烃占原油的 0.2%~0.8%，中东轻质原油的轻烃含量更高，可达 2%~3%。轻烃主要为 C_3 和 C_4 组分，回收原油中的轻烃可增加经济效益。提升初馏塔塔顶压力至 0.35~0.4MPa，轻烃全溶解到石脑油（初顶油）中，再由分离装置从石脑油中分离出轻烃。此方法的优点是流程简单，投资少，操作维护费用低；缺点是提高了系统压力，减少了初馏塔的拔出率，相对增加了常压炉与常压塔负荷。为此，可在在初馏塔后加闪蒸塔，充分利用初馏塔的压力能，如图 6-61 所示。

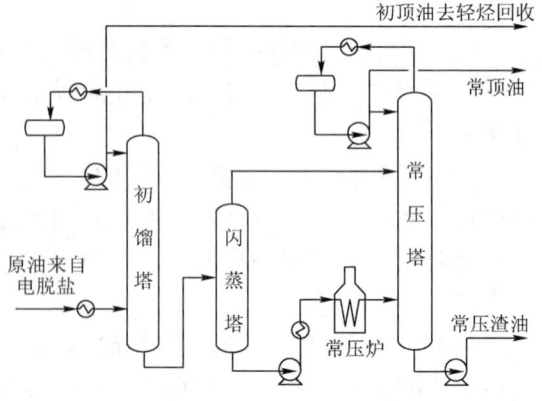

图 6-61 初馏塔—闪蒸塔联合方案工艺流程

四、常减压装置工艺技术的发展

依据现有的常减压装置基本流程,通过初馏塔、常压塔、减压塔塔型的改变,可以完全适应绝大部分原油体系的加工,实现其预期的生产方案。但是在具体的原油加工过程中,会遇到各种问题,包括能耗问题、设备扩能问题、产品质量问题等,对于这些问题的合理解决,体现了具体问题具体分析的工作方法论。

1. 减一线回注常压塔技术

减一线的利用是常减压装置中的一个重要问题。其中减一线的主要馏程范围是柴油馏分,但若作为柴油产品,则胶质含量超标(减压塔内的雾沫夹带引起的)。若与减二线等一起进催化装置,则属于高值产品的低值化加工。如果炼油企业需要多产柴油,可将减一线回注到常压塔二中循环附近,可以直接生产合格的直馏柴油,该技术1986年最早在中国石化燕化公司炼油厂应用。

2. 常压塔的负荷转移技术

常压塔负荷转移技术也称初馏塔侧线回注常压塔技术。该技术最早由中国石油大学和SEI工程公司构思,在20世纪90年代初期,由SEI工程公司在中国石化福建石化分公司常减压装置的扩能改造中首次应用成功,并成为当今常减压装置扩能改造、节能降耗改造中通用的手段。

该技术的出发点在于将原油通过换热网络换热至190~250℃,进入初馏塔,塔顶生产初顶油,在初馏塔8~13层塔板增开一条侧线(侧线干点控制在与常一线相当),回注到常一中循环的返回口,具体的负荷转移技术原则流程参见图6-62。

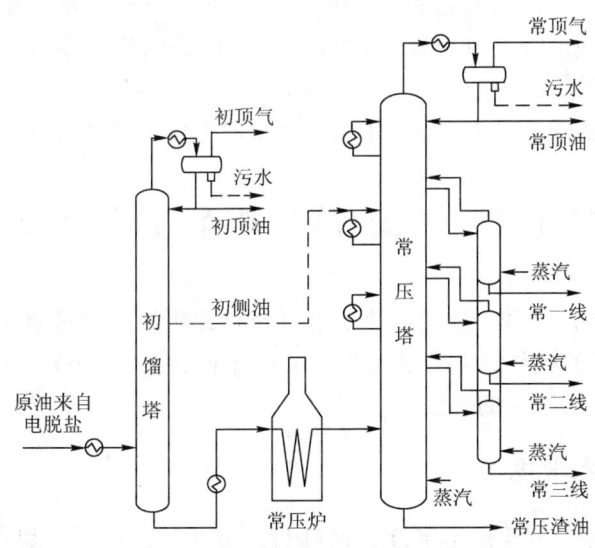

图6-62 常压塔负荷转移技术

负荷转移技术应用的效能取决于初馏塔的大小和原油的特性,需全流程综合考虑。若初馏塔的负荷能力足够,则尽量提高初馏塔进料的换热终温,这样可以最大程度地利用初馏塔,减小初馏塔拔头原油进换热网络和加热炉的流量,减小换热网络的压降和加热炉的压降和热负荷,最大程度地提高换热网络的换热终温,减少加热炉的燃油负荷。

对于常压塔而言,由于初馏塔侧线部分的油料从初馏塔到常一中之间"短路",则常压塔的负荷瓶颈——常二中塔段内部的气液体积负荷减小,从而可以提高常压塔的处理能力。初馏塔侧线馏分油属于常压塔进料中的轻馏分,其分子量较小,因此其摩尔汽化体积很大,一般情况下,可提高常压塔10%~15%的加工能力。

负荷转移技术的应用使得进入加热炉的物料变重,流量变小,常压转油线的流速降低,可以提高常压塔进料的总汽化率,降低常压渣油中350℃以前馏分的含量,减少常底蒸汽的用量。

中国石油大学采用负荷转移技术,对某 150×10^4 t/a 的常压蒸馏装置进行了扩能改造,该装置加工大庆原油,由直径3.2m的常压塔(44层塔板)和直径2.6m的初馏塔(23层塔板)组成。要求该装置掺炼 100×10^4 t/a 的阿曼原油,应用负荷转移技术和高性能塔板成功扩能至 250×10^4 t/a。之后在全塔结构稍作调整的情况下,又将该装置掺炼了 50×10^4 t/a 的俄罗斯原油,相当于达到 300×10^4 t/a 的原油加工量。在该技术改造中,初馏塔的重整料产率接近总量的 2/3,初馏塔进料的换热终温达到250℃。

3. 常压部分的分离效能转移技术

当常压塔(尤其是常一线)阶段性地用于生产不同产品时,会遇到蒸馏塔设计或操作矛盾的情况,分离要求高的产品需要较多的理论板数,而分离要求低的产品需要较少的理论板数。在新塔设计中会引起塔高的增加,在旧塔改造中,若理论板数不足,则产品质量难以保证。为此中国石油大学开发了分离效能转移技术,核心是利用侧线汽提塔对主塔的分离效能进行补充。

某炼油厂常压塔阶段性地要求常一线同时生产两种产品,新建塔需要60层左右的塔板,而原塔仅有49层塔板。在考虑利旧方案和新建方案的过程中,提出利用常一线汽提塔来进行补充分离。改造方案:轻柴油汽提采用重柴油汽提塔,将轻柴油汽提塔(4层塔板)和常一线再沸汽提塔(6层塔板)合并,采用再沸汽提的方式来完成该分离任务。该技术方案相当于常一线汽提塔达到7~8个理论级的分离能力。水蒸气汽提塔的板效率仅为30%~50%,而再沸汽提塔是精馏塔,塔板效率为60%~80%,并且再沸器也相当于一块理论板。这样就可以在主塔较少的塔板数下,实现高精度分离的任务,因而称为分离效能转移技术。

第七节 原油蒸馏塔的工艺计算

综合运用前面第一节到第三节讨论的基本原理和方法就可以对原油精馏塔进行工艺设计计算。文献资料上介绍的各种计算方法虽然各有所不同,但大同小异,而且其基本原理是相同的。这里只介绍我国目前通用的方法。

一、计算所需基本数据

(1)原料油性质,其中主要包括密度、特性因数、分子量、含水量、黏度、实沸点蒸馏数据和平衡汽化数据等。
(2)原料油处理量,包括最大和最小可能的处理量。
(3)根据正常生产和检修情况确定的年开工天数。
(4)产品方案及产品性质。
(5)汽提水蒸气的温度和压力。

上述基本数据通常由设计任务给定。此外,应尽可能收集同类型生产装置和生产方案的实际操作数据以资参考。

二、设计计算步骤

(1)根据原料油性质及产品方案确定产品的收率,作出物料平衡。

(2)列出(有的必须通过计算求得)有关各油品的性质。

(3)决定汽提方式,并确定汽提蒸汽用量。

(4)选择塔板的型式,并按经验数据定出各塔段的塔板数。

(5)画出蒸馏塔的草图,其中包括进料及抽出侧线的位置、中段回流位置等。

(6)确定塔内各部位的压力和加热炉出口压力。

(7)决定进料过汽化度,计算汽化段温度。

(8)确定塔底温度。

(9)假设塔顶温度及各侧线抽出温度,作全塔热平衡,算出全塔回流热,选定回流方式及中段回流的数量和位置,并合理分配回流热。

(10)校核各侧线抽出温度及塔顶温度,若与假设值不符,应重新假设并计算。

(11)作出全塔气、液相负荷分布图,并将上述工艺计算结果填在草图上。

(12)计算塔径和塔高。

(13)作塔板水力学核算。

三、原油常压蒸馏塔工艺计算实例

1. 设计计算任务

年处理量为 250×10^4 t 的胜利原油常压蒸馏塔。原油的实沸点蒸馏数据及平衡汽化数据由实验室提供,见图6-63,产品方案及性质见表6-21。

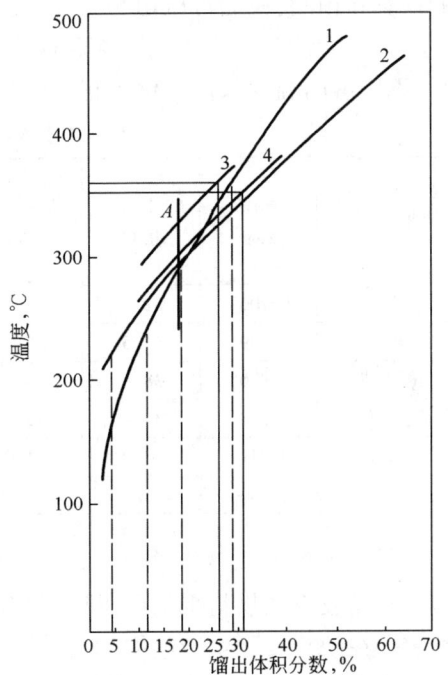

图6-63 原油的实沸点蒸馏曲线与平衡汽化曲线

1—原油在常压下的实沸点蒸馏曲线;2—原油的常压平衡汽化曲线;3—常压炉出口压力下原油的平衡汽化曲线;4—汽化段油气分压下原油的平衡汽化曲线

表6-21 胜利原油常压切割方案及产品性质

产 品		汽油	煤油	轻柴油	重柴油	重油
实沸点切割,℃		143.2	239.4	307.1	360.9	—
实沸点沸程,℃		~154.8	131.6~258	220.8~339.2	274.9~409.3	>312.5
密度(20℃),g/cm³		0.7037	0.7994	0.8265	0.8484	0.9416
收率	体积分数,%	4.3	7.2	7.2	9.8	71.5
	质量分数,%	3.51	6.67	6.91	9.64	73.27
恩氏蒸馏温度,℃	0%	34	159	239	289	—
	10%	60	171	258	316	344
	30%	81	179	267	328	—
	50%	96	194	274	341	—
	70%	109	208	283	350	—
	90%	126	225	296	368	—
	100%	141	239	306	376	—

初步确定常压塔生产汽油、煤油、轻柴油、重柴油以及常压渣油五种产品。

2. 工艺计算过程

1) 原油的实沸点切割及产品性质计算

按照各产品的质量要求,对图6-63所示的实沸点数据进行了切割,并进行了各产品性质的换算和预测,原油常压切割方案及产品性质结果详见表6-21。

为了后续计算方便,需将原油和产品的有关性质参数计算汇总,列于表6-22。在计算时,恩氏蒸馏温度未作裂化校正,在工程设计中可以这样做。

表6-22 油品的有关性质参数

油品	密度 g/cm³	比重指数	特性因数 (K)	分子量 (M)	平衡汽化温度,℃ 0%	平衡汽化温度,℃ 100%	临界参数 温度 ℃	临界参数 压力 MPa	焦点参数 温度 ℃	焦点参数 压力 MPa
汽油	0.7037	68.1	12.27	95	—	108.6	267.5	3.34	328.5	5.91
煤油	0.7994	44.5	11.74	152	185.6	—	383.4	2.5	413.4	3.26
轻柴油	0.8265	38.8	11.97	218	273.6	—	461.6	1.84	475.2	2.17
重柴油	0.8484	34.4	12.1	290	339.6	—	516.6	1.62	529.6	1.89
重油	0.9416	18.2	11.9	—	—	—	—	—	—	—
原油	0.8604	32	—	—	—	—	—	—	—	—

2) 产品收率和物料平衡

产品收率和物料平衡可以根据相同类型(同样的原油和产品方案)的常压塔的生产数据确定。在缺乏实际生产数据的情况下,可以凭借原油评价资料确定。

当产品方案已经确定,同时具备产品的馏分油和原油的实沸点蒸馏曲线时,可以根据各产品的恩氏蒸馏数据换算得到它们的实沸点蒸馏0%点和100%点。在本例中已列于表6-21。由表6-21可见,相邻两个产品是互相重叠的,即实沸点蒸馏($t_0^H - t_{100}^L$)是负值。通常相邻两个产品的实沸点切割温度为该重叠值的一半,因此可取 t_0^H 和 t_{100}^L 之间的中点温度作为这两个馏分的切割温度。

按照切割温度,可以从原油的实沸点蒸馏曲线得出各产品的收率。决定年开工天数后(我国炼油企业过去三年一次大检修,年开工周期为330d,折合8000h/a,近些年来随着技术进步和生产经验的积累,大检修周期延长到五年一次,折合年开工周期为8400h),即可作出常压塔的物料平衡,如表6-23所示。需要说明:在该物料平衡中没有考虑加工损失,但在实际生产中,原油不可能全部转化为产品,通常在常压塔的物料平衡计算中,气体+损失约占原油的0.5%。

表6-23 物料平衡(按每年开工330d计)

油品		产率,% 体积分数	产率,% 质量分数	处理量或产量 10⁴t/a	处理量或产量 t/d	处理量或产量 kg/h	处理量或产量 kmol/h
原油		100	100	250	7576	315700	—
产品	汽油	4.3	3.51	8.77	266	11100	117
	煤油	7.2	6.67	16.69	505	21040	139
	轻柴油	7.2	6.91	17.30	524	21800	100
	重柴油	9.8	9.64	24.10	730	30400	105
	重油	71.5	73.27	183.14	5551	231360	—

3) 汽提水蒸气用量

侧线产品及塔底重油都用过热水蒸气汽提,使用的是温度420℃、压力0.3MPa的过热水蒸气,参考图6-50和表6-24。

表6-24 汽提水蒸气用量

油 品	质量分数(对油),%	汽提水蒸气所用量	
		kg/h	kmol/h
一线煤油	3	631	35.0
二线轻柴油	3	654	36.3
三线重柴油	2.8	851	47.3
重油	2	4627	257
合计	—	6763	375.6

4) 塔板型式和塔板数

原油常压塔选用F1浮阀塔板。参照表6-10和表6-11选定塔板数如下:

汽油—煤油段	9层(考虑一线生产航空煤油)	重柴油—汽化段	3层
煤油—轻柴油段	6层	塔底汽提段	4层
轻柴油—重柴油段	6层		

考虑采用两个中段回流,每个中段回流用3层换热塔板,共6层,则全塔塔板数总计为34层。

5) 精馏塔计算草图

将塔体、塔板、进料及产品进出口、中段循环回流位置、汽提返塔位置、塔底汽提点等绘成草图如图6-64所示。以后的计算结果如操作条件和物料流量等可以陆续填入图中。这样的计算草图可使设计计算对象一目了然,便于分析计算结果的规律性,避免漏算重算,容易发现错误,因而很有用。

6) 操作压力

取塔顶产品罐压力为0.13MPa,塔顶采用两级冷凝冷却流程。取塔顶空冷器压降为0.01MPa,使用一个管壳式后冷器,壳程压降取0.017MPa,则塔顶压力 = 0.13 + 0.01 + 0.017 = 0.157(MPa)(绝)。

取每层浮阀塔板平均压降为0.5kPa(4mmHg),则推算得常压塔各关键部位的压力如下(单位为MPa):

(1) 塔顶压力0.157MPa;
(2) 一线抽出板(第9层)上压力0.161MPa;
(3) 二线抽出板(第18层)上压力0.166MPa;
(4) 三线抽出板(第27层)上压力0.170MPa;
(5) 汽化段压力(第30层下)0.172MPa;
(6) 取转油线压降为0.035MPa,则加热炉出口压力 = 0.172 + 0.035 = 0.207(MPa)。

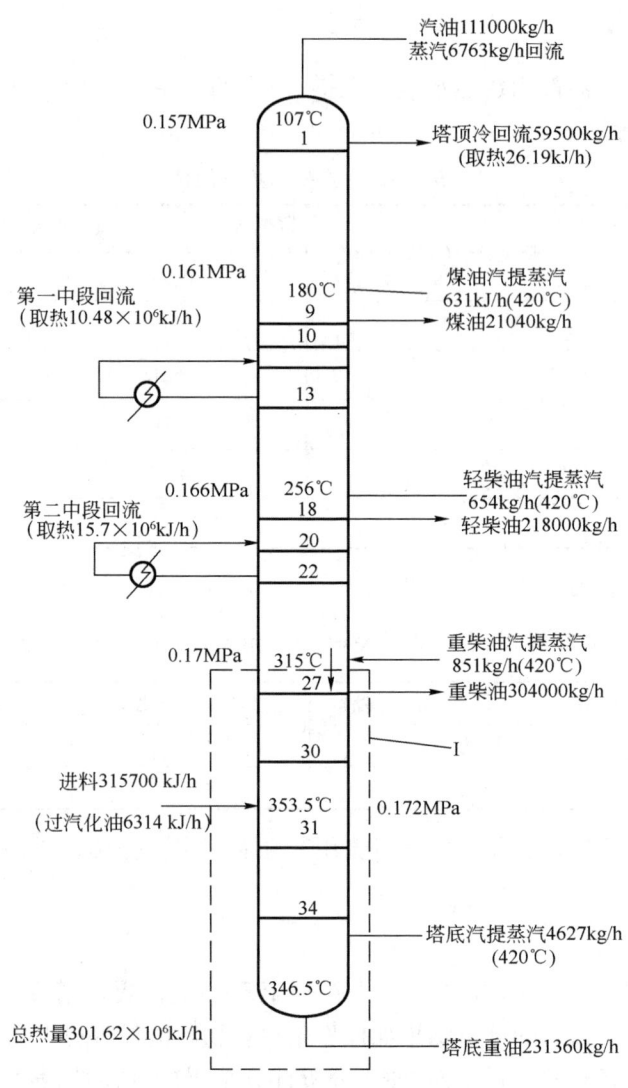

图 6-64 常压塔的计算草图

7) 汽化段温度

(1) 汽化段中进料的汽化率与过汽化度。取过汽化度为进料的 2%(质量分数)或 2.03%(体积分数),即过汽化量为 6314kg/h。要求进料在汽化段中的汽化率 e_F(体积分数)为

$$e_F = (4.3\% + 7.2\% + 7.2\% + 9.8\% + 2.03\%) = 30.53\%$$

(2) 汽化段油气分压。汽化段中各物料的流量如下:

汽油	117kmol/h	重柴油	105kmol/h
煤油	139kmol/h	过汽化油	21kmol/h
轻柴油	100kmol/h	油气量合计	482kmol/h

其中过汽化油的分子量取 300,还有水蒸气 257kmol/h(塔底汽提)。由此计算得汽化段的油气分压为

$$0.172 \times 482/(482 + 257) = 0.112(\text{MPa})$$

(3) 汽化段温度的初步求定。汽化段温度应该是在汽化段油气分压 0.112MPa 之下汽化

30.53%（体积分数）的温度，为此需要作出在 0.112MPa 下的原油平衡汽化曲线（见图 6 – 63 中的曲线 4）。

在缺乏原油的临界参数和焦点参数而无法作出原油 p—T—e 相图的情况下，曲线 4 可用以下的简化法求定：由图 6 – 63 可得到原油在常压下的实沸点蒸馏曲线与平衡汽化曲线的交点为 291℃，利用本章第一节中烃类与原油窄馏分的蒸气压图，将此交点温度 291℃ 换算为 0.112MPa 下的温度，得 299℃。从该交点作垂直于横坐标的直线 A，在 A 线上找得 299℃ 之点，过此点作平行于原油常压平衡汽化曲线 2 的曲线 4，即为原油在 0.112MPa 下的平衡汽化曲线。由曲线 4 可以查得当 e_F 为 30.53%（体积分数）时的温度为 353.5℃，此即欲求的汽化段温度 t_F。此 t_F 是由相平衡关系求得，还需对它进行校核。

（4）t_F 的校核。校核的主要目的是看由 t_F 要求的加热炉出口温度是否合理。校核的方法是作绝热闪蒸过程的热平衡计算以求得炉出口温度。

当汽化率 $e_F = 30.53\%$、$t_F = 353.3℃$ 时，进料在汽化段中焓 h_F 的计算如表 6 – 25 所示。表中各物料的焓值可由第三章中介绍的方法和图表求得。所以：

$$h_F = 302.83 \times 10^6 / 315700 = 959.2 (kJ/kg)$$

表 6 – 25　进料带入汽化段的热量 Q_F（$p = 0.172MPa, t = 353.5℃$）

油　料	焓，kJ/kg		热量，kJ/h
	气相	液相	
汽油	1176	—	$1176 \times 11100 = 13.05 \times 10^6$
煤油	1147	—	$1147 \times 21040 = 24.13 \times 10^6$
轻柴油	1130	—	$1130 \times 21800 = 24.63 \times 10^6$
重柴油	1122	—	$1122 \times 30400 = 34.11 \times 10^6$
过汽化油	1118	—	$1118 \times 6314 = 7.06 \times 10^6$
重油	—	888	$888 \times 225046 = 199.84 \times 10^6$
合计	—	—	$Q_F = 302.83 \times 10^6$

再求出原油在加热炉出口条件下的焓值 h_O。按前述方法作出原油在炉出口压力 0.207MPa 之下的平衡汽化曲线（图 6 – 63 中的曲线 3）。这里忽略了原油中所含的水分，若原油含水，则应当作炉出口处油气分压下的平衡汽化曲线。因考虑到生产航空煤油，限定炉出口温度不超过 360℃。由曲线 3 可读出在 360℃ 时的汽化率 e_O 为 25.5%（体积分数）。显然 $e_O < e_F$，即在炉出口条件下，过汽化油和部分重柴油处于液相。据此可算出进料在炉出口条件下的焓值 h_O，见表 6 – 26。所以：

$$h_O = 305.21 \times 10^6 / 315700 = 966.77 (kJ/kg)$$

表 6 – 26　进料在炉出口处携带的热量 Q_O（$p = 0.207MPa, t = 360℃$）

油　料	焓，kJ/kg		热量，kJ/h
	气相	液相	
汽油	1201	—	$1201 \times 11100 = 13.33 \times 10^6$
煤油	1164	—	$1164 \times 21040 = 24.49 \times 10^6$
轻柴油	1151	—	$1151 \times 21800 = 25.09 \times 10^6$
重柴油气相部分	1143	—	$1143 \times 21100 = 24.12 \times 10^6$

油 料	焓, kJ/kg		热量, kJ/h
	气相	液相	
重柴油液相部分	—	971	$971 \times 9300 = 9.03 \times 10^6$
重油	—	904	$904 \times 231360 = 209.15 \times 10^6$
合计	—	—	$Q_0 = 305.21 \times 10^6$

校核结果表明 h_0 略高于 h_F,所以在设计的汽化段温度353.5℃之下,既能保证所需的拔出率(体积分数30.53%),炉出口温度也不至于超过允许限度。

8)塔底温度

取塔底温度比汽化段温度低7℃,即

$$353.5 - 7 = 346.5(℃)$$

9)塔顶及侧线温度的假设与回流热分配

(1)假设塔顶及各侧线温度。参考同类装置的经验数据,假设塔顶及各侧线温度如下:

塔顶温度	107℃	轻柴油抽出板(第18层)温度	256℃
煤油抽出板(第9层)温度	180℃	重柴油抽出板(第27层)温度	315℃

(2)全塔回流热。按上述假设的温度条件作全塔热平衡(表6-27),由此求出全塔回流热。所以,全塔回流热

$$Q = (325.26 - 271.87) \times 10^6 = 53.39 \times 10^6 (kJ/h)$$

表6-27 全塔回流热

	物 料	流量 kg/h	密度 g/cm³	操作条件		焓, kJ/kg		热量 kJ/h
				压力 MPa	温度 ℃	气相	液相	
入方	进料	315700	0.8604	0.172	353.3	—	—	302.83×10^6
	汽提水蒸气	6763	—	0.3	420	3316	—	22.43×10^6
	合计	322463	—	—	—	—	—	325.26×10^6
出方	汽油	11100	0.7037	0.157	107	611	—	6.78×10^6
	煤油	21040	0.7994	0.161	180	—	444	9.34×10^6
	轻柴油	21800	0.8265	0.166	256	—	645	14.06×10^6
	重柴油	30400	0.8484	0.170	315	—	820	24.93×10^6
	重油	231360	0.9416	0.175	346.5	—	858	198.5×10^6
	水蒸气	6763	—	0.157	107	2700	—	18.26×10^6
	合计	322463	—	—	—	—	—	271.87×10^6

(3)回流方式及回流热分配。塔顶采用二级冷凝冷却流程,塔顶回流温度定为60℃。采用两个中段回流,第一个位于煤油与轻柴油侧线之间(第11~13层),第二个位于轻柴油与重柴油侧线之间(第20~22层)。回流热分配如下:

塔顶回流取热 50%	$Q_0 = 26.70 \times 10^6 \text{kJ/h}$
第一中段回流取热 20%	$Q_{C1} = 10.68 \times 10^6 \text{kJ/h}$
第二中段回流取热 30%	$Q_{C2} = 15.70 \times 10^6 \text{kJ/h}$

10) 侧线及塔顶温度的校核

校核应自下而上进行。

(1) 重柴油抽出板(第27层)温度。按图6-64中的隔离体系Ⅰ作第27层板以下塔段的热平衡,见图6-65及表6-28。

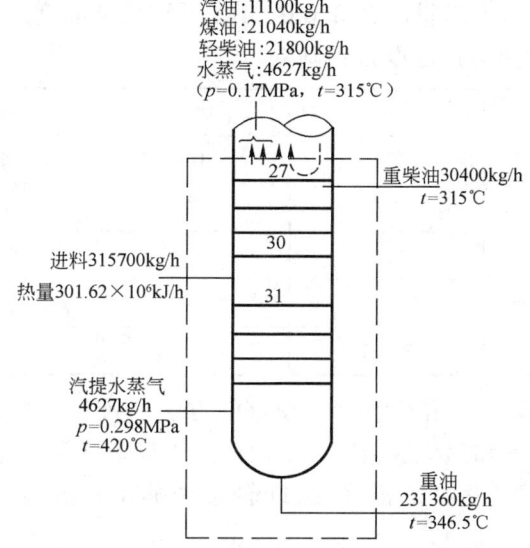

图 6-65 重柴油抽出板以下塔段的热平衡

表 6-28 重柴油抽出板以下塔段的热平衡

	物料	流量 kg/h	密度(20℃) g/cm³	操作条件		焓,kJ/kg		热量 kJ/h
				压力,MPa	温度,℃	气相	液相	
入方	进料	315700	0.8604	0.172	353.5	—	—	302.83×10^6
	汽提水蒸气	4627	—	0.3	420	3316	—	15.34×10^6
	内回流	L	约0.846	0.17	约308.5	—	795	$795L$
	合计	$320327 + L$	—	—	—	—	—	$318.17 \times 10^6 + 795L$
出方	汽油	11100	0.7037	0.17	315	1080	—	11.99×10^6
	煤油	21040	0.7994	0.17	315	1055	—	22.20×10^6
	轻柴油	21800	0.8265	0.17	315	1034	—	22.54×10^6
	重柴油	30400	0.8484	0.17	315	—	820	24.93×10^6
	重油	231360	0.9416	0.175	346.5	—	858	198.5×10^6
	水蒸气	4627	—	0.17	315	3107	—	14.37×10^6
	内回流	L	约0.846	0.17	315	—	1026	$1026L$
	合计	$320327 + L$	—	—	—	—	—	$294.53 \times 10^6 + 1026L$

由热平衡得

$318.17 \times 10^6 + 795L = 294.53 \times 10^6 + 1026L$

所以

内回流 $L = 102340(\text{kg/h}) = 102340/282 = 363(\text{kmol/h})$

重柴油抽出板上方气相总量为

$117 + 139 + 100 + 363 + 257 = 976(\text{kmol/h})$

重柴油蒸气(即内回流)分压为

$0.17 \times 363/976 = 0.0632(\text{MPa})$

由重柴油常压恩氏蒸馏数据换算0.0632MPa下平衡汽化0%点温度。可以用图6-9和图6-10先换算得常压下的平衡汽化数据,再用图6-23换算成0.0632MPa下的平衡汽化数据。其计算结果如下表。由上求得的在0.0632MPa下重柴油的泡点温度为315.5℃,与原假设的315℃很接近,可认为原假设温度是正确的。

项　　目	0%	10%	30%	50%
恩氏蒸馏温度,℃	289	316	328	341
恩氏蒸馏温差,℃	27	12	13	—
平衡汽化温差,℃	9.5	6.4	6.6	—
常压平衡汽化温度,℃	—	—	—	359
0.0626MPa下平衡汽化温度,℃	315.5	325	331.4	338

(2)轻柴油抽出板和煤油抽出板温度。校核的方法与校核重柴油抽出板温度的方法相同,可通过作第18层板以下和第9层板以下塔段的热平衡来计算。计算过程从略。计算结果与假设值相符,故认为原假设值是正确的,即轻柴油抽出板温度为256℃,煤油抽出板温度181℃。

(3)塔顶温度。塔顶冷回流温度 $t_0 = 60℃$,其焓值 h_{L_0,t_0}^{L} 为163.3kJ/kg。

塔顶温度 $t_1 = 107℃$,回流(汽油)蒸气的焓 $h_{L_0,t_1}^{L} = 611\text{kJ/kg}$。故塔顶冷回流量为

$$L_0 = Q/(h_{L_0,t_0}^{L} - h_{L_0,t_0}^{L}) = 26.7 \times 10^6/(611 - 163.3) = 59638(\text{kg/h})$$

塔顶油气量(汽油+内回流蒸气)为

$(59638 + 11100)/95 = 744.61(\text{kmol/h})$

塔顶水蒸气流量为

$6763/18 = 376(\text{kmol/h})$

塔顶油气分压为

$0.157 \times 744.61/(744.61 + 376) = 0.1043(\text{MPa})$

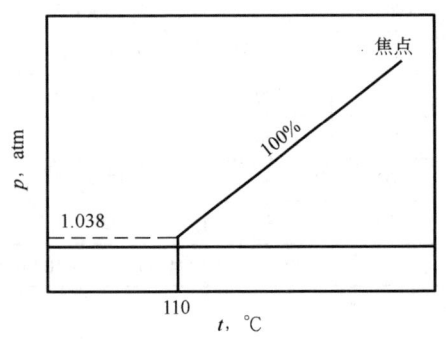

图6-66　汽油的露点线相图

塔顶温度应该是汽油在其油气分压下的露点温度。由恩氏蒸馏数据换算得汽油常压露点温度为108.9℃。已知其焦点温度和压力依次为328.5℃和5.9MPa,据此可在平衡汽化坐标纸上作出汽油平衡汽化100%点的 p—t 线,如图6-66所示。由该相图可读得油气分压为0.1043MPa时的露点温度为110℃。考虑到不凝气的存在,该温度乘以系数0.97,则塔顶温度为 $110 \times 0.97 = 106.8℃$,与假设的107℃很接近,故原假设温度正确。

最后验证在塔顶条件下,水蒸气是否会冷凝。塔顶水蒸气分压为
$$0.157 - 0.1043 = 0.0527(\text{MPa})$$

相应于此压力的饱和水蒸气的温度为83℃,远低于塔顶温度107℃,故在塔顶水蒸气处于过热状态,不会冷凝。

11) 全塔气、液相负荷分布图

选择塔内几个有代表性的部位(如塔顶、第一层板下方、各侧线抽出板上下方、中段回流进出口处、汽化段及塔底汽提段等),求出这些部位的气、液相负荷,就可以作出全塔气、液相负荷分布图。图6-67就是通过计算第1、8、9、10、13、17、18、19、22、26、27、30各层塔板及塔底汽提段的气、液相负荷绘制而成的,此图的横坐标也可以用kmol/h表示。由图可见,第19层塔板以上塔段内的气、液相负荷是比较均匀的。第二中段回流抽出板处的气相负荷和液相回流量最大。注意此图中精馏段的液相负荷分布曲线仅是指内回流,并未包括中段循环回流量。如果要使各塔段的负荷更均匀些,可以适当增加塔顶和第一中段回流的取热量,减少第二中段回流的取热量。不过第二中段回流的温度较高,对换热更为有利,从能量回收的角度来看,第二中段回流的取热比例稍大些是合理的。这里存在一次投资与长期操作费用之间的关系如何处理以达到最优方案的问题。从

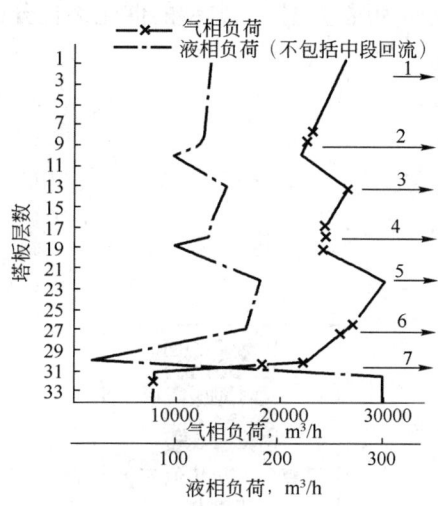

图6-67 常压塔全塔气、液相负荷分布图
1—第一层板下;2—煤油抽出板;3—第一中段回流出口;4—轻柴油抽出板;5—第二中段回流出口;6—重柴油抽出板;7—进料

图6-67中还可看出,汽提段的液相负荷很大,气相负荷却很小,所以在塔板选型和设计时要注意。几层中段回流换热板上把循环回流量算在内的液相负荷也是很可观的,比其他蒸馏塔板上的液相负荷要高出很多。所以原油蒸馏塔的蒸馏段、汽提段和中段回流换热板往往选用不同的塔板型式,塔板结构也有相应的特点。

应该指出,图6-67并不十分精确。因为在计算过程中,某些塔板的温度和该处介质的密度、分子量等参数是以内插法求出的,恩氏蒸馏数据也未作相应的裂化校正。但是对一般工程计算而言,这样的精度已能满足要求。

作为常压蒸馏塔的工艺设计计算,应当还包括塔高和塔径的计算、塔板水力学计算等内容,相关设计和计算请参考化工原理课程的内容。

第八节 其他石油蒸馏塔

炼油厂除了原油常减压蒸馏过程外,二次加工过程的产物往往也用精馏过程进行分离,因此存在一些其他类型的油品分馏塔。本节只介绍特点明显的催化裂化分馏塔和焦化分馏塔。

一、催化裂化分馏塔

1. 催化裂化分馏塔的工艺特征

催化裂化分馏塔的工艺特征来源于它的进料组成和状态。塔的进料为460~510℃的高

温过热油气,其中包括干气(H_2、C_1烃、C_2烃,还会有少量的 N_2、CO、CO_2 及 H_2S 等)、液化气(C_3烃、C_4烃)、汽油、柴油、循环油和油浆,此外还含有少量的焦炭和催化剂细粉。这些反应产物通过分馏塔分离为气体、汽油、柴油、循环油和油浆等初产品。催化裂化分馏塔由油浆分离段、柴油分离段和汽油柴油分离段组成。其中油浆分离段是从过热的反应油气中分离油浆,因此也称为脱过热段。典型的催化裂化分馏塔见图 6-68。

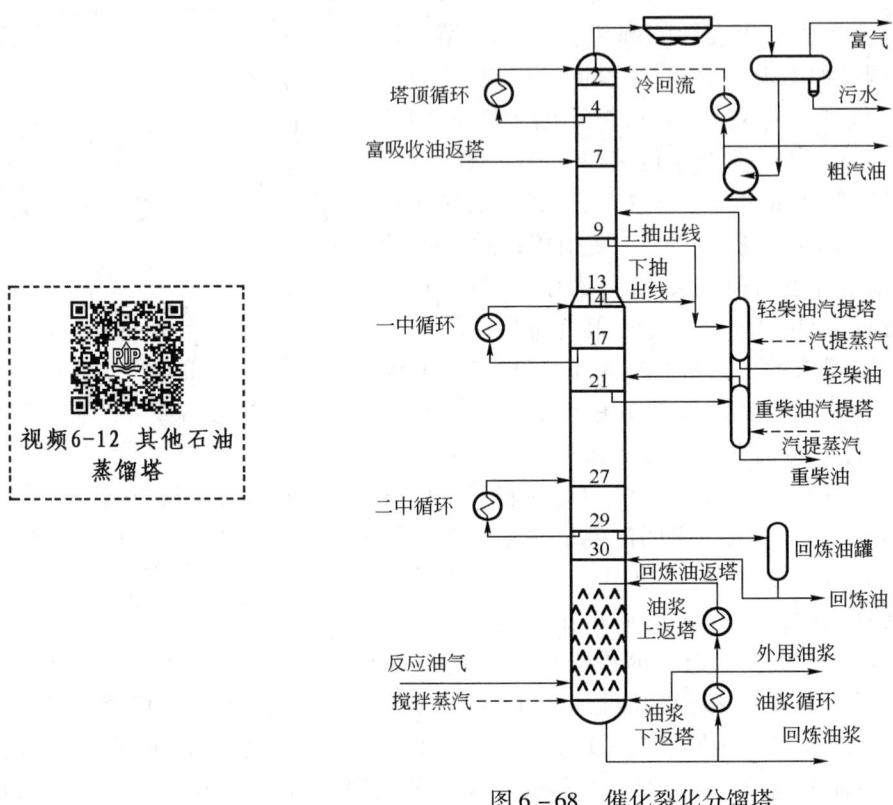

图 6-68 催化裂化分馏塔

1) 脱过热段

脱过热段的主要任务是使上升的油气温度降低到饱和温度以便进行蒸馏,同时将进料中的高沸点油浆冷凝成液相,并将反应油气夹带的催化剂粉末和焦粒淋洗下来。脱过热段存在固体颗粒,为了避免结焦,一般采用压降低、空隙度高、抗结焦能力强的人字形换热挡板,不用塔板和填料。回流的低温油浆均匀地分散到脱过热段,将反应油气中的油浆冷凝,同时将固体颗粒淋洗到油浆中。

塔底抽出的油浆冷却后,一部分循环返塔用作脱过热段冷凝淋洗油,即油浆循环;另一部分出装置。由于油浆循环量极大,在人字形换热挡板上部易于产生雾沫夹带,因此油浆循环返塔分上返塔和下返塔两部分。上返塔用于淋洗和冷凝反应油气中的油浆,下返塔用于控制塔底温度。为了尽量减少离开脱过热段的油气中夹带的固体粉末和重金属,循环油浆在脱过热段顶部应保证足够的喷淋密度,上下返塔的比例约为 2:1。为了避免塔底结焦,除了油浆循环外,在塔底需要通入少量的搅拌蒸汽。为了避免油浆上返塔重新带入过多的固相物质,引起人字形换热挡板结焦和结垢,在油浆上返塔管线中可增设过滤器。出装置的油浆用作回炼或燃料油以及其他用途。回炼油浆应在冷却前抽出,油浆是否回炼取决于油浆的相对密度,一般认为相对密度超过 0.95 的油浆没有回炼的价值。

塔底温度的控制决定了油浆中柴油馏分的含量。塔底温度越低,油浆中柴油馏分的含量会增加。一般控制塔底温度在360℃左右,以不超过370℃为宜。国内也有些重油催化裂化分馏塔底温度控制在320℃左右的情况,但柴油收率损失较大。

2) 柴油分离段

柴油分离段主要是指富吸收油(来自于吸收稳定部分)返塔线至脱过热段之间的塔段。该塔段生产轻柴油、重柴油和回炼油三个产品,一般包括两个中段循环取热。

在油浆循环以上是回炼油抽出板。为了降低回炼油中过高的柴油含量,回炼油罐中备用了水蒸气汽提管线。有的学者认为在回炼油抽出板下保持适当的内回流量对减少回炼油的金属含量是有利的,因为部分金属有机化合物是由于蒸发(不是夹带)而离开脱过热段的,仅靠循环油浆淋洗还不够,还必须通过脱过热段上面几层塔板的精馏作用才能有效地使之返回塔的底部,因此一般回炼油抽出板之下设置2~3层塔板。

富吸收油的回注,增加了一中循环至富吸收油返回板间塔段的气、液相负荷。为了降低柴油分离段上部的气、液相负荷,轻柴油侧线分上抽出线和下抽出线,两条侧线混合后进入柴油汽提塔,其中柴油下抽出线一般设置在一中返回板相邻的上层塔板,抽出管口设于一中返回板的受液盘,而一中返回口位于受液盘附近,参见图6-69(a),因此存在着柴油抽出液中含有一中循环油的可能。为了防止柴油侧线与一中返回油的混合,最近的设计则在一中返回塔板的入口,增设类似于塔板的入口堰的隔液板,隔液板大约在150~200mm,参见图6-69(b)。

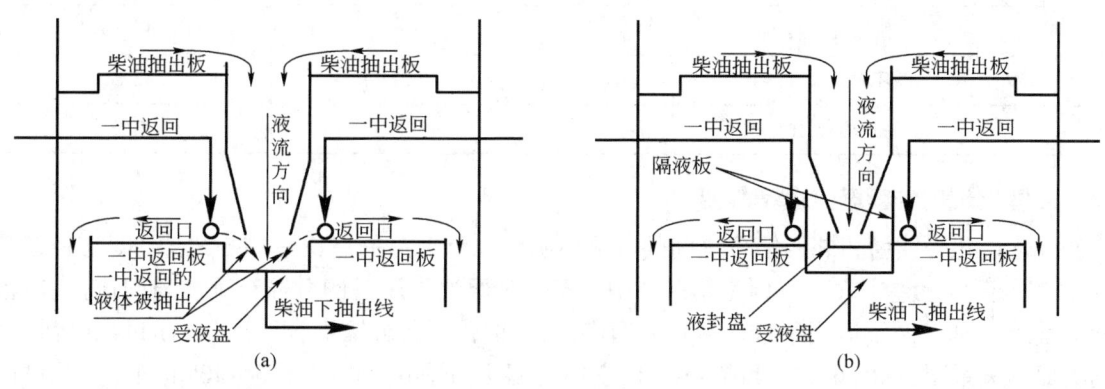

图6-69 一中循环返回口和轻柴油抽出口的基本结构

3) 汽油、柴油分离段

汽油、柴油分离段一般是指富吸收油返塔口至塔顶段,包含塔顶循环和塔顶冷凝系统。

(1) 塔顶循环。塔顶冷凝完全采用塔顶循环,但在设计时一般配备塔顶冷回流系统,仅在装置开车时投用,在必要时保证一定的操作灵活性。塔顶采用塔顶循环的主要原因如下:一是为了提高传热效率。塔顶馏出物含有大量的裂化不凝气,致使塔顶冷凝冷却器的传热效率较低,采用塔顶循环可以降低塔顶冷凝冷却器的负荷。二是减小塔顶油气管线的压降。三是便于回收热量、节约冷却水和空冷电耗。

(2) 塔顶冷凝系统。塔顶油气经冷凝器冷凝后进入塔气分离罐,初分为富气、粗汽油和游离出水。富气和粗汽油的分离精度并不重要,关键是油气分离罐的操作温度。温度较高时,富气的流量较大,其中汽油馏分和含水量较高,造成压缩机的负荷增加。而温度较低时,粗汽油中液化气的含量增加,富气中水和汽油馏分含量降低,因而会降低压缩机的负荷,但会加重冷凝系统的负荷。对于绝大多数分馏塔的操作,粗汽油罐的操作温度宜在40~45℃之间。

2. 催化裂化分馏塔的取热

催化裂化分馏塔有大量的剩余热量。例如,处理量为 120×10^4 t/a 的催化裂化装置的分馏塔,其全塔回流热达 20GJ/h 以上,采用循环回流取热有利于降低塔的负荷和热量的综合利用。关于各个循环回流取热量的分配,一般是按照在保证产品质量的前提下,尽可能加大高温位热源比例的原则来考虑。

各循环回流的取热分配比例因催化剂及生产方案的不同而有较大的变化,如表 6-29 所示。当从多产汽油方案改为多产柴油方案时,反应温度降低,回炼比增大,带入塔内的热量增加,因而全塔回流热也增大。但因进塔温度降低,油气的过热程度下降,故塔底循环油浆取热比例下降。由于汽油产率减小而柴油产率增加,故塔顶回流取热比例降低而中段回流取热比例增大。

表 6-29 某催化裂化分馏塔的回流热及分配比例的变化(装置处理量:455t/d)

生产方案	多产汽油	多产柴油
反应器出口温度,℃	492	465
回炼比	0.45	1.24
全塔回流热,10^8J/h	20.76	26.46
塔顶回流取热,%	23	19.6
中段回流取热,%	27.8	47.6
循环油浆取热,%	49.2	32.8
进塔总热量,10^8J/h	43.75	65.73

3. 催化裂化分馏塔分馏精确度

催化裂化分馏塔相邻两馏分之间的分馏精确度以重馏分的恩氏蒸馏 5% 点温度与轻馏分的 95% 点温度之差来表示。但是第四节中用于表示原油常压塔的分馏精确度与回流比、塔板数关系的 Packie 图不适用于催化裂化分馏塔;对于催化裂化分馏塔,可以用 Houghland 等提出的类似的关系图,见图 6-70 和图 6-71,它们的用法与图 6-39 及图 6-40 相同。借此可以根据产品的分离要求估计催化裂化分馏塔各塔段所需的回流比和塔板数,或是由塔板数和操作回流比来估计分馏精确度。

催化裂化分馏塔各塔段常用的塔板数如下:(1)从塔进料至最低侧线抽出板之间的脱过热段,视取热量的多少,脱过热段板数可在 4~8 层之间。由于高温及存在固体颗粒,塔板易结焦和堵塞,故在脱过热段不宜用泡帽、浮阀等形式的塔板。通常采用开孔面积大的人字形挡板、圆盘—环形挡板或缺圆挡板。(2)因为进料是过热油气,塔进料位置以下可以不设汽提段,但也可以设 4 层大开孔面积的汽提塔板,并在塔底通入汽提蒸汽,以便从油浆中提出可回收的油料。(3)汽油—柴油侧线之间多用 11 层塔板,轻柴油—重柴油之间或重柴油—回炼油之间多用 9 层塔板。以上的塔板数中通常包含了 3 层换热塔板。

催化裂化分馏塔多采用压降较小的固舌塔板,以有利于提高富气压缩机的入口压力,从分馏塔进料段至油气分离器的压降一般约为 30kPa 为宜。

分馏塔各点温度的确定方法与石油常压精馏塔相同。在没有内回流而只有气相产品的情况下,以油品在其油气分压下的露点温度作为其平衡温度。

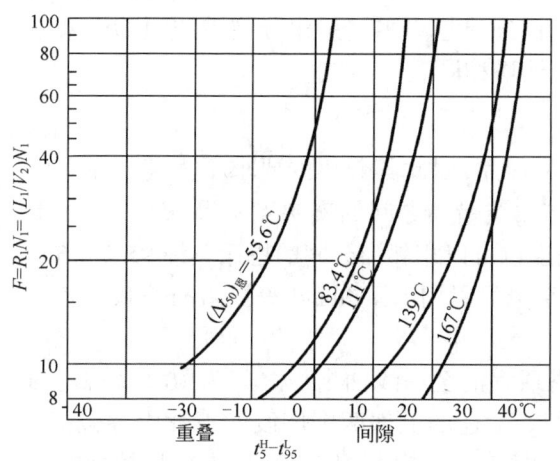

图 6-70　催化裂化分馏塔塔顶产品与
一线产品之间分馏精确度图

F—该塔段分离能力的 F 因子；$(\Delta t_{50})_{恩}$—两馏分的恩氏蒸馏50%点之差,℃；R_1—第一层塔板下的回流比，$R_1=L_1/V_2$；L_1—从第一层板流下的热回流(不包括循环回流)的体积流量(按15.6℃计)，或者是塔顶循环回流抽出板下的热回流的体积流量(按15.6℃计)；V_2—流向塔顶第一层塔板的所有油品蒸气的流量(按15.6℃液体体积流量计算)，单位与 L_1 相同；N_1—塔顶至一线抽出板的塔板数，其中每层循环回流换热板按1/3块板计算

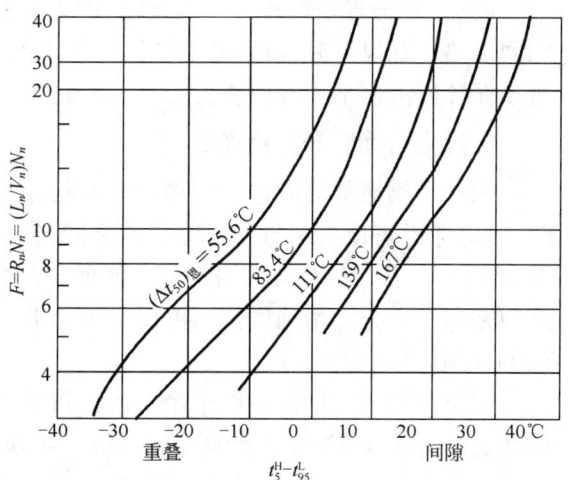

图 6-71　催化裂化分馏塔侧线产品之间
分馏精确度图

R_n—侧线抽出板(第 n 层板)下的回流比，$R_n=L_n/V_{n+1}$；L_n—从第 n 层板流下的热回流体积流量(按15.6℃计)；V_{n+1}—流向第 n 层塔板的所有油品蒸气的流量(按15.6℃液体体积流量计算)；N_n—该塔段的实际精馏塔板数，每一层循环回流换热板按1/3块精馏塔板计算

二、焦化分馏塔

1. 焦化分馏塔的工艺特征

焦化分馏塔与催化裂化分馏塔有许多相似之处，但也有它自己的特点。焦化分馏塔的主要工艺特征有以下几点：

（1）进入分馏塔的焦化反应产物中含有 H_2、H_2S、$C_1 \sim C_4$ 气体烃、从汽油馏分直至沸点高于600℃的油气，还夹带着少量焦炭粉末。与催化裂化分馏塔相似，在焦化分馏塔的底部也有一个换热段，焦炭粉末也被淋洗下来，并使进料冷却并将其中最重的一部分油料冷凝下来作为循环油重新反应。焦化分馏塔见图6-72。

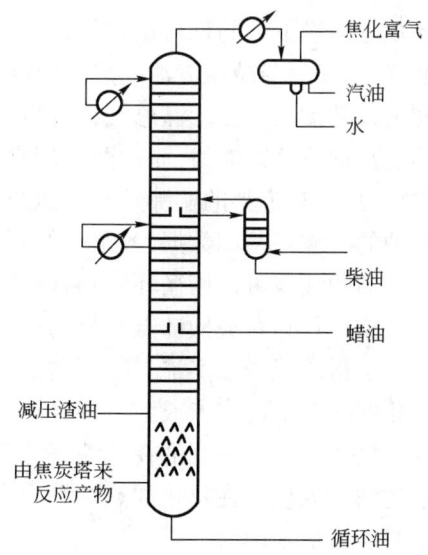

图 6-72　焦化分馏塔

（2）焦化原料(通常是温度约250℃的减压渣油)也进入分馏塔，其入口位置在塔底换热段的上面。这样设计的目的：一是预热焦化原料；二是对高温油气起冷却和淋洗作用，使其中的最重部分(通常是沸点约高于450℃的部分)冷凝下来，同时也把夹带的焦炭粉末淋洗下来。因此，分馏塔底抽出的是焦化原料和循环油，它们被一起送去加热和反应。

(3) 焦化分馏塔的产品分离要求比较容易达到,因此可以采用较多的循环回流以利于利用回流热。在设计时,可以考虑使侧线抽出板下的内回流量为零。焦化分馏塔的顶部也采用塔顶循环回流而不用冷回流,其原因与催化裂化分馏塔相同。

2. 焦化分馏塔分馏精确度

焦化产物通常都需进一步加工而不是直接作为产品,因此其分离的要求不太高。在设计时,可以考虑塔顶汽油与一线轻柴油之间及一线与二线蜡油之间的实沸点蒸馏95%~5%重叠为65℃左右。焦化分馏塔产品之间的分馏精确度也可以相邻馏分间的恩氏蒸馏95%~5%间隙来表示。分馏精确度与回流比及塔板数的关系也可以用Houghland等提出的关系图表示(图6-70和图6-71)。

焦化分馏塔各塔段一般采用的塔板数如下:塔顶汽油至一线抽出板之间为10块塔板;两侧线之间为8块塔板;最低侧线抽出板下4块塔板。上述的上部两个塔段的板数中各包括3块循环回流换热板。塔下部换热段的板数由传热计算确定,该段的塔板采用人字形挡板或圆盘—环形挡板、缺圆挡板等开孔面积大的塔盘,其目的是减小在塔板上结焦堵塞的倾向。换热段以上可用舌形塔盘以降低塔板压降,而且不易堵塞。

3. 焦化分馏塔操作条件

焦炭塔的操作压力略高于常压,故焦化分馏塔塔顶压力通常为0.3MPa(绝)左右。塔顶至油气分离器的压降约为35kPa,塔底至塔顶的压降也大约为35kPa。

焦化分馏塔内各处温度的计算方法与催化裂化分馏塔大体上相同。在计算塔顶温度时应考虑塔顶循环回流取走全部回流热,即塔顶馏出物中不含有回流蒸气。在计算侧线抽出板温度时,可考虑侧线抽出板下的内回流为零。但在最下一个侧线抽出板的下方一般不再设循环回流,并保证在这几块板上有适当的内回流。

在设计计算时,焦化分馏塔与催化裂化分馏塔的不同之处主要是在塔的下部,其原因在于焦化分馏塔下部的物料比较复杂。气相进料是气体、汽油、柴油、蜡油、循环油和急冷油的混合油气,进塔后与减压渣油换热,循环油与减压渣油一起作为塔底产物被抽出,其余的气体和油气进入精馏段。在计算总气相进料入口温度和塔底温度时需要有总气相进料和塔底油的气液平衡数据或蒸馏曲线,而这两者却常常要通过有关组成数据用人工"合成"的方法才能得到。例如,总气相进料的实沸点蒸馏曲线可以由焦化产物的产率及其实沸点蒸馏数据、循环比及循环油的实沸点蒸馏数据、各组分的有关物性数据如密度等组合处理而成。分馏塔底油的实沸点蒸馏曲线也可以用循环油和减压渣油的实沸点蒸馏曲线来"合成",且减压渣油的实沸点蒸馏数据往往只有最低沸点部分的一小段。此时可以在概率坐标纸上延长原油的实沸点蒸馏曲线而求得减压渣油实沸点蒸馏曲线的大部分。有了实沸点蒸馏曲线后,就可以换算得到平衡汽化曲线并求得泡点或露点温度。

塔底温度是塔底油在该油气分压下的泡点温度。总气相进料的温度是其在该处油气分压下的露点温度。在焦化加热炉管内有水蒸气注入,其数量约为进料的1%,在分馏塔的工艺计算时应考虑在内。

对于总气相进料的入塔温度,采用上述方法计算出来的结果往往与实际值相差很大。其主要原因是该进料为包括从H_2(沸点-253℃)、CH_4(沸点-161.5℃)直至沸点600℃的循环油的复杂混合物,对此难以用计算的办法来求得准确的气液平衡数据。为了绕过该个难题,设计计算总气相进料入塔温度时可以取蜡油(最下一个侧线产品)在该处油气分压下的露点,如果计算得到的温度低于 493℃,则采用 493℃。之所以要选择两温度中的较高者主要是考虑到计算换热段时更保险些。

在实际设计工作中,若有可能,应尽量采用适当的现厂操作数据。典型的焦化分馏塔各点的温度大约是:塔顶 100℃,轻柴油抽出板 215℃,重瓦斯油(蜡油)抽出板 370℃,塔底 345℃。

思政点9:发展分子炼油理念,服务石油炼制行业转型升级

参 考 文 献

[1] 林世雄.石油炼制工程.3 版.北京:石油工业出版社,2000.
[2] 徐春明,杨朝合.石油炼制工程.4 版.北京:石油工业出版社,2009.
[3] 李志强.原油蒸馏工艺与工程.北京:中国石化出版社,2010.
[4] 郭天民.多元气—液平衡和精馏.北京:石油工业出版社,2002.
[5] 石油化学工业部化工规划设计院.塔的工艺计算.北京:石油工业出版社,1977.
[6] 石油工业部北京石油设计院.常减压蒸馏工艺设计.北京:石油工业出版社,1982.
[7] 侯芙生.中国炼油技术.3 版.北京:中国石化出版社,2011.
[8] 李鹏,王宾.常减压蒸馏装置操作指南.2 版.北京:中国石化出版社,2020.
[9] Smith J M,Van Ness H C. Introduction to chemical engineering thermodynamics. 3rd ed. New York:McGraw-Hill Book Company,1975.
[10] American Petroleum Institute. Technical Data Book-Petroleum Refining. 6th ed. Washington:API Publishing,1997.
[11] Watkins R N. Petroleum refinery distillation. 2nd ed. Houston:Gulf Publishing Company,1979.
[12] Nelson W L. Petroleum refinery engineering. 4th ed. New York:McGraw-Hill Book Company,1958.
[13] 濮芸辉,刘艳升,沈复,等.全馏程实沸点蒸馏曲线数学模型.炼油设计,1999,29(6):53 - 55.
[14] 罗雄麟.石油馏分蒸馏曲线数学模型的研究.石油大学学报(自然科学版),1994,18(3):80 - 83.
[15] 仇汝臣,袁希钢,孔锐睿,等.原油常压蒸馏产品恩氏蒸馏数据的预测模型.石油炼制与化工,2004,35(5):63 - 67.
[16] 周佩正,寿德清.石油馏份汽—液平衡的考察(一):Chao—Seader 关联及 Grayson—Streed 关联之应用与比较.华东石油学院学报,1980,(3):86 - 102.
[17] 周佩正,寿德清.石油馏份汽—液平衡的考察:几种模型的应用、比较与修正(Ⅰ,Ⅱ).石油炼制,1981,(6):10 - 18.
[18] 寿德清.石油馏份汽—液平衡的考察(三):用 SRK 状态方程预测高温高压下汽—液平衡.石油炼制,1982,(9):1 - 11.
[19] 袁毅夫,尹文,王亚彪.劣质原油常减压蒸馏工艺技术探讨与实践.炼油技术与工程,2014,44(5):15 - 21.

[20] 陈建民,杨娜,铭芳,等.常减压装置减压深拔技术研究进展.现代化工,2010,30(6):20-24.
[21] 张睿,刘凡,孟祥海.基于流程模拟的原油性质与常减压装置能耗关系.炼油技术与工程,2014,44(6):18-22.
[22] 郑文刚.模拟常减压蒸馏装置的物性计算方法和模型结构.石油炼制与化工,2018,49(7):100-106.
[23] 王天宇,张姣,李国庆.原油蒸馏双减压塔操作优化研究.炼油技术与工程,2016,46(5):10-14.
[24] 段永锋,于凤昌.原油蒸馏装置塔顶系统腐蚀及缓蚀技术研究进展.全面腐蚀控制,2014,28(3):15-18,87.
[25] 苏亚兰.常减压蒸馏装置工艺防腐应用及进展.化工进展,2011,30(增):1-6.

第七章 热加工过程

在炼油工业发展史中,热加工过程曾经发挥了重要的作用(如热裂化、热重整等过程)。在现代炼油工业中,热加工过程仍然占据着重要地位,是目前渣油加工,特别是劣质渣油深加工最有效的手段之一。随着炼化一体化和石油化工的发展,渣油热转化所产石脑油已经是我国乙烯生产的重要原料来源,从而进一步促进了渣油热加工工艺的发展。在石油化工工业中,轻烃或轻质油高温裂解迄今仍然是生产乙烯的主要生产过程。

视频7-1 热加工概述

在本章,主要是讨论渣油热加工过程。

第一节 石油烃类的热反应

一、各种烃类的热反应

渣油热加工过程的反应温度一般在 400~550℃ 范围,本节所讨论的热反应也主要是指这个温度范围内的热反应。

烃类在热的作用下主要发生两类反应:一类是吸热的裂化反应;另一类是放热的缩合反应。至于烃类的分子量不变而仅仅是分子内部结构改变的异构化反应,在不使用催化剂的条件下一般是很少发生的。

视频7-2 烃类的热反应及自由基反应机理

1. 烷烃

烷烃的热反应主要有两类:C—C 键断裂生成较小分子的烷烃和烯烃;C—H 键断裂生成碳原子数保持不变的烯烃及氢气。

上述两类反应都是强吸热反应。烷烃的热反应行为与其分子中的各键能大小有密切的关系。式(7-1)和表 7-1 列出了各种键能(kJ/mol)的数据。

$$\text{H}-\underset{\underset{\text{H}}{|}394}{\overset{\underset{\text{H}}{|}}{\text{C}}}\underset{}{\overset{335}{-}}\underset{\underset{\text{H}}{|}373}{\overset{\underset{\text{H}}{|}}{\text{C}}}\underset{}{\overset{322}{-}}\underset{\underset{\text{H}}{|}364}{\overset{\underset{\text{H}}{|}}{\text{C}}}\underset{}{\overset{314}{-}}\underset{\underset{\text{H}}{|}360}{\overset{\underset{\text{H}}{|}}{\text{C}}}\underset{}{\overset{310}{-}}\underset{\underset{\text{H}}{|}360}{\overset{\underset{\text{H}}{|}}{\text{C}}}\underset{}{\overset{314}{-}}\underset{\underset{\text{H}}{|}364}{\overset{\underset{\text{H}}{|}}{\text{C}}}\underset{}{\overset{322}{-}}\underset{\underset{\text{H}}{|}373}{\overset{\underset{\text{H}}{|}}{\text{C}}}\underset{}{\overset{335}{-}}\underset{\underset{\text{H}}{|}394}{\overset{\underset{\text{H}}{|}}{\text{C}}}-\text{H} \quad (7-1)$$

表 7-1 烷烃中的键能

键	键能,kJ/mol	键	键能,kJ/mol
CH_3—CH_3	360	CH_3—H	431
C_2H_5—C_2H_5	335	C_2H_5—H	410
n-C_3H_7—n-C_3H_7	318	n-C_4H_9—H	394
n-C_4H_9—n-C_4H_9	310	i-C_4H_9—H	390
t-C_4H_9—t-C_4H_9	264	t-C_4H_9—H	373

由式(7-1)和表7-1的键能数据可以看出烷烃热分解反应的某些规律性：

（1）C—H键的键能大于C—C键，因此C—C键更易于断裂。

（2）长链烷烃中，越靠近中间处，其C—C键能越小，也就越容易断裂。

（3）随着分子量的增大，烷烃中的C—C键及C—H键的键能都呈减小的趋势，也就是说它们的热稳定性逐渐下降。

（4）异构烷烃中的C—C键及C—H键的键能都小于正构烷烃，说明异构烷烃更易于断链和脱氢。

（5）烷烃分子中叔碳上的氢最容易脱除，其次是仲碳上的，而伯碳上的氢最难脱除。

从热力学判断，在500℃左右，烷烃脱氢反应进行的程度不大。表7-2是不同温度下正辛烷热解反应的 $\Delta_r G_m^\ominus$，表中数据说明，在500℃时，正辛烷的断链反应在热力学上已有较大的可能性，但其脱氢的可能性很小；而当温度高达700℃时，脱氢反应的可能性则明显增大。

表7-2　不同温度下正辛烷热解反应的 $\Delta_r G_m^\ominus$

温度 ℃	断链反应 $C_8H_{18} \longrightarrow C_4H_{10} + C_4H_8$		脱氢反应 $C_8H_{18} \rightleftharpoons C_8H_{16} + H_2$	
	$\Delta_r G_m^\ominus$，kJ/mol	K_P	$\Delta_r G_m^\ominus$，kJ/mol	K_P
500	-13.0	7.54	3.02	0.61
700	-24.3	20.1	-10.03	3.46

2. 环烷烃

环烷烃的热反应主要是烷基侧链断裂和环烷环的断裂，前者生成较小分子的烯烃或环烷烃，后者生成较小分子的烯烃(含二烯烃)。

单环环烷烃的脱氢反应须在600℃以上才能进行，但双环环烷烃在500℃左右就能进行脱氢反应，生成环烯烃。

3. 芳烃

芳香环极为稳定，一般条件下芳香环不会断裂，但在较高温度下会进行脱氢缩合反应，生成环数较多的芳烃，直至生成焦炭。烃类热反应生成的焦炭是氢碳原子比很低的稠环芳烃，具有类石墨状结构。

带烷基侧链的芳烃在受热条件下主要是发生侧链断裂或脱烷基反应。至于侧链的脱氢反应则需在更高的温度(650~700℃)时才能发生。

4. 环烷芳烃

环烷芳烃的反应按照环烷环和芳香环之间的连接方式不同而有区别。例如，在加热条件下，类型的烃类的第一步反应为连接两环的键断裂，生成环烯烃和芳烃，在更苛刻的条件下,环烯烃能进一步破裂开环。◯◯ 类型的烃类的热反应主要有三种:环烷环断裂生成苯的衍生物,环烷环脱氢生成萘的衍生物,以及缩合生成高分子的多环芳烃。

5. 烯烃

虽然在直馏馏分油和渣油中几乎不含有烯烃,但是从各种烃类热反应中都可能产生烯烃。这些烯烃在加热的条件下进一步裂解,同时与其他烃类交叉地进行反应,使反应变得极其复杂。

在不高的温度下,烯烃裂化成气体的反应远不及缩合成高分子叠合物的反应来得快。但是,由于缩合作用所生成的高分子叠合物也会发生部分裂化,这样,缩合反应和裂化反应就交叉地进行,使烯烃的热反应产物的馏程范围变得很宽,而且在反应产物中存在饱和烃、环烷烃、烯烃和芳烃。烯烃在低温、高压下,主要的反应是叠合反应。当温度升高到400℃以上时,裂化反应开始变得重要,碳链断裂的位置一般在烯烃双键的 β 位置。

烯烃分子的断裂反应也有与烷烃相似的规律。

当温度超过600℃时,除裂化反应外,烯烃缩合成芳烃、环烷烃和环烯烃的反应变得重要起来了。

6. 胶质和沥青质

胶质、沥青质主要是多环或稠环化合物,分子中多含有杂原子。它们是分子量分布范围很宽、环数及其稠合程度差别很大的复杂混合物。缩合程度不同的分子中含有不同长度的侧链及环间的链桥。因此,胶质及沥青质在热反应中,除了经缩合反应生成焦炭外,还会发生断侧链、断链桥等反应,生成较小的分子。表7-3列出了胜利管输油减压渣油中的胶质和沥青质在460℃、45min 热反应条件下的反应结果。

表7-3 胜利管输油胶质、沥青质的热反应结果

组 分	转化率(质量分数) %	产物选择性,%		
		馏分油	气体	焦炭
轻、中胶质	59.4	51.5	16.5	31.7
重胶质	92.9	35.1	4.5	60.3
沥青质	98.5	25.7	1.5	72.8

由表中数据可见,轻、中、重胶质及沥青质的热反应行为有明显的差别,随着缩合程度的增大,馏分油的选择性下降而焦炭的选择性增大。对沥青质而言,在460℃、45min 的条件下,已转化的原料中约3/4转化为焦炭。沥青质分子的稠合程度很高,芳香碳含量很高,带有的烷基侧链相对较少,且侧链相对短,因此,反应生成的焦炭的选择性高、油气选择性低。

由以上的讨论可知,烃类在加热的条件下,反应基本上可以分成裂解与缩合(包括叠合)两个方向。裂解方向产生较小的分子,而缩合方向则生成较大的分子。烃类的热反应是一种复杂的平行顺序反应。这些平行的反应不会停留在某一阶段上,而是继续不断地进行下去。随着反应时间的延长,一方面由于裂解反应,生成分子越来越小、沸点越来越低的烃类(如气体烃);另一方面由于缩合反应生成分子越来越大的稠环芳烃。高度缩合的结果就产生胶质、沥青质,最后生成碳氢比很高的焦炭。

关于烃类热反应的机理,目前一般都认为主要是自由基反应机理。根据此机理,可以解释许多烃类热反应的现象。例如,正构烷烃热分解时,裂化气中含 C_1、C_2 低分子烃较多,也很难生成异构烷烃和异构烯烃等。

二、渣油热反应的特点

渣油是多种烃类化合物组成的极为复杂的混合物,其组分的热反应行为自然遵循各族烃类的热反应规律。但作为一种复杂混合物,渣油的热反应行为也还有一些自己的特点。

1. 渣油热反应比单体烃更明显地表现出平行顺序反应的特征

图 7-1 和图 7-2 示出了这个特征。

视频7-3 渣油热反应的特点

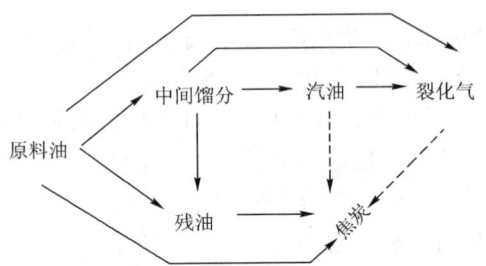

图 7-1 渣油的平行顺序反应特征

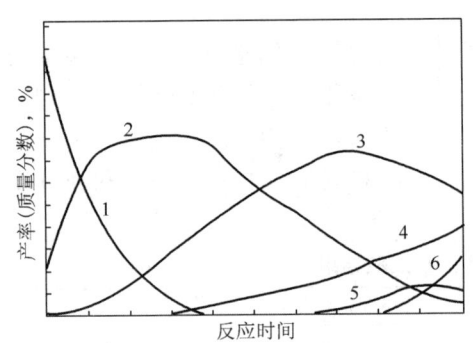

图 7-2 渣油热反应产物分布随时间的变化
1—原料;2—中间馏分;3—汽油;
4—裂化气;5—残油;6—焦炭

由图 7-2 可见,随着反应深度的增大,反应产物的分布也在变化。作为中间产物的汽油和中间馏分油的产率,在反应进行到某个深度时会出现最大值,而作为最终产物的裂化气和焦炭则在某个反应深度时开始产生,并随着反应深度的增大而单调地增大。

2. 渣油中不同组分相互作用

渣油热反应时容易生焦,除了由于渣油自身含有较多的胶质和沥青质外,还因为某些烃族组分之间的相互作用促进了生焦反应。芳烃的热稳定性高,在单独进行反应时,不仅裂解反应速率低,而且生焦速率也低。例如,在450℃下进行热反应,要生成1%的焦炭,烷烃($C_{25}H_{52}$)要144min,十氢萘要1650min,而萘则需670000min。但是如果将萘与烷烃或烯烃混合后进行热反应,则生焦速率显著提高。根据许多实验结果,焦炭生成的过程大致可以描述如下:

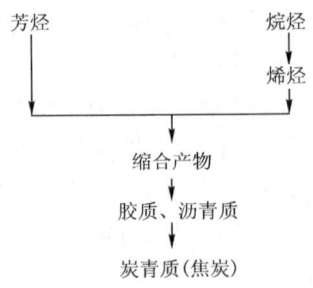

含胶质甚多的原料油,如将它用不含胶质且对热很稳定的油品稀释,可以使生焦量减少。在减压渣油的热反应过程中,其饱和分主要进行裂解反应,芳香分及胶质既裂解又缩合,而沥

青质则具有强烈的缩合倾向。

四组分配伍热转化研究表明,饱和分促进其他配伍组分生焦,芳香分抑制其他配伍组分生焦,四组分单独热转化生焦量加权值大于渣油直接热转化生焦量。除胶体相容性优劣导致这样的结果外,组分间的供氢和夺氢等氢转移反应是促进生焦或者抑制生焦的根本原因。由此可见,当两种化学组成不同的原料油混合进行热反应时,所生成的焦炭量比它们单独反应时可能增加,也可能减少。在进行原料油的混合时应予以注意。

3. 渣油在热过程中的相分离问题

减压渣油是一种胶体分散体系,其分散相是以沥青质为核心并吸附胶质形成的胶束。由于胶质的胶溶作用,在受热之前渣油胶体体系是比较稳定的。在热转化过程中,由于体系的化学组成发生变化,当反应进行到一定深度后,渣油的胶体性质就会受到破坏。由于缩合反应,渣油中作为分散相的沥青质的含量逐渐增多,而且由于侧链断裂,沥青质的芳香性增大,而裂解反应不仅使分散介质的黏度变小,还使其芳香性减弱,同时,作为胶溶组分的胶质含量则逐渐减少。这些变化都会导致分散相和分散介质之间的相容性变差。这种变化趋势发展到一定程度后,就会导致沥青质不能全部在体系中稳定地胶溶而发生部分沥青质聚集,在渣油中出现了第二相(液相)。第二相中的聚集态沥青质浓度很高,促进了缩合生焦反应。通常认为的渣油热反应过程如图7-3所示。

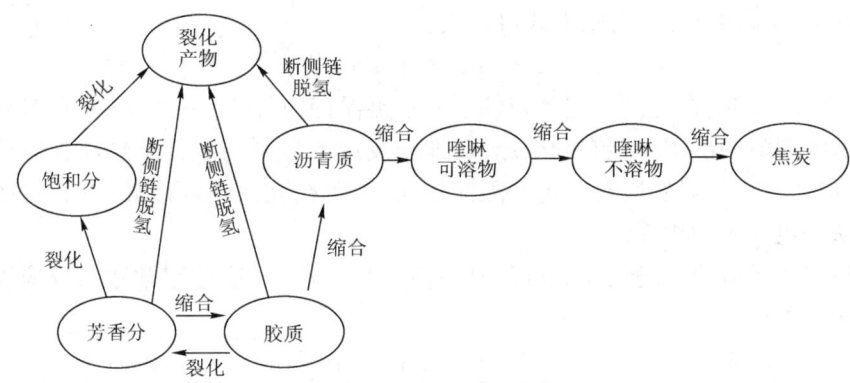

图7-3 渣油热反应过程

认识渣油受热过程中的相分离问题对指导实际生产具有重要的意义。例如,渣油热加工过程中,渣油要通过加热炉管,由于受热及反应,在某段炉管中可能会出现相分离现象而导致生焦。如何避免出现相分离现象或缩短渣油在这段炉管中的停留时间对减少炉管内结焦、延长开工周期是十分重要的。又如在降低燃料油黏度的减黏裂化过程中,若反应深度控制不当,会引起相分离,导致燃料油安定性不合格,甚至产生分层现象,降低了减黏燃料油的储存安定性,这不利于生产合格的燃料油。此外,如果混合原料的配伍性不好、循环物料与新鲜原料的配伍性不好都会促进相分离,加速炉管结焦和换热器内的垢沉积。

三、反应热和反应速率

1. 反应热

烃类的热反应是一个有许多不同反应热效应的反应的总和。这些反应中有吸热的分解、脱氢等反应,也有放热的叠合、缩合等反应。由

视频7-4 反应热和反应速率

于吸热的分解反应占据主导地位，因此，烃类的热反应通常表现为吸热反应。

渣油的热转化反应的反应热通常是以生成每公斤汽油或每公斤"汽油+气体"为计算基准。反应热的大小随原料油的性质、反应深度等因素的变化而在较大范围内变化。根据文献资料报道，其范围在 500~2000kJ/kg 之间。在缓和热反应条件下（如减黏裂化），重质原料油比轻质原料油有更大的反应热（指吸热效应），而在反应深度增大时则吸热效应降低。在延迟焦化反应条件下，重质原料油比轻质原料油反应热低（指吸热效应），因为裂解反应是吸热反应，生焦反应是放热反应，具有补偿作用。

2. 反应速率

许多研究工作表明，在反应深度不太大时（例如小于20%），烃类热反应的反应速率服从一级反应的规律，其反应速率可用以下方程表示：

$$dx/dt = k(a - x) \tag{7-2}$$

式中 a——单位反应容积内原始反应物的物质的量；
x——在时间 $t(s)$ 内反应了的物质的量；
k——反应速率常数，s^{-1}。

对式(7-2)积分得

$$kt = \ln[a/(a-x)] \tag{7-3}$$

若以 $x/a = y$，y 为裂化深度，则上式可写成：

$$kt = \ln[1/(1-y)] \tag{7-4}$$

当裂化深度增大时，在温度一定的条件下 k 不再保持为常数，一般是 k 值随裂化深度的增大而下降。这种现象的出现可能有两个原因，即未反应的原料与新鲜原料相比有较高的稳定性，其次是反应产物可能对反应有一定的阻滞作用。因此，在反应深度较大时，烃类的热裂化反应不再服从一级反应的规律。

烃类的热裂化反应速率随反应温度的升高而增加很快，反应速率常数与反应温度的关系服从阿累尼乌斯方程：

$$\ln \frac{k_1}{k_2} = \frac{E}{R}\left(\frac{1}{T_2} - \frac{1}{T_1}\right) \tag{7-5}$$

式中 k_1, k_2——温度 T_1 及 T_2 下的反应速率常数，s^{-1}；
E——活化能，约为 200~300kJ/mol；
R——摩尔气体常数，$R = 8.314$ J/(mol·K)。

在实际计算中，使用反应速率常数的温度系数 k_t 有时更为方便。k_t 的定义如下：

$$k_t = \frac{k_2}{k_1} \bigg/ \exp\left(\frac{T_2 - T_1}{10}\right) \tag{7-6}$$

对于烃类热裂化反应而言，k_t 值约在 1.5~2.0 之间，即反应温度每升高 10℃ 则反应速率约提高到原反应速率的 1.5~2.0 倍。

渣油的热转化反应速率与其化学组成密切相关。一些研究工作者采用程序升温方法研究渣油及其亚组分（饱和分、芳香分、胶质、沥青质）的热反应动力学，发现在转化深度增大时，不仅渣油，而且各亚组分的反应行为都不再符合一级反应规律，但是可以把反应分为两个阶段，每个阶段分别用不同动力学参数值的一级反应动力学方程来近似地进行描述。进一步的研究表明，对渣油的亚组分，在反应过程中，其活化能是不断变化的。这些研究结果表明，渣油的每个亚组分(SARA)仍然是很复杂的混合物,都是由许多反应性能差异较大的组分组成。这种情况给渣油热反应动力学的研究带来了很大的困难。

一些研究工作者在研究渣油的反应动力学时采用集总动力学模型的方法。渣油是组成十分复杂的混合物,不可能对它的组分逐一进行研究,因此,将化学反应性质相似的组分归并成一个虚拟的集合组分,称为一个集总组分(lump),把渣油看作是由若干个集总组分组成,再加上表征反应产物的若干个集总组分组成一个集总动力学网络,这种研究方法通称为集总动力学模型方法。在研究渣油热反应动力学时,常见的方法是把渣油分成饱和烃、芳烃、胶质、沥青质四个集总组分(即常规的SARA组成),或者把芳烃及胶质进一步细分成二至三个亚组分。同时,对每个集总组分的反应速率都近似地认为服从一级反应动力学规律。

第二节 焦化过程

一、概述

焦化过程是以渣油为原料,在高温(480~550℃)下进行深度热裂化反应的一种热加工过程。焦化过程的反应产物有气体、汽油、柴油、蜡油(重馏分油)和焦炭。表7-4列出了两种减压渣油进行焦化所得产物的产率分布。表7-5列出了焦化气体的组成(示例)。

视频7-5 焦化概述

表7-4 延迟焦化的产品产率

项 目	大庆减压渣油	胜利减压渣油
密度(20℃),g/cm³	0.9221	0.9882
残炭(质量分数),%	8.8	13.65
产品分布(质量分数),%		
气体	8.3	6.8
汽油	15.7	14.7
柴油	36.3	35.6
蜡油	25.7	19.0
焦炭	14.0	23.9
合计	100.0	100.0
液体收率	77.7	69.3

表7-5 焦化气体组成

组 分	含量(体积分数),%	组 分	含量(体积分数),%
氢	5.40	戊烷	2.66
甲烷	47.80	戊烯	2.20
乙烷	13.60	六碳烃	0.58
乙烯	1.82	硫化氢	4.14
丙烷	8.26	二氧化碳	0.32
丙烯	4.00	一氧化碳	0.81
丁烷	3.44	氮+氧	0.25
丁烯	3.70		

减压渣油经焦化过程可以得到 70%~80% 的馏分油。焦化汽油和焦化柴油中不饱和烃含量高,而且硫、氮等非烃类化合物的含量也高,因此,它们的安定性很差,必须经过加氢精制等精制过程加工后才能作为发动机燃料。焦化蜡油主要是作为加氢裂化或催化裂化的原料,有时也用于调和燃料油。焦炭(也称石油焦)除了可用作燃料外,还可用于高炉炼铁,如果焦化原料及生产方法选择适当,石油焦经煅烧及石墨化后,可用于制造炼铝、炼钢的电极等。焦化气体含有较多的甲烷、乙烷以及少量的乙烯、丙烯、丁烯等,它可用作燃料或制氢原料等。

作为渣油轻质化过程,焦化的主要优点是:

(1)它可以加工残炭值及重金属含量很高的各种劣质渣油,而且过程比较简单,投资和操作费用较低;

(2)所产馏分油柴汽比较高,柴油馏分十六烷值较高;

(3)为乙烯生产提供石脑油原料;

(4)生产优质石油焦。

它的主要缺点是:

(1)焦炭产率高,一般为原料残炭值的 1.5~2 倍,且多数情况下只能作为低价值的普通石油焦;

(2)液体产物的质量差,需要进一步加氢精制。

尽管焦化过程尚存在这些缺点,但仍然是目前加工高金属含量、高残炭值劣质渣油的主要手段,并为催化裂化、加氢裂化和乙烯生产提供原料。

近年来,对用于制造冶金用电极,特别是超高功率电极的优质石油焦需求不断增长,因此,对某些炼油厂,生产优质石油焦已成为焦化过程的重要目的之一。

在焦化过程的发展史中,曾经出现过多种工业形式,其中一些已被淘汰,目前主要的工业形式是延迟焦化和流化焦化。世界上 85% 以上的焦化处理能力都属延迟焦化类型,只有少数国家(如美国)的部分炼油厂采用流化焦化。

二、工艺流程

延迟焦化装置的工艺流程有不同的类型,就生产规模而言,有一炉两塔(焦炭塔)流程、两炉四塔流程等。图 7-4 是延迟焦化装置的工艺原理流程图。

原料油(减压渣油)经换热及加热炉对流管加热(图中未表示)到 340~350℃,进入分馏塔下部,与来自焦炭塔顶部的高温油气(420~440℃)换热,一方面把原料油中的轻组分蒸发出来,同时又加热了原料油(约380℃),并且淋洗高温油气中夹带的焦末,同时将油气中的重组分冷凝下来作为循环油。原料油和循环油一起从分馏塔底抽出,用热油泵送进加热炉辐射室炉管,快速升温至约500℃后,分别经过两个四通阀进入焦炭塔底部。热渣油在焦炭塔内进行裂解、缩合等反应,生成油气和焦炭。焦炭聚结在焦炭塔内,而油气自焦炭塔顶逸出,进入分馏塔,与原料油换热后,经过分馏得到气体、粗汽油、柴油、蜡油和循环油。最近国内新建装置常采用对流串辐射工艺,原料油经换热后先进原料缓冲罐,然后泵送进加热炉对流段与辐射段连续加热,不再由对流段抽出后进分馏塔换热,这样可以灵活调控循环比。分馏塔设计和操作也需要作出相应调整。

焦炭塔是循环交替使用的,即当一个塔内的焦炭聚结到一定高度时,进行切换,通过四通阀将高温原料油切换进另一个焦炭塔。每个塔的切换周期包括生焦时间和除焦及辅助操作所需的时间。生焦时间与原料的性质,特别是原料的残炭值及焦炭质量的要求有关(特别是焦炭的挥发分含量),一般约24h。目前发展趋势是缩短生焦周期,生焦时间控制在16~22h,从而提高装置利用效率。

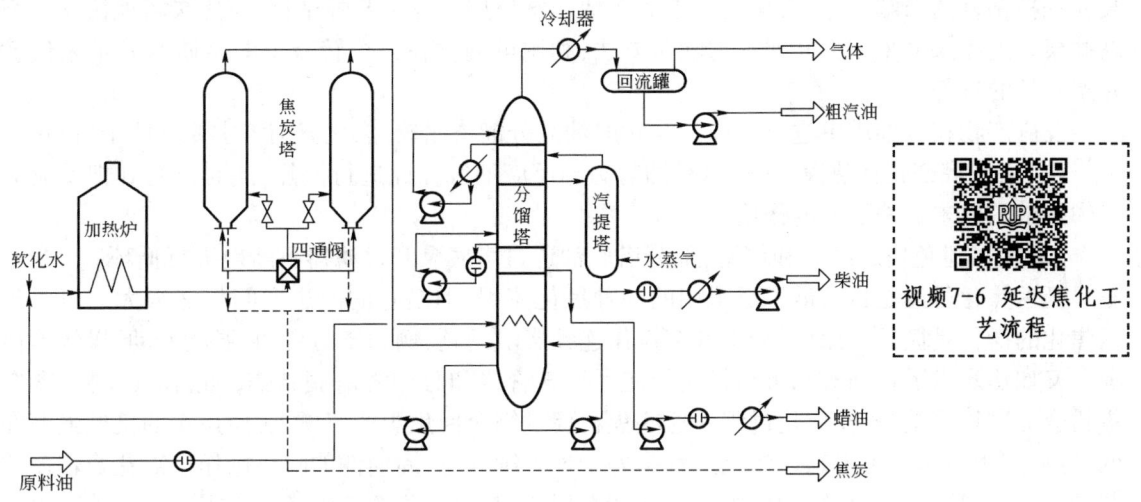

图7-4 延迟焦化装置工艺原理流程

焦化所产生的气体经压缩后与粗汽油一起送去吸收—稳定部分,经分离得干气、液化气和稳定汽油。

原料油在焦炭塔中进行反应需要高温,同时需要供给反应热,这些热量完全由加热炉供给,为此,加热炉出口温度要求达到500℃左右。为了使处于高温的原料油在炉管内不要发生过多的裂化反应以致造成炉管内结焦,就要设法缩短原料油在炉管内的停留时间,为此,炉管内的冷油流速比较高,通常在2m/s以上。也可以采用向炉管内注水(或水蒸气)以加快炉管内的流速,注水量通常约为处理量的2%。减少炉管内的结焦是延长焦化装置开工周期的关键。除了采用加大炉管内流速外,对加热炉炉型的选择和设计应十分注意。对加热炉最重要的要求是炉膛的热分布良好、各部分炉管的表面热强度均匀,而且炉管环向热分布良好,尽可能避免局部过热的现象发生,同时还要求炉内有较高的传热速率以便在较短的时间内向油品提供足够的热量。根据这些要求,延迟焦化装置常用的炉型是双面加热无焰燃烧炉。总的要求是要控制原料油在炉管内的反应深度,尽量减少炉管内的结焦,使反应主要在焦炭塔内进行。延迟焦化(delayed coking)这一名称就是因此而得。

焦炭塔实际上是一个空塔,它提供了反应空间使油气在其中有足够的停留时间以进行反应。焦炭塔里维持一定的液相料面,随着塔内焦炭的积聚,此料面逐渐升高。当液面过高,尤其是发生泡沫现象严重时,塔内的焦粉会被油气从塔顶带走,从而引起后部管线和分馏塔的堵塞,因此,一般在料面达2/3的高度时就停止进料,从系统中切换出后进行除焦。为了减轻焦粉携带现象,有的装置在焦炭塔顶设泡沫小塔以提高分离效果,有的向焦炭塔注入阻泡剂。常用的阻泡剂是硅酮、聚甲基硅氧烷或过氧化聚甲基硅氧烷溶在煤油或轻柴油中配制而成的。由于焦化馏分油中硅含量过高会引起后续加氢精制过程中催化剂中毒和催化剂床层堵塞,延迟焦化过程中最好采用低硅阻泡剂或者无硅阻泡剂。塔体外观测塔内泡沫层高度的技术对充分利用焦炭塔内空间是一种有效的措施,现在一般采用中子料位计监控。

焦炭塔是间歇操作,在双炉四塔流程中,总有两个塔处于生产状态,其余两个塔则处于准备除焦、除焦或油气预热阶段。除焦前先通过四通阀将由加热炉来的油气切换至另一个焦炭塔,原来的塔则用水蒸气汽提,冷却焦层至 70℃ 以下开始除焦。延迟焦化装置采用水力除焦,利用高压水(约 20MPa)从水力切焦器喷嘴喷出的强大冲击力,将焦炭切割下来。水力切焦器装在一根钻杆的末端,在焦炭塔内由上而下地切割焦层。为了升降钻杆,在焦炭塔顶树立一座高井架。近年来多采用无井架水力除焦方法,利用可缠绕在一个转鼓上的高压水笼带来代替井架和长的钻杆。

反应产物在分馏塔中进行分馏。与一般油品分馏塔比较,焦化分馏塔主要有两个特点:

(1)塔的底部是换热段,新鲜原料油与高温反应油气在此进行换热,同时也起到把反应油气中携带的焦末淋洗下来的作用;

(2)为了避免塔底结焦和堵塞,部分塔底油通过塔底泵和过滤器不断地进行循环。

延迟焦化虽然是目前最广泛采用的一种焦化流程,但是它的改进空间仍然很大。由于延迟焦化的操作是循环式操作,带来许多操作连锁影响问题,例如压力变动、温度变动、操作不稳等。又如焦炭塔塔顶油气携带焦粉会促使大油气管线和分馏塔塔底结焦,加热炉进料中含有焦粉会促进炉管结焦,在焦化过程中这些焦粉促进缩合使焦炭产率增大,使焦炭的机械强度降低,容易产生粉焦。由于延迟焦化过程是处于半连续状态,周期性的除焦操作仍需花费较多的劳动力,虽然自动除焦系统和相关技术不断发展与应用,除焦的劳动条件仍需不断改善。由于考虑到加热炉的开工周期,加热炉出口温度的提高受到限制,焦炭中挥发分含量较高,不容易达到电极焦的要求等。因此,需要根据进料性质和产物性质要求不断优化延迟焦化循环式系统操作,开发与应用计算机先进控制系统。这些问题都有待于进一步研究和解决。

除了延迟焦化外,在北美,流化焦化(fluid coking)也占有一定的地位。流化焦化是一种连续生产过程,其工艺原理流程如图 7-5 所示。

视频7-7 流化焦化与灵活焦化工艺流程

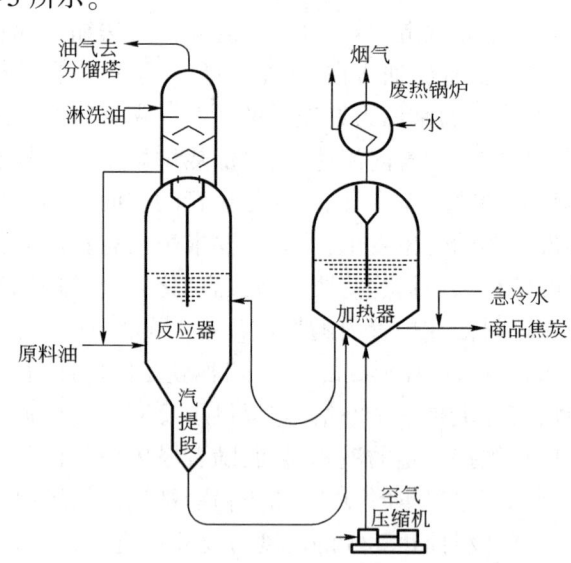

图 7-5 流化焦化工艺原理流程

原料油经加热炉预热至 400℃ 左右后经喷嘴进入反应器。反应器内是灼热的焦炭粉末(20~100目)形成的流化床。原料油在焦炭粉末表面形成薄层,同时受热进行焦化反应。反应器的温度为 480~560℃,其压力稍高于常压,其中的焦炭粉末借油气和由底部进入的水蒸气进行流化。反应产生的油气经旋风分离器分出携带的焦炭粉末后从顶部出去进入淋洗器和分馏塔。在淋洗器中,用重油淋洗油气中携带的焦炭粉末,所得泥浆状液体可作为循环油返回反应器。由于反应生成焦炭,原来在反应器内的焦炭粉末直径增大,部分焦粒经下部汽提段用水蒸气汽提出其中的油气后进入加热器。加热器实质上是个流化床燃烧反应器,由底部送入空气使焦粒进行部分燃烧,从而使床层温度维持在590~650℃。高温的焦粒再循环回反应器起到热载体的作用,供给原料油预热和反应所需的热量。系统中的焦粒会逐渐长大,为了维持流化所需的适宜粒径,必须除去大颗粒并使之粉碎。焦炭产品则从加热器或反应器取出。

流化焦化的产品分布及产品质量与延迟焦化有较大的差别。从表7-6可以看到,在产品分布方面,流化焦化的汽油产率较低而中间馏分产率较高,焦炭产率较低,约为残炭值的1.15倍,而延迟焦化的焦炭产率则为残炭值的1.5~2倍;在产品质量方面,流化焦化的中间馏分的残炭值较高,汽油含芳烃较多,所产的焦炭是粉末状,在回转炉中煅烧有困难,不能单独制作电极焦,只能作燃料用。

表7-6 延迟焦化与流化焦化的比较

项目	原料油			产品收率				
	密度(20℃) g/cm³	残炭(质量分数),%	硫(质量分数),%	≤C_3(质量分数),%	C_4(质量分数),%	C_5~221℃(体积分数),%	中间馏分(体积分数),%	石油焦(质量分数),%
延迟焦化	0.9630	9	1.2	6.0	2.5	22.5	57.0	22.0
流化焦化	0.9630	9	1.2	6.0	1.5	13.6	75.0	11.0

项目	产品质量					
	汽油		中间馏分			
	干点,℃	RON	80%点,℃	残炭(质量分数),%	苯胺点,℃	硫(质量分数),%
延迟焦化	181	70	421	0.03	68	0.93
流化焦化	204	76	496	1.1	74	1.4

流化焦化使过程连续化,解决了出焦问题,而且加热炉只起预热原料油的作用,炉出口温度低,避免了炉管结焦,因此在原料选择范围上比延迟焦化有更大的灵活性,与延迟焦化相比更适合对高黏、高金属、高沥青质含量和高残炭值劣质渣油的加工。例如沥青也可以作为原料。流化焦化的主要缺点是焦炭只能作一般燃料利用,在技术上也比延迟焦化复杂。

无论是延迟焦化还是流化焦化,都产出相当大数量的焦炭,而且多数情况下其售价很低,甚至难于出售。焦化工艺发展过程中出现了一种称为灵活焦化(flexicoking)的过程。该过程在工艺上与流化焦化相似,但多设了一个流化床的气化器。在气化器中,空气与焦炭颗粒在高温下(800~950℃)反应产生空气煤气,把在反应器中生成焦炭的约95%在气化器中烧掉。因此,灵活焦化过程除生产焦化气体、液体外,还生产空气煤气,但不生产石油焦。此过程虽然解决了焦炭问题,但产生的大量低热值的空气煤气在炼油厂自身消耗不了,外销销路也不畅。此外,灵活焦化过程的技术和操作复杂、投资费用高,因此第一套工业装置在1976年于日本投产后,并未被广泛采用。灵活焦化工艺原理流程图见图7-6。

三、延迟焦化的原料和反应条件

1.原料

延迟焦化可以处理多种原料,如原油、常压渣油、减压渣油、沥青等含硫量较高及残炭值较高的原料,以至芳烃含量很高、难裂化的催化裂化澄清油和热裂解渣油等。焦化过程的产品产率及其性质在很大程度上取决于原料的性质(如残炭值、密度、馏程、烃组成、硫及灰分等杂质含量等)。

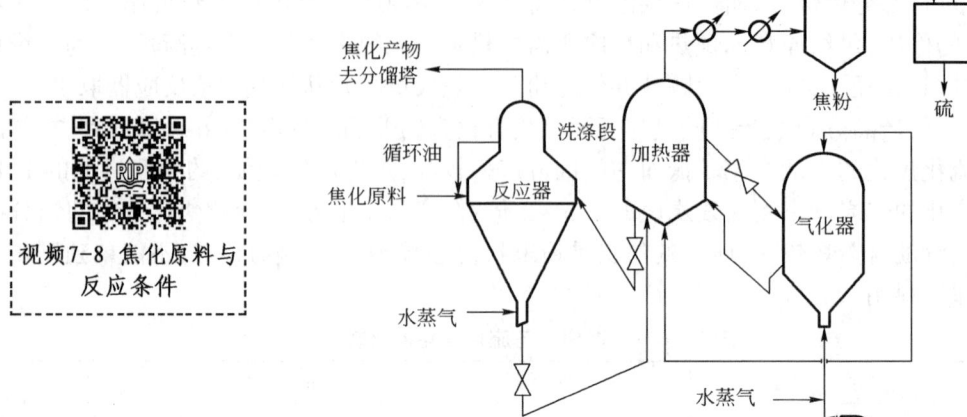

图7-6 灵活焦化工艺原理流程

一般来说,随着原料油的密度增大,焦炭产率增大。原料油的残炭值的大小是原料油成焦倾向的指标,在一般情况下焦炭产率约为原料油残炭值的1.5~2倍。对于来自同一种原油而拔出深度不同的减压渣油,随着减压渣油产率的下降,焦化原料由轻变重,焦化产物中气体、汽油和焦炭产率增加,而蜡油产率下降。表7-7表示了这种变化趋势。表7-8列出了几种减压渣油延迟焦化产品的产率分布及性质。原料油性质对焦炭的质量也有重要影响,这一点将在后面再讨论。

表7-7 减压渣油产率与焦化产品产率分布的关系

减压渣油对原油的产率(质量分数),%	减压渣油性质		焦化产品产率(质量分数),%			
	20℃密度 g/cm³	残炭(质量分数),%	气体及损失	汽油	馏分油	焦炭
46	0.960	9	9.5	7.5	68	15
40	0.965	13	10	12	56	22
33	0.990	16	11	16	49	24

注:操作条件为炉出口温度490℃、焦炭塔压力1.5atm。

表7-8 几种减压渣油延迟焦化产品的产率及性质

焦 化 原 料	大庆减压渣油	胜利减压渣油	辽河减压渣油
原料性质			
20℃密度,g/cm³	0.9221	0.9882	0.9717
残炭(质量分数),%	8.80	13.65	14.0
硫含量(质量分数),%	0.17	1.26	0.31
产品产率			
气体	8.3	6.8	9.9
汽油	15.7	14.7	15.0
柴油	36.3	35.6	25.3
蜡油	25.7	19.0	25.2

续表

焦化原料	大庆减压渣油	胜利减压渣油	辽河减压渣油
焦炭	14.0	23.9	24.6
液体收率	77.7	69.3	65.5
汽油性质			
溴价, gBr/100g	41.4	57.0	58.0
硫含量, μg/g	100	—	1100
MON	58.5	61.8	60.8
柴油性质			
溴价, gBr/100g	37.8	39.0	35.0
硫含量, μg/g	1500	—	1900
凝点, ℃	-12	-11	-15
十六烷值	56	48	49
蜡油性质			
硫含量(质量分数),%	0.29	1.12	0.26
凝点, ℃	35	32	27
残炭(质量分数),%	0.31	0.74	0.21
焦炭性质			
硫含量(质量分数),%	0.38	1.66	0.38
挥发分(质量分数),%	8.9	8.8	9.0

原料油性质对选择适宜的单程裂化深度和循环比有重要影响。循环比是反应产物在分馏塔分出的塔底循环油与新鲜原料油的流量之比。新鲜原料油首先进入对流管中预热，然后与循环油在塔底混合一起送入加热炉的辐射管，而新鲜原料油进入对流管中预热，因此，在生产实际中，循环油流量可由辐射管进料流量与对流管进料流量之差来求得。对于较重、易结焦的原料油，由于其黏度大、沥青质含量高、残炭值大，单程裂化深度受到限制，就要采用较大的循环比。对于一般原料油，循环比为 0.1~0.5；对于重质、易结焦原料油，循环比较大，有时达 1.0 左右。循环比降低，馏分油收率增加。有些炼油厂采用低循环比或超低循环比，循环比甚至降至 0.05，焦炭产率降至残炭值的 1.3 倍以下。但采用低循环比操作时，蜡油性质变劣。在加工劣质渣油时，蜡油性质更差，影响后续加工，有的炼油厂就采用重瓦斯油全循环，以多产汽柴油馏分为目的，但是焦炭产率也会随之上升。

原料油性质还与加热炉炉管内结焦的情况有关。有的研究工作者认为性质不同的原料油具有不同的最容易结焦的温度范围，此温度范围称为临界分解温度范围。原料油的特性因数 K(UOP K)值越大，则临界分解温度范围的起始温度越低。图 7-7 示出了原料油性质与临界分解温度范围的

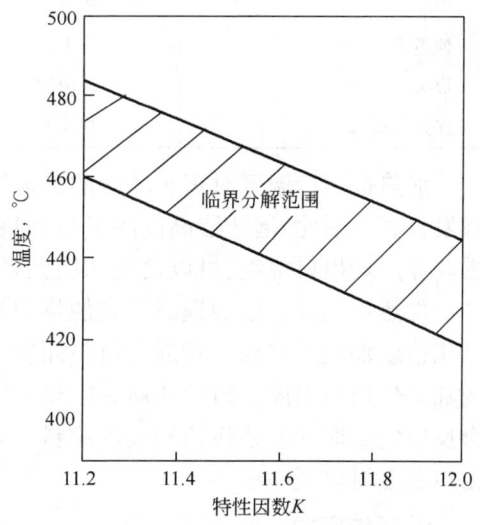

图 7-7 原料油性质与临界分解温度范围的关系

关系。在加热炉加热时,原料油应以高流速通过处于临界分解温度范围的炉管段,缩短在此温度范围中的停留时间,从而抑制结焦反应。

原油中所含的盐类几乎全部集中到减压渣油中。在焦化炉管里,由于原料油的分解、汽化,使其中的盐类沉积在管壁上。由此,焦化炉管内结的焦实际上是缩合反应产生的焦炭与盐垢的混合物。有些重金属盐类的存在促进脱氢反应,进而促进缩合生焦,为了延长开工周期,必须限制原料油的含盐量。

2. 加热炉出口温度

加热炉出口温度是延迟焦化装置的重要操作指标,它的变化直接影响到炉管内和焦炭塔内的反应深度,从而影响到焦化产物的产率和性质。

对于同一种原料,加热炉出口温度升高,反应速率和反应深度增大,气体、汽油和柴油的产率增大,而蜡油的产率减小。焦炭中的挥发分含量由于加热炉出口温度升高而降低,因此使焦炭的产率有所减小。加热炉出口温度对焦化产品产率的影响见表7-9。

表7-9 加热炉出口温度对焦化产品产率的影响

项 目	加热炉出口温度,℃			
	493	495	497	500
处理量,t/h	859	810	803	875
循环比	0.80	0.91	0.95	0.72
焦炭塔进口温度,℃	482	484	487	492
焦炭塔出口温度,℃	432	435	440	440
产品产率(质量分数),%				
气体	7.4	7.5	7.7	8.1
汽油	15.9	16.8	17.0	17.0
柴油	26.7	28.8	29.2	30.2
蜡油	20.1	17.8	17.5	16.4
抽出油	3.1	3.1	3.2	3.0
焦炭	26.4	25.6	24.9	24.8
损失	0.4	0.4	0.5	0.5

加热炉出口温度对焦炭塔内的泡沫层高度也有影响。泡沫层本身是反应不彻底的产物,挥发分高。因此,泡沫层高度除了与原料起泡沫性能有关外,还与加热炉出口温度直接有关。提高加热炉出口温度,可以使泡沫层在高温下充分反应和生成焦炭,从而降低泡沫层的高度。

加热炉出口温度的提高受到加热炉热负荷的限制,同时,提高加热炉出口温度会使炉管内结焦速度加快及造成炉管局部过热而发生变形,缩短了装置的开工周期。因此,必须选择合适的加热炉出口温度。渣油热解是吸热反应,炭化缩聚成焦是放热反应,对于容易发生裂化和缩合反应的重原料和残炭值较高的原料,焦化总需热量比残炭值低的渣油焦化需热量低,加热炉出口温度可以低一些。

3. 系统压力

系统压力直接影响到焦炭塔的操作压力。焦炭塔的压力下降使液相油品易于蒸发,也缩短了气相油品在塔内的停留时间,从而降低了反应深度。一般来说,压力降低会使蜡油产率增大而使柴油产率降低,为了取得较高的柴油产率,应采用较高的压力,为了取得较高的蜡油产率则应采用较低的压力。一般焦炭塔的操作压力在 1.2~2.8atm 之间,但在生产针状焦时,为了使富芳烃的油品进行深度反应,采用约 7atm 的操作压力。表 7-10 列出了焦炭塔操作压力对产品产率分布的影响。

表 7-10 焦炭塔操作压力对产品产率分布的影响

焦炭塔压力,MPa	0.108	0.145	0.181	0.217
产品产率增值				
干气(体积分数),%	-0.25	-0.12	基准	+0.11
液化气(体积分数),%	-0.38	-0.14	基准	+0.11
液体油品(体积分数),%	+1.12	+0.53	基准	-0.49
焦炭(质量分数),%	-0.99	-0.46	基准	+0.41

延迟焦化的主要生产目的是提高炼油厂的轻质油收率,除了个别以生产针状焦为主要目的产品的装置外,对焦化原料的选择一般没有多少余地,因此,应针对原料的性质选择适宜的操作条件以尽量提高液体产品产率而降低焦炭产率。上述讨论的几个反应条件应综合进行考虑。例如,降低焦炭塔压力有利于提高液体收率和降低焦炭产率,但降低压力会使焦炭塔顶焦粉携带加重,甚至导致产生弹丸焦,投资和操作费用增加。在针状焦生产过程中,一般采用大循环比,程序升温(360~550℃),焦化时间较长(一般在 36h 以上),系统压力较高。炼油厂中能作为针状焦原料的有热裂化焦油、催化裂化澄清油、润滑油糠醛精制抽出油、焦化重蜡油、高温裂解制乙烯时所得的焦油以及部分减压渣油、预处理的煤焦油等。在实际生产中,需要先对这些原料进行一系列预处理。

除了反应条件外,焦炭塔的设计、加热炉的设计等都会对装置的开工周期、能耗等起直接的和重要的影响。近年来,已经可以用计算机计算加热炉中每一根炉管的温度、管内的汽化率、流速和反应速率等,使焦化加热炉的设计更为合理。

四、焦化加热炉设计

焦化加热炉(简称焦化炉)是延迟焦化装置的核心单元设备,决定了装置规模、操作周期及经济效益。控制焦化炉炉管结焦速率是确保延迟焦化装置长周期运行的基础。

焦化炉炉管结焦是导致操作后期炉管外壁温度上升的根本原因。炉管结焦速率等于结焦前体物生成速率与脱落速率之差,因而影响炉管结焦速率的因素可以分为两类:一类为影响结焦前体物生成速率的因素如原料性质、油膜温度等;另一类为影响结焦前体物脱落速率的因素如边界层厚度、管内流动主体结焦前体物浓度等。减少炉管结焦必须从降低结焦前体物生成速率、提高结焦前体物脱落速率的角度入手。

视频7-9 加热炉设计与石油焦

焦化炉工艺校核方法主要校核炉管表面热强度和冷油流速。炉管表面平均热强度越小,则炉管管壁温度越低,炉管结焦速率将会下降。在加热炉有效热负荷给定后,只有依靠通过增加炉管根数,即增加炉管传热面积才能使炉管表面热强度降低。而这种措施将使油品在管内的停留时间延长,管内反应深度加大。流动主体内结焦前体物浓度增加,限制了边界层内结焦前体物向流动主体内的扩散,会使脱落速率降低,使炉管的结焦倾向变大。从提高流速、减少油品在管内的停留时间、加大焦炭的脱落速率的角度,冷油流速越高越有利;但传热面积不变时,冷油流速增加将导致炉管表面热强度增加,这又可能使焦炭的生成速率加大,也使炉管的结焦倾向变大。

焦化炉设计规范源于1965年埃索研究工程公司制定的设计准则(五),工艺上只对炉管表面热强度和冷油流速进行校核,设计时要求炉管表面热强度在 $32\sim38kW/m^2$ 之间,冷油流速的范围为 $1200\sim1800kg/(m^2\cdot s)$。尽管利用这种方法完成了多套焦化炉的常规设计与操作,但这种方法由于没有体现炉管结焦速率与结构、操作及物性之间的相互关系,难以满足焦化炉创新设计与现场优化操作的工程需要。随着对渣油热反应机理认识的深入和计算机技术的发展,国外大公司新设计焦化炉主要以控制介质在大于426℃(800°F)下的停留时间不超过40s及确保焦化炉出口热转化率不超过10%(质量分数)为基础设计条件。最近,国内学者提出用最高油膜温度、管内两相流流型和焦化炉炉出口裂解深度三个参数作为判断焦化炉管内介质流动及反应过程的依据。

五、石油焦

延迟焦化的焦炭产率比较高,占焦化产品量的比例较大,因此,石油焦的质量和售价对焦化过程的经济效益有重要的影响。石油焦按其外形及性质可以分为普通焦和优质焦(针状焦),具体地可以分为海绵状焦、蜂窝状焦、针状焦和弹丸焦(图7-8)。

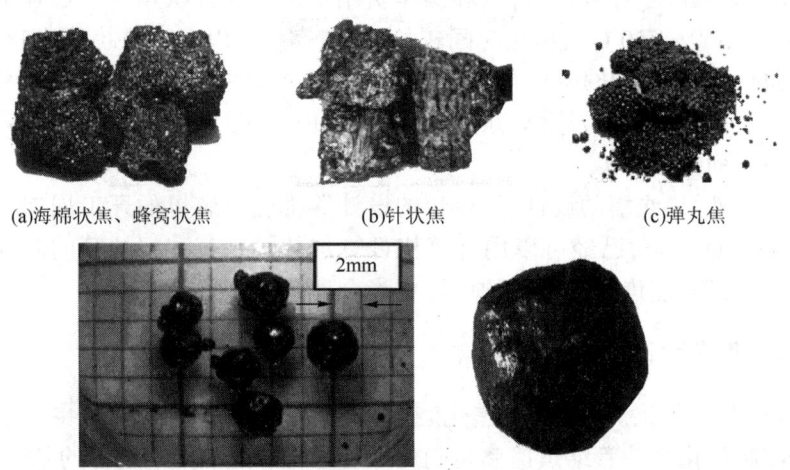

图7-8 石油焦的形态

当原料油中沥青质和杂原子含量低时,易生成海绵状焦和蜂窝状焦;焦化的原料越差,生成弹丸焦的可能性就越大;具有高残炭值(>20%)、高沥青质和较低胶质含量的原料易于生成弹丸焦,弹丸焦的产率有时可能达50%以上,使装置操作难度加大。因此,减少弹丸焦生成首先要改善原料性质,焦化原料性质是生成弹丸焦的内因。劣质渣油延迟焦化,应考虑掺炼其他高芳香性原料(如催化油浆)或性质较好的渣油,以降低焦化原料的沥青质、重金属含量及残炭值,并提高胶体稳定性,使沥青质不容易聚沉,从而改善进料质量,减缓生焦速度,从根本上抑制弹丸焦的生成。焦化工艺操作条件是生成弹丸焦的外因。在一定的原料条件下,采取降低反应温度、升高反应压力、选取适宜馏分油并增加其循环比等措施,有利于抑制弹丸焦的生成。实际生产中应根据原料性质、加工流程及产品分布要求等方面综合考虑,选择适宜工艺操作条件。

针状焦是一种具有很高经济价值的材料,可用于制造炼铝和炼钢的低电阻电极、原子反应堆的减速剂和宇宙飞行设备中的高级石墨制品等。例如,用针状焦制成的超高功率电极,应用于炼钢电炉,可以增加产量、缩短熔炼时间、降低电耗等,从而降低炼钢的成本,提高生产效率。生产针状焦虽然也是用延迟焦化,但与生产普通石油焦的延迟焦化相比,对原料和工艺条件有特殊要求,这与石油焦的生成机理有关。针状焦是结晶度较高的石油焦,其原料选用富含芳烃的催化裂化澄清油、润滑油糠醛精制抽出油及高温裂解制乙烯时所得的焦油等。这些原料已脱除了沥青质,杂质少,灰分低,生成的石油焦较易形成结晶度高的产品。由于这些原料芳香环上的碳含量高,单环及稠环芳烃都具有片状的分子结构,缩合成焦时,易定向排列成有层次的中间相小球体,再经长大、融并、定向,最后固化成具有纤维状或针状纹理走向的石油焦。由于针状焦具有方向性结构,杂质含量少,结晶度高,所以它的孔隙少,结构致密,真密度大,机械强度高,导电率好,适合制造电炉炼钢用超高功率电极。

生产针状焦的原料要求密度高(>1.0g/cm^3)、硫含量低(<0.6%)、杂质含量低(灰分< 0.01%)、正庚烷不溶物含量低,不存在喹啉不溶物,平均芳香环数最好小于3个。

渣油热转化中所形成的石油焦在结构和性质上并不都是一样的,大体上可分为两种类型。一类是在光、热、电等物理性质上各向同性的,它不易石墨化,不能作为电极焦原料;另一类是在光、热、电等物理性质上各向异性的,它易于石墨化,可用作制造电极的原料。至于在焦化反应过程中究竟生成哪一类石油焦则取决于原料的化学组成和反应条件。

研究工作表明,可石墨化焦形成的前驱物是碳质中间相(carbonaceous mesophase)。芳香环是平面结构的,随着芳烃的缩合其平面逐渐增大,由于芳香环系之间的 π—π 分子间作用力,使得稠环芳香片状分子相互作用而堆积在一起,这样便在体系中出现一个有明显界面的新相。它既具有各向异性的晶体特性,又有能流动的流体特性,故称为碳质中间相。由于表面张力作用,这个中间相常是呈球状的,所以也称为小球体。这种小球体内部有层次地整齐定向聚集着很多稠环芳烃分子,所以它具有明显的各向异性的特征。随着反应的加深,这种碳质中间相小球体在体系中有一个初生和成长、相遇和融并、增黏和老化,以及定向和固化的过程。刚生成的小球体的直径很小,只有百分之几微米,它在高温下能溶于母液,在低温下又能析出。随后小球体逐渐长大,最大的直径可达几百微米。各小球体相遇时会发生融并而形成复球。经多次反复融并,复球越来越大,逐渐变成流动的广域中间相,然后再固化成为焦炭。

碳质中间相小球体的上述变化过程直接影响所形成的焦炭的结构和质量。如原料中含胶质、沥青质较多,在热转化时很容易生成小球体,但它们不易长大和融并,这些很小的小球体容易聚结而固化成各向同性的结构。而含芳烃较多的原料虽然较难生成碳质中间相小球体,但生成的小球体易于长大和融并,进而定向和固化为易于石墨化的各向异性的结构。从上述石油焦形成过程可见,欲生产针状焦,首先要选择合适的原料。芳烃含量高而胶质、沥青质含量低,并且含硫量低的重油、高温裂解制乙烯时所得的焦油、催化裂化澄清油、润滑油糠醛精制抽出油等都是良好的生产针状焦的原料。在以生产针状焦为主要目的时,延迟焦化的操作条件也不同于以重油轻质化为主要目的的操作条件。此时,应采用大循环比和延长成焦时间,并且采用变温操作,使之有利于中间相小球体的长大和转化。

第三节 减黏裂化

一、概述

减黏裂化(visbreaking)是一种以渣油为原料的浅度热裂化过程,其生产目的是把重质高黏度渣油通过浅度热裂化反应转化为较低黏度和较低倾点的燃料油，以达到燃料油的规格要求，或者是虽然还未达到燃料油的规格要求，但是可以减少掺和的轻馏分油的量。例如，胜利原油的减压渣油的黏度（100℃）达 $103 mm^2/s$，为了满足燃料油的规格要求，就需掺入相当数量的馏分油甚至是柴油，结果就降低了全厂的轻质油收率。一些炼油厂的减黏过程除了以渣油减黏为生产目的外，还通过改变反应条件提高转化率，多产一些轻质油。表 7-11 列出了普通减黏过程的主要反应条件和产物产率。

表 7-11 普通减黏过程的主要反应条件和产物产率

减压渣油原料	胜利管输油	胜利—辽河混合油	大庆油
反应温度,℃	380	430	420
反应时间,min	180	27	57
产物产率（质量分数）,%			
裂化气	1.0	1.4	1.3
$C_5 \sim 200℃$	1.0	3.5	2.6
200～350℃	—	4.1	2.5
>350℃	98.0	91.0	93.6
原料渣油黏度（100℃）,mm^2/s	103	578	121
减黏渣油黏度（100℃）,mm^2/s	38.7	70.7	55.4

由表 7-11 可见，普通减黏过程的转化率较低，其 <350℃ 馏分及裂化气的产率不到 10%，350℃ 以上减黏渣油的产率在 90% 以上。与原料渣油相比，减黏渣油的黏度显著地降低。至于同时多产轻质油的减黏过程，一般主要是通过延长反应时间（同时采用稍高的温度，例如 430℃ 左右）来提高转化率，其汽油、柴油收率可达 20% 左右或更高些。

因此，减黏裂化是一种灵活的渣油加工工艺。它可以处理不同性质原油的常压和减压渣油。减黏裂化的目的主要是为了降低残渣燃料油的黏度、改善油品的倾点、最大量生产馏分油等。其中生产合格燃料油要考虑降低渣油的黏度，并要保证减黏渣油的储存安定性，生产馏分燃料或作为下游装置的进料要考虑获得最大馏分油产率。

图 7-9 是减黏裂化工艺原理流程。减压渣油原料经换热后进入加热炉。为了避免炉管内结焦，向炉管内注入约 1% 的水。加热炉出口温度为 400～450℃。在炉出口处可注入急冷油使温度降低而中止反应，以免后续管路结焦。反应产物进入闪蒸塔，塔顶油气进入分馏塔分离出裂化气、汽油和柴油，柴油的一部分可作急冷油用。从闪蒸塔底抽出减黏渣油。此种流程适用于目的产品为减黏渣油的炼油厂，其流程比较简单。当需要提高转化率以增大轻油收率时，可将闪蒸塔换成反应塔，使炉出口的油气进入反应塔继续反应一段时间。反应塔是上流式塔式设备，内设几块筛板。为了减少轴向返混，筛板的开孔率自下而上逐渐增加。反应塔的大小由反应所需的时间决定。图 7-10 是这种带反应塔的减黏裂化工艺流程。

二、渣油减黏过程的反应深度

渣油减黏反应的温度为 400～450℃，压力为几个大气压。在此条件下，渣油的主体是处于液相。在相同温度下，单位体积的液体中含有的分子数约为单位体积的气体中的分子数的百倍，或者说，常压下液体中的分子浓度约相当于气体在 10MPa 压力下的浓度。因此，液相中进行的反应相当于高压下的气相反应。由此可见，油品在液相热转化与在气相热转化相比，在相同的温度下,除了反应速率更快外,还更易产生缩合产物。这一点在渣油热转化时是应予以考虑的。

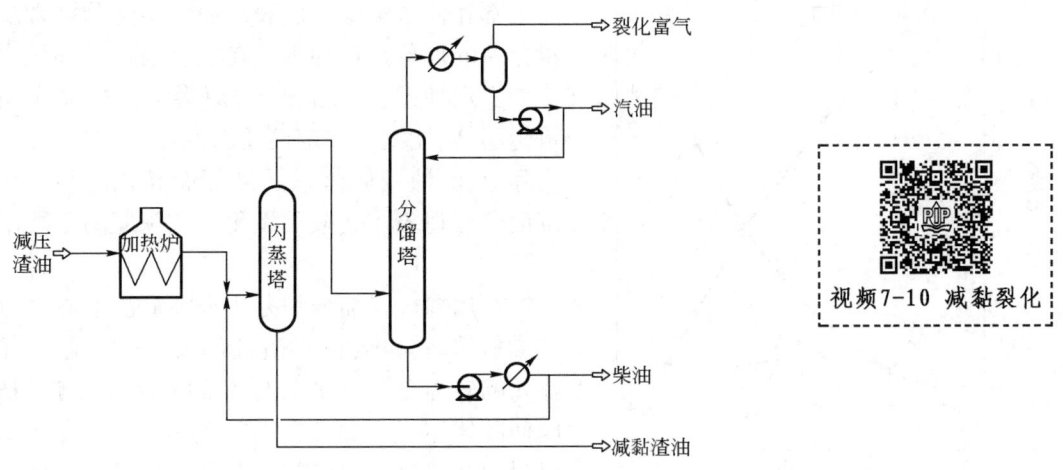

图 7-9 减黏裂化工艺原理流程

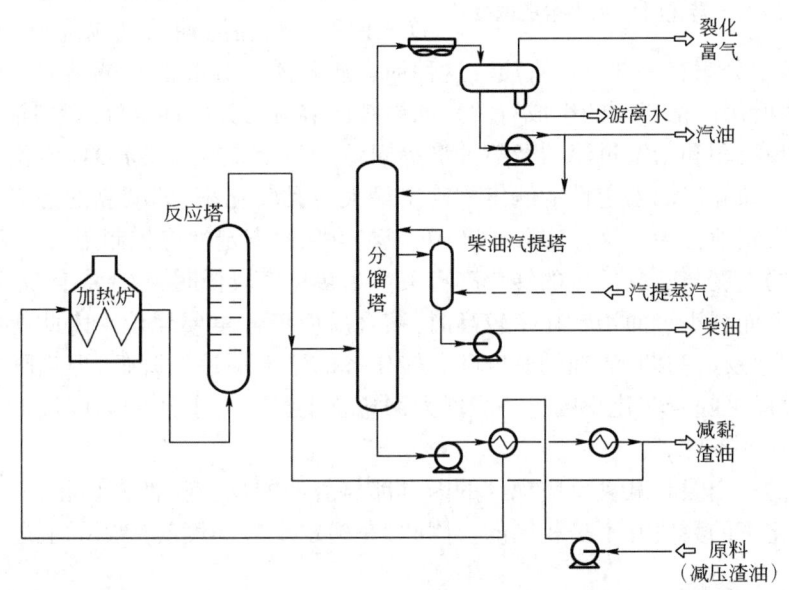

图 7-10 带反应塔的减黏裂化工艺流程

渣油热转化是一个复杂的反应过程。图 7-11 示出了减压渣油热转化时体系中组成的变化。由图可见,随着反应深度的增大,气体和馏分油的产率增大,体系中的正庚烷可溶物(饱和分、芳香分、胶质)含量减少,沥青质的含量在一定范围内增大,但当反应达到某个深度后,沥青质含量也达到最高点,然后转而减少,同时,体系中出现了苯不溶物——焦炭。在减黏操作中,十分重要的一个问题是如何防止结焦以维持长周期运转。因此,图 7-11 所示的减压渣油在减黏时其转化率应不超过 28%,否则就有可能生焦。此外,燃料油中也不允许有固体物(焦炭)存在。

渣油减黏的反应深度除了受到生焦的限制外,还有其他两个限制因素。渣油是一种胶体分散体系,在热转化过程中,由于缩合反应,渣油中作为分散相的沥青质的含量逐渐增多,而裂化反应不仅使分散介质的黏度变小,还使其芳香性减弱,同时,作为胶溶组分的胶质也在逐渐减少。这些变化都会导致分散相和分散介质间的相容性变差。当变化到一定程度后，沥青质就不能全部在体系中稳定地胶溶而发生部分沥青质聚集分层的现象。这种现象在燃料油产品性质中被称为安定性差。一般来说，原料油中的沥青质含量越高，则能满足安定性要求的最大转化率越小。实际上，渣油胶体体系的破坏而导致的相分离及沉淀分层现象才是减黏裂化反应深度的主要限制因素。

在用掺入轻馏分的办法来降低渣油黏度以生产燃料油时，也要注意渣油的安定性问题。如果掺入的轻馏分过多或轻馏分的石蜡性太强，都会因使胶体体系不稳定而导致分层。因此，在调和燃料油时，最好采用芳香性较强的催化裂化柴油或澄清油等作为稀释剂，并通过试验确定适宜的掺入比例。减黏渣油及其调配成的燃料油，是一

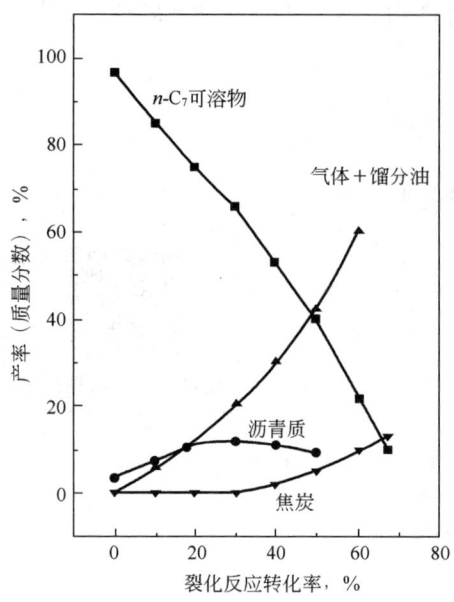

图 7-11　减压渣油热转化时体系中组成的变化

种胶体溶液，其中分散有一部分沥青质。这种沥青质胶团的分散性与减黏裂化的反应深度有关，也与调配时所用的稀释油的组成有关。如果胶体溶液的分散性不好，燃料油在存放及使用过程中就会出现沉积和堵塞过滤器及喷油嘴等问题。一般采用 ASTM D4740 测定减黏渣油的安定性。通过对减黏渣油安定性的测定来确定最大减黏转化率，即减黏的边界条件。该方法将减黏渣油的安定性分为 5 级。实际生产中，减黏渣油的安定性应控制不大于 2 级。

减黏渣油的黏度与减黏反应的转化率有关。当转化率较低时，由于裂化反应，渣油的黏度随着转化率增大而减小。而当转化率较高时，缩合反应渐占重要地位。因此就会出现这样的现象：在减黏裂化反应初期，渣油的黏度随着转化率的增大而逐渐降低，但当降低至某一最低值后，渣油的黏度又随着转化率的进一步增大而急剧上升。与上述的黏度最低点相应的反应条件应当是最佳的条件。

上面讨论的三个限制减黏反应深度的因素都与渣油的反应特性密切相关，但是它们分别对应的最大转化率的数值并不是相同的。因此，在确定反应深度时应当对上述诸限制因素作综合的考虑。

三、渣油减黏反应动力学

纯烃的热反应符合一级反应动力学规律。渣油是复杂的混合物，随着反应深度的加深，反应进程逐渐偏离一级反应动力学规律。渣油减黏裂化反应的转化率不太高，其反应进程可以粗略地用一级反应动力学来表述。

在实际生产中，通过实验数据来观察渣油减黏反应的进程有重要意义。除了原料油组成外，影响反应的主要因素有反应温度、反应时间和反应压力。图 7-12 表示了胜利减压渣油减黏反应温度及时间与转化率之间的关系。由图可见，随着反应温度或时间的增加，转化率增大。就热反应而言，反应温度与反应时间在一定范围内存在着相互补偿的关系，即高温短时间或低温长时间可以达到相同的转化率。减黏裂化一般采用较低的温度和较长的反应时间。

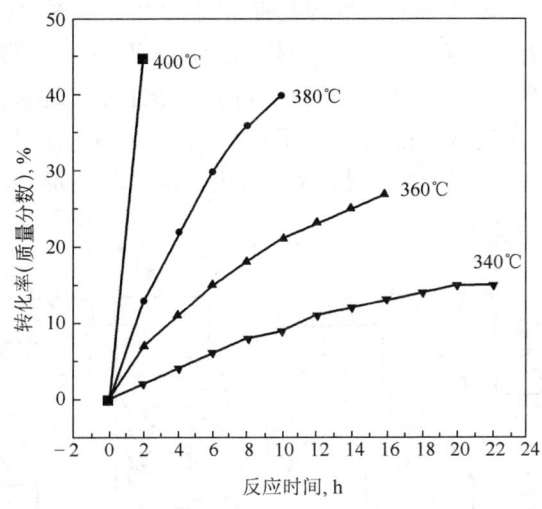

图 7-12 胜利减压渣油减黏裂化反应温度及时间与转化率之间的关系

关于反应压力的影响,由于渣油在减黏裂化时主要是液相反应,因此反应压力对渣油减黏反应的影响不太大。但在反应过程中总是有部分气相物质(尤其是中间反应产物),因此,提高反应压力会有利于缩合反应,而且会延长反应时间。渣油减黏裂化反应一般都采用较低的反应压力(几个大气压)。

对渣油减黏过程,也可以采用集总动力学模型的方法来处理。中国石油大学重质油国家重点实验室提出了一种以渣油四组分为基础的七集总反应动力学模型,该模型的反应网络如图 7-13 所示。网络中的每个反应都按一级反应处理。在此网络中,胶质处于中心位置,这对于胶质含量达一半以上的我国减压渣油是比较适合的。

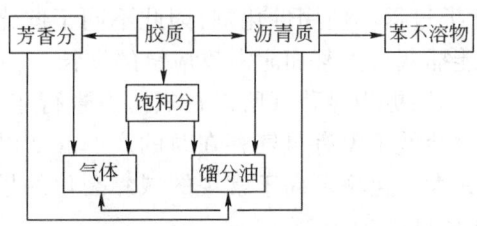

图 7-13 减压渣油热转化的七集总反应动力学模型

第四节 其他渣油热转化过程

针对前述渣油焦化及减黏过程存在的不足,不少研究工作者开发了其他一些新的热转化过程。其主要目标是:不产出副产品焦炭、较高的轻质油收率、长周期连续运转等。在本节,简要介绍几种其他类型的热转化过程。

一、蒸汽热裂解 Eureka(尤利卡)工艺

Eureka 工艺是由日本千代田(Chiyoda)公司开发的一种热裂解工艺。其目的是获得与延迟焦化工艺相近的减压渣油的高转化率,但与焦化工艺不同的是,该过程生产高熔点的液态渣油(沥青),而不是焦炭。该渣油起初在钢厂

中用作焦炭黏合剂。图 7-14 是此工艺过程的简化流程图。原料经过预热,与分馏塔底的循环油混合,进料混合物接着利用泵通过裂化加热器后进入两翼反应器中的一个。加入过热蒸汽以提供额外的热量,减少油气的分压,增加对渣油馏出油的汽提率。产物继续进入分馏塔,有少量的携带渣油经过洗涤进入分馏塔底用于循环,反应每 3h 或 4h 进行一次循环。沥青从停用反应器中抽出后进入一个沥青刨片机用于固化。该工艺残渣(沥青)的产量少于延迟焦化过程焦炭产量。

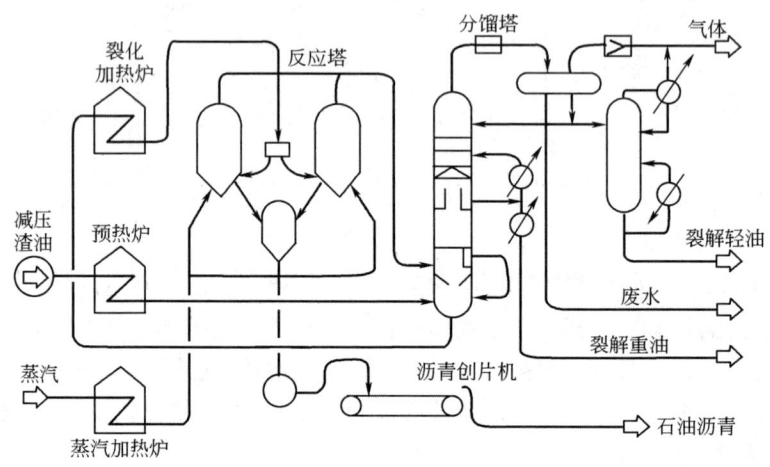

图 7-14 蒸汽热裂解 Eureka(尤利卡)工艺流程

二、临氢热转化过程

所谓临氢热转化反应,是指有氢气存在下的热转化反应。例如在减黏裂化过程中通入氢气就是临氢减黏裂化。但此类过程不使用催化剂,因此不同于催化加氢过程。在临氢热转化过程中,氢的作用是它有可能捕获自由基而阻滞反应链的增长。相对而言,氢对缩合反应的抑制作用比对裂化反应的抑制作用更为显著。所以在氢压下进行渣油减黏裂化,当达到相同的转化率时,其缩合产物的产率会低于没有氢气存在时的产率。如以不生成焦炭为反应转化率的限度,则渣油临氢裂化的最大转化率可高于常规的减黏裂化的最大转化率。孤岛减压渣油在不生焦条件下的最大转化率见表 7-12。

表 7-12 孤岛减压渣油在不生焦条件下的最大转化率

过程	常规减黏裂化	临氢减黏裂化	供氢剂减黏裂化
最大转化率(质量分数),%	27.9	30.5	45.9

采用供氢剂可以得到更好的效果。最常用的供氢剂是四氢萘。在反应过程中,四氢萘分子中环烷环的亚甲基上的氢原子因相邻芳香环的影响而比较活泼,易于被烃自由基夺走,使四氢萘转化为萘,同时也提供了活泼氢。供氢剂产物如果经催化加氢再生,就可以循环使用。

近年来,还发展了一种在临氢减黏裂化时加入某些具有催化活性物质的方法,可以在更大程度上提高减压渣油的转化率。这种方法实际上已属于催化加氢的范畴了。

三、ART 过程

ART 过程是由美国恩格哈特公司和凯洛格公司联合开发的,其主要目的是为催化转化过程提供较低残炭值及较低金属含量的原料油。研究开发者把它称之为一种选择性汽化过程。

ART过程的反应部分的原理流程如图7-15所示。

由该图可见,此过程的流程与催化裂化流程十分相似,只是它不用裂化催化剂而是用一种叫热载体的物质在系统内循环。这种热载体基本上没有催化裂化活性,可以看作是一种惰性物质,但其筛分组成及物理结构与裂化催化剂相近。减压渣油在反应器内与高温的热载体接触(接触温度约500℃),渣油中的较轻部分进行汽化,其较重部分则在热载体上进行裂化反应,反应产生的焦炭沉积在热载体上,而裂化产物则随已汽化的部分原料一起离开反应器。结有焦炭的热载体循环至再生器,经空气烧焦后再返回反应器。反应产物以重质馏分油为主,同时也有部分轻质油及裂化气。ART过程起到脱碳、脱金属的作用,同时也有一定程度的脱硫和脱氮的作用。

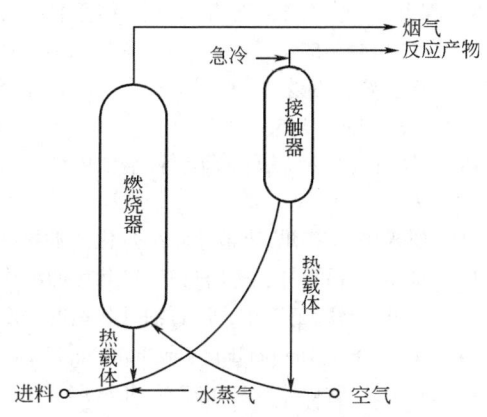

图7-15 ART过程的反应部分

中国石化洛阳石化工程公司也发展了类似的过程,称为ROP过程。此类过程的主要特点是采用了热载体,焦炭不是作为产品而是沉积在热载体上,经再生为该过程提供热量。一般情况下,此热量远大于本装置的需要,余热可用于产生蒸汽。此类过程的复杂程度及投资与催化裂化大体相当,至今尚未被广泛应用。

思政点10: 建设重质油国家重点实验室,贡献国家石油战略安全

参 考 文 献

[1] 梁文杰,阙国和,刘晨光,等.石油化学.2版.东营:中国石油大学出版社,2009.
[2] 周晓龙,陈绍洲,习伯文,等.减压渣油复杂反应动力学研究.石油学报(石油加工),1999,15(2):73-79.
[3] 杨继涛,陈进荣,孙在香,等.我国四种减压渣油族组分的热反应行为.石油学报(石油加工),1994,10(2):1-11.
[4] 周晓龙,陈绍洲,张一,等.减压渣油族组分热转化反应动力学研究.石油学报(石油加工),1999,15(1):8-16.
[5] 孙柏军,阙国和,梁文杰.孤岛减压渣油供氢剂临氢减黏裂化的研究.石油炼制,1991,22(2):54-59.
[6] 孙柏军,阙国和,梁文杰.孤岛减压渣油供氢剂临氢减黏裂化的研究(二).石油炼制,1991,22(4):62-66.

[7] Logwinuk A K.重油加工译文集.北京:中国石化出版社,1990.

[8] 郭爱军,张宏玉,于道永,等.热重法考察渣油及其亚组分的焦化性能.石油炼制与化工,2002,33(7):49-53.

[9] 王宗贤,郭爱军,张宏玉,等.辽河和孤岛渣油供氢能力与生焦趋势.燃料化学学报,1999,27(3):251-255.

[10] 王宗贤,张宏玉,郭爱军,等.渣油中沥青质的缔合状况与热生焦趋势研究.石油学报(石油加工),2000,16(4):60-65.

[11] 刘智强,丁宗禹.高液体收率焦化技术的进展.炼油设计,1997,27(1):7-9.

[12] 张怀平,吕春祥,李开喜,等.针状焦的结构和原料.煤炭转化,2001,24(2):22-26.

[13] 苗勇,李锐,王玉章,等.石油针状焦的生产.炭素技术,2005,24(3):31-36.

[14] Wiehe I A. The pendant-core building block model of petroleum residua. Energy Fuels,1994,8(3):536-544.

[15] 张德义.含硫原油加工技术.北京:中国石化出版社,2003.

[16] 梁文杰.重质油化学.东营:石油大学出版社,2003.

[17] Biasca F E,Dickenson R L,Chang E,et al. Upgrading heavy crude oils and residues to transportation fuels. Technology,Economics and Outlook,2003,5:7.

[18] 杨继涛,王芳珠,孙在香,等.孤岛减压渣油窄馏分的热反应动力学Ⅰ:微分法和积分法确定动力学参数.石油学报(石油加工),1995,11(4):1-6.

[19] 杨继涛,苏君雅,王芳珠,等.孤岛减压渣油窄馏分的热反应动力学Ⅱ:不同转化深度下动力学参数的计算.石油学报(石油加工),1995,11(4):7-12.

[20] 林祥钦,李雪,陈坤,等.延迟焦化工艺中弹丸焦生成与抑制的研究进展.石化技术与应用,2010,28(5):434-438.

[21] Guo A J,Lin X Q,Wang Z X. Investigation on shot-coke-forming propensity and controlling of coke morphology during heavy oil coking. Fuel Processing Technology,2012;104:332-342.

[22] Guo A J,Wang Z Q,Zhang H J,et al. Hydrogen transfer and coking propensity of petroleum residues under thermal processing. Energy Fuels,2010,24(5):3093-3100.

第八章 催化裂化

第一节 概 述

催化裂化(FCC)是重质石油烃类在催化剂的作用下,经过裂化反应等生产液化气、汽油和柴油等轻质油品的重要过程,在汽油和柴油等轻质油品的生产中占有很重要的地位。特别是在我国,大约60%~70%(质量分数)的汽油和1/3的柴油均来自该工艺。

2021年,我国催化裂化加工能力达到 $2.56 \times 10^8 t/a$,占原油加工量($7.0 \times 10^8 t/a$)的36.8%,且掺炼渣油的比例高达30%,装置总套数达200余套,居世界之首。它将每年 $7000 \times 10^4 t$ 左右的低价值减压渣油转化成了社会急需的轻质燃料和化工产品,是我国最主要的重质油轻质化手段;同时,它也是低碳烯烃生产的重要工艺,在炼油企业的炼化一体化进程中发挥了重大作用。因此,提高催化裂化轻质油品收率以及低碳烯烃收率,对于提高炼油行业的经济效益具有至关重要的作用,这在油气资源日益紧张的今天尤为重要。

视频8-1 催化裂化概述

一、催化裂化过程

原料油在500℃左右、0.2~0.4MPa及与催化裂化催化剂接触的条件下,经裂化反应等生成气体、汽油、柴油、油浆(可循环作原料)及焦炭。反应产物的产率及性质与原料油性质、反应条件及催化剂性能密切相关。在一般工业条件下,气体产率约10%~20%(质量分数),其中主要是 C_3、C_4,且其中的烯烃含量可达50%(体积分数)左右;汽油产率约30%~60%(质量分数),其研究法辛烷值约85~95,安定性较好;柴油产率约20%~40%(质量分数),由于含有较多的芳烃,其十六烷值比直馏柴油的低,由重油催化裂化所得的柴油的十六烷值更低,而且其安定性也更差;焦炭产率5%~7%(质量分数),原料中掺入渣油时焦炭产率更高些,可达8%~10%(质量分数)。焦炭是催化裂化反应过程的缩合产物,它的碳氢比很高,其原子比为1.0:(0.3~1.0),它沉积在催化剂的表面上,只能用空气烧去而不能作为产物分离出来。

传统的催化裂化原料是重质馏分油,主要是直馏减压馏分油(VGO),也包括焦化重馏分油(CGO,通常须经加氢精制)。由于对轻质油品的需求不断增长及技术进步,近30多年来,一些重质油或渣油也作为催化裂化的原料,例如减压渣油、溶剂脱沥青油、加氢处理重油等。一般都是在减压馏分油中掺入上述重质原料,其掺入的比例主要受限制于原料油的金属含量和残炭值。对于一些金属含量很低的石蜡基原油也可以直接用其常压重油作为原料。当减压馏分油中掺入更重质的原料时,则通称为重油催化裂化或渣油催化裂化。

表8-1给出了典型工业催化裂化过程的产品产率分布情况。

表 8-1 催化裂化过程的产品产率(质量分数)

炼油企业	哈尔滨石化	兰州石化	胜利石化	茂名石化
原料油密度(20℃),kg/m³	902.7	874.8	905.8	926.7
原料油掺渣比,%	83.0	39.0	24.3	28.8
原料油残炭值,%	5.13	4.15	4.40	2.68
干气,%	3.56	3.49	4.71	3.47
液化气,%	15.66	15.66	16.2	15.09
汽油,%	48.93	47.17	40.4	43.17
柴油,%	19.22	20.63	25.29	23.88
油浆,%	4.46	5.12	4.91	5.88
焦炭,%	7.82	7.73	8.14	8.04
损失,%	0.35	0.20	0.35	0.47

催化裂化气体富含烯烃,是宝贵的化工原料和合成高辛烷值汽油的原料。例如,丁烯与异丁烷经烷基化反应可合成高辛烷值汽油组分,异丁烯与甲醇可合成重要化学品甲基叔丁基醚(MTBE),正丁烯可以直接氧化生产甲乙酮等,丙烯可以用来合成聚丙烯及丙烯腈等,干气中的乙烯可用于合成苯乙烯等,C_3、C_4还可用作民用液化气。

从催化裂化的原料和产物可以看出,催化裂化过程在炼油工业以至国民经济中占有重要地位。因此,在一些原油加工深度较大的国家,例如中国和美国,催化裂化的处理能力达原油加工能力的30%以上。在我国,由于多数原油偏重,但氢碳比相对较高,金属含量相对较低,催化裂化过程尤其是重油催化裂化过程的地位就显得更为重要。

二、催化裂化发展概况

第一套 10×10^4 t/a 的催化裂化工业装置于1936年4月6日在美国 Paulsboro 投产运行。80多年来,无论是在规模上,还是在技术上都有了巨大的发展。从技术发展的角度来说,最基本的是反应—再生型式和催化剂性能两个方面的发展。近些年来,为了满足炼油工业在重质油高效轻质化、清洁油品生产及节能减排等方面的重大需求,催化裂化技术获得了空前的发展。

原料油在催化剂上进行催化裂化时,一方面通过裂化等反应生成气体、汽油、柴油等较小分子的产物,另一方面同时发生缩合反应生成焦炭。这些焦炭沉积在催化剂的表面上使催化剂的活性下降。因此,经过一段时间的反应后,必须烧去沉积在催化剂上的焦炭以恢复催化剂的活性。这种用空气烧去积炭的过程叫作"再生"。由此可见,一个工业催化裂化装置必须包括反应和再生两个部分。

裂化反应是吸热反应,在一般工业条件下,对每千克新鲜原料的反应大约需吸热400kJ;而再生反应是强放热反应,每千克焦炭燃烧约放出热量33500kJ。因此,工业催化裂化装置必须解决周期性地反应和再生,同时又周期性地供热和取热这个问题。如何解决反应和再生这一对矛盾是早期促进催化裂化工业装置类型发展的主要推动力。图8-1示出了催化裂化反应—再生系统的几种型式。

最先在工业上采用的反应器型式是固定床反应器,见图8-1(a)。预热后的原料油进入反应器内进行反应,通常只经过几分钟到十几分钟,催化剂的活性就因表面积炭而下降。这时,停止进料,用水蒸气吹扫后,通入空气进行再生。因此,反应和再生是轮流间歇地在同一个反应器内进行。为了在反应时供热及在再生时取热,在反应器内装有取热管束,用一种融盐做介质循环取热。为了使生产连续化,可以将几个反应器组成一组,轮流地进行反应和再生。固定床催化裂化的设备结构复杂,生产连续性差。因此,在工业上很快就被其他型式所代替,但是,它在实验室研究中还有一定的使用价值。

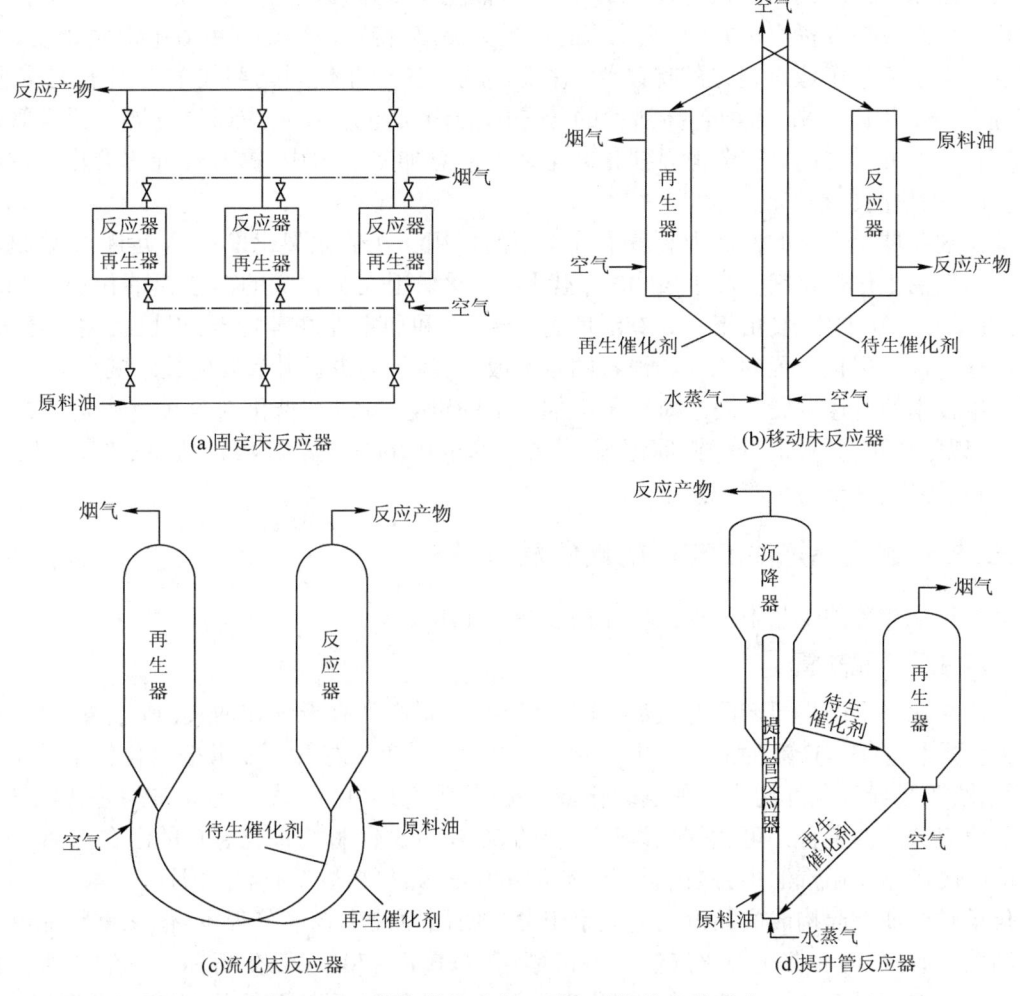

图 8-1 催化裂化反应—再生系统的几种型式

20 世纪 40 年代初,移动床催化裂化和流化床催化裂化几乎同时发展起来,见图 8-1(b)和(c)。移动床催化裂化的反应和再生是分别在反应器和再生器内进行的。原料油与催化剂同时进入反应器的顶部,它们互相接触,一面进行反应,一面向下移动。当它们移动至反应器的下部时,催化剂表面上已沉积了一定量的焦炭,于是油气从反应器的中下部导出而催化剂从底部下来,再由气升管用空气提升至再生器的顶部;然后,在再生器内向下移动的过程中进行再生。再生过的催化剂经另一根气升管又提升至反应器顶部。为了便于移动和减少磨损,催化剂做成 3~6mm 直径的小球。由于催化剂在反应器和再生器之间循环,起到热载体的作用,因此,移动床反应器内可以不设加热管。但是在再生器中,由于再生时放出的热量很大,虽然循环催化剂可以带走一部分热量,但仍不能维持合适的再生温度。因此,在再生器内还需分段安装一些取热管束,用高压水进行循环以取走过剩热量。

流化床催化裂化的反应和再生也是分别在两个设备中进行,其原理与移动床相似,只是在反应器和再生器内,催化剂与油气或空气形成与沸腾的液体相似的流化状态。为了便于流化,催化剂制成直径为 20~100μm 的微球。由于在流化状态时,反应器或再生器内温度分布均匀,而且催化剂的循环量大,可以携带的热量多,减小了反应器和再生器内温度变化的幅度,因而不必再在设备内专设取热设施,从而大大简化了设备结构。

同固定床催化裂化相比较,移动床和流化床催化裂化都具有生产连续、产品性质稳定及设备简化等优点。在设备简化方面,流化床的优点更突出,特别是流化床更适用于大处理量的生产装置。由于流化床催化裂化的优越性,它很快就在各种催化裂化型式中占据了主导地位。自 20 世纪 60 年代以来,为配合高活性的分子筛催化剂,流化床反应器又发展为提升管反应器,见图 8-1(d)。目前,在全世界催化裂化装置的总加工能力中,提升管催化裂化已占绝大部分,我国的情况也是如此。

催化剂在催化裂化的发展中起着十分重要的作用。在催化裂化发展的初期,主要是利用天然的活性白土作催化剂。20 世纪 40 年代起,广泛采用人工合成的硅酸铝催化剂;在 60 年代,出现了分子筛催化剂,由于它具有活性高、选择性和稳定性好等特点,很快就被广泛采用,并且促进了催化裂化装置的流程和设备的重大改革,除了促进提升管反应技术的发展外,还促进了再生技术的迅速发展。由于对分子筛催化剂的再生,要求把催化剂含炭量降至 0.2%(质量分数)以下或更低,而对硅酸铝催化剂,只要求降至 0.5%(质量分数),从而陆续出现了两段再生、高效再生、完全再生等新技术。

三、催化裂化在炼油工艺中的地位及作用

催化裂化在炼油工艺中的地位和作用涉及多个方面。

1. 从主要产品来看

催化裂化提供的主要产品有汽油、柴油、液化气,副产品有干气和油浆(或澄清油)。在国外的大多数装置按多产汽油的方案生产时,汽油产率为 50% 左右。如果把液化气中的丁烯全部烷基化,不足异丁烷外购或从加氢裂化装置提供,那么还可生产相当数量的烷基化汽油作为高辛烷值组分。两者合计可达催化裂化原料的 60%~65%,称为催化裂化的潜在汽油产率。

美国的商品车用汽油中,催化裂化汽油约占 1/3,如包括烷基化汽油则达到 40%~45%,和催化重整汽油一起构成商品汽油的大宗组分。我国原油中轻馏分很少,催化重整能够提供的汽油数量有限,因而催化裂化汽油所占份额高达 60%~70%,但在高标号汽油中所占比例较低。由于在数量上占有重要地位,催化裂化汽油的质量对于商品汽油的影响也非常大。

回顾车用汽油质量的发展历程,前期(20 世纪 60 年代以前)一直以提高辛烷值为改进质量的主要目标。随着汽车发动机效率的提高和经济用油促使发动机压缩比的增加,相应地对汽油抗爆性能提出越来越高的要求。20 世纪 40 年代初期和末期流化催化裂化和催化重整工艺的相继问世,使汽油的辛烷值跃上新的台阶。60 年代和 70 年代中期,催化裂化逐步采用沸石催化剂,催化重整由于再生条件限制不能按高苛刻度操作,商品汽油的辛烷值和发动机的要求存在着一定差距,因而靠加入四乙基铅等抗爆添加剂来提高辛烷值。70 年代至 80 年代,由于环境保护对汽油发动机排气质量的要求趋于严格,开始在汽车上装设排气净化器,所用的催化燃烧材料中的活性组分容易因排气中的铅沉积而中毒,为此对汽油的铅含量做了限制并提出了实现全部汽油无铅化的目标,这项重大决策对催化裂化和催化重整都产生了很大冲击,催化裂化发展了辛烷值助剂和超稳 Y 型沸石的催化剂,可使空白辛烷值提高 2~3 个单位。但是 80 年代以来,全球环境面临着不断恶化的现实,又使人们注意到各种污染物排放的法规还

不够完善,发达国家尽管对硫(SO_x)的排放做出严格规定并有各种措施付诸实施,但是对于烃类、氯氟烃和NO_x的污染防治还无得力措施,尤其是全世界数以10亿吨计的汽油在储存、运输、装卸和使用中挥发和燃烧产物中的大量有毒有害物质对人类生活环境和大气层仍然有很大影响。这就要求对汽油的各项规格指标重新进行设定,而不能只限于辛烷值。

国外催化裂化装置按汽油方案生产的轻循环油(LCO),因十六烷值过低不适合作柴油组分,因而往往作为燃料油的调和组分或作为轻燃料油(美国的2号燃料油或日本的A重油),也有少量经加氢精制或加氢处理后作为柴油调和组分。而在我国由于直馏柴油数量较少,加氢裂化柴油过少,只能作为特种柴油(低凝点)使用,因而催化裂化LCO在商品柴油中占有约1/3的份额,促使大多数装置按最大轻质油产率的方案生产。2005年后,LCO在商品柴油中占有份额逐年降低,催化裂化装置也按最大汽油产率的方案生产,尽管原料油多属石蜡基,裂化操作条件比较缓和,但LCO的十六烷值仍然较低(国内低于30),掺渣油的装置甚至低到20,此外还有安定性的问题,给商品柴油质量带来不良影响。

催化裂化的液化气是生产高辛烷值汽油组分的重要原料,在国外已经普遍地建立了与催化裂化装置配套的烷基化装置,今后为了生产新配方汽油还要进一步扩大它的用途。同时,催化裂化装置提供了近1/3的丙烯。

2. 从催化裂化过程承接的上游工艺来看

催化裂化装置是炼油厂中使重油转化为轻质油的核心装置。早期的催化裂化以减压馏分油(VGO)为主要原料,也可掺入焦化馏分油(CGO),直馏VGO干点可以切割到530℃以上,只要其他性质满足就可以直接作为FCC的原料,但是有些原油的VGO含硫高、含氢少或特性因数低,不适合直接作FCC原料,通常采用VGO加氢处理工艺来除去原料中的硫化物。提高加氢处理深度还可增加催化裂化的可裂化度,在较高转化率时改善汽油和焦炭的选择性,部分加氢裂化作为催化裂化的预处理手段应运而生。由于原油价格的上升,炼油界开始重视重油中沸点高于500℃渣油组分的转化,除了传统的热转化—焦化工艺之外又开发了多种转化工艺和分离工艺,用以脱除渣油中不能用作催化裂化原料的沥青质和重胶质(硫、氮和重金属含量过高,H/C比低,残炭高),得到较高收率的合格催化裂化原料油,如渣油固定床加氢处理、溶剂脱沥青、延迟焦化、溶剂脱沥青+延迟焦化、浆态床加氢裂化等几种重油加工技术。采用上述工艺的各种装置都是FCC装置的上游装置,它们和FCC装置一起构成了炼油厂内重油加工的重要环节,对于炼制重质原油的炼油厂(例如我国的多数炼油厂),这个生产环节是尤其重要。

3. 从催化裂化在渣油加工路线中的位置来看

渣油特别是含硫渣油的性质,与相应的馏分油不同,有较大差异,而且与原油属性和产地有关。通常高硫劣质渣油的沸点高、馏分重、分子量大、H/C值小,除含有固体物质外,胶质、沥青质、重金属、硫、氮含量和黏度都很高。几种典型的常压重油硫含量(质量分数)在2.0%~5.0%范围内,科威特、沙特阿拉伯重油和伊拉克原油的常压重油的硫含量均在4.5%以上,其金属含量等其他物化性质差异很大,其中伊朗、沙特阿拉伯重油和伊拉克原油的常压重油的重金属(V+Ni)含量高达100μg/g以上,而伊朗重油的常压重油的重金属(V+Ni)含量高达202μg/g,总氮含量达4431μg/g。因此,对于加工劣质原油来说,即使是常压重油的处理也必须要采用合理的组合工艺。

由于原油中的硫主要集中在渣油部分,所以劣质原油的加工关键就是其渣油的清洁化加工问题,同时要生产高附加值的轻质油品。高硫劣质原油的加工难点在于渣油加工,尤其是减压渣油的加工,选择适宜的高硫劣质原油的常压渣油和减压渣油的加工工艺是充分利用原油资源、减少环境污染、降低炼厂加工费用、提高其经济效益的有效手段。国内外对高硫劣质原油的加工进行了长期的研究,同时在实践中积累了丰富的生产经验,对于处理劣质原油的重油来说,很难选择一种合适的加工工艺,当采用相关组合工艺时,应充分分析考虑各加工工艺的特点及相互之间的组合适用性。以催化裂化装置作为重油加工核心装置形成的劣质重油加工路线有下列几种:(1)延迟焦化—催化裂化组合工艺;(2)渣油加氢—重油催化裂化组合工艺;(3)渣油溶剂脱沥青—沥青气化—脱沥青油加氢处理—催化裂化组合工艺;(4)延迟焦化(小)—渣油加氢(大)—重油催化裂化组合工艺;(5)渣油加氢—延迟焦化—催化裂化组合工艺;(6)渣油加氢—催化裂化高度集成工艺。

4. 从催化裂化过程延续的下游工艺来看

催化裂化的产品经过必要的精制(干气的脱硫、液化气和汽油的脱硫醇、汽油和轻循环油组分的化学精制或加氢精制)后,大部分可以作为商品油的调和组分出厂,但是也有一些产品在炼油厂内进一步加工以回收其中有用的组分,用以生产高辛烷值汽油组分或进行石油化工综合利用,也可将加工的部分产品返回催化裂化装置。催化裂化过程延续的下游工艺包括:

(1)占催化裂化原料2%～5%的干气的分离。过去干气脱硫后主要作为炼油厂的自用气体燃料,近年来注意到它的合理利用问题,首先是≥C_3烃类的回收利用,它们在干气中含量一般为4%～6%(体积分数),通常吸收稳定部分丙烯组分回收率在92%以内,所以需要将其与干气分离。

(2)液化气的分离和利用。催化裂化过程液化气中烯烃占60%以上,是一种宝贵的石油化工原料。C_4馏分中的轻沸点馏分(含异丁烷、异丁烯和正丁烯等组分)被用为烷基化原料,以生产高辛烷值的烷基化汽油。当然,丁烯还可作叠合原料或石油化工原料,生产仲丁醇、甲基乙基酮等。20世纪80年代后期,在汽油无铅化的呼声中,醚类化合物作为高辛烷值汽油组分开始出现良好的前景,首先是用异丁烯和甲醇生产甲基叔丁基醚(MTBE),于是异丁烯要用来满足MTBE的大量市场需求。这样的综合利用方式对保证新配方汽油的生产是必要的,既解决新配方汽油的氧含量,又有利于降低烯烃含量和提高辛烷值。一时间炼油厂内外纷纷建设MTBE装置,专利公司陆续推出生产醚类的新工艺。但好景不长,90年代后期,美国在使用新配方汽油地区的地下水中检测到MTBE,而它的致癌作用已引起广泛关注和争议,因而美国加利福尼亚州首先规定自2003年起禁用MTBE为汽油调和组分,其他醚类的前景也不乐观,于是醚类不被考虑为汽油组分。我国在2017年9月也发布新规,在2020年全面实施乙醇汽油配方标准,届时,受氧含量的限制,MTBE的添加也会受到极大限制。

(3)汽油的进一步加工。FCC汽油是炼油厂的主要产品,是商品汽油的重要组分。过去FCC汽油经过必要的精制后一般不继续加工,有的炼油厂在FCC装置内将汽油切割为轻、重两种组分,便于调和不同牌号的商品汽油。但是,随着各国清洁燃油的质量要求日趋严格,FCC汽油在炼油厂内的进一步加工在所难免,因为我国FCC汽油在商品汽油中比例过大,它的非理想组分(烯烃、硫化合物)的影响就十分突出。烯烃组分可采用多产异构烷烃的催化裂化工艺(MIP工艺)或轻汽油醚化工艺等加以解决,但硫含量降低到$10\mu g/g$以下,必须采用FCC汽油后处理脱硫技术。这是因为降低FCC汽油硫含量可采用FCC原料预处理脱硫、FCC加工过程脱硫以及FCC汽油后处理脱硫,但FCC原料预处理脱硫和加工过程脱硫以目前技术水平尚无法满足生产超低硫汽油产品的要求,而FCC汽油后处理脱硫技术是唯一选择。FCC

汽油后处理脱硫技术主要分为选择性加氢脱硫、非选择性加氢脱硫以及以吸附脱硫为代表的非加氢脱硫。

(4)轻循环油(LCO)的进一步加工。轻循环油存在的问题是如何满足商品柴油质量要求,特别是硫含量及十六烷值的问题。从发展趋势来看,LCO 在商品柴油中的份额将越来越低,要使 LCO 成为商品柴油组分,首先要降低硫含量和多环芳烃含量,使之调和入商品柴油后能够符合清洁柴油燃料规定的指标,主要加工手段一是加氢精制,二是加氢改质。LCO 含噻吩类硫化合物较多,其中 4 - 甲基和 4,6 - 二甲基衍生物加氢脱硫难度最大,因此产品硫含量的高低决定了精制的苛刻度。

第二节　石油烃类催化裂化反应

一、单体烃催化裂化反应

石油馏分是由多种烃类组成的混合物,在本节,首先讨论各种单体烃在裂化催化剂上的反应。

1. 各类单体烃反应行为

1)烷烃

烷烃主要是发生分解反应,分解成较小分子的烷烃和烯烃,例如:

$$C_{16}H_{34} \longrightarrow C_8H_{16} + C_8H_{18}$$

视频8-2　单体烃催化裂化反应

生成的烷烃可以继续分解成更小的分子。烷烃分子中的 C—C 键的键能随着其由分子的两端向中间移动而减小,例如 C_1—C_2 键为 301kJ/mol、C_2—C_3 键为 267kJ/mol、C_3—C_4 键为 264kJ/mol、C_4—C_5 键及其他中部的 C—C 键为 262kJ/mol。因此,烷烃分解时多从中间的 C—C 键处断裂,而且分子越大也越易断裂。例如,在某相同的条件下,几种烷烃的相对分解速率(以转化率表示)如下:n - C_7H_{16},3%(质量分数);n - $C_{12}H_{26}$,18%(质量分数);n - $C_{16}H_{34}$,42%(质量分数)。同理,异构烷烃的分解速率又比正构烷烃的快。例如,在某相同的条件下,正十六烷的分解速率是正十二烷的 2.3 倍,而 2,7 - 二甲基辛烷的分解速率是正十二烷的 3 倍。

2)烯烃

烯烃的主要反应也是分解反应,但还有一些其他重要的反应。

(1)分解反应:分解为两个较小分子的烯烃。烯烃的分解反应速率比烷烃的高得多,例如在同样条件下,正十六烯的分解反应速率比正十六烷的高一倍。与烷烃分解反应的规律相似,大分子烯烃的分解反应速率比小分子快,异构烯烃的分解反应速率比正构烯烃快。

(2)异构化反应:烯烃的异构化反应有两种,一种是分子骨架改变,正构烯烃变成异构烯烃;另一种是分子中的双键向中间位置转移,例如:

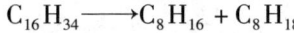

$$C—C—C—C—C=C \longrightarrow C—C—C=C—C—C$$

(3)氢转移反应:环烷烃或环烷—芳烃(如四氢萘、十氢萘等)放出氢使烯烃饱和而自身逐渐变成稠环芳烃的反应。两个烯烃分子之间也可以发生氢转移反应,例如两个己烯分子之间发生氢转移反应,一个变成己烷而另一个则变成己二烯。可见,氢转移反应的结果是一方面某些烯烃转化为烷烃,另一方面,给出氢的化合物转化为多烯烃及芳烃或缩合程度更高的分子,直至缩合成焦炭。

氢转移反应是催化裂化过程中较为特殊的反应,是造成催化裂化汽油饱和度较高的主要原因。氢转移反应的速率较低,需要活性较高的催化剂。在高温下,例如500℃左右,氢转移反应速率比分解反应速率低得多,所以在高温时,裂化汽油的烯烃含量高;在较低温度下,例如400~450℃,氢转移反应速率降低的程度不如分解反应速率降低的程度大(因分解反应速率常数的温度系数 k 较大),于是在低温反应时所得汽油的烯烃含量就会低些。

掌握和认识这些规律对新技术开发或生产优化有着重要的实际意义。例如,提高反应温度可以提高汽油的辛烷值;多产异构烷烃的催化裂化技术 MIP 就是基于图8-2所示的反应原理将一次裂化反应生产的汽油烯烃组分在第二反应区内通过异构化、芳构化和氢转移等反应转化为异构烷烃和芳烃;催化裂化汽油辅助反应器改质技术也是基于图8-2所示的反应原理将重油提升管反应器生产的汽油烯烃组分在另一个辅助流态化反应器内进行氢转移、异构化、芳构化等定向催化反应转化为异构烷烃和芳烃。

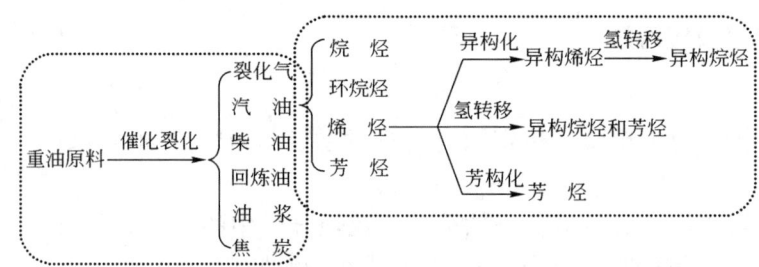

图8-2 MIP技术和催化裂化汽油辅助反应器改质技术的反应原理示意图

(4)芳构化反应。烯烃环化并脱氢生成芳烃,例如:

$$C-C-C-C-C=C-C \longrightarrow \bigcirc\!\!-C$$

3)环烷烃

环烷烃的环可断裂生成烯烃,烯烃再继续进行上述各项反应,例如:

与异构烷烃相似,环烷烃的结构中有叔碳原子,因此分解反应速率较快。如果环烷烃带有较长的侧链,则侧链本身也会断裂。

环烷烃也能通过氢转移反应转化为芳烃。带侧链的五元环烷烃也可以异构化成六元环烷烃,再进一步脱氢生成芳烃。

4)芳烃

芳烃的芳核在催化裂化条件下十分稳定,例如苯、萘就难以进行开环裂化反应。但是连接在芳环上的烷基侧链则很容易断裂生成较小分子的烯烃,而且断裂的位置主要是发生在侧链与芳环相连接的键上。

多环芳烃的裂化反应速率很低,它们的主要反应是缩合成稠环芳烃,最后成为焦炭,同时放出氢使烯烃饱和。

由以上列举的化学反应可以看到:在催化裂化条件下,烃类进行的反应不仅仅是分解这一种反应。在烃类的催化裂化反应中,不仅有大分子分解为小分子的反应,而且有小分子缩合成大分子的反应(甚至缩合成焦炭)。与此同时,还进行异构化、氢转移、芳构化等改变分子骨架结构的反应。在这些反应中,分解反应是最主要的反应,催化裂化这一名称就是因此而得。

2. 烃类催化裂化反应机理

前面讨论了在催化裂化条件下各种烃类进行了哪些反应。为了了解这些反应是怎样进行的并解释某些现象(例如,催化裂化气体中 C_3、C_4 多,汽油中异构烃多等),下面再进一步讨论烃类在裂化催化剂上的反应机理,或称反应历程。

视频8-3 烃类催化裂化反应机理

到目前为止,正碳离子学说被公认为解释催化裂化反应机理比较好的一种学说。虽然也有一些其他理论在某些方面的解释是合理的,但是不能像正碳离子学说解释问题的范围那样广泛。

关于正碳离子的概念早在1922年就由 Meerwein 提出,这个概念至20世纪50年代才被用于解释催化裂化反应机理。Haensel 和 Bruce 对催化裂化正碳离子反应机理方面的研究曾作过很好的总结。

所谓正碳离子,是指缺少一对价电子的碳所形成的烃离子,如 $R\overset{+}{C}H_2$。正碳离子的基本来源是由一个烯烃分子获得一个氢离子 H^+ 而生成,例如:

$$C_nH_{2n} + H^+ \longrightarrow C_nH_{2n+1}^+$$

氢离子来源于催化剂的表面。催化裂化催化剂如硅酸铝、分子筛催化剂的表面都有酸性,可以提供氢离子。

下面通过正十六烯的催化裂化反应来说明正碳离子学说。

(1)正十六烯从催化剂表面或已生成的正碳离子获得一个 H^+ 而生成正碳离子:

$$n\text{-}C_{16}H_{32} + H^+ \longrightarrow C_5H_{11}\overset{\underset{\mid}{H}}{\underset{+}{C}}C_{10}H_{21}$$

$$n\text{-}C_{16}H_{32} + C_3H_7^+ \longrightarrow C_3H_6 + C_5H_{11}\overset{\underset{\mid}{H}}{\underset{+}{C}}C_{10}H_{21}$$

(2)大的正碳离子不稳定,容易在 β 位置上断裂:

$$C_5H_{11}\overset{\underset{\mid}{H}}{\underset{+}{C}}CH_2\overset{\beta}{\mid}C_9H_{19} \longrightarrow C_5H_{11}\overset{\underset{\mid}{H}}{C}=CH_2 + \overset{+}{C}H_2\text{—}C_8H_{17}$$

(3)生成的正碳离子是伯正碳离子,不够稳定,易于变成仲正碳离子,然后又接着在 β 位置上断裂:

$$\overset{+}{C}H_2\text{—}C_8H_{17} \longrightarrow CH_3\text{—}\overset{+}{C}H\text{—}C_7H_{15} \longrightarrow CH_3\text{—}CH=CH_2 + \overset{+}{C}H_2\text{—}C_5H_{11}$$

以上所述的伯正碳离子的异构化、大正碳离子在 β 位置上断裂、烯烃分子生成正碳离子等反应可以继续下去,直至生成不能再断裂的小正碳离子(即 $C_3H_7^+$、$C_4H_9^+$)为止。

(4) 正碳离子的稳定程度依次是：叔正碳离子 > 仲正碳离子 > 伯正碳离子，因此生成的正碳离子趋向于异构成叔正碳离子，例如：

$$C_5H_{11}—\overset{+}{C}H_2 \longrightarrow C_4H_9—\overset{+}{C}H—CH_3 \longrightarrow CH_3—\overset{+}{\underset{\underset{CH_3}{|}}{C}}—C_3H_7$$

(5) 正碳离子将 H^+ 还给催化剂，本身变成烯烃，反应中止，例如：

$$C_3H_7^+ \longrightarrow C_3H_6 + H^+（催化剂）$$

关于烷烃的反应历程可以认为是烷烃分子与已生成的正碳离子作用而生成一个新的正碳离子，然后再继续进行以后的反应。用正碳离子反应机理也可以较满意地解释带烷基侧链的芳烃反应时在与芳环相连接的 C—C 键上断裂。

正碳离子学说可以解释烃类催化裂化反应中的许多现象。例如，由于正碳离子分解时不生成比 C_3、C_4 的更小的正碳离子，因此裂化气中含 C_1、C_2 少（催化裂化条件下总不免伴随有热裂化反应发生，因此总有部分 C_1、C_2 产生）；由于伯、仲正碳离子趋向于转化成叔正碳离子，因此裂化产物中含异构烃多；由于具有叔正碳离子的烃分子易于生成正碳离子，因此异构烷烃或烯烃、环烷烃和带侧链的芳烃的反应速率高，等等。正碳离子学说还说明了催化剂的作用，催化剂表面提供 H^+，使烃类通过生成正碳离子的途径来进行反应，而不像热裂化那样通过自由基来进行反应，从而使反应的活化能降低，提高了反应速率。

正碳离子学说是根据一些已被证明是正确的理论，如关于电子作用、键能等理论推论出来的，而且正碳离子的存在早经导电试验证实，实际发生的现象与由正碳离子学说推论所得的结果也很相符。但是正碳离子学说也还有不完善的地方，例如对于纯烷烃裂化时最初的正碳离子是如何产生的等问题还没有十分满意的解释。

正碳离子学说的发展已有 100 年的历史。它主要是根据在无定形硅酸铝催化剂上反应的研究结果来阐述的。关于烃类在结晶型分子筛催化剂上的反应机理，经过数十年的研究，大多数结果证明它也遵循正碳离子反应机理，只是分子筛催化剂的活性比无定形硅酸铝催化剂高得多。有的研究工作者还从其他角度（如产生静电场、晶格内反应物的局部浓度高等）来揭示催化裂化反应机理。例如，有的研究者认为，置换 Na^+ 的多价阳离子如 Ce^{3+} 等与晶格的负电中心之间产生静电场，这个电场能使所吸附的烃类分子极化而具有较高的反应能力。关于这种理论与正碳离子反应之间的关系如何还没有详细的研究。此外，这个理论对一些矛盾的现象还不能作出满意的解释。总的来看，这些问题还有待于更深入的研究。

为了加深对烃类催化裂化反应特点的认识，表 8-2 根据实际现象和反应机理对石油烃类催化裂化反应同热裂化反应作了比较。

表 8-2 石油烃类催化裂化反应同热裂化反应比较

裂化类型	催化裂化	热裂化
反应机理	正碳离子反应	自由基反应
烷烃	①异构烷烃的反应速率比正构烷烃快得多；②裂化气中的 C_3、C_4 多，C_4^+ 的分子中含 α-烯烃少，异构物多	①异构烷烃的反应速率比正构烷烃快得不多；②裂化气中 C_1、C_2 多，C_4^+ 的分子中含 α-烯烃多，异构物少
烯烃	①反应速率比烷烃快得多；②氢转移反应显著，产物中二烯烃较少	①反应速率与烷烃相似；②氢转移反应很少，产物的不饱和度高

续表

裂化类型	催化裂化	热裂化
反应机理	正碳离子反应	自由基反应
环烷烃	①反应速率与异构烷烃相似; ②氢转移反应显著,同时生成芳烃	①反应速率比正构烷烃慢; ②氢转移反应不显著
带烷基侧链(C_{3+})芳烃	①反应速率比烷烃快得多; ②在烷基侧链与苯环连接的键上断裂	①反应速率比烷烃慢; ②烷基侧链断裂时,芳环上留有1~2个碳的短侧链

二、石油馏分催化裂化反应

石油馏分是由各种单体烃所组成,因此,在石油馏分进行催化裂化反应时,前面所述的单体烃的反应规律是石油馏分进行反应的根据。例如,石油馏分除了进行分解反应外,也进行异构化、氢转移、芳构化等反应;又如重质馏分油的反应速率比轻质馏分油的反应速率快等。但是,组成石油馏分的各种烃类之间又相互影响,因此,石油馏分的催化裂化反应又有它自身的特点,也是组成石油馏分的各种烃类催化裂化反应综合表现结果。下面主要讨论两个方面的特点。

视频8-4 石油烃类催化裂化反应特征

1. 各类烃之间竞争吸附及对反应的阻滞作用

烃类的催化裂化反应是在固体催化剂表面上进行的。在一般催化裂化条件下,原料油(VGO)是气相。因此,馏分油的催化裂化反应是典型的气—固非均相催化反应。其反应历程如下:反应物首先从油气流扩散到催化剂表面上(其中很重要的是催化剂微孔中的表面),并且吸附在表面上,然后在催化剂的作用下进行化学反应。生成的反应产物先从催化剂表面上脱附,再从这些微孔里扩散至油气流中,最后流出反应器。

由此可见,烃类进行催化裂化反应的先决条件是在催化剂表面上的吸附。根据实验数据,各种烃类在催化剂上的吸附能力按其强弱顺序大致可排列如下:稠环芳烃 > 稠环环烷烃 > 烯烃 > 单烷基侧链的单环芳烃 > 环烷烃 > 烷烃。在同一族烃类中,大分子的吸附能力比小分子强。如果按化学反应速率的高低顺序排列,则大致情况如下:烯烃 > 大分子单烷基侧链的单环芳烃 > 异构烷烃及环烷烃 > 小分子单烷基侧链的单环芳烃 > 正构烷烃 > 稠环芳烃。

显然,这两个排列顺序有着显著的差别,特别突出的是稠环芳烃,它的吸附能力最强而化学反应速率却最低。因此,当裂化原料中含这类烃较多时,它们就优先占据催化剂表面,但是它们却反应得很慢,而且不易脱附,甚至缩合至焦炭。这样就大大地妨碍了其他烃类被吸附到催化剂表面上来进行反应,从而使整个石油馏分的反应速率降低。

在许多催化裂化装置中,原料油的单程转化率(即原料油一次通过反应器的转化率)不到100%,反应产物经分馏后,将"未反应的原料"与新鲜原料油混合重新送入反应器进行反应。这里所说的"未反应的原料"是指反应产物中沸点范围与原料油大体相当的那一部分,工业上称为回炼油或循环油。实际上,循环油中包括了相当多的反应中间产物,因此,其中的芳烃含量比新鲜原料高,相对地也较难裂化。

认识这个特点对指导工业生产有实际意义。例如,芳香基原料油、催化裂化循环油或油浆中含有较多的稠环芳烃,所以它们较为难以裂化,需选择合适的反应条件或先通过加氢使原料中的稠环芳烃转化成环烷烃。中国石油大学重质油国家重点实验室开发的 TSRFCC 技术使新鲜催化原料和催化裂化循环油分别在不同的两个提升管反应器中反应,在一定程度上较好地解决了这种吸附—反应的恶性竞争。

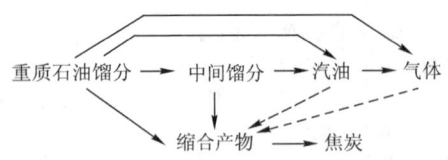

图 8-3　石油馏分的催化裂化反应
(虚线表示不重要的反应)

2. 平行—顺序反应

单体烃在催化裂化时可以同时朝几个方向进行反应,而且初次反应的产物还可以继续进行反应。石油馏分的催化裂化反应也是一种复杂的平行—顺序反应,见图 8-3。

平行—顺序反应的一个重要特点是反应深度对各产品产率的分布有重要影响。图 8-4 表示了某提升管反应器内原料油转化率及各反应产物产率沿提升管反应器高度(也就是随着反应时间的延长)的变化情况。

由图 8-4 可见,随着提升管高度的增加,转化率逐渐提高,最终产物气体和焦炭的产率一直增大,汽油的产率在开始一段时间内增大,但在经过一最高点后则下降,这是因为到达一定的反应深度后,汽油裂化成气体的速率高于生成汽油的速率。同理,对于柴油来说,也像汽油的产率曲线那样有一最高点,只是这个最高点出现在转化率较低的时候。通常把初次反应产物再继续进行的反应叫作二次反应。

催化裂化的二次反应是多种多样的,其中有些是有利的,有些则是不利的。除了初次裂化产物继续再裂化外,还有其他的二次反应。例如,烯烃异构化生成高辛烷值汽油组分,烯烃和环烷烃发生氢转移反应生成稳定的烷烃和芳烃等,这些反应都是我们所希望的反应。而烯烃进一步裂化为干气、丙烯和丁烯通过氢转移反应而饱和、烯烃及高分子芳烃缩合生成焦炭等反应则是我们所不希望的。因此,对二次反应应加以适当的控制。近年来发展的提升管反应深度控制技术就是以此基本原理为依据的。

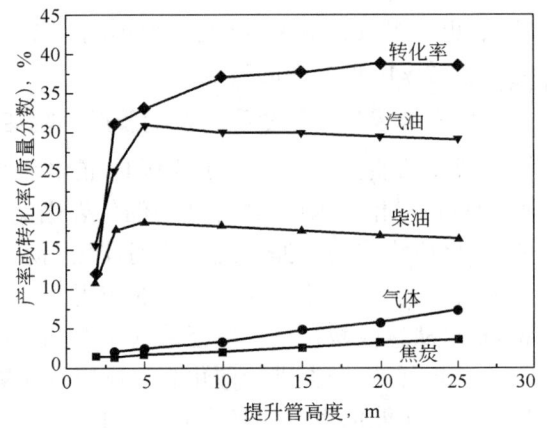

图 8-4　反应产物产率或转化率沿提升管反应器高度的变化情况

三、减压渣油催化裂化反应

减压渣油的化学组成与减压馏分油有较大的差异。因此,与减压馏分油相比,减压渣油的催化裂化反应行为有其重要的特点,现择其主要特点分述如下。

(1)除了分子量较大外,减压渣油中的芳香分含有较多的多环芳烃和稠环芳烃,减压渣油还含有较多的胶质和沥青质。因此,减压渣油催化裂化时会有较高的焦炭产率和相对较低的轻质油收率。

徐春明等曾详细地研究了减压渣油中各组分的催化裂化反应行为。表 8-3 表示了在 500℃、完全转化的条件下,胜利减压渣油脱沥青油及其各组分的催化裂化反应结果。由表可见,其饱和分、芳香分、轻胶质、中胶质、重胶质在分别进行催化裂化反应时,其轻质油收率依次下降,而焦炭产率则依次增大,呈现良好的规律性。减压渣油的饱和分仍然是优质的催化裂化原料,轻胶质也有不太低的轻质油收率。进一步研究表明,轻质油收率与催化裂化原料油的氢碳原子比有良好的线性关系,而焦炭产率则与催化裂化原料油的残炭值有良好的线性关系。

表8-3 胜利减压渣油各组分催化裂化反应产物分布(质量分数)　　　　　　%

原　料	$C_5 \sim C_{12}$	$C_{12} \sim C_{20}$	$C_5 \sim C_{20}$	焦炭
脱沥青油	41.9	10.4	52.3	24.4
饱和分	61.4	10.0	71.4	5.9
芳香分	43.4	14.6	58.0	16.6
胶质	33.4	10.3	43.7	33.7
轻胶质	37.6	10.3	47.9	28.1
中胶质	34.2	10.6	44.8	31.4
重胶质	30.2	7.7	37.9	37.8

我国减压渣油化学组成的一个重要特点是胶质含量高(多数达50%左右),而沥青质,尤其是正庚烷沥青质,含量相对较低。在催化裂化反应中,沥青质基本上都转化成焦炭,因此,胶质的反应行为对焦炭产率的影响就显得十分重要。研究工作表明,胶质及其亚组分的焦炭产率与其芳碳率f_A有密切的关系,表8-4列出了此种关系。表中的"焦炭产率*"是扣除了烷基碳和环烷碳对生焦的贡献后的焦炭产率,即此部分焦炭是由胶质中的芳碳生成的。由表可见,胶质中的芳碳部分约有85%~92%(质量分数)转化为焦炭,这与其平均芳环数R_A有较大的相关性,R_A值越大,转化为焦炭的比率也越大。对于减压渣油中的芳香分,此比率要小得多,因为其平均芳环数只有2.8,其中的少环芳烃在裂化反应时会生成轻质油。

表8-4 胶质及其亚组分的焦炭产率

原　料	轻胶质	中胶质	重胶质	胶　质
f_A	0.280	0.320	0.370	0.324
R_A	3.7	4.5	6.8	
焦炭产率(质量分数),%	28.1	31.4	37.8	33.7
焦炭产率*(质量分数),%	23.9	28.0	34.1	29.7
焦炭产率*/f_A	0.854	0.875	0.922	0.917

采用超临界流体萃取分馏方法(super-critical fluid extraction fractionation,简写为SFEF)可以把减压渣油按分子量大小切割成多个窄馏分,然后再分别考察各窄馏分的催化裂化反应行为。图8-5给出了胜利减压渣油SFEF窄馏分催化裂化反应时的轻质油收率及焦炭产率。由图可见,随着SFEF窄馏分的变重,轻质油收率下降而焦炭产率增大,而且在脱沥青油(DAO)收率达40%~60%(质量分数)时有变化加剧的趋势。由此可见,对于许多减压渣油来说,采用溶剂脱沥青方法先脱去减压渣油中的部分重组分再作为催化裂化原料,可能比直接把减压渣油全馏分掺入催化裂化原料中在技术经济上更为合理。

孙学文等以正戊烷为溶剂,采用超临界流体萃取装置分别将辽河减压渣油及委内瑞拉常压重油切割成13个及15个窄馏分,并对窄馏分性质进行了测定,在小型固定流化床装置上考察了不同窄馏分的催化裂化性能。研究结果表明,随着窄馏分变重,焦炭产率增加,汽油及柴油收率降低。焦炭产率除了与CCR值有关外,还与原料的芳碳率f_A及芳香环系缩合度参数HAU/CA有关。焦炭产率与CCR比值与原料CCR、芳碳率及HAU/CA之间遵循指数变化关系。同时提出了依据原料四组分预测催化裂化产率的关联式。

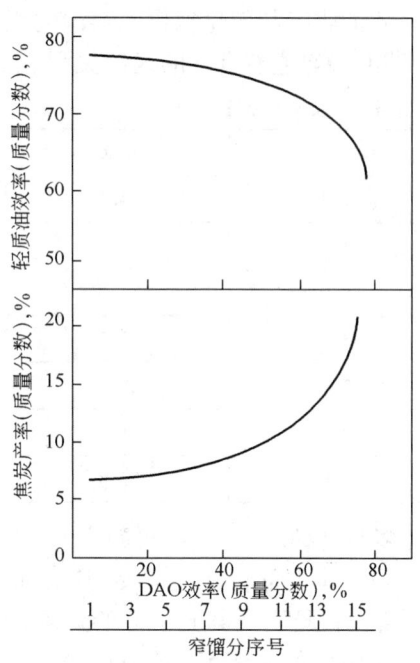

图 8-5 胜利减压渣油 SFEF 窄馏分轻质油收率和焦炭产率

(2) 由于减压渣油的沸点在 500℃ 以上，其催化裂化反应过程中存在液相。模拟蒸馏计算结果表明，在催化裂化提升管反应器进料段的条件下，相当大的一部分减压渣油不能汽化。此外，实验结果也表明，减压渣油在与 700～800℃ 的高温裂化催化剂接触时，不会发生"膜沸腾现象"(leidenfrost phenomenon)，而是迅速被吸入催化剂微孔。因此，减压渣油的催化裂化反应过程中有液相存在，它是一个气-液-固非均相催化反应过程，在液相中的反应主要是非催化的热反应，反应的选择性差。

可以这样简要地描述减压渣油催化裂化反应过程：减压渣油在与炽热的催化剂接触时，一部分迅速汽化和反应，其未汽化部分则附着在催化剂外表面并被吸入微孔，同时进行裂化反应（主要是热反应），较小分子的裂化产物汽化，而残留物则继续进行液相反应，直至缩合成焦炭。由此可见，汽化率及汽化速率对减压渣油催化裂化反应的结果有重大影响。实验研究表明，提高减压渣油在进料段的汽化率有利于降低反应的生焦率；进料段的温度条件及原料的雾化程度对减压渣油的汽化率及汽化速率有重要影响。因此，在工业装置上，应对减压渣油催化裂化时的进料段温度和进料雾化状况给予充分的重视。

(3) 常用作催化裂化催化剂的 Y 型分子筛孔径一般为 0.8～0.9nm，减压渣油中较大的分子难以直接进入分子筛微孔。因此，在减压渣油催化裂化时，大分子先在具有较大孔径的催化剂载体上进行分解反应，生成的较小分子再扩散至分子筛微孔内进行进一步的反应。

为了提高重质油转化效率，某石化公司在其 1.40Mt/a 催化裂化装置上进行了加工全馏分减压渣油的试验探索，并取得了成效。在全炼减压渣油初期，生焦量大，再生器超温，加工量降低（最低时仅为设计处理量的 62.8%），轻质油收率低，仅为 54.58%，烧焦损失大（由 8.6% 增大到 9.56%），分馏塔底油浆系统结焦严重。通过提高原料油预热温度（最高提至 260℃）和反应温度（反应温度由 505℃ 提至 518℃，最高时达到 525℃），来提高进料的雾化效果和反应剂油比；通过降低分馏塔底温度（不大于 355℃）、新增回炼油串塔底流程、提高分馏塔底油浆线路线速、提高油浆外甩量（不低于 5%，最高达到 10%）、降低分馏塔底液面（不大于 60%）和停留时间，以减缓分馏塔底结焦。设备方面，通过再生系统增设内取热器，增加取热能力，再生器中部增加防焦蒸汽环管，加大阻垢剂用量（提高至 30～35mg/L），油浆线路结焦得到缓解。提出仍需改进和采取的措施，包括进一步提高剂油比，以改善产品分布，提高加工量，降低干气、焦炭产率；通过渣油加氢预处理来降低残炭含量，增加芳烃饱和度，实现催化原料轻质化，提高裂解性能。上述成效是在充分认识减压渣油催化裂化反应特点的基础上取得的。

视频 8-5 催化裂化反应热力学特征

四、烃类催化裂化反应热力学特征

对于一个化学反应过程，通常需要从热力学和动力学两个方面去研究。热力学主要是研究化学反应发生的方向、化学平衡和热效应,而动力学则主要是研究化学反应的速率。这些研究结果对选择适宜的反应条件和设计反应器是必需的。

1. 化学反应方向和化学平衡

催化裂化反应采用的条件一般是 480~520℃ 及接近常压。在这个条件范围内,烃类分解反应的吉布斯函数变化 $\Delta_r G_m$ 是负值,而且平衡常数 K_p 值很大,从热力学的观点来看,几乎可以全部分解成小分子的烷烃和烯烃,直至 C 和 H_2(CH_4 除外)。例如对正辛烷的分解反应:

$$n - C_8H_{18} \longrightarrow n - C_5H_{12} + C_3H_6$$

在 477℃(750K)时,此反应的 $\Delta_r G_m \approx -28.9 kJ/mol$, $K_p \approx 102.3$, K_p 值很大,可以认为 $n - C_8H_{18}$ 几乎可以全部分解。因此,一般把烃类的分解反应看作是不可逆反应,或者说,烃类分解反应实际上不受化学平衡的限制。烃类催化裂化中的另一些反应,如环烷烃脱氢生成芳烃、烷烃及烯烃环化生成芳烃等反应的 K_p 值也很大,在实际生产条件下也远未达到化学平衡。因此,上述反应进行的深度主要是由化学反应速率和反应时间决定的。

催化裂化过程的另一些反应,如异构化反应、氢转移反应、芳烃缩合反应等,K_p 值不很大,在一般反应条件下不可能进行完全而受到化学平衡限制。但是,在反应速率不高以及反应时间不长的条件下,反应进行的深度还未达到化学平衡时,反应速率就成为决定反应深度的主要因素了。

某些反应,如烃化、芳烃加氢、烯烃叠合等,在催化裂化条件下的 $\Delta_r G_m$ 是正值,K_p 值很小,因此,发生的可能性极小。

催化裂化反应中最主要的反应——分解反应,实际上不存在化学平衡限制的问题,因此,人们对催化裂化反应一般不研究它的化学平衡问题而着重研究它的动力学问题。

2. 反应热

烃类的分解反应、脱氢反应等是吸热反应,而氢转移、异构化和缩合反应等则是放热反应。在一般条件下,分解反应是催化裂化中最重要的反应,而且它的热效应比较大,所以,催化裂化反应总体上表现为吸热反应。随着反应深度的加深,某些放热的二次反应如氢转移、缩合等反应渐趋重要,于是总体热效应降低,此情况可参看图 8-6。

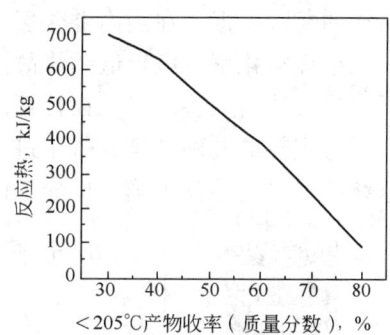

图 8-6 催化裂化反应热与产物收率的关系

催化裂化的原料和反应产物的组成很复杂,欲从理论上根据原料及产品的生成热来计算反应热实际上是行不通的。也曾有人从原料及产品(气体、汽油、回炼油、焦炭等)的燃烧热来计算反应热,由于原料及产品的燃烧热值很大(>40000kJ/kg),而反应热的数值相对很小(几百千焦每千克),两个大数相减求一个小数,容易引起很大的相对误差,除非是物料平衡及燃烧热的数据都非常准确,而这是很难做到的。因此,在工业生产中一般是采用经验方法计算。

对工业催化裂化装置,反应热的表示方法通常有三种:

(1)以生成的汽油量或"汽油+气体"(<205℃ 产物)量为基准,例如图 8-6 中以 kJ/kg(<205℃ 产物)来表示。

(2)以新鲜原料为基准,在一般的工业条件下反应热为 300~500kJ/kg。表 8-5 列出了在不同催化剂上的催化裂化反应热。这种表示方法没有考虑到反应深度对反应热的影响,显然是很粗糙的。

表8-5 不同催化剂上的催化裂化反应热(对新鲜原料)

催化剂	低铝无定型	高铝无定型	早期沸石	HY型沸石	稀土交换Y型沸石	部分稀土Y型交换沸石	超稳沸石
反应热,kJ/kg	630	560	465	370	185	325	420

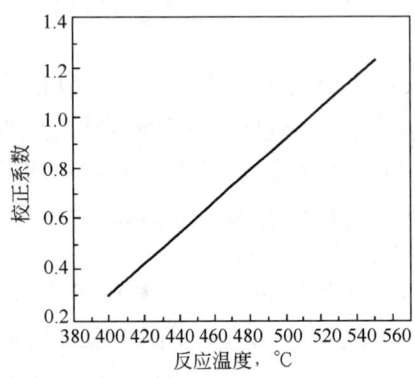

图8-7 催化裂化反应热的校正系数

(3) 以催化反应生成的焦炭量(只计算其中的碳,简称催化碳)为基准,一般采用的数据为9127kJ/kg,如果反应不是510℃,则该值应乘以其他反应温度下的校正系数(图8-7)。

催化碳的计算方法如下：

催化碳 = 总碳 - 附加碳 - 可汽提碳

附加碳 = 新鲜原料量 × 新鲜原料的残炭(质量分数,%) × 0.6

可汽提碳 = 催化剂循环量 × 0.02%

式中,总碳为再生时烧去的焦炭中的总碳量；附加碳是由于原料中的残炭造成的碳,它不是由于催化反应生成的；可汽提碳是吸附在催化剂上的油气在进入再生器以前没有汽提干净,在再生器内也和焦炭一样烧了,但实际上它不是焦炭,这种形式的焦炭中的碳叫作可汽提碳。

以上三种表示方法中,前两种比较粗糙,误差较大,目前国内的设计计算多采用计算催化碳的方法。催化碳的反应热数据(9127kJ/kg)是根据国外的硅酸铝催化剂床层流化催化裂化所得的经验数据。在国内催化裂化装置技术标定计算中,常常发现这个数值偏低,有可能是国内的单程转化率一般较低的缘故。在采用分子筛催化剂时,因分子筛催化剂的氢转移活性高,反应热可能会低些。对于在计算附加碳时所用的系数0.6这个数值,在国内外也有一些争议。关于反应热的准确计算有待于进一步考察。在工业装置的技术标定时,可以通过反应—再生系统的热平衡计算来确定反应热的数值。

视频8-6 催化裂化反应动力学规律

五、烃类催化裂化反应动力学规律

动力学研究有关化学反应速率的规律性。催化裂化的主要反应——分解反应可以认为是一个不可逆反应,因此,催化裂化的反应深度只决定于反应速率和时间。换句话说,当处理量和反应深度确定后,反应器的大小就决定于反应速率。催化裂化是一个复杂的平行-顺序反应,所以各反应的反应速率还对产品分布和产品质量有重要影响。

1. 几个基本概念

1) 转化率

催化裂化反应深度以转化率表示,若以原料油为100,则有

$$转化率 = \frac{100 - 未转化的原料量}{100} \times 100\% \tag{8-1}$$

式(8-1)中的"未转化的原料量"是指沸程与原料相当的那部分油料,实际上它的组成及性质已不同于新鲜原料。

在科研和生产中常常还用以下公式来表示转化率：
$$转化率 = 气体产率 + 汽油产率 + 焦炭产率 \tag{8-2}$$

由以上两式可见，如果原料是柴油馏分，则两式计算的结果在数值上是相等的。但是，当原料是重质馏分油而且柴油是产品之一时，以上两式就不一致了。从原理上讲，式(8-1)反映了反应的实质，但是习惯上常用式(8-2)来表示转化率，即使是采用重质馏分油作原料时也是如此。

工业上为了获得较高的轻质油收率，经常采用回炼操作。因此，转化率又有单程转化率和总转化率之别。

单程转化率(质量分数，%)是指总进料(包括新鲜原料、回炼油和回炼油浆)一次通过反应器的转化率，即

$$单程转化率 = \frac{气体 + 汽油 + 焦炭}{总进料} \times 100\% \tag{8-3}$$

总转化率(质量分数，%)是以新鲜原料为基准计算的转化率，即

$$总转化率 = \frac{气体 + 汽油 + 焦炭}{新鲜原料} \times 100\% \tag{8-4}$$

在以重质馏分油作原料时，若有必要，也可以在等式右方的分子项中加入柴油产率。

单程转化率是反应速率和反应时间的直接反映，因此，在考察动力学问题时总是使用单程转化率。

2) 空速和反应时间

在移动床或流化床催化裂化装置中，催化剂不断地在反应器和再生器之间循环，但是在任何时间，两器内部各自保持有一定的催化剂量。两器内经常保持的催化剂量称为藏量。在流化床反应器中，通常是指在分布板以上的催化剂量。

每小时进入反应器的原料油量与反应器藏量之比称为空间速度，简称空速。如果进料量和藏量都以质量单位计算，称为质量空速；若以体积单位计算，则称为体积空速。

$$质量空速 = \frac{总进料量(t/h)}{藏量(t)} \tag{8-5}$$

$$体积空速 = \frac{总进料量(m^3/h)}{藏量(m^3)} \tag{8-6}$$

计算体积空速时，进料量的体积流量是按20℃时的液体流量计算的，通常以V_0来表示空速。

空速的大小反映了反应时间的长短。下面予以说明。

对于均相反应，原料在反应器内的反应时间τ与进料体积流量V及反应器体积V_R应有如下关系：

$$\tau = V_R/V \tag{8-7}$$

显然，反应时间与空速之间存在着反比的关系。对于非均相反应过程，V_R通常以催化剂所占有的体积来表示。所以，在考察催化裂化过程时，人们常用空速的倒数来相对地表示反应时间的长短，即

$$\omega = 1/V_0 \tag{8-8}$$

空速是以20℃时的液体原料体积流量计算的，它不等于在反应条件下的真正体积流量。而且，在反应过程中由于组成发生变化，通过反应器各部分的反应物体积流量也不断地发生变

化。因此,空速的倒数只能相对地反映反应时间的长短而不可能是真正的反应时间。为了表示区别,称空速的倒数 ω 为假反应时间。

在提升管催化裂化装置中,提升管反应器内的催化剂密度很小,催化剂本身占有的空间很小,并且催化剂随着反应油气一起快速流动。因此,在计算停留时间 θ 时常按油气通过空的提升管反应器的时间来计算。这种反应器无法考虑其空速。考虑到油气的体积流量不断在变化,计算时采用提升管入口和出口两处的体积流量的对数平均值,计算方法如下:

$$\theta = \frac{V_R}{V_I} \tag{8-9}$$

其中

$$V_I = \frac{V_{out} - V_{in}}{\ln(V_{out}/V_{in})} \tag{8-10}$$

式中　θ——停留时间,实际上也是假反应时间;
　　　V_R——提升管反应器体积;
　　　V_I——提升管入口和出口两处油气的体积流量对数平均值;
　　　V_{out},V_{in}——提升管出口和入口处的油气体积流量。

2. 影响催化裂化反应速率的基本因素

烃类催化裂化反应是一个气-固非均相催化反应(渣油催化裂化时还有液相),其反应过程包括以下七个步骤:(1)反应物从主气流中扩散到催化剂表面;(2)反应物沿催化剂微孔向催化剂的内部扩散;(3)反应物被催化剂表面吸附;(4)被吸附的反应物在催化剂表面上进行化学反应;(5)产物自催化剂表面脱附;(6)产物沿催化剂微孔向外扩散;(7)产物扩散到主气流中去。

整个催化反应的速率决定于这七个步骤进行的速率,而速率最慢的步骤对整个反应速率起决定性的作用而成为控制因素。如果催化剂的微孔很小或很长,油气很难深入扩散到催化剂的内表面,则内部扩散就可能成为控制因素,这种情况称为内部扩散控制。如果扩散的阻力很小,整个反应的速率主要取决于反应物在催化剂表面上的化学反应速率,则称为表面化学反应控制。至于某个反应中究竟哪个步骤是控制因素,应根据具体情况作具体分析。而且,对于一个反应,它的控制步骤并不是永远不变的,在一定的条件下会发生转化。例如,某个反应原来是化学反应控制,提高反应温度后,温度对化学反应的影响很大而对扩散的影响相对较小,因此,随着反应温度的提高,化学反应速率增大很快而扩散速率的变化相对较小,当温度提高到某个数值后,化学反应速率远远超过了扩散速率,于是整个反应就从原来的化学反应控制转化成扩散控制。

在一般工业条件下,催化裂化反应通常表现为化学反应控制。因此,在这一节主要从化学反应控制的角度来讨论影响烃类催化裂化反应速率的一些主要因素。

1) 催化剂活性

提高催化剂的活性有利于提高反应速率,也就是在其他条件相同时,可以得到较高的转化率,从而提高反应器的处理能力。提高催化剂的活性还有利于促进氢转移和异构化反应,因此在其他条件相同时,所得裂化产品的饱和度较高,含异构烃类较多。

催化剂的活性决定于它的组成和结构。例如分子筛催化剂的活性比无定形硅酸铝催化剂的活性高得多。又如对同一类型的催化剂,当比表面积较大时常表现出较高的活性。

在反应过程中,催化剂表面上的积炭逐渐增多,活性也随之下降。一些研究工作表明,单

位催化剂上的积炭量 C 主要是与催化剂在反应器内的停留时间 θ 有关,其关系可以下式表示:

$$C = a\theta^b \tag{8-11}$$

式中的 a 和 b 为常数,它与原料的性质及反应温度有关。对固定床反应器,θ 即反应周期的长短;对移动床反应器或流化床反应器,θ 与催化剂循环量及反应器藏量有关,即

$$\theta = 反应器藏量/催化剂循环量 \tag{8-12}$$

催化剂循环量是单位时间内进出反应器的催化剂量,单位通常以 t/h 表示。

催化剂上的积炭量与剂油比(C/O)也有关。剂油比是催化剂循环量(t/h)与总进料量(t/h)之比。实际上,剂油比反映了单位催化剂上有多少原料进行反应并在其上沉积焦炭。因此,剂油比大时,单位催化剂上的积炭量就较少,也就是催化剂活性下降的程度相应地要少些。此外,剂油比大时原料与催化剂的接触也更充分。这些都有利于提高反应速度。

2) 反应温度

提高反应温度则反应速率增大。催化裂化反应的活化能为 42~125kJ/mol,反应速率的温度系数 k_t 约为 1.1~1.2,即温度每升高 10℃ 时反应速率约提高 10%~20%。图 8-8 示出了反应温度对反应速率的影响。烃类热裂化反应的活化能较高,为 210~290kJ/mol,其反应速率的温度系数 k_t 为 1.6~1.8,比催化裂化的 k_t 高得多。因此,当反应温度提高时,热裂化反应的速率提高得比较快,当反应温度提高到很高时(例如 500℃ 以上),热裂化反应渐趋重要,于是裂化产品中反映出热裂化反应产物的特征,例如气体中 C_1、C_2 增多,产品的不饱和度增大等。应当指出,即使是在这样高的温度下,主要的反应仍然是催化裂化反应而不是热裂化反应。

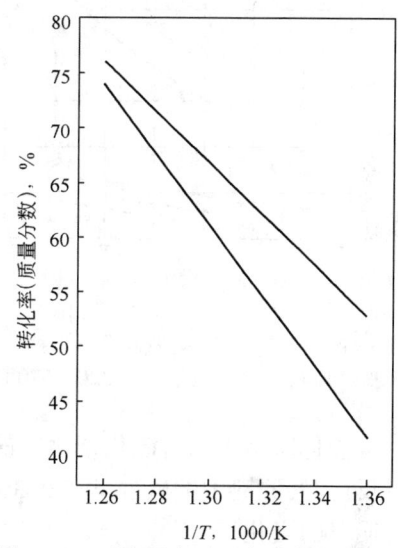

图 8-8 反应温度对反应速率的影响
(小型固定床反应器,胜利原油 300~500℃ 馏分)

反应温度还通过对各类反应的反应速率的影响来影响产品的分布和产品的质量。催化裂化反应是平行 - 顺序反应,可以简化为下式:

$$原料 \begin{array}{c} \xrightarrow{k_{t_1}} 汽油 \xrightarrow{k_{t_2}} 气体 \\ \xrightarrow{k_{t_3}} 焦炭 \end{array}$$

k_{t_1}、k_{t_2}、k_{t_3} 分别代表原料→汽油、汽油→气体及原料→焦炭三个反应的反应速率常数的温度系数。在一般情况下,$k_{t_2} > k_{t_1} > k_{t_3}$,即当反应温度提高时,汽油→气体的反应速率加快最多,原料→汽油反应次之,而原料→焦炭的反应速率加快得最少。因此当反应温度提高时,如果所达到的转化率不变,则汽油产率降低,气体产率增加,而焦炭产率降低。图 8-9 表示了这种变化的情况。

当提高反应温度时,由于各类反应的 k_t 不同,它们的反应速率的提高程度也会不相同。分解反应(生成烯烃)和芳构化反应的 k_t 比氢转移反应的 k_t 大,因而前两类反应的速率提高得快,于是汽油中的烯烃和芳烃含量有所增加,汽油辛烷值提高。例如某重馏分油在 480℃ 裂化时所得汽油辛烷值比 450℃ 时提高约 1 个单位(马达法)。

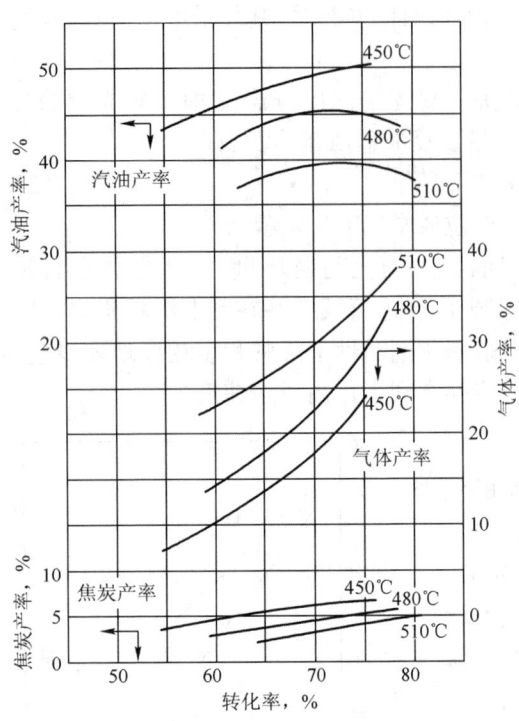

图 8-9 反应温度、转化率对产品分布的影响
（原料为克拉玛依原油 320~570℃ 馏分）

在选择反应温度时会遇到反应器处理能力同产品产率分布之间的矛盾，此时应根据实际需要和经济合理性来选择。

3) 原料性质

关于各种烃类的催化裂化反应速率的比较以及它们之间的相互影响在前面已经讨论过。对于工业用催化裂化原料，在族组成相似时，沸程越高则越容易裂化，但对分子筛催化剂来说，沸程的影响并不重要；而当沸程相似时，含芳烃多的原料则较难裂化。

工业装置常采用回炼操作以提高轻质油的产率，但回炼油含芳烃多，较难裂化，需要较苛刻的反应条件。在工业生产中，回炼油量是由反应苛刻度决定的，因此，不同的操作苛刻度就有不同回炼比的操作。回炼比是指回炼油量与新鲜原料量之比，其值一般小于 1。

催化裂化催化剂是酸性催化剂，许多研究工作表明碱性氮化物会引起催化剂中毒而使其活性下降。例如某直馏瓦斯油加入 0.1%（质量分数）的喹啉后，它裂化反应速率几乎下降 50%。

裂化原料中的含硫化合物对催化裂化反应速率影响不大。研究表明在分子筛催化剂上进行反应时，原料中的硫含量在 0.3%~1.6%（质量分数）范围内变化时没有发现裂化反应速率有明显的变化。

4) 反应压力

更确切地讲，应当是反应器内的油气分压对反应速率的影响。油气分压的提高意味着反应物浓度的提高，因而反应速率加快。提高反应压力也提高了生焦的反应速率，而且影响比较明显。工业装置的处理能力常常受到再生系统烧焦能力的制约，因此在工业上一般不采用太高的反应压力，目前采用的反应压力为 0.1~0.4MPa（表）。反应器内的水蒸气会降低油气分压，从而使反应速率降低，不过在工业装置中，这个影响在一般情况下变化不大。

3. 催化裂化反应动力学模型

视频 8-7 催化裂化反应动力学模型

催化裂化反应动力学模型以数学的形式定量、综合地描述诸多因素对反应结果的影响。如果模型预测的结果能较准确地反映实际情况，则对优化设计与生产操作、新技术开发等都有重要的作用。因此，多年来许多研究工作者都在不遗余力地进行反应动力学模型的开发。

催化裂化的原料组成及反应过程十分复杂，而且影响反应过程的因素也很复杂，除了常见的反应动力学条件外，还有催化剂的活性及失活、油气与固体催化剂的流动状态等因素。对重油催化裂化，则还有原料的雾化及汽化状况、传热传质状况等因素。因此，尽管对催化裂化反应模型的研究已有近 70 年的历史，但是，建立一个较完善的模型仍然是一项艰巨的任务。

目前,人们开发的催化裂化反应动力学模型主要有3种类型:关联模型、集总动力学模型和基于分子尺度的反应动力学模型。下面分别予以介绍。

1) 关联模型

这类模型一般是以某种动力学方程式为基础,利用各种实验数据和生产数据,用数学回归等方法归纳出计算各种产品产率和有关性质的关联式。这类关联模型由于主要是经验性的,未能完整地反映过程的本质,因此,一般只能在所依据的数据范围内有效,外推性较差。但是这类模型具有数学形式较简单、使用方便等优点,尤其是适用于在线控制方面。对于催化裂化这样复杂的、难于用理论分析处理的反应过程,这类模型还是有很高的实用价值。

这类模型一般是在动力学研究的基础上先建立转化率与众反应条件之间的关联式,然后再通过转化率运用其他各种关联关系计算出各产品产率和产品性质。例如,一种以 Blanding 动力学方程式为基础并广泛关联其他各种影响因素而得的转化率关联式可表示如下:

$$X = y/(100 - y) = F_P \cdot F_{SW} \cdot F_T \cdot F_A \cdot F_C \cdot F_F \cdot V \qquad (8-13)$$

式中　X——转化率函数;

　　　y——转化率;

　　　F_P——反应压力因数;

　　　F_{SW}——剂油比和空速因数;

　　　F_T——反应温度因数;

　　　F_A——催化剂相对活性;

　　　F_C——再生催化剂含炭因数;

　　　F_F——进料的物性因数;

　　　V——装置因数。

式中的装置因数 V 实际上是考虑到上述诸因素未能包括的一些因素而设的用于拟合的一个系数,其值因装置的类型不同而异。

以上只是关联模型中的一个示例。许多大型石油公司都有自己的关联模型。国内也有一些自己开发的关联模型,例如李松年、林骥等开发的适用于掺炼渣油的基于"等价馏分油"概念的关联模型等。这些模型在形式上和具体计算方法上都有所不同,但其基本思路是相似的。

2) 集总动力学模型

所谓集总(lumping),是将一个复杂反应体系按照动力学特性相似的原则把各类分子划分成若干个集总组分(lump),并当作虚拟的多组分体系进行动力学处理。例如,对某个复杂反应体系,若按动力学特性相似原则可划分为三个集总组分 A_1、A_2 和 A_3,而且它们之间的反应可以看作是一级可逆反应,则可以作出如图8-10的反应网络。

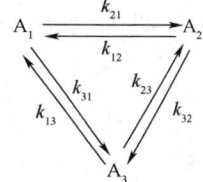

图8-10　三集总反应网络

各组分的变化率可以下述线性微分方程组来描述:

$$\begin{cases} d\alpha_1/dt = -(k_{21} + k_{31})\alpha_1 + k_{12}\alpha_2 + k_{13}\alpha_3 \\ d\alpha_2/dt = k_{21}\alpha_1 - (k_{12} + k_{32})\alpha_2 + k_{23}\alpha_3 \\ d\alpha_3/dt = k_{31}\alpha_1 + k_{32}\alpha_2 - (k_{13} + k_{23})\alpha_3 \end{cases} \qquad (8-14)$$

式(8-14)可用一个矩阵方程来表示:

$$d\alpha/dt = k\alpha \qquad (8-15)$$

式中 α——组成矢量；

k——反应速率常数矩阵。

对于有 n 个集总组分的反应体系，则可以写出 n 个微分方程。

以上述微分方程组为基础，考虑影响反应速率常数的诸因素（如催化剂的活性及失活速率、反应温度等因素）就可以形成一个反应动力学数学模型。在20世纪60年代，J. Wei 等对集总动力学作了较深入的理论研究，促进了这种方法的发展。

集总动力学方法对石油及其馏分这样的复杂反应体系无疑是一种较合适的处理方法。因此，它已被运用于多种石油馏分的反应过程。实际上，早在1959年，R. B. Smith 就提出了用于石脑油催化重整过程的三集总（芳烃、环烷烃、脂肪烃）动力学模型。

将集总动力学模型思想应用于石油馏分催化裂化过程的是 Weekman 等，他们在20世纪60年代首先开发了三集总动力学模型，把反应体系分为三个集总组分，即瓦斯油、汽油、气体+焦炭，各组分之间的反应按一级不可逆反应处理，其反应网络如下：

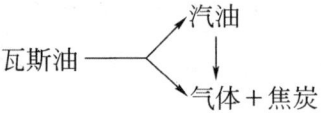

在模型中还引入了催化剂失活动力学函数 φ，即

$$k = k_0\varphi = k_0 e^{-\lambda t} \tag{8-16}$$

式中 k——瞬时反应速率常数；

k_0——起始反应速率常数；

λ——催化剂失活速率常数。

三集总模型简单、使用方便，但没有考虑原料的组成性质，因而其使用范围受到很大的限制，只是在某些研究及催化剂评定工作中还有应用。

在20世纪70年代，Weekman 等又开发了十集总模型。该模型把反应体系划分为10个集总组分，即：P_h——343℃的烷烃；N_h——343℃的环烷烃；C_{Ah}——343℃的芳香环部分；C_h——343℃的芳烃中的烷基侧链部分；P_l——221~343℃的烷烃；N_l——221~343℃的环烷烃；C_{Al}——221~343℃的芳香环部分；C_l——221~343℃的芳烃中的烷基侧链部分；G——C_5~221℃汽油；C——C_1~C_4气体及焦炭。

以上各集总组分的量都以质量分数（对原料）计算，其中，下标为 h 的四个集总组分之和等于原料油或重循环油，下标为 l 的四个集总组分之和等于轻循环油。原料的组成可以用质谱法和 $n-d-m$ 法测得。

由这10个集总组分形成一个反应网络，见图8-11。遵循的假设原则有：(1)都是一级不可逆反应。(2)在烷烃、环烷烃、芳香环部分和芳烃中烷基侧链部分等集总组分之间没有相互作用。例如，P_h 能生成 P_l 及 G、C 等集总组分，但不能生成 N_l 或 C_{Al} 等，只有 $A_h \rightarrow C_{Al}$ 例外。(3)芳烃的

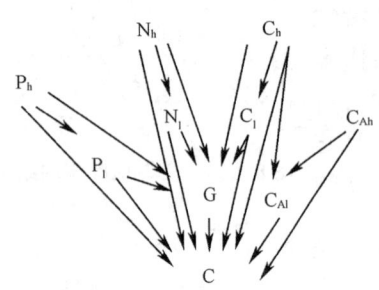

图8-11 十集总反应网络

芳香环部分不能打开，但芳烃中的侧链部分会断裂。把芳烃中芳香环部分与烷基侧链部分分别处理是本模型成功的关键因素之一。(4)除了生成焦炭的反应外，小分子不能生成大分子。

根据所形成的反应网络可以写出一组微分方程。由于都是一级反应，这组微分方程式也

可以由一个如式(8-15)那样的矩阵方程来表示。

结合一些其他影响因素的考虑,例如催化剂的碱性氮中毒及结焦失活等因素,就可以形成一个十集总动力学模型。

十集总动力学模型不仅能很好地拟合实验数据,而且与工业提升管反应器数据也能较好地吻合,利用此模型可以在较宽的反应条件范围内对各种组成的原料较好地预测其催化裂化反应行为。因此,此模型对优化设计和优化生产操作颇有实用价值。

在我国,对集总动力学模型也做了不少研究工作。例如,在十集总动力学模型的基础上,中国石化洛阳石油化工工程公司和华东理工大学合作开发了适合我国的原料及催化剂特点的催化裂化十一集总动力学模型。与十集总动力学模型相比较,主要是将原来的 C_{Ah} 分成代表一、二环芳环的集总组分 C_{Ah} 和代表多环芳环的集总组分 PC_{Ah}。此外,为适应掺炼渣油的需要,洛阳石油化工工程公司还开发了催化裂化十三集总动力学模型,对我国催化裂化装置的优化设计和优化生产操作做出了重要贡献。

3) 基于分子尺度的反应动力学模型

集总动力学方法已经在催化裂化、催化加氢、催化重整等石油加工过程以及其他复杂反应体系中得到了广泛应用。但是,集总方法对原料油和产物的划分,不是在分子级别上的划分,而是以烃类混合物及其总体性质出现的。例如,催化裂化反应集总动力学模型中,主要是馏程和族组成(或结构族组成),当产物划分成汽油、轻循环油、回炼油和油浆后,其馏程切割点就被固定了。但在工业装置的运转中,为了达到最优的经济效益,切割点可能会发生变动,为了预测较精准的产率分布以及产品性质,必须对动力学参数进行调整,这样既会带来一定误差而又增大了工作量。

为了克服催化裂化反应集总动力学模型的不足,研究者逐步开始发展融合更多化学信息的反应动力学模型。分子是作为化学反应的最基本的单元,且产品的品质与价值都是由分子组成决定的,那么从分子的角度出发,建立分子尺度的反应动力学模型将是解决目前集总动力学模型缺陷的最优方案,建立分子尺度的催化裂化反应动力学模型一直是该领域不懈努力的目标,也是对石油炼制过程从分子层次进行工程管理,实现"分子炼油"的必经之路。

目前,已经发展了几种基于分子尺度的动力学模型,它们几乎都是在不同深度的原料油和产物组成分析的基础上,再通过某种数学手段进行模拟计算,具体包括结构转化模型、结构导向集总模型、单事件动力学模型、分子集总动力学模型、动力学蒙特卡洛法、键电矩阵法等。

单事件动力学模型(single-event kinetic model)是由 Froment 等人在反应机理和反应基本步骤基础上提出的。首先应用于加氢异构和加氢裂化过程,后来又推广到催化裂化过程。其中心思想是既要保留每个进料组分和中间产物反应历程的全部细节,又要尽量减少所求的参数。其切入点是不管反应网络如何复杂,终究是由正碳离子的几类基本步骤(elementary steps)所构成的,如氢转移、甲基转移、β 位断裂、支链化、烷基化、质子化、去质子化、环化、缩合等,如此即可大大减少所要求取的动力学参数。根据伯、仲、叔正碳离子的稳定性不同,而且基本步骤中分子结构的影响主要是通过正碳离子起作用的,利用过渡状态理论又可将每一个基本步骤分解为若干个单事件。这样,通过模型化合物的裂化数据求取单事件速率常数,再由此求取基本步骤速率常数,最后即可计算整个反应网络的模型参数。单事件动力学模型可以反映出每一原料组分及反应中间产物的反应历程,所要求的速率常数的数量也不会太多,实验工作量可大大减少,而且基本步骤速率常数值不随进料组成变化而变化。但单事件动力学模型要求对原料进行非常细致的表征,要求分析原料中每一个碳数的详细烃组成,这就使其应用受到了限制。

分子集总动力学模型由 Landeghem 等人提出,该模型方法将按馏分划分的传统集总与单事件动力学模型结合起来,提出了一种折中方案。通过经典催化裂化反应化学来表述集总反应,从而简化传统集总的反应网络。使用带有计量系数和动力学常数的分子尺度的反应速率表达式表示化学反应,集总之间化学反应的动力学常数不再是经验的,而是代表了集总组分之间所有可能反应的动力学常数的一个平均值。与传统的集总动力学模型相比,它给出反应的化学信息;与单事件动力学模型相比,它对分析和计算的要求要低很多。具体来说,首先通过传统的馏分切割将原料油及其产品按沸程划分集总,分为重油、轻循环油、汽油、液化气和焦炭,再根据其不同的化学功能将这些集总划分开来,同时必须考虑到分析手段的局限性。

Klein 等使用键电矩阵法从分子尺度描述反应动力学,并形成软件平台——Kinetic Modeler's Toolbox(KMT)。键电矩阵通常使用一个反应物矩阵、反应矩阵以及产物矩阵从分子尺度表征反应动力学。首先反应物分子内所有的原子以相同的顺序在反应物矩阵的行与列中排列,矩阵内的数字通常表示分子内所有原子之间的连接方式。众所周知,所有的化学反应均涉及旧键的断裂以及新键的产生,因此基于这一规律,提出使用反应矩阵来对反应物的键电矩阵进行加减以得到产物键电矩阵。在反应矩阵中,"+"表示键的生成,而"-"则表示键的断裂。图 8-12 以乙烷裂解为例展示基于键电矩阵的化学反应自动生成方法。

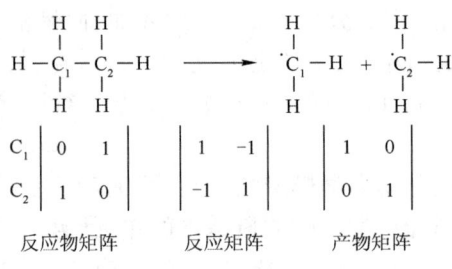

图 8-12 乙烷裂解反应矩阵表示

基于键电矩阵建立分子尺度反应动力学模型在石油加工过程中有着广泛的应用。Watson 等人以乙基环己烷、正辛基环己烷、正辛基苯、正十六烷和庚烷作为模型化合物,分别对其进行催化裂化实验。之后,建立了各分子在催化裂化过程中机理层次的动力学模型,并使用实验数据来准确拟合了动力学参数,揭示了各分子在催化裂化中的反应规律。

键电矩阵法主要优点在于,该方法既能对机理层次的反应过程建模又能对路径层次的反应过程建模,可根据研究者的需求,建立不同详细程度的反应动力学模型。但是,以矩阵来表示分子并表征化学反应,会将建模过程变得繁琐且容易出错,这一缺点将会给键电矩阵法的发展和推广带来限制。

中国石油大学重质油国家重点实验室张霖宙等提出了结构单元—键电矩阵混合框架,这是一种耦合结构单元以及键电矩阵的新方法(structure unit bond electron matrix,SU-BEM),从分子层面表征石油化学反应过程中的动力学。该方法将键电矩阵与结构单元结合起来,底层为键电矩阵,表层为结构单元。其中结构单元基于 Quann 等人提出的结构导向集总法,并根据近年来对石油分子的新认识对原有的部分结构单元表达式进行了修改并增加了一些新基团使之能够适用于表征石油中复杂分子的结构特征。

目前,SU-BEM 框架中共包含 34 个结构单元,如图 8-13 所示。这些结构单元被分为两类,分别是表示分子核心的核心结构单元和表示侧链的侧链结构单元,见图 8-13(a)。将结构单元分为两类的目的是为了可以对分子中的位置信息进行更好的区分。比如,以"IH"和"RIH"为例,前者表示环的缺氢数,后者表示侧链的缺氢数。通过这样的方式可以定向的表示环上的双键和侧链的双键。图 8-13(b)中展示了石油中常见的几类分子的结构单元组合逻辑。

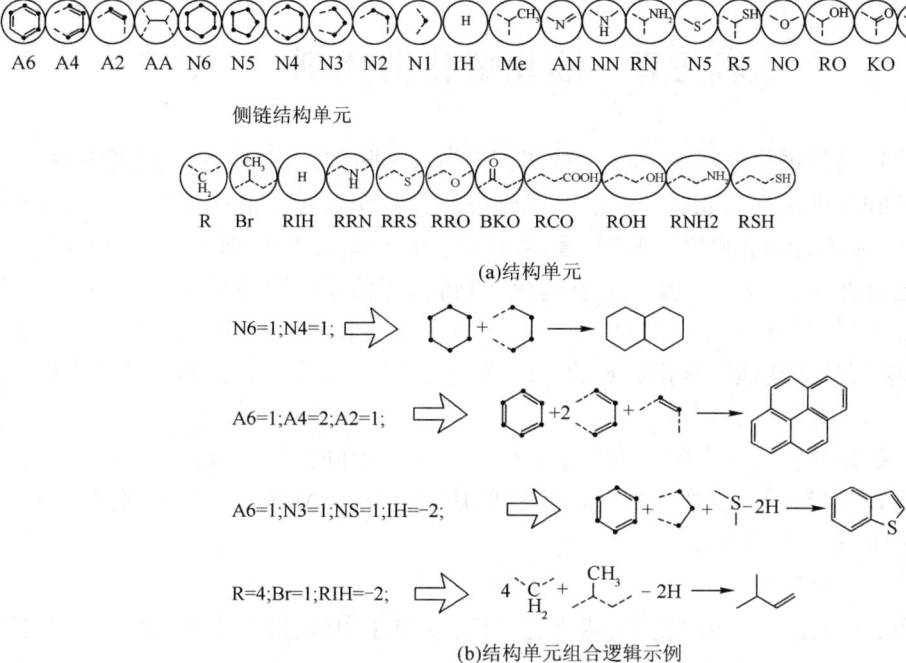

图 8-13　结构单元及示例

基于 SU-BEM 混合框架建立分子尺度反应动力学模型时,研究者可以从结构单元层次直接指定反应规则,而不需要关注抽象的键电矩阵。并且由于结构单元比 Exxon/Mobil(埃克美孚)提出的结构导向集总(structure oriented lumping,SOL)中的结构向量更加细化,所以在轻质油品的建模过程中会更有优势。另外,该框架除了能够建立路径层次上的反应模型外,还能够从键电矩阵层面出发建立机理层次的反应模型,以满足不同工艺过程的要求。

但是,由于目前分析手段的限制,还无法准确获取石油中的每一个分子的结构以及含量。所以,分子尺度反应动力学模型中的分子并非是油品中真正的分子。模型中的分子是依靠有限的分析手段获得的一个代表油品组成特征的近似分子集,也可将其称为特征分子集。所以,严格来讲,分子尺度反应动力学模型可理解为集总动力学模型的升级,模型中的每个分子可以当作一个更细致的集总来理解。

上述关联模型、集总动力学模型和基于分子尺度的反应动力学模型对预测催化裂化反应行为的研究起了重要的推动作用。但是,在应用这些动力学模型建立催化裂化提升管反应器工艺数学模型时,往往采用简单的等温平推流反应器模型,都还没有考虑反应过程中的流动、传热、传质等在催化裂化反应中有重要影响的因素,对于掺炼渣油的催化裂化反应,这些因素的影响尤为重要,因而其预测功能有一定的局限性。

近几年来,中国石油大学重质油国家重点实验室开发成功一种催化裂化提升管反应器气液固三相流动反应模型,此模型综合考虑了提升管内的流动、传热、传质、反应等复杂因素,并将其耦合催化裂化反应动力学模型而建立。利用此模型,不仅可以预测提升管内沿轴向和径向的转化率及各反应产物产率的变化,而且还可以预测原料油雾化状况的变化对反应的影响等问题。对几个工业提升管反应器的实际生产数据比较,该模型预测的提升管出口温度及产品产率分布与之吻合较好。由于此模型的预测功能较强,它将不仅对优化设计和生产操作有实用价值,而且将会对发展新技术起指导性作用。

第三节　催化裂化催化剂

催化剂的作用是促进化学反应,从而提高反应器的处理能力。而且,催化剂能有选择性地促进某些反应,因此,催化剂还能对产品的产率分布及质量起重要作用。例如,在450～500℃及常压的条件下,从热力学的角度来判断,烃类可以进行分解、芳构化、异构化、氢转移等反应,但是在无催化剂存在时,其中有些反应如异构化、氢转移等的反应速率很慢,在工业生产上没有实际意义。催化裂化催化剂不仅提高了分解、芳构化等反应的速率,而且提高了异构化、氢转移等反应的速率,从而使催化裂化装置的生产能力大大提高,而且所得的汽油的辛烷值高、安定性好。

催化剂所以能加快反应速率的原因在于它使反应活化能降低,从而使原料分子更容易达到活化状态而进行反应,而且也能改变化学反应的历程。根据 Arrhenius 公式,化学反应速率常数 k 与活化能 E 之间的关系如下:

$$k = Ae^{-E/(RT)} \tag{8-17}$$

由此式可见,在一定的反应温度下,活化能越低,反应速率就越高,而且,由于 E 是处于指数项位置,它的影响是很显著的。石油馏分的热裂化反应是通过自由基的途径进行的,其活化能为210～290kJ/mol,而催化裂化反应则是通过正碳离子的途径来进行的,其活化能降至42～125kJ/mol,从而大大地提高了反应速率。

在催化裂化装置中,催化剂不仅对装置的生产能力、产品产率及质量、经济效益起主要影响,而且对操作条件、工艺过程和设备型式的选择有重要影响。

一、催化裂化催化剂组成及结构

工业催化裂化过程最初使用的催化剂是经处理的天然活性白土,其主要活性组分是硅酸铝。其后不久,天然活性白土就被人工合成硅酸铝所取代。这两种催化剂都是无定型硅酸铝,具有孔径大小不一的许多微孔,一般平均孔径为4～7nm,新鲜硅酸铝催化剂的比表面积可达500～700m²/g。

硅酸铝的催化活性来源于其表面的酸性。在有少量水存在时,由于 Al 原子的正电性使水分子离解为 H^+ 与 OH^-,其中 OH^- 与带正电性的 Al 结合,而 H^+ 则在 Al 原子附近呈游离状态,此即质子酸(Brønsted acid,简称 B 酸),见图 8-14(a)。在硅酸铝催化剂的表面,Al、O、Si 组成 Al—O—Si 的结构。由于 Al—O 键趋向正电荷较强的 Si,使 Al 带有正电性,此即非质子酸(Lewis acid,简称 L 酸),见图 8-14(b)。

在20世纪60年代,分子筛催化剂在催化裂化中的应用是催化裂化技术的重大发展。与无定型硅酸铝相比,分子筛催化剂有更高的选择性、活性和稳定性,因此,它很快就完全取代了无定型硅酸铝催化剂。

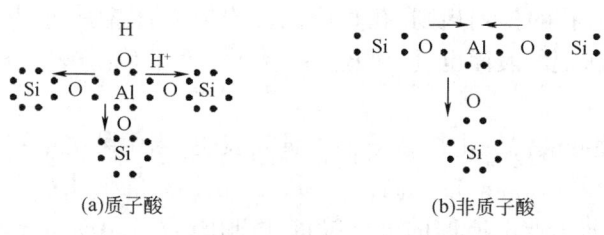

(a) 质子酸　　　　　　(b) 非质子酸

图 8－14　硅酸铝表面的质子酸和非质子酸

视频8-8 催化裂化催化剂的组成及结构

分子筛是一种具有晶格结构的硅铝酸盐,也称沸石。它的重要特点是具有稳定、均一的微孔结构。分子筛按其组成及晶体结构的不同可分为多种类型,表 8－6 列出了工业应用的几种主要的分子筛。目前,用于催化裂化过程的主要是 Y 型分子筛。

表 8－6　几种分子筛的化学组成和孔径

类型	孔径,nm	单元晶胞化学组成	硅铝原子比
4A	0.4	$Na_{96}[(AlO_2)_{96}(SiO_2)_{96}] \cdot 216H_2O$	1∶1
5A	0.5	$Ca_{34}Na_{28}[(AlO_2)_{96}(SiO_2)_{96}] \cdot 216H_2O$	1∶1
X	0.8～0.9	$0.77Na_2O \cdot 0.23K_2O \cdot Al_2O_3 \cdot 2.04SiO_2$	1.0～1.5∶1
Y	0.9～1.0	$Na_{56}Al_{23}Si_{136}O_{384} \cdot 250H_2O$	1.5～3.0∶1
丝光沸石	0.66	$Na_8(H_2O)_8Al_8Si_{40}O_{96}$	5∶1
ZSM－5	0.55～0.60	$Na_n^+(H_2O)_8Al_nSi_{96-n}O_{192}(n<27)$	>30

Y 型分子筛是由多个单元晶胞组成的,图 8－15 是它的单元晶胞结构。每个单元晶胞由八个削角八面体组成,削角八面体的每个顶端是 Si 或 Al 原子,其间由氧原子相连接。由八个削角八面体围成的空洞称为"八面沸石笼",它是催化反应进行的主要场所。进入八面沸石笼的主要通道是由十二元环组成的,其平均直径为 0.8～0.9nm。钠离子的位置有三处,如图 8－15 所示。

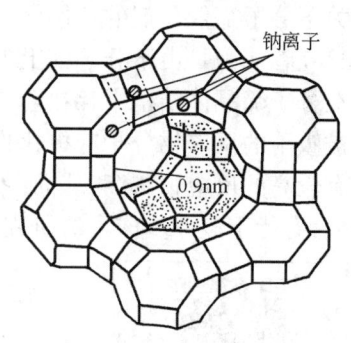

图 8－15　Y 型分子筛的单元晶胞结构

人工合成的分子筛是含钠离子的分子筛,这种分子筛没有催化活性。分子筛中的钠离子可以用离子交换的方式与其他阳离子置换。用其他阳离子特别是多价阳离子置换后的 Y 型分子筛有很高的催化活性。

目前工业上用作催化裂化催化剂的主要是以下四种 Y 型分子筛:

(1)以稀土金属离子(如铈、镧、镨等)置换得的稀土－Y 型分子筛,因稀土元素可用 RE 符号表示,故又可简写成 REY 型分子筛。

(2)以氢离子置换得的 HY 型分子筛。置换的方法是先以 NH_4^+ 置换 Na^+,然后加热除去 NH_3 即剩下 H^+。

(3)兼用氢离子和稀土金属离子置换得的 REHY 型分子筛。

(4)由 HY 型分子筛经脱铝得到的有更高的硅铝比的超稳 Y 型分子筛(USY)。

分子筛也是一种多孔性物质,具有很大的内表面,新鲜分子筛催化剂的比表面一般为 600～

$800m^2/g$。但是,分子筛是晶体结构,孔的排列规则,孔直径比较均匀,其孔径大小为分子大小数量级。研究结果表明,分子筛催化剂的表面也具有酸性,由质子酸和非质子酸形成的酸性中心密度比无定型硅酸铝大得多。

分子筛催化剂的活性比无定型硅酸铝催化剂高得多。研究表明,当用某些单体烃的裂化速率来比较时,某些分子筛的催化活性比硅酸铝竟高出上万倍。这样高的催化活性在目前的生产工艺中还难以应用。因此,目前工业上所用的分子筛催化剂中,仅含10%~35%的分子筛,其余的是起稀释作用的载体(也称基质或担体)以及黏结剂。工业上广泛采用的载体是低铝硅酸铝和高铝硅酸铝。载体除了起稀释作用外,还有其他重要作用:

(1)在离子交换时,分子筛中的钠不可能完全被置换掉,而钠的存在会影响分子筛的稳定性,载体可以容纳分子筛中未除去的钠,从而提高分子筛的稳定性。

(2)在再生和反应时,载体作为一个宏大的热载体,起到热量储存和传递的作用。

(3)适宜的载体可增强催化剂的机械强度。

(4)分子筛的价格较高,使用载体可降低催化剂的生产成本。

对于重油催化裂化,载体起着更为重要的作用。重油催化裂化进料中的部分大分子难以直接进入分子筛的微孔中,如果载体具有适度的催化活性,则可以使这些大分子先在载体的表面上进行适度的裂化,生成的较小的分子再进入分子筛的微孔中进行进一步的反应。此外,载体还能容纳进料中易生焦的物质如沥青质、重胶质等,对分子筛起到一定的保护作用。因此,对于重油催化裂化催化剂,其载体的活性、表面结构等物理化学性质是必须认真研究的。

分子筛催化剂的表面呈酸性,烃类分子在分子筛上的反应也是按正碳离子机理进行的。关于分子筛催化剂的活性何以比无定型硅酸铝催化剂高得多的问题,有许多研究报道。有的研究者认为是由于分子筛上的酸中心密度及酸强度比无定型硅酸铝高得多;有的研究者认为在分子筛晶体结构中存在着带正电的阳离子和带负电的铝氧四面体形成的静电场,因此能使被吸附的反应物分子起极化作用,从而促进了反应;也有的研究者认为分子筛的八面沸石笼中有较高的反应物浓度,从而促进了反应。这些观点都能解释一些现象,但还都有其不够完善之处,有待于进一步深入的研究。

视频8-9 催化裂化催化剂使用性能与助剂

二、催化裂化催化剂使用性能

对一种催化剂的评价,除了列出它的化学组成和表面结构数据(如比表面积、孔体积、平均孔径等)以外,还需要一些与生产情况直接关联的指标。对催化裂化催化剂来说,这些指标主要是活性、稳定性、选择性、密度、筛分组成和机械强度等。

1. 活性

分子筛催化剂的活性在实验室通常是用微反活性法(MAT)测定。该方法大致如下:在微型固定床反应器中放置5g待测催化剂,采用标准原料(一般都用某种轻柴油,在我国规定用大港235~337℃轻柴油),在反应温度为460℃、质量空速为$16h^{-1}$、剂油比为3.2的反应条件下进行反应70s,所得反应产物中的<204℃汽油、气体及焦炭质量占总进料的百分数即为该催化剂的微反活性(MAT)。国外各大石油公司一般都有自己规定的测定条件,多数是大同小异。

微反活性只是一种相对比较的评价指标,它并不能完全反映实际生产的情况,因为实际生产的条件很复杂,微反活性测定的条件与之相差甚远。

2. 稳定性

新鲜催化剂在开始投用的一段时间内,活性急剧下降,待降到一定程度后则缓慢下降。因此,初活性不能真实地反映实际的生产情况。为此,在测定新鲜催化剂的活性前先将催化剂进行水热老化处理,目的是使测定结果能较接近实际的生产情况。在我国,水热老化的条件是使催化剂在 800℃、常压、100% 水蒸气下处理 4h 或 17h。

在实际生产中,催化剂受高温和水蒸气的作用,其活性会逐渐下降;另一方面,由于催化剂会损失而需定期补充一些新鲜催化剂。因此,在生产装置中的催化剂活性可能维持在一个稳定的水平上,此时的活性则称为"平衡催化剂活性"。由此可见,从生产实际的角度来看,平衡催化剂活性比新鲜催化剂活性更为重要。平衡催化剂活性的高低取决于催化剂的稳定性和新鲜催化剂的补充量。分子筛催化剂的平衡活性多在 60~75 这一范围。催化剂的稳定性由水热老化处理前后的活性比较来评价。

3. 选择性

在一个催化反应过程中,人们总是希望催化剂能有效地促进那些能增加目的产物产率或改善产品质量的反应,而对其他不利的反应则不起或少起促进作用。如果某种催化剂能较好地达到这个要求,则说这种催化剂的选择性好。对催化裂化过程,其主要目的产物是汽油,如果气体和焦炭的产率高,则汽油的产率会降低(在转化率不变的条件下),而且焦炭产率高会增大再生器的负荷。因此,催化裂化催化剂的选择性常常以"汽油产率/转化率"及"焦炭产率/转化率"来表示。

催化裂化催化剂在受重金属污染后,其选择性会变差。重金属污染的程度(当主要是镍污染时)常常反映在裂化气体中的氢含量的增大,因此,裂化气中的 H_2/CH_4 比值不仅反映了重金属污染的程度,而且也反映了催化剂的选择性的变化。

分子筛催化剂的选择性远优于无定型硅酸铝催化剂,在焦炭产率相同时,分子筛催化剂的汽油产率要高出 15%~20%。

4. 密度

催化裂化催化剂是多孔性物质,故其密度有几种不同的表示方法:

(1)真实密度。颗粒骨架本身所具有的密度,即颗粒的质量与骨架实体所占体积之比,又称骨架密度,其值一般是 $2~2.2\text{g/cm}^3$。

(2)颗粒密度。把微孔体积计算在内的单个颗粒的密度,一般是 $0.9~1.2\text{g/cm}^3$。

(3)堆积密度。催化剂堆积时包括微孔体积和颗粒间的孔隙体积的密度,一般是 $0.5~0.8\text{g/cm}^3$。对于微球状(粒径为 $20~100\mu\text{m}$)的分子筛催化剂,堆积密度又可分为松动状态、沉降状态和密实状态三种状态下的堆积密度。

催化剂的颗粒密度对催化剂的流化性能有重要的影响。

5. 筛分组成

催化剂在反应器、再生器和循环管路中都是处于流化状态,为了保证良好的流化状态,要求催化剂有适宜的粒径分布,即有一个较适宜的筛分组成。裂化催化剂的粒径分布范围主要在 $20~100\mu\text{m}$,一般情况下,新鲜催化剂中,粒径为 $40~80\mu\text{m}$ 的约占 1/2,$20~40\mu\text{m}$ 及 $80~100\mu\text{m}$ 的约各占 1/4,也有少量 $<20\mu\text{m}$ 及 $>100\mu\text{m}$ 的颗粒。由于催化剂颗粒之间及催化剂与器壁之间的激烈碰撞,使大颗粒粉碎以及细颗粒不易被旋风分离器回收下来,所以在平衡催化剂中 >80μm 的大颗粒和 <20μm 的细颗粒的含量会下降。

6. 机械强度

为了避免在生产过程中催化剂颗粒过度粉碎以减少损耗和保证良好的流化质量,要求催化剂颗粒有一定的机械强度。我国目前采用"磨损指数"来评价催化剂颗粒的机械强度。测定方法是将一定量的催化剂颗粒放在特定的仪器中,用高速气流冲击 4h 后,所生成的 <15μm 细粉的质量占试样中 >15μm 催化剂质量的百分数即为磨损指数。通常要求微球催化剂的磨损指数不大于 2。

三、工业催化裂化催化剂种类

如果按照分子筛的种类来分类,目前工业催化裂化催化剂大致可分为稀土 Y(REY)型、超稳 Y(USY)型和稀土氢 Y(REHY)型三种。此外,尚有一些复合型的催化剂。下面对这几种催化剂的主要性能特点作一简要介绍。

1. REY 型分子筛催化剂

REY 型分子筛催化剂具有裂化活性高、水热稳定性好、汽油收率高的特点,但其焦炭和干气的产率也高,汽油的辛烷值低。主要原因在于它的酸性中心多、氢转移反应能力强。

REY 型分子筛催化剂一般适宜用于直馏瓦斯油原料,采用的反应条件比较缓和。在 20 世纪七八十年代,它是我国使用的主要催化裂化催化剂品种。

2. USY 型分子筛催化剂

USY 型分子筛催化剂的活性组分是经脱铝稳定化处理的 Y 型分子筛。这种分子筛骨架有较高的硅铝比、较小的晶胞常数,其结构稳定性提高、耐热和抗化学稳定性增强。而且由于脱除了部分骨架中的铝,酸性中心数目减少,降低了氢转移反应活性,使得产物中的烯烃含量增加、汽油的辛烷值提高、焦炭产率减少。

USY 型分子筛催化剂在选择性上有明显的优越性,因而发展很快。但是在使用时应注意到它的酸性中心数目有所减少,需要提高剂油比(例如在 8 以上)来达到原料分子的有效裂化,而且在再生时再生剂含炭量须降至 0.05% 以下。

3. REHY 型分子筛催化剂

REHY 型分子筛催化剂是在 REY 型分子筛催化剂的基础上降低了分子筛中 RE^{3+} 的交换量,而以部分 H^+ 代替,使之兼顾了 REY 型和 HY 型分子筛催化剂的优点。REHY 型分子筛催化剂的活性和稳定性低于 REY 型分子筛催化剂,但通过改性可以大大提高其晶体结构的稳定性。因此,REHY 型分子筛催化剂在保持 REY 型分子筛催化剂的较高的活性及稳定性的同时,也改善了反应的选择性。

REHY 型分子筛催化剂中的稀土元素和氢元素的比例可以根据需要来调节,从而制成具有不同活性和选择性的催化剂以适应不同的要求。

分子筛催化剂虽然可以分成几类,但其商品牌号却是不胜枚举。有些催化剂从类型和性能来看是基本上相同的,但在不同的生产厂家却都有自己的商品牌号。表 8-7 列出了主要的国产分子筛催化剂的牌号及其主要特点。

表 8-7　国产分子筛催化剂类型和牌号及其主要特点

类型	牌号	活性组分/载体	特点
REY	偏 Y-15,共 Y-15	REY/$SiO_2-Al_2O_3$	沸石含量中等,用于瓦斯油裂化
	CRC-1,KBZ,LC-7	REY/白土	半合成,高密度,用于掺渣油裂化,抗重金属能力较强
	LB-1	REY/白土	高密度,水热稳定性好
USY	ZCM-7,CHZ	REUSY/白土	焦炭选择性优,轻油收率高,用于掺渣油裂化
	LCH	高硅 REUSY/白土	焦炭选择性优,轻油收率高,汽油辛烷值高
	CC-15	REUSY/$SiO_2-Al_2O_3$	焦炭产率低,轻油收率高,强度好
	RHZ-300	USY/白土	活性、选择性皆优,抗氮性好
REHY	LCS-7	REHY/白土	中等堆积密度,焦炭产率低,轻油收率高
	CC-14,RHZ-200	LREHY/白土	中等堆积密度,轻质油收率高,汽油选择性好

催化裂化催化剂的种类有很多,如何根据需要和具体条件来选择适用的催化剂是一个须认真考虑的问题。一般来说,有几个原则是可供参考的:

(1) 在掺炼渣油的比例增大时,要选用 REHY 乃至 USY 型分子筛催化剂。若原料油的重金属含量高,则宜选用具有小表面积的载体的 USY 型分子筛催化剂。

(2) 当要求的产品方案从最大轻质油收率向最大汽油辛烷值方向变化时,催化剂的选择也相应地从 REY 向 REHY 以至 USY 型分子筛催化剂方向变化。

(3) 根据现有装置的具体条件尤其是制约条件来选用催化剂。例如,当再生器负荷较紧张时,应选用焦炭选择性优良的 REHY 或 USY 型分子筛催化剂;又如当催化剂循环量受到制约时,也就是剂油比受到制约时,宜于选用活性高的 REHY 乃至 REY 型分子筛催化剂。

上述几点只是一般性的参考原则,实际上,要确定选择哪一种催化剂最为合适,还是要通过实验室评价和工业试用来确定。

四、催化裂化催化剂助剂

近 30 年来,在催化裂化催化剂发展的同时,起多种辅助作用的助催化剂(简称助剂)也有了很大的发展。这些助剂主要以添加剂的方式加入到催化裂化催化剂中,起到补充催化裂化催化剂的某些方面不足的作用,而且使用灵活,可以根据具体情况随时启用、或停用、或调整用量,无需为了某一操作方式而全部更换装置中的催化剂。在本部分,简要地介绍几种主要的催化裂化催化剂助剂。

1. 辛烷值助剂

辛烷值助剂的作用是提高裂化汽油的辛烷值。它的主要活性组分是一种微孔择形分子筛,最常用的是 ZSM-5 分子筛。ZSM-5 分子筛的骨架含有两种交叉孔道,其结构可见图 8-16,一种是直的,另一种是"Z"形近似圆的,两种孔道相互交叉。这种结构的孔口是由十元(氧)环构成的,孔口直径为 0.5~0.6nm,交叉处的孔空间的直径约为 0.9nm。

ZSM-5 的主要功能是有选择地把一些裂化

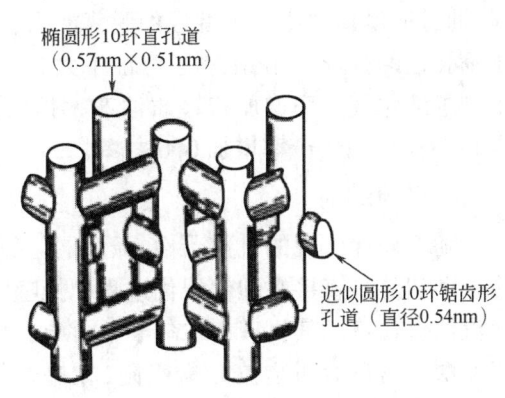

图 8-16　ZSM-5 分子筛的结构

生成的、辛烷值很低的正构($C_7 \sim C_{13}$)烷烃或带一个甲基侧链的烷烃和烯烃进行选择性裂化生成高辛烷值的 $C_3 \sim C_5$ 烯烃,而且 C_4、C_5 异构物比例大,从而提高了汽油的辛烷值。对石蜡基的原料油,其辛烷值的提高更明显。由于原裂化汽油中的部分烷烃转化为液化气,故使用辛烷值助剂后,汽油产率下降、液化气产率增大。但如果把增加的液化气中的烯烃转化为烷基化油计算在内,则总汽油收率反而会增加不少。

辛烷值助剂的加入量约为系统催化剂藏量的 10%～20%,补充量为 0.1～0.4kg/t 原料油。使用助剂后,一般情况下轻质油收率降低 1.5%～2.5%,液化气收率相对增加约 50%,汽油 MON 提高 1.5～2 个单位,RON 提高 2～3 个单位。提高裂化反应温度也可以提高裂化汽油的辛烷值,这两种方法的效果有叠加的关系。

国外许多大的石油公司都有自己的辛烷值助剂,国内有中国石化石油化工科学研究院研制的 CHO 系列辛烷值助剂。

2. 多产低碳烯烃助剂

多产低碳烯烃助剂的作用是增加催化裂化过程低碳烯烃,特别是丙烯的收率。最常用的活性组分仍然是 ZSM-5 分子筛。例如,Akzo 公司开发了 TP-1 催化剂,它含有 5%(质量分数)的 ZSM-5,用磷活化,其特点是既可大幅度提高丙烯产率,同时能够维持高的渣油转化率。Akzo 公司还开发设计了新一代催化剂体系,即 AFX 催化剂体系,该催化剂提高了 ZSM-5 分子筛对 Y 型分子筛的比率,减少了催化裂化过程中的芳烃产率,同时能够最大量地提高烯烃的产率。

中国石化洛阳石油化工工程公司开发的催化裂化增产丙烯助剂 LPI-21 对长庆常压重油、九江管输混合油和茂名加氢渣油均具有很好的适应性,液化气产率增加 2.3% 以上,丙烯产率增加 1.5% 以上。

Grace Davison 公司研究开发的 OlefinsMax 助剂就是以 ZSM-25 分子筛为主要添加剂。早期的 ZSM-25 分子筛存在水热稳定性差和导致催化裂化汽油敏感度加大的缺陷,然而经过近十几年的研发,改性 ZSM-25 分子筛具备了良好的稳定性和轻烯烃选择性,同时提高了异构活性,使 MON 辛烷值提高,汽油敏感度降低。利用 ZSM-25 分子筛的轻烯烃选择性可以有效实现多产丙烯的目的。

中国石化石油化工科学研究院开发的提高催化裂化液化气中丙烯潜含量的助剂 MPO-31 是采用具有 MFI 结构的中孔分子筛,通过将磷和其他特种活性组元载入中孔分子筛来进行酸性调变以增加其裂化活性。这种经改性后的分子筛在保持其优异的水热活性稳定性的同时,通过适度增强小分子烷烃的脱氢能力,达到提高液化气中丙烯潜含量的目的。同时通过分子筛孔道的择形作用,限制了汽油中大分子的进入,减少了汽油分子的进一步裂化反应,从而限制了液化气产率增加和轻质油产率损失。工业实验结果表明,助剂加入量为 4%(质量分数)左右时,丙烯产率增加 0.6%。

3. 降硫助剂

随着环保法规的日益严格,降低催化裂化汽油硫含量成了炼油行业迫切需要解决的难题。降硫助剂就是直接在催化裂化过程中把噻吩类化合物转化为 H_2S 进入干气,从而降低催化裂化汽油硫含量。其机理为在化学上含硫有机物属于 L 碱,催化裂化汽油降硫助剂在化学上属于 L 酸。含硫有机物被 L 酸吸附,在提升管的气氛下发生氢转移反应,进而裂解,硫转化为 H_2S 进入干气。

中国石化石油化工科学研究院开发的 MS-011 催化裂化降硫助剂属于固体助剂,其作用原理是通过含硫化合物在助剂上的吸附和化学反应,如汽油中的噻吩类化合物与分子筛 B 酸中心或通过分子筛的 B 酸与烷基发生氢转移反应,形成具有硫醇或硫醚类性质的物质,然后裂解成裂化气和烯烃。其物化性质与常规裂化催化剂相似,具有较好的流化性能和适当的裂化性能。工业试验结果表明,助剂占藏量 10.5%(质量分数)时,汽、柴油硫含量分别下降 33.4%(质量分数)和 6.1%(质量分数)。

此外,中国石化洛阳石油化工工程公司开发的 LDS-L1 液体降硫剂、中国石化长岭分公司研究院开发的 SRS-1 降硫助剂、南京石油化工厂开发的 NS-FCC 等助剂都具有一定的脱硫效果。

国外催化裂化脱硫助剂的研发也相当迅速。Grace Davison 公司开发了催化汽油固体降硫剂 GSR-1 和 GSR-2。GSR-1 的主要成分是 Zn/Al_2O_3,在欧洲和北美得到广泛应用,在催化裂化催化剂中加入 10%(质量分数)的 GSR-1 时,可使催化裂化汽油硫含量降低 15%(质量分数)左右。GSR-2 的载体为锐钛矿型 TiO_2,脱丙基和丁基噻吩的能力远远超过 GSR-1,汽油脱硫率大大提高,重汽油的脱硫率尤为明显。在 GSR 系列助剂基础上,Grace Davison 公司又开发了 D-PriSM,并于 2001 年走向工业应用,汽油硫含量可降低 35%(质量分数)。目前最高水平的降汽油硫含量的催化剂牌号是 GSR-6.1,可降低催化裂化汽油硫含量 50%(质量分数)。

Akzo 公司推出了降低催化裂化汽油硫含量的 RESOLVE 系列助剂,例如 RESOLVE-700、RESOLVE-750、RESOLVE-800 和 RESOLVE-850。RESOLVE-800 是一种双功能助剂,兼具汽油降硫和 SO_x 转移功能。RESOLVE-850 还可以使难脱除的硫化物脱除近 40%(质量分数),它还能脱除 FCC 轻柴油和重柴油中的部分硫。RESOLVE 系列强调在降低汽油硫含量的同时,维持催化剂裂化活性,降低催化剂单耗。

Engelhard 公司推出了一种 NapthaMax-LSG 降硫催化剂,其设计理念在于:提高催化剂的活性,增加汽油产率和转化率;提高催化剂氢转移反应能力,促进汽油中硫化物向硫化氢的转化。具体的技术措施是采用 Engelhard 公司专有的 Pyrochem-Plus 分子筛和优化催化剂孔分布的载体结构技术,同时增加催化剂的稀土含量。

4. 金属钝化剂

催化裂化原料中的重金属(以金属有机化合物的形式存在)会对催化剂起毒害作用。如镍会使催化剂的选择性变差,导致轻质油产率下降、焦炭产率增大、氢气产率增大等;钒会在高温下使催化剂的活性下降等。在掺炼渣油时,由于原料含重金属较多,对催化剂的毒害更为严重。

金属钝化剂的作用是使催化剂上的有害金属减活,从而减少其毒害作用。工业上使用的钝化剂主要有锑型、铋型和锡型三类,前两类主要是钝镍,而锡型则主要是钝钒。目前最广泛使用的是锑型钝化剂。国外比较著名的有菲利普斯公司的 Phil Ad 钝化剂,国内有 MP 系列和 LMP 系列的钝化剂,都属锑型钝化剂。这些钝化剂是液体,可直接注入装置中。钝化剂的注入量一般认为以催化剂上的锑镍比为 0.3~1.0 为宜。对不同的原料或不同的催化剂,加入钝化剂的效果会有所不同。一般来说,当金属污染较严重时,加钝化剂后与未加前相比,氢气产率相对减少 35%~50%,焦炭产率相对减少 10%~15%,而汽油产率相对增加 2%~5%。

锑是有毒元素,含硫、磷的锑型钝化剂的毒性更大,使用时应注意安全。此外,在使用钝化剂时应当注意正确的使用方法,否则得不到预期的效果。

近年来,对无毒的金属钝化剂的研制工作有很多,有的已取得了良好的研究成果。

5. CO 助燃剂

CO 助燃剂的作用是促进 CO 氧化成 CO_2,减少排出烟气中的 CO 含量,有利于减少污染,回收烧焦时产生的大量热量,可使再生器的再生温度有所提高,从而提高了烧焦速率并使再生剂的含炭量降低,提高了再生剂的活性和选择性,有利于提高轻质油收率。由于再生器的温度提高,催化剂循环量可以有所降低。

目前广泛使用的 CO 助燃剂的活性组分主要是铂、钯等贵金属,以 Al_2O_3 或 $SiO_2—Al_2O_3$ 作为载体,在 CO 助燃剂中,铂含量仅为 $0.01\% \sim 0.05\%$。CO 助燃剂的用量很小,其加入量按催化剂藏量中的铂含量计,达到 $0.2\mu g/g$ 以上($580℃$)就能引燃 CO,保持在 $2\mu g/g$ 左右就能达到稳定操作。无论再生器是以 CO 完全燃烧或部分燃烧方式操作,都可以使用 CO 助燃剂。

由于铂的催化氧化活性高,目前使用的 CO 助燃剂几乎都是以铂为活性组分的。钯的活性虽然比铂差些,欲达到相同的效果用量要大些,但钯的价格比铂低,总的来看,成本相对要低些。此外,有的装置发现使用钯助燃剂时,烟气中的 NO_x 含量相对较低。对以非贵金属代替贵金属作助燃剂的研究也有不少,但在实际生产中应用的尚不多见。

除了上述的几种助剂外,还有一些其他的助剂,例如钒捕集剂、硫转移剂等。

五、催化裂化催化剂最新进展

自催化裂化技术工业化以来,催化裂化催化剂一直在不断地发展,从天然活性白土到人工合成硅酸铝,从 REY 型分子筛及 REHY 型分子筛到 USY 型分子筛等,其催化性能不断地改善。目前,催化裂化催化剂的研究仍然十分活跃,研究的热点主要在如何适应重质原料油裂化、如何提高汽油辛烷值、如何降低催化裂化汽油的烯烃含量等方向,发展趋势是"致力于开发催化剂的基础材料、建立催化剂开发的平台技术",进而以这些"平台"为基础,开发出具有不同功能的新催化剂。

在载体方面,其主要技术进步表现在发展重油裂化能力好、抗重金属污染能力强、稳定性好、具有开放式孔道结构且孔分布和酸性具有梯度分布的大孔载体材料。重油催化裂化催化剂活性中心的可接近性对提高渣油转化、减少生焦具有重要的意义,而催化剂中孔和大孔的引入是提高其活性中心可接近性的有效方法。

在分子筛方面,主要集中在提高已有分子筛的性能方面。例如,研究制备具有合理晶胞大小、硅铝比、硅铝分布及孔分布的超稳 Y 型沸石,增加 Y 型沸石对异构化产物等产品的选择性,研究提高丙烯选择性的择形分子筛及改性技术。

特别是以"原位晶化技术"著称的全白土催化剂具有悠久的历史,但目前仍是最为活跃的研发领域,这种催化剂在 FCC 工艺中表现出具有更高的强度、耐磨性能好、催化剂使用寿命长、重油转化能力强、抗结焦性能好等,最近的技术动向还显示出有可能在短接触时间催化剂上有所突破。因此,这种原位晶化技术在催化剂制备上的应用吸引着业内人士的长期关注。从文献调研的情况看,目前世界上高岭土原位晶化技术的发展主要表现在:(1)实现原位晶化合成的同时,怎样使催化剂提供更合理的孔道分布(特别是丰富、稳定的大孔);(2)提供高活性的分子筛原位晶化技术;(3)高分子筛含量原位晶化技术;(4)利用原位晶化技术生长择形分子筛 ZSM-5 技术等。

中国石油石油化工研究院开发的高汽油收率低碳排放系列催化剂是 FCC 催化剂最新成

果的代表,提出了孔结构控制氢转移反应的创新思想,通过营造利于"晶核形成"和"晶体生长"两种不同的化学环境,巧妙地解决了高结晶度、短晶化时间和高硅铝比等因素之间相互掣肘的难题;发明了基于缺陷诱导的碱处理脱硅—水热脱铝联合造孔新方法,实现了低成本、无有机模板合成高活性介微孔 Y 沸石新材料的历史性突破,发明了高稳定性高硅铝比 NaY 沸石原材料,解决了高汽油收率与低焦炭产率之间相互制约的技术难题。之后,发明了中大孔构建——微晶一体化两步法合成技术,攻克了在 FCC 催化剂中大孔载体上创造丰富 B 酸的技术难题,促进了原料油大分子的扩散传输,强化了以 B 酸主导的正碳离子反应,减少了焦炭生成,首创了富含 B 酸的中大孔硅铝载体材料,解决了高转化率与低焦炭产率的突出矛盾。设计开发了高汽油收率低碳排放系列 FCC 催化剂,在国内外成功实现了大规模工业应用,汽油收率平均提高 2 个百分点,汽油辛烷值平均提高 1 个单位,焦炭和 CO_2 排放相对降低 5% ~ 10%。系列 FCC 催化剂成功在国内 20 余套装置实现推广应用,并在美国、新加坡、印度等多国炼厂实现了推广应用。

中国石化石油化工科学研究院开发的 CDC 重油深度转化催化剂从提高超笼利用率概念出发,通过一种液态结合稀土和 NaY 交换的方法制备 REHY 和 REY 催化剂,该方法制备的 CDY 分子筛可使稀土进入方钠石笼,分子筛具有高结晶度、大微孔比表面积,基本没有非骨架铝。以 CDY 分子筛为活性组元制备的 CDC 催化剂具有高重油裂化能力和抗重金属能力。工业结果表明,与其他常规催化剂相比,油浆产率降低 1.36%,轻质油收率提高 1.45%,液体收率提高 2.16%,表明具有较强的重油裂化能力。同时从氢气和甲烷比值看,CDC 催化剂具有较好的抗重金属能力。

针对加工进口原油变化多端的需求,还开发了在高含量铁污染条件下使用的 CMT – 1HN 催化剂,含有高活性和稳定性的分子筛,具有较高的水热稳定性,在催化裂化过程中可以有效促进生成汽油及液化气等高附加值产物,并抑制干气及焦炭的生成;催化剂中还加有非稀土型金属捕集组元,有效改善催化剂的综合抗金属污染能力。表征结果显示,与常规催化剂相比,主要指标均较正常,但是孔体积较大,这对于抗铁污染非常有利,可以有效缓解含铁低熔点共融物对催化剂孔道的堵塞效应。

HSC 催化剂是采用新工艺技术开发的一种高稳定性分子筛催化剂,该分子筛的主要工艺特点是直接引入外界 Si 源与干燥 NaY 分子筛接触反应,在超稳化反应过程中,抽铝补硅和脱 Na_2O 一次完成,无需经多次交换、焙烧,制备出的高稳定性且晶胞常数调整范围宽的 Y 型分子筛,使分子筛的结构更加优化,具有更高的稳定性及更强的重油转化能力,以满足催化裂化装置加工重质原料油的要求。与原有催化剂(MLC – 500)相比,HSC 催化剂具有更高的活性、较好的抗磨损指数和粒度分布。在济南重油催化装置上采用 HSC 催化剂与原有催化剂(MLC – 500)相比,HSC 催化剂反应后,裂化反应深度增加,总液收增加了 1.34%、汽油收率增加了 5.05%、液化气收率增加了 1.43%,干气和油浆收率下降,产品分布改善。

中国石化石油化工科学研究院还开发了增产汽油催化裂化催化剂 SCG – 1、含介孔硅铝材料催化剂(CRM – 200)、抗碱氮催化剂 ABC 以及渣油 MIP 装置多产汽油催化剂 RCGP – 1 等,满足了炼油行业的重大需求。

此外,催化剂的发展还跨越了炼油行业本身,向石油化工方向发展。例如,以多产低碳烯烃为目标的 DCC 工艺的 CRP 和 MMC – 2 催化剂,以最大限度生产高辛烷值汽油和气体烯烃为目标的 MGG 工艺的 RMG 催化剂,以多产气体异构烯烃为目标的 MIO 工艺的 RFC 催化剂,以常压重油为原料的多产气体和汽油为目标的 ARGG 工艺的 RAG 系列催化剂,以生产低烯烃含量催化裂化汽油目标的 Grace Davison 公司的 RFG 催化剂,中国石油的 LBO-16 催化剂及中国石化的 GOR 系列催化剂等,这些催化剂都是基于活性组分功能性强化和改进而开发的。

第四节 催化裂化催化剂失活与再生

一、催化裂化催化剂失活

视频 8-10 催化裂化催化剂失活与再生

在催化裂化反应—再生过程中,催化剂活性和选择性不断下降,此现象称为催化剂失活。催化裂化催化剂失活原因主要有三个:高温或高温与水蒸气的作用,称为水热失活;缩合反应生焦,称为结焦失活;毒物的毒害,称为中毒失活。

1. 水热失活

在高温,特别是有水蒸气存在的条件下,催化裂化催化剂的表面结构发生变化,比表面积减小,孔容减小,分子筛的晶体结构遭到破坏,导致催化剂的活性和选择性下降。无定型硅酸铝催化剂的热稳定性较差,当温度高于 650℃ 时失活很快。分子筛催化剂的热稳定性比无定型硅酸铝要高得多。REY 型分子筛的晶体崩塌温度为 870~880℃,USY 型分子筛的崩塌温度为 950~980℃。实际上,在高于 800℃ 时,许多分子筛就已开始有明显的晶体破坏现象发生。在工业生产中,对分子筛催化剂,一般在 <650℃ 时催化剂失活很慢,在 <720℃ 时失活并不严重,但当温度 >730℃ 时失活问题就比较突出了。表 8-8 列出了近年来工业新鲜催化剂与水热减活平衡剂的某些物性的比较。

表 8-8 工业新鲜催化剂与水热减活平衡剂的物性比较

物性参数	工业新鲜催化剂	水热减活平衡剂
比表面积,m^2/g	200~640	60~130
孔体积,cm^3/g	0.17~0.71	0.16~0.45
大密度剂堆积密度,g/cm^3	0.79~0.88	0.90~1.03
小密度剂堆积密度,g/cm^3	0.48~0.53	0.70~0.82
微反活性(MAT),%	70~83	56~70

对分子筛催化剂的失活,一些研究者也常用一级失活动力学方程来处理。Chester 等选择了三种工业分子筛催化剂(分别标记为 A、B、C,性质见表 8-9),来研究分子筛催化剂的失活动力学,并得到如图 8-17 所示的结果。由图 8-17 可见,在高温区的活化能明显增大。

表 8-9 三种工业分子筛催化剂的主要性质

催化剂	A	B	C
类型	半合成	白土	白土—硅胶
比表面积,m^2/g(煅烧至 650℃)	336	328	169
孔体积,cm^3/g	0.72	0.47	0.44
堆积密度,g/cm^3	0.54	0.79	0.75
微反活性(MAT),%	77	83	79

根据此结果,提出了以下的假设:分子筛催化剂的失活可以分为两个温度区,在低温区的失活以无定形载体的失活为主,而在高温区的失活则以分子筛失活为主。因此,分子筛催化剂的失活速率常数 k_d 可用下式表示:

$$k_d = A_M \exp[-E_M/(RT)] + A_Z \exp[-E_Z/(RT)] \tag{8-18}$$

式中,A_M、E_M、A_Z、E_Z 分别是无定形载体和分子筛的指前因子和活化能。

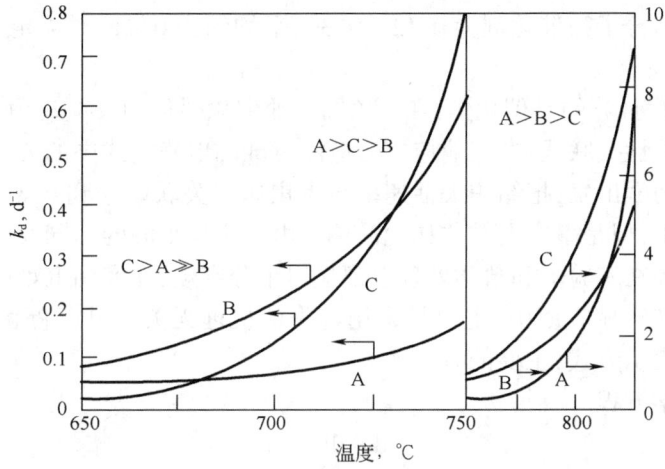

图 8-17 三种分子筛催化剂的失活速率常数

2. 结焦失活

催化裂化反应生成的焦炭沉积在催化剂表面,覆盖催化剂的活性中心,使催化剂活性和选择性下降。随着反应进行,催化剂上沉积的焦炭增多,失活程度也加大。

工业催化裂化所产生的焦炭可认为包括四种类型:

(1) 催化焦。烃类在催化剂活性中心上反应时生成的焦炭,其氢碳比较低(氢碳原子比约为 0.4)。催化焦随反应转化率的增大而增加。

(2) 附加焦。原料中的焦炭前身物(主要是稠环芳烃)在催化剂表面上吸附,经缩合反应产生的焦炭。通常认为在全回炼时附加焦的量与残炭值大体上相当。关于附加焦与原料残炭值之间的关系有各种不同的见解,例如,KBR 公司认为,原料中对残炭值有贡献的物质全部转化为焦炭;TOTAL 公司则认为,附加焦与残炭值没有固定的关系,凌珑等对四种国产常压重油进行了实验研究,认为附加焦的量约为残炭值的 90%。从许多研究结果来看,附加焦与原料的残炭值是有关的,但还与转化率及操作方式(如回炼方式)等因素有关。

(3) 可汽提焦,也称剂油比焦。因在汽提段汽提不完全而残留在催化剂上的重质烃类,其氢碳比较高。可汽提焦的量与汽提段的汽提效率、催化剂的孔结构状况等因素有关。

(4) 污染焦。由于重金属沉积在催化剂表面上促进脱氢和缩合反应而产生的焦。污染焦的量与催化剂上的金属沉积量、沉积金属的类型以及催化剂的抗污染能力等因素有关。

结焦失活的程度与催化裂化反应生焦速率密切相关,许多研究者对生焦动力学进行了研究,提出了各种生焦模型,例如 Voorhis 的生焦方程、Panchenkov 和杨光华等的多层生焦模型、中国石油大学重质油国家重点实验室的几种反应控制机理的生焦模型、Froment 等的不同生焦途径的生焦模型等。其中最著名的是 Voorhis 生焦方程。

Voorhis 通过对大量数据的分析认为:尽管焦炭产率与催化剂的类型、原料组成及操作条

件有关,但是沉积在催化剂上的焦炭与反应时间的关系基本上是相同的。此关系可用下式来描述:

$$C_c = At_c^n \tag{8-19}$$

式中 C_c——催化剂上积炭的质量分数;

t_c——催化剂停留时间;

A——随原料油和催化剂性质以及操作条件而变的系数,$A = 0.2 \sim 0.8$;

n——常数,对分子筛催化剂为 $0.12 \sim 0.30$,平均约为 0.21,对无定形硅酸铝则比此值要高得多。

Voorhis 生焦方程计算的是催化焦,在有关馏分油催化裂化的反应动力学模型中已被广泛应用。该方程是经验性关联式,在工业应用时应注意准确地确定式中的 A 和 n 的数值。

从生焦反应动力学出发,把结焦失活速率与生焦速率关联以得到结焦失活动力学模型本来是个顺理成章的事,但是事实上并非如此简单。由于焦炭来源的不同及失活机理的复杂性,这条解决问题的途径在实验上和数学处理上都显得十分麻烦,在实用上难以实现,因而不得不寻找其他的途径。在实际应用中,主要是采用与失活机理无关的基于停留时间的失活模型。这类模型也有多种表示方式,主要的有:

零级失活动力学方程

$$-da/dt = A \tag{8-20}$$
$$a = a_0 - At_c$$

一级失活动力学方程

$$-da/dt = Aa \tag{8-21}$$
$$a = a_0 \exp(-At_c)$$

二级失活动力学方程

$$-da/dt = Aa^2 \tag{8-22}$$
$$1/a = 1/a_0 + At_c$$

这类失活模型中没有包括催化剂含炭量这个因素,因此实际上已作了反应器内的催化剂是均匀失活这一假设。此外,这类模型在实用中也有一定的限制,它只是在确定该方程形式的工艺条件范围内才能适用。

除了上述失活方程外,还有一些其他形式的结焦失活动力学模型。Corella 等对裂化催化剂的结焦失活问题进行了比较详细的研究,他们还研究了表观失活级数和活化能的变化规律,对某些研究者的不同的研究结果进行了较好的解释。

3. 中毒失活

在实际生产中,催化裂化催化剂的毒物主要是某些金属(铁、镍、铜、钒等重金属及钠)和碱性氮化合物。

重金属在催化裂化催化剂上的沉积会降低催化剂的活性和选择性。重金属对催化剂的影响的方面和程度是有所不同的,其中以镍和钒的影响最为重要。在催化裂化反应条件下,镍起着脱氢催化剂的作用,使催化剂的选择性变差,其结果是焦炭产率增大、液体产品产率下降、产品的不饱和度增大、气体中的氢含量增大。钒会破坏分子筛的晶体结构并使催化剂的活性下降。在催化剂上金属含量低于 $3000\mu g/g$ 时,镍对选择性的影响比钒大 $4 \sim 5$ 倍,而在高含量时($15000 \sim 20000\mu g/g$),钒对选择性的影响与镍达到相同的水平。表 8-10 列出了镍和钒对催化剂影响的比较。

表 8-10 镍和钒对催化剂的影响

物 性 参 数	基准	+Ni(265μg/g)	+V(830μg/g)
微反活性,%	77.5	73.5	74.2
焦炭产率(质量分数),%	4.05	5.62	5.48
其中污染炭,%	0	2.26	2.01
氢气产率(质量分数),%	0.20	0.76	0.64
其中污染氢,%	0	0.56	0.44

重金属污染的影响还与其老化的程度有关。实践表明,已经老化的重金属的污染作用要比新沉积的金属的作用弱得多。据 ARCO 公司的考察,催化剂上沉积的镍中大约只有 1/3 具有新沉积的镍的脱氢活性。因此,仅用催化剂上沉积的重金属量还不能确切地反映催化剂的污染程度,有的研究者建议用重金属含量与某个效率系数的乘积来表示催化剂的实际污染程度。此外,重金属污染的影响的大小还与催化剂的抗金属污染能力有关。

催化剂上的重金属来源于原料油,国外许多原油的钒含量较高,我国多数原油的镍含量较高而钒含量则较低。一般情况下,以瓦斯油为原料时,重金属污染的程度并不严重,但是对来自某些含重金属很多的原油的瓦斯油,或减压蒸馏时雾沫夹带严重,则必须重视重金属污染的问题。对重油催化裂化,催化剂的重金属污染是个严重的问题。例如,即使是金属含量很低的大庆原油,其常压重油的镍含量也有约 $5\mu g/g$。如果催化剂的损耗率以 $1kg/t$ 油计算,平衡催化剂上的镍含量也将达到 $5000\mu g/g$。

除了上述的重金属外,碱金属和碱土金属以离子态存在时,可以吸附在催化剂的酸性中心上并使之中和,从而降低了催化剂的活性。在实际生产中,钠对裂化催化剂的中毒是需要注意的。钠会中和酸性中心而降低催化剂的活性,而且,钠会降低催化剂结构的熔点,使之在再生温度条件下发生熔化现象,把分子筛和载体一同破坏。

除了金属毒物外,碱性氮化合物对催化裂化催化剂也是毒物,它会使催化剂的活性和选择性降低。碱性氮化合物的毒害作用的大小除了与总碱氮含量有关外,还与其分子结构有关,例如分子大小、杂环类型、分子的饱和程度等。

4. 催化剂平衡活性

由以上讨论可见,催化裂化催化剂的活性和选择性在使用过程中会受到各种因素的影响而逐渐发生变化,因此新鲜催化剂的活性并不能反映工业装置中实际的催化剂活性。在实际生产中,通常用"平衡活性"来表示装置中实际的、相对稳定的催化剂活性。影响裂化催化剂的平衡活性的因素很多,主要的有:

(1) 催化剂的水热失活速率。由于再生器的温度比反应器的温度高得多,因此,再生器的操作条件对催化剂的水热失活速率的影响是决定性的。催化裂化再生器都是流态化反应器,尽管不同型式的再生器会有不同的流化状态,但总是会存在各种形式的固体颗粒停留时间分布函数。因此,催化剂颗粒在再生器内的停留时间分布是计算催化剂失活的重要基础。

(2) 催化剂的置换速率。裂化催化剂在反应—再生系统中进行循环时会由于磨损、粉碎而流失。而且,为了保持平衡活性,也需要卸出一些旧催化剂而补充一些新鲜催化剂。因此,对装置内的催化剂应有一个合理的催化剂置换速率。催化剂置换速率高时,平衡活性也高。但是在这两者之间并不是一个简单的比例关系。新鲜催化剂中的细粉在最初的几个循环中即可能流失,而有些耐磨的粗颗粒则可能在反应—再生系统内长期停留,从而导致不同直径颗粒的失活程度有很大的不同。

(3) 催化剂的重金属污染。重金属在催化剂上的沉积量是逐渐增多的，其污染影响也逐渐加大。另一方面，沉积重金属的毒性又会随着其寿命的延长而下降。

影响催化裂化催化剂平衡活性的因素很复杂，除了上面讨论的三个方面外，还有新鲜催化剂的活性及稳定性、原料油的性质及重金属含量、催化剂的流失率、装置的操作条件等影响因素。严格来说，催化裂化催化剂的失活始终不是一个稳态过程，达不到真正的动态平衡条件，因此，在实际生产中，所谓"稳定的"平衡活性不可能是真正的固定不变。许多研究工作者对如何预测催化裂化催化剂的平衡活性进行了研究，虽然也取得了不少进展，但是可靠的平衡活性数值还是需由实测取得。许多催化裂化装置的催化剂置换率在 $1\%/d$ 左右（对系统藏量），催化剂平衡活性为 $65\% \sim 75\%$。

5. 工业提升管反应器内催化剂失活规律

由于催化裂化原料重，含有大量不能汽化的组分，且工业提升管反应器内流动传热状况复杂，因此，工业提升管反应器内催化剂的失活会表现出独特的规律。为此，徐春明等人利用专门研制的在线取样分析系统对工业提升管反应器内的反应油气和催化剂进行了在线取样分析，获得了有重要参考价值和指导意义的催化剂活性变化规律。研究发现，催化剂含炭量沿提升管高度的变化并不是单调增加的，而是在原料油刚与催化剂接触时就达到很高，主要来自于未汽化的高沸点组分和反应生成的少量焦炭；在进料喷嘴以上 $3 \sim 4m$ 的位置，催化剂含炭量达到最低，然后发生常规催化裂化反应而使含炭量缓慢增加，见图 8-18。

与此相对应，裂化催化剂的活性变化规律是沿提升管高度催化剂活性先下降然后上升至一最高点，然后又下降，其变化曲线见图 8-19。这说明在提升管内部存在着油剂接触区、主要反应区及上部的二次裂化区，催化剂活性在提升管反应器的大部分区域内降低到较低的水平，严重影响了催化活性的发挥，降低了催化剂的效率。这一发现也是两段提升管催化裂化技术的理论基础之一。

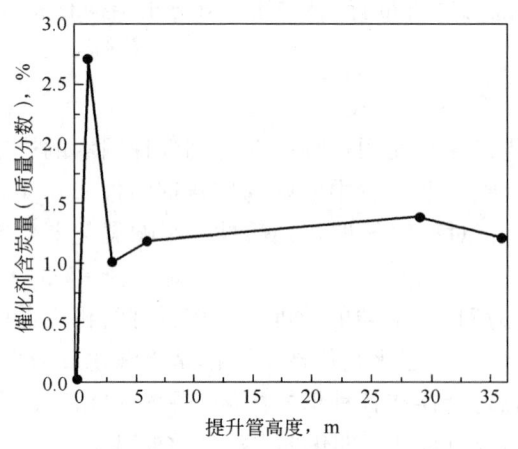

图 8-18 催化剂含炭量沿提升管高度变化曲线

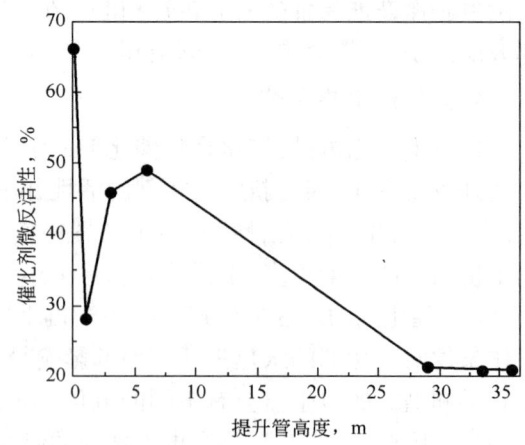

图 8-19 催化剂活性沿提升管高度变化曲线

二、催化裂化催化剂再生

催化裂化催化剂在反应器和再生器之间不断地进行循环，通常在离开反应器时催化剂（待生催化剂）上含炭约 1%（质量分数），必须在再生器内烧去积炭以恢复催化剂的活性。对分子筛催化剂一般要求含炭量降至 0.2%（质量分数）以下，而对超稳 Y 型分子筛催化剂则要求降至 0.05%（质量分数）以下。通过再生可以恢复由于结焦而丧失的活性，但不能恢复由于结构变化及金属污染引起的失活。催化裂化催化剂的再生过程决定着整个装置的热平衡和生产能力，因此，在研究催化裂化时必须十分重视催化剂的再生问题。

1. 再生反应和再生反应热

催化剂上沉积的焦炭主要是缩合反应产物，它的主要成分是碳和氢，也含有少量硫和氮。焦炭的经验分子式可写成 $(CH_n)_m$，一般情况下，n 值在 0.5~1.0 的范围。由生产装置再生器物料衡算得到的焦炭组成有时可得 n 值远大于1，其原因可能有两点：一是残留有较多的吸附油气，二是物料平衡计算时所用的计量及分析数据不准确。

催化剂再生反应就是用空气中的氧烧去沉积的焦炭。再生反应的产物是 CO_2、CO 和 H_2O。一般情况下，再生烟气中的 CO_2 和 CO 的比值为 1.1~1.3，在高温再生或使用 CO 助燃剂时，此比值可以提高，甚至可使烟气中的 CO 全部转化为 CO_2。再生烟气中还含有 SO_x（SO_2、SO_3）和 NO_x（NO、NO_2）。由于焦炭本身是许多种化合物的混合物，而且没有确定的组成，因此，无法写出它的准确分子式，故其化学反应方程式只能笼统地用下式来表示：

$$\text{焦炭} \xrightarrow{O_2} CO + CO_2 + H_2O$$

一些研究工作表明，焦炭燃烧反应是一个复杂的反应过程，其中可能经历有中间反应产物（含氧化合物）的阶段，而且在生成的 CO_2 中也可能有一部分是通过焦炭先生成 CO，然后再经过进一步氧化而生成的。

再生反应是放热反应，而且热效应相当大，足以提供本装置热平衡所需的热量。在有些情况下（例如 CO_2 和 CO 的比值大甚至完全燃烧，焦炭产率高，特别是以重油为裂化原料时），还可以提供相当大量的剩余热量。

再生反应热的数值与焦炭的氢碳比及再生烟气中的 CO_2 和 CO 的比值有关。由于焦炭的确切组成不能确定，在催化裂化工艺计算中通常根据单质碳和单质氢的燃烧发热值并结合焦炭的氢碳比及烟气中的 CO_2 和 CO 的比值来计算再生反应热，并称此计算值为再生反应的总热效应。

单质碳和单质氢的燃烧热如下：

$$\begin{cases} C + O_2 \longrightarrow CO_2 & 33873 \text{kJ/kg C} \\ C + 1/2 O_2 \longrightarrow CO & 10258 \text{kJ/kg C} \\ H_2 + 1/2 O_2 \longrightarrow H_2O & 119890 \text{kJ/kg H} \end{cases} \quad (8-23)$$

这种计算方法实质上是把焦炭看成是碳和氢的混合物，从理论上讲是不正确的。从反应热效应的角度来看，单质碳和单质氢的燃烧热与焦炭燃烧热相比较，其中相差了由碳和氢生成焦炭的生成热。若把焦炭看作是稠环芳烃，则此生成热是 500~750kJ/kg，约占由式(8-23)计算得的总热效应的 1%~2%。

目前工业上流行的计算方法是从上述总热效应中扣除"焦炭脱附热"而得的净热效应。ESSO 公司提出的焦炭脱附热的数值是总热效应的 11.5%。也有的石油公司提出应从总热效应中扣除"水脱附热"后得净热效应，例如 PACE 公司提出的水脱附热与操作条件有关，一般情况下占总热效应的 5%~10%。在实际反应过程中并不存在焦炭脱附这一步骤，但是从热力学来看存在焦炭脱附热是有可能的。至于水脱附热的问题，在 500~700℃ 的温度下，已经超过水的临界温度很多,是否存在水的物理吸附—脱附现象是值得怀疑的。至于是否存在催化剂脱结构水或化学吸附水的问题尚有待考证。

林世雄等用热分析方法直接测定吸附在催化剂上的焦炭(结焦剂)和游离焦炭(从结焦剂上剥离下来的焦炭)的燃烧热效应,发现两者之间存在一个差值,其值约占游离焦炭燃烧热效应的5%,而且游离焦炭的燃烧热效应与 Dart 用热卡计测定的纯稠环芳烃的燃烧热效应相近。这一结果似能支持存在焦炭脱附热的观点。用热重法考察催化剂吸水脱水现象的实验结果表明,在工业条件下,催化剂在反应器和再生器之间吸水—脱水的量很小,对再生热效应的影响实际上可以忽略。

图8-20示出了上述几种方法所得的再生热效应的比较。

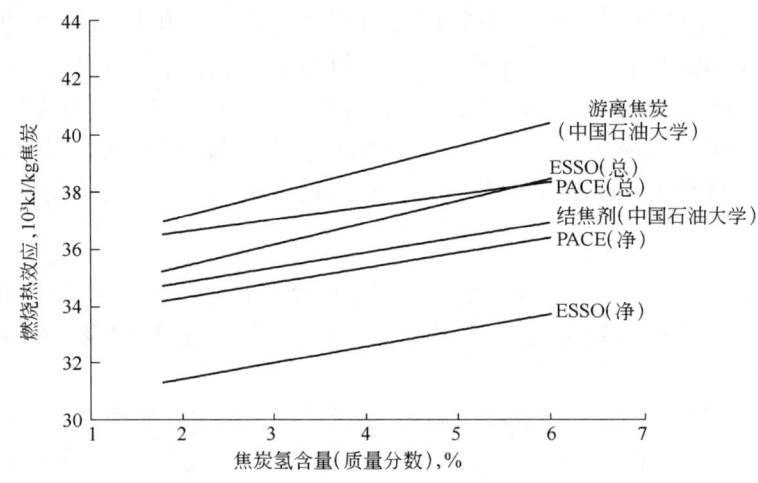

图8-20 几种方法所得再生热效应的比较

2.再生反应动力学

再生反应速率决定再生器的效率,它直接对催化剂的活性和选择性、装置的生产能力有重要影响。

再生反应速率决定于焦炭中的碳的燃烧速率,因此,许多研究工作都集中于烧碳反应动力学,而对焦炭中的氢的燃烧速率则研究得很少,实验工作的难度也是其中的重要原因。影响烧碳反应速率的主要因素有再生温度、氧分压、催化剂的含炭量等。催化剂的类型也可能会对烧碳反应速率产生影响。

催化剂上焦炭的燃烧反应机理比较复杂,许多研究者认为它是一个平行—连串反应,但是在实用中,一般多采用较简单的反应速率方程式来描述。中国石油大学重质油国家重点实验室对分子筛裂化催化剂在较高温度范围内的再生反应动力学作了系统的研究工作,认为对无定型硅酸铝催化剂和分子筛催化剂上碳的燃烧速率都可以用以下动力学方程来表示:

$$-dC/dt = k_C pC \tag{8-24}$$

式中 k_C——烧碳反应速率常数,$(kPa \cdot min)^{-1}$;

p——氧分压,kPa;

C——催化剂上的含炭量(质量分数),%。

对 CRC-1 等分子筛催化剂(稀土 Y 型分子筛载于高岭土),烧碳反应速率常数可用下式计算:

$$k_C = 1.67 \times 10^8 \exp[-161.2 \times 10^3/(RT)] \tag{8-25}$$

对不同类型的催化剂，k_C 的值会有所不同，图 8-21 示出了部分作者提出的 k_C 与再生温度的关系。虽然 k_C 的值有较大的差别，但多数作者提出的反应活化能都在 145~175kJ/mol 之间。

中国石油大学重质油国家重点实验室通过实验考察，认为裂化催化剂上的焦炭燃烧反应是非催化反应（当催化剂上没有加入有催化氧化活性的组分时），不同催化剂上的烧碳反应速率之所以有差异，主要是由于焦炭的组成及结构（类石墨结构的有序程度）不同。催化剂的作用是影响生成焦炭的组成及结构，但是在烧焦时催化剂并未起催化作用。

王光埙等采用脉冲反应法研究了催化剂上焦炭中氢的燃烧动力学，提出了烧氢速率的表达式：

$$-dH/dt = k_H pH \tag{8-26}$$

式中　k_H——氢的燃烧速率常数，$(kPa \cdot min)^{-1}$；

　　　p——氧分压，kPa；

　　　H——催化剂上的（限于焦炭中的）氢含量（质量分数），%。

对 CRC-1 催化剂，当再生温度≤700℃时，氢的燃烧速率常数可用下式计算：

$$k_H = 2.47 \times 10^8 \exp[-157.7 \times 10^3/(RT)] \tag{8-27}$$

当温度高于 700℃时，由式(8-27)算得的结果需稍加修正。

根据上述的反应速率方程式，可以推导出当 CRC-1 催化剂再生时，碳的转化率 α_C 与氢的转化率 α_H 之间的关系：

$$\alpha_H = 1 - (1 - \alpha_C)^m \tag{8-28}$$

其中　　　　　　　　　　　$m = k_H/k_C$

由式(8-28)可绘制图 8-22，由图可见，当碳的转化率约为 85%时，焦炭中的氢几乎已全部烧去。

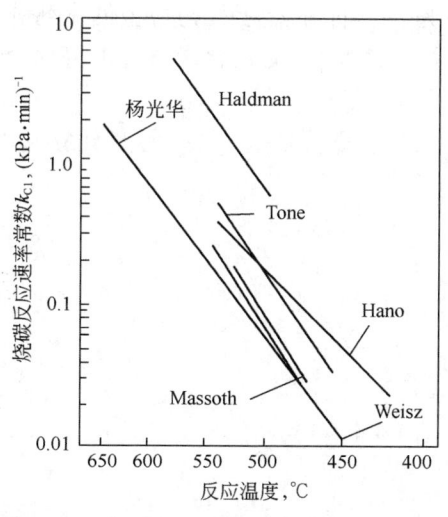
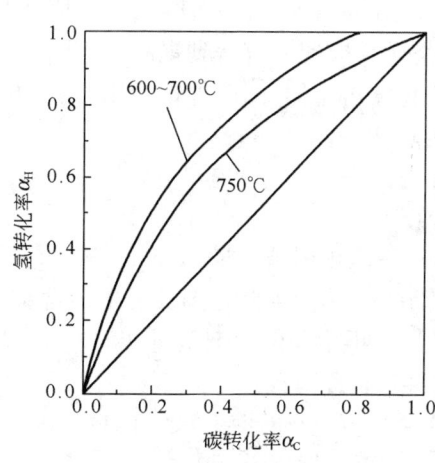

图 8-21　若干作者发表的烧碳反应速率常数　　图 8-22　CRC-1 催化剂再生时 α_H 与 α_C 之间的关系

碳燃烧时生成 CO 和 CO_2，一般认为一次反应产物中 CO 和 CO_2 都有。Arthur 考察了焦炭（不是催化剂上的焦炭）燃烧时初次生成的 CO 和 CO_2 的比值（R_{CO/CO_2}），认为该比值是温度的函数：

$$R_{CO/CO_2} = 2500\exp[52.0 \times 10^3/(RT)] \tag{8-29}$$

式(8-29)并不是一个化学平衡的关系,而是具有相同反应级数的生成 CO 的反应速率与生成 CO_2 的反应速率之比,式中的 52.0(kJ/mol)则是这两个反应的活化能之差,即 $E_{CO} - E_{CO_2}$。由该式可见,温度越高则该比值越大。中国石油大学重质油国家重点实验室对此问题也进行了研究,但与 Arthur 所用的研究对象不同,所研究的对象是分子筛催化剂上的焦炭,也取得了与式(8-29)相同形式的函数关系,但具体数值有所不同,$E_{CO} - E_{CO_2}$ 在 $34 \sim 37 \times 10^3$ kJ/mol 之间,计算得到的 R_{CO/CO_2} 比相应的 Arthur 比值约低一半。研究结果还表明,此比值只是温度的函数,与催化剂含炭量、氧浓度无关。

焦炭燃烧产生的 CO 在离开再生器以前,会在催化剂颗粒之间、稀相空间等处继续进行均相氧化反应,进一步生成 CO_2。CO 均相氧化反应是一个很复杂的自由基反应,其反应速率受许多因素的影响,不同学者提出的反应速率表达式之间有很大的差异,尚难以有比较一致的意见。一些研究结果表明,当温度达 720℃ 左右时,CO 会发生爆燃,瞬间全部转化为 CO_2。

3. 再生器工艺数学模型

以上讨论的再生反应动力学是就单纯的化学反应本身而言的,或者说是本征反应动力学。在实际生产中,结焦催化剂的再生是在流化床中进行的,流化状态对反应物的有效浓度有直接的影响,从而也对再生反应速率产生重要的影响。这里以两种极端的流动状况来说明。

设再生器入口的氧浓度为 21%,出口为 0.5%。当气体在流化床中处于完全返混状态时,则有效氧浓度与出口氧浓度相同,即为 0.5%。若气体是以平推流通过,则有效氧浓度为出口与入口浓度的对数平均值,即

$$\text{有效氧浓度} = \frac{21\% - 0.5\%}{\ln(21\%/0.5\%)} = 5.5\%$$

由此可见,尽管其他条件不变,但由于流动状态不同,有效氧浓度也不同,导致两种流动状态下的反应速率相差达 11 倍之多。

对催化剂颗粒在再生器中的流动状态对烧焦反应速率的影响也可以作类似的分析。若催化剂在再生器中处于完全返混状态,则有效含炭量即为再生剂的含炭量,与待生催化剂的含炭量无关。但在高气速的流化床中,由于固体颗粒的返混程度减少,有效含炭量比再生剂含炭量高得多,烧碳反应速率也得到提高。

对流化床再生器,国内外曾沿用多年的一个工艺数学模型就是基于以上原理建立起来的。该模型表示如下:

$$G(C_0 - C_R)/W = VkpC_R \frac{X_0 - X_f}{\ln(X_0/X_f)} \tag{8-30}$$

式中 G——催化剂循环量,t/min;

C_0, C_R——待生催化剂及再生剂含炭量(质量分数),%;

W——再生器催化剂藏量,t;

V——装置因数;

k——烧焦反应速率常数,$(kPa \cdot min)^{-1}$;

p——再生器压力,kPa;

X_0, X_f——入口空气及出口烟气中的氧浓度(体积分数),%。

通常将 $G(C_0 - C_R)/W$ 称为烧焦强度。将此模型与式(8-24)对比,如果按照再生器内的气体流动是平推流、固体颗粒是完全返混流来设定式(8-24)中的 p 和 C,就可以得到与式(8-30)一样的方程式形式,其间只差了一个 V。由于所假定的流动状况与实际情况并不完

全一致,为了拟合实际工业数据,用了一个修正系数 V。V 是一个经验系数,根据再生器的型式和操作条件来选定。

上述讨论实质上都是把再生器看作一个全混流反应器,其中的反应看作是均相反应(拟均相反应),实际上沿着再生器的径向和轴向,都存在着温度、氧分压、碳浓度的分布,并不是均一的,因而其预测功能是有一定局限性的。例如,在烧焦罐式再生器(快速床再生器)中,上述变量的轴向梯度十分明显;在鼓泡流化床再生器中,气泡相与乳化相之间的传质阻力会对烧焦速率产生重要影响;在再生器内不同的部位,其流动、传质、反应情况是不同的。因此,在建立再生器工艺数学模型时,除了考虑化学反应动力学外,还须考虑再生器内的流动、传质、传热等问题,才能建立起一个比较符合实际的模型。

4. 再生器 CFD 模型

近些年来,随着计算机技术的发展,计算流体力学(computational fluid dynamic,简称 CFD)在气固多相流动与反应研究领域得到了广泛的应用,经验性较强的再生器工艺数学模型得到了根本性的发展,出现了机理性强、预测精度高的再生器 CFD 模型。再生器的 CFD 模型的控制方程包括气固流动守恒方程组、气固两相组分方程及能量方程等。由于非均相反应的存在,也要考虑相间质量传递对各个方程的影响,由此建立再生器气固两相流动及反应模型。此模型是在气固两相湍流流动模型和集总动力学模型的基础上,综合考虑了再生器内流动、传热、传质、反应等复杂因素而得。利用此模型,不仅可以预测再生器内沿轴向和径向的转化率及各反应产物产率的变化,而且还可以预测温度分布和再生剂含碳量的变化。

Guangwu Tang 等建立了催化裂化再生器的 CFD 数学模型,并对工业再生器进行了气固流动反应的数值模拟计算。图 8-23 是再生器内催化剂颗粒体积分数分布图,可以发现,从底部到顶部,体积分数逐渐降低;在底部气体分布环以下,催化剂颗粒难以流化,并且体积分数达到了填充极限 0.6。在气体分布环上部,催化剂形成流态化,在密相区固体体积分数约为 0.3。

图 8-24 是再生器内气相温度及颗粒浓度沿高度的变化曲线,发现在稀相区温度仍然有所增加,Tang 认为这是因为在稀相区发生了 CO 燃烧反应。在顶部发生温度突然下降和颗粒浓度增高是因为高温烟气从旋分排除和旋分上部造成催化剂堆积。图 8-25 给出了 CO、CO_2、O_2 及 H_2O 等组分的浓度沿再生器高度的变化,展示了再生器内烧焦反应历程。

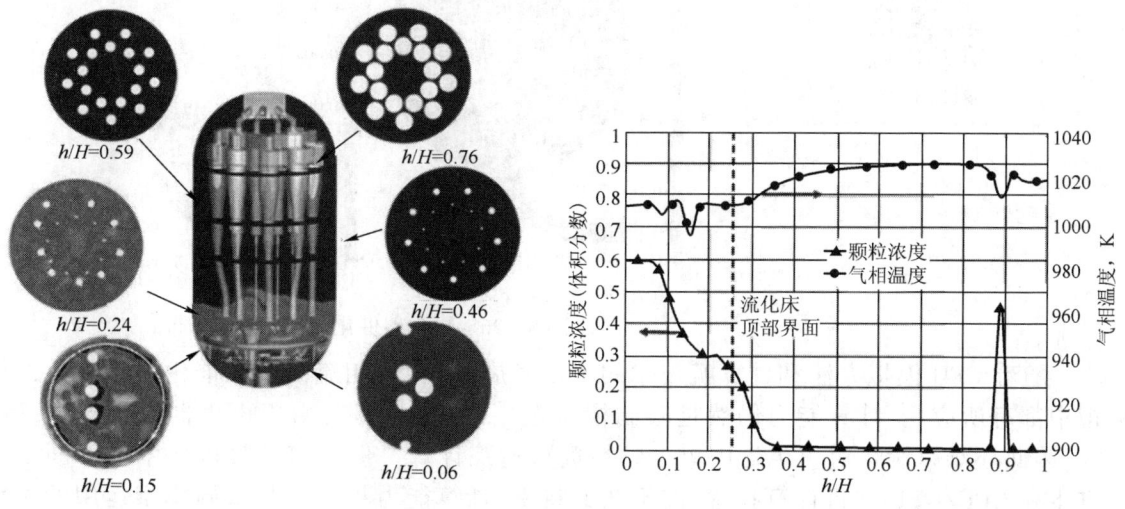

图 8-23 工业催化裂化再生器内催化剂颗粒体积分数分布   图 8-24 再生器内气相温度及颗粒浓度沿高度变化

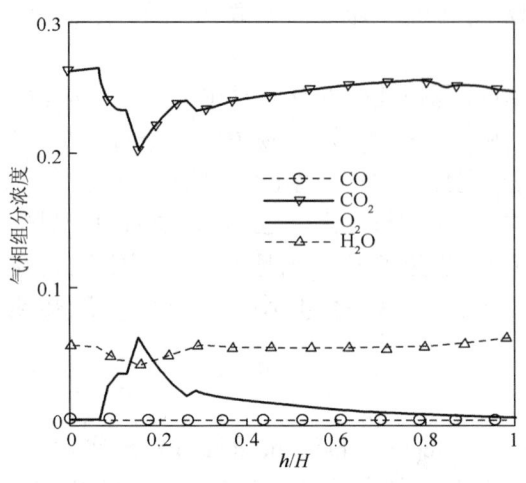

图8-25 再生器内气相组分浓度沿高度变化

上述对再生器的数值模拟,准确模拟了再生器中温度、气相浓度、固含量等径向和轴向的分布,并考察了表观气速和富氧浓度对再生器内烧焦过程的影响,对指导工业操作参数的优化具有积极意义。

Berrouk采用一种新型的离散粒子模拟方法对含有复杂内构件的再生器进行了CFD数值模拟,并研究了磨损、立管引流、CO排放浓度等工业问题。如图8-26所示,再生器内可以分为3个区域:死区(红色)、密相(绿色)、稀相(蓝色),真实表现了再生器内催化剂分布的实际情况。通过对再生器内固含率的研究可以发现,该再生器内存在明显的沟流现象。通过图8-27对气相温度的分析可以发现,在再生器中心和下部产生明显的低温区,同样发现在稀相区温度波动较为明显,而密相区波动较为平缓。这是由于颗粒相和气相热容不同所导致的。

再生器内烟气组分浓度的分布情况可见图8-28,氧气浓度在径向上并没有均匀分布,中下部的气体分布环通入的氧气聚集在再生器中心,而上部的气体分布环通入的氧气则聚集在再生器壁面附近。由于气体分布环布置不合理,导致氧气分布不均匀,从而导致其他气体组分同样分布不均匀。高浓度的一氧化碳并没有与氧气充分混合,导致出口烟气中一氧化碳含量超标。边壁处由于存在大量氧气,产生了一氧化碳燃烧和尾燃现象导致边壁处较中心处温度高。

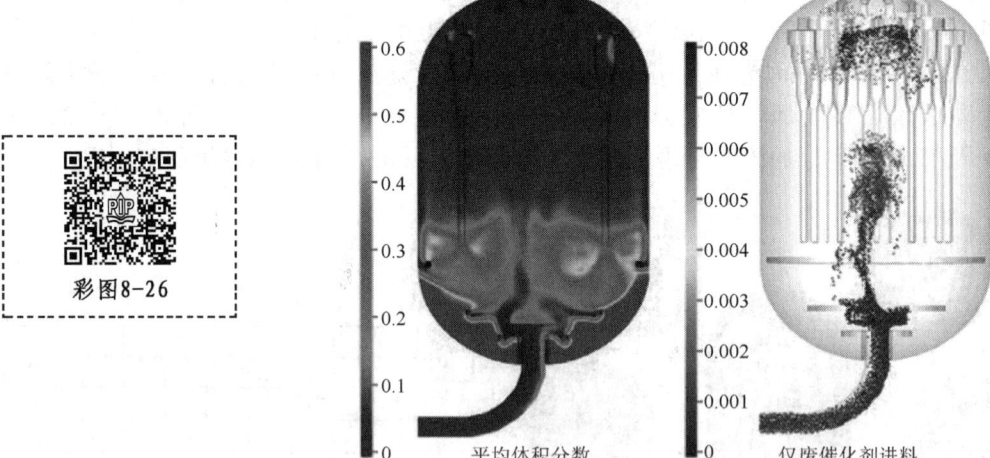

图8-26 再生器催化剂颗粒浓度分布

随着CFD模拟方法和计算机技术的不断发展,多种多相流模型在催化裂化再生器模拟中都有所应用,计算能力仍然是限制模型选用的主要因素,由于再生器内颗粒数量极大,因此还难以满足对再生器内单个颗粒进行追踪计算。但随着计算机技术的不断发展进步和CPU/GPU并行计算技术,在不久的将来,计算能力将不再是限制模型运用的主要因素。

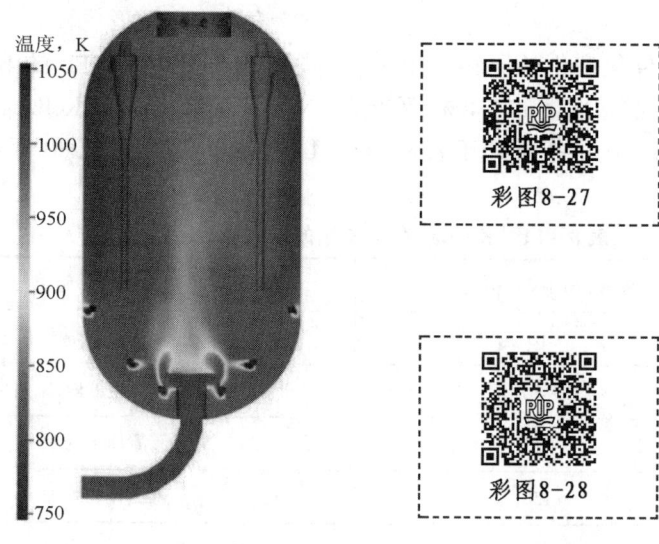

图 8-27 再生器烟气温度分布

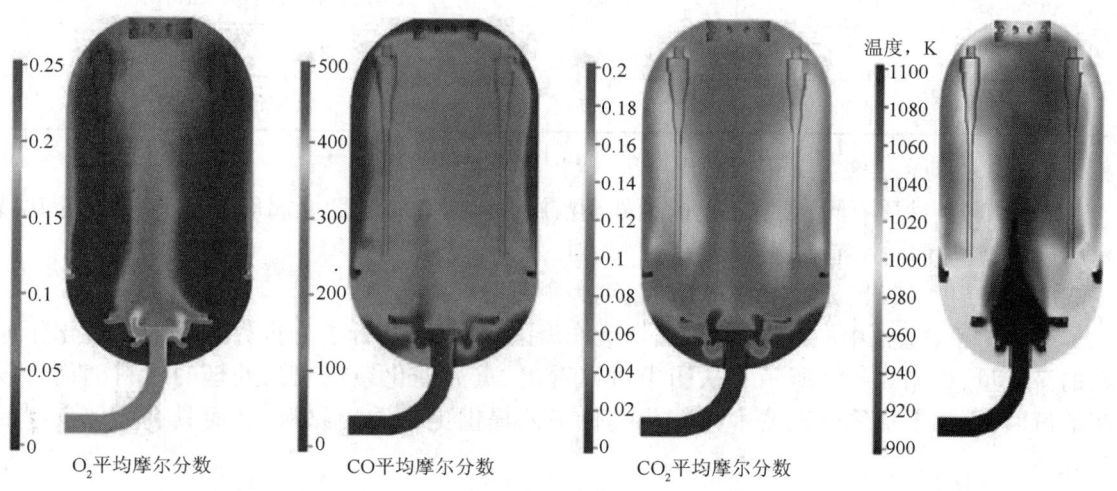

图 8-28 再生器内气体组分浓度分布

第五节 催化裂化原料及主要产品

一、催化裂化原料

目前,工业催化裂化装置的原料是重质馏分油和部分重质油或渣油,重质馏分油主要是直馏减压馏分油(VGO),也包括焦化重馏分油(CGO);重质油或渣油主要包括减压渣油、溶剂脱沥青油、加氢处理重油等。一般都是在减压馏分油中掺入上述重质原料,其掺入的比例主要受限制于原料油的金属含量和残炭值。

1. 性质要求

国外主要石油公司对催化裂化的原料提出了一些限制指标。法国 IFP 的 R2R 重油催化裂化要求原料油残炭 <8%，氢含量 >11.8%，重金属(Ni + V) <50μg/g。Kellogg 公司 20 世纪 70 年代曾对催化裂化原料提出的指标列于表 8-11。UOP 公司在 20 世纪 80 年代初曾提出的指标列于表 8-12。

表 8-11 Kellogg 公司提出的原料指标

残炭,%	金属(Ni + V),μg/g	措 施
<5	<10	使用钝化剂，常规再生
5~10	1~30	使用钝化剂，再生器取热，可完全再生
10~20	30~150	需加氢处理
>20	>150	进焦化装置加工

表 8-12 UOP 公司提出的原料指标

残炭,%	金属(Ni + V),μg/g	密度(20℃),g/cm³	措 施
<4	<10	<0.9340	改造已有馏分油 FCC 装置，用一段再生
4~10	10~18	1~0.9340	RCC 技术，用二段再生
>10	100~300	>0.9659	需预脱金属

从表 8-11 和表 8-12 可以看出：

(1) 原料油性质不同，要有不同的预处理措施，如加氢脱硫、脱金属等，且随着催化裂化技术的进步，原料油适用范围逐步拓宽。

(2) 将密度、残炭、金属含量及氢含量列为主要限制指标。

Khouw 等以渣油中的残炭和镍、钒含量作为限制指标，估计了全世界可供催化裂化作原料的潜在量，如图 8-29 所示。从图中可以看出，重油催化裂化工艺处理的原料油仍有较多的份额，再加上加氢处理技术为催化裂化工艺提供更优质的原料，从而具有更加良好的前景。

经过多年的研究和生产实践，我国除了已充分掌握馏分油催化裂化技术外，还开发了一整套重油催化裂化技术，拥有一大批处理高残炭和高金属含量原料的重油催化裂化装置，处理的原料包括常压渣油、减压渣油、掺渣油的重质原料和劣质原料以及加氢重油，见表 8-13。

关于我国催化裂化装置加工原料的情况可作如下说明：

(1) 残炭为 4%~5% 的常压渣油和掺渣油的重质原料，有的装置也处理过残炭含量为 7%~8% 的减压渣油。

(2) 我国绝大多数原油中含的重金属以镍为主，含钒极少，这是由于我国绝大部分原油系陆相生油的缘故。目前已能成功地处理镍含量小于 10μg/g 的重油原料。有的装置还处理过镍含量 25μg/g 和钒含量小于 1μg/g 的原料，当催化剂上的镍含量达到 9000μg/g 时，不加镍钝化剂也可保持氢产率小于 0.5%。

(3) 由于我国大多数原油是石蜡基原油，氢含量较高，因而一般重油原料都能保持氢含量大于 12%，相对密度一般要求小于 0.92，但对馏程没有限制。

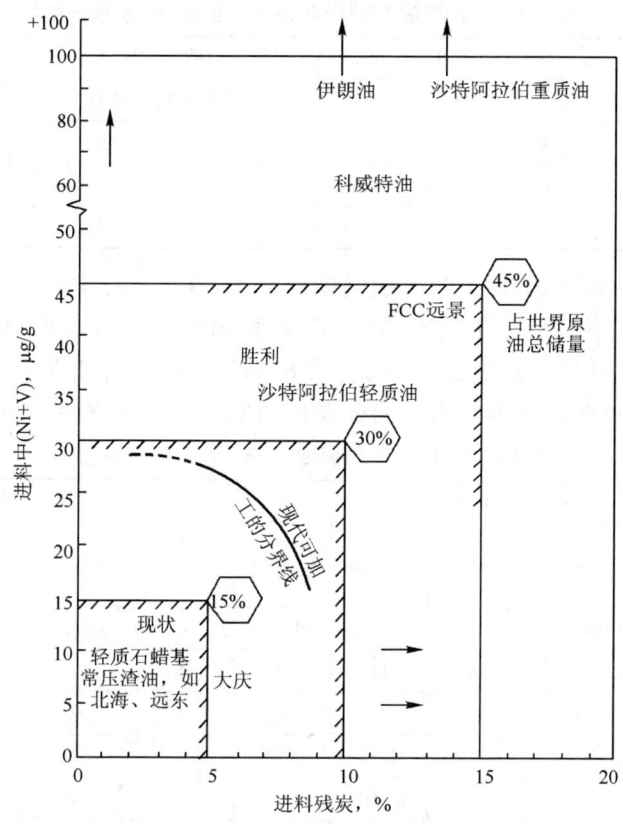

图 8-29 可供催化裂化作原料的潜在量

表 8-13 我国催化裂化装置已达到的渣油掺炼水平

炼油企业简称	石家庄石化	洛阳石化	九江石化	武汉石化	济南石化	燕山石化	茂名石化
原油	大庆、华北	中原	管输	管输	临商管输	大庆	中东
常渣掺炼比,%	100	100	—	—	—	—	—
减渣掺炼比,%	—	—	32.4	40.9	36.3	85	100
原料残炭,%	7.24	6.5	6.24	5.87	6.12	8.0	6.11
(Ni+V)含量,μg/g	25.0	5.4	14.0	13.0	10.1	7.0	25.6

(4) 随着原油对外依存度增加,部分催化原料来自加氢处理重油,加氢重油一般氢含量在 12% 左右,相对密度大于 0.92,芳烃含量较高,可裂化性能变差。

(5) 焦化馏分油虽然不属于重油,但氮含量若高于 0.3%~0.4%,也成为限制指标。

2. 原料来源

1) 直馏馏分油和渣油(常压重油、减压渣油)

使用蒸馏的方法可以从原油中分离出各种石油馏分,如重整原料、汽油组分、喷气燃料、柴油、裂化原料、润滑油料及减压渣油等。我国几种原油常减压蒸馏装置各种馏分的典型收率见表 8-14,其中裂化原料沸程为 350~535℃,相当于国外的减压馏分油(VGO),是使用最广泛、传统的催化裂化典型原料。

表 8-14 几种原油常减压蒸馏的典型收率(质量分数) %

项 目	大庆	胜利	华北	项 目	大庆	胜利	华北
重整原料(汽油馏分)	4.5	3.0	2.0	裂化原料(VGO)	34.9	25.8	30.3
喷气燃料	9.5	6.0	8.0	减压渣油	35.4	47.5	41.0
轻柴油组分	11.0	13.0	14.0	损失	0.2	0.2	0.2
重柴油馏分	4.5	4.5	4.5				

国外作催化裂化原料用的减压馏分油终馏点约565℃,国内作催化裂化原料用的馏分油终馏点为510~535℃,其性质列于表8-15。常压塔底油,即常压重油,也可以不进减压塔,直接用作催化裂化原料,其性质列于表8-16。表8-17是减压渣油性质。国外代表性的原油减压馏分油、常压重油、减压渣油性质分别见表8-18、表8-19、表8-20。

表 8-15 国内几种原油减压蒸馏馏分油性质

项 目	大庆	胜利	华北	中原	辽河	孤岛	鲁宁管输	北疆	大港	惠州
密度(20℃) g/cm³	0.8564	0.8876	0.8690	0.8560	0.9083	0.9353	0.8676	0.9109	0.8780	0.8620
馏程,℃	350~500	350~500	350~500	350~500	350~500	370~500	350~520	350~500	350~520	350~500
凝点,℃	42	39	46	43	34	21	44	19	39	39
康氏残炭,%	<0.1	<0.1	<0.1	0.04	0.038	0.18	0.07	0.11	0.02	0.03
硫含量,%	0.045	0.47	0.27	0.35	0.15	1.23	0.42	0.08	0.13	0.05
氮含量,%	0.068	<0.1	0.09	0.042	0.20	0.2	0.083	0.09	0.12	
氢含量,%	13.80	13.5	13.9	—	13.40		13.26		—	—
运动黏度,mm²/s										
50℃	—	25.26	17.94	14.18	—	—	—	15.71(80℃)	21.55	6.18(80℃)
100℃	4.60	5.94	5.30	4.44	6.88	11.36	4.75	9.04	8.48	4.16
分子量	398	382	369	400	366		360	376	375	413
特性因数	12.5	12.3	12.4	12.5	11.8	11.5	—	11.79	12.23	12.60
重金属含量,μg/g										
Ni	<0.01	<0.1	0.03	0.2	0.06	1.33	0.3	<0.1	0.02	<0.1
V	0.01	<0.1	0.08		0.22	0.02	<0.1	<0.1	<0.1	
族组成,%										
饱和烃	86.6	71.8	80.9	80.2	71.6		34.5			
芳烃	13.4	23.3	16.5	16.1	24.4		22.9			
胶质	0.0	4.9	2.6	2.7	4.0		2.6			
收率(占原油),%	26~30	27	34.9	23.2	29.7	22.2	—	25.72	28.73	33.77

表 8-16 国内几种原油常压重油性质

项 目	大庆	胜利	华北	中原	辽河	孤岛	鲁宁管输	大港	惠州
密度(20℃),g/cm³	0.8959	0.9460	0.9162	0.9062	0.9436	0.9876	0.9282	0.9213	0.8795
馏程,℃	>350	>350	>350	>350	>350	>350	>350	>350	>350
康氏残炭,%	4.3	9.3	8.9	7.5	8.0	10.0	9.37	8.50	4.41

续表

项目	大庆	胜利	华北	中原	辽河	孤岛	鲁宁管输	大港	惠州
元素组成,%									
C	86.32	86.36	—	85.37	87.39	84.99	—	86.00	—
H	13.27	11.77	—	12.02	11.94	11.69	—	12.56	—
S	0.15	1.2	0.40	0.88	0.23	2.38	0.82	0.19	—
N	0.2	0.6	0.49	0.31	0.44	0.70	—	0.32	—
运动黏度(100℃),mm²/s	28.9	139.7	43.3	31.28	51.1	471.9	—	74.11	8.63
分子量	563	593				651			
重金属含量,μg/g									
V	<0.1	1.5	1.1	4.5		2.4	2.0	0.54	0.98
Ni	4.3	36.0	23.0	6.0	47.0	26.4	21.0	45.9	4.08
族组成,%									
饱和烃	61.4	40.0	46.7	—	49.4	—	—	—	—
芳烃	22.1	34.3	22.1		30.7				
胶质	16.45	24.9	31.2		19.9				
沥青质(C_7不溶物)	0.05	0.8	<0.1		<0.1				
收率(占原油),%	71.5	68.0	73.6	55.5	68.9	78.2	—	73.11	50.67

表 8-17 国内几种原油减压渣油性质

项目	大庆	胜利	华北	中原	辽河	孤岛	鲁宁管输	北疆	大港	惠州
密度(20℃) g/cm³	0.9220	0.9698	0.9653	0.9424	0.9717	1.002	0.9685	0.9493	0.9646	0.9381
馏程,℃	>500	>500	>500	>500	>500	>500	>500	>500	>500	>500
康氏残炭,%	7.2	13.9	17.5	13.3	14.0	19.4	15.3	9.10	14.5	13.96
硫含量,%	0.41	1.95	0.76	1.18	0.37	2.96	1.2	0.14	—	—
运动黏度(100℃) mm²/s	104.5	861.7	958.5	256.6	549.9	1120	—	898.51	519.75	863.60
分子量	1120	1080	1140	1100	992	1030	929			
重金属含量,μg/g										
V	0.1	2.2	1.2	7.0	1.5	4.4	3.5	2.79	0.84	1.24
Ni	7.2	46.0	42.0	10.3	83.0	42.2	34.3	26.0	72.5	11.5
收率(占原油),%	42.9	47.1	38.7	32.3	39.3	51.0	—	48.75	44.54	16.91

表 8-18 国外几种原油 VGO 性质

项目	沙特阿拉伯轻质	沙特阿拉伯重质	伊朗轻质	阿曼	印度尼西亚阿朱纳	印度尼西亚米纳斯	俄罗斯
密度(20℃),g/cm³	0.9141	0.9170	0.9100	0.8902	0.8781	0.8502	0.9051
馏程,℃	370~520	350~500	350~500	360~500	350~500	350~500	350~560
凝点,℃	34	30	—	24	43	47	22

续表

项目	沙特阿拉伯轻质	沙特阿拉伯重质	伊朗轻质	阿曼	印度尼西亚阿朱纳	印度尼西亚米纳斯	俄罗斯
康氏残炭,%	0.12	0.15	0.17	0.06	0.11	0.02	0.15
硫含量,%	2.61	2.90	1.55	1.02	0.14	0.082	0.69
氮含量,%	0.078	0.07	0.13	0.57	0.06	—	0.12
氢含量,%	11.69	—	12.52	—	—	—	—
运动黏度,mm²/s							
50℃	—	—	—	26.95	—	51.44	—
100℃	6.93	6.87	5.2	—	6.82	—	7.924
分子量	378	383	—	—	381	—	—
特性因数	11.85	—	12.8	12.15	12.26	—	—
重金属含量,μg/g							
Ni	—	0.52	—	0.06	—	—	0.21
V	—	0.07	—	0.04	0.33	—	0.45
族组成,%							
饱和烃	65.8	—	—	—	—	—	81.01
芳烃	31.6	—	—	12.34	—	—	15.37
胶质	2.6	—	—	—	—	—	3.57
收率(占原油),%	24.3	23.3	25.9	23.37	24.8	32.7	32.1

表 8-19　国外几种原油常压重油性质

项目	沙特阿拉伯轻质	科威特	阿曼	伊朗	印度尼西亚米纳斯	俄罗斯
收率(占原油),%	52.5	56.7	51.8	55.1	63.9	48.6
密度(15.6℃),g/cm³	0.9521	0.9643	0.8968	0.9594	0.9171	0.9295
API 度	17.04	15.15	—	15.9	22.71	—
运动黏度(50℃),mm²/s	160.2	404.6	62.07(100℃)	353.7	26.8(75℃)	25.29(100℃)
倾点,℃	15	17.5	—	22.5	47.5	13
灰分,%	0.01	0.017	0.013	0.03	0.008	0.03
康氏残炭,%	8.23	10.18	6.89	9.6	4.57	4.95
馏程,℃						
初馏点	285	277	—	274	292	—
5%	359	373	—	358	362	—
25%	423	436	—	419	422	—
45%	482	498	—	484	463	—
50%	500	—	—	—	478	—
分子量	463	524	605	503	491	—

续表

项 目	沙特阿拉伯轻质	科威特	阿曼	伊朗	印度尼西亚米纳斯	俄罗斯
元素组成,%						
C	85.19	84.38	85.99	85.27	87.10	86.62
H	11.19	10.99	12.10	11.04	12.64	12.25
N	0.05	0.11	0.17	0.28	0.37	0.27
S	2.10	4.04	1.74	2.67	0.12	0.86
V,$\mu g/g$	23.1	55.0	13.00	126.0	1.1	10.62
Ni,$\mu g/g$	7.6	15.3	11.35	39.6	14.0	9.10
H/C(原子比)	1.57	1.55	1.69	1.54	1.73	—
饱和烃,%	33.3	32.0	46.3	36.4	65.4	67.7
芳烃,%	47.2	48.3	40.6	44.4	20.5	22.9
胶质,%	11.1	12.6	12.6	12.3	7.4	9.0
沥青质(C_5),%	5.4	7.1	0.5	6.9	6.7	—
沥青质(C_7),%	2.9	3.4	—	3.4	1.0	0.4

表8-20 国外几种原油减压渣油性质

项 目	沙特阿拉伯轻质	科威特	阿曼	伊朗加奇萨兰	伊朗阿哈加依	印度尼西亚米纳斯	俄罗斯
收率(占原油),%	25.8	31.3	30.74	28.9	27.6	30.2	—
密度(15.6℃),g/cm^3	1.0031	1.0148	0.9614	1.0110	0.9999	0.9539	—
API度	9.48	7.85	—	8.38	9.93	16.75	—
康氏残炭,%	18.16	18.8	10.18	18.5	16.20	9.93	9.96
灰分,%	0.015	0.025	0.005	0.005	0.046	0.015	
分子量	797	910	—	849	797	879	
元素组成,%							
C	85.10	83.97	86.06	84.80	85.62	87.13	86.74
H	10.30	10.12	10.93	10.24	10.45	12.04	11.93
N	0.22	0.31	—	0.49	0.49	0.47	0.32
S	3.93	5.05	2.02	3.45	3.22	0.16	1.01
V,$\mu g/g$	62.2	95.3	17.00	234.2	182.0	1.6	—
Ni,$\mu g/g$	16.4	27.3	22.78	73.7	56.2	31.1	
H/C(原子比)	1.44	1.44	—	1.44	1.45	1.65	
饱和烃,%	21.0	15.7	—	19.6	23.3	46.8	
芳烃,%	54.7	55.6	—	50.5	51.2	28.8	
胶质,%	13.2	14.8	—	16.6	15.9	12.2	
沥青质(C_5),%	11.1	13.9	—	13.3	9.6	12.2	
沥青质(C_7),%	5.8	6.1	—	6.9	4.4	1.8	
饱和烃/芳烃	0.38	0.28	—	0.39	0.45	1.63	—

2)脱沥青油

溶剂脱沥青是渣油深度加工的一个预处理手段,也是从减压渣油制取催化裂化原料的重要途径之一。它的产品是脱沥青油(DAO)和沥青,DAO掺和直馏馏分油可用作催化裂化原料。目前有各种各样的溶剂脱沥青工艺,例如 ROSE 法、DEMEX 法和 SOLVAHL 法等。溶剂一般为丙烷、丁烷和戊烷,丙烷使用最多,可采用超临界回收溶剂代替传统的蒸发回收溶剂。

3)回炼油经芳烃抽提后的抽余油

催化裂化回炼油(重循环油 HCO)中含有大量重质芳烃。经溶剂抽提后,芳烃可综合利用,而将抽余油作为催化裂化原料,则轻油收率、产品质量和经济效益将有所改善。

4)热加工馏分油

焦化馏分油(CGO)、高温热解重油、减黏裂化重油、页岩油等虽然不能单独作为催化裂化原料,但都可同直馏馏分油掺和作为催化裂化进料,其中 CGO 目前仍是催化裂化主要原料之一。CGO 含有相当多的烯烃、芳烃和硫、氮等杂质,有的经加氢处理可成为好的原料。表 8-21 列出了几种减压渣油延迟焦化馏分油性质。表中数据表明,CGO 是一种重金属含量低、氢含量和苯胺点高、含有一定量链烷烃的油品,和直馏馏分油的烃类组成基本相近;但是氮含量与相应原油的 VGO 相比,要高出好几倍,如未加氢处理,掺炼量一般不超过 20%~25%。

表 8-21 几种原油减压渣油延迟焦化馏分油性质

项 目	大庆	胜利	鲁宁管输	辽河	沙特阿拉伯轻质
密度(20℃),g/cm^3	0.8763	0.9178	0.8878	0.8851	0.9239
馏程,℃					
初馏点	—	323	290	311	303
10%	342	358	337	332	340
50%	384	392	387	362	373
90%	442	455	486	411	422
终馏点	—	494	503	447	465
凝点,℃	35	32	30	27	—
苯胺点,℃	—	77.5	—	77.3	—
康氏残炭,%	0.31	0.74	0.33	0.21	
元素组成,%					
C	85.51	85.48	86.62	87.07	
H	12.38	11.46	12.38	11.90	
S	0.29	1.20	0.60	0.26	3.8
N	0.37	0.69	0.40	0.52	0.21
运动黏度,mm^2/s					
80℃	5.87	8.13	6.60	—	—
100℃	—	5.06	—	3.56	
分子量	323	—	—	316	315

续表

项目	大庆	胜利	鲁宁管输	辽河	沙特阿拉伯轻质
重金属含量,$\mu g/g$					
Ni	0.3	0.5	—	0.3	5.6
V	0.17	0.01	—	0.01	0.05
族组成,%					
饱和烃			64.5	60.0	
芳烃	—	—	29.8	33.9	—
胶质	—	—	5.7	6.1	—

5) 加氢处理油

先经过加氢处理(HT)再作为催化裂化原料的油有多种,例如直馏馏分油、常压渣油、减压渣油、溶剂脱沥青油、焦化馏分油、煤焦油以及催化裂化回炼油等都可以视情况先进行加氢处理或加氢脱硫(HDS),然后再进催化裂化装置。

通过加氢处理或加氢脱硫可脱除原料中部分硫和氮,但脱硫比脱氮容易得多。脱氮的深度很大程度上取决于原料的来源、馏程范围和含氮杂环化合物的类型。还要注意,在缓和的加氢处理条件下,有时碱性氮还会增加,这对催化裂化是不利的。

由于渣油作为燃料油的需求量不断减少,而轻质油品的需求量逐年增加,加上环保法规日趋严格,因而渣油改质及利用问题越来越受到重视,其中渣油固定床加氢处理技术占有重要地位。我国齐鲁石化公司胜利炼油厂从 Chevron 公司引进一套 0.84Mt/a 的减压渣油加氢脱硫装置(VRDS)于 1992 年 5 月建成投产。该技术与催化裂化联合后,使孤岛减压渣油全部转化为轻质油品,经济效益显著。大连西太平洋石油化工有限公司也从 UOP 公司引进一套 2.0Mt/a 常压渣油加氢脱硫装置(ARDS)于 1997 年 8 月投产,加氢生成油全部作为催化裂化原料。我国自行开发的渣油固定床加氢处理技术(S-RHT)1999 年 12 月应用到茂名石化公司 2.0Mt/a 常压渣油加氢处理装置上。几套国内外渣油加氢处理装置的原料油和加氢重油性质列于表 8-22。

表 8-22 渣油加氢处理装置的原料油和加氢重油性质

性质		装置名称	国内 WP-ARDS	国内 QL-VRDS	国内 MM-ARDS	国内 HN-ARDS	国外 ARDS	国外 VRDS
原料油性质	密度(20℃),g/cm³		0.9669	1.000	0.9620	0.95	0.9620	1.022
	运动黏度,mm²/s		—	923	89.46	—	33	1100
	S 含量,%		4.24	3.58	2.29	1.03	3.34	4.2
	N 含量,%		0.29	0.28	0.30	0.29	0.207	0.31
	Ni 含量,$\mu g/g$		15	29	23.2	33.88	9	19
	V 含量,$\mu g/g$		75	57	39.2	—	40	101
	康氏残炭,%		12.8	21.0	10.26	10.74	9.5	22.0
	沥青质(胶质),%		—	—	1.22	2.7(20.3)	—	7.0

续表

性质 \ 装置名称	国内 WP-ARDS	国内 QL-VRDS	国内 MM-ARDS	国内 HN-ARDS	国外 ARDS	国外 VRDS
密度(20℃),g/cm³	0.9144	0.9371	0.9291	0.9383	0.9220	0.9630
运动黏度,mm²/s	—	—	33.88	—	22	92.0
S 含量,%	0.35	0.30	0.31	0.33	0.19	0.40
N 含量,%	0.19	0.16	0.13	0.25	0.12	0.195
Ni 含量,μg/g	3	5.3	9.96	17.21	<2.0	<4.0
V 含量,μg/g	13	4.9	10.7	—	<2.0	<4.0
康氏残炭,%	5.5	5.5	5.10	8.13	3.8	8.0
沥青质(胶质),%	—	—	0.30	2.1(13.9)	—	0.8
脱硫率,%	92	91.6	—	—	—	—
脱氮率,%	83	42.9	—	—	—	—
脱残炭率,%	61	73.8	—	—	—	—

（加氢重油性质）

从表 8-22 可以看出,渣油原料经加氢处理后,加氢重油不仅硫、氮含量明显地降低,而且可以降低其中的重金属和残炭,符合催化裂化工艺对原料性质的要求。

6) 非常规原料

从石油以外的一次能源出发,存在多种多样的替代方案,将天然气、煤、生物质等碳基能源转化为碳基液体燃料是首选方案。实际上,部分天然气、煤、生物质等碳基原料已作为石油替代原料进行加工,其中页岩油、动植物油和 F-T(费—托)合成油等就较为适合作为催化裂化替代原料。下面对 F-T 合成油作为催化裂化原料的情况进行介绍。

F-T 合成油是指合成气(H_2+CO)在催化剂作用下合成的液体烃类化合物,其中合成气的原料可以是煤、天然气、炼厂气、生物质等一切具有碳氢资源且可以气化的物质。工业 F-T 合成通常采用低温 F-T 合成和高温 F-T 合成两种工艺过程。低温 F-T 工艺一般采用多级固定床反应器和钴催化剂,反应温度低于 250℃,以避免蜡在高温下裂化,用于最大量生产蜡产品;而高温 F-T 工艺采用流化床反应器和铁催化剂,反应温度通常大于 350℃,用于生产链烯烃和汽油产品。在低温合成的情况下,几乎一半的烃类为重质油和蜡,重质油在烃类组成上与常规石油相比有较大的区别,它主要由直链的烷烃和烯烃构成,硫、氮含量极低,同时含有一定的含氧化合物。重质油和蜡可采用加氢裂化/异构化工艺将其长链烃切断成低温性能良好的短链正构或异构烃,作为高质量的喷气燃料和柴油调和组分;或采用加氢异构脱蜡技术生产润滑油基础油,或生产高质量的特种蜡。当然,也可以作为催化裂化装置的原料。

不同馏分段的 F-T 合成油性质列于表 8-23,同时列出了大庆常压渣油性质以供对比。从表 8-23 可以看出,F-T 轻馏分油、F-T 重馏分油和 F-T 蜡的密度依次增加,馏程也是依次变重,氧含量依次降低,硫和氮含量均较少,氢含量均高于大庆常压渣油。

表 8-23 F-T 合成油和大庆常压渣油的性质比较

项 目	F-T 轻馏分油	F-T 重馏分油	F-T 蜡	大庆常压渣油
密度(20℃),g/cm³	0.7420	0.7950	0.806	0.895
凝点,℃	-38	32	76	44

续表

项 目	F－T 轻馏分油	F－T 重馏分油	F－T 蜡	大庆常压渣油
元素组成,%				
C	83.12	84.40	85.18	86.92
H	14.62	14.65	14.47	13.08
O	2.26	0.95	0.35	—
S,$\mu g/g$	<0.5	8.5	1.6	1500
N,$\mu g/g$	5.5	1.0	5	1900
馏程,℃				
初馏点	23	93	268	317
10%	67	252	391	393
30%	118	301	465	456
50%	164	331	521	533
70%	205	365	584	—
90%	256	412	652	—

二、催化裂化气体

催化裂化装置副产大量的液化气(liquefied petroleum gas,简称LPG)和少量的干气(dry gas)。干气和液化气的产率分别占新鲜原料的2%～12%和8%～40%。因此催化裂化装置不仅是生产汽、柴油的重要二次加工装置,而且也是生产大量可供石油化工综合利用的气体产物。

干气中除富含乙烷、乙烯、甲烷及氢外,还含有在生产过程中带入的氮气和二氧化碳等非烃类。由于吸收稳定系统操作条件的限制,干气中还有一定量的丙烷、丙烯和少量较重的烃类。

以馏分油作催化裂化装置的原料时,干气中氢含量一般小于0.1%(对原料);以渣油作原料时,氢含量成倍增长,但一般也不超过0.5%(对原料)。由于渣油的重金属含量多,在催化裂化时使得催化剂表面被污染,导致气体组成发生变化,氢气产率升高和H_2/CH_4(物质的量比)增加。参见表8-24,以大庆馏分油为原料时,该比值为0.3;若以大庆常压重油为原料时,该比值达2.16;华北直馏馏分油掺80%常压渣油为原料时,该比值高达5.44。干气中所含甲烷量一般都小于C_2,乙烯含量一般均稍大于乙烷。液化气的主要组分是C_3和C_4,还含有少量的C_5。其中C_3约占30%～40%,C_4约占55%～65%。在C_3中,丙烯约占60%～80%。在C_4中,总丁烯约占50%～65%,异丁烷约占30%～40%,液化气中烯烃与烷烃之比与氢转移反应有关。表8-24列出了大庆馏分油催化裂化气体组成和产率的代表性数据,同时还列出了大庆常压渣油以及华北馏分油掺渣油催化裂化气体组成和产率的代表性数据。

表8-24 气体组成及产率(对原料)   %

项目	大庆馏分油			大庆常压渣油			华北馏分油+80%常压渣油		
	干气	液化气	合计	干气	液化气	合计	干气	液化气	合计
H_2	0.02	—	0.02	0.20	—	0.20	0.47	—	0.47
C_1	0.53	—	0.53	0.74	—	0.74	0.69	—	0.69
C_2^0	0.13	—	0.13	0.73	—	0.73	0.41	—	0.41
$C_2^=$	0.34	—	0.99	0.76	—	0.76	0.65	—	0.65
C_3^0	0.01	0.52	1.39	0.09	0.95	1.04	0.02	1.4	1.42
$C_3^=$	0.02	1.52	2.58	0.26	2.61	2.87	0.03	4.01	4.04

续表

项目	大庆馏分油			大庆常压渣油			华北馏分油+80%常压渣油		
	干气	液化气	合计	干气	液化气	合计	干气	液化气	合计
$i\text{-}C_4^0$	0.02	1.34	2.31	0.23	2.11	2.34	0.03	1.86	1.89
$n\text{-}C_4^0$	0.01	0.36	0.55	0.04	0.65	0.69	—	0.66	0.66
$1\text{-}C_4^=$、$i\text{-}C_4^=$	0.04	0.47	0.53	0.15	1.60	1.75	0.01	1.93	1.94
反-$2C_4^=$	0.01	0.57	0.86	0.05	1.14	1.19		0.82	0.82
顺-$2C_4^=$	0.01	0.37	0.59	0.03	0.84	0.87		0.45	0.45
$i\text{-}C_4^=$①	—	0.64	1.01						
$i\text{-}C_5^0$	—	0.12	0.14	0.07	0.1	0.17		—	—
$C_5^=$		0.05	0.05		0.01	0.01			
H_2S		—	—		0.01	0.01			
$C_3^=/\sum C_3$			0.65			0.74			0.74
$C_4^=/\sum C_4$			0.51			0.56			0.56
$i\text{-}C_4^0/\sum C_4$			0.40			0.34			0.33
H_2/CH_4(体积比)			0.30			2.16			5.44

①除大庆馏分油外,其他均与$1\text{-}C_4^=$一起计量。

随着催化裂化工艺技术发展,我国相继开发多种催化裂化工艺,例如多产低碳烯烃的催化裂解工艺(DCC)和多产异构烷烃的催化裂化工艺(MIP),这些工艺典型气体组成与常规催化裂化气体组成存在着明显的差别。一般情况下,DCC干气中的乙烯含量远大于FCC和MIP工艺;同时,DCC干气的质量产率约为MIP工艺的3~4倍。因此,要考虑充分利用DCC工艺干气中的乙烯和乙烷,较为合理的技术途径是催化裂解工艺和蒸汽裂解工艺耦合。

MIP工艺生成的液化气中的异丁烷含量明显地高于FCC工艺和DCC工艺;MIP工艺的异丁烷与正异丁烯质量比也最高,异丁烷与正异丁烯质量比为1.65,而FCC工艺的异丁烷与正异丁烯质量比为0.97,这说明了MIP工艺中烃类的氢转移反应能力明显高于原FCC工艺。另外,MIP工艺液化气中的丙烯含量并没有明显下降。值得注意的是,DCC工艺的异丁烷与正异丁烯质量比仅为0.27,这说明DCC工艺充分地抑制了氢转移反应,丙烯和乙烯的含量均远大于FCC工艺和MIP工艺。

总之,DCC与FCC气体组成的差别主要表现在:DCC干气和裂化气的质量产率远大于催化裂化;DCC气体中乙烯和丙烯含量明显地高于FCC气体;总的气体烯烃含量在DCC气体中所占比例远高于FCC气体;异丁烷和正丁烯含量比,特别是异丁烷含量明显不同。

三、催化裂化汽油

1. 组成及性质

我国车用汽油的主要组分是催化裂化汽油(gasoline或naphtha,简称FCC汽油),约占车用汽油池中的70%。车用汽油最重要的质量指标是辛烷值,一般用研究法辛烷值(RON)、马达法辛烷值(MON)或抗爆指数[(RON+MON)/2]来表示。国Ⅵ车用汽油按RON分为89号、92号、95号和98号4个牌号。

视频8-11 催化裂化汽油降烯烃的背景与原理

FCC汽油组成随着催化裂化工艺发展处于不断变化之中。早期采用无定形硅铝催化剂,即使加工减压蜡油,其汽油烯烃含量为 50%~70%,而芳烃含量约为 10%。采用沸石催化剂后,汽油烯烃含量大幅度降低,异构烷烃含量明显地增加,RON 下降 3~4 个单位,烯烃含量约在 30% 以下;采用沸石催化剂加提升管反应器后,汽油烯烃含量又有所增加,烯烃含量约在 30% 以上,再加上反应温度的增加,汽油中的芳烃含量有所增加,此时国内典型的 FCC 汽油组成分布如表 8-25 所列。

表 8-25　大庆减压蜡油 FCC 汽油组成的碳数分布(质量分数)　　　　%

碳　数	烷烃	环烷烃	烯烃	环烯烃	双烯烃	芳烃	合计
4	1.77	1.25	5.71	1.38	0.19	0.45	7.48
5	11.43		5.98				20.04
6	6.13	1.37	5.70	2.09			15.93
7	7.96	1.68	5.04	0.03		2.20	16.91
8	6.13	2.78	3.07	0.67	—	4.76	17.41
9	6.27	1.48	1.13	0.05		4.27	13.20
10	2.99	0.62	0.55	0.06		0.39	4.61
未鉴定碳数	—	—	—	—	—	—	2.50
合计	42.68	9.18	27.18	4.28	0.19	12.07	98.08

随着催化裂化原料的劣质化和车用汽油无铅化,FCC 汽油烯烃含量又明显地增加,对于石蜡基常压渣油原料,汽油烯烃体积含量最高可达到 70%,质量含量在 50% 以上。汽油中的烷烃与烯烃主要分布在 C_5~C_8,以 C_5 居多;芳烃则分布在 C_7~C_{11},以 C_8、C_9 居多;正构烷烃含量在 4%~5%;异构烷烃含量在 25%~35%,烯烃含量在 30%~50%,芳烃含量在 10%~25%,环烷烃含量在 5.5%~10%。随着车用汽油对烯烃含量的限制,国内又开发出降低汽油烯烃的催化裂化工艺(如 MIP/FDFCC 等工艺),FCC 汽油组成分布又发生了变化。

图 8-30 列出了 FCC 汽油每 10℃ 的窄馏分的 PONA 值分布。由图可见,烷烃主要在低沸点馏分中(90℃ 左右的馏分中),大约 50% 时含量最高,在 100℃ 以后的馏分中浓度逐渐降低。环烷烃是在 127℃ 左右的馏分中含量最高(70%),达 34%。烯烃大部分是在 110℃ 以前的馏分中,在这之后是随着沸点升高,浓度急剧下降。芳烃浓度随沸点的增加而增加,在 170~204℃ 馏分中(90%~100%)含量最高,达 59%。

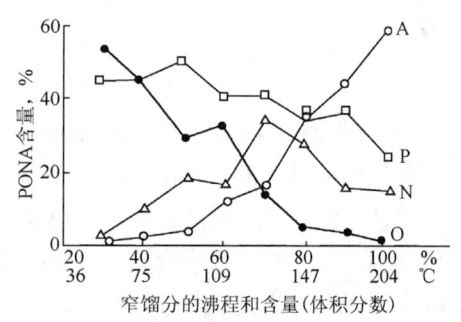

图 8-30　大庆催化裂化汽油窄馏分 PONA 分布

FCC 汽油的族组成主要取决于催化裂化工艺类型、原料油性质、催化剂性能、反应条件、转化率以及汽油的干点。例如,四种不同基属 VGO 催化裂化汽油组成见图 8-31。由图可见,对于每种 VGO 原料,其汽油中烯烃含量最高,其次是芳烃,而正构烷烃含量最低。大庆 VGO 汽油中异构烷烃含量明显高于其他三种 VGO,而芳烃含量则明显低于其他三种 VGO,烯烃含量略低于其他三种 VGO,这是由于在相同的操作条件下,大庆 VGO 在催化剂上沉积的焦炭量低,催化剂的氢转移反应能力强,造成汽油中的烯烃转化为异构烷烃所致。因此大庆 VGO 催化汽油中的异构烷烃加烯烃之和则明显地高于其他三种 VGO,这表明石蜡基原料经裂化反应易于生成烯烃和烷烃。

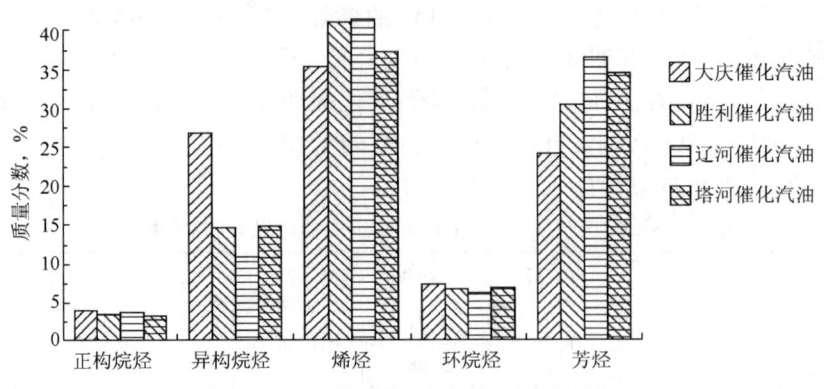

图 8-31 四种催化裂化汽油烃类组成

在较低的转化率下,汽油烯烃含量随转化率增加而增加,当转化率超过某数值后,汽油烯烃含量随转化率增加快速下降,如图 8-32 所示。当转化率超过一定值后,汽油的烯烃含量随转化率的提高而下降;在相同转化率下,由大庆原料油所得的催化汽油的烯烃含量更高。

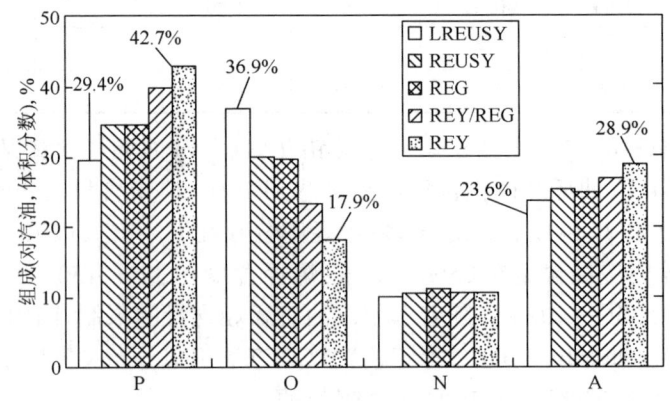

图 8-32 不同催化剂对汽油组成的影响
REG 为 Grace 公司专有 USY,LREUSY 为低稀土含量的 USY

国内典型的 FCC 汽油的族组成和辛烷值列于该表 8-26。由该表可知,若以 MON=60 为界,则辛烷值低于 60 的组分:正构烷烃($C_6 \sim C_{12}$)含量为 5% 左右;直链烯烃含量小于 2%;单取代基烷烃($>C_6$)含量为 6%~13%。高辛烷值组分有支链烯烃,含量为 30% 左右,大部分的辛烷值大于 80。芳烃含量为 15%~25%,辛烷值大于 90。环烷烃为 10% 左右,支链烷烃为 18%~25%,其辛烷值均大于 70。

表 8-26 国内典型催化裂化汽油族组成及辛烷值

项	目	大庆,%	胜利,%	辽河,%	A厂,%	B厂,%
MON <60	直链烷烃($C_6 \sim C_{12}$)	3.69	5.30	2.47	2.63	3.39
	单取代基烷烃($>C_6$)	12.97	8.34	6.21	8.49	10.24
	直链烯烃($C_6 \sim C_{12}$)	1.10	1.01	0.94	1.49	0.99
	总计	17.76	14.65	9.62	12.61	15.12
MON >70	环烷烃	11.01	9.16	9.95	10.16	9.84
	支链烷烃	18.90	20.38	12.39	19.09	17.94
	总计	29.91	28.54	22.34	29.25	27.78

续表

项　　目		大庆,%	胜利,%	辽河,%	A厂,%	B厂,%
MON >80	支链烯烃	28.86	31.94	36.5	32.96	29.94
	芳烃	14.53	15.14	20.5	16.58	18.96
	异丁烷+正丁烷+异戊烷	8.94	8.73	11.04	8.20	8.20
	总计	52.33	55.81	58.04	58.14	57.10
MON		78.20	78.80	79.5	78.9	79.3
RON		88.0	89.0	90.2	89.1	89.6

2. 汽油硫含量

近20年来,我国车用汽油标准变化最突出的就是硫含量的要求,从2000年国Ⅱ的小于800μg/g,到2019年的国Ⅵ的10μg/g。我国汽油池中有近70%的FCC汽油,汽油池中的硫化物几乎全部来自FCC汽油。因此,关注FCC汽油的硫含量意义重大。

FCC汽油的硫含量及硫化物形态首先和原料油有关,见表8-27。FCC汽油硫化物有硫醇、硫醚和噻吩三类。低硫原料生成汽油的硫醇含量在25~100μg/g之间,掺渣油原料汽油硫醇含量较高。经过脱硫醇设施处理后一般可达到80%~90%的脱除率,使其含量少于10μg/g,但高分子硫醇脱除率低。汽油不同馏分的硫醇分布与脱除率的关系列于表8-28。

表8-27 原料硫含量对FCC汽油硫化物含量的影响

原料类型		A	B	原料类型		A	B
原料油性质	密度(20℃)(g/cm³)	0.8883	0.8950	汽油中硫含量 μg/g	硫醇	2	6
	硫含量,%	0.47	1.05		噻吩	28	52
	残炭,%	0.16	0.23		C_1噻吩	66	131
					四氢噻吩	10	16
	K_{UOP}	11.68	11.59		C_2噻吩	77	183
					C_3噻吩	57	126
	汽油产率,%	42.6	43.0		C_4噻吩	57	139
					苯并噻吩	130	309
					总计	427	962

表8-28 硫醇分布与脱除率的关系

馏　　分	<50℃	50~70℃	70~90℃	>90℃
硫醇含量,μg/g	21.6	88.7	194.8	173.1
脱除率,%	80	78	65	50

FCC汽油馏程与硫化物含量之间的关系密切。在占汽油55%~60%轻组分中硫含量占总硫份额都不足20%,在占汽油40%~45%重组分中含硫占总硫份额超过80%。此外,小于70℃ FCC汽油馏分中的硫化物主要是小分子硫醚和硫醇;70~110℃ FCC汽油馏分中的硫化物既有硫醇又有噻吩,且随沸点上升,硫醇不断减少,噻吩不断增加;大于110℃ FCC汽油馏分中的硫化物只有噻吩。FCC汽油中的硫化物类型在不同馏分段中分布列于表8-29。由表可见,硫醇分布在小于65℃馏分段,噻吩、C_1噻吩和C_2噻吩分布在65~150℃馏分段,C_3噻吩、C_4噻吩和硫酚分布在150~190℃馏分段,苯并噻吩和C_2硫酚分布在190℃以上馏分段。

表 8-29 FCC 汽油馏程及相应的硫化物组成

硫 化 物	沸点范围,℃	含量,μg/g
硫醇	<65.5	2.7
噻吩	65.5~93	27.5
C_1 噻吩	93~121	67.1
四氢噻吩	93~121	10.3
C_2 噻吩	121~149	87.8
C_3 噻吩,硫酚	149~190	60.5
C_4 噻吩,C_1 硫酚	>177	63.3
苯并噻吩,C_2 硫酚	>190	127.2

综上所述,FCC 汽油特点在于烯烃主要集中在轻馏分中,而芳烃和硫主要集中在重馏分中,如图 8-33 所示。因此,降低 FCC 汽油烯烃和脱除 FCC 汽油中的硫可以考虑采用按馏程切割分离后再进行分段处理,FCC 汽油选择性脱硫技术开发就是基于此。

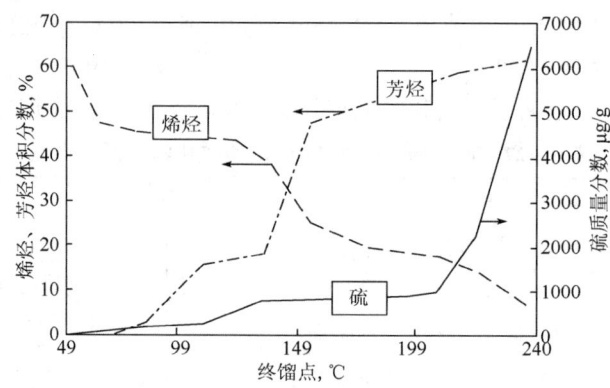

图 8-33 FCC 汽油烯烃、芳烃和硫含量随馏程分布

3. 满足国Ⅵ标准的催化裂化汽油产品精制技术

我国现在的车用汽油标准实行国ⅥA 标准,硫含量小于 $10\mu g/g$,烯烃含量小于 18%(体积分数),芳烃含量小于 35%(体积分数),苯含量小于 0.8%(体积分数),氧含量小于 2.7%(质量分数)。FCC 汽油一般用作车用汽油调和组分。在 20 世纪 90 年代以前,由于对车用汽油中硫含量限制并不严格,FCC 汽油一般不需要经过脱硫处理。20 世纪 90 年代以来,随着环保要求日益严格,对车用汽油中硫含量的限制也越来越严格。对于加工常规中、高硫原油的炼油厂,即使配置了催化原料加氢预处理装置对催化原料进行精制,FCC 汽油的硫含量也难以达到 $100\mu g/g$ 以下;对于加工低硫原油的炼油厂,FCC 汽油的硫含量难以达到 $50\mu g/g$ 以下。采用经济高效的 FCC 汽油脱硫技术已成为炼油厂生产满足国Ⅵ标准的合格车用汽油的必由之路。

FCC 汽油脱硫分为选择性加氢和反应吸附两大类脱硫技术。Prime-G+、Gardes、DOS、RSDS 等技术作为国内外选择性加氢脱硫技术代表,而 S-Zorb 技术则是反应吸附脱硫技术代表。

1)选择性加氢脱硫技术

以 Prime-G+、Gardes、DOS、RSDS 等技术为代表的国内外选择性加氢脱硫技术,相同部分是依据汽油轻重馏分中烯烃与硫含量的差别,将汽油分割成轻重组分,分别精制处理,而有的流程是将全馏分汽油先分割,轻组分直接经无碱脱臭后作汽油调和组分或醚化原料,重组分进行深度加氢脱硫。这部分的详细介绍见第九章第三节。

2) S-Zorb 反应吸附脱硫工艺

催化裂化汽油反应吸附脱硫技术(简称 S-Zorb)是在临氢、适宜的压力和温度条件下,采用独特的专有吸附剂选择性地吸附含硫化合物,经反应,含硫化合物中的硫原子保留在吸附剂上,而硫化物的烃结构部分则被释放回工艺物流中,从而达到脱硫目的。该技术的化学反应和工艺流程详见第十三章第二节。

S-Zorb 技术已经成为中国石化汽油质量升级的主要技术手段,具有良好的市场竞争力和发展前景。部分工业 S-Zorb 装置标定数据列于表 8-30。从表中数据可以看出,部分装置脱硫率在 90% 以上,RON 损失 0.6~1.2 个单位,烯烃含量降低 4~6 个百分点,呈现出优良的脱硫选择性,且具有较低的氢耗和能耗。

表 8-30 部分工业 S-Zorb 装置标定数据

项 目	燕山石化	广州石化	青岛石化	镇海炼化	济南石化	齐鲁石化	沧州石化
处理量,Mt/a	1.2	1.5	1.2	1.28~1.41	0.9	0.9	0.9
原料硫含量,μg/g	275	250	390	320	726	410	642
产品硫含量,μg/g	8.0	2.3	11.6	5.0	39.0	13.0	48.9
原料烯烃,%	25	30	35	35	32	29	31
RON 损失	1.1	0.9	0.6	0.8	1.2	0.9	1.0
MON 损失	0.0	0.0	0.1	-0.1	0.0	0.4	0.0
抗爆指数损失	0.55	0.45	0.35	0.35	0.60	0.65	0.50
能耗,MJ/t	338.6	288.4	363.7	317.7	384.6	283.2	409.6
化学氢耗,%	0.15	0.16	0.17	0.18	0.20	0.22	0.19
实际液收,%	99.50	99.30	99.09	99.00	99.11	99.45	99.02
剂耗,kg/t	0.04	0.03	0.03	0.03	0.05	0.05	0.06

四、催化裂化柴油

1. 性质与组成

催化裂化柴油,又称催化裂化轻循环油(light cycle oil,简称为 LCO),在我国商品柴油池中比例达 30% 以上。轻循环油在我国一直作为商品轻柴油的混兑组分,一般与直馏柴油混合使用。轻循环油是商品轻柴油中质量最差的组分,其芳烃含量达到 50% 以上,甚至高达 80%;十六烷值很低,甚至低于 20;硫和氮含量随原料而异,但均偏高。表 8-31 列出了国内 21 世纪前后 FCC 装置的 LCO 性质,其中 RFCC 装置 LCO 质量明显较差。表 8-32 列出了部分美国 FCC 装置的 LCO 性质。表 8-32 数据表明,美国 FCC 装置的 LCO 性质变化趋势为密度增加,十六烷值下降。主要原因是 FCC 装置为多产汽油而提高操作苛刻度和采用高活性的沸石催化剂。表 8-33 中所列数据表明,随减压渣油掺炼率的增加,原料性质变差,LCO 质量更加劣质化。

表 8-31 国内典型催化裂化 LCO 性质

项目	1	2	3	4	5	6	7	8
原料油	含硫VGO	大庆VGO	大庆VR/VGO	低硫VGO/VR	塔里木/中原/吐哈 AR	中东HDS-AR/VGO	苏北石蜡基AR	偏石蜡基VR
密度(20℃),g/cm³	0.8639	0.8649	0.8768	0.8813	0.8811	0.9123	0.8808	0.9166
凝点,℃	-10	-3	-1	2	-2	-10	—	—
黏度(20℃),mm²/s	4.2	—	—	4.1	5.0	2.0		
实际胶质,mg/100mL	134	28	560	592	106	91		
残炭,%	—	—	—	0.16	—			
十六烷值	34	41	34.5	33	38	27	33.0	34.9
馏程,℃								
初馏点	—	194	158	180	193	167		
50%	240	274	275	270	284	255		
终馏点	90% 293	90% 335	395	92% 350	367	95% 364		
元素组成,%								
C	—	—	—	88.7	88.08	—		
H				11.1	11.30			
S	0.88	0.10	0.16	0.12	0.56	0.25	0.11	
N	0.04	0.03	0.13	0.05	0.07		0.05	
族组成,%	—	—	—	—				
P+N					20.4	29.8	31.0+10.8	29.1+10.8
O					3.2	0.7		
A	55.4	—	—	—	76.4	69.5	58.2	60.1
单环							20.8	12.1
双/三环							30.8/6.6	38.3/9.7

表 8-32 美国炼油厂典型 LCO 性质

序号	1	2	3	4	5	6	7	8	9	10	11	12
密度(20℃),g/cm³	0.9001	0.8911	0.8778	0.8822	0.8665	0.9297	0.9254	0.9567	0.9408	0.9541	0.9652	0.9346
馏程,℃												
初馏点	160	201	218	209	244	142	216	231	241	209	202	188
10%	243	229	253	242	261	241	261	252	254	238	247	227
20%	256	242	258	254	265	254	267	254	264	248	254	236
30%	265	253	263	260	268	263	271	260	271	252	256	241
50%	282	271	269	273	274	276	280	267	282	265	264	251
70%	302	294	278	289	281	293	292	278	298	284	277	267
90%	334	323	293	309	296	325	309	300	325	307	305	300
终馏点	351	353	309	325	314	347	325	329	344	332	331	324

续表

序 号	1	2	3	4	5	6	7	8	9	10	11	12
苯胺点,℃	43.0	40.0	52.0	49.4	61.7	23.0	36.0	24.4	27.8	8.3	-2.2	-6.1
烃族组成(体积分数),%												
芳烃	46.5	53.0	35.5	37.5	30.5	61.5	60.0	80.0	69.0	78.0	83.5	85.0
烯烃	7.5	2.5	8.0	8.0	10.5	6.0	1.0	1.5	2.0	5.0	3.0	1.0
饱和烃	—	—	—	—	—	—	39.0	18.5	29.0	17.0	13.5	14.0
链烷烃	21.4	26.5	29.7	29.2	35.4	22.5	—	—	—	—	—	—
环烷烃	24.6	18.0	26.8	25.3	23.6	10.0	—	—	—	—	—	—
十六烷值	34.5	32.8	41.5	37.2	45.0	25.5	27.0	18.1	24.0	18.8	17.1	19.3
C/H 质量比	7.38	7.46	7.19	7.25	8.91	8.09	7.96	8.75	8.20	8.60	8.92	8.56

表8-33 鲁宁管输油掺炼减压渣油催化裂化 LCO 性质

原 料	减压馏分油	+10%减渣	+25%减渣	+30%减渣
密度(20℃),g/cm³	0.8659	0.8667	0.8751	0.8870
凝点,℃	-2	-3	-1	0
实际胶质,mg/100mL	7.8	25.2	30.4	107.2
硫含量,%	—	0.20	0.54	0.62
氮含量,μg/g	520	500	780	1200
馏程,℃				
初馏点	197	212	185	190
10%	228	224	224	231
50%	274	269	268	281
90%	324	322	328	332
终馏点	339	337	344	347
十六烷指数	38.5	38.0	32.5	30.0

不同基属 VGO 原料油对轻循环油性质和组成影响不同。在轻循环油组成分布中,芳烃含量最高,其中双环芳烃占芳烃总量的50%以上,其次是单环芳烃,占芳烃总量的25%~49%;大庆轻循环油饱和烃含量高于单环芳烃含量,而胜利轻循环油、辽河轻循环油、塔河轻循环油饱和烃含量却明显低于单环芳烃含量,这可能与四种不同基属 VGO 中饱和烃含量高低有关;四种轻循环油环烷烃含量随着环数的增加而不断降低,而芳烃含量随环数增加呈现先增加后降低的现象。

随着裂化反应苛刻度增大,无论石蜡基、中间基或环烷基的催化裂化原料,轻循环油质量均趋于劣质化,例如催化裂化装置采用多产丙烯的 MIP 工艺技术后,其裂化反应苛刻度大幅度增加,造成柴油中的饱和烃进一步裂化,从而柴油产率明显减少,同时质量明显地变差。例如,MIP 装置的轻循环油密度大于 0.93 g/cm³,芳烃含量接近80%,十六烷值低于20,同时具有较高的硫含量和氮含量。

轻循环油的十六烷值随着芳烃含量的上升而下降,如图8-34所示,也随着 C/H(质量比)的上升而下降,如图8-35所示。轻循环油中含有0.1%~0.5%的酚类物质,其中以苯酚同系物含量最高,萘酚类次之,还含有少量的二氢化茚酚类物质。酚类对轻循环油的安定性有明显的影响,脱除柴油中的酚类,即使不脱除硫、氮,也能明显提高柴油的安定性。采用复合化学剂能有效地脱除柴油中的酚类化合物,具有良好的精制作用。

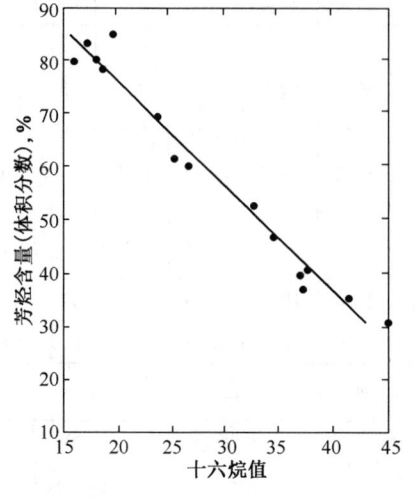
图 8-34 轻循环油十六烷值与芳烃含量关系

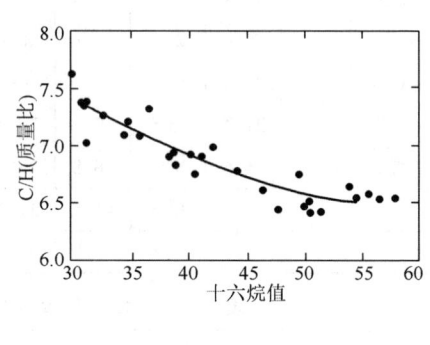
图 8-35 轻循环油十六烷值与 C/H(质量比)关系

2. 加工和利用

催化裂化 LCO 的硫、氮等杂质含量高,影响其安定性和色度,燃烧时发动机排气高,并且含有 SO_x、NO_x 和颗粒物。芳烃等不饱和烃含量高,同样会影响柴油安定性和十六烷值,燃烧时发动机冷启动性差,汽缸爆震,容易产生颗粒物。实际胶质含量也比较高,影响柴油安定性,燃烧时发动机容易发生汽缸结垢。

因此,LCO 主要通过加氢精制或加氢改质技术进行加工,生产低硫柴油调和组分或普通柴油。加氢精制技术可以有效地脱除 LCO 中的硫、氮等杂质,但其十六烷值提高和密度降低幅度有限。加氢改质技术可以有效脱除 LCO 中的硫、氮并大幅度降低密度和提高十六烷值,但副产的石脑油馏分辛烷值较低,且由于芳烃大量饱和使得加氢过程氢耗较高。在柴油质量升级过程中,应用范围最广、效果最为显著的是加氢处理以及加氢裂化技术。

另一方面,汽车保有量大幅度增加刺激了对成品油的需求,特别是汽油表观消费量的增加。从经济效益来看,多生产汽油是炼油企业不得不面临的选择。例如,2010 年柴汽比为 2.0 左右,2018 年柴汽比则降低到 1.3 左右,柴油需求量在降低。因此,将 LCO 转化为高辛烷值汽油既可以降低柴汽比,又可以满足市场对汽油的需求。国内已开发出 LCO 轻馏分催化裂化技术、LCO 重馏分加氢与 FCC 组合技术生产高辛烷值汽油和 LCO 加氢裂化技术生产高辛烷值汽油等技术。

1) 生产高辛烷值汽油的催化裂化技术

LCO 富含芳烃,芳烃主要为单环芳烃和双环芳烃。通过对不同馏程 LCO 组成分析发现,随着馏程的增加,LCO 中的单环芳烃质量分数降低,双环芳烃质量分数增加,粗略的分割点为 250℃左右。LCO 重馏分富含双环芳烃,不适合催化裂化工艺直接处理,但可以将重馏分中的双环芳烃的一个芳环或两个芳环经加氢饱和成环烷烃,而环烷烃是催化裂化生产高辛烷值汽油的理想组分。

LCO 转化为汽油和液化气可以采用先加氢后催化裂化工艺路线,也可以直接采用加氢技术路线,从技术角度来看都是可行的,经济上是否有效益,主要取决于 LCO 与汽油价格差、氢气的成本和不同工艺技术的生产成本。

2）加氢裂化技术生产高辛烷值汽油

Mobil公司、AZKO公司和M. W. Kellogg公司共同开发了MAK LCO技术,采用中压、单段加氢过程,原料油为LCO,转化率在30%～70%之间,主要产品为高辛烷值汽油、低硫柴油调和组分,采用加氢处理催化剂和含有沸石的加氢裂化催化剂。

3）进行加氢精制/加氢改质

加氢精制技术是改善轻循环油质量的有效手段之一。LCO深度加氢精制的脱氮率可达90%以上,脱硫率达95%以上,颜色和储存安定性均有很大改进;双环芳烃转化率可达70%以上,三环芳烃转化率可达80%以上;密度下降$25kg/m^3$以上;终馏点几乎维持原料油的水平;十六烷值提高5～10个单位以上。

采用常规的加氢精制法以及高活性的加氢精制催化剂,在中等或略高于中等压力下可有效地脱除LCO中的硫、氮等杂质,使其颜色得到改善,但其密度降低和十六烷值提高幅度有限。因此,Criterion催化剂公司和ABB Lummus公司联合开发出SynShift工艺,目的就是降低LCO密度、提高十六烷值,主要反应途径为三环芳烃饱和成环烷烃以及环烷烃开环裂化,即重馏分发生裂化反应。SynShift工艺液体收率损失小于1%,小于176℃石脑油产率为6%～8%,柴油馏分十六烷指数大幅度提高,密度下降,芳烃含量大幅度降低。

中压加氢改质(MHUG)技术是20世纪90年代初国内开发的清洁柴油生产技术,在中等压力下,以轻循环油、直馏柴油、焦化柴油、减压轻馏分油及其混合油为原料生产低硫柴油或低硫、低芳烃柴油,在适宜的条件下还可生产喷气燃料。MHUG工艺流程与单段、两剂串联加氢裂化装置相似,主要设备由反应系统、新氢系统、循环氢系统和分馏系统组成。MHUG技术可以大幅度提高柴油十六烷值,但副产一定的石脑油。

为了提高加氢改质柴油的收率,中国石化抚顺石油化工研究院开发了最大限度提高十六烷值的轻循环油加氢改质工艺(简称MCI),使加氢裂化反应控制在开环而不断链的程度,从而使MCI工艺既具有柴油收率高、氢耗低的优点,又具有柴油十六烷值提高幅度大的优势。

第六节　催化裂化过程流态化原理

催化裂化装置的反应器和再生器的操作情况、催化剂在两器之间的循环输送以及催化剂的损耗等都与气—固流态化原理有关。无论是建立数学模型、优化生产操作还是进行设计常常离不开流态化原理。因此,学习流态化原理并掌握其一般规律十分必要。

对于气—固流态化原理,已经有很多人做过大量的研究工作。但是,由于过程的复杂性,至今仍有不少问题还有待于进一步深入研究。在本节,只对与催化裂化有关的一些最基本的原理和现象作简要的讨论。

一、流化床形成与流态化域

1. 流化床形成

如果在一个下面装有小孔筛板的圆筒内装入一些微球催化剂,让空气由下而上通过床层,并测定空气通过床层的压降Δp,将会发现以下现象:当气体流速u_f较小时,床层内的颗粒并不活动,处于堆紧状态,即处于固定床状态,只是随着 u_f 的增大,床层压降也随之增大,如图 8-39 的 AB 段。当气速增大至一定程度时,床层开始膨胀,一些细粒在有限范围内运动,当气速再增大时,固体颗粒被气流悬浮起来并作不规则的运动,即固体颗粒开始流化。此后,继续增大气速,床层继续膨胀,固体运动也越激烈,但是床层压降基本不变,如图 8-36 的 BC 段。气速再增大至某个数值,例如 C 点,固体颗粒开始被气流带走,床层压降下降。气速再继续增大,被带出的颗粒越多,最后被全部带出,床层压降下降至很小的数值。在此过程中,相当于 B 点处的气速称为临界流化速度 u_{mf},相当于 C 点的气速称为终端速度 u_t,也称带出速度。由上述过程可见,当气速小于 u_{mf} 时为固定床,在 u_{mf} 与 u_t 之间为流化床,大于 u_t 则为稀相输送。

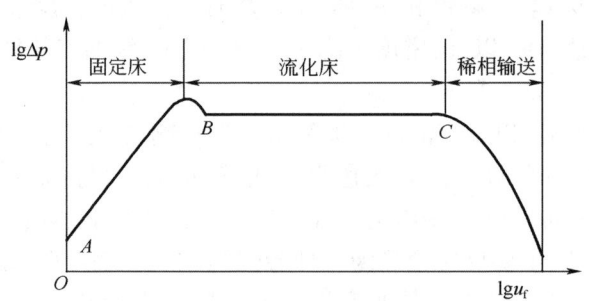

图 8-36 床层压降与气体线速的关系

在固定床阶段,颗粒之间的孔隙形成了许多曲曲弯弯的小通道。气体流过这些小通道时因有摩擦阻力而产生压降。摩擦阻力与气体的流速的平方成正比,因此流速越大时产生的床层压降也越大。

当气速增大至 B 点,作用于床层的各力达到平衡,整个床层被悬浮起来而固体颗粒自由运动,有

$$床层压降 \times 床层截面积 = 床中固体重 - 固体所受浮力$$

或

$$\Delta p \cdot F = V(1-\varepsilon)\rho_s - V(1-\varepsilon)\rho_g \tag{8-31}$$

式中　Δp——床层压降,kgf/m^2;

　　　F——床层截面积,m^2;

　　　V——床层体积,m^3;

　　　ε——床层孔隙率;

　　　ρ_s, ρ_g——固体颗粒及气体的密度,kg/m^3。

式(8-31)也可以写成:

$$\Delta p \cdot F = V(1-\varepsilon)(\rho_s - \rho_g)$$

因 $\rho_s \gg \rho_g$,所以,可近似地写成:

$$\Delta p \cdot F = V(1-\varepsilon)\rho_s \tag{8-32}$$

式(8-32)等号的右方就是固体颗粒的质量,当没有加入或带出固体时,它是一个常数。因此,在流化床阶段,当气速增大时 V 虽然增大,但 ε 也随之增大,结果 $\Delta p \cdot F$ 基本保持不变,也就是 Δp 基本不变。利用这个原理,在实验室或工业装置中可以通过测定流化床中不同高度的两点间的压差来计算床层中的固体藏量或床密度。

当气体流速超过终端速度时,床层中的固体质量因颗粒被带出而减小,于是床层压降减小,直至全部固体颗粒被带出时,圆筒两端的压差就是气流通过空筒时的摩擦压降。

2. 气—固流态化域

固体颗粒的流化性能与其粒径及其他性质有关。在流态化研究中常根据固体颗粒的流态化特征将其进行分类,常见的分类方法有 Geldart 的分类方法,他把固体颗粒分为 A、B、C、D 四类。催化裂化催化剂是典型的 A 类颗粒。A 类细粉颗粒流化床的流化状态与床层内的表观气速 u_f 有关。随着 u_f 的增大,床层可分为几种不同的流化状态,或称为不同的流态化域(图 8 – 37):

(1)固定床——固体颗粒相互紧密接触,呈堆积状态。

(2)散式流化床——固体颗粒脱离接触,但均匀地分散在流化介质中,床层界面清晰而稳定,已具有流体特性。

(3)鼓泡流化床——随着 u_f 的增大,流化床中出现了气体的聚集相——气泡。当气泡上升至床层表面时,气泡破裂并将部分颗粒带到床面以上的稀相空间,形成了稀相区,在床面以下则是密相区。

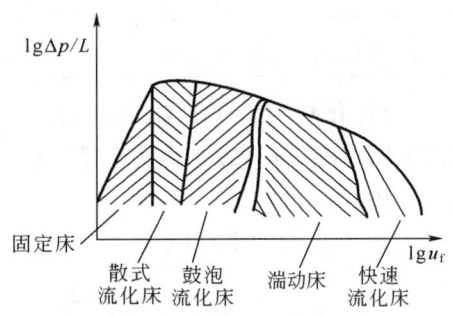

图 8 – 37 流态化域图

(4)湍动床——气速 u_f 增大至一定程度时,由于气泡不稳定而使气泡分裂成更多的小气泡,床层内循环加剧,气泡分布较为均匀。此时气体夹带颗粒量大增,使稀相区的固体浓度增大,稀、密相之间的界面变得模糊不清。工业流化床再生器多属此类。

(5)快速流化床——气速 u_f 再增大,气体夹带固体量已达到饱和,密相区已不能继续维持而要被气流带走,此时必须靠一定的固体循环量来维持,密相区的密度与固体循环量密切相关。催化裂化的烧焦罐再生器属此类。

(6)输送床——当气速增大至即使靠固体循环量也无法维持床层时,就进入气力输送状态。催化裂化提升管反应器属此类。

3. 临界流化速度和终端速度

临界流化速度(也称起始流化速度)u_{mf} 和终端速度(也称带出速度)u_t 是与流化状态有重要关系的参数,许多学者对其进行了研究并提出了多种形式的计算方法。其中有的将此参数直接与固体颗粒的性质相关联,有的则采用无量纲准数关联的方式。在本节,只介绍一种计算方法。

$$u_{mf} = [0.0078 d_p^2 (\rho_p - \rho_f) g] / \mu_f \qquad (8-33)$$

$$u_t = g d_p^2 (\rho_p - \rho_f) / (18 \mu_f) \qquad (8-34)$$

式中 u_{mf} ——临界流化速度,cm/s;

d_p ——固体颗粒直径,cm;

ρ_p, ρ_f ——固体颗粒密度及气体密度,g/cm³;

g ——重力加速度,$g = 981 \text{cm/s}^2$;

μ_f ——气体黏度,Pa·s;

u_t ——终端速度,cm/s。

式(8 – 33)、式(8 – 34)中的气速都是指空塔气速。对于有一定粒径分布的固体颗粒,在计算其直径时应采用代表性的平均粒径,其计算公式如下:

$$d_{p,av} = \frac{1}{\sum x_i/d_{p,i}} \tag{8-35}$$

式中 x_i——直径为 $d_{p,i}$ 的颗粒在全部颗粒中所占的质量分数。

这类计算式大都是在冷态、小尺寸设备条件下试验所得的经验关联式,在使用时都应根据实际条件进行校正。

【例 8-1】 某裂化催化剂的颗粒密度为 1300kg/m³,其筛分组成如下:

粒径,μm	0~20	20~40	40~80	80~110	110~150
质量分数,%	0.48	10.52	85.00	3.86	0.14

流化介质为 580℃、78kPa(表)下的再生烟气,在该条件下其密度为 0.733kg/m³、黏度为 3.7×10^{-4} Pa·s。试计算其临界流化速度和终端速度。

解:

(1) 催化剂的平均粒径 $d_{p,av}$

$$d_{p,av} = \frac{1}{\frac{0.48}{10} + \frac{10.52}{30} + \frac{85}{60} + \frac{3.86}{95} + \frac{0.14}{130}} \times 100 = 53(\mu m) = 5.3 \times 10^{-3}(cm)$$

(2) 临界流化速度 u_{mf}

$$u_{mf} = \frac{0.0078 \times (5.3 \times 10^{-3})^2 \times (1.3 - 0.733 \times 10^{-3}) \times 980}{3.7 \times 10^{-4}} = 0.075(cm/s)$$

(3) 终端速度 u_t

$$u_t = \frac{980 \times (5.3 \times 10^{-3})^2 \times (1.3 - 0.733 \times 10^{-3})}{18 \times 3.7 \times 10^{-4}} = 5.37(cm/s)$$

(4) 讨论。

鼓泡流化床再生器的操作空塔气速 u_f 一般为 0.6~1m/s,u_f 与 u_{mf} 之比(也称流化数)达1000 以上。从计算结果来看,u_f 比 u_t 也高出许多倍,但实际上仍能维持流化床操作,其主要原因是在流化床中,催化剂颗粒并不是以单个颗粒进行运动而是成团絮状进行运动的。而且,还有从一级旋风分离器料腿返回密相床层的相当大的催化剂循环量。

除了本节讨论的临界流化速度、终端速度外,还有一些用于判断流化状态的速度参数,例如起始气泡速度、各流化域之间过渡时的速度等,它们的定义及计算方法可参考有关文献。

二、流化床基本特性

气—固流化床的各个流态化域有其共同的特点(固体颗粒处于流化状态),但是也各有其自己的特点。下面简要介绍处于不同流态化域的流化床的基本特性。

1. 散式流化床

当气流速度超过临界流化速度不多时,流化床内没有聚集现象,床层界面平稳,此时床层处于散式流化状态。随着气速增大,床层的孔隙率增大,床层膨胀。若流化床直径不变,则床高增加,可以用床高与起始流化时的床高之比 L_B/L_{mf} 来表示床层膨胀的程度,也称膨胀比。影响膨胀比的因素很多,如固体颗粒的性质和粒径、气体的流速和性质、床径和床高等。图 8-38 表示了气速和床径对膨胀比的影响。气速越大或床径越小则膨胀比越大。在催化裂化装置中,催化剂的密相输送处于散式流化状态。

2. 鼓泡流化床和湍动床

在鼓泡流化床,固体颗粒不是以单个而是以聚团进行运动,气体主要以气泡形式通过床层。因此床层不是均匀的而是分成两相:气泡相,主要是气泡,其中夹带少量固体颗粒;颗粒相(也称乳化相),主要是流化的固体颗粒,其间有气体以接近于临界流化速度的流速通过。鼓泡流化床中的气、固流动状况很复杂,在这里只是介绍它的一些基本现象。

如果床层直径足够大,而且气流速度不太高,即器壁影响及各气泡之间的影响可以忽略时,可以观察到单个气泡的运动情况。气泡的上半部呈半球形,气泡的尾部则有一凹入部分,称为尾波区,见图 8-39。尾波区夹带着固体颗粒,而气泡内则基本上不含固体颗粒。气泡在气流通过分布板进入床层时形成,然后在床层中向上运动。气泡向上运动的速度大于气体在空床中的平均气速,气泡的直径越大,其上升的速度也越大。

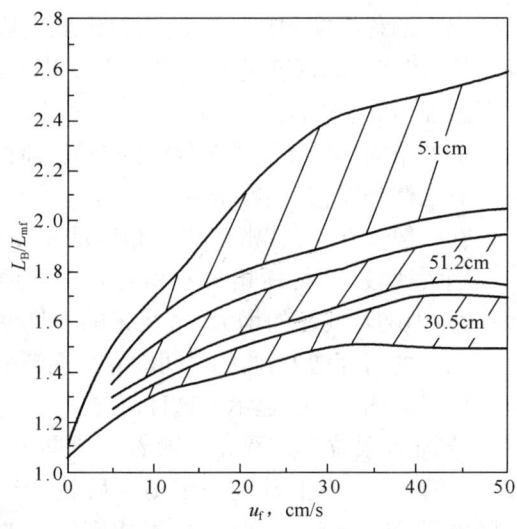
图 8-38　气速和床径对膨胀比的影响(固粒平均直径为 $100\mu m$;图中数字为床径)

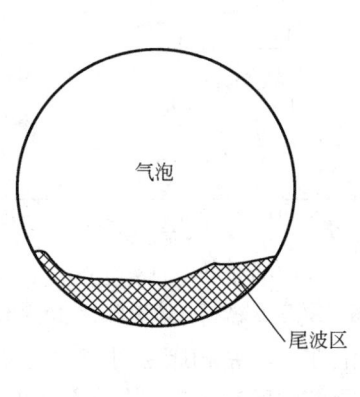
图 8-39　气泡形态

气泡的运动是造成流化床中的固体颗粒和气体返混的主要原因。当气泡上升时,气泡周围的固体颗粒被曳引至尾波区并随着气泡向上运动。当尾波区夹带的颗粒增多时,它变得不稳定,于是在气泡上升过程中会甩下一部分夹带的颗粒而其余的颗粒仍被带着上升。当气泡上升至床层界面,气泡破裂,尾波区的固体颗粒就散落下来。这样造成了流化床中固体颗粒的返混。气泡内的气体与周围颗粒相中的气体也互相交换:向下运动的固体颗粒借摩擦力将颗粒相中的气体曳引向下,当气泡与颗粒间的相对速度足够大时,这部分颗粒相中的气体由压力较低的尾波区进入气泡,而气泡中部分气体由顶部透过气泡边界渗入颗粒相中去。这样形成了气体在流化床内的返混。流化床内气体及固体颗粒的返混使床层各部分的性质(如温度、组成等)趋向于均一。

在实际应用的鼓泡流化床中往往同时存在大量气泡,由于它们之间的相互影响,气泡常变成不规则的形状。大量气泡同时向上运动时,小气泡会互相聚合成更大的气泡,因此,随着气泡的上升,气泡的直径也逐渐增大。气泡的长大对气—固非均相催化反应是不利的,因为气泡里的气体(反应物)与固体催化剂的接触很差。在大型鼓泡流化床中,气泡经常不是在整个床层截面上均匀分布而是形成几个鼓泡中心,气泡聚合后沿几条"捷径"上升。严重的鼓泡集中使气泡连续地沿着"捷径"上升而形成短路,这种现象称为沟流。发生沟流现象时,局部床层的压降下降。显然,沟流现象对催化反应很不利。如何使进入床层的气体均匀分布是大型流化床反应器设计的一个重要问题。

在小直径的流化床中,有时气泡可能长大到和床径一样大,形成了一层气泡、一层固体颗粒相,这种现象称为气节,也称腾涌。流化床产生气节时,气体必须渗过慢速运动的密相区,因此床层的压降比正常流化时的压降大。但当大气泡到达床层顶部时气泡崩破,固体颗粒骤然散落,床层压降又突然降低,严重时还会发生振动。气节现象在直径小于50mm的流化床中很容易发生。实验室的小型流化床反应器常常不容易得到重复性好的实验数据与此现象有一定的关系。

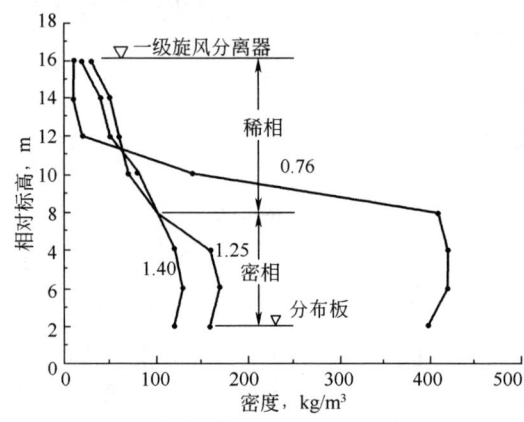

图8-40 再生器中的密度分布(曲线上的标注数字是密相气体速度,单位为m/s)

鼓泡流化床的顶部有一个波动的界面,当气速增大时,界面起伏波动的幅度就越大。在界面以下的称为密相床。对催化裂化反应器和再生器,密相床的密度随气速等因素变化而变化,一般在 $100 \sim 500 \text{kg/m}^3$ 的范围内。密相床界面以上的空间叫稀相。由于气流的夹带,稀相中也含有固体颗粒,其颗粒浓度随气速的增大而增大,在一般情况下,其密度比密相床的密度小得多。当气速较低时,稀相与密相之间的界面比较明显,但随着气速的增大,密相床的密度变小而稀相段的密度增大,两相之间的界面逐渐变得不很明显。图8-40显示了这种情况。

气泡在离开密相床层时产生的动能会把部分固体颗粒带入稀相。随着气流向上运动,被夹带的颗粒中的较大者(其带出速度高于稀相中的气速)在上升到一定高度后就会转而向下运动并返回密相床层,而较小的颗粒则继续随气体向上运动。因此,在密相床以上的某个高度,气体中夹带的固体颗粒浓度基本保持不变,这个高度就称为输送分离高度,简称TDH。TDH的大小主要决定于气速和床径。从TDH的定义来看,反应器中的旋风分离器的入口与密相床的界面之间的距离应大于TDH高度。许多研究者提出了计算TDH的公式,他们的计算结果也不尽相同。在此仅列出Zenz和Herio提出的计算式:

$$TDH/D_\mathrm{T} = (2.7 D_\mathrm{T}^{-0.36} - 0.7) \times \exp(0.7 u_\mathrm{f} \cdot D_\mathrm{T}^{-0.23}) \tag{8-36}$$

式中 $D_\mathrm{T}, u_\mathrm{f}$ ——床径和气体线速。

在实际生产装置中发现从上式(也包括多数其他公式)计算所得的结果偏低,因此,在设计催化裂化再生器时,一般是采用将某些作者的计算结果增加一定高度的方法来解决。例如当再生直径为9.6m、气体速度为0.87m/s时,用式(8-36)计算得到的TDH值为7.0m,而设计时则多采用10m左右。

当气速增大至一定程度,流化床进入湍动床阶段。对湍动床的机理研究尚不很充分,有的学者认为它是从鼓泡流化床到快速流化床之间的过渡形态,但仍可按鼓泡流化床的两相理论来处理,也有的学者用三相或四相流动模型来处理,还有一些学者则认为用轴相扩散和径向流动模型来处理更为符合实际情况。从目前的研究状况来看,与鼓泡流化床比较,湍动床的主要特点是气速更高、气体及颗粒循环量加剧,而返混及气泡直径变小、气泡数量增多,因而气体与固体颗粒之间的传质系数也明显增大。

3. 快速流化床

快速流化床与湍动床的一个重要区别在于快速流化床的气速已增大到必须依靠提高固体颗粒的循环量才能维持床层密度。催化裂化装置的烧焦罐式再生器的操作气速多在 1~2m/s 范围内，大部分属于快速流化床。

在快速流化床阶段，气泡相转化为连续含颗粒的稀相，而连续乳化相逐渐变成由组合松散的颗粒群（絮团）构成的密相。或者说，在快速流化床，气泡趋向于消失而在床内呈现不同的密度分布。一般情况下，上部密度小，称为稀区，下部密度较大，称为密区，而在径向上则呈中心稀、靠壁处浓的径向分布。在快速流化床内，气体和固体颗粒也还有显著的返混现象。

影响快速流化床的流化特性的因素除了气速、固体颗粒的性质等外，还有气体的入口方式、固体颗粒循环量的调节是属强或弱控制、出口结构型式等因素。

4. 流化床反应器特点

基于以上对流化床的认识，流化床用作反应器时有以下几个特点：

（1）由于流化床的传热速率高和返混，床层各部分的温度比较均匀，避免了局部高温现象，因此对强放热反应例如再生反应可以采用较高的再生温度以提高烧焦速率。

（2）流化床中气泡的长大、气节及沟流等现象的发生使气体与固体颗粒接触不充分，对反应不利。因此一般的鼓泡床反应器要达到很高的转化率是比较困难的。在催化裂化再生器中，气泡的存在使气—固之间的传质速率降低，使烧焦反应过程常常表现为扩散控制而降低了烧焦速率。一些工业再生器的核算结果表明，实际的烧碳速率与本征烧碳反应速率之比只有 0.2~0.6。

流化床中的返混会对反应产生不利影响。对催化裂化反应器，由于返混造成催化剂在床层中的停留时间不均一，有些催化剂没有与反应物充分接触就离开床层，有些则沉积了过多的焦炭而仍留在床层里，这一点对分子筛催化剂尤其不利。对于反应气体，有些未经充分反应就离开床层，而另一些则在裂化生成目的产物后仍滞留在床层继续进行二次反应，生成更多的气体和焦炭，降低了轻质油收率。在再生器里，由于返混，床层中的有效催化剂含炭量几乎降低到与再生剂含炭量相同，气体中的有效氧浓度也大为下降，于是降低了再生反应速率。催化剂颗粒在再生器内的停留时间不一致也导致烧焦效率的降低。湍动床和快速流化床的应用可以在很大程度上改善上述的缺点。

（3）流态化使固体具有流体那样的流动性，装卸、输送都较为灵活方便，这对需要大量固体颗粒循环的反应系统很有利。催化裂化反应器与再生器之间必须有大量催化剂循环，采用流化床可以较容易地实现此目的，而且还在两器之间起传递热量的热载体的作用。由于这个原因以及流化床温度分布均匀的特点，催化裂化反应器和再生器内可以完全不用传热构件，极大地简化了设备结构。这些特点适应了催化裂化向大处理量、大型化方向发展的需要。

（4）在流化床反应器中，总有一些固体颗粒被带入稀相，进而带出反应器，而且在有些情况下这个带出量是很大的。因此，在气体离开反应器之前应通过旋风分离器（或其他气固分离器）回收固体催化剂。

（5）流化床中固体颗粒的激烈运动加剧了对设备的磨损，也使催化剂的粉碎率增大而加大了催化剂的损耗，所以应采取相应的措施。

从上述流化床反应器的特点来看，它有有利的一面，也有不利的一面。对某一个反应过程，如果有利的一面占主导地位，我们就采用它，例如催化裂化、丙烯氨氧化制丙烯腈、萘氧化制苯二甲酸酐等过程。同时,对于它的不利方面也不应当忽视,要通过分析流化床的内部矛盾来找出控制和克服的办法。

三、提升管中的气—固流动(垂直管中的稀相输送)

与前一节介绍的流化床相比,提升管中的气—固运动有它自己的特点。由再生器来的催化剂通过斜管上的节流滑阀进入提升管的下端,先与提升蒸汽(或干气、轻烃)会合,由蒸汽提升向上运动一段,再与油气混合,气—固混合物呈稀相状态同时向上流动。在提升管的出口,反应后的油气与催化剂分离。在提升管里,气—固混合物的密度是几十千克每立方米,因此属于稀相输送的范畴。通常以密度 100kg/m³(也有的作者用 160kg/m³)作为区分稀相输送与密相输送的界限。

提升管中的气速比流化床高得多,工业装置一般采用油气进口处的线速为 4.5～7.5m/s。由于在向上流动的过程中,反应生成的小分子油气增加,气体体积增大,因此在提升管出口处的气速增大至 8～18m/s,催化剂也由比较低的初速度逐渐加快到接近油气的速度。催化剂颗粒是被油气携带上去的,它的上升速度总是要比气体的速度低些,这种现象称作催化剂的滑落,而气体线速 u_f 与催化剂线速 u_s 之比则称为滑落系数。在催化剂被加速之后,催化剂的速度应等于 u_f 与催化剂的自由降落速度 u_t(也称催化剂的终端速度)之差,因此:

$$滑落系数 = \frac{u_f}{u_s} = \frac{u_f}{u_f - u_t} \tag{8-37}$$

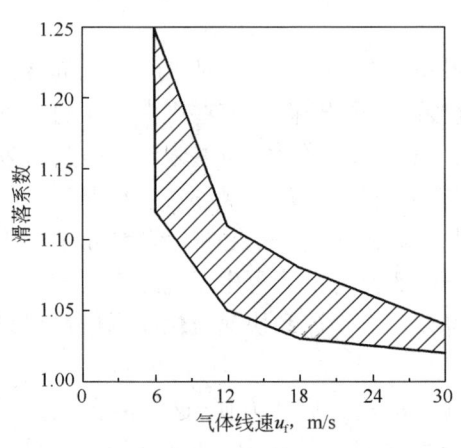

图 8-41 气体线速对催化剂滑落系数的影响

根据一些实验数据,微球裂化催化剂的 u_t 约为 0.6m/s。由式(8-37)可见,当 u_f 增大时,滑落系数减小,当 u_f 很大时,滑落系数趋近于 1,也就是 u_s 趋近于 u_f,此时催化剂的返混现象减小至最低程度。图 8-41 是在 $u_t = 0.6 \sim 1.2$m/s 的范围内,滑落系数与气体线速的关系。由图可见当气速增大至 25m/s 以后,催化剂的滑落系数几乎不再有变化,而且其值很接近于 1.0。由于提升管内气速高,催化剂与油气在提升管内的接触时间短,而且催化剂滑落系数接近 1,即催化剂与油气几乎是同向等速向上运动,返混很小,大大减小了二次反应,这种情况对分子筛催化剂是特别有利的。

下面再从图 8-42 讨论一下在提升管中的气—固运动形态。当固体质量流速 G_s 为零时,即只有气体通过提升管时,单位管长的压降 $\Delta p/L$ 随气速 u_f 的增大而增大,此 $\Delta p/L$ 主要是气体流动时的压降。当固体质量流速为某定值 G_{s1} 时,所测压降是混合物密度产生的静压与混合物流动压降之和。在高气速 C 点时,提升管内固体密度较小,流动压降占主导地位,因此,当气速下降时,静压虽由于密度增大而增大,但摩擦压降却因气速下降而减小,故总的 $\Delta p/L$ 下降。当气速从 D 点再继续下降时,提升管内的固体颗粒密度急剧增大,于是静压增大起主导作用,总 $\Delta p/L$ 也随之急剧增大。至接近 E 点时,管内密度太大,气流已不足以支持固体颗粒,因而出现腾涌。E 点处的气体表观速度即称为噎塞速度。对于较大的颗粒质量流速,此转折点出现在较高气速处,如图 8-42 中 G_{s2}。

为了在提升管内维持良好的流动状态,管内气速必须大于噎塞速度。噎塞速度主要取决于催化剂的筛分组成、颗粒密度等物性。此外,管内固体质量流速或管径越大,噎塞速度也越高。根据实验数据,工业用微球裂化催化剂用空气提升时的噎塞速度约为1.5m/s,实际工业采用的气速在油气入口处为4.5~7.5m/s,远高于此噎塞速度。但是在预提升段,由于预提升气的流量较小,应注意维持这一段的气速高于噎塞速度。采用过高的气速导致摩擦压降太大和催化剂磨损严重,因此,工业上也不采用过高的气速。

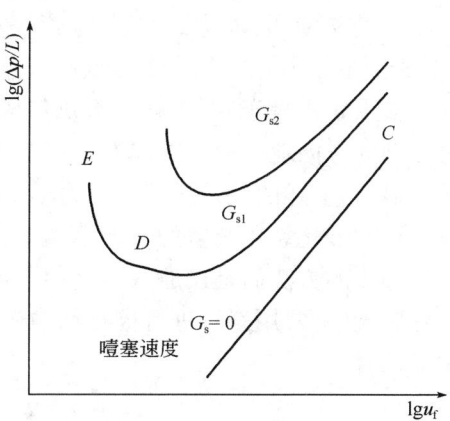

图8-42 提升管中气固流动的形态

四、催化剂循环

流化催化裂化的反应器和再生器之间必须有大量的催化剂循环,因为催化剂不仅要周期性地反应和再生以维持一定的活性水平,而且还要起到取热和供热的热载体的作用。能否实现稳定的催化剂循环无论是在设计或生产中都是一个关键性的问题。

流化催化裂化装置的催化剂循环采用密相输送的办法,在Ⅳ型催化裂化装置中采用U形管输送,而在提升管催化裂化装置中则采用斜管或立管输送。在输送管内,固体浓度为400~600kg/m³,故称为密相输送。

固体颗粒的密相输送有两种形态:黏滑流动和充气流动。当固体颗粒向下流动时,气体与固体颗粒的相对速度不足以使固体颗粒流化起来,此时固体颗粒之间互相压紧,阵发性地缓慢向下移动,这种流动形态称为黏滑流动。如果固体颗粒与气体的相对速度较大,足以使固体颗粒流化起来,此时的气—固混合物具有流体的特性,可以向任意方向流动,这种流动形态则为充气流动。充气流动时气体的流速应稍高于固体颗粒的起始流化速度。黏滑流动主要发生在粗颗粒的向下流动,例如移动床反应器内的催化剂运动就属于黏滑流动。充气流动主要发生在细颗粒的流动,例如催化裂化装置各段循环管路中的流动都属于充气流动。但如果气体流速低于固体颗粒起始流化速度,则在立管或斜管中有可能出现黏滑流动,这种情况应尽可能避免发生。

1. 密相输送基本原理

为了说明催化剂循环的基本原理,先用图8-43为例说明。图中是一盛水的U形管,其右上侧有加热器,在该处水因受热而汽化。

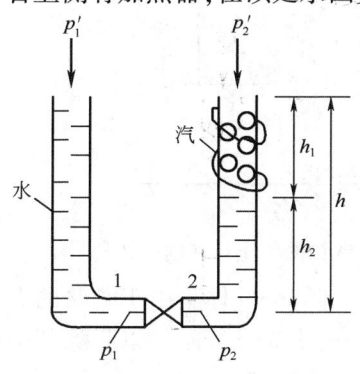

图8-43 密相输送原理

设 $p_1' = p_2' = p$,当阀关闭时:阀的左方1点处静压 $p_1 = \rho_w gh + p$,阀的右方2点处静压 $p_2 = \rho_w gh_2 + \rho_v gh_1 + p$,式中的下标w和v分别表示水和蒸汽。由于 $\rho_w > \rho_v$,因此 $p_1 > p_2$,当阀打开时,水就会从左管流向右管,而在流动时:

$$p_1 - p_2 = \Delta p_f + \Delta p_a \quad (8-38)$$

式中 Δp_f——流经阀和管路的摩擦压降;

Δp_a——速度改变时引起的压降。

当流速不大时,Δp_a数值较小,有时可以忽略。此时式(8-38)可以看作是推动力等于阻力,即由两侧的静压头之差产生的推动力用来克服流动时的阻力。显然,推动力越大,管路中的流率也越大。应当注意,这里的 p_1 和 p_2 是指流体静止时 1 点和 2 点的压力(图 8-43),当流体流动时,1 点和 2 点处的压力就会发生变化。

如果 p_1' 不等于 p_2',上述关系仍然成立,但是 (p_1-p_2) 可能增大或减小,甚至会变成负值,此时流动的方向就变成由右向左。

显然,上述的关系式就是水力学中的能量平衡方程式。

Ⅳ型催化裂化装置的 U 形管输送原理与上述情况完全相同,只是在 U 形管右侧的上方不是用加热的方法而是用通入空气(增压风)的方法来降低这段管内的密度。在提升管式催化裂化装置中,常用斜管进行催化剂输送,上述输送原理也同样适用。催化剂在图 8-44 的斜管中流动时:

$$(p_1+\rho\, gL\sin\theta) - p_2 = \Delta p_{f,T} + \Delta p_{f,V} \tag{8-39}$$

式中　ρ——斜管中的催化剂的表观密度,kg/m³;

　　　$\Delta p_{f,V}, \Delta p_{f,T}$——滑阀及管路的摩擦压降,Pa。

式(8-39)的左方即流动的推动力。显然,当推动力不变时,调节滑阀开度即可改变 $\Delta p_{f,V}$ 的数值,从而也使 $\Delta p_{f,T}$ 发生变化,于是催化剂循环量得到调节,因 $\Delta p_{f,T}$ 近似地正比于催化剂质量流率的平方。

在设计输送斜管时必须注意斜管的倾斜角度。图 8-45 是固体颗粒由垂直管通过底部小孔流动时的情景。在没有充气时,离底边 $H=(D/2)\tan\theta_f$ 处开始形成一个倒锥形的流动区,圆锥体以外的固体颗粒基本上不流动,此 θ_f 称内摩擦角。微球裂化催化剂的 θ_f 约 79°。由小孔流出的固体颗粒在下面堆成一圆锥体,圆锥体斜边与水平面的夹角 θ_r 称为休止角。也就是说,当固体颗粒处在倾斜角小于 θ_r 的平面上时,固体颗粒就停留在斜面上而不会下落。因此,输送斜管与水平面的夹角应当大于 θ_r 以保证催化剂不至于停止流动。平均直径为 60μm 的微球裂化催化剂的休止角约为 32°。为了保证催化剂畅快地流动,在工业催化裂化装置中,输送斜管与垂直线的夹角一般采用 27°~35°。对于某些容器(如再生器、沉降器等)的底部及挡板(如汽提段里的挡板)等,应注意尽可能使斜面与水平面的夹角大于 45°。

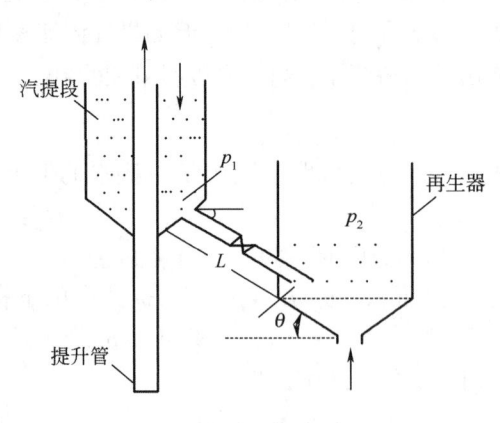

图 8-44　斜管输送

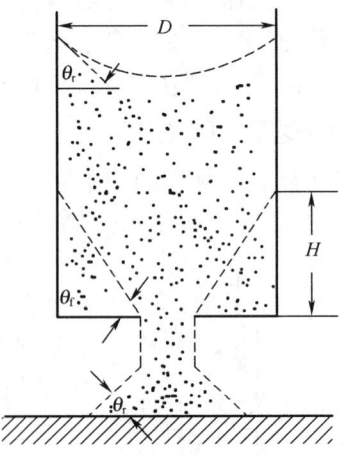

图 8-45　固体颗粒的休止角和内摩擦角

在斜管输送时,斜管里有时会发生一定程度的气固分离现象,即部分气体集中于管路的上方,从而影响催化剂的顺利输送,因此在气固混合物进入斜管前一般应先进行脱气以脱除其中的大气泡。

2. 充气流动压降

与一般流体流动相似,气—固混合物在流化状态下由 1 点流至 2 点(图 8 – 46)时的压降:

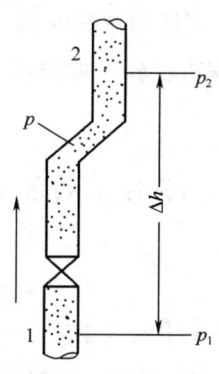

图 8 – 46 充气流动压降

$$p_1 - p_2 = \rho g \Delta h + \Delta p_a + \Delta p_{f,T} + \Delta p_{f,V}$$

$$\Delta p_h = \rho g \Delta h$$

式中　ρ——两点间的平均密度,kg/m^3;

　　　Δh——两点间的高度差,m;

　　　Δp_h——静压差,Pa;

　　　Δp_a——因速度改变(包括转向及出口)引起的压降,Pa;

　　　$\Delta p_{f,T}, \Delta p_{f,V}$——流经管路及阀的摩擦压降,Pa。

在向下流动时,上式中的 Δh 为负值。

现分别介绍各项压降的计算方法。

1) Δp_h

Δp_h 是由于料柱产生的静压差,在生产单位,经常称这项压差为静压。一般有两种计算方法:

(1) 由气体和固体颗粒的流量计算。先计算气—固混合物的密度:

$$\rho = \frac{w_g + w_s}{v_g + v_s} \tag{8-40}$$

式中　w_g, w_s——气体和固体颗粒的质量流率,kg/h;

　　　v_g, v_s——气体和固体颗粒的体积流量,m^3/h。

通常 $w_g \ll w_s, v_s \ll v_g$,所以上式常可简化成:

$$\rho = w_s / v_g$$

在应用式(8 – 40)计算 ρ 时是假定固体颗粒的滑落系数为 1.0,对于向下流动和气速很高(例如 20m/s)的向上流动可以适用。但对气速不高的向上流动,计算 ρ 时应考虑滑落系数 φ,此时:

$$\rho = \varphi w_s / v_g$$

催化剂在提升管反应器中的 φ 值可参考图 8 – 44。Ⅳ 型催化裂化装置的上行管路中的 φ 可取 1.5。

从以上方法计算所得的 ρ 再乘以两端的高度差 Δh 及 g 即可得 Δp_h。

(2) 由实测两点压差计算。

在生产中常常是直接测定两点的压差,即 $p_1 - p_2 = \Delta p$。因此:

$$\Delta p_h = \rho g \Delta h = \Delta p - (\Delta p_a + \sum \Delta p_f)$$

$$\rho = [\Delta p - (\Delta p_a + \sum \Delta p_f)] / (g \Delta h) \tag{8-41}$$

如果需要知道实际的密度,必须先计算出 Δp_a 与 $\sum \Delta p_f$。在实际生产和工艺计算中,由于计算 Δp_a 与 $\sum \Delta p_f$ 较麻烦而且也不易算得很准确,因此上式常简化成:

$$\rho' \approx \Delta p / (g \Delta h)$$

ρ' 称为视密度,它同实际密度显然是有些差别。在一般情况下,$(\Delta p_a + \sum \Delta p_f) \ll \Delta p$,所以视密度 ρ' 一般很接近实际密度 ρ。由 ρ' 计算得的 $\Delta p'$,即

$$\Delta p' = g \times \Delta h \times \rho'$$

常称为蓄压,它与料柱产生的静压是有区别的,其中还包括了 Δp_a 与 $\sum \Delta p_f$,即

$$\Delta p' = \rho' g \Delta h = \rho g \Delta h + (\Delta p_a + \sum \Delta p_f) \tag{8-42}$$

2) Δp_a

Δp_a 是由于速度变化(包括改变运动方向)引起的压降:

$$\Delta p_a = Nu^2 \rho / (2g) \tag{8-43}$$

式中　N——系数(加速催化剂,$N=1$;出口损失,$N=1$;每次转向,$N=1.25$);
　　　u——气体线速,m/s;
　　　ρ——滑落系数为1时的密度,kg/m³;
　　　g——重力加速度,$g = 9.81$m/s²。

3) $\Delta p_{f,T}$

$\Delta p_{f,T}$ 是气—固混合物在管路中流动时产生的压降。关于 $\Delta p_{f,T}$ 的计算,在不同的文献中有各种各样的计算公式,而且由不同的计算公式计算所得的结果常常差别很大。这主要是因为气—固混合物的流动状态比较复杂,而各种公式往往是来源于不同的流动条件下的实验数据。在这里只介绍一种形式比较简单的 ESSO 石油公司的计算公式:

$$\Delta p_{f,T} = 7.9 \times 10^{-8} \rho g u^2 L / D \tag{8-44}$$

式中　L——管线的当量长度,m;
　　　D——管线的内径,m;
　　　ρ——滑落系数为1时的密度,kg/m³;
　　　u——气体线速,m/s;
　　　g——重力加速度,$g = 9.81$m/s²。

4) $\Delta p_{f,V}$

$\Delta p_{f,V}$ 是催化剂流经滑阀时产生的压降,可以用下面的公式计算:

$$\Delta p_{f,V} = 7.65 \times 10^{-7} G^2 / \rho A^2 \tag{8-45}$$

式中　G——催化剂循环量,t/h;
　　　ρ——气—固混合物的密度,kg/m³;
　　　A——阀孔流通面积,m²。

3. 催化剂循环线路压力平衡

从以上讨论可见,为了使催化剂按照预定方向作稳定流动,不出现倒流、架桥及串气等现象,保持循环线路的压力平衡是十分重要的。实际上这个问题与反应器—再生器压力平衡问题是紧密相关的。两器之间的压力平衡对于确定两器的相对位置及其顶部应采用的压力是十分重要的。

表 8-34 和图 8-47 给出了高低并列式提升管催化裂化装置的压力平衡典型实例。

表 8-34 高低并列式装置典型压力平衡   MPa

线 路	再生剂线路		待生剂线路	
推动力	再生器顶压力	0.17286	沉降器顶压力	0.14372
	稀相静压	0.00223	沉降器静压	0.00077
	密相静压	0.01600	汽提段静压	0.03507
	再生斜管静压	0.02200	待生斜管静压	0.03304
	小计	0.21309	小计	0.21260
阻力	沉降器顶压力	0.14372	再生器顶压力	0.17286
	稀相静压	0.00033	稀相静压	0.10137
	提升管总压降	0.01750	过渡段静压	0.00086
	帽压降	0.00010	再生器密相静压	0.00674
	再生滑阀压降	0.05144	待生滑阀压降	0.03077
	小计	0.21309	小计	0.21260

五、气—固流化床 CFD 模拟

目前,对气—固流化床的 CFD 模拟已经成为相关领域工程放大、优化操作及新技术开发的有效手段。催化裂化装置的反应器和再生器的操作情况、催化剂在两器之间的循环输送以及催化剂的损耗等都涉及气固多相流动与反应。为此,针对催化裂化装置的关键设备,中国石油大学重质油国家重点实验室开展了大量的催化裂化提升管反应器、沉降器、汽提段以及再生器的 CFD 数值模拟研究,为催化裂化装置的优化设计与操作、新技术的开发提供了有利的支撑。

重油催化裂化提升管反应器内进行的是一系列复杂而相互作用的过程,它包括原料液雾与催化剂接触,原料汽化,气固两相之间的动量、热量、湍能及质量传递,气相的裂化反应等。这些过程耦合在一起,任何一

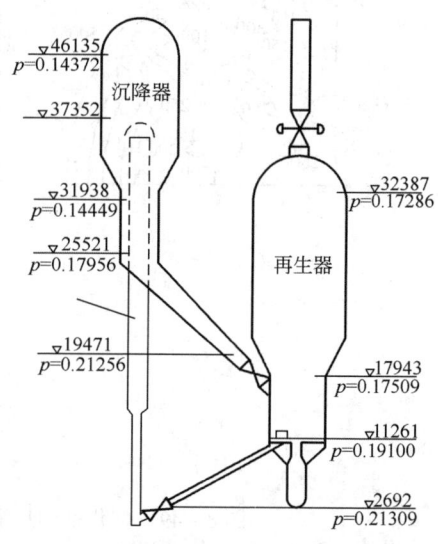

图 8-47 高低并列式催化裂化装置
压力平衡图(压力单位:MPa)

个方面的变化都会造成整个过程的变化。将渣油催化裂化反应十三集总模型同气固两相湍流流动、传热结合在一起($k-\varepsilon-k_p$ 模型),对提升管进行了三维两相微分模拟,不仅把原料性质、操作条件、催化剂特性考虑在内,而且还从根本上把反应器结构、原料喷嘴结构、流动传热特征等影响因素包括在模型之中。通过对模型微分方程的求解,可以描述提升管内任意位置的操作参数,如反应温度,反应压力,反应物及产物组成,气固相在轴向、径向和切向的速度分布,这样就可以得到不同截面处的速度场、温度场及浓度场,了解不同位置的气固返混现象、回流现象及各种反应的深度,展示提升管内一系列复杂的化学工程细节。

(1)气固两相的湍流流动过程。这方面的结果主要包括:气固两相在三个坐标方向上的速度分布、湍能分布、压力分布,气固两相之间速度的滑落,催化剂颗粒浓度的分布等。这些过

程参数对裂化反应结果有直接的影响。图8-48为提升管反应器内不同横截面的气相流场示意图,图8-49为催化剂颗粒深度在不同横截面上的等值线图。

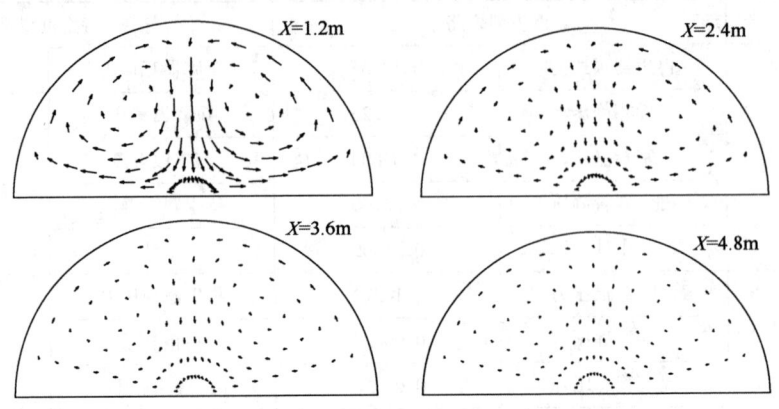

图8-48 提升管反应器内不同横截面的气相流场示意图

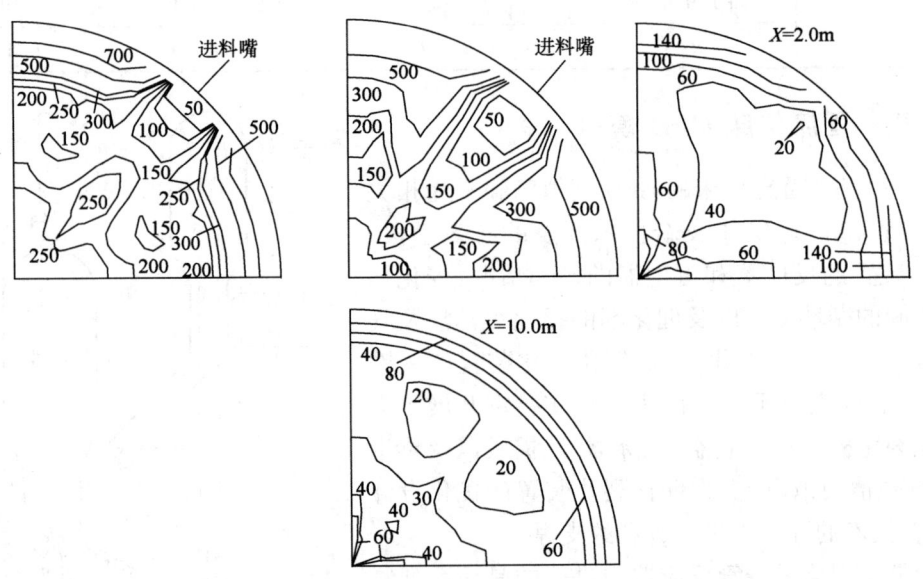

图8-49 催化剂颗粒浓度在不同横截面上的等值线图(单位:kg/m³)

(2)气固两相的温度分布。气固两相的温度分布反映了催化裂化提升管反应器中原料液雾、反应油气以及催化剂之间的传热过程,气固两相的温度分布对裂化反应结果的影响很大,而由于流动形态的错综复杂,气固两相温度分布也是非常复杂的。数值模拟计算结果可以给出这方面详细的信息,例如气固两相在三个坐标方向上的温度分布、两相之间温度差的分布等,由数值模拟结果还可给出气固两相在提升管反应器横截面平均的温度沿提升管高度的变化情况(图8-50、图8-51)。

(3)气相组分浓度分布。裂化反应结果可由提升管反应器内气相组分浓度分布体现出来。给出不同的组分,如柴油组分、汽油组分、气体组分、焦炭组分以及水蒸气浓度在提升管反应器轴向、径向以及切向的分布情况。模拟结果还可给出各反应产物产率以及转化率在横截面上的平均值沿提升管高度的分布曲线(图8-52),由此分布曲线可准确地掌握提升管反应器内裂化反应的历程;这一模拟结果也充分反映出重油催化裂化装置的提升管反应器在按汽

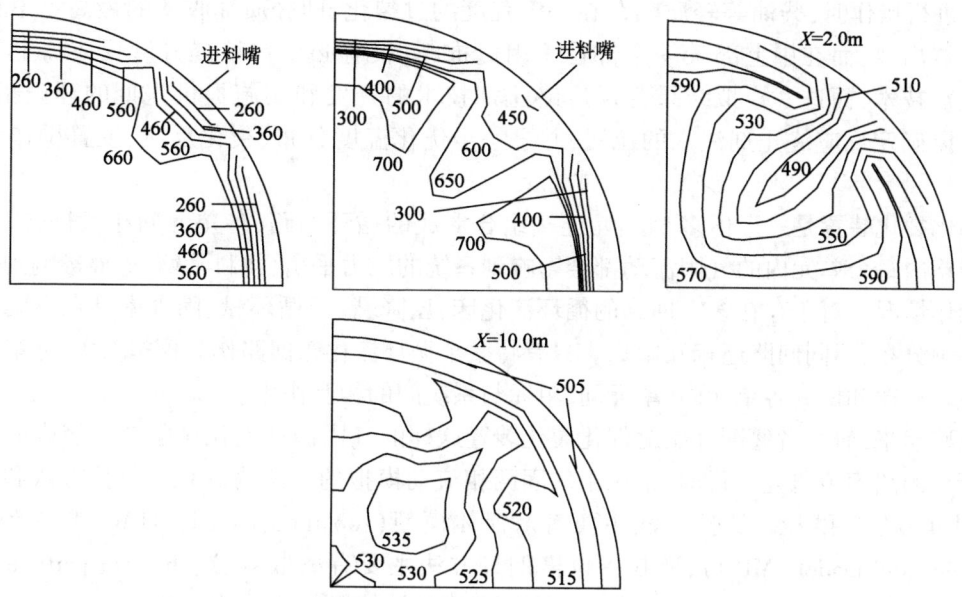

图 8-50 气相温度在不同高度横截面上的等值线图(单位：℃)

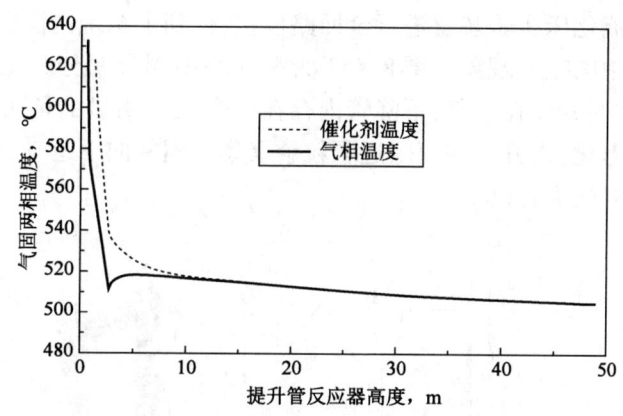

图 8-51 提升管反应器气固相温度沿提升管高度分布曲线

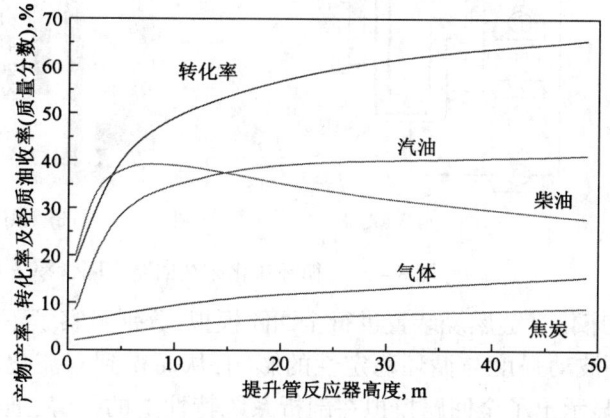

图 8-52 产物产率、转化率及轻质油收率沿提升管高度分布曲线

油方案进行操作时,柴油等轻质油存在一定程度的过裂化,即轻质油收率的最高点不在提升管反应器出口,而在中上部某一个部位。因此推断,很有必要在该提升管反应器上采用反应终止剂技术,而这一模拟结果为反应终止剂技术的开发和实施提供先期的理论指导,即由此可以确定反应终止剂注入的位置,并进一步优化温度分布、裂化反应、装置操作和产品分布。

催化裂化装置是一个由多个单元连接组合形成的循环回路,各单元间相互耦合、相互影响。回路内每个单元内的气固流动都会影响到系统的压力平衡、物料平衡,进而影响到其他单元的操作情况。对于存在多个回路的循环流化床,压降、颗粒循环量、固含率等在不同回路中呈不均匀分布,不同回路还相互影响。只有将整个循环流化床回路作为模拟对象,才能准确揭示其流动规律和探究各单元内、单元间、单元与系统间的相互作用。

近些年来,研究者逐渐开始对催化裂化装置这样的气固循环流化床整个系统内的气固流动进行全回路模拟研究。目前,常用于气固两相流动模拟的方法为欧拉—欧拉方法和欧拉—拉格朗日方法。欧拉—欧拉方法主要有双流体模型(two fluid model, TFM)或多流体模型(multiple fluid model, MFM),欧拉—拉格朗日方法主要有离散颗粒(discrete particle model, DPM)/离散元(discrete element model, DEM)模型和计算颗粒流体力学(computational particle fluid dynamics, CPFD)模型。

张楠等对一循环流化床实验装置进行全回路模拟,得到了系统内固含率与压力分布规律,成功预测出了提升管中的噎塞现象。图8-53为全回路中固含率分布图,提升管内密相主要聚集在底部,而稀相主要悬浮在上部,下降管内存在一个较为明显的稀密两相交界面,密相中颗粒运动接近鼓泡流态化;提升管壁面附近颗粒会聚集成团并向下运动,而在中心区颗粒较为均匀地分散在气相中并向上运动。

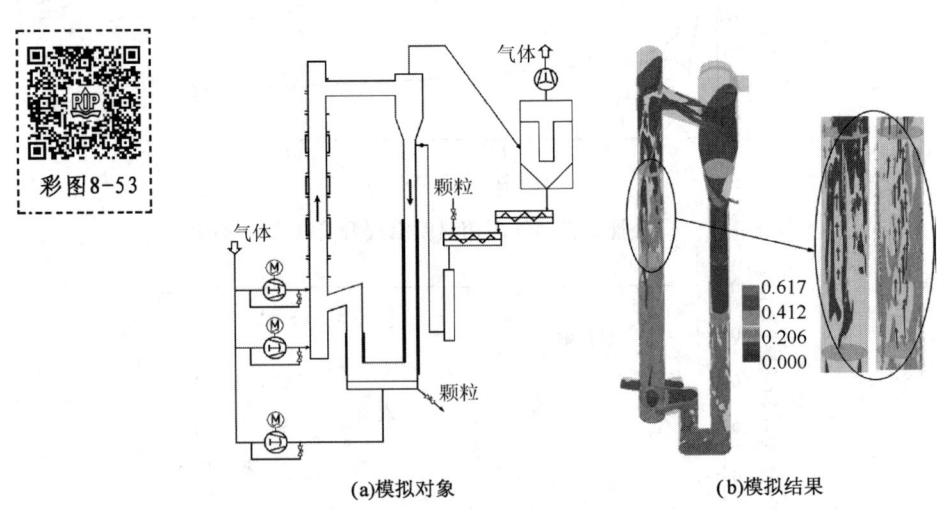

图8-53 循环流化床全回路中固含率分布

Geng等对双流化床化学链燃烧装置进行全回路模拟,分别考察了不同单元内颗粒流率对系统颗粒循环率、循环波动强度与循环稳定性的影响,从而得到双流化床系统的气固流动特性。上述这些工作都显示出了全回路模拟在剖析系统特性上的优势,通过全回路模拟方法可得到不同结构的循环流化床系统内的压力、颗粒速度和浓度分布特性,同时还可考察装置结构对整个系统流动状况的影响。

Nikolopoulos 等通过对循环流化床碳酸化器进行全回路模拟,分析了提升管入出口颗粒流量随时间变化情况,如图 8-54 所示,模拟结果显示提升管入出口颗粒流量随时间波动,并发现气动阀约每 20s 出现脉冲现象。由于全回路模拟全面考虑了系统的影响,因而不仅能够更为准确地揭示系统的瞬时特性,还可预测出仅以提升管为模拟对象时所无法预测到的现象。

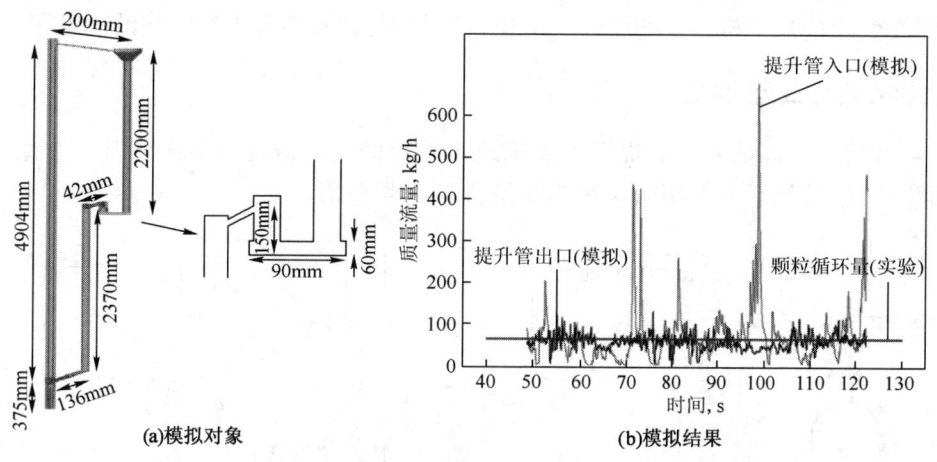

图 8-54 循环流化床碳酸化器中提升管入出口颗粒流量随时间变化情况

Luo 等采用 DEM 方法对循环流化床实验装置进行全回路模拟,获得了颗粒的运动轨迹,详细分析了颗粒所受曳力、接触力、旋转速度等随气速的变化,得到了系统内颗粒的微观特性。Wang 等对一 DRCFB 系统进行 LES-DEM 全回路模拟,对颗粒在系统中的运动轨迹进行追踪,如图 8-55 中颗粒从左侧返料系统进入提升管,从右侧返料系统返回提升管,形成一个循环;在此基础上,对系统内不同颗粒的循环时间以及在不同区域的颗粒停留时间进行统计,发现 70% 的颗粒循环时间都集中在提升管内。可见,全回路模拟不仅可以预测系统的宏观流动特性,基于 DEM 方法的全回路模拟还可以对颗粒进行追踪,得到整个全回路系统内颗粒的微观运动规律。

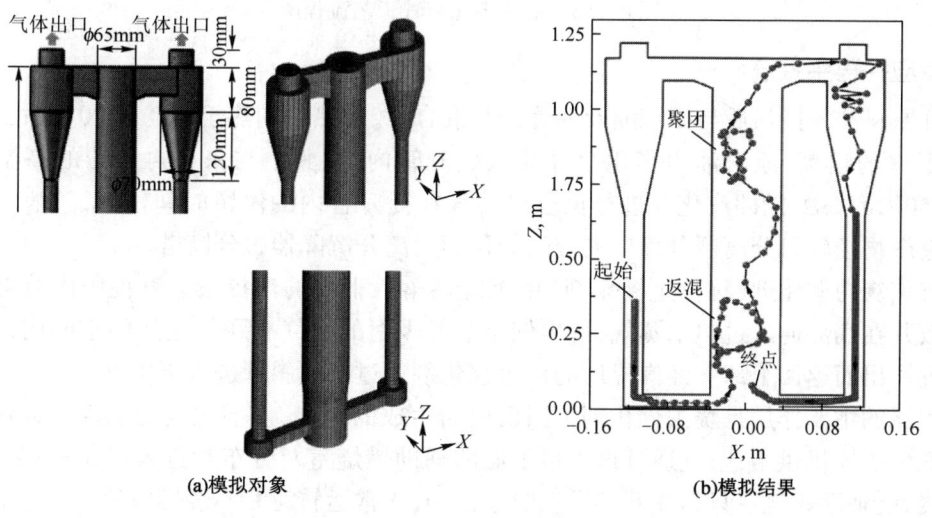

图 8-55 DRCFB 系统中颗粒轨迹

第七节 催化裂化工艺过程

催化裂化工艺过程一般由三个部分组成,即反应—再生系统、分馏系统、吸收—稳定系统。对处理量较大、反应压力较高(例如 >0.25MPa)的装置,常常还有再生烟气的能量回收系统。

一、催化裂化工艺流程

图 8-56 是一个高低并列式提升管催化裂化装置的工艺流程。下面将其三个组成部分:反应—再生系统、分馏系统及吸收—稳定系统进行简要介绍。

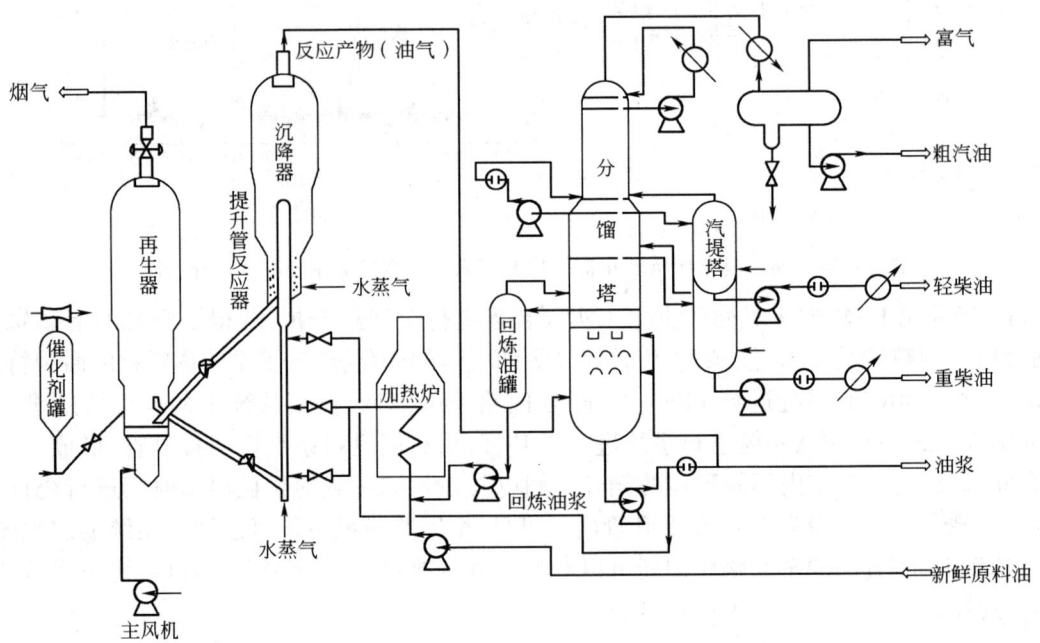

图 8-56 催化裂化装置工艺流程图

1. 反应—再生系统

新鲜原料油经换热后与回炼油及回炼油浆混合,经加热炉加热至 180~320℃ 后至提升管反应器下部的喷嘴,原料油由雾化喷嘴喷入提升管内,在其中与来自再生器的高温催化剂(600~750℃)接触,随即汽化并进行反应。油气在提升管内的停留时间很短,一般只有几秒钟。反应产物经旋风分离器分离出夹带的催化剂后离开沉降器去分馏塔。

积有焦炭的催化剂(称待生催化剂)由沉降器落入下面的汽提段。汽提段内装有多层人字形挡板并在底部通入过热水蒸气,待生催化剂上吸附的油气和颗粒之间的空间内的油气被水蒸气置换出而返回上部。经汽提后的待生催化剂通过待生斜管进入再生器。

再生器的主要作用是烧去催化剂上因反应而生成的积炭,使催化剂的活性得以恢复。再生用空气由主风机供给,空气通过再生器下面的辅助燃烧室及分布管进入流化床层。对于热平衡式装置,辅助燃烧室只是在开工升温时才使用,正常运转时并不烧燃料油。再生后的催化剂(称再生催化剂)落入淹流管,经再生斜管送回反应器循环使用。再生烟气经旋风分离器分离出夹带的催化剂后,经双动滑阀排入大气。在加工生焦率高的原料时,例如加工含渣油的原料时,因焦炭产率高,再生器的热量过剩,必须在再生器中设取热设施以取走过剩的热量。再生烟气的温度很高,不少催化裂化装置设有烟气能量回收系统,利用烟气的热能和压力能(当设能量回收系统时,再生器的操作压力应较高些)做功,驱动主风机以节约电能,甚至可对外输出剩余电力。对一些不完全再生的装置,再生烟气中含有 5% ~10%(体积分数)的 CO,可以设 CO 锅炉使 CO 完全燃烧以回收能量。

在生产过程中,催化剂会有损失及失活,为了维持系统内的催化剂的藏量和活性,需要定期地或经常地向系统补充或置换新鲜催化剂。为此,装置内至少应设两个催化剂储罐。装卸催化剂时采用稀相输送的方法,输送介质为压缩空气。

在流化催化裂化装置的自动控制系统中,除了有与其他炼油装置相类似的温度、压力、流量等自动控制系统外,还有一整套维持催化剂正常循环的自动控制系统和当发生流化失常时的自动保护系统。此系统一般包括多个自保系统,例如反应器进料低流量自保系统、主风机出口低流量自保系统、两器差压自保系统,等等。以反应器进料低流量自保系统为例,当进料量低于某个下限值时,在提升管内就不能形成足够低的密度,正常的两器压力平衡被破坏,催化剂不能按规定的路线进行循环,而且还会发生催化剂倒流并使油气大量带入再生器而引起事故。此时,进料低流量自保系统就自动进行以下动作:切断反应器进料并使进料返回原料油罐(或中间罐),向提升管通入事故蒸汽以维持催化剂的流化和循环。

2. 分馏系统

典型的催化裂化分馏系统见图 8-56。由反应器来的反应产物(油气)从底部进入分馏塔,经底部的脱过热段后在分馏段分割成几个中间产品:塔顶为富气及汽油,侧线有轻柴油、重柴油和回炼油,塔底产品是油浆。轻柴油和重柴油分别经汽提后,再经换热、冷却后出装置。

催化裂化装置的分馏塔有几个特点:

(1) 进料是带有催化剂粉尘的过热油气,因此,分馏塔底部设有脱过热段,用经过冷却的油浆把油气冷却到饱和状态并洗下夹带的粉尘以便进行分馏和避免堵塞塔盘。

(2) 全塔的剩余热量大而且产品的分离精确度要求比较容易满足。因此一般设有多个循环回流:塔顶循环回流、1~2 个中段循环回流和油浆循环。

(3) 塔顶回流采用循环回流而不用冷回流,其主要原因是进入分馏塔的油气含有相当大数量的惰性气体和不凝气,它们会影响塔顶冷凝冷却器的效果;采用循环回流代替冷回流可以降低从分馏塔顶至气压机入口的压降,从而提高气压机的入口压力、降低气压机的功率消耗。

3. 吸收—稳定系统

吸收—稳定系统主要由吸收塔、再吸收塔、解吸塔及稳定塔组成。图 8-57 是吸收—稳定系统的工艺流程。从分馏塔顶油气分离器出来的富气中带有汽油组分,而粗汽油中则溶解有 C_3、C_4 组分。吸收—稳定系统的作用就是利用吸收和精馏的方法将富气和粗汽油分离成干气($\leq C_2$)、液化气(C_3、C_4)和蒸气压合格的稳定汽油。其中的液化气再利用精馏的方法通过气体分馏装置将其中的丙烯、丁烯分离出来,进行化工利用。

吸收塔和解吸塔的操作压力为 1~2MPa。从油气分离器来的富气经气压机升压、冷却并分出凝缩油后,压缩富气由底部进入吸收塔。稳定汽油和粗汽油作为吸收油由塔顶进入,吸收了 C_3、C_4(同时也吸收了部分 C_2)的富吸收油由塔底抽出送至解吸塔顶部。吸收是放热过程,为了维持较低的操作温度以利于吸收,吸收塔设有 1~2 个中段循环回流。吸收塔顶出来的贫气中夹带有汽油,经再吸收塔用轻柴油回收其中的汽油组分后成为干气送至瓦斯管网。

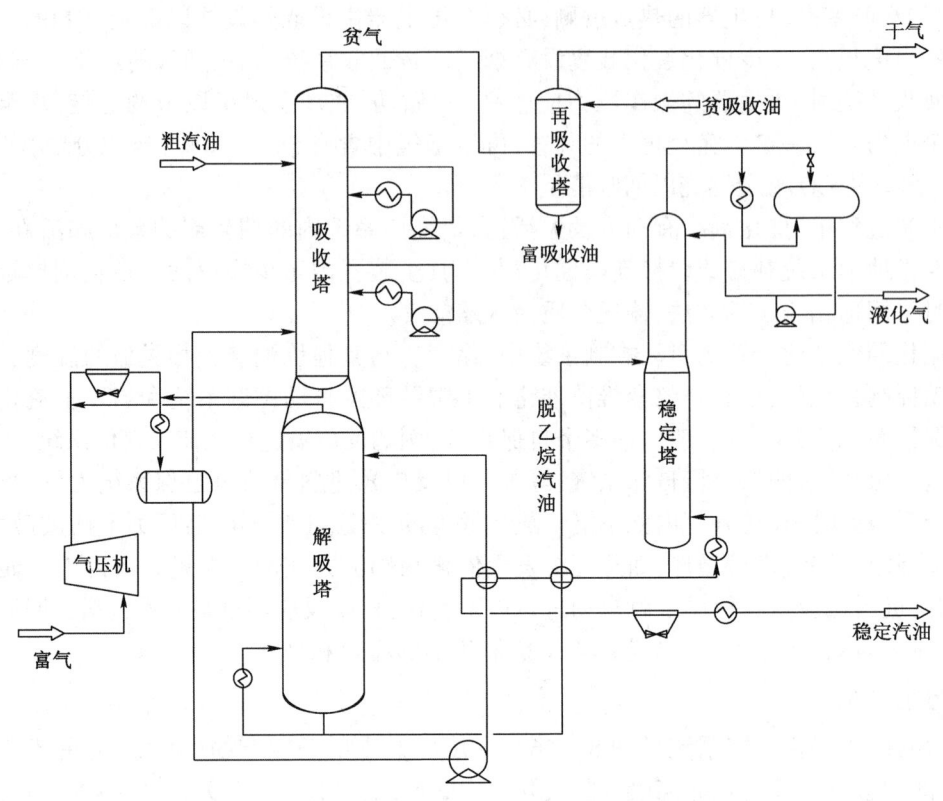

图 8-57 吸收—稳定系统工艺流程图

富吸收油中含有 C_2 组分不利于稳定塔的操作,解吸塔的作用就是将富吸收油中的 C_2 解吸出来。富吸收油和凝缩油(C_3、C_4 和轻汽油组分)由塔顶进入,塔底有再沸器供热。塔顶出来的解吸气除含有 C_2 外,还有相当数量的 C_3、C_4,经冷却,与压缩富气混合进入中间罐,重新平衡后又送入吸收塔。塔底为脱乙烷汽油。脱乙烷汽油中的 C_2 含量应严格限制,否则带入稳定塔过多的 C_2 会恶化稳定塔塔顶冷凝冷却器的效果和由于排出不凝气而损失 C_3、C_4。

稳定塔实质上是个精馏塔,操作压力一般为 $1.0 \sim 1.5$ MPa,脱乙烷汽油由塔的中部进入,塔底产品是蒸气压合格的稳定汽油,塔顶产品是液化气。为了控制稳定塔的操作压力,有时要排出部分不凝气或称气态烃,它主要是 C_2 并夹带有 C_3、C_4。

液化气是重要的化工原料和民用燃料,努力提高液化气的产率也是催化裂化装置的一项重要任务。从国内一些装置的生产情况来看,在吸收—稳定系统,提高 C_3 回收率的关键在于减少干气中的 C_3 含量(提高吸收率、减少气态烃的排放),而提高 C_4 回收率的关键在于减少稳定汽油中的 C_4 含量(提高稳定深度)。

在上面介绍的流程里,吸收塔和解吸塔是分开的,它的优点是 C_3、C_4 的吸收率较高而脱乙烷汽油里 C_2 含量较低。另一种流程是吸收塔和解吸塔合成一个整塔,上部为吸收段、下部为解吸段。由于吸收和解吸两个过程要求的条件不一样,在同一个塔内比较难做到同时满足,因此,在这种流程里,C_3、C_4 的吸收率较低或脱乙烷汽油的 C_2 含量较高。这种单塔流程的优点是设备较简单,比双塔流程少用一台富吸收油泵、富气冷却器和中间罐也小一些。

催化裂化装置的分馏系统及吸收—稳定系统在各催化裂化装置中一般并无很大的差别。

由于工业催化裂化装置的反应—再生系统在流程、设备、操作方式等方面多种多样,各有其特点。下面就其最基本的结构形式和工艺特点进行讨论。

二、提升管反应器

提升管反应器的基本结构形式如图8-58所示。提升管反应器的直径由进料量确定。工业上一般采用的线速是入口处为4~7m/s、出口处为12~18m/s。随着反应深度增大,油气体积流量增大,因此有的提升管反应器由不同直径的两段(上粗下细)组成。提升管反应器的高度由反应所需时间确定,工业设计时多采用2.5~3.5s的反应时间。

在提升管反应器的出口,要有气—固快分离设备,进行催化剂颗粒和油气的有效分离;在提升管反应器下部,要按照高效雾化喷嘴,进行重质油原料的迅速汽化,并尽快与催化剂均匀接触;提升管反应器的出口快分装置要安装在沉降器内部,为催化剂颗粒与油气的分离提供更多的空间;同时,还要在沉降器下部按照汽提段,把催化剂颗粒内部及间隙夹带的油气汽提出来,减少油气损失及烧焦负荷。

提升管反应器系统虽然结构简单,但是,其流动—反应历程非常复杂。按照物料流动方向,可以分为如下6个区域,见图8-59。由此不同区域发生的过程分析,揭示催化裂化复杂的多相流动—反应历程。

视频8-12 提升管反应器

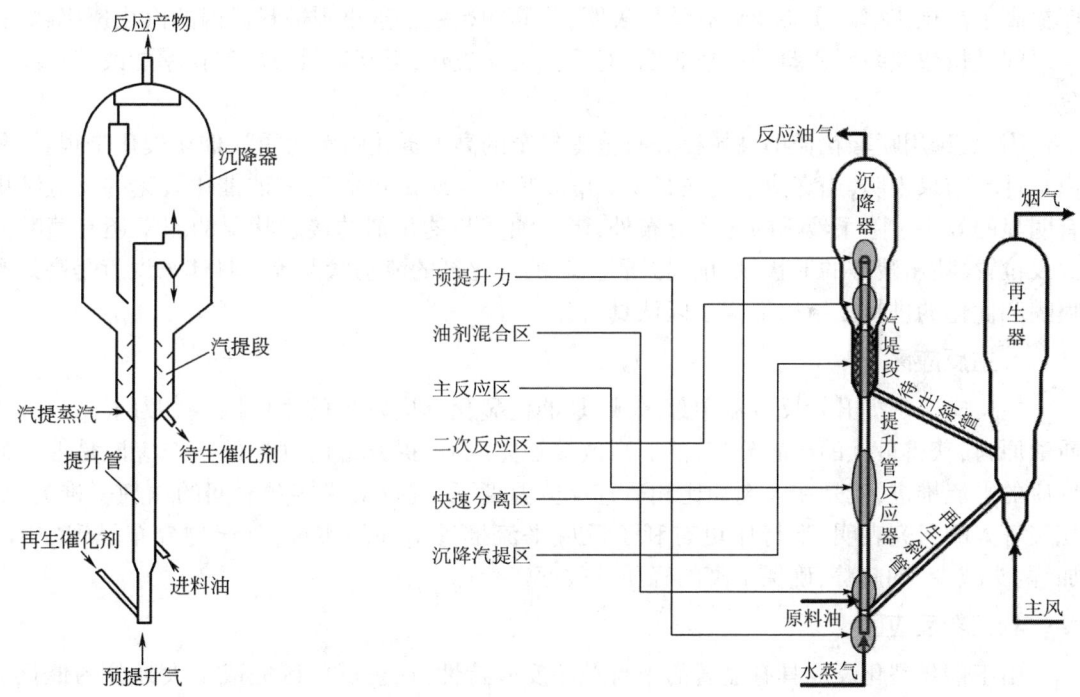

图8-58 提升管反应器结构示意图　　图8-59 催化裂化复杂多相流动—反应历程示意图

1. 预提升区

从再生斜管过来的再生催化剂是以与水平线成60°左右的夹角向下流动,进入提升管反应器底部,最后转向沿着提升管垂直向上流动,最后与雾化的原料油进行混合、接触、反应。预提升区的作用就是整定这个区域的流动分布,使其均匀分布在提升管横截面上,以便与雾化进料均匀混合、接触和反应。预提升介质往往是水蒸气,但也有个别企业采用干气作为预提升介质,目的是钝化催化剂的重金属毒性。

预提升区的结构决定了它的气固两相流动结构的整定性能,故在传统空筒结构的基础上,采用套筒结构,改善预提升段的整流性能。

2. 油剂混合区

经过整定流型的催化剂来到提升管反应器的进料段,这里沿着提升管圆周方向均匀安装着 4~8 个进料喷嘴,喷嘴轴心线与提升管反应器轴线成 30°夹角,斜往上喷射,将原料油喷入提升管反应器内的催化剂床层里。此时,原料油液雾与催化剂颗粒进行混合、接触、反应,并一起在提升管反应器内向上流动。此区域为油剂混合区。

催化剂及油气流经油剂混合区的时间非常短(约 1/4s),但油剂混合及接触状况对催化裂化过程的产品分布,特别是干气和焦炭产率有着至关重要的影响。研究表明,理想状态是高油剂混合能量,短接触时间,即大剂油比和适宜的混合温度下,形成短时间的强返混。Total 公司的 RFCC 技术强调要在提升管反应器内形成"热冲击"(thermal shock),才能裂解重油中的沥青质大分子,这就要求高的再生剂温度和高的油剂混合温度以及在高温环境下油料与催化剂的时间接触要短(一般小于 1s)。

对重油进料,要求迅速汽化、有尽可能高的汽化率,而且与催化剂的接触均匀。原料油雾化粒径小可增大传热面积,而且由于原料油分散程度高,油雾与催化剂的接触机会较均等,从而提高了汽化速率。实验及计算结果表明,雾滴初始粒径越小则进料段内的汽化速率越高,两者之间呈指数关系。实验结果还表明,对重油催化裂化,提高进料段的汽化率能改善产品产率分布。

因此,选用喷雾粒径小且粒径分布范围较窄的高效雾化喷嘴对重油催化裂化是很重要的。模拟计算结果表明,当雾滴平均粒径从 $60\mu m$ 减小至 $50\mu m$ 时,对重油催化裂化的反应结果仍有明显的效果。除了液雾的粒径分布外,影响油雾与催化剂的接触状况的因素还有喷嘴的个数及位置、喷出液雾的形状、从预提升管上升的催化剂的流动状况等。具体来说就是高效雾化喷嘴和优化的进料段结构都应予以认真研究。

3. 主反应区

主反应区是提升管反应器中部区域,是催化裂化反应发生的主要区域。为了高效转化重质油原料,获得最优的产品分布,油剂高效接触完成后,提升管内理想的状态应该是催化裂化反应的平流推进,就是在大剂油比和适宜反应温度下,进行最优接触时间的油剂平推流流动。魏飞等人的研究表明,下行床更有利于反应平流推进条件的实现,且产物分布呈现"中间增加、两头减少"的趋势,确保了高的轻质油收率。

4. 二次反应区

由于催化裂化反应具有显著的平行顺序反应特性,在主反应区完成了大部分的催化裂化反应之后,再往上就会发生汽柴油组分的二次裂化,此区域称为二次反应区。大部分二次反应是不利的,因为刚刚生成的汽柴油理想组分又进一步裂化成了气体,特别是低价值的干气,是不希望发生的反应,也是需极力抑制的反应。为此提升管反应终止剂技术应运而生,即在提升管的中上部某个适当位置注入冷却介质以降低中上部的反应温度,从而抑制二次反应。有的还在注入反应终止剂的同时相应地提高或控制混合段的温度,称为混合温度控制技术(MTC)。

MTC 的关键是如何确定注入冷却介质的适宜位置、种类和数量。国内有些炼油厂采用了注入终止剂技术,但是仅是凭经验来确定有关的参数,可靠性差。中国石油大学重质油国家重点实验室提出的提升管反应器流动—反应模型可以对提升管内的反应过程进行三维模拟,初步解决了科学确定上述有关参数的问题。图 8-60 是在某催化裂化装置的提升管的适当位置注入反应终止剂前后提升管沿高的温度及反应产物产率变化情况的模拟计算结果。由此可见,注入终止剂后,汽油和柴油的产率都有所提高。注入终止剂的效果与原工况及注入的条件有关。

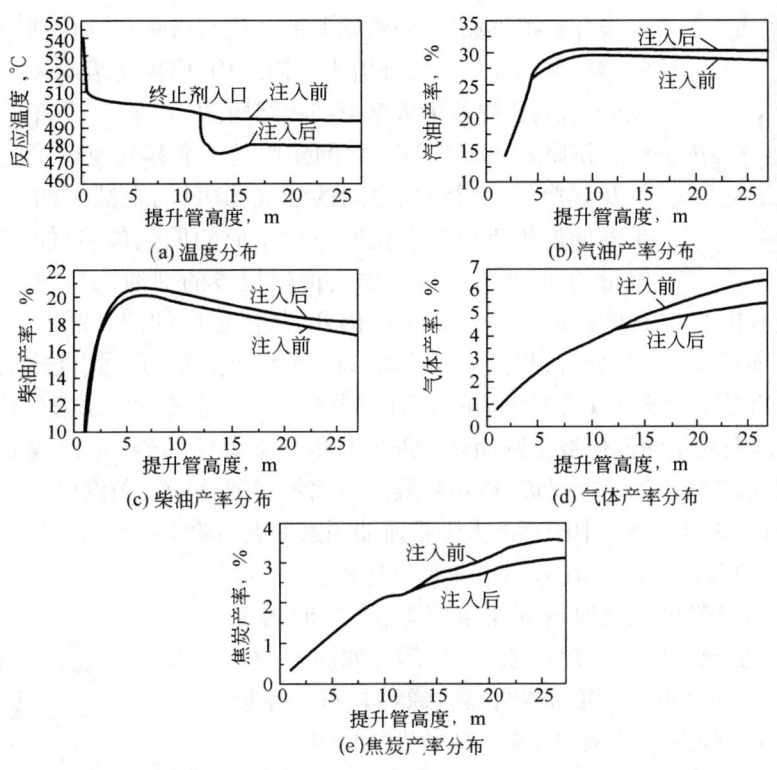

图 8-60　某工业提升管注入终止剂的效果的模拟计算结果

另一方面,有些二次反应则是有利的。例如,为了降低催化裂化汽油的烯烃含量,MIP 技术就在提升管反应器上部设置了二次反应区,促进汽油烯烃组分的氢转移反应,在不降低汽油辛烷值的情况下,有效降低汽油烯烃含量,取得了有意义的效果。详细见第九节的内容。

5. 快速分离区

在提升管反应器的出口,设置油气与催化剂颗粒的快速分离装备对抑制不利的二次反应、确保轻质油收率是非常必要的,其目的是使催化剂与油气快速分离以抑制反应的继续进行。快速分离构件有多种形式,比较简单的有半圆帽形、T 字形的构件,为了提高分离效率,近年来较多地采用初级旋风分离器。实际上油气在沉降器及油气转移管线中仍有一段停留时间,从提升管出口到分馏塔为 10~20s,而且温度也较高,一般为 450~510℃。在此条件下还会有相当程度的二次反应发生,而且主要是热裂化反应,造成干气和焦炭产率增大。对重油催化裂化,此现象更为严重,有时甚至在沉降器、油气管线及分馏塔底的器壁上结成焦块。因此,缩短油气在高温下的停留时间是很有必要的。适当减小沉降器的稀相空间体积,缩短初级旋风分离器的升气管出口与沉降器顶的旋风分离器入口之间的距离是减少二次反应的有效措施之一。

为此,中国石油大学重质油国家重点实验室开发了包括气固高效分离、油气快速引出、催化剂高效汽提的三快组合技术(图 8-61),并得到了广泛的工业应用,结果表明,可提高轻油收率 0.5%~1%,结焦减少,保证长周期运行。

6. 沉降汽提区

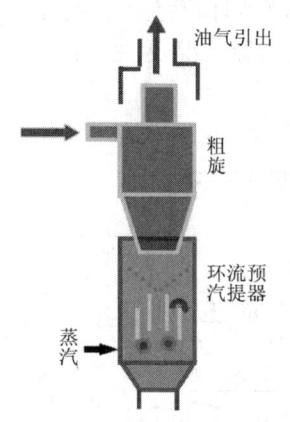

图 8-61 催化裂化装置三快组合技术示意图

与油气快速分离的催化剂颗粒则进入沉降汽提区,即进入催化裂化装置的沉降器和汽提段。沉降器的作用是为油气与催化剂颗粒的进一步分离提供场所,而汽提段的作用是汽提出催化剂颗粒内部及颗粒间隙夹带的油气。沉降器为空筒结构,内置初级旋风分离器和顶部旋风分离器,汽提段为人字形挡板结构,用水蒸气为汽提介质。

沉降器下面的汽提段的作用是用水蒸气脱除催化剂上吸附的油气及置换催化剂颗粒之间的油气,其目的是减少油气损失和减小再生器的烧焦负荷。裂化反应中生成的催化焦、附加焦及污染焦的含氢量约为 4%(质量分数),但汽提段的剂油比焦的含氢量有时可达 10%(质量分数)以上。因此,从汽提后的催化剂上焦炭的氢碳比可以判断汽提效果。汽提段的效率与水蒸气用量、催化剂在汽提段的停留时间、汽提段的温度及压力以及催化剂的表面结构有关。工业装置的水蒸气用量一般为 2~3kg/1000kg 催化剂,对重油催化裂化则用 4~5kg/1000kg 催化剂。改进汽提段的结构可以提高汽提效率或减少水蒸气用量。据报道,在初级旋风分离器料腿处安装预汽提器有利于进一步提高油气与催化剂分离的效果。中国石油大学重质油国家重点实验室提出两段复合的环流结构汽提段,汽提效率提高近 10%,已在多套工业装置应用。

近些年来,随着催化裂化原料的变重变差,很多催化裂化装置的沉降器出现频繁的结焦现象,结焦部位如图 8-62 所示。随着装置的开工运行,沉降器结焦就像钟乳石一样悬挂在沉降器内部,当大到一定程度,装置稍微有所震动,巨大的焦块就会掉落在汽提段内,严重时会堵塞催化剂的循环流动,造成装置的非正常停工。据报道,炼油厂催化裂化装置非正常停工中有 2/3 是因沉降器结焦引起的。

中国石油大学重质油国家重点实验室通过深入研究,分析了催化裂化装置沉降器结焦的本质原因,即油浆重组分在汽提段被汽提出来后,以液滴形式进入沉降器,弥漫在整个沉降器空间。在沉降器内的流动过程中,有 95% 以上被固体壁面捕获,继而发生沉降器的结焦。由此提出了"化学汽提器"概念,并获得国家发明专利授权,形成了化学汽提法催化裂化沉降器防结焦技术。

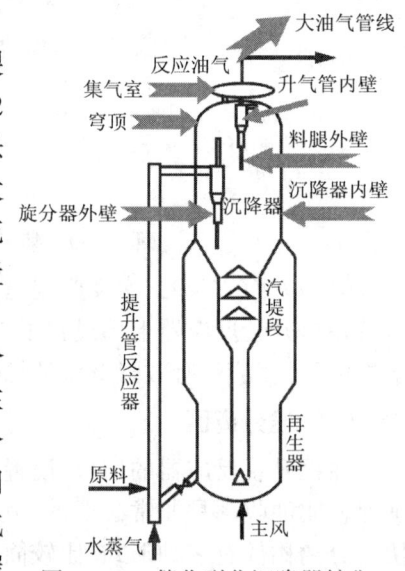

图 8-62 催化裂化沉降器结焦部位示意图

三、再生器

再生器的主要作用是烧去结焦催化剂上的焦炭以恢复催化剂的活性,同时也提供裂化所需的热量。对再生器的主要要求有:

(1) 再生催化剂的含炭量较低,一般要求低于 0.2%(质量分数),有时要求低达 0.05%~0.1%(质量分数)。

(2) 有较高的烧焦强度,当以再生器内的有效藏量为基准时,烧焦强度一般为 100~250kg/(t·h)。

(3) 催化剂减活及磨损的条件比较缓和。

(4)易于操作,能耗及投资较少。

(5)能满足环境保护要求。

为了实现以上目标,工业上有各种型式的再生器,大体上可分为三种类型:单段再生、两段再生、快速流化床再生。表8-35列出了各种组合方式的再生型式以及它们的主要指标。图8-63是单段再生的再生器简图,以下以此图为例说明再生器的基本工艺结构。

表8-35 各种组合方式的再生型式

类别	型式	CO_2/CO（体积比）	烧焦强度 kg/(t·h)	再生催化剂含炭量（质量分数）,%
单段再生	常规再生	1.0~1.3	80~100	0.15~0.20
	助燃剂再生	3~200	80~120	0.10~0.20
	高温再生	200~300	100~120	0.05~0.10
两段再生	单器两段再生	5~200	150~200	0.05~0.10
	两器两段再生(不取热)	2.0~2.5	80~120	0.03~0.05
	两器两段再生(带取热)	2.0~150	80~120	0.03~0.10
	两器两段逆流再生	3.0~5.0	60~80	0.03~0.05
快速流化床再生	前置烧焦罐再生	50~200	150~320	0.05~0.20
	后置烧焦罐再生	3~200	200~250	0.05~0.20

再生器的壳体是钢制的大型筒体,国外最大的直径达16.8m(装置处理能力8.5Mt/a)。壳体内的上部为稀相区,下部为密相区。密相区的有效藏量由烧焦负荷及烧焦强度确定,根据密相区的有效藏量和固体密度可决定密相区的容积。所谓有效藏量是指处于烧焦环境中的藏量。密相区的直径由空塔气速决定,一般有两种情况:一种是采用较低的气速,其范围是0.5~0.9m/s;另一种是采用较高的气速,为1~1.5m/s。采用较高的气速可以有较高的烧焦强度,从而使藏量减少,但床层密度下降而使床层体积增大,因此,气速的选择有一合理的范围。密相区的直径和容积确定后,即可确定其高度。密相区的床层高度一般为5~7m。为了避免过多地带出催化剂及增大催化剂的损耗,稀相区的气速不能太高,对堆积密度较小的催化剂一般采用0.6~0.7m/s,对堆积密度较大的催化剂则可采用0.8~0.9m/s。从密相区向上到一级旋风分离器入口之间的稀相空间高度应大于 TDH。即使如此,稀相空间仍有一定的催化剂浓度,为了减少催化剂的损耗,再生器内装有两级串联的旋风分离器,其回收固体颗粒的效率应在99.99%以上。旋风分离器的直径不能过大,以免降低分离效率,因此,在烧焦负荷大的再生器内装有几组旋风分离器,它们的升气管连接到一个集气室将烟气导出再生器。

为了使烧焦空气(工厂里多称为主风)进入床层时能沿整个床截面分布均匀,在再生器下部装有空气分布器,其主要结构形式有分布板式(碟形)和分布管式(平面树枝形和环形)两类。碟形分布板上开有许多小孔,孔直径为16~25mm,孔数为10~20/m²。分布

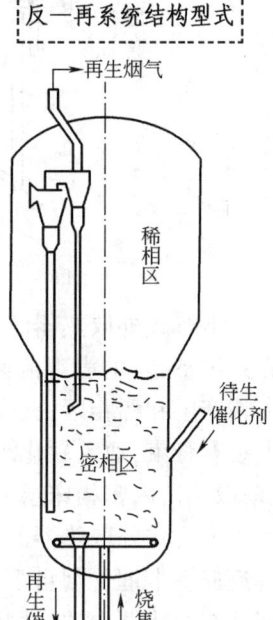

图8-63 再生器的工艺结构

板可使空气得到良好的分布,但是大直径的分布板长期在高温下操作易变形而使空气分布状况变差。目前工业上使用较多的是管式分布器,这种分布器在树枝形分布管或环形分布管上设有向下倾斜45°的喷嘴,空气由喷嘴向下喷出,再返回上面的床层。

待生催化剂进入再生器和再生催化剂出再生器的方式及相关的结构形式随再生器的结构、再生器与反应器的相对位置等因素而多种多样,同时还应从反应工程的角度考虑如何能有较高的烧焦效率。一般来说,待生催化剂从再生器床层的中上部进入,并且以设有分配器为佳;再生催化剂从床层的中下部引出,通常是通过淹流管引出。

在以馏分油为原料的催化裂化装置中,一般是处于热平衡操作。但在重油催化裂化装置中,由于焦炭产率高,再生器内产生的热量过剩,必须另外取走一部分热量才能维持两器的热平衡。工业上曾经采用在再生器内安装取热盘管或管束的办法来取走过剩的热量,称为内取热方式。由于操作灵活性差及取热管易损坏,近年来,内取热方式已被外取热方式逐渐所替代。外取热方式是在再生器壳体外部设一催化剂冷却器(称外取热器),从再生器密相床层引出部分热催化剂,经外取热器冷却,温度降低100~200℃,然后返回再生器。这种取热方式可以采用调节引出的催化剂的流率的方法改变冷却负荷,其操作弹性可在0~100%之间变动,这就使再生温度成为一个独立调节变量,从而可以适合不同条件下的反应—再生系统热平衡的需要。

目前工业应用的外取热器主要有两种类型,即下行式外取热器和上行式外取热器,它们的结构分别见图8-64和图8-65。

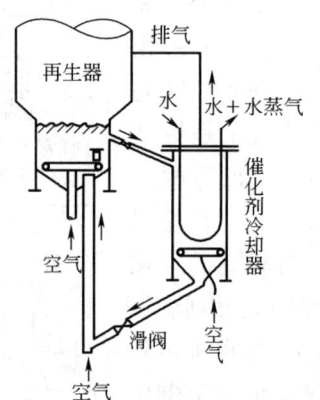
图8-64 下行式外取热器

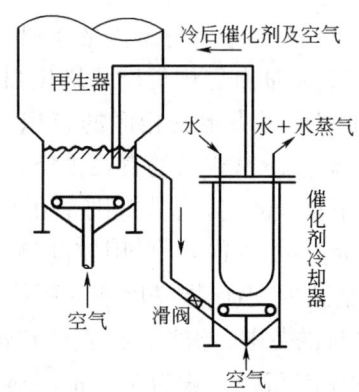
图8-65 上行式外取热器

下行式外取热器的操作方式是从再生器来的催化剂自上而下通过取热器,流化空气以0.3~0.5m/s的表观流速自下而上穿过取热器使催化剂保持流化状态。在取热器内也形成了密相床层和稀相区,夹带了少量催化剂的气体从上部的排气管返回再生器的稀相区。取热器内装有管束,通入软化水以产生水蒸气,从而带走热量。催化剂循环量由出口管线上的滑阀调节,取热器内密相床层料面高度则由热催化剂进口管线上的滑阀调节。

上行式外取热器的操作方式是热催化剂进入取热器的底部,输送空气以1~1.5m/s的表观流速携带催化剂自下而上经过取热器,然后经顶部出口管线返回再生器的密相床层的中上部。在取热器内的气固流动属于快速床范畴,其催化剂密度一般为100~200kg/m³。催化剂的循环量由热催化剂入口管线上的滑阀调节。

以上主要是讨论了再生器的一般工艺结构,下面对再生器的几种主要类型的工艺特点分别进行讨论。

1. 单段再生

单段再生是只用一个流化床再生器来完成全部再生过程。由于工艺和设备结构比较简单,故至今仍被广泛采用。图 8-66 是单段再生器的工艺简图。

对分子筛催化剂,单段再生的温度多在 650~700℃ 之间,当催化剂的水热稳定性好时,有的还提高到 730℃。但高温也会受到设备材质的限制。对处于热平衡操作的装置,再生温度与反应温度的差值 Δt(两器温差)和待生催化剂含炭量与再生催化剂含炭量的差值 ΔC(炭差)之间有近似直线关系:

$$\Delta t = K\Delta C \qquad (8-46)$$

式中的 K 值主要是再生烟气中 CO_2 和 CO 的比值及过剩空气率的函数。在一定程度上,K 值也受到待生催化剂的汽提效果及催化剂比热容的影响。当 ΔC 达到 0.7%~0.9%(质量分数)时,相应的 Δt 为 150~200℃,再生催化剂含炭量降低至 0.1%~0.2%(质量分数)。

再生温度对烧焦反应速率的影响十分显著,提高再生温度是提高烧焦速率的有效手段。但在流化床再生器中,烧焦速率还受到氧的传递速率的限制,而氧的传递速率的温度效应相对要小得多。而且,在高温下,催化剂的水热失活也比较严重。因此,在单段再生时,密相床层的温度一般很少超过 730℃。

在烧焦反应中原生的 CO_2 和 CO 的比值是催化剂种类和温度的函数,一般为 0.7~0.9。由于在离开密相床层前,CO 会在催化剂颗粒内的孔隙及外部空间与氧进行均相氧化反应。因此,工业再生烟气中的 CO_2 和 CO 比值一般达到 1~1.3,有的还会更高些。其中,在稀相区的 CO 燃烧占相当一部分比例,从而使稀相温度升高而高于密相温度。向再生器加入 CO 助燃剂可使 CO 的相当一部分甚至全部在密相床内燃烧,提高密相床的温度和烧焦速率,使再生催化剂含炭量降低,从而提高轻质油收率并降低焦炭产率,使经济效益明显提高。

使用 CO 助燃剂的另一个重要的好处是可以防止二次燃烧。稀相区的催化剂浓度一般为 4~20kg/m³。由此计算得到催化剂的热容量约为烟气的 3~15 倍,因此,烟气夹带的催化剂可以成为吸收 CO 燃烧产生的大量热量的热阱,减少稀相区的温升。当烟气进入一级旋风分离器后,其中的催化剂浓度降低至 0.1kg/m³ 以下,其热阱作用不复存在。如果烟气中的含氧量超过某个数值,CO 的燃烧就会失控而使温度大幅度升高,又进一步加快了燃烧速率,直到把烟气中的氧全部耗尽为止。此时的温升可以高达 400℃ 以上,造成操作波动甚至烧坏设备。这种现象称为二次燃烧,也叫尾燃。在不使用 CO 助燃剂时,再生温度高或烟气中氧浓度高就比较容易发生二次燃烧。当使用 CO 助燃剂而只是使部分 CO 燃烧时也还是要控制烟气中的氧含量以避免发生二次燃烧。在使用 CO 助燃剂而 CO 完全燃烧时则对烟气中的氧含量没有严格的要求。

提高空气通过床层的流速能提高氧的传递速率,从而提高烧焦强度。工业上一般采用的空气线速为 0.6~0.7m/s。提高气速会使床层密度下降,烧焦强度虽然提高了,但床层单位容积的烧焦能力反而下降,抵消了高线速的好处。单段再生器也有采用高达 1m/s 以上的线速的,但其稀相区必须扩大直径。

提高再生压力可提高氧浓度,使烧焦速率提高。由于两器压力平衡的要求,再生压力的提高必然也使反应压力提高,导致焦炭产率增大。工业装置采用的再生器压力在 0.25~0.4MPa(绝)的范围,对于含渣油的原料则裂化反应压力不宜高于 0.25MPa(绝),相应的再生压力不宜高于 0.35MPa(绝)。

单段再生的主要问题是再生温度的提高受到限制和密相床层的有效催化剂含炭量低。

2. 两段再生

两段再生把烧焦过程分为两个阶段进行。在第一段，烧去焦炭量的 80%～85%，余下的在第二段再用空气及在更高的温度下继续烧去。两段再生可以在一个再生器筒体内分隔为两段来实现，也可以在两个独立的再生器内实现。图 8-66 是 Kellogg 公司上下叠置式两段再生器的简图。

与单段再生相比，两段再生的主要优越性有：

（1）对全返混流化床反应器，从反应动力学角度看，有效的催化剂含炭量等于再生器出口的再生催化剂含炭量，由于在第一段再生时只烧去大部分焦炭，第一段出口的半再生催化剂的含炭量高于再生催化剂的含炭量，从而提高了烧焦速率。

（2）在第二段再生时可以用新鲜空气（提高了氧的对数平均浓度）和更高的温度，于是也提高了烧焦速率。

（3）焦炭中的氢的燃烧速率高于碳的燃烧速率，

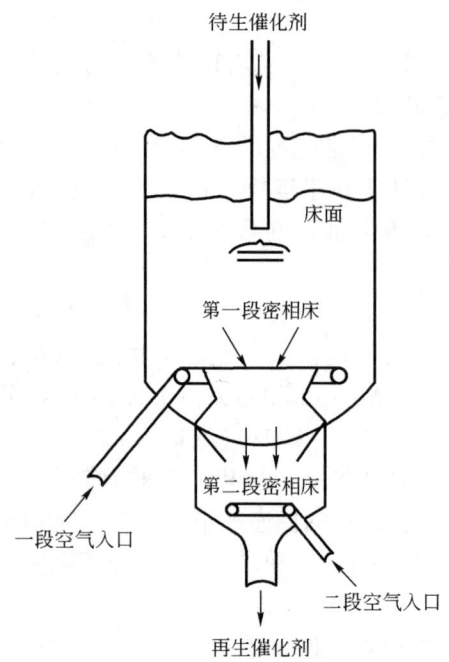

图 8-66 Kellogg 公司上下叠置式两段再生器

当烧去约 80% 的碳时，氢已几乎全部烧去，因此第二段内的水汽分压可以很低，减轻了催化剂的水热老化程度。而且，第二段的催化剂藏量比单段再生器的藏量低，停留时间较短。这两个因素都为提高再生温度创造了条件。

当对再生催化剂含炭量要求很低时，例如 <0.1% 时，两段再生有明显的优越性。但是当再生催化剂含炭量高于 0.25% 时，两段再生反而不如单段再生。

两段再生时，第一段和第二段的烧焦比例有一个优化的问题，除了考虑在第一段基本上烧去焦炭中的氢之外，还应从烧碳动力学的角度来进行优化。对工业装置，一般是在第一段烧去焦炭量的 80%～85%。

3. 快速流化床再生

从流态化域来看，单段再生和两段再生都属于鼓泡流化床和湍动床的范畴，传递阻力和返混对烧焦速率都有重要的影响。如果把气速提高到 1.2m/s 以上，而且气体和催化剂都向上流动，就会过渡到快速流化床区域。此时，原先成絮状物的催化剂颗粒团变为分散相，气体转为连续相，这种状况对氧的传递十分有利，从而强化了烧焦过程。此外，随着气速的提高，返混程度减小，中上部甚至接近平推流，也有利于烧焦速率的提高。在快速流化床区域，必须要有较大的固体循环量才能保持较高的床层密度，从而保证单位容积有较高的烧焦量。

催化裂化装置的烧焦罐再生（也称高效再生）就是采用上述快速流化床的一种方式。图 8-67 是工业化的快速流化床再生器简图。

图 8-67 中的核心设备是烧焦罐。为了保持烧焦罐的密相区的密度达到 70～120kg/m³，从第二密相床通过循环斜管引入大流量的催化剂。除了此作用以外，循环催化剂还起到提高烧焦罐内起燃温度的作用。进入烧焦罐的待生催化剂的温度一般在 500℃ 左右，空气的温度为 150～200℃，两者混合后的温度只有 450℃ 左右，不可能达到高效再生。因此，从第二密相床引入的高温再生催化剂，使烧焦罐底部的起燃温度提高到 660～680℃。在工业装置中，烧焦罐的烧焦强度为 450～700kg/(t·h)，烧去的焦炭量约占总烧焦量的 85%～90%。

稀相管内的密度很小，烧去的焦炭量不大，其主要作用是使 CO 进一步燃烧成 CO_2。当烧焦罐的温度低于 700℃时，CO 的均相燃烧很难进行完全。

第二密相床的主要功能是作为再生器与反应器之间的缓冲容器，也需有一定的藏量。进入第二密相床的空气量只占烧焦总空气量的 10% 左右，气速很低，属于典型的鼓泡流化床，其烧焦强度只有 30~50kg/(t·h)。

由于第二密相床和稀相管的烧焦强度低，故整个再生器的综合烧焦强度为 200~320kg/(t·h)。

针对第二密相床烧焦强度低的问题，国内外都做了不少改进的开发研究工作，其主要的改进方向是提高气速、降低床层密度、减少氧气的传递阻力。国内开发成功的快速床串联再生工艺提高了第二密相床的烧焦强度，使整个再生器的综合烧焦强度达到了 310kg/(t·h)。其主要的措施是把烧焦罐出口的烟气全部引入第二密相床，使气速达到 1.5~2.0m/s，变成两个串联的快速流化床再生器。

烧焦罐再生器实际上是由一个快速流化床（烧焦罐）与一个湍动床或鼓泡流化床（第二密相床）串联而成。对现有的工业装置，欲采用这种方式的难度很大。因此，现有装置的改造多采用在原有的湍动床再生器之后串联一个较小的烧焦罐，称为后置烧焦罐再生。图 8-68 是其中比较常用的一种后置烧焦罐再生流程简图。

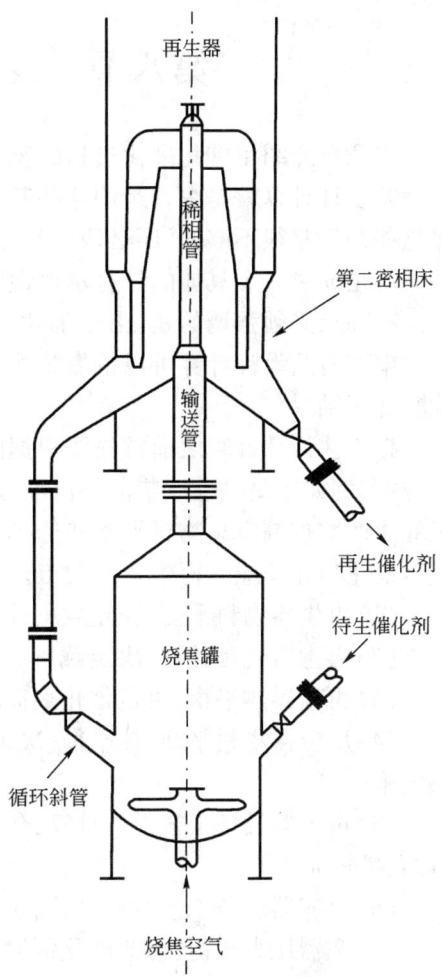

图 8-67 快速流化床再生器简图

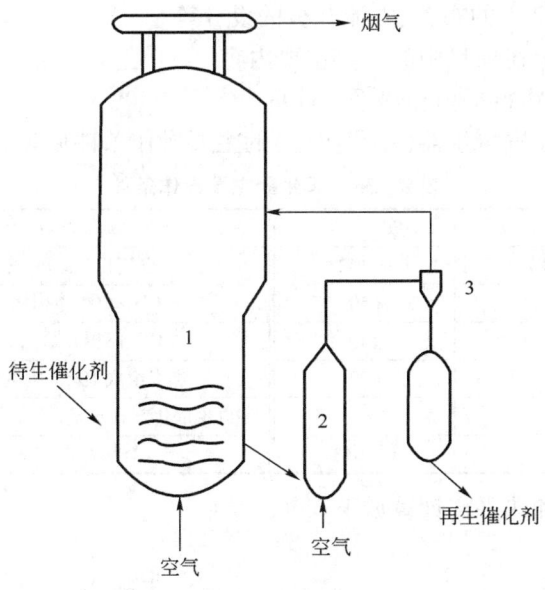

图 8-68 后置烧焦罐再生流程简图
1—湍动床再生器；2—后置烧焦罐；3—粗旋风分离器

第八节 反应—再生系统工艺计算

本章已介绍了催化裂化过程的基本原理和一些有关的生产、科研的数据和经验,催化裂化的工艺设计计算就是综合运用这些基本原理和经验。诚然,要具体设计一个催化裂化装置仅靠这些知识是很不够的,还必须参阅更多的资料,了解更多的生产经验和科研成果。本节的目的主要是通过几个具体的计算示例说明反应—再生系统工艺计算的基本方法。

有一点必须强调的是:由于催化裂化过程的复杂性,有些问题尚不能仅靠理论计算来解决。即使有些设计计算可以依靠某些计算方法,但是仍然要十分重视用实际生产数据来比较、检验计算结果。

在工艺设计计算之前首先要根据国民经济和市场的需要,以及具体条件选择好原料和生产方案,例如主要是生产柴油—汽油方案还是汽油—气体方案等。第二步是参考中型试验和工业生产数据制定总物料平衡和选择相应的主要操作条件。

催化裂化反应—再生系统的工艺设计计算主要包括以下几部分:

(1)再生器物料平衡,决定空气流率和烟气流率。
(2)再生器烧焦计算,决定藏量。
(3)再生器热平衡,决定催化剂循环量。
(4)反应器物料平衡、热平衡,决定原料预热温度。结合再生器热平衡决定燃烧油量或取热设施。
(5)再生器设备工艺设计计算,包括壳体、旋风分离器、分布管(板)、淹流管、辅助燃烧室、滑阀、稀相喷水等。
(6)反应器设备工艺设计计算,包括汽提段和进料喷嘴的设计计算。
(7)两器压力平衡,包括催化剂输送管路。
(8)催化剂储罐及抽空器。
(9)其他细节,如松动点的布置、限流孔板的设计等。

下面分别举例说明上述项目中的一些主要内容。

【例8-2】 再生器物料平衡和热平衡计算

某提升管催化裂化装置再生器(单段再生)的主要操作条件见表8-36。

表8-36 再生器主要操作条件

项 目	数 据	项 目	数 据
再生器顶部压力,MPa(表)	0.142	空气相对湿度,%	50
再生温度,℃	650	CO_2/CO(体积比)	1.5
主风入再生器温度,℃	140	O_2(体积分数),%	0.5
待生催化剂温度,℃	470	焦炭组成 H/C(质量比)	10/90
大气温度,℃	25	再生催化剂含炭量(质量分数),%	0.3
大气压力,MPa	0.1013	烧焦炭量,t/h	11.4

再生器的物料平衡和热平衡计算如下:

1. 燃烧计算

(1)烧碳量及烧氢量。

$$烧碳量 = 11.4 \times 10^3 \times 0.9 = 10.26 \times 10^3 (kg/h) = 855 (kmol/h)$$

$$烧氢量 = 11.4 \times 10^3 \times 0.1 = 1.14 \times 10^3 (kg/h) = 570 (kmol/h)$$

因为烟气中 CO_2/CO(体积比) $= 1.5$,所以生成 CO_2 的 C 为:

$$855 \times 1.5/(1.5+1) = 513 (kmol/h) = 6156 (kg/h)$$

生成 CO 的 C 为:

$$855 - 513 = 342 (kmol/h) = 4104 (kg/h)$$

(2)理论干空气量。

$$碳烧成 CO_2 需要 O_2 量 = 513 \times 1 = 513 (kmol/h)$$

$$碳烧成 CO 需要 O_2 量 = 342 \times 1/2 = 171 (kmol/h)$$

$$氢烧成 H_2O 需要 O_2 量 = 570 \times 1/2 = 285 (kmol/h)$$

$$理论需要 O_2 量 = 513 + 171 + 285 = 969 (kmol/h) = 31008 (kg/h)$$

$$理论带入 N_2 量 = 969 \times 79/21 = 3645 (kmol/h) = 102060 (kg/h)$$

所以　理论干空气量 $= 969 + 3645 = 4614 (kmol/h) = 31008 + 102060 = 133068 (kg/h)$

(3)实际干空气量。

烟气中过剩氧为 0.5%(体积分数),所以有:

$$0.5\% = \frac{O_{2(过)}}{CO_2 + CO + N_{2(理)} + N_{2(过)} + O_{2(过)}}$$

解此方程,得:

$$过剩氧量 O_{2(过)} = 23.0 (kmol/h) = 736 (kg/h)$$

$$过剩氮量 = 23.0 \times 79/21 = 87 (kmol/h) = 2436 (kg/h)$$

所以　　　实际干空气量 $= 4614 + 23.0 + 87 = 4724 (kmol/h) = 136240 (kg/h)$

(4)湿空气量(主风量)。

大气温度 25℃,相对湿度 50%,查空气湿焓图,得空气的湿含量为 0.010 kg 水汽/kg 干空气。所以:

$$空气中的水汽量 = 136240 \times 0.010 = 1362 (kg/h) = 76.0 (kmol/h)$$

$$湿空气量 = 4724 + 76 = 4800 (kmol/h)$$

$$= 4800 \times 22.4 = 107.5 \times 10^3 (m^3/h) = 1792 (m^3/min)$$

此即正常操作时的主风量。

(5)主风单耗。

$$\frac{湿空气量}{烧焦炭量} = \frac{107.5 \times 10^3}{11.4 \times 10^3} = 9.43 (m^3/kg)$$

(6)干烟气量。

由以上计算已知干烟气中的各组分的量,将其相加,即得总干烟气量。

总干烟气量 $= CO_2 + CO + O_2 + N_2 = 513 + 342 + 23.0 + (3645 + 87) = 4610 (kmol/h)$

按各组分的分子量计算它们的质量流量,然后相加即得总干烟气的质量流量为 137380kg/h。

(7)湿烟气量及烟气组成(表8-37)。

表8-37 湿烟气量及烟气组成

组 分	流量		分子量	组成(摩尔分数),%	
	kmol/h	kg/h		干烟气	湿烟气
CO_2	513	22572	44	11.1	9.58
CO	342	9576	28	7.4	6.39
O_2	23	736	32	0.5	0.43
N_2	3732	104496	28	81.0	69.68
总干烟气	4610	137380	29.8	100.0	—
生成水汽	570	10260	18	—	—
主风带入水汽	76	1362	—	—	13.92
待生催化剂带入水汽①	72.2	1300	—	—	—
吹扫、松动蒸汽②	27.8	500	—	—	—
总湿烟气	5353	150802	—	—	100.0

① 按每吨催化剂带入1kg水汽及设催化剂循环量为1300t/h计算。
② 粗估算值。

(8)烟风比。

$$湿烟气量/主风量(体积比) = 5356/4800 = 1.12$$

2. 再生器热平衡

(1)烧焦放热。

$$生成 CO_2 放热 = 6156 \times 33873 = 20852 \times 10^4 (kJ/h)$$
$$生成 CO 放热 = 4104 \times 10258 = 4210 \times 10^4 (kJ/h)$$
$$生成 H_2O 放热 = 1140 \times 119890 = 13667 \times 10^4 (kJ/h)$$
$$合计放热 = 38729 \times 10^4 (kJ/h)$$

(2)焦炭脱附热。

按目前工业上仍采用的经验方法计算,则:

$$焦炭脱附热 = 38729 \times 10^4 \times 11.5\% = 4454 \times 10^4 (kJ/h)$$

(3)主风由140℃升温至650℃需热。

$$干空气升温需热 = 136240 \times 1.09 \times (650-140) = 7574 \times 10^4 (kJ/h)$$

式中1.09是空气的平均比热容,单位为$kJ/(kg \cdot ℃)$。

$$水汽升温需热 = 1362 \times 2.07 \times (650-140) = 144.0 \times 10^4 (kJ/h)$$

式中2.07是水汽的平均比热容,单位为$kJ/(kg \cdot ℃)$。

(4)焦炭升温需热。

假定焦炭的比热容与催化剂相同,也取1.079 $kJ/(kg \cdot ℃)$,则:

$$焦炭升温需热 = 11.4 \times 10^3 \times 1.097 \times (650-470) = 225.0 \times 10^4 (kJ/h)$$

(5)待生催化剂带入水汽需热。

$$1300 \times 2.16 \times (650-470) = 51 \times 10^4 (kJ/h)$$

式中2.16是水汽的平均比热容,单位为$kJ/(kg \cdot ℃)$。

(6)吹扫、松动蒸汽升温需热。

$$500 \times (3816 - 2780) = 52 \times 10^4 (\text{kJ/h})$$

式中括号内的数值分别是 10kgf/cm² (表) 饱和蒸汽和 0.142MPa (表)、650℃过热蒸汽的热焓值。

(7)散热损失。

$$582 \times 烧碳量(以 \text{kg/h} 计) = 582 \times 10260 = 597 \times 10^4 (\text{kJ/h})$$

(8)给催化剂的净热量。

$$烧焦放热 - [第(2)项至第(7)项之和]$$
$$= 38729 \times 10^4 - (4454 + 7574 + 144 + 225 + 51 + 52 + 597) \times 10^4$$
$$= 25632 \times 10^4 (\text{kJ/h})$$

(9)计算催化剂循环量 G。

$$25632 \times 10^4 = G \times 10^3 \times 1.097 \times (650 - 470)$$

所以 $G = 1298 (\text{t/h})$

(10)再生器热平衡汇总,见表 8-38。

表 8-38　再生器热平衡

入方,10⁴ kJ/h		出方,10⁴ kJ/h	
烧焦放热	38729	焦炭脱附热	4454
		主风升温	7718
		焦炭升温	225
		带入水汽升温	103
		散热损失	597
		加热循环催化剂	25632
合计	38729	合计	38729

3. 再生器物料平衡

再生器物料平衡数据见表 8-39。

表 8-39　再生器物料平衡

入方,kg/h			出方,kg/h		
干空气		136240	干烟气		137380
水汽	主风带入	1362	水汽	生成水汽	10260
	待生催化剂带入	1300		带入水汽	3162
	松动、吹扫	500			
	合计	3162		合计	13422
焦炭		11400	循环催化剂		1298×10³
循环催化剂		1298×10³			
合计		1448.802×10³	合计		1448.802×10³

4. 附注

1) 计算散热损失

计算散热损失时可以用本例题中的经验计算方法,对于小装置,用此经验公式会有较大误差,必要时也可用下式计算:

散热损失 = 散热表面积 × 传热温差 × 传热系数

其中,传热温差是指器壁表面温度与大气的温度之差,对有100mm厚衬里的再生器,其外表面温度一般约110℃。传热系数与风速有关,可查阅有关参考资料,一般情况下也可取71.2kJ/(m²·℃·h)。

2) 反应器的热平衡计算

反应器的热平衡计算与再生器热平衡计算方法类似。通常是由再生器热平衡计算求得循环催化剂供给反应器的净热量以后,再由反应器热平衡计算原料油的预热温度,从而决定加热炉的热负荷。反应器热平衡的出、入方各项如下:

入方:
(1) 再生催化剂供给的净热量。
(2) 焦炭吸附热,其值与焦炭脱附热相同。

出方:
(1) 反应热。
(2) 原料油由预热温度(一般是液相)升温至反应温度(气相)所需热量。
(3) 各项水蒸气入口状态升温至反应温度所需的热量。各项水蒸气包括进料雾化蒸汽、汽提蒸汽、防焦蒸汽和松动、吹扫蒸汽。
(4) 反应器散热损失。

3) 空气的湿含量计算

空气湿含量也可以用以下方法计算:

已知主风的露点 t(由相对湿度亦可从图表查得),由水蒸气表查得露点 t 时的饱和水蒸气压力 p,若主风压力为 π,则主风中的水汽含量(摩尔分数)为:

$$y = p/\pi$$

又由

$$y = \frac{\text{水汽(kmol)}}{\text{干空气(kmol)} + \text{水汽(kmol)}}$$

即可计算得到主风中的水汽量。

【例 8-3】 提升管反应器的工艺计算

1. 基础数据

(1) 反应条件,见表 8-40。

表 8-40 反应条件

沉降器顶部压力,kPa(表)	177	回炼油流量,t/h	190
提升管出口温度,℃	470	催化剂循环量,t/h	1310
原料预热温度,℃	350	再生催化剂入口温度,℃	640
新鲜原料流量,t/h	190	提升管停留时间,s	2.8~3.0

(2) 产品产率,见表 8-41。

表 8-41 产品产率(质量分数)   %

干气	2.0	重柴油	6.5
液化气	9.5	焦炭	6.0
稳定汽油	35.0	损失	1.0
轻柴油	40.0		

(3)原料及产品性质,见表8-42。

表8-42 原料及产品性质

性 质		原料油	稳定汽油	轻柴油	重柴油	回炼油
密度,kg/m³		880.0	742.3	870.7	877.0	880.0
恩氏蒸馏,℃	初馏点	260	54	199	—	288
	10%	318	78	221	—	347
	50%	380	123	268	350	399
	90%	466	163	324	—	40
	终馏点	488	183	339	—	465
平均分子量		350	100	200	300	350

注:裂化气(包括干气及液化气)平均分子量为30。

2. 提升管长度和直径的计算

(1)物料平衡。入方和出方物料流量分别见表8-43和表8-44。

表8-43 入方物料流量

项 目	质量流量,kg/h	平均分子量	摩尔流量,kmol/h
新鲜原料	190×10³	350	543
回炼油	190×10³	350	543
催化剂	1310×10³	—	—
再生催化剂带入烟气①	1310	29	45.2
水蒸气总量	6050	18	336
进料雾化蒸汽②	3800		
预提升蒸汽	2000		
膨胀节吹扫蒸汽	100		
事故吹扫蒸汽	150		
合计	1697.36×10³	—	—
(油+气)合计	—	—	1467.2

① 按每吨催化剂带1kg烟气计算。
② 按总进料的1%计算。

表8-44 出方物料流量

项 目	质量流量,kg/h	平均分子量	摩尔流量,kmol/h
裂化气	21.9×10³	30	730
汽油	66.5×10³	100	665
轻柴油	76×10³	200	380
重柴油	12.3×10³	300	41
回炼油	190×10³	350	543
烟气	1310	29	45.2
水蒸气	6050	18	336
催化剂+焦炭	1321.4×10³	—	—
损失①	1.9×10³	30	63.3
合计	1697.36×10³	—	—
(油+汽)合计	—	—	2803.5

① 损失按裂化气计算。

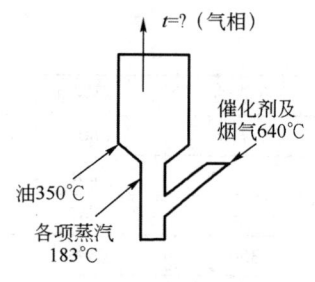

图 8-69 提升管进料处的温度

(2) 提升管进料处的压力、温度。

①压力。沉降器顶部的压力为 177kPa(表)。设进油处至沉降器顶部的总压降为 19.6kPa,则提升管内原料油入口处的压力为 177+19.6=196.6(kPa)(表)。

②温度。加热炉出口温度为 350℃,压力约 0.4MPa,此时原料油处于液相状态。经雾化进入提升管与 640℃ 的再生催化剂接触,立即完全汽化。原料油与高温催化剂接触后的温度可由图 8-69 的热平衡来计算。

催化剂和烟气由 640℃ 降至温度 t,

$$放出热 = 1310 \times 10^3 \times 1.097 \times (640-t) + 1310 \times 1.09 \times (640-t)$$
$$= 143.85 \times 10^4 \times (640-t)(kJ/h)$$

其中,1.097 和 1.09 分别为催化剂和烟气的比热容,单位为 $kJ/(kg \cdot ℃)$。油和蒸汽升温和油汽化吸收的热量计算见表 8-45。

表 8-45 油和蒸汽的热量计算

物流	流量 kg/h	进			出		
		温度,℃	焓,kJ/kg	热量,kJ/h	温度,℃	焓,kJ/kg	热量,kJ/h
新鲜进料	190×10^3	350(液)	912.8	17343×10^4	t(气)	I_1	$19.0 \times 10^4 I_1$
回炼油	190×10^3	350(液)	912.8	17343×10^4	t(气)	I_1	$19.0 \times 10^4 I_1$
水蒸气	6050	183	2780	1682×10^4	t	I_2	$0.605 \times 10^4 I_2$

$$油和水蒸气共吸收热量 = (19 \times 10^4 I_1 - 17343 \times 10^4) + (19 \times 10^4 I_1 - 17343 \times 10^4) +$$
$$(0.605 \times 10^4 I_2 - 1682 \times 10^4)$$
$$= (38 I_1 + 0.605 I_2) \times 10^4 - 36368 \times 10^4 (kJ/h)$$

根据热平衡原理:

$$143.85 \times 10^4 \times (640-t) = (38 I_1 + 0.605 I_2) \times 10^4 - 36368 \times 10^4$$

设 $t=483℃$,查焓图得 $I_1=1495 kJ/kg$,$I_2=3450 kJ/kg$,代入上式,得左方 $=22584 \times 10^4$,右方 $=22529 \times 10^4$。相对误差为 0.24%,所以 $t=483℃$ 是合理的。

(3) 提升管直径。

①选取提升管内径 $D=1.2$ m,则提升管截面积 $F=\pi D^2 \times 1/4 = 1.131 (m^2)$

②核算提升管下部气速。由物料平衡得油气、水蒸气和烟气的总流量为 1467.2 kmol/h,所以下部气体体积流量为

$$V_下 = 1467.2 \times 22.4 \times \frac{483+273}{273} \times \frac{101.3}{196.6+101.3} = 3.1 \times 10^4 (m^3/h) = 8.6 (m^3/s)$$

下部线速 $u_下 = V_下/F = 8.6/1.131 = 7.6 (m/s)$

③核算提升管出口线速。出口处油气的总流量为 2803.5 kmol/h,所以,出口处油气体积流量为

$$V_上 = 2803.5 \times 22.4 \times \frac{470+273}{273} \times \frac{101.3}{177+101.3} = 6.2 \times 10^4 (m^3/h) = 17.3 (m^3/s)$$

所以出口线速 $u_上 = V_上/F = 17.3/1.131 = 15.3 (m/s)$

核算结果表明,提升管出、入口线速在一般设计范围内,故所选内径 $D=1.2$ m 是可行的。

(4)提升管长度。

提升管平均气速为

$$u = \frac{u_上 - u_下}{\ln(u_上/u_下)} = \frac{15.3 - 7.6}{\ln(15.3/7.6)} = 11(\mathrm{m/s})$$

取提升管内停留时间为3s,则提升管的有效长度 $L = u \times 3 = 33(\mathrm{m})$。

(5)核算提升管总压降。

设计的提升管由沉降器的中部进入,根据沉降器的直径和提升管拐弯的要求,提升管直立管部分长27m,水平管部分长6m,提升管出口向下以便催化剂与油气快速分离。提升管出口至沉降器内一级旋风分离器入口高度取7m,其间密度根据经验取 $8\mathrm{kg/m^3}$。

提升管总压降包括静压 Δp_h、摩擦压降 Δp_f 及转向、出口损失等压降 Δp_a。各项分别计算如下:

① Δp_h。

提升管内密度计算见表 8 – 46。

表 8 – 46 提升管内密度计算

项 目	上 部	下 部	对数平均值
催化剂流量,kg/h	1310×10^3	1310×10^3	—
油气流量,$\mathrm{m^3/s}$	17.3	8.6	—
视密度,$\mathrm{kg/m^3}$	20.9	42.2	30.3
气速 u,m/s	15.3	7.6	11.0
滑落系数	1.1	2.0	—
实际密度,$\mathrm{kg/m^3}$	23	84.4	47.2

$$\Delta p_h = \rho g \Delta h = 47.2 \times 9.81 \times 27 = 12.5(\mathrm{kPa})$$

② Δp_f(直管段摩擦压降)。

$$\Delta p_f = 7.9 \times 10^{-8} \times L/D \times \rho u^2 = 7.9 \times 10^{-8} \times 33/1.2 \times 30.3 \times 11.0^2$$
$$= 0.008(\mathrm{kg/cm^2}) = 0.784(\mathrm{kPa})$$

③ Δp_a。

$$\Delta p_a = N \frac{\rho u^2}{2} \times 10^{-4} = 3.5 \times \frac{11.0^2 \times 30.3}{2} \times 10^{-4} = 6.42(\mathrm{kPa})$$

式中,$N = 3.5$,包括两次转向及出口损失。

④ 提升管总压降 $\Delta p_提$。

$$\Delta p_提 = \Delta p_h + \Delta p_f + \Delta p_a = 12.5 + 0.784 + 6.42 = 19.7(\mathrm{kPa})$$

⑤ 校核原料油入口处压力。

提升管出口至沉降器顶部压降为

$$\Delta p = \rho \times \Delta h \times g = 8 \times 7 \times 9.81 = 0.55(\mathrm{kPa})$$

提升管内原料油入口处压力 = 沉降器顶部压力 + 0.55 + $\Delta p_提$
$$= 177 + 0.55 + 19.7 = 197.25(\mathrm{kPa})(表)$$

此值与前面假设的196.6kPa(表)很接近,因此前面计算时假设的压力不必重算。

3. 预提升段的直径和高度

(1)直径。

预提升段的烟气及预提升蒸汽的流量 $= 45.2 + 2000/18 = 156.3(\mathrm{kmol/h})$

$$\text{体积流量} \approx 156.3 \times 22.4 \times \frac{640+273}{273} \times \frac{101.3}{196.6+101.3} \times \frac{1}{3600} \approx 1.1 (\text{m}^3/\text{s})$$

取预提升段气速为 1.5m/s，则预提升段直径为

$$D_{\text{预}} = \sqrt{1.1/(1.5 \times 4/\pi)} = 0.966(\text{m})$$

取预提升段内径为 0.96m。

(2) 高度。

考虑到进料喷嘴以下设有事故蒸汽进口管、人孔、再生催化剂斜管入口等，预提升段的高度取 4m。

4. 提升管工艺计算结果汇总

预提升段长度 4m，内径 0.96m；反应段长度 33m，内径 1.2m，其中 27m 是直立管、6m 是水平管；提升管全长 37m，直立管部分 31m。

【例 8-4】 旋风分离器工艺计算

1. 基础数据

某催化裂化装置的再生器壳体设计中决定再生器的密相段内径为 5.03m，稀相段内径为 6.0m，密相床高度为 6m，净空高度为 8m。其余有关操作条件如下：再生器顶部压力 78.5kPa（表），再生温度 580℃，密相床密度 300kg/m³，稀相床密度 40kg/m³，ρ_1 350kg/m³，ρ_2 450kg/m³，湿烟气流量 20m³/s（操作条件下），湿烟气密度 1.25kg/m³，稀相气速 0.7m/s。

2. 旋风分离器型式的选择

选用我国自主开发的 PV 型旋风分离器，采用两级串联。根据基础数据和工业经验作出再生器内旋风分离器布置的参考图（图 8-70）。

图中一级料腿出口不用翼阀，直接伸至分布管以上 300mm 处。二级料腿伸入密相床面以下 1m，出口装有全覆盖式翼阀。

以下按 PV 型旋风分离器的设计方法和规格进行工艺计算及选型。

(1) 筒体直径。

按筒体内气速为 4m/s 计算，则：

$$\text{总筒体截面积} = \text{湿烟气流量}/4 = 20/4 = 5(\text{m}^2)$$

选用 5 组旋风分离器，则每个旋风分离器筒体的截面积 (A) 为 1m²。

所以 筒体直径 $A = \sqrt{1 \times 4/\pi} = 1.128(\text{m})$

选用 φ1200mm 的旋风分离器。一级和二级都选用此直径的筒体。

(2) 一级入口截面积。

按入口线速为 18m/s 考虑，则：

一级入口截面积 A_1/筒体截面积 $A = 4/18$

求得 $A_1 = 0.222$m²，旋风分离器入口为矩形，其高度 a 是宽度 b 的 2.25 倍。由此计算得 $a = 0.706$m, $b = 0.314$m。

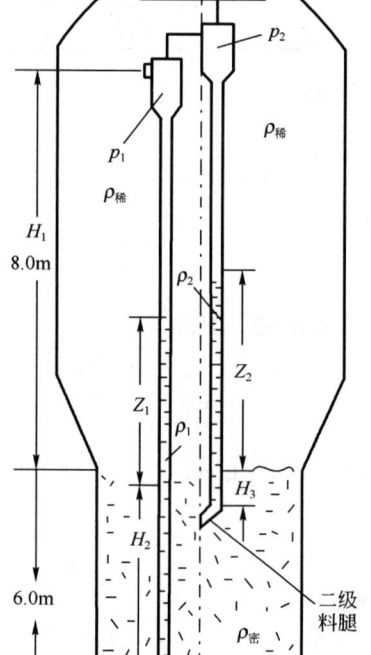

图 8-70 旋风分离器设计参考图

(3)二级入口截面积。

按二级入口线速为22m/s考虑,则:

$$二级入口截面积 A_2 / 筒体截面积 A = 4/22$$

求得 $A_2 = 0.182 m^2$。入口的高度 $a = 0.639 m$;宽度 $b = 0.284 m$。

在要求较精确的计算时,二级入口的烟气流量除了湿烟气外还应加上两级旋风分离器之间通入的冷却水蒸气,其量占总气体流量的百分之几。这里的计算只是为了选型,未考虑冷却水蒸气的量。

(4)一级料腿负荷及管径。

PV 型一级旋风分离器料腿的适宜固体质量流速为 $300 \sim 500 kg/(m^2 \cdot s)$。

设一级旋风分离器的入口气体的固体浓度为 $10 kg/m^3$,则对每个旋风分离器的进入固体流量为:

$$20 \times 10 \times 1/5 = 40 (kg/s)$$

选用 $\phi 350 mm$ 管子作一级料腿,则其固体质量流速为:

$$40 \div (0.35^2 \times \pi/4) = 416 [kg/(m^2 \cdot s)]$$

所选管径合适。

(5)二级料腿管径。

对 $\phi 1200 mm$ 的旋风分离器,二级料腿可选用 $\phi 219 mm$ 的管子。

3. 旋风分离器的压降

PV 型旋风分离器的压降的计算公式如下:

$$\Delta p = (\rho_g + C_i/1000) v_i^2/2 + \xi (C_{io}/C_i)^{0.045} (\rho_g v_i^2/2) \tag{8-47}$$

$$\xi = 8.54 K_A^{-0.833} d_r^{-1.745} D^{-0.161} Re^{0.036} - 1$$

$$Re = \rho_g v_i D/\mu$$

式中 ρ_g ——气体密度,kg/m^3;

C_i ——入口气体中固体浓度,kg/m^3;

V_i ——入口气体线速,m/s;

ξ ——系数;

C_{io} ——基准入口浓度,$C_{io} = 10 kg/m^3$;

K_A ——筒体与入口截面积之比;

d_r ——出口管与筒体的直径之比;

D ——筒体直径,m;

Re ——雷诺数;

μ ——气体黏度,$Pa \cdot s$。

(1)计算一级旋风分离器压降 Δp_1。

气体密度 $\rho_g = 1.25 \times \dfrac{273}{580 + 273} \times \dfrac{78.5 + 101.3}{101.3} = 0.71 (kg/m^3)$

$$Re = 0.71 \times 18 \times 1.2/(0.035 \times 10^{-3}) = 483 \times 10^3$$

$$\xi = 8.54 \times (4.5)^{-0.833} \times (0.44)^{-1.745} \times (1.2)^{0.161} \times (483 \times 10^3)^{0.036} - 1 = 15.9$$

$$\Delta p_1 = (0.71 + 10/1000) \times (18^2/2) + 15.9 \times (10/10)^{0.045} \times (0.71 \times 18^2/2)$$

$$= 1.945 (kPa) = 190.3 (kgf/m^2)$$

(2)计算二级旋风分离器压降 Δp_2。

$$Re = 0.71 \times 22 \times 1.2/(0.035 \times 10^{-3}) = 535.5 \times 10^3$$

$$\xi = 8.54 \times (5.5)^{-0.833} \times (0.35)^{-1.745} \times (1.2)^{-0.161} \times (535.5 \times 10^3)^{0.036} - 1 = 20.3$$

$$\Delta p_2 = (0.71 + 1/1000) \times (22^2/2) + 20.3 \times (10/1)^{0.045} \times (0.88 \times 22^2/2)$$

$$= 4.04(\text{kPa}) = 412(\text{kgf/m}^2)$$

4. 核算料腿长度

由旋风分离器的压力平衡来核算料腿的长度,可参考图 8-44。

(1)核算一级料腿长度。

由一级旋风分离器的压力平衡得:

$$p_1 + Z_1\rho_1 + H_2\rho_1 = p_{\text{稀}} + H_1\rho_{\text{稀}} + H_2\rho_{\text{密}}$$

所以
$$Z_1 = [(p_{\text{稀}} - p_1) + H_2(\rho_{\text{密}} - \rho_1) + H_1\rho_{\text{稀}}]/\rho_1$$

$$= [190.3 + (6.0 - 0.3)(300 - 350) + (8 \times 40)]/350 = 0.64\text{m}$$

从入口中心线至灰斗底的距离为4m,所以净空高度应大于 $4 + Z_1$(m),即 4.64m。现净空高度为 8m,大于 4.64m,故能满足要求。

(2)核算二级料腿长度。

用上述的压力平衡原理(增加考虑二级旋风分离器压降及翼阀压降)可得:

$$Z_2 = [\Delta p_1 + \Delta p_2 + H_1\rho_{\text{稀}} + H_3(\rho_{\text{密}} - \rho_2) + \Delta p_{\text{阀}}]/\rho_2$$

$$= [190.3 + 412 + 8 \times 40 + (300 - 450) + 35]/450 = 1.79\text{m}$$

从入口中心至灰斗底的距离为4m,所以净空高度应大于 $4 + Z_2$(m),即 5.79m。现净空高度大于 8m(因还有一级入口与二级入口之间的高差),故能满足要求。

【例 8-5】 两器压力平衡

两器压力平衡计算包括再生催化剂循环路线的压力平衡和待生催化剂循环路线的压力平衡。两者的计算方法及原理是相同的。在本例中,只给出了再生催化剂循环路线的压力平衡计算。

某 60×10^4 t/a 提升管催化裂化装置的部分工艺数据和两器布置如表 8-47 和图 8-71 所示。

表 8-47 部分工艺数据

提升管总进料量	预提升蒸汽量	带入提升管烟气量	催化剂循环量	再生器顶部压力	沉降器顶部压力	提升管内径
160t/h	3000kg/h	750kg/h	750t/h	121.63kPa(表)	109.86kPa	1.2m
再生斜管内径	提升管入口线速	提升管出口线速	预提升段气速	提升管入口油气流量	提升管出口油气流量	预提升段气体流量
0.7m	4.5m/s	8.0m/s	1.6m/s	15850m³/h	28250m³/h	5660m³/h

以下是再生催化剂循环路线压力平衡计算。

(1)再生器顶部压力 $p_{\text{再}}$。

$$p_{\text{再}} = 121.63\text{kPa}(\text{表}) = 1.240 + 1.033 = 2.2730[\text{kgf/cm}^2(\text{绝})]$$

(2)再生器稀相段静压 Δp_1。

$$\Delta p_1 = \rho\Delta h \times 10^{-4} = 15 \times (28.446 - 16.77) \times 10^{-4} = 0.0175(\text{kgf/cm}^2)$$

(3)淹流管以上密相床层静压 Δp_2。

$$\Delta p_2 = \rho\Delta h \times 10^{-4} = 250 \times (16.77 - 15.759) \times 10^{-4} = 0.0253(\text{kgf/cm}^2)$$

(4)下滑阀以上淹流管及斜管静压 Δp_3。

$$\Delta p_3 = \rho\Delta h \times 10^{-4} = 300 \times (15.759 - 4.88) \times 10^{-4} = 0.3260(\text{kgf/cm}^2)$$

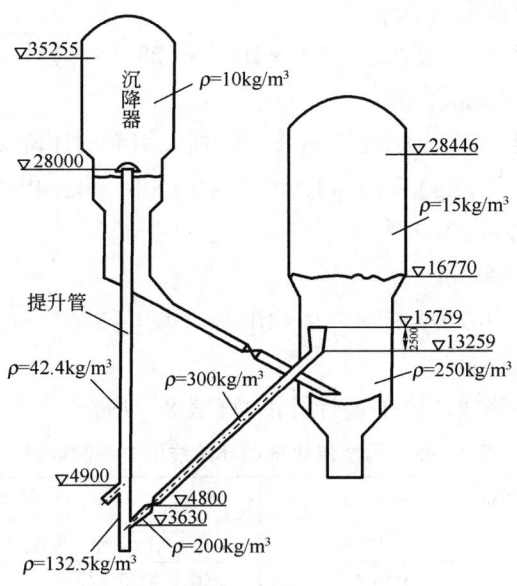

图 8-71 两器立面图

(5) 下滑阀以下斜管静压 Δp_4。

$$\Delta p_4 = \rho \Delta h \times 10^{-4} = 200 \times (4.88 - 3.63) \times 10^{-4} = 0.025 (\text{kgf/cm}^2)$$

(6) 沉降器顶部压力 $p_{沉}$。

$$p_{沉} = 109.86 \text{kPa}(表) = 1.12 + 1.033 = 2.1530 [\text{kgf/cm}^2(绝)]$$

(7) 沉降器稀相段静压 Δp_5。

$$\Delta p_5 = \rho \Delta h \times 10^{-4} = 10 \times (35.255 - 28) \times 10^{-4} = 0.0073 (\text{kgf/cm}^2)$$

(8) 提升管进料口以上静压 Δp_6。

$$提升管内平均油气体积流量 = \frac{28250 - 15850}{\ln(28250/15850)} = 21453 (\text{m}^3/\text{h})$$

所以

$$平均视密度 \approx (750 + 160) \times 10^3 / 21453 \approx 42.4 (\text{kg/m}^3)$$

$$提升管内平均油气线速 = (8 - 4.5)/\ln(8/4.5) = 6.09 (\text{m/s})$$

查得滑落系数为 1.17,则:

$$实际密度 \approx 42.4 \times 1.17 \approx 49.6 (\text{kg/m}^3)$$

所以

$$\Delta p_6 = \rho \Delta h \times 10^{-4} = 49.6 \times (28 - 4.9) \times 10^{-4} = 0.1145 (\text{kgf/cm}^2)$$

(9) 预提升段静压 Δp_7。

$$预提升段视密度 \approx \frac{750 \times 10^3}{5600} \approx 132.5 (\text{kg/m}^3)$$

取滑落系数为 1.5,则

$$实际密度 = 132.5 \times 1.5 = 190 (\text{kg/m}^3)$$

所以

$$\Delta p_7 = \rho \Delta h \times 10^{-4} = 199 \times (4.9 - 3.63) \times 10^{-4} = 0.0252 (\text{kgf/cm}^2)$$

(10) 再生斜管摩擦阻力 Δp_{f1}

在计算再生斜管静压 Δp_3 和 Δp_4 时采用的密度是视密度,因此在 Δp_3 和 Δp_4 中实际上已包含了再生斜管的摩擦阻力。或者说,前面计算的 Δp_3 和 Δp_4 应当是再生斜管的蓄压。因此,在这里不必要再单独计算再生斜管的摩擦阻力。

(11) 提升管直管段摩擦阻力 Δp_{f2}。

$$\Delta p_{f2} = 7.9 \times 10^{-8} \times (L/D) \rho u^2 = 7.9 \times 10^{-8} \times (28-4.9)/1.2 \times 42.4 \times 6.09^2$$
$$= 0.0024 (\text{kgf/cm}^2)$$

(12) 由于加速催化剂、出口伞帽处转向及出口损失引起的压降 Δp_a。

$$\Delta p_a = Nu_{出}^2 \rho \times 10^{-4}/(2g) = (1+1.25 \times 2 + 1) \times 8^2 \times 42.4 \times 10^{-4}/(2 \times 9.81)$$
$$= 0.0622 (\text{kgf/cm}^2)$$

(13) 预提升段摩擦压降 Δp_{f3}。

$$\Delta p_{f3} = 7.9 \times 10^{-8} \times (L/D) \rho u^2 = 7.9 \times 10^{-8} \times (4.9-3.63)/1.2 \times 132.5 \times 1.6^2$$
$$= 0.00003 (\text{kgf/cm}^2)$$

(14) 再生催化剂循环路线压力平衡计算汇总（表8-48）。

表8-48 再生催化剂循环路线压力平衡计算

推动力, kgf/cm²		阻力, kgf/cm²	
再生器顶部压力 $p_{再}$	2.2730	沉降器顶部压力 $p_{沉}$	2.1530
再生器稀相段静压 Δp_1	0.0175	沉降器稀相段静压 Δp_5	0.0073
再生器密相段静压 Δp_2	0.0253	提升管进料口以上静压 Δp_6	0.1145
下滑阀以上斜管蓄压 Δp_3	0.3260	预提升段静压 Δp_7	0.0252
下滑阀以下斜管蓄压 Δp_4	0.0250	预提升管摩擦压降 Δp_{f2}	0.0024
		提升管 Δp_a	0.0622
		预提升段摩擦压降 Δp_{f3}	0.00003
		再生滑阀摩擦压降	$\Delta p_{阀}$
合计	2.6668	合计	$2.36463 + \Delta p_{阀}$

由上表得，再生滑阀摩擦压降 $\Delta p_{阀} = 2.6668 - 2.36463 = 0.30217 (\text{kgf/cm}^2)$。一般要求滑阀的压降在 $0.2 \sim 0.4 \text{kgf/cm}^2$，因此计算结果是合适的。

第九节　催化裂化技术新进展

催化裂化作为重要的原油二次加工技术，以原料适应性宽、重油转化率高、轻质油产率高、产品方案灵活、操作压力低、投资低等特点，在生产轻质油品和低碳烯烃方面有不可替代的地位。但是，为了提高重质油的加工深度并生产清洁汽油，同时增产乙烯和丙烯，我国技术人员坚持基础理论研究，通过催化剂、工艺与工程技术的集成创新，形成了一系列具有自主知识产权的针对性很强的催化裂化新技术，为我国炼油工业做出了重要贡献。

一、劣质重油高效轻质化

1. 两段提升管催化裂化技术

中国石油大学重质油国家重点实验室开发的两段提升管催化裂化技术（two-stage riser fluid catalytic cracking，TSRFCC），采用两段提升管反应器，构成了两段提升管催化裂化反应系统（图8-72）。第一段提升管进新鲜原料，与再生催化剂接触反应一定时间后进入油气和待生催化剂分离系统；未转化的原料（循环油）进入第二段提升管，与再生催化剂接触进一步转化反应。TSRFCC技术通过分段反应、催化剂接力、短反应时间和大剂油比工艺条件,可以明显促进催化反应和抑制热裂化反应,并在一定程度上克服新鲜原料和循环油在同一反应器内存在的恶性吸附—反应竞争。工业应用结果表明,轻质油收率提高1%~2%,干气产率下降1.5%,柴汽比增加,产品质量得到明显改善。

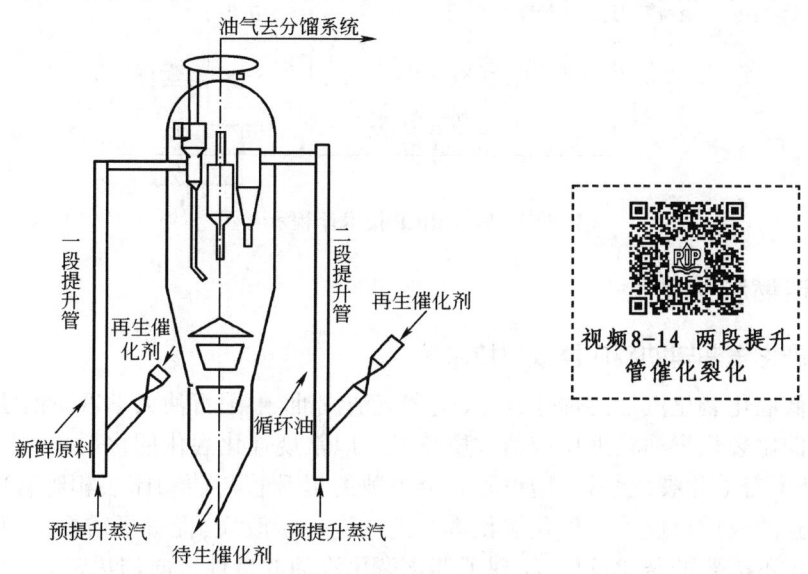

图8-72 两段提升管催化裂化工艺流程示意图

2. 多产轻质油的选择性加氢处理与催化裂化工艺集成技术

中国石化石油化工科学研究院改变了传统催化裂化过分依赖转化率来增加液体产品产率的惯性思维,提出了多产轻质油的催化裂化蜡油选择性加氢处理工艺与选择性催化裂化工艺集成技术(integration of FCC gas oil hydrotreating and highly selective catalytic cracking for maximizing liquid yield, IHCC),使目的产品选择性处于最佳水平,从而大幅度地提高催化裂化装置的液体产品产率,降低焦炭和干气产率(图8-73)。工业结果表明,相对于常规的催化裂化工艺,在采用IHCC技术后,加工石蜡基常压重油,液化气、汽油和柴油的总产率提高6%。

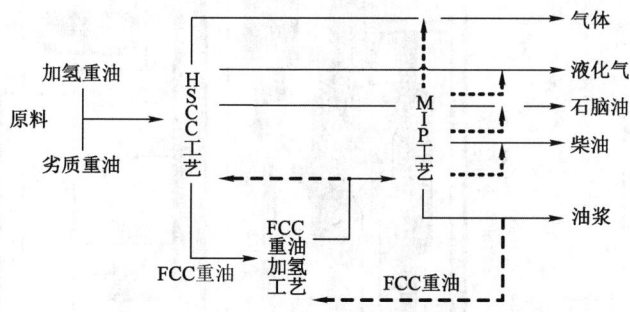

图8-73 IHCC技术流程示意图

进一步提出了重油高效转化的加氢处理与催化裂化组合技术(RICP),技术流程如图8-74所示。将FCC重循环油(HCO)循环到重油加氢装置,通过高芳香性的重柴油与重油原料混合进行加氢处理,防止了重油中沥青质等高芳香性大分子的自身热聚合,实现了脱碳和加氢两个反应过程的有效耦合。工业应用表明,RICP技术(掺20%循环油)可提高催化裂化装置的汽油和柴油总产率3.2%,总液体产率提高2.2%。

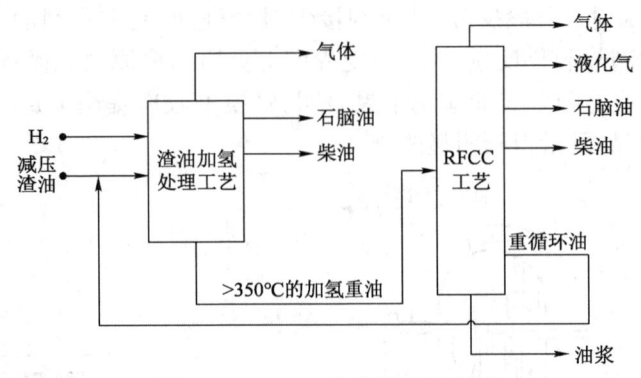

图 8-74 RICP 技术流程示意图

二、清洁燃料生产

1. 催化裂化汽油辅助反应器改质技术

为了降低催化裂化汽油的烯烃含量,生产清洁汽油,中国石油大学重质油国家重点实验室成功开发了催化裂化汽油辅助反应器改质技术。以常规催化裂化催化剂和常规催化裂化工艺为基础,依托原有催化裂化装置,增设了一个单独的提升管与湍动床层相组合的辅助反应器,利用这一单独的改质反应器对催化裂化汽油进行进一步改质,促进了需要的氢转移和异构化反应并抑制了不需要的裂化反应,实现了催化裂化汽油的良性定向催化转化,从而达到了降低烯烃含量、维持辛烷值基本不变以生产清洁汽油的目的。其工艺流程如图 8-75 所示。工业化应用结果表明,该技术可使催化裂化汽油烯烃含量降到 20%(体积分数)以下,且维持辛烷值不变,使催化裂化装置直接生产出烯烃含量合格的高品质清洁汽油。改质过程损失小,只占整个重油催化裂化装置物料平衡的 0.8%(质量分数),且操作与调变灵活,通过调整改质反应器操作,可提高丙烯产率 3% 左右。

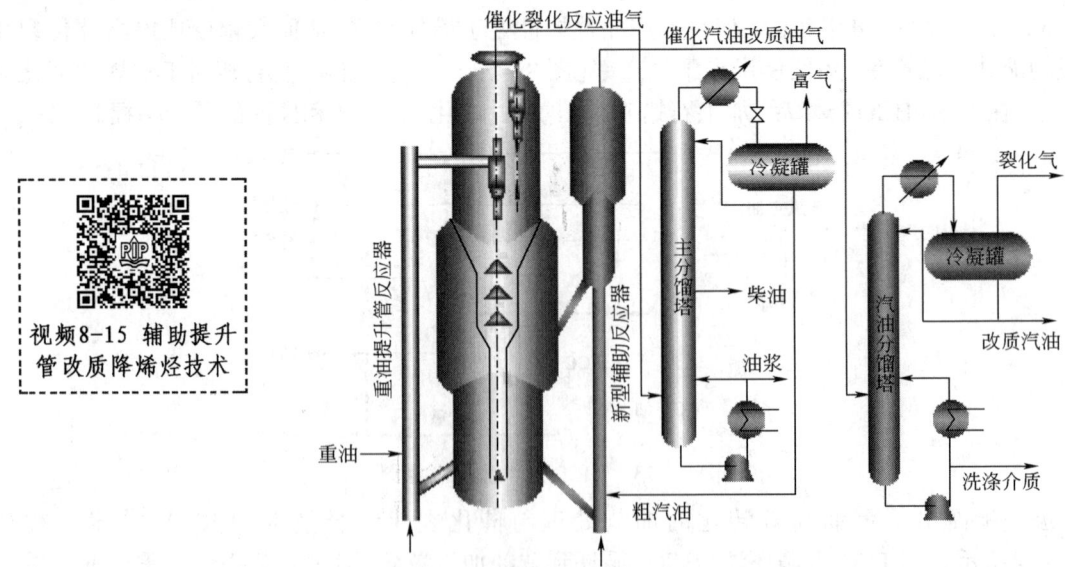

图 8-75 催化裂化汽油辅助反应器改质技术工艺流程示意图

2. 多产异构烷烃的催化裂化技术

中国石化石油化工科学研究院开发多产异构烷烃的催化裂化技术(a process for

maximizing iso-paraffins production,MIP),采用串联提升管反应器型式的新型反应系统及相应的工艺条件,选择性地控制裂化反应,促进氢转移反应和异构化反应,用于提高重油转化能力和改善汽油的性质。第一反应区以一次裂化反应为主,采用较高的反应强度,裂解较重质的原料油并生产较多的烯烃;第二反应区主要增加氢转移反应和异构化反应,抑制二次裂化反应,采用较低的反应温度和较长的反应时间。因此,MIP 工艺技术是从反应器型式和工艺条件的差异来构造两个不同的反应区,其工艺流程可见图 8-76。自 2002 年首次实现工业化以来,MIP 技术在国内已成功应用三十余套催化裂化装置。统计数据表明,总液体产率增加 1.6%、汽油烯烃降低 14.3%;在汽油烯烃明显降低的情况下,研究法辛烷值(RON)平均增加 0.4 个单位,马达法辛烷值(MON)平均增加 1.2%,汽油硫传递系数降低幅度达 28.0%。

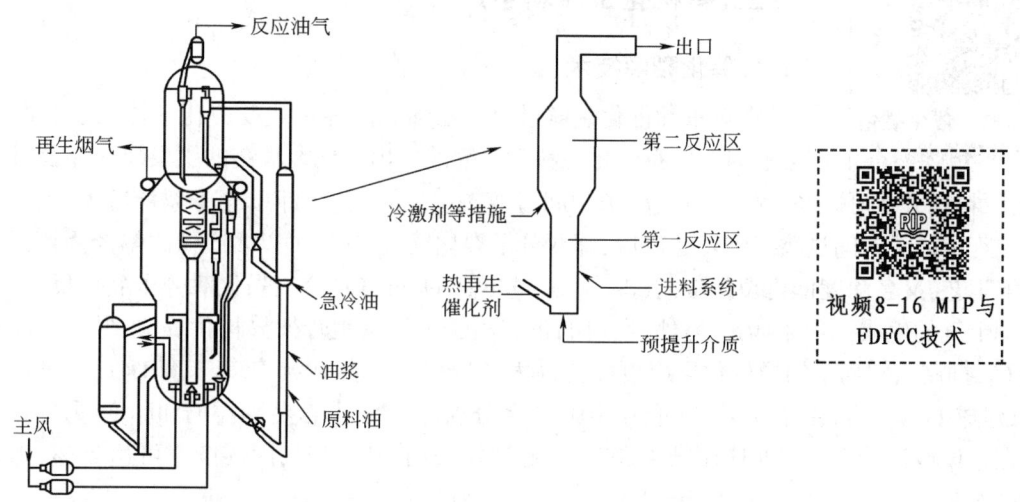

图 8-76　多产异构烷烃催化裂化技术(MIP)工艺流程示意图

在此基础上,针对丙烯需求旺盛和清洁汽油生产的双重重大需求,又进一步开发了生产汽油组分满足欧Ⅲ标准并增产丙烯的催化裂化技术(MIP-CGP)。该技术在深入研究烃类催化裂化正碳离子反应机理的基础上,获得了对重油酸催化反应化学新认识,设计制备了专用催化剂的结构和活性组元,烃类在新型反应系统内可选择性地转化,生成富含异构烷烃的汽油和丙烯;不仅可以降低催化裂化汽油的烯烃含量,满足欧Ⅲ排放对汽油烯烃的要求,同时提高催化裂化装置的丙烯产量,满足石油化工的需求。工业数据表明,以中间基重油为原料,汽油烯烃体积分数下降了 14.9%,丙烯产率增加 2.97%,汽油的辛烷值 RON 和 MON 分别增加了 1.9 个单位和 2.0 个单位,干气产率下降 22.06%,汽油中硫质量分数下降 42.67%,总液体产品产率显著提高。到目前为止,已有 34 套 MIP-CGP 工业装置投产。

3. 灵活多效催化裂化工艺技术(FDFCC)

中国石化洛阳石油化工工程公司开发的灵活多效催化裂化工艺技术(flexible dual-fluid catalytic cracking,FDFCC),采用双提升管工艺流程对劣质重油和汽油在不同的提升管反应器和不同的操作条件下进行联合改质,见图 8-77。该

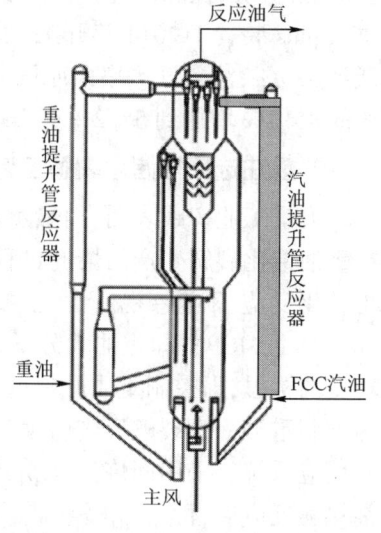

图 8-77　FDFCC 技术工艺流程图

技术于2003年3—4月在清江石化12×10⁴t/a的双提升管重油催化裂化装置上进行了工业应用试验。结果表明,在FDFCC工艺流程中,汽油改质提升管反应器对催化汽油的改质效果十分显著,在不同的操作条件下,汽油烯烃含量可降低30%(体积分数),硫含量可降低15%~25%,辛烷值(RON)也提高1~2个单位。随着汽油改质反应强度的提高,汽油裂化深度提高,催化裂化装置的柴汽比和丙烯产率大幅度提高;在双提升管单分馏塔的FDFCC工艺流程下,当汽油改质率为50%时,该装置便可直接生产烯烃含量低于35%的清洁汽油。FDFCC工艺在使催化汽油烯烃含量降低的同时,存在着较大的损失,特别是烯烃含量降低幅度加大时,干气加焦炭的损失大于5%,需进一步研究和完善。

三、有机化工原料生产

1. 催化裂解技术

视频8-17 催化裂化多产低碳烯烃技术

在对重油催化裂解过程中乙烯和丙烯生成反应化学深入研究的基础上,中国石化石油化工科学研究院提出催化裂解链的引发反应路径具有多元性,原料烃分子可以经五配位正碳离子中间过渡态引发链反应,即单分子裂化反应;也可以经三配位正碳离子中间过渡态引发链反应,即双分子裂化反应,开发了以多产低碳烯烃为目标的催化裂解工艺,又名深度催化裂化工艺(deep catalytic cracking, DCC)。强化双分子裂化反应,有利于减少干气的生成,多产丙烯。另外,生成的正碳离子极易发生骨架异构化反应,导致生成较多异构C_4,抑制正碳离子的异构化反应可以提高丙烯选择性。自1990年第1套DCC装置运转以来,已建成17套工业装置,其中12套在中国,5套分别位于泰国、沙特阿拉伯和印度,另外还有多套正在建设或设计中。工业应用结果表明,以蜡油掺渣油为原料时,丙烯产率可达25%,丙烯产率提高6%。

在DCC工艺基础上,发展了提升管反应器和流化床反应器分区控制的增强型催化裂解(DCC-plus)技术。提升管反应器作为重质油一次裂解生成丙烯和丙烯前身物的场所,流化床反应器为汽油中烯烃二次裂解反应的主要反应场所。通过向流化床反应器内补充热的再生催化剂的技术措施来实现分区控制,以满足重质原料的一次裂解反应和汽油馏分的二次裂解反应对催化剂活性和反应条件的要求,达到增产丙烯同时降低干气和焦炭产率的目的。第1套DCC-plus装置于2014年开工,表现出良好的产品结构灵活性,干气产率由原设计值的6.8%降低到3.4%,液化气产率由原设计值的35.0%降低到25.0%,汽油和柴油产率之和由原设计值的45.1%增加到57.2%,实现了少产气体、多产轻质燃料油的目标。

2. 重油选择性催化裂解工艺技术

大量工业实践表明,丙烯不仅是重油催化裂解反应的产物,也是活泼的中间物种。因此,在重油催化裂解生产丙烯的过程中,丙烯的生成反应和丙烯的消除反应同时存在,生成的丙烯再转化反应不容忽视。由此,提出了重油选择性催化裂解工艺技术(maximizing catalytical propylene, MCP),即重油大分子的一次裂解反应由过去的过裂化操作模式向选择性裂解模式转变的构思,即控制重质原料一次裂解的转化深度,达到多产丙烯和高烯烃含量汽油的目的。为抑制重油一次裂解反应所生成丙烯的再转化,需改变现有反应器结构,使生产的丙烯迅速离开反应系统。采用回炼油、C_4/轻汽油馏分分级进料方式,优先控制回炼油先与热的再生催化剂接触反应后,再与C_4/轻汽油馏分接触进入密相流化床反应器,在密相床层反应器中高选择性转化生产丙烯。图8-78为MCP组合式反应器结构示意图。该技术2011年一次开车成功,以苏北常压重油为原料,丙烯产率达到17.05%,异丁烯产率达到5.51%,干气产率为4.79%;裂解汽油研究法辛烷值为94.6,裂解柴油十六烷指数为30;总液体(液化气+汽油+柴油)产率为80.23%。

3. 催化热裂解制取烯烃技术

研究发现,在高温反应环境中,不仅热裂化反应可以生成乙烯,裂化催化剂酸性中心引发的正碳离子反应同样也可以生成乙烯,即在催化热裂解反应体系内,乙烯的生成是自由基反应和正碳离子反应双重作用的结果。同时发现,反应时间是乙烯生成反应过程中极其重要的参数,适宜的、较短的反应时间有利于乙烯的生成。中国石化石油化工科学研究院在对低碳烯烃和轻芳烃(BTX)生成反应化学研究

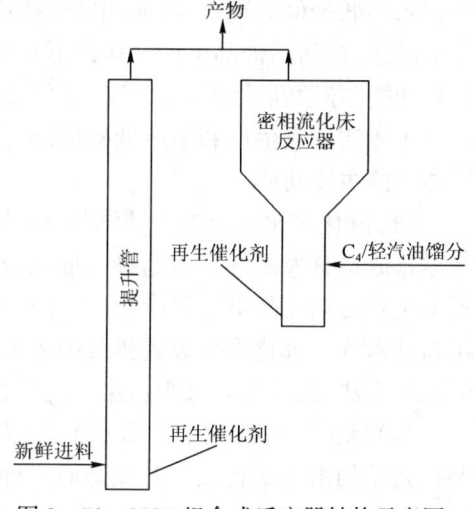

图 8-78　MCP 组合式反应器结构示意图

的基础上,依托 DCC 技术平台,提出了将重质原料最大限度转化为乙烯、丙烯和 BTX 的催化热裂解技术(catalytic pyrolysis process,CPP),即采用新型反应器较高温度和较大剂油比,强化自由基反应和正碳离子反应对乙烯生成的贡献。CPP 第 1 套工业生产装置于 2009 年 7 月建成投产,以石蜡基大庆常压重油为原料,乙烯和丙烯产率分别为 14.84% 和 22.21%。

4. 常压重油多产气体和汽油的催化裂解技术

中国石化石油化工科学研究院开发的常压重油多产气体和汽油的催化裂解技术(atomspheric residuum maximum gas and gasoline,ARGG),以常压渣油等重质油为原料,采用重油转化能力与抗重金属污染能力强、选择性好及具有特殊反应性能的 RAG-1 催化剂,在高的液化气和汽油产率下,同时得到好的油品性质,特别是汽油的质量优于或者相当于重油催化裂化的汽油性质。以苏北常压渣油原料为例,ARGG 工艺的液化气产率可达到 30% 以上,汽油产率 47% 以上,汽油 RON 大于 91,诱导期大于 690min。该工艺反应温度 510~540℃,可以单程、重油回炼或者重油加部分柴油回炼。液化气加汽油产率可以达到 70%~80%,液化气、汽油加柴油产率可以高达 85%。这项工艺技术比较适合我国的情况,我国的原油轻组分少,常压重油多,一般为 70% 左右,而且大部分质量也比较好。目前国内已经有多套 ARGG 装置。

除此之外,有研究报道,采用渣油单独进料并选好其注入的位置会有利于改善反应状况。对下行式反应器也有不少研究。从原理上分析,下行式反应器可能有以下一些优点:油气与催化剂一起从上而下流动,没有固体颗粒的滑落问题,流型可接近平推流而很少返混;有可能与管式再生器结合而节约投资等。这种反应器型式可能对要求高温、短接触时间的反应更为适合。关于下行式反应器的研究已有一些专利,但尚未见有工业化的报道。

在原油重质化、劣质化趋势加重,油品质量升级步伐加快和环保法规要求日趋严格的多重压力下,催化裂化技术未来的发展趋势将会围绕以下几个主要方面继续发展:

(1)加工劣质、重质原料是催化裂化永恒的主题。传统的催化裂化原料主要是减压馏分油。由于对轻质燃料的需求不断增长以及原油价格的提高,利用催化裂化技术加工重质原料油如常压重油、脱沥青油等可以得到较大的经济效益。如何解决在加工重质原料油时焦炭产率高、重金属污染催化剂严重等问题,是催化裂化催化剂和工艺技术发展中的一个重要方向。

(2)恢复催化裂化技术的本来面目。催化裂化技术的主要功能是重质油轻质化,通过催

化技术将低价值的重质、劣质油转化成高附加值的汽、柴油。由于催化裂化工艺构思的特殊性和优越性,在清洁油品生产及多产低碳烯烃的重大需求下,催化裂化工艺承担了许多其他的任务和功能,导致轻质油收率下降,干气加焦炭产率增加,经济效益没有达到最佳。随着众多专门用于清洁油品生产和多产低碳烯烃等炼油工艺的不断发展,催化裂化工艺将恢复其重质油轻质化的主要功能。

(3)催化裂化生产过程清洁化,逐步减少污染物排放和降低能耗,并最终实现催化裂化装置零排放是其发展的必然趋势。催化裂化装置的能耗较大,降低能耗的潜力也较大。降低能耗的主要方向是降低焦炭产率、充分利用再生烟气中CO的燃烧热,以及发展再生烟气热能利用新技术等。催化裂化装置排放的主要污染物是再生烟气中的粉尘、CO、SO_x和NO_x。随着环境保护立法日趋严格,减少污染的问题也日益显得重要。

(4)炼油与石油化工技术一体化,为化工提供更多优质原料,促进石油化工的发展是催化裂化效益的潜在增长点。开发适应多种生产需求的催化剂和工艺,例如结合我国国情多产柴油,又如多产丙烯、丁烯,甚至是多产乙烯的新催化剂和工艺技术。

(5)过程模拟和系统集成优化。正确的设计、预测及优化控制都需要准确的催化裂化过程数学模型。由于催化裂化过程的复杂性,仅依靠某一局部单项技术的开发和实施是不能从根本上解决问题的,必须针对重要科学问题和关键技术问题,对催化裂化过程进行系统集成优化,开发新型工艺技术及配套专用装备,从根本上优化工业催化裂化装置的操作。

思政点11 引入数值模拟,揭示设备内部黑箱,优化炼油操作

思政点12 聚焦重油加工难点,独辟新反应器技术蹊径

思政点13 国家重大需要牵引,突破低烯烃清洁汽油生产难关

参 考 文 献

[1] 许友好,张久顺,龙军.生产清洁汽油组分的催化裂化新工艺MIP.石油炼制与化工,2001,32(8):1-5.

[2] 王中杰.MIP工艺在催化裂化装置改造中的应用.石化技术与应用,2004,22(6):434-438.

[3] 赵威,山红红,张建芳,等.两段提升管重油催化裂化(Ⅰ型)新工艺的初步研究.化工学报,2004,55(6):919-923.

[4] 杨朝合,山红红,张建芳,等.传统催化裂化提升管反应器的弊端与两段提升管催化裂化.中国石油大学学报(自然科学版),2007,31(1):127-131.

[5] 高金森,徐春明,白跃华,等.降低催化裂化汽油烯烃含量的方法及系统:中国,ZL02123817.0,2005-05.

[6] 高金森,徐春明,白跃华,等.降低催化裂化汽油烯烃含量并保持辛烷值的方法及系统:中国,ZL02123494.9,2005-09.

[7] 白跃华,高金森,李昌盛.催化裂化汽油辅助提升管降烯烃技术的工业应用.石油炼制与化工,2004,35(10):17-21.

[8] 许友好,张久顺,马建国,等.生产清洁汽油组分并增产丙烯的催化裂化工艺.石油炼制与化工,2004,35(9):1-4.

[9] 王文柯,汤海涛,王龙延.直接生产清洁汽油的 FDFCC 工艺.天然气与石油,2005,23(1):20-23.

[10] 陈俊武,许友好.催化裂化工艺与工程.3 版.北京:中国石化出版社,2015.

[11] Bruce C G. Chemistry of catalytic process. New York:McGraw-Hill Publisher,1979.

[12] 梁文杰,阙国和,刘晨光,等.石油化学.2 版.东营:中国石油大学出版社,2009.

[13] Blanding F H. Reaction rates in catalytic cracking of petroleum. I&EC,1953,45(6):1197.

[14] Wei J, Prater C D. The structure and analysis of complex reaction systems. Advances in Catalysis,1962,(13):203-392.

[15] Jacob S M,Weekman Jr V W,et al. A lumping and reaction scheme for catalytic cracking. AIChE J,1976,22(4):701-713.

[16] 李松年,林骥,唐士炽.催化裂化掺炼渣油的数学模型与操作优化.石油炼制,1988(5):52-60.

[17] 王顺生,翁惠新,毛信军,等.重燃料油网络动力学参数的确定.催化裂化集总动力学模型的研究Ⅳ.石油学报(石油加工),1988,4(3):18-26.

[18] 高金森,徐春明,林世雄,等.提升管反应器气固两相流动反应模型与数值模型Ⅱ.工业提升管反应器气固两相流动反应的数值模拟.石油学报(石油加工),1998,14(2):55-60.

[19] 王光埙,林世雄,杨光华. Properties and kinetics of zeolite-type cracking catalysts. In:Cheremisinoff NP. eds. Handbook of heat and mass transfer. Vol 3. Houston:Gulf Publishing Company,1989.

[20] 莫伟坚,林世雄,王光埙,等.下行式中型装置中大庆常压渣油催化裂化初期的过程动力学Ⅰ.测试装置和试验结果.石油学报(石油加工),1991,7(2):1-17.

[21] 莫伟坚,林世雄,王光埙,等.下行式中型装置中大庆常压渣油催化裂化初期的过程动力学Ⅱ.测试结果的分析与讨论.石油学报(石油加工),1991,7(3):8-15.

[22] 徐春明,林世雄.渣油的催化裂化反应特性.石油学报,1996,12(2):7-12.

[23] 徐春明,林世雄,吕亮功,等.在线取样分析装置:中国,ZL 96211985.7. 1998-01.

[24] Feng Wu,Vynckier Erik,Froment Gilbert F. Single-event kinetics of catalytic cracking. Ind. Eng. Chem. Res. ,1993,32(12):2997-3005.

[25] Landeghem F Van, Nevicato D, Pitault I, et al. Fluid catalytic cracking:modeling of industrial riser. Applied catalysis A:General,1996,138(2):381-405.

[26] 徐如人,庞文琴,霍启升,等.分子筛与多孔材料化学.2 版.北京:科学出版社,2015.

[27] 孙学文,裴晓光,赵莹,等.渣油超临界萃取窄馏分的催化裂化反应.化学工程与技术,2018,8(2):83-92.

[28] 赵剑涛.重油催化裂化装置加工全减渣原料的分析探讨.中外能源,2011,16(2):83-87.

[29] 李宁,刘倩倩,郭伟,等.催化裂化平衡剂铁含量偏高的原因分析.石油炼制与化工,2018,49(3):7-12.

[30] 习远兵,龚剑洪,李明丰,等. LCO 加氢处理生产催化裂化原料的加氢深度研究.石油炼制与化工,2017(12):42-46.

[31] 杨轶男,毛安国,田辉平,等.催化裂化增产汽油 SGC-1 催化剂的工业应用.石油炼制与化工,2015,46(8):28-33.

[32] 于善青,田辉平,龙军.国外低稀土含量流化催化裂化催化剂的研究进展.石油炼制与化工,2013,44(8):1-7.

[33] 于善青,田辉平,朱玉霞,等.稀土离子调变 Y 型分子筛结构稳定性和酸性的机制.物理化学学报,2011,27(11):2528-2534.

[34] Tang G,Silaen A,Wu B,et al. Numerical study of a fluid catalytic cracking regenerator hydrodynamics. Powder Technology,2017,305.

[35] Gao J,Lan X,Fan Y,et al. CFD modeling and validation of the turbulent fluidized bed of FCC particles. AIChE J,2010,55(8):1680-1694.

[36] Berrouk A S, Huang A, Bale S, et al. Numerical simulation of a commercial FCC regenerator using Multiphase Particle-in-Cell methodology(MP-PIC). Advanced Powder Technology,2017,28(11):2947-2960.

[37] Azarnivand A, Behjat Y, Safekordi A A. CFD simulation of gas-solid flow patterns in a downscaled combustor-style FCC regenerator. Particuology,2018,39:96-108.

[38] Gao J, Xu C, Lin S, et al. Advanced model for turbulent gas - solid flow and reaction in FCC riser reactors. AIChE J,1999,45(5):1095-1113.

[39] Nikolopoulos A, Nikolopoulos N, Chaitos A, et al. High-resolution 3-D full-loop simulation of a CFB carbonator cold model. Chemical Engineering Science,2013,90:137-150.

[40] Zhang N, Lu B N, Wang W, et al. Virtual experimentation through 3D full-loop simulation of a circulating fluidized bed. Particuology,2008,6(6):529-539.

[41] 张楠. 基于 EMMS 的介尺度传质模型及其在循环流化床锅炉燃烧模拟中的应用. 北京:中国科学院过程工程研究所,2010.

[42] Geng C, Zhong W, Shao Y, et al. Computational study of solid circulation in chemical-looping combustion reactor model. Powder Technology,2015,276:144-155.

[43] Luo K, Wu F, Yang S, et al. High-fidelity simulation of the 3-D full-loop gas-solid flow characteristics in the circulating fluidized bed. Chemical Engineering Science,2015,123:22-38.

[44] Luo K, Yang S, Tan J, et al. LES-DEM investigation of dense flow in circulating fluidized beds. Procedia Engineering,2015,102:1446-1455.

[45] Wang S, Luo K, Yang S, et al. LES-DEM investigation of the time-related solid phase properties and improvements of flow uniformity in a dual-side refeed CFB. Chemical Engineering Journal,2017,313:858-872.

[46] 王雷,张琪皓,魏飞,等. 气固下行床催化裂化反应过程实验研究. 石油化工,2003,32(5):365-370.

[47] 邓任生,刘腾飞,魏飞,等. 提升管和下行床在催化裂化过程中的比较. 化学反应工程与工艺,2001,17(3):238-243.

[48] 高金森,毛羽,徐春明,等. 一种重油催化裂化沉降器抑制结焦的方法:中国,ZL 200310121301.1,2006-07.

[49] 谢朝钢,魏晓丽,龚剑洪,等. 催化裂化反应机理研究进展及实践应用. 石油学报(石油加工),2017,33(2):189-197.

第九章 催化加氢

催化加氢是指石油馏分在氢气存在下催化加工过程的通称。催化加氢作为石油加工的最重要过程之一,对于提高原油加工深度、合理利用石油资源、改善产品质量、提高轻质油收率以及减少大气污染都具有重要意义。尤其是随着原油日益变重变劣,市场对优质中间馏分油的需求越来越多,环保法规的日益严格,催化加氢的重要性更加凸显。近年来,随着石油产品质量提升和清洁化步伐的加快,欧Ⅴ和国Ⅴ清洁油品标准的实施和石油加工过程排放标准的日益严格,催化加氢装置已经成为炼油厂综合规模最大的炼油装置,发达国家和我国大型炼油厂加氢装置的规模已经占到原油一次加工能力的70%以上,甚至超过原油一次加工能力。目前炼油厂采用的加氢过程主要有两大类:加氢精制和加氢裂化。此外,还有专门用于某种生产目的的加氢过程,如加氢处理、加氢改质、临氢降凝、加氢异构降凝、润滑油加氢等。

视频9-1 催化加氢概述

加氢精制主要用于油品精制,其目的是除掉油品中的硫、氮、氧杂原子及金属杂质,使烯烃饱和,有时还对部分芳烃进行加氢饱和,改善油品的使用性能。

加氢裂化是在较高压力下,烃分子与氢气在催化剂表面进行裂化和加氢反应生成较小分子的转化过程。加氢裂化按加工原料的不同,可分为馏分油加氢裂化和渣油加氢裂化。馏分油加氢裂化的原料主要有减压蜡油、焦化蜡油、催化裂化循环油及脱沥青油等,其目的是生产高质量的轻质油品,如柴油、航空煤油、汽油等,其特点是具有较大的生产灵活性,可根据市场需要及时调整生产方案。渣油加氢裂化与馏分油加氢裂化有本质的不同,由于渣油中富集了大量硫、氮化合物和胶质、沥青质大分子及金属化合物,使催化剂的作用大大降低。因此,热裂化反应在渣油加氢裂化过程中有重要作用。一般来说,渣油加氢裂化的产品尚需进行加氢精制。

加氢处理是通过加氢精制和部分加氢裂化反应使原料油质量符合下一个工序的要求。加氢处理多用于减压蜡油、焦化蜡油、渣油和脱沥青油。加氢精制、加氢处理和加氢裂化的区别在于原料馏分的转化深度,一般而言,原料馏分转化率低于10%称为加氢精制,10%~30%之间称为加氢处理,高于30%称为加氢裂化。大部分渣油加氢装置属于加氢处理的范畴。

加氢改质过程主要是由直馏柴油、焦化柴油、催化柴油及部分减压蜡油等原料生产低硫、较高十六烷值的优质柴油或航空煤油。

临氢降凝过程主要是由直馏柴油、焦化柴油、催化柴油等原料生产低凝点的柴油或航空煤油,也可以用于润滑油馏分脱蜡生产低凝点润滑油基础油。

加氢异构降凝是近10多年来发展的取代临氢降凝的新过程,主要通过长链正构烷烃的选择性异构化,用于润滑油馏分的降凝生产低凝点润滑油基础油,也可以用于柴油和航空煤油降凝生产低凝点的柴油或航空煤油。

润滑油加氢是使润滑油的组分发生加氢精制、加氢裂化和异构化反应,使一些非理想组分结构发生变化,以脱除杂原子,使部分芳烃饱和、环烷环开环以及烷烃异构,达到改善润滑油使用性能的目的。实际上,近年来普遍采用全加氢法生产高档润滑油基础油(Ⅲ类或Ⅳ类),所采用的加氢过程是多个加氢工艺的组合,包括加氢精制、加氢裂化或加氢处理、加氢异构降凝和加氢补充精制。

第一节 加氢过程的化学反应及动力学

一、加氢精制的化学反应及动力学

加氢精制的主要反应有烯烃与二烯烃加氢饱和、加氢脱硫、脱氮、脱氧、脱金属及芳烃部分加氢饱和。关于芳烃的加氢饱和反应将在加氢裂化反应中加以介绍。

1. 烯烃加氢

1) 烯烃的加氢反应历程

在焦化汽油、柴油和蜡油以及催化裂化汽油、柴油中存在大量烯烃,甚至少量二烯烃。C=C 双键加氢饱和为 C—C 单键仅需要 266kJ/mol 的能量,共轭二烯烃 C=C 双键加氢饱和所需要的能量更低,因此烯烃尤其是二烯烃的加氢反应非常容易发生。如在 Pt、Pd 或 Ni 催化剂存在下,常温、常压下即可实现二烯烃的选择性加氢生成单烯烃,在硫化镍催化剂存在下,100~120℃、2.0MPa 下即可实现二烯烃的选择性加氢生成单烯烃,在硫化镍、硫化钼、硫化 Co—Mo 等催化剂存在下,180℃、2.0MPa 下即可实现烯烃的加氢饱和。就单烯烃而言,一般来说双键在碳链末端的端位烯烃(伯烯)比双键在碳链中间的烯烃(仲烯)更容易加氢,正构烯烃比异构烯烃更容易加氢。烯烃和二烯烃的加氢反应历程如下所示:

$$R\diagdown=\diagup+H_2 \longrightarrow R\diagdown=\diagup \xrightarrow{+H_2} R\diagdown\diagup$$

$$R\diagdown=\diagup+H_2 \longrightarrow R\diagdown\diagup$$

$$R\diagdown=\diagup R'+H_2 \longrightarrow R\diagdown\diagup R'$$

2) 烯烃加氢反应的热力学

烯烃加氢是强放热反应,其反应的热效应高达 $-100 \sim -150$kJ/mol(表 9-1)。另外,烯烃加氢反应的平衡常数很大(表 9-2)。虽然烯烃加氢是可逆反应,而且随着反应温度的提高平衡常数减小,但由于其平衡常数很大,可以认为在加氢精制的反应条件下,烯烃的加氢反应可以进行完全。

表 9-1 烯烃加氢的反应热

反 应	ΔH, 25℃, kJ/mol	反 应	ΔH, 25℃, kJ/mol
$H_2C=CHCH_3 + H_2 \longrightarrow n-C_3H_8$	-125.40	$H_2C=CH(CH_2)_3CH_3 + H_2 \longrightarrow n-C_6H_{14}$	-126.04
$H_2C=CHCH_2CH_3 + H_2 \longrightarrow n-C_4H_{10}$	-117.02	$H_2C=CH(CH_2)_4CH_3 + H_2 \longrightarrow n-C_7H_{16}$	-125.48
$H_2C=CH(CH_2)_2CH_3 + H_2 \longrightarrow n-C_5H_{12}$	-115.46	$H_2C=CH(CH_2)_5CH_3 + H_2 \longrightarrow n-C_8H_{18}$	-125.52

表 9-2 烯烃加氢反应的平衡常数

反 应	250℃	300℃	350℃
$H_2C=CHCH_3 + H_2 \longrightarrow n-C_3H_8$	5.22×10^5	3.95×10^4	4.45×10^3
反 - $H_2CCH=CHCH_3 + H_2 \longrightarrow n-C_4H_{10}$	9.47×10^4	8.38×10^3	1.07×10^3
$H_2C=CH(CH_2)_4CH_3 + H_2 \longrightarrow n-C_7H_{16}$	5.98×10^5	4.57×10^4	5.24×10^3

3) 烯烃加氢反应的动力学

以环己烯为模型化合物,在噻吩存在下,假设环己烯和氢气之间不存在竞争吸附,对环己烯和氢气的反应级数均为1,遵循朗格缪尔—欣谢伍德(Langmuir-Hinshelwood)机理的情况下,得到了如下的动力学表达式:

$$r = \frac{k_o K_o p_o}{1 + K_o p_o + K_s p_s} K_{H_2} p_{H_2} \exp\left(-\frac{E}{RT}\right) \qquad (9-1)$$

式中,r 为环己烯加氢反应的速率,k_o 为环己烯加氢的速率常数,K_o 为环己烯的吸附平衡常数,p_o 为环己烯的分压,K_s 为噻吩的吸附平衡常数,p_s 为噻吩的分压,K_{H_2} 为氢气的吸附平衡常数,p_{H_2} 为氢气的分压。

式(9-1)结果说明,有机硫化物对烯烃的加氢反应有显著的抑制作用。

对于实际的石油馏分,情况更为复杂,其中烯烃的加氢反应与加氢脱硫反应、烯烃双键的位置异构以及烯烃的骨架异构等相互交织、相互影响。例如,在催化裂化汽油选择性加氢脱硫过程中,研究发现烯烃的加氢饱和率随烯烃碳数的变化呈现先降低后增加的趋势(图9-1)。这说明汽油馏分中 C_6 烯烃最容易加氢饱和,而催化裂化汽油中 C_6 烯烃的含量又较高。因此,给催化裂化汽油选择性加氢脱硫带来极大的挑战(既要深度脱硫,又要尽可能降低烯烃饱和,减少辛烷值损失)。

另外,研究还发现催化裂化汽油中不同结构的烯烃加氢活性不同(图9-2),虽然随反应温度的提高各类烯烃加氢的速率常数均增加,但小于280℃时正构烯烃的加氢活性大于异构烯烃,大于280℃时异构烯烃的加氢活性大于正构烯烃,链烯烃(脂肪族烯烃)的加氢活性总是大于环烯烃。因此,应根据不同原料烯烃组成选取适宜的工艺条件。

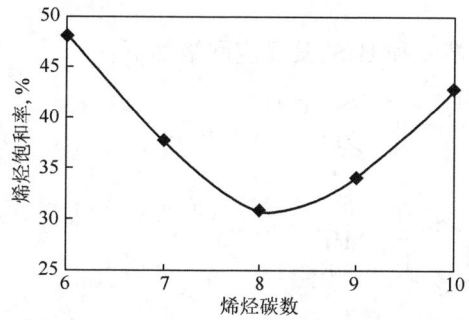

图9-1 烯烃加氢饱和率随碳数的变化
(重FCC汽油,Co-Mo/Al$_2$O$_3$催化剂,285℃,氢分压1.6MPa,体积空速4h^{-1},氢油体积比400/1)

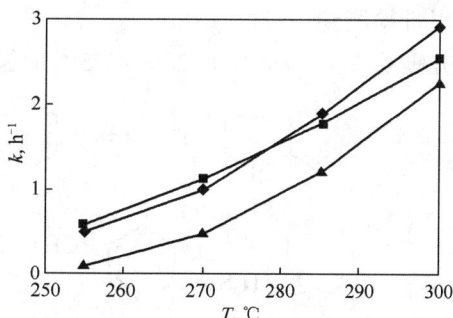

图9-2 不同结构烯烃加氢的速率常数随反应温度的变化
◆正构烯烃;■异构烯烃;▲环烯烃
(重FCC汽油,Co-Mo/Al$_2$O$_3$催化剂,氢分压1.6MPa,体积空速4h^{-1},氢油体积比400/1)

还需指出,由于烯烃加氢反应放热量大,反应速度快,对于烯烃含量高的石油馏分(如焦化汽油、催化裂化汽油等)的加氢精制,反应器入口处的急剧放热常常会产生催化剂床层热点,带来反应器操作的安全风险,值得注意。

2. 加氢脱硫反应

1) 含硫化合物的加氢反应历程

在加氢精制条件下,石油馏分中的硫醇、硫醚和二硫化物进行氢解,转化成相应的烃和 H_2S,从而脱除硫原子,例如:

视频9-2 加氢脱硫、氮、氧与金属的反应

$$\text{硫醇} \quad RSH + H_2 \longrightarrow RH + H_2S$$

$$\text{硫醚} \quad RSR' + H_2 \longrightarrow R'SH + RH$$
$$\xrightarrow{H_2} R'H + H_2S$$

$$\text{二硫化物} \quad RSSR' + H_2 \longrightarrow R'SH + RSH \dashrightarrow R'SR + H_2S$$
$$\xrightarrow{2H_2} R'H + RH + 2H_2S$$

二硫化物加氢反应转化为烃和 H_2S,要经过生成硫醇的中间阶段,即 S—S 键首先断开,生成硫醇,再进一步加氢生成烃和 H_2S;在氢气不足或温度较高的情况下中间生成的硫醇也能转化成硫醚。

噻吩与四氢噻吩的加氢反应过程为

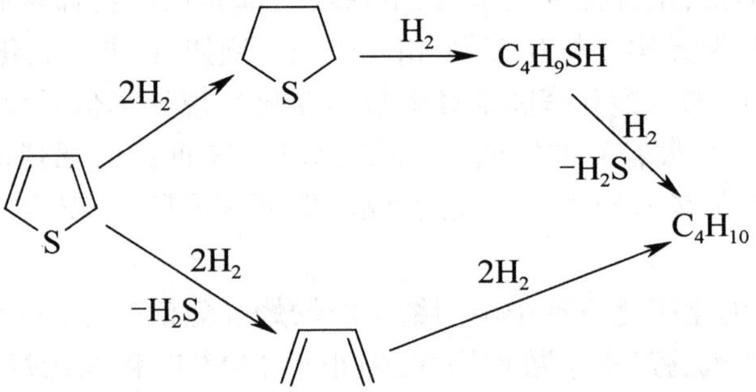

噻吩加氢产物中观察到有中间产物丁二烯生成,并且很快加氢生成丁烯,继续加氢生成丁烷。由于二烯烃和烯烃很容易发生加氢反应,所以丁二烯和丁烯的量很少(浓度很低),一般情况下很难检测到。

苯并噻吩在 2～7MPa 和 280～425℃加氢时生成乙基苯和 H_2S,其反应网络如下:

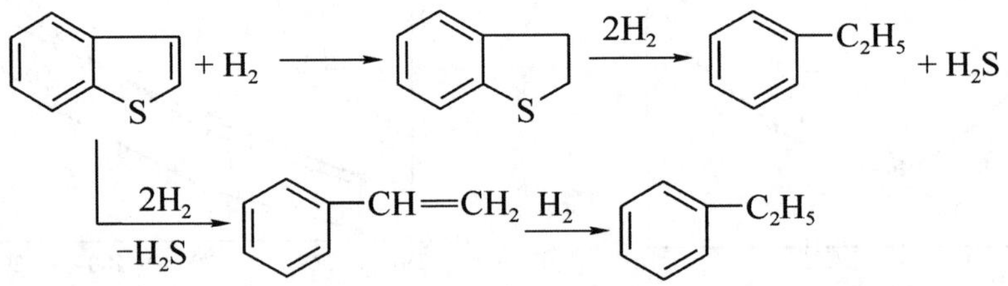

二苯并噻吩在 3～8MPa 和 280～425℃加氢时生成联苯、环己基苯和 H_2S,其反应网络如下:

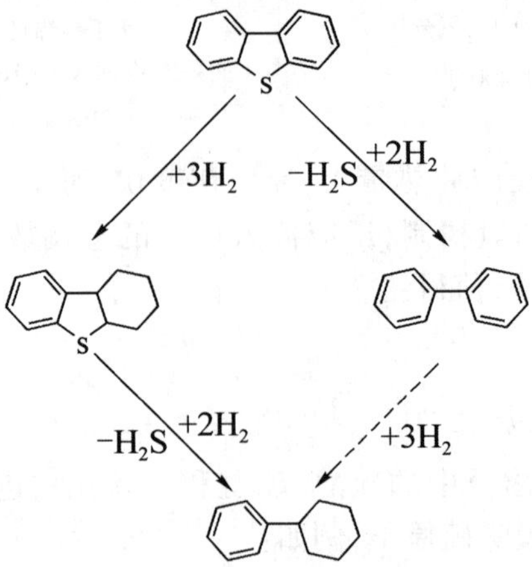

总之，对多种有机硫化物的加氢脱硫反应研究表明，硫醇、硫醚、二硫化物的加氢脱硫反应在比较缓和的条件下容易进行。这些化合物首先在 C—S 键、S—S 键上发生断裂（氢解），生成的分子碎片再与氢化合。噻吩类含硫化合物加氢脱硫比较困难，需要较苛刻的条件。噻吩、苯并噻吩和二苯并噻吩类硫化物的加氢反应通常经过两种反应路径进行，第一种路径是苯环或噻吩环首先发生加氢饱和，然后发生 C—S—C 键（硫醚）氢解脱去硫原子，称为加氢路径；第二种路径是噻吩环直接加氢（氢解）脱硫，称为氢解路径。例如，二苯并噻吩加氢脱硫产物中发现联苯，这是二苯并噻吩直接氢解脱硫的证明。另外，由于在加氢脱硫反应条件下联苯进一步加氢生成环己基苯的反应很难发生，通常将二苯并噻吩加氢脱硫产物中联苯与环己基苯的摩尔比近似看作氢解路径与加氢路径的比例。

2) 加氢脱硫反应的热力学

表 9-3 列出了某些含硫化合物加氢脱硫反应的平衡常数，表 9-4 列出了某些硫化物加氢脱硫的反应热数据。

表 9-3 某些含硫化合物加氢脱硫反应的平衡常数 $\lg K_p$

反应	227 ℃	427 ℃	627 ℃
$CH_3SH + H_2 \longrightarrow CH_4 + H_2S$	8.37	6.10	4.69
$CH_3CH_2SH + H_2 \longrightarrow C_2H_6 + H_2S$	7.06	5.01	3.84
$CH_3CH_2CH_2SH + H_2 \longrightarrow C_3H_8 + H_2S$	6.05	4.45	3.52
$CH_3\text{—}S\text{—}CH_3 + 2H_2 \longrightarrow 2CH_4 + H_2S$	15.68	11.41	8.96
$CH_3\text{—}S\text{—}CH_2CH_3 + 2H_2 \longrightarrow CH_4 + C_2H_6 + H_2S$	12.52	9.11	7.13
四氢噻吩 $+ 2H_2 \longrightarrow n\text{-}C_4H_{10} + H_2S$	8.79	5.26	3.24
四氢噻喃 $+ 2H_2 \longrightarrow n\text{-}C_5H_{12} + H_2S$	9.22	5.92	3.97
噻吩 $+ 4H_2 \longrightarrow n\text{-}C_4H_{10} + H_2S$	12.07	3.85	-0.85
2-甲基噻吩 $+ 4H_2 \longrightarrow i\text{-}C_5H_{12} + H_2S$	11.27	3.17	-1.43

表 9-4 不同类型硫化物的加氢脱硫反应热

反应	反应热，kJ/mol
$RSH + H_2 \longrightarrow RH + H_2S$	-71.4
$R\text{-}S\text{-}R' + 2H_2 \longrightarrow RH + R'H + H_2S$	-117.6
四氢噻喃 $+ 2H_2 \longrightarrow n\text{-}C_4H_{10} + H_2S$	-121.8
噻吩 $+ 4H_2 \longrightarrow n\text{-}C_4H_{10} + H_2S$	-281.4

由表 9-3 中数据可见,在催化加氢常用的温度 227~427℃ 范围内,各类含硫化合物的加氢脱硫反应平衡常数 $\lg K_p$ 均大于零,亦即加氢脱硫反应平衡常数较大,热力学上较为有利。但随着温度的升高,各类含硫化合物的加氢脱硫反应平衡常数 $\lg K_p$ 逐渐减小,这是因为加氢脱硫是放热反应,升温对加氢脱硫不利。在较高温度下,噻吩的加氢反应受到化学平衡限制。表 9-4 中数据说明,在加氢精制过程中,各种类型硫化物的加氢脱硫反应都是中等至强放热反应,反应热由小到大的顺序为硫醇<硫醚<噻吩。而且,结构越复杂的噻吩类硫化物,如苯并噻吩、二苯并噻吩,其加氢脱硫反应热越大。这是因为硫醇的加氢脱硫仅需要氢解 1 个 C—S 键,硫醚的加氢脱硫需要氢解 2 个 C—S 键,噻吩的加氢脱硫不但需要氢解 2 个 C—S 键,而且需要饱和噻吩环中的 2 个双键,二苯并噻吩的加氢脱硫可能还需要饱和并合的苯环。

表 9-5 为噻吩加氢脱硫反应平衡转化率与温度和压力的关系。

表 9-5 噻吩加氢脱硫反应的平衡转化率(摩尔分数) %

温度 K	压力,MPa			
	0.1	1.0	4.0	10.0
500	99.2	99.9	100	100
600	98.1	99.5	99.8	99.8
700	90.7	97.6	99.0	99.4
800	68.4	92.3	96.6	98.0
900	28.7	79.5	91.8	95.1

由表 9-5 可见,随温度升高和压力降低,噻吩加氢脱硫平衡转化率下降,说明了热力学限制的存在。当压力为 1.0MPa,反应温度不超过 427℃ 时,噻吩加氢反应的平衡转化率可达 97.6%,而温度越高、压力越低,平衡转化率越低。由此可见,在工业加氢装置所采用的条件下,由于热力学限制,有时可能达不到很高的脱硫率。研究表明,分子中有噻吩结构存在的稠环芳香型高分子含硫化合物,其加氢脱硫反应在热力学上是不利的。综上所述,当石油馏分中有噻吩和氢化噻吩组分存在时,要想达到深度脱硫效果,反应压力应不低于 4MPa,反应温度不应超过 427℃。

各种有机含硫化合物在加氢脱硫反应中的反应活性,因分子结构和分子大小不同而异,按以下顺序递减:

$$RSH > RSSR' > RSR' > 噻吩$$

噻吩类化合物的反应活性,在工业加氢脱硫条件下,因分子大小不同而按以下顺序递减:

$$噻吩 > 苯并噻吩 > 二苯并噻吩 > 烷基取代的二苯并噻吩$$

烷基取代的噻吩,其反应活性一般比噻吩要低,但是反应活性的变化规律与烷基取代基的位置有关,这表明了空间位阻效应对反应活性有明显的影响。例如,4-甲基二苯并噻吩和 4,6-二甲基二苯并噻吩的加氢脱硫活性显著低于其他位置甲基取代的二苯并噻吩,这是存在空间位阻效应的例证。空间位阻存在是加氢脱硫催化剂活性位的结构和有机硫化物在活性位上的吸附构型所导致的。

3)加氢脱硫反应的动力学

有关含硫化合物加氢脱硫反应速率及其影响因素,许多学者进行了研究。在单体硫化物中,噻吩类硫化物是最稳定的,所以许多学者选择噻吩作模型硫化物来研究加氢脱硫反应的动力学。结果表明,噻吩加氢脱硫反应是按两种不同的途径进行的:在氢压较低时,对噻吩及氢气都是一级反应;在压力大于1.2MPa时,对氢压的表观反应级数不再是一级。在研究反应温度对噻吩氢解反应的影响时,曾经求得该反应的表观活化能为92.4kJ/mol。图9-3为噻吩加氢脱硫反应转化率与氢分压的关系。对苯并噻吩的研究也有类似的结论,二苯并噻吩的加氢脱硫反应速率与氢分压的关系如图9-4所示。在反应中观察到硫化氢对氢解有抑制作用。

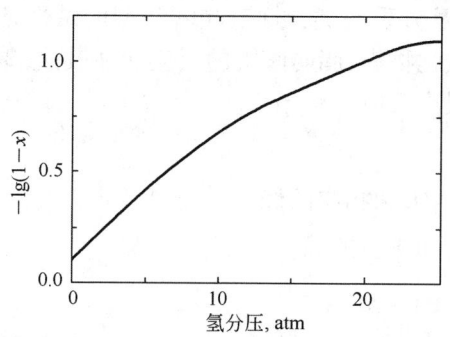

图9-3 噻吩加氢脱硫转化率与氢分压的关系
(催化剂:Co-Mo/SiO$_2$;温度:300℃;空速:4h^{-1})

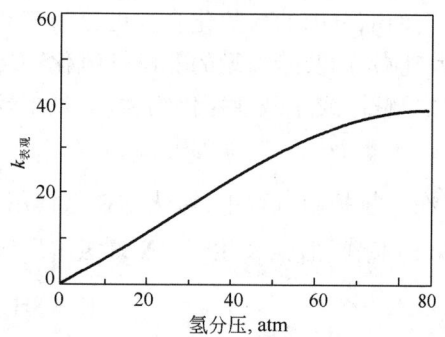

图9-4 二苯并噻吩的加氢脱硫反应速率与氢分压的关系
(催化剂:Co-Mo/Al$_2$O$_3$;温度:350℃)

加氢脱硫反应动力学的研究结果表明,硫化物的加氢脱硫反应属于固体表面反应,硫化物和氢分子分别吸附在催化剂不同类型的活性中心上,其反应速率方程可以用朗格缪尔—欣谢伍德方程来描述。另外,对加氢脱硫反应来讲,没有一个统一的、适用于所有反应的速率方程式,因为加氢反应包括了若干连续的、有时是平行的步骤,并且至少在工业操作条件下,这些步骤通常是内扩散控制的。

对于石油馏分的加氢脱硫,其总包反应的动力学公式一般可以用以下表达式描述:

$$r = -\frac{dx}{d\theta} = k[a(1-x)]^\alpha \cdot f(p_{H_2}) \cdot \exp\left(-\frac{E}{RT}\right) \quad (9-2)$$

式中,x 为转化率;θ 为空速的倒数;k 为反应速率常数;a 为原料中硫的初始含量;α 为加氢脱硫反应的表观反应级数;$f(p_{H_2})$ 为与氢分压有关的函数。

α 值视原料不同在1和2之间变化:对于轻而窄的馏分,α 值接近于1,当馏分变宽而且分子量增大时,α 值也增加;对轻柴油馏分,α 值已接近于2;对于馏分更宽的重原料,如减压馏分油、渣油等,α 值等于2。

在研究反应温度对石油馏分脱硫速率的影响时得到,当原料越重,反应活性越差时,其表观活化能越大。例如,直馏石脑油的表观活化能为42~84kJ/mol,煤油为105kJ/mol左右,直馏柴油及催化柴油的表观活化能在67.2~109.2kJ/mol之间,对于减压馏分油和渣油则为150kJ/mol左右。重馏分油和渣油加氢脱硫表观活化能比较高的原因主要是随着馏分变重,硫化物的分子量增加,分子结构更为复杂所致。尚需指出,随着馏分变重,氢油比和温度的降低,在加氢脱硫条件下原料的汽化率降低,例如,在柴油馏分的加氢脱硫中,原料的汽化率介于0.5~0.8,重馏分如减压蜡油的汽化率更低,因此,加氢脱硫尤其是中间馏分和重馏分的加氢脱硫实际上是气相反应与液相反应共存,且原料越重,液相反应占的比例越大,渣油的加氢脱硫以液相反应为主。此外,由于重馏分尤其是渣油中杂质含量大,催化剂中毒严重,再加上反应温度高,反应主要发生在液相中,所以重馏分油加氢脱硫是催化反应与热反应共存,而且原料越重,热反应占的比例越大,渣油的加氢脱硫以热反应为主。

最后应当指出,硫化物和气相中的硫化氢对氢解反应有一定的抑制作用。此外,原料中的含氮、含氧化合物以及烯烃、芳烃等不同程度地对加氢脱硫起着抑制作用,这在确定过程的操作条件时需加以考虑。

3. 加氢脱氮反应

石油馏分中的含氮化合物可分为三类:脂肪胺及芳香胺类,吡啶、喹啉类型的碱性杂环化合物,吡咯、吲及咔唑型的非碱性氮化物。在各族氮化物中,脂肪胺类的反应活性最强,芳香胺类次之,碱性或非碱性氮化物,特别是多环氮化物很难反应。

1) 含氮化合物的加氢反应历程

在加氢精制过程中,氮化物在氢作用下转化为 NH_3 和相应的烃。

(1) 胺类:胺类发生 C—N 键氢解反应生成 NH_3 和相应的烃。

$$R-NH_2 + H_2 \longrightarrow RH + NH_3$$

(2) 六元杂环氮化物。

吡啶加氢脱氮主要反应包括吡啶环加氢、六氢吡啶中 C—N 键断裂以及正戊胺脱氮。反应历程如下:

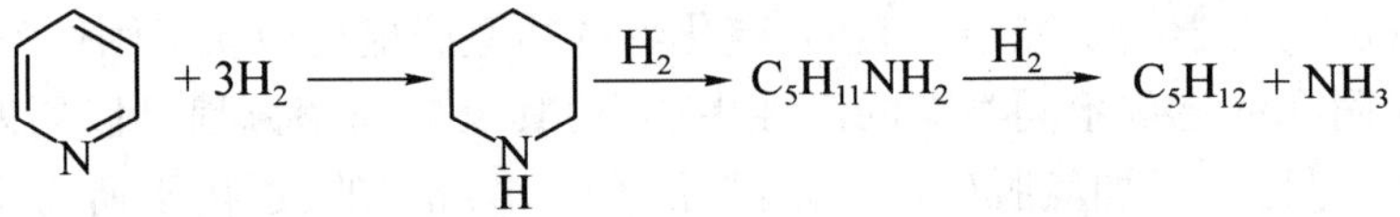

$$\text{吡啶} + 3H_2 \longrightarrow \text{哌啶} \xrightarrow{H_2} C_5H_{11}NH_2 \xrightarrow{H_2} C_5H_{12} + NH_3$$

一般认为吡啶加氢生成哌啶的反应很快达到平衡,而哌啶加氢生成正戊胺(C—N 键氢解)的反应是慢反应,是吡啶加氢脱氮反应的控制步骤。但也有研究者认为吡啶与哌啶加氢反应速率差不多。

喹啉加氢脱氮反应机理与吡啶有很大不同。研究证实喹啉加氢脱氮的反应网络为

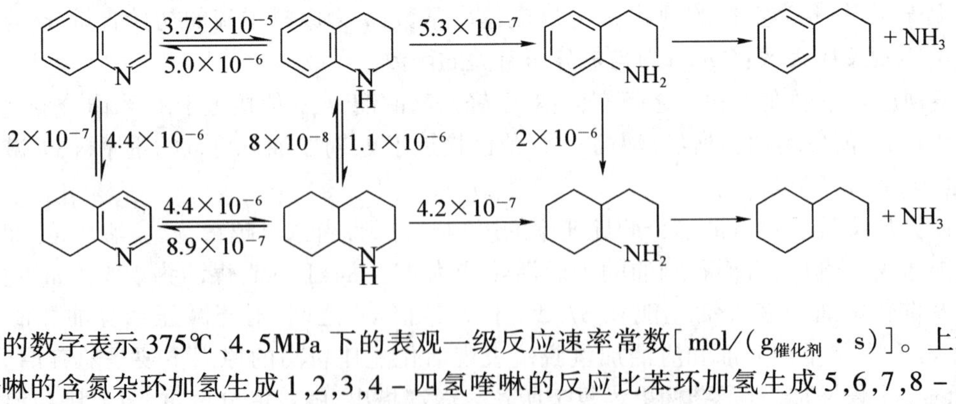

网络中的数字表示 375℃、4.5MPa 下的表观一级反应速率常数 [mol/($g_{催化剂}$·s)]。上述结果表明喹啉的含氮杂环加氢生成 1,2,3,4 - 四氢喹啉的反应比苯环加氢生成 5,6,7,8 - 四氢喹啉的反应要快得多,而 1,2,3,4 - 四氢喹啉氢解生成邻丙基苯胺的反应则比加氢生成十氢喹啉的反应要慢,因此,喹啉的加氢脱氮主要是通过十氢喹啉进行的。

吖啶加氢脱氮的反应网络更为复杂,但其主反应历程可表示为

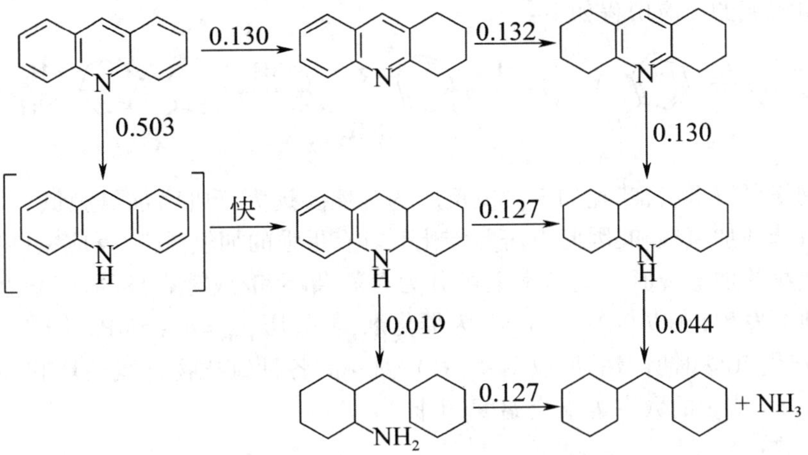

网络中的数字表示367℃、13.7MPa下的表观一级反应速率常数[g/($g_{催化剂}$·s)]。上述结果表明吖啶的加氢脱氮需要比喹啉更高的反应压力,当反应物起始摩尔浓度相同时,吖啶在氢分压13.6MPa下才能达到与喹啉在氢分压3.4MPa下同样的反应速率。两者反应历程的相似之处是吡啶环的加氢速率比苯环的加氢速率大。由此可见,吖啶加氢脱氮反应需先将所有芳香环饱和,再进行脱氮,因此反应速度更慢,从而对催化剂活性要求更高,反应条件更苛刻。

(3)五元杂环氮化物。

吡咯加氢脱氮可能包含两条反应途径:加氢路径——包括吡咯环加氢、四氢吡咯中C—N键断裂以及正丁胺脱氮;氢解路径——吡咯直接氢解生成丁二烯和NH_3,然后丁二烯加氢生成正丁烷。反应历程如下:

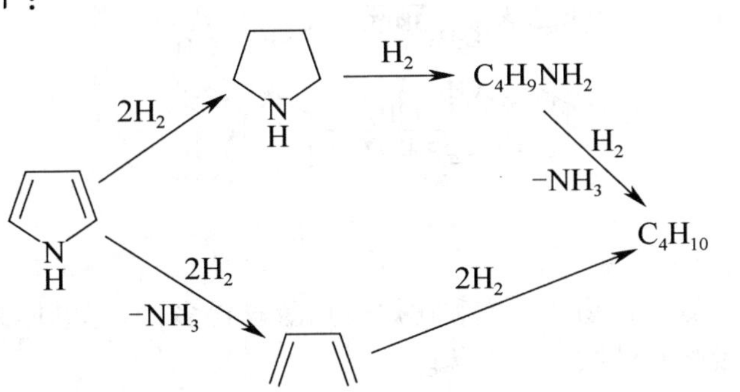

吲哚加氢脱氮的反应历程如下:

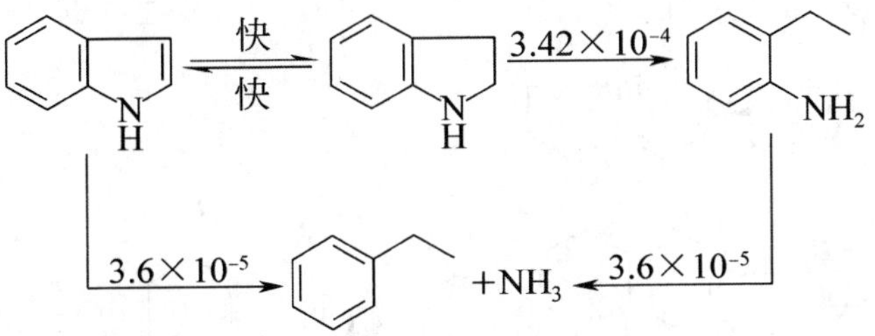

网络中的数字表示350℃下的表观一级反应速率常数[L/($g_{催化剂}$·s)]。吲哚加氢为二氢吲哚的反应速率很快,可以迅速达到平衡。与吡啶类化合物不同,吡咯类的反应产物中未发现芳香环已经加氢饱和的含氮化合物,这说明由于吡咯环的芳香性显著弱于吡啶环,再加上五元环环张力的原因,无论是吡咯还是四氢吡咯其稳定性均比相应的吡啶和六氢吡啶差,因此吡咯环和四氢吡咯环较容易氢解脱氮。

咔唑加氢脱氮的反应历程如下：

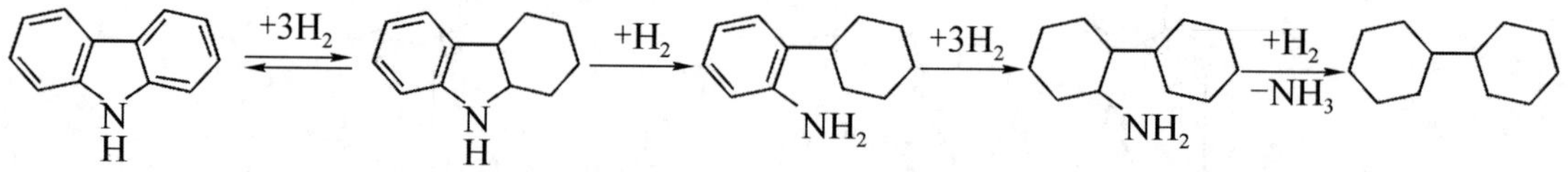

由以上反应网络可以看出，咔唑加氢脱氮反应的难度要远大于吡咯加氢脱氮。因为咔唑脱氮以前要将所有苯环加氢饱和，因此也需要催化剂具有更强的加氢活性，反应条件更苛刻。

有机氮化物的加氢脱氮反应基本上可分为含氮杂环和/或芳香环的加氢饱和与 C—N 键断裂两步。研究发现，在以 NiMoS/Al$_2$O$_3$ 为催化剂，氢分压 p_{H_2} = 4 ~ 5MPa，停留时间 t = 10s 条件下，以 t_{50}（转化50%时所需的反应温度，℃）为指标，各种氮化物含氮杂环和/或芳香环的加氢反应活性如下（式中的数字为反应温度，下同）：

单环化合物：

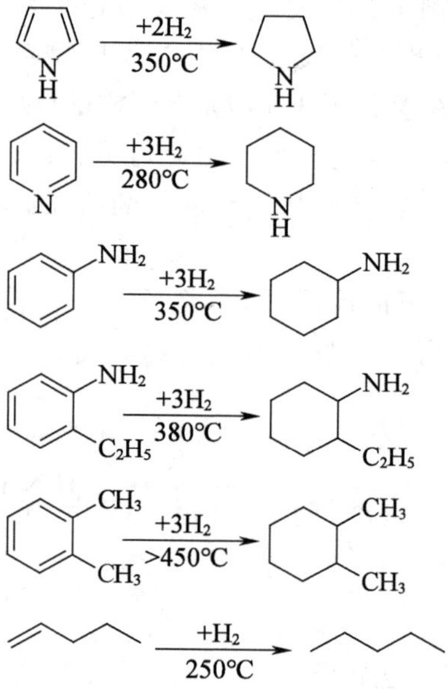

由此可见，单环含氮化合物加氢饱和比烯烃加氢难得多，但比单环芳烃加氢饱和容易，其活性顺序为：吡啶 > 吡咯 ≈ 苯胺 > 二甲苯。

双环化合物：

第一个环加氢饱和　　　　　　　　　　　　第二个环加氢饱和

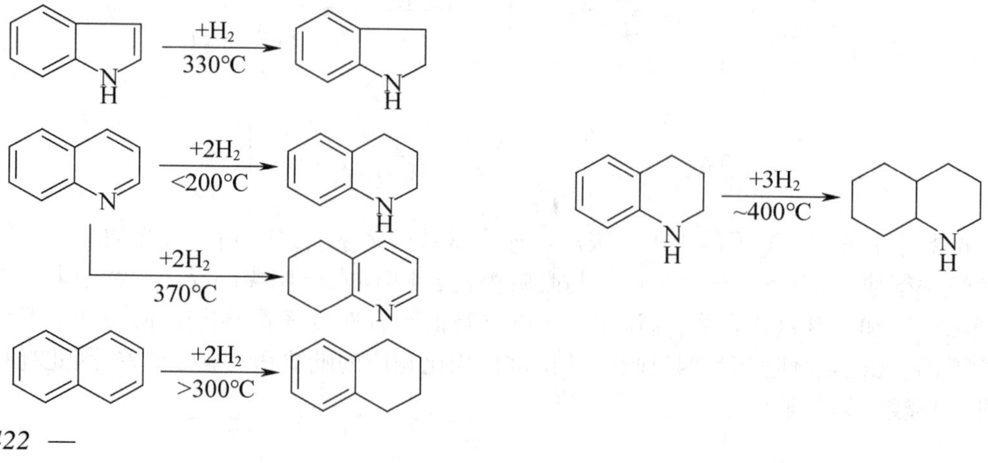

三环化合物：
第一个环加氢饱和　　　　　　　　第二个环加氢饱和

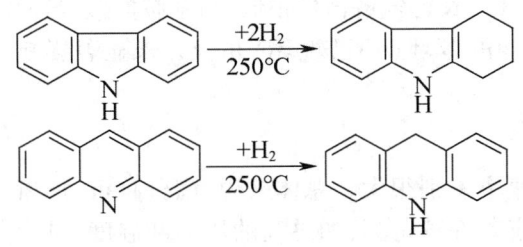

由此可见，由于并合芳环的存在，含氮杂环的加氢活性提高了，如喹啉中吡啶环加氢饱和的 t_{50} 比吡啶加氢饱和的 t_{50} 约低 80℃。且含氮杂环的加氢饱和活性远高于芳环，如喹啉中吡啶环加氢饱和的 t_{50} 比苯加氢饱和的 t_{50} 约低 170℃。而多环含氮化合物加氢反应中第二个环的加氢饱和要比第一个环难得多，如吖啶第二个环加氢饱和的 t_{50} 比第一个环（吡啶环）加氢饱和的 t_{50} 约高 150℃。另外，含氮杂环的存在也使与其并合的苯环的加氢活性降低，如喹啉中苯环加氢饱和的 t_{50} 比萘中苯环加氢饱和的 t_{50} 约高 70℃。

研究还发现，在以 NiMoS/Al$_2$O$_3$ 为催化剂，氢分压 p_{H_2} = 4~5MPa，停留时间 t = 10s 条件下，以 t_{50}（转化 50% 时所需的反应温度，℃）为指标，各种有机氮化物 C—N 键断裂的反应活性如下（式中的数字为反应温度，下同）：

脂肪族伯胺　　　脂肪族仲胺　　　带环取代基的饱和胺（环己基胺）　　　苯胺类

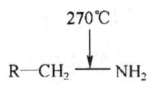 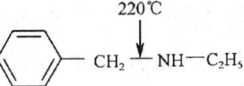 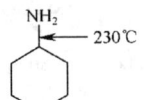 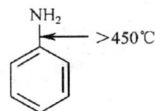

饱和单环杂环氮化物（环胺）　双环系统中的饱和五元环胺　双环系统中的饱和六元环胺

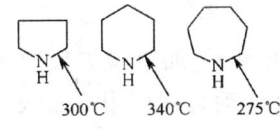 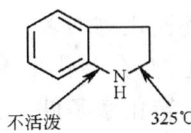 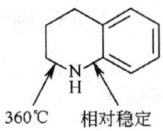 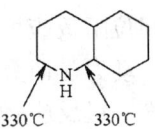

三环系统中的饱和五元环胺　　　　三环系统中的饱和六元环胺

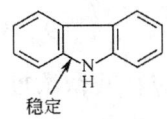 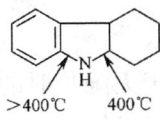 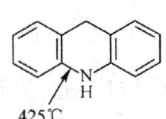 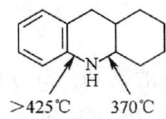

由以上结果可看出：饱和脂族胺的 C—N 键易断裂，且当 C—N 键 β 位与苯环相连时（苄胺类），C—N 键解离（氢解）反应活性显著提高。苯胺中的 C—N 键（在芳环的 α 位，与苯环直接相连的 C—N 键）难以断裂，需很高的反应温度，但苯环加氢饱和后（环己基胺）其 C—N 键氢解活性显著提高，因此苯胺类加氢脱氮通常需要先进行芳环的加氢饱和。含氮的饱和五元杂环 C—N 键氢解反应活性（t_{50} = 300℃）明显高于饱和六元杂环（t_{50} = 340℃），但低于饱和七元杂环（t_{50} = 275℃），其原因可能与环张力有关，五元环环张力较大，C—N 键键能较小，七元环柔性大，对 N 原子吸附构象的限制很小，其 C—N 键氢解活性已经十分接近脂肪族伯胺。双

环和三环系统中的饱和五元环胺和六元环胺,其C—N键的氢解活性则与并合环的属性以及C—N键与并合环的连接方式有密切关系,总体规律是:与苯环并合的饱和五元和六元环胺,其C—N键的氢解活性降低,尤其与苯环直接相连的C—N键氢解活性很低,与苯胺类似;与两个苯环并合后C—N键氢解活性进一步降低;与饱和的苯环(环己烷环)并合并未显著影响C—N键的氢解活性。

2)加氢脱氮反应动力学

研究表明,不同石油馏分中氮化物的加氢反应速率差别很大。总体来说,馏分越重,加氢脱氮反应速度越慢,达到相同脱氮深度所需要的反应条件越苛刻,如更高的压力和温度、更大的氢油比、更低的空速。轻质油馏分氮含量低、所含氮化物分子量小、结构简单,且难以加氢的烷基杂环氮化物含量极少,因此这些低沸点馏分完全脱氮并不困难。例如含氮量为 $240\mu g/g$ 的催化裂化汽油(馏程 $127\sim204$℃),在 2MPa、316℃、空速 $4.0h^{-1}$ 反应条件下加氢脱氮,生成油含氮量小于 $0.5\mu g/g$。

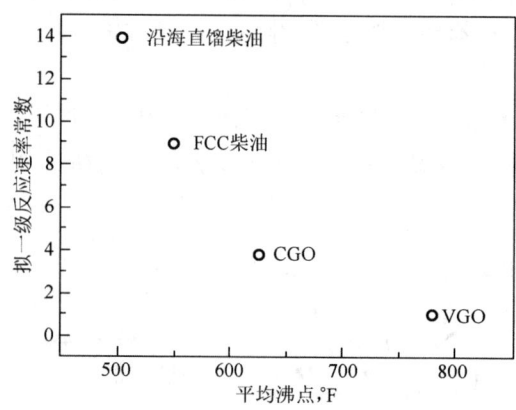

图 9-5 原料油平均沸点对加氢脱氮反应速率常数的影响($CoMo/Al_2O_3$ 催化剂,320℃,7MPa)

催化裂化柴油(馏程 $204\sim354$℃)的脱氮难度急剧增加,要在 7MPa、371℃、$1.0h^{-1}$ 的条件下,才能将原料油中的氮从 $360\mu g/g$ 降至 $0.5\mu g/g$。$343\sim566$℃的直馏蜡油馏分的加氢脱氮非常困难,在 7MPa、371℃、$1.0h^{-1}$ 的条件下,氮含量从 $900\mu g/g$ 下降到 $15\mu g/g$;而含氮 $2800\mu g/g$ 的脱沥青渣油,即使在 42MPa、393℃、$0.5h^{-1}$ 的苛刻条件下,加氢生成油含氮量仍高达 $250\mu g/g$。拟一级反应速率常数与原料油平均沸点的对应关系见图9-5。由图可看出,馏分越重,加氢脱氮速率常数越小,脱氮越困难。其原因一是氮含量随馏分的变重而增加,二是重馏分中氮化物的分子结构更为复杂,空间位阻效应增强,而且氮化物中芳香杂环氮化物增多。

动力学研究表明,对较轻馏分中的氮化物,在转化率不是太高的情况下,加氢脱氮反应可看作一级反应;但对较重的馏分以及在较高转化率条件下,加氢脱氮反应动力学可用拟二级反应动力学方程或混合反应动力学方程描述。

拟二级反应动力学方程为

$$-dC/dt = k(C - C_m)^2 \tag{9-3}$$

式中,k 为反应速率常数;C 为反应物浓度;C_m 为反应时间趋于无限长时的反应物残留浓度。

混合反应动力学模型是把加氢精制反应看成是一级反应和二级反应的综合结果:

$$-dC/dt = k_1 C + k_2 C^2 \tag{9-4}$$

式中,k_1、k_2 分别是一级反应和二级反应的速率常数。

4. 含氧化合物的加氢反应

石油及石油产品中含氧化合物的含量很少,主要是环烷酸及少量呋喃类化合物,二次加工产品中还有酚类等。各种含氧化合物的加氢反应主要包括环系的加氢饱和及C—O键的氢解反应,生成相应的烃和水:

环烷酸的加氢反应：环烷酸 + 3H₂ → 环烷烃 + 2H₂O

酚类的加氢反应：甲基苯酚 + 3H₂ → 甲基环己醇 + H₂ → 甲基环己烷 + H₂O

呋喃的加氢反应：呋喃 + 4H₂ → C_4H_{10} + H_2O

研究发现,苯酚在硫化态 Ni-Mo/Al₂O₃ 催化剂上,10MPa 和 297℃ 条件下加氢,苯酚转化率为 60%,且只有痕量苯生成,这说明苯酚中的 C—O 键非常稳定,很难直接氢解。实验中观察到中间物是环己烯,这是苯酚加氢生成十分活泼的环己醇,然后很快脱水的产物。

从动力学上看,这些含氧化合物在加氢精制条件下分解很快。对杂环氧化物,当有较多取代基时,反应活性较低。

石油馏分中通常同时存在含硫、含氮和含氧化合物,一般认为在加氢反应时,脱硫反应是最容易的,因为加氢脱硫存在氢解和加氢两条途径,部分硫化物无需对芳环饱和而直接脱硫,故反应速率大,氢耗低;含氧化合物与含氮化合物类似,需先加氢饱和,然后 C—O 和 C—N 键断裂。表 9-6 列出了一些含硫、含氮、含氧化合物的相对反应速率和氢耗。

表 9-6 相对反应速率和氢耗
[344℃,5.0MPa,H₂/进料 =8(摩尔比),Co-Mo 催化剂]

化 合 物	相对反应速率常数(相对萘)	氢耗(质量分数),%
硫醚	>50	2.55
苯并噻吩	4~6	4.48
二苯并噻吩	4~6	2.17
吲哚	1.0	10.26
喹啉	1.5	10.85
对烷基苯酚	5~7	9.91
邻烷基苯酚	1.4	9.91
苯并呋喃	1.1	10.00

5. 加氢脱金属反应

随着加氢原料的拓宽,尤其是渣油加氢技术的发展,加氢脱金属的问题越来越受到重视。

渣油中的金属可分为以卟啉化合物形式存在的金属(主要是 V 和 Ni)和以非卟啉化合物形式(如环烷酸铁、钙等)存在的金属。在加氢精制条件下以油溶性的环烷酸盐形式存在的金属化合物反应活性高,很容易以金属硫化物的形式沉积在催化剂颗粒的外表面和孔道的孔口,堵塞催化剂的孔道,严重时造成催化剂颗粒结块甚至床层堵塞。而对于卟啉型金属化合物,如镍和钒的配合物是直角四面体,镍或钒氧基配位于四个氮原子上。据文献报道,硫可作为供电原子,与钒和镍结合,因此,在 H₂/H₂S 存在下,可使金属与氮的配位键削弱,以下列方式进行反应脱金属:

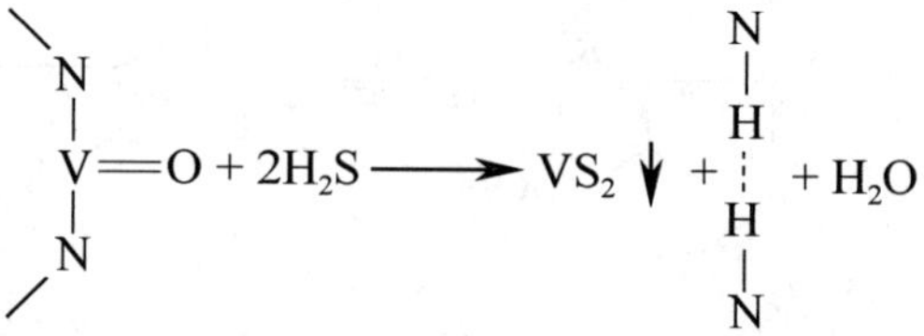

$$\underset{N}{\overset{N}{V}}=O + 2H_2S \longrightarrow VS_2 \downarrow + \underset{\underset{N}{H}}{\overset{\overset{N}{H}}{N}}\!\!\vdots\!\!\underset{H}{\overset{H}{N}} + H_2O$$

也有文献指出,金属卟啉的中心原子 V 和 Ni 不与硫配位,也可进行脱金属,认为脱金属反应是按顺序机理进行的,第一步是卟啉配体芳香环系加氢使卟啉活化,第二步是金属卟啉配合物分子解离(N-金属配位键分解)并脱除金属,从而形成金属沉积物。反应示意如下:

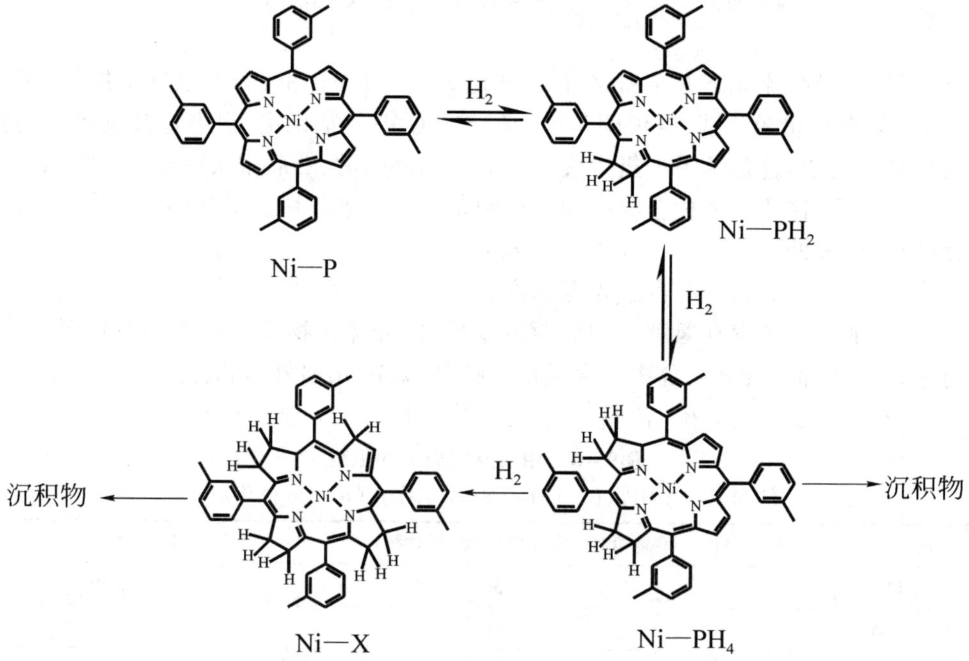

研究发现,钒和镍的脱除深度可能有所不同。有些研究认为,钒比镍容易脱除,因为存在于卟啉中的钒与氧原子结合,而氧原子又与催化剂表面形成牢固的键,如此使得脱钒容易一些。

根据金属含量和转化深度,脱钒及脱镍反应动力学可用一级或二级反应方程式表述,这有点类似于脱硫反应的动力学。在低转化率情况下,可用一级反应方程式描述,而在较高转化率情况下,则用二级反应方程式。

二、加氢裂化反应及动力学

1. 烃类的加氢裂化反应

石油馏分加氢裂化过程的反应包含加氢精制反应(脱硫、氮、氧及金属)及加氢裂化反应。加氢精制反应已在前面作了详细介绍,本部分重点介绍烃类的加氢裂化反应。

视频9-3 加氢裂化反应

加氢裂化过程采用双功能催化剂,其中酸性(裂化)功能由催化剂的酸性组分(通常也是载体)提供,而催化剂的金属组分(Ni、W、Mo、Co 的硫化物)提供加氢功能。因此,烃类的加氢裂化反应可以看成是催化裂化反应与加氢反应的组合，所有在催化裂化过程中最初发生的反应在加氢裂化过程中也基本发生，不同的是某些二次反应例如裂化生成的轻馏分的二次裂化、烯烃和/或二烯烃的缩聚和叠合、烯烃和烯烃以及环烷烃之间的氢转移反应、芳烃的缩合反应等由于氢气及具有加氢功能催化剂的存在而被大大抑制甚至终止了。因此，加氢裂化过程的气体（干气和液化气）产物和缩合产物少，尤其是生焦很慢。

1) 烷烃和烯烃

在加氢裂化过程中，烯烃首先在加氢精制催化剂上加氢生成烷烃，然后在加氢裂化催化剂上发生裂化反应。烷烃加氢裂化包括原料分子 C—C 键的断裂以及生成的不饱和分子碎片的加氢。以正十六烷为例：

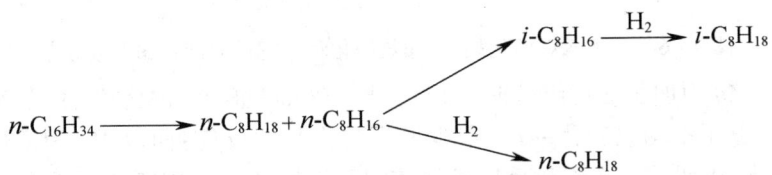

反应中生成的烯烃既可以加氢成相应的烷烃，也可以先进行异构化随即被加氢成异构烷烃。烷烃加氢裂化的反应速率随着烷烃分子量增大或碳链增长而加快。例如在条件相同时，正辛烷的转化率为53%，而正十六烷则可达95%。由于烷烃分子碳链中间的 C—C 键的键能最小，碳链中间的 C—C 键的裂化速率要高于分子链两端的 C—C 键的裂化速率，所以烷烃加氢裂化反应主要发生在烷链中心部位的 C—C 键上。

在加氢裂化条件下，烷烃的异构化速率也随着分子量的增大或碳链增长而加快。如果把正戊烷在360℃时的异构化速率作为1，则正己烷和正庚烷的相对异构化速率分别为3.1和4.2。

烷烃加氢裂化反应遵循正碳离子机理。在高酸性催化剂上，正碳离子反应机理的特征表现得十分明显。烷烃加氢裂化的产品组成取决于烷烃正碳离子的异构、裂化和稳定速率以及这三个反应速率的比例关系。例如，烷烃在高酸性催化剂上的加氢裂化产物中，小于 C_3 的烷烃含量很少，而 C_4、C_5 馏分中异构组分含量高。在高酸性催化剂上烷烃加氢裂化产品的碳数分布与催化裂化产品的碳数分布十分相似，说明加氢裂化和催化裂化一样也按正碳离子机理进行反应。当所用催化剂具有较高加氢活性和较低酸性时，烷烃加氢裂化产物中异构产物与正构产物的比值将低于催化裂化产品中的相应比值，同时气体产物对液体产物的比值下降。在这种情况下，烷烃基本上不发生异构化，只发生氢解反应，而且所得产品的饱和程度较大。由此可见，改变催化剂的加氢活性和酸性的比例关系，就能够使所希望的反应产物达到最佳组成。

图9-6为正十六烷催化裂化和加氢裂化产物的碳数分布。由图可见，在不含加氢组分的催化裂化酸性催化剂作用下，因正碳离子的连续裂化等二次反应会导致小分子烃的产率较高；而采用 Co-Mo/SiO_2-Al_2O_3 加氢裂化催化剂时，其加氢功能使烃类的二次裂化受到一定程度的抑制，因而小分子烃的产率有所下降；至于 Ca-Y 分子筛负载的 Pt 或 Pt-Pd 催化剂，则由于弱酸性载体裂化活性低、强加氢活性组分的存在以及较低的反应温度，基本上只发生一次氢解反应（自由基机理），避免了二次裂化，使产物的碳数分布比较均匀。

表9-7中所列三种加氢裂化催化剂的酸性载体都是无定形硅酸铝，而加氢活性组分则是不同的，其中 Pt 或 Co-Mo 的加氢活性较强，而 Mo 则较差。由该表可见，在相同的反应条件

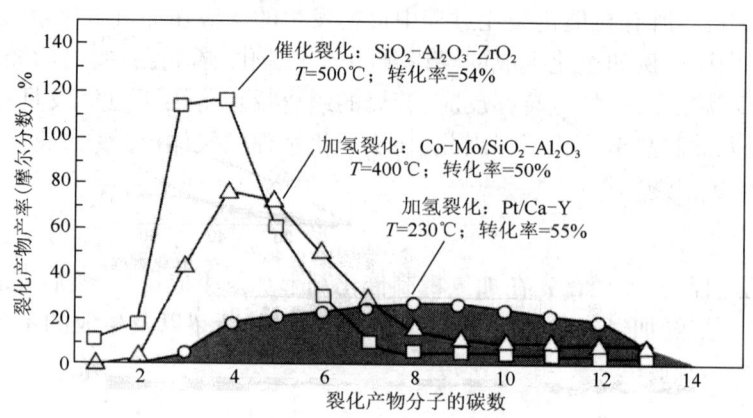

图 9-6　正十六烷催化裂化、加氢裂化和氢解反应产物的碳数分布

下,以 Pt 或 Co-Mo 为加氢活性组分时,每裂化掉 100mol 正十六烷会产生约 200mol 的产物,这说明每个原料分子平均只裂化一次,很少发生二次裂化反应;而以 Mo 为活性组分时,则可得 223mol 的产物,表明其二次裂化反应已经较明显。另外,产物中有少量环烷烃,说明烷烃加氢裂化过程中也会发生少量的脱氢环化反应。

表 9-7　不同催化剂对正十六烷加氢裂化反应的影响(压力 7MPa,空速 $0.5h^{-1}$)

催化剂		$Pt/SiO_2-Al_2O_3$	$Co-Mo/SiO_2-Al_2O_3$	$Mo/SiO_2-Al_2O_3$
反应温度,℃		371	375	375
产物 (mol/100mol 原料)	烷烃	189	195	217
	环烷烃	14	6	6
	合计	203	201	223

2) 环烷烃

单环环烷烃在加氢裂化过程中主要发生异构化、开环、脱烷基侧链反应以及少量的环脱氢反应。环烷烃加氢裂化时的反应方向因催化剂的加氢活性和酸性的强弱不同而有区别。由于长烷基链的稳定性比六元环弱,长侧链单环六元环烷烃在高酸性催化剂上进行加氢裂化时,主要发生断链反应,很少发生开环反应。短侧链单环六元环烷烃在高酸性催化剂上加氢裂化时,首先异构化生成环戊烷衍生物,然后再发生后续反应。反应过程明显表现出正碳离子的机理特征,反应过程示意如下:

如上所示,六元环烷环的开环反应有两种途径,途径(Ⅰ)为直接开环生成正己烷,途径(Ⅱ)为先异构化为甲基环戊烷,然后再开环生成正己烷及 2-甲基戊烷和 3-甲基戊烷。环己烷加氢开环途径的选择性见表9-8。

表9-8 环己烷加氢开环途径的选择性

反应温度,℃	269	280	290	304
途径(Ⅰ)选择性	0.76	0.68	0.60	0.52

表9-8中的数据表明,途径(Ⅰ)的选择性随反应温度提高而降低。由此可见,在加氢裂化的温度条件下(370~420℃),环己烷先通过异构化反应转化为甲基环戊烷,然后再加氢断环成为相应的烷烃的途径(Ⅱ)占优。

双六元环烷烃在加氢裂化条件下,往往是其中的一个六元环先异构化为五元环后再断环,然后才是第二个六元环的异构化和断环。其原因是五元环,尤其是烷基取代的五元环有一定的环张力,而且容易生成正碳离子,比六元环容易裂化开环。这两个环烷环中,第一个环的断环是比较容易的,而第二个环则较难以断开。此反应可示意如下:

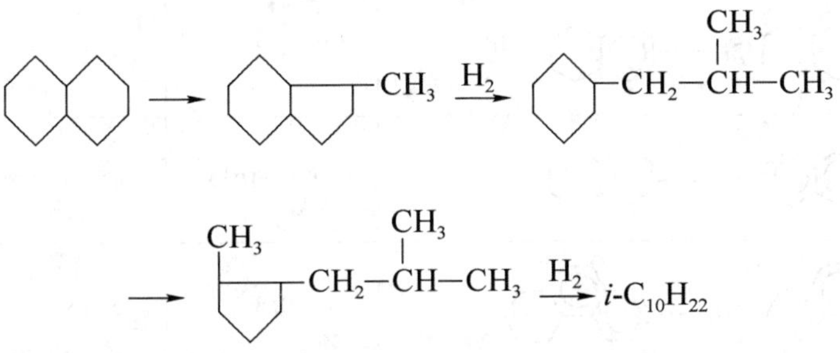

环烷烃加氢裂化产物中的异构烷烃与正构烷烃之比以及五元环烷烃与六元环烷烃之比都比较大。这说明,在加氢裂化中,环烷烃发生了显著的碳骨架异构化和环结构异构化反应。

在双环环烷烃的加氢裂化产物中有少量并环戊烷(□)存在。用十氢萘在不同酸性催化剂上进行加氢裂化的试验表明,当催化剂的酸性逐渐增强,裂化活性增高时,液体生成油的收率逐渐下降。双环环烷烃加氢裂化同样按正碳离子机理进行反应,因此,加氢裂化生成的气体产物中C_4和C_3含量较高,例如在某反应条件下,其中$C_4:C_3:C_2=1:0.3:0.02$,而且在C_4馏分中异丁烷浓度较高。若采用低酸性活性催化剂,则主要反应是开环反应,同时进行侧链裂化反应,这时小分子烷烃$C_1~C_3$的收率较高。

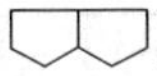

3) 芳烃

由于加氢裂化的反应条件比较苛刻,芳烃除侧链断裂外,还会发生芳香环的加氢饱和、环结构异构、裂化开环等反应。

短侧链单环芳烃如甲苯在加氢条件下反应首先生成甲基环己烷,然后发生与单环环烷烃相同的反应。

稠环芳烃加氢裂化也包括以上过程,只是它的加氢和开环是逐次进行的。表9-9列出了苯和稠环芳烃的加氢反应平衡常数。从表中可以看到以下规律:

(1) 芳烃加氢反应的平衡常数随温度升高而下降,这是由于芳烃加氢是强放热反应所致。

(2) 在327~427℃范围内,芳香环完全加氢的K_p随分子中芳香环数的增加而显著下降。例如,在327℃时,苯、萘、菲完全加氢的K_p值之比为$1:10^{-2}:10^{-8}$。

(3) 对稠环芳烃,第一个环加氢的K_p较大,第二个环加氢的K_p次之,全部芳香环加氢的K_p值最小。例如,327℃时,菲不同深度加氢时的K_p值的比值大约为$1:10^{-2}:10^{-7}$。因此,从热力学角度看,稠环芳烃加氢的有利途径是逐环加氢:一个芳香环加氢,接着生成的环烷环发生开环(或异构化成五元环),然后再进行第二个环的加氢,如此继续下去。

(4) 327℃以上芳烃加氢饱和的平衡常数都较小,因而必须在较高的压力下才能有利于提高其平衡转化率。例如,若将氢分压从 0.97MPa 增至 3.7MPa,那么在 396℃时萘的平衡转化率可从 17% 提高到 84%。因此,为达到较高的稠环芳烃转化率,加氢裂化过程必须采用较高的压力。

表 9-9 不同温度下的芳烃加氢反应平衡常数

序号	反应	平衡常数 K_p		
		227 ℃	327 ℃	427 ℃
1	苯 + 3H_2 → 环己烷	1.3×10^2	2.3×10^{-2}	4.4×10^{-5}
2	萘 + 2H_2 → 四氢萘	5.6	3.2×10^{-2}	8.0×10^{-4}
3	萘 + 5H_2 → 十氢萘	2.5×10^2	1.6×10^{-4}	6.3×10^{-9}
4	蒽 + 2H_2 →	0.8	5.0×10^{-3}	1.4×10^{-4}
5	蒽 + 4H_2 →	0.5	2.5×10^{-5}	1.8×10^{-9}
6	蒽 + 7H_2 →	0.3	1.3×10^{-10}	4.0×10^{-14}

稠环芳烃的这种逐环加氢、开环的反应过程与动力学数据也是一致的。表 9-10 列出了稠环芳烃加氢至不同深度时的相对反应速率。

表 9-10 稠环芳烃加氢的相对反应速率(苯加氢速率为 1)

反应	相对反应速率		
	Ni/Al_2O_3,3.0~5.0MPa,130~200℃	MoS_2,20.0MPa,420℃	WS_2,15.0MPa,400℃
苯 → 环己烷	1	1	1
萘 → 四氢萘	3.14	14.1	23
四氢萘 → 十氢萘	0.24	2.87	2.5
蒽 → 四氢蒽	3.08	—	13.8
四氢蒽 → 八氢蒽	1.47		4.6
八氢蒽 → 过氢蒽	0.04		2.9

从表 9-10 中数据可以看到,稠环芳烃中第一个芳香环的加氢是比较容易的,其反应速率比苯的加氢要大一个数量级;而其最后剩下的一个芳香环的加氢饱和是比较困难的,其反应速率与苯的接近。这说明动力学上稠环芳烃的加氢也遵循"逐环加氢"原则。

根据以上分析,并结合实验结果(最终产品中有大量正丁烷),菲的加氢裂化反应历程可能由下列步骤组成:

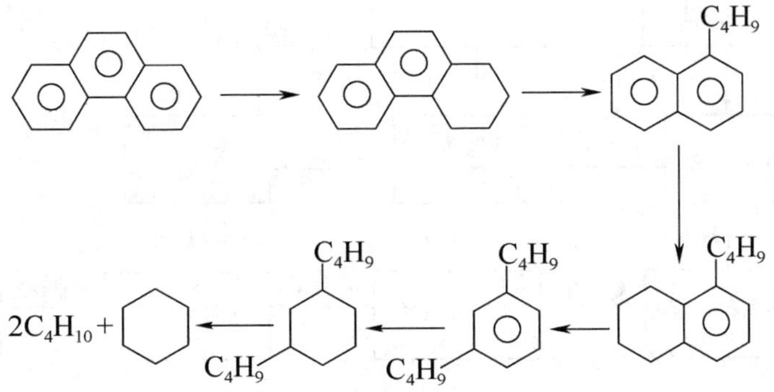

稠环芳烃在高酸性活性催化剂存在时的加氢裂化反应,除了上述加氢裂化反应外,还进行中间产物的深度异构化、脱烷基侧链和烷基的歧化反应。

芳烃上有烷基侧链存在会使芳烃加氢饱和变得困难,表9-11列出了烷基苯加氢反应平衡常数,可以说明烷基侧链的数目对加氢的影响比侧链长度的影响大。

表9-11 烷基苯加氢反应平衡常数

芳烃	苯	甲苯	乙苯	正丙苯	1,2,4-三甲基苯
400℃时平衡常数	2.0×10^{-4}	6.5×10^{-5}	5.9×10^{-5}	5.5×10^{-5}	7.8×10^{-6}

在反应压力不很高时,烷基芳烃在加氢裂化条件下主要发生烷基侧链的裂化,其次是脱烷基反应,尤其是长侧链烷基芳烃。短烷基侧链单环芳烃比较稳定,例如,甲苯或乙苯若要脱去甲基或乙基侧链,需要用450℃以上的高温,所以在加氢裂化条件下主要进行异构化和歧化反应:

异构化

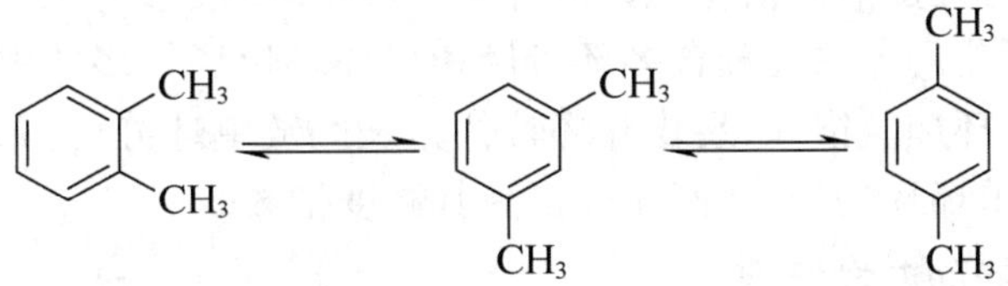

歧化

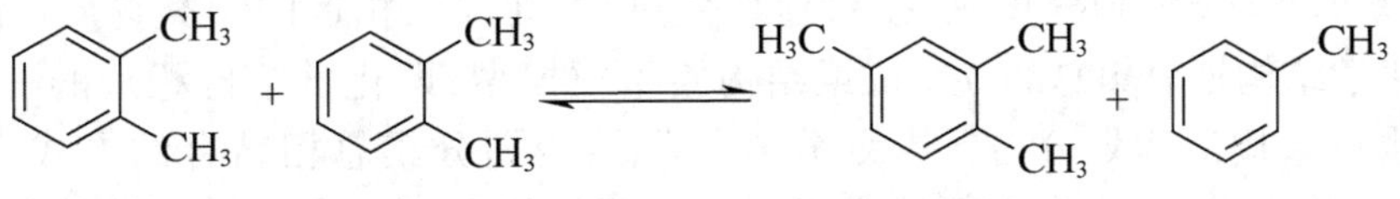

4) 各族烃类加氢裂化反应速率比较

研究表明,在加氢裂化条件下进行的烃类的裂化反应和异构化反应属于一级反应,而加氢反应和加氢裂化属于二级反应。但在实际工业条件下,通常采用大大超过化学计量所需要的过剩氢气,因此加氢反应和加氢裂化都表现出近似表观一级反应,或称假一级反应。因此,可以利用反应速率常数来比较各族烃类的反应速率,图9-7所示为催化裂化循环油在10.3MPa

下等温加氢裂化时各族烃类的反应网络和相对反应速率常数。

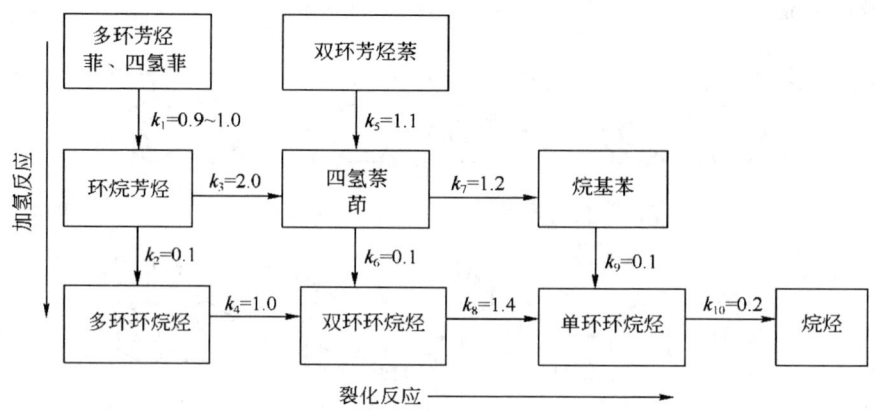

图9-7 催化裂化循环油等温加氢裂化时各族烃类的反应网络和相对反应速率常数

由图9-7可以看出,在加氢裂化条件下,多环芳烃的部分加氢和环烷烃开环反应速率较大(k_1,k_3,k_4,k_5,k_7,k_8),单环环烷烃的开环速率较小(k_{10}),单环芳烃的加氢饱和速率和多环芳烃完全加氢的速率都很小(k_9,k_2,k_6)。也就是说,在加氢裂化过程中多环芳烃主要发生芳环部分加氢饱和、环烷环裂化开环和侧链断裂反应;而多环环烷烃主要发生环烷环裂化开环和侧链断裂反应。因此,加氢裂化产物中保留了较多的单环芳烃和单环环烷烃结构。这也是加氢裂化汽油(石脑油)馏分芳烃潜含量高、可以作为优质重整原料的原因。另外,在加氢裂化的条件下,多环芳烃不会像催化裂化那样容易缩合生焦,这是加氢裂化催化剂活性稳定、使用寿命长的主要原因。这种现象在重质油加氢裂化过程中得到了证实。例如,当含硫原油减压馏分油用镍钼硅酸铝催化剂在15.0MPa下进行加氢裂化时,稠环芳烃的转化程度最大,多环烷芳烃和多环环烷烃的转化深度也大,反应产物中单环芳烃和单环环烷烃的含量比原料有明显增加,说明这些单环化合物的稳定性相当高。

在不同催化剂上芳烃加氢的活化能数值都有大致相同的数量级,约42kJ/mol。

此外,如用加氢裂化的方法处理含多环芳烃和多环环烷烃较多的中间基或环烷基润滑油料,可使其中稠合芳香环加氢饱和、裂化开环转化为长侧链单环芳烃,并使其中稠环环烷烃裂化开环转化为长侧链单环环烷烃,从而显著提高其黏度指数。

2. 加氢裂化反应的动力学模型

由于石油馏分油或重油组成结构的复杂性,对其加氢裂化反应动力学的研究多采用集总动力学模型的方法。针对不同研究目的,集总的划分方法有所不同。例如,按杂原子(或其同族化合物)和烃类型划分集总;按沸程划分集总,即沸点相近的一类物质(窄馏分)为一个集总;按化学结构划分集总的族组成或结构族组成模型,即化学结构相近的一类物质作为一个集总;也可采用沸程划分与元素划分或化学结构划分集总相结合的方式,对反应动力学进行更深入地研究,以增强模型的适用范围。下面仅介绍几个有代表性的加氢裂化反应动力学模型。

1) 四集总模型

俄罗斯科学家Orochiko等认为,加氢裂化可以像催化裂化动力学模型的处理方法一样,把加氢裂化当作一个平行连续反应来处理,即将系统分为原料油(F)、柴油(D)、汽油(N)和气体(G)四个集总,加氢裂化按一级反应动力学建立模型:

$$F \longrightarrow aD \longrightarrow bN \longrightarrow cG$$

计算柴油、汽油和气体收率的公式如下：

柴油(160~350℃)收率 Z：

$$Z = \frac{1}{1-k'}[(1-y)^{k'} - (1-y)] \tag{9-5}$$

汽油(初馏点~160℃)收率 X：

$$X = \frac{k'}{(1-k')(1-k'')}[(1-y)^{k''} - (1-y)^{k'}] + \frac{k''}{(1-k')(1-k'')}[(1-y) - (1-y)^{k''}] \tag{9-6}$$

气体收率 G：

$$G = y - (Z + X) \tag{9-7}$$

式中 y——转化率；

k'、k''——表观速率常数。

该模型应用于罗马什金减压馏分油及阿兰斯减压馏分油，在反应温度425℃、压力10.0MPa的条件下，反应模型预测值与实验值一致，这两种馏分油加氢裂化活化能均在222.3~270.6kJ/mol范围内。Orochiko同时指出，在上述四集总反应网络中，平行反应是不重要的，在数据处理中，习惯用连续反应网络进行近似，即：

$$F \longrightarrow D \longrightarrow N \longrightarrow G$$

2) 窄馏分多集总动力学模型

上述加氢裂化反应动力学模型是根据产品的数目和沸程范围划分的，这种划分方法的一个重要缺陷就是，当产品指标和(或)产品数目发生变化时，就需要重新调整模型，对实验数据进行重新拟合。为此，提出了窄馏分多集总动力学模型，其代表是Chevron公司的Stangeland模型。

1974年美国Chevron公司B. E. Stangeland发表了一个预测馏分油加氢裂化产品产率的动力学模型，把原料和产品看成是由一系列连续的化合物组成的混合物，将原料和产物按实沸点沸程每27.8℃(50 °F)切取一个窄馏分，作为一个集总。用窄馏分的实沸点终点温度表征该虚拟组分的特性，并按沸程从高到低把各集总编号，最重的为1号，最轻的为 n 号。高沸程的虚拟组分裂化生成低沸程的虚拟组分，按其实际裂化产物所处的沸程范围分别并入与之实沸点终点温度相对应的虚拟组分中。大分子裂化为小分子的过程类似于球磨机中粒子研磨破碎的规律。为建立模型，提出如下基本假设：(1)反应为一级不可逆反应；(2)忽略聚合和叠合反应，无焦炭生成；(3)任意两个不同的集总之间只存在重集总到轻集总的转化，但不能向比它低27.8℃的次集总转化；(4)每集总的特征可以只用实沸点的终点温度来描述。

根据以上假设，建立的等温反应动力学模型为

$$\frac{dF_i}{dt} = -k_i \cdot F_i + \sum_{j=1}^{i-2} k_j \cdot p_{ij} \cdot F_j \tag{9-8}$$

式中 F_i, F_j——集总 i、集总 j 的质量分数；

k_i, k_j——集总 i、集总 j 的裂化速率常数；

p_{ij}——单位质量 j 集总裂化生成 i 集总的质量，又称为产物分布函数。

该动力学模型以矩阵形式表达如下：

$$\frac{dF}{dt} = -(I-P) \cdot K \cdot F \tag{9-9}$$

式中　F——集总组分质量分数组成的向量；

　　　I——单位矩阵；

　　　P——产物分布系数下三角矩阵；

　　　K——对角线上元素为一级反应速率常数的对角矩阵。

若各加氢裂化反应速率常数不相同,此矩阵的通解为：

$$F = D \cdot E(t) \tag{9-10}$$

D 为与时间无关的矩阵,其元素按三种情况计算如下：

$$D_{ij} = \sum_{m=j}^{i-1} \frac{k_m \cdot p_{im}}{k_i - k_j'} \cdot D_{mj} \quad i > j$$

$$D_{ij} = F_i(0) - \sum_{m=1}^{i-1} D_{im} \quad i = j$$

$$D_{ij} = 0.0 \quad i < j$$

$E(t)$ 为与时间参数相关的向量：

$$E_i(t) = \exp(-k_i \cdot t) \tag{9-11}$$

为了解此模型方程,须先求得所用原料油每一虚拟集总组分的反应速率常数 k_i 和产物分布函数 p_{ij}。为了确定 k_i 和 p_{ij},模型中引用了三个与 k_i 和 p_{ij} 有关的参数,即与反应速率常数 k_i 相关的参数 A,与液体产物分布相关的分布参数 B 和与气体产物分布相关的参数 C。k_i 的计算函数式如下：

$$k_i = k_0 \cdot [T_i + A \cdot (T_i^3 - T_i)] \tag{9-12}$$

其中,$k_0 = 1$；$T_i = TBP_i/1000$,TBP_i 是集总 i 的实沸点终点温度（℉）；A 为常数。基于正构烷烃随沸点的降低,裂化速率急剧减小的事实,为使 k_i 与 T_i 关系曲线不产生突跃点,采用如下反应速率常数计算关系式：

$$k_i = 0.0 \qquad T_i \leq 0.25$$

$$k_i = 0.33 k_0 \cdot [T_i + A \cdot (T_i^3 - T_i)] \quad T_i = 0.30$$

$$k_i = 0.78 k_0 \cdot [T_i + A \cdot (T_i^3 - T_i)] \quad T_i = 0.35$$

$$k_i = k_0 \cdot [T_i + A \cdot (T_i^3 - T_i)] \qquad T_i > 0.35$$

0~50℉丁烷组分的产率随反应物 TBP 的降低而降低,可用下式表示：

$$[C_4]_j = C \cdot \exp[-0.00693 \cdot (TBP_j - 250)] \tag{9-13}$$

由反应物集总 j 生成的50℉至 $(TBP_j - 100)$ ℉各集总 i 的质量按下式计算：

$$p_{ij} = P(Y_{i,j}) - P(Y_{i+1,j}) \tag{9-14}$$

其中

$$P(Y_{i,j}) = [Y_{ij}^2 + B \cdot (Y_{ij}^3 - Y_{ij}^2)] \cdot (1 - [C_4]_j) \tag{9-15}$$

$$Y_{ij} = \frac{TBP_i - 50}{(TBP_j - 100) - 50} \tag{9-16}$$

对不同情况下的产物分布函数 p_{ij} 归纳如下：

$$p_{ij} = 0.0 \qquad\qquad\qquad\qquad i < j+1$$

$$p_{ij} = C \cdot \exp[-0.00693 \cdot (TBP_j - 250)] \quad i = n$$

$$p_{ij} = P(Y_{i,j}) - P(Y_{i+1,j}) \qquad\qquad i > j+1$$

上述 Chevron 加氢裂化模型仅用了三个参数 A、B、C，就描述了复杂的加氢裂化反应。此模型在较宽的原料沸程范围预测产品的沸程及收率与中试和工业数据较为一致。因此，可借此模型内插预测未经试验的产品收率。图 9-8 为进料沸程对产物分布的影响。由该图可见，对不同沸程原料，模型预测值与实验值吻合得都非常好。

Raychaudhuri 等在小型固定床反应器中，用平均直径为 1.27mm 的工业挤条催化剂 Mo-Ni/Al_2O_3，研究了馏分油加氢裂化反应前后蒸馏性质的变化。作者用假组分一级连串反应描述实验结果，采用了 Chevron 模型集总划分方法和反应网络。

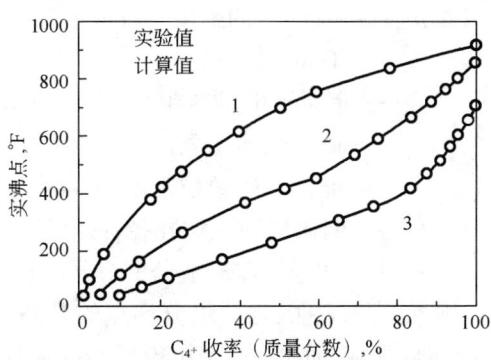

图 9-8 进料沸程对产物分布的影响
[模型值(曲线)与实测值(点)的比较]
1—重馏分油(398~482℃);2—混合馏分油(轻馏分油:重馏分油＝3:1);3—轻馏分油(315~371℃)

不同之处在于：考虑了反应速率常数 k_i 随温度的变化、反应速率与氢分压的关系，以及孔扩散对传质反应的影响。采用的反应数学模型为：

$$r_i = \left(-k_i \cdot F_i + \sum_{j=1}^{i-1} k_j \cdot p_{ij} \cdot F_j\right) \cdot p_t \tag{9-17}$$

$$k_i = k_0 \cdot \exp\left(-\frac{E}{RT_r}\right) \cdot [T_i + A \cdot (T_i^3 - T_i)] \tag{9-18}$$

$$T_i = TBP_i/1000 \tag{9-19}$$

式中 p_t——反应总压力，atm；

T_r——反应温度，K；

TBP_i——集总 i 的实沸点终点温度，℉。

产物分布函数 p_{ij} 的计算完全同 Chevron 模型，p_{ij} 是 TBP_i、TPB_j 及另外两个参数 B 和 C 的函数。所以，模型是一个五参数(A、B、C、E、k_0)模型。对活塞流固定床反应器，Raychandhuri 等以集总 i 建立如下物料衡算方程：

$$F_w \cdot dF_i = \eta_i \cdot r_i \cdot W_{hc} \cdot W_{ct} \cdot df \tag{9-20}$$

$$W_{hc} = [(V_R - V_c)/W_{ct} + V_g] \cdot \rho_{oil} \tag{9-21}$$

$$\eta_i = \frac{3}{\phi_s}\left(\frac{1}{\tanh\phi_s} - \frac{1}{\phi_s}\right) \tag{9-22}$$

$$\phi_s = R \cdot \sqrt{\frac{2k_i}{D_{ei} \cdot S_g \cdot \rho_p \cdot r_p}} \tag{9-23}$$

$$D_{ei} = 97 \cdot r_p \cdot (T_r/M_i)^{0.5} \tag{9-24}$$

式中 F_w——反应物质量流量，g/h；

η_i——集总 i 扩散反应的有效因子；

W_{hc}——反应器内单位质量催化剂的持液量，g；

W_{ct}——反应器内催化剂总质量，g；

f——反应物流经催化剂的质量分数；

V_R——反应器的空体积，cm^3；

V_c——催化剂占有体积，cm^3；

V_g——催化剂的孔体积，cm^3/g；

ρ_{oil}——反应物的密度,g/cm^3;
ϕ_s——Thiele 模数;
R——催化剂的颗粒半径,m;
S_g——催化剂的比表面积,m^2/g;
ρ_p——催化剂的颗粒密度,g/cm^3;
r_p——催化剂的平均孔径,m;
M_i——集总 i 虚拟组分的分子量。

研究结果表明,随假组分沸点的升高,有效因子降低,即扩散阻力增大。但由于该模型未考虑缩合反应,而原料馏分较轻(69~441℃),致使模型对反应产物中大于441℃的部分(2%~10%)无法预测,即模型对产物分布的预测在低沸点范围内(<400℃)比较准确,在高沸点范围内误差较大。

3)七集总模型

中国石油大学研究了孤岛渣油在分散型铁催化剂存在下加氢裂化反应的动力学规律,建立了孤岛渣油加氢裂化反应七集总模型,反应网络如图9-9所示。

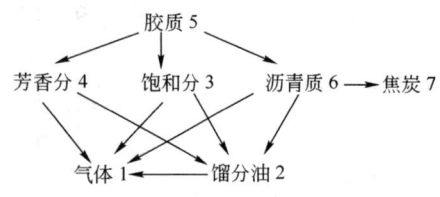

图9-9 七集总模型反应网络

集总划分首先按沸点切割为<C_4气体、C_5~480℃馏分油、>480℃减压渣油和焦炭。>480℃减压渣油又按化学族组成分为饱和分、芳香分、胶质、沥青质。研究者考虑了反应过程中,反应物和生成物不仅是数量上的变化,而且有结构上的变化。显然,这些结构上的变化会影响其动力学行为。例如,芳香分发生裂解反应生成气体时,在反应初期,由于芳香分的侧链较多,侧链发生断链生成气体的可能性就大;随着反应深度的不断增加,可发生断链的侧链越来越少。因此,反应物和生成物的结构变化是与反应深度有关的,而反应深度可用反应的转化率来衡量,故反应物和生成物结构的变化是转化率的函数,即:

$$C_i = F_i(x_i) \quad (i = 1, 2, \cdots, 7) \tag{9-25}$$

结构变化函数应具有如下性质:$C_i = 1, x = 0; C_i = 0, x = 100\%$。

除最终产物气体和焦炭外,构建了其他五个集总的结构变化函数关系式如下:

馏分油 $\quad C_2 = 1.0 - x_2/100 \tag{9-26}$

饱和分 $\quad C_3 = 1.0 + 8.7091 \times 10^{-4} x_3 + 5.8556 \times 10^{-6} x_3^2 - 1.1456 \times 10^{-6} x_3^3 \tag{9-27}$

芳香分 $\quad C_4 = 1.0 - 5.877 \times 10^{-3} x_4 - 1.3992 \times 10^{-4} x_4^2 + 9.2792 \times 10^{-7} x_4^3 \tag{9-28}$

胶质 $\quad C_5 = 1.0 - 1.6084 \times 10^{-2} x_5 - 6.1352 \times 10^{-5} x_5^2 + 1.2219 \times 10^{-6} x_5^3 \tag{9-29}$

沥青质 $\quad C_6 = 1.0 - 2.7922 \times 10^{-2} x_6 + 1.083 \times 10^{-3} x_6^2 - 9.0377 \times 10^{-6} x_6^3 \tag{9-30}$

在反应速率方程中引入结构变化函数,建立如下数学模型:

$$\frac{dx_1}{dt} = k_{21} x_2 C_2 + k_{31} x_3 C_3 + k_{41} x_4 C_4 + k_{61} x_6 C_6 \tag{9-31}$$

$$\frac{dx_2}{dt} = -k_{21} x_2 C_2 + k_{32} x_3 C_3 + k_{42} x_4 C_4 + k_{62} x_6 C_6 \tag{9-32}$$

$$\frac{dx_3}{dt} = -k_{31} x_3 C_3 + k_{32} x_3 C_3 + k_{53} x_5 C_5 \tag{9-33}$$

$$\frac{dx_4}{dt} = -k_{41} x_4 C_4 - k_{42} x_4 C_4 + k_{54} x_5 C_5 \tag{9-34}$$

$$\frac{dx_5}{dt} = -(k_{53} + k_{54} + k_{56}) x_5 C_5 \tag{9-35}$$

$$\frac{dx_6}{dt} = -(k_{61} + k_{62}) x_6 C_6 + k_{56} x_5 C_5 - k_{67} x_6^2 C_6^2 \tag{9-36}$$

$$\frac{dx_7}{dt} = -k_{67} x_6^2 C_6^2 \tag{9-37}$$

约束条件：$k_{ij} \geq 0$，并符合 Arrhenius 定律。

对 42 组不同温度及时间条件下的实验数据，采用阻尼最小二乘法，求出了模型参数、各反应的速率常数和活化能。模型计算结果与实验值能很好地吻合。从计算出的活化能来看，生焦反应和馏分油生成气体反应的活化能较小，表明该反应占有相当大的比例，意味着活化氢浓度不足，未能有效抑制过度裂化和生焦反应。

第二节　加氢过程的催化剂

一、加氢精制催化剂

工业上常用的石油馏分加氢精制催化剂绝大多数是负载型固体催化剂，即将金属活性组分（通常为单质或金属硫化物）负载于多孔载体（通常为氧化铝）上制成的具有一定形状和大小的固体颗粒催化剂。

视频9-4　加氢过程的催化剂

1. 加氢精制催化剂的组成和性能

负载型加氢精制催化剂主要有载体、活性组分和助剂组成，其中各组分含量的一般范围为：载体占 65%~85%，活性组分占 10%~35%，助剂占 1%~5%。加氢精制催化剂的性能不但与各组分种类、组成密切相关，还与其结构尤其是微观或纳米结构紧密相关，此外制备方法以及活化方法也对活性有十分重要的影响。

1）加氢精制催化剂的活性组分

加氢精制催化剂的活性组分是加氢精制活性的主要来源，工业应用最广泛的是非贵金属活性组分，也就是ⅥB 族和Ⅷ族的几种金属硫化物，其中活性最好的是 W、Mo 和 Co、Ni；贵金属活性组分主要是 Pt、Pd 等，但工业应用不太广泛，主要用于含硫很低的原料；在特殊情况下（不含硫的原料）也可以使用单质 Ni 作活性组分。近年来研究发现，金属磷化物、氮化物、碳化物等金属晶格填充化合物具有"类 Pt"性质，可以作为新型加氢活性组分。但是，除金属磷化物外，氮化物、碳化物等制备条件苛刻、难度大，且对硫、氮等杂质长期耐受性未得到证明，长周期活性稳定性仍有疑问。因此，尚未获得工业应用。

催化剂的加氢活性和元素的化学特征有密切关系。加氢反应的必要条件是反应物以适当的速率和强度在催化剂表面的活性位上吸附，吸附分子和催化剂表面的活性位之间形成适当强度的化学吸附（弱键或配位键），然后进行反应，生成物脱附成为产物。这就要求催化剂应具有良好的吸附特性，而催化剂的吸附特性与其几何特性和电子特性有关。"多位学说理论"认为：凡是适合作为加氢催化剂的金属或其化合物，其晶体几何特征都应具有立方晶格或六方晶格，例如 W、Mo、Fe、Cr 是形成体心立方晶格的元素；Pt、Pd、Co、Ni 是具有面心立方晶格的元素；MoS_2、WS_2 具有层状的六方晶格。

催化剂的电子特性决定了反应物与催化剂表面原子之间键的强度。半导体理论认为，反应物分子在催化剂表面的化学吸附主要是靠 d 电子层的电子参与形成催化剂和反应物分子间的共价键。过渡元素具有未填满的 d 电子层，这是它们具有催化活性的重要原因。

以上分析表明，只有那些几何特性和电子特性都符合一定条件的元素才能用作加氢催化剂的活性组分。W、Mo、Co、Ni、Fe、Pt、Cr、V 都属于具有未充满 d 电子层的过渡元素，同时它们都具有体心或面心立方晶格或六方晶格，因此它们均适宜用作加氢催化剂的活性组分。

需要指出的是，尽管对催化剂活性组分的选择已有不少理论，但在预测催化剂活性组分时仍存在很大差距，主要原因在于载体、制备和活化方法以及条件的不同造成活性组分微观或纳米结构有较大差异，因此目前在研制催化剂时，仍需大量试验工作，从而筛选出有效的活性组分。

研究表明，提高活性组分的含量，对提高活性有利，但综合生产成本及活性增加幅度分析，活性组分的含量应有一最佳范围。目前负载型加氢精制催化剂活性组分含量(以金属氧化物计)一般在 15% ~ 35% 之间。

在工业催化剂中，不同的活性组分常常配合使用。目前，工业上常用的加氢精制催化剂是以 Mo 或 W 的硫化物为主催化剂，以 Co 或 Ni 的硫化物为助催化剂所组成的。

由表 9 - 12 可以看出，Mo 或 Co 单独存在时其加氢脱硫活性都不高，而两者同时存在时互相配合，表现出显著超过两种活性组分摩尔加权值的高加氢脱硫活性，这一现象在催化领域具有普遍意义，称之为催化作用的"协同效应(synergy 或 synergistic effects)"。所以，目前加氢精制的催化剂几乎都是由一种ⅥB族金属与一种Ⅷ族金属组合的二元活性组分所构成，一般认为ⅥB族金属 Mo 或 W 为主活性组分，Ⅷ族金属 Co 或 Ni 为助活性组分。还有研究认为ⅥB族金属和Ⅷ族金属的作用不分伯仲，因此称此二元组合为共催化作用(cocatalysis)。其活性组分的组合可以为 Co - Mo、Ni - Mo、Ni - W、Co - W 等，它们对各类反应的活性是不一样的，其一般顺序如下：

加氢脱硫：Co - Mo > Ni - Mo > Ni - W > Co - W；

加氢脱氮：Ni - W > Ni - Mo > Co - Mo > Co - W；

加氢脱氧：Ni - W ≈ Ni - Mo > Co - Mo > Co - W；

加氢饱和：Ni - W > Ni - Mo > Co - Mo > Co - W。

表 9 - 12　Co - Mo/Al_2O_3 与 Co、Mo 单独存在时加氢脱硫效果的比较

在催化剂中含量(质量分数)，%		脱硫率，%
CoO	MoO_3	
19.0	0	31
4.9	15.0	92
0	20.2	41

所以，最常用的加氢脱硫催化剂是 Co - Mo 型的，而对于含氮较多的原料则需选用 Ni - W 型或 Ni - Mo 型的加氢精制催化剂。现也有用 Ni - Co - Mo、Ni - W - Mo 等三元组分，甚至 Ni - Co - Mo - W 等四元组分作为加氢精制催化剂活性组分的，以兼顾催化剂的加氢脱硫、脱氮和芳烃饱和活性。

在同一催化剂内，不同活性组分之间有一个最佳配比范围。研究发现，加氢精制催化剂中

所含ⅥB金属与Ⅷ族金属的比例对其活性有显著的影响。如图9-10为Co-Mo催化剂的金属原子比值λ与噻吩加氢脱硫转化率的关系。其中的λ的含义为：

$$\lambda = \frac{\text{Ⅷ族金属}}{\text{Ⅷ族金属} + \text{ⅥB族金属}}（原子比）$$

对于图9-10为

$$\lambda = \frac{n_{Co}}{n_{Co} + n_{Mo}}$$

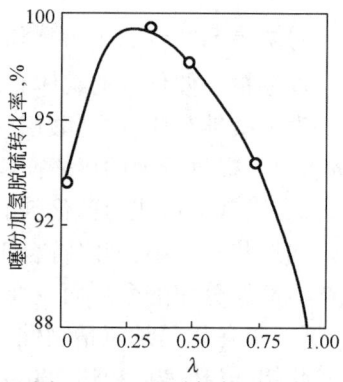

图9-10 噻吩加氢脱硫与催化剂λ值的关系
(350℃,4MPa,Co-Mo/Al₂O₃催化剂)

由图9-10可见，噻吩加氢脱硫的转化率先是随λ的增大而提高，达到一最高值后又随λ的增大而降低，这说明对于二元金属组合，其λ有一最佳值。研究结果表明，对石油馏分加氢精制的负载型Co、Ni、Mo、W催化剂，无论使用何种金属组合，无论进行何种加氢反应，其转化率总是在λ为0.25~0.40处呈现一最大值。当然，对不同的原料油和不同的加氢精制过程，λ的选择也有所不同，例如：对催化裂化汽油的选择性加氢脱硫，为提高脱硫活性/烯烃加氢活性的比例(即加氢脱硫选择性)，λ通常选择在0.40~0.50之间。

2) 加氢精制催化剂中的助剂

为了改善加氢精制催化剂某方面的性能，如活性、选择性、稳定性等，在制备过程中，常常添加一些助剂。大多数助剂是金属化合物，也有非金属元素。

助剂按其作用机理不同可分为结构性助剂和调变性助剂。结构性助剂的作用是增大活性组分表面积或防止烧结，如 K_2O、BaO、La_2O_3 等碱性助剂能减缓烧结作用，提高催化剂的结构稳定性。调变性助剂的作用是调变载体或活性组分的电子结构、表面性质或者晶型结构。例如，有些助剂能使主要活性金属元素未填满的 d 电子层中电子数量增加或减少，或者改变活性组分结晶中的原子距离，从而改变其催化活性；有的能钝化副反应的活性中心，从而提高催化剂的选择性。研究发现，Co 和 Ni 对 Mo 和 W 兼具结构性助剂和调变性助剂的作用，一方面 CoS 和 NiS 纳米粒子能促进 MoS_2 和 WS_2 纳米粒子的分散，减缓其烧结；另一方面 Co 和 Ni 对 Mo 和 W 的供电子效应可以增加 Mo 和 W 的电子云密度，提高其加氢活性。

助剂本身催化活性不高甚至没有催化活性，但与主活性组分搭配后却能发挥良好作用。主活性组分与助剂之间应有合理的比例。

近年来，为提高加氢精制催化剂的加氢脱氮和芳烃饱和性能，常常加入一些酸性助剂，如0.5%~4.0%的P、F或B，3%~10%的无定形硅酸铝或分子筛。研究结果表明：加入少量的P、F等酸性组分不但有助于提高C—N键的裂化活性和芳烃饱和活性，而且有助于提高加氢活性组分的分散度，增加活性金属的利用率。例如在Ni-Mo催化剂中加入P，可以显著提高其加氢脱氮活性。表9-13列出了Ni-Mo型加氢精制催化剂中添加P的影响。

表9-13 Ni-Mo型加氢精制催化剂中添加P的影响(直馏柴油,320℃,6.6MPa)

催化剂		Ni-Mo	Ni-Mo-P
化学组成(质量分数),%	MoO₃	17.0	19.0
	NiO	3.1	3.8
	P	—	1.34
相对脱氮活性		72	100

3) 加氢精制催化剂的载体

加氢精制催化剂的载体有两大类：一类为中性载体，如活性氧化铝、活性炭、二氧化硅等；另一类为酸性载体，如硅酸铝、硅酸镁、活性白土、分子筛等。一般来说，载体本身并没有加氢活性，但可提供较大的比表面积，使活性组分很好地分散在其表面上，从而节省活性组分的用量。此外，载体可作为催化剂的骨架，提高催化剂的热稳定性和机械强度，并保证催化剂具有一定的形状和大小，使之符合工业反应器中流体力学条件的需要，减少流体流动阻力。载体还可与活性组分相配合从而调变催化剂的活性、选择性和稳定性。

γ-氧化铝是加氢精制催化剂最常用的载体。一般加氢精制催化剂要求用比表面积较大的氧化铝，其比表面积达 $200 \sim 500 m^2/g$，孔体积在 $0.5 \sim 1.0 cm^3/g$ 之间。氧化铝中包含着大小不同的孔，根据国际纯粹与应用化学联合会(IUPAC, International Union of Pure and Applied Chemistry)的规定：将孔直径小于 2.0nm 的称为微孔，孔直径在 2.0~50nm 之间的称为介孔，大于 50nm 的则称为大孔。不同氧化铝的孔径分布是不同的，这取决于所用原料、制备方法和条件。有的氧化铝孔径分布范围较窄、比较集中，有的则分布较宽，也有的具有两个比较集中的孔分布区，即所谓的双峰型分布。石油馏分加氢催化剂载体需要发达的孔结构、连通的孔道和适宜的梯度孔分布。对于馏分油的加氢精制多选用介孔较多的氧化铝，而对于渣油的加氢精制则宜选用孔径在介孔区和大孔区都比较集中的双峰型孔径分布的氧化铝。例如，对汽油或石脑油馏分的加氢精制，宜选用孔径分布集中在 3~6nm 的 γ-氧化铝载体；对煤柴油馏分的加氢精制，宜选用孔径分布集中在 4~8nm 的 γ-氧化铝载体；对减压馏分的加氢精制，宜选用孔径分布集中在 6~10nm 的 γ-氧化铝载体；对重质油的加氢精制，宜选用孔径分布集中在 10~20nm 和 50~150nm 双峰型孔径分布的 γ-氧化铝载体。

加氢精制催化剂用的氧化铝载体中，有时还加入少量(5%~10%)的 SiO_2、TiO_2 和 Y、USY、β 型沸石分子筛或 F、B 等酸性组分。少量 SiO_2 可抑制 γ-Al_2O_3 晶粒的增大，提高载体的热稳定性；少量 TiO_2 可降低活性组分与 γ-Al_2O_3 表面的强相互作用，有助于活性组分的硫化活化。少量沸石分子筛或 F、B 等可以增加载体的酸性，有助于提高催化剂的脱氮能力和芳烃饱和能力。若将 SiO_2 和沸石分子筛含量增至 10%~15%，则可使载体具有一定的酸性，从而可促进 C—N 键的断裂，提高催化剂的脱氮能力。

4) 加氢精制催化剂的其他性质

除了催化剂的化学组成影响其活性外，催化剂的物理性质，如比表面积、孔容、孔径分布、颗粒度以及外形都会影响活性组分作用的发挥。例如，为了减少石油馏分尤其是重质油馏分和渣油加氢精制过程的床层压降及扩散阻力，催化剂常制成横截面呈三叶形、四叶形、蝶形(变形四叶)及齿球状等异形结构，颗粒直径为 0.8~1.6mm，长度为 3~8mm。

此外，随着加氢精制原料变重，特别是对重质油加氢精制，由于原料分子变大，对加氢精制催化剂的孔径分布就有一定的要求。研究表明，重质油加氢精制以液相反应为主，反应处于扩散控制区，加氢脱金属反应扩散控制尤为显著，要求催化剂的孔道结构为双峰孔分布，较合适的孔径范围应在 15~25nm；并且当采用双峰孔催化剂时，由于大孔的引入，增加了反应分子扩散的通道，催化剂脱金属活性会显著增加。渣油的加氢脱硫反应，不仅要考虑扩散的影响，还要考虑催化剂加氢活性，一般认为最佳孔径应位于 8~15nm 之间。加氢脱氮位阻很大，因此脱氮反应要求非常强的加氢能力，这类催化剂要求有高的比表面积，孔径以在 8~12nm 为宜。因此，渣油加氢催化剂一般在 8~15nm 和 15~25nm 范围具有双峰形孔道分布。

国内外各大石油公司多数有自己的加氢精制催化剂。由于原料不同、生产目的不同,其品种繁多。目前我国自行研制的一些加氢精制催化剂也已达到国际先进水平。

2. 加氢精制催化剂的制备

工业应用的石油馏分加氢精制催化剂一般是负载型的催化剂,也就是将活性金属(Ni、Co、Mo、W)的氧化物负载在多孔载体上制成的催化剂。常用的石油馏分加氢精制催化剂制备方法是浸渍法和混捏法。精细化工加氢催化剂的制备也可采用共沉淀法,此法适用于活性组分含量高(一般30%~80%)、孔容较小的加氢催化剂的制备,如Ni-Al、Ni-Zn-Al、Ni-Cu-Al、Ni-Cu-Zn-Al等。

浸渍法,顾名思义就是将活性组分浸渍到载体上,其主要制备步骤分为载体制备和活性组分浸渍两步。第一步是先将载体粉料(如拟薄水氧化铝干胶粉)与一定量的助剂(如分子筛粉料)、扩孔剂、助挤剂(田菁粉)和黏结剂(硝酸水溶液)混合,经充分混捏后在挤条机上挤出成型,然后经过干燥(烘干)、高温焙烧(300~600℃、4~8h)制成催化剂载体。第二步是采用加氢活性组分前身物(一般采用容易热分解、没有其他元素残留的活性金属的盐类,如Ni和Co常用硝酸盐、碱式碳酸盐或醋酸盐等,Mo和W常用钼酸铵、钼酸、氧化钼、偏钨酸铵、钨酸等,Pt和Pd常用氯铂酸和氯化钯)的溶液浸渍成型后的载体,然后经过干燥(烘干)、高温焙烧(300~600℃、4~8h)制成催化剂。浸渍过程可以采用分步浸渍,即先浸渍Mo和/或W,再浸渍Co和/或Ni,每次浸渍后均经过干燥和焙烧;也可以采用共浸渍,一次浸渍Co、Ni、Mo、W的混合溶液。目前,共浸渍法的应用较为普遍。采用共浸渍法的优点在于制备步骤简化,活性组分只经过一次浸渍、干燥、焙烧,节约了制备成本,缩短了制备时间,而且,更有助于发挥助催化剂Ni、Co与主催化剂Mo、W的协同效应;缺点在于Co或/和Ni与Mo或/和W的混合溶液的稳定性差,可配区范围较窄,必须仔细控制各组分配比、加入顺序和溶液的pH值,并加入适当的稳定剂如磷酸、氨水、柠檬酸、酒石酸、EDTA等。另外,有机酸和多齿配体(如EDTA)类稳定剂还有助于活性组分的分散。

在实际工业生产中,浸渍法又分为饱和浸渍法与过饱和浸渍法。饱和浸渍法又称初润湿浸渍法(incipient wetness impregnation),是指活性组分浸渍液的体积等于催化剂载体能够吸附的浸渍液的最大体积(饱和吸附量),因此,浸渍液中的活性组分全部浸渍到载体上,活性组分负载量比较容易控制。过饱和浸渍法是指活性组分浸渍液的体积大于催化剂载体能够吸附的浸渍液的最大体积(饱和吸附量),因此,浸渍液中的活性组分部分浸渍到载体上。由于各个活性组分竞争吸附能力不同,负载量比较难以控制。另外,过饱和浸渍法浸渍后需要沥去多余的浸渍液,沥出的浸渍液再次使用时需要重新测定各个活性组分含量并经进一步调配。过饱和浸渍法的优点在于每一粒催化剂上活性组分的负载量比较均匀,缺点是较为繁琐和费时,比较适合于大批量加氢精制催化剂的生产制造。饱和浸渍法比较适合于批量较小的加氢精制催化剂和负载型贵金属催化剂的生产制备。浸渍法的优点在于有助于活性组分的高度分散和助催化剂与主催化剂的协同效应,节省活性组分,取得较高加氢活性的催化剂。缺点在于制备步骤繁琐、耗时。综合比较来看,浸渍法的优势较为明显,因此,目前加氢精制催化剂的制备方法以浸渍法尤其是饱和浸渍法为主。

混捏法又称干混捏法,就是将载体粉料(如拟薄水氧化铝干胶粉)、加氢活性组分前身物与一定量的助剂、扩孔剂、助挤剂(田菁粉)和黏结剂(硝酸水溶液)混合,经充分混捏后在挤条机上挤出成型,然后经过干燥(烘干)、高温焙烧制成催化剂。因此,与浸渍法相比,混捏法的优点在于催化剂的制备过程只需要经过一次混捏成型、干燥和焙烧,制备步骤大大简化,省时省力。缺点在于由于部分活性组分包埋在催化剂颗粒内部,降低了活性组分的利用率;另外,活性组分的分散度较低,助催化剂与主催化剂之间的协同效应得不到最大程度发挥。近年来,为提高干混捏法的制备效果,许多研究者提出了改进的混捏法——湿混捏法,即先将加氢活性组分前身物与一定量的稳定剂、黏结剂调制成糊状物,然后与载体粉料、助剂、扩孔剂、助挤剂混合,经充分混捏后在挤条机上挤出成型,再经过干燥(烘干)、高温焙烧制成催化剂。湿混捏法弥补了干混捏法活性组分利用率低的缺点,又充分发挥了干混捏法制备步骤简单、省时、容易控制的优点,可以达到与浸渍法相媲美的效果。正是由于混捏法制备步骤简单、省时、容易控制的优点,目前少部分加氢精制催化剂的制备采用了混捏法。

需要指出的是,加氢催化剂制备过程的条件和步骤对所制备的催化剂的性能有十分重大的影响,因此,催化剂的生产制备必须严格控制条件和步骤。

近年来,随着环保法规的日益严格,清洁燃料生产技术对加氢精制催化剂的加氢脱硫、脱氮和芳烃饱和活性提出了更高的要求。但是,由于载体的孔容有限,加氢活性组分的负载量不能很高。为此,法国 Axens 公司开发出了一种新的加氢精制催化剂——非负载型 Nebula 催化剂。Nebula 催化剂采用 Ni、Mo、W 前身物制备成具有一定的表面积($80\sim100m^2/g$)、介孔(孔径 $3\sim6nm$)结构的 Ni-Mo-W 复合氧化物,然后加入少量黏结剂(铝溶胶,$10\%\sim25\%$)挤条成型制备成催化剂。由于 Nebula 催化剂的活性组分含量高达 $75\%\sim90\%$,其加氢活性远远高于负载型加氢催化剂($2\sim3$ 倍)。bp 公司工业应用结果表明:使用该种催化剂可以在常规柴油加氢精制条件下处理含硫原油的直馏和催化裂化混合柴油,直接生产出符合欧 V 标准(硫含量 $<10\mu g/g$)的清洁柴油。这一技术打破了活性组分和载体的传统概念,被称为加氢催化剂制备技术的革命性进步。

二、加氢裂化催化剂

加氢裂化催化剂是由金属加氢活性组分和酸性载体组成的双功能催化剂。这种催化剂不但具有加氢活性,而且具有裂化活性及异构化活性。加氢活性组分主要也是ⅥB 族和Ⅷ族元素(Ni、Mo、W、Co、Pd、Pt 等)的硫化物或金属(Pt、Pd)。常用的载体是无定型硅酸铝、硅酸镁以及各种分子筛,近年来主要是用各种分子筛。改变催化剂的加氢组分和酸性载体的配比关系,便可以得到一系列适用于不同场合的加氢裂化催化剂。一般认为,金属组分是加氢活性的来源,酸性载体保持催化剂具有裂化和异构化活性,也可以认为催化剂金属组分的主要功能是使容易结焦的物质迅速加氢而使酸性活性中心保持稳定。但只有加氢活性和酸性结合成最佳配比,即达到加氢—裂化活性的适宜配伍,才能得到优质的加氢裂化催化剂。一般要根据原料性质、生产目的等实际情况来选择适宜配伍的加氢裂化催化剂。例如,一段加氢裂化的目的是生产中间馏分油时,对催化剂的要求是:催化剂对多环芳烃有较高的加氢活性,对原料中的含硫、含氮化合物有较好的抗毒性和中等的裂化活性。两段加氢裂化希望最大限度地生产石脑油(或石脑油和中间馏分油),所用原料比较重,含硫含氮较多,所以第一段加氢的目的是为第二段加氢裂化制备原料,此时要求第一段催化剂同时具有脱硫脱氮活性,第二段催化剂必须是由酸性载体制成的裂化和异构化活性都很强的催化剂。当加氢裂化目的是制取航空煤油时,要求催化剂具有较高的脱芳烃活性。对上述各种催化剂,都要求催化剂具有较高的稳定性、再生性和抗毒性。由此可见,加氢裂化催化剂不仅品种繁多,而且性能也各异。

1. 加氢裂化催化剂的组成和性能

1) 加氢裂化催化剂的加氢活性组分

与加氢精制催化剂相同,加氢裂化催化剂的活性组分也主要是ⅥB族和Ⅷ族的几种金属元素,如Co、Ni、Mo、W的硫化物,此外还有贵金属Pt、Pd等元素,其加氢原理及要求与前述相同。其中,Co、Ni、Mo、W的硫化物抗硫、氮中毒能力强,应用广泛,既可以用于两段加氢裂化的第一段裂化剂,也可以用于第二段裂化剂;而Pt、Pd等贵金属抗硫、氮中毒能力差,只能用于两段加氢裂化的第二段裂化剂。

研究表明,ⅥB族和Ⅷ族金属组分之间相互组合的加氢活性比单独组分的加氢活性好,各种组分组合的加氢活性排列顺序为

$$Ni-W > Ni-Mo > Co-Mo > Co-W$$

对加氢脱氮、加氢脱金属、加氢异构化反应,上述次序不变,而在加氢脱硫时Co-Mo活性最高。加氢裂化催化剂最常使用的加氢活性组分还是Ni-Mo和Ni-W。当然,如何选择组分间的搭配,除考虑加氢组分外,尚需综合考虑制造成本等因素。

此外,金属组分间的组合应存在一个最佳原子比,以得到最好的加氢脱氮、加氢脱硫、加氢裂化和加氢异构化活性。不少研究表明,当Ⅷ族金属与ⅥB族金属原子比为0.5左右时,催化剂有最高的加氢活性。如有的学者认为MoO_3含量为17%~19%,Mo以最大量单分子层形式分散,此时$Ni/(Ni+Mo)$原子比为0.5,加氢活性最高。又如用不同原子比的Ni-W系催化剂进行考察,发现当$Ni/(Ni+W)$原子比为0.5左右时,芳环相对加氢活性最高。

当然,对于不同目的的加氢裂化催化剂,其酸性组分、加氢活性组分的比例以及加氢活性组分的最佳原子比有可能不完全相同。

2) 加氢裂化催化剂的载体

加氢裂化催化剂的酸性载体主要有无定性硅酸铝和分子筛。酸性载体的作用有:增加有效表面积和提供合适的孔结构;提供酸性中心和裂化活性;提高催化剂的机械强度;提高催化剂的热稳定性;增加催化剂的抗毒性能;节省金属组分用量,降低成本。

早期的加氢裂化催化剂采用无定性硅酸铝载体,20世纪60年代中期,工业上开始采用含分子筛的加氢裂化催化剂。含分子筛加氢裂化催化剂的特点是:其酸性中心的强度和类型与无定型硅酸铝相类似,但是酸性中心的数量(或密度)约为无定型硅酸铝的十倍,并且可以通过分子筛改性广泛地调节阳离子组成和骨架的硅/铝比来调变酸性,例如酸中心类型、密度、强度和强度分布。在制备这类催化剂时,可以采用不同的阳离子和各种结构类型的分子筛,同时可以用不同的方法把分子筛添加到催化剂中去。通过这些手段可以有目的地调变催化剂的活性和选择性,并制造出适应不同原料性质和生产目的的催化剂。这些催化剂不仅裂化活性强、反应温度低、稳定性好而且抗氮中毒能力强。根据文献报道,制备加氢裂化催化剂采用的分子筛,除了Y型和超稳Y型外,还采用β沸石、毛沸石、丝光沸石、ZSM-5、ZSM-8以及菱钾沸石等。近年来,国内还研制成功一种SSY分子筛,其抗氮能力及酸强度均明显高于超稳Y型分子筛。还应指出,无定性硅酸铝的优点是中间馏分选择性尤其是航煤(喷气燃料)选择性高,因此依然是加氢裂化催化剂的常用载体。

此外,为提高加氢裂化催化剂的机械强度和抗热冲击能力,常采用氧化铝($\gamma-Al_2O_3$或$\eta-Al_2O_3$)为黏结剂。载体中分子筛含量一般在30%~70%,其余为氧化铝。可以采用一种分子筛,也可以是多种分子筛的组合。由于含分子筛加氢裂化催化剂的合成方法很多,而且采

用的组分也不同,因此已研制出许多适合不同原料和生产目的的催化剂。

3)加氢裂化催化剂的类型和发展趋势

根据目标产品的不同,加氢裂化催化剂可以分为轻油型、中油型、尾油型和灵活型四类。其中,轻油型以最大量生产石脑油(作为重整原料)为目标,多采用两段全循环加氢裂化工艺;中油型以最大量多产航煤(喷气燃料)和轻柴油等中间馏分油为目标,可以采用一段加氢裂化工艺(部分循环或全循环)、单段一次通过加氢裂化工艺或两段加氢裂化工艺(部分循环或全循环);尾油型以最大量生产>350℃加氢裂化尾油为目标(作为蒸汽裂解制乙烯原料或润滑油原料),一般采用单段一次通过加氢裂化工艺;灵活型则兼顾石脑油、航煤(喷气燃料)和轻柴油甚至尾油的生产,以实现目标产品的灵活性调整,可以采用一段加氢裂化工艺(部分循环)或两段加氢裂化工艺(部分循环)。从裂化活性看,轻油型、中油型、尾油型和灵活型加氢裂化催化剂的裂化活性顺序一般为:轻油型>中油型≈灵活型>尾油型。也就是说,轻油型加氢裂化催化剂的酸性组分含量高,酸性位密度大、酸性强,而加氢活性组分含量低,裂化活性高于加氢活性;与此相反,尾油型加氢裂化催化剂的酸性组分含量低,酸性位密度小、酸性弱,而加氢活性组分含量高,加氢活性高于裂化活性;中油型和灵活型加氢裂化催化剂的酸性组分和加氢活性组分含量适中,酸性位密度适中、酸性适中,加氢活性与裂化活性相当。

加氢裂化催化剂的发展趋势主要是提高活性、活性稳定性和目标产品选择性。提高活性则可以降低反应温度,增加空速,从而有利于增加处理量,降低能耗,减缓生焦速率,延长操作周期;近20年来,加氢裂化催化剂的反应温度降低了近20℃。提高活性稳定性则可以降低反应压力,从而有利于降低能耗,延长操作周期;加氢裂化催化剂的操作周期从1~2年延长至2~3年甚至4年。提高目标产品选择性则可以增加目标产品收率,从而有利于降低原料消耗,减少低价值副产物干气和液化气产率,提高氢气的有效利用率;加氢裂化催化剂的目标产品选择性提高了近10个百分点。

另外,加氢裂化催化剂的研发和生产逐渐趋于专业化和集约化。目前,国外加氢裂化催化剂的研发和生产主要集中在UOP、Chevron、Axens等少数几个公司,我国加氢裂化催化剂的生产主要集中在中石化催化剂公司,研发单位为中石化的石油化工科学研究院和大连石油化工研究院(原抚顺石油化工研究院)。以上各催化剂供应商均有系列化的加氢裂化技术及配套的催化剂。我国加氢裂化催化剂的性能已经达到与国外同类催化剂相当的水平。

2. 加氢裂化催化剂的制备

与加氢精制催化剂相似,加氢裂化催化剂也是负载型催化剂,其制备方法与加氢精制催化剂相同或相近,在此不再赘述。所不同的是在加氢裂化催化剂制备过程中需要加入较多(20%~60%)的酸性载体组分(裂化活性组分,如分子筛)。所用的分子筛必须经过H^+、NH_4^+或稀土离子等阳离子交换使其具有较强的酸性,而且还要经过稀酸或高温水蒸气扩孔处理等使其产生较多的二次孔,以利于大分子的扩散和裂化反应,同时提高其活性稳定性。

三、加氢催化剂的预硫化

研究表明,Co、Ni、Mo、W的氧化物并不具有加氢活性,只有以硫化物状态(实际上是低价态、非化学计量的金属硫化物)存在时才具有较高的加氢活性。由于这些金属的硫化物易于氧化不便运输和储存,所以目前国内工业化的石油馏分加氢催化剂大多数还是以其氧化态装入反应器,然后再在反应器内在一定温度、氢气和硫化氢的存在下将其转化为硫化态,这一过程称之为器内预硫化或原位预硫化。

负载型 Co、Ni、Mo、W 氧化物催化剂中金属的硫化反应是很复杂的,实际上是金属氧化物的还原—硫化过程,是强放热反应,可大体表示如下:

$$4NiO + 3H_2S + H_2 \xrightarrow{200 \sim 350℃} NiS + Ni_3S_2 + 4H_2O \tag{9-38}$$

$$9CoO + 8H_2S + H_2 \xrightarrow{200 \sim 350℃} Co_9S_8 + 9H_2O \tag{9-39}$$

$$WO_3 + 2H_2S + H_2 \xrightarrow{200 \sim 350℃} WS_2 + 3H_2O \tag{9-40}$$

$$MoO_3 + 2H_2S + H_2 \xrightarrow{200 \sim 350℃} MoS_2 + 3H_2O \tag{9-41}$$

在催化剂预硫化过程中最关键的问题,就是要避免催化剂床层飞温和催化剂中活性金属氧化物与硫化氢反应前被热氢还原。因为被还原生成的金属态 Co、Ni、Mo 及 W 或其低价氧化物(如 Mo_2O_5 和 MoO_2)较难与硫化氢反应转化为具有加氢活性的低价态硫化物,而金属态的 Co 和 Ni 又易于使烃类氢解并加剧生焦,从而降低催化剂的活性和稳定性。

加氢催化剂的器内预硫化过程有两种,一是干法预硫化,即将硫化剂(硫化氢或易分解的低分子有机含硫化合物)直接注入反应器入口处与氢气混合后进入催化剂床层进行硫化;二是湿法预硫化,即将硫化剂加入直馏石脑油、航空煤油或直馏轻柴油中形成硫化油,然后通入反应器内与催化剂接触进行硫化反应,如果原料油(仅限于直馏石脑油、直馏航空煤油或直馏柴油馏分)本身硫含量很高,也可依靠其自身硫化,从而省去使用硫化油和硫化剂。但是,自身硫化的效果不如外加硫化剂硫化。一般来说,硫化油馏分应是不含烯烃、芳烃含量低、氮含量低(<100μg/g)的轻质直馏石油馏分,干点不大于 350℃,最好干点不大于 320℃。

干法预硫化的优点是不需制备硫化油,而将硫化剂直接注入反应器,硫化过程简便,但催化剂床层"飞温"风险较大。湿法预硫化的优点是硫化油热容量大、汽化潜热大,可以有效地携带和排出硫化热,从而显著降低催化剂床层"飞温"风险,但需要使用硫化油。目前两种方法均在使用,但湿法预硫化较为广泛。另外,采用湿法预硫化时,硫化剂的注入位置选在加热炉入口处,可减少设备腐蚀。但采用干法硫化时,为了避免反应器上游设备管线的内表面金属腐蚀,硫化剂的注入位置应选靠近反应器入口处。

我国常用的硫化剂是二硫化碳和二甲基二硫化物,也有用正丁基硫醇和二甲基硫醚的,它们的硫含量及分解温度见表 9-14。其中,CS_2 最便宜,是过去最常用的硫化剂,但 CS_2 自燃点低(约 124℃)、有毒、运输困难,使用时必须采取预防措施,现在已较少使用。二甲基二硫化物硫含量较高,分解温度较低,比较安全,目前应用最广泛。硫化剂在硫化油中的浓度一般在 1%~2% 之间,也可以根据硫化过程中循化氢中硫化氢浓度控制硫化剂的加入速度,例如控制硫化氢浓度不超过 5%。硫化剂的最终注入量一般控制在催化剂活性组分完全硫化理论需硫量的 130%~150%,也可以根据最高硫化温度时循化氢中硫化氢浓度或冷高分出水量变化确定,如最高硫化温度时 4h 内循化氢中硫化氢浓度持续上升或冷高分出水量不再增加,即可认为硫化完全,结束注硫化剂。

表 9-14 常用硫化剂的性质

硫 化 剂	硫含量(质量分数),%	分解温度,℃
CS_2	84.2	175
CH_3SSCH_3	68.1	200
$n-C_4H_9SH$	34.7	225
$(CH_3)_2S$	51.1	250

催化剂的硫化效果取决于硫化条件,即温度、时间、H_2S 分压、硫化剂的浓度及种类等,其中温度对硫化过程影响较大。硫化速度随温度升高而增加,而每个温度下催化剂的硫化程度有一极限值,达到此值后即使再延长时间,催化剂上的硫含量也不会明显增加。这说明催化剂上存在着硫化难易程度不同的活性组分。工业上,加氢催化剂的器内预硫化采用逐步升温、梯次预硫化的办法,温度一般在 230~330℃,如表 9-15 所示,预硫化温度过高对催化剂的活性反而不利。

表 9-15 预硫化温度对加氢催化剂活性的影响

预硫化温度,℃	催化剂 A		催化剂 B	
	相对加氢脱硫活性,%	相对加氢脱氮活性,%	相对加氢脱硫活性,%	相对加氢脱氮活性,%
270	138	103	101	122
300	132	103	107	118
330	127	101	105	119
370	120	101	89	108

以胜利炼油厂柴油加氢装置 N-22 加氢精制催化剂的干法预硫化为例,预硫化条件及操作方法是:反应器入口温度达到 177℃,开始注入 CS_2,控制反应器床层温度不大于 232℃,恒温 4.3h;然后升温转入第二阶段,这时反应器入口温度达到 204~371℃,反应器床层温度最高点不大于 400℃,反应器出口气体中 H_2S 浓度在 0.3%~1.0%之间,继续恒温 4.5h。当 H_2S 浓度达到 1.0%时,再恒温循环 2h,当高压分离器无水脱出时,即表示预硫化结束,共历时 17h。图 9-11 为 N-22 加氢精制催化剂预硫化升温曲线图。

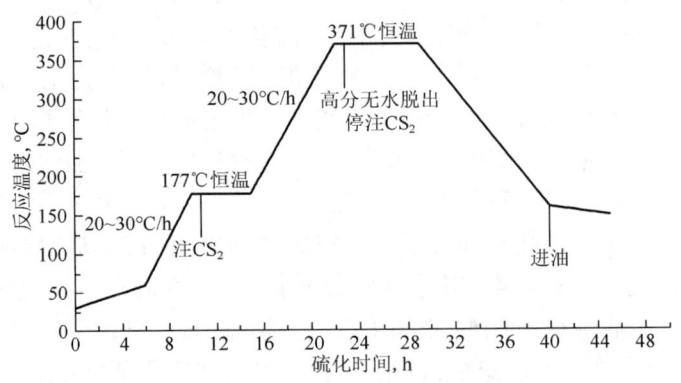

图 9-11 N-22 加氢精制催化剂预硫化升温曲线图

器内预硫化需要设置专门的预硫化设施(硫化剂储罐、进料泵、管道、阀门和控制系统),并且存在着硫化度不高、不安全、床层飞温风险、腐蚀、环保等一系列问题。为此,近年来开发出了加氢催化剂器外预硫化技术,即在催化剂制造过程中采用特殊的技术和专门的预硫化装置将催化剂预先硫化制成硫化态催化剂,或将固体和液体硫化剂预制在催化剂中并经处理制成半预硫化的催化剂。此类催化剂装入反应器后只需要经过氢气存在下的升温处理即可使用,从而一方面避免了器内预硫化的麻烦,缩短了加氢装置开工时间,也提高了催化剂的活性。目前,国外预硫化型加氢精制催化剂应用的较为广泛,我国应用较少。可以预见,未来预硫化型加氢催化剂会获得广泛使用,而且,其他石油馏分加氢催化剂(包括加氢裂化催化剂)也会逐渐采用预硫化制备技术。

四、加氢催化剂的失活与再生

石油馏分加氢催化剂在工业加氢装置中长时间使用过程中活性会逐渐下降,这一过程称为失活。加氢催化剂失活的原因主要有积炭(或结焦)、中毒、聚结和沉积。所谓积炭(或结焦)是指在工业加氢装置中,不管处理哪种原料,由于少量原料发生缩合反应,催化剂表面活性位(加氢活性位和酸性位)便逐渐被积炭覆盖,使它的活性降低。酸性位(裂化活性位)比加氢活性位更容易积炭失活。一般来说,积炭主要发生在催化剂床层的高温部位,例如反应器的底部、加氢裂化过程的裂化反应器中或裂化剂床层上。但富含烯烃甚至二烯烃的二次加工原料如焦化汽油或焦化柴油,在反应器入口易产生热点,引起快速结焦或积炭。加氢催化剂活性位的中毒有两类,一是酸性位吸附碱性物质(主要是难反应的含氮有机化合物)造成的中毒,在去除碱性物质后会恢复活性,谓之为可逆中毒;另一种是不可逆中毒,包括油品中的铅、砷、硅等金属与加氢活性组分反应生成非活性物质导致加氢活性的降低或丧失,碱金属或碱土金属与酸性位结合造成的裂化活性降低或丧失。氮和金属含量高的重质原料如常压渣油或减压渣油最容易造成加氢催化剂中毒。聚结是指加氢催化剂在使用过程中长时间暴露于高温和氢气气氛中,加氢活性组分金属或金属硫化物纳米粒子会逐渐发生表面迁移、聚集、融并和长大的过程,从而造成加氢活性组分表面积减小,导致加氢活性的降低或丧失。此外,原料油中的各种金属元素(主要是 Fe、Ni 和 V)均会在催化剂的孔道内、颗粒表面甚至颗粒间隙沉积,各种来源的机械杂质(固体颗粒物)也会在催化剂的颗粒表面甚至颗粒间隙沉积,这些沉积物会使催化剂活性减弱,严重时使其孔隙被堵塞,导致反应物在床层内分布不良,造成床层堵塞,引起床层压降过大。机械杂质沉积最容易发生在反应器顶部床层入口处,金属沉积则多集中在反应器上部床层。加氢催化剂的失活速度与催化剂性质、所处理原料的杂质含量、馏分组成及操作条件有关。催化剂裂化活性越高、原料越重、分子量越大、杂质含量尤其是金属含量越高、氢分压越低和反应温度越高,则失活速度越快。一般来说,工业加氢装置在运转过程中通过逐步提高反应器温度的办法维持催化剂活性,当催化剂的活性降低到一定程度,反应器温度已经达到极限或催化剂床层温度已经达到极限使用温度,仍然无法满足产品要求时,必须进行催化剂再生。通常加氢精制催化剂可以再生 1~2 次,加氢裂化催化剂只能再生 1 次,但渣油加氢催化剂因金属沉积造成的不可逆中毒严重,不能再生。

催化剂失活的各种原因带来的后果是不同的。由于积炭而失活的催化剂可以用烧焦办法再生;金属中毒的催化剂不能再生;而反应器顶部催化剂床层有沉积物,需将催化剂卸出并将一部分或全部催化剂过筛。加氢催化剂上的积炭可以通过烧焦而除去,以基本恢复其活性。但须指出,在烧焦的同时,金属硫化物也要发生燃烧,所以释放的热量是很大的,见表 9-16。如不加控制,再生温度就会太高。而过高的再生温度会造成活性金属组分的熔结,从而导致催化剂活性的降低甚至丧失;此外也会使载体的晶相发生变化,晶粒增大,表面积缩小。当有蒸汽存在时,在高温下上述变化更为严重。而再生温度过低,则会使催化剂上积炭燃烧不完全,或燃烧时间过长。实践证明,加氢处理催化剂的最高再生温度一般都控制在 450~480℃范围内。

表 9-16 加氢催化剂再生反应热效应

反应	反应热, kJ/mol	反应	反应热, kJ/mol
$MoS_2 + 3.5O_2 \longrightarrow MoO_3 + 2SO_2$	-1108.8	$C + O_2 \longrightarrow CO_2$	-394.8
$Co_9S_8 + 12.5O_2 \longrightarrow 9CoO + 8SO_2$	-3780	$H_2 + 0.5O_2 \longrightarrow H_2O$	-247.8

催化剂再生时,采用在惰性气体中加氧的方法进行。氧含量从0.5%逐渐提高到1.0%。所用的惰性气体可以是蒸汽也可以是氮气,其中以用氮气时活性恢复效果较好,再生速度也较快。

加氢催化剂的再生可以采取器内的方式,即装置停工后无需卸出催化剂,通入再生气体逐步升温再生;也可以采取器外的方式,即将催化剂卸出,然后在专门的再生装置中再生。过去加氢催化剂主要采用器内再生,其优势是无需卸出和重装催化剂,过程简便,节省时间;其缺点是无法剔除催化剂结块和粉尘、再生不完全、活性恢复度不高,不能避免对加氢装置的腐蚀和再生飞温的风险。目前加氢催化剂的再生已经全部采用器外再生。器外再生的优点在于:可以剔除催化剂结块和粉尘、再生完全、活性恢复度高,完全避免了对加氢装置的腐蚀和再生飞温的风险。

尚需指出,由于在一定温度下加氢催化剂上的活性硫化物及吸附的油料与空气接触后会自燃,因此最好在停工后卸出催化剂之前先用热氮气将反应器吹扫干净,冷氮气吹扫降温至50℃以下,再向反应器中缓慢注入含氧0.5%的氮气,然后逐步提高氧含量至全部用空气置换,降温至50℃以下后再打开反应器卸剂。在处理重质原料时,例如减压馏分和渣油,更换催化剂可以不预先进行氧化钝化而将催化剂卸出,因为这时催化剂一般结焦很多,催化剂的孔隙被很黏稠的或者在常温下易凝的重质烃类所充满,这样就大大减少了在接触空气时发生自燃的危险。

第三节 加氢过程的工艺流程及操作条件

一、影响石油馏分加氢过程的主要因素

视频9-5 加氢过程的影响因素

影响石油馏分加氢过程的主要因素有反应压力、反应温度、空速、氢油比、原料和催化剂等。下面将重点讨论反应压力、温度、空速及氢油比的影响,并将着眼点主要放在如何提高加氢过程的效率,因此除了讨论它们对反应速率的影响外,还涉及热力学方面的问题。

1. 反应压力

由于石油馏分加氢过程通常是连续流动反应系统,反应器有一定的压力降,如不特别说明,反应压力一般是指反应器入口压力。对于加氢过程,反应压力的影响是通过氢分压来体现的。系统中的氢分压决定于操作压力、氢油比、循环氢纯度以及原料的汽化率。

对于含硫化合物的加氢脱硫和烯烃的加氢饱和反应,在压力不太高时就可以达到较高的平衡转化率。例如噻吩在500~700K范围内的加氢反应,当压力提高至1MPa时,噻吩加氢脱硫的平衡转化率就达到99%。因此在较高的反应压力下,汽油馏分加氢精制的反应深度基本上不受化学热力学控制,而取决于反应速度和反应时间。例如,汽油在氢分压高于2.5MPa压力下加氢精制条件下一般处于气相,提高压力使汽油的停留时间延长,从而提高了汽油的精制深度。在氢分压高于3MPa时,催化剂表面上氢的吸附浓度已达到饱和状态,如操作压力不变,通过提高氢油比来提高氢分压则精制程度下降,因为这时会使原料油的分压降低。

柴油馏分(200~350℃)加氢精制的反应压力一般在4MPa(氢分压3MPa)以上,可以达到良好的精制效果,但是压力对柴油加氢精制的影响要复杂一些。柴油馏分在加氢精制条件下

可能完全汽化,也可能部分汽化,这时反应物处于气液混相。在原料完全汽化的纯气相反应中,提高反应压力使反应时间延长,可以提高精制深度。表 9-17 列出了反应压力对焦化柴油加氢精制深度的影响。由该表可见,提高反应压力,精制深度增大,特别是脱氮率显著提高,这是因为脱氮反应速度较慢;而对脱硫率影响不大,这是因为脱硫速度较快,在较低的压力时已有足够的反应时间。在加工含氮较高的原料时,为了保证达到一定的脱氮率而不得不提高压力、提高温度或降低空速。

表 9-17 反应压力对焦化柴油加氢精制深度的影响(催化剂:$Mo-Ni/\gamma-Al_2O_3$)

项 目	原 料 油	生成油	
		7MPa	3MPa
密度(20℃),g/cm³	0.8366	0.8106	—
总氮,μg/g	1562	418	914
碱氮,μg/g	1116	409	911
硫(质量分数),%	0.945	0.006	0.01
胶质,mg/100mL	413	2.2	4.6
溴价,g 溴/100g 油	46.3	3.07	6.01
脱氮率,%	—	73.2	41.5
脱碱氮率,%		61.4	14.2
脱硫率,%		99.1	99.1

尚需指出,如果温度、空速和氢油比不变,将反应压力提高到某个值时,柴油加氢反应系统中会出现液相或原料油汽化率降低、液相区增加。在开始出现液相后,继续提高压力有可能会使精制效果变差。这是因为反应物处于气液混相时,气相和液相反应共存,压力的影响出现两个相互矛盾的现象:一方面对气相反应,有液相存在时,氢通过液膜向催化剂表面扩散的速度往往是影响反应速度的控制因素,这个扩散速度与氢分压成正比而与催化剂表面上液膜厚度成反比。因此,在出现液相之后,提高反应压力会使催化剂表面上的液膜加厚,从而降低反应速度。另一方面,对液相反应,提高压力会增加氢气的溶解度,从而增加反应速度。以上两方面的影响此消彼长,是降低反应速度还是提高反应速度,取决于液相区和气相区的相对比例。在氢油比较大的情况下(如常规柴油加氢过程,氢油比一般在 300~600),气相区/液相区 >> 1,提高压力有可能降低反应速度,使精制效果变差。在氢油比较小的情况下(如柴油液相加氢过程,氢油比一般在 50~100),液相区/气相区 >> 1,提高压力必然增加反应速度,使精制效果变好。这也是近年来新出现并获得工业应用的柴油液相加氢工艺均采用较高压力(比常规柴油加氢一般高 50%)、较高温度(比常规柴油加氢一般高 20℃)的原因。

大于 350℃ 的重馏分油在加氢精制条件下,处于气液混相,而且液相区/气相区 > 1,因此提高氢分压能显著地提高反应速度而提高精制效果。当然从降低设备投资和操作费用考虑,在满足加氢精制效果的前提下,反应压力应尽可能低。

芳烃加氢反应的转化率随反应压力升高而显著提高。提高反应压力不仅提高了可能达到的平衡转化率,而且也提高了反应速度。动力学计算表明,随反应压力的提高,芳烃加氢反应速度成倍提高。例如,反应压力从 5MPa 或 10MPa 分别提高到 20MPa,柴油中芳烃的反应速度分别可提高 20 倍、5.5 倍。图 9-12 是含芳烃 50% 的柴油馏分在 WS_2 催化剂上加氢反应的试验结果。由该图可看出,在较高的反应压力下,芳烃转化率较高,而在低压范围内,即使反应时

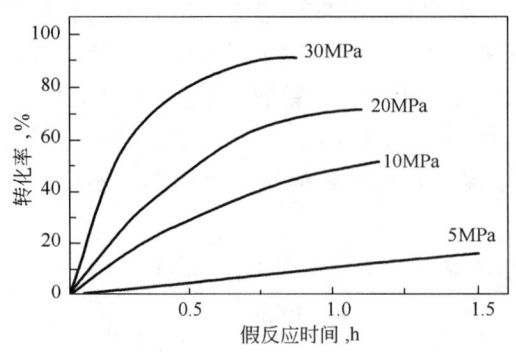

图 9-12 反应压力对柴油中芳烃转化率的影响

间延长,也不能达到像高压时那样高的转化率。在 20MPa 时,当假反应时间超过 1h 后,继续延长反应时间对提高芳烃的转化率没有什么影响,说明反应已接近化学平衡,此时提高反应压力的作用主要是提高平衡转化率。这说明,在加氢精制条件下,芳烃加氢属于受热力学控制的一类反应。因此,芳烃含量较高的原料应采用较高的反应压力。

加氢裂化原料一般是较重的馏分油,其中含有较多的多环芳烃,因此,在给定的反应温度下,选用的反应压力应当能保证环数最多的稠环芳烃有足够的平衡转化率。芳烃环数越多,其加氢平衡转化率越低。因此,加氢裂化所用原料越重,需采用的反应压力越高。工业上加氢裂化采用的反应压力,根据原料组成不同,大体如下:直馏瓦斯油约 8MPa,减压馏分油和催化裂化循环油为 10~15MPa,而渣油则要用 15~20MPa。

反应压力对加氢裂化反应速度和转化率的影响,因所用催化剂的类型不同而有所不同,在使用加氢活性高而裂化活性低的催化剂时,加氢裂化转化率随压力升高而增加。这种规律一直继续到很高的压力。反应压力对加氢裂化反应速度的影响比较复杂,从表 9-18 的数据来看,在所用试验条件下,甲基萘处于气液混相,甚至完全液相(压力高时),此时提高反应压力一方面会加快氢通过液膜向催化剂表面上的扩散速度,另一方面又由于液膜厚度随压力升高而增加,又增加了氢向催化剂表面扩散的阻力。综合的结果,要根据具体情况来定。

表 9-18 工业甲基萘(沸点 219℃)在高加氢活性催化剂上的加氢裂化试验结果

反应压力,MPa	<204℃ 液体产物产率(体积分数),%	
	反应温度 370℃	反应温度 400℃
10.5	11.0	23.5
21	20.0	36.0
42	27.5	50.5
80.5	41.5	—
168	53.5	

从萘加氢裂化的反应进程来说,提高反应压力有利于转化率的提高。在试验条件下,随反应压力升高,由反应时间和反应速度的变化引起的综合结果是转化率有所提高,但是在压力高于 21MPa 时,转化率随压力提高增加的倍数比随反应时间延长增加的倍数低得多。因此,在高于 20MPa 时,提高反应压力使反应速度增加的效果有所放缓。表 9-19 的数据也表现出类似的情况。表 9-19 的结果表明,随反应压力增加,产物的硫、氮含量,密度和碘值(烯烃含量)、总芳烃、中芳烃和重芳烃含量均下降,<180℃汽油和柴油馏分(180~350℃)收率增加,>350℃未裂化尾油收率降低,这说明提高压力有利于增加加氢脱硫、脱氮、烯烃饱和、芳烃饱和、裂化等反应的平衡转化率和反应速度。但是,反应压力在 15MPa 下轻芳烃含量出现最大值,是由于加氢裂化是平行连串反应,一方面多环芳烃加氢成轻芳烃,另一方面轻芳烃本身又加氢然后裂化成烷烃。当生成轻芳烃的速度大于其裂化速度时,轻芳烃的含量增加,反之则减少,因此在变化过程中出现转折点。从表 9-19 和图 9-13 中还可以看到,提高反应压力可使

催化剂使用周期延长,这是因为反应压力的提高,促进了含氮化合物(毒物)的加氢裂化并抑制了缩合反应。此外,图9-13还说明原料的氮含量对加氢裂化催化剂活性稳定性影响显著,为维持长时间的运转周期,必须采用较高的反应压力并采用前置加氢精制反应器或催化剂床层,以便尽可能降低加氢裂化进料的氮含量。

表 9-19 反应压力对加氢裂化产品产率和质量的影响

项目		原料	不同反应压力下的产物			
			5MPa	10MPa	15MPa	25MPa
硫(质量分数),%		2.20	0.26	0.10	0.08	0.06
氮(质量分数),%		0.10	0.08	0.02	0.01	<0.01
相对密度 d_4^{20}		0.916	0.876	0.859	0.847	0.839
碘值,g 碘/100g 油		13.6	5.3	4.1	1.5	0.6
芳烃(质量分数),%	总芳烃	49.5	47.5	36.6	32.2	25.3
	轻芳烃	20.0	16.4	13.6	17.8	15.7
	中芳烃	15.0	12.2	8.8	6.7	5.8
	重芳烃	14.5	13.9	12.5	7.7	3.8
反应产物收率(质量分数),%	<180℃	—	2.7	4.3	5.0	6.2
	180~350℃	10.0	46.4	52.2	52.4	55.5
	>350℃	90.0	50.0	43.5	42.6	38.3
催化剂使用周期,月		—	3~4	6~7	—	—

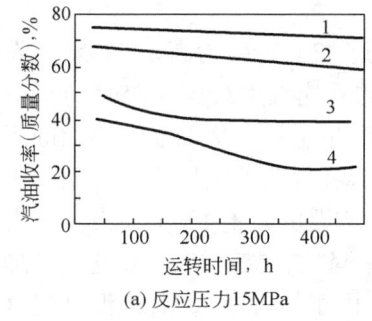
(a) 反应压力15MPa

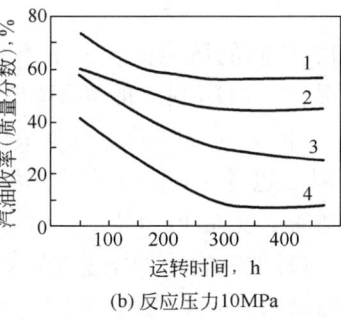
(b) 反应压力10MPa

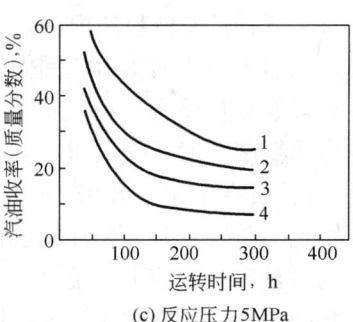
(c) 反应压力5MPa

图 9-13 反应压力和原料含氮量对催化剂使用周期的影响

原料含氮量(质量分数),%　1—0.006;2—0.01;3—0.02;4—0.06

在使用加氢活性低而裂化活性高的催化剂时,随反应压力升高,加氢裂化转化率出现先增大而后又下降的现象。表9-20列出了沸程为352~482℃的白凡士林在高酸性加氢裂化催化剂上的反应数据。由表中数据可见,在反应压力升高的过程中,转化率出现最大值,这说明,在高压下(>21MPa)提高反应压力反而使加氢裂化速度降低。这一现象的可能原因是:在高酸性催化剂上进行的加氢裂化反应是遵循正碳离子机理进行的,而烯烃是正碳离子的引发剂。当压力升高时,烯烃的热力学产率降低,使正碳离子的生成速度降低。另外,压力升高也使氢在催化剂表面上的吸附浓度增大,促进了正碳离子的加氢饱和而淬灭。因此,进一步增加反应压力反而使加氢裂化反应的速度下降。当反应压力过低时,催化剂表面上的氢浓度低,使许多酸性中心因结焦而失活,失去作用,此时提高压力可以提高反应速度。由于上述原因,在反应压力升高时,反应速度的变化中出现了最大值(表现在<343℃馏分的收率上)。

表 9-20　反应压力对白凡士林加氢裂化产品收率的影响（低加氢、高裂化活性催化剂）

反应压力,MPa	10.5	21	42	84	168
<343℃馏分收率(质量分数),%	42.1	50.9	30.5	20.0	10.0

在工业加氢过程中,反应压力不仅是一个操作因素,而且也关系到工业装置的设备投资和能量消耗。因此,在达到预期效果和保证催化剂足够长的操作周期的前提下,应尽可能使用较低的反应压力。

2. 反应温度

石油馏分加氢过程是中等或强放热反应,反应器温升显著,反应温度一般是指反应器中催化剂床层的平均温度,对于单一催化剂床层、单一反应器的加氢过程,可以用反应器入口和出口温度的平均值表示反应温度;但对于多个催化剂床层或多个反应器的加氢过程,最好用每个催化剂床层的平均温度的加权值表示反应温度,即:

$$T = \sum_{i=1}^{n} C_i \cdot \left(\frac{T_i^{出} - T_i^{入}}{2} \right) \tag{9-42}$$

式中,T 为反应温度;i 为第 i 个催化剂床层;n 为催化剂床层数;$T_i^{出}$ 为第 i 个催化剂床层的出口温度;$T_i^{入}$ 为第 i 个催化剂床层的入口温度;C_i 为第 i 个床层的催化剂体积占总催化剂体积的分数。

提高反应温度会使加氢精制和加氢裂化的反应速度加快。由于加氢裂化的活化能较高(125~210kJ/mol),加氢裂化反应速度随温度升高提高得更快一些。工业上希望有较高的反应速度,但反应温度的提高受某些反应的热力学限制,所以,必须根据原料性质和产品要求等条件来选择适宜的反应温度。

在通常使用的压力范围内,加氢精制的反应温度一般不超过420℃,因为高于420℃会发生较多的裂化反应和脱氢反应。重整原料精制一般采用较低的反应温度(300~350℃)。航空煤油精制一般只采用260~320℃,因为在较高温度下生成的微量烯烃会影响航空煤油的氧化安定性;在反应压力5MPa下当温度超过370℃时,四氢萘和十氢萘发生脱氢而生成萘的平衡转化率急剧上升。柴油加氢精制的温度在400℃以下,因为反应温度高于400℃会发生环烷烃的脱氢反应而使十六烷值降低,同时加氢裂化加剧使柴油收率降低、氢耗增大。焦化柴油加氢精制过程中温度对转化率的影响如图 9-14 所示,由图可见,由于热力学限制,当温度超过420℃时,脱硫率和烯烃饱和率下降。由于上述原因,加氢精制的床层最高温度也不应超过420℃。

在加氢裂化过程中提高反应温度,裂化反应速度提高得较快,所以随反应温度升高,反应产物中低沸点组分含量增多,烷烃含量增加而环烷烃含量下降,异构烷烃和正构烷烃的比值下降。图 9-15 表示反应温度对减压瓦斯油加氢裂化的影响。由图可见,随反应温度的提高,脱硫率增加,<350℃裂化产物收率增加。一般加氢裂化所选用的温度范围较宽(260~440℃),这是根据催化剂的性能、原料性质和产品要求来确定的。其中,分子筛负载的 Pt-Pd 贵金属催化剂,由于 Pt-Pd 的加氢活性高,低温活性好,一般使用温度在 260~320℃;分子筛或无定形硅铝负载的 Ni-Mo 和 Ni-W 硫化物催化剂,由于 Ni-Mo 和 Ni-W 硫化物的加氢活性低,需要较高的反应温度,一般使用温度在 360~440℃。此外,在加氢裂化过程中由于催化剂表面有积炭生成,催化剂的活性会逐渐下降,为了维持反应速度,随失活程度的增加(运转或操作时间的延长),需将反应温度逐步提高。原料中氮化物尤其是碱性氮化物的存在也会使催

化剂的酸性下降,引起裂化活性降低,为了保持所需的反应深度,也必须提高反应温度。所以,加氢裂化装置在一个运转周期内是变温(逐渐升温)操作的,一般而言,升温达到催化剂的最高使用温度,意味着运转周期的结束。因此,升温速度(℃/d)的大小标志着催化剂活性稳定性的优劣和运转周期的长短;升温速度小,则活性稳定性好,运转周期长,反之亦然。以催化裂化轻循环油加氢裂化为例(反应压力 10.5MPa),根据原料含氮量的不同,反应温度的变化范围见表 9-21。由此可见,原料含氮量对加氢裂化反应温度的影响十分显著。

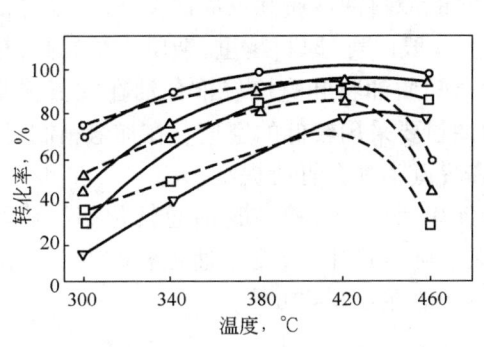

图 9-14　焦化柴油加氢精制温度对脱硫率
(实线)和烯烃饱和率(虚线)的影响
试验条件:压力 4MPa;氢油比 500;
催化剂 Co-Mo/Al₂O₃

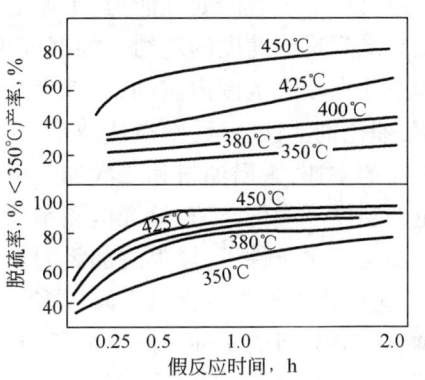

图 9-15　反应温度对减压瓦斯油
加氢裂化的影响

表 9-21　轻循环油含氮量对加氢裂化反应温度的影响

原料含氮量(质量分数),%	0.04	0.10	0.16
反应温度,℃	355~365	385~395	430~435

3. 空速

在石油馏分加氢过程中,空速一般为体积空速,又称液时空速(LHSV—liquid hourly space velocity,h^{-1}),定义为单位体积催化剂上单位时间内通过的反应物体积,即

$$LHSV = \frac{V_{反应物}}{V_{催化剂} \cdot t} \tag{9-43}$$

式中　$LHSV$——液时空速;
　　　$V_{反应物}$——反应物液体体积,m^3;
　　　$V_{催化剂}$——催化剂体积,m^3;
　　　t——时间,h。

对于气体反应物,也称为气体空速(GHSV—gas hourly space velocity,h^{-1})。对于石油馏分的加氢过程,通常原料进料时呈液体状态,以进料时的液体体积计算体积空速。在实际工业应用中,加氢装置的进料的体积流量 $Q_{进料}$(m^3/h)比较容易测得,所以体积空速的计算式如下:

$$LHSV = \frac{Q_{进料}}{V_{催化剂}} \tag{9-44}$$

此外,如果用质量代替体积,得到的空速为重量空速,又称重时空速(WHSV—weight hourly space velocity,h^{-1}),定义为单位时间内单位质量催化剂上通过的反应物质量。一般来说,体

积空速更常用。

空速的倒数在一定意义上可以是反应物在反应器内停留时间的量度,即表观停留时间 $\tau(h)$ 为:

$$\tau = \frac{1}{LHSV} \tag{9-45}$$

而停留时间则与反应时间直接相关。因此,增加空速意味着缩短反应时间,反之亦然。

空速反映了装置的处理能力,工业上希望采用较高的空速,以获得较大的处理能力,但是空速提高受到反应速度的制约。根据催化剂的活性、原料油性质和反应深度不同,馏分油加氢精制的空速在较大范围内波动,从 0.5 到 $10h^{-1}$。一般而言,原料越重,杂质含量越高,精制深度越深,催化剂活性越低,则空速越小,反之亦然。轻质油料和直馏轻馏分油在加氢精制时宜采用较高的空速,重质油料和二次加工中得到的油料要采用较低的空速。在加氢精制过程中,在给定的温度下降低空速,烯烃饱和率、脱硫率和脱氮率都会有所提高。

在加氢裂化条件下,烃类的加氢裂化是平行连串反应。提高空速时总转化率虽然降低不多,但反应产物中轻组分含量下降较多。因此,在实际生产中,改变空速也和改变反应温度一样是调节产品分布的一种手段。加氢裂化的空速一般在 $0.5 \sim 2h^{-1}$。

4. 氢油比

在石油馏分加氢过程中,氢油比是指进入反应器的氢气与原料油的体积比,一般均以标准状态下(25℃和1atm)的氢气体积与原料油液体体积来计量。

在加氢系统中需要维持较高的氢分压,因为高氢分压对加氢反应在热力学上有利,同时也能抑制生成积炭的缩合反应。维持较高的氢分压是通过氢气大量循环来实现的,因此加氢过程所用的氢油比大大超过化学反应所需的数值,即化学氢耗(m^3/m^3)。提高氢油比可以提高氢分压,这在许多方面对加氢反应是有利的,但却增大了动力消耗,使操作费用增加,因此要根据具体条件选择最适宜的氢油比。此外,加氢过程是中等至强放热反应,大量的循环氢可以提高反应系统的热容量,从而减小反应温度变化的幅度。在加氢精制过程中,反应热效应不大,生成的低分子气体量少,可以采用较低的氢油比,例如汽油加氢精制氢油比一般为 100~300,柴油加氢精制为 200~600。在加氢裂化过程中,热效应较大,氢耗量较大,气体产物生成量也较大,所以为了保证足够的氢分压,需要采用较高的氢油比,一般为 1000~2000 甚至更高。

对特定的石油馏分加氢过程,氢油比并非越大越好,有一个适宜的范围。在一定压力下,通过提高氢油比来提高氢分压,则精制深度会出现一个最大值。这种情况可从表 9-22 和图 9-16 中看到。

表 9-22 氢分压和氢油比对直馏柴油加氢精制的影响

氢分压,MPa	氢油比,m^3/m^3	假反应时间,s	脱硫率,%
0.58	125	24.0	38.5
0.73	250	15.8	46.1
0.84	500	9.4	50.0
0.91	1000	5.1	45.4
0.94	2000	2.7	42.3

出现这种现象的原因是:在原料完全汽化以前(气液混相区),提高氢油比(氢分压)有利于原料汽化,而使催化剂表面上的液膜厚度减小,同时也有利于氢气向催化剂表面的扩散。因

此在原料完全汽化以前,提高氢分压(总压不变)有利于提高反应速度。在原料完全汽化后(纯气相区),提高氢分压会使原料分压降低,从而降低了反应速度(柴油加氢精制可视为一级反应)。由此可见,为了使柴油加氢精制达到最佳效果,应选择使原料刚刚完全汽化时的氢分压。一般情况下,当反应压力为 4~5MPa 时,采用氢油比 150~600 可以达到适当的氢分压。

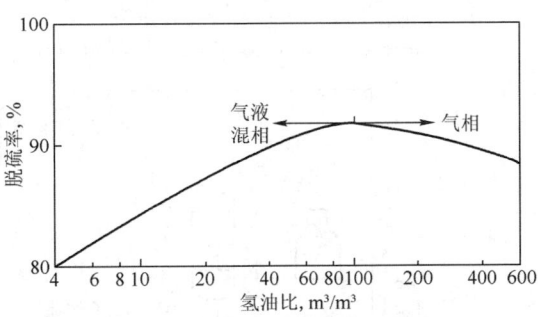

图 9-16 氢油比对直馏柴油加氢脱硫的影响
(反应条件:压力 5.2MPa;温度 377℃;空速 2.4h^{-1};
催化剂 Co-Mo/Al$_2$O$_3$)

总之,石油馏分加氢过程的影响因素(反应压力、反应温度、空速和氢油比)既各不相同又相互关联。例如:温度和空速是互补关系,采用低温低空速或高温高空速可以达到同样的反应深度;低压高氢油比和高压低氢油比也有类似的效果。对特定的原料、加氢过程和产品目标,均有适宜的压力、温度、空速和氢油比范围。从装置投资、操作费用等技术经济上考虑,在满足产品目标和运转周期要求的前提下,应尽可能采用较缓和的工艺条件(较低的压力、较低的温度、较大的空速和较小的氢油比)。当然,具体到某一装置,又千差万别,还应根据实际情况具体分析,不能一概而论。

二、加氢精制工艺流程及操作条件

1. 加氢精制工艺流程

视频 9-6 加氢精制工艺流程及操作条件

加氢精制的原料有汽油、煤油、柴油、减压蜡油和润滑油等各种石油馏分,其中包括直馏馏分和二次加工产物,此外还有渣油的加氢脱硫。加氢精制装置所用氢气多数来自催化重整的副产氢气,只有当副产氢气不能满足需要,或者无催化重整装置时,才另建制氢装置。

1)柴油加氢精制工艺流程

石油馏分加氢精制尽管因原料和加工目的不同而有所区别,但是其基本原理相同并且都采用固定床绝热反应器,因此,各种石油馏分加氢精制的原理工艺流程原则上没有明显的差别。下面以柴油加氢精制流程为例进行讨论(图 9-17)。此外,该工艺流程基本上也适用于除催化裂化汽油以外的汽油馏分(直馏汽油、焦化汽油或混合汽油)、柴油馏分(直馏柴油、焦化柴油、催化柴油或混合柴油)、煤油、蜡油馏分(直馏蜡油、焦化蜡油、润滑油或混合蜡油)的加氢精制。

柴油加氢精制工艺流程包括反应系统,生成油换热、冷却、分离系统以及循环氢系统三部分,在许多流程中还包括生成油注水系统。

(1)固定床加氢反应系统。原料油经换热并与从循环氢压缩机来的循环氢混合,以气液混相状态进入加热炉(炉前混氢),加热至反应温度(在有些装置上也采用循环氢不经加热炉而是在炉后与原料油混合的流程——炉后混氢,此时也应保证混合后能达到反应器入口温度的要求)。根据原料油的沸程、反应器入口温度及氢油比等条件,反应器进料可能是气相,也可能是气液混相。在大多数装置中,物流自上而下通过反应器。对于气液混相进料的反应器,内部设有专门的进料分布器。反应器内的催化剂一般是分层填装以便于注入冷氢,以控制反应温度。向催化剂层间的空间注入冷氢的量,要根据反应热的大小、反应速度和允许的温升等

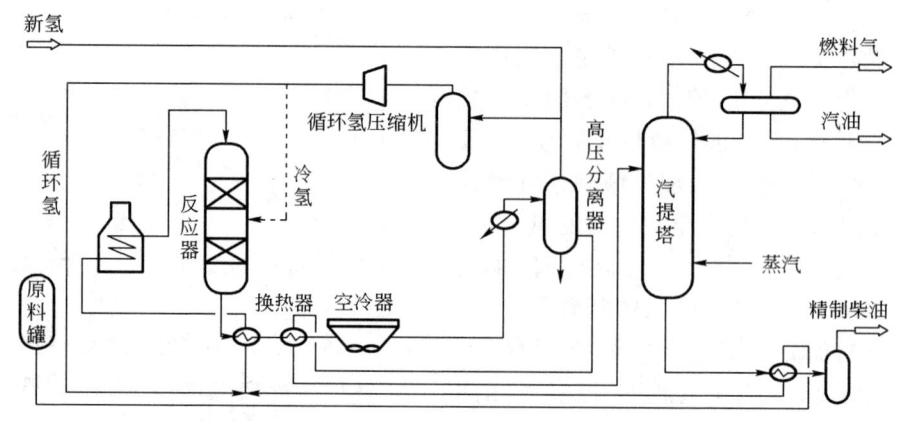

图 9-17　柴油加氢精制工艺流程图

因素通过反应器热平衡计算来确定。由反应器底部引出的反应产物经换热、冷却到约 50℃ 后进入高压分离器。

反应中生成的氨、硫化氢和低分子气态烃会降低反应系统中的氢分压,对反应不利,而且在较低温度下还能与水生成水合物(结晶)而堵塞管线和换热器管束,氨还能使催化剂减活,因此必须在反应产物进入空冷器前注入高压洗涤水,在氨溶于洗涤水的过程中,部分硫化氢也溶于水,随后在高压分离器中分出。

反应产物在高压分离器中进行油气分离,分出的气体是循环氢,循环氢中除了主要成分氢以外,还有少量气态烃和未溶于水的硫化氢。分出的液体产物是加氢生成油,其中也溶有少量气态烃和硫化氢。高压分离器中的分离过程实际上是平衡汽化过程,因此,气液两相组成可以根据在该处的温度、压力条件下各组分的平衡常数,通过计算确定。

(2)生成油换热、冷却、分离系统。生成油中溶解的氨、硫化氢和气态烃必须除去,而且在反应过程中不可避免地会产生一些汽油馏分。生成油进入汽提塔,塔底产物是精制柴油,塔顶产物经冷凝冷却进入分离器,分出的油一部分作塔顶回流,其余引出装置,分离器分出的气体经脱硫作燃料气。

(3)循环氢系统。为了保证循环氢的纯度,避免硫化氢在系统中积累,由高压分离器分出的循环氢经醇胺脱硫除去硫化氢,然后再经循环氢压缩机升压至反应压力送回反应系统。大部分循环氢(约70%)送去与原料油混合,小部分(其余部分)不经加热直接送入反应器作冷氢。

2)柴油液相加氢工艺流程

近年来出现了一种新的柴油加氢工艺——液相加氢工艺,其原理是利用液相柴油中溶解的氢气来进行加氢反应。如图 9-18 所示,该工艺与常规柴油加氢工艺的最大不同在于反应器系统,加热或换热到一定温度的原料与氢气和来自反应器出口的高温液相产品混合后进入反应器,经气液分离后溶解了氢气的液相物料进入第一个催化剂床层,进行加氢反应;以后依次在每个催化剂床层出口分别注入一定量氢气,进行溶氢和气液分离,补充消耗的溶解氢;最

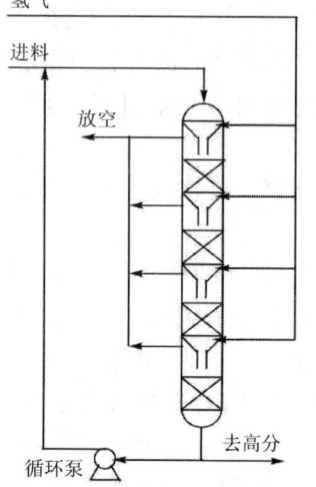

图 9-18　液相加氢反应器系统示意图

后一个催化剂床层流出的高温、高压液相物料一部分采用液相循环泵循环回反应器入口，以便利用加氢后物料溶解和携带氢气，并充分利用反应释放的热量，一部分送至产品分离单元。由于氢气在柴油中的溶解度有限，一次溶解的氢气量不足以满足柴油加氢所需的耗氢量，为有效溶氢和补充消耗的溶解氢，一般采用3~4个催化剂床层。

由于在催化剂床层上反应物为纯液相（不排除有少量气相），液相加氢的优势在于催化剂床层只用于反应，无需气液传质，催化剂体积利用率高，反应速度快。其加氢脱硫动力学方程式为：

$$R_S = -\frac{k_0 \cdot C_S \cdot \eta_W}{(1 + K_N \cdot C_N)(1 + K_{H_2S} \cdot C_{H_2S})^2} \quad (9-46)$$

式中，R_S为有机硫化物的加氢脱硫反应速率；k_0，K_N，K_{H_2S}分别为反应速率常数、有机氮化物的中毒常数和H_2S中毒常数；C_{H_2S}为气相中的H_2S浓度；C_S和C_N分别为S和N化物浓度；η_W为催化剂的润湿因子，$0 < \eta_W < 1$。

由于液相加氢工艺取消了循环氢和利用高温、高压液相物料直接混合传热，装置投资和能耗较低，能耗通常比常规固定床加氢工艺低30%~40%。但是，由于柴油中氢气的溶解度较低，随温度提高，氢气在石油馏分中的溶解度增加，液相加氢工艺需要在较高的压力和温度下操作，而且仅仅适用于氢耗较低的原料，如直馏柴油或混兑少量（一般<15%）二次加工柴油（催化裂化柴油、焦化柴油）的物料、直馏煤油等。对国Ⅴ和国Ⅵ柴油的生产，液相加氢工艺的操作条件一般为：压力9~10MPa，温度350~370℃，新鲜原料空速$0.8 \sim 1.2h^{-1}$，总注氢量$40 \sim 60m^3/m^3$，液相循环比1~1.5。代表性的柴油液相加氢工艺有杜邦公司的IsoTherming工艺、中国石化北京石油化工科学研究院的SLHT工艺和中国石化大连石油化工研究院的SRH工艺，截至2020年底，IsoTherming工艺有10多套工业化装置，SLHT工艺和SRH工艺各有4~5套工业化装置。

近来，还出现了多床层、多点注氢、无循环的上流式反应器液相加氢C-NUM工艺，其反应器系统如图9-19所示。由于采用催化剂床层氢气微过量方式，无须设置床层间气液分离，也无需采用高压、高温液相循环泵，反应系统更为简单，装置投资进一步降低，操作费用和安全性提高。2018年12月，由中国石油华东设计院、中国石油大学（华东）和浙江大学联合开发的无循环液相加氢新工艺已经在中国石油庆阳石化公司$40 \times 10^4 t/a$航煤加氢装置上获得工业应用，在反应器入口压力4.0MPa、床层温度265℃、空速$3.0h^{-1}$、氢油比12/1（体积）的条件下一次开车成功，生产出符合国标3号喷气燃料要求的航空煤油。

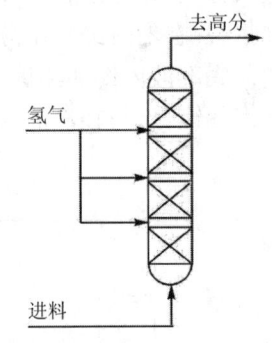

图9-19 无循环上流式液相加氢反应器系统示意图

最新研究表明，除柴油和航煤加氢精制外，液相加氢工艺还可应用于直馏减压馏分油加氢精制、润滑油加氢补充精制、润滑油异构降凝、石蜡加氢补充精制等过程，从而降低装置投资、操作费用和能耗，是一种很有发展前景的石油馏分加氢新工艺。

3）催化裂化汽油选择性加氢脱硫工艺流程

催化裂化汽油的烃类组成主要有烷烃、烯烃、环烷烃和芳烃。与欧美的催化裂化汽油相比，我国催化裂化汽油烃族组成有明显的特点，即烯烃含量高（30%~45%）、芳烃含量低（15%~25%）。而欧美的催化裂化汽油烯烃含量较低（20%~30%）、芳烃含量较高（25%~35%）。究其原因，主

视频9-7 催化裂化汽油加氢精制

要是我国催化裂化加工的原料较重,采用的操作条件和催化剂侧重于增强重油转化能力,但氢转移能力较弱,导致催化裂化汽油烯烃含量较高。催化裂化汽油各窄馏分的烃族组成和硫含量随馏分沸点出现显著的规律,即随沸点升高烯烃含量显著降低,芳烃含量显著增加,硫含量显著增加;也就是说,硫含量与芳烃含量显著相关,随沸点升高烯烃含量与硫含量呈现出显著的"剪刀差"。催化裂化汽油中的硫化物类型主要有硫醇、硫醚、二硫化物和噻吩类,其中主要硫化物类型是噻吩类,占总硫含量的60%~70%,尤其是以甲基或C_2(二甲基、乙基)取代的噻吩、C_3(三甲基、甲基乙基)取代的噻吩为主。

在催化裂化汽油加氢处理条件下,烷烃、环烷烃和芳烃不会发生明显的反应,主要的反应是硫化物加氢脱硫和烯烃的加氢饱和。而且,由于催化裂化汽油中烯烃含量高(20%~45%),烯烃比相同碳链结构的烷烃辛烷值高得多,因而烯烃加氢饱和会导致显著的辛烷值降低。因此,催化裂化汽油加氢脱硫技术的关键是如何在加氢脱硫的同时尽可能降低烯烃饱和引起的辛烷值损失。如前所述,硫化物加氢脱硫从难到易的顺序为:噻吩>二硫化物≈硫醚>硫醇。而且,催化裂化汽油烃族组成特点是:烯烃主要集中在轻馏分中,芳烃主要集中在重馏分中,硫化物主要集中在重馏分中,并以噻吩类硫化物为主,硫醇主要集中在轻馏分中。因此,催化裂化汽油选择性加氢脱硫通常采用的技术路线是:将催化裂化汽油馏分切割成烯烃含量高、硫含量较低的轻馏分和烯烃含量低、硫含量较高的重馏分,只将重馏分进行加氢脱硫,从而显著降低烯烃饱和率,减少辛烷值损失。

迄今为止,国内外已经开发出10多种催化裂化汽油选择性加氢工艺,并获得广泛工业应用,其工艺流程大同小异,典型工艺流程如图9-20所示。催化裂化汽油经原料泵加压,与循环氢混合,经换热后进入预加氢反应器,经选择性加氢脱除二烯烃和低分子硫醇,然后经换热后进入分馏塔,分出轻汽油馏分,重汽油馏分与循环氢混合,经换热后进入加氢脱硫反应器进行加氢脱硫,然后经高压分离器分出氢气,经水洗或胺洗脱硫后,再经循环氢压缩机循环使用,分离器底部液体经加热炉加热后送入稳定塔,分出少量气态烃(C_3、C_4),稳定塔底得到脱硫后的重汽油馏分,与轻汽油馏分混合后得到汽油产品。

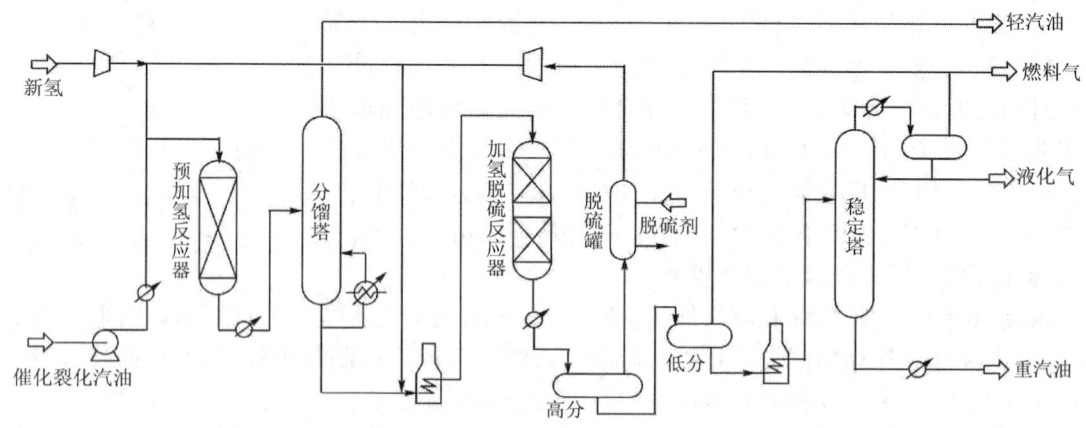

图9-20 催化裂化汽油选择性加氢脱硫典型工艺流程

在催化裂化汽油选择性加氢脱硫过程中,预加氢反应所用催化剂为负载型硫化镍或Ni-Mo催化剂,主要发生的反应有两类,一是二烯烃的选择性加氢,以避免后续加氢脱硫催化剂的失活,延长装置运转周期;二是硫转移反应,即烯烃和二烯烃与低分子硫醇和硫化物的加成反应,生成高沸点硫醚和硫化物,以便通过后续馏分切割将轻汽油馏分中的硫化物转移至重汽油馏分中。在此过程中，并未发生硫醇和硫化物的氢解和加氢脱硫反应，单烯烃含量基本上不降低，基本上不发生辛烷值损失。预加氢操作条件缓和，一般为：温度 100～150 ℃、压力 1.5～2.0MPa、氢油体积比 10～15、液体空速 3～6h^{-1}。一般要求二烯烃脱除率 >90%，低分子硫醇和硫化物转移率 >95%。

根据原料硫含量和目标产品硫含量要求，酌情调整预加氢后催化裂化汽油的切割点，一般切割温度为 60～70 ℃。随着原料硫含量的升高和产品汽油硫含量的降低，切割点有逐渐降低的趋势，由此引起重汽油馏分的烯烃含量升高，加氢脱硫的辛烷值损失有所增加。

在重汽油馏分加氢脱硫过程中，所用催化剂为负载型 Co-Mo/Al$_2$O$_3$ 催化剂，为提高催化剂的加氢脱硫选择性，降低烯烃饱和带来的辛烷值损失，一般采取如下措施：一是通过添加碱金属(Na、K)或碱土金属(Ca、Mg)助剂降低载体的酸性，降低烯烃加氢活性和烯烃与硫化氢的加成(复合)反应；二是减少 Co-Mo 负载量、提高 Co/Mo 原子比，以降低烯烃加氢活性，一般 MoO$_3$ + CoO 负载量在 8%～12%，Co/(Co + Mo) 为 0.4～0.5；三是 MoS$_2$ 纳米粒子形貌控制，减小 MoS$_2$ 纳米粒子的晶片尺寸，提高堆垛层数，以暴露更多的氢解脱硫活性位，一般晶片尺寸控制在 2～3nm，堆垛层数在 3 层左右；四是通过缓和结焦或负载大分子有机碱性化合物中毒部分强加氢活性位，以降低烯烃加氢活性。重汽油馏分加氢脱硫操作条件一般为：温度 220～300 ℃、压力 1.5～2.0MPa、氢油体积比 150～300、液体空速 2～5h^{-1}。一般可以达到脱硫率 >90%，烯烃饱和率 <20%，辛烷值 RON 损失 0.5～1.5 单位。

尚需指出，催化裂化汽油选择性加氢脱硫过程中 H$_2$S 与烯烃的加成(复合)反应难以完全避免，是影响脱硫深度的关键。因此，随着催化裂化汽油烯烃含量或硫含量的增加，在达到深度脱硫时加氢脱硫的辛烷值损失加大。为此，对于高硫(>500μg/g)、高烯烃(>40%)催化裂化汽油的加氢脱硫，为减缓 H$_2$S 与烯烃的加成(复合)反应，达到产品硫含量 <10μg/g 的目标，需要增设级间高压分离器，移除循环氢中的 H$_2$S，并通过注入新氢气提脱除溶解的 H$_2$S，再经换热后进入第二段加氢脱硫反应器。甚至增设第三段加氢脱硫醇反应器，在负载型硫化态 Ni 催化剂和较高温度(310～330℃)下，通过氢解反应脱除二次生成的硫醇。

目前，采用类似上述工艺流程的催化裂化汽油选择性加氢脱硫装置处理量约占催化裂化汽油脱硫总处理量的 80%。工业实践经验表明，欲达到产品汽油硫含量 <10μg/g、辛烷值损失 <1.5 单位的目标，对硫含量 <200μg/g、烯烃含量 <40% 的催化裂化汽油，不需要增设循环氢脱硫；当处理硫含量 >200μg/g 或烯烃含量 >40% 的催化裂化汽油时，需要增设循环氢脱硫；而当处理硫含量 >500μg/g 或烯烃含量 >40% 的催化裂化汽油时，需要增设循环氢脱硫和第二段重汽油馏分加氢脱硫反应器。

此外，国外还开发了将硫化物的加氢脱硫反应和精馏耦合的催化裂化汽油催化蒸馏加氢技术，其技术特点是采用两个反应精馏塔(器)。第一段反应精馏塔把轻汽油中硫醇与烯烃的加成反应、二烯烃加氢反应与馏分切割耦合在一个反应器中，上部为反应物自上而下流动的固定床催化加氢段，装填 Ni-Mo/Al$_2$O$_3$ 催化剂，在缓和的条件下(总压 0.1～1.7MPa、氢分压 0.003～0.5MPa、温度 100～200℃、空速 3h^{-1})完成低分子硫醇与烯烃的加成反应、二烯烃加氢反应，下部为设置塔盘或填料的汽提段，用氢气汽提分离出脱硫醇后的低硫轻汽油，C$_6$ 或 C$_7$ 以上的塔底中和重汽油馏分再进入第二段加氢脱硫精馏塔。该反应精馏塔分为两个床层，装填 Co-Mo/Al$_2$O$_3$ 催化剂，中和重汽油馏分从塔中部进入，氢气则从塔底部进入。上部床层为气液同流(上流)反应精馏区，进行中汽油馏分的选择性加氢脱硫；下部床层为气液逆流反应精馏区，进行重汽油馏分的选择性加氢脱硫。反应条件与常规固定床选择性加氢脱硫相近

(总压 1.4~2.2MPa、氢分压 0.1~1.1MPa、温度 250~370 ℃、氢油比 50~450、空速 2~5h^{-1})。塔顶馏出物为脱硫后的中汽油馏分,塔底液相产物为脱硫后的重汽油馏分。催化裂化汽油催化蒸馏加氢技术的操作条件和效果(脱硫率、辛烷值损失)与常规固定床选择性加氢脱硫技术相当,但催化蒸馏反应器稍显复杂,操作难度有所增加,技术优势不明显,应用较少,仅有几套工业装置。

尚需指出,除上述传统的催化裂化汽油选择性加氢脱硫技术外,国外还开发了反应吸附技术 S-Zorb 用于催化裂化汽油脱硫。与传统的加氢脱硫技术相比,S-Zorb 技术具有辛烷值损失小、液体收率高、脱硫率高等优点,能够满足生产国 V 及以上标准汽油的需要,在清洁汽油生产中具有明显技术优势。S-Zorb 技术与传统加氢脱硫有着本质的区别,吸附剂的有效成分主要是镍和氧化锌,这两种成分在脱硫过程中协同发挥作用。在 H_2 氛围下,镍作为加氢催化剂首先吸附汽油中的硫化物,通过氢解生成 H_2S 的方式脱除硫原子,然后吸附态 H_2S 与氧化锌发生反应,生成硫化锌和镍。反应原理详见第十三章第二节轻质油品吸附脱精制。

视频 9-8 催化裂化汽油 GARDES 脱硫技术

4) 催化裂化汽油加氢脱硫—改质工艺流程

虽然催化裂化汽油选择性加氢脱硫工艺能够达到脱硫的目标要求,但难以满足降烯烃的目标。因此,近年来开发了几种将加氢脱硫和烯烃转化相结合的加氢脱硫—改质工艺,又称脱硫及改质工艺或脱硫及辛烷值恢复工艺。

为弥补烯烃加氢饱和带来的辛烷值损失,可以通过以下三种技术路线改变催化裂化汽油的烃族组成,以恢复辛烷值:一是异构化反应,将正构烯烃和烷烃、单支链烯烃和烷烃异构转化成多支链烯烃和烷烃;二是芳构化反应,将烯烃经过环化和氢转移芳构化生成芳烃;三是择形裂化反应,适度减少正构和单支链烷烃和烯烃组分的碳数,尤其是将 C_7、C_8、C_9 和 C_{10} 正构和单支链烷烃、烯烃选择性裂化为 C_4、C_5、C_6 的烯烃和烷烃。

催化裂化汽油加氢脱硫—改质工艺中所用的加氢脱硫催化剂与催化裂化汽油选择性加氢脱硫催化剂相同,在此不再赘述。不同的是改质催化剂均是分子筛负载的 Ni-Mo 或 Ni-W 催化剂,所用的分子筛一般为 HY、HUSY、Hβ、HZSM-5、SAPO-11、MCM-22 等,单独使用或复配。如侧重异构化反应,则以 SAPO-11 为主或 SAPO-11 和 ZSM-5、MCM-22 复配;如侧重芳构化反应,则以 ZSM-5 为主或 ZSM-5 和 SAPO-11 复配;如侧重选择性裂化反应,则以 HY、HUSY、Hβ 为主或与 HZSM-5 复配。

催化裂化汽油加氢脱硫—改质的工艺流程与选择性加氢脱硫相似,所不同的是在重汽油馏分加氢脱硫反应器后串联一个加氢改质反应器,装填加氢改质催化剂,其原则工艺流程如图 9-21 所示。其预加氢和加氢脱硫反应条件与选择性加氢脱硫相似,但加氢改质反应条件不同,一般为压力 1.5~2.0MPa、温度 350~400℃、空速 1~2h^{-1}、氢油体积比 200~300。所达到的效果:脱硫率 >90%,烯烃饱和率 40%~60%,辛烷值 RON 损失 2~4 单位,产品汽油质量收率 85%~95%,氢耗(质量分数)0.5%~1.2%。此外,随着原料催化裂化汽油硫含量和烯烃含量的增加,如欲达到国 VI 汽油标准[硫含量 <10μg/g、烯烃含量(体积分数) <15%],加氢脱硫—改质工艺的辛烷值损失、汽油损失和氢耗增加。

由于催化裂化汽油加氢脱硫—改质工艺的辛烷值和汽油损失较大,氢耗较高,改质催化剂稳定性不尽如人意,所以,催化裂化汽油加氢脱硫—改质工艺远不如催化裂化汽油选择性加氢脱硫工艺应用广泛。

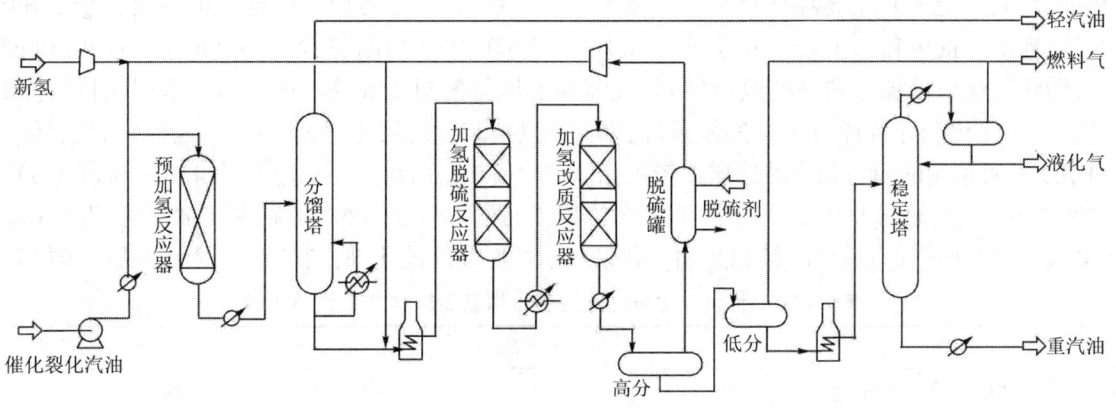

图 9-21 催化裂化汽油加氢脱硫—改质典型工艺流程

随着国 V 和国 VI 汽油标准的实施,国内炼厂普遍采用催化裂化汽油选择性加氢脱硫、加氢脱硫—改质工艺以及反应吸附脱硫工艺生产清洁汽油组分,据不完全统计,国内炼厂建设了近 100 套各类催化裂化汽油加氢装置,满足了国 V 和国 VI 汽油的生产需求,自主研发的工艺和催化剂技术与国外先进技术相当。

2. 加氢精制的操作条件

石油馏分加氢精制的操作条件因原料不同而异,表 9-23 列出了某些原料的加氢精制条件。由表可见,直馏馏分加氢精制条件比较缓和,重馏分的精制条件和二次加工油品(如焦化柴油)则要求比较苛刻的操作条件。尚需指出,近年来随着油品标准的不断提升,柴油加氢精制的操作条件日益严苛,如生产国 V、国 VI 柴油的加氢精制装置的操作压力提高到 8~10MPa,空速降低到 1h^{-1} 左右。

表 9-23 石油馏分加氢精制的一般条件

原料油	压力,MPa	温度,℃	氢油比(体积比)	空速,h^{-1}
直馏汽油	3~4	280~300	100~200	4~8
焦化汽油	4~5	280~300	200~400	2~4
催化裂化汽油*	2~3	240-290	200~300	2~4
直馏柴油	4~6	300~330	300~500	2~3
催化裂化柴油	6~8	350~360	400~600	1~2
焦化柴油	6~8	340~360	400~600	1~2
减压蜡油	8~10	360~370	500~600	1~1.5
焦化蜡油	10~12	360~380	500~700	1~1.5

* 选择性加氢脱硫。

含硫原油馏分油加氢精制的脱硫率一般可达 88%~95%,甚至达 99%,烯烃饱和率达 65%~75%(催化裂化汽油选择性加氢脱硫除外,一般为 10%~25%),脱氮率在 50%~70% 之间,同时胶质含量显著降低。在加氢精制过程中,油品中的微量金属元素,铜、铁、砷和铅等也基本上完全除去。柴油精制时,精制柴油收率可达 98% 以上,同时生成少量汽油馏分。

目前我国建设的加氢精制装置主要是处理一次加工和二次加工产生的混合馏分油,以减少装置套数,节约投资和降低操作费用,例如直馏和焦化混合汽油加氢精制装置,直馏、焦化和催化裂化混合柴油加氢精制装置,直馏和焦化混合蜡油加氢精制装置。但随着炼厂规模的不断扩大,尤其是千万吨级甚至两千万吨级炼厂的不断增加,需要加氢精制的单一馏分量十分巨大,出现了一批单独加工某一直馏或二次加工馏分的加氢精制装置,如直馏柴油加氢精制装置、催化裂化柴油加氢精制或改质装置、直馏蜡油加氢精制装置等。这有利于依据原料特性配置适宜的催化剂并选择最优的操作条件,以便于发挥装置的效能。表9-24是胜利催化裂化柴油中压加氢精制的原料和产品性质比较数据。可以看出,在操作条件下(压力4MPa、温度330℃、空速2.3h^{-1}、氢油比600),脱硫率可达90%以上,脱氮率可达55%,精制柴油胶质为2.3mg/100mL,可以获得安定性好的精制柴油。若采用活性更高的催化剂,则产品质量还能进一步提高。

表9-24 胜利催化裂化柴油中压加氢原料和产品性质比较

性能指标	原料油	产品
密度(20℃),g/cm³	0.878	0.8665
硫(质量分数),%	0.55	0.053
氮,μg/g	637	290
胶质,mg/100mL	72.6	2.3
溴价,gBr/100mL	26.6	2.63
十六烷值	39.3	42
黏度(20℃/50℃),mm²/s	4.28/2.2	4.2/2.22

某柴油加氢精制工业装置物料平衡及消耗指标如表9-25和表9-26所示。由表可见,石油馏分加氢精制过程的物耗和能耗主要是氢气和燃料消耗,因此,加氢精制技术的发展动向主要是提高催化剂活性和选择性以便采用更缓和的工艺条件(降低反应温度、压力和氢油比,增加空速),降低氢气和燃料消耗。此外,优化换热流程、采用更高效的换热设备、设置热能回收装置或采用液相加氢工艺也是节约能量的主要技术发展方向。

表9-25 催化裂化柴油加氢精制物料平衡

入方		出方		
名称	质量分数,%	名称		质量分数,%
催化裂化柴油	100	气体	H_2S	0.5240
			NH_3	0.0433
			C_1	0.0014
			C_2	0.0018
补充氢	0.725		C_3	0.0036
			C_4	0.0297
			C_5	0.0578
		汽油		0.9017
		精制柴油		99.1617

表9-26 国内焦化、催化裂化柴油加氢精制装置消耗指标(以1t原料油计)

原料	新氢,m³(纯度85%)	新鲜水 t	循环水 t	软化水 t	6000V电 kW·h	380V电 kW·h	水蒸气,kg (10kgf/cm²)	燃料油 kg
焦化柴油	150~200	2.37	25.7	0.4	45.5	2.9	154	23.7
催化柴油	125	3.01	—	0.1	33	64	108.6	7.8

三、加氢裂化工艺流程及操作条件

1. 加氢裂化的原料、产品和操作条件

目前工业上加氢裂化多用于从重质油生产石脑油、航空煤油和低凝点柴油,所得产品不仅产率高而且质量好。此外,采用加氢裂化工艺还可以生产液化气、重整原料、催化裂化原料油、乙烯裂解原料以及超低硫燃料油。所以,加氢裂化装置不但是以燃料(汽油、煤油和柴油)生产为主的大型炼油厂的必备装置,甚至也是以烯烃和芳烃生产为主的大型石油化工厂的常见装置。

视频9-9 加氢裂化工艺流程及操作条件

加氢裂化所用原料包括从粗柴油、减压蜡油一直到重油及脱沥青油。美国炼油厂加氢裂化工艺装置处理的原料中,减压蜡油、催化裂化循环油及焦化蜡油占多数,主要是生产重整原料。在西欧,因为燃料消费结构不同,主要用减压蜡油生产航空煤油和柴油。我国加氢裂化装置的原料以减压蜡油为主,有的掺入部分焦化蜡油,目的产物主要是重整原料油、航空煤油、优质柴油和乙烯裂解原料。

焦化蜡油及脱沥青油含硫、含氮较高,加工比较困难,需要采用较苛刻的操作条件。某些加氢裂化装置所用原料及产品性质以及操作条件如表9-27所示。

表9-27 加氢裂化原料、产品性质和操作条件

公司	流程	原料	主要产品	催化剂	温度,℃	压力 MPa	空速 h^{-1}	氢油比(体积比)
大庆石化	一段	减压蜡油(340~430℃),N 420μg/g	航空煤油(冰点-65℃)	Ni-Mo/Al-Si	391~421	12.0	0.5~1.0	2500
泉州石化	两段	减压蜡油(191~529℃),S 2.68%,N 760μg/g	重石脑油14%、航空煤油16%、柴油31%	一段 Ni-Mo/Y 二段 Ni-Mo/Y	390 374	15.6	1.1 1.8	1200
茂名石化	一段	直馏重柴油、减压蜡油及焦化蜡油(239~538℃),S 0.64%, N 1810μg/g,残炭0.07%	轻重石脑油、航空煤油及柴油	Mo-Ni-P/Al-Si Mo-Ni/Y	383~418	18.0	1.0	—
四川石化	一段	减压蜡油+催化柴油(171~551℃),S 0.89%,N 886μg/g	重石脑油29%、航空煤油36%(烟点30mm)、尾油19%(BMCI11.45)	Ni-W/Y	379	14.0	1.0	1360
大榭石化	一段	减压蜡油+焦化蜡油(262~552℃),S 0.8%, N 2900μg/g	重石脑油17%、航空煤油9%(烟点25mm)、柴油18%、导热油11%、尾油42%	精制 Ni-W/Al₂O₃ 裂化 Ni-W/Y	379 383	16.0	0.9 1.6	750

由表9-27可见,各炼油厂所用加氢裂化原料性质差别很大,无论组成、沸程以及非烃化合物含量都是如此。但是由于选择了不同的操作条件和催化剂,所以都能得到良好的结果。例如,四川石化加氢裂化装置以减压馏分油和催化柴油作原料,通过加氢裂化得到29%的重石脑油(重整原料)和36%的航空煤油;泉州石化的两段加氢裂化装置采用高硫减压蜡油原料,可得航空煤油(冰点-52℃)和柴油(凝点-2.4℃)。

如前所述,加氢裂化的一个主要特点是具有很大的操作灵活性,用同种原料,改变操作条

件可以改变产品方案,表 9-28 的数据可以说明这种情况。尚需指出,加氢裂化的操作方式与裂化深度直接相关,最大限度生产汽油或重整原料方案裂化深度最大,氢耗最高;最大限度生产柴油方案裂化深度最小,氢耗最低;最大限度生产航空煤油方案裂化深度居中,氢耗居中。当然,还有进一步降低裂化深度,以最大限度生产润滑油原料或蒸汽裂解原料为主的加氢尾油方案,即缓和加氢裂化方式。

表 9-28 减压蜡油不同操作方式所得产品分布情况

产品分布(体积分数),%		最大限度生产汽油	最大限度生产航空煤油	最大限度生产柴油
$H_2S + NH_3$		3.2	3.2	3.2
$C_1 + C_3$		3.3	3.1	2.2
C_4		11.3	3.0	2.0
脱丁烷汽油	干点 159℃	—	1.63	—
	干点 163℃	—	—	13.1
	干点 193℃	83.2	—	—
航空煤油(149~288℃)		—	76.4	—
柴油(163~343℃)		—	—	82.0
耗氢量(质量分数),%		4.0	3.0	2.5

用加氢裂化生产柴油,一般都采用一段流程和全循环方案,这种流程比较简单,柴油收率可达 80%(体积分数),柴油凝点可达 -30℃。用含硫原油或高硫原油减压馏分油作原料,用 Co-Mo/分子筛加氢裂化催化剂,在压力 5MPa 的条件下可以制得含硫不大于 0.02% 的柴油。若把反应压力提到 10MPa,并采用尾油循环,柴油质量还可以进一步提高。

加氢裂化操作条件因原料、催化剂性能、产品方案及目标产品收率不同可能有很大的变化。大多数加氢裂化装置设计操作压力为 10.5~19.5MPa,我国引进的加氢裂化装置的操作压力在 15~18MPa 之间。原料含氮越多、馏分越重、密度越大,所用反应压力也相应越高一些。前已述及,加氢裂化的反应温度也受原料含氮的影响,原料中有机氮化物能使催化剂的酸性中心失活,为了维持催化剂的活性,往往需要提高加氢裂化的反应温度。例如,含氮量不同的原料油在 15MPa 下进行加氢裂化生产汽油时,控制单程转化率为 50%(体积分数),加氢裂化的起始反应温度如表 9-29 所示。因此,采用高含氮原料进行加氢裂化时,在进入裂化反应器之前把原料含氮量降到 20μg/g,甚至 10μg/g 以下是非常必要的。

表 9-29 原料油含氮量与加氢裂化起始温度的关系
(条件:原料油干点 399℃,压力 10.5MPa,空速 1.5h^{-1},转化率达到 50%)

原料油含氮量,μg/g	1~10	10~50	50~2000
加氢裂化起始反应温度,℃	288~304	304~360	360~382

表 9-29 的数据表明,原料油含氮量越高,催化剂有效活性越低,因此达到同样转化率,需要的反应温度相应提高。一般加氢裂化反应温度在 360~425℃ 之间。

尚需指出,在工业实践中还可以按照操作压力和原料油转化率(指原料油生成 <350℃ 产物的产率,%)来区分加氢裂化工艺,其分类和主要用途见表 9-30。由于高压加氢裂化具有原料适应性广、产品方案灵活性大、产品质量高等优点,应用最为广泛。但其装置投资和操作费用高、氢耗高。中压加氢裂化仅适用于性质较好的直馏蜡油原料(密度低、干点低、氮含量低),优点是装置投资和操作费用低、氢耗低。缓和加氢裂化也仅适用于性质较好的直馏蜡油

原料,优点是装置投资和操作费用低、氢耗低。该工艺主要为生产乙烯裂解原料(石脑油 + 裂化尾油)而开发,在我国应用较多,为解决我国乙烯原料短缺问题发挥了一定作用。中压加氢改质主要用于催化裂化柴油改质提高十六烷值,以解决催化裂化柴油生产车用柴油组分十六烷值低的难题,在我国应用较多,但随着车用燃料柴汽比的降低和柴油供应的过剩,该工艺已经很少使用,转而采用较高压力(8～12MPa)、较高转化率(50%～60%)的催化裂化柴油加氢裂化工艺生产汽油或重整原料。但由于催化裂化柴油富含芳烃,加氢裂化氢耗高(3.5%～5.0%),催化裂化柴油加氢裂化的技术经济性不理想,是目前解决催化裂化柴油出路的权宜之计。

表 9 – 30 加氢裂化过程分类

名　称	操作压力,MPa	原料转化率,%	主　要　用　途
高压加氢裂化	>12,一般 16～18	60～90	生产重整原料、航空煤油、低凝柴油、乙烯裂解原料
中压加氢裂化	6～10	40～80	生产重整原料、航空煤油、低凝柴油、乙烯裂解原料
缓和加氢裂化	<6	<40	生产乙烯裂解原料
中压加氢改质	6～10	10～30 *	生产低硫柴油

* <205℃的产物产率。

2. 加氢裂化工艺流程

目前国外已经工业化的加氢裂化工艺仅在美国就有这样几种:埃索麦克斯(Isomax),联合加氢裂化(Unicracking/JHC),H—G 加氢裂化(H—G hydrocracking),超加氢裂化(Ultracracking),壳牌公司加氢裂化(Shell)和 BASF – IFP 加氢裂化。这些工艺都采用固定床反应器。这几种工艺中,超加氢裂化、H—G 加氢裂化以及壳牌公司加氢裂化主要用于生产重整原料(石脑油馏分),而其他几种工艺,既可生产重整原料,也可生产航空煤油和柴油。这几种工艺的流程实际上差别不大,所不同的是催化剂性质。因为采用不同的催化剂,所以工艺条件、产品分布、产品质量也不相同。根据原料性质、产品要求和处理量大小,加氢裂化装置基本上按两种流程操作:一段加氢裂化和两段加氢裂化。所谓一段加氢裂化,是指加氢精制反应器与加氢裂化反应器之间没有段间分离,所有来自精制反应器的物料全部通过裂化反应器;而两段加氢裂化则是从加氢精制反应器或第一段加氢裂化反应器流出的物料先经过高、低压分离器和分馏塔,分出裂化气、汽油、煤油和柴油馏分后,塔底尾油(>350℃馏分)部分或全部循环回第二段裂化反应器。一段流程中包括精制段和裂化段在一个反应器内的单反应器一段加氢裂化流程和两个反应器串联在一起的一段串联加氢裂化流程。我国加氢裂化装置有采用一段流程的,也有采用两段流程的。一段加氢裂化流程用于由减压蜡油生产航空煤油和柴油,具有流程简单、投资和操作费用低的优点,但不能处理高硫高氮的原料。两段加氢裂化流程对原料的适用性广,操作灵活性强,适合于处理高硫高氮的减压蜡油、脱沥青油、催化裂化循环油、焦化蜡油或这些油的混合油,即适合处理一段加氢裂化难处理或不能处理的原料。两段加氢裂化的缺点是流程复杂、投资和操作费用高。原料首先在第一段(精制段)用加氢活性高的催化剂进行预处理,经过加氢精制处理的生成油作为第二段的进料,在酸性较高的催化剂上进行裂化反应和异构化反应,最大限度地生产重整原料或中间馏分油。

1)一段加氢裂化工艺流程(一段单反)

单反应器一段加氢裂化流程如图 9 – 22 所示,以大庆直馏蜡油馏分(330～490℃)一段加氢裂化工艺流程为例简述如下。

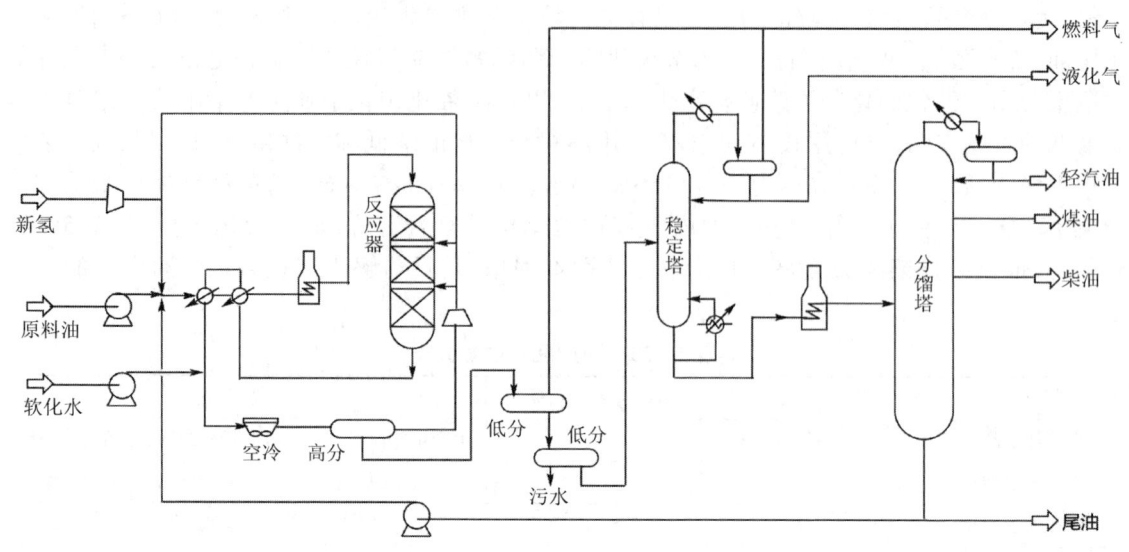

图 9-22 一段加氢裂化工艺流程

原料油经泵升压至 16.0MPa 后与新氢及循环氢混合,再与 420℃左右的加氢生成油换热至 320~360℃进入加热炉。反应器进料温度为 370~450℃,原料油在反应温度 380~440℃、空速 1.0h^{-1}、氢油比(体积比)约为 2500 的条件下进行反应。为了控制反应温度,向反应器分层注入冷氢。反应产物经与原料油换热后温度降至 200℃,再经空冷器冷却,温度降到 30~40℃之后进入高压分离器。反应产物进入空冷器之前注入软化水以溶解其中的 NH_3、H_2S 等,以防水合物和铵盐(硫化铵)析出而堵塞管道。自高压分离器顶部分出循环气,经循环氢压缩机升压后,返回反应系统循环使用。自高压分离器底部分出生成油,经减压系统减压至 0.5MPa,进入低压分离器,在低压分离器中将水脱出,并释放出部分溶解气体,作为富气送出装置,可以作燃料气用。生成油经加热送入稳定塔,在 1~1.2MPa 下蒸出液化气,塔底液体经加热炉加热至 320℃后送入分馏塔,最后得到轻汽油、航空煤油、低凝柴油和塔底油(尾油)。尾油可一部分或全部作循环油,与原料油混合再去反应。尚需指出,单反应器一段加氢裂化的反应器一般设置四个床层,以利于注冷氢控制床层温升,其中第一和第二床层装填加氢精制催化剂,第三和第四床层装填加氢裂化催化剂。

一段加氢裂化可以用三种方案操作:原料一次通过(SSOT),尾油部分循环及尾油全部循环。

2) 两段加氢裂化工艺流程

两段加氢裂化工艺流程如图 9-23 所示。

原料油经高压油泵升压并与循环氢混合后首先与生成油换热,再在加热炉中加热至反应温度,进入第一段加氢精制反应器,在加氢活性高的催化剂上进行脱硫、脱氮反应,原料油中的微量金属也被脱掉。反应生成物经换热、冷却后进入高压分离器,分出循环氢。生成油进入脱氨(硫)塔,用氢气汽提脱除溶解气、NH_3 和 H_2S,作为第二段加氢裂化反应器的进料。第二段进料经过与第二段加氢裂化反应器的产物换热并与循环氢混合后,进入第二段加热炉,加热至反应温度,在装有高酸性催化剂的第二段加氢裂化反应器内进行裂化反应。反应生成物经换热、冷却、分离,分出溶解气和循环氢后送至稳定分馏系统。分出液化气、轻汽油、煤油、轻柴油后,尾油(>350℃馏分)部分或全部循环回第二段加氢裂化反应器,也可以不循环直接出装置。

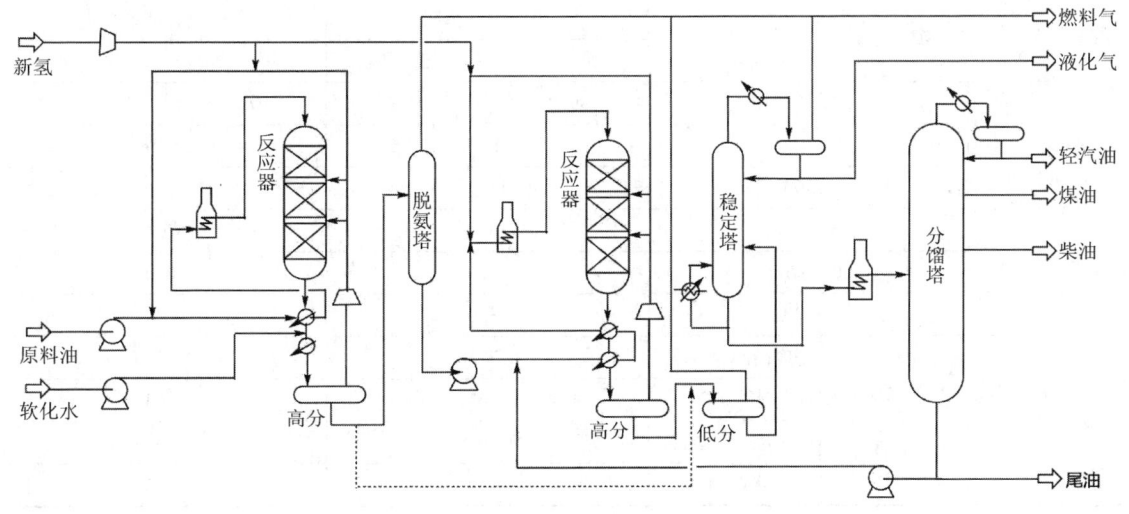

图 9-23 两段加氢裂化工艺流程

两段加氢裂化有两种工艺方案:第一段精制,第二段加氢裂化;第一段除进行精制外,还进行部分裂化,第二段再进行加氢裂化。后一种方案的特点是第一段反应生成油和第二段生成油一起进入稳定分馏系统,分出的尾油作为第二段的进料。第二种方案的流程如图9-23中虚线所示。尚需指出,如第一段反应器只进行加氢精制,一般设置2~3个床层,以利于注冷氢控制床层温升,全部装填加氢精制催化剂;如第一段反应器进行部分裂化,一般设置4个床层,以利于注冷氢控制床层温升,其中第一和第二床层装填加氢精制催化剂,第三和第四床层装填加氢裂化催化剂。第二段反应器一般也设置3~4个床层,以利于注冷氢控制床层温升,全部装填加氢裂化催化剂。另外,两段加氢裂化工艺,尤其是采用第二种工艺方案的两段加氢裂化工艺,由于采用了段间分离,进入第二段加氢裂化反应器的原料硫、氮含量很低,可以采用对硫和氮敏感、低温活性好的分子筛负载的贵金属Pt或Pt-Pd催化剂,因而显著降低C_1~C_4裂化气产率,提高C_{5+}液体产物收率,并降低柴油密度和芳烃含量。但由于贵金属Pt或Pt-Pd对硫、氮十分敏感,必须采用单独的氢循环系统,工艺流程复杂,装置投资和操作费用增加,应用并不十分广泛。

两段加氢裂化可以用三种方案操作:原料一次通过,尾油部分循环及尾油全部循环。

表9-31为大庆蜡油两段加氢裂化用以上两种工艺方案所得结果的比较。

表9-31 大庆蜡油两段加氢裂化试验数据

项 目		第一段只精制		第一段有部分裂化	
		第一段	第二段	第一段	第二段
反应条件	催化剂	WS_2	ICR107	WS_2	ICR107
	压力,MPa	16.0	16.0	16.0	16.0
	氢分压,MPa	11.0	11.0	11.0	11.0
	温度,℃	370	395	395	395
	空速,h^{-1}	2.5	1.2	1.2	1.6
	氢油比(体积比)	1500	1500	1500	1500

续表

项　目		第一段只精制		第一段有部分裂化	
		第一段	第二段	第一段	第二段
产品产率 (体积分数) %	C_{5+}液体收率	99.2	93.2	97.0	93.9
	$C_1 \sim C_4$	14.78		15.56	
	<130℃	15.7		17.6	
	130～260℃	33.9		37.4	
	260～370℃	25.6		30.0	
	>370℃	18.0		8.9	
产品性质	煤油 (130～260℃)	密度(20℃)g/cm³	0.7730		0.7756	
		冰点,℃	-63		-63	
	柴油 (170～350℃)	密度(20℃)g/cm³	0.7918		0.7955	
		冰点,℃	-49		-42	

由表9-31可以看到,采用第二种工艺方案时,汽油、煤油和柴油的收率都有所增加,而尾油明显降低。这主要是第二种方案的裂化深度较大的缘故,但从产品的主要性能来看,两个方案并无明显差别。

3) 一段串联加氢裂化工艺流程

一段串联加氢裂化工艺流程是两个反应器直接串联,无须设置段间分离,在反应器中分别装入不同的催化剂:第一个反应器中装入脱硫、脱氮活性好的加氢精制催化剂,第二反应器装入抗氨、抗硫化氢的Ni-Mo或Ni-W/分子筛加氢裂化催化剂。除此之外,其他部分均与单反应器一段加氢裂化工艺流程相同,其工艺流程见图9-24。

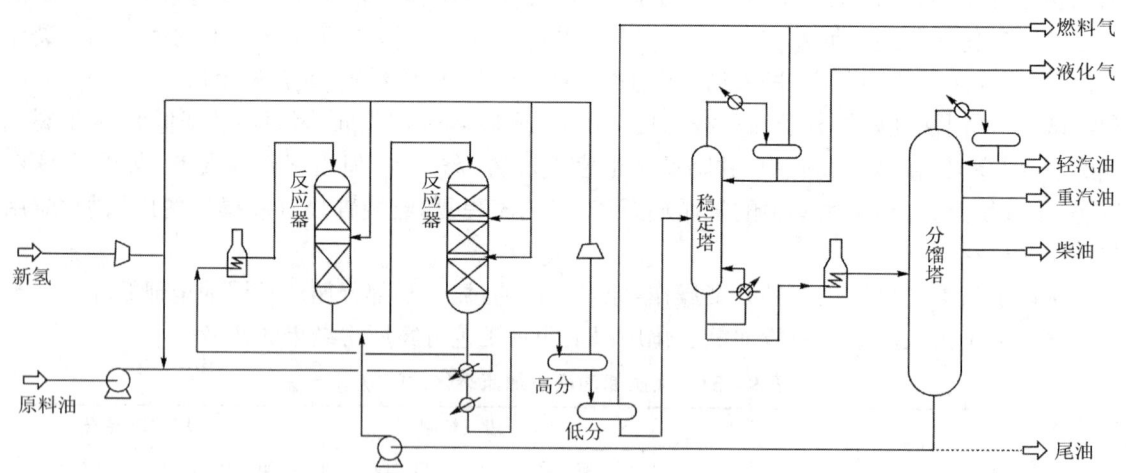

图9-24　一段串联加氢裂化工艺流程

与单反应器一段加氢裂化相比较,一段串联流程的优点在于:只要通过改变操作条件,就可以最大限度地生产重整原料或航空煤油和柴油。例如,欲多生产航空煤油或柴油时,只要降低第二个反应器的温度即可;欲多生产重整原料,则只要提高第二个反应器的温度即可。另外,由于加氢精制和加氢裂化在两个反应器中,可以根据原料性质优化催化剂性能、装填比例和操作条件,一段串联流程的原料适应性优于单反应器一段加氢裂化流程,可以处理更劣质的原料。需要指出的是,单反应器一段加氢裂化流程和一段串联流程由于加氢精制生成物中的 NH_3 和 H_2S 带入到加氢裂化床层,只能使用耐硫、氮中毒的 Ni-Mo 或 Ni-W/分子筛催化剂,不能使用对硫、氮敏感的 Pt 或 Pt-Pd/分子筛催化剂。

用同一种原料分别用三种方案进行加氢裂化的试验结果表明:从生产航空煤油角度来看,单反应器一段流程航空煤油收率最高,但重整原料的收率较低。从流程结构和投资来看,单反应器一段流程也优于其他流程。一段串联流程有生产重整原料的灵活性,但航空煤油收率偏低。三种流程方案中两段流程灵活性最大,航空煤油收率高,并且能生产重整原料。和一段串联流程一样,两段流程对原料油的质量要求不高,可处理高密度、高干点、高含硫、高残炭值及高含氮的原料油。而一段流程(单反应器和串联反应器)对原料油的质量要求要严格得多。根据国外炼厂经验,认为两段流程最好,既可处理一段流程不能处理的原料,又有较大灵活性,能生产优质航空煤油和柴油。在投资上,两段流程略高于一段一次通过流程,略低于一段全循环流程。特别值得指出的是,目前用两段加氢裂化流程处理重质原料油来生产重整原料,以扩大芳烃的来源已成为许多国家重视的一种工艺方案。中石化金陵石化公司就是利用胜利减压蜡油来生产重整原料,制取苯、甲苯和二甲苯的。所用原料的性质如下:原料油密度(20℃) $0.8778 g/cm^3$,沸程 194~527℃,氮含量(质量分数)0.21%,硫含量(质量分数)0.66%,残炭值(质量分数)0.07%,苯胺点 88℃。

胜利减压蜡油两段加氢裂化所得产品收率如表 9-32 所示。所得重整原料油(87~177℃)含芳烃和环烷烃含量达 44%~48.6%(体积分数)。可见,加氢裂化重整原料油的收率和芳烃、环烷烃含量都比胜利直馏汽油(相同沸程)高得多。两段加氢裂化操作条件如表 9-33 所示。

表 9-32 胜利减压蜡油两段加氢裂化产品收率

产 品	收 率	
	体积分数,%	质量分数,%
$i-C_4$	15~19	10~12
$n-C_4$	6~9.6	4.1~6.3
C_5~65℃轻汽油	33~39	24.4~28.5
>65℃重整原料油	58~72	49.2~60.6

表 9-33 两段加氢裂化操作条件

项 目	加氢精制反应器	第一加氢裂化反应器	第二加氢裂化反应器
催化剂	$Mo-Ni/SiO_2-Al_2O_3$	非贵金属分子筛	非贵金属分子筛
温度,℃	376	387	349
压力,MPa	16.7	16.5	16.5
空速,h^{-1}	0.8	1.5	1.2

近年来,加氢裂化工艺的应用范围正在不断扩大,然而由于加氢裂化汽油的辛烷值不高,所以一般不用加氢裂化生产汽油。但近年来出现的以催化裂化柴油为原料的加氢裂化装置则是以汽油或重整原料油为主要目标产物。

目前世界各国生产的原油中,重质含硫原油越来越多,从提高原油加工深度、多出轻质油品、减少大气污染等方面来看,今后加氢裂化仍要继续发挥其作用,并且在产品分布灵活、产品质量好、产品收率高等方面在炼厂中保持其重要地位。另一方面加氢裂化技术的发展方向仍然是改进催化剂性能并继续向低压低氢耗方向发展。

4)临氢降凝和异构脱蜡

近些年,临氢降凝和异构脱蜡技术越来越多地应用于降低柴油或润滑油的凝点,以生产低凝柴油和润滑油基础油。临氢降凝是在氢气及催化剂存在下进行的长链烷烃尤其是长链正构烷烃选择性裂化过程,又称加氢脱蜡(hydrodewaxing),其催化剂一般为载有活性金属组分的择形分子筛,常用的催化剂是 Ni/ZSM-5 或 Ni-Mo/ZSM-5。异构脱蜡(isodewaxing)是在氢气及催化剂存在下进行的长链烷烃尤其是长链正构烷烃选择性异构化过程,又称异构降凝,其催化剂也为载有活性金属组分的择形分子筛,常用的催化剂是 Pt/ZSM-5、Pt/SAPO-11 或 Pt-Pd/SAPO-11。

临氢降凝技术起源于 20 世纪 70 年代中期,最早用于从直馏轻蜡油(常三线+减一线)生产低凝柴油,70 年代末期用于从直馏减压蜡油(减二、减三和减四线油)生产润滑油基础油。后来柴油临氢降凝的原料扩展到掺炼催化裂化柴油,随着润滑油基础油质量要求的提高,润滑油临氢降凝的原料主要转向高压加氢裂化的尾油(>350℃馏分)。目前工业应用的临氢降凝技术主要有 Mobil 公司的 MDDW 工艺、比利时菲纳公司的 CFI 工艺、我国 FRIPP 的 FDW 工艺和 UOP 公司的工艺。

临氢降凝的工艺流程与一段加氢裂化相似,可以采用单反应器一段流程,也可以采用两个反应器一段串联流程。采用单反应器一段流程时,一般反应器内分成 4 个床层,以便注冷氢控制反应温度:第一和第二床层装填加氢精制(脱硫、脱氮)催化剂,常用的催化剂是 Ni-Mo/Al$_2$O$_3$ 或 Co-Mo/Al$_2$O$_3$;第三和第四床层装填临氢降凝催化剂 Ni/ZSM-5 或 Ni-Mo/ZSM-5。对于润滑油临氢降凝,还会在反应器床层底部装填一定数量的加氢精制催化剂,以便饱和反应过程中生成的少量烯烃,提高润滑油的氧化安定性。在以低硫、低氮的高压加氢裂化尾油为原料时,临氢降凝反应器可以只设 2 个床层,无需在反应器上部床层装填加氢精制催化剂。采用两个反应器一段串联流程时,第一个反应器装填加氢精制催化剂,第二个反应器装填临氢降凝催化剂,每个反应器只设 2 个床层。单反应器流程的优点是流程简单、投资和操作费用低,但生产灵活性差。我国东北、西北和西南高寒地区只在冬季 4~5 个月需要供应 -20 号和 -35 号低凝柴油,其他地区在冬季 2~3 个月只需供应 -10 号低凝柴油,在其他不需要供应低凝柴油的季节,单反应器流程的生产灵活性差。一段串联流程的优点是加氢精制催化剂和临氢降凝催化剂分别装填在两个反应器中,在不需要生产低凝柴油的时候,可以把临氢降凝反应器断开,而且可以优化各个反应器的操作条件,达到最优的产物分布和降凝效果。例如,可以通过提高临氢降凝反应器的温度生产更低凝点的柴油。

表 9-34 倾点不同的直馏柴油临氢降凝结果

原料		A	B	C
原料倾点,℃		22.3	29.4	35.0
产物分布 (质量分数),%	气体	3.8	10.0	12.3
	汽油	4.0	14.0	30.5
	柴油	92.2	76.0	57.2
产物性质	柴油倾点,℃	-12.2	-9.4	-6.1
	汽油 RON	86	87	89
	汽油中烯烃(质量分数),%	48	52	61

柴油临氢降凝催化剂 Ni/ZSM-5 的 Ni 负载量一般在 1.5%~2.5%(质量分数),润滑油临氢降凝催化剂 Ni/ZSM-5 的 Ni 负载量一般在 6%~8%(质量分数)。柴油临氢降凝的操作条件一般为:压力 4~6MPa,温度 330~380℃,空速 1~2h^{-1},氢油体积比 300~600。润滑油临氢降凝的操作条件较为苛刻,一般为:压力 6~10MPa,温度 330~380℃,空速 1~2h^{-1},氢油体积比 500~800。尚须指出,柴油临氢降凝的柴油收率与原料凝点或倾点、目标柴油凝点或倾点直接相关,如表 9-34 所示,原料倾点越高,临氢降凝产物柴油的收率越低,柴油倾点越高。所以,从技术经济上,选择环烷基原油的直馏柴油生产低凝柴油有利。图 9-25 表明,对确定的原料,目标柴油的凝点(倾点)越低,柴油收率越低。

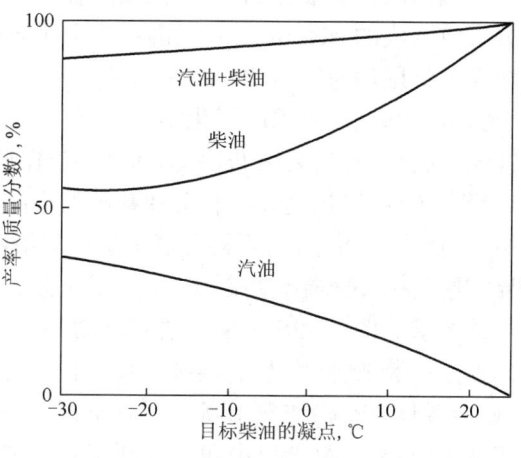

图 9-25 柴油临氢降凝产物的倾点与产率的关系

为解决临氢降凝技术液体收率尤其是目标产品收率低的问题,20 世纪 90 年代,异构脱蜡技术应运而生。异构脱蜡通过长链烷烃尤其是长链正构烷烃的异构化生成异构烷烃而不是裂化反应达到降低凝点的目标,异构产物依然留在目标产物中从而大幅度减少原料裂化生成气体和轻质非目标产物,显著提高目标产物收率,同时也改善了目标产品质量。如:柴油异构脱蜡目标产物柴油凝点低,柴油和副产物汽油基本不含烯烃,柴油和汽油硫、氮含量极低;润滑油异构脱蜡目标产物润滑油基础油凝点低、氧化安定性好、对添加剂感受性好,副产柴油倾点低、十六烷值高,副产航空煤油冰点低、烟点高等。

柴油异构脱蜡的原料是直馏轻蜡油(常三线+减一线)或掺炼催化裂化柴油的直馏轻蜡油,润滑油异构脱蜡的原料是直馏减压蜡油(减二、减三和减四线油,优选石蜡基原油的直馏减压蜡油)和高压加氢裂化的尾油(>350℃馏分),甚至是减压渣油溶剂脱沥青的轻脱沥青油。近年来研究发现,采用石蜡基直馏减压蜡油溶剂脱蜡的蜡膏(又称软蜡)异构脱蜡可以获得高收率、高黏度指数甚至是超高黏度指数的Ⅲ类润滑油基础油,其对添加剂的感受性极佳;而采用石蜡基减压渣油溶剂脱蜡的蜡膏(或软蜡)为原料,通过异构脱蜡可以获得高收率、高黏度、高黏度指数的Ⅲ类润滑油基础油(光亮油)。润滑油异构脱蜡容易生产高黏度、超高黏度指数、低凝点、硫氮含量极低、对添加剂的感受性极佳、氧化安定性极好的Ⅱ类和Ⅲ类润滑油基础油,且收率高,这是常规溶剂脱蜡和临氢降凝工艺难以达到的。因此,随着润滑油质量标准的不断提升,对高档润滑油基础油的需求日益增加,润滑油异构脱蜡技术的应用越来越广泛。截至 2019 年,我国润滑油基础油的年产量大约 800×10^{4}t,其中约 20% 是采用异构脱蜡工艺生产的。Chevron、Mobil、Exxon 和 Shell 公司都开发了润滑油异构脱蜡技术,而且获得工业应用,都可以生产出Ⅲ类基础油。Chevron 公司在润滑油异构脱蜡技术上具有领先地位,采用全加氢路线的首套润滑油馏分加氢裂化—异构脱蜡工业装置 1993 年获得工业应用,现有润滑油异构脱蜡工业装置 60% 以上采用 Chevron 公司的技术。我国 FRIPP、中国石油石油化工研究院也开发了润滑油异构脱蜡催化剂及其相关技术并成功获得工业应用,均达到了与 Chevron 公司技术相当的水平。

异构脱蜡的工艺流程与两段加氢裂化相似,即加氢精制—异构脱蜡两段流程,第一段反应器装填加氢精制催化剂,第二段反应器装填异构脱蜡催化剂,段间设置气液分离器和脱氨塔除去反应生成的 NH_3 和 H_2S,以避免贵金属异构脱蜡催化剂中毒失活。对于以低硫、低氮的高压加氢裂化尾油为原料的异构脱蜡装置,可以采用类似单反应器一段加氢裂化的工艺流程。由于润滑油基础油要求高氧化安定性,润滑油异构脱蜡还会在异构脱蜡反应器后串联1个加氢补充精制反应器,装填 Pt/Al_2O_3 催化剂,在低温(220~240℃)、1~2h^{-1}空速下加氢脱除少量的烯烃和芳烃,以达到改善润滑油基础油产品颜色和提高氧化安定性的目标。对于以直馏减压蜡油(润滑油馏分)为原料全氢法生产润滑油基础油的装置,一般采用加氢精制—加氢裂化—异构脱蜡—加氢补充精制3~4个反应器的两段流程,以达到目标产物最大化和Ⅲ类基础油生产的要求。图9-26为全氢法润滑油基础油生产装置的原则流程,由图可见,全氢法润滑油基础油生产装置流程复杂,需要3~4个反应器,2个分馏系统,2套氢气循环系统,操作条件苛刻,装置投资和操作费用高。但对原料适应性广,生产灵活性大,不但能以石蜡基原油的直馏蜡油为原料,甚至能以中间基或环烷基原油的直馏蜡油为原料生产高品质的Ⅱ和Ⅲ类润滑油基础油、食品级白油,同时副产低凝点、高十六烷值清洁柴油和低冰点、高烟点航空煤油,液体产品收率高,液化气和干气产物很少。截至2019年,全球使用全加氢流程的润滑油生产装置有10多套,80%以上采用Chevron公司的技术,随着高档润滑油基础油需求量的不断增加,全氢法润滑油基础油生产技术的应用越来越广泛。

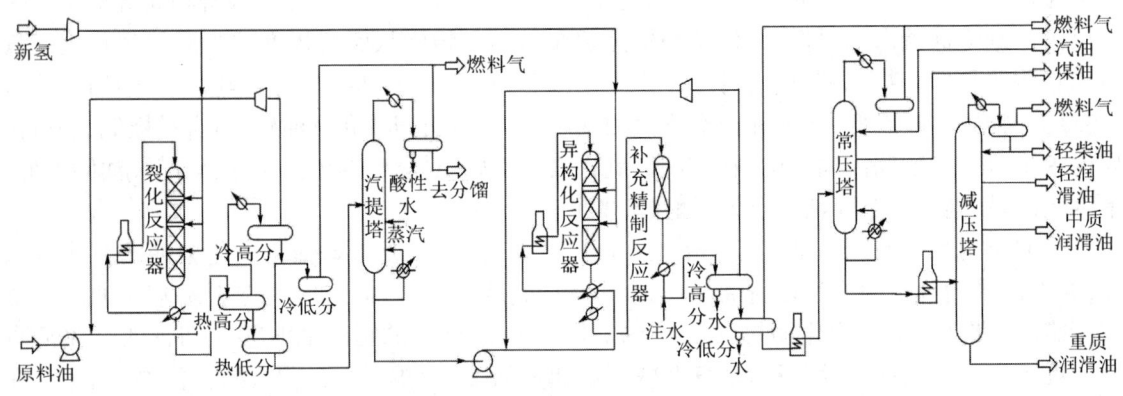

图9-26 全氢法润滑油基础油生产装置原则流程

柴油异构脱蜡一般采用 Pt/ZSM-5 催化剂,以便利用 ZSM-5 等中孔择形分子筛对柴油中 $C_{14} \sim C_{18}$ 的长链烷烃异构化活性高的优点,最大化地促进异构化反应。操作条件一般为:压力4~6MPa,温度320~370℃,空速1~2h^{-1},氢油体积比300~600。表9-35为四种原料加氢精制—异构脱蜡的典型结果。由表可见,两段法加氢精制—异构脱蜡除了能显著降低柴油冷滤点外,还能深度脱硫、脱芳烃,提高十六烷指数,而且具有液体收率高的优点,是生产低硫、低芳烃、低凝清洁柴油的有效手段。唯一的缺点是流程复杂,投资和操作费用较高。此外,柴油异构脱蜡的活性和选择性显著高于临氢降凝,例如:以倾点29.4℃的焦化重柴油(HCGO)为原料,在操作压力2.8MPa、空速1.0h^{-1}条件下,分别采用Ni/ZSM-5和Pt/ZSM-5进行临氢降凝和异构脱蜡试验,发现在得到相同倾点(-7℃)的柴油产物时,异构脱蜡的反应温度比临氢降凝低10℃,>343℃馏分的裂化转化率低20%;在生产倾点为4℃的柴油时,异构脱蜡的柴油产率比临氢降凝高22%,而且目标柴油的倾点越低,柴油收率差值越大。

表 9-35 四种原料加氢精制—异构脱蜡的中试结果[1][2]

项　目	高硫 AGO	80% 高硫 AGO + 20% LCO	低硫 AGO	80% 低硫 AGO + 20% LCO
原料油性质				
密度,20℃,g/cm³	0.8600	0.8770	0.8390	0.8604
馏程(5%/50%/95%),℃	261/304/376	254/299/376	252/292/360	250/291/362
硫含量,μg/g	13000	10000	1600	1730
多环芳烃含量(质量分数),%	14.1	22.6	7.3	17.4
冷滤点,℃	3	5	1	1
十六烷指数	54.0	46.3	60.1	50.8
C_{5+} 液体收率(体积分数),%	102.3	102.3	100.2	102.3
氢耗,m³/m³	85	100	27	72
产品柴油性质				
密度(20℃),g/cm³	0.8340	0.8510	0.8330	0.8460
馏程(5%/50%/95%),℃	230/284/363	240/285/365	243/286/356	241/283/357
硫含量,μg/g	31	40	9	6
多环芳烃含量(质量分数),%	2.0	5.5	3.4	5.9
冷滤点,℃	-15	-14	-13	-13
十六烷指数	58.8	52.8	60.9	54.4

(1) 催化剂:第一段加氢精制 Ni-Mo/Al_2O_3;第二段异构脱蜡 Pt/ZSM-5,Pt 含量 0.7%(质量分数)。
(2) 操作条件:氢分压 5.6MPa,温度(精制/异构)316℃/371℃,空速(精制/异构)1.8h^{-1}/1.2h^{-1},氢油比(精制/异构)350/500。

润滑油异构脱蜡一般采用 Pt/SAPO-11 或 Pt-Pd/SAPO-11 催化剂,以便利用 SAPO-11 等中孔、磷酸硅铝择形分子筛对润滑油中 C_{18}～C_{24} 的长链烷烃异构化活性高、裂化活性低的优点,最大化地促进异构化反应,减少裂化副产物的生成。润滑油异构脱蜡的操作条件较为苛刻,对于全加氢流程一般为:压力 14～20MPa,温度 320～390℃,空速 0.8～2h^{-1},氢油体积比 1000～1500;其中,加氢精制温度为 350～370℃,加氢裂化温度为 360～390℃,异构脱蜡温度为 320～350℃,加氢补充精制温度为 220～250℃。如果加工润滑油窄馏分,则原料越重,黏度越高,操作条件越苛刻,反之亦然。对于以高压加氢裂化尾油为原料的润滑油异构脱蜡,可以采用较为缓和的操作条件。

表 9-36 为中东 VGO 加氢裂化的轻和重中性油分别在 2.8MPa 和 5.6MPa 氢分压下异构脱蜡的结果。由表可见,与临氢降凝相比,异构脱蜡的优点在于基础油收率和黏度指数高,而且中间馏分(煤、柴油)副产物收率高,气体产物少。

表 9-36 中性油异构脱蜡和临氢降凝的比较

项　目	异构脱蜡		临氢降凝	
原料	轻中性油	重中性油	轻中性油	重中性油
基础油收率(质量分数),%	85.7	90.5	81.7	82.9
倾点,℃	-15	-12	-15	-12
黏度(100℃),mm²/s	—	10.2	—	10.7
黏度(40℃),mm²/s	30.5	—	37.0	—
黏度指数	102	105	97	102

续表

项 目	异构脱蜡		临氢降凝	
副产物收率(质量分数),%				
166~343℃中间馏分	3.72	1.66	1.28	1.69
<165℃石脑油	4.72	3.60	9.15	4.82
$C_3 \sim C_4$	4.43	3.14	6.04	7.37
$C_1 \sim C_2$	1.43	1.11	1.83	3.01

第四节 重油加氢工艺

随着原油的变重变劣、中间馏分油需求量的不断增加、石油产品的升级换代以及环保法规要求的越加严格,重油加氢势在必行。这里所说的重油是指:常压渣油、减压渣油及其溶剂脱沥青油、减黏渣油、相对密度>0.934的重质原油、相对密度>1的超重质原油、油砂沥青以及煤焦油等。

重油加氢工艺可分为加氢处理和加氢裂化两大类。重油加氢处理的主要目的:一是经脱硫后直接制得低硫燃料油,二是经预处理后为催化裂化和加氢裂化等后续加工过程提供原料。重油加氢裂化是指在氢气和加氢催化剂存在下,至少使50%的反应物分子变小的转化过程,因此是一个提高轻质油收率的重要过程。不论是加氢处理还是加氢裂化,按加氢反应器床层形式可划分为固定床、移动床、沸腾床(膨胀床)和悬浮床(浆液床)加氢工艺四大类。关于重油加氢的化学反应、催化剂等与前述类似,在此仅以重油加氢工艺为线索,对当前重油加氢技术作一叙述。

视频9-10 重油加氢转化工艺

四类重油加氢技术的主要区别在反应器床层形式、流体力学(流动方式)和催化剂。固定床和移动床均采用负载型、毫米尺度的颗粒催化剂(固定床采用条形颗粒,移动床采用球形颗粒),液体反应物以滴流形式(滴流床)、气体以近似平推流方式自上而下流过催化剂床层;区别在于固定床的催化剂床层固定不动,移动床的催化剂床层自上而下缓慢移动。沸腾床也采用负载型、毫米尺度的条形或球形催化剂,气体携带液体自下而上流过催化剂床层;液体在向上流动过程中有部分掉落(滴流),催化剂床层也有膨胀并向上移动,气液返混明显。悬浮床则采用微米甚至亚微米、纳米级细颗粒催化剂,通常是非负载型的,在反应物系中催化剂量一般<3%(质量分数),甚至低至几百至几千微克每克,气体、液体和催化剂自下而上以泡沫流(鼓泡相)形式流过反应器。

四类重油加氢技术所加工的原料也有所不同。实践经验表明,重油加工技术的选择与两个重要性质关系密切,即重油的金属(主要是Ni、V、Fe、Ca等)含量和残炭值。如金属含量<30μg/g,残炭值<10%,可以采用催化裂化技术加工;如金属含量在30~300μg/g,残炭值在10%~20%,可以采用重油加氢技术加工;如金属含量>300μg/g,残炭值>20%,则只能采用焦化或悬浮床重油加氢技术加工。一般来说,固定床适宜加工金属含量<150μg/g、残炭值<15%(大部分工业装置的原料金属含量<100μg/g、残炭值<12%)的重油,移动床和沸腾床可以加工金属含量在30~300μg/g、残炭值在10%~20%的重油。

据不完全统计,目前世界上重油加氢约占重油加工的18%,而且,随着原油的变重变劣、石油产品的升级换代以及环保法规要求的越加严格,重油加氢的比例逐年上升。其中,固定床加氢应用最广泛,占约72%,其次是沸腾床加氢占约22%,移动床加氢占约5%,悬浮床占约0.5%。

一、固定床加氢工艺

由于固定床渣油加氢处理过程具有技术成熟、工艺和设备结构简单等特点,因而应用最广泛,而且工业化的工艺也最多。渣油固定床加氢是在馏分油加氢的技术上发展起来的,早期主要目的是生产低硫燃料油,目前主要为下游加工装置提供优质原料,精制深度高,脱硫率一般可达90%以上,金属脱除率一般可达70%~90%,残炭脱除率和脱氮率一般可达40%~60%。该工艺技术的专利供应商主要有CLG(Chevron Lummus Global)、UOP、Axens、Exxon、中石化RIPP和FRIPP等,目前主要为CLG垄断,加工能力约占全世界的50%,其次为UOP,约占30%。截至2020年,全世界渣油固定床加氢装置有80余套,总加工能力约1.5×10^8t。截至2020年底,我国已建成装置29套,总加工能力约7215×10^4t,其中约15套采用中石化RIPP和FRIPP的技术,加工能力占比为48.1%。并且,我国渣油固定床加氢装置80%以上为近10年内新建,单套加工能力较大,半数以上在$(200~400) \times 10^4$t/a,已经成为世界上最大规模的渣油固定床加氢技术用户。

表9-37列出了几种较大规模的渣油固定床加氢工艺过程,同时列出了其主要操作条件以及转化率。由表可见,固定床渣油加氢工艺的操作条件和参数基本都是相同的,其操作条件苛刻(温度高、压力高、空速低、氢油比较大),氢耗较大,转化率较低,脱硫率和脱金属率高,脱氮率和脱残炭率中等。

表9-37 典型固定床重油加氢工艺过程汇总

工艺名称	RDS/VRDS	RCD Union	Residfining	Hyval	S-RHT	RHT
专利商	CLG	UOP	Exxon	Axens	FRIPP	RIPP
温度,℃	350~430	350~450	350~420	350~420	350~427	350~425
压力,MPa	12~18	10~18	13~16	13~19	13~16	13~16
空速,h^{-1}	0.2~0.5	0.2~0.8	0.2~0.8	0.2~0.5	0.2~0.7	0.2~0.7
氢油比	600~1000	600~1000	600~1000	600~1000	600~1000	600~1000
氢耗,m^3/m^3	187	130	190	170	150~187	140~190
转化率(质量分数),%	31	20~30	20~50	30~50	20~50	20~50
脱硫率(质量分数),%	94.5	92.0	81.6	88.0	92.8	93.2
脱氮率(质量分数),%	70	40	60~70	60~70	72.8	73.1
脱金属率(质量分数),%	92.0	78.3	72.5	82.0	83.7	81.8
脱残炭率(质量分数),%	50~60	59.3	56.5	53.8	67.1	65.6

所有的固定床渣油加氢过程都是采用3~5个反应器串联的流程,而且近于一致,原则流程如图9-27所示。该流程中保护反应器可进行在线切除操作。

已过滤的原料在换热器内首先与由反应器来的热产物进行换热,然后进入加热炉内,使温度达到反应温度。一般是在原料进入加热炉前将循环氢与原料混合,此外,还要补充新鲜氢。由加热炉出来的原料依次进入3~5个串联的反应器。反应器内装有固定床催化剂,大多数情况是采用液流下行式通过催化剂床层。渣油加氢反应器中催化剂通常采用级配装填,从前往后依次装填保护剂、脱金属催化剂、脱硫催化剂、脱氮催化剂和脱残炭催化剂(芳烃深度加氢饱和)。

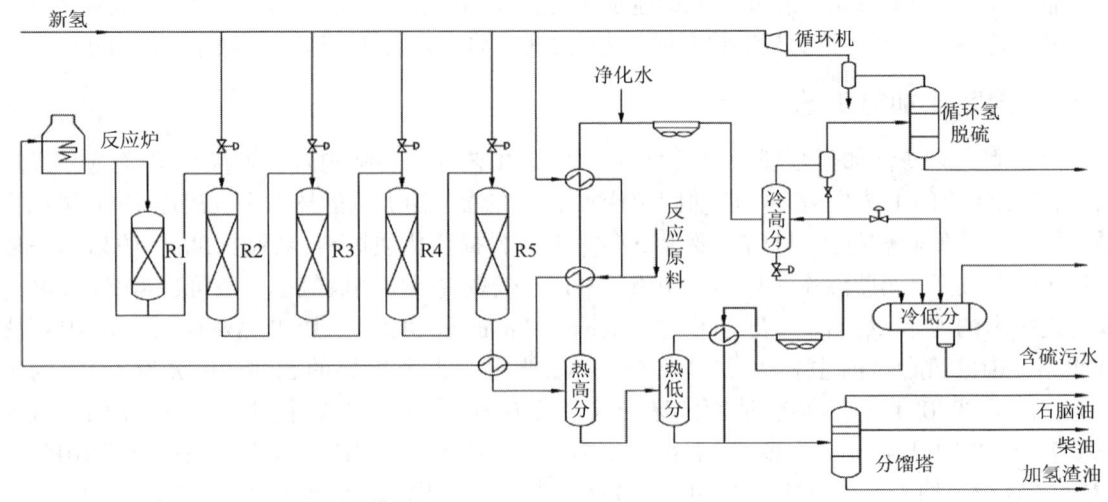

图 9-27 固定床渣油加氢处理的原则流程

R1—保护反应器；R2—脱金属反应器；R3—脱硫反应器；R4—脱氮反应器；R5—脱残炭反应器

如采用 5 个反应器，则一个反应器装填一种(类)催化剂；如反应器个数较少，则一个反应器装填二种(类)催化剂。从前往后各种催化剂的加氢活性依次增加，活性金属负载量和酸性依次增加，孔容、孔径和颗粒尺寸(等效直径)依次减小，床层空隙率依次降低。实际上，为充分发挥催化剂的作用，每种(类)催化剂又根据其活性细分为 2～3 个亚种。而且，为达到同步失活、物尽其用的目标，各种(类)催化剂(包括亚种)的装填比例需根据原料性质和产物目标要求，依据催化剂活性评价数据和工程模拟结果进行优化设计。此外，反应器或催化剂床层间注入冷氢以降低因放热反应而引起的温升。控制冷氢流量，尽量使各床层催化剂处于等温下运转。

由反应段出来的加氢生成油首先被送到热交换器，用新鲜原料冷却，然后进入热高分。热高分分出的气体与新鲜原料和新鲜氢气换热、水洗、空冷后进入冷高分，分离出的循环气通过吸收塔，脱除其中的大部分硫化氢以循环使用，冷高分的液相进入冷低分脱除溶解在液体产物中的气体。热高分分出的液体进入热低分，气相物料经换热、空冷冷却后进入冷低分脱除溶解在液体产物中的气体。冷低分的液体产物和热低分的液相产物一同进入常压和减压分馏塔，分成石脑油(C_5～200℃馏分)、柴油(200～350℃馏分)、减压蜡油(350～500℃馏分)和 >500℃残油(俗称尾油)。

固定床渣油加氢一般采取一次通过流程，根据原料油的质量以及对最终产品的要求，也可以令部分加氢油与原料混合，实行部分循环操作，以提高总精制深度。

固定床加氢过程在工艺和设备结构上比移动床和沸腾床要简单得多，但是它的应用有一定的局限性。由于没有催化剂在线置换和更新系统，因而在处理高金属和高沥青质、高胶质含量的原料时，催化剂金属沉积失活和结焦较快，另外床层也易被焦炭和金属化合物堵塞，从而缩短运转周期。随着装置运转时间的延长，沉积在催化剂上的杂质(焦炭、金属)引起催化剂失活，必须靠提高反应温度来弥补，当温度达到预定水平，或沉积物量达到极限水平时，停止运转，并更换催化剂，运转周期一般为 6～18 个月。因此，近年来渣油固定床加氢技术的进展主要围绕延长运转周期展开，主要的技术进展如下：(1) 容金属和容炭能力更高的保护剂和脱金属催化剂技术，包括增加微米—亚微米(几百纳米)扩散孔道，采用四叶型颗粒缩短扩散路径，采用活性金属沿催化剂颗粒径向逆分布(外少内多)的负载技术等，以解决颗粒外表面及孔口快速沉积金属,堵塞孔口,内部孔道无法得到充分利用的问题。(2)催化剂级配装填技术,以达到同步失活,充分发挥每种催化剂的效能。(3)双反应器系列错时开、停工技术,采用两个系列的加氢反应器并行,实现单独和错时开、停工,以减缓渣油加氢装置停工对上、下游装置的影响。(4)可互换式保护反应器技术,两台前置的保护反应器(保护剂+脱金属催化剂)通过在线高压切换,实现单独、串联、并联操作,以减少装置停工频率。(5)上流式(UFR——up flow reactor)保护反应器技术,使催化剂床层轻微膨胀,金属和焦炭等沉积物可以均匀地沉积在整个催化剂床层,以解决保护反应器床层压降上升过快的问题。我国引进的7套渣油固定床加氢装置均采用了CLG的UFR技术。(6)前置移动床反应器技术,包括CLG公司的OCR(onstream catalyst replacement)技术、荷兰Shell公司的Hycon技术和IFP公司的Hyvahl-M技术,通过脱金属催化剂的连续/间歇在线置换,解决反应器经常堵塞问题,实现装置的长周期连续运行。(7)前置沸腾床保护反应器技术,利用沸腾床反应器物料返混剧烈、温度分布均匀、压降低等优点,以解决加氢脱金属催化剂失活快、床层堵塞问题。

还应指出,最早渣油固定床加氢技术的主要目的是生产低硫燃料油,作为燃油电厂的燃料或船用重质燃料油,因此早期的渣油固定床加氢称为渣油HDS技术。在20世纪70—80年代,采用海湾石油公司HDS工艺建设了几十套渣油HDS装置,一般采用常压渣油(>350℃)为原料,在中等温度(343~427℃)与压力(10.5~17.5MPa)下操作,设置1~3个反应器(主要是1~2个反应器),主要反应为脱硫、脱金属、脱氮和脱沥青质,以降低密度、黏度和残炭值。后来的渣油固定床加氢转变为以生产催化裂化和加氢裂化等后续加工过程原料为主要目的。但是,随着船用燃料趋向低硫化和高硫石油焦限制措施的实施,渣油HDS技术有可能再次获得青睐。渣油HDS除用于生产低硫燃料油外,还有可能用于生产延迟焦化的原料,以充分利用我国现有的大量延迟焦化产能。

二、移动床加氢工艺

为解决高金属、高沥青质含量和残炭值较高的渣油原料加工过程中固定床加氢脱金属催化剂失活快、床层易堵塞、操作周期短的难题,Shell公司提出了催化剂在线连续置换(加排)的料斗式反应器(bunker reactor),以此为基础开发出渣油移动床加氢技术(Hycon工艺),并于1989年在荷兰Shell公司Pernis炼油厂实现工业化应用。此后,CLG公司开发出催化剂在线置换的OCR(onstream catalyst replacement)技术,并于1992年在日本爱知炼厂实现工业化应用。后来IFP公司也开发了与Hycon工艺类似的Hyvahl-M技术,并完成工业示范验证。迄今为止,OCR技术有5套工业化装置,Hycon技术有1套工业化装置,渣油移动床加氢总加工能力$1545 \times 10^4 t$。

移动床渣油加氢的工艺流程与固定床渣油加氢的最大区别在于反应器系统,其渣油原料进料系统、产物分离系统和氢气循环系统与固定床渣油加氢过程类似,在此不再赘述,仅就其反应器系统加以描述。

渣油移动床加氢的技术关键是反应器系统,包括料斗式反应器(Hycon、Hyvahl-M)或OCR反应器和催化剂在线连续加入和卸出系统。在正常操作条件下,该反应器系统可以连续地加入和取出催化剂,从而维持催化剂一定的活性水平。理论上,只要设备不出故障,移动床反应器系统可以维持很长的操作周期。移动床反应器结合了固定床反应器的优点(活塞流)和沸腾床、浆液床技术的优点(易于更换催化剂)。料斗式反应器的示意图如图9-28所示,移动床反应器系统的示意图如图9-29所示。料斗式反应器系统的主要特点可归纳如下:

(1)特殊设计的反应器内部结构可使催化剂床层随着进料自上而下进行移动,反应器设有装料阀、卸料阀和催化剂输送管或转移催化剂的转移阀,催化剂床层处于在反应器内使床层移动的两个锥形嵌入物之间。

(2)反应器内装有一个筛子使催化剂和过程流体分开。

(3)具有一个全自动的催化剂处理系统,它包括高压循环泵、特殊的旋转星阀(rotary star valves)和油浆排泄系统。

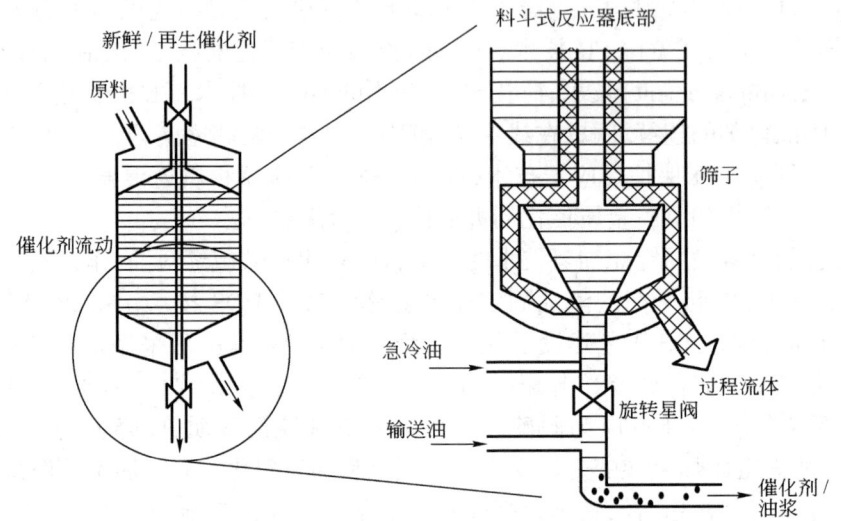

图9-28 料斗式反应器及其底部内构件示意图

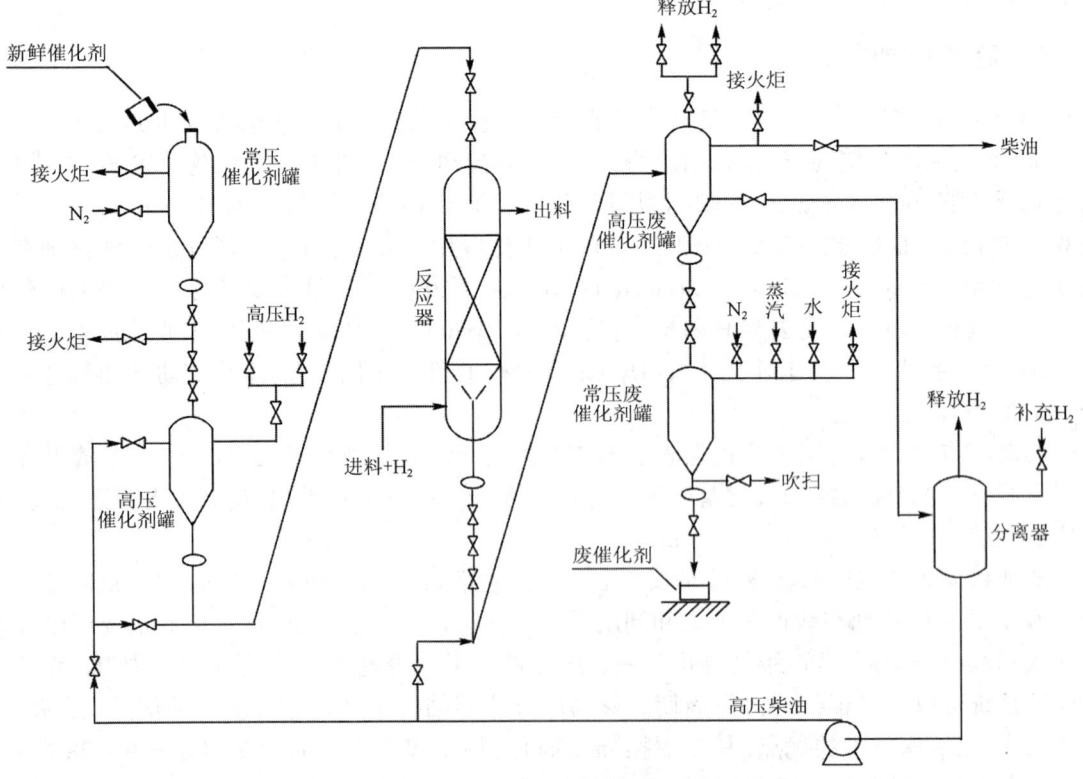

图9-29 Hyvahl-M移动床反应器系统示意图

OCR 和 Hyvahl-M 反应器与 Hycon 料斗式反应器的区别在于催化剂和反应物料的流动方式,料斗式反应器中催化剂自上而下移动,反应物料也自上而下流过反应区,两者是同向流动或移动;而 OCR 和 Hyvahl-M 反应器中催化剂自上而下移动,反应物料自下而上流过反应区,两者是逆向流动或移动,因而不需要设置分离催化剂和反应物料的筛子。催化剂的在线加入和卸出系统基本相同。

由于移动床加氢过程中催化剂处于移动状态,催化剂堆积密度比固定床低,但比沸腾床高,而且反应物系和催化剂的返混远远小于沸腾床,因此其脱硫能力介于固定床和沸腾床之间。移动床反应器技术可使 HDM 催化剂维持高的活性,且避免床层堵塞,同时可处理高金属、高沥青质含量和残炭值较高的减压渣油或重油。

移动床加氢过程所用催化剂与固定床加氢类似,也是负载型 Co-Mo 或 Ni-Mo 催化剂,不同在于为便于催化剂移动并减少磨损,一般采用 1.5~2.0mm 的球形颗粒,而且由于催化剂完全混合,催化剂种类只有一种,主要起加氢脱金属作用。

第一套 Hycon 移动床渣油加氢装置建于荷兰 Shell 公司 Pernis 炼油厂,其 HDM 反应器采用了料斗式反应器技术,设计处理量为 130×10^4 t/a,处理的原料为 Maya 减压渣油,金属含量为 760μg/g,其简化流程见图 9-30。该装置具有平行的两个系列,每个系列有 5 个反应器,前 3 个反应器都是料斗式反应器,装填小球状 HDM 催化剂,后 2 个反应器为固定床反应器,装填固定床加氢转化催化剂。

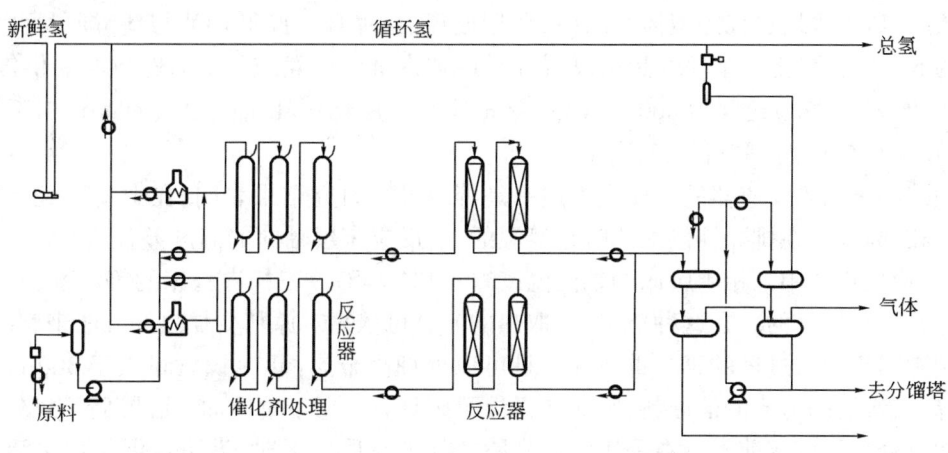

图 9-30 Pernis 炼油厂加氢脱金属装置流程示意图

由于实际进料的金属含量低于设计值,为减少催化剂消耗,实际操作时将第 3 个反应器改为固定床反应器。装置运转过程中遇到了一系列问题,大部分是机械和过程控制问题,也有些是过程本身的问题。后来,由于第 3 个反应器结焦严重以至造成堵塞,装置不得不停工关闭。催化剂分析发现,造成堵塞的原因是渣油中的一些细的含铁粉末通过料斗式反应器(在此并没引起任何麻烦)排出,聚集在第 1 个固定床反应器的催化剂床层上,从而造成了堵塞。解决这一问题的措施是第 3 个反应器按设计时的要求改回了料斗式反应器。

尽管由于含铁粉末的堵塞造成了意外的停工,但过程的转化率、脱金属率和脱硫率都优于设计要求,如表 9-38 所示。

表 9-38　阿拉伯 >585℃减渣在 Pernis Hycon 装置上的操作数据

参　　数	设 计 值	实 际 值	参　　数	设 计 值	实 际 值
处理量,10^4t/a	132	145	脱金属率,%	95	95
>520℃转化率,%	47.5	50~55	脱硫率,%	90	92
装置转化率,%	66	66~68			

但是,由于移动床反应器系统结构复杂,装置操作难度大,移动床渣油加氢过程的工业应用远不如固定床和沸腾床广泛,技术进展也较为缓慢,近年来未见新建的渣油加氢装置采用移动床技术的报道。但移动床反应器有可能作为渣油固定床加氢的前置反应器,移动床加氢也可以作为渣油预处理手段,从而为劣质渣油加工发挥作用。

三、沸腾床加氢工艺

1961 年烃研究公司(Hydrocarbon Research Institute,HRI)取得了三相沸腾床方法的专利权。在此方法中,装在反应器内的固体催化剂颗粒处于不规则的运动状态,依靠气相和液相物流自下而上的流动维持沸腾状态,使气相、液相和固相(催化剂)达到较充分的接触。最佳的液相进料流速为 14~84mm/s,最佳的液相与气相速度之比不大于 0.4。从设备和经济上考虑,催化剂床层膨胀高度不宜超过静止床层高度的 2 倍。三相沸腾床主要采用直径 0.8~1.6mm、长度 3~5mm 的条状催化剂,由于新鲜原料的进料流速不能维持催化剂达到适宜的床层膨胀状态,所以采用过程的液体产品(流化用循环油)循环。此循环油与新鲜原料两者比值的范围为 5~15。流化用循环油是由设置在反应器内部的管路或外部管路供给。供氢(氢纯度不低于 75%~80%)速度为 800~1400m³/m³ 原料。催化剂耗量因原料质量和加工深度而异,在 0.03~0.56kg/m³ 原料的范围内。

三相沸腾床加氢反应器的主要优点之一是等温性。研究结果表明,在中型试验装置反应器中的三相沸腾床,在排除补偿加热时是等温的,沿反应床层轴向的温度差仅为 3℃。有数据表明,在工业反应器中三相沸腾床的轴向温度差不超过 4℃。三相沸腾床的等温性,对于放热的加氢过程是有好处的。在这种情况下,取热的问题可依靠对原料少加热的方法来解决。

三相沸腾床加氢过程的第二重要优点是可以处理高金属(钒+镍含量大于 300μg/g)、高沥青质、高残炭值的劣质渣油原料,因而使得沸腾床具有应用于重质油、油砂沥青、煤焦油和页岩油等加氢处理的广阔前景。在采用三相沸腾床处理重质原料时,为防止催化剂失活并维持一定的催化活性,可用新鲜催化剂在线置换一部分已失活的催化剂,而固定床为了保证所需要的催化活性,必须逐渐提高温度来补偿在运转过程中所造成的催化剂失活。

由于在三相沸腾床中可以维持催化剂活性不变,因而可以维持重油加氢的产品产率和产品性质不变。催化剂更新率、催化剂耗量和相应的加工技术经济指标取决于原料渣油的性质及其中杂质(特别是镍和钒)的含量。

目前已开发并投入工业运转的三相沸腾床渣油加氢改质过程是 Axens 公司(原为烃研究公司)的 H-Oil 工艺、T-Star 工艺和 CLG 公司(原为 Lummus 城市服务研究发展公司)的 LC-Fining 工艺。此外,中国石化 FRIPP 的 Strong 工艺也已完成了 $5×10^4$t/a 工业示范装置验证。第一套 H-Oil 装置于 1963 年在美国城市服务公司查理湖炼油厂建成投产,第一套 LC-Fining 装置于 1984 年在美国阿莫科石油公司得克萨斯炼厂建成投产。截至 2019 年,全世界建成的渣油沸腾床加氢装置共有 28 套,其中 H-Oil 技术和 T-Star 技术共有 15 套、LC-Fining

技术有13套,总加工能力达到$5600 \times 10^4 t/a$;在建9套,加工能力$2513 \times 10^4 t$。至2020年,三相沸腾床渣油加氢装置将达37套,总加工能力$8100 \times 10^4 t/a$。我国2019年底已建和在建沸腾床渣油加氢装置6套,5套采用H-Oil工艺,1套采用LC-Max工艺,总加工能力$1813 \times 10^4 t$。

沸腾床渣油加氢原则工艺流程如图9-31所示。沸腾床渣油加氢的工艺流程与固定床渣油加氢的最大区别在于反应器系统以及催化剂加入和卸出系统,其催化剂加入和卸出系统与移动床渣油加氢过程类似,渣油原料进料系统、产物分离系统和氢气循环系统与固定床渣油加氢过程类似,在此不再赘述,仅就其反应器系统加以描述。其中,LC-Finning和H-Oil技术其反应器的结构基本相同,主要区别在于前者使用内循环泵、后者使用外循环泵,两者都可以通过增加串联反应器的数量以提高装置的加工能力和杂质的脱除率。T-Star沸腾床反应器的特点是可以不设置内循环杯,通过设置在反应器外部的热高压分离器(入口设置旋液分离器,出口设置旋风分离器)进行气液分离与液体循环,从而减少反应器的制造难度。Strong反应器则采用特殊结构的内、外双导流筒和折流板实现气、液、固三相分离和循环,取消了内置循环杯和高温高压热油循环泵构成的循环系统。四种反应器的结构示意图见图9-32。

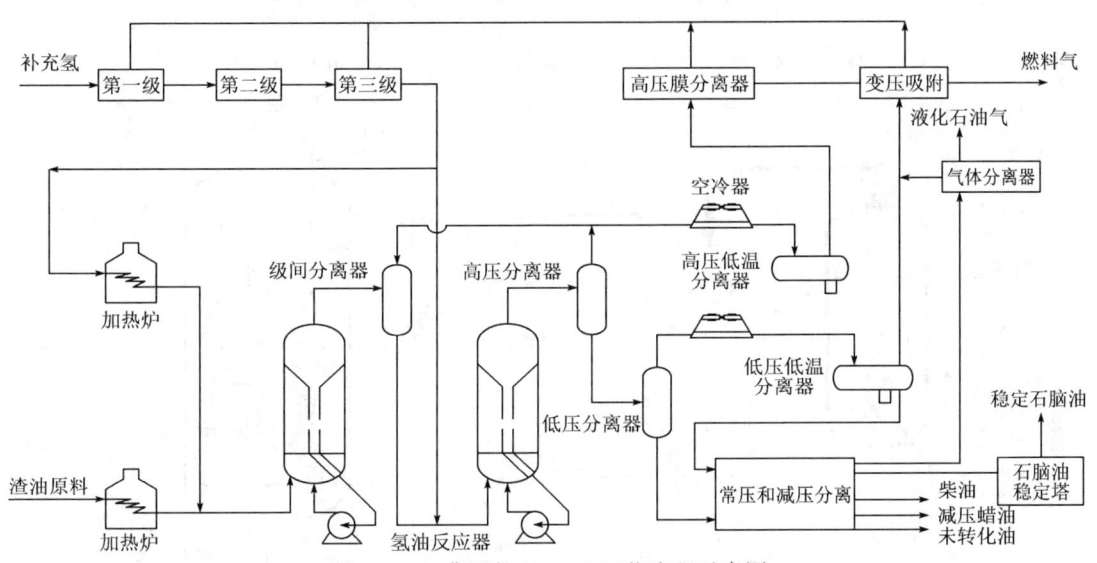

图9-31 典型的H-Oil工艺流程示意图
两个反应器之间设置级间分离器(高温高压汽提塔);第一级、第二级和第三级指氢气压缩机的三级压缩

下面以H-Oil过程为例,对沸腾床渣油加氢的反应器系统进行简单介绍。

H-Oil过程是1959年由HRI发明的,该过程的核心是HRI发明的三相沸腾床反应器,其结构如图9-32(a)所示。催化剂被自下而上流动的液相(进料和循环油)和气相(氢气和循环氢)流化,故处于具有返混的沸腾状态。液相和气相被特殊设计的分布板和格栅板均匀分布。在反应器顶部有一个专门设计的循环杯(recycle cup),基本上可将气体和液体完全分开。

沸腾床反应器的操作压降较小且处于返混状态,因此整个床层近乎等温。更为重要的是新鲜催化剂可连续加入而平衡催化剂可方便抽出,从而使催化剂始终处于较高的活性水平。理论上,只要设备不出故障,三相沸腾床反应器系统可以维持很长的操作周期。

沸腾床加氢过程所用催化剂与固定床加氢类似,也是Al_2O_3或$SiO_2 - Al_2O_3$负载的Co-Mo或Ni-Mo催化剂,不同在于为便于催化剂流动并减少磨损,一般采用0.2~1.0mm的球形颗粒或直径0.5~1.0mm的圆柱形条,而且由于催化剂完全混合,催化剂种类只有一种,兼具加氢脱金属、脱硫、脱氮、脱残炭和裂化作用。

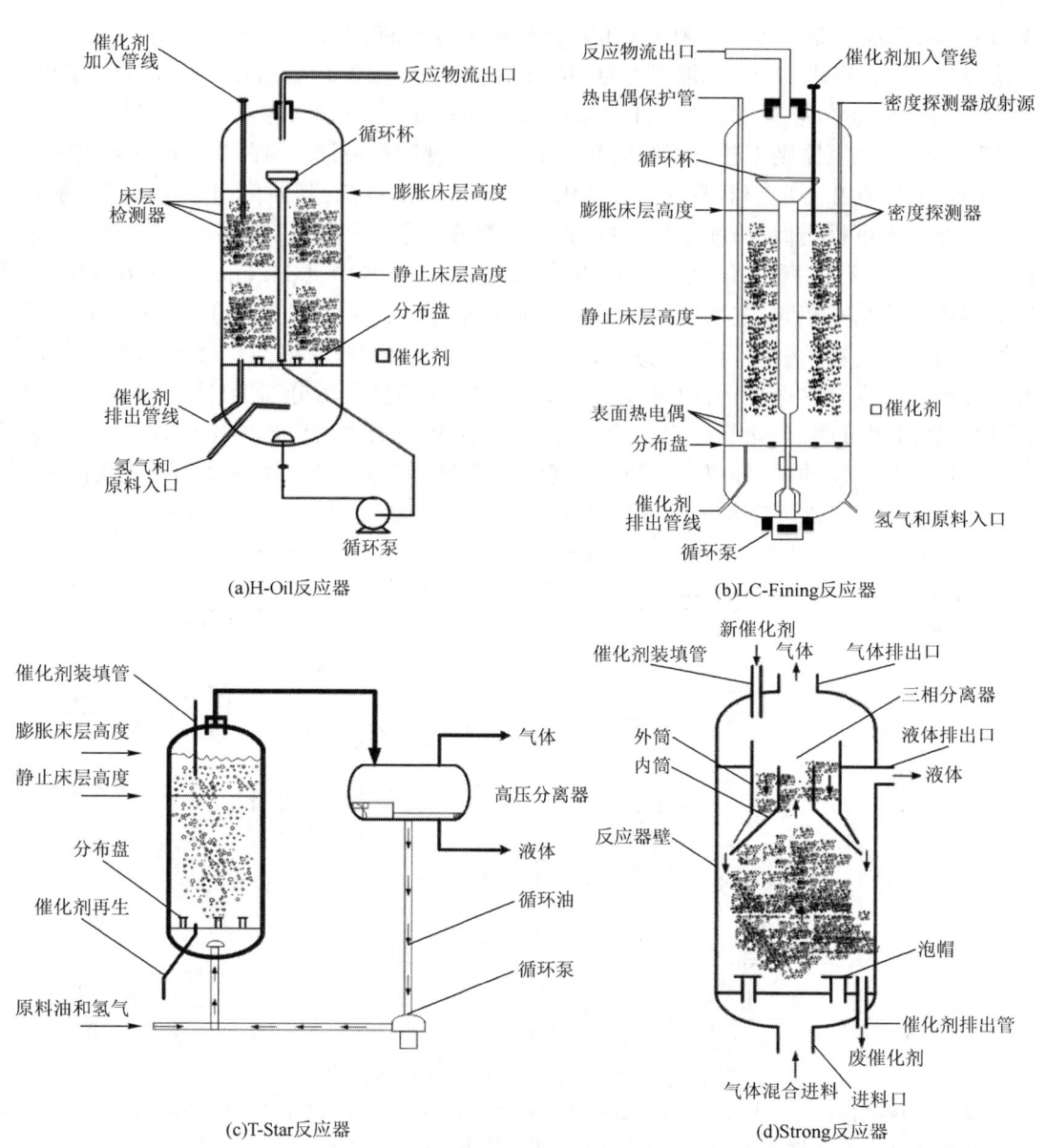

图9-32 沸腾床反应器示意图

如表9-39所示,除T-Star工艺外,沸腾床加氢过程的反应条件比固定床加氢过程还要苛刻,由于催化剂可以在线连续置换维持催化剂的活性,无需担心催化剂失活过快的问题,反应温度更高,但体积空速比固定床大。因此,>525℃渣油转化率(体积分数)比固定床高。另外,由于催化剂床层和反应物返混严重,金属、硫、氮和残炭值脱除率比固定床低,裂化产物石脑油、柴油和蜡油馏分硫、氮含量比固定床高,还需进一步加氢精制;尤其是裂化残渣油(尾油)硫、氮、胶质、沥青质含量和残炭值以及密度显著高于固定床加氢尾油,不能作为催化裂化原料,一般只能作为延迟焦化的掺炼原料,加工利用难度大。T-Star工艺是基于H-Oil工艺开发的沸腾床缓和加氢裂化技术,目前多用于处理杂质含量高的劣质减压蜡油、煤(直接)液化油和煤焦油,工业应用数据表明,处理API°为23.5、硫含量为2.1%、氮含量为819μg/g的劣质重油,在转化率为55%条件下脱硫率达到98%、脱氮率达到94%,可以生产清洁汽柴油。

表 9-39 四种渣油沸腾床加氢技术的操作条件和工艺性能

工艺	H-Oil	LC-Finning	T-Star	Strong
专利商	Axens 公司	CLG 公司	Axens 公司	FRIPP
反应温度,℃	415~440	400~450	360~380	380~450
反应压力,MPa	16.8~21.0	11.0~20.0	12.5~13.5	8.0~18.0
体积空速,h^{-1}	0.4~1.3	0.5~1.2	0.4~1.2	0.4~1.2
>525℃渣油转化率,%	45~85	55~80	20~60	40~85
脱硫率(质量分数),%	62~82	60~85	93~99	50~98
脱氮率(质量分数),%	25~45	—	40~85	—
脱残炭率(质量分数),%	45~75	40~70	—	—
脱金属率(质量分数),%	65~90	65~88	—	62~90
化学氢耗,m^3/m^3	130~300	135~300	—	—

渣油沸腾床加氢技术的最新发展包括：

(1) 沸腾床加氢与溶剂脱沥青组合工艺。CLG 开发的 LC-Max 工艺将 LC-Fining 与溶剂脱沥青联合集成到 1 套装置内，以加工高金属、高残炭值的劣质原料，大幅度提高渣油转化率至 80%~90%。该工艺包含两段反应器，一段反应器在低至中等转化率下加工新鲜原料，未转化油进溶剂脱沥青(SDA)单元，二段反应器在高转化率下加工 SDA 的脱沥青油(DAO)。

(2) 反应器级间分离技术。在两个沸腾床反应器之间串联一个高温高压汽提塔(图 9-31 的级间分离器)，以促进上一个反应器气液产物的分离。分离出的气相产物进入下游的分离系统，重质液相产物则进入下一个反应器，从而大幅度提高装置的加工能力。LC-Fining 工艺运行数据表明，在转化率为 65% 时，装置的加工能力可以提高近一倍；波兰 Plock 炼厂的 H-Oil 改进工艺表明加工能力可提高 60%。

(3) 提高未转化残渣油稳定性的技术。工业应用结果表明，随着转化率提高，沸腾床加氢过程未转化残渣油各组分的相容性变差，稳定性下降，导致设备结垢，这是影响装置长周期稳定运转的主要原因之一。CLG 公司开发了 4 项技术以提高未转化油的稳定性和相容性：优化利用反应稀释油(高芳烃油)、优化反应器间的骤冷介质、大幅度减少裂化和缩合反应、蒸馏系统注入稀释组分。韩国 GS-Cahex 炼油厂在 LC-Fining 工艺反应器间注入催化裂化油浆，提高了未转化油的稳定性，并减少了下游常减压蒸馏装置的结垢。

(4) 沸腾床与固定床加氢一体化技术。将沸腾床加氢处理系统与下游固定床加氢精制或加氢裂化装置一体化，共同使用一套循环氢提纯、补充氢及循环氢压缩设备，可降低分别建立装置的投资(可减少 35%~40%)和操作费用，同时可以直接生产出符合环保要求的清洁油品。

四、悬浮床加氢工艺

为加工金属和沥青质含量更高的劣质渣油，从 20 世纪 70 年代开始研究悬浮床加氢工艺，该工艺是将分散得很细的催化剂或添加物与原料油及氢气一起自下而上通过反应器进行转化。反应器一般为管式空筒结构，内部可以设置简单的挡板。少量催化剂或添加物以细粉颗粒甚至是亚微米—纳米颗粒形式悬浮在反应物料中呈三相(气、液、固)浆液床(slurry bed)。此过程以热反应为主，催化剂和氢气的存在主要是抑制胶质和沥青质的缩合生焦反应，另一方面也在一定程度上促进加氢脱硫反应。同时,催化剂或添加物的存在,还会成为沉积焦炭的载体,可很大程度地减少反应器壁的结焦。

悬浮床重油加氢工艺所用的催化剂或添加物一般不是负载型的,而是分散型的,分散得越细效果越佳。许多含有铁、钼、镍等元素的有机金属化合物或无机盐类以及天然矿物甚至微米级的煤粉、焦粉等都可以用作悬浮床加氢的催化剂或添加物。这些物质大体上可以分为三类:(1)油溶性催化剂:铁、钼、镍等元素的羰基化合物、环烷酸盐、有机酸盐、烷基取代的杂多酸盐等;(2)水溶性催化剂:铁、钼、镍等元素的硫酸盐、硝酸盐、醋酸盐、杂多酸盐等;(3)微米级固体粉末:含铁、钼、镍等元素的天然矿物、金属氧化物、煤粉、焦粉、碳粉、废加氢精制催化剂等。由于在大多数情况下,悬浮床加氢的催化剂或添加物是一次性使用,所以一般选用价廉易得的物质。尚需指出,以上催化剂或添加物尤其是含铁、钼、镍等元素的物质均是催化剂的前驱体,真正起催化活性的物质是在反应条件下原位生成的金属硫化物。油溶性催化剂的优点是加入方便,而且生成的金属硫化物是亚微米—纳米颗粒,活性高,加入量少(以金属计几十到几百微克每克),避免出现固体沉积,对反应器及高压设备的磨损小,尾渣易处理;缺点是成本高。水溶性催化剂的优点是生成的金属硫化物是微米—亚微米颗粒,活性较高,加入量较少(以金属计几百至几千微克每克),不易出现固体沉积,对反应器及高压设备的磨损较小,尾渣较易处理;缺点是不太方便加入(需要乳化)、成本较高。固体粉末催化剂的优点是加入方便、廉价;缺点是活性低,加入量大(1%~5%),易出现固体沉积,对反应器及高压设备的磨损大,含固尾渣难处理。

悬浮床加氢的工艺比较简单,可用以加工重金属含量和残炭值很高的劣质重油、煤焦油、煤(直接)液化油、油砂沥青、页岩(干馏)油等固定床和沸腾床不能加工或难以加工的劣质原料,甚至用于煤直接加氢液化,其反应条件苛刻,一般为:温度420~480℃,压力15~25MPa,新鲜原料空速0.2~0.6h^{-1},氢油比600~1000,裂化转化率可达70%~90%、甚至95%以上,其产物以中间馏分油为主,可作为进一步轻质化的原料。但是,由于悬浮床加氢过程是临氢热反应,裂化产物硫、氮含量高,必须经过进一步加氢精制;因此,大部分悬浮床加氢技术均在悬浮床反应器后集成一个固定床加氢反应器。另外,其残渣油中混有固体,需要作进一步的处理。

目前已开发的这类过程有意大利 ENI 公司的 EST、BP 公司(原为德国 Veba)的 VCC、UOP 公司的 Uniflex(原为加拿大矿业与能源技术中心的 Canmet)、Axens 公司与 Intevep 公司(委内瑞拉石油公司)以及德国 Veba 公司联合开发 HDH Plus/SHP、CLG 公司的 VRSH、中国三聚环保有限公司 MCT、中国石油大学和中国石油天然气集团公司联合开发的渣油悬浮床加氢技术等十几种技术,大多数工艺技术已经建立了每年几万至十几万吨的工业示范装置,并进行了试运转,但由于技术成熟度不高,大部分尚未工业应用。其中,EST 和 VCC 技术走在工业化前列,首套 115×10^{4}t/a 的 EST 工业装置于 2013 年 10 月在意大利 Sannazzaro 炼厂建成投产,中石化茂名石化分公司引进的 260×10^{4}t/a 的 EST 装置于 2020 年底开工;延长石油公司 45×10^{4}t/a VCC 煤焦油加工装置和 50×10^{4}t/a VCC 煤油共加工装置分别于 2015 年和 2016 年建成投产,标志着悬浮床加氢技术工业化的开始。

各种悬浮床加氢过程的工艺流程和操作条件差别不大,所采用的绝大多数是空筒结构的管式反应器,几乎不设任何内构建以减缓固体沉积,反应物料呈三相(气、液、固)鼓泡床形态自下而上流过反应区。所不同的是采用不同的催化剂,较大的区别在于采用固体粉末催化剂的工艺均采取一次通过流程,未转化残渣油不循环,所以反应温度更高,以达到高转化率的目标;而采用油溶性或水溶性催化剂的工艺均采取未转化残渣油(大部分)循环流程,所以反应温度较低,单程转化率和新鲜原料空速较低,通过未转化残渣油循环裂化达到高转化率的目标。下面仅以已经工业化的 EST 和 VCC 工艺为例加以介绍。

ENI 公司的 EST 技术采用油溶性钼催化剂,加入量几百微克每克(以金属计),原位生成的 MoS_2 粒子直径在 $0.1 \sim 2\mu m$(高分辨透射电镜分析 MoS_2 晶片长度在几到几十纳米),反应器中催化剂浓度在几千到 1 万微克每克(以金属计)。反应器为上流式等温、均相鼓泡床,其轴向温差 $<2℃$,径向温差 $<0.1℃$。从悬浮床加氢反应器流出的物料经过高温、高压气液分离器,分出的气相产物和氢气连同后续高温、低压分离器以及分馏系统蒸出的 $<525℃$ 裂化产物一同进入后置的固定床加氢精制反应器。分馏系统分出的 $>525℃$ 尾油部分排出以维持催化剂活性并平衡催化剂上的杂质金属含量,大部分的 $>525℃$ 尾油和催化剂循环回悬浮床加氢反应器。在温度 $410 \sim 430℃$、压力 $16 \sim 18MPa$、新鲜原料空速 $0.1 \sim 0.2h^{-1}$ 条件下,加工中东和俄罗斯含硫原油的减压渣油,转化率在 $95\% \sim 96\%$,加氢脱金属率大于 99%,残炭脱除率大于 97%,脱硫率大于 80%,脱氮率大于 35%。产物中欧 V 柴油收率 40% 以上,低硫($<0.1\%$) VGO 可作 FCC 原料或低硫船用燃料,残渣用于气化制氢气。其工业装置加工的典型原料性质和产品收率如表 9 - 40 所示。

表 9 – 40　EST 工业装置的典型原料性质和产品收率

原料性质	密度(d_{15}),g/cm³	1.026	C_5 – 沥青质,%	15.4
	硫含量,%	2.9	Ni 含量,μg/g	88
	氮含量,%	0.6	V 含量,μg/g	199
	CCR,%	20.1	Fe 含量,μg/g	41
产品收率(质量分数),%	$C_1 \sim C_2$	2.5	柴油	41.5
	LPG	5.0	VGO	34.0
	石脑油	12.0	残渣	5.0

BP 公司的 VCC 工艺是一个热加氢裂化技术,它可以以高转化率把渣油直接转化为馏分油。该过程来源于 20 世纪 30 年代德国的煤液化高压加氢技术,后来慢慢发展到加工渣油,其原则流程如图 9 – 33 所示。

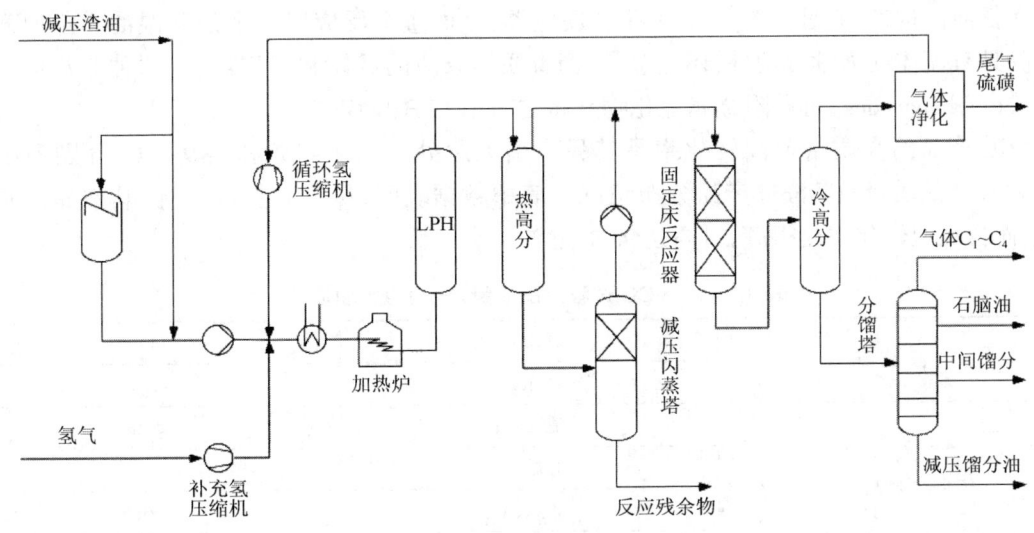

图 9 – 33　VCC 过程的原则流程

原料首先与细粉添加剂(赤泥或浸渍硫酸铁的褐煤粉)打浆、预热后与循环气和氢气一起进入液相加氢反应器(LPH)。LPH 是一次通过模式(once-through),反应温度为 440~485℃,压力约 25MPa。反应器内无任何内构件,流动是自下而上,温度控制是靠冷却气体。未转化的渣油与添加剂在热分离器中分离后进入一个减压闪蒸塔,回收部分中间馏分油。这些馏分油与热分离器分出的气相产物和氢气一起再进入一个气相固定床加氢反应器,操作压力与 LPH 相同,但反应温度略低于 LPH。

VCC 的残油可直接作燃料,也可用于气化或者作为焦化进料。VCC 的一个主要优势是它可以加工任何劣质渣油原料。表 9-41 给出的是典型的 VCC 进料性质。由表可见,VCC 技术可以加工高密度、高硫、高残炭和高金属含量的劣质原料。

表 9-41　VCC 过程典型进料性质

进　　料		>500℃,%	API°	S,%	CCR,%	Ni + V,μg/g
中东阿拉伯重油		96.8	3.9	4.51	16.2	252
委内瑞拉	Bachaquere	93.1	5.3	3.36	21.4	720
	Boscan	81.3	5.1	5.88	19.6	1665
	Morical	84.6	5.4	3.91	19.9	620
	BCF45	98.9	6.4	3.20	23.9	770
加拿大	Athabasca	96.5	2.1	6.18	21.4	490
	Cold lake	97.5	2.1	6.15	22.8	470
美国	Honda	91.8	6.8	6.53	14.2	555
俄罗斯	Soviet export blend	98.3	7.1	3.21	18.7	240
	减黏残渣	95.2	5.0	2.53	26.2	329
	溶剂脱沥青残渣	98.7	0	6.30	29.3	323
	催化裂化油浆	5.5	-3.5	2.61	5.2	<5
	裂解油	>50	0	0.30	15.6	—

VCC 过程之所以能够处理任何劣质渣油原料,是因为 LPH 的独特设计和添加剂的作用。因为无任何内构件,只是一个管式(空筒)反应器,因而整个反应器几乎是等温的。添加剂的作用除具有流体动力学影响外,还是金属、沥青质等杂质的载体和沉积场所,这种非常细的炭质物质(carbonaceous)可黏附金属硫化物并将之带出 LPH 反应器。

VCC 产品的高质量及高转化率是其另一引人之处。表 9-42 和表 9-43 分别列出了 VCC 过程产品质量及其液体产品分布情况。表中数据表明,尽管进料极差,但其产品性质却很好,而且反应转化率也很高,可高达 95% 左右。

表 9-42　VCC 过程产品质量(进料为脱油沥青)

重石脑油	硫,μg/g	1
	氮,μg/g	2
喷气燃料	硫,μg/g	<10
	芳烃,%	22
	冰点,℃	-46.5
	烟点,mm	20.3

续表

重柴油	硫，μg/g	10
	十六烷值	44
VGO	硫，μg/g	<50
	氮，μg/g	<100
	CCR，%	<0.1

表9-43 VCC过程液体产品分布和氢耗(95%渣油转化率)

原　　料	脱沥青残渣
转化率(<524℃)，%	95
液体产物分布(体积分数)，%	
轻石脑油(<82℃)	5.8
重石脑油(82~177℃)	15.2
喷气燃料(177~260℃)	27.5
重柴油(260~343℃)	29.5
VGO(>343℃)	22
氢耗，m^3/t	360

近年来，中国石油大学和中国石油天然气集团有限公司联合开发的渣油悬浮床加氢技术取得重大进展，主要技术特点如下：

(1)开发出了水溶性催化剂高效分散的方法，显著降低了催化剂加入量(以金属计<1000μg/g)，有效减缓了固体颗粒对设备的磨蚀和尾渣的固体含量，降低了工业化难度。(2)开发出了新型的环流反应器，使反应器内物料的流动线速增加几十倍以上，有效地减缓了反应器壁的结焦和焦炭在反应器内的积存。(3)开发出在线旋液分离器，将尾渣中大部分固体在线分离，有效地减缓了固体物质在后继设备中沉积的可能性。(4)采用渣油悬浮床加氢裂化与生成的馏分油固定床加氢精制联合流程，显著提高了生成油的质量，生产的石脑油可以达到重整装置的进料要求，轻柴油达到优质车用柴油质量指标。

目前，该技术已经建成了一套$5×10^4 t/a$的工业示范装置，工业试验过程运转平稳，各项结果良好。以克拉玛依减压渣油为原料，在反应温度430~440℃、压力12.0MPa、氢油比800、空速(新鲜原料)$0.5h^{-1}$的条件下，达到了渣油转化率>85%，液体收率>80%的良好效果。

目前，中国石油大学又研制出自硫化型油溶性催化剂，方便了催化剂的加入，进一步降低了催化剂加入量(以金属计<200μg/g)，显著减缓了固体颗粒对设备的磨蚀和尾渣的固体含量，进一步降低了工业化难度。

总之，悬浮床加氢技术对高硫、高金属、高残炭的劣质重油改质和轻质化是一种有效的手段，在未来高硫焦难以利用、延迟焦化受限的情况下，悬浮床加氢技术的应用势在必行，前景广阔。

第五节　加氢过程的工艺计算

本节主要介绍加氢过程的热平衡、氢耗量及相平衡的计算。

一、加氢过程的热平衡

1. 反应热计算

反应热是工艺设计中不可缺少的数据,反应热的数值关系到工艺流程的选择、热的利用以及反应器的结构设计等。

加氢反应是放热反应,而裂化反应是吸热反应。在加氢裂化过程中,通常加氢反应的放热效应大于裂化反应的吸热效应,最终表现出来的净效应是放热过程。

单体烃加氢的反应热与分子结构有关,芳烃加氢的反应热低于烯烃和二烯烃的反应热,而含硫化合物的氢解反应热与芳烃加氢反应热大致相等。

在加氢精制过程中某些含硫化合物的反应热已在表 9 – 4 中列出。每一个双键加氢反应的反应热大约为 112kJ/mol,按消耗 1g 氢计算,烯烃加氢反应热约为 59kJ/g H_2,芳烃加氢反应热为 35kJ/g H_2。某些单体烃的加氢反应热如表 9 – 44 所示。

表 9 – 44 某些单体烃的加氢反应热

反 应	反 应 热	
	kJ/g H_2	kJ/mol 产物
$n - C_5H_{10} + H_2 \longrightarrow C_5H_{12}$	– 58.38	– 117.4
$n - C_7H_{14} + H_2 \longrightarrow C_7H_{16}$	– 63.0	– 126.0
⬡ ⟶ ⬡	– 60.06	– 117.6
⬡ ⟶ ⬡	– 34.86	– 205.0
⬡⬡ ⟶ ⬡⬡	– 34.7	– 338.76

单体烃加氢裂化反应热与烃的分子量无关,而取决于温度和产品的组成。在 800K 条件下,C—C 键断开并将碎片饱和成甲烷和正构烷烃,放出 61.9kJ/mol 热量;只生成正构烷烃时,放出 51.8kJ/mol 热量;生成异构烷烃时,放出 66.8 kJ/mol 热量。整个过程的反应热与断开的每个键(并进行碎片加氢和异构化)的反应热和断键的数目成正比。表 9 – 45 为各种单体烃加氢裂化反应热的数据。在加氢精制过程中,主要发生 C—S 键断开,加氢脱硫反应热的大小与 C—S 键氢解程度有关,与反应温度无关。轻馏分油(石脑油、汽油和煤油馏分)含硫化合物的含量一般不很高(不超过 0.5%),即使 C—S 键全部发生氢解,所放出的热量也不超过 3kJ/mol 原料。显然这些热量无论对系统的热力学状态还是动力学状态都不会发生明显的影响。但是重质油加氢过程中必须考虑 C—S 键的氢解反应热。因为原料的含硫量较高,所以在进行反应热计算时,必须考虑这部分热量。在中间馏分油加氢精制过程中出现的反应器床层温升现象,主要不是由 C—S 键氢解反应引起,而是由于过程中发生了烯烃和芳烃加氢反应和加氢裂化反应。

表 9 – 45 单体烃加氢裂化反应热(根据生成热计算)

加氢裂化反应	反应热,kJ/mol		
	700K	800K	900K
$n - C_6H_{14} + H_2 \longrightarrow CH_4 + C_5H_{12}$	– 60.6	– 61.9	– 63.5
$n - C_8H_{18} + H_2 \longrightarrow CH_4 + C_7H_{16}$	– 60.6	– 61.9	– 63.5
$n - C_{10}H_{22} + H_2 \longrightarrow CH_4 + C_9H_{20}$	– 60.6	– 61.9	– 63.5

续表

加氢裂化反应	反应热,kJ/mol		
	700K	800K	900K
$n-C_{10}H_{22} + H_2 \longrightarrow C_2H_6 + C_8H_{18}$	-51.4	-52.7	-54.3
$n-C_{10}H_{22} + H_2 \longrightarrow C_3H_8 + C_7H_{16}$	-49.7	-51.0	-52.7
$i-C_8H_{18} + H_2 \longrightarrow CH_4 + i-C_7H_{16}$	-61.4	-62.3	-63.5
$i-C_8H_{18} + H_2 \longrightarrow C_3H_8 + C_5H_{12}$	-46.0	-47.2	-48.5
环$C_6H_{12} + H_2 \longrightarrow n-C_6H_{14}$	-45.0	-46.4	-47.8
环$C_6H_{11}-C_2H_5 + H_2 \longrightarrow n-C_8H_{18}$	-36.4	-42.6	-44.5
环$C_5H_9-CH_3 + H_2 \longrightarrow n-C_6H_{14}$	-60.5	-60.8	-61.0
$C_5H_9-C_3H_7 + H_2 \longrightarrow n-C_8H_{18}$	-60.2	-60.4	-60.9

文献中关于石油馏分加氢反应热的计算方法有四种：

(1)通过实验室小型或中型装置的热平衡求取，即

$$原料油 + H_2 \xrightarrow{Q_{反}} 生成油 + 生成气 \tag{9-47}$$

式中，$Q_{反}$ 为反应热。

(2)用生成热求取，即

$$Q_{反} = 生成物生成热 - 反应物生成热 \tag{9-48}$$

(3)用燃烧热求取，即

$$Q_{反} = 反应物燃烧热 - 生成物燃烧热 \tag{9-49}$$

利用生成热、燃烧热计算时都需要知道反应物和生成物的元素组成，因此使用不方便。

(4)根据原料和产物的族组成计算反应热。这个方法认为，过程的反应热，例如烷烃的加氢裂化过程的反应热 $Q_{反}$，与断开键的数目 r 和1个键的分解热效应（包括碎片的加氢和异构化）$\Delta H'_{C-C}$ 成正比。当1分子原料转化时有 r 个 C—C 键断开，并生成 $(r+1)$ 个氢化的碎片，则过程的反应热可以用下式计算：

$$Q = r \cdot \Delta H'_{C-C} \tag{9-50}$$

式中，$\Delta H'_{C-C}$ 为1个 C—C 键断开并生成加氢产物的反应热。

由于过程的反应热与原料的分子量无关，因此，可以根据原料和生成物的物质的量来计算反应热。下面以烷烃加氢裂化为例说明本法的原理。

烷烃加氢裂化反应式如下：

$$C_nH_{2n+2} + H_2 \longrightarrow C_{n-b}H_{2(n-b)+2} + C_bH_{2b+2} \tag{9-51}$$

若有1mol 烷烃加氢裂化并有 r mol C—C 键断开，生成 $(r+1)$ mol 产物，则该过程的反应热为：

$$Q_{反} = r \cdot \Delta H'_{C-C} \tag{9-52}$$

若加氢裂化过程的总括反应为：

$$C_nH_{2n+2} + r'H_2 \longrightarrow \sum v'_i C_iH_{2i+2} \tag{9-53}$$

则

$$r = (n-1) - \sum v'_i(i-1) \tag{9-54}$$

式中 n,i ——原料和产物中的平均碳原子数；

v'_i ——由1mol 原料生成平均碳原子数为 i 的产物的物质的量；

($n-1$)——原料分子中 C—C 键的数目;

$\sum v'_i(i-1)$——所得产物分子中 C—C 键的数目。

对于烷烃:

$$n = (M_n - 2)/14, \quad i = (M_i - 2)/14 \tag{9-55}$$

式中 M_n, M_i——原料和产物的分子量。

故可得烷烃加氢裂化过程的反应热为:

$$Q_{反} = \Delta H'_{C-C}[(M_n - 16) - \sum v'_i(M_i - 16)]/14 \tag{9-56}$$

如表 9-46 所示,烷烃加氢裂化反应热与原料分子量无关,只与反应温度有关。若取 400℃时 $\Delta H'_{C-C} = -63.3 \text{kJ/mol}$,则对 1kg 原料计算反应热的计算式为:

$$Q_{反} = -4521[(M_n - 16) - \sum(M_n/M_i)v_i(M_i - 16)]/M_n \tag{9-57}$$

式中,v_i 为以 1kg 原料为基准的产物的质量产率。式(9-57)曾被用来对加氢裂化反应器进行模拟计算,所得结果如表 9-46 所示。

表 9-46 石油馏分(350~500℃)加氢裂化反应热的计算结果

原料	产品收率(质量分率)				用式(9-57)计算的反应热值 kJ/mol
	气体($M=45$)	汽油($M=130$)	柴油($M=215$)	残油($M=380$)	
360~500℃(汽油方案)	0.17	0.51	0.25	0.09	-396.0
360~500℃(柴油方案)	0.10	0.15	0.69	0.08	-297.0

用方法(2)和式(9-57)分别计算正癸烷加氢裂化反应热所得结果非常接近(分别为 535kJ/mol 和 538kJ/mol),由计算结果可见,加氢裂化反应热与转化深度有关,即随产品产率的变化而改变。

在实际生产中,当缺少计算所必需的原始数据时可以利用经验数据估算反应热。例如,根据经验介绍,在加氢脱硫过程中,消耗 1m³ 氢气放出约 3.1kJ 热量,或溴价下降 1 个单位时每千克进料放出 8.14kJ 热量,或原料含硫量下降 1% 时每千克进料放出 16.0kJ 热量。也可以参考表 9-47 中的经验数据选取加氢过程的相应反应热数值。

表 9-47 石油馏分加氢过程反应热经验数据

过程	反应热	
	kcal/kg 产物	kJ/kg 产物
重质油加氢生产汽油	70~100	294~420
馏分油(330~490℃)		
加氢裂化	100~120	420~504
加氢精制	约 50	约 210
焦化柴油(180~330℃)		
加氢精制	75~100	315~420
加氢裂化	约 450	约 1890
加氢脱硫	586~675	2416.2~2835
加氢脱氮	586~675	2416.2~2835
烯烃加氢	1260	5292
芳烃加氢	360~720	1512~3024

【例 9-1】 加氢裂化反应热的计算方法。利用生成热的数据计算馏分油加氢裂化反应热。
已知:加氢裂化过程中物料平衡和油品的元素组成如下:

入 方	流量,kg/h	出 方		流量,kg/h
进料	207（其中新鲜进料100）	生成油		187.4
		生成气	C_1	7.17
			C_2	5.90
			C_3	4.83
			C_4	1.69
			H_2S	0.20
氢气	3.31		NH_3	0.49
			H_2O	1.64
		损失		0.98
合计	210.3	合计		210.3

元素组成分析如下:

项 目	C	H	S	N	O
原料油(质量分数),%	87.93	8.30	0.18	1.10	2.09
生成油(质量分数),%	88.80	8.59	0.09	1.02	1.44

如前所述,过程反应热 $Q_{反} = \sum(\Delta H_1) - \sum(\Delta H_2)$，$\Delta H_1$ 表示生成物生成热，ΔH_2 表示反应物生成热。由于缺少计算生成热所需要的原料油和生成油组成数据,所以采用文献中推荐的计算公式来估算生成热:

$$\Delta H_{生} = (78.29 W_C + 338.5 W_H + 22.2 W_S - 42.7 W_O) - \Delta H_{燃} \quad (9-58)$$

式中 $\Delta H_{生}$——生成热,kcal/kg;

$\Delta H_{燃}$——高热值燃烧热,为负值,kcal/kg。

高热值燃烧热 $\Delta H_{燃}$ 可用下式求得:

$$\Delta H_{燃} = 81 W_C + 300 W_H - 26(W_O - W_S) \quad (9-59)$$

由此求得原料油高热值燃烧热为 9638kcal/kg,生成油高热值燃烧热为 9787kcal/kg。故:

原料油生成热 $\Delta H_{生} = (78.29 \times 87.93 + 338.85 \times 8.3 + 22.2 \times 0.18 - 42.7 \times 2) - 9638$
$= -29.4 (\text{kcal/kg})$

生成油生成热 $\Delta H_{生} = (78.29 \times 88.8 + 338.85 \times 8.3 + 22.2 \times 0.09 - 42.7 \times 1.44) - 9787$
$= 13.5 (\text{kcal/kg})$

故生成物生成热如下表:

生成油	$187.4 \times 13.5 = 2525 (\text{kcal/h})$
甲烷	$7.17 \times 1115 = 8000 (\text{kcal/h})$
乙烷	$5.90 \times 673 = 3970 (\text{kcal/h})$
丙烷	$4.83 \times 563 = 2720 (\text{kcal/h})$
丁烷	$1.69 \times 511 = 864 (\text{kcal/h})$
H_2S	$0.20 \times 141 = 28 (\text{kcal/h})$

续表

NH$_3$	$0.49 \times 646 = 316 (\text{kcal/h})$
H$_2$O	$1.64 \times 3795 = 6200 (\text{kcal/h})$
共计	24623(kcal/h)

以上各组分生成热数据均可由有关手册查得,由此可得过程反应热为:

$$Q_{反} = \sum (\Delta H_1) - \sum (\Delta H_2) \tag{9-60}$$

以1kg原料计:

$$Q_{反} = (24623 + 29.4 \times 207)/207 = 148.3 \text{kcal/kg 工作原料}$$

或按1kg新鲜原料计算,得:

$$Q_{反} = 148.3 \times 207/100 = 307.0 \text{kcal/kg 新鲜原料}$$

2. 加氢过程反应热的排出

如上所述,工业加氢过程的热效应多为放热过程。工业加氢反应器是绝热反应器,为了保证加氢过程能够在最佳温度下进行,使加氢反应器温升控制在一定范围内,至少应确保反应器温升不超过催化剂和反应器材质允许的限度,必须及时将反应热从系统中排出。反应热的排出也是反应器设计中需要着重考虑的问题之一。

工业加氢装置排出反应热的办法是将催化剂分层装填,通过在各床层之间注入冷介质(冷氢),并用改变冷氢量来调节反应器床层温度分布。一般来说,石油馏分加氢反应器在设计过程中控制单个床层的温升不超过30℃,反应器的总温升不超过120℃。

加氢反应器不同高度注入冷氢后温度分布如图9-34所示。

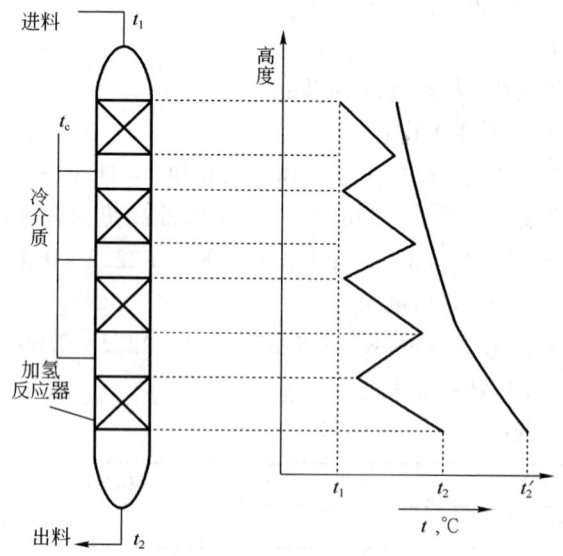

图9-34 加氢反应器冷氢注入方式及温度分布

t_1—进料入口温度;t_2—注冷介质时反应器出口温度;
t_2'—无冷介质时反应器出口温度;t_c—冷氢温度

实践证明,采用冷氢作为冷却介质有以下优点:对加氢反应的平衡转化率有利;对加快反应速度有利;对提高催化剂稳定性有利;有利于提高单位反应空间的效率。虽然冷氢量的增加会引起反应物体积的增大,使停留时间缩短。但是研究表明,反应速度加快的效果可以抵消停留时间缩短的影响,因而总的效果仍然是使反应速度加快。此外,采用冷氢作冷却介质还具有温度调节灵敏、操作方便、不易产生超温现象等优点。因此,注冷氢作为加氢装置反应系统的取热手段是工业加氢装置普遍采用的方法。

对于反应放热效应不大的加氢反应器,也可以不采用注冷氢的措施。例如,直馏石脑油和直馏柴油、航煤的加氢精制,热效应较小,反应器温升不超过30℃,无需注冷氢。

3. 冷氢量的计算及反应器的热平衡计算

冷氢量的计算实质上是反应器的热平衡计算。当不注入冷氢时,反应热主要消耗在升高进料(油品和氢气)和催化剂床层的温度以及通过反应器壁的热量损失上面。在稳定状态下,催化剂床层的温升消耗的热量很小,在热平衡计算中可以忽略不计。

在操作平稳时,反应热平衡如下:

反应热 = 原料油升温吸热 + 循环氢升温吸热 + 冷氢升温吸热 + 反应器热损失

即
$$Q_R = W_o(i_{o2} - i_{o1}) + V_g(i_{g2} - i_{g1}) + V_c(i_{c2} - i_{c1}) + Q_L \quad (9-61)$$

式中 Q_R——反应热,放热为正,kJ/h;

W_o——原料油流量,kg/h;

i_{o2}, i_{o1}——原料油在反应器出、入口温度下的焓值,kJ/kg;

V_g——循环氢流量,m^3/h;

i_{g2}, i_{g1}——循环氢在出、入口温度下的焓值,kJ/m^3;

V_c——冷氢量,m^3/h;

i_{c2}, i_{c1}——冷氢在反应器出、入口温度下的焓值,kJ/m^3;

Q_L——反应器热损失,kJ/h。

若冷氢就是用循环氢,则式(9-61)可以改写成:

$$Q_R = W_o(i_{o2} - i_{o1}) + V_g c_p(t_2 - t_1) + V_c c_p(t_2 - t_c) + Q_L \quad (9-62)$$

所以可得冷氢用量为:

$$V_c = [Q_R - W_o(i_{o2} - i_{o1}) - V_g c_p(t_2 - t_1) - Q_L]/c_p(t_2 - t_c) \quad (9-63)$$

式中 c_p——循环氢平均比热容,$kJ/(m^3 \cdot ℃)$;

t_2, t_1——反应器出、入口温度,℃;

t_c——冷氢进入反应器时的温度,℃。

在设计工业加氢反应器内催化剂装填层数时还必须考虑反应器的容积利用系数。因为反应器的体积一定时,催化剂装填层数越多,容积利用系数越低。而容积利用系数越低,为了处理同样数量的原料,即保持装置的处理量不变,就需增大反应器的尺寸,而这必然造成设备投资增加。所以,在反应器内流体分布、温度分布、接触效率、进出口温差以及容积利用系数之间存在着复杂的依赖关系,一般要通

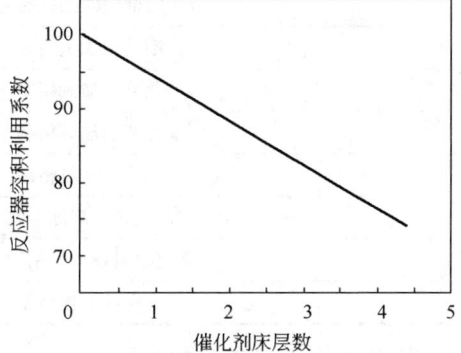

图9-35 催化剂床层数与加氢反应器容积利用系数的关系

过最佳方案比较来确定。图9-35为催化剂床层数与反应器容积利用系数的关系。对于如何设计出具有良好的流体和温度分布、接触效率高、床层少、进出口温差小、容积利用系数高的反应器内部结构,是研究设计部门应解决的重要课题。根据生产经验和计算结果表明,对于反应热较小的加氢精制反应器,一般只需设置两个催化剂床层,按4:6或3:7分配催化剂的装填量。对于蜡油加氢裂化反应器,催化剂可以分成三层装填,各层催化剂量大致相等,循环氢和冷氢量按60:40进行分配,可以达到较优的操作效果。

二、加氢过程氢耗量的计算

炼油厂加氢装置所消耗的氢气主要有两个来源:由催化重整副产氢气和制氢装置供给。如果重整氢不能满足需要或无重整装置,必须建设制氢装置。另外,催化裂化干气尤其是重油催化裂化干气氢气含量较高,采用变压吸附(PSA)分离和回收氢气也是一种经济有效的手段。更进一步说,建立一个氢中心对全厂所有含氢气体进行氢气分离、回收和分配是未来炼厂提高氢气利用率,进而提高经济效益的重要手段。一般来说,没有加氢裂化和重油加氢等高耗氢装置的炼厂可以通过催化重整副产氢气及催化裂化干气回收氢气满足汽柴油加氢精制的氢气供给。加氢裂化装置必须建设与之配套的制氢装置,其投资约占联合装置总投资的三分之一。而加氢裂化加工1t原料所消耗氢气的费用占总操作费用的60%~80%。由此可见,氢的消耗量对加氢过程的经济性起着很大的影响。所以,无论在制定加工方案或具体设计某一加氢装置时,都必须同时仔细研究氢气的供应问题,并详细核算加氢过程的各项消耗量。

1. 影响氢耗量的因素

加氢装置的氢耗量主要取决于四个因素:原料的加工流程、原料油的性质、氢气的纯度和加氢过程的工艺条件或加氢产品的目标要求(加氢深度)。

对不同原料油和不同的加工过程,氢耗量是不一样的。各种加氢过程的氢耗量见表9-48。由表可见,加氢裂化过程的氢耗远远高于加氢精制过程,尤其是两段加氢裂化氢耗最高,直馏汽柴油加氢精制氢耗较低,航空煤油加氢精制氢耗最少。

表9-48 各种加氢过程的氢耗量

加氢过程		氢耗量(占原料质量分数),%
减压蜡油一段加氢裂化	一次通过	0.9~1.2
	尾油循环	1.5~1.8
减压蜡油两段加氢裂化		2.4~4.1
直馏柴油加氢精制		0.5~0.8
焦化柴油加氢精制		0.7~1.0
催化柴油加氢精制		0.7~1.2
焦化汽油加氢精制		0.7~1.5
常压或减压渣油加氢		1.3~2.0
重整原料预加氢精制		0.1~0.2
航空煤油加氢精制		0.08~0.12

氢气纯度对氢耗量的影响见表9-49。由表可见,新氢纯度高,氢耗量就低一些。这是因为,如果新氢纯度低,其中必含有较多的其他组分(N_2、CH_4等),这些组分在生成油中溶解度低,大部分积存在循环气中,降低了循环氢纯度。为了维持循环氢的纯度,需要释放一部分循

环氢,并同时补充一部分新氢,这样就增大了新氢耗量。所以,生产中总希望新氢纯度越高越好,因为这样不仅降低了新氢耗量,而且也可以降低系统的总压。二次加工柴油和蜡油加氢精制所要求的氢气纯度,比直馏柴油要高一些。加氢裂化过程氢耗高,氢气循环量大(氢油比大),希望新氢纯度在95%以上。而且,反应条件越苛刻(温度高、压力高、空速低、氢油比大),氢耗越大。因此,随着环保法规的日益严格,清洁油品质量标准的进一步提升,炼油厂加氢装置的规模和加工能力占比越来越大,反应条件越来越苛刻,氢耗越来越大。目前,大型现代化炼油厂的综合氢耗已经占到炼厂加工能力的1%~2%。

表 9-49 氢气纯度对氢耗量的影响

新氢纯度	加氢精制氢耗量,%			350~500℃馏分加氢裂化氢耗量,%		
	直馏柴油	二次加工柴油	二次加工汽油	5.0MPa	10.0MPa	15.0MPa
96%	0.43	0.97	0.59	1.24	1.79	4.08
85%	0.48	1.54	0.78	1.64	2.38	5.23

各种制氢方法得到的新氢组成如表 9-50 所示。尚需指出,虽然现有炼油厂工业制氢技术所产氢气纯度已经满足加氢精制甚至加氢裂化过程的纯度要求,在实际应用中,为降低弛放氢量并保证加氢催化剂长周期运转的活性稳定性,一般制氢装置均设置氢气净化单元,从而使新氢纯度 >99% 甚至 99.5%,其中 $CO+CO_2$ 含量 $<20\times10^{-6}\mu g/g$ 甚至更低。

表 9-50 炼油厂各种制氢方法所得新氢的组成

制氢过程	新氢组成(体积分数),%								
	H_2	CO	CO_2	N_2	CH_4	C_2H_6	C_3H_8	C_4H_{10}	Ar
天然气蒸汽转化	95.1	0.001		0.34	4.56	—	—	—	—
重油部分氧化	98.0			0.63	0.53	—	—	—	0.84
重整副产氢	89.8	0.002		—	6.8	1.3	1.2	0.1	
油田气蒸汽转化	94.1	$<10^{-4}$	<0.02		5.95	—	—	—	—

2. 氢耗量的计算

在加氢过程中氢气主要消耗在以下四个方面:化学耗氢量;设备漏损量;溶解损失量;补充弛放量。

(1)化学耗氢量。加氢过程大部分氢气消耗在化学反应上面,即消耗在脱除油品中的硫、氮、氧以及金属化合物,烯烃和芳烃饱和反应,以及加氢裂化和开环等反应上。原料的化学组成是影响化学耗氢量的主要原因。

(2)设备漏损量。设备漏损,即管道或高压设备的法兰连接处及循环氢压缩机运动部位等处的漏损。漏损量的大小与设备制造和安装质量有关。一般设备漏损量占总循环氢量的 1%~1.5%(体积分数),或 1~15m³/m³ 原料油。

(3)溶解损失量。溶解损失是指在高压下溶于生成油中的气体在生成油减压时这部分气体排出而造成的损失。这部分损失与高压分离器的操作压力、温度和生成油的性质及气体的溶解度有关。

氢气、硫化氢以及低分子烷烃在油中的溶解度见图 9-36 和图 9-37。不同原料加氢精制过程中的溶解损失,可以近似地用表 9-51 的数据估算。加氢裂化的溶解损失近似地可取 10m³/m³ 原料油。图中结果表明,与硫化氢以及低分子烷烃相反,氢气在油中的溶解度表现出反亨利定律的性质，即随着温度的升高，氢气在油中的溶解度增加，这一特点必须在工程设计以及装置操作中牢记。

表 9-51　不同原料加氢精制的溶解氢损失

精制原料	汽油	中间馏分油（煤柴油馏分）	减压蜡油
溶解损失，m^3/t 原料油	6.4~10.0	4.1~7.7	3.4~6.8

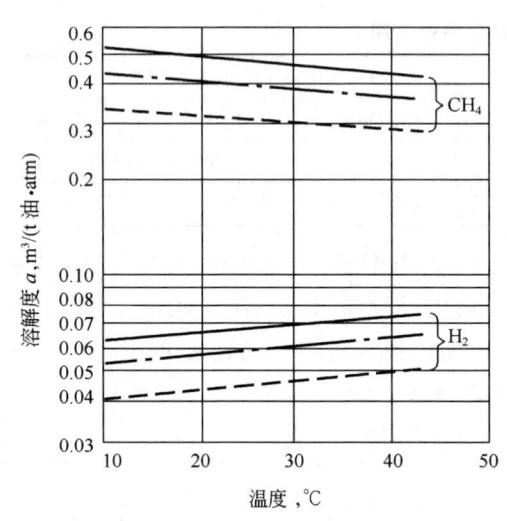

图 9-36　氢和甲烷在油中的溶解度
——直馏柴油，$K=11.9, M=245$；
—·—催化裂化轻循环油，$K=10.9, M=210$；
— —减压馏分油，$K=11.8, M=360$

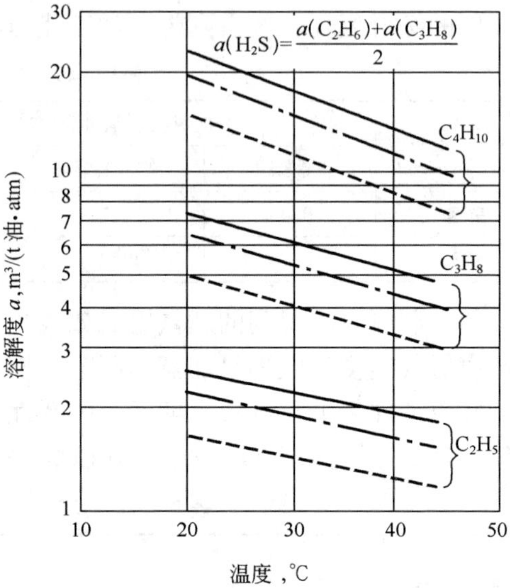

图 9-37　低分子烷烃和硫化氢在油中的溶解度
——直馏柴油，$K=11.9, M=245$；
—·—催化裂化轻循环油，$K=10.9, M=210$；
— —减压馏分油，$K=11.8, M=360$

（4）弛放损失。为了维持循环氢的纯度而排放出一部分循环氢，构成了弛放损失，可以近似地取 $5\sim10m^3/m^3$ 原料油，或通过对系统作气体平衡计算求出。前已述及，新氢纯度越高，循环氢弛放量越小，这也是提高新氢纯度降低氢耗量的主要依据。

总之，加氢装置氢耗为：

装置氢耗量 = 化学氢耗量 + 设备漏损量 + 溶解损失量 + 弛放损失量

3. 化学耗氢量的计算方法

化学耗氢量的数据，通常由研究单位根据中小型试验通过系统的物料平衡及氢平衡求得。当缺少实验数据时，可以根据原料油和生成油的分析数据进行估算。

文献报道的一些经验估算法如下。

还原1%的硫、氮、氧为 H_2S、NH_3 和 H_2O 所需要的氢量为：硫，$12.5m^3/m^3$ 原料油；氮，$53.7m^3/m^3$ 原料油；氧，$44.6m^3/m^3$ 原料油。

在加氢脱硫过程中，硫化物加氢所需氢量还可用下式计算：

$$n_{H_2} = m \cdot \Delta S \tag{9-64}$$

式中　n_{H_2}——加氢脱硫化学耗氢量，以 100% H_2 计，对原料的质量分数，%；

ΔS——原料与产物硫含量之差（质量分数），%；

m——与硫化物类型有关的常数，不同类型硫化物的 m 值如表 9-52 所示。

表 9-52　不同类型硫化物的常数

硫化物	H_2S	元素硫	RSH	RSR′	RSSR′	$C_nH_{2n-4}S$	$C_nH_{2n}S$
m	0	0.0625	0.062	0.125	0.0938	0.2500	0.125

含硫馏分油加氢脱硫的耗氢量，等于各种含硫化合物耗氢量的总和。

汽油中烯烃加氢所需氢的数量，可根据汽油加氢前后不饱和度的差值，利用下式计算：

$$n_{H_2} = \frac{2 \cdot \Delta a}{M_c} \tag{9-65}$$

式中　n_{H_2}——100% H_2 的耗量，对原料的质量分数，%；

　　　Δa——原料和生成油加氢前后不饱和度的差值，以单烯烃占油品的质量分数计算；

　　　M_c——汽油的平均分子量。

直馏渣油加氢脱硫时的氢耗量可参考图 9-38 进行估算。将上面各项得到的氢耗量相加便得到了加氢精制过程的氢耗量。若需要计算加氢裂化的氢耗量，除了加氢精制中各项氢耗量外，还应包括用图 9-39 求出的氢耗量，把各项相加，即得到了加氢裂化的氢耗量。

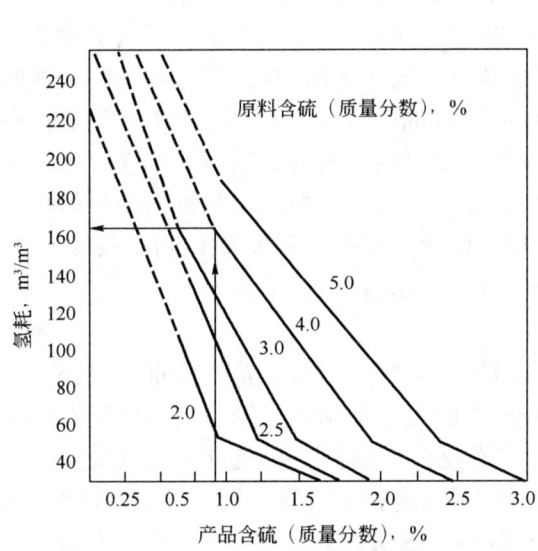

图 9-38　直馏渣油加氢脱硫氢耗图

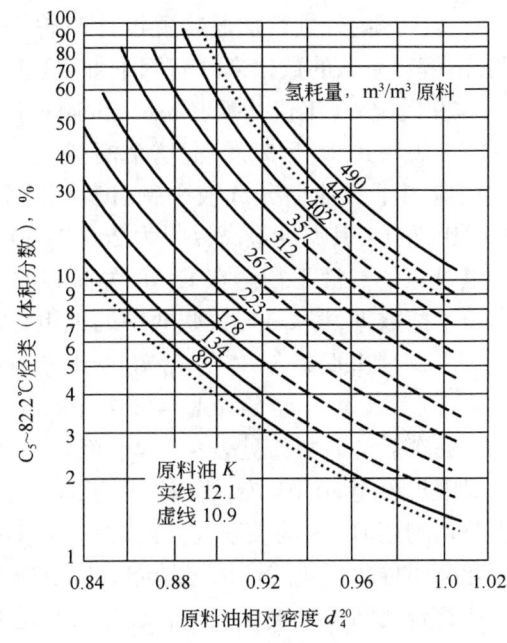

图 9-39　加氢裂化氢耗图

表 9-53 列出了两种原料加氢精制氢耗量的估算结果。

表 9-53　两种原料加氢精制氢耗量的估算

项　　目	原料油和生成油差值		氢耗量，m^3/m^3 原料油	
	1	2	1	2
漏损	—	—	1.25	1.25
溶解损失	—	—	5.1	5.1
硫含量，%	0.7	1.8	8.75	22.5
氮含量，%	0.1	0.2	5.35	10.7
氧含量，%	0.1	0.2	4.46	8.92
烯烃含量，%	—	30	—	33
总计	—	—	24.91	81.47

由于第二种原料包括烯烃加氢,所以耗氢量高得多。我国齐鲁石化公司胜利炼油厂引进的催化裂化柴油加氢精制装置平均耗氢量为 78.0m³/m³ 原料油,溶解氢加泄漏氢的设计值为 3.8m³/t 原料油。茂名石化公司引进的加氢裂化装置设计氢耗量为 335~363m³/t 原料油。

三、氢—石油馏分体系气液平衡计算

石油馏分的加氢过程是在氢压下进行的多相催化过程。系统中有大量气体进行循环,石油馏分本身也随着操作条件的变化而处于不同的相态。因此,高、中压下氢—石油馏分体系的相平衡计算,无论对于设备设计还是操作的控制都具有实际意义。加氢系统相平衡常数 K 是加氢裂化或加氢精制工艺装置的物料平衡、热平衡、流体力学及传热等工程计算的基础数据。

在高压条件下,尤其是在氢气存在下,烃类相平衡常数和在低压下有很大差别。特别是加氢装置所用原料是一个宽馏分的复杂体系,而压力对馏分中各组分的影响有所不同,而大量氢气的存在又增加了对系统相平衡条件的观察和研究的难度,所有这些都给加氢条件下相平衡计算带来困难。

过去国内外进行加氢装置设计时曾采用溶解度系数来计算加氢系统的相平衡。实践证明,溶解度系数的数据来源有困难,而且通过实验测定的溶解度系数值也不够准确。

20 世纪 60 年代初期,Chao – Seader 提出了适用于计算轻烃系统气液平衡的数学关联式(C—S 关联式)。后来发现,这个模型也可以在石油馏分的气液平衡中应用。但是 C—S 关联式在应用于石油馏分气液平衡计算时,考虑到石油馏分的临界压力范围,其高压界限仅在 3.0MPa 左右,其温度最高界限为 260℃(500°F),因此不能直接用来计算在高温条件下进行的加氢过程的气液平衡。在 C—S 关联式的基础上,Grayson – Streed 根据含氢石油馏分的高温高压平衡数据,将 C—S 关联式中的纯组分液相逸度系数计算式中的系数值作了修正,即:

$$\lg\phi_i^{(0)} = A_0 + A_1/T_{ri} + A_2 T_{ri} + A_3 T_{ri}^2 + A_4 T_{ri}^3 + (A_5 + A_6 T_{ri} + A_7 T_{ri}^2)p_{ri}$$
$$+ (A_8 + A_9 T_{ri}) p_{ri}^2 - \lg p_{ri} \tag{9-66}$$

修正后的系数值见表 9-54。经过这样的修正,G—S 关联式的高温界限延伸到 482℃,高压界限扩展至 20.0MPa,所以可用于氢—石油馏分体系的气液平衡的计算。我国洛阳石化工程公司利用 G-S 的关联式并经过适当修正,对茂名石化公司加氢裂化装置反应系统和齐鲁石化公司催化裂化柴油加氢精制装置反应系统的气液平衡进行了计算,并且得到了与实际情况相符合的结果。表 9-55 和表 9-56 是 UOP 公司用 G—S 关联式计算的气液平衡常数。

表 9-54 G—S 关联式中 $\lg\phi_i^{(0)}$ 计算式中的常数

系数	简单流体	甲烷	氢
A_0	2.05135	1.36822	1.50709
A_1	-2.10899	-1.54831	2.74283
A_2	0	0	-0.02110
A_3	-0.19396	0.02889	0.00011
A_4	0.02782	-0.01076	0
A_5	0.08852	0.10486	0.008585
A_6	0	-0.02529	0
A_7	-0.00872	0	0
A_8	-0.00353	0	0
A_9	0.00203	0	0

表 9-55 催化裂化柴油加氢精制装置反应器入口气液平衡常数($p=4.6\text{MPa}$)

组 分	不同温度(℃)时的 K 值				
	149	204	260	315	371
H_2S	2.937	4.114	5.202	6.089	6.650
H_2	28.277	24.494	21.476	18.889	16.409
C_1	8.533	9.578	10.198	10.321	9.836
C_2	3.071	3.710	4.111	4.264	4.164
C_3	1.550	2.147	2.698	3.154	3.458
C_4	0.795	1.224	1.691	2.161	2.586
石脑油	0.177	0.388	0.679	1.018	1.406
柴油	0.01	0.04	0.116	0.263	0.489

表 9-56 催化裂化柴油加氢精制装置高分进料各组分平衡常数($p=4.0\text{MPa}$)

组 分	不同温度(℃)时的 K 值				
	149	204	260	315	371
H_2S	3.181	4.063	5.182	6.088	6.718
H_2	30.328	23.958	21.109	18.706	16.419
C_1	9.172	9.406	10.084	10.302	9.940
C_2	3.298	3.636	4.052	4.239	4.186
C_3	1.665	2.104	2.657	3.131	3.469
C_4	0.856	1.201	1.666	2.146	2.593
石脑油	0.191	0.381	0.670	1.031	1.413
柴油	0.003	0.013	0.040	0.098	0.201
H_2O	1.954	—	—	—	—
NH_3	—	—	—	—	—

研究资料表明,G—S 关联式只适用于加氢装置反应系统气液平衡的计算,但是产品汽提塔的计算例外,对于后者,建议采用其他关联式和计算方法。

除了 G—S 关联式外,Mobil 石油公司也推荐用近似方法计算加氢系统气液平衡,提出的含氢混合物平衡常数 K 计算式为:

$$K_i = p_i \exp[V_i(p-p_i)/(RT)]/p$$

$$V_i = \frac{M}{\rho_i} \tag{9-67}$$

式中 K_i——i 组分在温度 T、压力 p 时的气液平衡常数;

p_i——i 组分在温度 T 时的蒸气压,kgf/m^2;

p——系统压力,kgf/m^2;

V_i——i 组分在温度 $T(\text{K})$ 时的摩尔液体体积;

ρ_i——i 组分在温度 $T(\text{K})$ 时的液体密度,kg/m^3;

M——分子量;

T——温度,K;

R——摩尔气体常数。

使用式(9-67)时,需要求出各个组分的液体体积,这对于较重的组分(大于 C_6 的组分)

不会遇到困难；对于低分子烷烃建议采用内插法进行计算，假定在温度 T 下 $\lg K_i$ 值与分子量成一直线关系。氢气的平衡常数建议用以下经验式计算（计算时一般可取 $p_{H_2}/p = 0.5$）：

$$K_{H_2} = p_{H_2}/p + B/p \tag{9-68}$$

式中 p_{H_2} —— 气相中氢的分压，kgf/cm^2；

p —— 系统压力，kgf/cm^2；

B —— 与原料油分子量有关的系数，可由专用图查出。

硫化氢的平衡常数可用以下经验式计算：

$$K_{H_2S} = (K_{C_2} + K_{C_3})/2 \tag{9-69}$$

即等于乙烷平衡常数和丙烷平衡常数的平均值。

计算石油馏分的平衡常数时，要采用虚拟组分法，即切取实沸点蒸馏 20℃ 窄馏分作一虚拟组分。根据虚拟组分的物性，利用式（9-67）算出各自的平衡常数。然后在 $\lg K_i$—M 的图上将各 K 值与氢的 K 值连接成一直线，即可求出 C_6 以下各组分的 K 值。

【例 9-2】 利用半经验法计算催化裂化柴油加氢装置加热炉入口氢油混合进料的气液平衡数据。操作条件：入炉温度 240℃，入炉压力 4.85MPa。原料油的实沸点蒸馏数据如表 9-57 所示。

表 9-57 原料油实沸点蒸馏数据及物性

虚拟组分序号	基础数据				
	沸程,℃	平均沸点,℃	平均分子量	ρ_{20}	质量分数,%
1	约150	140	139	0.8031	0.31
2	150~170	160	154	0.8146	4.23
3	170~190	180	169	0.8391	12.29
4	190~210	200	183	0.8599	12.38
5	210~230	220	199.7	0.8762	10.18
6	230~250	240	205.8	0.8849	7.18
7	250~270	260	229.7	0.8918	11.8
8	270~290	280	231.9	0.8926	10.70
9	290~310	300	239.2	0.9022	14.63
10	342~370	336	257.7	0.9005	11.60
11	370~375	372.5	273	0.8797	2.42
12	>375	375	330.9	0.8789	10.3
平均值	—	—	234.2	0.8761	—

注：质量分数合计 98.78%；质量分数损失 1.22%。

现将各虚拟组分 K 值的计算结果列入表 9-58。

表 9-58 各虚拟组分 K 值计算结果

组分序号	p_i	p_i/p	ρ_i^t	$V_i = M_i/\rho_i^t$	$p-p_i$ $10^4 kgf/m^2$	$V_i(p-p_i)/RT$	$\exp[V_i(p-p_i)/RT]$	K_i	$\lg K_i$
1	8.75	0.18	0.6502	0.2137	40.49	0.1989	1.22	0.2196	-0.658
2	5.80	0.12	0.6650	0.2315	43.54	0.2317	1.26	0.1512	-0.820
3	3.80	0.079	0.6940	0.2435	45.0	0.2553	1.29	0.1019	-0.902

续表

组分序号	p_i	p_i/p	ρ_i^t	$V_i = M_i/\rho_i^t$	$p - p_i$ $10^4\,\text{kgf}/m^2$	$V_i(p-p_i)/RT$	$\exp[V_i(p-p_i)/RT]$	K_i	$\lg K_i$
4	2.58	0.054	0.7160	0.2556	46.87	0.2750	1.31	0.7074×10^{-1}	-1.150
5	1.60	0.033	0.7380	0.2706	47.88	0.2978	1.35	0.0445	-1.351
6	1.04	0.022	0.7500	0.2744	48.46	0.3056	1.36	0.02992	-1.524
7	0.65	0.014	0.7580	0.3030	48.88	0.3404	1.40	0.0196	-1.708
8	0.41	0.0085	0.7600	0.3051	49.11	0.3444	1.41	0.01198	-1.921
9	0.24	0.0050	0.7700	0.3042	49.28	0.3446	1.41	0.705×10^{-2}	-2.152
10	0.045	0.00093	0.7680	0.3355	49.48	0.3816	1.46	1.357×10^{-3}	-2.867
11	0.038	0.00079	0.7400	0.3689	49.49	0.4197	1.52	1.2×10^{-3}	-2.921
12	0.034	0.0007	0.7450	0.4442	49.50	0.5054	1.66	1.162×10^{-3}	-2.93

查得 $B = 566$,计算氢的平衡常数:

$$K_{H_2} = 0.5 + 566/49.533 = 11.9267$$

$$\lg K_{H_2} = 1.07$$

按以上所得结果,作 $\lg K_i$ 和 M 关系图,得一直线(图 9-40)。C_5 以下各组分的 K 值由内插求出,结果如表 9-59 所示。利用所得数据可进而计算氢油系统在炉入口条件下的状态。

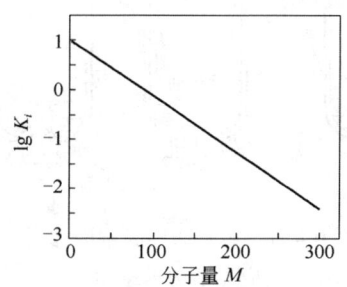

图 9-40 氢油系统气液平衡常数 K_i 与分子量的关系

表 9-59 C_5 以下各组分的 K 值

组分	C_1	C_2	C_3	C_4	C_5	H_2S
分子量	16	30	44	58	72	34
K_i	6.918	4.571	3.020	1.955	1.308	3.795

第六节 加氢反应器及其他高压设备

加氢反应器是加氢装置最主要和最关键的设备。加氢反应器在高温高压及有侵蚀(H_2、高温、高压下引起金属材质结构破坏——氢脆)和腐蚀介质(NH_3、H_2S)的条件下操作,除了在材质上要注意防止氢侵蚀及其他介质的腐蚀以外,在结构上还应满足以下要求:

(1)反应物(油气和氢)在反应器中分布均匀,保证反应物与催化剂有良好的接触。(2)及时排出反应热,避免反应温度过高和催化剂过热,以保证最佳反应条件和延长催化剂使用周期和寿命。(3)在反应物均匀分布的前提下,必须考虑反应器有合理的压力降。为此,除了正确选择反应器的长径比外,还应注意防止流体冲击造成催化剂粉碎。

根据工艺不同,加氢反应器分为固定床反应器、移动床反应器、沸腾床反应器、悬浮床反应器四种,其中固定床反应器和沸腾床反应器最常用,在此仅对这两种反应器加以介绍。

一、固定床加氢反应器

1. 类型

石油馏分固定床加氢反应器大致分为两类:一类是简单结构的反应器,另一类是复杂结构的反应器。

1) 简单结构的固定床加氢反应器

简单结构的固定床加氢反应器通常用于反应热较小的加氢过程,多数情况用于加氢精制(加氢脱硫)反应。这种反应器通常不需要注入冷却介质,催化剂也不需要分层装填。它的内部结构比较简单,如图9-41所示。

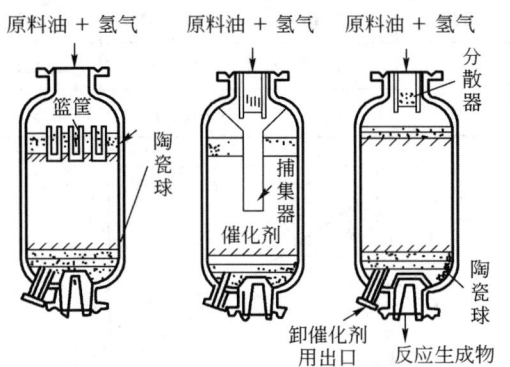

图9-41 单一床层固定床加氢反应器结构示意图

原料油和氢气的混合物,经反应器入口分配器后,自上而下并流通过催化剂床层。随着操作时间的延长,催化剂床层上部逐渐被设备和管线的腐蚀产物,如硫化铁、固体杂质等所堵塞,造成床层压力降上升,以至装置被迫停工。为了解决这个矛盾,一些反应器中采用设置篮筐(过滤筐或筒式滤油器)或固体捕集器等办法。如图9-41所示,反应器的上部流体入口处设置十多个至几十个不锈钢制成的篮筐,使用时一半埋在催化剂里,可以起到增大通过床层面积的作用。为了防止生产过程中高温流体对催化剂的冲击作用及防止催化剂粉末堵塞,在催化剂床层上部和下部分层装填粒径大小不同的陶瓷球。催化剂床层上部的瓷球自上而下按照粒径由大到小($\phi16\sim20mm$、$\phi12mm$、$\phi6mm$、$\phi3mm$)装填3~4层,每层高度150~250mm;催化剂床层下部的瓷球自上而下按照粒径由小到大($\phi3mm$、$\phi6mm$、$\phi12mm$、$\phi16\sim20mm$)装填3~4层,每层高度150~250mm。

目前一些重整原料预加氢和汽油加氢精制装置,采用了径向反应器。在这种反应器中,油气混合物以气相进入反应器后,被均匀分配到反应器壁及多孔衬筒之间的环形空隙中去,然后经过小孔径通过催化剂床层,如图9-42所示。反应生成物最后经中心管自反应器顶部(或底部)导出。这种反应器的中心管可以自反应器中抽出,以利检修操作。因为物流在反应器中流动的路程较短,仅等于反应器的半径,故径向反应器的优点是床层压降小,因而有利于提高装置的处理能力(采用较大空速),减少投资和操作费用。

2) 复杂结构的固定床加氢反应器

复杂结构的固定床加氢反应器,如图9-43所示,通常用于反应热较大的加氢反应,多数情况下是加氢裂化反应,或二次加工油料(例如焦化汽柴油)以及芳烃含量较高的柴油(催化裂化柴油)、蜡油甚至煤焦油、乙烯焦油等的加氢精制反应。在这类反应器中催化剂必须分层装填,根据反应放热量大小设置床层数目,一般为2~4个床层,各层之间注入冷却介质(冷氢)以调节反应温度。这种反应器的内部结构比较复杂,其内部结构设计直接影响到反应效果的好坏。它有两种结构形式:一种是壳壁开孔(图9-43),即在反应器筒壁上开孔,用于安装热偶套管和冷氢管;另一种结构形式是冷氢管及热偶套管开孔均设在反应器头盖处,见图9-44。一般来说,在反应器壳体的内壁上有一个不锈钢的堆焊衬里以减少氢气和硫化氢、

NH₃对反应器壁的侵蚀和腐蚀作用。如果在衬里和筒壁之间不设绝热层,这种反应器也叫热壁反应器,热壁反应器壁温可达400℃以上。有的反应器在不锈钢衬里和筒壁之间设置绝热层,这是冷壁反应器,冷壁反应器的壁温较低(200℃)。热壁反应器的优点是制造工艺简单,但对器壁材质的要求高(高强度、耐高温钢材);冷壁反应器对器壁材质的要求低,可以使用普通碳钢材料,但制造工艺复杂,绝热层易开裂或脱落。随着材料制造技术的进步,现在绝大部分加氢反应器已经是采用高强度、耐高温不锈钢制造的热壁反应器,冷壁反应器已很少使用。

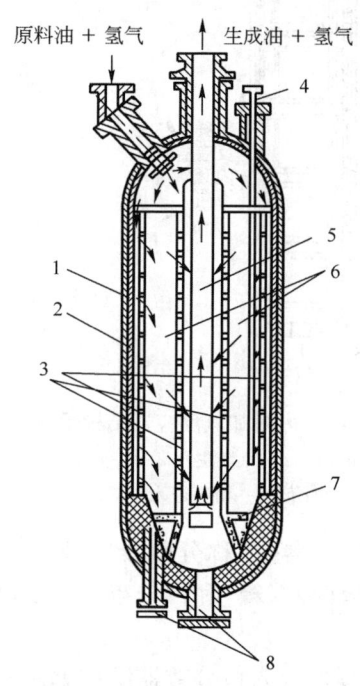

图9-42 径向加氢反应器结构示意图
1—筒体;2—保温层;3—多孔衬筒;4—热偶套管;
5—上引管;6—催化剂;7—陶瓷球;8—卸料口

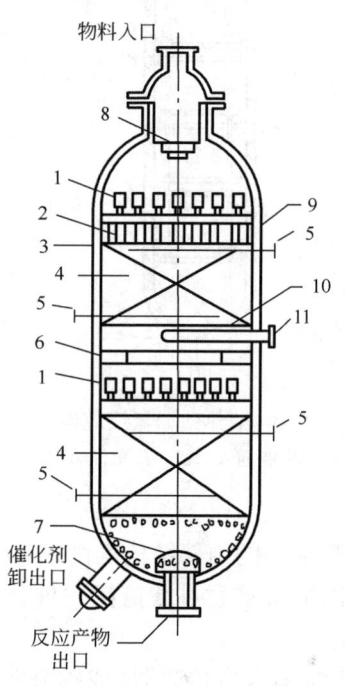

图9-43 加氢裂化反应器
1—分配盘;2—篮筐;3—壳体;4—催化剂床层;5—热电偶;
6—冷氢盘;7—收集器;8—分配器;9—陶瓷球;
10—栅板;11—冷氢管

20世纪60年代后期又发展了一种高强度低合金钢的"瓶型"内衬加氢反应器,如图9-45所示。这种反应器在国外多数应用在加氢裂化的第一段。这种反应器在内筒和外筒体之间形成一环形空间,使新氢流过。由于安装了内衬筒,可以防止有腐蚀的油气与低合金钢的壳体直接接触。新氢从反应器底部进入,经过环形空间向上流动,在反应器顶部与进料一起向下通过催化剂床层进行反应。由于新氢在低温下进入器壁与内衬筒的环形空间,因此可以起冷却器壁的作用。反应器内的衬筒要承受内部结构和催化剂重量,还要承受氢气和衬筒之间的压差。反应器底部压差最大,反应器顶部压差最小。因此,内衬筒壁厚由顶部12.7mm变化到底部的32mm。

2. 内部结构

随着加氢反应器向大型化发展,科研单位、制造商和炼化企业对反应器的内部结构设计都非常重视,特别是对两相进料的反应器,进料分配和气液分布的好坏直接影响反应效果、催化剂寿命以及操作周期。尤其在清洁油品质量标准进入国Ⅴ和国Ⅵ时代,加氢反应器内流体分布的均匀程度对保证产品质量更为重要。例如,如果由于内构件效能差或催化剂床层装填密度差造成气液分布不均匀,哪怕只有10%的物料加氢后硫含量 >100μg/g,即使其余90%的加氢产物硫含量为0μg/g,也不能生产出符合国Ⅴ和国Ⅵ标准(硫含量 <10μg/g)的产品。

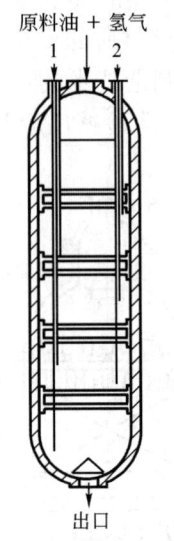

图9-44 热壁加氢反应器
1—热电偶插入口;2—冷氢注入口

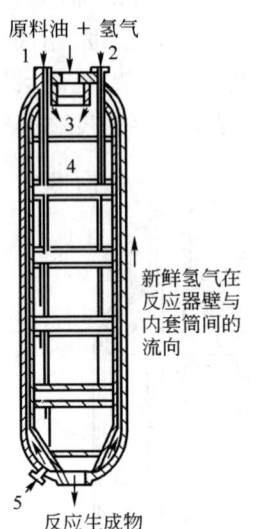

图9-45 "瓶型"内衬加氢反应器结构示意图
1—热电偶插入口;2—冷氢注入口;3—分配器;
4—催化剂;5—新氢进入口

加氢反应器的内部结构均由以下几部分组成:入口扩散器(或称分散器),液(流)体分布盘,筒式滤油器(或称过滤篮筐),催化剂床层支件,急冷箱(冷氢箱)和再分布盘以及反应器出口集油器。

(1)反应器入口扩散器(或称分散器)。加氢反应器顶部及入口分散器结构如图9-46所示。反应物料从入口进入反应器,一般流速较大,而且集中在反应器横截面中心,为防止其直接冲到分布板上,在反应器入口处安装一个扩散器。扩散器有两个孔道。进入反应器的油气流向和孔道垂直,这样当液流进入反应器的扩散器后不会从某一孔道处短路流出,造成分配不匀。

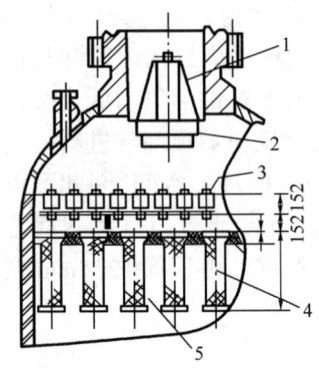

图9-46 加氢反应器顶部及
入口分散器结构示意图
1—扩散器(分散器);2—分布板;
3—液体分布盘;4—筒式过滤器;
5—陶瓷球

(2)液体分布盘。液体分布盘及泡帽结构见图9-47,这是保证液体分布均匀的最重要的内构件。分布盘上装有带齿缝的圆形泡帽。当气液两相物料进到分布盘上后,在分布盘上就建立了液层。气体从齿缝通过,同时把液体从环形空间带上去进入下降管。如果液体负荷大,可能会淹没一部分齿缝面积,但由于减小了气体通路面积,增大了气体的流速,从而相应地又会多带走一部分液体,最终达到平衡。从下降管下来的液体呈锥状喷洒到催化剂床层上。据文献报道,这种结构型式的分布盘的另一个优点是传热效率高(可达89%),而且对安装水平度的敏感度不大。为了便于装卸催化剂,这种分布盘是由几部分做成的,升气管与盘板滚压嵌接成一体,达到基本密封。液体分布盘的主要性能是气液分配均匀、液位高度自动调整和低水平敏感度,其次还要求低压降、低结垢、空间尺寸小(厚度薄)和易于安装、维修方便等。

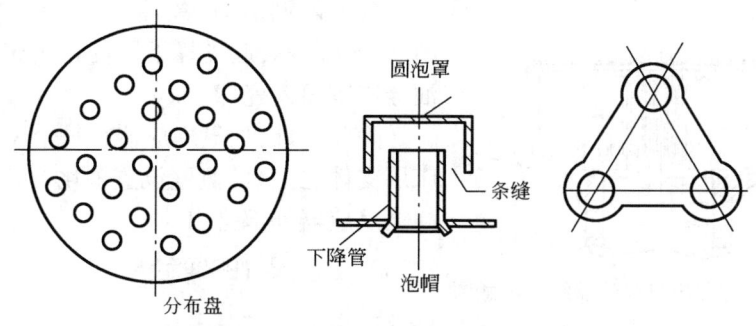

图 9-47　液体分布盘及泡帽结构示意图

(3) 筒式滤油器(或称过滤篮筐)。筒式滤油器安装在反应器顶部(图 9-46),它给进料提供更大的表面积,这样就允许催化剂床层积蓄较多的垢屑或沉积物而不致床层压降上升过快。筒式滤油器是空心的,用链条结在一起,并用链条固在支持梁上,以防止卸催化剂时堵塞催化剂卸料管。链条的长度必须足够松弛,以使滤油器随催化剂床层下沉。根据生产经验,在运转期间,催化剂床层下沉量约 5%。为增加过滤和留存固体颗粒的效果,一般在滤油器中装填 2/3~4/5 高度的大颗粒(16~20mm)瓷球。同时为了防止筒式滤油器在使用过程中倒伏,应将滤油器一半高度埋在瓷球或催化剂床层中。但是也有报道认为,滤油器安装在液体分布盘的上部,反而效果更好。这样使用时,应确认筒式滤油器不妨碍液体分布盘上泡罩的运作,并将其紧密排列、用链条连接固定,以防止在使用过程中倒伏。

(4) 催化剂床层支件。支持催化剂床层的结构件是 T 形横梁、格栅、筛网和瓷球。T 形横梁横跨反应器筒体,顶部逐步变尖,以减少流动阻力。

(5) 急冷箱(冷氢箱)和再分布盘。急冷箱(冷氢箱)和再分布盘实际上是一个急冷—混合(分布)组合构件,其作用是将上面床层流下来的反应物料和冷氢充分混合,使物料进入下一层催化剂床层之前重新分布均匀,急冷箱结构见图 9-48。急冷箱由安装在冷氢管下面的三块板组成。第一层板是截流板,把反应物料集合起来排入急冷箱。在这层板上,只开有两个孔,全部物料和氢气都必须从这两个孔通过,使冷氢和反应物料充分混合。急冷箱置于急冷盘和喷散盘(筛板)之间,油气在此混合,喷散盘上开有很多小孔,使急冷箱物料由此进到第三块板(即泡帽再分布板),再从再分布板进入下一层催化剂床层。使用装有这种结构急冷箱的加氢裂化和加氢精制反应器的实践证明,这种结构可以显著消除径向温差,保证床层温度分布非常均匀,每个床层入口径向温差都小于 1℃,出口的径向温差在 2~4℃,反应器平均床层温度降低 4~6℃。急冷箱和再分布盘的主要性能要求与液体分布盘基本相同。

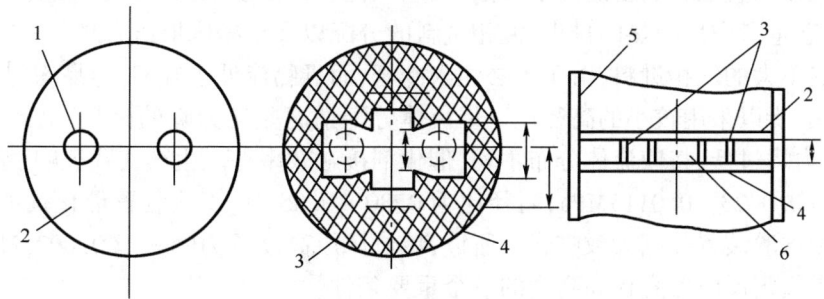

图 9-48　加氢反应器急冷箱结构示意图
1—节流孔;2—截流板;3—挡板;4—筛板;5—反应器壳体;6—急冷箱

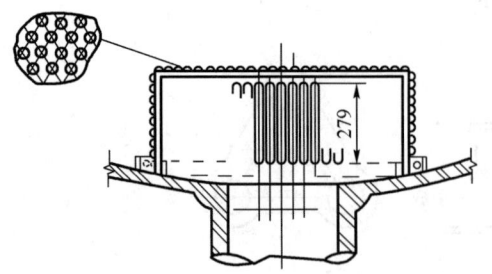

图9-49 加氢反应器出口集油器结构示意图

(6)反应器出口集油器。反应器出口集油器如图9-49所示,起支撑下层催化剂床层的作用,在集油器周围填入瓷球。

除此之外,加氢反应器在每个床层底部(催化剂床层支件之上)的侧壁设置催化剂卸料口,把催化剂卸至反应器外部排出。

3. 工艺尺寸的确定

1)催化剂装填量

根据装置年处理量和空速,可以由下式计算出催化剂需要量:

$$V_c = C/(T\rho S_v) \tag{9-70}$$

式中 V_c——催化剂用量,m^3;
   C——年加工油量,t/a;
   T——年有效生产时间,h;一般按8000h或8400h计算;
   ρ——油的密度,kg/m^3;
   S_v——体积空速,h^{-1}。

用质量表示时:

$$W_c = V_c \gamma_c \tag{9-71}$$

式中 W_c——催化剂用量,t;
   γ_c——催化剂堆积密度,t/m^3。

2)反应器的容积

反应器的容积可按以下公式计算:

$$V_r = V_c / V_F \tag{9-72}$$

式中 V_r——反应器容积,m^3;
   V_c——催化剂用量,m^3;
   V_F——有效利用系数。

设有内保温的反应器,其有效利用系数(即可装入催化剂的体积与反应器体积之比)只有0.5~0.6。无内保温的反应器,当催化剂不分层装填时,有效利用系数约为0.8。

3)反应器的直径和高度

关于反应器的直径和高度的确定方法,一般只能根据试验、生产经验和工艺要求来确定。一般来说,应着重考虑反应热的排出、混相进料的分配以及干净床层压力降。

对反应热不大的气相进料,由于不必注入冷氢,而且物流处于气相,容易均匀分布,催化剂不需分层装填,所以采用较小的高径比。但流体分配情况是压力降的函数,也就是说,当床层深度较浅,压力降过低,将使流体分布不均,催化剂接触效率差。生产实践证明,单位床层高度(m)压力降为0.0023~0.0115MPa,高径比为0.80~0.85时,工业装置催化剂的利用效率与实验室或中型试验装置数据大致吻合。所以,单位床层高度压力降大于0.0023MPa以及高径比大于1.0是决定反应器直径和高度的一个重要条件。

据文献介绍,目前一些反应器的高径比为4~9。单个催化剂床层深度一般为4~6m,最大床层深度达12~14m。

4.压降计算

反应器的压降包括反应器进、出口压降及催化剂床层压降。其中进口(入口)压降包括入口膨胀及通过分配器的压降;出口压降包括通过集油器开口及出口收缩的压降。

1)入口压降

入口压降可由下式计算:

$$\Delta p_\text{入} = \Delta p_1 + \Delta p_2 + \Delta p_3 \qquad (9-73)$$

$$\Delta p_1 = 5.09 \times 10^{-6} \rho_\text{入} (u_{\text{入}1} - u_{\text{入}2})^2 \qquad (9-74)$$

$$\Delta p_2 = 6.62 \times 10^{-6} \rho_\text{入} u_{\text{入}2}^2 \qquad (9-75)$$

$$\Delta p_3 = 14.25 \times 10^{-6} \rho_\text{入} u_{\text{入}3}^2 \qquad (9-76)$$

式中 $\Delta p_\text{入}$——入口总压降,kgf/cm^2;

Δp_1——管线到反应器分配器扩大引起的压降,kgf/cm^2;

Δp_2——冲击在分配器底板上造成的压降,kgf/cm^2;

Δp_3——通入分配器开口处引起的压降,kgf/cm^2;

$\rho_\text{入}$——反应器入口处流体的密度,kg/m^3;

$u_{\text{入}1}$——反应器入口处流体线速度,m/s;

$u_{\text{入}2}$——分配器管段处流体线速度,m/s;

$u_{\text{入}3}$——分配器流体线速度,一般可取 $9 \sim 12 m/s$。

2)出口压降

出口压降可由下式计算:

$$\Delta p_\text{出} = \Delta p_4 + \Delta p_5 \qquad (9-77)$$

$$\Delta p_4 = 14.25 \times 10^{-6} \rho_\text{出} u_\text{集}^2 \qquad (9-78)$$

$$\Delta p_5 = 5.09 \times 10^{-6} \rho_\text{出} u_\text{出}^2 \qquad (9-79)$$

式中 $\Delta p_\text{出}$——出口总压降,kgf/cm^2;

Δp_4——通过集气圈开口处引起的压降,kgf/cm^2;

Δp_5——由集气圈出口管线收缩引起的压降,kgf/cm^2;

$\rho_\text{出}$——反应器出口处流体的密度,kg/m^3;

$u_\text{出}$——反应器出口处流体线速度,m/s;

$u_\text{集}$——集气圈开口处流体线速度,一般可取 $9 \sim 12 m/s$。

3)催化剂床层压降

关于床层压降的计算公式很多,但只有两个计算公式适合计算加氢反应器的床层压降,这就是仿照流体在空管中流动的压降公式而导出的埃冈(Ergun)公式,以及用于计算混相床层压降时采用的拉尔金(Larkin)推导的关联式。前者适用于单相压降计算,如汽油馏分的加氢精制;后者常用于滴流床压降计算,如柴油、蜡油和重油加氢精制和加氢裂化过程。

Ergun 认为,流体流过床层的压降,主要是由于流体与颗粒表面间的摩擦阻力和流体在孔道中的收缩、扩大和再分布等局部阻力引起的。当流动状态为层流时,以摩擦阻力为主;当流动状态为湍流时,以局部阻力为主。

因此,流体在圆形空管中等温流动时,压降计算公式为:

$$\Delta p = f \frac{L}{d} \frac{\gamma_f u^2}{2g} \tag{9-80}$$

式中 Δp——压力降，kgf/m²；
  f——摩擦阻力系数；
  L——管长，m；
  d——管内径，m；
  γ_f——流体重度，kgf/m³；
  u——流体平均流速，m/s；
  g——重力加速度，m/s²。

上式应用于固定床时，管长 L 以 L' 代替，$L' = f_L L(f_L > 1$，为系数)；管内径 d 以床层当量直径 d_c 代替：

$$d_c = 4R_H = 4 \times \frac{流道有效截面积}{流道润湿周边长} = 4 \times \frac{床层空隙体积}{总的润湿面积}$$

$$= \frac{4(床层空隙体积/床层总体积)}{总的润湿面积/床层总体积} = 4\frac{\varepsilon}{S_c} \tag{9-81}$$

式中 d_c——固定床反应器当量直径，m；
  R_H——水力半径，m；
  ε——床层空隙率；
  S_c——床层的比(外)表面积，m²/m³。

因为 $S_c = 6(1-\varepsilon)/d_p$，故

$$d_c = 2\varepsilon d_p / 3(1-\varepsilon) \tag{9-82}$$

式中 d_p——颗粒直径，m。

流体平均流速 u 以颗粒空隙中流速 u_i 代替：

$$u_i = u/\varepsilon \tag{9-83}$$

进行上述置换后得到：

$$\Delta p = f\frac{L'}{d_c}\frac{\gamma_f u_i^2}{2g} = f\frac{f_L L \times 3 \times (1-\varepsilon)}{2\varepsilon d_p}\frac{\rho_f g}{2gg_c}\left(\frac{u}{\varepsilon}\right)^2 = f'\frac{L(1-\varepsilon)}{\varepsilon^3}\frac{\rho_f u^2}{d_p g_c} \tag{9-84}$$

其中
$$f' = 3/4 f f_L$$

式中 f'——系数；
  ρ_f——流体密度，kg/m³；
  g_c——换算因子，$g_c = 9.8$ kg/m。

由实验得出：

$$f' = 150/Re_m + 1.75 \tag{9-85}$$

$$Re_m = \frac{d_p \rho_f u}{\mu}\left(\frac{1}{1-\varepsilon}\right) \tag{9-86}$$

式中 Re_m——修正雷诺数；
  μ——流体黏度，kg/(m·s)。

将式(9-85)、式(9-86)代入式(9-84)，得 Ergun 固定床压降计算公式为：

$$\frac{\Delta p}{L} = 150 \frac{(1-\varepsilon)^2}{\varepsilon^3} \frac{\mu u}{d_p^2 g_c} + 1.75 \frac{\rho_f u^2}{d_p g_c} \left(\frac{1-\varepsilon}{\varepsilon^3} \right) \qquad (9-87)$$

式(9-87)中等号右侧第一项表示摩擦损失,第二项表示局部阻力损失。

从式(9-87)可以看出:增大流体空床平均流速 u,减小颗粒直径 d_p 以及减小床层空隙率 ε 都会使床层压降增大,其中尤以床层空隙率的影响最为显著。因此,可以采用降低流体流速,增大催化剂颗粒直径和增加床层空隙率的办法来降低床层压降。其中,降低流体流速意味着降低空速,减少处理量;增大催化剂颗粒直径意味着增加扩散阻力,降低反应速度。所以,增加床层空隙率是降低床层压降的最有效手段,这也是目前加氢催化剂普遍采用异型条颗粒代替球形和圆柱形颗粒的主要原因。

Ergun 公式(9-87)作为单相压降的计算公式,在加氢精制反应器床层压降计算和反应器尺寸确定当中,已被国内外许多工程公司推荐使用。

在加氢过程中,反应系统中有大量含氢气体存在,原料油流过反应器时,根据原料油的沸程、操作条件以及催化剂的性能,可能有三种流动状态:(1)全气相(汽油或重整原料加氢精制);(2)呈两相鼓泡流体态(连续液相),例如在轻柴油加氢精制运转初期,反应器入口及出口条件;(3)两相滴流状态(连续气相)。单相流体经过床层的压降比两相(混相)的压降要小。因此,在混相情况下计算压降采用 Ergun 公式时要进行两相校正。一般采用两种校正方法:用 Larkin 关联式进行校正,或采用 Mobil 石油公司在加氢反应器设计规程中推荐的方法。一般,在初步设计要求对反应器进行初算时,Larkin 关联式比较简便,但计算结果偏低。

用 Mobil 石油公司推荐的方法计算反应器压降时,首先要确定两相流动状态。由于反应器的进料状态会随运转周期发生变化,所以必须根据装置运转的初期和末期,反应器入口和出口条件下原料油的性质分别计算出压降,然后取其平均值作为反应器的计算压降。这时得到的压降乃是反应器干净床层压降。在操作过程中,由于催化剂积炭以及床层颗粒压实,压降会逐渐增大。因此,末期反应器的设计压降应等于计算压降的 4~5 倍。经验表明,以运转周期为准,混相进料的干净床层压降以不超过 0.084MPa 为宜,每米床层高度压降不应小于 0.0021MPa。这样可以保证液体进料在固体颗粒表面上有良好的分布。

关于利用 Mobil 石油公司的方法计算加氢反应器的详细内容,可参阅有关资料。关于利用 Larkin 关联式计算加氢反应器压降可参考有关文献。

在选定反应器高径比(例如8~12)后,如果计算所得的压降超过允许范围,则需要调整反应器直径和床层高度,直到计算的压降在允许的范围内为止。

二、沸腾床加氢反应器

当采用沸腾床加氢工艺处理渣油及重质油时,由于克服了床层堵塞引起压降上升的缺点,又可利用连续加入新催化剂和排出废催化剂的方法来维持催化剂活性,从而使运转周期延长。

关于沸腾床加氢反应器的结构,国内外文献报道较少。下面简单介绍氢油法(H-Oil)沸腾床加氢反应器的结构。

沸腾床反应器的结构比较复杂,包括以下四个关键部件:进、排催化剂系统;高温高压下操作的循环泵;三相(气—液—固)料面计;分布板。经过改进后,沸腾床反应器的内部结构如图 9-50 所示。

据报道,沸腾床渣油加氢工业装置采用的反应器是一个多层包扎式高压容器,有效高度 16~20m,有效容积 170~200m³。在衬筒和衬里之间有一层厚 150~200mm 的隔热层,使反应

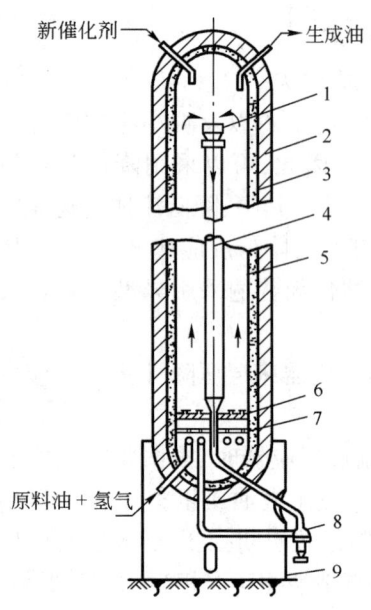

图 9-50 沸腾床反应器内部结构
1—喇叭口;2—壳体;3—内保温层;4—循环管;5—内衬筒;6—泡帽分布板;7—分配盘;8—循环泵;9—底座

器壁温保持在260℃以下。

循环泵可以安装在反应器筒体内部(图9-32),因为这种结构对操作和维修不便,H-Oil技术将其改成将循环泵安装在反应器筒体外(图9-50)。循环泵入口管由反应器底部插入,并伸至反应器上部料面计上,循环管为直径457mm的不锈钢管,泵入口管直径约300mm,出口管直径200mm。循环油经反应器底部分配盘下面的环形分配管喷出;再通过分配盘均匀地分配,形成流化状态。分配盘上有泡帽起分配作用。原料油由反应器底部进入,经分配器喷出,然后与循环油一起经分配盘进入反应空间。生成油由反应器顶部排出。新催化剂由进料系统自顶部加入,废催化剂由底部排出。泡帽分布板可以保证气液均匀分布在反应器截面上。为了防止液体和催化剂在装置停工时发生倒流现象,泡帽结构中有一个单向止回球阀,安装在升气管的上部开口处。装在升气管顶部的泡帽可以使液体反射回来,再往下经过分布板,然后再向上分配。

沸腾床反应器可使用两种催化剂,一种是很细的微球状催化剂,另一种是直径0.8mm的条形催化剂。这两种催化剂在工业上使用都很成功。

三、加氢装置的其他高压设备

加氢装置反应部分的其他主要设备有加热炉、换热器、冷却器及分离器等。下面仅简单介绍这些设备的主要性能及工艺数据。

1.加热炉

我国炼油厂加氢装置采用的加热炉有两种类型:纯对流式加热炉和辐射管式炉。纯对流式加热炉有传热比较均匀、管壁温度较低、比较容易控制和平稳安全运行等优点。但是,它的缺点是传热效率低、钢材耗量大、设备费用以及操作维修费都较高。所以目前国外炼油厂以及国内新建加氢装置都采用了辐射(辐射对流式)管式炉这种炉型,辐射传热比对流传热效率高数倍,因而可以节省大量昂贵的不锈钢,大大降低加热炉建造和操作费用。

加氢工艺流程分为炉前混氢和炉后混氢两种。炉后混氢需要两台加热炉,即原料油加热炉和循环氢加热炉。炉管材料可以根据介质的腐蚀性分别加以选择,可以少用一部分不锈钢管,管内流体是单相流动(气相或液相),因此比较平稳和容易控制,但是占地面积和总的材料消耗量都比较大,管线连接复杂,操作费用也大。

随着两相流体流动力学研究的发展,目前已掌握炉管内两相流的流动规律,所以加氢工艺流程大多数改为炉前混氢。炉前混氢只需一台加热炉、一套控制设备,材料消耗和占地面积都较少,而且操作方便,费用也低。在这种炉管中流体呈两相流动。由于氢油比很大,所以流体体积流速很大,通常需要分成多管程。加氢装置采用的辐射管式炉有两种炉型:圆筒立管式加热炉以及卧管立式加热炉。以上两种炉的炉管程数选择比较方便,所以目前在加氢装置中比较常用。

对于炉前混氢的加热炉,炉管最好采用垂直吊装。因为在横管内,油和气体有分层流动现象,即管内油在下层,气体在上层流动,不能达到良好的气液接触。在直立的炉管中,当流体向下流动时,大部分液体成很薄的油膜沿管壁向下流动,氢气则在管中心流动,薄层的膜有利于氢气向油中扩散,提供了进行加氢反应的物理条件。在炉管下部回弯头处,液体滞留到一定高度时,形成压力差,然后被炉管中气体像活塞一样地向上推动,由于重力的作用,液体活塞有下落的趋势,也可以起到增加气体扩散到油中的作用。但是因为管内是混相,程数多时容易产生偏流现象,所以直立式炉管内两相流动的流体力学参数需要选择得当,否则在炉管内会产生周期性的空管现象,从而破坏了管内平稳流动状态。关于炉管内两相流结构状态的研究工作做得不很充分,但是根据现有的文献资料,在设计加热炉时,可以概略地确定两相流的状态,然后再根据经验数据加以修正。

我国引进的柴油加氢精制装置采用了卧管立式加热炉,炉管分成两程。油气分两路进入对流室,原料油和氢气先与生成油换热,然后用调节阀控制流量混合后进加热炉。为了保证两路流量均匀,设计中采用了炉前和炉后管线对称布置,并合理选定了弯头和直管的长度。生产实践证明,这种设计可以保证两路流体流量均匀分配。

根据工程公司的设计经验,加热炉的热负荷按初期操作时的热平衡和物料平衡来确定,同时还要考虑开工时催化剂干燥和硫化所需的热负荷。此外还要考虑换热器因结垢对换热效率的影响,这部分热量约占预期回收热量的20%。

此外,加热炉的热负荷也推荐用以下公式进行计算:

$$加热炉设计热负荷 = 正常热负荷 + 5\% 换热负荷 + 50\% 反应热 \tag{9-88}$$

现将柴油加氢精制加热炉的主要工艺参数列于表9-60。

表9-60 柴油加氢精制装置加热炉工艺参数

项目	工艺参数	项目	工艺参数
原料油流量,t/h	100	空气预热器热负荷,kJ/h	4.158×10^6
混合氢流量,kg/h	12541	辐射管热强度,$kJ/(m^2 \cdot h)$	119700
入炉温度,℃	305	对流管热强度,$kJ/(m^2 \cdot h)$	45360
出炉温度,℃	350	全炉热效率,%	82
入炉汽化率(质量分数),%	24.147	炉管压降,kgf/cm^2	4.5
出炉汽化率(质量分数),%	38.102	过剩空气系数 α	1.2
全炉热负荷,kJ/h	22.58×10^6	辐射、对流管外径,mm	165.2
辐射室热负荷,kJ/h	18.73×10^6	炉管壁厚,mm	7.5
对流室热负荷,kJ/h	3.94×10^6	程数	2

2. 换热器

加氢装置用的换热器有U形管式和浮头式两种。U形管式换热器在高温高压下使用比较适合,因为U形管具有较好的自由伸缩性能,能很好地吸收热膨胀,避免热应力的产生;缺点是管内结焦或被脏物堵塞后清洗困难。因此,一般只用于比较干净的介质的换热。

浮头式换热器以立式安装为宜,因为立式安装占地面积小,而且可以避免卧式安装时容易造成油气分层流动的缺陷。立式安装的缺点是检修抽芯时要有大型起重设备,而卧式换热器检修较方便。

采用浮头式换热器时,加氢生成油走管程,原料油与氢气混合物走壳程。根据我国的生产经验,换热器使用初期,传热系数为160~200kcal/$(m^2 \cdot h \cdot ℃)$,后期由于管束结焦或结垢而使传热系数下降至80~100kcal/(m²·h·℃)。国外引进的加氢装置的换热器,传热系数较大,以原料混合进料与生成油的换热器为例,运转初期传热系数为483kcal/(m²·h·℃),在末期为289kcal/(m²·h·℃)。这种换热器的管长为6m,总传热面积436m²,用473根U形管,管外径25.4mm,壁厚2.11mm。下面将引进加氢装置的换热器和冷却器的主要工艺数据列于表9-61。

表9-61 加氢装置换热器和冷却器的主要工艺数据

设备名称	介质		入口温度,℃		出口温度,℃		流速,m/s		传热系数,kJ/(m²·h·℃) [kcal/(m²·h·℃)]	传热面积 m²
	壳程	管程	壳程	管程	壳程	管程	壳程	管程		
原料生成油换热器	原料和氢混合物	生成油	161	413	313	313	5.8	3.5	2028.6(483)(净) 1213.8(289)(垢)	436
生成油水冷器	生成油	冷却水	54	32	40	40	2.8	10	1944.6(463)(净) 1205.4(287)(垢)	332

3. 冷却器

冷却器用来冷却加氢生成油和循环气,冷却后生成油温度降至30~40℃。加氢生成油的冷却可采用分段或一段进行,这要根据热量回收方案、循环氢压缩机入口的温度、产品分离方式以及循环氢的纯度来确定。根据生产经验,如果生成油是一宽馏分,需要冷却到30~40℃时,适宜采用分段冷却:先在较高温度下将重质油冷凝(例如在150~200℃),分出后送去分馏装置,然后再把轻馏分冷却到所需温度。如果降温时生成油黏度大,分离器液面"起泡",循环气带油,这时应把冷却和分离温度提高(60~80℃),然后分出循环氢,再单独冷却到30~40℃。

加氢装置所用冷却器有喷淋式、套管式和管壳式。为了节省用水、减少对环境的污染,近来越来越多地采用了空冷器。空冷器的传热系数低,翅片管一般只有63~83kJ/(m²·h·℃)。空冷器要求热流入口温度不超过250℃,否则会使铝翅片受热膨胀,加大翅片与光管间的间隙,影响传热。

现将加氢装置采用不同形式冷却器的传热系数列入表9-62。

表9-62 加氢装置采用不同形式冷却器的传热系数

型式	浸没式	套管式	管壳式	喷淋式	空冷式
传热系数 kJ/(m²·h·℃) [kcal/(m²·h·℃)]	210~630 (50~150)	水质好 1680~2100 (400~500) 水质差 840~1260 (200~300)	840~1260 (200~300)	1680~2940 (400~700)	对总表面 63~84 (15~20) 清洁管 1843.8 (439) 光管操作时 1411.2 (336)

目前,加氢设备的发展趋势,是随加氢技术的发展和装置规模的逐渐增大而向大型化方向发展。例如,国外新建的加氢裂化装置反应器直径已达4000~5000mm,重2000~2400t。

显而易见,随着设备大型化的发展、高强度低合金钢的推广、高压设备新型结构的研制,以及其他方面的科技成就,都将使加氢装置的建设投资进一步降低,经济效益大大提高,所有这些都是加快发展加氢技术、减少污染和排放、提高原油加工深度和产品质量的有利因素。

第七节　氢气的制取

氢气是石油炼制加氢过程的重要原料,随着人们对燃料清洁性要求的不断提高,加氢工艺得到越来越广泛的应用,炼油厂对氢气的需求也迅速增加。炼油厂氢气用量随原油密度、硫含量和加氢深度的增加而增加,一般来说,占原油加工量的 0.8%~2.4%(质量分数)。催化重整的副产氢气是石油加氢过程所需氢气的重要来源,占原油加工量的 0.3%~0.8%(质量分数),但是只能满足氢耗低的加氢精制过程的需要,对于耗氢高达 2%~4%(质量分数)的加氢裂化过程则往往还需要增加专门生产氢气的装置。近年来,由于环保法规的日益严格和清洁油品质量的不断提升,各类加氢装置的规模占炼油厂加工能力的比例已经达到 70% 以上,大型炼油厂均设置有专门的制氢装置。工业氢气的生产方法主要有:煤和焦炭的水煤气法或气化法,渣油、重油、沥青、煤和石油焦的部分氧化法(POX 法),轻烃(包括天然气、甲烷或炼厂干气)水蒸气转化法(又称水蒸气重整法),炼油厂富氢气体净化分离法,炼厂残渣油和石油焦气电联产(IGCC—integrated gasification combined cycle),甲醇蒸汽重整法以及电解水法等。在炼油厂中,除含氢副产气体(主要是重整干气和催化裂化干气)的回收外,生产氢气的方法主要有轻烃水蒸气转化法和部分氧化法。由于轻烃水蒸气转化法工艺成熟、投资低廉、操作方便而占有主导地位,大部分的制氢装置采用轻烃水蒸气转化法。另外,对于自产制氢原料不足,需要外购天然气制氢的炼厂,由于煤制氢成本低廉,设立大型煤气化制氢装置也是一种必然的趋势。近年来,由于高硫焦过剩,采用炼厂自产的高硫焦部分氧化法制氢成为一种解决高硫焦出路和降低制氢成本的有效手段。在此,仅对轻烃水蒸气转化法制氢和部分氧化法制氢加以介绍。

一、轻烃水蒸气转化法制氢

炼油厂轻烃水蒸气转化法制氢的常用原料为天然气(包括甲烷)、炼厂气和轻石脑油。按粗氢提纯方式的不同分为常规工艺和变压吸附(PSA,pressure swing adsorption)工艺两种,其工艺流程分别见图 9-51 和图 9-52,常规工艺的原理流程如图 9-53 所示。PSA 法与常规法相比,两者工艺成熟度和技术可靠性相近,除装置投资和原料消耗较常规法高(约 30%)外,其他如燃料、水、电、汽等公用工程消耗均低于常规法,总能耗比常规法低 10% 左右;另外,PSA 法具有流程简单、工序较少、化学药剂使用少、操作灵活、开停工简单、产品氢纯度高(常规法一般为 95%,PSA 法 >99.9%)等优点;缺点是氢气回收率比常规工艺的低。在原料价格较高(如采用轻石脑油原料)的情况下,常规法比 PSA 法的制氢成本低;而在原料价格较低(如采用炼厂气为原料)以及要求氢气纯度高的情况下,PSA 法的制氢成本低。

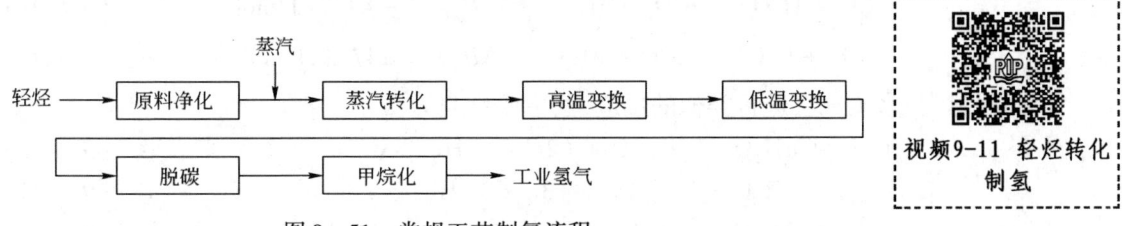

图 9-51　常规工艺制氢流程

下面简述轻烃水蒸气转化法制氢各个过程的原理与方法。

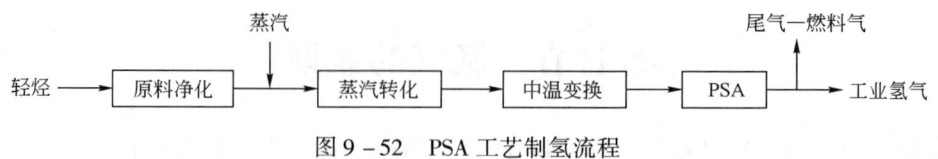

图 9-52 PSA 工艺制氢流程

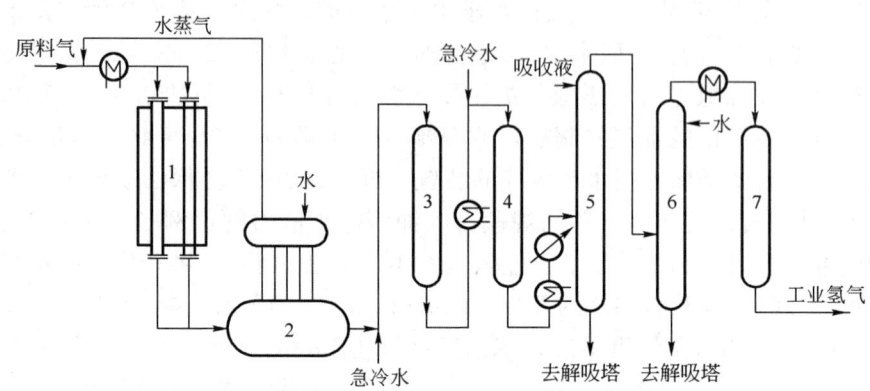

图 9-53 轻烃水蒸气转化法制氢常规工艺原理流程
1—转化炉；2—废热锅炉；3—CO 中温变换反应器；4—CO 低温变换反应器；
5—CO_2 吸收塔；6—水洗塔；7—甲烷化反应器

1. 原料的净化

由于水蒸气转化制氢工艺所用的各种催化剂（蒸汽转化、变换和甲烷化催化剂）都易被硫化物、氯和砷中毒而失活，所以通常要求其原料中的硫、氯和砷含量分别脱至 0.5μg/g、0.2μg/g 和 5ng/g 以下。对于轻烃，常以 Co-Mo/Al_2O_3 或 Ni-Mo/Al_2O_3 为催化剂进行加氢脱硫；对于气体原料则可用 ZnO 脱硫剂在 400℃ 左右反应吸附脱硫。氯的脱除常用钙系（氧化铝负载的 CaO 或 CaO-ZnO）或铜系（氧化铝负载的 CuO）脱氯剂进行吸附脱氯。砷的脱除常用负载型的铜、铅、锰和镍系催化剂（脱砷剂）进行加氢和吸附脱砷。Co-Mo/Al_2O_3 和 Ni-Mo/Al_2O_3 催化剂本身也具有较强的吸附脱砷能力。

2. 轻烃水蒸气转化

由于轻烃水蒸气转化反应的温度很高（一般在 700~900℃），所以反应在管式反应器（又称水蒸气转化反应炉）内进行。在水蒸气转化反应炉管内，在催化剂的存在下，甲烷或轻烃进行转化（又称水蒸气重整反应）及一氧化碳变换反应。当原料为甲烷时，其主要反应为：

$$CH_4 + H_2O \longrightarrow CO + 3H_2 \qquad \Delta H_{298} = 206.3 \text{kJ/mol} \qquad (9-89)$$

$$CH_4 + 2H_2O \longrightarrow CO_2 + 4H_2 \qquad \Delta H_{298} = 165.3 \text{kJ/mol} \qquad (9-90)$$

$$CO + H_2O \longrightarrow CO_2 + H_2 \qquad \Delta H_{298} = -41.2 \text{kJ/mol} \qquad (9-91)$$

$$CO_2 + CH_4 \longrightarrow 2CO + 2H_2 \qquad \Delta H_{298} = 247.3 \text{kJ/mol} \qquad (9-92)$$

低分子烷烃与水蒸气会进行类似的反应，其主要反应为：

$$C_nH_{2n+2} + nH_2O \longrightarrow nCO + (2n+1)H_2 \qquad (9-93)$$

$$C_nH_{2n+2} + 2nH_2O \longrightarrow nCO_2 + (3n+1)H_2 \qquad (9-94)$$

$$CO + 3H_2O \longrightarrow CH_4 + H_2O \qquad \Delta H_{298} = -206 \text{kJ/mol} \qquad (9-95)$$

$$CO + H_2O \longrightarrow CO_2 + H_2 \qquad (9-96)$$

当原料为轻烃时,其反应的通式为:

$$C_nH_m + nH_2O \longrightarrow nCO + (n+m/2)H_2 \qquad (9-97)$$
$$CO + 3H_2O \longrightarrow CH_4 + H_2O \qquad (9-98)$$
$$CO + H_2O \longrightarrow CO_2 + H_2 \qquad (9-99)$$

上述甲烷水蒸气转化反应过程中,反应(9-89)和反应(9-92)对反应平衡起着决定性作用。由以上可知,总体上说轻烃水蒸气转化反应是强吸热反应。

此外,甲烷和低分子烃类水蒸气转化过程中还会存在结炭副反应,其主要结炭反应为:

$$CH_4 \longrightarrow C + 2H_2 \qquad \Delta H_{298} = 74.9 \text{kJ/mol} \qquad (9-100)$$
$$C_2H_6 \longrightarrow 2C + 3H_2 \qquad \Delta H_{298} = 84.6 \text{kJ/mol} \qquad (9-101)$$
$$C_3H_8 \longrightarrow 3C + 4H_2 \qquad \Delta H_{298} = 103.8 \text{kJ/mol} \qquad (9-102)$$
$$2CO \longrightarrow C + CO_2 \qquad \Delta H_{298} = -172.5 \text{kJ/mol} \qquad (9-103)$$
$$H_2 + CO \longrightarrow C + H_2O \qquad \Delta H_{298} = -131.5 \text{kJ/mol} \qquad (9-104)$$

其中,结炭反应(9-100)~反应(9-102)为裂解反应,反应(9-103)为CO歧化反应,反应(9-104)为CO还原反应。

轻烃水蒸气转化反应所用的催化剂通常是负载型镍系催化剂,镍含量一般为10%~25%(质量分数),使用前先进行催化剂预还原,将氧化镍活性组分还原为单质镍。由于水蒸气转化反应是在高温、高气流冲击下进行的,所以要求催化剂具有良好的活性、抗积炭性(选择性)和低温还原性能(稳定性),同时具有高强度和耐热冲击性能。为此,轻烃水蒸气转化催化剂经常使用MgO与Al_2O_3经高温焙烧制成的镁铝尖晶石载体,以得到所需的高强度和耐高温性能。同时,其载体中还含有碱性的助剂(碱金属或碱土金属),以促进碳质物质与水的反应(又称消碳反应),抑制催化剂的积炭。近年来还常加入镧等助剂,以提高催化剂的活性稳定性。由于水蒸气转化炉是长径比很大的管式反应器,轻烃水蒸气转化反应处于内扩散控制区,为提高催化剂强度,增加催化剂装填的均匀度,降低反应器压降并提高催化剂利用率(减少扩散控制),催化剂一般制备成高径比约为1:1的带孔圆柱状(拉西环)、多孔圆柱或车轮状,甚至截面为四叶、端部呈拱形的异型催化剂(图9-54)。

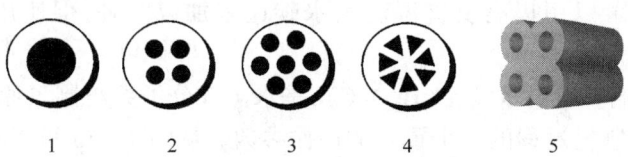

图9-54 轻烃水蒸气转化催化剂的颗粒形状
1—拉西环;2,3—多孔圆柱;4—车轮状;5—四叶异型

在轻烃水蒸气转化催化剂的研制方面,英国ICI公司、丹麦Topsφe公司和德国BASF公司占据领先地位,我国齐鲁石化公司研究院所研制的催化剂也已经达到了国际水平。目前,国内轻烃水蒸气转化制氢装置的催化剂已经完全国产化。

轻烃水蒸气转化的影响因素有温度、水碳比和压力等操作参数。

(1)温度的影响。转化炉出口温度是影响轻烃水蒸气转化反应的最重要参数。烃类的水蒸气转化是一个强吸热反应,其反应平衡常数随温度的升高而增大,如表9-63所示,所以高温对反应有利。这一点从图9-55中也可以清楚地看出。一般情况下,转化炉出口温度提高10℃左右,炉出口残余甲烷含量约降低1%。但是,温度越高,原料在转化炉内的结焦倾向越大。此外,炉管的使用寿命也随温度的升高而降低,提高温度受到反应炉管材质最高允许使用温度的限制。工业上一般控制在800℃左右,但随着高温钢材制造技术的进步,有逐渐升高的趋势。

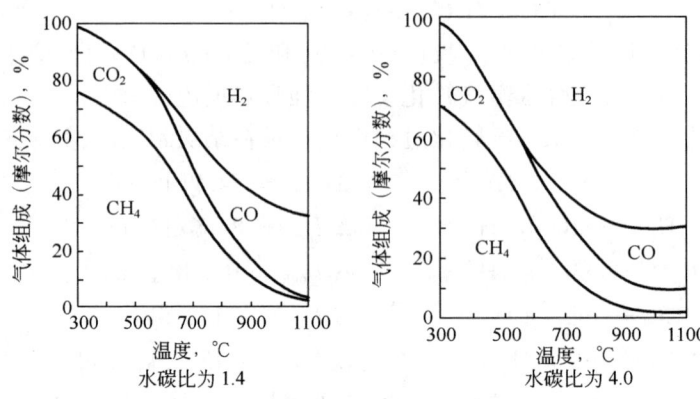

图9-55 不同温度和不同水碳比下甲烷水蒸气转化反应所产干气平衡组成(反应压力为2.5MPa)

表9-63 不同温度下甲烷转化及一氧化碳变换反应平衡常数

温度,℃	$CH_4 + H_2O \rightleftharpoons CO + 3H_2$ 反应平衡常数 K_1	$CO + H_2O \rightleftharpoons CO_2 + H_2$ 反应平衡常数 K_2
500	5.86×10^{-3}	126
600	0.38	27.08
700	7.4	9.017
900	1.307×10^3	2.204

(2)压力的影响。轻烃水蒸气转化反应产物的分子数是大于其原料的,是体积增大的反应,由此可以判定低压对反应有利。但是在工业上仍采用加压下进行反应,这是由于所产氢气都将在有压力的情况下利用,所以总的来看在加压下制氢经济性更好。对于因加压导致对转化反应的不利影响,可以用提高反应温度及水碳比来加以弥补,但所用的压力一般不超过2.8MPa。

(3)水碳比的影响。所谓水碳比(H_2O/C),是水蒸气分子数与制氢原料中碳原子数之比,它是轻烃水蒸气转化制氢过程的一个重要的操作参数。从图9-55可以看出水碳比对产气组成的影响。增加水碳比有利于原料的充分利用,降低制氢成本,同时可以防止催化剂积炭,所以实际采用的水碳比较按化学反应平衡计算的理论值(称为最小水碳比)要大得多。但是,水碳比过高会导致蒸汽消耗过多,反应管内的压降太大,能耗也过高。目前工业上采用的水碳比一般为3~5,常规制氢装置采用4~4.5,PSA制氢装置采用3.5~4。对于以甲烷为主的原料可以用较小的水碳比,而对于分子量较大的轻烃则需用较大的水碳比。

表9-64所列为轻烃水蒸气转化所产干气的典型组成。由此可见,其中还含有相当量的CO及CO_2,以及少量甲烷,这些都需要进一步加以转化和脱除。

表9-64 轻烃水蒸气转化所产干气典型组成(2.07MPa,850℃,水碳比4)

组 分	CH_4	CO	CO_2	H_2
含量(摩尔分数),%	2.0	14.5	12.0	71.5

实际上,温度、压力和水碳比三者对轻烃水蒸气转化过程的转化率(出口 CH_4 含量)、CO 和 H_2 含量的影响相互耦合,具体制氢装置必须根据原料、催化剂特性和氢气的纯度、压力等具体要求合理地选择操作条件,图 9-56 至图 9-59 的结果即是一个很好的例证。

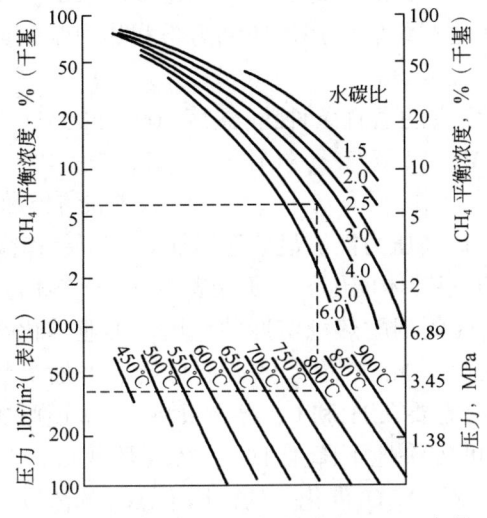

图 9-56 石脑油水蒸气转化出口 CH_4 含量
与温度、压力、水碳比的关系
$1 lbf/in^2 = 6894.575 Pa$

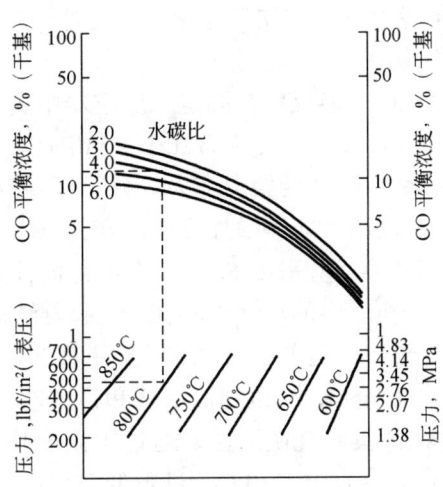

图 9-57 石脑油水蒸气转化出口 CO 含量
与温度、压力、水碳比的关系

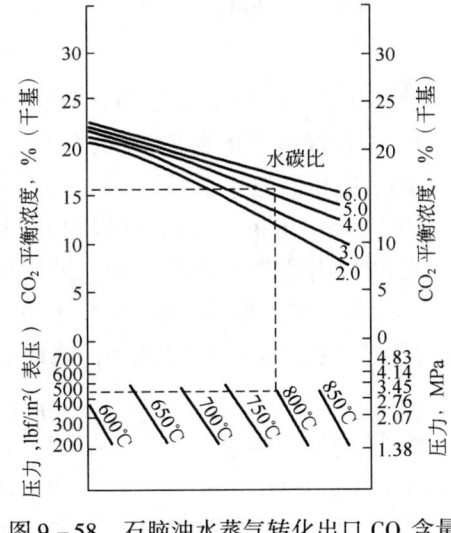

图 9-58 石脑油水蒸气转化出口 CO_2 含量
与温度、压力、水碳比的关系

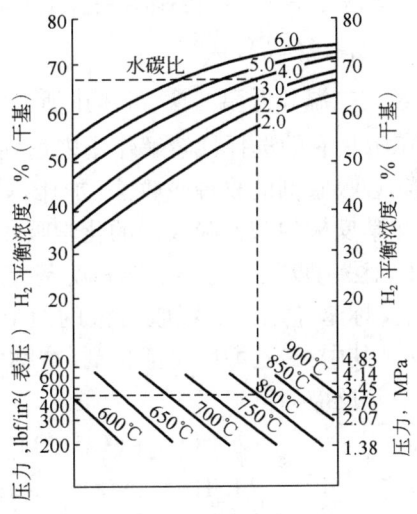

图 9-59 石脑油水蒸气转化出口 H_2 含量
与温度、压力、水碳比的关系

3. 化学净化工艺

常规轻烃水蒸气转化制氢工艺中粗氢的提纯采用化学净化工艺,包括 CO 变换、脱除 CO_2 及甲烷化三个步骤。

1) CO 变换

从水蒸气转化炉出来的转化气中含有 10% 左右的 CO,需在催化剂作用下与水蒸气进行

反应生成 H_2 及 CO_2,此反应称为 CO 变换反应或水煤气变换反应(water gas shift reaction—WGSR),见反应(9-96)。前已述及此反应是放热的,所以采用较低的温度对反应有利(表9-63)。但是,温度太低反应速度又太慢。所以,在工业上采用中温变换和低温变换两段反应的方法,即先经过中温变换快速转化掉大部分的 CO,再经过低温变换转化掉剩余的少量 CO,这样既可加快反应速度又可达到较高的转化率。这是综合利用反应动力学和热力学的典型案例。

CO 变换反应在固定床反应器中进行,中温变换反应的适宜条件为:温度 300~500℃(一般为 400℃左右),压力 0.1~5MPa(一般 0.5~2MPa),蒸汽/干气比 0.6~1,空速 400~1000h^{-1}。CO 变换反应为等分子可逆反应,从热力学上说,压力对平衡转化率没有影响。但是,提高压力能够增加反应速度,在 0~2MPa 范围内,提高压力能够显著地增加 CO 的转化率。中温变换反应采用 Fe-Cr 系催化剂,即 Fe_3O_4-Cr_2O_3 固溶体催化剂。研究表明,Fe_3O_4 表面是 CO 变换反应的活性中心,Cr_2O_3 起着结构助剂和提高催化剂耐热稳定性的作用。工业催化剂的主要成分是 Fe_2O_3,Cr_2O_3 含量通常在 5%~13% 之间。此外,绝大多数催化剂还添加少量(<1%)的 K_2O,以提高活性和稳定性。催化剂使用前需要在 H_2 和 CO 存在下将 Fe_2O_3 还原成 Fe_3O_4 才具有变换活性。通过中温变换,气体中 CO 可较快地下降至 1%~3%(体积分数)。然后再在 180~230℃下进行低温变换,在负载型 Cu-Zn/Al_2O_3 催化剂的作用下,CO 的浓度可进一步降至 0.1%~0.5%(体积分数)。负载型 Cu-Zn/Al_2O_3 催化剂使用前同样需要进行预还原,将 CuO 还原成具有变换活性的 Cu。国外变换催化剂的研制和生产主要是英国 ICI 公司,国内湖北省化学研究所和齐鲁石化公司研究院所研制的变换催化剂已经达到了 ICI 公司的技术水平,并且在国内制氢装置上获得广泛应用,几乎全部取代了进口催化剂。

2)脱除 CO_2(脱碳)

经过中温和低温变换,气体中所含的 CO_2 占 20% 以上。脱除 CO_2 的方法很多,均是利用溶剂对 CO_2 具有的选择性溶解作用来达到吸收 CO_2 的目的。根据吸收剂的性质不同,分为三类:采用物理吸收剂的物理吸收法(加压水洗法、碳酸丙烯酸酯法和低温甲醇法),采用能与 CO_2 发生化学反应的碱性吸收剂的化学吸收法(氨水法、热钾碱法和乙醇胺法)和化学物理吸收法(环丁砜法—吸收剂为环丁砜和烷基醇胺的水溶液)。目前常用的是热碳酸钾和二乙醇胺吸收法,又称苯菲尔法。吸收溶液的组成为:K_2CO_3 25%~30%,二乙醇胺 3%,V_2O_5 0.7%~0.8%。其中,二乙醇胺是活化剂(或称为催化剂),起着促进 CO_2 吸收速度的作用,V_2O_5 是缓蚀剂。其反应为:

$$CO_2 + (C_2H_5O)_2NH \rightleftharpoons (C_2H_5O)_2NCOO^- + H^+ \quad (9-105)$$

$$(C_2H_5O)_2NCOO^- + H_2O \rightleftharpoons (C_2H_5O)_2NH + HCO_3^- \quad (9-106)$$

$$K_2CO_3 \rightleftharpoons 2K^+ + CO_3^{2-} \quad (9-107)$$

$$H^+ + CO_3^{2-} \rightleftharpoons HCO_3^- \quad (9-108)$$

$$K^+ + HCO_3^- \rightleftharpoons KHCO_3 \quad (9-109)$$

将以上各式相加,得到总的反应如下:

$$K_2CO_3 + CO_2 + H_2O \rightleftharpoons 2KHCO_3 \quad (9-110)$$

由此可见,在 K_2CO_3 未完全消耗掉以前,二乙醇胺并不消耗。但是,二乙醇胺参与了 CO_2 的吸收反应[见反应(9-105)和反应(9-106)],从而大大促进了 K_2CO_3 溶液吸收 CO_2 的反应速度[反应(9-110)]。所以,二乙醇胺起着反应活化剂或液相催化剂的作用。溶液中加入少

量 V_2O_5 的目的是使之在设备表面与氧化铁形成一层配合物保护膜,以减少设备的腐蚀。

此法是可逆吸收过程,吸收 CO_2 是在较低的温度下进行的(60~70℃),而解吸(再生)则在较高的温度下进行(80~100℃)。为提高吸收效率和降低能耗,目前主要采用二段吸收、二段再生流程,即吸收塔和再生塔各分成上、下两段(塔),吸收塔为填料塔,再生塔上段为填料塔,下段为设有塔板的填料塔,工艺流程见图 9-60。经过两段吸收后,气体中的 CO_2 含量可降至 0.1% (体积分数)以下。

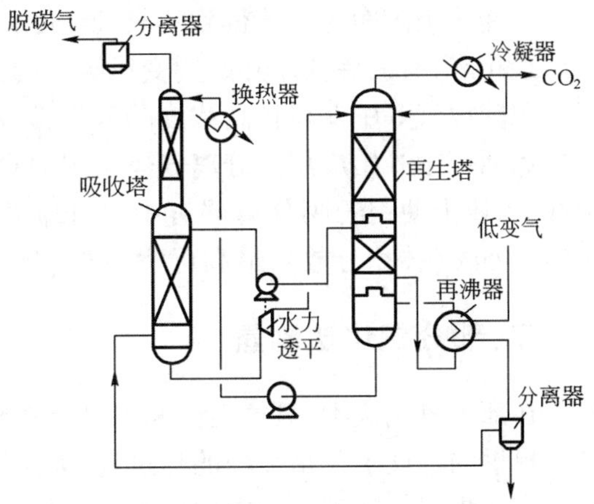

图 9-60 二段吸收、二段再生脱 CO_2 工艺流程图

3)甲烷化

经过 CO 变换和脱除 CO_2 后的气体中仍含有少量(<0.5%)的 CO_2 和 CO,它们会使加氢催化剂中毒,并影响最终氢气产品纯度,所以最后还需用加氢的方法把它们转化为甲烷。CO 和 CO_2 的甲烷化反应为:

$$CO + 3H_2 \rightleftharpoons CH_4 + H_2O \qquad \Delta H_{298} = -206.3 \text{kJ/mol} \qquad (9-111)$$

$$CO_2 + 4H_2 \rightleftharpoons CH_4 + 2H_2O \qquad \Delta H_{298} = -165.0 \text{kJ/mol} \qquad (9-112)$$

甲烷化是甲烷水蒸气转化反应的逆反应,是强烈的放热反应,可见温度较低对平衡有利。常用的甲烷化催化剂也是 Al_2O_3 负载的镍系催化剂,使用前也需要进行还原活化。但是,与甲烷水蒸气转化反应不同的是甲烷化反应要求催化剂具有很高的加氢活性,因此,该催化剂的镍负载量高(一般为 20%~35%),催化剂的比表面积也较大(100~250m^2/g)。甲烷化反应采用固定床反应器,其反应温度为 280~350℃,压力为 1~5MPa,气体体积空速为 5000~7000h^{-1}。

4. 变压吸附净化工艺

变压吸附净化工艺,是利用变压吸附过程代替化学净化工艺中的低温变换、脱除二氧化碳及甲烷化,这样可使流程简化,所得氢气纯度可达 99% 以上,甚至达到 99.9%,CO + CO_2 含量 <20mg/m^3,氢气回收率在 90% 左右。

变压吸附过程是以分子筛(4A、5A 或 13X)或活性炭为吸附剂,在较高的压力下选择性吸附氢气中的杂质(CO、CO_2 及 CH_4 等),获得高纯度的氢气。然后再降低压力使杂质解吸,吸附剂得到再生。在整个过程中,只是不断改变系统内的压力而温度基本不变。为提高处理量和降低能耗,工业上一般采用多床(多个吸附塔,4~12 个)变压吸附,每个床层依次顺序完成吸附、均匀降压、顺向放压、逆向放压、冲洗、均匀升压、最终升压 7 个步骤,形成一个吸附—再生循环。每个床层的操作错开 $1/n$(n 为床层数)的周期。

影响变压吸附过程的因素有温度、压力、原料气组成及吸附剂性能等。变压吸附属于放热的物理吸附,所以低温有利于吸附,但也不宜过低,一般采用常温(40℃ 左右)。一般采用的压力为 1.2~3.0MPa,当压力过高时,氢回收率反而下降。因为水蒸气最容易被吸附,同时又会降低吸附剂的强度,所以必须严格控制原料气中的含水量。此外,原料气中也不能含有较重的烃类,否则会因不易解吸而造成吸附剂再生的困难。一般认为,原料气中的 H_2 含量应大于 30% 才能经济合理地采用 PSA 工艺。

用变压吸附净化工艺得到的氢气纯度较高,成本较低,但投资稍高。

近年来,有的炼油厂开始用变压吸附的方法从含氢浓度较低的炼厂气如催化裂化干气、加氢过程驰放气等中获得较高浓度的氢气,以供进一步利用。此外,用膜分离的技术富集氢气也已在炼油厂中开始应用。分离气体所用的膜可用聚砜、聚酯、醋酸纤维、聚酰亚胺等不同材料组成,工业上使用的膜分离器有中空纤维式和卷式两种。用膜分离法回收氢的纯度一般为86%~95%(体积分数),最高可达99%(体积分数),但纯度越高则氢的回收率越低。

二、部分氧化法制氢

在部分氧化法中,氢气是由原料高温热解而得到的,而热解所需的热量则是由部分原料燃烧所提供的。此工艺是纯粹的热过程,无需用催化剂。其原料可以从天然气直至渣油、沥青,甚至煤和焦炭。在工业上常用较重的原料。

进入部分氧化反应器前,原料及氧化剂均需预热至 300℃ 左右。如需制氢,所用的氧化剂应为纯氧;如为合成氨提供原料气,则可用空气。反应温度在 1000~1600℃ 之间,压力为 3~8MPa。原料及氧化剂必须均匀混合,否则局部氧浓度太大会使局部温度过高,而局部氧浓度太低则会导致生焦量增多。反应过程中,原料的燃烧和裂解之间的比例必须适当,这可以用通入水蒸气的方法来加以调节。随着原料的变重,其生焦量增大,如用气态原料,其生焦量仅为 0.1%(质量分数),而用重油时则达 3% 左右。所产气体需除去炭黑,并脱除 H_2S,才能进入 CO 变换反应器。然后再用化学吸收法除去 CO_2,最后再经甲烷化得到氢气。目前,国内外渣油部分氧化法制氢工艺主要有德士古急冷法和壳牌废热锅炉法,其工艺流程分别见图 9-61 和图 9-62。这两种工艺流程的最大差别在于汽化炉高温气体的冷却,德士古工艺采用水急冷,壳牌工艺采用废热锅炉冷却。两种工艺的投资相当,制氢成本也相近。

视频9-12 重油部分氧化制氢

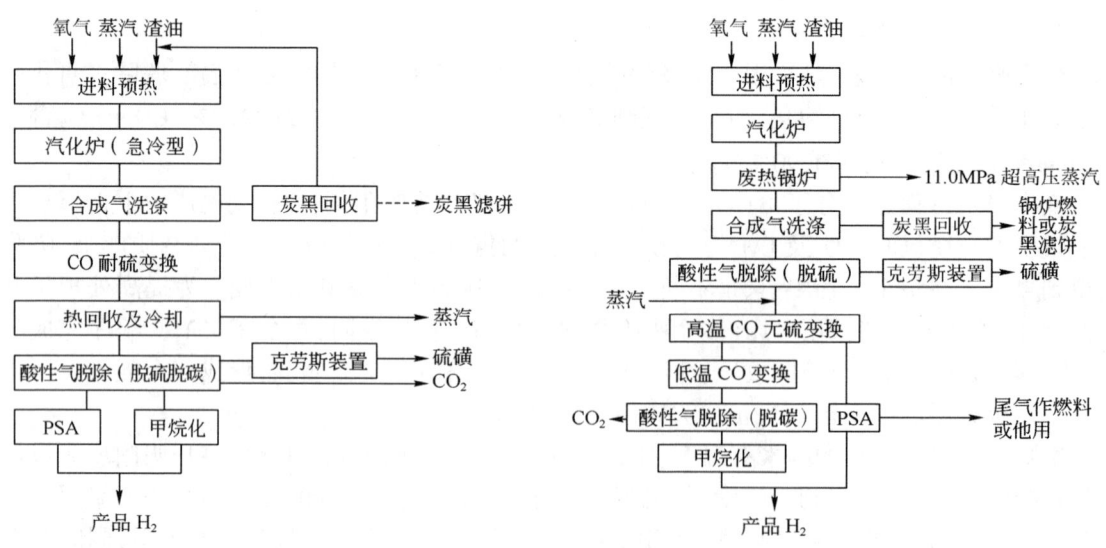

图 9-61 德士古急冷法渣油制氢工艺流程　　图 9-62 壳牌废热锅炉法渣油制氢工艺流程

用不同原料部分氧化所得气体的组成及反应条件列于表 9-65。由表可见,所用的原料越重,需要通入的水蒸气越多,所产气体中氢的浓度越低。

表 9-65　不同原料部分氧化法气化操作条件及所产气体组成

原料		天然气	直馏轻油	减压渣油	沥青
反应条件	压力,MPa	6	6	6	6
	氧量,m³/kg 原料	0.79	0.88	0.71	0.67
	水蒸气量,kg/kg 原料	0.2	0.4	0.45	0.50
	产气量,m³/kg 原料	3.0	3.2	2.9	2.8
产气体积分数（干基）,%	CO_2	4.3	5.2	4.2	4.5
	CO	31.7	41.3	47.2	47.7
	H_2	56.3	51.5	45.8	44.2
	CH_4	0.6	0.6	0.6	0.6
	H_2S	—	0.01	0.8	1.6
	COS	—		0.03	0.06

部分氧化法的优点是可以用比较便宜的重油作原料,对原料的硫含量没有限制,同时,由于反应压力较高可节省氢气压缩的费用;其缺点是需要专门的空气分离装置以提供纯氧,所需的投资较高、成本较贵。

思政点14　我为北京奥运做贡献——催化裂化汽油选择性加氢脱硫

思政点15　劣质重质油的深度加工利用途径——悬浮床加氢

参 考 文 献

[1] 阙国和. 石油化学组成与转化化学. 东营:中国石油大学出版社,2009.
[2] 刘传文,阙国和. 分散型铁催化剂存在下孤岛渣油加氢裂化的七集总动力学模型. 石油炼制与化工,1994,25(5):18-22.
[3] 侯祥麟. Advances of refining technology in China. 北京:中国石化出版社,1997.
[4] 侯祥麟. 中国炼油技术.2 版. 北京:中国石化出版社,2001.
[5] 梁文杰,阙国和,刘晨光,等. 石油化学.2 版. 东营:中国石油大学出版社,2009.
[6] Speight J G. The desulfurization of heavy oils and residue. New York:Marcel Dekker,Inc.,1981.
[7] Girgis M J,Gates B C. Reactivities,reaction networks and kinetics in high pressure catalytic hydroprocessing. Ind. Eng. Chem. Res.,1991,30(9):2021-2056.
[8] Delmond B. Catalysts in petroleum refining 1989. Amsterdam:Elsevier Science Publishers B. V.,1990.
[9] 李大东. 加氢处理工艺与工程. 北京:中国石化出版社,2004.
[10] 韩崇仁. 加氢裂化工艺与工程. 北京:中国石化出版社,2001.
[11] 张德义. 含硫原油加工技术. 北京:中国石化出版社,2003.

[12] 程之光. 重油加工技术. 北京:中国石化出版社,1994.

[13] 李春年. 渣油加工工艺. 北京:中国石化出版社,2002.

[14] 马加利尔. 石油化学加工过程理论基础. 徐亦方,译. 北京:石油工业出版社,1982.

[15] 勒巴日. 接触催化. 李宣文,黄志渊,译. 北京:石油工业出版社,1984.

[16] 拉钦科 Е Д. 炼油工业加氢催化剂. 黄志渊,史济群,李奉孝,译. 北京:中国石化出版社,1993.

[17] 徐永强,赵瑞玉,商红岩,等. 二苯并噻吩和4-甲基二苯并噻吩在 Mo 和 CoMo/γ-Al$_2$O$_3$ 催化剂上加氢脱硫的反应机理. 石油学报(石油加工),2003,19(5):14-21.

[18] 徐海,于道永,王宗贤,等. 金属卟啉催化加氢脱金属的初步研究. 石油学报(石油加工),2001,17(4):18-23.

[19] 刘晨光,阙国和,梁文杰,等. 孤岛渣油在分散型催化剂存在下加氢裂化反应的研究. 石油炼制,1993,24(3):57-62.

[20] Ware R A, Wei J. Catalytic hydrodemetallization of nickel porphyrins I. Porphyrin structure and reactivity. J. Catal., 1985, 93:100-121.

[21] Eijsbouts S. On the flexibility of the active phase in hydrotreating catalysts. Applied Catalysis A: General, 1997, 158:53-92.

[22] Knudsen K G, Cooper B H, Topsфe H. Catalyst and process technologies for ultra low sulfur diesel. Applied Catalysis A: General, 1999, 189:205-215.

[23] Bataille F, Lemberton J L, Michaud P, et al. Alkyldibenzothiophenes hydrodesulfurization: promoter effect, reactivity, and reaction mechanism. J. Catal., 2000, 191:409-422.

[24] Startsev A N. Concerted mechanisms in heterogeneous catalysis by sulfides. Journal of Molecular Catalysis A: Chemical, 2000, 152:1-13.

[25] Breysse M, Furimsky E, Kasztelan S, et al. Hydrogen activation by transition metal sulfides. Catalysis Reviews: Science and Engineering, 2002, 44:651-735.

[26] Sun M, Adjaye J, Nelson A E. Theoretical investigations of the structures and properties of molybdenum-based sulfide catalysts. Applied Catalysis A: General, 2004, 263:131-143.

[27] Brunet S, Mey D, Perot G, et al. On the hydrodesulfurization of FCC gasoline: a review. Applied Catalysis A: General, 2005, 278:143-172.

[28] Furimsky E, Massoth F E. Hydrodenitrogenation of petroleum. Catalysis Reviews: Science and Engineering, 2005, 47:297-489.

[29] Prins R, Egorova M, Röthlisberger A, et al. Mechanisms of hydrodesulfurization and hydrodenitrogenation. Catalysis Today, 2006, 111:84-93.

[30] Chianelli R R, Siadati M H, De la Rosa M P, et al. Catalytic properties of single layers of transition metal sulfide catalytic materials. Catalysis Reviews: Science and Engineering, 2006, 48:1-41.

[31] Besenbacher F, Brorson M, Clausen B S, et al. Recent STM, DFT and HAADF-STEM studies of sulfide-based hydrotreating catalysts: insight into mechanistic, structural and particle size effects. Catalysis Today, 2008, 130:86-96.

[32] Okamoto Y. A novel preparation-characterization technique of hydrodesulfurization catalysts for cleaner fuels. Catalysis Today, 2008, 132:9-17.

[33] Chai Y, Liu Y, Liu C. Preparation of highly loaded, presulfided MoS$_2$/Al$_2$O$_3$ catalyst by precursor of ammonium tetrathiomolybdate for the deeply hydrodesulfurization of dibenzothiophene. Preprints, ACS, Div. Pet. Chem., 2005, 50(1):90-92.

[34] Yin C, Zhao H, Zhao R, et al. Preparation and catalytic activity of bulk Ni-Mo-W catalyst for ultra clean fuels. Preprints, ACS, Div. Pet. Chem., 2005, 50(2):144-146.

[35] 石玉林,李大东,习远兵,等.催化裂化汽油馏分烯烃加氢反应动力学模型.石油学报(石油加工),2011,27(1):1-4.
[36] 习远兵,高晓冬,李明丰,等.催化裂化汽油选择性加氢脱硫过程中烯烃加氢饱和反应动力学研究.石油炼制与化工,2011,42(9):9-12.
[37] 廖有贵,薛金召,肖雪洋,等.固定床渣油加氢处理技术应用现状及进展.石油化工,2018,47(9):1020-1030.
[38] 孙淑玲,杨清河,胡大为,等.加工劣质渣油的固定床渣油加氢催化剂的开发及工业应用.石油炼制与化工,2018,49(3):1-6.
[39] 辛靖,高杨,张海洪.劣质重油沸腾床加氢技术现状及研究进展.无机盐工业,2018,50(6):6-12.
[40] 吴青.悬浮床加氢裂化—劣质重油直接深度高效转化技术.炼油技术与工程,2014,44(2):1-9.
[41] 吴培,李文乐,阎立军,等.ENI公司悬浮床加氢裂化技术开发历程及经验启示.石化技术与应用,2013,31(2):160-164.
[42] 童军,黎臣麟,武宝平,等.加氢裂化装置技术改造及开工总结.炼油技术与工程,2019,49(1):1-5.
[43] 武宝平,莫昌艺,黎臣麟,等.多产重石脑油和喷气燃料加氢裂化技术的工业应用.石油炼制与化工,2020,51(12):12-16.
[44] 谭光宁.260×10⁴t/a两段加氢裂化装置催化剂硫化过程与分析.云南化工,2017,44(9):6-9.
[45] 邱开辉,李建国,孙守华.蜡油加氢裂化催化剂再生及工业应用分析.炼油技术与工程,2019,49(3):57-59.

第十章 催 化 重 整

第一节 概 述

一、催化重整的原料和产品

视频10-1 催化重整概述

催化重整(catalytic reforming)是在一定温度、压力、临氢和催化剂存在的条件下,使石脑油(直馏石脑油或加氢石脑油)转变成富含轻芳烃(苯、甲苯、二甲苯,简称BTX)的重整汽油并副产氢气的过程。表10-1列出了某铂铼催化剂固定床催化重整装置的原料、反应条件及产物情况。催化重整汽油是高辛烷值汽油的重要组分,约占世界汽油调和组分的1/3,重整产能约70%用于生产汽油调和组分。催化重整在BTX生产中也占有重要的地位,2018年全世界BTX产量约129Mt中,由催化重整生产的约占70%;纯苯产量49Mt,来源于催化重整的占38%;对二甲苯(PX)产能51Mt/a,产量44Mt,其中90%原料来源于催化重整。我国2019—2022年已建和规划建设的重整装置有57Mt/a,其中89%是为PX配套的。氢气是炼厂加氢过程的重要原料,而重整副产氢气是廉价的氢气来源。

表10-1 某铂铼催化剂固定床催化重整装置的生产情况

原料油		运转周期,月	18.2
沸点范围,℃	72~184		
族组成 P/N/A	44.02/43.18/12.80		
反应条件		产物	
重时空速,h^{-1}	1.1	C_5^+汽油收率(质量分数),%	80.4
氢油比,mol/mol	6.0	C_5^+汽油辛烷值(RON)	102
平均压力,MPa	2.06	氢气产率(质量分数),%	2.4
起始温度,℃	505	芳烃产率(质量分数),%	61.5

催化重整过程的主要反应是原料中的环烷烃及部分烷烃在含铂催化剂上的芳构化反应,同时也有部分异构化反应。这些反应生成芳烃和异构烷烃,从而提高了汽油的辛烷值。表10-2列出了汽油馏分中的部分单体烃的沸点和辛烷值。重整生成油具有辛烷值高(RON为95~106)、芳烃含量高、烯烃含量低、基本不含硫氮氧等杂质和稳定性好等特点,与催化裂化汽油、异构化汽油互补性好,是非常重要的清洁汽油调和组分。

催化重整的原料主要是直馏汽油馏分,生产中也称石脑油(naphtha)。在生产高辛烷值汽油时,一般用80~180℃馏分,馏分的终馏点过高会使催化剂上结焦过多,导致催化剂失活快及运转周期缩短。沸点低于80℃的C_6环烷烃的调和辛烷值已高于重整反应产物苯的调和辛烷值(表10-2),因此没有必要再去进行重整反应。当以生产BTX为主时,则宜用60~145℃馏分作原料,但在生产实际中常用60~130℃馏分作原料,因为130~145℃馏分在航空煤油的馏程范围内。二次加工所得的汽油馏分如焦化汽油、减黏裂化汽油、催化裂化汽油、乙烯裂解石脑油、抽余油等馏分经加氢精制脱除硫、氮等非烃化合物并饱和烯烃后也可掺入直馏汽油馏分作为重整原料。加氢裂化重石脑油可直接作为重整进料。

表 10-2 汽油馏分中部分单体烃的沸点和辛烷值

单体烃	沸点,℃	实测辛烷值		调和辛烷值	
		RON	MON	RON	MON
正己烷	68.7	26	26	19	22
异己烷	60.3	73.4	73.5	—	—
甲基环戊烷	71.8	91	80	107	99
环己烷	80.8	83	77	110	97
苯	80.1	>100	>100	98	91
正庚烷	98.8	0	0	0	0
2-甲基己烷	90.1	42	46	41	42
甲基环己烷	100.9	74.8	71.1	104	—
甲苯	110.6	>100	>100	124	112
正辛烷	125.7	-19	-17	—	—
2,2,4-三甲基戊烷	99.2	100	100	100	100
乙苯	136.5	>100	98	124	107
对二甲苯	138.5	>100	>100	146	127

伴随车用汽油质量标准的逐步升级,对汽油芳烃含量特别是苯含量做出了严格的限制。为了降低重整油中的苯含量以达到汽油调和的要求,可采用的措施如下:一是从重整原料中切除生成苯的母体,即石脑油中的 C_6 馏分不进重整装置;二是从重整油中分离出苯;三是从重整油中切割出轻重整油(富苯馏分),加氢饱和或与小分子烯烃烷基化生成烷基苯;四是选用低压连续重整技术,选用低苯催化剂,以及调整操作条件等。

二、催化重整技术发展简况

催化重整工艺技术的发展是与重整催化剂的发展紧密联系的。从重整催化剂的发展过程来看,大体上经历了四个阶段。

1940 年在美国建成了第一套以氧化钼/氧化铝作催化剂的催化重整装置,以后又有使用氧化铬/氧化铝作催化剂的工业装置。这类过程也称临氢重整过程,可以生产辛烷值达 80 左右的汽油。这个过程有较大的缺点:催化剂的活性不高,汽油的辛烷值也不太高,反应积炭使催化剂活性降低较快,通常在进料几个小时后就要停止进料而进行再生,因而反应周期短、处理能力小、操作费用大。而后虽然也发展了移动床和流化床重整使过程连续化,但是其本质的缺点并没有完全克服。因此,在第二次世界大战以后临氢重整就停止了发展。

1949 年美国环球油品公司(UOP)开发出含铂重整催化剂,并建成和投产第一套铂重整(platforming)工业装置,开始了催化重整的大发展时期。Pt/Al_2O_3 催化剂的活性高,稳定性与选择性好,液体产物收率高,而且反应运转周期长,一般可连续生产半年以上而不需要再生。

铂重整过程采用3~4个串联的固定床反应器,经过较长时间的连续运转后(一般为0.5~2年),催化剂的活性因积炭增多而大大下降,此时停工就地(留在反应器内)再生。再生后催化剂的活性基本恢复到新鲜催化剂的水平,再进入下一个周期运转。自第一套铂重整装置投产后的20年间,铂催化剂的性能不断有所改进,工艺技术也相应地有所发展。

1967年雪佛龙研究公司(Chevron Research Corp.)发明了铂—铼/氧化铝双金属重整催化剂并投入工业应用,称为铼重整过程(rheniforming),国内则多称之为铂铼重整。自此开始了双金属和多金属重整催化剂及与其相关的工艺技术发展的时期,并且逐渐取代了铂催化剂。铂铼催化剂的突出优点是容炭能力强,有较高的稳定性,因此可以在较高的温度和较低的氢分压下操作而保持良好的活性,从而提高了重整汽油的辛烷值,而且汽油、芳烃和氢气的产率也较高。

1971年美国UOP公司和1973年法国石油研究院(IFP)分别工业化了铂锡连续重整技术。催化剂中锡的引入显著提高了在低压高温条件下催化剂的反应性能,利用连续重整装置实现积炭催化剂的连续再生,让催化剂可长期处于高活性状态。在使用铂铼催化剂时仍广泛采用固定床反应器及半再生式流程,近年来则较多地采用移动床连续再生式的连续重整流程。目前UOP和IFP连续重整技术均已发展到第三代,即UOP的Cyclemax-Ⅲ和IFP的RegenC-2。

目前,催化重整在炼油工业中占有重要的地位,2018年催化重整处理量已达709Mt/a,约占原油加工能力的14.4%;其中半再生重整约264Mt/a,连续重整约445Mt/a。近些年来,建设2Mt/a以上大型重整装置常见报道,世界最大的半再生重整装置规模2.26Mt/a(美国),最大的连续重整装置规模4Mt/a(印度)。2019年我国已建成投产4套规模3.2 Mt/a连续重整装置和2套3.8Mt/a连续重整装置。

三、催化重整工艺流程概述

生产的目的产品不同时,采用的工艺流程也不相同。当以生产高辛烷值汽油为主要目的时,其工艺流程主要包括原料预处理和重整反应两大部分。而当以生产轻芳烃为主要目的产品时,则工艺流程中还应设有芳烃分离部分,这部分包括反应产物后加氢以使其中的烯烃饱和、芳烃溶剂抽提、混合芳烃精馏分离等几个单元过程。图10-1是以生产高辛烷值汽油为目的产品的铂铼重整装置工艺原理流程。

1. 原料预处理部分

原料的预处理包括原料的预分馏、预脱砷、预加氢三部分,其目的是得到馏分范围、杂质含量都符合要求的重整原料。为了保护价格昂贵的重整催化剂,对原料中的杂质含量有严格的限制,各工艺技术采用的限制要求也有一些差异。UOP公司在总结经验的基础上,对重整原料中杂质含量的限制要求作了一些修改和补充,其要求见表10-3。

表10-3 重整原料中杂质含量的限制要求

杂 质	含量,$\mu g/g$	杂 质	含量,$\mu g/g$
硫	0.15~0.5	氮	≤0.5
氯化物	≤0.5	砷	≤1$\mu g/kg$
水	≤2	氟化物	≤0.5
铅	≤10	磷化物	≤0.5
铜	≤10	溶解氧[①]	≤1.0

①只是针对从罐区来料。

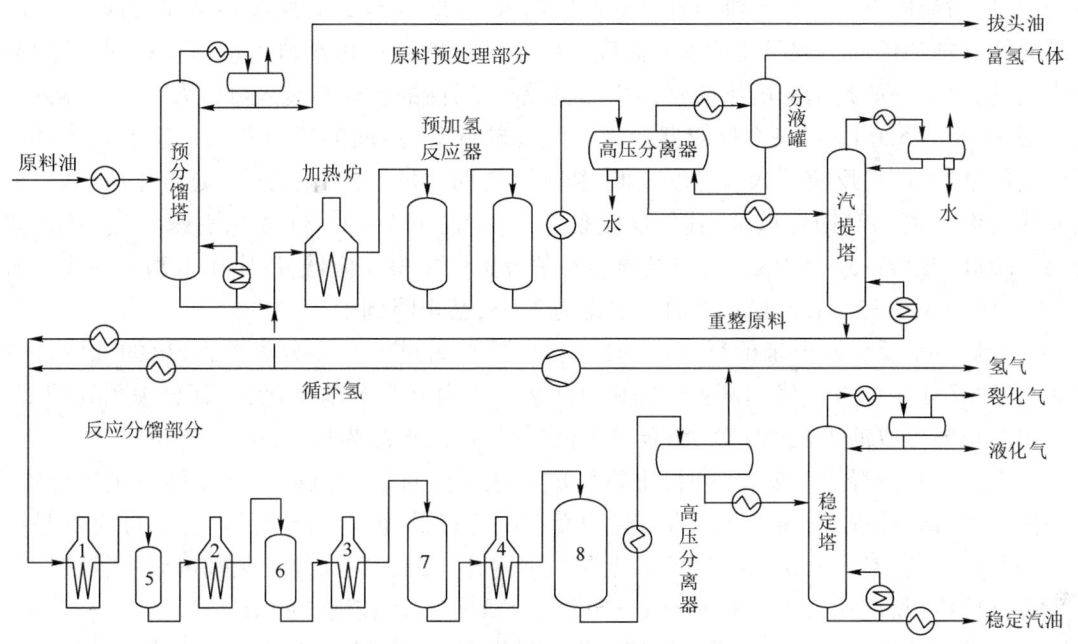

图 10-1 铂铼重整装置工艺原理流程
1,2,3,4—重整加热炉；5,6,7,8—重整反应器

1) 预分馏

预分馏的作用是切取合适沸程的重整原料。在多数情况下，进入重整装置的原料是原油常压蒸馏塔塔顶 <180℃（生产高辛烷值汽油时）或 <130℃（生产轻芳烃时）的汽油馏分。在预分馏塔，切去 <80℃ 或 <60℃ 的轻馏分（拔头油），同时也脱去原料油中的部分水分。

2) 预加氢

预加氢的作用是脱除原料中对催化剂有害的杂质，使杂质含量达到限制要求。同时也使烯烃饱和以减少催化剂的积炭，从而延长运转周期。预加氢催化剂一般采用钼酸钴、钼酸镍催化剂，也有用复合的 W-Ni-Co 催化剂。典型的预加氢反应条件为：压力 2.0~2.5MPa，氢油比（体积比，标准状态）100~200，空速 $4 \sim 10 h^{-1}$，氢分压约 1.6MPa。若原料的氮含量较高，例如大于 $1.5 \mu g/g$，则需提高反应压力。当原料的砷含量较高时，则须按催化剂的容砷能力（一般为 3%~4%）和要求使用的时间来计算催化剂的装入量，并适当降低空速；也可以采用在预分馏之前预先进行吸附法或化学氧化法脱砷。吸附法脱砷比较简单，所用吸附剂是浸渍有硫酸铜的硅铝小球，吸附在常温下进行。

预加氢反应生成物经换热、冷却后进入高压分离器。分离出的富氢气体可用于加氢精制装置。分离出的液体油中溶解有少量 H_2O、NH_3、H_2S 等，进入汽提塔脱除。重整原料要求的含水量很低，一般的汽提塔难以达到要求，故采用蒸馏脱水法，这里的汽提塔实质上是一个蒸馏塔。塔顶产物是水和少量轻烃的混合物，经冷凝冷却后在分离器中油水分层，再分别引出。如果有必要进一步降低硫含量，可以将预加氢生成油再经装有氧化锌吸附剂的脱硫器精制。

2. 重整反应部分

经预处理的原料油与循环氢混合，再经换热、加热后进入重整反应器。重整反应是强吸热反应,反应时温度下降。为了维持较高的反应温度,一般重整反应器由3~4个反应器串联,反应器之间有加热炉加热到所需的反应温度。各个反应器的催化剂装入量并不相同,其间有一个合适的比例,一般是前面的反应器内装入量较小,后面的反应器装入量较大。反应器入口温度一般为480~520℃,第一个反应器的入口温度较低些,后面的反应器入口温度较高些。在使用新鲜催化剂时,反应器入口温度较低,随生产周期的延长,催化剂活性逐渐下降,入口温度也相应逐渐提高。对铂铼重整,其他反应条件为:空速1.5~2h^{-1}(体积空速),氢油比(体积比)约1200,压力1.5~2MPa。对连续再生重整装置的重整反应器,反应压力和氢油比都有所降低,其压力为0.35~1.5MPa,氢油摩尔比为3~5,甚至降到1。

由最后一个反应器出来的反应产物经换热、冷却后进入高压分离器,分出的气体含氢气85%~95%(体积分数),经循环氢压缩机升压后大部分作循环氢使用,少部分去预处理部分。分离出的重整生成油进入稳定塔,塔顶分出液态烃,塔底产品为稳定汽油。

当以生产轻芳烃为主要目的时,重整生成油还须经过后加氢以使其中的少量烯烃饱和。其原因是在芳烃抽提时,烯烃会混入芳烃中而影响芳烃的纯度。传统的后加氢催化剂是钼酸钴和钼酸镍,反应温度为320~370℃。近年来国内开发的含钯加氢催化剂可以在较缓和的条件下进行反应(反应压力1.4MPa,温度170℃),且取得了比较满意的结果。

对于采用固定床反应器的重整装置,其工艺流程基本相同,只是在局部上有所差异。对连续再生重整装置,其反应器和再生器是分开的,而且是采用移动床,因此其重整反应部分的流程与上述流程有较大的差异,将在后面的第四节再进行讨论。

关于从重整生成油分离出芳烃产品的工艺过程在本书第十一章溶剂分离过程中介绍。

第二节 催化重整的化学反应

一、催化重整化学反应的类型

催化重整的目的是提高汽油的辛烷值或制取芳烃。为了达到这个目的,就必须了解在重整过程中发生哪些反应,哪些反应是有利的,而哪些反应是不利的,以便设法促进有利的反应并抑制不利的反应,从而尽可能得到更多的目的产物。

视频10-2 催化重整的主要反应与特点

在催化重整反应中发生的化学反应主要有以下五类:

(1)六元环烷烃的脱氢反应。例如:

$$\text{环己烷} \rightleftharpoons \text{苯} + 3H_2$$

$$\text{甲基环己烷} \rightleftharpoons \text{甲苯} + 3H_2$$

(2)五元环烷烃的异构脱氢反应。例如:

$$\text{甲基环戊烷} \rightleftharpoons \text{苯} + 3H_2$$

$$\text{乙基环戊烷} \rightleftharpoons \text{甲苯} + 3H_2$$

(3)烷烃的环化脱氢反应。例如：

$$C_6H_{14} \rightleftharpoons \bigcirc + 4H_2$$

$$C_7H_{16} \rightleftharpoons \bigcirc\!\!-\!CH_3 + 4H_2$$

(4)异构化反应。例如：

$$n\text{-}C_7H_{16} \rightleftharpoons i\text{-}C_7H_{16}$$

(5)加氢裂化反应。例如：

$$C_9H_{20} + H_2 \longrightarrow i\text{-}C_5H_{12} + i\text{-}C_4H_{10}$$

除了以上五类反应外，还有烯烃的饱和以及生焦反应等。生焦反应虽然不是主要反应，但是它对催化剂的活性和生产操作却有很大的影响。

以上前三类反应都是生成芳烃的反应，无论生产目的是芳烃还是高辛烷值汽油，这些反应都是有利的。尤其是正构烷烃的环化脱氢反应会使辛烷值大幅度提高。这三类反应的反应速率是不同的。六元环烷烃的脱氢反应进行得很快，在工业条件下能达到化学平衡，它是生产芳烃的最重要的反应。五元环烷烃的异构脱氢反应比六元环烷烃的脱氢反应慢得多，但大部分也能转化为芳烃。烷烃环化脱氢反应的速率较慢，在一般铂重整过程中，烷烃转化为芳烃的转化率很小。铂铼等双金属和多金属催化剂重整的芳烃转化率有很大的提高，主要原因是降低了反应压力和提高了反应速率。

异构化反应对五元环烷烃异构脱氢反应以生成芳烃具有重要意义，对于烷烃的异构化反应，虽然不能生成芳烃，但却能提高辛烷值。加氢裂化反应生成较小的烃分子，而且在催化重整条件下的加氢裂化还包含有异构化反应，因此加氢裂化反应有利于提高辛烷值。但是过多的加氢裂化反应会使液体产物收率降低，因此需要适当控制加氢裂化反应。

在生产高辛烷值汽油时，不但要求汽油的辛烷值高，而且要求≥C_5生成油的收率也要高，这就存在着反应产物的产率与质量之间的矛盾，这一矛盾通常反映在辛烷值—产率关系上。对于一定的原料，有一定的辛烷值—产率的理论关系。图10-2表示某重整原料的化学反应、汽油产率、汽油辛烷值之间的理论关系。该原料的辛烷值为31，环烷烃脱氢反应达到化学平衡时，汽油的辛烷值并不太高，烷烃异构化反应达到化学平衡时能得到高一些的辛烷值，当这两者都达到化学平衡时，辛烷值可达到70左右，此时汽油产率为93%（体积分数）。超过此点以后，进一步提高辛烷值可由烷烃环化脱氢反应和加氢裂化反应来达到。由图可见，通过烷烃环化脱氢可以得到很高的辛烷值，而加氢裂化则要在大幅降低汽油的产率的情况下才能得到较高的辛烷值。由此可见，重整原料的化学组成对其产率—辛烷值关系有重要影响。

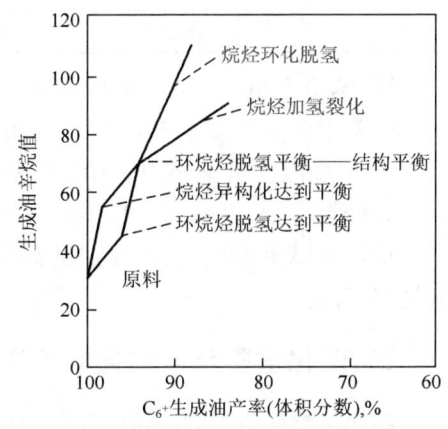

图10-2 某重整原料的理论产率与辛烷值的关系

生产上通常用"芳烃潜含量"来表征重整原料的反应性能。"芳烃潜含量"的实质是当原料中的环烷烃全部转化为芳烃时所能得到的芳烃量。其计算方法如下：

芳烃潜含量(质量分数) = 苯潜含量 + 甲苯潜含量 + C_8芳烃潜含量 　　(10 – 1)
苯潜含量(质量分数) = C_6环烷烃(质量分数) × 78/84 + 苯(质量分数) 　　(10 – 2)
甲苯潜含量(质量分数) = C_7环烷烃(质量分数) × 92/98 + 甲苯(质量分数) 　　(10 – 3)
C_8芳烃潜含量(质量分数) = C_8环烷烃(质量分数) × 106/112 + C_8芳烃(质量分数)

(10 – 4)

重整转化率(质量分数) = 芳烃产率(质量分数)/芳烃潜含量(质量分数) 　　(10 – 5)

式中的 78、84、92、98、106、112 分别为苯、六碳环烷烃、甲苯、七碳环烷烃、八碳芳烃和八碳环烷烃的分子量。

重整转化率有时也称为芳烃转化率。实际上,式(10 – 5)的定义并不严谨。因为在芳烃产率中包含了原料中原有的芳烃和由环烷烃及烷烃转化生成的芳烃,其中原有的芳烃并没有经过芳构化反应。此外,在以前的铂重整中,原料中的烷烃极少转化为芳烃,而且环烷烃也不会全部转化成芳烃,故重整转化率一般小于 100%。但在近代的铂铼重整及其他双金属或多金属重整中,由于有相当一部分烷烃也转化成芳烃,因此重整转化率经常大于 100%。

【例 10 – 1】 大庆原油 60 ~ 130℃馏分的族组成如表 10 – 4 所示,试计算其芳烃潜含量。

表 10 – 4　大庆原油 60 ~ 130℃馏分的族组成

组成		质量分数,%	组成		质量分数,%
烷烃	< C_6	0.7	环烷烃	二甲基环戊烷	4.7
	正己烷	14.6		甲基环己烷	11.5
	异己烷	4.9		乙基环戊烷	1.6
	正庚烷	16.1		C_8环烷烃	6.7
	异庚烷	9.9		总计	40.3
	辛烷	12.1	芳烃	苯	0.3
	总计	58.3		甲苯	0.9
环烷烃	环戊烷	0.5		C_8芳烃	0.2
	甲基环戊烷	6.4		总计	1.4
	环己烷	8.9			

解: 苯潜含量 = [(6.4 + 8.9) × 78/84 + 0.3] × 100% = 14.5%
甲苯潜含量 = [(4.7 + 11.5 + 1.6) × 92/98 + 0.9] × 100% = 17.6%
C_8芳烃潜含量 = (6.7 × 106/112 + 0.2) × 100% = 6.5%
芳烃潜含量 = (14.5 + 17.6 + 6.5) × 100% = 38.6%

从计算结果可见,大庆原油是石蜡基原油,其石脑油馏分的芳烃潜含量较低,但是苯的潜含量却较高。

二、催化重整反应的化学平衡与反应热

催化重整反应中的环烷烃脱氢及烷烃环化脱氢反应都是可逆反应,而且反应的热效应也较大,因此必须讨论反应的化学平衡和反应热效应问题。由于重整原料的沸程较窄且较轻,因此有可能从单体烃的角度来讨论这些问题。下面首先讨论反应热和化学平衡常数的计算方法。

1. 反应热

反应热的计算方法有好几种,这里采用根据生成热计算反应热的方法。

催化重整反应可以近似地看作是在恒压下进行的(忽略由于流动产生的压降)。恒压下的反应热可用下式计算:

$$Q^{\ominus} = \sum Q^{\ominus}_{\text{生成(产物)}} - \sum Q^{\ominus}_{\text{生成(反应物)}} \tag{10-6}$$

式中 $Q^{\ominus}$——反应热;

$Q^{\ominus}_{\text{生成(产物)}}$——反应产物的标准生成热;

$Q^{\ominus}_{\text{生成(反应物)}}$——反应物的标准生成热。

使用上式时,应注意各项都必须采用同一温度下的数值。重整反应在高温下进行,对于在高温下进行的反应热可以用下式计算:

$$Q^{\ominus}_T = Q^{\ominus}_0 + \sum (Q^{\ominus}_T - Q^{\ominus}_0)_{\text{产物}} - \sum (Q^{\ominus}_T - Q^{\ominus}_0)_{\text{反应物}} \tag{10-7}$$

式中 $Q^{\ominus}_T, Q^{\ominus}_0$——在 $T(K)$ 及 0K 下的反应热;

$Q^{\ominus}_T, Q^{\ominus}_0$——反应产物或反应物在 $T(K)$ 和 0K 时的焓。

碳、氢和若干单体烃在 0K 或 25℃ 时的生成热以及不同温度下的 $(H^{\ominus}_T - H^{\ominus}_0)$ 可从有关的资料或手册中查到。

2. 化学平衡常数

化学反应的平衡常数可以用下式计算:

$$\Delta Z^{\ominus}_T = -RT\ln K_P \tag{10-8}$$

$$\Delta Z^{\ominus}_T = \sum \Delta Z^{\ominus}_{\text{生成(产物)}} - \sum \Delta Z^{\ominus}_{\text{生成(反应物)}} \tag{10-9}$$

式中 $\Delta Z^{\ominus}_T$——$T(K)$ 时标准等压位的变化;

K_P——$T(K)$ 时的平衡常数;

$\Delta Z^{\ominus}_{\text{生成}}$——产物或反应物的标准生成等压位。

用式(10-8)计算化学平衡常数时假定反应产物和反应物都是理想气体,而催化重整反应是在 0.3~3MPa 下进行。严格地说,化学平衡常数不能用 K_P 来表示。但在催化重整反应条件下,由于氢的逸度系数接近于1,环烷烃脱氢等反应的 K_P 值与 K_f 值相差不大,因此,在一般工艺计算中可以近似地用 K_P 来表示平衡常数进行计算。

表 10-5 列出了六元环烷烃的脱氢反应的反应热与化学平衡常数。由表可见,环烷烃脱氢反应的化学平衡常数和反应热都相当大。

表 10-5 环烷烃的脱氢反应热与化学平衡常数(700K)

反 应	反应热,kJ/kg 芳烃	反应热,kJ/mol 芳烃	化学平衡常数 K_P
环己烷 $\longrightarrow$ 苯 + 3H$_2$	2821.9	220	1.81×10^4
甲基环己烷 $\longrightarrow$ 甲苯 + 3H$_2$	2344.6	216	3.30×10^4
二甲基环己烷 $\longrightarrow$ 二甲苯 + 3H$_2$	2001.3	212	1.77×10^5

三、催化重整化学反应的热力学和动力学分析

1. 六元环烷烃的脱氢反应

六元环烷烃的脱氢反应是催化重整中最重要的代表性反应。由表 10-5 可以看到以下两点:这类反应都是强吸热反应,且环烷碳分子的碳原子数越少,相应的质量反应热越大,但摩尔反应热差别不

视频10-3 催化重整反应的热力学与动力学

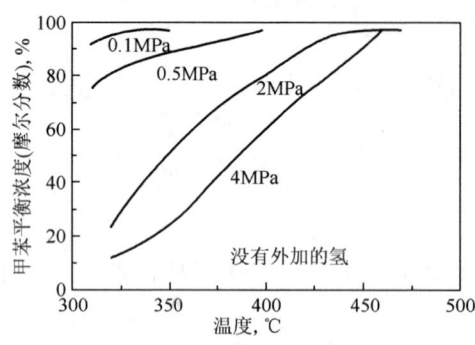

图 10-3 甲基环己烷—甲苯—氢
体系的平衡组成

大;在重整反应的条件下,反应的化学平衡常数值都很大,而且平衡常数值随着环烷烃的碳原子数的增加而增大。

根据化学平衡常数就可以计算出反应产物的平衡浓度,图 10-3 是由计算所得的在不同反应温度和压力下甲基环己烷脱氢反应时的甲苯平衡浓度。由图可见,甲基环己烷生成甲苯的平衡转化率随着反应温度的升高而增大,在 450℃ 以上时,甲基环己烷几乎可以达到全部转化。同时也可以看到,甲苯的平衡浓度随着反应压力的升高而下降。这些规律性也可以通过以下的热力学计算来说明。

在反应温度变化不大时,在该温度变化范围内的反应热可以近似地看作常数,此时平衡常数 K_P 与反应温度 T 的关系可由式(10-10)表示:

$$\ln(K_{P,2}/K_{P,1}) = (-Q/R)(1/T_2 - 1/T_1) \quad (10-10)$$

环烷烃脱氢是吸热反应,即 Q 是正值,因此由式(10-10)可见,平衡常数随温度的升高而增大。

对任意一个反应,反应压力对环烷烃脱氢反应的平衡浓度的影响可以由下式计算:

$$aA + bB + \cdots \rightleftharpoons cC + dD + \cdots$$

$$K_P = \frac{p_C^c \times p_D^d \times \cdots}{p_A^a \times p_B^b \times \cdots} = \frac{\pi^c y_C^c \times \pi^d y_D^d \times \cdots}{\pi^a y_A^a \times \pi^b y_B^b \times \cdots}$$

$$= \frac{y_C^c \times y_D^d \times \cdots}{y_A^a \times y_B^b \times \cdots} \times \pi^{(c+d+\cdots)-(a+b+\cdots)}$$

$$= K_y \pi^{\Delta n} \quad (10-11)$$

式中 y 为各组分的摩尔分数,π 为系统总压。在甲基环己烷脱氢的反应中,一个分子的甲基环己烷生成一个分子甲苯和三个氢分子,即

$$\Delta n = (1+3) - 1 = 3$$

由式(10-11)可知,当总压 π 增大时,由于 K_P 不变,则 K_y 必然减小,也就是系统中反应产物的平衡浓度下降。因此,提高反应压力在热力学上对环烷烃脱氢反应不利。

在工业生产中,为了减少催化剂上的积炭以延长催化剂的寿命,在反应器中保持一定的氢分压,即向反应系统中通入氢气并且维持一定的反应压力。向反应系统中通入的氢气量以氢油比(摩尔比或体积比)表示。图 10-4 表示了氢油比对甲苯平衡浓度的影响。由图可见,随着氢油比的增加,甲苯的平衡浓度下降。但是在 450℃ 以上时,甲基环己烷几乎可以完全转化,氢油比在 3～10(摩尔比)范围内变化时对甲苯的平衡浓度的影响不大。

以上讨论的芳烃的平衡浓度只是从热力学可能性的角度来说的,至于实际上是否能达到还取决于反

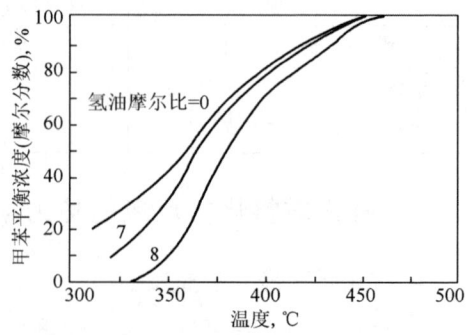

图 10-4 氢油比对甲基环己烷—甲苯—氢
体系平衡组成的影响

应速率。六元环烷烃的脱氢反应速率可由表10-6的数据来说明。由表可见,六元环烷烃的脱氢反应速率很快,在试验条件下,反应都能达到化学平衡。还有些研究数据表明,即使在空速达到6h^{-1}时,反应也能达到化学平衡。

表10-6 六元环烷烃的脱氢反应

[反应条件:铂催化剂,体积空速3h^{-1},氢油比(摩尔比)4]

压力 MPa	温度 K	环己烷→苯		甲基环己烷→甲苯	
		产物中的苯,%		产物中的甲苯,%	
		试验值	计算平衡值	试验值	计算平衡值
2.17	700	70	72	83	85
2.17	756	90	89	92	96
2.17	783	93	95	—	—
4.23	700	33	31	48	45
4.23	783	92	94	—	—

许多研究工作表明,随着碳原子数的增多,六元环烷烃的脱氢反应速率增大。有的试验表明,对于甲基环己烷的脱氢反应,甚至在空速高达100h^{-1}时,转化率仍可达95%以上。

2. 五元环烷烃的异构脱氢反应

五元环烷烃在重整原料的环烷烃中占有相当大的比例。例如大庆直馏60~130℃馏分的C_6和C_7环烷烃中,五元环烷烃分别占41%和25%,在胜利油中此比例更大,分别达54%和35%左右。因此,五元环烷烃的异构脱氢反应在重整反应中是仅次于六元环烷烃脱氢反应的重要反应。

五元环烷烃的异构脱氢反应也是强吸热反应。例如在700K时甲基环戊烷转化为苯和乙基环戊烷转化为甲苯的反应热分别为2729.84kJ/kg 苯和2080.8kJ/kg 甲苯,仅稍小于相同碳原子数的六元环烷烃的反应热,这是因为五元环烷烃异构化反应是轻度放热的反应。

五元环烷烃异构脱氢反应可看作由两步反应组成:

$$\text{环戊烷-CH}_3 \underset{}{\overset{\Delta Z_1^{\ominus}}{\rightleftharpoons}} \text{环己烷} \underset{}{\overset{\Delta Z_2^{\ominus}}{\rightleftharpoons}} \text{苯} + 3H_2$$

计算700K和800K下的$\Delta Z^{\ominus}$和K_P值如表10-7所示。

表10-7 700K和800K下的$\Delta Z^{\ominus}$和K_P值

温度,K	$\Delta Z_1^{\ominus}$,J/mol	总$\Delta Z^{\ominus}$,J/mol	总K_P
700	12812	-44292	1.98×10^3
800	16873	-79934	1.57×10^5

虽然第一步反应的$\Delta Z_1^{\ominus} > 0$,但是由于$\Delta Z_2^{\ominus}$是很大的负值,所以总的$\Delta Z^{\ominus} < 0$,而且计算得到的K_P很大。因为第二步反应的平衡转化率很高,所以环己烷的浓度很低,使第一步反应得以继续进行。计算结果表明,随着反应温度的升高,苯的平衡浓度迅速增大,在500℃左右时苯的平衡浓度可接近90%。而环己烷的平衡浓度则随着温度的升高而稍有下降,这是因为异构化反应是轻度放热反应的缘故。

综上所述,五元环烷烃的异构脱氢反应与六元环烷烃的脱氢反应在热力学规律上是很相似的,即它们都是强吸热反应,在重整反应条件下的化学平衡常数都很大,反应可以充分地进行。但是从反应速率来看,这两类反应却有较大差别,五元环烷烃异构脱氢反应的速率较低。当反应时间较短且压力较高时,五元环烷烃转化为芳烃的转化率会距离平衡转化率较远,这种情况在铂重整时更为明显。

与六元环烷烃相比,五元环烷烃还较易发生加氢裂化反应,这也导致转化为芳烃的转化率降低。提高五元环烷烃转化为芳烃的选择性主要是要靠寻找更合适的催化剂和工艺条件,例如催化剂的异构化活性对五元环烷烃转化为芳烃有重要的影响。对于铂铼、铂锡双金属催化剂的低压重整,五元环烷烃转化为芳烃的转化率与平衡转化率很接近。

3. 烷烃的环化脱氢反应

环烷烃在重整原料中的含量有限,因此,如何使烷烃转化为芳烃有着重要的意义。

从热力学角度来看,分子中碳原子数不小于6的烷烃都可以转化为芳烃(分子的直链部分的碳原子数不一定要不小于6),而且都可能得到较高的平衡转化率。例如在700K时,正己烷转化为苯的 $\Delta Z^{\ominus} = -40.9 \text{kJ/mol}$,正庚烷转化为甲苯的 $\Delta Z^{\ominus} = -60.8 \text{kJ/mol}$。图10-5和图10-6表示了上述两反应的平衡组成。由图可见,随着反应温度的升高,苯或甲苯的平衡产率迅速增大;提高反应压力对转化为芳烃不利;提高氢油比不利于转化,但是在4~10的范围内变化时影响不大。这些规律与环烷烃反应的规律是相似的。比较图10-5和图10-6还可以看到,在相同的反应条件下,分子量较大的烷烃有较高的平衡转化率。

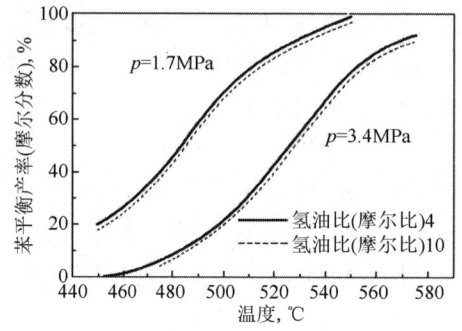
图10-5 正己烷—苯—氢体系的平衡组成

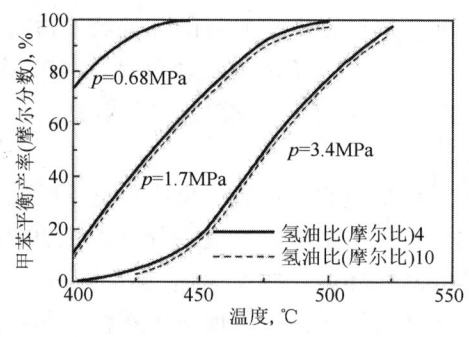
图10-6 正庚烷—甲苯—氢体系的平衡组成

从热力学上分析,虽然烷烃在重整条件下环化脱氢的平衡转化率比较高,但是在实际生产中,当使用铂催化剂时,烷烃的转化率却很低,距离平衡转化率很远,即使在使用铂铼催化剂时,实际转化率也还是距离平衡转化率较远。对于这种现象就需要从动力学方面来分析。

以正庚烷为例,它在铂催化剂上的反应可描述如下:

$$n\text{-}C_7H_{16} \xrightarrow{r_0} \begin{cases} \text{加氢裂化} \xrightarrow{r_1} <C_7\text{分子} \\ \text{异构化} \xrightarrow{r_2} i\text{-}C_7H_{16} \\ \text{环化脱氢} \xrightarrow{r_3} \begin{cases} \text{五元环烷烃} \xrightarrow{r_5} \\ \text{六元环烷烃} \xrightarrow{r_4} \text{甲苯} \end{cases} \end{cases}$$

在 Pt/Al_2O_3 催化剂上,770K、1.48MPa及氢油摩尔比为5时测得各反应的起始反应速率(即转化率为零时的反应速率)如表10-8所示。

表 10-8　起始反应速率　　　　　　　　　　　　　mol/(g 催化剂·h)

r_0	r_1	r_2	r_3	r_4	r_5
6.24	0.05	0.13	0.06	0.95	0.13

由以上数据可以看到环化脱氢速率 r_3 比芳构化反应速率 r_4 低得多,因此正庚烷转化成芳烃的速率取决于环化脱氢的速率。在环化脱氢的同时,正庚烷还进行加氢裂化和异构化反应,加氢裂化反应生成较小的分子,而且其反应速率 r_1 与环化脱氢反应速率相近。因此,甲苯的实际产率总是要低于理论上的平衡产率。例如,在 770K、氢油摩尔比为 5、空速为 $3h^{-1}$ 时所得的结果如表 10-9 所示。由表中数据可见,随着反应压力的升高,甲苯的理论平衡产率和实得甲苯的最大产率都明显下降,而在各反应压力下,实得产率都比理论平衡产率低得多。

表 10-9　不同反应压力下的甲苯产率(摩尔分数)　　　　　　　　%

反应压力,MPa	1.34	2.32	3.33
实得甲苯最大产率	约 40	约 25	约 17
甲苯理论平衡产率	>90	约 60	约 30

图 10-7 显示了正庚烷催化重整过程中各种反应的转化率(各种反应生成不同产物的情况)随正庚烷总转化率(反应深度)的变化情况。由图可见,当总转化率接近 90% 时,环化脱氢的转化率也只有 30%~35%,而其余的正庚烷主要是通过加氢裂化反应转化成小分子。

综上所述,为了使烷烃更多地转化为芳烃,关键在于提高烷烃的环化脱氢反应速率和提高催化剂的选择性。提高反应温度和降低反应压力有利于烷烃转化为芳烃,但是催化剂上积炭速率加快,生产周期缩短。铂铼等双金属和多金属催化剂比铂催化剂有更好的选择性,当反应温度提高时,环化脱氢反应速率的加快程度高于加氢裂化反应。而且它们有较高的容炭能力和较高的稳定性,在低压和高温下能保持活性稳定,从而大大地提高了芳烃的产率。

烷烃的分子量越大,环化脱氢反应速率也越快。例如,在相同的反应条件下,正壬烷的环化脱氢反应速率是正庚烷的 1.5 倍。

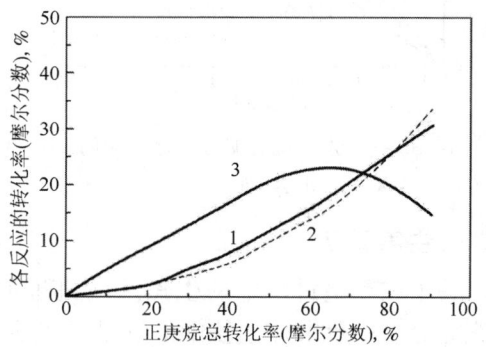

图 10-7　各反应转化率随正庚烷总转化率的变化情况

反应条件:温度 769K;压力 1.42MPa(表);氢油比(摩尔比) 5
1—环化脱氢反应;2—加氢裂化反应;3—异构化反应

4. 异构化反应

在催化重整条件下,各种烃类都能发生异构化反应,其中最有意义的是五元环烷烃异构化生成六元环烷烃和正构烷烃的异构化反应。正构烷烃异构化可提高汽油的辛烷值。同时,异构烷烃比正构烷烃更易于进行环化脱氢反应,故正构烷烃异构化也间接地有利于生成芳烃。正构烷烃的异构化反应是轻度放热的可逆反应。在 700K 时,K_p 与 Q 值如表 10-10 所示。

表 10-10　700K 时正构烷烃异构化的 K_p 和 Q 值

反　应	K_p	Q,kJ/mol
正己烷——→2-甲基戊烷	1.38	-6.11
正庚烷——→2-甲基己烷	3.34	-4.65

由于是可逆反应,因此反应产物的辛烷值最高只能达到平衡异构混合物的辛烷值。烷烃的分子越大,其平衡异构物的辛烷值越低。

烷烃异构化反应是轻度放热反应,提高反应温度将使平衡转化率下降。但实际上常常是提高温度时异构物的产率增加,这是因为升温加快了反应速率而又未达到化学平衡之故。但反应温度过高时,由于加氢裂化反应加剧,异构物的产率又下降。反应压力和氢油比对异构化反应的影响不大。

5. 加氢裂化反应

加氢裂化反应实际上是包括裂化、加氢、异构化的综合反应,它主要是按正碳离子机理进行的反应,因此产物中 $<C_3$ 的小分子很少。加氢裂化反应生成较小的分子和较多的异构物,因而有利于辛烷值的提高,但是由于也同时生成 $\leqslant C_4$ 的小分子烃而使汽油产率下降。

在加氢裂化反应中,各类烃的反应有:烷烃加氢裂化生成小分子烷烃和异构烷烃;环烷烃加氢裂化而开环生成异构烷烃;芳烃的苯环较稳定,加氢裂化时主要是侧链断裂,生成苯和较小分子的烷烃;含硫、氮、氧的非烃化合物在加氢裂化时生成氨、硫化氢、水和相应的烃分子。

加氢裂化是中等程度的放热反应。可以认为加氢裂化反应是不可逆反应,因此一般不考虑化学平衡问题而只研究它的动力学问题。图 10-8 是 770K 下正庚烷加氢裂化反应的动力学曲线。由图可以看到,高反应压力有利于加氢裂化反应的进行。加氢裂化反应速率较低,其反应结果一般在最后的一个反应器中才明显地表现出来。

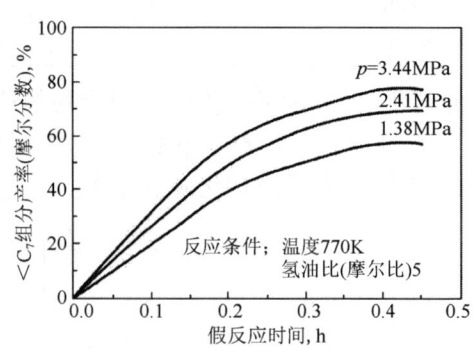

图 10-8 正庚烷的加氢裂化反应的动力学曲线

6. 生焦反应

关于在重整过程中的生焦反应机理的研究尚不很充分。一般来讲,生焦倾向的大小与原料的分子大小及结构有关,馏分越重、含烯烃越多的原料通常容易生焦。有的研究者认为,在铂催化剂上的生焦反应的第一步是生成单环双烯和双环多烯;有的认为烷基环戊烷脱氢生成的环戊烯和烷基环戊二烯是生焦的中间物料。

关于生焦的位置,多数研究者认为在催化剂的金属表面和酸性表面均有焦炭沉积。Barbier 认为,金属上的积炭量很少,在很长的重整反应时间内,碳与可接近的铂原子之比恒定在 3~6,大量焦炭主要沉积在 Al_2O_3 载体上。Sarkany 则认为重整催化剂的生焦过程首先在金属表面上形成焦炭前身物,进而缩合成焦炭,最后转移到 Al_2O_3 载体上沉积下来。刘耀芳等在研究含铂催化剂上积炭的烧碳动力学时所得的结果也间接地证明了在金属表面和载体表面上都有焦炭沉积这一观点。

四、影响催化重整反应的主要操作因素

影响催化重整反应的主要操作因素有:催化剂的性能、反应温度、反应压力、空速、氢油比等。关于催化剂的性能将在以后讨论。对其他几个因素的影响在前面的热力学和动力学分析中已经作了一些最基本的讨论,在这里主要是结合工艺方面的要求进行阐述。

视频10-4 影响催化重整反应的主要操作因素

1. 反应温度

催化重整的主要反应如环烷烃脱氢和烷烃环化脱氢都是吸热反应,所以无论从反应速率或是化学平衡的角度都希望采用较高的反应温度。但是提高反应温度受到以下几个因素的限制:(1)提高反应温度会使加氢裂化反应加剧导致液体产物收率下降,还使催化剂积炭加快;(2)催化剂的稳定性,包括热稳定性和容炭能力;(3)设备材质和性能等。因此,在选择反应温度时应综合考虑各方面的因素。工业重整反应器的入口温度多在 480~530℃ 范围。一般来说,用单铂催化剂时反应温度较低些,而用铂铼、铂锡等双金属或多金属催化剂时则反应温度较高些。

催化重整采用多个串联的绝热反应器,这就提出了一个反应器入口温度分布问题。实际上各个反应器内的反应情况是不一样的,例如环烷烃脱氢反应主要在前面的反应器内进行,而反应速率较慢的加氢裂化反应和环化脱氢反应则延续到后面的反应器。因此,应当按各个反应器的反应情况分别采用不同的反应条件。在反应器入口温度的分布上曾经有过几种不同的做法:由前往后逐个递降;由前往后逐个递增;几个反应器的入口温度都相同。近年来,多数重整装置趋向于采用前面反应器的温度较低、后面反应器的温度较高的方案。

重整反应器一般是 3~4 个串联,而且催化剂床层的温度是变化的,所以常用加权平均温度来表示反应温度。所谓加权平均温度(或称权重平均温度)就是考虑处于不同温度下的催化剂装量而计算得到的平均温度。它又分为加权平均入口温度和加权平均床层温度两种,其定义如下:

$$\text{加权平均入口温度} = C_1 T_{1\text{入}} + C_2 T_{2\text{入}} + C_3 T_{3\text{入}} \qquad (10-12)$$

$$\text{加权平均床层温度} = C_1(T_{1\text{入}} + T_{1\text{出}})/2 + C_2(T_{2\text{入}} + T_{2\text{出}})/2 + C_3(T_{3\text{入}} + T_{3\text{出}})/2 \qquad (10-13)$$

式中 C_1, C_2, C_3 ——第 1、2、3 反应器内装入催化剂量占全部催化剂量的分率;

$T_{1\text{入}}, T_{2\text{入}}, T_{3\text{入}}$ ——各反应器的入口温度;

$T_{1\text{出}}, T_{2\text{出}}, T_{3\text{出}}$ ——各反应器的出口温度。

床层温度变化不是线性的,严格地讲,各反应器的平均床层温度不应是出、入口温度的算术平均值而应是积分平均值或根据动力学原理计算得的当量反应温度,但由于后者不易求得,所以一般用算术平均值。

在反应过程中,催化剂的活性由于积炭而降低,为了维持足够的反应速率,反应温度应随着催化剂活性的逐渐下降而逐步提高。

2. 反应压力

提高反应压力对生成芳烃的环烷烃脱氢、烷烃环化脱氢反应都不利,相反却有利于加氢裂化反应。因此,从增加芳烃产率的角度来看,希望采用较低的反应压力。在较低的压力下可以得到较高的汽油产率和芳烃产率,氢气的产率和纯度也较高。但是在低压下催化剂的积炭速率较快,从而使操作周期缩短。解决这个矛盾的方法有两种:一种是采用较低的压力,经常再生催化剂;另一种是采用较高的压力,牺牲一些转化率以延长操作周期。如何选择最适宜的反应压力还要考虑原料的性质和催化剂的性能。例如重馏分容易生焦,对易生焦的原料通常要采用较高的反应压力。催化剂的容炭能力大、稳定性好,则可以采用较低的反应压力。例如铂铼等双金属及多金属催化剂有较高的稳定性和容炭能力,可以采用较低的反应压力,既能提高芳烃转化率,又能维持较长的操作周期。半再生式铂铼重整一般采用 1.8MPa 左右的反应压力,铂重整采用 2~3MPa,连续再生式重整装置的压力可低至约 0.8MPa,新一代的连续再生式重整装置的压力已降低到 0.35MPa。

3. 空速

空速反映了反应时间的长短。对一定的反应器,空速越大,处理能力也越大。能采用多大的空速主要取决于催化剂的活性水平。

催化重整中的各类反应的反应速率是不一样的,因而变更反应时间对各类反应的影响也不同。例如环烷烃脱氢反应的速率很高,比较容易达到化学平衡,对这类反应来说,延长反应时间的意义不大。但是对反应速率慢的加氢裂化和烷烃环化脱氢反应,延长反应时间则会有较大的影响。所以,在一定范围内提高空速在保证环烷烃脱氢反应的同时,减少加氢裂化反应可以得到较高的芳烃产率和液体收率。

选择空速时还应考虑原料的性质。对环烷基原料,可以采用较高的空速,而对石蜡基原料则需采用较低的空速。铂重整装置采用的空速一般是 $3h^{-1}$ 左右,铂铼重整装置则采用 $1.5 \sim 2h^{-1}$。

4. 氢油比

在催化重整中,使用循环氢的目的是抑制生焦反应、保护催化剂,同时也起到热载体的作用,减小反应床层的温降,提高反应器内的平均温度。此外,还可以稀释原料,使原料更均匀地分布于床层。

在总压不变时,提高氢油比意味着提高氢分压,有利于抑制催化剂上积炭。但提高氢油比使循环氢量增大,压缩机消耗功率增加。在氢油比过大时会由于减少了反应时间而降低了转化率。

由此可见,对于稳定性高的催化剂和生焦倾向小的原料,可以采用较小的氢油比,反之则需用较大的氢油比。铂重整装置采用的氢油比(摩尔比)一般为 $5 \sim 8$,使用铂铼催化剂时一般小于 5,新的连续再生式重整则进一步降至 $1 \sim 3$。

综合以上讨论的内容,可以将各类反应的特点和各种因素的影响简要地归纳,如表 10-11 所示。实际生产情况复杂多变,必须辩证地把上述的基本规律性与具体情况的分析结合来考虑如何选择适宜的操作条件。

表 10-11 催化重整中各类反应的特点和操作因素的影响

影响	反应	六元环烷烃脱氢	五元环烷烃异构脱氢	烷烃环化脱氢	异构化	加氢裂化
反应特性	热效应	吸热	吸热	吸热	放热	放热
	反应热,kJ/kg	$2000 \sim 2300$	$2000 \sim 2300$	~ 2500	很小	~ 840
	反应速率	最快	很快	慢	快	慢
	控制因素	化学平衡	化学平衡或反应速度	反应速度	反应速度	反应速度
对产品产率的影响	芳烃	增加	增加	增加	影响不大	减少
	液体产品	稍减	稍减	稍减	影响不大	减少
	$C_1 \sim C_4$ 气体	—	—	—	—	增加
	氢气	增加	增加	增加	无关	减少
对重整汽油性质的影响	辛烷值	增大	增大	增大	增大	增大
	密度	增大	增大	增大	稍增	减小
	蒸气压	降低	降低	降低	稍增	增大

续表

影响	反应	六元环烷烃脱氢	五元环烷烃异构脱氢	烷烃环化脱氢	异构化	加氢裂化
参数增大时产生的影响	温度	促进	促进	促进	促进	促进
	压力	抑制	抑制	抑制	无关	促进
	空速	影响不大	影响不很大	抑制	抑制	抑制
	氢油比	影响不大	影响不大	影响不大	无关	促进

五、催化重整反应动力学模型

催化重整的原料和产物包括了从 C_1 至 C_{12} 的碳氢化合物及氢气,其化合物总数达 300 个左右,因此难以按单体化合物来建立动力学模型,而且在生产实际中也没有必要。在有关催化重整动力学模型研究的报道中,基本上都是采用集总动力学模型的方法。在重整反应体系中,氢气是大量过剩的,烃类的各种反应属一级反应或拟一级反应,这种反应特性也为建立集总动力学模型创立了基础。

早在 1959 年,Ramage 就提出了催化重整 13 集总动力学模型;把反应体系中的物料分为 13 个集总(不包括氢气),即先把烃类分为 $\geqslant C_8$、C_7、C_6 和 $\leqslant C_5$ 四组,然后再把前三类进一步分成烷烃 P、五元环烷烃 5N、六元环烷烃 6N 及芳烃 A,总的集总数是 13 个,并由此形成了一个反应网络。在此反应网络中,所有反应都是一级反应,其中有可逆反应,也有不可逆反应。Ramage 提出的反应网络如图 10 - 9 所示。

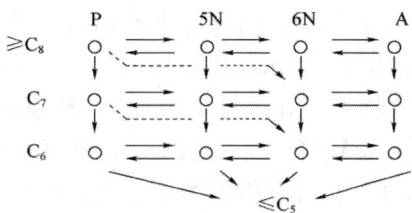

图 10 - 9 催化重整 13 集总反应网络

13 集总反应网络是比较简化的反应网络,其主要不足之处是没有区分烷烃中的正构烷烃和异构烷烃,而这一点对预测汽油的辛烷值却是十分重要的。同时,重整反应体系中还有相当数量 C_9 以上产物,而在此反应网络中也没有反映。1994 年,翁惠新等在 Ramage 模型的基础上提出了 16 集总反应动力学模型,其主要区别是将 C_6、C_7、C_8 中的烷烃再分别分成正构烷烃和异构烷烃,从而形成了 16 集总动力学模型。据文献报道,国内外研究人员还曾提出过一些集总数目更多的模型。1995—1996 年,解新安等提出了比较详细的包括 28 个集总的反应动力学模型。在此模型中,$\leqslant C_5$ 的集总又细分为 7 种单体化合物,N8 又分成四类环烷烃,A8 芳烃细分为乙苯和二甲苯,C_9 从 $\geqslant C_8$ 集总中分出并形成另四个集总,于是形成了包含 28 个集总的反应网络。解新安等在提出的 28 集总反应动力学模型的基础上还结合反应器的模拟开发了连续重整反应模拟计算软件。

目前报道的集总动力学模型基本上是利用实验室固定床重整数据进行参数拟合,将其用于移动床连续重整工艺时会出现有较大的偏差,因此建议用移动床连续重整数据(如工业运行数据)进行模型参数拟合。此外,随着计算机技术的发展和优化算法的不断进步,可建立更加精细化的动力学模型,甚至是分子尺度的动力学模型,预测更加详细的产物组成。

第三节 重整催化剂

一、重整催化剂的双功能及组成

早期的重整催化剂曾使用过以钼、铬为主要活性组分的催化剂。由于其活性及稳定性差，在二次世界大战结束后即已逐渐停止使用。1949 年以后，以贵金属铂为主要活性组分的重整催化剂在工业上被广泛使用，铂催化剂的活性比钼、铬催化剂的活性高出上百倍。1967 年以后，铂铼重整催化剂应用于工业装置，开始了双金属和多金属重整催化剂的发展时期。目前，工业上广泛使用的是以贵金属铂为基本活性组分的双金属和多金属催化剂。现代重整催化剂由基本活性组分（如铂）、助催化剂（如铼、锡等）和酸性载体（如含卤素的 γ - Al_2O_3）所组成。

重整反应主要包括脱氢反应和裂化反应、异构化反应。这就要求重整催化剂具有两种催化功能。铂重整催化剂就是一种双功能催化剂，其中的铂构成脱氢活性中心，促进脱氢、加氢反应；而酸性载体提供酸性中心，促进裂化、异构化等正碳离子反应。氧化铝载体本身只有很弱的酸性，甚至接近于中性，但含少量氯或氟的氧化铝则具有一定的酸性，从而提供酸性功能。改变催化剂中卤素含量可以调节其酸性功能的强弱。

重整催化剂的这两种功能在反应中有机配合。根据一些研究数据，认为重整反应是按图 10 – 10 所示的历程进行的。图中平行于横坐标写出的反应在催化剂的酸性中心上发生，平行于纵坐标写出的反应在加氢—脱氢中心上发生。反应物若为正己烷，正己烷首先在加氢—脱氢中心上脱氢生成正己烯，正己烯转移到附近的酸性中心上，在那里接受质子产生仲正碳离子，然后仲正碳离子发生异构化，进而作为异己烯解吸并转移到金属中心，在那里被吸附并加氢成异己烷。另一方面，仲正碳离子能够反应生成甲基环戊烷，再进一步反应生成环己烯，最后生成苯。

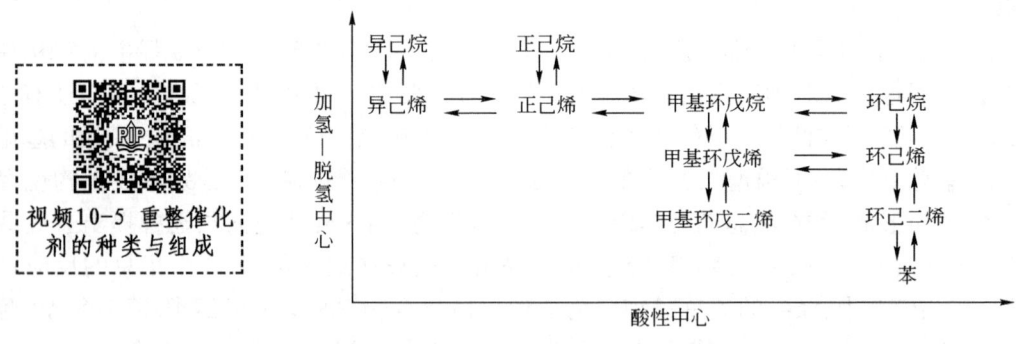

图 10 – 10 C_6 烃重整反应历程

由此可见，在正己烷转化为苯的过程中，烃分子交替地在催化剂的两种活性中心上进行反应，正己烷转化为苯的反应速率取决于过程中各个阶段的反应速率，而其中反应速率最慢的阶段则起决定作用。因此重整催化剂的两种功能必须适当配合才能得到满意的结果。如果只是脱氢活性很强，则只能加速六元环烷烃的脱氢，而对于五元环烷烃和烷烃的芳构化及烷烃的异构化则反应不足，不能达到提高汽油辛烷值和芳烃产率的目的。反之，如果只是酸性功能很强，则会有过度的加氢裂化，使液体产物收率下降，五元环烷烃和烷烃转化为芳烃的选择性下降，同样也不能达到预期目的。因此，如何保证这两种功能得到适当的配合是制备重整催化剂和生产操作中的一个重要问题。

从下面的试验可以进一步观察这两种功能的配合。有两组催化剂：A 组的铂含量不变，为 0.3%，但氯含量从 0.05% 逐渐增加到 1.25%；B 组的氯含量不变，为 0.77%，但铂含量从 0.012% 逐渐增加到 0.3%。以甲基环戊烷为原料，在 453℃、1.9MPa、体积空速 $4h^{-1}$ 及氢油比（摩尔比）为 3 的条件下进行反应，考察生成苯的转化率，得到如图 10-11 所示的曲线。

对 A 组催化剂，当氯含量增大时，苯转化率也随之增大，但当氯含量增大至超过 1% 时，苯转化率趋于不变，接近于苯的平衡转化率。由此可见，当氯含量小于 1% 时，甲基环戊烷异构脱氢反应的速率由酸性功能控制。

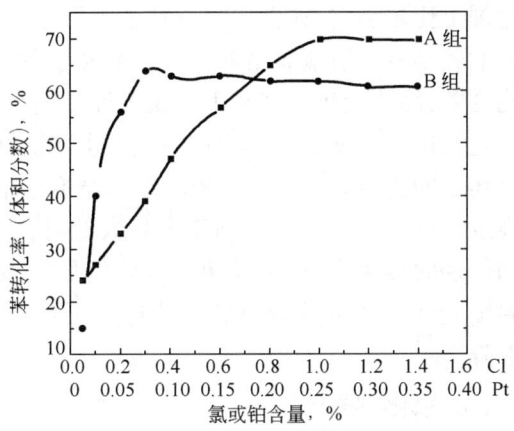

图 10-11 A 组和 B 组催化剂的催化活性

对 B 组催化剂，当铂含量增加时，苯转化率也随之增大，但当铂含量增大至 0.08% 以后，苯转化率趋于稳定，这是由于受到氯含量的限制，苯转化率不能进一步提高。由此可见，对于氯含量为 0.77% 的铂催化剂，当铂含量小于 0.08% 时，甲基环戊烷的异构脱氢反应速率由脱氢功能控制。由以上试验可以看出：两种功能必须很好地配合才能生成更多的目标产物，盲目地增加某组分含量是无益的，甚至是有害的。

在讨论关于金属组分和酸性载体在双功能重整催化剂中所起的作用问题时，有一点是必须指出的：金属铂除了具有加氢—脱氢的功能之外，也还具有异构化、环化脱氢及氢解的功能，但是其反应机理不是酸性催化剂的正碳离子反应机理。也就是说，重整反应不仅仅按图 10-10 所示的反应历程进行，在单独的活性金属表面上也能发生异构化、环化脱氢和氢解反应。有的研究表明，对于正庚烷的异构化，10%~15% 是在金属表面上发生，而对正庚烷的环化脱氢，单功能和双功能差不多同等重要。

下面再一般性地讨论这几个主要组分的含量。

1. 金属组分

一般来说，催化剂的脱氢活性、稳定性和抗毒能力随铂含量的增加而增强。但铂是贵金属，铂催化剂的制造成本主要决定于它的含铂量。许多研究工作表明，当铂含量接近 1% 时，再继续提高铂含量几乎没有裨益。20 世纪 70 年代后期以来，随着载体和催化剂制备技术的改进，使得活性金属组分能够更均匀地分散在载体上，重整催化剂的含铂量趋向于降低。近年来，工业用重整催化剂的含铂量大多是 0.2%~0.3%。

目前铂铼等双金属重整催化剂已取代了单铂催化剂。铼的主要作用是提高了催化剂的容炭能力和稳定性，延长了运转周期或使反应苛刻度得以提高，特别适用于固定床反应器。工业用铂铼催化剂中的铼与铂的含量比一般为 1~2，也有大于 2 的。较高的铼含量对提高催化剂的稳定性有利。铂锡重整催化剂在高温、低压下具有良好的选择性和再生性能，而且锡比铼价格便宜，新鲜剂和再生剂不必预硫化，生产操作比较简便。虽然铂锡催化剂的稳定性不如铂铼催化剂好，但是其稳定性也足以满足连续重整工艺的要求，因此近年来已广泛应用于连续重整装置。在重整催化剂中也曾经添加过铱等其他金属，但都未被广泛采用。

2. 卤素

改变卤素含量可以调节催化剂的酸性功能。随着卤素含量的增加，催化剂对异构化和加氢裂化等酸性反应的催化活性也增强。在卤素的使用上通常有氟氯型和全氯型两种。氟在催化剂上比较稳定，在操作时不易被水带走，因此氟氯型催化剂的酸性功能受重整原料含水量的影响较小。一般氟氯型催化剂含氟和氯约1%。但是氟的加氢裂化性能较强，使催化剂的性能变差，因此近年来多采用全氯型催化剂。氯在催化剂上不稳定，容易被水带走，但是可以在工艺操作中根据系统中的水—氯平衡状况注氯以及在催化剂再生后进行氯化等措施来维持催化剂上的适宜氯含量。一般新鲜的全氯型催化剂含氯0.6%~1.5%，实际操作中要求含氯量稳定在0.4%~1.0%。卤素含量太低时，由于酸性功能不足，芳烃产率低（尤其是五元环烷烃和烷烃的转化率）或生成油的辛烷值低。虽然提高反应温度可以补偿该影响，但是提高反应温度会使催化剂的寿命显著缩短。卤素含量太高时，加氢裂化反应增强，导致液体产物收率下降。

3. 氧化铝载体

一般来说，载体本身并没有催化活性，但是具有较大的比表面积和较好的机械强度，它能使活性组分很好地分散在其表面上，从而更有效地发挥其作用，节省活性组分的用量，同时也提高了催化剂的稳定性和机械强度。现代重整催化剂几乎都是采用$\gamma\text{-}Al_2O_3$作为载体。

载体应具有适当的孔结构。孔径过小不利于原料和产物的扩散，且易于在微孔口结焦，使内表面不能充分利用从而使活性迅速下降。近年来用作重整催化剂载体的$\gamma\text{-}Al_2O_3$的孔分布趋向于集中，其中孔径小于4nm的微孔显著减少甚至消失。多数载体的外形是直径为1.5~2.5mm的小球或圆柱状，也有为了改善传质和降低床层压降而采用异形条状、涡轮形等形状。

重整催化剂的堆积密度多在600~800kg/m³范围内。近年来，载体的堆积密度趋向于增大，故重整催化剂的堆积密度一般在700kg/m³以上。

二、工业重整催化剂的种类及其性能

在现代重整工业装置中，目前工业实际使用的主要是两类催化剂，即主要用于固定床重整装置的铂铼催化剂和主要用于移动床连续重整装置的铂锡催化剂。从使用性能来比较，铂铼催化剂有更好的稳定性，而铂锡催化剂则有更好的选择性及再生性能。从重整催化剂的分类来看虽然只有两类，但是其具体牌号却名目繁多，各种牌号的催化剂的性能也有差别。表10-12列出了一些应用比较广泛的有代表性的重整催化剂。

表10-12 某些工业用重整催化剂

商品牌号	金属组元(质量分数),%		形 状	堆积密度 kg/m³	生产公司	工业应用年份
	铂	其他				
CB-11	0.25	Re0.40	φ1.5~2.5mm球	760	中国石化	1998
3933	0.21	Re0.45	圆柱体	780	中国石化	1995
E-603	0.3	Re0.30	φ1.4mm×5mm条	721	美国ENGELHARD	1976
E-803	0.22	Re0.44	φ1.4mm×5mm条	780	美国ENGELHARD	1985
RG-482	0.3	Re0.30	φ1.2mm条	712	法国PROCATIYSE	1982
3861-Ⅱ	0.37	Sn0.30	小球	580	中国石化	1998
3961	0.35	Sn0.30	小球	560	中国石化	1996
R-134	0.29	Sn0.30	φ1.6mm球	561	美国UOP	1993

续表

商品牌号	金属组元(质量分数),%		形 状	堆积密度 kg/m³	生产公司	工业应用年份
	铂	其他				
CR-201	0.35	Sn0.23	小球	—	法国 PROCATIYSE	1985
PRT-A	0.25	Re0.25	挤条	—	中国石化	2002
GCR-100	0.35	Sn0.35	φ1.4~2.0mm球	560	中国石化	1998

对于催化剂的选择应当重视其综合性能是否良好。一般来说,可以从以下三个方面来考虑:

(1)反应性能。对固定床重整装置,重要的是要有优良的稳定性,同时也要有良好的活性和选择性。催化剂的稳定性可以从容炭能力和生焦速率之比来进行比较。如果使用稳定性好的催化剂,则在必要时还可适当降低反应压力和氢油比,从而带来提高液体产品收率和降低能耗的效果。对连续重整装置,则要求催化剂要有良好的活性、选择性以及再生性能。至于其稳定性则不是主要矛盾。

(2)再生性能。良好的再生性能无论是对固定床重整装置还是连续重整装置都很重要,而对连续重整装置则尤为重要。连续重整催化剂要经历频繁的再生,通常每3~7天系统中的催化剂就得循环再生一遍。催化剂的再生性能主要决定于它的热稳定性。

(3)其他理化性质。如比表面积对催化剂保持氯的能力有影响;机械强度、外形和颗粒均匀度对反应床层压降有重要影响,此等性能对连续重整装置尤为重要;催化剂的杂质含量及孔结构在一定程度上会对其稳定性有影响。

表10-13和表10-14列出了几种催化剂的反应性能及活性评价结果。同类催化剂进行比较,我国研制的催化剂的性能与国外的催化剂的性能基本上水平相当。

表10-13 几种铂铼催化剂的反应性能

催 化 剂	CB-6	E-603	CB-7	E-803
原料油				
馏程,℃	82~159,直馏汽油		72~172,直馏汽油	
组成 P/N/A(质量分数),%	55.30/41.69/3.01		53.28/42.96/3.76	
反应条件				
压力,MPa	1.47	1.47	1.18	1.18
液时空速,h^{-1}	2.0	2.0	2.0	2.0
氢油比	1200(体积比)	1200(体积比)	5.7(摩尔比)	5.7(摩尔比)
产物				
重整油产率(质量分数),%	83.9	82.5	83.02	82.05
重整油 RON	96.0	95.1	97.5	97.9
液体收率(质量分数),%	80.54	78.46	80.94	80.32
芳烃产率(质量分数),%	46.7	46.4	—	—
催化剂积炭(质量分数),%	4.5	4.4	4.76	5.58
连续运转时间,h	1690		2015	

表 10-14 几种铂锡催化剂的活性评价结果

催化剂	3861	CR-201	3861	CR-201
原料油				
馏程,℃	90~169		76~173	
组成 P/N/A,%	64.4/26.1/9.4(体积分数)		53.18/40.18/6.64(质量分数)	
反应条件				
压力,MPa	0.6	0.6	0.69	0.69
体积空速,h^{-1}	2.0	2.0	1.5	1.5
氢油比(摩尔比)	3.0	3.0	5.0	5.0
温度,℃	472	475	510	510
产物				
液体收率(质量分数),%	87.0	87.1	81.4	80.6
重整油 RON	97.5	97.7	102.0	102.0
氢气产率(质量分数),%	3.2	3.2	—	—

伴随着催化剂性能的不断改进,催化重整工艺技术也有了很大的进步,从而明显地提高了重整装置的效率和经济效益。表 10-15 列出了催化重整主要工艺参数、反应器型式与催化剂发展的相互关系。反应压力和氢油比的不断降低不仅提高了重整汽油的辛烷值和收率,而且降低了装置能耗,从而提高了经济效益。

表 10-15 催化重整主要工艺参数与催化剂的关系

反应器型式	催化剂	反应压力,MPa(表)	氢油比(摩尔比)
半再生式	单铂	2.5~3.5	6~8
半再生式	铂铼	1.3~2.8	3.5~6.4
第一代连续重整	双金属	0.9~1.2	3~4
第二代连续重整	双金属	0.3~0.5	1~2

三、重整催化剂的失活

视频10-6 重整催化剂的失活与再生

在生产过程中,重整催化剂的活性下降有多方面的原因,例如催化剂表面上积炭、卤素流失、长时间处于高温下引起铂晶粒聚集使分散度减小以及催化剂中毒等。一般来说,在正常生产中,催化剂活性的下降主要是由于积炭引起的。

1. 积炭失活

根据红外光谱和 X 射线衍射分析结果,重整催化剂上的积炭主要是缩合芳烃,具有类石墨结构。积炭的成分主要是碳和氢,其氢碳原子比一般在 0.5~0.8 的范围。在催化剂的金属活性中心和酸性活性中心上都有积炭,但是积炭的大部分是在酸性载体 γ-Al_2O_3 上。金属活性中心上的积炭在氢的作用下有可能解聚而消除,但是在酸性活性中心上的积炭在氢的作用下则难以除去。电子探针分析还表明,催化剂上积炭的分布不是单分子层而是三维结构。

对一般铂催化剂,当积炭增至 3%~10% 时,其活性大半丧失;而对铂铼催化剂,积炭约 20% 时其活性才大半丧失。例如,以大庆原油 68~150℃ 直馏馏分为原料,在含 0.5% 铂的重整催化剂上反应 2500h 后,催化剂上积炭达 6%~10%(质量分数),此时虽然反应温度提高了 10℃,压力由 3MPa 降至 2.5MPa,但芳烃转化率仍由最初的 80% 下降至 57% 以下。

催化剂因积炭引起的活性降低可以采用提高反应温度的办法来补偿。但是提高反应温度有一定的限制,重整装置一般限制反应温度不超过520℃,有的装置可达540℃左右。当反应温度已提到限制温度而催化剂活性仍不能满足要求时,则需要用再生的办法烧去积炭并使催化剂的活性恢复。再生性能好的催化剂经再生后其活性可基本上恢复到原有的水平。

催化剂上积炭的速度与原料性质和操作条件有关。原料的终馏点高、不饱和烃含量高时积炭速度快。反应条件苛刻,如高温、低压、低氢油比、低空速等也会使积炭速度加快。

2. 水、氯含量的变化

在讨论催化剂的组成时已讲过催化剂的脱氢功能和酸性功能应当有良好的配合。氯是催化剂酸性功能的主要来源。因此在生产过程中应当使它们的含量维持在适宜的范围之内。氯含量过低时,催化剂的活性下降。例如,某重整催化剂若以氯含量为0.6%时的相对活性为100,则当氯含量降低至0.3%时,其相对活性降到70。又如某催化剂的氯含量降低一半时,重整生成油的辛烷值降低了5~6个单位。但是氯含量过高时,加氢裂化反应加剧,引起液体产物收率下降,而且重整生成油的恩氏蒸馏50%点过低。

在生产过程中,催化剂上氯含量会发生变化。当原料氯含量过高时,氯会在催化剂上积累而使催化剂氯含量增加。当原料含水量过高或反应时生成水过多时(原料中的含氧化合物在反应条件下会生成水),则这些水分会冲洗氯而使催化剂氯含量减小。在高温下,水的存在还会促使铂晶粒的长大和破坏氧化铝载体的微孔结构,从而使催化剂的活性和稳定性降低。此外,水和氯还会生成HCl而腐蚀设备。还有一些研究工作表明,水对环化脱氢反应也有阻碍作用。为了严格控制系统中的氯和水的量,国内重整装置限制原料油的氯含量和水含量均不得大于$5\mu g/g$,近年UOP公司修改的标准则规定原料油的氯化物和水的含量分别不得大于$0.5\mu g/g$和$2\mu g/g$。

仅仅依靠限制原料油的氯含量和水含量的办法还不能保证催化剂上氯含量一直保持在最适宜的范围内。现代重整装置还通过多种途径判断催化剂上的氯含量,后采取注氯、注水等办法来保证最适宜的催化剂氯含量,即所谓水氯平衡的方法。

关于如何保持水氯平衡,现在还没有统一的方法,目前在工业装置上采用的方法大体上有以下几种:

(1)在反应器上安装特殊的催化剂采样器,直接采出催化剂样来分析它的氯含量。

(2)根据操作情况判断催化剂的氯含量。例如根据提高反应温度对生成油辛烷值的影响程度来判断等。

(3)根据经验关系确定。实际经验表明,原料油和循环氢中的H_2O/HCl比值与催化剂氯含量之间有一定的关系,可以做出关联曲线。根据原料油的水含量、氯含量及操作条件可以计算出需要的注氯量。催化剂不同,相应的关联关系也会有所不同。

工业装置上的注氯通常是采用二氯乙烷、三氯乙烷和四氯化碳等氯化物。注水通常是用醇类,例如异丙醇等,因为用醇类可以避免腐蚀。醇的用量按生成的水分子折算。

3. 中毒

催化剂中毒可分为永久性中毒和非永久性中毒两类。永久性中毒的催化剂其活性不能再恢复;非永久性中毒的催化剂在更换无毒原料后,毒物可以被逐渐排除而使活性恢复。对含铂催化剂,砷和其他金属毒物如铅、铜、铁、镍、汞等为永久性毒物,而非金属毒物如硫、氮、氧等则为非永久性毒物。

1) 永久性毒物

在永久性毒物中,砷是最值得注意的。砷与铂有很强的亲和力,它会与铂形成合金,造成催化剂的永久性中毒。据文献介绍,当催化剂上砷含量超过 $200\mu g/g$ 时,催化剂的活性完全丧失。对某些铂催化剂的试验结果表明,若要求催化剂的活性保持在原来活性的 80% 以上,则该催化剂上的砷含量应小于 $100\mu g/g$。实际上,在工业装置中常限制重整原料油的砷含量不大于 $1\mu g/kg$。

在一般石油馏分中,其砷含量随着沸点的升高而增加,而原油中的砷约 90% 是集中在蒸馏残油中。石油中的砷化物会因受热而分解,因此二次加工汽油常含有较多的砷。砷中毒的现象首先在第一反应器中反映出来。此时第一反应器的温降大幅度减小,说明第一反应器内的催化剂失活。随着中毒程度的增大,第二、第三反应器的温降也会随之减小。

铅与铂可以形成稳定的化合物,造成催化剂中毒。石油馏分中含铅很少,铅的来源主要是原料油被含铅汽油污染所致。多年来,铅一直被视为含铂催化剂的毒物,但是在文献报道中却出现过用铅作添加组分改善了铂催化剂的活性和稳定性的研究结果。

铜、铁、汞等毒物主要是来源于检修不慎而使这些杂质进入管线系统。钠也是铂催化剂的毒物,所以禁止使用 NaOH 来处理重整原料。

2) 非永久性毒物

(1)硫。原料中的含硫化合物在重整反应条件下生成 H_2S,若不从系统中除去,则 H_2S 在循环氢中积聚,导致催化剂的脱氢活性下降。有的研究数据表明,当原料中硫含量为 0.01% 及 0.03% 时,铂催化剂的脱氢活性分别降低 50% 和 80%。原料中允许的硫含量与采用的氢分压有关,当氢分压较高时,允许的硫含量可以较高。一般情况下,硫对铂催化剂是暂时性中毒,一旦原料中不再含硫,经过一段时间后,催化剂的活性可望恢复。但是如果长期存在过量的硫,也会造成永久性中毒。多数双金属催化剂比铂催化剂对硫更敏感,因此对硫的限制也更严格。硫与铼生成 Re_2S 或 ReS_2 型化合物,这类化合物难以用氢还原成金属。

但是实践经验证明,原料中的硫含量也不是越低越好。有限的硫含量可以抑制氢解反应和深度脱氢反应,这一点对铂铼催化剂尤为重要。在用新鲜的或刚再生过的铂铼催化剂开工时,常常要有控制地对催化剂进行预硫化。UOP 公司在新修改的规定中也要求原料的硫含量应在 $0.15 \sim 0.5\mu g/g$ 范围内,并不是越低越好。

(2)氮。原料中的有机含氮化合物在重整反应条件下转化为氨,吸附在酸性中心上抑制催化剂的加氢裂化、异构化及环化性能。有的文献还指出对脱氢活性也有影响。一般认为,氮对催化剂的作用是暂时性中毒。

(3)CO 和 CO_2。CO 能与铂形成配合物,造成铂催化剂永久性中毒,但也有人认为是暂时性中毒。CO_2 能还原成 CO,也可看成是毒物。

原料油中一般不含有 CO 和 CO_2,重整反应中也不产生 CO 和 CO_2,只是在再生时才会产生。开工时引入系统中的工业氢气和氮气中也可能含有少量的 CO 和 CO_2,因此要限制使用的气体中 CO 的含量小于 0.1%,CO_2 含量小于 0.2%。

四、重整催化剂的再生

在正常运转过程中,随着时间的增长,重整催化剂表面上的积炭增多、铂晶粒聚集,导致催化剂的活性下降。当催化剂的活性降低至一定程度后就须进行再生以恢复其活性。半再生式固定床重整装置的催化剂一般是 0.5~2 年再生一次,移动床连续重整装置的催化剂一般是 3~7 天即再生一遍。虽然反应器的型式不同,再生时催化剂上的积炭量也有差别,但是两者在再生的原理和方法上是相同的。

重整催化剂的再生过程包括烧焦、氯化更新和干燥三个工序。一般来说,经再生后重整催化剂的活性基本上可以完全恢复。

1. 烧焦

重整催化剂上焦炭的主要成分是碳和氢。在烧焦时,焦炭中氢的燃烧速率比碳的燃烧速率快得多,因此在烧焦时主要是考虑碳的燃烧。

在相同的烧焦温度和氧分压的条件下,重整催化剂上焦炭的燃烧速率要比裂化催化剂上焦炭的燃烧速率快得多。刘耀芳等在研究重整催化剂的再生问题时发现不能用一个动力学方程来描述烧碳的全过程,整个烧碳过程可以分成三个阶段,第一阶段的烧碳速率很快,第二阶段则较慢,而第三阶段又较快。他们认为:从烧碳性能来看,重整催化剂上的碳包括三种类型,它们的烧碳速率之所以不同主要是由于所沉积的位置不同。第一种类型(Ⅰ型碳)沉积在少数仍裸露的铂原子上,受到铂的催化氧化作用;第二种类型(Ⅱ型碳)是以多分子层形式沉积在 Al_2O_3 载体上及被碳覆盖的金属铂上;第三种类型(Ⅲ型碳)则是在大部分碳都烧去后残余的受新裸露的金属铂影响的碳。这三种碳的烧碳速率常数 k 之比大约是:$k_1 : k_2 : k_3 = 50 : 1 : (2~3)$。在全部碳中,Ⅱ型碳占绝大部分。三种类型的碳的烧碳动力学方程如下:

$$dC/dt = k p_{O_2}^{0.55} C \tag{10-14}$$

式中　C——催化剂上碳含量(质量分数),%;

　　　t——反应时间,min;

　　　k——烧碳反应速率常数,$(10^5 Pa)^{-0.55}/min$;

　　　p_{O_2}——气相中氧分压,$10^5 Pa$。

对某种工业用铂锡催化剂:

$$k_2 = 3.0 \times 10^{10} \exp(-154.5 \times 10^3 / 8.314 T) \tag{10-15}$$

在工业装置的再生过程中,最重要的问题是要通过控制烧焦反应速率来控制好反应温度,过高的温度会使催化剂的金属铂晶粒聚集,还可能会破坏载体的结构,而载体结构的破坏是不可恢复的。一般来说,应当控制再生时反应器内的温度不超过 550℃。因此,烧焦时除了控制温度逐步由低到高外,还应控制循环气中的含氧量,通常在开始烧焦时为 0.2%~0.5%,然后逐步提高,最后可达 2%~3%。

在再生过程中还须注意控制循环气中的水含量和 CO_2 含量。

2. 氯化更新

在烧碳过程中,催化剂上的氯会大量流失,铂晶粒也会聚集,氯化更新工序的作用就是补充氯和使铂晶粒重新分散,以便恢复催化剂的活性。

氯化时采用含氯的化合物,工业上一般选用二氯乙烷,在循环气中的浓度稍低于 1%(体积分数)。过去也有使用四氯化碳,但由于会产生有毒的光气($COCl_2$),现在一般已不采用。循环气采用空气或含氧量高的惰性气体,实验研究结果表明,单独采用氮气作循环气不利于铂晶粒的分散。主要原因可能是在氯化过程中会生成少量焦炭,而循环气中的氧可以把生成的焦炭烧去。为了使氯不流失,应控制循环气中的水含量不大于 1‰。

氯化一般在 510℃、常压下进行 2h。但有的研究结果表明,氯化过程进行得比较快,实际上只需 15min 就可以达到要求。

经氯化后的催化剂还要在 540℃ 空气流中氧化更新使铂晶粒的分散度达到要求。氧化更新的时间一般为 2h。

3. 干燥

干燥工序多在 540℃ 左右进行。干燥时循环气体中若含有碳氢化合物会影响铂晶粒的分散度，甲烷的影响不明显，但较大分子量的碳氢化合物会产生显著的影响。采用空气或高含氧气体作循环气可以抑制碳氢化合物的影响。研究结果还表明，在氮气流下，铂铼和铂锡催化剂在 480℃ 时就开始出现铂晶粒聚集的现象，但是当氮气流中含有 10% 以上的氧气时，能显著地抑制铂晶粒的聚集。因此催化剂干燥时的循环气体以采用空气为宜。

五、重整催化剂的还原和预硫化

从催化剂厂来的新鲜催化剂及经再生的催化剂中的金属组分都处于氧化状态，必须先还原成金属状态后才能使用。铂铼催化剂和某些多金属催化剂在刚开始进原料油时可能会表现出强烈的氢解性能和深度脱氢性能，前者导致催化剂床层产生剧烈的温升，严重时可能损坏催化剂和反应器；后者导致催化剂迅速积炭，使其活性、选择性和稳定性变差。因此在进原料油以前须进行预硫化以抑制其氢解活性和深度脱氢活性。铂锡催化剂不需预硫化，因为锡能起到与硫相当的抑制作用。

还原过程是在 480℃ 左右及氢气气氛下进行的。还原过程中有水生成，应注意控制系统中的含水量。

关于还原时所用氢气的纯度，历来工业上都是要求很高的纯度。近年有些研究结果认为：在氢气中含氮 10%～40% 时，对铂晶粒分散度及催化剂活性并无明显影响，但还原度会差些，可以通过提高氢分压或延长还原时间来补偿。研究工作还表明，在氢气中含氧达 10% 时，对铂晶粒分散度及催化剂活性也没有明显影响。而且氢气中含有氧，还有抑制烃类杂质的不利影响的作用。氢气中含有少量甲烷时，对还原结果无明显的影响，但是分子量较大的烃类会对铂晶粒分散度及催化剂活性有明显的副作用。

预硫化时采用硫醇或二硫化碳作硫化剂，用预加氢精制油稀释后经加热进入反应系统。硫化剂的用量一般为百万分之几。预硫化的温度为 350～390℃，压力为 0.4～0.8MPa。

第四节　重整工艺流程与反应器

一、重整装置反应系统工艺流程

视频10-7　重整工艺流程与反应器

目前工业重整装置广泛采用的反应系统工艺流程可以分为两大类：固定床反应器半再生式重整（半再生重整）工艺流程和移动床反应器连续再生式重整（连续重整）工艺流程。前者的主要特征是采用 3～4 个固定床反应器串联，每 0.5～2 年停止进油，全部催化剂就地再生一次；后者的主要特征是设有专门的再生器，反应器和再生器都是采用移动床，催化剂在反应器和再生器之间不断地进行循环反应和再生，一般每 3～7 天全部催化剂再生一遍。

1. 麦格纳重整工艺流程

固定床反应器半再生式反应系统典型的工艺流程已在本章第一节的图 10-1 作过介绍。

不同重整装置的具体流程和设备可能会有些差别,但是基本原理是相同的。除了图10-1所示的典型流程外,值得介绍的还有麦格纳重整工艺流程(Magnaforming),也称作分段混氢流程,如图10-12所示。

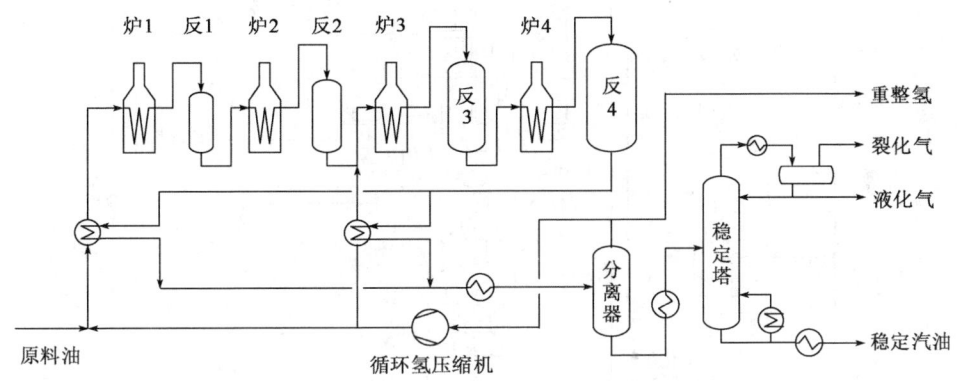

图10-12 麦格纳重整反应系统工艺流程

麦格纳重整工艺的主要特点是将循环氢分为两路,一路从第一反应器进入,另一路则从第三反应器进入。在第一、第二反应器采用高空速、较低反应温度(460~490℃)及较低氢油比(2.5~3),这样可有利于环烷烃的脱氢反应,同时抑制加氢裂化反应。后面的一个或两个反应器则采用低空速、高反应温度(485~538℃)及高氢油比(5~10),这样可有利于烷烃环化脱氢反应。这种工艺的主要优点是可以得到稍高的液体收率,装置能耗也有所降低。国内的固定床半再生式重整装置多采用此种工艺流程。

2. 重叠式连续重整工艺流程

重叠式连续重整由美国UOP公司开发,其反应再生系统的工艺流程如图10-13所示。在连续重整装置,催化剂依靠重力自上而下依次流过三个重叠的移动床反应器,从最后一个反应器流出的待生催化剂含碳量为5%~7%(质量分数),待生催化剂由氮气提升输送到再生器进行再生。恢复活性后的再生催化剂返回第一反应器又进行反应,催化剂在系统内形成一个闭路循环。从工艺角度来看,由于催化剂可以频繁地进行再生,所以可采用比较苛刻的反应条件,即低反应压力(0.35~0.8MPa)、低氢油比(摩尔比,1.5~4)和高反应温度(500~530℃),其结果是更有利于烷烃的芳构化反应,重整生成油的研究法辛烷值可达100以上,液体收率和氢气产率高。

3. 并列式连续重整工艺流程

并列式连续重整由法国IFP开发,其反应再生系统的工艺流程如图10-14所示。UOP重叠式连续重整和IFP并列式连续重整采用的反应条件基本相似,都用铂锡催化剂。从外观来看,IFP连续重整的三个反应器则是并行排列,催化剂在每两个反应器之间用氢气提升至下一个反应器的顶部,从最后一个反应器出来的待生催化剂则用氮气提升到再生器的顶部。在具体的技术细节上,这两种技术也还有一些各自的特点。

4. 低压组合床重整工艺流程

组合床重整工艺前端采用固定床反应器,后端或最后一个反应器采用移动床反应器,同时设置一套催化剂连续再生系统。UOP和IFP均有相应的组合床重整技术。中国石化独立开发的低压组合床重整技术于2001年建成投产。低压组合床重整技术的工艺流程如图10-15所

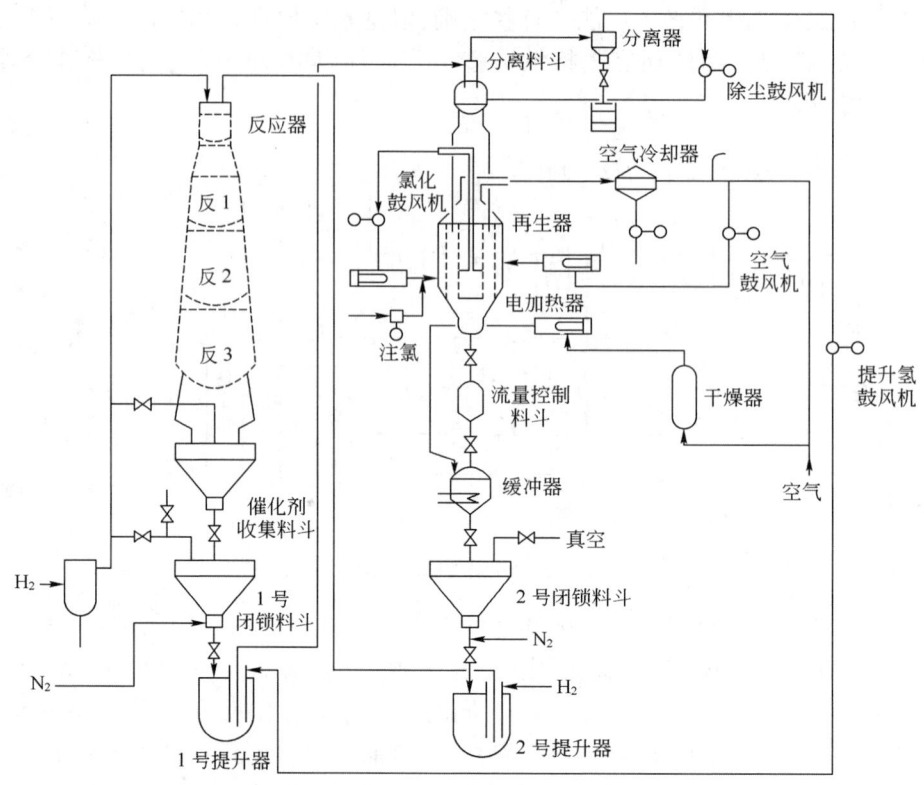

图 10-13 UOP 重叠式连续重整反应再生系统工艺流程

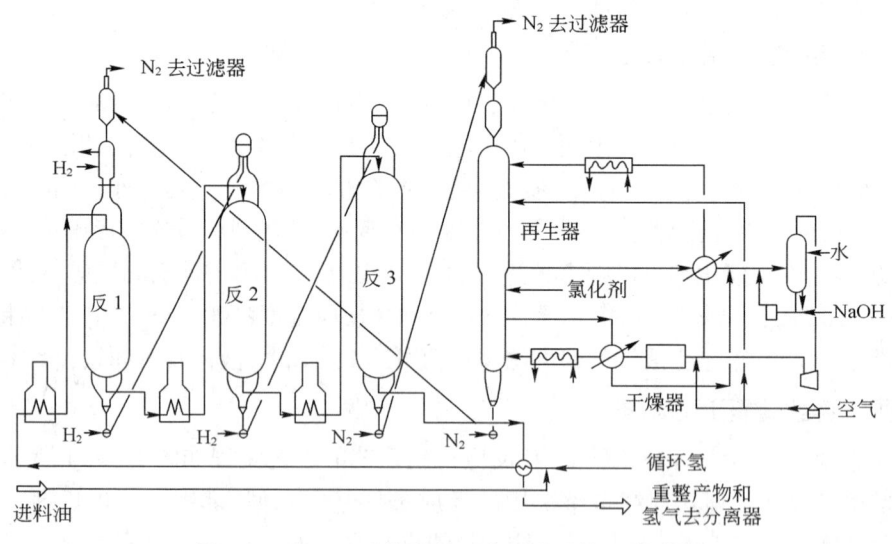

图 10-14 IFP 连续重整反应再生系统工艺流程

示,第一、第二反应器采用固定床半再生重整工艺,使用高活性和高稳定性的铂铼重整催化剂;第三、第四反应器采用移动床连续重整工艺,使用高选择性和高热稳定性的铂锡重整催化剂;设有催化剂连续再生系统对失活的铂锡催化剂进行连续再生。在此基础上,中国石化又开发了超低压连续重整技术(SLCR),因其操作压力比国外的组合床重整技术低而得名。SLCR 技术采用两两重叠布置式重整反应器结构,即第一、第二反应器重叠,第三、第四反应器重叠。两两重叠布置式与 IFP 并列式相比减少了催化剂提升次数,进而减少了催化剂的磨损;与 UOP

重叠式相比降低了反应器高度,进而降低了反应器的制造难度和投资。两两重叠布置式的反应器与再生器框架的高度相当,方便操作和维护。SLCR 技术的平均反应压力 0.35MPa,高分压力 0.25MPa,再生压力 0.55MPa,重整油 RON 可维持在 100 以上。

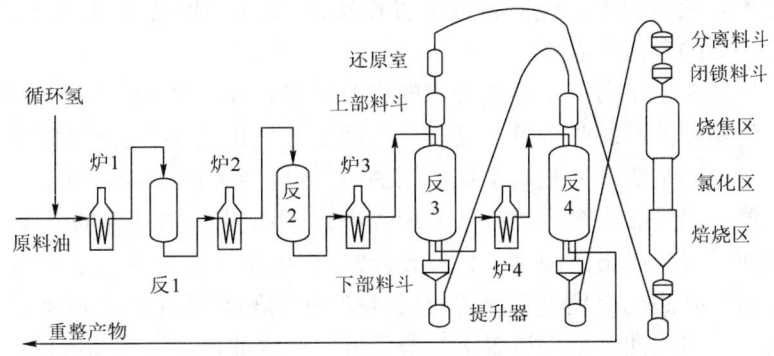

图 10-15　低压组合床重整反应再生系统工艺流程

5. 逆流连续重整技术工艺流程

逆流连续重整(SCCCR)是中国石化开发的另一连续重整技术,其反应再生部分的工艺流程示意图见图 10-16。该技术与其他连续重整技术的最大区别是改变了催化剂在反应区的移动次序,催化剂的输送方向与反应物料的流动方向相反,即催化剂"逆流"输送。再生后的高活性催化剂首先进入最后一个反应器用于烷烃环化脱氢等最难发生的反应,活性减小的催化剂依次向前输送到第三、第二和第一个反应器,催化剂的活性状态与反应难易程度实现良好匹配。工业应用中需要注意高活性催化剂在第四反应器内的结焦问题,对此有学者提出再生催化剂按照三反、四反、二反、一反的进入顺序。SLCR 和 SCCCR 技术的创新和应用使我国成为世界上第三个全面掌握连续重整技术并处于先进水平的国家。

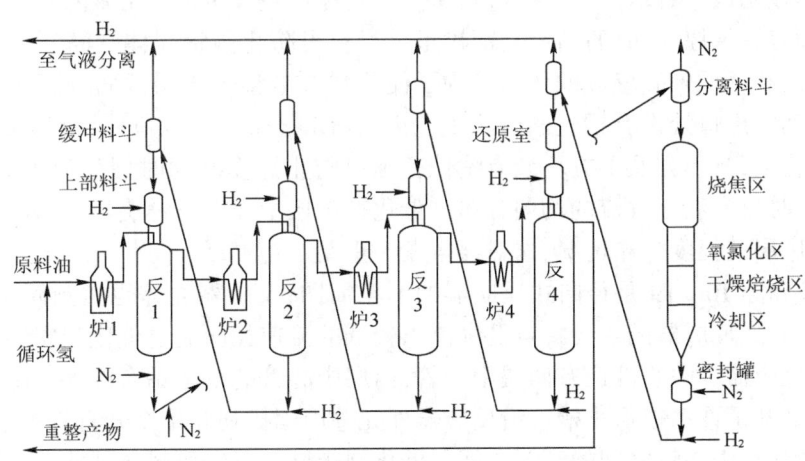

图 10-16　逆流连续重整反应再生系统工艺流程

6. 重整工艺的选择因素

连续重整技术是重整技术的重要进展,它针对重整反应的特点提供了更为适宜的反应条件,因而取得了较高的芳烃产率、较高的液体收率和氢气产率,突出的优点是改善了烷烃芳构化反应的条件。虽然连续重整有上述优点,但是并不说明对于所有的新建装置它就是唯一的选择,因为判别某个技术的先进性的最终标准是其经济效益的高低。因此,在选择何种技术时应当根据具体情况作全面的综合分析。

连续重整的再生部分的投资占总投资的比例很大,装置的规模越小,其所占的比例也越大,因此规模小的装置采用连续重整是不经济的。从总投资来看,一座 60×10^4 t/a 连续重整装置的总投资与相同规模的半再生式重整装置相比,约高出 30%。由此可见,投资数量和资金来源应是一个重要的考虑因素。

原料性质和产品需求是另一个应当考虑的重要因素。原料油的芳烃潜含量越高,连续重整与半再生式重整在液体产品收率及氢气产率方面的差别也越小,连续重整的优越性也就相对下降。当重整装置的主要产品是高辛烷值汽油时,还应当考虑市场对汽油质量的要求。过去提高汽油辛烷值主要是靠提高汽油中的芳烃含量,近年来出于对环保的考虑,对汽油中芳烃含量和苯含量出现了逐步严格的限制。另一方面,在汽油中添加醚类或醇类等高辛烷值组分以提高汽油辛烷值的办法也得到了广泛的应用,烷基化油和异构化油在汽油池中的比例也在不断增大,因此,对重整汽油的辛烷值要求有所降低。对汽油产品需求情况的这些变化促使重整装置降低其反应苛刻度,这种情况也在一定程度上削弱了连续重整的相对优越性。此外,连续重整多产的氢气是否能充分利用也是衡量其经济效益的一个应考虑的因素。

综上所述,在选择何种工艺时,必须根据具体情况,以经济效益为衡量标准进行全面综合的分析。

二、重整反应器的结构型式

按反应器类型来分,半再生式重整装置采用固定床反应器,连续再生式重整装置采用移动床反应器。从反应器的结构来看,工业用重整反应器主要有轴向式反应器和径向式反应器两种结构型式。它们之间的主要差别在于气体流动方式不同和床层压降不同。

图 10-17 是轴向式反应器的简图,反应器为圆筒形,高径比一般略大于 3。反应器外壳由 20 号锅炉钢板制成,当设计压力为 4MPa 时,外壳厚度约 40mm。壳体内衬 100mm 厚的耐热水泥层,里面有一层厚 3mm 的高合金钢衬里。衬里可防止碳钢壳体受高温氢气的腐蚀,水泥层则兼有保温和降低外壳壁温的作用。为了使原料气沿整个床层截面分配均匀,在入口处设有分配头。油气出口处设有钢丝网以防止催化剂粉末被带出。入口处设有事故氮气线。反应器内装有催化剂,其上方及下方均装有惰性瓷球以防止操作波动时催化剂床层跳动而引起催化剂破碎,同时也有利于气流的均匀分布。催化剂床层中设有呈螺旋形分布的若干测温点,以便检测整个床层的温度分布情况,这对再生尤为重要。

图 10-18 和图 10-19 是径向式反应器的示意简图,反应器壳体也是圆筒形。与轴向式反应器比较,径向式反应器的主要特点是气流以较低的流速径向通过催化剂床层,因而床层压降较低。径向反应器的中心部位有两层中心管,内层中心管的壁上钻有许多几毫米的小孔,外层中心管的壁上开了许多矩形小槽。沿反应器外壳壁周围排列几十个开有许多小的长形孔的扇形筒,在扇形筒与中心管之间的环形空间是催化剂床层。反应原料油气从反应器顶部进入,经分配器后进入沿壳壁布满的扇形筒内,从扇形筒小孔出来后沿径向方向通过催化剂床层进行反应,反应后进入中心管,然后导出反应器。中心管顶上的罩帽是由几节圆管组成的,其长度可以调节,用以调节催化剂的装入高度。

径向式反应器的压降比轴向式反应器小得多,这一点对连续重整装置尤为重要。因此,连续重整装置的反应器都采用径向式反应器,而且其再生器也是采用径向式的。图 10-20 是连续重整装置的再生器简图。

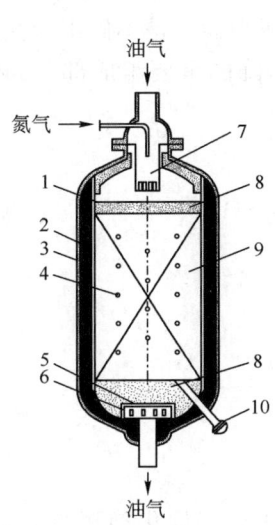
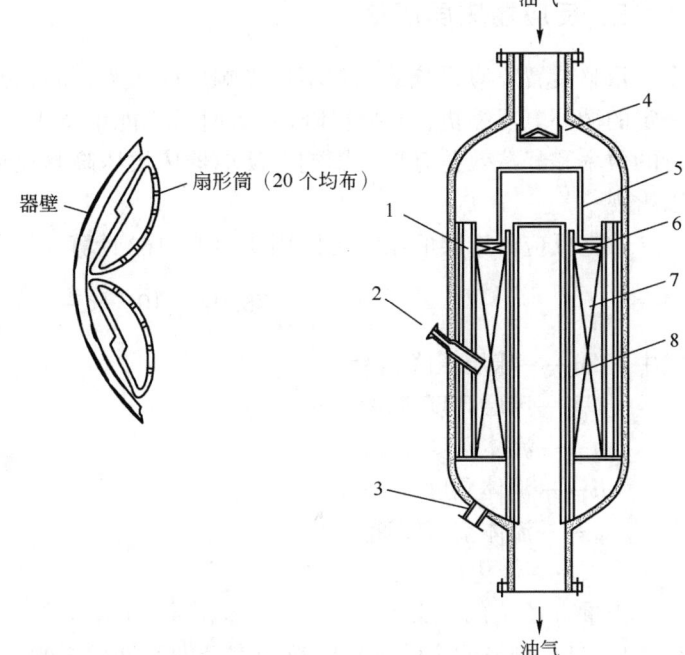

图 10-17 轴向式反应器示意图
1—合金钢衬里；2—耐热水泥层；3—碳钢壳体；
4—测温点；5—钢丝网；6—油气出口集合管；
7—分配头；8—惰性瓷球；9—催化剂；
10—催化剂卸出口

图 10-18 径向式反应器示意图
1—扇形筒；2—催化剂取样口；3—催化剂卸料口；4—分配器；
5—中心管罩帽；6—瓷球；7—催化剂；8—中心管

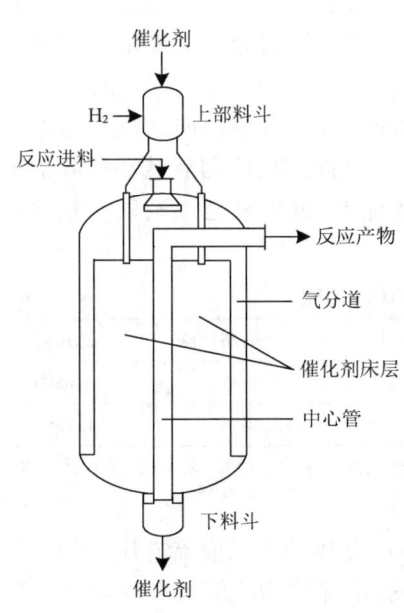
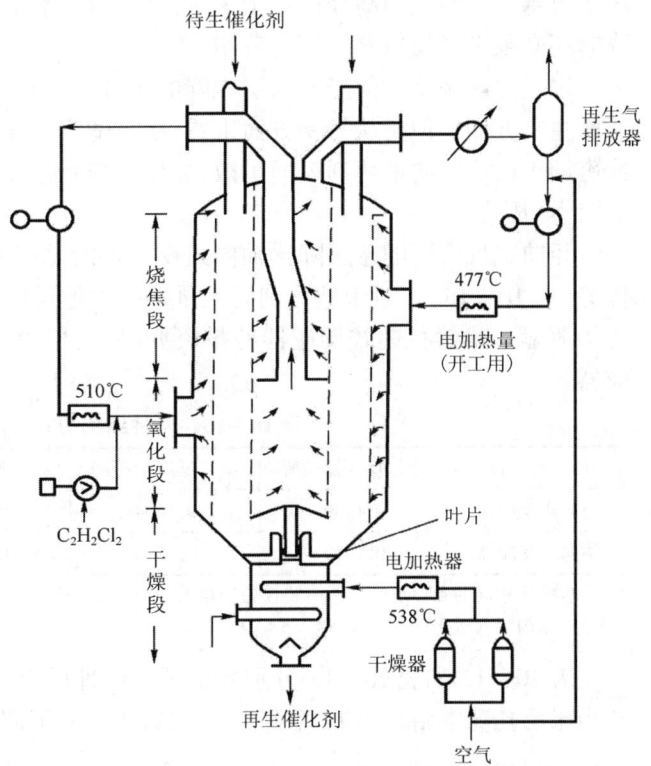

图 10-19 逆流连续重整径向式反应器示意图

图 10-20 连续重整装置的再生器

三、反应器床层压降

重整装置反应系统的压降不仅影响反应压力,而且影响循环氢压缩机的消耗功率。对于一定的循环氢压缩机,当系统压降过大时就不能维持正常的操作压力而不得不停工,对装置运行的效率和经济效益有重要影响。反应器床层压降是反应系统压降的重要组成部分,必须予以重视。

重整反应器床层的压降可以用式(10-16)计算:

$$\Delta p/L = 78.07 \times 10^{-5} \times \frac{\rho^{0.85} \cdot \mu^{0.15} \cdot u^{1.85}}{d_P^{1.15}} \quad (10-16)$$

式中　Δp——床层压降,at❶;
　　　L——床层高度或厚度,m;
　　　ρ——流体密度,kg/m³;
　　　μ——流体黏度,Pa·s;
　　　u——流体空塔线速,m/s;
　　　d_P——催化剂颗粒的当量直径,m。

当量直径 d_P 的定义是:假定一球形颗粒,其表面积与体积之比等于催化剂颗粒的表面积与体积之比,则所假定的球形颗粒的直径即为催化剂的当量直径。

从式(10-16)来看,对压降影响最大的因素是流体的空塔线速。对于一个工业装置来说,ρ、μ、d 一般都不随意变动。当装置处理量及各反应器催化剂装入量比例一定时,反应器内催化剂量就被确定。此时,流体通过床层的线速就取决于所选反应器的高径比。高径比越小,压降也越小。但是当高径比小于3时,其造价随着高径比的降低而增大。因此在考虑降低压降时还必须考虑反应器的投资费用。

以上主要是从如何降低床层压降的角度来讨论,因为在一般工业装置中它常常表现为矛盾的主要方面。但是从另一方面来看,维持适当的床层压降也是必需的,因为较高的反应物流速有利于反应物向催化剂表面扩散,要使反应物沿整个床层截面均匀分布就要求床层有一定的阻力(压降)。

径向式反应器的总压降比轴向式反应器的总压降小得多,这一点是径向式反应器的主要优势(表10-16)。对于催化剂装入量多的大型反应器,采用径向式反应器后减小压降的效果尤为明显。虽然径向式反应器的投资要高些,但由于上述优点,近年来已逐渐取代轴向式反应器。

表10-16　两种结构型式反应器的压降比较　　　　　　　　　　　　　　　at

反　应　器	第一反应器压降	第二反应器压降	第三反应器压降	第四反应器压降	总压降
径向式反应器	0.1350	0.1604	0.1866	0.1989	0.6809
轴向式反应器	0.1782	0.2876	0.2642	0.4056	1.1355

注:采用相同的条件下计算——装置处理量 15×10^4 t/a,压力1.8MPa(表),反应温度520℃,氢油比(体积比)1200,催化剂装入量比例为1:1.5:2.5:5。

表10-17和表10-18分别列出了这两种反应器中各部分压降占反应器总压降的百分数和当床层孔隙率由0.4211下降为0.3211后(由于催化剂粉碎、积炭等原因)反应器的总压降

---

❶　at:工程大气压,1at = 1kgf/cm² = 98066.5Pa。

变化情况。由表 10-17 可见,在径向反应器中,床层压降所占的比例相对小得多。因此,当由于床层孔隙率降低而使床层压降增大时,对反应器总压降的影响相对来说要小得多。

表 10-17 反应器中各部分压降占总压降的百分数 %

反应器		第一反应器	第二反应器	第三反应器	第四反应器
径向式反应器	进口分配头压降	6.99	7.49	5.26	5.19
	扇形筒小孔压降	0.07	0.04	0.03	0.02
	催化剂床层压降	7.19	3.79	6.02	2.97
	中心管外套筒小孔压降	0.11	0.05	0.07	0.03
	中心管小孔压降	79.10	81.18	81.76	84.80
	中心管主流道压降	6.54	7.45	6.86	6.99
	合计	100	100	100	100
轴向式反应器	进口压降	9.5	6.9	5.6	4.0
	催化剂床层压降	74.2	81.2	83.0	88.0
	瓷球层压降	5.8	4.3	4.1	2.9
	出口压降	10.5	7.6	7.3	5.1
	合计	100	100	100	100

表 10-18 床层孔隙率对反应器总压降的影响

反应器		催化剂床层压降,at		反应器总压降,at	
		孔隙率 0.4211	孔隙率 0.3211	孔隙率 0.4211	孔隙率 0.3211
第一反应器	径向式	0.009711	0.026306	0.1350	0.1516
	轴向式	0.1322	0.3535	0.1782	0.3995
第四反应器	径向式	0.005902	0.01642	0.1989	0.2094
	轴向式	0.3570	0.9597	0.4056	1.0083

四、各反应器的催化剂装入量

重整反应要求在较高的温度(约 500℃)下进行,因为在高温下可以有较高的芳烃平衡转化率和较高的反应速度。但是在绝热反应器中,由于反应吸热,反应温度随着反应深度而下降,在反应剧烈的区域还会出现反应温度的急剧下降。例如,工业上铂重整反应器的总温降达 100℃ 左右,而铂铼重整的总温降更大,达 120~130℃,而且在反应器入口附近的床层中温度的下降十分剧烈。如果反应器入口温度为 500℃,反应物在床层中由上而下通过,则床层下部温度就只有 400℃ 左右。在这样低的温度下,不仅芳烃平衡转化率低,而且反应速度也慢,最终得不到高的芳烃产率或高辛烷值的汽油。换句话说,下面床层的催化剂的效率很低。

如果采用循环流化床反应器(如像催化裂化那样)来解决上述问题,那么催化剂的损失将会较大,对价格昂贵的重整催化剂来说是不合适的。如果采用有热载体循环的反应器,一方面会使反应器结构复杂化,另一方面,重整反应温度高达 500℃ 以上,选用热载体也十分困难。

目前,工业上广泛采用的是结构比较简单的固定床反应器。在反应器中,反应在绝热条件下进行。为了避免反应温度下降过多,采用几个反应器串联,在每两个反应器之间设加热炉进行加热以保证所需的反应温度。

但是,反应器串联方案存在这样的问题:采用的反应器应当是几个才是合理的?各反应器的催化剂装入量应当选用怎样的比例关系？

从理论上讲，反应器的个数越多，催化剂的利用效率也越高。反应器的个数多时，单个反应器的温降小，床层温度均匀，这对反应显然是有利的。但是采用反应器的个数过多在经济上显然是不合理的。下面来具体分析一个例子，图10-21是某个重整装置采用三个反应器串联时各反应器中的温降情况。由图可见，第一反应器的温度降低得最剧烈，反应物在通过800mm深的床层时，反应温度就由488℃下降到436℃，下降了52℃，这是由于吸热的脱氢反应剧烈进行的缘故。第二反应器的温度下降较缓和些，第三反应器的温度下降则最缓和。由此可见，如果在第一反应器装入较多的催化剂，则下部床层因温度过低而几乎不起什么作用。第三反应器的温降已很缓和，采用过多个数的反应器也没有必要。在工业重整装置中，通常采用3~4个反应器。

关于各反应器装入催化剂量的比例，从以上分析看，第一反应器的装入量应少些，后面的反应器宜多些。至于具体的比例应通过试验和分析然后找出最优的方案。目前工业重整装置多采用以下的装入量比例：对三个反应器约为1.5:3.5:5；对四个反应器约为1:1.5:2.5:5。这个比例与各反应器中的反应情况是相对应的。从第二节各反应的反应速率分析来看，在第一、第二反应器中，环烷烃脱氢反应和异构脱氢反应是主要的，这类反应的反应速率快，故空速可以高，装入较少量催化剂即可。烷烃的环化脱氢反应和加氢裂化反应的反应速率较慢，主要是在第三、第四反应器中发生，尤其是在最后一个反应器中发生，最后一个反应器的催化剂又是处于反应物料中芳烃浓度最高、平均床层温度最高的条件下，因而催化剂生焦速率也最快。一般来说，最后一个反应器催化剂的积炭量约为第一个反应器的3~5倍，固定床半再生式重整装置的运转周期主要决定于最后一个反应器的催化剂的稳定性。图10-22大体上表示了当四个反应器内装入催化剂量比例为1:1.5:2.5:5时各反应器内反应物族组成的分布情况。

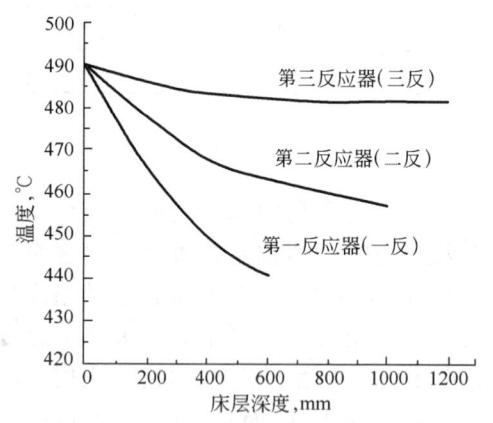

图10-21 重整反应器床层温度分布

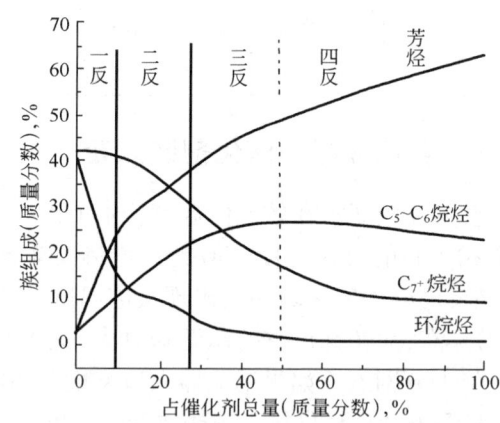

图10-22 各反应器内反应物族组成分布示意图

重整反应器的总催化剂装入量由处理量和液时空速确定（一般是根据所用的催化剂试验结果选定），各个反应器的具体催化剂装入量则由总装入量与各反应器装剂比例计算而得。

近年来，国内外还出现了低铼铂比催化剂和高铼铂比催化剂分段装填工艺，即在前面的反应器装入较低铼铂比的催化剂，而在后面的反应器则装填较高铼铂比的催化剂。这种工艺可以明显地改善单独装填较低铼铂比催化剂时的反应结果，其主要原因是较高铼铂比的催化剂有更高的稳定性。表10-19列出了雪佛龙公司将F催化剂和H催化剂分段装填工艺与F催化剂单独装填工艺的比较。其中F催化剂的Re/Pt=2，H催化剂的Re/Pt>2。

表 10-19 F/H 催化剂分段装填与 F 催化剂单独装填比较

项目	烷基化油辛烷值	反应压力	氢油比	催化剂用量	运转时间
F/H 催化剂分段装填工艺的效益	+1(RON)	-15%	-20%	-10%	+20%

第五节 重整反应器的工艺计算

一、环烷烃脱氢平衡转化率的计算

无论是生产芳烃还是生产高辛烷值汽油,生成芳烃的反应都是重整过程中最重要的反应。芳烃的生成在铂重整中基本上都是由环烷烃脱氢反应而来,烷烃的环化脱氢反应生成的芳烃甚少,可以忽略。即使在双金属和多金属重整中,芳烃的主要来源仍然是环烷烃。所以,研究环烷烃脱氢反应的平衡转化率,即在热力学上的最大转化率,十分必要。计算方法如下。

1. 计算各反应的平衡常数

列出有关化学反应,计算各反应的平衡常数。若原料油为 60~130℃ 馏分,则可以发生如表 10-20 所列的 6 个化学反应。由标准生成等压位可计算出各反应的标准等压位的变化 $\Delta Z^{\ominus}$。再根据下式可计算出各反应的平衡常数 K_P:

$$\Delta Z^{\ominus} = -RT\ln K_P \tag{10-17}$$

表 10-20 和表 10-21 列出了计算得到的不同温度下的 $\Delta Z^{\ominus}$ 和 K_P。

表 10-20 环烷烃脱氢反应的 $\Delta Z^{\ominus}$

序号	化学反应	$\Delta Z^{\ominus}$, J/mol				
		700K	725K	750K	775K	800K
1	环己烷⇌苯 CH⇌B+3H$_2$	-57104	-66989	-77037	-86667	-96807
2	甲基环己烷⇌甲苯 MCH⇌T+3H$_2$	-60684	-70338	-80387	-90854	-100165
3	二甲基环己烷⇌二甲苯 DMCH⇌X+3H$_2$	-71527	-81643	-91691	-101321	-111675
4	甲基环戊烷⇌环己烷 MCP⇌CH	+12812	+13816	+14905	+15910	+16873
5	二甲基环戊烷⇌甲基环己烷 DMCP⇌MCH	-5108	-4606	-4103	-3601	-2931
6	三甲基环戊烷⇌二甲基环己烷 TMCP⇌DMCH	+1235	+2261	+3182	+4103	+5217

注:①对于有异构体的烃类,$\Delta Z^{\ominus}$ 为异构体的平均值。
②表中各反应式中的英文缩写代表相应的反应物或反应产物,在后文中将不再介绍。

表 10-21　各反应的化学平衡常数

温度, K	700	725	750	775	800
K_{P1}	1.82×10^4	6.61×10^4	2.29×10^5	6.92×10^5	2.04×10^6
K_{P2}	3.31×10^4	1.15×10^5	3.98×10^5	1.32×10^6	3.31×10^6
K_{P3}	2.14×10^5	7.59×10^5	2.4×10^6	6.61×10^6	1.95×10^7
K_{P4}	0.111	0.102	0.0016	0.085	0.079
K_{P5}	2.405	2.19	1.931	1.747	1.554
K_{P6}	0.809	0.687	0.601	0.53	0.457

2. 计算各组分的分压

各组分的分压与氢油比有关，这里按氢油比(摩尔比)为 7 来计算。计算时假定在反应前后总物质的量不变。由于系统中有大量的氢气循环，这个假定不会引起较大的误差。

以 100mol 进料油为基准，则起始及平衡时各组分的物质的量如下：

$$\text{MCP} \underset{}{\overset{K_{P4}}{\rightleftharpoons}} \text{CH} \underset{}{\overset{K_{P1}}{\rightleftharpoons}} \text{B} + 3\text{H}_2$$

起始时　　MCP$_0$　　　　CH$_0$　　　　B$_0$　700
平衡时　(MCP$_0$+CH$_0$+B$_0$)　CH$_e$　　　B$_e$　700
　　　　−CH$_e$−B$_e$

$$\text{DMCP} \underset{}{\overset{K_{P5}}{\rightleftharpoons}} \text{MCH} \underset{}{\overset{K_{P2}}{\rightleftharpoons}} \text{T} + 3\text{H}_2$$

起始时　　DMCP$_0$　　　　MCH$_0$　　　T$_0$ 700
平衡时 (DMCP$_0$+MCH$_0$+T$_0$) MCH$_e$　　T$_e$ 700
　　　　−MCH$_e$−T$_e$

$$\text{TMCP} \underset{}{\overset{K_{P6}}{\rightleftharpoons}} \text{DMCH} \underset{}{\overset{K_{P3}}{\rightleftharpoons}} \text{X} + 3\text{H}_2$$

起始时　　TMCP$_0$　　　　DMCH$_0$　　　X$_0$ 700
平衡时 (TMCP$_0$+DMCH$_0$+X$_0$) DMCH$_e$　X$_e$ 700
　　　　−DMCH$_e$−X$_e$

因此，平衡时各组分的分压为(系统总压为 π)

$$p_{H_2} = \pi \times 700/(700+100) = 0.875\pi$$
$$p_B = \pi \times B_e/800$$
$$p_T = \pi \times T_e/800$$
$$p_X = \pi \times X_e/800$$
$$p_{MCP} = \pi \times [(MCP_0 + CH_0 + B_0) - CH_e - B_e]/800$$
$$p_{DMCP} = \pi \times [(DMCP_0 + MCH_0 + T_0) - MCH_e - T_e]/800$$
$$p_{TMCP} = \pi \times [(TMCP_0 + DMCH_0 + X_0) - DMCH_e - X_e]/800$$
$$p_{CH} = \pi \times CH_e/800$$
$$p_{MCH} = \pi \times MCH_e/800$$
$$p_{DMCH} = \pi \times DMCH_e/800$$

3. 求芳烃平衡浓度

$$K_{P1} = p_B \times p_{H_2}^3 / p_{CH} = B_e \times (0.875\pi)^3 / CH_e$$
$$K_{P2} = p_T \times p_{H_2}^3 / p_{MCH} = T_e \times (0.875\pi)^3 / MCH_e$$

$$K_{P3} = p_X \times p_{H_2}^3 / p_{DMCH} = X_e \times (0.875\pi)^3 / DMCH_e$$

$$K_{P4} = p_{CH} / p_{MCP} = CH_e / [(MCP_0 + CH_0 + B_0) - CH_e - B_e]$$

$$K_{P5} = p_{MCH} / p_{DMCP} = MCH_e / [(DMCP_0 + MCH_0 + T_0) - MCH_e - T_e]$$

$$K_{P6} = p_{DMCH} / p_{TMCP} = DMCH_e / [(TMCP_0 + DMCH_0 + X_0) - DMCH_e - X_e]$$

联解以上六个方程式,得:

$$B_e = (MCP_0 + CH_0 + B_0) \times K_{P4} / [A_1 \times (1 + K_{P4}) + K_{P4}]$$

$$T_e = (DMCP_0 + MCH_0 + T_0) \times K_{P5} / [A_2 \times (1 + K_{P5}) + K_{P5}]$$

$$X_e = (TMCP_0 + DMCH_0 + X_0) \times K_{P6} / [A_3 \times (1 + K_{P6}) + K_{P6}]$$

其中

$$A_1 = (0.875\pi)^3 / K_{P1}$$

$$A_2 = (0.875\pi)^3 / K_{P2}$$

$$A_3 = (0.875\pi)^3 / K_{P3}$$

对照前面的定义和计算可以看到,当 $MCP_0 + CH_0 + B_0 = 1$、$DMCP_0 + MCH_0 + T_0 = 1$、$TMCP_0 + DMCH_0 + X_0 = 1$ 时的 B_e、T_e、X_e(分别记为 B_e^0、T_e^0、X_e^0),也就是当苯、甲苯、二甲苯的潜含量(以物质的量计)分别都等于 1 时的苯、甲苯、二甲苯的平衡浓度,也就是各芳烃的平衡转化率。因此,将不同温度及压力下的 B_e^0、T_e^0、X_e^0 分别乘以各芳烃的潜含量即可得到在该温度及压力下的各芳烃的平衡浓度。表 10 – 22 列出了部分反应条件下的计算结果。

表 10 – 22　不同温度及压力下的 B_e^0、T_e^0、X_e^0 的值

温度,K	Y_{ie}^0	压力,at			
		15	20	25	30
700	B_e^0	0.447	0.254	0.134	0.092
	T_e^0	0.912	0.815	0.667	0.564
	X_e^0	0.977	0.947	0.891	0.842
725	B_e^0	0.733	0.533	0.342	0.253
	T_e^0	0.973	0.937	0.871	0.814
	X_e^0	0.993	0.983	0.963	0.946
750	B_e^0	0.895	0.781	0.621	0.516
	T_e^0	0.993	0.981	0.958	0.935
	X_e^0	0.997	0.994	0.986	0.981
775	B_e^0	0.961	0.910	0.821	0.749
	T_e^0	0.997	0.994	0.986	0.979
	X_e^0	约1	0.998	0.994	0.992
800	B_e^0	0.986	0.966	0.927	0.892
	T_e^0	0.999	0.998	0.995	0.992
	X_e^0	约1	约1	0.998	0.998

【例 10 – 2】 已知某重整原料的平均分子量为 98,环烷烃和芳烃的含量(质量分数)如下:六碳环戊烷 3.8%,六碳环己烷 6.2%,苯 0.1%,七碳环戊烷 3.8%,七碳环己烷 11.4%,甲苯 0.9%,八碳环戊烷 + 八碳环己烷 11.8%,二甲苯 0.6%。试计算在 30at(绝)、477℃、氢油比(摩尔比)7 时各芳烃的平衡浓度。

解:首先将原料中各组分的质量分数换算成摩尔分数:

$$\text{六碳环烷烃浓度} = (3.8 + 6.2) \times 98/84 \times 100\% = 11.64\% \text{(摩尔分数)}$$
$$\text{苯的浓度} = 0.1 \times 98/78 \times 100\% = 0.1254\% \text{(摩尔分数)}$$
$$\text{苯潜含量} = 11.64\% + 0.1254\% = 11.77\% \text{(摩尔分数)}$$
$$\text{七碳环烷烃浓度} = (3.8 + 11.4) \times 98/98 \times 100\% = 15.2\% \text{(摩尔分数)}$$
$$\text{甲苯浓度} = 0.9 \times 98/92 \times 100\% = 0.958\% \text{(摩尔分数)}$$
$$\text{甲苯潜含量} = 15.2\% + 0.958\% = 16.16\% \text{(摩尔分数)}$$
$$\text{八碳环烷烃浓度} = 11.8 \times 98/112 \times 100\% = 10.32\% \text{(摩尔分数)}$$
$$\text{二甲苯浓度} = 0.6 \times 98/106 \times 100\% = 0.554\% \text{(摩尔分数)}$$
$$\text{二甲苯潜含量} = 10.32\% + 0.554\% = 10.87\% \text{(摩尔分数)}$$

以上计算中的84、78、98、92、112、106分别是六碳环烷烃、苯、七碳环烷烃、甲苯、八碳环烷烃和二甲苯的分子量。

由表10-22查得在30at(绝)、477℃(750K)下的 $B_e^0 = 0.516$、$T_e^0 = 0.935$、$X_e^0 = 0.981$。假定反应前后油的平均分子量不变,即都是98,则各芳烃的平衡浓度(质量分数)分别为

$$\text{苯} \quad 11.77\% \times 0.516 \times 78/98 = 4.80\%$$
$$\text{甲苯} \quad 16.16\% \times 0.935 \times 92/98 = 14.20\%$$
$$\text{二甲苯} \quad 10.87\% \times 0.981 \times 106/98 = 11.54\%$$

实际计算时以上程序可以简化,即先算出各芳烃的质量潜含量,分别乘以 B_e^0、T_e^0、X_e^0 即可直接得到各芳烃的平衡浓度。例如本题中求苯的质量平衡浓度可简化如下:

$$\text{苯潜含量} = (3.8 + 6.2) \times 78/84 \times 100\% + 0.1\% = 9.28\% \text{(质量分数)}$$
$$\text{苯的平衡浓度} = 9.28\% \times 0.516 = 4.8\% \text{(质量分数)}$$

所得计算结果相同。

从表10-22的计算数据可以看出:平衡转化率随着温度的升高而增大,但随着反应压力的升高而降低。例如,在较低的反应温度427℃(700K)及26atm下,苯的平衡转化率只有13.4%,甲苯的平衡转化率也只有66.7%。很显然,选择这样低的反应温度是不合适的。表10-22的数据还指出,在相同的反应条件下,各种芳烃的平衡转化率依大小次序排列是:二甲苯>甲苯>苯。以上这些规律性与第二节中所讨论的化学反应原理的规律性是一致的。

二、总物料平衡和芳烃转化率的计算

对于以生产高辛烷值汽油为目的的重整装置,其产物通常包括以下四个部分:稳定汽油,即稳定塔塔底产物;液态烃,即稳定塔塔顶液体产物;裂化气,即稳定塔塔顶气体产物;重整氢气,即出重整装置的富氢气体。

对于以生产芳烃为目的的重整装置,其产物有脱戊烷油(即脱戊烷塔塔底产物)、戊烷油(也称液态烃,脱戊烷塔塔顶液体产物)、裂化气(脱戊烷塔塔顶气体产物)和重整氢气四部分。有的工艺流程中在脱戊烷塔之前还有一个脱丁烷塔,此时裂化气应包括脱丁烷塔塔顶气体。目的产物芳烃都含于脱戊烷油中。已知脱戊烷油中的芳烃含量即可计算出芳烃的转化率和产率。

【例10-3】 某催化重整装置每小时进料18.6t。原料油含六碳环烷烃9.98%、七碳环烷烃18.38%、八碳环烷烃12.59%、苯1.41%、甲苯4.07%、乙苯0.41%、间二甲苯和对二甲苯2.49%、邻二甲苯0.64%(以上都是质量分数)。经重整反应后得脱戊烷油16.63t、戊烷油0.54t、脱戊烷塔塔顶气体0.09t、脱丁烷塔塔顶气体0.64t、重整氢气0.63t。脱戊烷油中含苯6.96%、甲苯20.02%、乙苯2.33%、间二甲苯和对二甲苯9.24%、邻二甲苯3.29%、重芳烃

2.52%(以上都是质量分数)。试作总物料平衡并计算芳烃的产率和转化率。

解:按 1h 进料为基准进行计算。

(1)总物料平衡。

入 方			出 方		
	t/h	%		t/h	%
进料	18.6	100.0	脱戊烷油	16.63	89.4
			戊烷油	0.54	2.9
			裂化气	0.73	3.9
			重整氢气	0.63	3.4
			损失	0.07	0.4
合计	18.6	100.0	合计	18.60	100.0

(2)芳烃产率。

   苯产率 = 脱戊烷油收率 × 脱戊烷油中的苯含量 = 89.4% × 6.96% = 6.23%

   甲苯产率 = 89.4% × 20.02% = 17.9%

   C_8芳烃产率 = 89.4% × (2.33 + 9.24 + 3.29)% = 13.3%

   总芳烃产率 = 6.23% + 17.9% + 13.3% = 37.43%(不包括重芳烃)

(3)芳烃转化率。

计算芳烃潜含量:

   苯潜含量 = 9.98% × 78/84 + 1.41% = 10.68%

   甲苯潜含量 = 18.38% × 92/98 + 4.07% = 21.32%

   C_8芳烃潜含量 = 12.59% × 106/112 + 0.41% + 2.49% + 0.64% = 15.44%

   芳烃潜含量 = 10.68% + 21.32% + 15.44% = 47.44%

计算芳烃转化率:

   苯转化率 = 苯产率/苯潜含量 = 6.23%/10.68% = 58.4%

同理   甲苯转化率 = 17.9%/21.32% = 84.0%

   C_8芳烃转化率 = 13.3%/15.44% = 86.3%

   总芳烃转化率 = 37.43%/47.44% = 79%

由以上计算结果可见:分子量越大的环烷烃越容易转化为芳烃,这一点与以前讨论的规律是一致的。

在生产中,为了解各反应器的效率,有时需要考察各个反应器的芳烃转化率。此时,除了需要知道进料的流量和组成外还需要从各反应器的出口采样,经冷凝冷却后测量其中的气体和液体量以计算所采样中液体所占的百分含量,同时分析所采液体中各芳烃的含量。

【例 10-4】 接上例,重整进料油 18.6t/h,循环氢 30000m³/h,循环氢密度为 0.195kg/m³。各反应器出口采样的气体和液体量如下:

反 应 器	气体量,kg	液体量,kg	液体占百分数,%
一反	0.125	0.333	72.6
二反	0.15	0.365	71
三反	0.227	0.385	63

各反应器采样中的液体中芳烃含量如下(质量分数):

芳 烃	一 反	二 反	三 反
苯	3.66	5.37	6.08
甲苯	11.65	18.45	22.25
乙苯	1.57	2.36	2.68
间二甲苯+对二甲苯	5.97	9.04	10.83
邻二甲苯	1.94	3.14	3.83
重芳烃	1.22	2.21	2.93

试分析各反应器的芳烃转化情况。

解:(1)先计算各反应器的液体收率(基准:对一反进料)。

进一反循环氢流量 = 30000 × 0.195 = 5.85 × 10³(kg/h)

进一反原料油流量 = 18.6 × 10³(kg/h)

进一反物料中液体所占百分数 = [18.6 × 10³/(18.6 × 10³ + 5.85 × 10³)] × 100% = 76.2%

各反应器的液体收率(对一反进料,累计) = 采样中液体百分数/一反进料中液体百分数

所以 一反液体收率 = 72.6%/76.2% = 95.4%

二反液体收率 = 71%/76.2% = 93.2%

三反液体收率 = 63%/76.2% = 82.8%

(2)计算各反应器的累计芳烃产率。

各反应器累计芳烃产率 = 液体收率 × 所采液体样中的芳烃含量

例如:一反苯的产率 = 95.4% × 3.66% = 3.49%

二反苯的产率 = 93.2% × 5.37% = 5%

依此类推。

(3)计算各反应器的累计芳烃转化率。

各反应器累计芳烃转化率 = 该反应器的芳烃产率/原料的芳烃潜含量

例如:一反累计苯转化率 = 3.49%/10.68% = 32.7%

二反累计苯转化率 = 5%/10.68% = 46.8%

依此类推。

(4)计算各反应器中新生成的芳烃。

各反应器中新生成的芳烃 = 该反应器的累计芳烃产率 – 前一反应器的累计芳烃产率

例如:一反新生成苯 = 3.49% – 1.41% = 2.08%(对原料油)

二反新生成苯 = 5% – 3.49% = 1.51%(对原料油)

依此类推。

步骤2至步骤4的计算结果汇总如下表:

芳烃	累计芳烃产率,%			累计芳烃转化率,%			新生成芳烃,%		
	一反	二反	三反	一反	二反	三反	一反	二反	三反
苯	3.49	5	5.05	32.7	46.8	47.3	2.08	1.51	0.05
甲苯	11.1	17.2	18.45	52.1	80.7	86.5	7.03	3.1	1.25
C₈芳烃	9.07	13.54	14.35	58.8	87.7	93.1	5.53	4.47	0.81
C₆~C₈芳烃	23.66	35.74	37.85	50	75.5	79.8	14.64	12.08	2.11
重芳烃	1.16	2.06	2.43	—	—	—	1.16	0.89	0.37

以上按三反生成油计算的芳烃转化率与例 10-3 中按脱戊烷油计算的数值稍有出入,其中脱戊烷油中的苯比三反生成油中的苯有所增加,而 C_8 芳烃则稍有减少,至于甲苯则变化不大。这些可能是计量和分析引起的误差,但也有可能是由于在后加氢反应器中部分 C_8 芳烃发生了脱甲基反应造成的结果。一般情况下,反应器出口采样的办法比较容易引起误差。比较三个反应器中转化生成芳烃的情况,可以看到一反转化最多,二反次之,而三反则差得多。从各反应器的液体收率来看,在三反中液体收率下降得最多,这说明在三反中发生了较多的加氢裂化反应。

三、单体烃分子转化情况的分析

通过对原料和产物的分析,考察各个单体烃的增减情况,可以具体了解重整过程中各种烃类的转化情况,可以更好地了解催化剂对不同烃类反应的活性。重整反应中各种单体烃分子的转化可通过其物料平衡来考察。以 100kg 原料油为基准进行计算,其基本方法如下:(1)根据原料油中各单体烃的含量计算原料油中各单体烃的质量(kg)或物质的量(kmol)。(2)计算脱戊烷油中各单体烃的质量(kg)或物质的量(kmol)。(3)以上两步骤计算结果的差值即各单体烃的转化情况。

例如某重整原料含环己烷 3.88%,脱戊烷油收率为 90.5%,脱戊烷油中含环己烷 0.696%。以 100kg 原料为基准计算,则:

原料油中环己烷量为 $100 \times 3.88\% = 3.88(kg) = 3.88/84 = 0.0462(kmol)$

脱戊烷油中环己烷量为 $100 \times 90.5\% \times 0.696\% = 0.63(kg) = 0.63/84 = 0.0075(kmol)$

转化的环己烷量为 $3.88 - 0.63 = 3.25(kg)$ 或 $0.0462 - 0.0075 = 0.0387(kmol)$

环己烷转化率 $3.25/3.88 = 83.4\%$ 或 $0.0387/0.0462 = 83.4\%$

【例 10-5】 某铂铼重整装置的原料油和生成油的组成分析结果列于表 10-23。以 100kg 原料油为基准计算得到的各组分的物质的量也列于表 10-23 中。

表 10-23 某铂铼重整装置的原料油和生成油组成

组成		原料油		生成油		差值, kmol
		质量分数,%	物质的量, kmol	对原料质量分数,%	物质的量, kmol	
烷烃	C_3	0.04	0.000908	—		-0.000908
	C_4	0.04	0.000698	—		-0.000698
	C_5	0.10	0.001387	4.51	0.0625	+0.061113
	C_6	14.64	0.170	18.7	0.217	+0.047
	C_7	19.94	0.199	11.7	0.1168	-0.0822
	C_8	15.95	0.1396	4.52	0.0396	-0.10
	C_9	4.32	0.0337	0.511	0.00398	-0.029220
	C_{10}	0.47	0.0033	—		-0.0033
	合计	55.5	0.548584	39.94	0.43988	-0.108704
环烷烃	C_5	0.17	0.00243	0.319	0.00455	+0.00212
	C_6	10.15	0.1206	0.899	0.0168	-0.10992
	C_7	14.82	0.151	0.341	0.00347	-0.14753
	C_8	11.90	0.106	—		-0.106
	C_9	4.14	0.0328	—		-0.0328
	合计	41.18	0.41283	1.559	0.0187	-0.39413

续表

组成		原料油		生成油		差值,kmol
		质量分数,%	物质的量,kmol	对原料质量分数,%	物质的量,kmol	
芳烃	C_6	0.52	0.00666	7.43	0.0952	+0.08854
	C_7	1.0	0.01085	15.89	0.1725	+0.16165
	C_8	1.72	0.0162	14.96	0.141	+0.1248
	C_9	—	—	6.22	0.0517	+0.0517
	合计	3.24	0.03371	4.45	0.4604	+0.42669

根据表10-23的数据做以下计算和分析。

(1) 计算各组分在原料油和生成油之间的差值,也列于表10-23中。正数表示反应生成的增值,负数表示反应时生成其他的化合物。

(2) 计算芳烃转化率:

$C_6 \sim C_8$ 芳烃潜含量 = 苯潜含量 + 甲苯潜含量 + C_8 芳烃潜含量

$$= (10.15\% \times 78/84 + 0.52\%) + (14.82\% \times 92/98 + 1.0\%)$$
$$+ (11.9\% \times 106/112 + 1.72\%)$$
$$= 9.94\% + 14.9\% + 12.98\% = 37.82\%$$

所以 $C_6 \sim C_8$ 芳烃转化率 = [(7.43% + 15.89% + 14.96%)/37.82%] × 100% = 101.2%

芳烃转化率超过了100%,这说明即使全部环烷烃都转化为芳烃(实际上是不可能的),也还有些芳烃是从烷烃转化而来的。在使用单铂催化剂时,并不是绝对没有烷烃的环化脱氢反应,只是比较少,因此从总的反应结果来看,芳烃增加的物质的量少于环烷烃减少的物质的量。

在铂铼重整中仍然是大分子的转化率高,例如:

苯转化率 = (7.43%/9.94%) × 100% = 74.7%

甲苯转化率 = (15.89%/14.9%) × 100% = 106.6%

C_8 芳烃转化率 = (14.96%/12.98%) × 100% = 115.3%

(3) 苯的增加量(0.08854kmol)少于 C_6 环烷烃的减少量(0.10992kmol),这说明 C_6 环烷烃有一部分裂化了而没有转化为苯,这部分裂化的环烷烃主要是甲基环戊烷。对 $C_7 \sim C_9$ 来说,芳烃增大的量都大于相应的环烷烃减少的量,这说明 $C_7 \sim C_9$ 环烷烃的转化率高,而且 $C_7 \sim C_9$ 烷烃的环化脱氢反应也较 C_6 烷烃易于发生。

(4) 考察烷烃的环化脱氢反应和加氢裂化反应。烷烃减少的物质的量中有些发生了环化脱氢反应,而有些则是发生了加氢裂化反应。前者与后者之比称"选择性指数"。选择性指数越高,说明环化脱氢反应发生得越多(相对于加氢裂化而言)。

表10-23的数据表明,苯增加的物质的量少于 C_6 环烷烃减少的物质的量,由于环烷烃脱氢反应比烷烃环化脱氢反应容易得多,因此,可以近似地认为增加的苯全部是由 C_6 环烷烃转化而得,而 C_6 烷烃则基本上没有发生环化脱氢反应。

对 $C_7 \sim C_9$ 烷烃的反应的选择性指数如下:

序 号	项 目	C_7	C_8	C_9
(1)	芳烃增加物质的量	0.16165	0.1248	0.0517
(2)	环烷烃减少物质的量	0.14753	0.106	0.0328
(3)=(1)-(2)	烷烃环化脱氢物质的量	0.01412	0.0188	0.0189
(4)	烷烃减少物质的量	0.0822	0.10	0.02972
(5)=(4)-(3)	烷烃加氢裂化物质的量	0.06808	0.0812	0.01082
(6)=(3)/(5)	选择性指数	0.208	0.232	1.745

以上数据说明烷烃的分子量越大,它的选择性指数也越大,即越容易发生环化脱氢反应。而 C_6 烷烃则很难发生环化脱氢反应,因此在铂铼重整中苯的转化率也不算高,还有待于深入研究以解决提高苯产率的问题。

四、催化重整反应器的理论温降计算

催化重整反应需要的热量以及在绝热反应器中的温降对加热炉的设计是重要的基础数据。而且反应器内的温降的大小也是考察反应深度的一个简单而又直接的指标。

反应器的理论温降可按下式计算:

$$理论温降 = \frac{反应热(吸热) + 热损失}{物料量 \times 物料平均比热容} \quad (10-18)$$

严格地说,在计算反应吸收热量时应考虑在重整过程中发生的全部反应。但是在一般不需要十分精确的工艺计算时,可以用近似的方法来处理。下面以生产芳烃的重整过程为例,说明理论温降的计算方法。

(1)根据反应过程中新生成的芳烃量计算芳构化反应消耗的热量。在采用单铂催化剂时可不考虑烷烃环化脱氢反应,而只计算环烷烃的脱氢反应热,而且都是按六元环烷烃脱氢反应计算;在用铂铼等双金属或多金属催化剂时则需计算烷烃的环化脱氢反应热。芳构化反应的反应热可以取用表10-24列出的数据,这些数据是700K时的反应热,当温度差别不大时可近似地把反应热看作是常数。

表10-24 某芳构化反应的反应热

项目	环烷烃脱氢反应热,kJ/kg 产物	烷烃环化脱氢反应热,kJ/kg 产物[①]
苯	2822	3375
甲苯	2345	2742
二甲苯	2001	2282
三甲苯	约1675	约1926

① 均按正构烷烃反应计算。

(2)加氢裂化反应热可取 921kJ/kg 裂化产物。加氢裂化量可按下式计算:

$$加氢裂化量 = 重整原料量 - 脱戊烷油量 - 实得纯氢量$$

如果缺乏实得纯氢量的数据,可根据新生成的芳烃计算出反应放出的氢气量,并以此数据代替实得纯氢量。

(3)异构化反应热很小,可以忽略。

【例10-6】 某重整装置每小时重整进料 18600kg,得脱戊烷油 16630kg、裂化气及重整氢中的纯氢 274kg。在反应中新生成苯 895kg/h、甲苯 2574kg/h、C_8 芳烃 1908kg/h、重芳烃

281kg/h。循环氢量为5850kg/h,其组成(体积分数)为:H_2 90.11%、CH_4 6.16%、C_2H_6 1.6%、C_3H_8 1.27%、$i-C_4H_{10}$ 0.34%、$n-C_4H_{10}$ 0.2%、C_5H_{12} 0.28%。原料油在反应温度下的平均比热容为3.4kJ/(kg·℃)(为简化,本例按采用铂催化剂计算,可以不考虑烷烃环化脱氢反应的反应热)。

解:(1)反应热。

环烷烃反应热(吸热) = 895×2822 + 2574×2345 + 1808×2001 + 281×1075 = 1265×10⁴(kJ/h)

加氢裂化量 = 18600 - 16630 - 274 = 1696(kg/h)

加氢裂化反应热(放热) = 1696×921 = 156.2×10⁴(kJ/h)

所以 总净反应热 = 1265×10⁴ - 156.2×10⁴ = 1108.8×10⁴(kJ/h)

(2)反应器热损失。

三个反应器表面积共70m²,平均器壁温度90℃,大气温度20℃。取散热系数为62.8kJ/(m²·℃·h)。

所以 散热损失 = 62.8×(90-20)×70 = 30.8×10⁴(kJ/h)

(3)理论温降计算。

循环氢的平均比热容和平均分子量的计算如下:

组　　分	组成 y_i (体积分数),%	分子量 M_i	比热容 c_p kJ/(kmol·℃)	$M_i y_i$	$c_{pi} y_i$ kJ/(kmol·℃)
H_2	90.11	2	29.3	1.82	26.4022
CH_4	6.16	16	58.6	0.98	3.6098
C_2H_6	1.6	30	103.0	0.48	1.6480
C_3H_8	1.27	44	148.6	0.55	1.8872
$i-C_4H_{10}$	0.34	58	192.6	0.19	0.6548
$n-C_4H_{10}$	0.24	58	192.6	0.14	0.4622
C_5H_{12}	0.28	72	236.7	0.20	0.6682
平均分子量			4.36		
平均比热容			35.3324		

$$\text{油气和循环氢混合物的平均比热容} = 3.4 \times \frac{18600}{18600+5850} + \frac{35.3324}{4.36} \times \frac{5850}{18600+5850}$$

$$= 4.525 [\text{kJ/(kg·℃)}]$$

所以 $\text{理论温降} = \dfrac{1108 \times 10^4 + 30.8 \times 10^4}{4.525 \times (18600+5850)} = 103(\text{℃})$

五、反应器工艺尺寸的确定

1. 轴向反应器

每个反应器内的催化剂装入量由处理量、液时空速、反应器个数及各反应器的装剂比例决定。根据每个反应器的催化剂装入量和催化剂的堆积密度即可计算出催化剂所占用的体积。在选定反应器的高径比后,反应器的高度和直径也就确定了。在选择反应器的高径比时,主要的考虑因素是催化剂床层的压降。反应器的建造成本也是要考虑的因素之一。下面以一个计算示例予以说明。

【例10-7】 某重整装置的处理量为 1.5×10^5 t/a,原料油的平均分子量为100,催化剂颗粒为 $\phi 4\text{mm} \times 3\text{mm}$,其堆积密度为 730kg/m^3。反应条件为:液时空速 3.5h^{-1},操作压力25atm(绝),氢油比(摩尔比)7,第二反应器的平均温度490℃。采用轴向式反应器,并已经计算得各反应器的催化剂装入量,其中第二反应器的装入量为2.928t。试计算第二反应器的工艺尺寸。

解: (1)计算循环氢和油气的混合密度 ρ。

每年开工时间按8000h计算,则:

$$\text{原料油流量} = 150000 \times 10^3 / 8000 = 18750 (\text{kg/h}) = 187.5 (\text{kmol/h})$$

$$\text{循环氢流量} = 187.5 \times 7 = 1313 (\text{kmol/h})$$

氢油比(摩尔比)本应是纯氢与油之比,这里把纯氢的物质的量近似地看作循环氢的物质的量。设循环氢的分子量为3,则循环氢的质量流量为:

$$1313 \times 3 = 3939 (\text{kg/h})$$

所以

$$\text{总质量流量} = 18750 + 3939 = 22689 (\text{kg/h})$$

$$\text{总体积流量} = (187.5 + 1313) \times 22.4 \times \frac{1}{25} \times \frac{490 + 273}{273} = 3758 (\text{m}^3/\text{h})$$

所以

$$\text{混合物密度} \rho = 22689/3758 = 6.04 (\text{kg/m}^3)$$

(2)计算混合物的黏度。

查设计图表得原料油蒸气的黏度为 $0.0000147 \text{Pa} \cdot \text{s}$,循环氢黏度近似地按氢的黏度计算,其值为 $0.0000167 \text{Pa} \cdot \text{s}$。

$$\text{混合气体的黏度} \mu = \frac{\sum y_i (M_i)^{0.5} \mu_i}{\sum y_i (M_i)^{0.5}} \tag{10-19}$$

式中　y_i——i 组分的摩尔分数;

M_i——i 组分的分子量;

μ_i——i 组分的黏度。

按式(10-19)计算氢与油混合物的黏度:

$$\mu = \frac{(7/8) \times 3^{0.5} \times 0.0000167 + (1/8) \times 100^{0.5} \times 0.0000147}{(7/8) \times 3^{0.5} + (1/8) \times 100^{0.5}} = 0.0000158 (\text{Pa} \cdot \text{s})$$

(3)计算催化剂颗粒当量直径。

催化剂颗粒为 $\phi 4\text{mm} \times 3\text{mm}$,所以:

$$\text{颗粒表面积} = 2 \times (\pi \times 4^2/4) + 3 \times 4\pi = 20\pi (\text{mm}^2)$$

$$\text{催化剂颗粒体积} = (\pi \times 4^2/4) \times 3 = 12\pi (\text{mm}^3)$$

$$\text{球形颗粒体积} = \pi d_p^3/6$$

根据当量直径的定义,则:

$$(\pi d_p^2)/(\pi d_p^3/6) = 20\pi/12\pi$$

所以

$$\text{当量直径} d_p = 3.6 (\text{mm}) = 0.0036 (\text{m})$$

(4)计算床层压降及选取通过反应器床层的气体线速。

根据经验选用单位床层压降 $\Delta p/L = 0.15$ at/m,由压降计算公式:

$$\Delta p/L = 78.07 \times 10^{-5} \times (\rho^{0.85} u^{1.85} \mu^{0.15} / d_p^{1.15})$$

得

$$0.15 = 78.07 \times 10^{-5} \times (6.04^{0.85} \times u^{1.85} \times 0.0000158^{0.15} / 0.0036^{1.15})$$

解此方程,得 $u = 0.557 (\text{m/s})$

已知体积流量为 $3758\mathrm{m}^3/\mathrm{h}=1.044\mathrm{m}^3/\mathrm{s}$，所以：

$$\text{床层截面积} = 1.044/0.557 = 1.87(\mathrm{m}^2)$$
$$\text{催化剂装入体积} = 2.928 \times 1000/730 = 4.01(\mathrm{m}^3)$$
$$\text{床层高度} = \text{催化剂装入体积}/\text{床层截面积} = 4.01/1.87 = 2.14(\mathrm{m})$$
$$\text{第二反应器床层压降} = 0.15 \times 2.14 = 0.321(\mathrm{at})$$

(5) 反应器的直径和高度。

$$\text{床层直径 } D = \sqrt{4 \times 1.87/\pi} = 1.54(\mathrm{m})$$

考虑到耐热水泥层、合金钢衬里和间隙，取反应器壳体内径为 $1.8\mathrm{m}$。

催化剂床层高度为 $2.14\mathrm{m}$，考虑到瓷球层、分配头、集气管等内部构件，并留一定空间，反应器直筒高度选用 $3.5\mathrm{m}$。

反应器的尺寸最后还要根据机械设计要求和制造厂的系列规格作适当调整。

2. 径向反应器

径向反应器设计中的重要问题是要使流体沿整个催化剂床层轴向高度均匀分布。反应原料气流由反应器上部进入沿圆周排列的扇形分气筒，从大面积开孔处出来，穿过环形催化剂床层进入开孔率低的中心集气管，然后离开反应器，如图 10-23 所示。

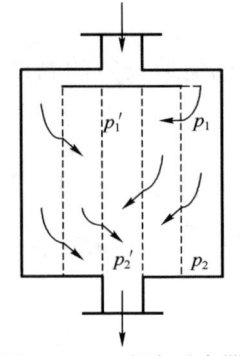

欲使气流沿催化剂床层轴向高度均匀分布，必要条件是催化剂床层外侧面与内侧面之间的静压差沿轴向高度保持相等，即 $(p_1-p_1')/(p_2-p_2')=1$。此时，通过催化剂床层上部和下部的气流流量 Q_1 和 Q_2 相等。在工程上要完全达到均匀分布是很困难的，但是应努力做到逼近。例如，当上部压差与下部压差之比大于 0.9 时，$Q_1/Q_2 > \sqrt{0.9} = 0.95$，此时便可认为气流在整个轴向高度上基本上是均匀分布的。

下面再进一步分析在设计径向反应器时如何才能作到气流均匀分布。气流基本均匀分布时

$$(p_1-p_1')/(p_2-p_2') \geqslant 0.9 \qquad (10-20)$$

图 10-23 径向反应器

若 $\Delta p_\text{总}$、$\Delta p_\text{分}$ 和 $\Delta p_\text{集}$ 分别表示床层总压降、扇形分气筒主流道压降和中心集气管主流道压降，则：

$$\Delta p_\text{总} = p_1 - p_2'$$
$$\Delta p_\text{分} = p_1 - p_2$$
$$\Delta p_\text{集} = p_1' - p_2'$$

将此三式代入式(10-20)中，得：

$$(\Delta p_\text{总} - \Delta p_\text{集})/(\Delta p_\text{总} - \Delta p_\text{分}) \geqslant 0.9$$

由上式可见，在较小的总压降时，为了使气流沿床高均匀分布，应适当减小 $\Delta p_\text{集}$ 或增大 $\Delta p_\text{分}$，即适当增大中心集气管的管径或减小扇形筒的截面积。根据重整反应器的结构情况，采用前者较为合适。

将式(10-20)取为等式，得：

$$\Delta p_\text{总} = 10\Delta p_\text{集} - 9\Delta p_\text{分} \qquad (10-21)$$

式(10-21)说明，当 $\Delta p_\text{集}$、$\Delta p_\text{分}$ 一定时，即当中心集气管和扇形分气筒的工艺尺寸确定后，使气流沿床高均匀分布的反应器最小总压降就被决定了。而反应器的总压降由四部分组成，即：

$$\Delta p_{总} = \Delta p_{分孔} + \Delta p_{床层} + \Delta p_{外套孔} + \Delta p_{集孔} \quad (10-22)$$

式中 $\Delta p_{分孔}$ ——气流通过扇形筒小孔时的压降;
　　　$\Delta p_{床层}$ ——气流通过催化剂床层的压降;
　　　$\Delta p_{外套孔}$ ——气流通过中心集气管外套管小孔时的压降;
　　　$\Delta p_{集孔}$ ——气流通过中心集气管小孔时的压降。

以上组成总压降的四个部分中,由于扇形筒和中心集气管是大开孔率均匀开孔,因此 $\Delta p_{分孔}$ 和 $\Delta p_{外套孔}$ 很小,常常可以忽略。式(10-21)和式(10-22)是重整径向反应器设计的基本关系式。设计的基本步骤如下:

(1)根据经验选定中心集气管管径,初选反应器壳体直径,并以此确定扇形分气筒的个数。

(2)由催化剂装入量计算催化剂床层高度,以此确定反应器的高度。核算高径比,高径比太小的反应器造价较高。国内重整径向反应器的高径比一般为2~3。如果高径比不合适,则调整反应器壳体直径,重新计算。

(3)计算 $\Delta p_{集}$、$\Delta p_{分}$,并由式(10-21)计算 $\Delta p_{总}$。

(4)计算 $\Delta p_{分孔}$、$\Delta p_{床层}$、$\Delta p_{外套孔}$。

(5)由式(10-22)计算 $\Delta p_{集孔}$。

(6)计算中心集气管开孔面积,这就是使气流均匀分布时中心集气管的最大开孔面积。

思政点16　炼油厂转型升级,数字与智能大有可为

参 考 文 献

[1] 林世雄. 石油炼制工程. 3版. 北京:石油工业出版社,2000.
[2] 徐春明,杨朝合. 石油炼制工程. 4版. 北京:石油工业出版社,2009.
[3] 徐承恩. 催化重整工艺与工程. 北京:中国石化出版社,2006.
[4] 王基铭. 中国炼油技术新进展. 北京:中国石化出版社,2017.
[5] 赵仁殿. 芳烃工学. 北京:化学工业出版社,2001.
[6] Gates B C,Katzer J R,Shui G C A. Chemistry of catalytic processes. New York:McGraw-Hill,1979.
[7] 曹东学. 催化重整技术的发展趋势及重要举措. 当代石油石化,2019,27(10):1-8.
[8] 马爱增. 中国催化重整技术进展. 中国科学:化学,2014,44(1):25-39.
[9] 胡德铭. 国外催化重整工艺技术进步. 炼油技术与工程,2012,42(4):1-10.
[10] 罗家弼. 催化重整发展问题的探讨. 炼油设计,1995,25(1):7-12.
[11] Barbier J. Deactivation of reforming catalysts by coking-a review. Applied Catalysis,1986,23(2):225-243.

[12] Ramage M P,Graziani K R,Schipper F J,et al. Kinptr(Mobil's kinetic reforming model):A Review of Mobil's industrial process modeling philosophy. Advances in Chen. Eng. ,1987,(13):193-266.

[13] 翁惠新,孙绍庄,江洪波. 催化重整集总动力学模型(Ⅰ)模型的建立. 化工学报,1994,45(4):407-412.

[14] 解新安,陈清林,华贲,等. 催化重整反应条件的优化. 炼油设计,2000,30(9):41-44.

[15] Jeunnic Stell. Catalyst price,demand on the rise. Oil & Gas Journal,2005,103(9):50-53.

[16] 刘耀芳,杨朝合,杨九金,等. 铂锡重整催化剂再生过程的研究:(1)催化剂上焦炭燃烧过程的特征. 石油炼制与化工,1988,19(11):24-32.

[17] 刘耀芳,杨朝合,杨九金,等. 铂锡重整催化剂再生过程的研究:(2)烧炭速度与氧分压的关系. 石油炼制与化工,1989,20(5):46-50.

[18] 刘耀芳,杨朝合,杨九金,等. 铂锡重整催化剂再生过程的研究:(3)烧炭过程的动力学参数. 石油炼制与化工,1989,20(9):37-41.

[19] 刘耀芳,潘国庆,杨九金,等. 铂锡重整催化剂再生过程的研究:(4)铂的烧结作用. 石油炼制与化工,1990,21(8):37-42.

[20] 潘国庆,刘永涛,刘耀芳,等. 铂锡重整催化剂再生过程研究:(5)氯化和氧化更新的化学行为. 石油炼制化工,1994,25(3):23-27.

[21] 解新安,彭世浩,刘太极. 催化重整反应动力学模型的建立及其工业应用:(1)物理模型的建立. 炼油技术与工程,1995,25(6):49-51.

[22] 解新安,彭世浩,刘太极. 催化重整反应动力学模型的建立及其工业应用:(2)催化重整反应动力学模型的建立. 炼油设计,1996,26(1):44-48.

[23] 解新安,彭世浩,刘太极. 催化重整反应动力学模型的建立及其工业应用:(3)重整催化剂结焦失活与烧焦再生. 炼油技术与工程,1996,26(2):44-48.

[24] 解新安,彭世浩,刘太极. 催化重整反应动力学模型的建立及其工业应用:(4)重整催化剂再生过程中的氯化和氧化复活. 炼油设计,1996,26(5):27-29.

[25] 解新安,彭世浩,刘太极. 催化重整反应动力学模型的建立及其工业应用:(5)重整反应模拟软件的开发与应用. 炼油设计,1996,26(6):42-45.

[26] 潘国庆,王虹,刘耀芳,等. 连续重整移动床径向再生器中烧炭的数学模型(Ⅰ):烧炭过程的动力学方程及数学模拟. 炼油设计,1995,25(1):42-45,52.

[27] 潘国庆,王虹,刘耀芳,等. 连续重整移动床径向再生器中烧炭的数学模型(Ⅱ):操作条件分析. 炼油设计,1995,25(2):37-39,60.

[28] 衣晓阳,张鹏,胡长禄,等. 催化重整集总动力学模型研究进展. 工业催化,2020,28(3):25-30.

[29] 王杰广,马爱增,袁忠勋,等. 逆流连续重整低苛刻度反应规律研究. 石油炼制与化工,2016,47(8):47-52.

[30] 王杰广,马爱增,袁忠勋,等. 催化剂积炭对逆流连续催化重整反应的影响. 石油炼制与化工,2019,50(8):1-5.

[31] 寿建祥. 连续催化重整装置大型化探讨. 石油炼制与化工,2020,51(6):79-85.

第十一章 溶剂分离过程

溶剂分离过程是炼油、化工工业中一类重要的过程,在炼油工业中被广泛应用。例如,从渣油中取得残渣润滑油原料和催化裂化原料的溶剂脱沥青、生产润滑油时采用的溶剂精制和溶剂脱蜡、从重整生成油或催化裂化循环油中抽取芳烃的芳烃抽提等都属于溶剂分离过程。

溶剂分离过程是用一种适当的溶剂处理液体或液固混合物,利用混合物各组分在溶剂中溶解度不同的特性,使混合物中待分离的组分溶解于溶剂中,从而达到与其他组分分离的目的。

溶剂分离过程有以下主要特点:

(1)溶剂分离过程之所以能分离混合物的最基本的依据是混合物中各组分在溶剂中有不同的溶解度。因此,所选用的溶剂必须对混合物中待分离出来的溶质有显著的溶解能力,而对其他组分则应完全不互溶或仅有部分互溶能力。由此可见,选择合适的溶剂是溶剂分离过程成功的关键。

(2)在操作条件下,溶剂和原料都应处于液相(在超临界溶剂萃取时,溶剂处于超临界流体状态),而且两者在混合后能分成两个液相层(可含固体)或超临界流体层—液相层,此两个液相层应具有一定的密度差以便进行分离。

(3)在分离过程中,溶质由原料液通过界面向溶剂中转移,与其他传质分离过程一样,是以相际平衡作为过程的极限。

(4)分离过程中使用了大量的溶剂,为了获得溶质和回收溶剂并将其循环使用以降低成本,所选用的溶剂应当容易回收并且费用较低。一般情况下,溶剂回收部分的投资和操作费用在整个溶剂分离过程中占有相当大的比例。

与蒸馏方法相比,一般情况下,溶剂分离方法的操作费用要高些,因此,当蒸馏方法与溶剂分离方法均可以考虑采用时,常常是采用蒸馏方法。但是在某些情况下,也可能是采用溶剂分离方法更为经济合理。例如,需要分离的各组分的沸点接近时,采用蒸馏方法需要的塔板数很多,设备费用很高;又如若混合物中的组分形成共沸物,用一般的蒸馏方法难以得到所要求纯度的产品;又如混合物中的组分的热敏性高,蒸馏时容易因受热发生化学变化而变质等。由此可见,必须掌握好溶剂分离过程的特点才能充分发挥其优越性,取得较好的经济效益。本章将对炼油厂中广泛采用的溶剂分离过程——渣油溶剂脱沥青、润滑油溶剂精制、润滑油溶剂脱蜡以及芳烃抽提等进行阐述。

第一节 渣油溶剂脱沥青过程

在炼油工业中,溶剂脱沥青主要用于从减压渣油制取高黏度润滑油基础油和催化裂化原料油,在原料合适的情况下脱油沥青可生产道路沥青。从减压渣油制取高黏度润滑油须经过溶剂脱沥青得到脱沥青油、脱沥青油溶剂精制、溶剂脱蜡以及白土精制(或加氢精制)等一系列的精制过程和组分调和才能得到合格的润滑油产品。其中,溶剂脱沥青的主要作用是除去渣油中的沥

视频11-1 渣油溶剂脱沥青

青以获得较低残炭值的脱沥青油并改善色泽。催化裂化原料瓦斯油中掺入减压渣油是提高轻质油收率的一个重要途径,但是许多减压渣油含有较多的金属及易生成焦炭的物质,对催化剂毒害严重,不宜直接掺入催化裂化原料中去,通过溶剂脱沥青可以把大部分金属和易生焦物质除去,从而显著地改善重油催化裂化进料的质量。在生产润滑油时多以丙烷作溶剂,而在生产催化裂化原料时则多以丁烷甚至戊烷作溶剂。

溶剂脱沥青所指的"沥青"并非一种严格定义的产品或化合物,它是指减压渣油中最重的那一部分,主要是沥青质和胶质,并含少量芳烃和饱和烃,其具体组成因生产目的不同而异。

一、溶剂脱沥青的基本原理

1. 溶剂脱沥青的基本依据

减压渣油是烃类和非烃类的复杂混合物,它的分子量分布范围很宽,从几百到几千。从化学组成来看,它含有饱和烃、芳烃、胶质和沥青质,其中饱和烃是非极性的,而其他组分则是极性的和强极性的。从渣油评价的结果可以看到,随着渣油窄馏分分子量的增大,窄馏分中的饱和烃含量不断减少;芳烃含量先是增大然后又减少,但是芳烃的环数是一直增多的;胶质和沥青质含量则不断增大。在最重的几个窄馏分和萃余残渣中则只含有胶质和沥青质,残渣中富集了渣油中95%以上的沥青质。对渣油窄馏分的分析结果还表明,随着分子量的增大,窄馏分的氢碳原子比不断下降,残炭值和金属含量则不断增大(请参阅第五章的渣油评价数据)。

当以小分子烷烃(C_3、C_4、C_5)作溶剂时,根据溶解过程的分子相似原理,渣油中分子量较小的饱和烃及芳烃较易溶解,而胶质及沥青质则较难溶解,甚至不溶。从分子的极性大小来看各组分的溶解度,也是饱和烃最大,芳烃次之(其中的多环芳烃又差些),胶质又次之,而沥青质则基本不溶。因此,采用小分子烷烃作溶剂对渣油进行抽提时,可以把渣油中的饱和烃及芳烃(在炼油厂常把这部分称为油分)提取出来,从而分离出胶质及沥青质,也可以只分离出重胶质及沥青质。与原料渣油相比,提取所得的油分的残炭值及金属含量较低、氢碳原子比较高,达到生产高黏度润滑油和改善催化裂化进料的要求。

渣油中的沥青质以胶束状态存在,芳烃和胶质对这种状态起着稳定作用。在加入小分子烷烃后,这种稳定状态被破坏,沥青质也可能沉淀出来。因此也称渣油溶剂脱沥青过程为"抽提—沉淀分离"过程。但从广义上考虑,此过程仍属抽提过程。

2. 渣油—轻烃体系的相平衡关系

对一个分离过程,首先要了解该体系在什么样的条件范围内存在两个液相,同时还要了解主要操作条件对相平衡关系的影响。

图11-1是中国石油大学根据实验数据绘制的大港减压渣油—异丁烷体系的 p—T 相图,以此图为例对渣油—轻烃体系的相平衡关系予以说明。图中分为几个区,分别以字母表示该区的相状态:L 表示单一的液相,L—L 表示两个液相共存,L—SCF 表示液相与超临界流体两相共存,V—L—L 表示一个气相和两个液相共存,V—L 表示一个气相与一个液相共存。图中 CP 点表示溶剂的临界点,UCEP 点表示上临界终点。

现对此相图作一简要的说明。设恒定温度为110℃(参看 ABCD 线),当压力高于9.5MPa 时,渣油—异丁烷体系为均一的液相,呈黑色。在压力逐渐降低的过程中,体系仍为均一液相,但总体积缓慢增大。当压力降低到9.5MPa(图中 B 点)时,体系开始发生分层,从黑色的均一液相变为颜色深浅不同的两个液相。轻液相和重液相之间有明显的界面,该点压力即为体系在110℃时的分相压力,它是该体系在110℃下保持均一液相的最低压力,也是该体系保持液液两相的最高压力。从分相压力继续降压,体系仍为两相,此时轻液相的体积迅速增大、颜色逐渐变浅。当压力下降到2.406MPa时(图中 C 点),体系出现第一个气泡,进入 L—L—V 三相区。随着压力的继续降低,气泡不断增多,轻液相体积不断减小。当压力下降到2.246MPa时(图中 D 点),轻液相消失,体系成为气液两相,气体与重液相之间有明显的界面。此时重液相体积开始呈减小趋势,因为此时重液相中有大量的溶剂汽化。这种现象并不是在实验的全部温度范围内都出现。在上临界终点,可以观察到流体剧烈地对流,有乳白色的光透出,但未观察到轻液相和气体的界面。

当温度和压力远高于溶剂的临界点温度和压力时,例如150℃,随着压力的降低,体系由均一的液相变为液体—超临界流体两相。体系的分相压力仍然存在,压力一直降低到溶剂的临界压力以下时也没有出现三相,只是轻液相体积不断增大,颜色迅速变为无色。

由图11-1可见,在实验的温度范围内(100~150℃),体系在任一温度下都存在一个对应的分相压力。超过此分相压力,体系成均相,或者说,溶剂将渣油全部溶解;低于此分相压力,则体系分成两相,在此范围内才有可能进行分离操作。不同温度下的分相压力是不同的。随着温度的升高,体系的分相压力升高。其主要原因是温度升高时溶剂的密度降低,溶解能力下降,需由提高压力来补偿。

若压力恒定,同样也存在一个分相温度,即在该压力下从均一液相转变为液液两相的最低温度。低于此温度,体系为均一液相,无法用萃取方法进行分离。不同压力下的分相温度也是不同的,随着压力降低,分相温度也降低。

溶剂不同时,渣油—轻烃体系的相平衡关系也会不同,但是其 p—T 相图的形式相似。图11-2是标绘在同一张坐标图上的大港减压渣油—丙烷体系和大港减压渣油—异丁烷体系的 p—T 相图。由图可见,虽然两个体系的具体相平衡数据有较大差别,但是它们的图形是类似的。渣油—丙烷体系的分相压力明显高于渣油—异丁烷体系的分相压力。而且,渣油—丙烷体系液液分相线的斜率明显地大于渣油—异丁烷体系液液分相线的斜率,这表明温度对丙烷的溶解能力的影响比对异丁烷的影响大。

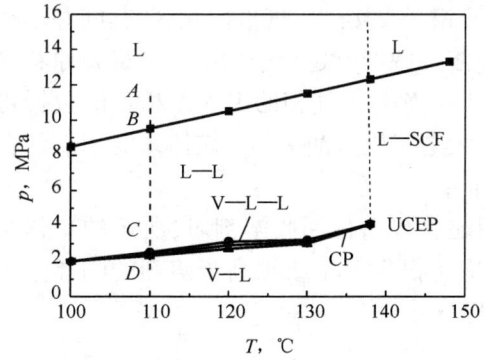
图11-1 大港减压渣油—异丁烷体系的 p—T 相图
溶剂比3.0(质量比)或5.07(体积比)

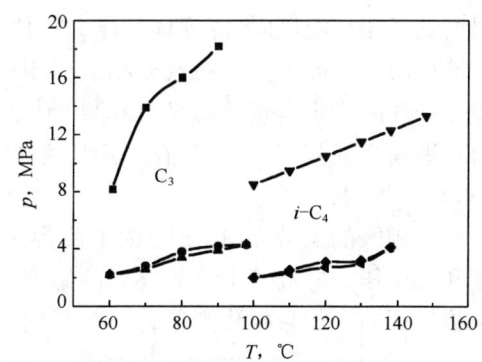
图11-2 减压渣油与丙烷及异丁烷体系的 p—T 相图
溶剂比3.0(质量比)

溶剂比的大小对渣油—轻烃体系的相特性有影响。图11-3是在不同溶剂比时的大港减压渣油—异丁烷体系的 p—T 相图。由图可见,随着溶剂比的提高,同一温度下的分相压力也增大,或者说,提高溶剂比会使液液两相区扩大。这意味着提高溶剂比会使分离过程的可操作条件范围扩大。

渣油的化学组成及性质对体系的相平衡关系有影响。图 11-4 是掺入 20%(1 号混合油)、40%(2 号混合油)催化裂化油浆的减压渣油和单独的减压渣油分别与异丁烷的体系的 p—T 相图。由图可见,随着油浆掺入比例的增大,体系的分相压力增大。这一现象表明在减压渣油中掺入催化裂化油浆后,渣油在溶剂中的溶解度下降。催化裂化油浆的分子量比减压渣油的小,但它的芳香性很强,尤其是稠环芳烃的含量很高。前者使溶解度增大,后者使溶解度减小,其综合效果是掺入油浆后的渣油在溶剂中的溶解度降低。

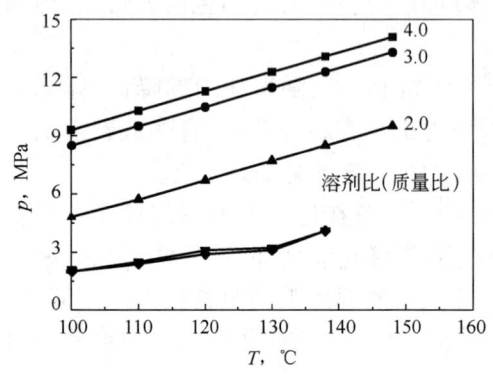
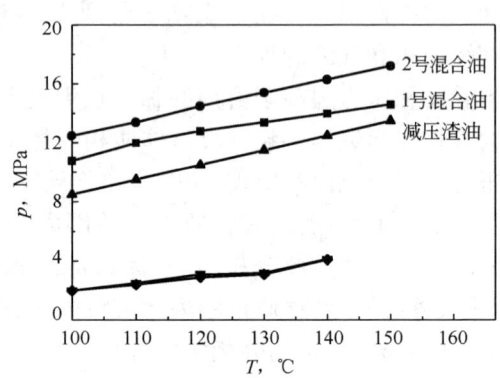

图 11-3　大港减压渣油—异丁烷体系在不同溶剂比时的 p—T 相图

图 11-4　组成不同的减压渣油与异丁烷体系的 p—T 相图
　　溶剂比 3.0(质量比)

渣油—轻烃体系的 p—T 相图的一个明显特点是有一个狭长形的液—液—气三相共存区。三相中的气相实质上是降压时从轻液相和重液相中汽化出来的溶剂所形成的。溶剂的饱和蒸气压曲线(图 11-1 中的虚线)位于三相区内,溶剂的临界点也位于三相区内。三相区的上包迹线压力实际上大于溶剂在相应温度下的饱和蒸气压,因此,不能认为操作压力只要高于溶剂在操作温度下的饱和蒸气压就能进行溶剂脱沥青操作。从平稳操作的角度来说,操作压力至少应高于与操作温度相对应的三相区上限压力。

从图 11-1 至图 11-4 还可以看到,三相区包迹线的斜率小于分相压力线的斜率。可以推测,随着溶剂比的减小或温度的降低,此两条线可能交汇于一点,此点被称为相点。当体系温度低于相点温度时,降低体系压力会使体系从均一液相区直接进入气液两相区,其间并不经过液液两相区或液—液—气三相区。相点的存在对于溶剂脱沥青过程中用溶剂预稀释原料的操作条件的确定有重要意义,在原料预稀释操作中应当注意避免气相的出现。相点的数据可由相平衡实验测定。例如,在溶剂比为 1(质量比)时,大港减压渣油—异丁烷体系的相点约在 100℃、2.5MPa。

三相区的上端点(UCEP)为上临界终点。在采用超临界条件回收溶剂时,所选的操作温度和操作压力应高于上临界终点的温度和压力,而不应是仅仅等于或稍高于溶剂的临界温度和临界压力。如果操作点落在三相区内,会造成不稳定操作。

3. 超临界溶剂抽提和超临界溶剂回收

传统的溶剂脱沥青过程是在溶剂的临界点以下的温度、压力条件下进行操作的。20 世纪 80 年代以来,对在溶剂的临界点以上的温度、压力条件下进行操作的超临界溶剂抽提和超临界溶剂回收的研究及技术开发有了较大的进展。

当溶剂处于其临界温度以上的温度及压力远高于其临界压力的条件时,此溶剂即处于超临界流体状态。常用的脱沥青溶剂的临界参数如表11-1所示。在实际应用中,超临界流体所处的条件范围多采用对比温度 T_r 为1.0~1.2、对比压力 p_r 为1.5~2.5。

表11-1 几种溶剂的临界参数

名　　称	常压沸点,℃	临界温度,℃	临界压力,MPa
丙烷	-42.07	96.81	4.26
异丁烷	-11.27	134.98	3.65
正丁烷	-0.5	152.01	3.80
异戊烷	27.85	187.80	3.32
正戊烷	36.07	196.62	3.37

超临界流体的密度对温度和压力很敏感,通过改变温度或压力可以在较大范围内改变其密度。实验研究结果表明,超临界流体的溶解能力主要决定于它的密度,随着超临界流体的密度增大,其溶解能力也随之增大。因此,在某个温度及压力范围内,它对渣油的溶解能力足以达到抽提脱沥青操作的要求。关于超临界溶剂的选择性与常规溶剂相比孰高孰低的问题,从已有的研究工作来看,尚难以作出十分肯定的结论,但总的来看,差别不会很大。用超临界溶剂对渣油进行脱沥青抽提时,由于超临界流体的黏度低、传质速率高,以及轻液相与重液相的密度差大、容易分层等原因,抽提塔的结构可以大为简化,其体积也可以缩小。

溶剂脱沥青过程使用大量的溶剂,采用的溶剂比一般为3~5(质量比),必须回收并循环使用。溶剂回收部分的投资和操作费用对整个装置的经济效益有重要影响。需回收的溶剂量中,约90%来自提取液(脱沥青油相),其余则来自提余液(脱油沥青相)。因此,溶剂回收的重点是回收提取液中的溶剂。

传统的回收方法是将溶液加热使其中的溶剂蒸发,这种方法的能耗较大,能耗大的主要原因是溶剂汽化时需大量的蒸发潜热。近临界溶剂回收(在一些文献中也称作准临界回收或临界回收)和超临界溶剂回收技术的应用使溶剂回收的能耗有了显著的降低。这两种溶剂回收方法的原理基本上是相同的,但是具体的操作条件则有所不同。

在近临界条件或超临界条件下,溶剂的密度对温度、压力的变化比较敏感,通过恒压升温或恒温降压、或同时升温降压等手段可以较大地减小溶剂的密度,从而也降低了溶剂的溶解能力。当溶剂的密度降低到一定程度时(例如0.2g/cm³以下),溶剂对脱沥青油的溶解能力已经很低,溶剂与脱沥青油分离成轻、重两个液相,从而达到回收溶剂的目的。采用此方法可以把提取液中的绝大部分溶剂分离出来,残存在脱沥青油中的少量溶剂可经进一步汽提分出。在上述的分离过程中,由于没有经历由液相到气相的相变化,不需要提供汽化潜热,因而降低了能耗。

超临界溶剂回收与近临界溶剂回收的差别主要是过程所处的条件和状态不同,前者在超临界条件下进行,后者在低于临界点但接近于临界点的条件下进行。图11-5用溶剂的温焓图(示意图)表示了这两种方法经历的过程。图中A点和C点分别表示溶剂在离开临界点以下操作的抽提塔时的状态和超临

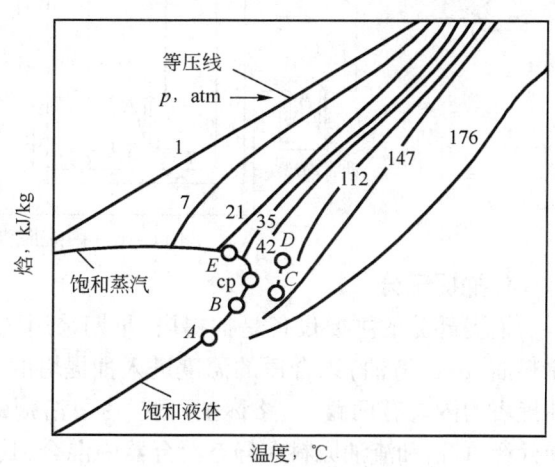

图11-5 溶剂的温焓图

界抽提塔时的状态，AB 表示液体萃取—近临界溶剂回收的路线，AD 表示液体萃取—超临界溶剂回收的路线，CD 则表示超临界萃取—超临界溶剂回收的路线。由图可见，无论是哪一种路程，其能耗都低于采用蒸发方法的能耗（至少是 E 点与 A 点的焓差），对液体萃取，近临界溶剂回收需要的热量最少；超临界萃取溶剂回收的能耗也较低，但萃取和溶剂回收的压差很大。

采用近临界溶剂回收还是超临界溶剂回收，主要取决于溶剂在临界条件下对脱沥青油的溶解能力。丙烷脱沥青过程采用近临界溶剂回收方法，比较方便易行，节能效益也很好，因而得到了广泛的应用。对丁烷以上的溶剂，由于采用近临界溶剂回收温度下溶剂依然有较高的溶解能力，导致循环溶剂中油含量过高，采用超临界溶剂回收是可行的选择。若抽提部分是在超临界条件下操作，操作压力和温度都较高，则采用超临界溶剂回收方法更合适。

二、溶剂脱沥青工艺流程

由于生产目的不同，采用的抽提方法及溶剂回收方法不同，溶剂脱沥青工艺流程有多种形式。所有的溶剂脱沥青工艺流程都包括抽提和溶剂回收两个部分，而且在许多地方也是很相似的。在本节，以工业上应用最广泛的亚临界溶剂抽提—近临界溶剂回收工艺流程为基本例子对溶剂脱沥青的工艺流程予以说明。

图 11-6 是一个以丙烷为溶剂的溶剂脱沥青工艺原理流程图，其主要特点是以生产高黏度润滑油基础油为目的，抽提塔在低于临界点的条件下操作，溶剂回收在近临界条件下进行。下面分抽提和溶剂回收两部分作介绍。

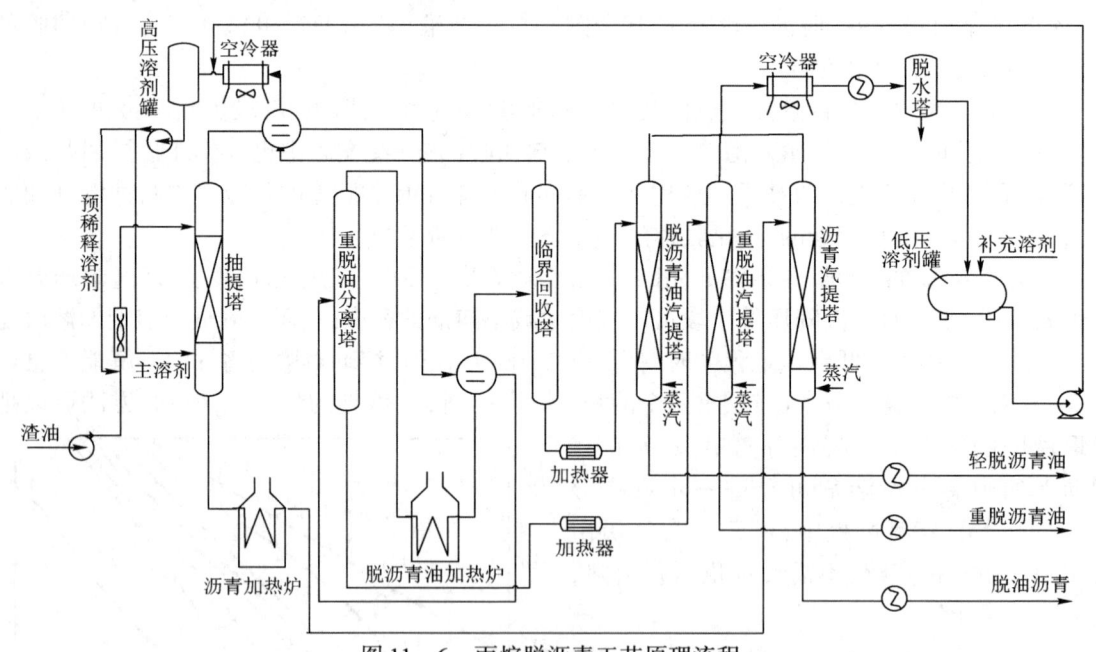

图 11-6 丙烷脱沥青工艺原理流程

1. 抽提部分

抽提部分的主要设备是抽提塔，早期采用转盘塔，目前工业上丙烷脱沥青多采用填料塔。原料油（减压渣油）以合适的温度进入抽提塔的中上部，循环溶剂由抽提塔的下部进入。进入抽提塔的丙烷有两路，一路称主丙烷，占总溶剂的大部分，在塔内起主要的抽提作用；另一路称预稀释丙烷，和渣油原料在静态混合器中混合，其作用是降低进料的黏度，从而提高萃取过程的传质速率。由于两相的密度差较大（原料油的密度为 $0.9 \sim 1.0 \mathrm{g/cm^3}$，丙烷为 $0.35 \sim 0.4 \mathrm{g/cm^3}$），二者在塔内填料上呈相向流动、逆流接触,填料多采用规整填料。减压渣油中的胶质、沥青质与部分溶剂形成的重液相向塔底沉降并从塔底抽出,送去溶剂回收部分。脱沥青油与溶剂形成的轻液相经加热进入重脱油分离塔,塔底出来的提余液为重脱沥青油(也含溶剂),重脱沥青油中主要是分子量较大的多环烃类和胶质组分,塔顶出来的提取液则称为轻脱沥青油,溶剂的大部分存在于此提取液中。

这种采用两个抽提塔、得到两个含油物流的流程称为两段法。如果只用一个抽提塔,只产一种脱沥青油和脱油沥青,则称为一段法。两段法的优点是比较容易同时保证抽提塔塔顶和塔底产品的质量,而且还能多得一个有用的产品。相对来说,一段法在生产低残炭值的脱沥青油的同时又要生产高标号沥青时比较难以同时兼顾两者的质量。

在低温下,减压渣油的黏度很大,不利于扩散传质,因此抽提塔的操作温度要稍高些。为了保证溶剂在抽提塔内是以液相状态存在,操作压力应高于相应温度下的三相区的上包迹线压力。工业丙烷脱沥青装置采用的操作温度和操作压力一般分别为 50~90℃ 及 3~4MPa,溶剂比为 6~8(体积比)。采用的溶剂不同时,抽提操作的温度及压力需作相应的改变。

对于以丁烷和戊烷为溶剂,以生产催化裂化等二次加工原料为目的,也可以采用一段法。图 11-7 示出了一种一段法工艺,省去了重脱油分离塔及相应的溶剂回收及换热流程,只产出一种脱沥青油,和图 11-6 萃取工艺不同之处在于,在静态混合器中和原料混合的是主溶剂,进入萃取塔下部的少量溶剂是副溶剂,因此该工艺实际上是在静态混合器中完成了主要的萃取过程,形成的脱沥青油相和脱油沥青相进入萃取塔的主要作用是沉降分离,沉降的沥青相再和副溶剂逆流接触,将沥青相中未萃取或夹带的脱沥青油萃取出来。另外,该工艺采用的是升压工序,即脱沥青油经升压后进入后续的升温和超临界溶剂回收塔,而前述工艺采用的是降压工序,各有其优缺点。升压工序可不设高压溶剂罐,但超临界塔压力高,需要的溶剂回收温度要稍高一些,降压工序的溶剂回收压力低,需要的温度稍低,但溶剂增压可能需要高压溶剂罐。

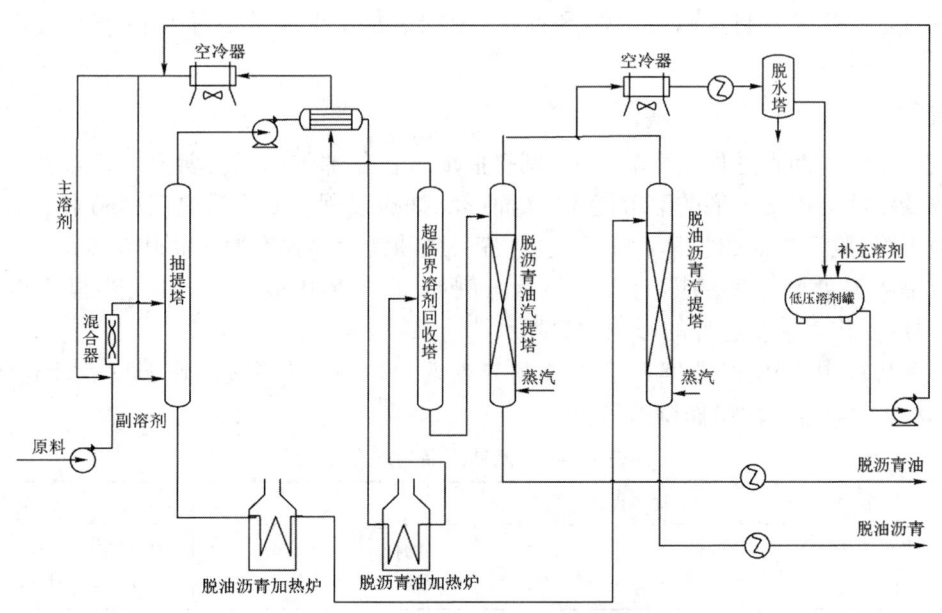

图 11-7 升压工序一段法抽提流程

2. 溶剂回收部分

溶剂的绝大部分（约占总溶剂量的 90%）分布于脱沥青油相中。在图 11-6 的工艺流程中，轻脱沥青油经换热、加热后进入临界回收塔。加热温度要严格控制在稍低于溶剂的临界温度 1~2℃。在临界回收塔中油相沉于塔底，溶剂从塔顶（液相）出来，再用泵送回抽提塔。

从临界（超临界）回收塔分出的轻脱沥青油和从抽提塔分离出来的重脱沥青油中仍含有溶剂，需用蒸发的方法回收，一般是先用水蒸气加热蒸发后再经汽提以除去油中残余的溶剂。由汽提塔塔顶出来的溶剂蒸气和水蒸气经冷却分离出水后溶剂蒸气经压缩机加压，冷凝后重新使用。

沥青相蒸发时需加热至 220~280℃ 以防止产生泡沫，加热后的沥青相同样是经过蒸发和汽提两步来回收其中的溶剂。

超临界溶剂回收的原理和工艺流程与近临界溶剂回收相似，只是其操作温度及压力是处于溶剂的临界点之上。但温度过高则会导致能耗显著增加，需要根据溶剂的溶解能力来决定。

近临界溶剂回收或超临界溶剂回收与过去的多效蒸发回收溶剂相比，其能耗明显降低。能耗降低的最基本原因是前两种回收方法不需要将溶液中的溶剂汽化。关于这两种回收方法的原理和工艺流程在前面已作过介绍。

制约溶剂脱沥青萃取深度还有一个重要因素，采用较重溶剂如戊烷时，萃取收率较高，但会导致脱油沥青软化点较高，其溶剂回收困难，过度提高脱沥青油收率会引起沥青加热炉管结焦的风险，而且高软化点沥青以液体形态存储和输运需要维持较高温度，也带来很大困难。目前有个别丁烷脱沥青装置采用沥青水下成型技术，将沥青制备成毫米至厘米级固体颗粒，以方便存储和输运，但总体规模较小，且水的污染也是一个问题。

三、影响溶剂脱沥青过程的主要操作因素

影响溶剂脱沥青过程的主要操作因素有温度、压力、溶剂组成、溶剂比和原料性质。在下面的讨论中，若没有说明是超临界溶剂抽提，则均是指工业上广泛采用的亚临界溶剂抽提过程。

1. 温度

温度对溶剂脱沥青过程的影响很大，调整抽提过程各部位的温度常常是调整操作的主要手段。改变温度会改变溶剂的溶解能力，从而影响抽提过程。温度升高时，溶剂的密度减小、溶解能力下降，脱沥青油的收率下降而质量提高，脱油沥青的收率增大而软化点提高。操作温度越靠近临界温度则温度的影响也更显著。例如，在使用丙烷作溶剂时，当操作温度超过 65℃ 后，温度变化对抽提过程的影响明显增大。

在实际生产中，当生产方案改变而原料未变时，经常是只调整操作温度就能达到要求。表 11-2 为某工业装置的操作调整情况。

表 11-2 两种产品生产方案

产品方案	抽提塔操作条件				轻脱沥青油收率及性质		
	顶部温度 ℃	底部温度 ℃	压力 MPa	溶剂比（质量比）	收率（质量分数），%	100℃ 黏度 mm^2/s	残炭 %
航空润滑油料	75	50	3.43	3.7	23	21.3	0.7
普通润滑油料	63	48	3.43	3.7	27	24.6	0.9

当选用不同的溶剂时,应当选择不同的抽提操作温度。一般情况下,对几种常用溶剂选用的温度范围如下:丙烷 50~90℃;丁烷 100~140℃;戊烷 150~190℃。在最高允许温度以下,采用较高的温度可以降低渣油的黏度,从而改善抽提过程中的传质状况。

在抽提塔内,塔顶温度较高,塔底温度较低,形成了一个温度梯度。适宜的温度梯度对保证脱沥青油的质量和收率是很重要的。温度梯度过小或过大都会产生不利影响。除了温度梯度的大小以外,塔内温度还应当有一个优化的温度分布。一般来说,在进料口以下,温度梯度宜较小些,而在塔的上部,则温度梯度应较大些。

2. 压力

抽提操作是在双液相区内进行的,对某种溶剂和某个操作温度都有一个最低限压力,此最低限压力由体系的相平衡关系确定,操作压力应高于此最低限压力。关于这个问题在讨论抽提的基本原理时已作过讨论。

在工业装置中,正常的抽提操作一般在恒定压力下进行(忽略流动压降),操作压力并不用作一个调节手段。

在近临界溶剂抽提或超临界溶剂抽提的条件下,压力对溶剂的密度有较大的影响,因而对溶剂的溶解能力有较大的影响。在选择操作压力时必须重视这个因素。一般来说,在近临界溶剂抽提时,采用接近但不超过临界压力的操作压力,而在超临界溶剂抽提时,则多采用比临界压力高的操作压力。

3. 溶剂及溶剂比

溶剂脱沥青过程常用的溶剂为丙烷、丁烷和戊烷。随着这类溶剂的分子量的增大,其溶解能力增强,而选择性则降低。表 11-3 为不同溶剂脱沥青效果的比较。

表 11-3 丙烷、丁烷和戊烷的脱沥青效果

溶 剂	脱沥青油收率(质量分数),%	脱沥青油性质			脱油沥青软化点 ℃
		密度,g/cm^3	100℃黏度,mm^2/s	残炭,%	
乙烷	11.0	0.909	—	0.07	—
丙烷	75.0	0.950	18	2.35	80
丁烷	88.8	0.965	23	5.12	153
戊烷	95.2	0.969	41	6.23	163

当目的产品是润滑油料时,多采用丙烷作溶剂,而当目的产品是催化裂化原料或加氢裂化原料时则多采用丁烷或戊烷。其主要原因是对裂化原料的质量要求不如对润滑油料那样严格,丁烷及戊烷的溶解能力较大,可以采用较小的溶剂比和较高的抽提温度。为了调节溶剂的溶解能力和选择性,或者是由于溶剂来源的限制,也有的装置采用混合溶剂。

工业用溶剂不可能是单一的纯组分,当溶剂已选定后,对其他的组分应有适当的限制。例如选用丙烷作溶剂时,一般规定溶剂中的乙烷含量不得超过 2%~3%,因为丙烷脱沥青过程的温度已远超过乙烷的临界温度,过多的乙烷会影响系统压力和平稳操作,而且增大溶剂的排空损失。丙烷中含有丙烯时会降低溶剂的选择性,应当尽量降低其含量。

对工业用溶剂,必须注意其实际组成,根据其组成来选定适宜的操作条件范围。

溶剂比的大小对脱沥青过程的经济性有重大影响,它对脱沥青油的收率和质量、过程的能

耗都有重要影响。溶剂比为溶剂量与原料油量之比，可用体积比或质量比来表示，工业上多用体积比。

在一定的温度条件下，有某个适宜的溶剂比，对不同的原料及不同的生产方案，这个适宜比值是不同的。图11-8和图11-9示出了脱沥青油收率及其残炭值与溶剂比之间的关系。由图11-8可见，脱沥青油收率—溶剂比关系曲线的形式在高温段和低温段是不完全相同的，但是无论是在高温段还是在低温段，脱沥青油收率总是随着抽提温度的升高而降低。工业装置的抽提温度一般都处于高温段（60~90℃）。由图11-9可见，在高温段，脱沥青油的残炭值—溶剂比关系曲线的转折点在溶剂比为6（体积比）左右，因此，丙烷脱沥青装置使用的溶剂比一般为6~8（体积比）。

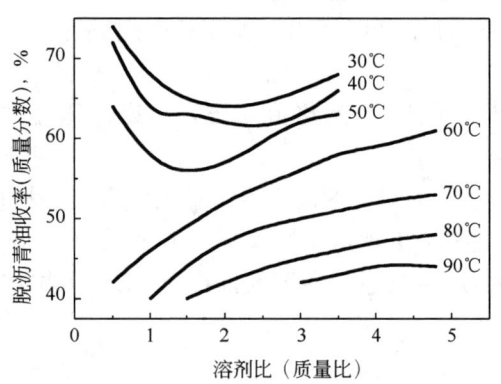

图11-8　脱沥青油收率与溶剂比的关系　　　图11-9　脱沥青油的残炭值与溶剂比的关系

在原料油进入抽提塔之前，多先用部分溶剂对原料油进行预稀释，以降低渣油的黏度，改善传质状况，这部分溶剂的量一般为原料油量的0.5~1.0倍（体积）。在预稀释时，应当注意当时的操作状态不会落在平衡相图中的三相区。

4. 原料性质

溶剂脱沥青的主要原料是减压渣油，也有直接使用常压渣油的，一般而言，在溶剂和工艺条件相同时，渣油的饱和分含量越高，脱沥青油收率越高。而沥青质和胶质含量越高，则脱沥青油收率越低。

一般情况下，在正常生产时，原料的组成、性质不会被当作调整操作的参数来用。但是原料的组成、性质与抽提效果有着密切的关系。当原料的组成、性质发生变化时，有关的操作参数需及时作必要的调整。

在丙烷脱沥青过程中，渣油中沥青的析出是由于加入的丙烷降低了油分对沥青的溶解能力而引起的。因此，渣油中油分的含量对胶质、沥青质的分离的最低需要丙烷用量有很重要的影响。渣油中油分含量多时，为使胶质、沥青质分离出来所需的最少丙烷用量就多。我国原油的减压渣油中的胶质含量普遍较高，当需制取低残炭值的残渣润滑油时，必须采用比较苛刻的操作条件。

对拔出深度不同的减压渣油也应采用不同的操作条件。例如，欲从大庆原油的一级减压渣油和二级减压渣油分别制得相同残炭值的脱沥青油时，所需采用的抽提操作条件应当是不同的。表11-4显示出这种情况。

表 11-4 不同拔出深度的减压渣油的抽提操作条件

项目	一级减压渣油	二级减压渣油
渣油性质		
相对密度 d_4^{20}	0.9177	0.9328
软化点,℃	34~35	35~40
500℃馏出温度,%	12	8
残炭,%	7.92	9.18
操作条件		
沉降段顶部温度,℃	76	68
抽提段顶部温度,℃	66	44
抽提段底部温度,℃	50	29
脱沥青油性质		
100℃黏度,mm^2/s	21.76	23.4
残炭,%	0.64	0.65
收率(质量分数),%	24	21

四、溶剂脱沥青过程组合工艺及其他应用

1. 组合工艺

溶剂脱沥青过程脱沥青油除了生产润滑油基础油和催化裂化原料外,还有作为加氢裂化原料;溶剂脱沥青的组合工艺更多体现在脱油沥青的利用,脱油沥青除作为道路沥青外,还作减黏裂化原料生产重质燃料油,作为气化原料生产合成气,为制氢和氮肥工业提供原料。特别是作为焦化原料,相比渣油直接延迟焦化,在延迟焦化可操作的范围内可降低焦炭的总产率(以渣油为基准)。

在20世纪90年代,国内开发了一种溶剂脱沥青组合工艺,此工艺的主要特点是把催化裂化过程产生的油浆掺入到溶剂脱沥青过程的减压渣油进料中以提高脱沥青油的收率,增加催化裂化原料,同时也改善催化裂化进料的质量(与简单地把油浆混入脱沥青油相比)和脱油沥青的质量。催化裂化油浆含有很多稠环芳烃和多环芳烃,将它直接混入催化裂化原料中对反应很不利。但是催化裂化油浆中仍含有不少的饱和烃及轻芳烃、中芳烃,它们的氢碳原子比也不太低,适宜用作催化裂化的原料。在此工艺的抽提过程中,这部分组分进入脱沥青油中,提高了脱沥青油的收率。同时,油浆中的胶质、沥青质和重芳烃则进入脱油沥青中,改善了沥青的质量。表11-5为以大港原油VGO为原料、掺炼部分减渣的催化裂化油浆的组成和性质。

表 11-5 大港催化裂化油浆的组成及性质

组成	饱和烃	轻芳烃	中芳烃	重芳烃	胶质	戊烷沥青质
含量(质量分数),%	24.6	0.5	6.7	56.6	6.6	5.0
分子量	340	324	312	304	300	311
氢碳原子比	1.77	1.65	1.32	1.05	0.85	0.80
芳碳率	0	0.214	0.406	0.675	0.779	0.789

2. 劣质重油超临界梯级分离耦合萃余残渣造粒技术

中国石油大学提出了以戊烷为溶剂的重油超临界萃取分离梯级加工利用方案,开发了重质油梯级分离耦合萃余残渣造粒新工艺,见图11-10。该工艺具有以下特点:

(1)以戊烷及其馏分等为溶剂,脱沥青油收率高,对中质和重质减压渣油的总脱沥青油收率可达70%~85%(质量分数),得到的脱沥青油性质较好,可脱除对轻质化加工有害的沥青质95%、50%以上残炭和70%以上重金属Ni、V,显著降低黏度,并可灵活地将脱沥青油梯级分离几个不同馏分,从而大幅度地改善重油的轻质化加工性能。

(2)开发了采用喷雾造粒分离回收沥青残渣中溶剂的新技术路线,并将这一方法与重油的超临界流体萃取技术相耦合,将传统的沥青残渣与溶剂的高温气液分离过程转化为低温气固分离(<100℃),去掉了沥青加热炉,可处理高软化点(>170℃)沥青,突破了传统的溶剂脱沥青过程制约脱沥青油收率的技术瓶颈。

(3)直接获得沥青细粉体,不需粉碎即可制备沥青水浆,为进一步应用提供很大方便。

(4)原料适用性范围广。已成功用于劣质重油如加拿大油砂沥青常减压渣油的分离,使常规固定床加氢不能处理的原料的加氢脱硫成为可能,为劣质重油如油砂沥青及委内瑞拉超重油的储运加工、生产清洁油品提供了新途径。

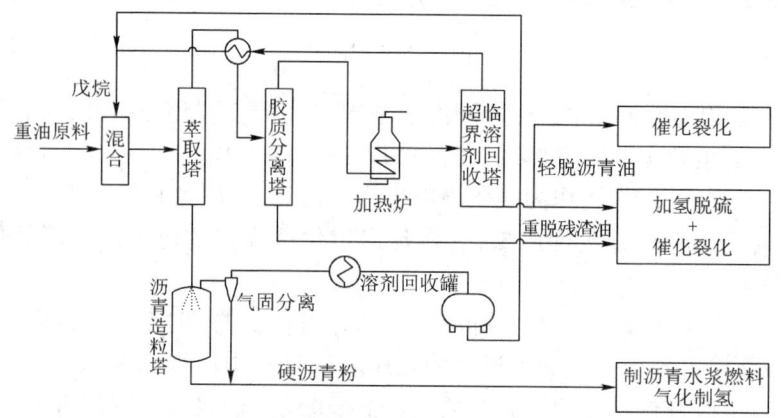

图 11-10 重油梯级分离原则流程方案

该工艺经过$1.5×10^4$t/a工业示范装置验证。表11-6是工业试验获得委内瑞拉超重油梯级分离工业试验轻脱油性质及杂质脱除率,验证了实验室小试和中试结果。

表 11-6 委内瑞拉超重油梯级分离工业试验轻脱油性质及杂质脱除率

项 目	收率(质量分数),%	沥青质(质量分数),%	残炭(质量分数),%	金属含量,μg/g				
				Fe	Ni	Na	Ca	V
原料油	100	12.16	20.05	17.5	117.8	26.5	39.7	486
轻脱油	62.98	0.83	9.92	9.4	38.3	6.06	11.1	147.7
重脱油	11.37	7.37	19.75	62.4	144.8	26.7	60.9	510
轻脱油杂质脱除率,%	—	95.70	68.83	66.17	79.52	85.60	82.40	80.86

3. 催化裂化油浆超临界梯级分离"拔头去尾"制备针状焦

催化裂化油浆中含有较多芳烃,但由于其中含有固体物(含催化剂颗粒)及沥青质等杂质,导致其难以实现高附加值利用。中国石油大学(北京)采用创立的超临界流体萃取分馏方法,多层次揭示催化裂化油浆复杂性质与化学组成结构,发现油浆中含有大量的平均芳环数在 3~6 之间,且芳香环系是不同芳环带短侧链结构的富芳烃组分,是生产制备我国急需的高功率电极炼钢用优质针状焦和锂离子电池负极材料的优质原料,据此原创性提出催化裂化油浆超临界连续分离"拔头去尾",实现催化油浆的高附加值综合利用。开发了催化裂化油浆超临界轻烃萃取梯级分离工艺,通过分段逆流萃取实现了萃取组分的强化分离,超临界溶剂回收实现过程的低能耗运行。将催化裂化油浆"去尾"高效脱除其中的灰分、催化剂粉末和沥青质等杂质,萃余组分是重交道路沥青等的优良调和组分;"拔头"得到的富烷烃油有良好的催化裂化反应性能;并实现芳烃富集,分离得到中间组分富芳烃油成功生产针状焦。该技术已经实现催化油浆处理量 $20 \times 10^4 t/a$ 工业化,针状焦产能达 $6 \times 10^4 t/a$。

第二节 润滑油溶剂精制

润滑油除了要求具有一定的黏度外,还需要有较好的黏温性质和抗氧化安定性,以及较低的残炭值。润滑油的原料为减压馏分油和渣油脱沥青油,为了满足上述要求,必须从润滑油原料中除去大部分多环短侧链芳烃和胶质,以提高润滑油的质量,使润滑油的黏温特性、抗氧化安定性、残炭值、色度等符合产品的规格要求。这个过程称为润滑油精制。润滑油中的含硫、含氮、含氧化合物也可在精制过程中大部分除去。

视频11-2 润滑油溶剂精制

目前,常用的精制方法有酸碱精制、溶剂精制、吸附精制、加氢精制等。溶剂精制是我国目前最广泛采用的精制方法。

溶剂精制是选用一些对油中理想组分和非理想组分具有选择性溶解能力的溶剂,对油料进行萃取分离。一般是把非理想组分萃取出来,理想组分留在提余液中,然后分别蒸出溶剂,得到提余油(精制油)和抽出油。抽出油可以利用,较好的利用途径是利用其生产环保芳烃油。相对来说,溶剂精制比加氢精制便宜,因此多年来一直是润滑油精制的主要过程。但是由于它是个物理过程,不能使原料油中的非理想组分进行化学转化,因此,它只能处理那些原料中有足够多的理想组分的油料,否则,或者是制造不出合格的产品,或者是需要付出很高的代价,经济上不合理。由此可见,当使用溶剂精制过程时,对原料的选择是很重要的。润滑油溶剂精制过程中,溶剂可循环使用,一般情况下其消耗量为处理原料油量的千分之几,溶剂回收需消耗较多的能量。

工业溶剂精制过程使用的溶剂曾有多种,有些已经被淘汰,近年主要是采用糠醛、N-甲基吡咯烷酮(简称 NMP)以及酚。在工业上,这些过程被俗称为糠醛精制、酚精制等。在美国,酚精制基本上已被淘汰,大部分溶剂精制装置是采用 NMP 作溶剂,其余的主要是采用糠醛。在我国,采用糠醛作溶剂的装置处理能力占总处理能力的 80% 以上,其余的则采用酚,只有个别的装置采用 NMP。

一、溶剂精制体系的相图

若以二十二烷代表理想组分,二苯基己烷代表非理想组分,糠醛为溶剂,则此三元混合物体系的相平衡关系可由三角相图(图11-11)来表示。由图可见,糠醛与二苯基己烷能完全互溶,而糠醛与二十二烷则是部分互溶。图中的等温曲线与底边包围的区域是两相区,在此区内,可以形成相平衡的两个液相,也就是可以进行萃取操作的区域。随着温度的升高,二十二烷在糠醛中的溶解度增大,两相区缩小。因此,对于某个一定组成的体系,在进行萃取操作时有一个最高的允许操作温度。

润滑油是一种十分复杂的混合物。在用溶剂进行萃取时,溶解于溶剂中的那些物质(或组分)与润滑油相中的物质大部分是不相同的,不完全是同一种物质在两相中的分配。而且,两相中的组成还随着溶解数量的变化而变化。因此,只能粗略地以饱和分(代表理想组分)、芳香分(代表非理想组分)、溶剂这三者在三角相图上予以表示。即使这样也还不能解决问题。由于饱和分和芳香分都还是复杂混合物,其具体的组成也难以测定,在三角相图的坐标上还无法用常规的质量分率或分子分率来表示。在这种情况下,提出了用某个能表征该物相的物理性质来代替组成的表示方法。此物理性质可以考虑用相对密度、黏重常数、折光率等。所选的物理性质希望是当无溶剂的提余物与提取物混合时具有可加性,或者近似地有可加性。图11-12是采用折光率作为表征用的物理性质的一个例子。

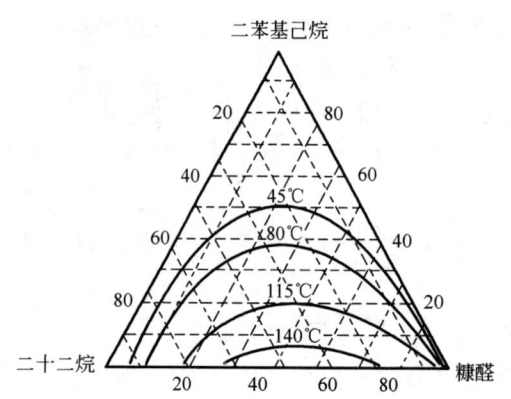

图11-11 糠醛—二十二烷—二苯基己烷相图　　图11-12 糠醛—润滑油体系的平衡关系图

图11-12中S点表示100%糠醛。从S点到对边之间均分成100等份,表示糠醛含量(%)。其他两个极不像普通的三元组分相图那样各代表100%某个组分,而是把S点的对边标以折光率刻度,从S点到任何一个折光率点连一直线,凡是落在这条直线上的点其折光率均等于同一个值。此图的制作方法如下:对某一糠醛—润滑油体系,在恒温条件下由实验得到平衡两相的糠醛含量和折光率,就可以在此三角相图上标出两个点。改变溶剂比可以得到许多对点。把这些点连接起来就可得到某个温度下的相平衡曲线,同时也可以绘出两相区内的系线(连接线)。用这样的平衡相图可以进行萃取过程的计算。但是在工业设计中,常常是根据生产经验来选定抽提塔的实际塔板数。

二、溶剂

对溶剂的要求中最重要的是选择性和溶解能力。对润滑油来说,非理想组分主要是芳香性较强的物质和极性较强的物质,而理想组分则是饱和分。因此,溶剂的选择性好意味着对芳香性较强和极性较强物质的溶解能力强,而对饱和分则其溶解度较小。需要说明的是,这里采用芳烃和饱和分作为两个被分离的物质并不完全与理想组分和非理想组分相对应。例如,单环长侧链的芳烃的黏度指数要比多环短侧链的环烷烃好,但是溶剂只是对芳烃及饱和烃之间有较好的选择性,对不同结构的饱和烃没有明显的选择性,也就是说,在溶剂精制过程中,非理想的多环环烷烃是难以脱除的。

溶剂的选择性好,则在获得同样质量的产品时可以得到较高的产品收率,或者,在同样的产品收率时,可以得到较高质量的产品。溶剂还应当具有适当的溶解能力。若只是选择性好而溶解能力很差,则为了把原料中大部分非理想组分分出就不得不使用大量的溶剂,这对装置的处理能力和能耗是十分不利的。在选择溶剂时,常常发现溶剂的选择性与溶解能力之间是存在矛盾的,需要综合地作出判断。

烃类在极性溶剂中的溶解度与其分子结构有关,按溶解度由大到小排列,其次序大致为:胶质 > 多环芳烃 > 少环芳烃 > 环烷烃 > 烷烃。而且随着芳烃分子上侧链数目的增多以及烃类碳原子数的增大,在溶剂中的溶解度减小。

溶剂本身的分子结构对其溶解能力有影响。而且,随着温度的升高,溶剂的溶解能力增大,选择性下降。对某些溶剂,加入适量的水可以调节其溶解能力和选择性,一般是使溶解能力降低而使选择性改善。

表 11-7 和表 11-8 列出了三种常用溶剂的性质和在实际使用中的表现比较。

表 11-7 三种常用溶剂的性质

性 质	糠醛	酚	N-甲基吡咯烷酮
结构式			
分子量	96.03	94.11	99.13
25℃密度,g/cm³	1.159	1.071	1.029
沸点,℃	161.7	181.2	201.7
熔点,℃	-38.7	40.97	-24.4
与水生成的共沸物常压沸点,℃	97.45	99.6	不产生
混合物中的溶剂量(质量分数),%	35.0	9.2	—
20℃时在水中的溶解度(质量分数),%	5.9	8.2	—
比热容,kJ/(kg·℃)	1.742	2.349	1.758
汽化热,kJ/kg	446.3	478.6	482.6

表 11-8 三种常用溶剂的使用性能比较

使用性能	糠醛	酚	N-甲基吡咯烷酮
相对成本	1.0	0.36	1.5
适用性	极好	好	很好
选择性	极好	好	很好
溶解能力	好	很好	极好
稳定性	好	很好	极好
腐蚀性	有	腐蚀	小
毒性	中	大	小

续表

使用性能	糠醛	酚	N-甲基吡咯烷酮
乳化性	低	高	中
剂油比大小	中等	低	很低
抽提温度	中等	中等	低
精制油收率	极好	好	很好
产品颜色	很好	好	极好
能量费用	中	中	低
投资	中	中	低
操作费用	中	中	低
维修费用	低	中	低

从表中数据可以看到,三种溶剂在诸方面使用性能上各有高低,难以绝对地说哪一种最好或是最差,选用时需结合具体情况综合地考虑。大体上可以做以下一些评论。

糠醛的价格较低,来源充分,适用的原料范围较宽(对石蜡基和环烷基原料油都适用),毒性低,与油不易乳化而易于分离,加以工业实践经验较多,因此,糠醛是目前国内应用最为广泛的精制溶剂。糠醛的选择性比酚和 N-甲基吡咯烷酮稍好,而溶解能力则较差。因此,在相同的原料和相同的产品要求时,需用较大的溶剂比。糠醛对热和氧不稳定,使用中温度不应高于 230℃,而且应与空气隔绝。糠醛中含水会降低其溶解能力,在正常操作时其含水量不得超过 0.5%~1.0%。

N-甲基吡咯烷酮在溶解能力和热及化学稳定性方面都比其他两种溶剂强,选择性则居中。它的毒性最小,使用的原料范围也较宽。因此,已逐渐被广泛采用,它的主要缺点是价格高。酚的主要缺点是毒性大,适用原料范围窄,现已很少使用。

三、影响溶剂精制过程的主要因素

关于溶剂的作用在前面已讨论过,这里讨论其他的主要影响因素。

1. 抽提温度

溶剂精制的抽提温度有一个允许的范围,其上限是体系的临界溶解温度,即体系成为单个液相的最低温度,其下限则是润滑油和溶剂的凝固点温度。在实际操作中,抽提温度一般都应比临界溶解温度低 20~30℃,以保证体系能保持两个液相。

临界溶解温度的高低决定于溶剂的种类、原料油的组成以及溶剂比。图 11-13 是糠醛和 N-甲基吡咯烷酮的临界溶解温度曲线,由图可见,在其他条件相同时,糠醛的临界溶解温度比 NMP 高,表明糠醛的溶解能力相对较低。原料油中含稠环芳烃越多,临界溶解温度就越低。随着烃类侧链长度的增加,临界溶解温度升高;随着芳香环和环烷环环数的增加,临界溶解温度急剧下降。表 11-9 列出了糠醛对某些脱蜡油的临界溶解温度(溶剂比为 1)。

表 11-9 糠醛对某些脱蜡油的临界溶解温度

油品名称	25 号变压器油	20 号机械油	真空泵油	10 号汽油机油	15 号汽油机油	22 号汽轮机油
临界溶解温度,℃	117.5	126	136	136.5	143	120

在实际生产中适宜的抽提温度应在上述温度范围内进行优化选择。在溶剂比不变的条件下,随着温度的升高,溶解度增大,精制油收率下降;精制油的黏度指数则随着温度的升高先是

增大而后又下降,图 11-14 是表示这种变化的一个例子。溶解度是随着温度的升高而增大的,在溶解度不太大时,溶解度增大可使原料油中的非理想组分更多地被除去,因而精制油的黏度指数升高;当溶解度增大至一定程度后,溶剂选择性降低得过多,于是黏度指数转而下降,因此,在曲线上出现一个最高点。在此点温度下进行抽提,可以最大限度地溶解不理想组分,同时又有较高的选择性,使理想组分不致因溶解能力的提高而过多地进入提取液中。但是,在实际生产中,这一点的温度并不一定就是最合理的温度条件,最重要的是在保证精制油质量符合要求的前提下,尽量提高精制油的收率,以取得最好的经济效益。

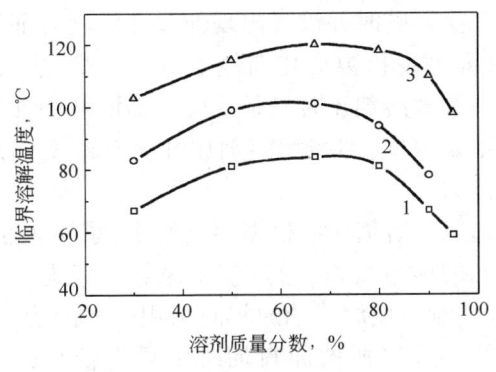

图 11-13 临界溶解温度曲线
1—无水 NMP;2—NMP+15% 水;3—糠醛

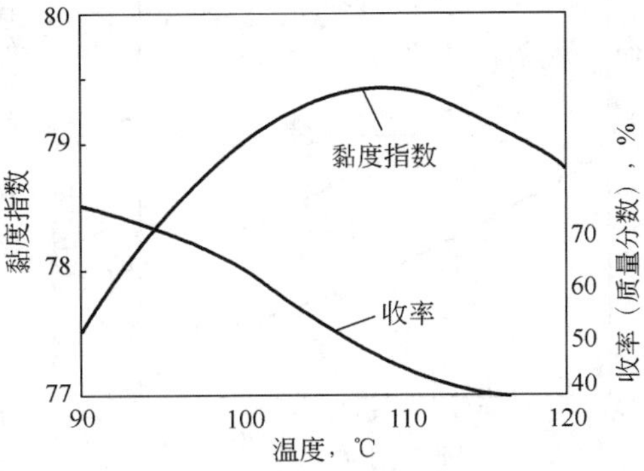

图 11-14 温度对溶剂精制过程的影响

对不同的原料油进行精制时,选用的抽提温度应不同。对馏分重的、黏度大的、含蜡量多的原料油,选用的温度应高些。表 11-10 列出了各种油品在糠醛精制时较适宜的抽提温度。

表 11-10 各种油品糠醛精制的适宜温度

产品名称	变压器油	20 号机械油	10 号汽油机油	15 号汽油机油	22 号汽轮机油	真空泵油
塔顶温度,℃	55~65	67~75	75~85	110~120	70~80	90~100

溶剂精制的抽提过程在抽提塔内进行,其中的过程是连续逆流抽提过程,塔顶温度高、塔底温度低,其间有一温度梯度。例如,糠醛精制抽提塔内的温度梯度为 20~50℃。塔顶温度较高、溶解度高,可以保证提余油的质量;塔底温度较低、溶解度低,可以使理想组分从提取相分离出来,保证提余油的收率。塔内的温度梯度还是造成塔内回流的主要因素。

2. 溶剂比

溶剂比是溶剂量与原料油量之比,可以用体积比或质量比来表示,通常多采用体积比。

浓度差是抽提过程的推动力。为了增大浓度差,除了采用逆流抽提外,还可以用增大溶剂比来达到。

在恒定温度下,当非理想组分在溶剂中的浓度达到平衡时,向体系中再加入溶剂,则使其中的非理想组分的浓度降低,平衡被破坏,非理想组分又继续向溶剂中转移,从而增大了非理想组分的抽出量。因此,当溶剂比增大时,精制油的质量提高,但其收率则降低。而且当溶剂比增大时,油中的理想组分在溶剂中的溶解量也增大了,这使精制油的收率进一步降低。

表 11-11 列出了某糠醛精制过程中溶剂比对精制油质量和收率的影响。图 11-15 表示了某酚精制过程中溶剂比的影响。

表 11-11　糠醛精制过程中溶剂比对精制油质量及收率的影响

溶剂比(体积比)	精制油收率,%	黏度指数	残炭,%
0	100	65.0	2.9
3	75.2	84.7	1.1
6	62.6	88.6	0.9
12	47.1	93.2	0.7

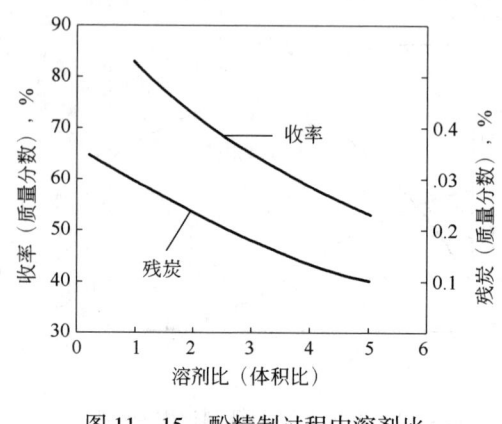

图 11-15　酚精制过程中溶剂比对精制油质量及收率的影响

从以上的表和图可见,增大溶剂比对精制油质量产生影响时并没有出现像改变温度时那样的现象,即黏度指数变化曲线上有一最高点。其原因是在增大溶剂比时只是改变了提取液中油的总量而不是浓度,即增大溶剂比并没有改变溶剂的溶解能力。

适宜的溶剂比应根据溶剂性质、原料油性质、精制油的质量要求,通过实验来综合考虑。一般来说,精制重质润滑油原料时采用较大的溶剂比,而在精制较轻质的原料油时则采用较小的溶剂比,例如在糠醛精制时,对重质油料采用 3.5~6,对轻质油料采用 2.5~3.5。

提高溶剂比或提高抽提温度都能提高精制深度。对于某个油品要求达到一定的精制深度时,在一定范围内,可用较低的抽提温度和较大的溶剂比,也可以用较高的抽提温度和较小的溶剂比。由于低温下溶剂的选择性较好,采用前一种方法可以得到较高的精制油收率,故多数情况下选用前一个方案。但是也应当注意提高溶剂比会增大溶剂回收系统的负荷,增大操作费用,同时也会降低装置的处理能力。因此,如何选择最适宜的抽提温度和溶剂比应当根据技术经济分析的结果综合地考虑。

3. 提取物循环

采用提取油返回抽提塔下部作回流的方法可以提高提取液中非理想组分的浓度,将提取液中的理想组分和中间组分置换出去,从而提高了分离精确度,可增加精制油的收率。但循环量过大会影响精制油的质量以及抽提塔的处理能力。表 11-12 为某糠醛精制装置中提取物循环对抽提结果的影响。

表 11-12　提取物循环对糠醛精制的影响

项　目	馏 分 油		残 渣 油	
提取物循环比(对原料)	0	0.4	0	0.35
溶剂比(体积比)	3	3	2	1.99
抽提塔顶温度,℃	121	124	138	137
抽提塔底温度,℃	77	79	86	88
提余油产率(体积分数),%	80.4	84.0	86.5	90.0
提余油脱蜡后黏度指数	110.0	110.5	103.5	103.5

4. 原料油中的沥青质含量

当减压蒸馏塔的分割效果不好时,润滑油原料中可能会带有一些沥青质。沥青质几乎不溶于溶剂中,而且它的密度介于溶剂与原料油之间,因此,在抽提塔内容易聚集在界面处,增大了油与溶剂通过界面时的阻力。同时,油及溶剂的细小颗粒表面被沥青质所污染,不易聚集成大的颗粒,使沉降速度减小,严重时甚至使抽提塔无法维持正常操作。因此,对原料油中的沥青质含量应当严格限制。对于减压渣油,应当先经过脱沥青后才能进入溶剂精制装置。

5. 抽提塔的效率

润滑油溶剂精制早期有转盘塔,分为内驱动转盘塔和外驱动转盘塔。其中内驱动转盘塔依靠原料和溶剂塔对中心轴转盘上水斗的冲击使之转动以增加抽提效果,而外驱动转盘塔靠置于塔顶的电动机和变速机构带动塔内的中心轴转动,内驱动转盘塔返混严重、传质效率低,外驱动转盘塔较内驱动转盘塔效率有较大的提升。目前润滑油溶剂精制已经以填料塔为主,填料塔应用于液液抽提具有传质效率高和处理能力大的优点,分为规整填料和散堆填料。但是在抽提过程中使用填料塔时应注意抽提过程的特点。由于抽提过程与蒸馏过程之间存在差别,因此,在蒸馏塔内使用效果很好的填料不一定适用于抽提塔。另外还有将规整填料和散堆填料组合的复合填料,或转盘—填料复合以提高抽提塔的效率。

四、糠醛精制工艺流程

图 11-16 是糠醛精制的工艺原理流程。整个流程主要分为三部分:抽提;提余液及提取液中的溶剂回收;糠醛—水溶液的处理。

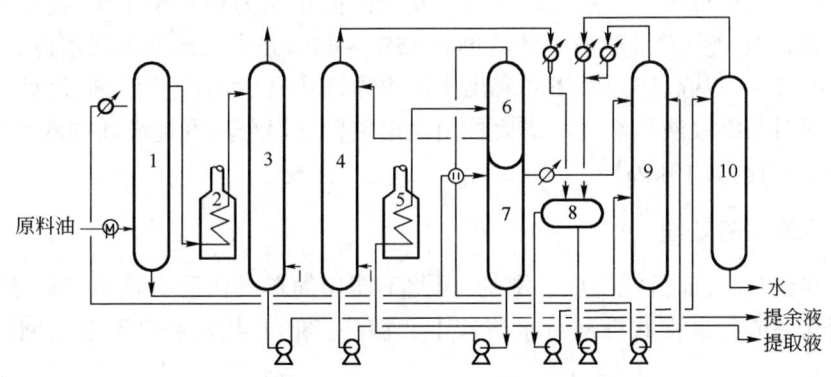

图 11-16 糠醛精制工艺原理流程

1—抽提塔;2,5—加热炉;3—提余液汽提塔;4—提取液汽提塔;
6—高压蒸发塔;7—低压蒸发塔;8—糠醛脱水塔;9—糠醛—水分层罐;10—糠醛蒸发塔

1. 抽提部分

原料油经换热后从抽提塔的下部进入,循环溶剂糠醛则从塔的上部进入,两者在塔内进行逆流连续抽提。抽提塔一般在约 0.5MPa 压力下操作,使提余液和提取液自动流入溶剂回收系统。有些装置,在抽提塔的下部设有抽出油循环,有的还在塔的中部使用中间冷却。也有在抽提部分采用两段抽提,如图 11-17 所示,其中包括溶剂分流法和两段串联法:溶剂分流法对一段精制液再用新鲜溶剂萃取;两段串联法二段抽出液可作为一段萃取的溶剂,以增加萃取段长度,提高萃取理论段数,提高选择性,同时也可降低溶剂用量,减少溶剂回收能耗。

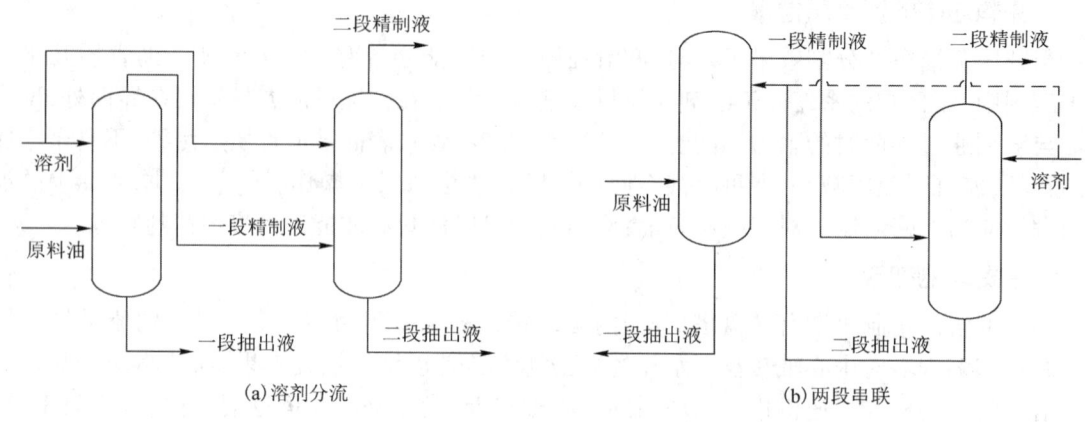

图 11-17 糠醛精制两段抽提原理流程

2. 提余液及提取液中溶剂的回收

一般情况下,提余液中的溶剂量较少,而提取液中的溶剂量约占总溶剂回收量的 90%。在溶剂的蒸发回收过程中多采用多效蒸发方法以减少能耗。从抽提塔上部流出的提余液经换热及加热炉加热至约 220℃ 后进入提余液汽提塔进行闪蒸和汽提,脱去溶剂后的提余液从塔底抽出送出装置。塔顶的糠醛蒸气与水蒸气经冷凝冷却后进入糠醛—水分层罐。提取液从抽提塔底流出,与由高压蒸发塔来的糠醛蒸气换热后进入低压蒸发塔进行第一次蒸发,然后经加热后进入高压蒸发塔进行第二次蒸发。低压蒸发塔的操作压力稍高于常压,高压蒸发塔的操作压力约为 0.25MPa(绝)。提取液中的溶剂有 35%~45% 是在低压蒸发塔脱除,其余的溶剂则在高压蒸发塔脱除。从高压蒸发塔塔底出来的提取液中还含有少量溶剂,因此还须经汽提除去。脱除溶剂后的提取液从汽提塔塔底抽出送出装置。提余液汽提塔和提取液汽提塔都是在减压下操作,压力约为 13kPa。

3. 糠醛—水溶液的处理

糠醛与水部分互溶,而且能生成共沸物,因此不能用简单的沉降分离或精馏方法来处理。工业上一般用双塔流程来回收糠醛—水溶液中的糠醛,图 11-18 示出了双塔回收流程及其原理。

从气液平衡关系图中可以看出,有含糠醛 35%(质量分数)的共沸物存在。含糠醛小于 35% 的混合物进行蒸馏时可以分成水和共沸物,而大于 35% 时则可以分成共沸物和糠醛。用简单的蒸馏方法是不能将共沸物分开的。从溶解度图中可以看出含糠醛 35% 的共沸物冷凝后冷却到接近常温时就会分成两相。例如,冷却到 40℃ 时就分成一相为含糠醛约 6.5% 的水溶液,另一相为含糠醛 93% 以上的糠醛液,这两相又可以分别送回精馏塔进行精馏,分出水和糠醛。图 11-17(a) 中的虚线和箭头表示这个分离过程。具体的工业流程如下:由汽提塔来的水蒸气和糠醛蒸气经冷凝冷却后进入分层罐。上层含水多,称水液,送入水溶液脱糠醛塔,糠醛以共沸物的组成从塔顶分出,冷凝后回到分层罐又分成两层;水从塔底排出。分层罐的下层主要是糠醛,送入糠醛脱水塔,水以共沸物组成从塔顶蒸出,冷凝后进入分层罐。塔底得到含水小于 0.5% 的干糠醛,可以循环回抽提塔使用。

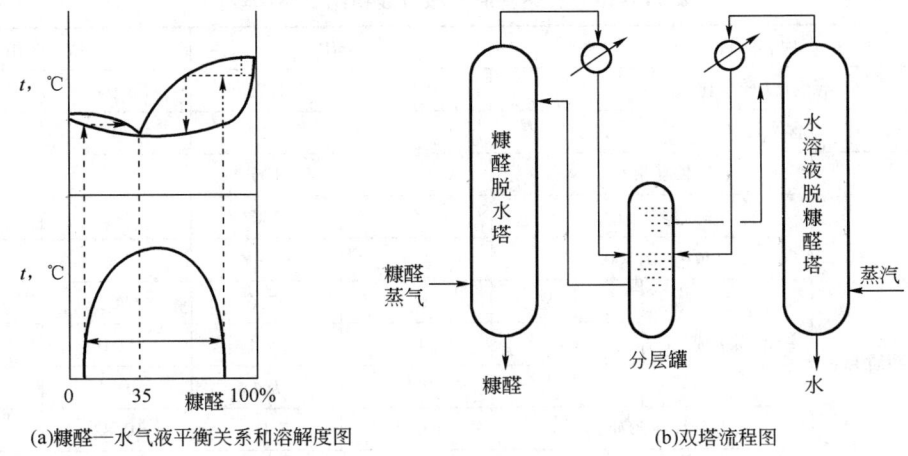

(a) 糠醛—水气液平衡关系和溶解度图　　(b) 双塔流程图

图 11-18　双塔回收流程及其原理

五、N-甲基吡咯烷酮精制工艺流程

自 1979 年埃克森公司建立第一套 NMP 精制装置以来，发展很快，目前，世界上 NMP 精制工艺在润滑油精制中的比例已超过 50%。国内也有一些原有的酚精制装置经过改造后采用 NMP 作溶剂。

图 11-19 是有代表性的埃克森公司的 EXOL-N 工艺原理流程图。该工艺的主要特点是采用惰性气代替水蒸气作汽提介质。这个措施可以避免将大量水蒸气带入系统内，节约了为排除水分而将水再次蒸发所消耗的大量热能，同时基本上消除了含溶剂污水的排放。汽提用的惰性气可以循环使用。由于 NMP 不会与水形成共沸物，溶剂回收的流程相对要简单些。

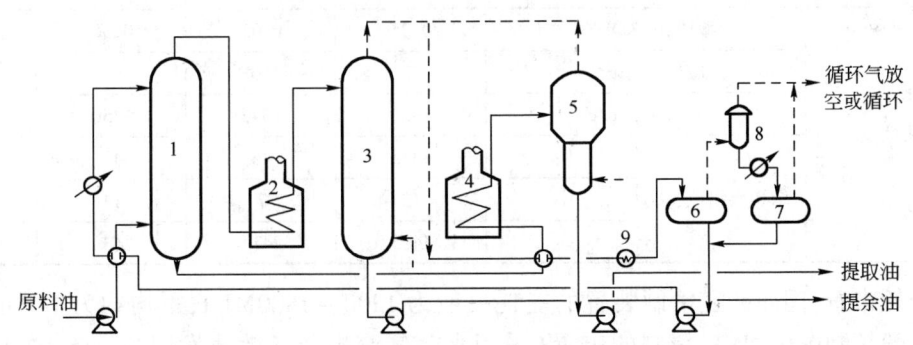

图 11-19　EXOL-N 工艺原理流程图
1—抽提塔；2,4—加热炉；3—提余液汽提塔；5—提取液汽提塔；
6,7—溶剂罐；8—脱水塔；9—蒸汽锅炉

当采用水蒸气作汽提介质时，流程中应备有溶剂干燥的设施，流程会复杂些。

NMP 的沸点较高，故溶剂回收的温度也较高，对其汽化潜热应充分利用。一种办法是采用单效蒸发，利用余热在装置内产生 1MPa 蒸汽；另一种办法是采用三效蒸发而不考虑在装置内产生蒸汽。究竟应采用哪种方案需根据具体情况作综合分析。

表 11-13 和表 11-14 是中国石化石油化工科学研究院等单位在实验室和中型试验装置上取得的糠醛精制与 NMP 精制比较结果。

表 11-13 石蜡基原油减五线精制结果比较

项 目		NMP		糠 醛	
溶剂比(质量比)		0.94	1.75	0.94	2.0
含水量,%		4	2	0	0
精制油性质	黏度指数	94	100	95	98
	碱性氮,μg/g	447	300	439	328
	颜色(D1500)	4.5	—	4.0	—
	结构族组成,% C_P	66.1	67.6	67.5	68.1
	C_N	24.4	25.1	22.0	23.8
	C_A	9.5	7.4	10.4	8.1
	重芳烃+胶质,%	10.75	7.01	10.82	8.03
	硫含量,%	0.122	0.094	0.121	0.088
	氧化试验(旋转氧弹),min	153	180	124	191
	模拟曲轴箱试验(胶重),g/m²	25.19	19.77	20.21	—
精制油收率,%		90.5	82.9	89.4	82.0

表 11-14 环烷基低凝原油减三线精制结果比较

项 目		NMP		糠 醛	
溶剂比(质量比)		1	3	1	3
抽提温度,℃		70	70	80	80
溶剂含水量,%		4	4	0	0
精制油收率,%		68.4	55.8	67.6	53.3
精制油性质	酸值,mgKOH/g	0.28	0.05	0.36	0.07
	碱性氮,μg/g	72	10	94	26
	硫含量,μg/g	1959	1546	1450	930
	结构族组成,% C_P	42.5	46	43	46
	C_A	13	7	14	7
	C_N	44.5	47	43	47

从能耗来看,国内糠醛精制装置的能耗一般为 1200~1800MJ/t,平均约为 1400MJ/t。国内一座由酚精制改为 NMP 精制的装置(采用水蒸气汽提及三效蒸发回收溶剂)的能耗约为 1800MJ/t,比原来酚精制时降低了约 16%,溶剂单耗降低 38.5%,精制油收率提高 2%~5%。

总的来看,用 NMP 作精制溶剂有它的优越之处。但是应当注意的是 NMP 价格昂贵,在生产过程中会分解产生酸性物质而引起腐蚀,同时脱碱氮的能力较低。而我国多数原油的碱氮含量却较高,要生产氧化安定性好的基础油又必须大幅度降低碱氮含量。在改造装置和改用 NMP 时应注意综合考虑。

六、溶剂抽提的其他应用

1. 环保橡胶油

将糠醛抽出油,采用二次糠醛精制,或直接以减压馏分油为原料,控制抽提条件,可生产满足欧盟标准要求的环保橡胶油[多环芳烃总含量低于3%(质量分数),八种致癌稠环芳烃含量低于10μg/g,苯并[a]芘含量低于1μg/g]。

2. 脱沥青油糠醛萃取制备沥青软化组分

溶剂脱沥青工艺生产的富含饱和分的脱沥青油(DAO)可以通过催化裂化工艺生产轻质油品,富含胶质和沥青质的脱油沥青(DOA)因蜡含量低可用于沥青调和,将溶剂脱沥青(SDA)工艺生产出的DAO经过糠醛萃取,生产出芳香分含量高、热稳定性好的精制油,可以与DOA配伍调和沥青产品,同时抽余油成为优质的催化裂化原料。

3. 焦化蜡油糠醛抽提

焦化蜡油糠醛抽提工艺能有效脱除大部分硫氮化合物及胶质沥青质,工艺具有投资少、流程简单、加工费用低的优势。

4. 催化裂化油浆糠醛精制

催化裂化油浆糠醛精制技术的目的在于将催化裂化回炼油浆中的芳烃和胶质进行脱除,糠醛对催化裂化回炼油浆中的芳烃和胶质溶解性较强,催化裂化油浆抽出油有大量短侧链芳烃,可作为生产针状焦、增塑剂等高附加值化工产品的原料。抽余油富含饱和烃,有利于催化裂化,但沥青质也有部分残留在抽余油中,对生焦炭有促进作用。

第三节 润滑油溶剂脱蜡

不含蜡的石油是非常少的。我国的石油多为含蜡石油,有的润滑油馏分含蜡量超过40%。在低温下油中的蜡会析出,形成结晶,并且这些结晶会形成结晶网,阻碍油的流动,甚至"凝固",所以含蜡的润滑油料必须脱蜡才能制出低温流动性好的润滑油。另外,溶剂脱蜡是生产石蜡和微晶蜡的重要过程。

视频11-3 润滑油溶剂脱蜡

由于含蜡原料油的轻重不同,以及产品对凝固点的要求不同,脱蜡的方法有很多种。目前工业上采用的方法有:冷榨脱蜡、分子筛脱蜡、尿素脱蜡、细菌脱蜡、溶剂脱蜡等。其中冷榨脱蜡只适用于柴油和轻质润滑油(如变压器油、10号机械油),对大多数较重的润滑油是不适用的;分子筛脱蜡主要是用于将石油产品中的正构烷烃与非正构烷烃进行分离;尿素脱蜡只适用于低黏度油品,如轻柴油馏分等;细菌脱蜡虽然已有许多的研究工作报道,但至今尚没有有实际意义的工业应用;溶剂脱蜡工艺的适用性很广,能处理各种馏分润滑油和残渣润滑油,绝大部分的润滑油脱蜡都是采用溶剂脱蜡工艺。此外,加氢降凝(加氢异构裂化)能使润滑油料中凝点较高的正构烷烃转化为凝点较低的异构烷烃和低分子烷烃,在保持其他烃类基本上不发生变化的条件下达到降低油品凝点的目的。

本节只是讨论溶剂脱蜡过程,而且着重于其中应用最为广泛的酮苯脱蜡过程。

一、润滑油原料中的蜡

蜡不是一种纯化合物,也不是单一类别的烃类。蜡或者固态烃是指在一定温度下以固态存在的烃类,它也是复杂的混合物。但是它们有共同的特点,就是都有一个(或一个以上)正构的或分支少的长链。

固态烃中有正构烷烃或异构程度很低的烷烃,有单环长侧链的环烷烃和单环长侧链的芳烃。一般来说,它们的熔点随分子量的增大而升高,随异构程度的增加和 C_R 在分子中所占比例的增大而降低。

通常,馏分润滑油(最重的减压塔侧线馏分油除外)中的固态烃以正构烷烃为主,其结晶较大,成片状或带状。残渣润滑油中的蜡含有一定数量的异构烷烃和单环烷烃及芳烃,其结晶较为细小。在工业上和以往的许多文献中把前者称为石蜡,而把后者称为微晶蜡(早期称地蜡),而且多认为微晶蜡的晶形是针状的。进一步的研究表明,由渣油油料分出的所谓细小针状微晶蜡实际上是较小粒度的薄片结晶。因此,以结晶形态来区分石蜡和微晶蜡的观念是不确切的。应当这样来认识这两者之间的差别:石蜡主要是从馏分润滑油脱出的蜡,其中含正构烷烃较多些,蜡晶粒也较大些;微晶蜡则主要是从残渣润滑油脱出的蜡,其中含正构烷烃较少,而含异构烷烃和带较长侧链的环状烃(包括环烷烃和芳烃)较多,其晶粒也较细小。不同的润滑油料脱出的粗蜡的化学组成见表 11-15。

表 11-15 几种粗蜡的化学组成

油料类别化学组成,%	粗 蜡 的 来 源			
	低黏度锭子油料	一般润滑油料	中性油料	渣油润滑油料
正构烷烃	70.7	33.4	16	12
异构烷烃 + 烷基环烷烃	20	43.5	61	48.5
烷基芳烃	8.5	20	23	35.5
烯烃	0.3	0.6	—	1.5
胶质	0.5	2.5	—	2.5

蜡在温度较高时溶解在油中,当温度低于其熔点时,它在油中的溶解度是有限的,而且随着温度的下降而降低。固体在液体中的溶解度可由下式给出:

$$\ln N = \frac{\Delta Q_m}{R}\left(\frac{1}{T_m} - \frac{1}{T}\right) \tag{11-1}$$

式中　N——溶解度,分子分率;

　　　ΔQ_m——熔融热;

　　　R——通用气体常数;

　　　T_m——熔点;

　　　T——温度。

对于真实溶液,使用上式时常发生较大的偏差,但蜡—润滑油溶液则能很好地符合上式。

对于一个含蜡润滑油料,当温度降低时,蜡的溶解度降低。当它的溶解度降到已不能全部溶解体系中的蜡时,蜡就会从溶液中析出,与此同时,蜡从液相转为固相放出溶解热。蜡的溶解热与蜡的分子量有关,其数值为 126~209kJ/kg。

从溶液中析出的蜡形成结晶的过程与其他的结晶过程类似,先析出的蜡先形成结晶核,随后析出的蜡再向结晶核扩散,于是结晶颗粒长大。如果降温或冷却速度过快,则析出固体的速度大于扩散速度,这时来不及扩散到晶核上的固体蜡就会形成新的晶核。于是晶核数目增多,每个结晶的体积就会减小,蜡结晶的大小不一,所有这些情况都会造成过滤的困难。所以,在脱蜡过程中常常需要控制冷却速度,特别是结晶初期的冷却速度。

二、润滑油溶剂脱蜡的溶剂

1. 溶剂的作用

在润滑油脱蜡时,由于降低温度使油的黏度升高,不利于蜡结晶的扩散。因此,在中质和重质润滑油脱蜡时,常在油中加入溶剂,使蜡所处的介质的黏度减小,以便有利于生成规则的、大颗粒的结晶。由此可见,溶剂脱蜡过程中加入溶剂的目的是减小油蜡混合物中液相的黏度,实质上是起了稀释作用。为达到此目的,加入的溶剂应当能在脱蜡温度下对油基本上完全溶解,而对蜡则很少溶解,否则溶解在溶剂中的蜡和油一起存在于滤液中,蒸脱溶剂后其中的蜡就存留在油中,使油的凝点升高。由于蜡不会绝对不溶于溶剂中,因此,为了得到一定凝点的油品就不得不把溶剂—润滑油料冷却到比所要求的凝点更低的温度,才能得到预期的产品。这个温度差称为脱蜡温差(也有称作脱蜡温度梯度):

$$脱蜡温差 = 脱蜡油的凝点 - 脱蜡温度$$

溶剂的选择性不好,溶剂对蜡的溶解度越大,则脱蜡温差越大。显然,这对脱蜡过程是很不利的,因为要得到同一凝点的油品,脱蜡温差大时就必须使脱蜡温度降得更低。例如,为制取凝点为 $-18℃$ 的残渣润滑油,当脱蜡温差为 $24℃$ 时脱蜡温度必须冷却到 $-42℃$,但若脱蜡温差为 $10℃$,则脱蜡温度只需冷却到 $-28℃$。因此,为避免过大的脱蜡温差,就必须要求溶剂对蜡具有极小的溶解能力。

若在脱蜡温度下,溶剂对油不能完全溶解,则会出现第二液相,这也是不希望发生的。因为若油析出黏着在蜡上不仅造成润滑油理想组分的损失,而且在过滤时会生成没有渗透性的蜡饼而使过滤无法进行。

从上述情况可见,在润滑油溶剂脱蜡过程中,溶剂的作用主要是对油料进行稀释以降低油的黏度,同时通过降低温度使蜡从溶剂—油溶液中以固态析出。这种情况与前几节所讨论的液液萃取过程的情况有很大的差别。

2. 对溶剂的要求

对溶剂脱蜡过程所用溶剂的主要要求如下:

(1) 由于溶剂的作用主要是稀释作用,因此,溶剂在脱蜡温度下的黏度应小,这样有利于蜡的结晶。

(2) 溶剂应具有良好的选择性,即对油有很好的溶解能力,而在脱蜡温度下,对蜡则很难溶解。

(3) 溶剂的沸点不应很高,它的热容和蒸发潜热要低,以便于用简单蒸馏的方法回收。但沸点也不能过低,以避免在高压下操作。

(4) 溶剂的凝点应较低,在脱蜡温度下不会凝固。

(5) 溶剂应无毒,不腐蚀设备,而且化学安定性好,容易得到。

在工业润滑油溶剂脱蜡过程中,曾使用过多种溶剂,目前主要使用的是酮类和苯类的混合物。其中,最为广泛使用的溶剂是甲乙酮(丁酮)或丙酮与甲苯(或再加上苯)以各种比例配成的混合溶剂。

3. 常用溶剂的性质

表 11-16 是常用溶剂的主要性质。

表 11-16 常用溶剂的主要性质

性 质		丙酮	甲乙酮	苯	甲苯
分子式		$(CH_3)_2CO$	$CH_3COC_2H_5$	C_6H_6	$C_6H_5CH_3$
分子量		58.05	72.06	78.05	92.06
20℃密度,g/cm³		0.7915	0.8054	0.8790	0.8670
常压沸点,℃		56.1	79.6	80.1	110.6
熔点,℃		-95.5	-86.4	5.53	-94.99
临界温度,℃		235	262.5	288.5	320.6
临界压力,atm		47.0	41.0	48.7	41.6
20℃黏度,mm²/s		0.41	0.53	0.735	0.68
闪点,℃		-16	-7	-12	8.5
蒸发潜热,kJ/kg		521.2	443.6	395.7	362.4
比热容(20℃),kJ/(kg·℃)		2.150	2.297	1.700	1.666
溶解度(10℃)(质量分数),%	溶剂在水中	无限大	22.6	0.175	0.037
	水在溶剂中	无限大	9.9	0.041	0.034
爆炸极限(体积分数),%		2.15~12.4	1.97~10.1	1.4~8.0	6.3~6.75

表中的甲乙酮能与水生成共沸物,沸点为 68.9℃,共沸物中含水 11%。

在酮类—苯类混合溶剂中,苯类的主要作用是溶解润滑油。但是苯类对蜡的溶解度较大,故加入对蜡溶解度很小的酮类以减小对蜡的溶解度。

苯在高温或低温下对油都有较高的溶解能力,能保证脱蜡油的收率,但苯的结晶点较高,在低温脱蜡时常会有苯的结晶析出,使脱蜡油的收率降低,因此,通常在酮—苯混合溶剂中加入某种比例的冰点很低的甲苯。在低温下,甲苯对油的溶解能力比苯强,对蜡的溶解能力比苯差,所以,它的选择性比苯强。在混合溶剂中增加甲苯的含量对提高脱蜡油收率和降低脱蜡温差都有好处。甲苯的沸点比苯的沸点高,混合溶剂中加入甲苯后会增大溶剂回收的困难。因此,在脱蜡温度不太低时,混合溶剂中常常保留一定量的苯,但是也有一些工业装置的实践经验表明,当采用甲乙酮时,混合溶剂中只需加入甲苯即可。

丙酮—苯—甲苯混合溶剂是一种良好的选择性溶剂,它们对油的溶解能力强,对蜡的溶解能力低,同时黏度小,冰点低,腐蚀性不大,沸点不高,毒性也不强,因此,它们是润滑油溶剂脱蜡较理想的溶剂。但其闪点低,应特别注意安全。

近 40 年左右,用甲乙酮代替丙酮的趋势发展很快。甲乙酮的沸点和冰点比丙酮稍高,在水中的溶解度不是很大,与水能形成共沸物。它对蜡的溶解度也很小,但对油的溶解能力比丙酮大。采用甲乙酮代替丙酮可以提高脱蜡油收率及降低脱蜡温差。表 11-17 列出了国内某溶剂脱蜡装置改用甲乙酮前后操作情况的比较。

表 11-17 某装置用甲乙酮代替丙酮的效果

项 目	甲乙酮	丙酮
处理量,t/d	1100	1000
脱蜡油收率,%	59.5	59
过滤温度,℃	-17	-24
脱蜡油凝点,℃	-13	-13
脱蜡温差,℃	4	11
冷冻电耗,kW·h/t	34	43

酮类溶剂的分子量越大,对油的溶解能力越强。因此,分子量较高的酮类可以单独使用而不必加入苯类。使用分子量较大的酮类作溶剂还可以降低脱蜡温差。但是分子量较大的酮类在低温下黏度大,过滤速度太慢。因此,至今尚未见有工业装置使用分子量大于甲乙酮的酮类作脱蜡溶剂的报道。

三、溶剂脱蜡工艺流程

溶剂脱蜡过程包括以下各系统(图 11-20)。

结晶系统:它的作用是将原料油和溶剂混合后的溶液冷却到所需的温度,使蜡从溶剂中结晶出来,并供给必要的结晶时间,使蜡形成便于过滤的状态。

冷冻系统:它的作用是制冷,取出结晶时放出热量。

过滤系统:它的作用是将已冷却好的溶液通过此系统将油和蜡分开。

溶剂回收系统:它的作用是把蜡和油中的溶剂分离出来,包括从蜡、油和水回收溶剂。

安全气系统:它的作用是为了防爆,在过滤系统及溶剂罐中用安全气封闭。

下面对结晶系统、过滤系统和溶剂回收系统分别介绍。

1. 结晶系统

图 11-21 是结晶系统的原理流程。

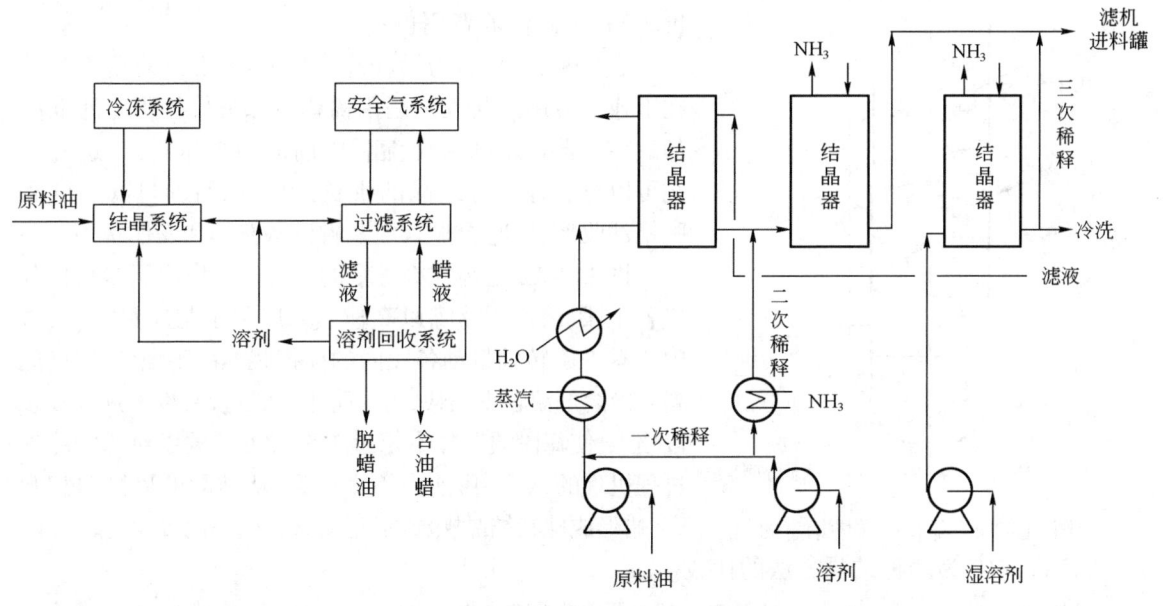

图 11-20 溶剂脱蜡过程原理流程　　图 11-21 结晶系统原理流程

原料油先经蒸汽加热(热处理),目的是使原来的结晶全部熔化,再在控制的有利条件下重新结晶。对残渣油原料,通常是在热处理前加入一次溶剂稀释,对馏分油原料则可以直接在第一台结晶器的中部注入溶剂稀释,称为"冷点稀释"。通常在前面的结晶器用滤液作冷源以回收滤液的冷量,后面的结晶器则用氨冷。原料油在进入氨冷结晶器之前先与二次稀释溶剂混合。由氨冷结晶器出来的油—蜡—溶剂混合物与三次稀释溶剂混合后去滤机进料罐。三次稀释溶剂是经过冷却的由蜡系统回收的湿溶剂。由于湿溶剂含水,在冷冻时会在传热表面结冰,因此在冷却时也利用结晶器。若使用普通的管壳式换热器则需要用几台切换使用。氨冷结晶器的温度通过控制液氨罐的压力来调节。

在大型的溶剂脱蜡装置,需使用多台结晶器,为了减小压降,这些结晶器采用多路并联。

酮苯脱蜡过程的结晶器一般都用套管式结晶器。它是由直径不同的两根同心管组成,通常外壳直径为200mm,内壳直径为150mm。原料油从内管通过,冷冻剂走夹层空间。内管中心有贯通全管的旋转钢轴,轴上装有刮刀来刮掉结在冷却表面上的蜡。一般每根套管长13m,若干根组成一组,例如有16根、12根、10根等几种。原料油和溶剂在套管结晶器内有一定的停留时间,以便使混合物的冷却速度不致太快。由于油—蜡—溶剂混合物是个复杂体系,没有可供实用的准确的传热计算公式,工业设计中一般都采用经验的总包传热系数,其值大体上是 $41\sim52\text{W}/(\text{m}^2\cdot\text{℃})[35\sim45\text{kcal}/(\text{h}\cdot\text{m}^2\cdot\text{℃})]$。设计时,在计算出传热面积之后还应核算在套管内的冷却速度是否在允许范围之内。

套管式结晶器的结构对结晶过程的进一步改进有一定的局限性。在套管结晶器内,析出蜡晶是从内管的冷内壁处局部开始的,因而油料溶液中的蜡组分不能按熔点的高低顺序均匀地扩散到已有的蜡晶表面使蜡晶均匀生长。刮刀与套管内壁上的蜡晶相互碰撞还会助长蜡晶破碎和新晶核的生成,使蜡晶粒度更不匀。此外,套管结晶器的传热系数较低,需要大的传热面积,造价较高,维修保养费用也高。

近年来,一种名为稀释冷冻(DILCHILL)的新工艺已在工业上应用。此工艺是用稀释冷冻塔代替用冷滤液冷却的结晶器(图11-21流程中前面的结晶器)。这种工艺可以显著地改善蜡晶的生长,提高以后的过滤速度和脱蜡油收率,同时也显著地节省设备费用和操作费用。

图11-22是稀释冷冻塔的示意图。塔内用多孔板分成若干段,溶剂用喷嘴以高速喷入以利于与原料混合,塔中心有一旋转轴带动各段内的搅拌桨。由于强烈搅拌,原料与冷溶剂混合得很快,为了防止降温过快,冷溶剂分成多段喷入,使每段的温降不超过2.5~3℃。关于对稀释冷冻过程机理的认识,目前尚不太一致,从结晶的显微照相观察,蜡形成球状结晶颗粒的堆集,颗粒大小比较均匀。

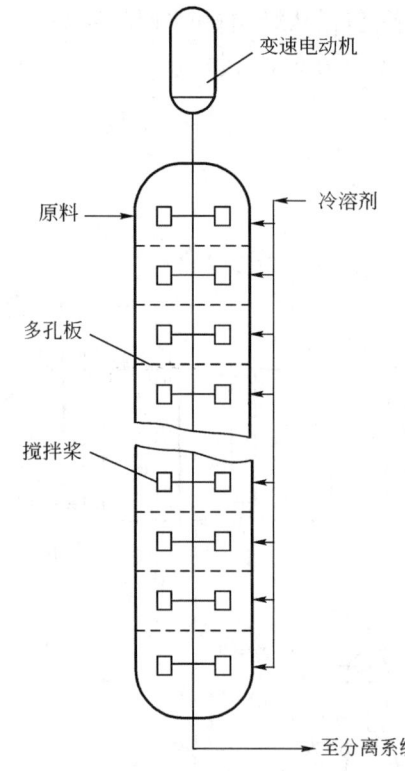

图11-22 稀释冷冻塔示意图

表11-18为两种结晶方法的比较。

表11-18 两种结晶方法的比较

项 目	稀释冷冻结晶	套管结晶器结晶
过滤段数	1	1
溶剂组成(甲乙酮/甲基异丁基酮)	30/70	30/70
过滤温度,℃	-17.8	-17.8
总稀释比	4.7	4.4
脱蜡油收率,%	78	67
脱蜡油过滤速度,L/(m²·h)	97.8	57

2. 过滤系统

过滤系统的主要功能是通过过滤使蜡与油进行分离。过滤系统的主要设备是过滤机。

从结晶系统来的低温的油—蜡—溶剂混合物进入高架的滤机进料罐后,自流流入并联的各台过滤机的底部。过滤机装有自动控制仪表控制进料速度。图 11-23 是鼓式真空过滤机的示意图。

过滤机的主要部分是装在壳内的转鼓,转鼓蒙以滤布,部分浸没于冷冻好的原料油—溶剂混合物中(浸没深度约为滤鼓直径的1/3)。滤鼓分成许多格子,每格都有管道通到中心轴部。轴与分配头紧贴,但分配头不转动。当某一格子转到浸入混合物时,该格子与分配头吸出滤液部分接通,于是以残压 200~400mmHg 的真空度将滤液吸出。蜡饼留在滤布上,经受冷洗,当转到刮刀部分时接通惰性气反吹,滤饼即落入输蜡器,用螺旋搅刀送到过滤机的一端落入下面的蜡罐。我国目前通用的过滤机每台有 $50m^2$ 过滤面积。过滤机的抽滤和反吹都用惰性气体循环。过滤机壳内维持压力 1~3kPa(表压)以防空气漏入。惰性气体中含氧量达到 5% 时应立即排空换气,以保证安全。反吹压力一般为 0.03~0.045MPa(表压)。

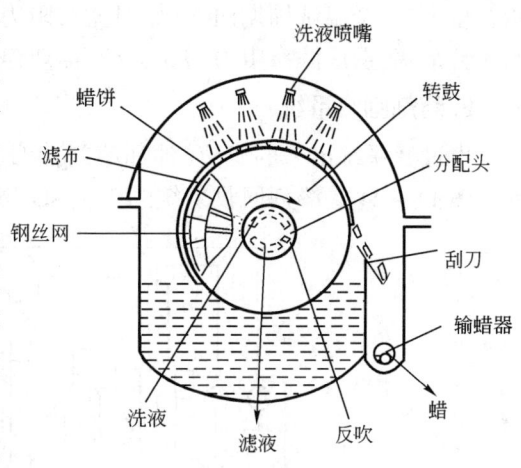

图 11-23 鼓式真空过滤机示意图

过滤后的蜡饼经冷洗后落入蜡罐,然后送去溶剂回收系统。冷洗液中含油量很少,经中间罐后可作稀释溶剂,这样可以减小溶剂回收系统的负荷。滤液被送回结晶系统进行换冷后进入溶剂回收系统。

过滤机在操作一段时间后,滤布就会被细小的蜡结晶或冰堵塞,需要停止进料,待过滤机中的原料和溶剂混合物滤空后,用 40~60℃ 的热溶剂冲洗滤布,此操作称为温洗。温洗可以改善过滤速度,又可减少蜡中带油,但温洗次数多及每次温洗时间长则占用过多的有效生产时间。

以上介绍的是基本的过滤系统流程和操作情况。在实际生产中还会根据具体情况作各种调整或改进。

例如,对于含蜡较多的油料,在过滤时往往蜡饼较厚而难以保证冷洗效果,导致蜡饼含油过多而影响脱蜡油的收率。此时可采用两段过滤和滤液循环工艺。在这种工艺中,将第一段过滤所得的含油较多的蜡饼经加入一定量的溶剂再稀释后,在与第一段过滤温度相同或比其稍高 3~5℃ 的温度下送入第二段过滤机进行过滤。第一段的滤液即为脱蜡油液,可直接送去溶剂回收系统。第二段的滤液和第一段的冷洗溶剂都是含油量很少的溶液,相当于含油很少的溶剂,而且其温度也很低,可以作为结晶系统的第二、第三次稀释溶剂使用。采用两段过滤和滤液循环工艺可以使脱蜡油收率比一段过滤明显提高,蜡饼含油量也大为降低而有利于脱油以制取蜡产品。同时,由于避免了相当一部分溶剂的循环汽化冷凝,从而明显降低了能耗。许多国产原油含蜡较多,润滑油料冷冻过滤时蜡饼量占原料油量的比例常高达 40%~50%,采用两段过滤和滤液循环工艺有明显的效益,因此,此工艺在国内得到广泛的应用。

从过滤机出来的蜡液中还含有少量的油,需要通过蜡脱油过程把其中的油脱除后才能得到蜡产品。有些装置在过滤系统中同时进行脱蜡和脱油,除了得到脱蜡油外,还可以得到符合成品蜡要求的蜡。这种工艺包括一段脱蜡和两段脱油,并且一般也采用部分滤液循环的工艺。

影响转鼓式过滤机的生产能力的主要因素是蜡饼特性、滤液黏度、结晶条件(这些都与原料性质有密切关系)、压差、滤鼓在溶液中的浸入度,以及滤鼓的转速。此外,滤布的阻力也不能忽略,在一个温洗周期内,开始时滤布阻力很小,但随着操作时间加长,它会被细小的蜡结晶或冰粒堵塞,造成滤布阻力增大,此时需要停止进料,进行温洗,否则生产能力会大大下降。

3. 溶剂回收系统

由过滤系统出来的滤液(油和溶剂)和蜡液(蜡和溶剂)进入溶剂回收系统回收其中的溶剂。图 11 - 24 是溶剂回收系统的工艺原理流程。

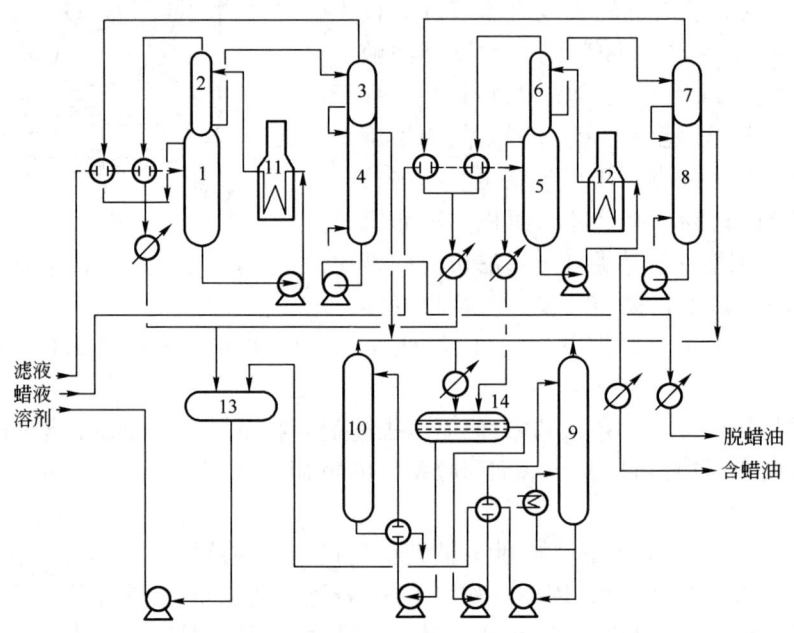

图 11 - 24　溶剂回收系统的工艺原理流程
1—滤液低压蒸发塔;2—滤液高压蒸发塔;3—滤液低压蒸发塔;4—脱蜡油汽提塔;
5—蜡液低压蒸发塔;6—蜡液高压蒸发塔;7—蜡液低压蒸发塔;8—含油蜡汽提塔;
9—溶剂干燥塔;10—酮脱水塔;11,12—加热炉;13—溶剂罐;14—溶剂分水罐

在此流程中,滤液和蜡液是分别进行溶剂回收的。回收的方法都是采用蒸发—汽提方法。在溶剂蒸发部分都是依次进行低压蒸发、高压蒸发,然后又进行低压蒸发。高压蒸发塔的操作压力和温度分别为 0.3 ~ 0.35MPa 及 180 ~ 210℃,低压蒸发塔在稍高于常压下操作,蒸发温度为 90 ~ 100℃。为了减小能耗,蒸发过程都采用多效蒸发方式。由汽提塔底得到的脱蜡油和蜡中含溶剂量一般可小于 0.1%。

由滤液蒸发塔出来的溶剂蒸气经冷凝后进入溶剂罐,可作为循环溶剂使用。由蜡液蒸发塔出来的气体含有水分,经冷凝后进入溶剂分水罐。两个汽提塔顶出来的气体经冷凝后都进入溶剂分水罐。在分水罐内,上层为含水 3% ~ 4% 的湿溶剂,下层为含溶剂(主要是酮)约 10% 的水。由于甲乙酮与水会形成共沸物,因此溶剂与水的分离可以采用双塔分馏方法,最后得到基本上不含溶剂的水和含水小于 0.5% 的溶剂。

国外有的装置采用惰性气汽提代替水蒸气汽提,惰性气体中的溶剂则通过原料在吸收塔来回收。由于惰性气和溶剂不再需要经过汽化、冷凝,故可减小能耗。这样做还可以减少系统中的水分从而也减少了水结的冰,因而节省了冰的融化和水的蒸发所消耗的能量。

四、影响溶剂脱蜡过程的主要因素

溶剂脱蜡过程的工艺条件应能满足以下两个要求:使含蜡原料油中应除去的蜡完全析出,使脱蜡油达到要求的凝点;使蜡形成良好的结晶状态,易于过滤分离以提高脱蜡油收率和处理能力。

影响酮苯脱蜡的因素有很多,对其主要的讨论如下。

1. 原料油的性质

不同原油或同一种原油的不同馏分的含蜡量不同,因而所需用的溶剂比和溶剂组成也应有所不同。

随着馏分沸点的升高,原料油中固体烃的分子量逐渐增大,晶体颗粒逐渐变小,生成蜡饼的渗透性变差,而且细小的晶粒易堵塞滤布,过滤分离的难度增大。因此,重馏分油比轻馏分油难于过滤,而残渣油比馏分油难于过滤。

原料油的沸程越窄,蜡的性质越相近,蜡结晶越好。原料油的沸程宽,大小分子不同的蜡混在一起,可能生成共熔物,生成细小的晶体,影响结晶体的成长,使蜡结晶难于过滤。宽馏分油在操作上虽然比较简单,不用经常切换原料,但宽馏分油对结晶不利,不易找到合适的操作条件,常常是顾此失彼。因此,在实际生产中一般不希望用宽馏分原料。

原料油中含胶质、沥青质较多时,会影响蜡结晶,使固体烃析出时不易连接成大颗粒晶体,而是生成微粒晶体,易堵塞滤布,降低过滤速度,同时由于易粘连,蜡的含油量大。但原料油中含有少量胶质却可以促使蜡结晶连接成大颗粒,提高过滤速度。

原料油中含水较多时易在低温下析出微小冰晶,吸附于蜡晶表面妨碍蜡晶生长,而且易堵塞滤布,增大过滤难度。

2. 溶剂的组成

考虑溶剂组成的基本出发点是溶剂应具有较高的溶解能力和较好的选择性,而且应避免出现第二相。溶剂中的酮含量增加时,对油的溶解能力降低,使出现第二相(分出润滑油)的温度升高。同时,对蜡的溶解能力也降低,使选择性提高。溶剂中的酮、苯、甲苯的比例应根据原料油的黏度大小、含蜡量大小以及脱蜡深度来确定。

重馏分油的黏度大、溶解度小,需要用溶解能力较大的混合溶剂,即其中的酮含量应小些。例如残渣油脱蜡时,溶剂中的丙酮含量仅为25%~30%;而对像变压器油这样的轻馏分,则溶剂中的丙酮含量可达50%。对于含蜡量少的原料如克拉玛依油,需用溶解能力较大或含酮量较少的溶剂;而对含蜡量高的大庆油,溶剂中的酮含量则可以较大些。

当脱蜡深度大时,也就是要求脱蜡温度低时,由于低温下溶剂的溶解能力降低、原料油的黏度增大,此时,溶剂中酮的比例应小些,同时应增大甲苯的含量。

溶剂的组成不仅影响对油的溶解能力,而且还会影响结晶的好坏。在含酮较多的溶剂中结晶时,蜡的结晶比较紧密,带油较少,易于过滤。从有利于结晶的角度考虑,常常希望用含酮较多的溶剂。但是酮含量过大容易产生第二个液相,不利于过滤。在酮含量较小的情况下,过滤速度和脱蜡油收率随酮含量增大而增大。但是当酮含量增大至一定程度后,再增大酮的含量时,过滤速度和脱蜡油收率反而下降。其原因是当溶剂中的酮含量增大到一定程度后,再增大酮的含量就不能使油在低温下全部溶于溶剂中,而使不该析出的组分也被析出,此时,黏稠的液体与蜡混在一起,使过滤速度和脱蜡油收率反而下降。一般情况下,溶剂中的丙酮含量为25%~50%。当超过50%时,常容易出现第二液相。

3. 溶剂比

溶剂比是溶剂量与原料油量之比,它分为稀释比和冷洗比两部分。溶剂的稀释比应足够大,从而可以充分溶解润滑油,在过滤温度下降低油的黏度,使之利于蜡的结晶,易于输送和过滤。同时,足够大的稀释比可使蜡中的含油量减少,提高脱蜡油的收率。但稀释比增大时也增大了油和蜡在溶剂中的溶解量,使脱蜡温差增大,同时也增大了冷冻、过滤、溶剂回收的负荷。因此,溶剂比大小的选择应经过综合的考虑。通常,在满足生产要求的前提下趋向于选用较小的溶剂比。表 11-19 列出了某装置的溶剂比对溶剂脱蜡过程的影响。

表 11-19　溶剂比对溶剂脱蜡过程的影响

溶剂比(体积比)	过滤时间,s	脱蜡油收率,%	脱蜡油凝点,℃	脱蜡温差,℃
4:1	12	76.3	2	7
4.5:1	10	78	2	7
5:1	8	79.5	2	7
6:1	5	83	2	11

一般来说,若原料油的沸程较高,或黏度较大,或含蜡较多,或脱蜡深度较大(也即脱蜡温度较低)时,需选用较大的溶剂比。

4. 溶剂加入的方式

溶剂加入的方式对结晶和脱蜡效果有较大的影响。溶剂加入的方式有两种:一种是在蜡冷冻结晶前把全部溶剂一次加入,称为一次稀释法;另一种是在冷冻前和冷冻过程中逐次把溶剂加入到脱蜡原料油中,称为多次稀释法。使用多次稀释法可以改善蜡的结晶,并可在一定程度上减小脱蜡温差。生产中常采用三次加入的方式。

在采用三次稀释方式时,在一定范围内降低第一次稀释的稀释比及增大第一次稀释溶剂中的酮含量可使脱蜡温差减小,有利于结晶,并使蜡中带油减少。国内有的溶剂脱蜡装置还采用将稀释点后移的"冷点稀释"方式,即把稀释用溶剂的注入点后移到开始结晶以后。稀释点后移的程度以不过多增大结晶器的压降为度。冷点稀释方式在用于轻馏分油时效果较好,对重馏分油则效果差些,而对残渣油则不起作用。冷点稀释用于石蜡基原料油时的效果比用于环烷基原料油好。

进行多点稀释时,加入的溶剂的温度应与加入点的油温或溶液温度相同或稍低。温度过高,会把已结晶的蜡晶体局部溶解或熔化;温度过低,则溶液受到急冷,会出现较多的细小晶体,不利于过滤。

5. 溶液的冷却速度

冷却速度是指单位时间内溶剂与脱蜡原料油混合物的温降,单位为℃/h。

溶液的冷却速度,特别是结晶初期的冷却速度对蜡的结晶颗粒有一定程度的影响。在脱蜡过程中,当温度降低到某个温度后,原料油中的蜡就达到过饱和状态,此时,蜡结晶就开始析出,首先是生成蜡的晶核。过饱和度越大,从过饱和状态到饱和状态的时间就越短,生成的晶核数目就越多,结晶也就越细小。因此,在冷冻初期,冷却速度不宜过快。此外,冷却速度过快时,溶液的黏度增大较快,对结晶也是不利的。

对套管结晶器来说,一般在结晶初期,冷却速度最好为 60~80℃/h,而后期则可提高到 150~250℃/h,有的高达 300℃/h。提高冷却速度可以提高套管结晶器的处理能力,对石蜡基的大庆原油轻馏分油,在结晶初期就把冷却速度提高到 150~250℃/h,仍能正常操作。

6. 加入表面活性物质

加入某些表面活性物质作助滤剂可以增大蜡的晶体颗粒,提高过滤速度,从而提高设备处理能力和提高脱蜡油收率。关于助滤剂的作用机理,在文献中有各种解释。

按化合物的结构来看,脱蜡助滤剂大体上可分为三类:

(1) 萘的缩合物。烷基链的平均碳数为 25~40,缩合物的平均分子量在 2000 以上。

(2) 无灰高聚物添加剂。如丙烯酸酯、聚甲基丙烯酸酯、乙烯—乙酸乙烯酯、聚 α-烯烃、聚乙烯基吡咯烷酮和乙丙烯共聚物等。

(3) 有灰的润滑油添加剂。如硫化烷基酚、烷基水杨酸钙盐等。

据报道,在加入聚 α-烯烃助滤剂(加入量为 0.05%)时,过滤速度可提高到 2~3 倍。

五、溶剂脱蜡与溶剂精制的正反序工艺

在润滑油及石油蜡生产过程中,有所谓的正反序工艺,正序工艺就是原料先进行溶剂抽提精制,抽余油再进行溶剂脱蜡;反序工艺为原料首先经过溶剂脱蜡,脱蜡油然后再进行溶剂精制。这两种工序各有优缺点,具体采用哪种顺序需要根据原料性质和生产目的以及过程经济性来综合考虑。正序工艺通过精制首先脱除胶质和芳烃等杂质,减少能耗相对较高的溶剂脱蜡处理量,在原料蜡含量较低时有利降低能耗,但由于脱除了表面活性物质,反而可能降低脱蜡的过滤速度。在以糠醛为精制溶剂的正序过程中,由于糠醛氧化物的存在还会使蜡的色泽变差,使蜡的进一步精制变得困难。当脱蜡收率和精制收率一定时,反序工艺对高含蜡的原料可显著降低溶剂精制处理量,降低精制装置建设费用、能耗和操作费用,但反序工艺会带来脱蜡油的凝固点回升,当凝固点要求相同时,需要增加制冷量,当蜡含量降低到一定程度,反序工艺就没有节能优势了。

第四节 芳 烃 抽 提

在炼油工业中,以芳烃为目的产品的萃取过程主要是用于从催化重整生成油中萃取芳烃的芳烃抽提过程。在全世界的 BTX(苯、甲苯、二甲苯)产量中,由重整生成油中取得的 BTX 要占一半以上,芳烃抽提也是生产 PX(对二甲苯)的单元之一。润滑油溶剂精制过程的实质是萃取稠环芳烃或多环芳烃,一般并不是主要产物,涉及的原料较重。芳烃抽提面对的是汽油(石脑油)馏分的原料,因而所选用的溶剂和过程也有所不同。本节主要是讨论重整生成油的芳烃抽提过程。

一、芳烃抽提的溶剂

工业上用于芳烃抽提的溶剂有多种,表 11-20 列出了一些常用的溶剂的主要性质。

表 11-20　常用芳烃抽提溶剂的主要性质

溶剂名称	二乙二醇醚	三乙二醇醚	环丁砜	二甲基亚砜	吗啉
分子式	$(C_2H_4OH)_2O$	$(CH_2OC_2H_4OH)_2$	$C_4H_8SO_2$	$(CH_3)_2SO$	C_4H_8ONH
20℃密度,g/cm³	1.12	1.02	1.26	1.1	1.00
常压沸点,℃	245	231.8	285	189	128.6
凝固点,℃	-8	-30	27.6	18.45	-3.1
开始分解温度,℃	164	>220	—	100~120	
100℃黏度,Pa·s	0.0033	0.004	0.0025		
100℃比热容,kJ/(kg·℃)	2.60	1.51	1.47		2.14
150℃汽化潜热,kJ/kg	732.7	464.7	515.0(200℃)	552.7(189℃)	427.1(128℃)
表面张力(25℃),N/m	0.0485	0.032	0.0037	0.043	0.0378
溶解能力,100℃①	0.12	—	0.3	0.2(25℃)	
选择性,100℃②	0.90		1.09	1.33(25℃)	

①此处定义为 $1/\gamma_{甲苯}$,其中 $\gamma_{甲苯}$ 为无限稀释时甲苯的活度系数。
②此处定义为 $\lg(\gamma_{正庚烷}/\gamma_{甲苯})$,其中 $\gamma_{甲苯}$ 和 $\gamma_{正庚烷}$ 分别为无限稀释时甲苯和正庚烷的活度系数。

在选择溶剂时,首先要考虑以下三个最基本的条件。

(1)对芳烃有较强的溶解能力。溶剂对芳烃的溶解能力强,则所需的溶剂比可以较低,因而操作费用低,设备利用率也高。工业用芳烃抽提溶剂对芳烃的溶解能力由高至低依次为:N-甲基吡咯烷酮和四乙二醇醚,环丁砜和 N-甲酰基吗啉,二甲基亚砜和三乙二醇醚,二乙二醇醚。表 11-21 列出了二醇醚类对甲苯的溶解度。

表 11-21　甲苯在二醇醚类溶剂中的溶解度

溶剂	二乙二醇醚		80%二乙二醇醚 20%二丙二醇醚	三乙二醇醚	四乙二醇醚
溶剂含水量(质量分数),%	8	5	8	8	5
温度,℃	125	100	125	125	100
溶解度(质量分数),%	15.1	15.5	25.1	20.7	47

(2)对芳烃有较高的选择性。溶剂对芳烃的溶解能力与对非芳烃的溶解能力的差别越大,即溶剂的选择性越高,则分离效果越好,所得芳烃的纯度也越高。

溶剂的选择性与溶解能力之间常常会出现矛盾,往往是在对芳烃的溶解能力增大时,对非芳烃的溶解能力也增大,甚至增大得更快而导致选择性下降。

工业用溶剂的选择性以环丁砜和二甲基亚砜为最好,乙二醇醚和 N-甲酰基吗啉次之,N-甲基吡咯烷酮再次之。

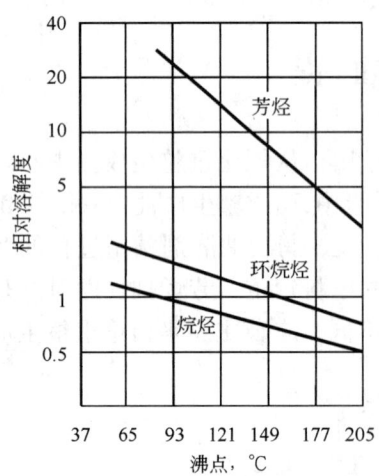

图 11-25　烃类在二乙二醇醚中的溶解度

图 11-25 示出了二乙二醇醚对芳烃、环烷烃及烷烃的溶解度。由图可见,二乙二醇醚对芳烃、环烷烃及烷烃的溶解能力之比约为 20:2:1,对芳

烃有较好的选择性。从图中还可以看到，对于同一族烃类来说，烃类的沸点越低(或分子量越小)，其在二乙二醇醚中的溶解度越大。

(3)溶剂与原料油的密度差要大，以便于分离。

除了上述最基本的考虑外，欲全面评价某一种溶剂还需考虑其他条件：

(1)溶剂与油相间的界面张力要大，不易乳化，不易发泡。

(2)溶剂与萃取物的沸点差要大，不生成共沸物，便于用蒸馏的方法分离。

(3)化学稳定性好，不与原料起化学作用，本身也不会变质，不腐蚀设备。

(4)容易回收，回收费用低。例如溶剂的汽化潜热和比热容要小，蒸气压要较低。

(5)凝固点低、黏度小、不易燃、便于输送和保管。

(6)价格低廉，供应来源充分等。

考虑以上因素，常用的芳烃抽提溶剂综合性能以环丁砜最好，其次是 N - 甲酰吗啉和四乙二醇醚。

对溶剂性质的要求是多方面的，而且有些要求是互相矛盾的，往往一种溶剂难以兼备。因此，在有些情况下采用双溶剂有可能改善抽提操作。例如，二丙二醇醚有很强的溶解能力，但是选择性差，当与选择性较好的二乙二醇醚以适当比例配合时，可以得到溶解能力较强且选择性良好的溶剂。又如乙二醇醚类的溶剂中常常掺入适量的水以提高溶剂的选择性，通常是加入 5% ~ 8% 的水。

在选择溶剂时还应结合具体情况作具体分析。例如生产乙二醇时有一定数量的副产品二乙二醇醚，二乙二醇醚与环氧乙烷水合可制成三乙二醇醚和四乙二醇醚。在我国，乙二醇的生产有较大的发展，而且现有的芳烃抽提装置不少是用 UDEX(甘醇法)工艺，改用三(或四)乙二醇醚作溶剂比较方便。例如以三乙二醇醚取代原有的二乙二醇醚作溶剂时，溶剂比约可降低一半，能耗降低 1/3，处理量可提高 20% ~ 30%；采用四乙二醇醚可进一步提高处理量，降低溶剂比和能耗。

二、芳烃抽提工艺流程和操作条件

芳烃抽提按所用的溶剂不同分为 UDEX 法、Sulfone 法(环丁砜)、IFP 法(二甲基亚砜)、Arosolvan 法(N - 甲基吡咯烷酮)、Formax 法(N - 甲酰基吗啉)等。目前应用最广泛的是前两种工艺。

芳烃抽提装置一般由三个部分组成，即抽提部分、溶剂回收部分及溶剂再生部分。本节以比较广泛应用的 UDEX 工艺过程为例进行说明。

图 11 - 26 是 UDEX 工艺原理流程图。此工艺以重整生成油的脱戊烷油为原料，通过抽提过程得到混合芳烃，再经过精馏过程得到高纯度的苯、甲苯和混合二甲苯。在有些装置中，还可以将混合二甲苯分离为邻二甲苯和间二甲苯与对二甲苯混合物。

1. 抽提部分

原料(脱戊烷油)从抽提塔的中部进入。抽提塔是一个筛板塔。溶剂二乙二醇醚从塔的顶部进入，与脱戊烷油进行逆流抽提。从塔底出来的是提取液，其中主要是溶剂和芳烃，提取液送去溶剂回收部分的汽提塔以分离溶剂和芳烃。为了提高芳烃的纯度，塔底进入经加热的回流芳烃。

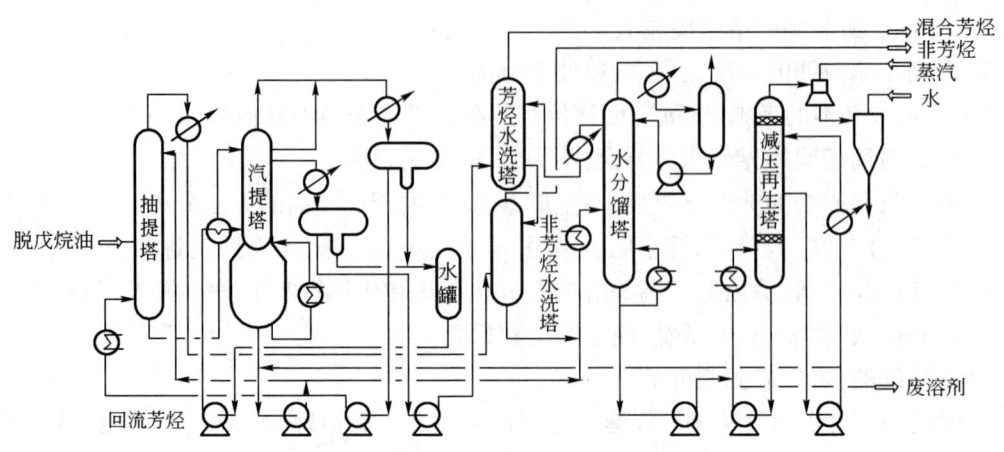

图 11-26 UDEX 工艺原理流程图

抽提塔的操作温度一般为 125~140℃。在低于 140℃时,随着温度的升高,芳烃溶解度急剧增大,但是当温度高于此温度后,继续升高温度时,芳烃溶解度增加得不多而选择性却下降得很快,而且温度过高也会引起二乙二醇醚的分解。温度低于 100℃时,由于芳烃溶解度小,需用较大的溶剂比,而且液体黏度较大使塔板效率降低。

溶剂比是重要的操作参数之一。溶剂比增大时,芳烃回收率增大而产品芳烃纯度下降,而且设备投资和操作费用也增大。因此,在保证一定的芳烃回收率的前提下应尽量降低溶剂比。表 11-22 列出了溶剂比对芳烃回收率的影响。

表 11-22 溶剂比对芳烃回收率的影响

溶 剂 比	9.8	12.4	15.2
总芳烃回收率(质量分数),%	80	91	94
其中:苯	约 100	约 100	约 100
甲苯	87	96	99
二甲苯	51	78	85

溶剂比的选定应当结合操作温度的选择来综合考虑。提高溶剂比或升高温度都能提高芳烃回收率。实践经验表明,大约温度升高 10℃相当于溶剂比提高 0.78。而且,对不同的原料还需考虑选择不同的适宜温度和溶剂比。采用二乙二醇醚的 UDEX 装置采用的溶剂比多在 15 左右,采用三乙二醇醚、四乙二醇醚的 UDEX 装置的溶剂比分别在 10 和 5 左右。

回流比是指芳烃回流量与进料量之比。回流比是调节产品芳烃纯度的主要手段。回流比大则产品芳烃纯度高,但芳烃回收率有所下降。因此必须选择适宜的回流比。原料中芳烃浓度高时,回流比可以小些。在 UDEX 装置,一般选用的回流比为 1.1~1.4,此时,产品芳烃的纯度可达 99.9%以上。

2. 溶剂回收部分

溶剂回收部分的功能有两个:从提取液中分离出芳烃;回收溶剂并使之循环使用。溶剂回收部分的主要设备有汽提塔、水洗塔和水分馏塔。

1) 汽提塔

汽提塔是顶部带有闪蒸段的浮阀塔,全塔分为三段:顶部闪蒸段、上部抽提蒸馏段和下部汽提段。汽提塔在常压下操作。由抽提塔底来的提取液经换热后进入汽提塔顶部。在闪蒸段,提取液中的轻质非芳烃、部分芳烃和水因减压闪蒸出去,余下的液体流入抽提蒸馏段。抽提蒸馏段顶部引出的芳烃也还含有少量非芳烃(主要是 C_6),这部分芳烃与闪蒸产物混合经冷凝并分去水分后作为回流芳烃返回抽提塔下部。产品芳烃由抽提蒸馏段上部以气相引出。汽提塔底部有重沸器供热。为了避免溶剂分解(二乙二醇醚在164℃开始分解),在汽提段引入水蒸气以降低芳烃蒸气分压使芳烃能在较低的温度(一般约150℃)下全部蒸出。溶剂的含水量对抽提操作有重要影响,为了保证汽提塔底抽出的溶剂有适宜的含水量,汽提段的压力和塔底温度必须严格控制。为减少溶剂损失,汽提所用蒸气是循环使用的,一般用量是汽提塔进料量的3%左右。

2) 水洗塔

水洗塔有两个:芳烃水洗塔和非芳烃水洗塔,这是两个筛板塔。在水洗塔中,以水为溶剂提取芳烃或非芳烃中的二乙二醇醚,从而减少溶剂的损失。在水洗塔中,水是连续相而芳烃或非芳烃是分散相。从两个水洗塔塔顶分别引出混合芳烃产品和非芳烃产品。

芳烃水洗塔的用水量一般约为芳烃量的30%。这部分水是循环使用的,其循环路线为水分馏塔→芳烃水洗塔→非芳烃水洗塔→水分馏塔。

3) 水分馏塔

水分馏塔的作用是回收溶剂和取得干净水,以循环使用。对送去再生的溶剂,先通过水分馏塔分出水,这样可以减轻溶剂再生塔的负荷。水分馏塔在常压下操作,塔顶采用全回流,水从塔上部侧线抽出。国内的水分馏塔多采用圆形泡帽塔板。

3. 溶剂再生部分

二乙二醇醚在使用过程中由于高温及氧化会生成大分子的叠合物和有机酸,导致堵塞和腐蚀设备,同时也降低了溶剂的使用性能。为了保证溶剂的质量,一方面要注意经常加入单乙醇胺以中和生成的有机酸,使溶剂的 pH 值经常维持在 7.5~8.0,另一方面要经常从汽提塔底抽出的贫溶剂中引出一部分溶剂去再生,引出量以每5~7天能使全部溶剂都再生一遍为原则。所谓再生就是在减压(约0.0025MPa)下将溶剂蒸出,使之与大分子叠合物分离。二乙二醇醚在常压下的沸点是245℃,已远超出其起始分解温度164℃,因此再生塔必须在减压下操作。

以上讨论的是以二乙二醇醚作溶剂的 UDEX 过程为例的芳烃抽提工艺流程。在改用三乙二醇醚或四乙二醇醚时,此工艺流程可以不变,但是操作条件须适当改变。UDEX 过程在工业上已广泛使用多年,它本身也有不少改进。例如,有的装置采用了简化的流程,这种简化流程中取消了芳烃水洗塔、非芳烃水洗塔及水分馏塔,芳烃和非芳烃分别在沉降器中进一步分离出含溶剂水。据称采用此简化流程后,不仅操作简便,而且明显地降低了能耗。

工业上使用其他类型溶剂的芳烃抽提过程时,虽然具体的工艺流程会有所不同,但是它们的基本原理是相同的。图 11-27 是使用环丁砜作溶剂的 Sulfolane 抽提工艺流程图,与 UDEX 不同之处是无芳烃水洗塔,产品塔需负压操作。

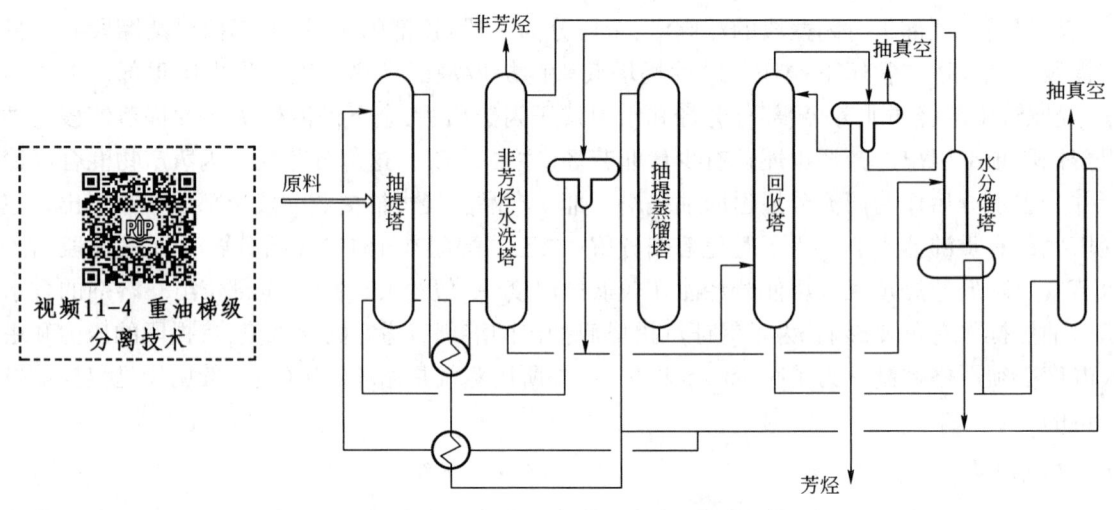

图 11-27 Sulfolane 抽提工艺原理流程

三、芳烃抽提其他应用——催化裂化汽油关键组分定向分离技术

中国石油大学(北京)和河北精致科技有限公司原创性提出关键组分定向分离思想,发展了催化裂化汽油"分出烯、富集硫"的分离方法,设计优化了高效复配萃取溶剂,发明了溶剂双向萃取技术,实现了关键组分定向分离(分出烯、富集硫)核心目标。具体来说,以"蒸馏切割+溶剂双向萃取"为核心技术手段对催化裂化汽油同时实现了烯烃的分离和芳烃、硫化物的富集。根据原料组成特点将全馏分催化裂化汽油率先切割为轻、中、重三个馏分,中馏分进一步通过溶剂双向萃取进行烯烃分子与芳烃/硫化物分子的分离。分离后的烯烃组分可直接作为生产高辛烷值汽油调和组分或高附加值化工产品的原料,而芳烃和硫化物组分则作为选择性加氢脱硫原料,实现汽油产品的深度脱硫。将上述技术耦合集成于工业催化裂化汽油催化加氢脱硫过程,实现了分子炼油理念下的关键组分管控和精细化产品生产。自 2015 年 1 月起,相继在 8 家炼油企业成功获得工业应用。

参 考 文 献

[1] Zhao S Q, Wand R A, Lin S X. High-pressure phase behavior and equilibria for Chinese petroleum residua and light hydrocarbon systems. Part I. Pet Sci Technol, 2006, 24: 285-295.
[2] 潘从锦,范良学,侯丹丹,等. 两套不同丙烷脱沥青装置的工艺技术及运转效果对比分析. 石油炼制与化工,2014,45(12):59-62.
[3] 赵锁奇,张霖宙,陈振涛,等. 重质油超临界溶剂萃取梯级分离工艺的化学基础. 中国科学:化学,2018(4):369-386.
[4] 徐春明,赵锁奇,卢春喜,等. 重质油梯级分离新工艺的工程基础研究. 化工学报,2010,9:2393-2400.
[5] 胡建清,王侃,张冰剑,等. 基于相图分析的润滑油糠醛精制工艺改进. 化工学报,2020,71(1):237-244.
[6] 费维扬,任钟旗. 萃取塔设备强化的研究和应用. 化工进展,2004,23(1):12-16.
[7] Zhang Y H, Gao H R, Wang M X, et al. Research on the effect of solvent structure and group on separation of 1-hexene, benzene, and thiophene. Energy & fuels, 2019, 33: 5162-5172.
[8] 张宇豪,王永涛,陈丰,等. 清洁油品生产中溶剂萃取分离技术的研究进展. 中国科学:化学,2018,48(4):319-328.

第十二章 炼厂轻烃加工利用

石油气体(天然气和炼厂气)是非常宝贵的气体资源,合理利用这些气体是石油加工生产中的重要课题,对发展国民经济具有重要的意义。天然气的典型组成见表2-12,炼厂气的典型组成见表2-14。

石油气体的利用主要有以下三个途径:

(1)直接作为燃料。例如,天然气可用来代替城市煤气或发电,天然气及油田气中的碳五以上(C_{5+})馏分可以用油吸收法或吸附法等回收得到轻汽油,作为内燃机燃料;碳三(C_3)和碳四(C_4)馏分加压液化生产液化石油气,装入钢瓶内作为燃料使用。炼厂气的一部分可用作加热炉的燃料。

(2)生产高辛烷值汽油组分。在炼油厂中,炼厂气主要用来生产烷基化油、异构化油、高辛烷值醚类、叠合加氢油等高辛烷值组分,用作高辛烷值的车用汽油或航空汽油的调和组分。

(3)作为石油化工原料。以石油气体中含有的各类烃(特别是烯烃)及其衍生物为原料可以制得许多重要的石油化工产品,例如合成橡胶、塑料、化学肥料、化学纤维、洗涤剂、溶剂、人造皮革、油漆、颜料、合成润滑油、农药、医药和涂料等。

石油气体在使用和加工前需经过预处理,即根据加工过程的特点和要求,进行不同程度的脱硫、脱CO_2、脱水等。石油气体经过预处理后,还要根据进一步加工过程对气体原料纯度的要求,进行分离得到单体烃或各种气体烃馏分。例如,在以炼厂气为原料生产高辛烷值汽油调和组分时,需将炼厂气分离为丙烷—丙烯馏分、丁烷—丁烯馏分等,这通常通过气体分馏装置来完成;在以炼厂气作为石油化工生产的原料时,有些合成过程对气体纯度要求很高,则需用高效率的气体分离过程,如超吸附、超精馏、抽提蒸馏、共沸蒸馏、化学吸附、分子筛分离和膜分离等过程将气体原料分离为单体烃。

随着人们环保意识的日益增强,对汽油的燃烧质量提出了更高的要求。无铅、高辛烷值、低烃分压、低烯烃、低芳烃和低硫的新配方汽油的生产是现代化汽油生产的发展趋势。目前,常用的高辛烷值汽油调和组分主要有烷基化油、异构化油、甲基叔丁基醚以及叠合加氢油等,而生产上述几种汽油调和组分的原料主要来自天然气和炼厂气等石油气体。同时,多产小分子烯烃的催化裂化和催化裂解技术的应用以及催化裂化、焦化和蒸汽裂解等装置规模的不断扩大,大幅度增加了炼厂气的产量,使得以炼厂气为原料最大限度增产高辛烷值汽油调和组分的生产过程得到了越来越广泛的重视。

本章将分别叙述在炼油厂中,以炼厂轻烃为原料生产高辛烷值汽油调和组分的一些工艺过程。

第一节 炼厂干气与苯烷基化制乙苯

乙苯是重要的石油化工基础原料,经脱氢后制得的苯乙烯是重要的聚合单体。乙苯具有很高的辛烷值,也可用作汽油调和组分。催化裂化、催化裂解等干气中含有大量的乙烯,将其与苯通过烷基化过程生产乙苯,是炼化企业增效的一条途径。

一、烷基化反应和催化剂

乙烯与苯烷基化反应的主产物是乙苯,同时会生成二乙苯、三乙苯等多乙苯产物;此外原料中含有的丙烯也会与苯发生烷基化反应生成丙苯。为了提升目标产物乙苯的选择性,在烷基化反应之后往往还配有烷基转移反应,苯与二乙苯等副产物发生烷基转移反应生成乙苯。乙烯与苯烷基化过程与烷基转移过程发生的反应如下:

$$CH_2=CH_2 + C_6H_6 \longrightarrow C_6H_5-CH_2-CH_3$$

$$2CH_2=CH_2 + C_6H_6 \longrightarrow C_6H_4(CH_2-CH_3)_2$$

$$C_6H_6 + C_6H_4(CH_2-CH_3)_2 \rightleftharpoons 2\,C_6H_5-CH_2-CH_3$$

炼厂干气中乙烯与苯烷基化制乙苯的催化剂主要是分子筛类催化剂,包括 ZSM-5 分子筛、ZSM-5 与 β 共结晶分子筛、ZSM-5 与 ZSM-11 共结晶分子筛等。催化裂化干气中乙烯的浓度往往不高,且含有 H_2S、CO_2、H_2O、丙烯等杂质,这些杂质的存在会影响反应过程和后续的目标产物分离精制。国外的技术主要包括 UOP 的 Alkar 法烷基化技术、Monsanto 公司的烷基化技术和 Mobil/Badger 公司的烷基化技术。这 3 种技术均要求对干气中所含的杂质进行深度脱除。中国科学研究院大连化学物理研究所研发了稀土-ZSM-5-ZSM-11 共结晶分子筛催化剂,具有抗杂质能力强、水热稳定性高的特点;在此基础上开发出了不需要对干气进行精制(或浅度精制)的烷基化制乙苯技术。2009 年,中国石化上海石油化工研究院开发了 SGEB 催化干气制乙苯技术,其中烷基化反应采用高效 SEB 系列催化剂(经过形貌控制、孔道修饰和酸性调变的 ZSM-5 分子筛催化剂),烷基转移反应采用高密度 AEB-1H 液相烷基转移催化剂。

二、烷基化工艺流程

1. 中国科学研究院大连化学物理研究所的工艺技术

中国科学研究院大连化学物理研究所开发的催化干气制乙苯第三代技术采用气相烷基化(320~360℃)和液相烷基转移(220~260℃)组合工艺。催化干气先经胺洗(甲基二乙醇胺,MDEA)脱除 H_2S,再经水洗脱除干气中携带的少量 MDEA,然后经分液后进入丙烯脱除系统,脱丙烯后的干气与苯进入烷基化反应器;乙苯等反应产物经换热进入吸收和分离系统,尾气经低温的多乙苯或乙苯塔底物料吸收后排出装置,液相产物依次分离出循环苯、乙苯、丙苯、多乙苯和重组分。其中丙苯及重组分冷却后排出装置,多乙苯与循环苯混合加热后进入烷基转移反应器中反应,产物经换热后进入苯塔。该技术于 2003 年在抚顺石化公司 6×10^4 t/a 催化干气制乙苯工业化试验装置成功投产,之后相继在锦西石化、海南实华嘉盛公司、锦州石化、华北石油管理局、大庆中蓝石化等多套工业装置上投产。乙烯转化率 >99%,乙苯 >99.8%,产品中二甲苯含量 <900μg/g。

2. 中国石化上海石油化工研究院的工艺技术

中国石化 SGEB 催化干气制乙苯技术的工艺流程如图 12-1 所示。催化干气经胺洗脱除

H_2S,经水洗脱除干气中携带的脱硫剂,再经吸收解吸工艺(一段吸收、两段解吸)脱除干气中的丙烯(丙烯体积含量<0.03%)。脱丙烯干气进入烷基化反应器发生反应,反应产物经换热后进入尾气吸收塔吸收芳烃,之后进入苯塔,塔顶物流去脱轻塔分离出不凝气;苯塔和脱轻塔塔底物料依次去乙苯塔,塔顶得到乙苯产品;乙苯塔塔底物料去丙苯塔,塔顶得到丙苯副产品;丙苯塔塔底物料去多乙苯塔,塔顶的二乙苯和部分循环苯混合后进入烷基转移反应器反应以生成更多的产品乙苯,塔底得到高沸物副产品。该技术于2011年在中国石化青岛炼油化工分公司成功进行工业试验,之后推广到了中国石化长岭分公司、广州分公司、湛江东兴石化公司、九江分公司以及中海油东方石化有限公司、宁波大榭石化有限公司。乙烯转化率达98%,乙苯转化率>99.8%,产品中二甲苯含量<800μg/g。

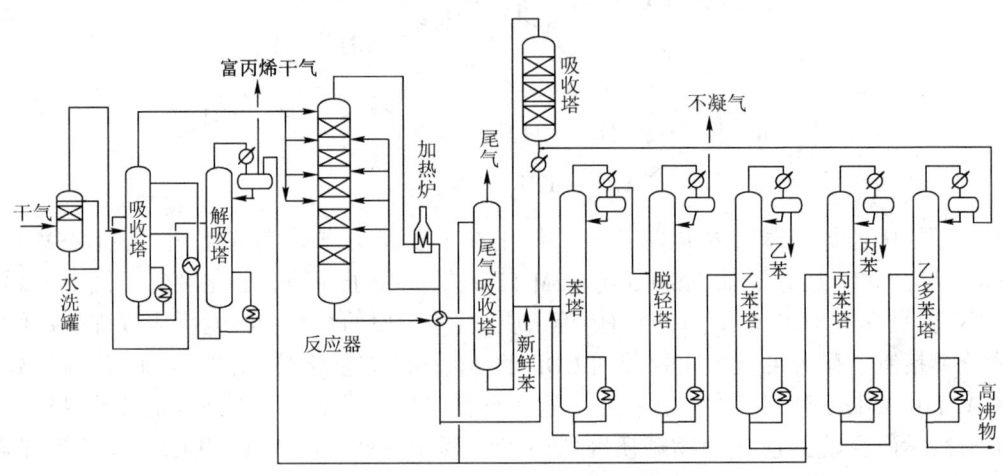

图12-1 中国石化SGEB催化干气制乙苯技术工艺流程图

中国石化SGEB催化干气制高辛烷值组分的工艺流程如图12-2所示。催化干气不经处理直接与苯混合后进入烷基化反应器反应(360℃),反应产物经液相产物吸收,塔顶为反应尾气;吸收塔塔底物料进入苯塔,塔上部侧线抽出主要含苯的物流循环回反应系统,塔顶物流进入脱轻塔,塔顶分出不凝气;苯塔和脱轻塔塔底物流富含乙苯、丙苯、二乙苯、二甲苯和高沸物,可直接作为高辛烷值汽油调和组分。

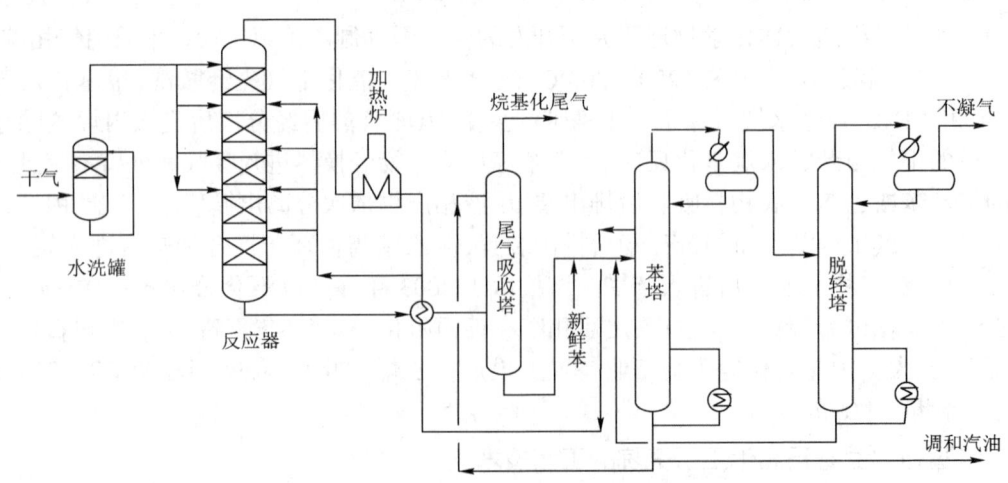

图12-2 中国石化SGEB催化干气制高辛烷值组分工艺流程图

第二节 碳四烷基化

炼油工业中的碳四烷基化指的是以异丁烷和小分子烯烃（主要是丁烯，以及少量丙烯、戊烯）为原料进行烷基化反应，以生成高辛烷值汽油调和组分为目的。碳四烷基化反应遵循正碳离子反应机理，由于异构烷烃中的叔碳原子上的氢原子比正构烷烃中的伯碳原子上的氢原子活泼得多，在反应过程中可以通过氢转移反应失去一个氢负离子形成叔丁基正碳离子，起到链传递的功能使烷基化反应顺利进行，因而在烷基化过程中必须要用异构烷烃作为原料。

视频12-1 碳四烷基化

碳四烷基化产物（烷基化油）的抗爆震性能好，它的研究法辛烷值（RON）可达96，马达法辛烷值（MON）可达94，敏感度好，蒸气压低，几乎不含芳烃、烯烃和硫，是理想的高辛烷值清洁汽油调和组分。由于汽油发动机的改进，发动机的压缩比不断增大，对汽油抗爆震性能的要求也不断地提高；另外，从防止空气污染、保护环境的观点出发，逐步限制汽油中芳烃与烯烃的含量，这就使得碳四烷基化过程在生产高辛烷值汽油方面处于更重要的地位。

早在1932年，人们就已经发现异构烷烃在酸性条件下（$AlCl_3 + HCl$）能与烯烃发生烷基化反应。1938年，美国亨伯石油炼制公司（Humble Oil and Refining Co.）将其叠合装置改建成世界上第一套烷基化工业装置。而世界上第一套新建的硫酸法烷基化生产装置是美孚石油公司（当时称为玛格诺利亚石油公司，Magnolia Petroleum Co.）于1939年建立的。世界上第一套氢氟酸法烷基化装置是菲利普斯石油公司（Phillips Petroleum Co.）于1942年建立的。

烷基化反应所使用的催化剂有无水氯化铝、浓硫酸、氢氟酸、磷酸、硅酸铝、氟化硼以及泡沸石、氧化铝—铂、离子液体、固体酸等。已得到工业应用的烷基化催化剂有五种，即无水氯化铝、浓硫酸、氢氟酸、离子液体和固体酸。无水氯化铝催化剂的污染大已经被淘汰，目前最常用的烷基化催化剂是浓硫酸和氢氟酸。近几十年来，用以生产高辛烷值汽油的异丁烷烷基化工艺的发展一直是围绕硫酸法烷基化和氢氟酸法烷基化而展开的。对于硫酸法烷基化，主要的研究进展集中在如何降低废酸的生产量以及开发清洁有效的废酸处理工艺方面；而对于氢氟酸法烷基化工艺，更重要的是提高生产过程的安全性，为此多家公司开发出了降低氢氟酸形成气溶胶的添加剂技术。离子液体和固体酸属于新型的环保催化剂，能够避免浓硫酸和氢氟酸催化剂存在的众多问题，是碳四烷基化领域的研究热点和发展方向。2013年之后离子液体和固体酸为催化剂的碳四烷基化工业装置逐步建成投产，受到了炼油界的广泛关注。

一、烷基化反应和催化剂

1. 烷基化原料

生产高辛烷值汽油的烷基化工艺主要使用异构烷烃和轻烯烃两类原料。对于异构烷烃，由于烷基化反应要求具有叔碳原子的烷烃以传递正碳离子的链式反应，所以异构烷烃只能从丁烷或以上的烷烃中寻找，最主要的原料是异丁烷。也有人尝试使用异戊烷，但是异戊烷烷基化所得烷基化油的辛烷值比较低，甚至低于异戊烷本身的辛烷值，所以很少使用。然而近年来，由于对汽油饱和蒸气压的限制，将异戊烷与乙烯或丙烯进行烷基化生产低蒸气压烷基化油的研究也日益增多。烷基化原料所用的轻烯烃主要是丁烯，包括异丁烯、1-丁烯、2-丁烯等异构体,但更多的工艺使用不同比例的低分子烯烃混合物作为原料。

2. 烷基化反应和产物

烷基化所使用的原料和催化剂不同,烷基化的反应和产物也有所不同。下面以异丁烯、1-丁烯、2-丁烯与异丁烷的反应为例介绍烷基化的反应和产物。

2-丁烯与异丁烷在浓硫酸、氢氟酸、酸性离子液体和固体酸等催化剂的作用下,烷基化产物主要是高辛烷值的 2,2,4-三甲基戊烷、2,3,4-三甲基戊烷和 2,3,3-三甲基戊烷。反应如下:

$$CH_3-CH=CH-CH_3 + CH_3-\underset{\underset{CH_3}{|}}{\overset{\overset{CH_3}{|}}{C}}-H \longrightarrow CH_3-\underset{\underset{CH_3}{|}}{\overset{\overset{CH_3}{|}}{C}}-CH_2-CH-CH_3$$

或

$$CH_3-CH-CH-CH-CH_3 \quad \text{或} \quad CH_3-CH-\underset{\underset{CH_3}{|}}{\overset{\overset{CH_3}{|}}{C}}-CH_2-CH_3$$
$$\underset{CH_3}{|} \; \underset{CH_3}{|} \; \underset{CH_3}{|} \qquad\qquad\qquad \underset{CH_3}{|}$$

1-丁烯与异丁烷烷基化时,如使用氢氟酸、酸性离子液体和固体酸为催化剂,则主要生成辛烷值较低的 2,3-二甲基己烷(RON 为 71)。反应如下:

$$CH_3-CH_2-CH=CH_2 + CH_3-\underset{\underset{CH_3}{|}}{\overset{\overset{CH_3}{|}}{C}}-H \longrightarrow CH_3-\underset{\underset{CH_3}{|}}{CH}-\underset{\underset{CH_3}{|}}{CH}-CH_2-CH_2-CH_3$$

所以,如果原料中 1-丁烯含量较高,一般在预处理流程中增加 1-丁烯异构为 2-丁烯的选择性加氢异构处理单元,以提高产品的辛烷值。但是当使用浓硫酸催化剂时,则 1-丁烯首先异构化生成 2-丁烯,然后再与异丁烷发生烷基化反应,主要生成高辛烷值的三甲基戊烷,因此不用设置异构化处理单元。

异丁烯和异丁烷的烷基化反应主要生成 RON 为 100 的 2,2,4-三甲基戊烷,即俗称的异辛烷。反应如下:

$$CH_3-CH_2-CH=CH_2 + CH_3-\underset{\underset{CH_3}{|}}{\overset{\overset{CH_3}{|}}{C}}-H \longrightarrow CH_3-\underset{\underset{CH_3}{|}}{\overset{\overset{CH_3}{|}}{C}}-CH_2-\underset{\underset{CH_3}{|}}{CH}-CH_3$$

实际上,除上述一次反应产物外,在过于苛刻的反应条件下,一次反应产物和原料还可以发生裂化、叠合、异构化、歧化和自身烷基化等副反应,生成低沸点和高沸点的副产物以及酯类(酸渣)和酸溶油等。

3. 烷基化反应机理

异构烷烃与烯烃的烷基化反应可以用正碳离子机理来解释。首先催化剂上的氢质子加成到烯烃的双键上,生成正碳离子:

$$C_nH_{2n} + H^+ \rightleftharpoons C_n^+H_{2n+1}$$

生成的正碳离子从异丁烷的叔碳原子上获得氢负离子,生成新的叔丁基正碳离子:

$$CH_3-\underset{\underset{CH_3}{|}}{\overset{\overset{CH_3}{|}}{C}}-H + C_n^+H_{2n+1} \longrightarrow CH_3-\underset{\underset{CH_3}{|}}{\overset{\overset{CH_3}{|}}{C^+}} + C_nH_{2n+2}$$

叔丁基正碳离子在双键上加成是烷基化反应决定性的一步:

$$CH_3-\underset{\underset{CH_3}{|}}{\overset{\overset{CH_3}{|}}{C^+}} + C_nH_{2n} \longrightarrow C_{n+4}^+H_{2n+9}$$

生成的正碳离子从另一个异丁烷的叔碳原子上获得氢负离子生成烷基化产物:

$$C_{n+4}^+H_{2n+9} + CH_3-\underset{\underset{CH_3}{|}}{\overset{\overset{CH_3}{|}}{C}}-H \longrightarrow C_{n+4}H_{2n+10} + CH_3-\underset{\underset{CH_3}{|}}{\overset{\overset{CH_3}{|}}{C^+}}$$

然而,在生成烷基化产物之前可能发生正碳离子异构化反应。正碳离子的稳定性顺序为:叔正碳离子 > 仲正碳离子 > 伯正碳离子。

如果叔丁基正碳离子不是加成到烯烃,而是转移其氢质子生成异丁烯,然后异丁烯可以捕获混合物中的另一个正碳离子,特别是叔丁基正碳离子,生成 C_8 正碳离子:

$$CH_3-\underset{\underset{CH_3}{|}}{\overset{\overset{CH_3}{|}}{C^+}} + CH_2=\underset{\underset{}{}}{\overset{\overset{CH_3}{|}}{C}}-CH_3 \longrightarrow CH_3-\underset{\underset{CH_3}{|}}{\overset{\overset{CH_3}{|}}{C}}-CH_2-\overset{+}{\underset{\underset{CH_3}{|}}{C}}-CH_3$$

C_8 正碳离子异构化后,通过氢负离子转移反应生成 C_8 异构烷烃($i-C_8$)。这种反应称为异丁烷的"自烷基化",其总反应为:

$$2i-C_4H_{10} + C_nH_{2n} \longrightarrow i-C_8H_{18} + C_nH_{2n+2}$$

由于自烷基化反应,在丙烯和丁烯的烷基化过程中也有丙烷和异丁烷生成。

4. 烷基化催化剂

烷基化反应是在液相催化剂中进行的,但是烷烃在浓硫酸中的溶解度很低,正构烷烃几乎不溶于浓硫酸,异构烷烃的溶解度也不大。例如,异丁烷在浓度为 99.5% 的浓硫酸中的溶解度为 0.1%(质量分数),而当硫酸浓度降至 96.5% 时则只有 0.04%(质量分数)。因此,为了保证浓硫酸中的烷烃浓度需要使用高浓度的浓硫酸,但是浓硫酸的浓度超过 99.3% 时有很强的氧化作用,能使烯烃氧化。同时,烯烃在浓硫酸中的溶解度比烷烃大得多,提高浓硫酸浓度时烯烃在浓硫酸中的浓度增加得更快,会导致大量的烯烃叠合。因此为了抑制烯烃的叠合、氧化等副反应,工业上采用的浓硫酸浓度为 86%~99%。当装置中循环硫酸浓度低于 85% 时,需要更换新酸。硫酸法的废酸生成量较大,且废酸处理成本偏高。

工业上使用的氢氟酸催化剂浓度为 86%~95%,浓度过高会使烷基化产物的品质下降。但是浓度过低时,除了会对设备产生严重腐蚀外,还会显著增加烯烃叠合和生成氟代烷的副反应。氢氟酸法的废酸量很低,但是氢氟酸的毒性很强,存在本质安全隐患。

酸性离子液体催化剂具有液体酸的优势,同时避免了传统液体酸催化剂存在的酸耗高、毒性大、腐蚀性强等缺点。中国石油大学重质油国家重点实验室成功开发了兼具高活性和高选择性的复合离子液体催化剂,于2013年实现了工业示范。UOP公司和Chevron公司合作开发了酸性离子液体催化剂,目前正在开展工业示范。相对于浓硫酸催化剂,异丁烷在离子液体中有着很高的溶解度,不需要太强的外力条件就能让酸烃实现良好混合。目前研究和工业应用的酸性离子液体催化剂主要属于酸性氯铝酸类离子液体,这类催化剂在催化烷基化反应时,会生成少量的氯代烃,因此需要对烷基化油进行脱氯精制。

在烷基化反应器内,液体酸和反应物应处于良好的乳化状态,为此,酸与烃应维持适当的体积比例。提高酸/烃比值有利于提高烷基化产物的收率和质量,但相应地降低了装置处理能力。在硫酸法烷基化中,反应系统中的催化剂量为40%~60%(体积分数);在氢氟酸法和离子液体法烷基化中,催化剂约为50%~60%(体积分数)。

固体酸催化剂能够避免液体酸催化剂存在的腐蚀问题,且易于酸烃分离。美国Lummus公司的固体酸烷基化技术(AlkyClean)于2015年在中国实现了工业示范。中国石化石油化工科学研究院也研发了固体酸烷基化催化剂和工艺技术,目前已完成中试试验。由于固体酸表面中心的性质和空间位阻效应等原因,形成正碳离子所需的温度要比液体酸催化剂高,异构的正碳离子不容易生成和稳定存在。同时固体酸催化剂的酸性中心周围吸附了大量的烯烃分子,使得固体酸酸性中心周围的烷烯比远小于物料体相的烷烯比,原位生成的正碳离子易与烯烃进一步反应而生成聚烯烃,使固体酸催化剂在烷基化反应时极易失活。所以,固体酸催化剂在烷基化过程中必须不断再生,但催化剂的再生温度不能太高,否则会导致固体酸烷基化的工艺设计和操作成本均较高。

二、烷基化工艺流程和操作条件

烷基化装置一般由以下几部分组成:原料预处理和预分馏、反应系统、分离催化剂、产品中和、产品分馏、废催化剂处理、压缩冷冻。

下面分别介绍硫酸法、氢氟酸法和离子液体法烷基化的工艺流程。

1. 硫酸法烷基化

硫酸法烷基化工艺按照反应热的移取方式分为自冷冻流程和流出物制冷流程两大类。

视频12-2 浓硫酸碳四烷基化

(1)自冷冻流程多采用阶梯式反应器,利用反应器内异丁烷的蒸发移走反应热,但带来的问题是反应体系的烷烯比和酸烃比无法精确控制,会造成产品质量的下降,因此目前国内外新建的硫酸法烷基化装置已经很少采用自冷冻流程了。

(2)流出物制冷流程是使反应烃相产物和过量的异丁烷在反应器换热管束中减压汽化,从而降低自身温度以移走反应热。流出物制冷流程采用的反应器以Stratco反应器为主。目前流出物制冷硫酸法烷基化工艺的产品产量已占世界硫酸法烷基化总量的60%以上。因此,本节以流出物制冷硫酸法烷基化为例简述硫酸法烷基化的工艺流程,如图12-3所示。

丁烷—丁烯原料与循环异丁烷合并为一股物料后与反应产物换热,温度由约38℃降低到11℃左右,经聚结器或/和干燥塔脱水后进入Stratco反应器螺旋桨的吸入侧,与来自沉降罐的循环酸在螺旋桨的驱动下形成乳化液并在反应器的壳层和腔体间高速循环,同时发生烷基化反应。一部分乳化液在螺旋桨的推动下进入酸沉降罐,浓硫酸由于密度较大在沉降罐底部聚集并循环回反应器;烃相与酸相分离后自沉降罐的顶部流出,经过背压阀后压力由0.42~0.5MPa降至21~35kPa,部分过量的异丁烷和烷基化油的轻组分汽化,物流温度降至-7℃左右,然后进入反应器内部的换热管束吸收反应热并进一步汽化。

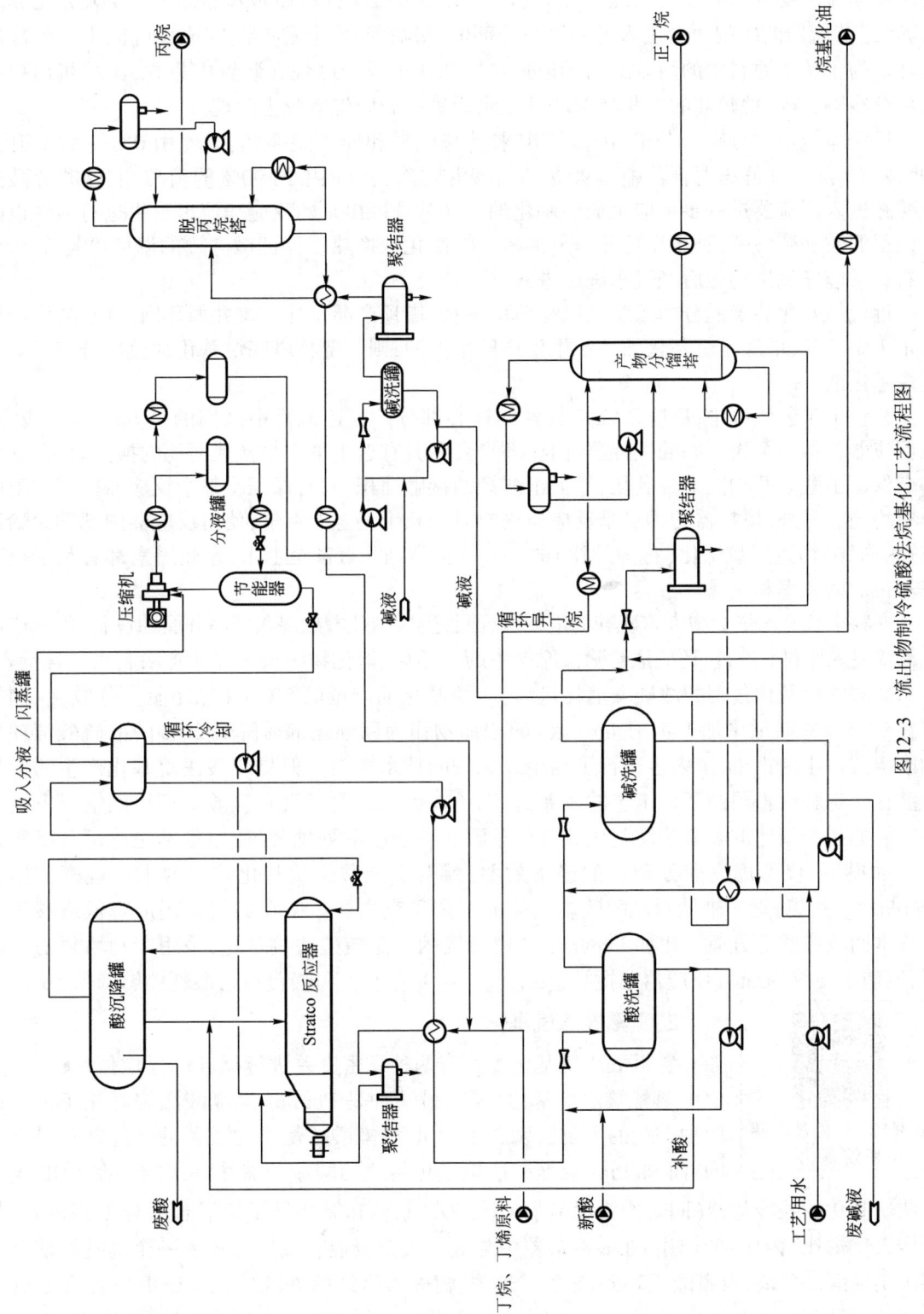

图12-3 流出物制冷硫酸法烷基化工艺流程图

反应流出物离开反应器管束后进入吸入分液/闪蒸罐的吸入分液侧进行气液分离,液相作为反应净流出物进入后续的处理单元,气相经压缩机压缩并冷凝成冷剂(其主要成分是异丁烷)再经节能器渐次闪蒸后进入另一侧的冷剂侧,最后循环回反应器,完成反应流出物的冷冻循环。为了防止原料中的丙烷或丙烯通过自烷基化生成的丙烷在装置中累积,压缩机出口物流部分冷凝,含丙烷较高的气相经碱洗并脱水后进入脱丙烷塔脱去丙烷。

反应净流出物自吸入分液/闪蒸罐出来后与原料和异丁烷换热,温度由 0℃ 左右上升到 30℃ 左右,然后在静态混合器中与 98% 的新酸混合除去烃相中约 90% 的硫酸酯,这些硫酸酯随酸相进入反应器进一步反应生成烷基化油。从酸洗罐出来的反应净流出物再进行碱洗以除去残留的酸和硫酸酯,碱水循环并与分馏塔底烷基化油换热以保证碱洗罐的温度维持在 49℃ 左右。反应净流出物最后经过水洗后进入分馏系统。

近代烷基化装置的分馏系统可以是单塔流程,塔顶产品是异丁烷并循环回反应器,塔侧线是正丁烷产品,塔底是烷基化油。如果生产航空汽油,则需要将塔底烷基化油再次分馏以除去重烷基化油。

在整个工艺流程中,反应系统是装置的核心部分。上述流程中采用的是 Stratco 反应器。该反应器包括一个大功率的搅拌器、内循环夹套和具有近千平方米换热面积的换热管束,这些特点保证了酸烃两相能充分乳化,增大了酸烃的接触面积,同时保证了整个反应器内部的温度分布均匀。另外,搅拌器的排量是反应器进料量的几十甚至上百倍,使得反应器内部的烷烯比(称为内比)由进料烷烯比(称为外比)的 7~10 提高到几百甚至上千,这些因素都有利于提高烷基化油的收率和质量。

原料中含有乙烯会增大浓硫酸的消耗量,而且生成的硫酸酯混入产品并腐蚀设备,因此应避免乙烯混入原料。此外,还应注意除去原料中的二烯烃、硫化物等杂质并注意限制水分含量。

硫酸法烷基化过程的浓硫酸消耗量大,为烷基化油产量的 5%~10%(质量分数)。国外有在 98.5% 浓硫酸中加 1%(质量分数)的添加物作为助催化剂后降低 20% 的浓硫酸消耗量和废硫酸再生的报道,国内也进行了利用废硫酸的技术革新。但是硫酸法烷基化产生的大量废酸在一定程度上限制了该工艺的发展,特别是在炼油厂附近没有硫酸处理厂的情况下更为突出。如果为新建的硫酸法烷基化装置单独配建一套废酸处理装置,姑且不论此部分废酸处理厂的投资,仅考虑废酸处理厂的经济效益,就要求硫酸法烷基化装置的生产规模应达到 1000kt/a。所以,近年来针对硫酸法烷基化的工艺研究主要集中在如何大幅度降低废酸量和低成本回收废酸等方面。比如 Lummus 公司开发的低温硫酸法烷基化,采用专利填料塔反应器,取消了传统 Stratco 反应器的搅拌,在低温(-4℃ 左右)下进行反应,酸耗能够降低 50%。

视频12-3 氢氟酸碳四烷基化

2. 氢氟酸法烷基化

氢氟酸法烷基化主要有两种靠密度差进行循环的反应体系,一种是 UOP 氢氟酸法烷基化工艺,另一种是 Phillips 氢氟酸法烷基化工艺。这两种工艺的主要区别在于 UOP 氢氟酸法烷基化装置的酸冷却器是立式的,而 Phillips 氢氟酸法烷基化装置的酸冷却器是卧式的。在 UOP 氢氟酸法烷基化的酸冷却器(同时作为反应器)上,新鲜原料和循环异丁烷混合后分多路进入,起到增大烷烯比(内比)的作用,在酸冷却器中与氢氟酸充分混合反应后进入一个高置的酸沉降器来实现酸烃分离,氢氟酸循环到酸冷却器,烃相进入后续的处理单元。UOP 氢氟酸法烷基化还有一种双反应器流程,如图 12-4 所示。异丁烷串联通过反应器,而烯烃并联多路进料,这样可以使反应器内的烷烯比(内比)比单反应器高出近一倍,可以提高烷基化油的质量。另外,也可以保持与单反应器相同的内比,而异丁烷的循环量可以减少约一半,从而大幅度降低后续分馏塔的能耗。

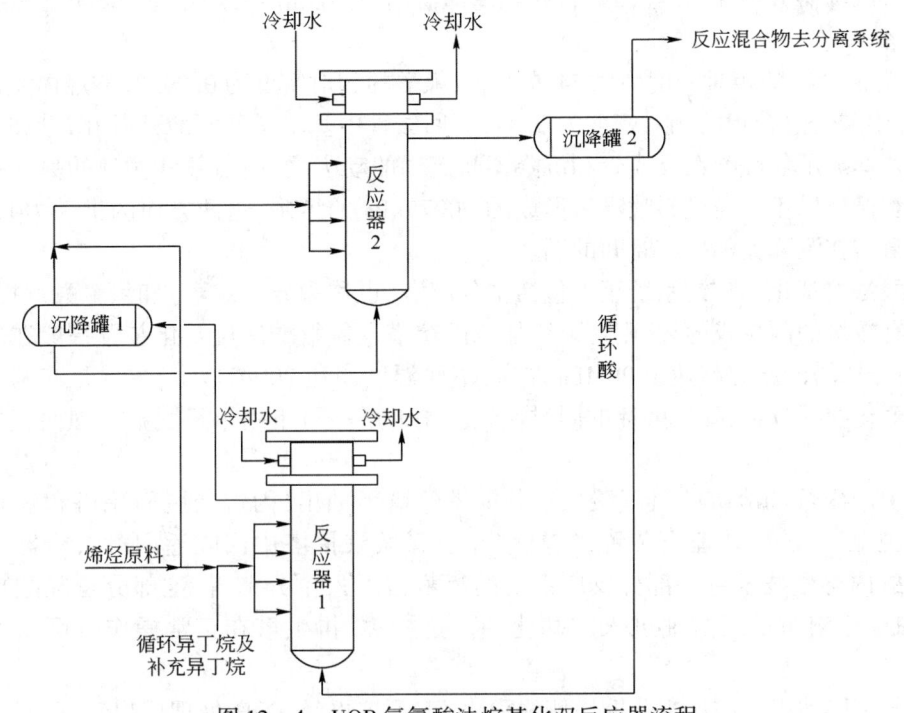

图 12-4 UOP 氢氟酸法烷基化双反应器流程

以下主要以 Phillips 氢氟酸法烷基化为例简述氢氟酸法烷基化的工艺流程,如图 12-5 所示。

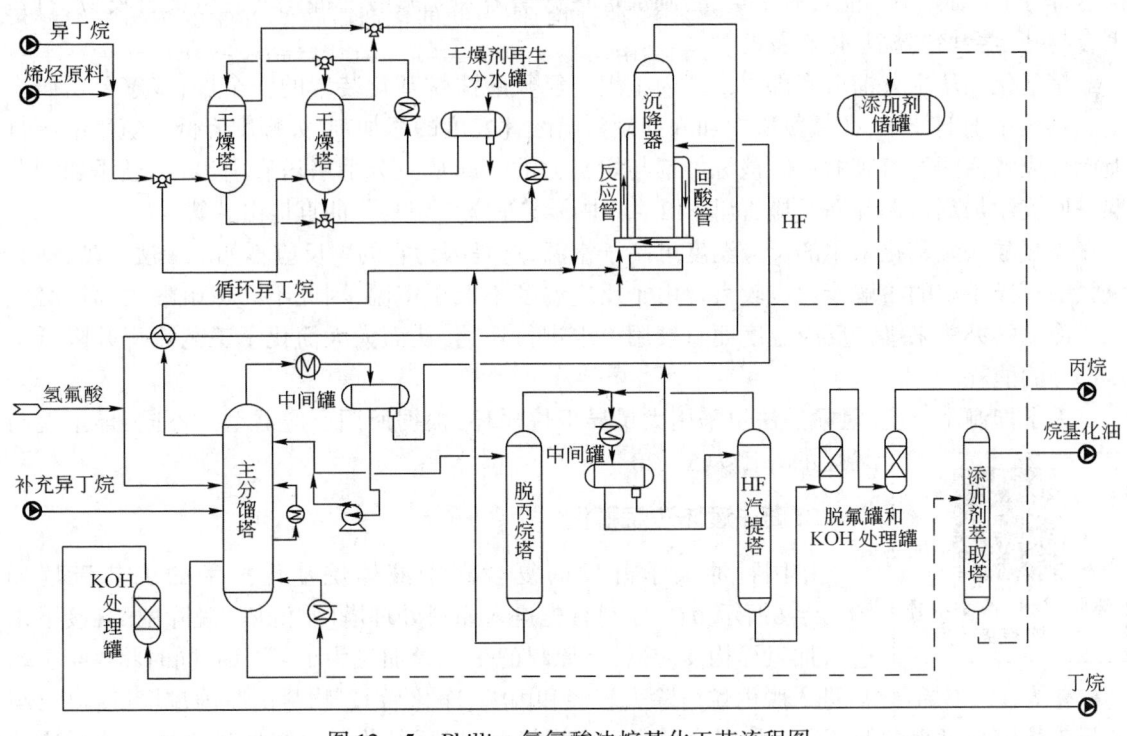

图 12-5 Phillips 氢氟酸法烷基化工艺流程图

异丁烷和烯烃原料经过预处理(脱硫、脱氧、脱水、异构化等)后与装置中的循环异丁烷混合并充分雾化后进入反应管,均匀分散到经过冷却的氢氟酸中发生烷基化反应。反应后的混合物料进入沉降器分离,酸相经回酸管并经冷却器循环回反应管,烃相与循环异丁烷换热后进入主分馏塔。

C_4烃类混合物的相对密度为0.54左右,氢氟酸的相对密度为0.99,按酸烃体积比2:1计算,反应管中酸烃混合相的相对密度为0.84,而回酸管中基本是氢氟酸,则回酸管和反应管的物料密度差形成了氢氟酸在反应管和沉降器间流动的动力之一;氢氟酸循环的另一推动力来自新鲜烃和循环异丁烷经进料喷嘴后形成的约275kPa的压降,这两方面的推动力共同作用,实现了氢氟酸在沉降器和反应管间的循环。

氢氟酸法烷基化的分馏系统至少包括主分馏塔(也称脱异丁烷塔)和氢氟酸汽提塔,如果原料中含有较多的丙烷或丙烯,则还要增加脱丙烷塔。氢氟酸法烷基化装置一般在较高压力下运转,主分馏塔的压力高达1.96MPa左右,塔底温度高达200℃以上,主要是有利于烷基化油中有机氟化物的分解,降低酸耗的同时使烷基化油产品可不用再经脱氟处理而直接用于汽油调和。

产品中的丙烷和溶解的氢氟酸从主分馏塔的塔顶抽出,丙烷经脱丙烷塔和氢氟酸汽提塔后再经脱氟和KOH处理出装置,氢氟酸在氢氟酸汽提塔中回收返回酸沉降器。近代出现的氢氟酸内再生技术将一部分反应系统的氢氟酸引入主分馏塔,这部分氢氟酸也从塔顶抽出,氢氟酸中溶解的酸溶油进入烷基化油。这样,酸再生塔在正常操作时可以不开工或间歇开工。

循环异丁烷和正丁烷从主分馏塔侧线引出,正丁烷再经KOH处理后出装置,异丁烷循环回反应管。近代也有技术利用主分馏塔分离C_4馏分以获得异丁烷并作为反应的补充异丁烷,但这部分C_4馏分中不能含有烯烃,否则烯烃在分馏塔中氢氟酸的催化下发生聚合反应,有些聚合物甚至会堵塞烷基化装置的管线。

烷基化油从主分馏塔底部引出。为了提高氢氟酸法烷基化装置的安全性,多家公司研发了氢氟酸添加剂技术,在氢氟酸中加入抑制氢氟酸挥发度的添加剂,大幅度降低了氢氟酸一旦泄漏形成致命的气溶胶的量。该添加剂与烷基化油一起从主分馏塔塔底引出,经过添加剂萃取塔回收添加剂再循环回反应管(图12-5中虚线部分),烷基化油直接出装置。

氢氟酸法烷基化采用的反应温度可高于室温,这是因为它的副反应不如硫酸法剧烈,而且氢氟酸对异丁烷的溶解能力也较大。由于反应温度不低于室温,因此不必像硫酸法那样必须采用冷冻的办法来维持反应温度而直接用冷水进行换热,从而大大简化了工艺流程并降低了此部分的能耗。

为了抑制副反应,氢氟酸法也采用大量异丁烷循环,根据所用反应器型式不同,异丁烷与烯烃的外比为5~20。

3. 离子液体法烷基化

视频12-4 离子液体碳四烷基化

中国石油大学开发的复合离子液体烷基化技术的工艺流程如图12-6所示。C_4原料首先进入原料处理塔(水洗塔)脱除甲醇,接下来进入加氢异构反应器,将原料的丁二烯加氢为1-丁烯,同时将1-丁烯异构化为2-丁烯,之后进入脱丙烷塔除去轻烃和丙烷,净化后C_4物料由脱丙烷塔底排出,与脱异丁烷塔顶过来的循环异丁烷混合后进入干燥塔,干燥后的物料分多股进入烷基化反应器

(静态混合反应器),与循环离子液体催化剂混合反应。理想反应温度为 10~25℃,烷烯外比控制在 8∶1~10∶1,酸烃体积比控制不低于 1∶1。

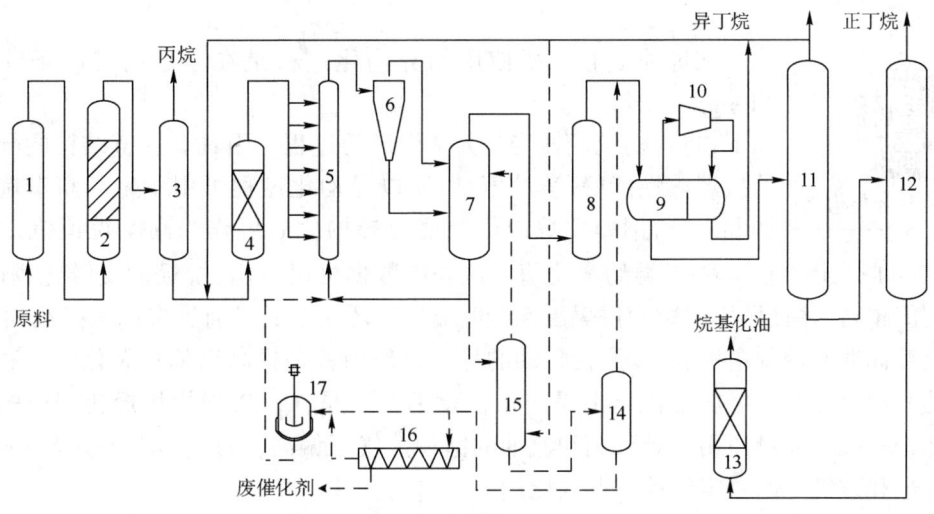

图 12-6　复合离子液体催化 C_4 烷基化技术的工艺流程示意图
1—原料处理塔;2—加氢异构反应器;3—脱丙烷塔;4—干燥塔;5—烷基化反应器;6—旋液分离器;
7—沉降罐;8—碱洗水洗塔;9—气液分离器;10—压缩机;11—脱异丁烷塔;12—脱正丁烷塔;13—脱氯塔;
14—闪蒸罐;15—萃取塔;16—液固分离器;17—再生器

反应后的物料进入一级旋液分离器,底部富含离子液体的物料进入一级沉降罐。一级旋液分离器顶部富含轻烃的物料和一级沉降罐顶部的物料共同进入二级旋液分离器继续分离,顶部分离出的物料进入二级沉降罐,由顶部分出经碱洗塔与水洗塔洗去溶解的痕量离子液体后经闪蒸阀进入气液分离器。从一级和二级沉降罐底部抽出的离子液体换冷后返回反应器入口。

气液分离器是一台带有中间隔板并有共同分离空间的卧式容器,隔板一侧供反应流出物进行气液分离,另一侧供循环冷剂进行气液分离;净反应流出物送去分离部分继续处理;循环冷剂则抽出后送至干燥塔与原料 C_4 直接混合。

由气液分离器出来的物料经换热后进入脱异丁烷塔,塔顶异丁烷循环回反应器,塔底馏分进入脱正丁烷塔;脱正丁烷塔塔顶为正丁烷馏分,正丁烷换热冷却后出装置,塔底烷基化油馏分经过吸附脱氯后出装置。

图中虚线部分为再生系统,采用密封卧螺沉降离心机分离体系中的固渣,采用氯代烃或 HCl 气体补充和活性组分补充的方式恢复离子液体的催化性能。活性剂的补充量根据原料处理量进行计算。在装置运行过程中需要注意监测离子液体的活性指数(AI_{IL}),将其控制在 1.1~1.3 的范围内。由一级沉降罐底部出来的小部分富含催化剂的物流从上部进入萃取塔,与塔下部进入的干燥异丁烷逆向接触,塔顶烃相进入沉降罐,塔底的待生离子液体换热后进入闪蒸罐;异丁烷组分汽化后送至气液分离器,离子液体物料大部分送至离子液体再生反应釜,小部分送至液固分离器,分出的清液送至离子液再生反应釜,高含渣液体送至废催化剂处理部分。

第三节 小分子烷烃异构化

视频12-5 轻烃异构化

在炼油工业中所使用的异构化过程是在一定的反应条件和催化剂存在下,将正构烷烃转变为异构烷烃的过程。因具有支链结构的异构烷烃的抗爆震性能好、辛烷值高,所以异构化过程可用于生产高辛烷值汽油调和组分,例如戊烷或己烷馏分异构化后可作为高辛烷值汽油调和组分。表12-1列出了 $C_5 \sim C_7$ 烃类的辛烷值。从表中数据可以看出,烷烃的支链化程度越高,则其辛烷值越高,并且异构烷烃的抗爆震性能明显好于环烷烃。目前许多国家把汽油的 MON 也作为汽油标准的控制指标,所以异构化油的另一个作用就是提高以催化裂化汽油和重整汽油为主的调和汽油的抗爆震性能。但是应该注意的一点是,C_5、C_6 异构烷烃比相应的直链烷烃沸点低、易挥发,大量使用会导致调和汽油的饱和蒸气压偏高,所以在调和过程中应该根据调和汽油饱和蒸气压的限定值控制调入比例。

表12-1 $C_5 \sim C_7$ 烃类的辛烷值

烃类	异戊烷	正戊烷	环戊烷	2,2-二甲基丁烷	2,3-二甲基丁烷	2-甲基戊烷	3-甲基戊烷	甲基环戊烷	环己烷	苯	正己烷
研究法辛烷值(RON)	92	62	102	92	104	73	75	91	83	>100	25
马达法辛烷值(MON)	90	62	85	93	94	73	74	80	77	>100	26

随着汽油标准的日益严格,汽油中苯的含量要求控制在0.8%(体积分数)以下,所以部分炼油厂把重整进料的初馏点由75℃提高到95℃,目的是切除原料中易在重整过程中生成苯的 C_6 组分。这样做会导致部分 C_7 组分进入异构化过程的原料,但实践证明异构化原料中的 C_7 组分含量可以控制在5%(质量分数)以下。所以,本节只介绍 C_5、C_6 组分的异构化过程。

一、异构化反应和催化剂

异构化反应是分子数不变化的反应,在通常条件下反应平衡组成不受总压的影响;同时,烷烃的异构化反应是可逆反应,异构体之间存在热力学平衡关系。从不同温度下丁烷、戊烷和己烷的异构体平衡组成(图12-7)可以看出,反应温度越低,平衡对生成异构烷烃越有利。例如,己烷的异构体中2,2-二甲基丁烷的辛烷值较高,在低温下它的平衡浓度非常大。从不同温度下戊烷和己烷异构化平衡产物的辛烷值图(图12-8)也可以看出,反应温度越低,达到异构化平衡的异构体混合物的辛烷值越高。因而,从热力学平衡的观点出发,异构化反应的温度越低,异构烷烃转化率和产物的辛烷值就越高。异构化催化剂的开发进程就是沿着这个思路进行的。

烷烃异构化过程所使用的催化剂主要有 Friedel-Crafts 型催化剂和双功能型催化剂两大类型,双功能型催化剂按使用的反应温度又分为高温双功能型催化剂和低温双功能型催化剂。

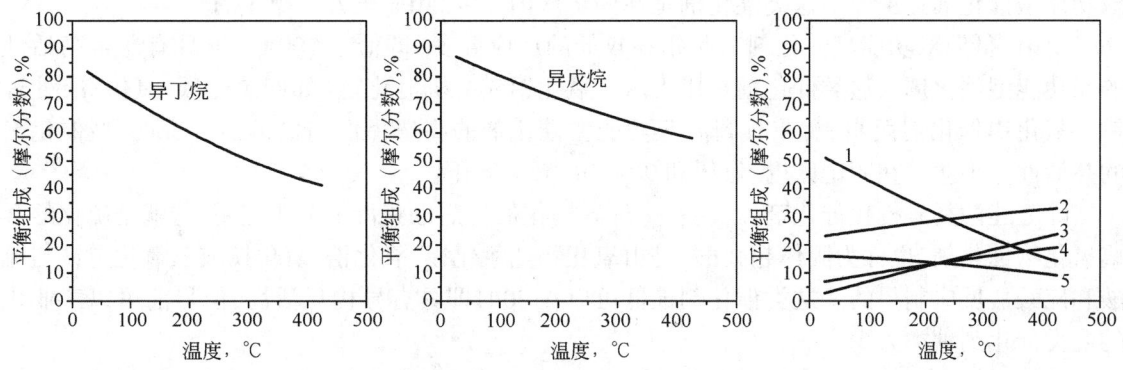

图 12-7 丁烷、戊烷和己烷异构化平衡组成图
1—2,2-二甲基丁烷；2—2-甲基戊烷；3—3-甲基戊烷；4—正己烷；5—2,3-二甲基丁烷

Friedel-Crafts 型催化剂主要由氯化铝、溴化铝等卤化铝和助催化剂氯化氢等卤化氢组成。这类催化剂在 20~120℃的低温下有很高的活性，这在化学平衡上对异构烷烃的生成有利。三氯化铝在反应温度下极易升华，而且在液体烃中有较大的溶解度，因而容易被带出反应器，在冷却器中凝固并腐蚀设备。在工业应用中，应采取有效措施将三氯化铝固定下来。

Friedel-Crafts 型催化剂单独使用时活性低，除需同时使用氯化氢等作为助催化剂外，还需要微量的烯烃、氧等作为反应引发剂。这种混合催化剂的活性非常高，在低于 120℃的反应温度下

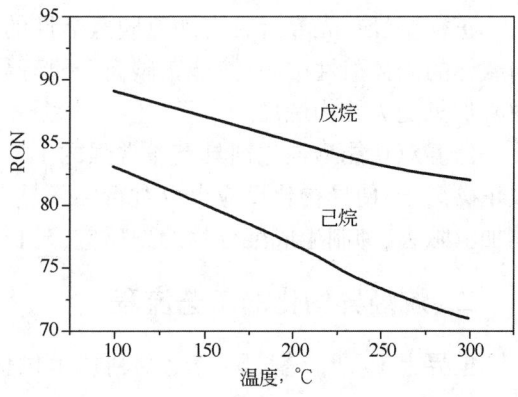

图 12-8 戊烷和己烷异构化平衡产物的辛烷值

就能得到接近平衡的转化率，但容易引起反应物和生成物的副反应，如裂化和聚合等反应，生成裂化轻组分和高沸点的聚合产物。这类催化剂对异构化的选择性差，特别是在原料分子量增大时，副反应变得更显著。例如，该催化剂对丁烷并不引起裂化反应，对戊烷、己烷则裂化反应较明显，而对庚烷则引起显著的裂化反应，使庚烷的异构化实际成为不可能。这类催化剂目前已很少使用。

由于催化重整的发展，炼油厂有了低成本的氢气来源，所以近年来广泛采用在氢气压力下进行烷烃异构化的临氢异构化方法。临氢异构化所用的催化剂和重整催化剂相似，是将镍、铂、钯等有加氢活性的金属担载在氧化铝、氧化硅—氧化铝、氧化铝—氧化硼或泡沸石等酸性载体上，组成双功能型催化剂。一般情况下，载体的酸性提高后，催化剂的异构化活性增大，反应温度可以降低。铂—氧化铝催化剂虽对戊烷和己烷具有异构化活性，但要充分地进行反应则必须将反应温度提高到 510℃。使用氧化硅—氧化铝、氧化铝—氧化硼等载体可以得到在 320~450℃反应温度范围内有活性的催化剂。在使用泡沸石作载体时，由于泡沸石具有较强的酸性，使催化剂在较低温度下具有非常高的活性，例如载有铂或钯的 Y 型泡沸石催化剂在 316~330℃温度范围内或铂载在丝光沸石上组成的催化剂在 288℃以下的反应温度下都表现出非常高的活性。与 Friedel-Crafts 型催化剂相比，双功能型催化剂在戊烷、己烷异构化过程中副反应少、选择性好。但因为在较高的反应温度下才有活性，平衡对异构烷烃的生成不利，单程反应时异构烷烃收率低。双功能型催化剂因为在较高的反应温度下使用，因而被称为高温

双功能型催化剂。工业上这类催化剂是在固定床内、2~3MPa 压力下操作的。

所谓"低温双功能型催化剂",是指在较低的反应温度(即低于 200℃)下具有非常高活性的双功能型催化剂。这类催化剂是用无水三氯化铝或有机氯化物(如四氯化碳、氯仿等)处理铂—氧化铝催化剂而制成,兼有高温双功能型催化剂的高选择性和 Friedel – Crafts 型催化剂的高活性。工业上在固定床内、氢压和 90~200℃下操作。

除上述两类异构化催化剂外,还有一种异构化催化剂也获得了工业应用,它就是硫化的金属氧化物催化剂,也称为固体超强酸,是由氧化物如氧化锡、氧化锆、氧化钛或三氧化二铁与硫酸和硫酸盐反应制得的。这类催化剂最低可以在 80℃即具有异构化活性,但目前可以工业化的此类催化剂种类太少。

烷烃异构化的反应可以用正碳离子机理来解释。高温双功能型催化剂的烷烃异构化反应由所载的金属组分的加氢和脱氢活性以及载体的酸性协同作用,进行以下反应:

$$\text{正构烷烃} \underset{}{\overset{\text{金属中心}}{\rightleftharpoons}} \text{正构烯烃} \overset{\text{酸性中心}}{\longrightarrow} \text{异构烯烃} \overset{\text{金属中心}}{\longrightarrow} \text{异构烷烃}$$

正构烷烃首先靠近具有加氢脱氢活性的金属中心脱氢变为正构烯烃,生成的正构烯烃移向载体的固体酸性中心,按照正碳离子机理异构化变为异构烯烃,异构烯烃返回加氢脱氢活性中心加氢变为异构烷烃。

低温双功能型催化剂具有非常强的 Lewis 酸性中心,可以夺取正构烷烃的氢负离子而生成正碳离子,使异构化反应得以进行。而具有加氢活性的金属组分则将副反应过程中的中间体加氢除去,抑制生成聚合物的副反应,延长催化剂的寿命。

二、烷烃异构化的工艺流程

世界上 C_5、C_6 烷烃异构化专利技术供应商主要有 UOP、IFP、HRI、ABB Lummus、KBR 和 CD Tech 等公司。烷烃异构化的工业过程有多种,按照异构化原料的流向可以分成一次通过流程和循环流程。一次通过流程是指所有异构化原料一次通过反应器。而异构化是可逆反应,在工业反应条件下平衡转化率并不高,为了提高正构烷烃的总转化率和异构化产物的辛烷值,异构化工艺往往采用循环流程。循环流程是指未完全反应的正戊烷或正己烷经过后续工艺分离后循环回反应器的进料段,直至完全发生异构化。表 12 – 2 是完全异构化工艺的原料和产物的典型组成和辛烷值。

表 12 – 2　C_5、C_6 烷烃完全异构化工艺的原料和产物组成

项目		原料	产物	
		C_5、C_6 烷烃	单程反应	正构烷烃循环
组成(质量分数),%	丁烷	0.7	1.8	2.8
	异戊烷	29.3	49.6	72.0
	正戊烷	44.6	25.1	2.0
	2,2 – 二甲基丁烷	0.6	5.0	5.5
	2,3 – 二甲基丁烷	1.8	2.2	2.5
	甲基戊烷	13.9	11.3	13.4
	正己烷	6.7	2.9	<0.1
	C_5、C_6 环烷烃	2.4	2.1	1.8
研究法辛烷值		73.2	82.1	90.7

异构化循环流程获得的产物的辛烷值比一次通过的高。在所有异构化工艺中,生产异构化油辛烷值最高的代表性工艺之一是 UOP 公司的 Penex/DIH/Pentane PSA 工艺,该工艺将所有的正构烷烃都循环回反应器进行异构化反应,其工艺流程如图 12-9 所示。

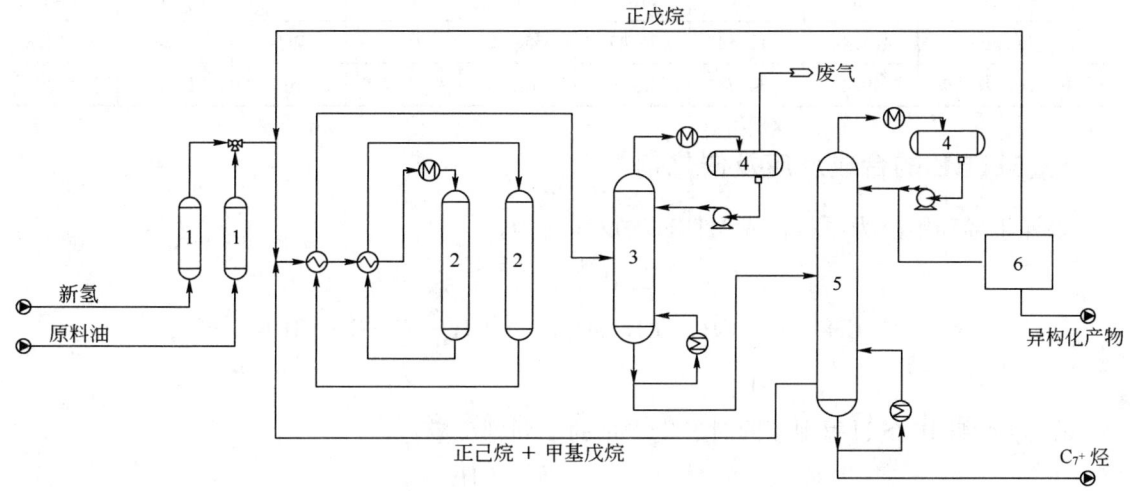

图 12-9　UOP 公司的 Penex/DIH/Pentane PSA 异构化工艺流程简图
1—干燥塔;2—反应器;3—稳定塔;4—中间罐;5—脱异己烷塔;6—戊烷变压吸附

但需要注意的是,循环方案越复杂,则工艺装置的投资越多,甚至会成倍增加。因此,异构化循环流程的选择取决于原料组成、公用设备的利用率以及所需的产品辛烷值等因素。

第四节　高辛烷值醚类的合成

20 世纪 80 年代以来,环境保护日益受到重视。为了解决因汽车数量不断增多而引起的日益严重的环境污染问题,对汽车排放的 SO_x、NO_x、CO、挥发性有机化合物(VOC)、有毒化合物(苯、丁二烯、甲醛、乙醛、多环有机物等)及可吸入颗粒物等污染物提出了更严格的限制,要求降低汽油中苯、芳烃、硫、烯烃(尤其是戊烯)等的含量及汽油蒸气压,并要求含有一定量的氧,而其抗爆指数仍需保持在较高水平。在汽油中加入醇或醚等含氧化合物是满足这些要求的主要措施之一。汽油中调入醇类如甲醇和乙醇会导致汽车尾气中 NO_x 和挥发物的增加、汽车燃料系统腐蚀以及油醇两相分离等问题。相比之下,醚类化合物的辛烷值都很高,与烃类完全互溶,具有良好的化学稳定性,蒸气压不高,其综合性能优于醇类,是目前广泛采用的含氧化合物添加组分,而其中使用最多的又数甲基叔丁基醚(MTBE)。MTBE 除辛烷值高外,更重要的是它的调和辛烷值比纯 MTBE 更高。但是由于 MTBE 会污染地下水源,近些年来一些国家开始限制在汽油中添加 MTBE 等醚类化合物。MTBE 除了作为汽油调和外,也是由炼厂气生产高纯异丁烯的重要中间产物。

视频12-6　高辛烷值醚类的合成

各种含氧化合物的调和性能见表 12-3。

表 12-3　含氧化合物的调和性能

项　目	甲醇	乙醇	异丙醇	甲基叔丁基醚（MTBE）	叔戊基甲基醚（TAME）	乙基叔丁基醚（ETBE）	二异丙基醚（DIPE）	C_6、C_7烯烃产甲基醚
抗爆指数	120	115	106	110	106	111	105	85~95
蒸气压，kPa	413.44	117.14	96.47	55.12	20.67	27.56	约28	3~13.8
含氧（质量分数），%	49.4	34.7	26.6	18.2	15.7	15.7	15.7	<6.9

一、MTBE 的合成反应及催化剂

以异丁烯和甲醇为原料合成 MTBE 的反应式为：

$$CH_3-\underset{\underset{CH_3}{|}}{C}=CH_2 + CH_3OH \longrightarrow CH_3-\underset{\underset{CH_3}{|}}{\overset{\overset{CH_3}{|}}{C}}-O-CH_3$$

在合成 MTBE 的过程中还同时发生少量的下列副反应：

$$2CH_3-\underset{\underset{CH_3}{|}}{C}=CH_2 \longrightarrow CH_3-\underset{\underset{CH_3}{|}}{\overset{\overset{CH_3}{|}}{C}}-CH_2-\underset{\underset{CH_3}{|}}{C}=CH_2$$

$$CH_3-\underset{\underset{CH_3}{|}}{C}=CH_2 + H_2O \longrightarrow CH_3-\underset{\underset{CH_3}{|}}{\overset{\overset{CH_3}{|}}{C}}-OH$$

$$2CH_3OH \longrightarrow CH_3-O-CH_3 + H_2O$$

上述反应生成的异辛烯、叔丁醇、二甲基醚等副产品的辛烷值都不低，对产品质量没有不利影响，可留在 MTBE 中，不必进行产物分离。

催化醚化反应是在酸性催化剂作用下的正碳离子反应，其反应历程为：

$$CH_3-\underset{\underset{CH_3}{|}}{C}=CH_2 + H^+ \longrightarrow CH_3-\underset{\underset{CH_3}{|}}{\overset{\overset{CH_3}{|}}{C^+}}$$

$$CH_3-\underset{\underset{CH_3}{|}}{\overset{\overset{CH_3}{|}}{C^+}} + CH_3OH \longrightarrow CH_3-\underset{\underset{CH_3}{|}}{\overset{\overset{CH_3}{|}}{C}}-O-CH_3 + H^+$$

工业上使用的催化剂一般为磺酸型二乙烯苯交联的聚苯乙烯结构的大孔强酸性阳离子交换树脂。使用这种催化剂时，原料必须净化以除去金属离子和碱性物质，否则金属离子会置换催化剂中的质子，碱性物质（如胺类等）也会中和催化剂上的磺酸根，从而使催化剂失活。此类催化剂不耐高温，耐用温度通常低于 120℃。正常情况下，催化剂寿命可达两年或两年以上。

二、生产醚类化合物的工艺流程和操作条件

1. 生产 MTBE 的工艺流程

工业装置上,催化醚化反应是在固定床或膨胀床内进行的,反应物料是液相。反应后的物流中除产物 MTBE 之外,还有未反应的甲醇以及除异丁烯以外的其他 C_4 组分。由于甲醇与 C_4 或 MTBE 都会形成共沸物,在产物分离时可以有多种方案,如图 12-10 所示是其中的一种。在这个流程中,用三个塔在压力下进行产物分离。先在第一个塔内将甲醇与 C_4 的共沸物蒸出,从塔底得到 MTBE 产物,然后用水萃取的方法从共沸物中回收甲醇,最后再从甲醇水溶液中蒸出甲醇返回反应器。反应后剩下的 C_4 组分主要是正丁烯和异丁烷等,可作为 C_4 烷基化的原料。

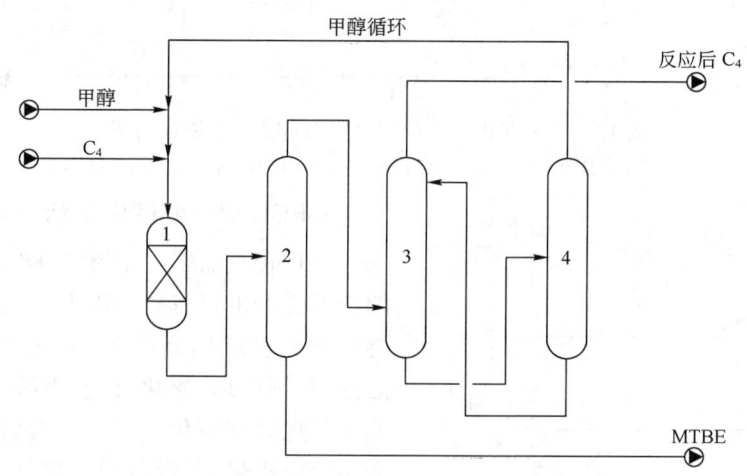

图 12-10　合成 MTBE 的工艺原理流程
1—反应器;2—共沸分馏塔;3—水萃取塔;4—甲醇回收塔

上述固定床或膨胀床的醚化工艺的异丁烯转化率一般为 90%~96%,若要求异丁烯转化率大于 99%,须采用反应—分离—再反应—再分离的工艺流程,导致流程长、投资大、能耗高。美国 CD Tech 公司开发的催化蒸馏工艺将反应和产品分离结合在一台设备中进行,由于反应与分离同时进行,打破了反应平衡,提高了转化率,降低了能耗,将异丁烯的转化率提高到了 99.5% 以上。

我国齐鲁石化公司研究院开发成功了混相反应蒸馏技术,综合了混相反应与催化蒸馏的特点。控制催化蒸馏塔反应段的温度为反应物料的泡点温度,反应在液相和气相混相条件下进行,异丁烯的转化率可提高到 99.5% 以上。该技术可使反应热全部利用,装置结构简单,其工艺流程如图 12-11 所示。

图 12-12 为混合丁烷馏分生产 MTBE 的组合工艺示意图。该工艺由正丁烷异构化、异丁烷脱氢和醚化三个单元组成。

2. 生产二异丙基醚(DIPE)的 Oxypro 工艺

DIPE 抗爆指数(105)比 MTBE(110)稍低,但蒸气压仅为 MTBE 的一半。Oxypro 工艺的原料是丙烯和水,丙烯总转化率接近 100%,选择性大于 98%,催化剂寿命 1.5 年,经济分析优于丙烯催化叠合和烷基化方案。催化裂化气体中含有较多的丙烯,可以作生产 DIPE 的原料。由于丙烯也是生产聚丙烯等的原料,因此是否将丙烯用于合成 DIPE 主要取决于市场需求和技术经济比较。

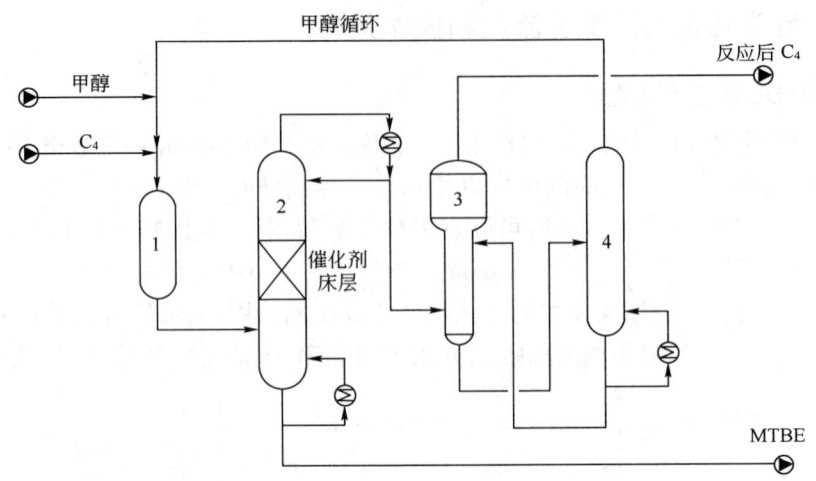

图 12-11　混相催化蒸馏合成 MTBE 工艺流程简图
1—混相预反应器；2—催化蒸馏塔；3—水萃取塔；4—甲醇回收塔

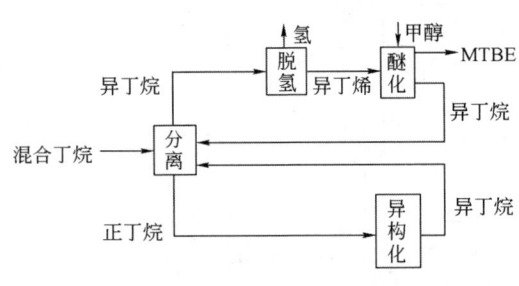

图 12-12　组合工艺示意图

3. FCC 轻汽油醚化工艺

FCC 轻汽油醚化作为一种汽油改质行之有效的技术受到世界各国的普遍关注,竞相开发汽油醚化的工业应用新技术,其主要工艺有三个方面:原料预处理、醚化反应、甲醇回收利用。轻汽油中二烯烃在醚化过程中的聚合效应,导致醚化产品胶质含量、色泽以及气味与车用汽油标准相差太大,所以必须进行原料预处理。目前已发展了两类技术:固定床选择加氢技术和临氢反应蒸馏技术,其中 CD Tech 公司开发的临氢反应蒸馏技术采用了两种催化剂(二烯硫醚化和二烯选择加氢催化剂)。醚化反应由固定床醚化反应技术发展为 CD Tech 公司开发的醚化反应精馏技术。甲醇回收利用由两塔(吸收塔和精馏塔)分离技术发展为芬兰 Neste 公司的甲醇全反应技术,减少了甲醇的回收环节。

4. MTBE 装置转产异辛烷的工艺技术

在美国,由地下储罐泄漏和二冲程发动机排放造成的地下水和饮用水被 MTBE 污染的问题引起了广泛的关注,MTBE 已被列为一种污染物和禁用的对象。2004 年开始,美国加利福尼亚州已经全面停止了在汽油中调入 MTBE,原来由 MTBE 提供的汽油中的氧改由添加乙醇来提供。为了解决 MTBE 禁用后异丁烯原料和 MTBE 装置的出路,一些公司开发了 MTBE 装置转产异辛烷的工艺技术。该技术是利用原 MTBE 装置将异丁烯选择性地二聚生成异辛烯然后加氢生成异辛烷,作为汽油的调和组分。

5. 生产 MTBE 的主要操作条件

1) 反应温度

合成 MTBE 的反应系中等程度的放热反应,反应热为 37kJ/mol,反应可逆,不同温度下的平衡常数及平衡转化率见表 12-4 及图 12-13,温度对转化率和选择性的影响见图 12-14。一般情况下,异丁烯的平衡转化率可达 90%~96%,采用较低的温度有利于提高平衡转化率。

同时,在较低的温度下还可以抑制甲醇脱水生成二甲醚以及异丁烯叠合等副反应,提高反应的选择性。但是,温度也不能过低,否则反应速度太慢。综合考虑转化率和选择性两个方面,合成 MTBE 的反应温度一般选用 40~80℃。

表 12-4　不同温度下 MTBE 合成的平衡常数

反应温度,℃	25	40	50	60	70	80	90
平衡常数 K_C	739	326	200	126	83	55	38

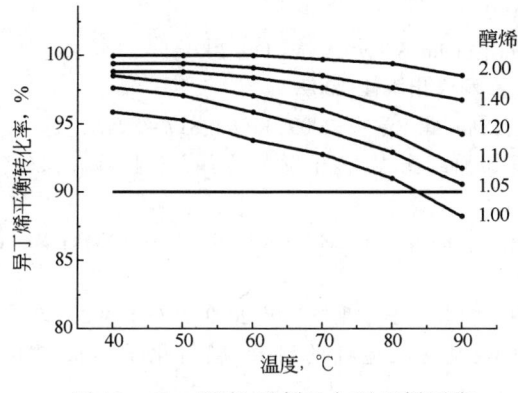

图 12-13　温度、醇烯比与异丁烯平衡转化率的关系(异丁烯质量分数为 20%)

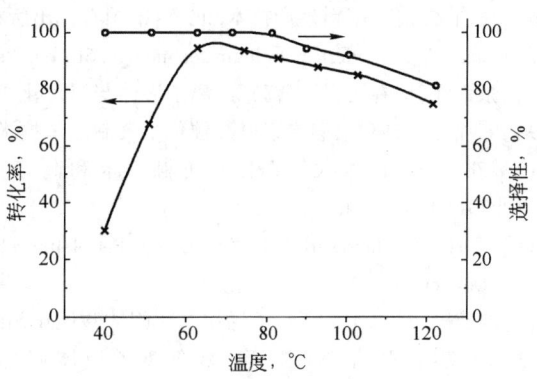

图 12-14　MTBE 合成反应温度与转化率和选择性的关系

2) 反应压力

催化醚化过程是液相反应,反应压力应使反应物料在反应器内保持液相,一般 1~1.5MPa 即可。

3) 醇烯比

提高醇烯比可抑制异丁烯叠合副反应,同时可以提高异丁烯的转化率,但是会增大反应产物分离设备的负荷和操作费用。工业上一般采用的甲醇和异丁烯的物质的量之比约为 1.1。

4) 空速

空速与催化剂性能、原料中异丁烯浓度、要求达到的异丁烯转化率、反应温度等有关。工业上采用的空速一般为 1~2h^{-1}。

思政点18:研发离子液体碳四烷基化,助力车用汽油质量升级

参 考 文 献

[1] 徐春明,杨朝合. 石油炼制工程. 4 版. 北京:石油工业出版社,2009.
[2] 梁文杰,阙国和,刘晨光,等. 石油化学. 2 版. 东营:中国石油大学出版社,2009.
[3] 曹东学. 碳四烷基化技术. 北京:中国石化出版社,2020.
[4] 王基铭. 中国炼油技术新进展. 北京:中国石化出版社,2017.
[5] 耿英杰. 烷基化生产工艺与技术. 北京:中国石化出版社,1993.
[6] 马伯文. 清洁燃料生产技术. 北京:中国石化出版社,2001.
[7] Lucas A G. Modern petroleum technology. 6th ed. New York: John Wiley & Sons Ltd. 2001.
[8] 张锁江,徐春明,吕兴梅,等. 离子液体与绿色化学. 北京:科学出版社,2009.
[9] 陈福存,朱向学,谢素娟,等. 催化干气制乙苯技术工艺进展. 催化学报,2009,30(8):817 - 824.
[10] 刘文杰,杨为民. 催化干气制乙苯和高辛烷值汽油组分技术开发与应用,工业催化,2015, 23(6):480 - 485.
[11] Gary J H, Handwerk G E, Kaiser M J. Petroleum refining: technology and economics. 5th ed. New York: Marcel Dekker Inc. ,2007.
[12] 刘建国,马忠龙,王茋. 丁烯烷基化固体酸催化剂的研究发展. 化学工业与工程,2003,20(6):492 - 497.
[13] 刘植昌,张睿,刘鹰,等. 复合离子液体催化碳四烷基化反应性的研究. 燃料化学学报,2006, 34(3):328 - 331.
[14] 孟祥海,张睿,刘海燕,等. 复合离子液体碳四烷基化技术开发与应用. 中国科学:化学,2018, 48(4):387 - 396.

第十三章 石油产品精制与调和

第一节 概　　述

　　石油工业和汽车工业的高速发展为人类文明和社会进步做出了巨大贡献,但它的负面效应也日益显露。汽车尾气的大量排放和燃料中硫氮化物燃烧后酸性气体的排放,影响了周围空气的质量。因此从环境保护的角度考虑,石油产品在使用前必须进行脱硫、脱氮等严格的精制。

　　从石油产品的规格要求方面考虑,由炼油厂的常减压蒸馏、焦化、催化裂化等加工过程直接得到的液化石油气(液化气,LPG)、汽油、航煤和柴油以及生产的润滑油馏分等,它们的性能还不能全面满足产品的规格要求,这种半成品往往不能直接作为商品使用,还需要进一步加工。

　　因此,石油产品的精制是从相应的石油馏分中除去含硫、含氮、含氧化合物,以及胶质和部分不饱和烃的过程。含硫化合物对石油产品的性质危害最大。例如,由炼油厂催化裂化过程得到的汽油需要经过精制处理,脱除硫才能使汽油的主要性质,如硫含量、安定性、抗腐蚀性等指标得到改善。直馏柴油则需精制除去环烷酸,才能使其酸度合格。从石蜡基原油得到的直馏柴油则需要脱蜡才能使其凝点合格。有时对于芳烃含量很高的柴油馏分,也需要采用精制的办法降低其芳烃含量,改善柴油的燃烧性能。

　　在炼油厂相应装置得到的直馏航煤或二次加工航煤,也需要用精制方法去除硫化物、有机酸和不饱和烃等。同样,LPG 也需除去硫化物,消除其腐蚀性及对后续加工催化剂的中毒作用。

　　润滑油由于其应用目的和使用条件差别很大,品种繁多,要求严格,往往需要将石油馏分或渣油经过一系列的精制过程,首先制成润滑油基础油,然后进行调和并加入适当的添加剂,才能得到最终的产品。

　　总之,为满足产品规格要求,提高产品的质量,提高燃料的燃烧效率,降低燃料的消耗,充分发挥发动机的效能,减少磨损和腐蚀,保证发动机及其他机件和设备的正常工作,需要对各种加工过程所得的半成品进一步加工精制与调和。另外,燃料精制对减少大气污染、保护环境也有重要意义。

　　将各种加工过程所得的半成品加工成为商品,一般需要通过三种方法:精制、油品调和、加入添加剂。

一、精制

　　将半成品中的某些杂质或非理想的成分脱除,以改善油品质量的加工过程称为精制过程。由于油品精制直接涉及油品质量的提高和环境保护问题,所以油品精制一直是炼油工业的主题之一。通常,油品精制分为加氢精制和非加氢精制,加氢精制在第九章已进行了论述,这里不再重复;非加氢精制在油品的深度加工中一直起着非常重要的作用,并且相关研究越来越深入。例如轻质油品的非加氢脱硫、脱硫醇,从最初的酸碱精制发展到了 S-Zorb 吸附脱硫工艺、离子液体萃取脱硫等。在炼油生产过程中应用的非加氢精制过程主要有以下几种。

1. 化学精制

使用化学药剂,如硫酸、氢氧化钠等与油品中的一些杂质,如硫化物、氮化物、胶质、沥青质、烯烃和二烯烃等发生化学反应,将这些杂质除去或使之发生转化,以改善油品的颜色、气味、安定性、降低硫、氮的含量等。本章将叙述的液化气脱硫醇过程即属于化学精制过程。

2. 溶剂精制

利用某些溶剂对油品的理想组分和非理想组分(或杂质)溶解度的不同,选择性地从油品中抽提掉某些不理想组分,从而改善油品的一些性质。例如,把对烃类有低溶解能力而对有机硫化物有高溶解能力的溶剂加到含硫化物的油品中,将它们混合后,使硫化物迁移到溶剂中,然后用沉降、渗透、过滤或离心分离等方法从混合溶液中分出硫化物,这就是普通的溶剂抽提脱硫精制方法。普通溶剂抽提精制法所用溶剂一般是极性溶剂,通常包括糠醛、丙酮、低级醇类、二甲亚砜、N,N-二甲基甲酰胺、N-甲基吡咯烷酮等,或是以上不同溶剂的复配体系。溶剂抽提精制法中,往往在有机溶剂中加入一定量的助剂,以提高溶剂的抽提效率。

目前对轻质油品的氧化—溶剂抽提精制研究较多,该过程首先使用氧化剂将油品中有害组分氧化转化,增加这类化合物的极性,然后选择合适的溶剂抽提氧化生成的产物。该方法应用于催化裂化柴油中硫化物的脱除,可以进一步增加脱硫率、提高油品的质量,同时与单独的溶剂抽提精制相比,也减少了油品的损失。

由于溶剂的成本较高,溶剂回收和提纯的工艺较复杂,因而溶剂精制在燃料生产中的应用不多。

3. 吸附精制

吸附精制是利用一些固体吸附剂对油品中极性化合物有很强的吸附作用,脱除油品的颜色、气味,除掉油品中的硫化物、氮化物、水分、悬浮杂质、胶质、沥青质等极性物质。吸附脱硫则是根据烃类和含硫化合物的分子极性、分子大小及构型不同,以及其他物理性质的不同,通过吸附剂选择性地对硫化物进行吸附脱除的过程。常用的吸附剂有活性炭、硅酸铝、硅胶、阳离子交换树脂、分子筛、天然或改性白土等。由于在吸附精制过程中,吸附剂容易吸附饱和,而且在再生脱附工艺中一般需要高温,所以目前单独的吸附精制工艺并不多。但在润滑油传统生产过程中,白土吸附精制的方法仍在使用。近来,吸附精制技术又有新的发展,美国康菲公司开发出了催化裂化汽油 S-Zorb 反应吸附脱硫工艺,并在世界范围内得到了广泛的应用。

此外,在炼油厂中应用的分子筛脱蜡过程也是一种吸附精制过程,由于分子筛具有直径一定的均匀孔隙结构,所以是一种高选择性的吸附剂。分子筛脱蜡过程所用的 5A 分子筛的孔径为 $0.5 \sim 0.55$nm,它可以选择性地吸附分子直径小于 0.49nm 的正构烷烃,而不能吸附分子直径大于 0.56nm 的异构烷烃和分子直径在 0.6nm 以上的芳烃和环烷烃。

4. 气体吸收法脱硫

气体吸收法脱硫是以液体吸收剂洗涤气体,除去气体中的硫化氢,从而达到气体脱硫精制的目的。根据所使用的吸收剂不同,吸收过程可以是化学吸收,也可以是物理吸收。本章将叙述的炼厂气脱硫即属于气体吸收法脱硫精制过程。

二、油品调和

调和是用不同质量的油品,选择适当比例进行掺和,使调和产品达到规定指标要求。例如,用辛烷值较高的催化重整汽油和烷基化汽油与辛烷值较低的焦化汽油按一定比例调和,得到辛烷值符合一定规格要求的车用汽油;又如,十六烷值较低的催化裂化柴油和一部分十六烷值较高的加氢裂化柴油、直馏柴油掺和后,使柴油的抗爆性能符合规格要求。油品调和的设备及操作比较简单,而且调和过程中油品几乎没有损失。因此,生产上将半成品加工成为成品时,首先应该考虑用调和的方法。只有当半成品的性质与规格要求相差很远,采用调和方法已不能解决问题时才用精制方法。采用调和方法在多品种产品生产中具有重要意义,因为它并不需要改变主要生产装置的操作,只需改变从各装置得到的不同半成品的调和比例,就有可能得到各种品种的合格产品。

三、加入添加剂

在油品中加入少量的添加剂,可以有效地改善油品的质量。因此这也可作为石油产品深加工的一种手段。

第二节 轻质油品反应吸附脱硫精制

随着我国车用汽柴油国Ⅴ、国Ⅵ标准的实施,对轻质燃料中硫含量有更严格的限制,同时其他物理性能指标也有所提高,例如车用汽油国Ⅴ、国Ⅵ标准均要求硫含量不大于 $10\mu g/g$,烯烃含量(体积分数)国Ⅴ标准要求不高于25%,国Ⅵ标准要求不高于15%,苯及芳烃含量也进一步降低。在综合考虑精制过程对油品各项指标影响的前提下,近些年来轻质油品非加氢精制技术得到较大发展,其中吸附脱硫技术在传统的单一吸附精制基础上,开发出了反应吸附脱硫精制技术,如 S-Zorb 工艺。

S-Zorb 工艺将流化床反应器和连续再生单元相结合,应用于催化裂化汽油和柴油的脱硫,是目前工业化应用较广的反应吸附脱硫技术。与加氢脱硫技术相比,S-Zorb 脱硫技术具有催化裂化汽油辛烷值损失小、液体收率高、脱硫率高等优点,能够满足生产国Ⅴ及以上标准汽油的需要,在清洁汽油生产中具有明显技术优势。

一、主要反应过程

S-Zorb 脱硫技术是基于反应吸附作用原理,与加氢脱硫有着本质的区别,脱硫产物中不含硫化氢。吸附剂通过选择性地吸附含硫化合物中的硫原子而达到脱硫目的。

视频13-1 催化裂化汽油催化吸附脱硫

1.脱硫反应

吸附剂的有效成分主要是镍和氧化锌,这两种成分在脱硫过程中协同发挥作用。在临氢环境下,镍首先与汽油中硫化物的硫原子结合,形成 NiS(s),随后 NiS(s) 中的硫原子与氢结合转变为化学吸附态的 H_2S。由于镍化学吸附的硫化氢较难直接脱附,所以在脱硫产物中不存在游离的硫化氢分子,但由于氧化锌与硫原子的结合能力大于镍,镍化学吸附的硫化氢随即与氧化锌发生反应,生成硫化锌和镍,自由的镍原子再与汽油中硫化物的硫原子结合,最终促进氧化锌转化为硫化锌。反应过程如下：

$$\text{(benzothiophene)} + Ni + H_2 \longrightarrow \text{(benzene)}-Et + NiS(s)$$

$$NiS(s) + H_2 \longrightarrow H_2S \cdots Ni(s)$$

$$H_2S \cdots Ni(s) + ZnO(s) \longrightarrow Ni(s) + ZnS(s) + H_2O$$

催化裂化汽油中的硫化物主要以噻吩和苯并噻吩类硫化物的形式存在，占硫化物总量的80%以上，其中约1/2分布在催化裂化汽油的重馏分中，另外有少量的低碳硫醇、二硫化物、硫醚存在。而对于催化裂化柴油，硫化物绝大部分是以二苯并噻吩的形式存在，是更难脱除的一类硫化物。这些硫化物均能在吸附剂上发生类似的反应吸附。

2. 再生反应

S-Zorb 吸附剂吸附饱和后需循环再生，利用空气将吸附剂上吸附的硫转化为 SO_2，随再生烟气送出装置，吸附剂循环使用。同时单质镍会部分被氧化。

$$2ZnS(s) + 3O_2 \longrightarrow 2ZnO(s) + 2SO_2$$

$$2Ni(s) + O_2 \longrightarrow 2NiO(s)$$

3. 还原反应

还原反应主要发生在还原器内，其目的是使在再生器内氧化了的镍还原为单质状态，以保持吸附剂的脱硫活性。镍的还原反应为：

$$NiO(s) + H_2 \longrightarrow Ni(s) + H_2O$$

此外，还有再生器内生成的少量 $Zn_3O(SO_4)_2$ 的还原反应：

$$Zn_3O(SO_4)_2 + 8H_2 \longrightarrow 2ZnS(s) + ZnO(s) + 8H_2O$$

由于吸附脱硫过程中临氢，所以烯烃在这个过程中会发生双键位置异构化以及部分加氢饱和反应。但由于使用的吸附剂完全不同于加氢精制催化剂，另外，采用较高的反应温度，从热力学上极大限制了烯烃的加氢反应，加工过程中烯烃的饱和反应比较少，产品的辛烷值损失也比加氢脱硫少。由于反应吸附过程中不生成游离态的 H_2S，完全避免了 H_2S 与烯烃反应生成二次硫醇等硫化物的可能性，汽油产品的硫含量可以达到很低的水平，采用 S-Zorb 技术较易得到低硫产品。

二、工艺发展概况及工艺流程

1. 工艺发展概况

Phillips 石油公司于1998年立项研发催化裂化汽油脱硫方案，那时起就开始研发 S-Zorb 反应吸附脱硫技术。1999—2000年期间开展了中试试验，2001—2005年陆续在美国投产3套 S-Zorb 吸附脱硫装置。2007年我国首套 1.2Mt/a 催化裂化汽油 S-Zorb 反应吸附脱硫装置在中国石化燕山石化分公司投产，随后中国石化整体收购了 COP（康菲公司）的 S-Zorb 脱硫技术并针对当时国内外 S-Zorb 脱硫装置普遍存在开工周期短等问题，迅速开展技术改进，并全面负责对该技术的后续研发、工程设计、技术推广等，利用改进的 S-Zorb 脱硫技术保证了首批7套国产化装置顺利建成与长周期运行。截至2022年，国内外建成 S-Zorb 脱硫装置40余套。

2. 工艺流程

S-Zorb 汽油反应吸附脱硫装置工艺流程如图 13-1 所示。装置由进料与脱硫反应、吸附剂再生、吸附剂循环和产品稳定4个部分组成。催化全馏分汽油原料经换热器汽化、加热炉升温至410℃与循环氢混合后,从反应器底部经气体分布器进入反应器床层,在使吸附剂流化的同时,进行脱硫反应。为了维持吸附剂的活性,使装置能够连续运行,设有吸附剂连续再生系统,再生过程是以空气作为氧化剂的氧化反应。脱硫后的油气经分离器分离后至稳定系统。待生吸附剂通过反应器溢流管溢流至吸附剂接收器,之后进入闭锁料斗泄压至高于再生器压力并置换为氮气环境,然后依次进入再生器接收器和再生器进行吸附剂再生。再生后的吸附剂以氮气提升至再生器接收器后进入闭锁料斗进行氢气置换并升压至高于吸附剂还原器压力,然后进入吸附剂还原器进行再生剂的还原反应,最后返回反应器底部循环利用。吸附剂的循环过程由设定的程序自动控制,连续操作。稳定塔用于脱除脱硫后汽油产品中的 C_2、C_3 和 C_4 组分,塔底稳定的精制汽油产品经换热冷却后送出装置。工艺操作条件为:反应器温度410~440℃,反应器压力2.0~3.5MPa,氢油摩尔比0.30~1.0;再生器温度510~530℃,再生器压力0.11~0.12MPa。

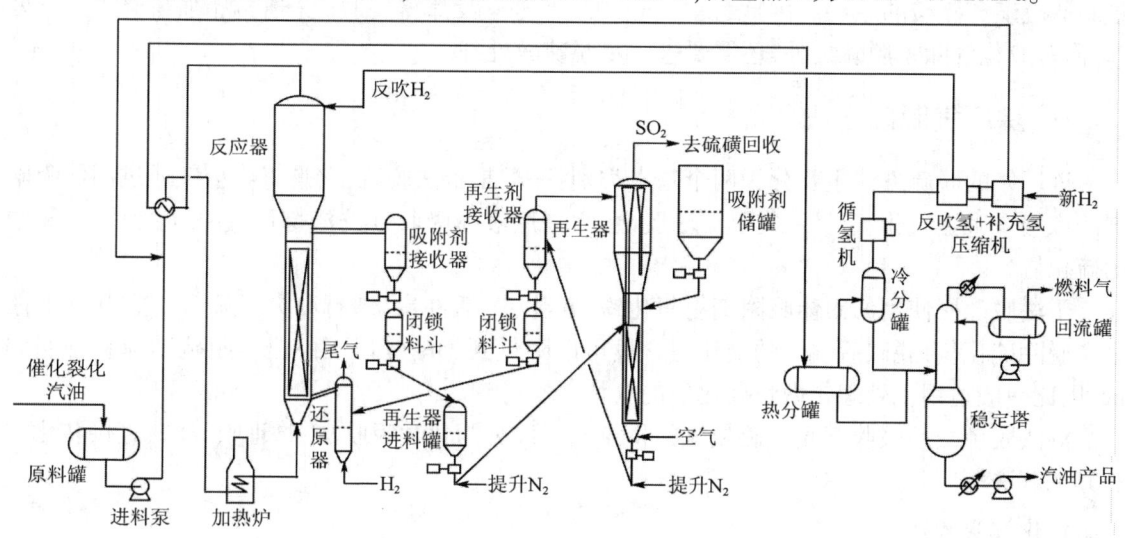

图13-1　S-Zorb 技术工艺流程

三、技术特点与优势

1. 技术特点

(1)反应器采用流化床进行吸附反应,为降低气体流速、便于吸附剂从气流中脱离出来,反应器顶部带有膨胀段。反应物料自反应器下部进入,向上鼓泡通过吸附剂,吸附剂发生流化并最大限度地与原料进行接触,脱除汽油中的硫。

(2)再生器也采用流化床,为流化床氧化反应,再生空气一次通过,吸附剂连续再生。

(3)采用高压临氢反应吸附和低压含氧再生方式,反应吸附部分为高压临氢环境,氧化再生部分为低压含氧环境。

(4)再生部分设置内取热系统,用于降低再生器和再生器接收器内部的温度,保持再生器在524℃下运转,内取热系统采用锅炉给水在其中循环,吸收反应产生的大部分热量。

(5)为了避免物料将吸附剂带出,减少吸附剂损失,再生器通过旋风分离器实现气固分离,在反应器、闭锁料斗和吸附剂储罐等设备内设置了精密过滤器。

2. 优势

S-Zorb 反应吸附脱硫工艺具有的技术优势包括:辛烷值损失低,一般不超过1个单位;汽油体积损失少,因为吸附剂本身没有裂化能力,精制汽油的蒸馏性能几乎没有变化;不需要传统加氢所消耗的氢气量,而且氢气纯度要求不高;操作费用低,运转周期长。

第三节　炼厂气脱硫精制

炼厂气是炼油厂炼油装置所产生的气体烃类的总称,主要包括干气和液化气(LPG)。炼厂气主要来自油品的二次加工过程,如催化裂化、延迟焦化、催化重整、加氢裂化等。干气中主要含有 C_1、C_2 烷烃及少量氢气,液化气中主要含有 C_3、C_4 烯烃和烷烃以及少量 C_5,同时干气和液化气中都不同程度含有少量的非烃气体,例如硫化氢、硫醇等。由于硫化氢等有害气体的存在,使得炼厂气的使用和进一步加工受到限制。从另一方面考虑,从炼厂气中分离的硫化氢也是制造硫磺和硫酸的原料。因此,炼厂气中的干气一般都需要脱硫(通常指脱除硫化氢)处理,而对液化气除了脱硫之外,还需要进一步脱硫醇处理。

一、炼厂气脱硫方法

炼厂气的脱硫方法主要分为两个基本类别:一类是干法脱硫,它是将炼厂气通过固体吸附剂的床层来脱去硫化氢;另一类是湿法脱硫,它是用液体吸收剂洗涤炼厂气,以除去炼厂气中的硫化氢。

干法脱硫所使用的固体吸附剂有氧化铁、氧化锌、活性炭、沸石和分子筛等。它基本上能完全脱除硫化氢,脱硫后气体的硫化氢含量可以降低到 $1\mu g/g$ 以下。但是脱硫剂硫容普遍偏低,因此一般适用于处理含微量硫化氢的气体。

湿法脱硫按照吸收剂吸收硫化氢的特点又可以分为化学吸收法、物理吸收法、直接转化法和其他方法等。

1. 化学吸收法

使用可以与硫化氢反应的碱性溶液进行化学吸收,溶液中的碱性物和硫化氢在常温下结合生成配合物,然后用升温或减压等方法分解配合物,释放出硫化氢。因为是化学吸收,所以基本上不受硫化氢分压的影响。但由于 HS^- 在水溶液中水解产生 H_2S,所以在化学吸收法所用的水溶液不同程度地必然存在 H_2S 的分压。HS^- 的水解反应为:

$$HS^- + H_2O \Longleftrightarrow H_2S + OH^-$$

化学吸收法的共同特征之一是大部分吸收溶液呈碱性,吸收是以吸收溶液先反应配合 H_2S,随后发生 H_2S 解离的形式进行。

化学吸收法所用的吸收剂大致上可分为两类:一类是醇胺类,例如一乙醇胺、二乙醇胺、三乙醇胺、N-甲基二乙醇胺[$(OH-CH_2-CH_2)_2N-CH_3$]、二甘醇胺[$(HO-C_2H_4-O-C_2H_4)NH_2$]和二异丙醇胺[$(CH_3CHOHCH_2)_2NH$]等;另一类是碱性盐类,例如碳酸钾、碳酸钠、碳酸钾和乙醇胺、二甲基甘氨酸钾[$(CH_3)_2NCH_2COOK$]等。工业上一般使用乙醇胺,N-甲基二乙醇胺是新发展起来的脱硫溶剂,其性能比乙醇胺好,技术经济指标也比较先进,目前应用广泛。

2. 物理吸收法

物理吸收法利用硫化氢的分压效应,用有机溶剂吸收硫化氢。有机溶剂有磷酸三正丁酯、醇胺—环丁砜的水溶液、聚乙二醇二甲醚等。

3. 直接转化法

直接转化法是将除去的硫化氢在吸收液中直接转化成元素硫。

4. 其他方法

如使用特殊的溶液(例如 N - 甲基 -2- 吡咯烷酮)选择性地脱除硫化氢。

二、炼厂气醇胺脱硫原理及工艺

湿式脱硫的精制效果虽不如干法脱硫,但它是连续操作,设备紧凑,处理量大,投资和操作费用较低。在石油工业中应用最广的气体脱硫方法是湿式脱硫法,目前在我国炼油厂中气体脱硫装置所用的吸收剂大多是乙醇胺类。

乙醇胺类溶液具有使用范围广、反应能力强、稳定性好、容易回收等优点。由于一乙醇胺($HO-CH_2-CH_2-NH_2$)能与羰基硫(COS)反应而不能再生,所以一乙醇胺一般只用于天然气和其他不含 COS、CS_2 的气体脱硫。在炼厂气中通常含有 COS,所以后来选用二乙醇胺[$(HOCH_2CH_2)_2NH$]溶液作为吸收剂来脱除硫化氢。目前使用较多的 N - 甲基二乙醇胺具有对硫化氢脱除选择性高(仅吸收部分 CO_2)、对装置腐蚀性小的优点。几种醇胺类脱硫溶剂的理化性能见表13-1。

表13-1 醇胺类脱硫溶剂的理化性能

项目	一乙醇胺	二乙醇胺	二异丙醇胺	N-甲基二乙醇胺
代号	MEA	DEA	DIPA	MDEA
密度(20℃),g/cm³	1.012	1.092	0.989	1.038
黏度(20℃),mm²/s	24.1	196.4	0.198(45℃)	90~115
沸点,℃	170.4	268.4①	248.7	230.6
熔点,℃	10.3	28	42	-21
蒸气压(20℃),Pa	28	<1.33	<1.33	<1.33
闪点(开口),℃	93.3	137.8	126	126.7
起泡性	易起泡	易起泡	易起泡	起泡不明显
安定性	易降解	不易降解	不易降解	较稳定
水中溶解度(20℃),%	全溶	96.4	87	全溶
外观	无色液体	黏稠液体	白色晶体	透明无色液体
分子式	$NH_2C_2H_4OH$	$NH(C_2H_4OH)_2$	$NH(C_3H_6OH)_2$	$CH_3N(C_2H_4OH)_2$
分子量	61.09	105.14	133.19	119.17
汽化热,kJ/kg	825.6	669	430	518
反应热,kJ/kg(与 H_2S)	1905	1190	1140	1050
反应热,kJ/kg(与 CO_2)	1920	1510	2180	1420

① 在此温度下二乙醇胺分解。

乙醇胺是一类弱的有机碱,它的碱性随温度的升高而减弱。乙醇胺能吸收气体中的硫化氢生成硫化物和酸式硫化物,吸收二氧化碳生成碳酸盐和酸式碳酸盐。以一乙醇胺为例,其化学反应如下。

脱除硫化氢:

$$2HOCH_2CH_2NH_2 + H_2S \rightleftharpoons (HOCH_2CH_2NH_3)_2S$$
硫化铵盐

$$(HOCH_2CH_2NH_3)_2S + H_2S \rightleftharpoons 2(HOCH_2CH_2NH_3)HS$$
酸式硫化铵盐

脱除二氧化碳：

$$2HOCH_2CH_2NH_2 + CO_2 + H_2O \rightleftharpoons (HOCH_2CH_2NH_3)_2CO_3$$
碳酸铵盐

$$(HOCH_2CH_2NH_3)_2CO_3 + CO_2 + H_2O \rightleftharpoons 2(HOCH_2CH_2NH_3)HCO_3$$
酸式碳酸铵盐

在 25～45℃ 时，反应由左向右进行（即吸收），吸收气体中的 H_2S 和 CO_2；而当温度升到 105℃ 或更高时，则反应由右向左进行（即解吸），此时生成的胺的硫化物和碳酸盐分解，逸出原来吸收的 H_2S 和 CO_2，因此乙醇胺可以循环使用。

乙醇胺法气体脱硫过程的工艺流程如图 13-2 所示。

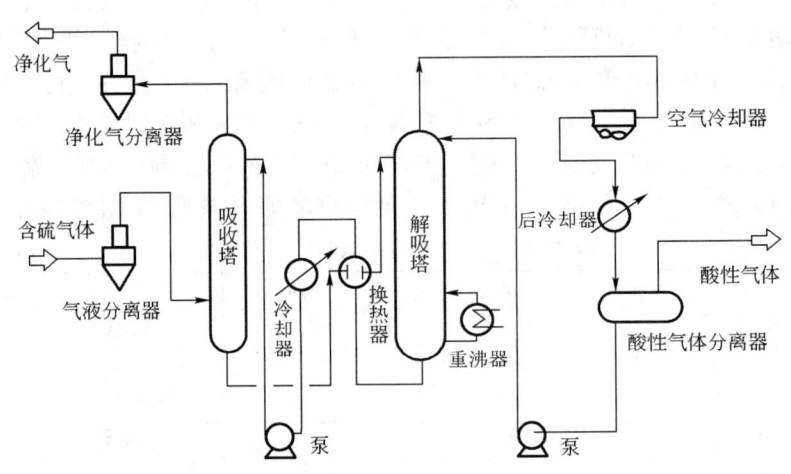

图 13-2　乙醇胺法气体脱硫过程工艺流程图

含硫气体经冷却至 40℃，并在气液分离器内分离出水和杂质后，进入吸收塔的下部，与自塔上部引入的温度为 45℃ 左右的乙醇胺溶液（贫液）逆向接触。乙醇胺溶液吸收气体中的硫化氢和二氧化碳，气体得到精制。净化后的气体自塔顶引出，进入净化气分离器，分出携带的胺液后出装置。吸收塔底的乙醇胺溶液（富液）借助吸收塔的压力从塔底压出，经调节阀减压、过滤和换热后进入解吸塔上部。在解吸塔内与下部上来的蒸汽（由重沸器产生的二次蒸汽）直接接触，升温到 120℃ 左右，乙醇胺溶液中吸收的硫化氢和二氧化碳以及存在于气体中的少量烃类大部分解吸出来，从塔顶排出。再生后的乙醇胺溶液从解吸塔底部排出，部分进入重沸器的壳程，被管程中的水蒸气加热后返回解吸塔，部分与吸收后的乙醇胺溶液（富液）换热，再经冷却器冷至 40℃ 左右，由循环泵打入吸收塔上部循环使用。解吸塔顶部出来的酸性气体（硫化氢、二氧化碳、水蒸气和烃类的混合气体）经空气冷却器和后冷器冷却至 40℃ 以下，进入酸性气体分离器。在分离器内分离出液体，液体送回解吸塔顶作为回流。分离出的气体干燥后送往硫磺回收装置。

干气脱硫装置所用的吸收塔和解吸塔多为填充塔，液化气脱硫装置则多用板式塔。

脱硫过程中吸收剂的浓度一般为：一乙醇胺溶液浓度为 15%～20%，二乙醇胺溶液浓度为 15%～25%，N-甲基二乙醇胺溶液浓度一般为 15%～30%。采用较低的溶液浓度对减轻溶液的"发泡"现象有利。

吸收塔底富液中酸性气体（$H_2S + CO_2$）的物质的量与溶液中乙醇胺的物质的量的比值称为溶液负荷（或酸性气体负荷），它是决定气体脱硫装置技术经济指标的重要因素。溶液负荷的选择主要依据对装置腐蚀的影响。在用碳钢制造换热器、解吸塔和重沸器时,溶液负荷应限制在 0.35 以下;在使用合金钢(如 1Cr18Ni9Ti)制造设备时,溶液负荷可限制在 0.70 以下。

乙醇胺吸收是化学吸收,因而吸收塔压力主要取决于原料气体的压力和净化后气体输送的压力。例如,加氢脱硫装置的循环氢脱硫压力高达 15MPa,而炼厂气脱硫压力则为 0.8 ~ 1.0MPa。解吸塔顶压力取决于产品要求的贫液解吸温度下的平衡蒸气压力,一般为 0.135 ~ 0.215MPa。通常要求保证有足够的压力使酸性气体能进入硫磺回收装置,使解吸塔出来的乙醇胺溶液能通过换热器而进入泵。

乙醇胺会变质,尤其是一乙醇胺。由于存在氧,气体中的硫化氢被氧化生成游离的硫,硫在加热的条件下与一乙醇胺反应生成二硫化碳和硫脲,还生成能氧化分解的酸、甲酰胺和高分子化合物。由于存在二氧化碳,乙醇胺与 CO_2 经多步反应最终生成 $N-2-$ 羟乙基乙二胺($HOCH_2CH_2NHCH_2CH_2NH_2$)。由于存在二硫化碳,乙醇胺生成 $N,N'-$ 二(2-羟乙基)硫代脲[$(HOC_4H_4NH)_2CS$]。由于存在氰氢酸(HCN),生成甲酰胺和甲酸。这些生成物的热稳定性都很高,在解吸塔中不能用加热的方法来再生。

乙醇胺溶液的"发泡"现象是由新设备中残留的润滑脂、进入吸收塔的气体携带的烃类凝液和液体雾沫以及硫化氢腐蚀设备所生成的硫化铁(作为泡沫稳定剂)等引起的。为减轻溶液的"发泡"现象,除了使用分离器或吸附器等除去烃类凝液和采用较低浓度的乙醇胺溶液外,还可以加入消泡剂(如聚硅酮类的破泡剂、高级醇类的泡沫抑制剂)。

贫液进入吸收塔的温度为 25 ~ 40℃,在此温度范围内乙醇胺溶液以很快的速度吸收 H_2S。吸收 H_2S 后的乙醇胺溶液(富液)的再生温度主要取决于净化产品的规格要求和原料气体中 H_2S 和 CO_2 的相对含量。一乙醇胺和 H_2S 的配合物较易分解,当原料气体中 H_2S 对 CO_2 的比值较高时,采用溶液再生温度 110 ~ 116℃,绝大部分 H_2S 能被解吸。过高的再生温度不能继续减少溶液中残存的 H_2S 含量,反而增加设备的腐蚀和乙醇胺溶液的分解。

第四节 液化气脱硫醇精制

一、概述

液化气的主要成分是 C_3、C_4 烃类,由于富含可供化工利用的烯烃组分(主要是丙烯、异丁烯和 1-丁烯),因此液化气占据着巨大的化工原料市场。液化气组分经过气体分离后可用于生产高附加值的化工产品。随着液化气产量的增加和市场对 C_3、C_4 烯烃制成的精细化工产品需求的扩大,大多数炼油厂已经对液化气进行深度加工利用。而对液化气充分合理的利用,首要问题就是液化气的脱硫净化。液化气中硫化氢的脱除方法、工艺在本章第三节中已有介绍。液化气中除含有活性硫化氢外,还含有另一类活性硫化物——硫醇。硫醇不仅具有恶臭和弱酸性,而且在一定条件下对设备产生腐蚀和加速腐蚀,硫醇还是一种自由基引发剂,可促进油品中不安定组分氧化生成胶质,从而使油品安定性下降。此外,从液化气中分离出来的 C_3、C_4 烯烃组分作为化工原料时,其中的硫醇易使下游加工工艺中的催化剂失活。因此,在石油加工过程中,需要对油品进行脱硫醇精制处理,由于硫醇有恶臭,在炼油工业中通常把脱硫醇过程称为脱臭过程(sweetening process)。液化气脱硫醇精制是炼油厂生产的重要环节。

碱洗是液化气脱硫醇的传统方法，工艺流程简单，容易操作，投资也少。但这种方法的缺点是其脱硫醇效率低，所产生的大量废碱液会造成环境污染，已逐步限制使用。目前工业应用的液化气脱硫醇方法主要有 Merox 液液抽提—氧化法与纤维膜接触器脱硫醇法。液化气脱硫醇技术改进主要体现在如何减少废碱液的排放和提高对液化气有机硫的脱除率。中国石油大学近来利用开发的固体碱代替液体碱的液化气预碱洗工艺，同时在后续的 Merox 液液抽提工艺中采用剂—碱分离技术，使用固定床催化剂，可以达到减少废碱液排放和避免精制后液化气有机硫含量高等问题。纤维膜接触器脱硫醇工艺应用于液化气脱硫醇精制，也可以达到部分减少碱液使用量的目的。

二、液化气脱硫醇精制工艺原理

液化气中所含硫醇一般为低分子硫醇，低分子硫醇的酸性较强，容易与碱反应。在液化气脱硫醇过程中，一般先用含有催化剂的碱液抽提液化气中的硫醇，在抽提塔内抽提反应为：

$$RSH + NaOH \longrightarrow RSNa + H_2O$$

硫醇（RSH）转化为硫醇钠（RSNa）后被转移至碱相中，随后液化气与碱相分离，液化气中的硫醇即被脱除。

为使碱液得到再生，向分离后的碱液中通入空气，在碱液自身携带的催化剂作用下，使硫醇钠（RSNa）发生氧化，在氧化塔内再生反应为：

$$2RSNa + 0.5O_2 + H_2O \xrightarrow{催化剂} RSSR + 2NaOH$$

最常用的催化剂是磺化酞菁钴或聚酞菁钴等金属酞菁化合物。图 13-3 是磺化酞菁钴和聚酞菁钴的化学式。

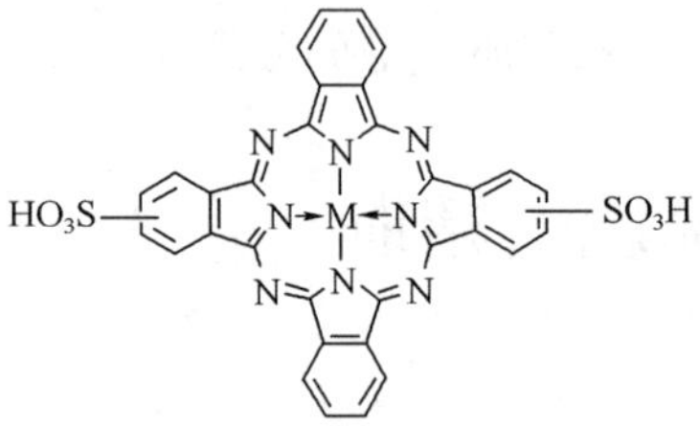

(a) 磺化酞菁钴 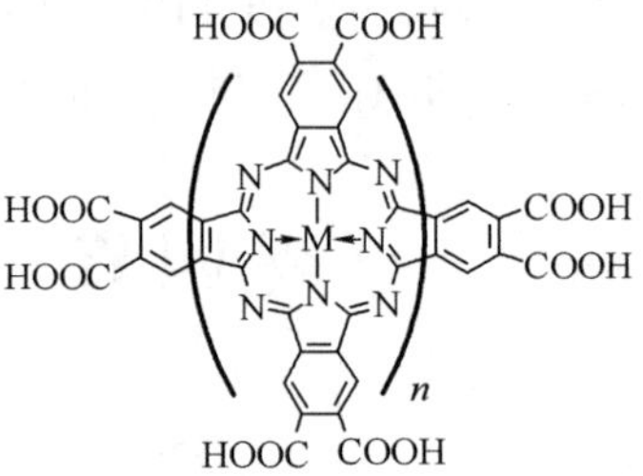　　　　　(b) 聚酞菁钴

图 13-3　酞菁钴类化合物的化学式（M = Co）

酞菁钴类催化剂在使用时，可以溶解于氢氧化钠溶液，得到液相催化剂（工业上称剂碱液），但主要问题是这类催化剂在碱液中溶解性差，而且催化剂组分容易聚集失活，导致装置长周期运转时催化氧化硫醇钠的再生转化率低，同时催化剂组分聚沉后容易堵塞纤维膜接触器脱硫醇过程中碱液过滤器。为此美国麦利凯公司（Merichem. Co.）及中国石油大学分别开发了高溶解性的液体酞菁金属催化剂，使这些问题得到解决。

三、液化气脱硫醇精制工艺

1. Merox 液液抽提—氧化脱硫醇工艺

1958 年美国 UOP 公司推出轻质油品 Merox 液液抽提—氧化脱硫醇工艺。该工艺具有碱耗量较低、适用范围广、脱硫醇容量大等优点，因而在全球范围内得到了广泛应用。炼油厂采用的针对液化气脱硫醇的 Merox 液液抽提—氧化脱硫醇工艺流程如图 13-4 所示。

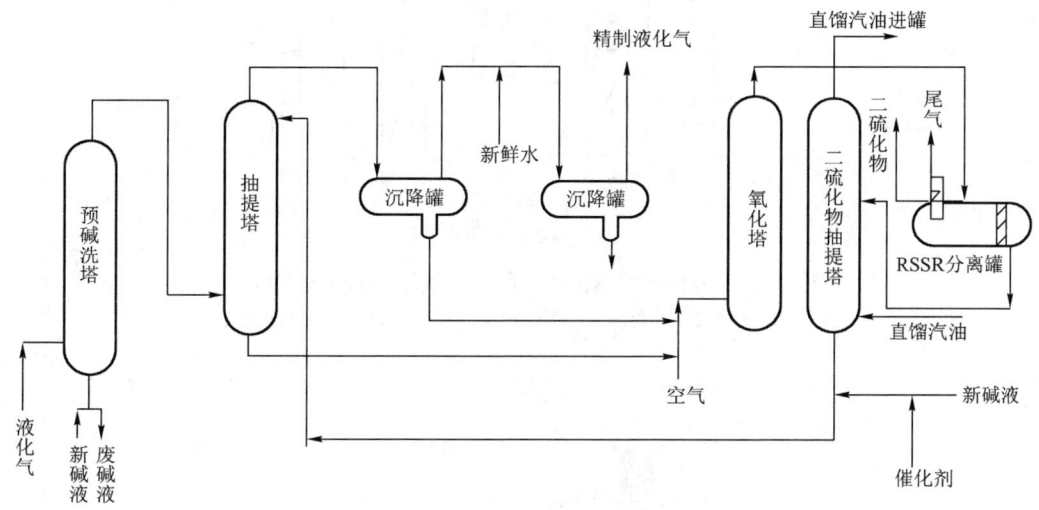

图 13-4　液化气脱硫醇 Merox 液液抽提—氧化脱硫醇工艺流程

  该工艺流程包括抽提、氧化再生以及二硫化物分离三个部分。来自醇胺脱硫单元的液化气含有少量硫化氢,经过预碱洗塔予以脱除。预碱洗后的液化气进入抽提塔下部,催化剂碱液引入抽提塔上部,在塔内液化气与催化剂碱液经填料层逆向接触,在温度 30～40℃、压力 1.2～1.7MPa 的条件下,液化气中的硫醇被抽提至剂碱液中。随后液化气经沉降器沉降分离出残存的剂碱液,再经水洗分离后出装置。所用剂碱液碱浓度一般为 10%～20%,催化剂浓度为 100～200μg/g;从抽提塔底排出的剂碱液,经换热器加热到 40～60℃,与一定量的净化风(空气)混合后,进入氧化塔下部,在塔内压力为 0.4～0.6MPa 的条件下,剂碱液中的硫醇钠被氧化为二硫化物;氧化再生后的剂碱液被引入分离罐,分出上层的二硫化物,剂碱液中残存的二硫化物进一步在以直馏汽油为反抽提溶剂的抽提塔内被抽提,净化后的剂碱液循环利用。

  该工艺以剂碱液抽提液化气中硫醇的同时,会将部分硫醇转化为二硫化物而残留在液化气中,导致液化气有机硫含量较高,降低脱硫精制效果。为此中国石油大学开发了剂—碱分离技术,使液化气抽提碱液中不含催化剂,而是将催化剂以固定床形式装填于氧化塔内,使硫醇钠在固定床催化剂上被氧化为二硫化物。这样既可以保证催化剂有较好的稳定性和较长的使用周期,又能提高液化气的精制效果,同时采用固体碱洗代替液体碱预碱洗,减少废碱液排放,其他操作条件没有变化。改进后的液化气液液抽提—固定床氧化脱硫醇的工艺流程见图 13-5。

2. 纤维膜接触器脱硫醇工艺

  纤维膜接触器脱硫醇工艺是近十余年发展起来的新型脱硫技术,它采用纤维膜作为传质设备,大大增加了碱液与油品的混合程度,与 Merox 液液抽提—氧化脱硫醇相比,具有碱液抽提效率高、设备占用空间小、操作维护费用低等特点。纤维膜接触器自 20 世纪 70 年代提出以来,凭借其单位体积的传质面积大、处理能力大、传质距离短等优点广泛应用于液化石油气、液化天然气、汽油等轻质油品的脱硫和脱酸过程中。该工艺由美国麦利凯公司开发,针对不同油品的精制过程,具有多种工艺形式。目前纤维膜接触器脱硫醇工艺在我国炼油厂液化气脱硫醇精制中有广泛应用,其工艺流程如图 13-6 所示。

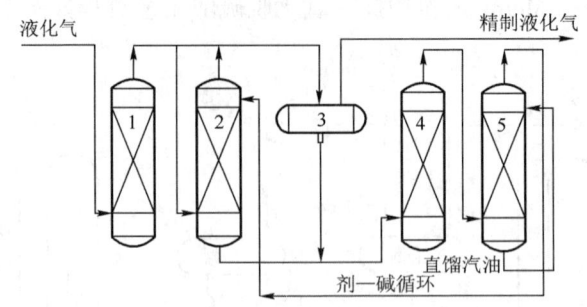

图 13-5 液化气液液抽提—固定床氧化脱硫醇工艺流程
1—固体碱塔;2—抽提塔;3—沉降罐;4—氧化再生塔;5—反抽提塔

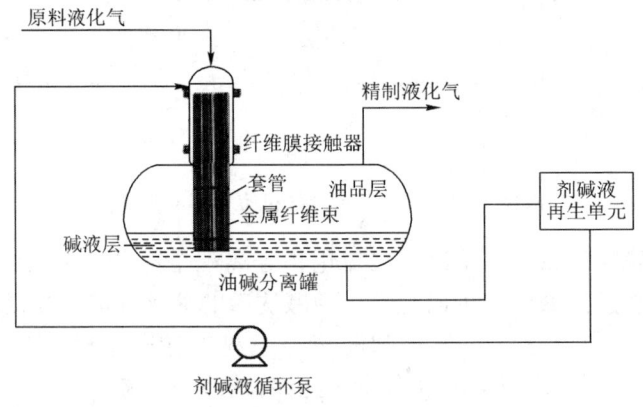

图 13-6 纤维膜接触器脱硫醇工艺流程

纤维膜接触器脱硫醇工艺原理与 Merox 液液抽提—氧化脱硫醇相似,将原料液化气与含有催化剂的碱液混合,抽提过程是在传质面积大的纤维束上完成的,然后含 RSNa 的催化剂碱液与油相分离,再以空气为氧化剂,将催化剂碱液氧化再生,其中 RSNa 被氧化为二硫化物。

图 13-6 中,纤维膜接触器是一个桶形的套管,内部有无数极细的金属纤维丝,碱液相从纤维膜反应器顶部侧面进入,油相从反应器顶部进入,由于毛细作用和表面张力的不同,碱液首先在金属纤维的表面形成很薄的液膜,使碱相的表面得以极大的扩展。油碱两相间流动时摩擦力将液膜拉扯得非常薄,反应是在流动中两相间的平面膜上接触完成的,为两相反应提供了最大的接触面积。同时由于碱液的表面张力大于油品,加上两相的密度差,故在两相到达反应器末端时,二者很快的分离开。纤维膜接触器脱硫醇工艺一般需要的碱液浓度在 20% 以上。

除液化气脱硫醇精制采用以上介绍的两种工艺外,其他轻质油品例如 FCC 汽油曾经也采用类似方法进行脱硫醇精制。但随着加氢精制工艺在炼油厂应用越来越广泛,FCC 汽油氧化脱硫醇法逐渐停止使用。

第五节 白 土 精 制

白土精制就是利用活性白土在一定温度下处理油料,降低油品的残炭值及酸值(或酸度),改善油品的颜色及安定性。润滑油原料经过溶剂精制、溶剂脱蜡和脱沥青工艺处理后,油品中还含有少量未分离掉的溶剂,以及因回收溶剂被加热生成的大分子缩合物、胶质等。这些杂质的存在影响油品的安定性、颜色和残炭值等。利用白土精制的方法可以达到对润滑油原料进行补充精制的目的。

一、白土的组成及白土精制原理

白土是具有多孔结构、比表面积较大的结晶或无定型物质,是优良的吸附剂。其主要成分是硅酸铝、氧化硅和水,此外还含有铁、钙和镁的氧化物。天然白土就是风化的长石,其孔隙内常含有一些杂质,若用盐酸或硫酸(8%~15%的稀硫酸)活化处理,吸附活性可以大大提高,这种处理过程叫活化。活化后的白土称活性白土,它的比表面积可达450m^2/g,其活性比天然白土大4~10倍。所以工业上多采用活性白土进行油品精制。

天然白土及活性白土的化学组成见表13-2。

表13-2 白土的化学组成

组成,%	水分	SiO_2	Al_2O_3	Fe_2O_3	CaO	MgO
天然白土,%	24~30	54~68	19~25	1.0~1.5	1.0~1.5	1.0~2.0
活性白土,%	6~8	62~63	16~20	0.7~1.0	0.5~1.0	0.5~1.0

中和100g白土试样所消耗0.1mol/L NaOH溶液的毫升数表示白土的活性度。白土的活性度越大,白土质量就越好,精制效果也越好。活性度与白土的化学组成、颗粒度、水分及表面清洁程度有关。活性白土规格见表13-3。

表13-3 活性白土规格

名称	脱色率,%	游离酸,%	活性度 (20~25℃)	粒度 (通过120目筛),%	水分,%
质量指标	≥90	<0.2	≥220	≥90	≤8

白土精制的原理是利用白土具有选择性吸附的特性,当它和油品充分混合接触后,较易将其中的胶质、沥青质、残余溶剂等杂质吸附,而对油的吸附能力较弱,从而达到精制油品的目的。在白土精制条件下,白土对胶质和沥青质有很好的吸附作用,胶质和沥青质的分子量越大,越易被吸附。有机氧化物和硫酸酯也容易被吸附。在烃类中,吸附顺序是:芳烃>环烷烃>烷烃。

二、白土精制工艺

在工业上使用的白土精制方法有渗滤法、接触法。曾经有过连续渗滤法(移动床)的报道,但未见推广。渗滤法主要用于汽油、煤油、柴油等轻质油和变压器油的精制。该工艺需要把颗粒白土装在立式罐内,油慢慢渗滤,当白土活性下降到一定程度后就切换到另外的罐中。废白土可以烧去吸附的物质,再行使用。此法的缺点是效率太低,一次投资太大,油料损失大,故在大规模工业生产中已不见用。

目前比较广泛使用的白土精制方法是接触法。该法主要用于各种润滑油的最后精制,工业上常称白土补充精制。它是将白土和油混成浆状,通过加热炉加热到一定的温度,并保持一定的时间,然后滤出精制油。图13-7是接触法白土精制的流程。

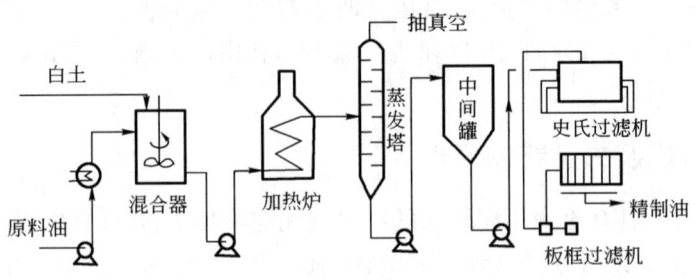

图 13-7　接触法白土精制工艺流程

原料油经加热后进入混合器与白土混合 20~30min,然后用泵送入加热炉。油品的性质不同,加热温度相差很大。加热以后进入蒸发塔,塔顶有抽真空设备,一般用喷射泵抽真空。从蒸发塔顶蒸出在加热炉中裂化产生的轻组分和残余溶剂,然后进入中间罐。再从中间罐打入史氏过滤机,滤掉绝大部分白土。由于这种过滤机滤布较粗,有些细小颗粒仍能透过,所以需通过板框过滤机再过滤一次,以保证产品无固体颗粒存在。

三、白土精制的影响因素

影响白土精制的主要因素有白土性质、原料油性质、白土用量、接触温度和接触时间等。白土性质的影响前已述及。

不同原料油化学组成不同,含杂质的组成、数量也不同,因此要求白土精制的深度也不一样。一般白土用量大,精制油质量好,但白土用量过大时,不仅降低精制油的收率,而且由于精制过度,使得油品中的天然抗氧化剂全部脱除,反而影响精制油的安定性。白土用量随油品种类不同而异,不同润滑油白土补充精制时白土用量见表 13-4。

表 13-4　润滑油白土补充精制时白土用量

原料油	机械油	内燃机发动机油	变压器油	汽轮机油	真空泵油	残渣润滑油
白土用量,%	2~4	1~3	3~5	10~15	10~15	15~25

为保证精制效果,白土必须与原料油充分混合,并促使油品向白土渗透。温度升高,油品的黏度降低,可以使油品与白土混合得更好。但温度不能过高,否则油品会有氧化反应。一般采用的接触温度比油品的闪点高出 20℃。不同种类润滑油白土精制的接触温度见表 13-5。接触时间太短,不能充分发挥白土的吸附作用;接触时间过长,会降低处理量,并增加油品的氧化。在混合器中一般停留 20~30min,在加热炉和蒸发塔内停留时间为 30min 左右。

表 13-5　润滑油白土精制的接触温度

原料油	变压器油	机械油	内燃机发动机油	残渣润滑油
接触温度,℃	150~160	200~210	230~240	270~280

润滑油的补充精制除采用白土精制之外,目前越来越多地采用加氢精制。白土精制与加氢精制比较,各有特点。一般来说,白土精制的脱硫能力较差,但脱氮能力较强,精制油凝点回升较小,光安定性比加氢精制油好。白土精制的缺点是要使用固体物,劳动条件不好,生产率低,废白土污染环境。目前,尽管加氢精制发展很快,但白土精制还未被完全替代,某些特殊油品还必须采用白土精制。

第六节 润滑油和燃料添加剂

提高石油产品质量的主要方法是选择合适的原料、改进加工工艺、提高加工和精制的深度。这样做虽能生产出某些质量较好的产品,但受到原料来源的限制,也必然会增加设备投资和操作费用,降低产品收率和提高产品成本,因而不能经济地提高产品质量。而且,润滑油和燃料等石油产品的使用要求是多种多样的,每种产品一般均需符合十几项甚至几十项质量指标,其中有些是很苛刻的。原油通过各种工艺加工过程得到的产物,即使经过深度精制和馏分调和,也很难完全达到产品标准规定的要求。因此,往往在油品中加入各种类型的添加剂来改善其某些使用性能。在油品中添加数量很少的一种物质,就可以大幅度地改进油品的某方面的性能,得到符合质量要求的产品,我们把这种添加的物质称为"添加剂"。添加剂除了在改进加工工艺、提高产品质量时所起的辅助作用外,有时还能解决从改进加工工艺方面难以解决的质量问题。

添加剂的添加量一般很少,只占产品量的百分之几,甚至百万分之几。每种添加剂对某种产品都有一个合适的添加量范围,超过这个范围继续增加添加量并不能明显提高添加剂的添加效果,有时甚至会产生相反的作用。而且添加剂的成本一般是比较高的,所以在使用添加剂时要注意选择合适的添加量。

石油产品添加剂中,润滑油添加剂的品种数量占了绝大部分,几乎所有的润滑油都或多或少地加有一种或几种添加剂,优质润滑油一般多采用复合添加剂。

一、润滑油添加剂

润滑油的质量除与基础油的组成和性质有关外,很大程度取决于添加剂的品种和质量以及它们之间的配伍关系。由于一种添加剂只能主要改善润滑油某一方面的性能,所以润滑油添加剂的品种很多。在我国,按其功能分为十组:清净分散剂、抗氧抗腐剂、极压抗磨剂、油性剂和摩擦改进剂、抗氧剂和金属减活剂、黏度指数改进剂、降凝剂、防锈剂、抗泡剂、抗乳化剂。下面简要介绍其中几种。

1. 清净分散剂

清净分散剂是内燃机润滑油的主要添加剂,其产量约为润滑油添加剂总量的60%。内燃机润滑油的使用条件比较苛刻,在使用中不可避免地会由于氧化等原因在内燃机中生成酸性物质以及漆膜、积炭和油泥等沉积物。这些沉积物会导致腐蚀和磨损加剧、密封不严和油路及滤网堵塞等。清净分散剂的主要作用是将润滑油氧化产生的中间产物以及酸性物质进行中和与增溶,以阻止它们进一步缩合而生成漆膜和积炭,同时可将已生成的漆膜和积炭分散在润滑油中,以阻止它们黏附在活塞上,或将已黏附在活塞上的漆膜和积炭洗涤下来。

清净分散剂属于油溶性表面活性剂,其分子结构由非极性基团和极性基团两部分组成。非极性基团一般是烃基,极性基团可以是离子型磺酸基、羧基或酚基的盐,也可以是非离子型的多胺等。清净分散剂主要有磺酸盐、硫化烷基酚盐、烷基水杨酸盐、硫代磷酸盐和无灰清净分散剂五种。

磺酸盐(包括磺酸钙、磺酸镁等)为应用最广的一类清净分散剂,具有很好的清净性和一定的分散性,它的碱值一般较高,中和能力强。同时具有很好的防锈性能,但有促进氧化的缺点。在内燃机润滑油中,磺酸盐(通常多为钙盐)一般是必加的清净分散剂,加量为2%~5%,如与其他清净分散剂复合使用,其用量为1%~2%。

硫化烷基酚盐和烷基水杨酸盐都具有一定的抗氧化能力,但分散能力差。硫代磷酸盐具有较好的分散能力和一定的清净性,但高温稳定性较差。

上述的四种清净分散剂中都含有金属,因而燃烧后均残留有一定量的灰分,所以称为金属(或有灰)清净分散剂。近几十年来,随着汽油机压缩比的提高和大功率柴油机及增压柴油机的广泛应用,使得发动机的使用条件更加苛刻。因此在内燃机润滑油中需要加入更多的清净分散剂。但是这样会使灰分产生过多,造成排气阀门等部件损坏。而无灰清净分散剂分子中不含金属,燃烧后不留灰分,且无灰清净分散剂具有十分优良的分散性能,但其他性能不是太好。

现有的清净分散剂各有优点和不足,单独使用都不能使内燃机润滑油全面满足使用要求。因此常常将几种清净分散剂复合使用,以取长补短。确定复合配方时应综合考虑基础油的性质和添加剂的性能。必须指出的是,几种添加剂一起使用时,其效果并不是简单相加,有时相互产生协同作用,有时产生对抗作用。前者是指复合使用时某一性能优于各添加剂组分的该性能的加权平均值,后者则指复合使用时其性能劣于加权平均值。所以迄今只能用实验的方法寻求适宜的复合配方。实践证明,在添加剂配方中,采用有灰清净分散剂与无灰清净分散剂复合,在有灰清净分散剂中采用磺酸钙与硫化烷基酚钙或烷基水杨酸钙复合,往往可以得到协同的效果。

2. 抗氧抗腐剂

润滑油在使用过程中因与空气接触,不可避免地会因氧化而变质,当处于温度高并与金属接触的情况下,氧化变质的速度将会更快。因此,要延长润滑油的使用期限就得加入抗氧抗腐剂以抑制或阻滞其氧化反应。润滑油中使用的抗氧抗腐剂主要有受阻酚型、芳胺型和硫磷型三类。

受阻酚型抗氧抗腐剂中最常用的是2,6-二叔丁基对甲酚,适合于工作温度在100℃以下的油品。而受阻双酚型抗氧抗腐剂如4,4′-亚甲基双酚等的使用温度较高,可用于内燃机油和压缩机油等。

芳胺型抗氧抗腐剂的工作温度比受阻酚型的高,抗氧耐久性也比受阻酚型的好,但毒性较大,且易使油品变色,其应用受到一定限制。此类产品有N,N'-二异辛基对苯二胺、N-苯基-α-萘胺等。前者主要用于酯类合成油及内燃机油,后者主要与受阻酚型抗氧抗腐剂复合用于汽轮机油、工业齿轮油等工业润滑油中。

硫磷型抗氧抗腐剂的主要品种是二烷基二硫代磷酸锌和二芳基二硫代磷酸锌。此类添加剂兼有抗氧化、抗腐蚀、抗磨损作用,是一种多效添加剂,广泛用于内燃机油、抗磨液压油及齿轮油中。

为了提高抗氧效果,一般使用复合抗氧剂。不同类型的抗氧剂复合后有协同效应,受阻酚型和芳胺型复合后效果更佳。

3. 极压抗磨剂

在机械中使用润滑油的目的是用油膜将摩擦部件隔开,以润滑油的内摩擦代替金属间的干摩擦,从而避免磨损及减少功率损失。一般情况下,油膜的厚度是足够的。但当负荷较大或相对运动速度较低时,润滑油的油膜会变得很薄,出现所谓边界润滑状态。此时,除非油膜具有相当的强度,否则会发生近似干摩擦的情况,从而造成磨损,甚至烧结。为此,必须设法增加油膜的强度,使其在高负荷下也能存在于金属摩擦面之间而不被挤掉。极压抗磨剂就是这样的一类添加剂,它能在边界润滑状态下,在金属表面形成吸附膜或反应膜,从而减少摩擦,降低磨损。极压抗磨剂按其能耐负荷的大小可分为油性添加剂和极压添加剂两类。

油性添加剂也称摩擦改进剂,适用于较缓和的条件。它们在摩擦表面上形成定向排列的物理吸附膜或化学吸附膜,防止金属直接接触,并减小摩擦系数。但当温度高于150℃时,这种保护膜就无法保持,油性添加剂就会失效。常用的油性添加剂有:脂肪酸及二聚酸,如油酸、硬脂酸、二聚亚油酸等;脂肪醇,如石蜡氧化脂肪醇等;脂肪酸皂,如油酸铝、硬脂酸铝等;酯类,如油酸丁酯、油酸单甘油酯、油酸乙二醇酯等;硫化物、植物油,如硫化棉籽油等;苯并三氮唑、脂肪胺盐等。

极压添加剂适用于高负荷条件。当金属表面承受的负荷极高时,由于摩擦产生的热量很多,因而温度很高,此时吸附膜已不可能保持。而在此重载、高温的条件下,极压添加剂会分解,分解的产物又可与金属表面反应生成一层化学反应膜。此膜比较稳定,摩擦系数也较低,能减少磨损并防止金属表面的烧结。一般使用的极压添加剂是一些含氯、硫、磷的化合物,主要有:硫化异丁烯,适合于配制齿轮油,烧结负荷高,但抗磨性较差;氯化石蜡,原料价廉易得,摩擦系数小,但遇水会分解生成腐蚀性很强的盐酸,且熔点较低,容易失效;亚磷酸二丁酯、酸性磷酸酯胺盐、磷酸三甲酚酯等,其中酸性酯的极压性最好,但腐蚀性强,中性酯腐蚀性小,但极压性差;氨基磷酸酯、氨基硫代磷酸酯和硫代磷酸复酯胺盐等极压添加剂含有多种活性元素,不仅具有较好的极压性,而且腐蚀性也比较小,所以获得广泛应用;硼酸盐极压添加剂是一种新型极压添加剂,极压性很好,但对水敏感,少量水存在时会降低其性能,大量的水则会使硼酸盐溶解而失效。硼酸盐的极压性与前几种极压添加剂不同,它并不与金属反应形成反应膜,而是由于摩擦部件相对运动时,其表面带电,使硼酸盐微粒附于其上,形成极压膜。此膜既厚又黏,起到无机润滑膜的作用。

4. 黏度指数改进剂

黏度指数改进剂又称黏度添加剂或增黏剂。内燃机润滑油应有良好的黏温性能,即较高的黏度指数,尤其对于冬夏通用的多级内燃机润滑油更是如此。为此,采用对黏度较低的基础油添加黏度指数改进剂的方法,以增加其黏度,同时也提高其黏度指数。此类添加有黏度指数改进剂的润滑油称为稠化油。

黏度指数改进剂都属于油溶性高分子聚合物,它们是线型而不是网型,其单体多半只有一个双键,主链长度有500～1000个碳原子。衡量黏度指数改进剂的好坏,除考虑其改善黏温性能的能力外,还要评定其增黏能力(即加入1%此类添加剂后润滑油黏度增加的百分比)、剪切稳定性(即在剪切力作用下高聚物分子链不易断裂)、热安定性、低温泵送能力等。

黏度指数改进剂主要有:聚异丁烯,原料价廉易得,数均分子量约50000,其剪切稳定性和热安定性都较好,但增黏能力及低温性能较差;聚甲基丙烯酸酯,增黏能力和黏度指数改进效果都不错,尤其低温性能很好,但剪切稳定性和热安定性都稍差,除改进黏度指数外,还能同时降低油品的凝点,产品数均分子量在100000以上,聚丙烯酸酯作用与其相同;烯烃共聚物(乙烯—丙烯聚合),增黏能力强,剪切稳定性好,但低温性能较差,产品数均分子量为70000～150000。

5. 降凝剂

含蜡原料经脱蜡后可以得到低倾点的润滑油。但是如果脱蜡程度过深,则黏度指数降低过多,收率也会大大减少。所以采用适度脱蜡辅之以添加降凝剂以降低其倾点的方法,是比较经济合理的。

降凝剂是一类聚合或缩合的产物,其分子结构中一般含有较长的烷基链。降凝剂并不能阻止蜡结晶析出,但是能阻碍蜡结晶形成三维网状结构,从而使其倾点降低。

降凝剂的主要品种有:烷基萘,平均分子量约6000,分子量分布很宽,但其有效组分是分子量较大的部分,原料易得,合成工艺简单,缺点是颜色深,会影响润滑油产品的色度;聚甲基丙烯酸酯,既是黏度指数改进剂,又是降凝剂,但用作降凝剂时,数均分子量一般低于100000;聚 α - 烯烃,数均分子量约为100000,降凝效果与聚甲基丙烯酸酯大体相当。此外,乙酸乙烯酯及反丁烯二酸酯共聚物也是很好的降凝剂。

6. 防锈剂

防锈剂是一类油溶性表面活性剂。工作时,防锈剂分子中极性一端吸附于金属表面,烷基一端伸向油层,形成分子定向排列的致密分子膜,以阻止水分和氧渗入金属表面而产生锈蚀。防锈剂分子膜应具有较高的机械强度和抗水性,并有从金属表面除去有害物质的能力。

防锈剂主要有:磺酸盐类,其防锈性能好,特别是抗盐水性能比较突出,此类防锈剂有石油磺酸钠、二壬基萘磺酸钡;羧酸、羧酸盐类,如烯基丁二酸、环烷酸锌等,它们与磺酸盐复合使用时有明显的增效作用,羧酸盐具有较好的抗潮湿性,但大多数羧酸及其金属盐的抗盐水性能较差;酯类,如山梨糖醇单油酸酯及羊毛酯;含氮化合物,如碳数为12~14的脂肪胺、脂肪胺油酸盐以及烷基取代咪唑啉及其有机酸盐、苯并三氮唑。

7. 抗泡剂

润滑油特别是含有强极性添加剂的油品(如内燃机油、齿轮油)受到震荡、搅拌等作用后,不可避免会有空气潜入油中,同时,油品本身分解也会产生气体,从而在界面上形成泡沫。润滑油产生泡沫后会使润滑效果下降,管路产生气阻致使供油量不足,机件磨损加剧。对于液压油,起泡会导致液压系统压力不稳,影响正常工作。同时,由于泡沫存在,还会促进油品氧化,加速变质。在润滑油中加入抗泡剂是减少泡沫的有效方法。目前所用的抗泡剂有硅油型和非硅型两类。

硅油型抗泡剂是最常用的抗泡剂,如二甲基硅油(又称聚二甲基硅氧烷),具有用量少(仅需加入 $1\sim10\mu g/g$)、抗泡性好、抗氧化性好、抗高温性好等优点,但其调和工艺要求严格,在酸性介质中不够稳定。硅油是一种难溶于润滑油而表面活性很强的物质,它并不阻止润滑油生泡,但它可吸附在泡沫上,使泡沫的局部表面张力显著降低,泡沫因受力不均匀而破裂,从而缩短泡沫的存在时间。

非硅型抗泡剂(聚丙烯酸酯型)对各种调和技术不敏感,在酸性介质中仍保持高效,稳定性好,可长期储存,但其用量较大,在 $0.001\%\sim0.07\%$ 之间。

二、燃料添加剂

随着发动机工作条件的强化和环境保护要求日趋严格,烃类燃料本身的性能已不能全面适应使用要求,为此,需要加入合适的添加剂以改善其某些性能。

燃料本身的性质对添加剂的添加效果有很大的影响,例如,燃料的烃类组成不同,添加同样数量的添加剂后,改进质量性能的效果也不同,即燃料对添加剂的感受性不同。燃料中含有的杂质,如硫化物、氮化物和氧化物等也会影响添加剂的效能。虽然添加剂的使用可以减轻油品的精制深度,但不能取代精制过程。因而在燃料生产中,必须根据对燃料质量的要求,以经济和合理的加工工艺,经过适当深度的精制,生产合适的燃料基础油料,然后添加适当数量的合适的添加剂来生产高质量的燃料产品,满足产品质量的需要。

燃料添加剂的种类比较多,根据它们的功能一般分为:汽油辛烷值改进剂;柴油十六烷值改进剂;抗磨剂;流动性改进剂;抗氧剂;金属钝化剂;清净分散剂;抗腐剂;防冰剂;其他添加剂,如抗静电剂、抗磨防锈剂、抗微生物添加剂、抗泡沫剂等;重质燃料油添加剂,如锅炉燃料和燃气轮机燃料等用的添加剂。

不同品种的燃料所使用的添加剂类别和添加量有所不同,表13-6列出了主要燃料所使用的添加剂类别和添加量。

表13-6 主要燃料所使用的添加剂类别和添加量

项目	航空汽油	车用汽油	喷气燃料	柴油	添加量
辛烷值改进剂	●	●			微量
十六烷值改进剂				●	极微量
抗磨剂	●		●		极微量
抗氧剂	●	●	●		极微量
金属钝化剂	●				极微量
清净分散剂					极微量
抗腐剂	●	●	●		极微量
防冰剂	●		●		极微量
流动性改进剂				●	极微量
抗静电剂			●		超微量
油性剂			●		极微量
抗烧蚀剂			●		极微量

1. 汽油辛烷值改进剂

汽油辛烷值改进剂(又称汽油抗爆剂)是提高航空汽油和车用汽油抗爆震性能的添加剂。过去常用的汽油抗爆剂四乙基铅、甲基环戊二烯基三羰基锰(MMT),由于具有毒性,因此已经禁止使用。不含金属的汽油辛烷值改进剂主要有:醚类,如甲基叔丁基醚(MTBE)、乙基叔丁基醚(ETBE)、二异丙基醚(DIPE)等;醇类,如叔丁醇/甲醇、异丙醇/甲醇混合物等;酯类,如丙二酸二甲酯等。

2. 柴油十六烷值改进剂

可以作为柴油十六烷值改进剂的化合物种类很多。例如,脂肪族烃(如烯烃以及炔烃),含氧的有机化合物(如羧酸、醛、酮、醚和酯,其中有糠醛、丙酮、乙酸乙酯、硝化甘油和甲醇等),金属化合物(如硝酸钡、油酸铜、二氧化锰、氯酸钾和五氧化二钒等),硝酸烷基酯、亚硝酸烷基酯和硝基化合物(如硝酸戊酯、硝酸正己酯和2,2-二硝基丙烷等),芳香族硝基化合物(如硝基苯和硝基萘等),肟和亚硝基化合物(如甲醛肟和亚硝基甲基氨基甲酸乙酯等),过氧化物(叔丁醇过氧化氢),多硫化物(二乙基四硫化物等)以及其他化合物。然而在这些类型的化合物中,只有很少几种化合物得到了实际应用,这是由于除了要求能够提高燃料的十六烷值外,添加剂还应满足其他的要求,如易溶于燃料而不溶于水,无毒,在储存时安定,价格便宜等。已经得到实际应用的柴油十六烷值改进剂有硝酸异辛酯、硝酸戊酯和2,2-二硝基丙烷。

十六烷值改进剂加入柴油后,在发动机的压缩燃烧冲程中添加剂热分解的生成物促进了燃料的氧化,缩短了着火延迟期,减轻了柴油机的爆震。添加剂的加入显著地降低了氧化反应开始的温度,扩大了燃烧前阶段的反应范围和降低了燃烧温度。

例如,硝酸烷基酯在燃烧前首先分解:

$$RONO_2 \longrightarrow RO\cdot + \cdot NO_2$$

夺取燃料分子中的氢,开始链反应:

$$RH + \cdot NO_2 \longrightarrow R\cdot + HNO_2$$

亚硝酸和氧反应生成 $HO_2\cdot$ 和 $\cdot NO_2$:

$$HNO_2 + O_2 \longrightarrow HO_2\cdot + \cdot NO_2$$

$\cdot NO_2$ 继续反应,反应生成的烷基和烷氧基很容易继续反应。

添加剂的效果与添加剂的种类、加入量及燃料的种类有关。燃料的基础十六烷值越高,添加剂的效果越明显,例如对烷属燃料的效果比对裂化柴油或烷—芳香属燃料效果好,对环烷属燃料的效果较差。

表13-7列举了几种硝酸酯十六烷值改进剂的添加效果。

表13-7　几种硝酸酯十六烷值改进剂的添加效果

硝酸酯名称	燃料的基础十六烷值	加入添加剂0.3%(体积分数)后的十六烷值	十六烷值增值
硝酸正丙酯	34.0	40.0	6.0
硝酸异丙酯	34.0	41.0	7.0
硝酸正丁酯	34.0	40.0	6.0
硝酸异丁酯	29.0	35.5	6.5
硝酸异戊酯	34.0	40.0	6.0
硝酸异辛酯	29.0	36.8	7.8

一般柴油十六烷值越高,则低温启动性越好;使用添加剂虽然能提高柴油的十六烷值,可是并不能改善低温启动性。

使用添加剂后,发动机活塞环周围的沉积物虽不增加,对活塞环没有磨损,但出现黏着活塞环的倾向;发动机功率有非常小的降低;燃料消耗量稍微增加或没有变化;降低了气缸的最高压力和压力升高速度,缩短了着火延迟期;黑烟稍微减少。

3. 柴油抗磨剂

柴油中天然存在的起抗磨作用的物质主要有多环芳烃、含氮化合物、含氧化合物,当前柴油在深度加氢脱硫、脱氮的同时,也降低了天然抗磨组分的含量,进而使柴油抗磨性受到影响,导致使用低硫柴油的发动机易出现磨损和损坏,缩短了发动机的寿命。我国车用柴油标准要求,以高频往复试验机法(HFRR)测定的柴油的磨斑直径不大于 $420\mu m$。为了弥补天然抗磨成分的损失,采用向低硫柴油中添加抗磨剂的办法来提高车用柴油的抗磨性。研究发现,一元醇、多元醇、醚类、羧酸、酯以及脂肪胺、酰胺等这些有机化合物被少量加入柴油中,都能提高柴油的抗磨性能。目前国内外主要使用的柴油抗磨剂为高级脂肪酸及其酯类。抗磨剂的作用机理主要是抗磨剂分子与金属表面发生作用以形成吸附层和保护层,从而达到抗磨效果。

4. 流动性改进剂

流动性改进剂能降低柴油的低温黏度和凝点,改善低温流动性,但不能降低其浊点。它的作用机理与润滑油降凝剂基本相同,是由于共晶或吸附抑制石蜡晶体长大,阻止其形成三维网状骨架。因此,柴油流动性改进剂可采用润滑油降凝剂。

我国生产和使用的柴油流动性改进剂主要是乙烯—乙酸乙烯酯共聚物,其分子量一般为1500～2000,其中乙酸乙烯酯含量为35%～45%,在柴油中的加入量一般为0.01%～0.1%。流动性改进剂的使用效果不仅取决于添加剂本身的结构,也取决于柴油的馏分组成和烃类组成。使用表明,对于此类添加剂,环烷基油比中间基油的感受性好,石蜡基的感受性差。

5. 抗氧剂和金属钝化剂

轻质燃料油在储存过程中自动氧化生成胶质,这是油品中不安定的烯烃等氧化、聚合造成的。为了防止油品氧化和生成胶质而加入的添加剂称为抗氧剂,又称防胶剂。

抗氧剂主要有两大类,即胺类和酚类。胺类如 N,N' – 二异丙基对苯二胺和 N,N' – 二仲丁基对苯二胺;酚类如 2,6 – 二叔丁基 – 4 – 甲基苯酚,2,4 – 二甲基 – 6 – 叔丁基苯酚,2,6 – 二叔丁基苯酚和 β – 萘酚。另外 N – 苯基对氨基酚和木焦油馏分也可作为抗氧剂。

抗氧剂分子与传递链反应的游离基反应,使自由基湮灭,从而使氧化链反应停止。

添加剂用量决定于添加剂抗氧化性能的强弱,与油品性质无关,一般的用量为 0.005%～0.15%。

抗氧剂在新炼成的油品和经过存放已氧化的油品中的效果是不同的。添加剂的作用效果随油品储存时间的增加而下降,因此必须要在油品加工以后立即将抗氧剂加入,否则要加入数量更多的抗氧剂才能获得安定性好的油品。

汽油、喷气燃料等在制造、储存和输送过程中,由于和金属容器、管线和机器接触而混入微量的金属。这些金属,特别是铜具有促进油品氧化和生成胶质的催化作用,金属铜或铜离子与氧化生成的过氧化物反应生成二价铜离子和氢离子,它们参与氧化的链反应,如二价铜离子可降低添加剂的效能;铜离子与硫醇或苯酚反应,变为油溶性化合物,促进胶状物质析出;铜离子促进硫醇和过氧化物的反应,生成二硫化物和复杂的氧化物等。因此,在有金属存在时,为了防止油品氧化生胶,必须成倍地增加抗氧剂的加入量。例如,汽油中含有 $1\mu g/g$ 的铜,则使邻苯二酚的添加量增大 2.1 倍,α – 萘酚增大 2.5 倍,对苯基苯酚增大 6.5 倍。为了抑制金属,特别是铜对油品氧化的催化作用,可以在燃料中加入金属钝化剂。金属钝化剂在燃料中的含量比抗氧剂要小 5～10 倍,为 0.0003%～0.001%。

可以作为金属钝化剂的化合物种类很多,其中大部分为胺的羰基缩合物。已得到实际应用的有 N,N' – 二水杨叉 – 1,2 – 丙二胺。金属钝化剂和金属离子反应,形成螯合物,使金属处于没有促进氧化作用的钝化状态。生成的螯合物溶于油中,并且在很宽的温度范围内是安定的。

6. 防冰剂

燃料中存在的少量水分除了引起金属表面腐蚀生锈外,还会影响发动机的正常运转。对于汽油发动机,在低温高湿时,燃料中的水分和从空气中吸入的水分由于轻质汽油组分汽化吸热凝聚成水滴,进而由于温度降低而结冰。生成的冰结晶堵塞汽化器的空气管路,破坏燃料的正常输送,造成发动机停止工作。对于喷气发动机,燃料中的水分结冰更是严重的问题,飞机在万米以上高空飞行时,周围温度可降至 -60℃,燃料系统温度也可达 -30℃。在这种情况下,燃料中溶解的水析出结冰,造成滤网结冰堵塞。为了防止燃料中的水在使用时结冰,可以在燃料中加入防冰剂。

防冰剂分成两类:(1)添加剂与燃料中的水混合,并生成低结晶点溶液;(2)表面活性剂,它吸附在金属表面上,防止生成的冰的晶体黏附在金属上面,阻止冰结晶生长。

常用的防冰剂有乙二醇单甲醚(或与甘油的混合物)、乙二醇单乙醚、乙二醇、二丙二醇醚和二甲基甲酰胺等。

7. 抗静电剂

在燃料用泵输送、过滤、混合、喷雾时,储罐、油槽车装油和抽油时,以及给车辆加油时都会发生静电荷聚积的危险,以致发生火灾。甚至在静止状态时,由于水或硫酸等与油不混溶的液体、泥浆沉降或结垢锈片等固体沉降,以及空气和二氧化碳等气体上升都会产生静电。

把抗静电剂加到燃料中去,可以提高燃料的导电性能,有助于静电荷从储罐、燃料管线、加油站等设备中"流走"。燃料的电导率一般在 0.3~40pS/m 之间,一般认为,燃料的电导率最低应不小于 50pS/m。

抗静电剂应在水存在下水解和溶于水并具备以下性质:低温下溶解性好,燃烧后灰分少,不产生有害气体;对皮肤无刺激和毒性;长期安定,防止带电的效果不变;可以与其他添加剂共存。抗静电剂多为表面活性剂,得到实际应用的有油酸的盐类(钙、铬)、一烷基和二烷基水杨酸的铬盐混合物(烷基含有 14~18 个碳原子)、四异戊基苦味酸胺、丁二醇和辛醇(2-乙基己醇)、磺化脂肪酸的钙盐等。

8. 抗磨防锈剂

由于喷气燃料本身还要对燃料油泵起润滑作用,所以往往需要加入抗磨防锈剂。此类添加剂是含有极性基团的化合物,它可吸附在摩擦部件的表面,避免金属之间的干摩擦,从而改善燃料的润滑性能。同时,它还可保护金属表面不致生锈、腐蚀。燃料的抗磨防锈剂主要由二聚亚油酸、酸性磷酸酯及酚型抗氧剂三者组成。

第七节 油 品 调 和

不同使用目的的石油产品具有不同的规格标准,每一种石油产品的规格标准都包括了许多性质要求。企图在一套加工装置中生产出合格产品,在经济上是不合算的。因此,大多数石油产品都是经过调和而成的,调和是炼油厂生产石油产品的最后一道工序。石油产品可以由几个基础组分(馏分)调和而成,也可以由基础油与添加剂调和而成。上一节已讨论了添加剂的加入,本节主要讨论油品之间的调和。

一、油品调和的特点

各种油品的调和,除加入添加剂的调和之外,基本上都是液液体系相互溶解的均相调和。

调和油品的性质如果等于各组分的性质按比例的加和值,则称这种调和为线性调和,反之则称非线性调和。石油的组成十分复杂,其性质大都不符合加和性规律,因而油品的调和多属于非线性调和。

例如,由几个组分调和而成的汽油,燃烧时各组分的中间产物可能会相互作用,改变原来的燃烧反应历程,从而使表现出来的燃烧性能发生变化。有的中间产物作为活化剂使燃烧反应加速,有的作为抑制剂使燃烧反应变慢。因此,调和汽油的辛烷值与各组分单独存在时的实测辛烷值没有简单的线性加和关系。这就是为什么辛烷值有实测辛烷值和调和辛烷值之分的原因。

油品的其他性质,如黏度、凝点等,调和时也远远偏离线性加和关系,有的甚至出现一些奇特的结果。如大庆原油的170~360℃直馏馏分(凝点-3℃)与催化裂化油的相同馏分(凝点-6℃)按1:1调和,调和油的凝点竟为-14℃。文献介绍的计算调和性质的线性的或非线性的关联式,有的十分复杂,公式中包含了大量的系数,而确定这些系数还要进行大量的研究工作;有的则条件性很强,缺乏通用性。

实际应用中,油品调和仍采用经验的和半经验的方法。为了取得最好的经济效益,可用线性规划法确定混合时的最优配方。

二、调和油品性质的确定

油品规格标准中的许多性质要求主要是通过选择合适的加工工艺及操作条件来满足的,有些性质要求则可通过油品调和达到。下面对燃料及润滑油的调和油品主要性质的估算方法作一简介。

1. 汽油辛烷值

几个汽油组分调和时,可根据各组分的调和辛烷值按线性加和关系计算所得调和汽油的辛烷值。组分的调和辛烷值 A_{ON} 可用下式表示:

$$A_{ON} = B_{ON} + 100(C_{ON} - B_{ON})/\varphi_A \tag{13-1}$$

式中　B_{ON}——基础组分的辛烷值;

C_{ON}——调和汽油的辛烷值;

φ_A——调和组分体积分数,%。

同一组分与不同的基础组分调和时,可表现出不同的调和效应。组分的调和辛烷值大于其单独存在时的实测辛烷值(即净辛烷值)时为正调和效应,反之则为负调和效应。有资料介绍,某催化裂化汽油调入直馏汽油中,其马达法调和辛烷值大于净辛烷值,而研究法辛烷值则相反;调入重整全馏分汽油或重整重馏分汽油中,两者均低于净辛烷值;调入重整轻馏分汽油中则均高于净辛烷值;调入烷基化汽油中,马达法调和辛烷值小于净辛烷值,而研究法辛烷值则基本相同。

2. 汽油蒸气压

调和汽油的蒸气压可用下式计算:

$$M_t(RVP)_t = \sum_{i=1}^{n} M_i (RVP)_i \tag{13-2}$$

式中　M_t——混合产品的总物质的量,mol;

$(RVP)_t$——混合产品要求的蒸气压,kPa;

M_i——i 组分的物质的量,mol;

$(RVP)_i$——i 组分的雷德蒸气压,kPa。

目前广为采用的是雪佛龙研究公司提出的一个简便的经验方法。该法把雷德蒸气压(RVP)换算为蒸气压调和指数($VPBI$),然后按加和规律进行计算:

$$(VPBI)_t = \sum_{i=1}^{n} \varphi_i (VPBI)_i \tag{13-3}$$

而

$$(VPBI)_t = (RVP)_t^{1.25} \tag{13-4}$$

$$(VPBI)_i = (RVP)_i^{1.25} \tag{13-5}$$

式中　φ_i——i 组分的体积分数。

3. 柴油十六烷值

由于柴油的十六烷值可由其烷烃、环烷烃、芳烃的百分含量 P、N、A 按下式计算：

$$十六烷值 = 0.85P + 0.1N - 0.2A \tag{13-6}$$

因此调和柴油的十六烷值可用线性加和关系估算。

4. 柴油凝点

调和柴油的凝点估算可采用引入凝点换算因子的方法。

当凝点 $SP \leqslant 11℃$ 时：

$$SP = 9.4656T^3 - 57.0821T^2 + 129.075T - 99.2741 \tag{13-7}$$

当凝点 $SP > 11℃$ 时：

$$SP = -0.0105T^3 - 0.864T^2 + 13.811T - 16.2033 \tag{13-8}$$

式中　T——凝点换算因子，由有关资料查得。

此法先用加和性关系（质量的）算出调和组分的凝点，查出与之对应的凝点换算因子，再代入上式计算。实际应用中发现，此法尚有一定的误差。使用时应根据原油性质、加工方法、调和比例等实际情况对换算因子作适当的修正。

5. 油品黏度

黏度是柴油、润滑油、燃料油等石油产品的最主要性能之一。下式是目前通用的油品调和黏度计算式：

$$\lg\mu_t = \sum_{i=1}^{n} \varphi_i \lg\mu_i \tag{13-9}$$

式中　μ_t——调和油在与组分油相同温度下的黏度；
　　　μ_i——i 组分的黏度；
　　　φ_i——i 组分的体积分数。

若以质量分数代替上式中的体积分数，也能得到满意的结果，据称调和油黏度计算值与实测值误差仅在 $\pm 0.1 \text{mm}^2/\text{s}$ 范围之内。

两种油品调和的黏度也可用第三章中的油品混合黏度图求得。

国内外还有采用黏度系数法或黏度因数法计算调和油的混合黏度的。基本关系式如下：

$$C_t = \sum_{i=1}^{n} \varphi_i C_i \tag{13-10}$$

式中　C_t、C_i——调和油和 i 组分的黏度系数或黏度因数。黏度系数和黏度因数与黏度的关系由专门的图表或公式提供。

6. 油品闪点

油品的闪点指数和闪点的经验关系式为：

$$\lg I = -6.1188 + \frac{4345.2}{T + 383} \tag{13-11}$$

式中　I——油品的闪点指数；
　　　T——油品的闪点，℉。

调和油品的闪点指数按下式估算：

$$I_{调和} = I_1\varphi_1 + I_2\varphi_2 + \cdots + I_n\varphi_n \qquad (13-12)$$

式中 $I_{调和}$——n 个油品调和后的闪点指数；

$I_1, I_2, \cdots, I_n$——各油品的闪点指数；

$\varphi_1, \varphi_2, \cdots, \varphi_n$——各油品的体积分数。

根据式(13-11)计算各单一油品的闪点指数，按式(13-12)估算调和油品的闪点指数，然后再由式(13-11)估算调和油品的闪点。

三、调和方法

调和工艺相对比较简单。常用的调和方法有两种，一种是油罐调和，另一种是管道调和。油罐调和时有的采用泵循环，有的采用机械搅拌。油品调和还使用过压缩空气搅拌调和的方法，但此法挥发损失大，易造成环境污染，易使油品氧化变质，因此现在已很少使用。

泵循环调和法是先将组分油和添加剂加入罐中，用泵抽出部分油品再循环回罐内。进罐时通过装在罐内的喷嘴高速喷出，促使油品混合。此法适合于混合量大、混合比例变化范围大和中低黏度油品的调和。此法效率高、设备简单、操作方便。

机械搅拌调和法是通过搅拌器的转动，带动罐内油品运动，使其混合均匀。此法适合于小批量油品的调和，如润滑油成品油的调和。搅拌器可安装在罐的侧壁，也可从罐顶中央伸入。后者特别适合于量小但质量和配比要求十分严格的特种油品的调和，如调制特种润滑油、配制稀释添加剂的基础液等。

管道调和是将需要混合的各个组分和添加剂按要求的比例同时连续地送入总管和管道混合器，混合均匀的产品不必通过调和油罐而直接出厂。调和过程简便，全过程可实现自动化操作。自动操作调和系统主要由微处理机、在线黏度和凝点分析仪、混合器及泵等常规设备和仪表组成。此法适合于量大、调和比例变化范围大的各种轻质和重质油品的调和。

思政点19：直面困难，大胆创新，加速液化气高值化利用

参 考 文 献

[1] 侯祥麟. 中国炼油技术. 2 版. 北京：中国石化出版社，2001.

[2] 梁文杰，阙国和，刘晨光，等. 石油化学. 2 版. 东营：石油大学出版社，1995.

[3] 欧风. 石油产品应用技术手册. 北京：中国石化出版社，1998.

[4] 郑宪法，皇甫广凡，张万平，等. 浅谈炼厂干气脱硫影响因素. 内蒙古石油化工，2014，17：28-30.

[5] 刘传勤. S-Zorb 清洁汽油生产新技术. 齐鲁石油化工，2012，40(1)：14-17.

[6] 顾兴平.S-Zorb 催化裂化汽油吸附脱硫技术.石油化工技术与经济,2012,28(3):59-62.
[7] 崔立勇.S-Zorb 技术生产低硫汽油、低硫柴油.山东化工,2004,33(4):37-39.
[8] 王明哲,阮宇军.催化裂化汽油吸附脱硫反应工艺条件的探讨.炼油技术与工程,2010,40(9):5-10.
[9] 李鹏,张英.中国石化清洁汽油生产技术的开发和应用.炼油技术与工程,2010,40(12):11-15.
[10] 龙军,林伟,代振宇.从反应化学原理到工业应用Ⅰ.S-Zorb 技术特点及优势.石油学报(石油加工),2015,31(1):1-6.
[11] 江胜娟,孙小明,夏道宏.液体脱硫醇催化剂的性能评价.石油化工,2012,41(9):1028-1033.
[12] 胡尧良.轻质油品脱硫精制乳化难题的技术突破:介绍纤维膜接触器技术及应用.炼油设计,1999,29(5):47-53.
[13] 罗万明,李达,田金光,等.MERICHEM 纤维膜技术在催化汽油精制中的应用.天然气与石油,2004,22(4):32-36.
[14] 夏道宏,项玉芝,段永锋,等.催化裂化汽油固体碱脱硫—固定床脱臭组合工艺的开发.炼油技术与工程,2006,36(6):27-29.

第十四章 炼油厂的污染防治

炼油企业的原料差异性大、工艺流程长、生产装置多、管理水平不一,不可避免带来废水、废气和废物等"三废"排放和噪声污染。石油衍生有毒有害污染物在环境中的长期累积,会对环境质量与人类健康构成潜在的威胁。环境友好型炼油企业的建设,要求持续开展清洁生产,加大污染防治力度,提高"三废"综合利用率,降低有毒有害特征污染物排放强度。基于对炼油企业环境管理的要求,本章梳理了炼油过程的污染源及污染特性,概述了"三废"治理及噪声控制的单元技术及原理、工艺流程以及工程装置,可指导炼油企业污染防治工作的开展。

第一节 炼油过程的污染源

一、污水来源及其污染特征

在炼油过程中,原油或产品(还包括化学助剂)直接或间接与水体(水或蒸汽等)接触,如工艺汽提及注水、产品精制水洗和机泵轴封冷却等,所含有的有机、无机化合物会以不同的比例分配进水体造成污染,形成废水排出。在炼油化工行业,这类废水处理后可以回用,工程上常称之为"污水"。炼油污水的常规污染指标有石油类、化学需氧量(Chemical Oxygen Demand,COD)、氨氮、硫化物等,还含有酚类、苯系物、多环芳烃类以及杂环类等特征污染物。炼油污水没有严格统一的分类标准,根据来源,一般可分为生产污水、生活污水以及清净下水三大类。

1. 生产污水

生产污水指在炼油过程中与生产物料直接接触后从各生产设备排出的污水。炼油企业的生产污水主要有含油污水、含硫污水、含盐污水等三种类型。

1) 含油污水

炼油企业加工装置、储运系统和公用工程系统等都排放一定量的含油污水,约占到全厂污水总量的70%,主要有加工装置的油水分离器排水、油品水洗水、机泵轴封冷却水、地面冲洗水、油罐切水及清洗水、初期含油雨水以及化验室排水等,还包括装置停工检修时设备的排空、吹扫、清洗时的排水等。含油污水的特征污染指标有石油类、COD、固体悬浮物(Suspend Solid,SS)、氨氮、挥发酚、硫化物等,此外其盐含量较低。含油污水的主要来源是二次加工装置,与水体所接触的物料性质相似,因此各炼油企业综合含油污水的水质相差并不大(表14-1)。

表14-1 典型炼油企业综合含油污水主要污染指标

炼油企业	pH	石油类 mg/L	挥发酚 mg/L	CODcr mg/L	硫化物 mg/L	SS mg/L	氨氮 mg/L	电导率 μS/cm	温度 ℃
1	6.0~9.0	300	30	800	20	300	70	1000	35
2	6.5~8.5	500	40	800	20	200	40	1000	38

2) 含硫污水

含硫污水,又称为酸性水、含硫含氨污水,主要来自常减压装置和催化裂化、焦化、加氢等二次加工装置的塔顶油水分离、富气水洗、液态烃水洗等过程。含硫污水水量仅占全厂污水总量的10%~20%,但污水中硫化物、氨氮负荷极高,首先需要进行汽提预处理,去除硫化氢和氨氮后,净化水才能回用或送至综合污水处理场。原油组成和加工工艺对含硫污水性质有决定性的影响。对于高硫原油加工所产生的含硫污水,其硫化物和氨氮浓度较高。来自加氢装置的含硫污水,高硫、高氨,盐含量和固体杂质少;而来自非加氢装置的含硫污水,低硫、低氨,但是焦粉、催化剂粉末等固体杂质多(表14-2)。加氢型和非加氢型含硫污水一般分开处理,净化水可回用于不同的工艺注水,剩余净化水排往污水场。气化制氢污水是炼油企业一种新型点源含氨污水,其氨氮和悬浮物浓度高,需单独设置混凝沉淀、汽提净化预处理或生物脱氮预处理,才能排往综合污水处理场。

表14-2 加氢型和非加氢型含硫污水主要污染指标

含硫污水类型	硫化物 mg/L	氨氮 mg/L	挥发酚 mg/L	石油类 mg/L	COD mg/L	pH
加氢型	19787	14875	3332	88	32256	10.5
非加氢型	2882	1955	2352	61	7258	9.5

3) 含盐污水

炼油企业含盐污水主要有电脱盐污水、碱渣综合利用后的中和水、油品碱精制后的水洗水、码头油轮压舱水等,有些企业将重质油储罐切水和污水场反渗透浓液也归为含盐污水。含盐污水量约占全厂污水总量的30%,一般具有含盐高、污染重和可生化性差等特性,对综合污水场运行的影响比较大。电脱盐污水是炼化企业含盐污水的最大来源,占到原油加工量的5%~8%。原油组成对电脱盐污水的污染组成、特性以及负荷具有决定性的影响。不同类型原油电脱盐污水的主要污染指标见表14-3。与轻质原油相比,劣质重油具有高硫氮、高含盐、高金属含量、高酸值和丰富的非烃化合物等特点,电脱盐过程进入水体的强极性污染物和毒性物质更多。因此,重质油电脱盐污水表现出乳化严重、污染负荷高、生物毒性强和可生化性差等共性。含盐污水可以先预处理,大幅削减污染负荷后,再与其他污水混合排入综合污水场。也可以单独进行达标处理,设置多级物化、生化和深度处理工艺,保障出水达标。由于出水含盐量仍然较高,需要设置脱盐工艺才能实现回用。催化裂化再生烟气脱硫污水是一种比较特殊的含盐污水,有机污染很轻,但是硫酸盐和亚硫酸盐浓度高,在污水场生化处理系统的水解酸化单元会转化为 H_2S 形成恶臭污染;因此,需要对其单独处理至达标,直接监测排放。

表14-3 不同类型原油电脱盐污水的主要污染指标

原油类型	pH	电导率 μS/cm	COD mg/L	石油类 mg/L	硫化物 mg/L	氨氮 mg/L	挥发酚 mg/L	SS mg/L	可生化性 BOD_5/COD
重质油 I	8.0	7760	10912	4553	4.5	107	314	3120	0.11
重质油 II	8.1	5530	6840	3242	9.5	99	58	2990	0.15
轻质油 I	9.0	1040	733	70	0	41	5.5	245	0.23
轻质油 II	7.7	2060	812	34	0	30	24	241	0.30

注:BOD_5 指五日生化需氧量(biochemical oxygen demand,BOD)。

2. 生活污水

生活污水主要来源于炼油企业内部生活辅助设施的排水,如办公楼、卫生间、食堂等。生活污水的水量并不大,而且可生化性比较好,其特征污染指标主要是低浓度的COD、SS、总氮和总磷。生活污水通常排入综合污水处理场,在一定程度上有利于生化处理系统的运行。

3. 清净下水

清净下水包括循环冷却水排污水、化学水制水排污水、蒸汽发生器排污水、余热锅炉排污水等。清净下水的污染程度较轻,一般石油类<10mg/L、COD<60mg/L,满足国家或地方排放标准后可以排放,现已纳入炼油企业的污染物排放总量控制。

二、废气来源及污染特性

炼油和油品储运过程中都会产生一定量的废气,按其排放形式可分为有组织排放源和无组织排放源两大类。炼化企业废气中的主要污染物类型有氮氧化物(NO_x)、SO_2、颗粒物、挥发性有机物(volatile organic compounds, VOCs)、非甲烷总烃(nonmethane hydrocarbon, NMHC)以及恶臭物质等。对废气进行源头控制和减排是最有效的污染防治方式。VOCs主要包括烃类、芳烃、类醇类、醛类、酮类、酯类、胺类、有机酸、有机卤化物、有机硫化物等,一般具有异味,是恶臭气体的主要来源。除了上述VOCs,硫化物、NO_x、氨和臭氧等也是恶臭物质。习惯上,常将汽油、柴油等储罐以及它们的装卸作业排放VOCs称之为油气,油气浓度常用NMHC表示。

1. 有组织排放源废气

有组织排放源废气包括催化裂化烟气、工艺加热炉烟气、酸性气、硫磺回收尾气、氧化沥青尾气、S-Zorb再生烟气、重整催化剂再生烟气、氧化脱硫醇尾气以及火炬烟气。催化裂化烟气的特征污染物有SO_2、NO_x、CO、颗粒物、镍及其化合物。工艺加热炉烟气的特征污染物有SO_2、NO_x和颗粒物,但由于其采用脱硫瓦斯气或天然气作为燃料,SO_2和颗粒物污染并不严重,主要是NO_x污染。酸性气主要来自酸性水汽提装置和溶剂再生装置,含有高浓度的H_2S和NH_3,还有少量的烃类。硫磺回收尾气中主要含H_2S、SO_2、羰基硫(COS)和CS_2等。氧化沥青尾气主要含有苯系物、含氧有机物、沥青烟、有机硫化物、稠环芳烃和苯并[a]芘(BaP)等。S-Zorb再生烟气含有高浓度SO_2。重整催化剂再生烟气含HCl和VOCs。氧化脱硫醇尾气的特征污染物是二甲基二硫醚和VOCs。火炬烟气中的主要污染物有炭黑颗粒物、SO_2、NO_x、CO、H_2S、NH_3和VOCs。

2. 无组织排放源废气

无组织排放源废气包括设备与管线组件泄漏排气、污水集输系统排气、污水处理场废气、挥发性有机液体装载作业排气、挥发性有机液体储罐排气以及装置检维修排气等。设备与管线组件的泄漏很难避免,废气组成与设备和管件内的物料组成高度匹配。污水集输系统和污水处理场很难完全密闭,在管渠、构筑物和设备等处,都有挥发性的污染物从水体逸出形成废气排放;物化处理设施和污油罐、浮渣池等处会散发高浓度的VOCs,以及少量H_2S、NH_3和有机硫化物;生化处理设施和污泥池会散发低浓度废气。挥发性油品装载作业过程中,随着油罐或船舱内液面的上升会排出VOCs气体。挥发性油品储罐的大、小呼吸,油品在输送过程中压力变化,高温物料进入储罐导致蒸发等,都会产生VOCs气体。粗汽油、粗柴油、高温蜡油等中间油品储罐除了排放VOCs外,还含有较高浓度的H_2S和有机硫化物。酸性水罐排放的气体中含有H_2S、NH_3、有机硫化物和VOCs。装置检维修过程中的物料排放和设备清洗、吹扫作业会排放恶臭和VOCs气体。

三、固体废物来源及污染特征

炼油企业产生的固体废物类型主要有废催化剂、废吸附剂、废碱渣、废酸渣、废有机溶剂、清罐油泥及污水处理场"三泥"等。这些固体废物大多具有腐蚀性、可燃性、反应性以及有毒性等危险特性,因此,大多属于危险废物,被列入《国家危险废物名录》。

1. 废碱渣

碱精制能够洗出油品中的部分硫化物和酸性物质,这一过程排放废碱渣,根据来源有常压塔顶碱渣、直馏柴油碱渣、催化汽油碱渣、催化柴油碱渣、液态烃碱渣以及液化气碱渣等。碱渣中的特征污染物是高浓度的游离碱、硫化物、COD、挥发酚和环烷酸;不同来源的碱渣,其污染负荷和污染物组成也有所差别。现有处置技术都是针对无害化和环烷酸、挥发酚等成分的资源回收展开。随着加氢精制工艺的大规模应用,碱精制逐渐被取代,碱渣产量也在逐年递减。

2. 废酸渣

炼油酸渣主要来自烷基化装置。硫酸法烷基化工艺对催化剂硫酸的纯度有要求,必须定期排出废酸并补充新酸。每生产1t烷基化油排放50~60kg废酸渣,主要成分是硫酸,还含有约10%的酸溶油。需要配套废酸再生装置,并补充酸性气,生产出硫酸再返回烷基化装置利用。对复合离子液体烷基化(CILA)工艺,每生产1t烷基化油副产2.0~2.5kg废酸渣(废离子液),废离子液具有反应性、腐蚀性等危险特性,但同时也含有酸溶油和金属资源。CILA工艺配套了废离子液预处理单元,能够消除废离子液体危险特性,并可对酸溶油和金属资源进行回收。

3. 废催化剂

每炼制1t原油会产生约0.35kg废催化剂,废催化剂量随着炼油能力的增加在逐年攀升。有些新鲜催化剂本身就含有毒有害成分,使用过程又带入了原油及原料中的一些有毒有害成分。比如,废FCC催化剂上有Ni、V、Fe、As、Sb等重金属沉积;废加氢精制催化剂上有Ni、V、As、Fe等重金属沉积;废催化重整催化剂表面积碳较多,S、N和Fe也会在表面累积。废催化剂处理处置不当,不仅有毒有害成分会污染环境,而且会造成贵重金属资源流失。发展方向是对催化剂进行再生,当再生催化剂的活性无法满足使用要求后,再考虑资源化、无害化处置。

4. 废有机溶剂

溶剂萃取是一类重要的分离过程,在炼油行业通常被称为溶剂抽提。常用的芳烃抽提溶剂包括二乙二醇醚、三乙二醇醚、环丁砜、二甲亚砜等。润滑油的溶剂精制主要使用糠醛和N-甲基吡咯烷酮;溶剂脱蜡主要应用甲基乙基酮和甲苯的混合溶剂。干气或液态烃脱硫主要使用醇胺类。有机溶剂在重复使用过程中可能发生降解或老化,导致失效或腐蚀设备,必须定期排出老化溶剂(废溶剂)。只要废溶剂的主要成分在国家《危险化学品名录》中,就是危险废物。

5. 含油污泥

炼油企业的含油污泥主要有三类来源。第一类是在炼油工艺过程中产生的含油污泥,主要是废白土,来自润滑油白土精制装置和催化重整装置。1t润滑油料需加入20~60kg活性白土补充精制,以获得高质量的润滑油基础油。1t混合二甲苯油料需加入0.4~0.6kg活性白土来吸附脱除烯烃,以保证催化重整生成油中混合二甲苯的质量。活性白土吸附饱和后排出装置,废白土含油约30%,资源蕴含量较大。第二类是油库及罐区产生的罐底含油污泥。原油或成品油在储罐中长时间储存,高熔点蜡、胶质、沥青质和泥沙等无机杂质和水会在储罐底部沉积形成含油污泥,定期清理时排出罐底含油污泥。罐底含油污泥的含水率低,含油量、含固量高。而且所含油类以胶质、沥青质为主,乳化严重,脱水效果差,处理难度大。第三类是炼油污水处理场产生的"三泥"。对炼油污水进行处理时,隔油罐(池)会产生底泥、气浮设备(池)会产生浮渣、生化设施会产生剩余污泥。罐(池)底泥、浮渣和剩余污泥统称为"三泥"。此外,设在污水场内的污油罐也有罐底含油污泥产生。

四、噪声源

炼油生产是连续的过程,其设备及机械所产生的噪声也多是连续的稳态噪声。炼油企业的生产装置多、布置密集,因此,噪声强度高、来源广。各类机泵、管道阀门及各种气体排放会产生气体动力性噪声;加热炉、火炬等产生燃烧噪声;产品成型、包装、物料输送及回转设备会产生机械噪声。而且,噪声频率范围也比较宽,既有调节阀、气体放空产生的高频噪声,又有电动机、空冷器、加热炉、火炬燃烧产生的低频噪声。这些噪声源的频率范围一般在80~95dB(A)以上,火炬放空燃烧或未加控制的蒸汽放空噪声等,甚至可达100~115dB(A)。由于高频声传播过程中衰减快,炼油企业噪声整体上以中低频为主。另外,炼油装置都是露天布置、低位安装,噪声辐射的影响面大。总的来看,炼油企业的噪声多为高强度的连续性稳态混合噪声,对人体健康、建筑物结构、仪器设备和企业安全生产等都有明显的不利影响,对噪声污染防治必须要给予足够的重视。表14-4为主要炼油装置和噪声源设备的噪声频率范围。

表14-4 主要炼油装置和噪声源设备的噪声频率范围

炼油装置名称	噪声频率,dB(A)	噪声源设备	噪声频率,dB(A)
常减压蒸馏	87~108	加热炉	72~108
催化裂化	97~120	电动机—泵	85~110
催化重整	90~105	空气冷却器	90~109
迟延焦化	82~102	通风机、鼓风机	90~120
加氢精制	87~98	气体压缩机	95~113
糠醛精制	93~104	制冷压缩机	97~101
酮苯脱蜡	87~98	螺杆压缩机	92~95
丙烷脱沥青	93~105	离心机	95
烷基化	87~101	蒸汽喷射泵	91

第二节 污水的处理与回用

炼油企业的污水排放主要执行《石油炼制工业污染物排放标准》(GB 31570—2015)、《污水综合排放标准》(GB 8978—1996)和《城镇污水处理厂污染物排放标准》(GB 18918—2002)等国家标准。GB 31570—2015中规定,污水直接排放限值执行COD≤60mg/L、氨氮≤8.0mg/L、石油类≤5.0mg/L、硫化物≤1.0mg/L、挥发酚≤0.5mg/L;且要求加工单位原(料)油基准排水量≤0.5m³/t 原油。对于环保要求较高的省市,炼油企业还要执行其所在地更严格的地方标准,如北京市《水污染物综合排放标准》(DB11/ 307—2013)、天津市《污水综合综合排放标准》(DB12/ 356—2018)、辽宁省《污水综合排放标准》(DB21/T 1627—2008)等。

一、污水处理体系

炼油行业的规模扩大使得污水的排放量在不断增加。炼油企业应积极采用清洁生产技术,改进生产工艺,提高水循环利用率,降低污水的产生量和排放量。炼油企业污水处理体系在设计上遵循"源头控制、清污分流、污污分治"原则,主要由高污染点源污水的预处理系统和综合污水处理场构成(图14-1)。综合污水处理场主体上包括综合污水处理、污泥处理处置以及废气处理三部分。综合污水处理工艺过程由物化处理、生化处理和深度处理三组系统构成。污泥处理处置包括污泥减量处理和最终处置系统。废气处理包括废气收集、输送和处理系统。

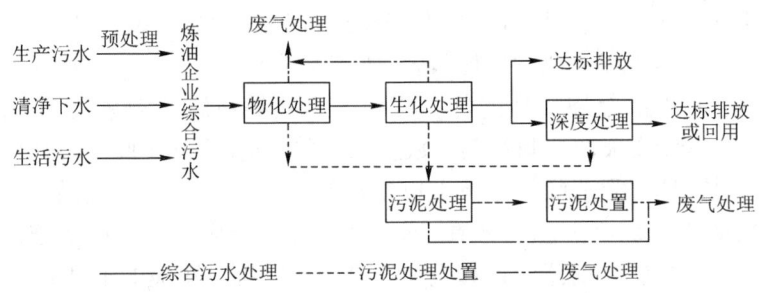

图 14-1 炼油企业污水处理体系示意图

炼油企业综合污水处理场系统设计有两种方案。一种是"分质处理",即含油污水、含盐污水分开独立处理;低含盐的含油污水处理后直接回用,这样可以省去脱盐(反渗透)系统;含盐污水因其高含盐量不考虑回用,而是处理达标后直接排放,有时实现达标的技术难度较大;由于设置了两套独立的处理系统,投资和操作维护工作量也比较大。另一种是"混合处理",含油污水、含盐污水混合进入综合污水处理场,达标外排水可以再深度处理,以满足回用水质要求;但是需要在深度处理工艺中设置脱盐(反渗透)系统,反渗透浓液也需要处理至达标。

二、污水处理技术

炼油污水中污染物主要有溶解态、胶体态和悬浮态三种存在形态。污水处理方法根据作用原理可分为物理法、化学法、物化法和生物法四类。物理法借助物理作用,主要去除悬浮态污染物。化学法利用化学反应原理和方法,去除溶解态或胶体态污染物。物化法利用物理和化学原理或化工单元操作等去除污染物。在工程上,以物理或化学或兼用两者为原理的处理方法,统一归为物化法。生化法利用微生物作用去除溶解态或胶体态污染物。炼油企业的污水处理工艺过程在顺序上由预处理系统、物化处理系统、生化处理系统以及深度处理系统构成。为便于读者理解,本节将从工程实际出发,对每个处理系统内应用比较广泛的主流单元技术进行介绍。

1. 预处理系统单元技术

预处理系统是对容易冲击综合污水处理场的有毒有害、高浓度点源生产污水进行源头削减,使其污染物负荷能够满足炼油企业综合污水处理场进水的水质要求。

1) 汽提

酸性水和汽化制氢污水采用汽提预处理。汽提过程中,利用高温降低 NH_3 和 H_2S 在水中的电离度和溶解度,利用蒸汽降低 NH_3 和 H_2S 在气相中的分压,促使 NH_3 和 H_2S 从液相转移到气相,通过在多层塔盘的多次气液相平衡、分离,最终在塔底得到合格的净化水。汽提工艺分为单塔汽提和双塔汽提(图 14-2)。单塔汽提工艺是 H_2S 从塔顶去除,NH_3 从侧线抽出;如果 NH_3 浓度比较低,也可以从塔顶全吹出。双塔汽提工艺是 NH_3 和 H_2S 在两个汽提塔分别去除。

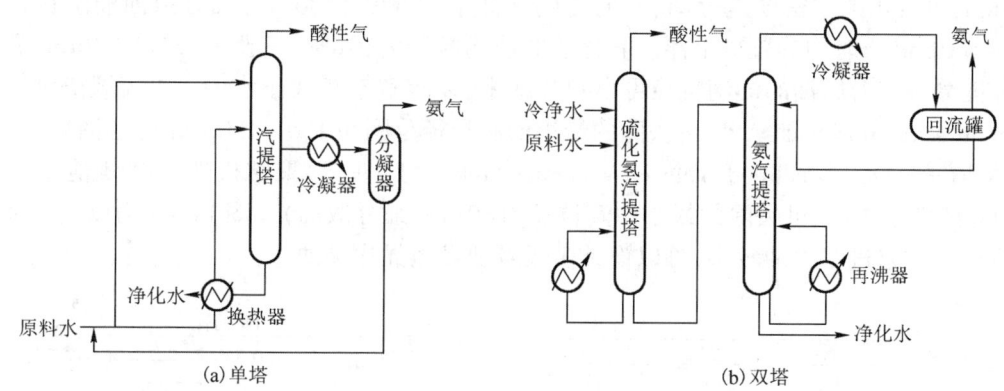

图 14-2 单塔和双塔汽提工艺流程示意图

2) 破乳

重质油电脱盐污水、储罐切水等高乳化高含油点源污水采用破乳预处理。破乳就是通过投加破乳剂消除乳化液的稳定条件,使分散的油滴聚集、分层的过程,再通过沉淀分离回收油分,削减水体的石油类负荷,一般处理至石油类不大于 100mg/L,以避免冲击综合污水处理场。

2. 物化处理系统单元技术

物化处理系统的目标是将污水中的石油类、悬浮物等非溶解态污染物进行比较彻底的去除,有机污染负荷也相应得以降低,保障后续生化处理系统的稳定运行。

1) 格栅

格栅由若干组平行的金属栅条、塑料齿钩或金属筛框架等组成。格栅设置在污水处理前,其作用是防止提升泵和处理构筑物或设备以及管道的堵塞或磨损,保证处理设施的正常运行。

2) 调节(均化)

调节罐(池)主要用于水量调节,并具有一定的除油能力;均质罐(池)用于均衡水质,避免或最大程度降低冲击负荷对后续处理系统的影响,提高系统操作稳定性;事故罐(池)用于储存突发性的超质、超量污水和不合格外排水,避免对污水处理场造成冲击。

3) 中和

污水必须在合适的 pH 值范围(6.5~8.5)内,才能保障理想的生物处理效果。用化学法去除污水中过量的酸或碱,使其 pH 值达到中性的过程称为中和。中和操作相对简单,可利用集水井(或管道、混合槽)、连续流中和池、间歇性中和池等设施或构筑物进行。

4)沉淀

沉淀是利用悬浮物和水的密度差,通过重力沉降去除水中悬浮物的过程。沉淀池类型有沉砂池、初次沉淀池和二次沉淀池。沉砂池用于去除水中自重较大的、能自然沉降的砂粒或其他无机杂粒。初次沉淀池是生物法的预处理,去除悬浮物以减轻生物处理负荷。炼油企业综合污水处理场一般不设置初次沉淀池,但是有时会设置沉砂池,去除泥沙、催化剂颗粒等固体悬浮物。二次沉淀池设在生物处理之后,用于分离混合液中的活性污泥或生物膜,使水体澄清。

5)隔油(除油)

污水中的油分有可浮油、细分散油、乳化油和溶解油四种存在状态。可浮油油滴粒径通常 $>100\mu m$,可利用油水密度差分离,一般占到含油量的 $60\% \sim 80\%$。细分散油油滴粒径一般在 $10 \sim 100\mu m$,长时间静置可上浮。乳化油的油滴粒径 $<10\mu m$,一般在 $0.1 \sim 2.0\mu m$,需要先破乳才能分离。溶解油的油滴粒径可小到几纳米,以溶解态存在于水中。平流式隔油池(advection oil separation tank,API)可去除的最小油滴粒径范围在 $100 \sim 150\mu m$(可浮油)。波纹斜板隔油池(corrugated inclined plate oil separator tank,CPI)基于"聚结机理"和"浅池原理",比API的分离效率更高,可去除的最小油滴粒径约 $60\mu m$(细分散油)。图14-3为以上两种隔油池示意图。如果进水含油较多,可以设计多级隔油设施强化除油。

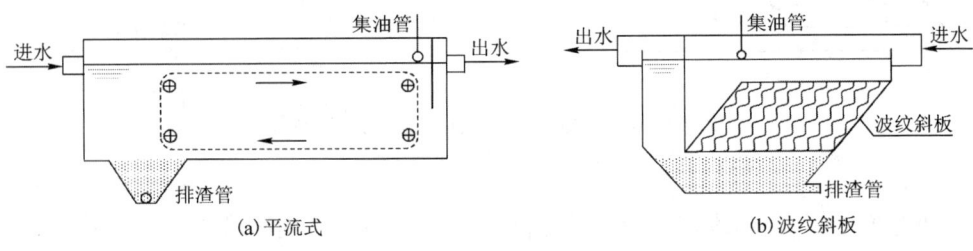

图14-3 两种隔油池示意图

6)气浮

气浮是在水体中通入大量密集的微小气泡,使其与油滴或絮体黏附,形成直径较大、表观密度小于水的絮体,以完成固液分离的一种方法。气浮工艺按照微气泡的产生方式可分为散气气浮和溶气气浮两大类。涡凹气浮机(cavitation air flotation,CAF)是一种散气气浮设备,结构简单易操作,但是微气泡相对较大(约 $500\mu m$),适合处理含油和含悬浮物较高的水体[图14-4(a)]。溶气气浮机(dissolving air floatation,DAF)的微气泡粒径小(一般在 $20 \sim 100\mu m$),特别适用于对松散、细小絮凝体的分离[图14-4(b)]。隔油之后可以设置两级气浮,能将出水的石油类控制在不大于20mg/L。

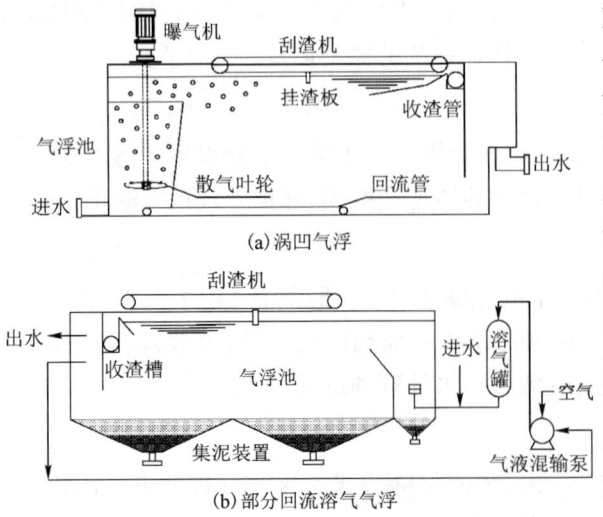

图14-4 涡凹气浮和部分回流溶气气浮示意图

3. 生化处理系统单元技术

生化处理的费用低廉,运行管理方便,是实现排放达标、满足回用要求的关键,COD、BOD、氨氮、总氮等重要污染物指标都是依靠生化处理去除。按照微生物生长方式的不同,生化处理可分为活性污泥法和生物膜法两大类。活性污泥法依靠处理设施中悬浮流动着的活性污泥来去除污染物,而生物膜法则主要依靠固着于载体表面的生物膜来去除污染物。

1) 生化处理原理

按照微生物生长环境和最终电子受体的不同,生化处理可分为厌氧、好氧和缺氧处理三类。厌氧处理是在没有分子态及化合态氧的条件下,利用兼性细菌与厌氧细菌降解和稳定有机物,最终电子受体为简单有机物;厌氧处理适合高浓度污水。好氧处理是在有溶解氧条件下,以氧气为电子受体,利用好氧微生物(也包括兼性微生物)降解有机物、氧化无机底物;好氧处理适用于中、低浓度污水。缺氧处理是在无溶解氧条件下,以硝酸盐为电子受体,利用有机物进行反硝化脱氮。生物脱氮是在微生物作用下,含氮化合物经过氨化、硝化和反硝化作用后最终转变为氮气而被去除的过程。氨化反应是微生物分解有机氮化合物产生氨的过程。硝化反应是在好氧条件下,硝化菌将 NH_4^+ 转化为 NO_2^- 和 NO_3^- 的过程。反硝化反应是在缺氧条件下,反硝化菌将 NO_3^- 和 NO_2^- 作为电子受体还原为 N_2 的过程。硝化、反硝化生物脱氮过程反应式如下所示:

亚硝化反应:
$$2NH_4^+ + 3O_2 \longrightarrow 2NO_2^- + 4H^+ \tag{14-1}$$

硝化反应:
$$2NO_2^- + O_2 \longrightarrow 2NO_3^- \tag{14-2}$$

硝化总反应:
$$NH_4^+ + 2O_2 \longrightarrow NO_3^- + 2H^+ + H_2O \tag{14-3}$$

反硝化反应(以甲醇碳源为例):
$$6NO_3^- + 3CH_3OH \longrightarrow 6NO_2^- + 2CO_2 + 4H_2O \tag{14-4}$$

$$6NO_2^- + 3CH_3OH \longrightarrow 3N_2 + 3CO_2 + 3H_2O + 6OH^- \tag{14-5}$$

总反应式:
$$6NO_3^- + 5CH_3OH \longrightarrow 3N_2 + 5CO_2 + 7H_2O + 6OH^- \tag{14-6}$$

2) 厌氧生化处理技术

炼油污水是一类具有较高浓度有机物的难降解污水,直接采用好氧生化处理难以实现达标,应优先考虑采用厌氧生化法作为去除有机物或提高可生化性的主要手段。

(1) 水解酸化。水解酸化处理是将厌氧过程控制在水解酸化阶段,水解细菌、产酸菌可将不溶性的有机物转化成溶解性有机物,将难降解大分子转化为易降解小分子。水解酸化作为预处理手段,并不追求将有机物矿化,更多的是将难降解有机物转变成易降解有机物,提高可生化性以利于后续好氧生化处理。水解酸化罐(池)在炼油企业综合污水处理场生化系统已被广泛采用。

(2) 高效厌氧反应器。上流式厌氧污泥床(up-flow anaerobic sludge blanket, UASB)是一类高效厌氧反应器(图14-5),其特征是反应器内形成具有高比

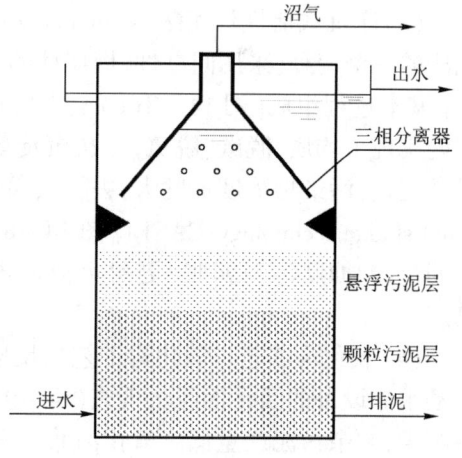

图14-5 UASB反应器结构流程示意图

产甲烷活性的颗粒污泥,产气与进水的均匀分布能对反应器形成良好的搅拌,沉淀系统与三相分离器保障了颗粒污泥不流失,因而污泥浓度高,容积负荷大。国内炼化行业 UASB 应用案例集中在化纤污水,其也具有在高浓度炼油污水处理上应用的潜力。

3)好氧生化处理技术

厌氧微生物利用基质存在梯度限制,污水经过厌氧处理后,仍然会残留一部分有机物和含氮化合物,为满足达标排放的要求,需要继续进行基于好氧的生化处理。

(1)活性污泥法曝气池。炼油企业综合污水处理场生化系统最早都是采用活性污泥法曝气池(图 14-6),根据水力特征,主要有推流式和完全混合式两种类型,完全混合式曝气池耐负荷冲击的能力更强。随着排放标准中对氨氮和总氮要求的提升,活性污泥法曝气池已不能满足达标处理要求。

(2)缺氧—好氧(anoxic-oxic,A/O)及其改进工艺。A/O 工艺又称前置式反硝化生物脱氮系统,好氧池的硝化液回流到缺氧池,在缺氧池内以有机物为碳源,进行反硝化脱氮,从而实现对 COD、氨氮和总氮的去除(图 14-7)。厌氧—缺氧—好氧组合工艺(A-A/O)是在 A/O 工艺前端设置厌氧段,目的是降低污水的有机负荷并改善可生化性,为缺氧段反硝化提供优质碳源。移动床生物膜反应器(moving bed biofilm reactor,MBBR)工艺是在 A/O 工艺反应器内投加悬浮生物载体,兼具活性污泥法和生物膜法的优点,适宜硝化菌生长繁殖,可提升脱氮除碳功能。A/O 工艺可与粉末活性炭+湿式氧化再生技术(powdered activated carbon treatment + wet air regeneration,PACT + WAR)相结合,更适应对难降解毒性污水的处理。

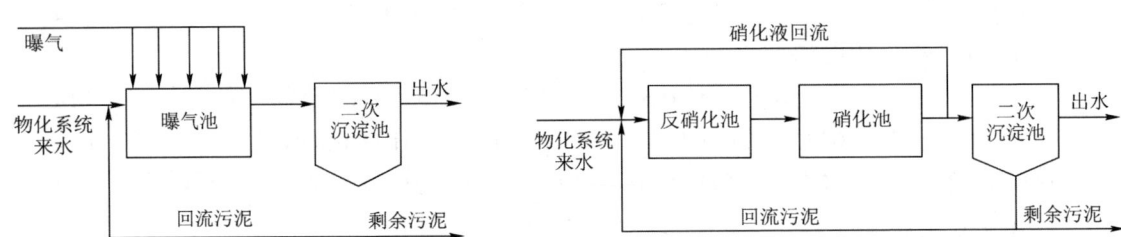

图 14-6　活性污泥法曝气池工艺流程示意图　　　图 14-7　A/O 工艺流程示意图

(3)序批式活性污泥法(sequencing batch reactor,SBR)及其改进工艺。SBR 工艺是活性污泥法的一个变种,采用间歇性、周期性的操作模式,一个周期由进水、混合、曝气、沉淀和排水等 5 个基本过程组成[图 14-8(a)],在时序上提供厌氧—缺氧—好氧的交替环境,在一个反应器内实现了均质、脱碳、脱氮、二次沉淀等多种功能。SBR 在流态上是完全混合式,在时间上是推流式,污染物浓度梯度大,去除效果好。工程上主要应用循环式活性污泥技术(cyclic activated sludge technology,CAST)[图 14-8(b)],CAST 是在 SBR 基础上增设了生物选择器和污泥回流,能抑制污泥膨胀,更耐负荷冲击,具有同步硝化—反硝化脱氮功能,除碳脱氮更为彻底。

(4)氧化沟工艺。氧化沟工艺指反应池呈封闭无终端循环流渠形布置,池内配置充氧和推动水流设备的活性污泥法工艺(14-9)。氧化沟的曝气时间长,污泥浓度高,微生物处于内源呼吸,剩余污泥产量低。氧化沟兼具完全混合式和推流式的特点,更耐冲击。氧化沟污泥龄长,有利于硝化细菌生长,通过调节供氧量,可在循环沟槽中形成连续的缺氧区—好氧区,从而获得较高的硝化—反硝化脱氮效率。

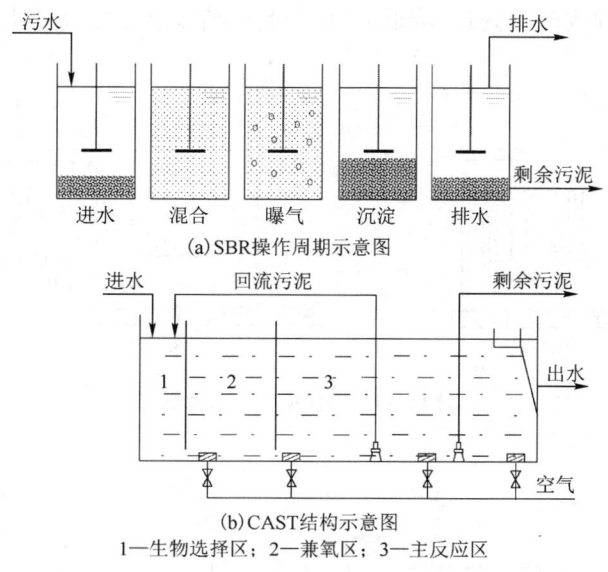

图 14-8　SBR 操作周期示意图和 CAST 结构示意图

(5)生物接触氧化池。生物接触氧化池内设置填料,填料淹没在污水中,填料上长满生物膜,污水在与生物膜接触过程中得到净化(图 14-10)。生物接触氧化池是一种介于活性污泥法与生物膜法之间的生化处理技术,可以直接利用原曝气池进行改造。其特点是有机容积负荷高,剩余污泥产率低,而且耐负荷冲击能力强,采用具有生物亲和性、空隙结构发达的功能型填料载体,可以强化生物膜活性。

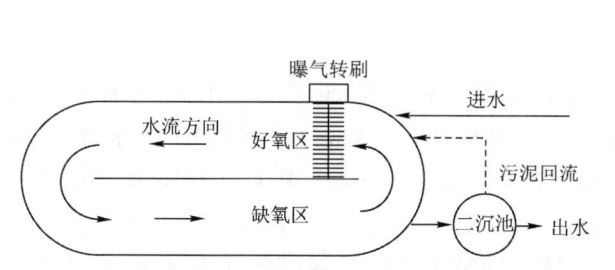

图 14-9　氧化沟工艺基本流程

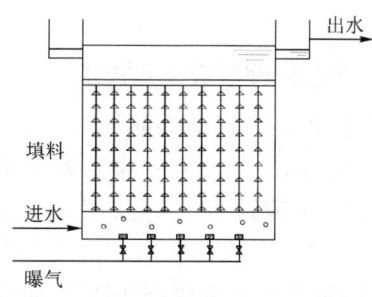

图 14-10　生物接触氧化池结构示意图

(6)膜生物反应器(membrane biological reactor, MBR)。膜生物反应器(MBR)是膜分离(微滤或超滤)和活性污泥法相结合产生的新工艺(图 14-11)。MBR 用膜分离取代二次沉淀池进行固液分离,反应器内的污泥浓度高、微生物多样性好,对有机污染物的降解比较彻底;膜分离可以控制污泥龄,促进自养型硝化细菌的截留、生长和繁殖,硝化脱氮效果更好;另外,膜本身对悬浮物、胶体和大分子有机污染物也有一定的分离效果。

(7)曝气生物滤池(biological aerated filter, BAF)。BAF 是一种生物膜法处理工艺(图 14-12),其对污水的净化机理包括:反应器内滤料所附生物膜中微生物的氧化分解作用,滤料及微生物膜的吸附阻留作用,沿着水流方向形成的食物链分级捕食作用,以及微生物膜内部微环境的硝化—反硝化脱氮作用。填料类型决定了对污染物的截留能力和生物膜的附着力,对 BAF 处理性能影响较大,工程上多采用陶粒和石英砂填料。炼油企业污水处理场多将 BAF 用于二级生化处理或深度处理,降低 COD 和氮负荷以满足更高的水质要求。

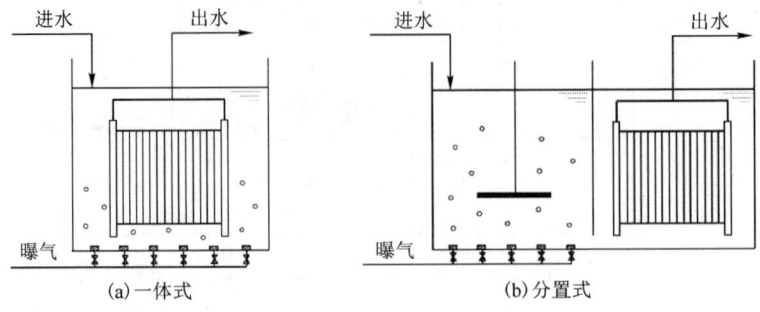

图 14-11　MBR 工艺示意图

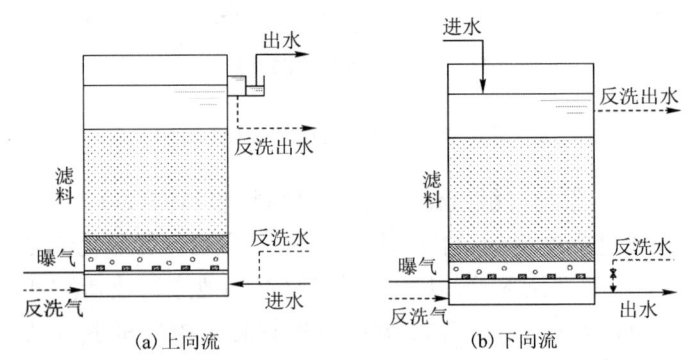

图 14-12　BAF 反应器结构示意图

4. 深度处理系统单元技术

生化系统的二次沉淀池出水含有少量的细微悬浮物和胶体,对外排水 COD 会有一定贡献,需要加以去除。有些难降解污染物会在生化处理后残留,造成外排水 COD 超标,需要继续处理以保障达标。为获得高品质回用水,有时需要对达标外排水进行除盐、除 COD 处理。

(1)混凝。在混凝剂作用下,使污水中的胶体和细微悬浮物凝聚成絮凝体,然后予以分离除去的水处理法称为混凝。常用混凝剂有硫酸铝、聚合氯化铝、三氯化铁、硫酸亚铁和硫酸铁等。二次沉淀池出水的胶体和细微悬浮物量少,混凝生成的絮体浓度也低,多采用基于"浅池理论"的斜板(管)式沉淀池进行分离。近年来,高密度沉淀池在深度处理上的应用开始增多。其特点之一是采用载体絮凝技术,通过投加载体(如微砂)加速絮体颗粒"生长"及沉淀;特点之二是利用回流污泥与絮体颗粒接触絮凝形成更大的絮体,因而能够拦截胶体态污染物,对出水水质保障作用更强。

(2)深层过滤。以滤料堆积成的固定床作为过滤介质,将污水中的悬浮物截留在床层内部,而且过滤介质表面不生成滤饼的过滤称为深层过滤。滤料是滤池的核心部分,提供接触凝聚、吸附的表面积及悬浮物储存的容积,常用石英砂、陶粒、果壳和磁铁矿。砂滤池曾经广泛用于处理二次沉淀池出水,随着排放标准和回用要求的提升,逐渐被多介质过滤器和流砂过滤器取代(图14-13)。多介质过滤器内的多种滤料按照比重和粒径有序分布,反冲洗时不会乱层,对悬浮物截留能力更强。流砂过滤器在过滤过程中,石英砂向下循环流动,与上向流污水逆流接触,充分截留悬浮物;过滤形成的脏砂通过过滤器底部的汽提装置提升至顶部的洗砂器,完成清洗的净砂利用自重重新回到砂床。过滤操作和滤料清洗两个过程同时进行,无需停机进行反冲洗,因此可以连续稳定地运行。

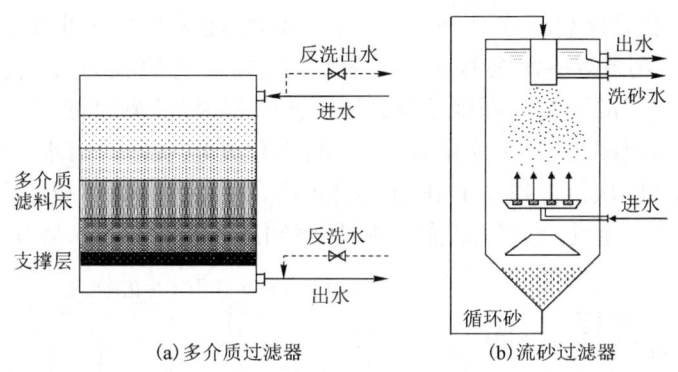

图14-13 多介质过滤器和流砂过滤器结构示意图

(3)活性炭吸附。吸附法就是利用多孔性的吸附剂,将污水中溶解态污染物吸附在吸附剂表面而去除的方法。在炼油污水深度处理中常用的吸附剂是活性炭。处理对象是生化系统未能降解去除的溶解性有机污染物或氧化法难以降解去除的溶解性有机污染物。吸附饱和的活性炭需要脱附再生才能继续使用,失效的活性炭归为危险废物,因此在炼油污水深度处理中要慎用吸附法。

(4)臭氧氧化。臭氧氧化已广泛用于对生化系统出水超标COD的深度去除。臭氧的氧化电位(2.07eV)很高,也具有较强的选择性,臭氧直接氧化可以将难降解污染物转化成小分子易降解污染物,从而提高污水的可生化性,后续再结合曝气生物滤池可实现对污染物的去除。臭氧也可以分解为具有更高氧化电位的自由基(如·OH,2.80eV),将催化剂引入臭氧氧化体系可以促进·OH产生,对难降解有机污染物的矿化能力更强。特别是对于以重质油为原料的炼油企业,催化臭氧氧化已成为保障污水达标的主导型技术。工程上常采用臭氧接触氧化池、固定床催化氧化塔等形式。

(5)膜分离。污水深度处理领域常用的膜分离技术有微滤(microfiltration,MF)、超滤(ultrafiltration,UF)、纳滤(nanofiltration,NF)和反渗透(reverse osmosis,RO)。一般来说,MF膜适合分离直径在$0.1 \sim 10 \mu m$的粒子;UF膜适合分离分子量>500的污染物或极细胶体;NF膜适合分离分子量在200~1000之间的污染物和高价盐离子;RO膜适合分离分子量<500的污染物和所有无机离子。UF+RO双膜法工艺的除盐、除COD效率高,已在炼油污水回用处理上广泛应用。双膜法工艺的除盐水产率约70%,还副产约30%的难降解含盐浓水,需要将COD处理到达标后才能排放。

三、污水处理工艺路线

由于各炼油企业加工的原油不同、工艺不同、加工深度不同,导致其污水处理的难度也不同。炼油企业应充分考虑污水总排放量、污水含盐量、污水去向及水质要求、污水处理难度、排放标准等因素,经技术经济评价后再确定采用何种工艺方案。

1. 轻质油炼制企业污水处理工艺路线

某轻质油炼制企业污水处理体系工艺路线如图14-14所示。该企业采用含盐污水、含油污水混合处理方案,出水达标排放,不考虑回用。加氢型含硫污水和非加氢型含硫污水合并,经单塔加压侧线抽氨汽提装置预处理后,部分净化水用于电脱盐注水,剩余净化水排往综合污水处理场。电脱盐污水经过调节罐进行水量水质调节和除油后,与厂区其他含油污水、清净下水和生活污水一起,排往综合污水处理场。综合污水处理场的物化处理系统工艺流程为"格栅池—API隔油池—调节罐—两级DAF";生化处理系统工艺流程为"厌氧池—好氧池Ⅰ—二沉池Ⅰ—好氧池Ⅱ—二沉池Ⅱ";深度处理系统工艺流程为"流砂过滤器—臭氧接触氧化池—BAF池—活性炭塔—监测水池"。实际运行表明,生化处理系统的出水就已经能够满足达标要求。隔油池、DAF池、厌氧池以及BAF池等处产生的恶臭气体经"碱洗塔—吸附塔"处理后高空排放。生化系统产生的剩余污泥、罐(池)底泥和浮渣经离心脱水后外送处置。

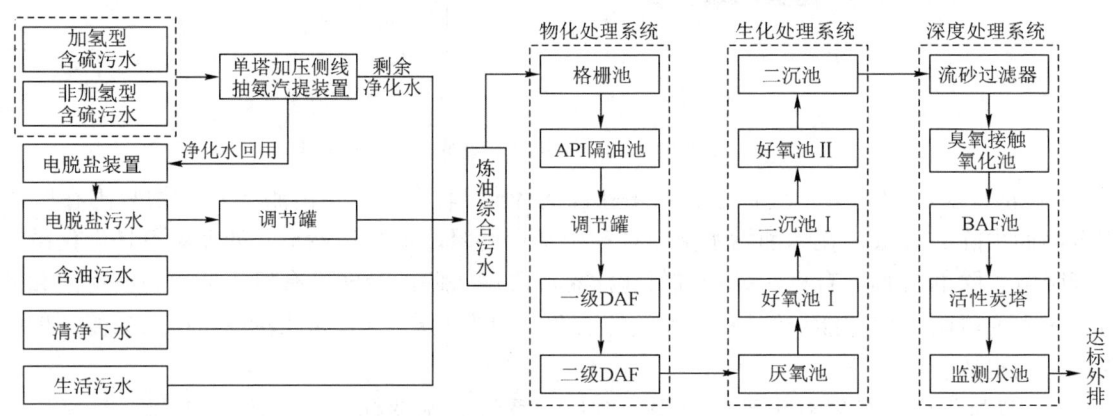

图14-14 某轻质油炼制企业污水处理体系工艺路线

2. 重质油炼制企业污水处理工艺路线

某重质油炼制企业污水处理体系工艺路线如图14-15所示。该企业采用含盐污水、含油污水混合处理方案,部分出水达标排放,部分深度处理后回用。加氢型含硫污水和非加氢型含硫污水合并,经单塔加压侧线抽氨汽提装置预处理后,部分净化水用于电脱盐注水,剩余净化水排往综合污水处理场。重质油常减压装置的电脱盐污水、重质油储罐切水以及其他高含盐高含油点源污水一起,进入集中预处理装置,工艺路线为"调节罐—沉降除油罐—DAF"预处理,主要是利用破乳除油和混凝气浮净化,削减90%以上的石油类、COD和悬浮物污染负荷后,再与厂区其他含油污水、清净下水和生活污水一起,排往综合污水处理场。由于重质油加工污水含油量高、污染负荷重而且可生化性差,所以综合污水处理场采用"多级物化+多级生化"工艺设计来保障达标。物化处理系统工艺流程为"格栅井—沉砂池—沉降除油罐—CPI隔油池—两级DAF",以强化对石油类的去除。生化处理系统工艺流程为"一级水解酸化罐—CAST池—缓冲池—二级水解酸化池—BAF池";设计两级水解酸化的目的是连续提高污水的可生化性,为CAST池、BAF池的COD去除和生物脱氮创造优良的水质条件。深度处理系统工艺流程为"斜板沉淀池—监测水池—多介质过滤器—BAF池—UF+RO双膜系统";斜板沉淀池已经能够满足达标排放要求;为满足高品质回用要求,还需要进行深度脱盐。隔油池、两级DAF、水解酸化罐/池、一级BAF池等处产生的恶臭气体经"油气过滤器+生物洗涤塔+生物过滤器"工艺处理后高空排放。生化系统的剩余污泥、罐(池)底泥和浮渣经离心脱水后外送处置。

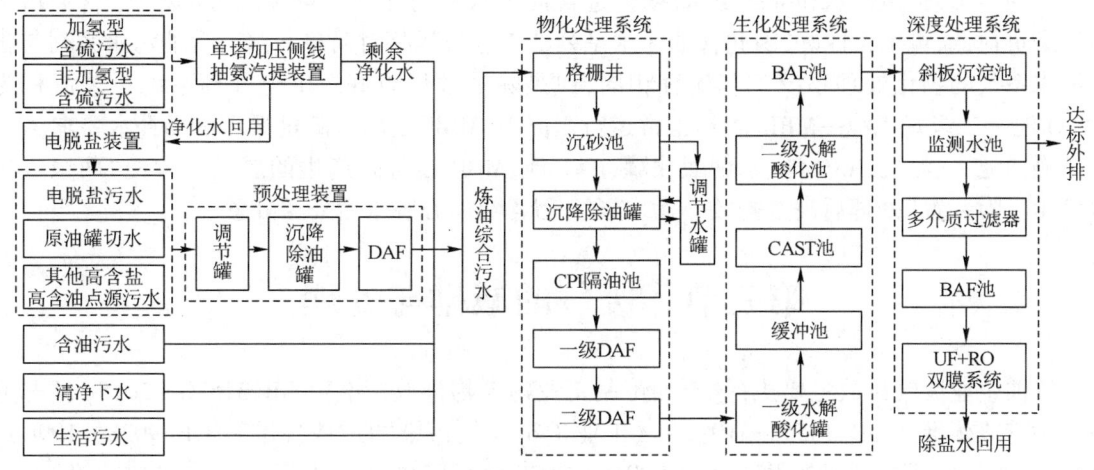

图 14-15　某重质油炼制企业污水处理体系工艺路线

3. 高酸重油炼制企业污水处理工艺路线

某高酸重油炼制企业污水处理体系工艺路线如图 14-16 所示。该企业采用含盐污水、含油污水分质处理方案,分为含盐污水、含油污水两个系列;含盐污水处理后达标排放,含油污水处理后回用。加氢型含硫污水经单塔加压侧线抽氨汽提装置预处理后,加氢型净化水全部回用于工艺注水;非加氢型含硫污水经单塔低压全吹出汽提装置预处理后,非加氢型净化水全部用于电脱盐注水。

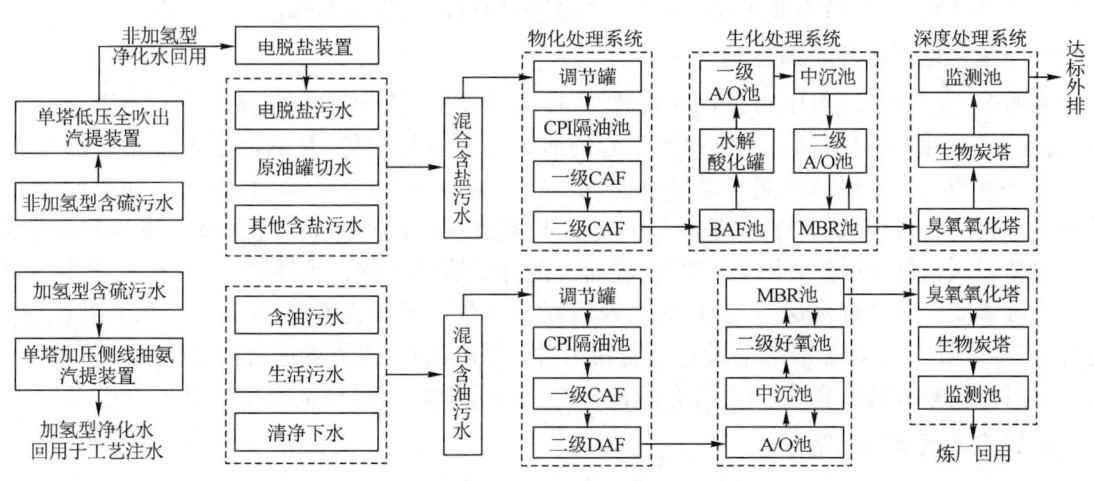

图 14-16　某高酸重油炼制企业污水处理体系工艺路线

电脱盐污水、原油罐切水以及其他含盐污水混合,进含盐污水系列处理。物化处理系统工艺流程为"调节罐—CPI 隔油池——级 CAF—二级 DAF",并配合破乳、混凝药剂的投加,强化对石油类和环烷酸类的去除。生化处理系统工艺流程为"BAF 池—水解酸化罐—两级 A/O 池—MBR 池",先是利用 BAF 池大幅削减有机污染负荷,再以水解酸化罐来提高可生化性;设置两级 A/O 池以及 MBR 池的目的是将 COD 去除与生物脱氮进行的更彻底。深度处理系统的工艺流程是"臭氧氧化塔—生物炭塔",进一步去除残留 COD,为含盐污水达标提供最后的保障。

含油污水、生活污水和清净下水混合,进含油污水系列处理。与含盐污水相比,含油污水的污染负荷低,可生化性好,因此含油污水系列的工艺流程相对简单一些。含油污水系列与含盐污水系列的物化处理系统工艺流程相同,但是除油效果更好。生化处理系统工艺流程为"A/O池—二级好氧池—MBR池",正常运行工况下,MBR池出水满足循环水场补水要求。

隔油池、气浮机、A/O池、水解酸化罐、BAF池、MBR池等处产生的恶臭气体经"两级生物净化+吸附装置"处理后高空排放。污水场"三泥"经离心脱水后外送处置。

第三节　废气的减排与处理

炼油企业废气排放主要执行《石油炼制工业污染物排放标准》(GB 31570—2015)、《恶臭污染物排放标准》(GB 14554—1993)、《工业炉窑大气污染物排放标准》(GB 9078—1996)、《储油库大气污染物排放标准》(GB 20950—2020)和《汽油运输大气污染物排放标准》(GB 20951—2020)等国家标准。对于环保要求较高的省市,炼油企业还要执行其所在地更严格的地方标准,如北京市《炼油与石油化学工业大气污染物排放标准》(DB11/ 447—2015)、天津市《工业企业挥发性有机物排放控制标准》(DB12/ 524—2020)、上海市《大气污染物综合排放标准》(DB31/ 933—2015)等。

一、废气减排措施

对废气产生的源头进行控制,最大限度减少废气排放,大幅度削减 NO_x、SO_2、VOCs 以及恶臭等污染物排放负荷,是炼油企业实现废气综合治理目标的根本前提。

1. 设备和管线组件泄漏控制

炼油企业的阀、泵、泄压阀、压缩机、法兰、接头等设备与管阀件数以十万乃至百万计,由于松动、变形、腐蚀、密封填料失灵等原因引起的泄漏几乎不可避免,是炼油企业最主要的 VOCs 无组织排放源之一。泄漏检测与维修(leak detection and repair,LDAR)是控制炼油企业 VOCs 无组织排放的有效手段。LDAR 是通过对炼油装置潜在泄漏点进行检测,及时发现存在泄漏的设备和管线组件,并进行维修或替换,进而实现降低泄漏排放。具体的,是对有机气体、挥发性有机液体流经泵、阀门、法兰、开口阀门及管线、压缩机、释压装置、取样连接系统及其他缝隙接合处等可能产生 VOCs 泄漏的设备或管线组件,采用 VOCs 探测器进行泄漏检测。炼油企业应严格执行国家或其所在省(市)颁布的设备与管阀件泄漏检测与维修技术要求。

2. 储罐废气减排措施

储罐是炼油企业最大的恶臭污染和 VOCs 无组织排放源。大型炼油企业可能有上百个储罐,形成若干个罐组与罐区,储存原油、汽油、石脑油、煤油、柴油、芳烃、溶剂油、污油、粗汽油、粗柴油、蜡油、渣油、沥青、液化石油气、瓦斯气,以及酸性水、含油污水等各类型物料。储罐的大呼吸、小呼吸,高压物料进入低压储罐释放气体,高温物料进入储罐导致蒸发等,都会产生废气的排放。固定顶罐的废气排放相对严重,浮顶罐废气排放较少。固定顶罐的主要废气减排措施有:(1)降低来料温度以减少挥发;(2)安装脱气罐收集释放气;(3)建立连通罐顶气的管网或设置罐顶气集气柜;(4)控制罐内温度和压力等。浮顶罐的浮顶与油面间几乎不存在气体空间,可以极大减少大呼吸、小呼吸造成的废气排放。以浮顶罐替代固定顶罐是非常有效的废气减排措施。

3. 其他废气减排措施

炼油企业的工艺加热炉大多采用清洁燃料,SO_x 排放已能符合标准。通过控制空气过量系数、对空气预热、实施空气分级燃烧、实施燃料分级燃烧以及采用低氮燃烧器等低氮处理技术,可以降低加热炉的 NO_x 排放。对于催化裂化装置,通过对原料油预加氢、添加硫转移催化剂、采用低 NO_x 烧焦技术等,可减少再生烟气中 SO_x 和 NO_x 排放。对焦炭塔吹扫气密闭回收,冷焦水、切焦水密闭循环等能有效控制焦化装置 VOCs 排放。油罐车装油作业采用液下或底部装载方式,对挥发油气进行密闭收集、计量、输送和回收处理,可控制 VOCs 排放。对炼油装置停工检修期排放的油料、污水以及废气进行密闭回收,并导入相应的处理装置,能有效控制恶臭和 VOCs 污染。

二、废气处理技术

炼油企业的废气种类众多,污染物形态各异、组成复杂,而且排放量和浓度也不稳定。对任何一种废气类型,采用单项技术都很难实现达标,一般都是采用组合工艺进行处理。本部分从工程实际出发,按照不同废气类型,对适用的主流单元处理技术和工艺进行简要介绍。

1. 酸性气处理

1) 克劳斯法制硫工艺

克劳斯反应是将含 H_2S 的酸性气在 O_2 不足的条件下燃烧,并保持 H_2S 与 SO_2 物质的量比在 2:1,将 H_2S 转化为单质硫的过程。克劳斯制硫工艺广泛用于酸性水汽提装置含氨酸性气和溶剂再生装置清洁酸性气的处理,也可以合并处理 S-Zorb 再生烟气(含高浓度 SO_2),以及来自炼油过程其他含硫废气。克劳斯工艺包括燃烧炉内的高温热反应和转化器内的低温催化反应两个过程。酸性气中的 H_2S 先是在燃烧炉内进行无催化剂参与的高温热反应,反应式如下:

$$2H_2S + O_2 \longrightarrow 2/xS_x + 2H_2O \tag{14-7}$$
$$2H_2S + 3O_2 \longrightarrow 2SO_2 + 2H_2O \tag{14-8}$$

高温热反应在 1s 之内即能完成,H_2S 的理论转化率可达 60% ~ 75%。通过在燃烧炉内采用烧氨专用火嘴,在约 1250℃ 条件下,能将含氨酸性气中的 NH_3 全部转化为 N_2 去除,反应式如下:

$$2NH_3 + 1.5SO_2 \longrightarrow 3H_2O + N_2 \tag{14-9}$$

燃烧炉生成的含硫气体通过转化器内催化剂床层时,进行低温催化反应,其反应式如下:

$$2H_2S + SO_2 \longrightarrow 3/xS_x + 2H_2O \tag{14-10}$$

低温催化反应不需高温,保持适当温度即可进行。

按照酸性气中 H_2S 含量的不同,克劳斯工艺有部分燃烧法、分流法和直接氧化法三种操作方法,其中以部分燃烧法的应用最多。(1)对于 H_2S 含量 >40% 高浓度酸性气,宜采用部分燃烧法,燃烧炉的空气供给量仅满足将 1/3 的 H_2S 燃烧生成 SO_2,保证催化反应过程中 H_2S 与 SO_2 的体积比在 2:1,其余 H_2S 进转化器进行催化反应。(2)对 H_2S 含量在 15% ~ 40% 的酸性气,若也采用部分燃烧法,则反应热不足以维持燃烧炉高温转化所需的操作温度,故宜采用分流法。把 1/3 的酸性气导入燃烧炉,通入空气使其中的 H_2S 全部转化为 SO_2,然后在燃烧炉出口处再通入剩余的 2/3 的酸性气,去进行催化转化反应。(3)对于 H_2S 含量 <15% 的酸性气,已不能正常燃烧,则采用直接氧化法。将酸性气与足够量的空气一起在加热炉中预热到一定

温度,然后直接进入转化器生成硫磺。

我国炼油企业的硫磺回收装置大多采用"部分燃烧—外高温掺和—两级转化"工艺流程(图 14-17)。所谓外高温掺和,就是燃烧炉出口的高温气体可分别与捕集器出口的气体相掺和,以调节一级、二级转化器入口的温度。这种工艺操作弹性大,在处理量低至原设计的 20%~25% 时装置仍可运行,适应炼油企业酸性气流量、浓度变化大的特点。酸性气与适量空气在燃烧炉内进行部分燃烧,发生反应式(14-7)及反应式(14-8),严格控制进入燃烧炉的空气量,将酸性气中 H_2S 的 1/3 氧化成 SO_2,然后 SO_2 与其余 2/3 未氧化的 H_2S 一起进入转化器,发生催化反应式(14-10)。燃烧炉温度为 1235~1300℃,燃烧产物中除 SO_2、H_2O 及 N_2 外,还有少量由 H_2S 直接分解而生成的单质硫。为回收热量,燃烧产物在进入转化器之前先经余热锅炉产生蒸气。转化器内装有天然铝矾土或合成氧化铝催化剂。催化反应式(14-10)是可逆放热反应,降低反应温度有利于提高平衡转化率,但至少要高于硫蒸气的露点 30℃,以避免沉积在催化剂表面。转化器入口温度设定在 230~280℃,因反应过程放热,出口温度会升至 270~300℃。自转化器出来的反应物经冷凝冷却,即可得到硫磺。为获得较高的硫回收率,可设置多级转化器。采用两级转化时,硫的回收率为 93%~95%,催化转化级数越多,总转化率也越高,但设备投资也相应增大,应综合考虑。用此法得到的硫磺纯度约为 99.8%。

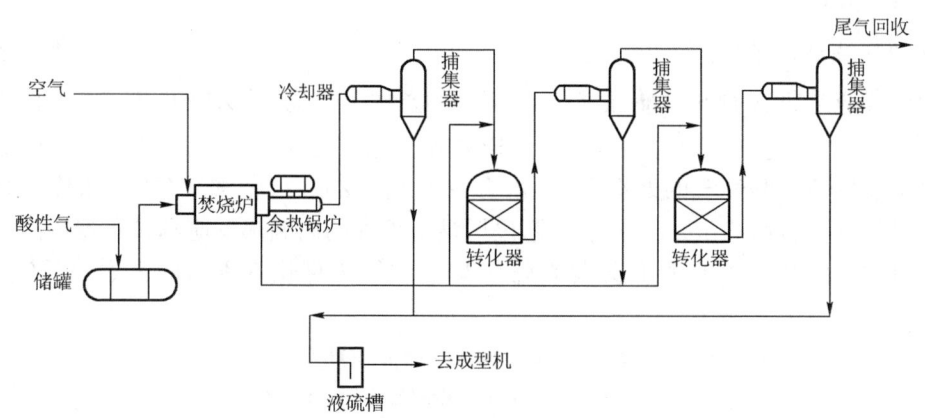

图 14-17 克劳斯法硫磺回收装置基本工艺流程

2) 硫磺回收尾气处理工艺

克劳斯制硫工艺尾气中仍含有 0.8%~2.8% 的硫化物,远远超出排放标准。一般采用 SCOT 工艺(Shell Claus off-gas treatment)继续进行回收和净化。SCOT 工艺是在 Co-Mo 催化剂作用下,将尾气中的全部硫化物(硫单质、SO_2、CS_2 和 COS)加氢还原为 H_2S,主要反应式有:

$$SO_2 + 3H_2 \longrightarrow H_2S + 2H_2O \tag{14-11}$$

$$S_8 + 3H_2S \longrightarrow 8H_2S \tag{14-12}$$

$$COS + H_2O \longrightarrow H_2S + CO_2 \tag{14-13}$$

$$CS_2 + 2H_2O \longrightarrow 2H_2S + CO_2 \tag{14-14}$$

对加氢还原反应生成的过程气,以醇胺为选择性溶剂吸收 H_2S,吸收 H_2S 后的尾气送去焚烧炉,SO_2 含量达标后高空排放。醇胺溶剂再生放出的 H_2S 气体返回硫磺回收装置处理。SCOT 工艺与硫收率为 92%~96% 的克劳斯制硫工艺配套时,总硫收率可达到 99.9% 以上。

SCOT 工艺的基本流程如图 14-18 所示。硫磺回收尾气经加热炉加热至约 280℃,与氢气混合后进入加氢反应器。在加氢催化剂作用下,硫磺回收尾气中的硫化物均被转化为 H_2S。

加氢反应为放热反应,离开反应器后的过程气经尾气处理废热锅炉回收热量后进入急冷塔。尾气在急冷塔内利用循环急冷水降温,急冷水冷凝产生的酸性水送至酸性水汽提装置处理。急冷后的尾气离开急冷塔顶进入尾气吸收塔,用醇胺溶液吸收尾气中的 H_2S,同时吸收部分 CO_2。从塔顶出来的净化尾气送至尾气焚烧炉焚烧,由燃料气流量控制炉膛温度,尾气中残留的 H_2S 及其他硫化物几乎完全转化为 SO_2。焚烧后的烟气经蒸汽过热器和焚烧炉废热锅炉回收热量后,经烟囱高空排放。

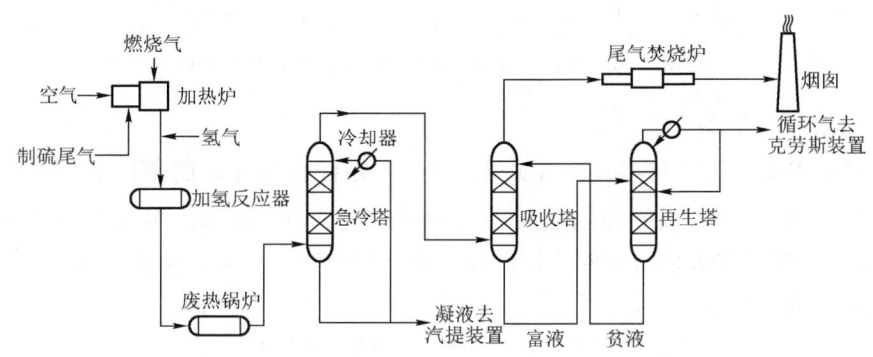

图 14-18　硫磺回收尾气 SCOT 工艺处理流程图

2. 催化裂化烟气脱硫脱硝

由于采用清洁燃料和低氮燃烧技术,工艺加热炉烟气中的 SO_x 和 NO_x 已经实现达标排放。在炼油企业,脱硫脱硝处理主要是针对催化裂化再生烟气。催化裂化再生烟气的脱硫广泛应用钠碱吸收法,脱硝普遍采用选择性催化还原法(selected catalytic reduction,SCR)。

1)催化裂化烟气脱硫工艺

钠碱吸收法以 NaOH 溶液作为脱硫吸收剂,再生烟气中的 SO_2 溶于水,发生离解并与 30% 的 NaOH 溶液发生反应,生成溶解度大的 Na_2SO_3 和 $NaHSO_3$,由于烟气中 SO_3 和 O_2 存在,还将发生 Na_2SO_3 和 $NaHSO_3$ 的氧化副反应,生成 Na_2SO_4 随污水排放处理。具体反应机理如下:

洗涤塔内脱硫反应:

$$SO_2 + H_2O \longrightarrow H_2SO_3 \tag{14-15}$$

$$H_2SO_3 + 2NaOH \longrightarrow Na_2SO_3 + 2H_2O \tag{14-16}$$

$$Na_2SO_3 + H_2SO_3 \longrightarrow 2NaHSO_3 \tag{14-17}$$

$$2NaOH + SO_3 \longrightarrow Na_2SO_4 + H_2O \tag{14-18}$$

废吸收液氧化副反应:

$$2Na_2SO_3 + O_2 \longrightarrow 2Na_2SO_4 \tag{14-19}$$

$$2NaHSO_3 + O_2 \longrightarrow 2Na_2SO_4 + H_2O \tag{14-20}$$

NaOH 溶液在吸收 SO_2 的同时,也具有洗涤除尘的功能,因此,发展出钠碱洗涤除尘脱硫工艺(图 14-19)。钠碱洗涤除尘脱硫过程分为预处理和除尘脱硫塔两部分,预处理具有烟气洗涤急冷降温、除尘、脱硫功能;除尘脱硫塔具有除尘、脱硫、气液分离等功能;脱硫污水经过过滤或沉淀脱悬浮物、空气氧化脱 COD 等处理,满足污水排放标准后外排。

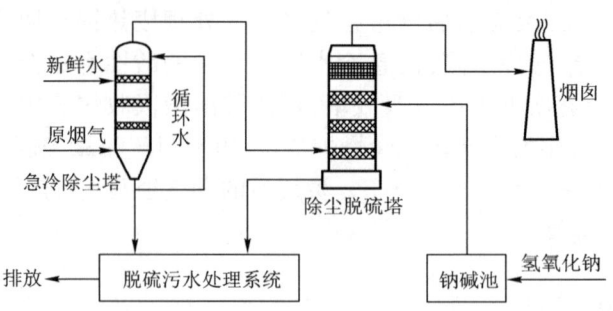

图 14-19 催化裂化烟气钠碱法洗尘脱硫工艺流程

2) 催化裂化烟气脱硝工艺

SCR 法是将 NH_3 作还原剂喷入含 NO_x 的烟气中,在催化剂存在的条件下,反应温度 280~400℃,NH_3 选择性的与 NO_x 发生催化还原反应,反应产物为 N_2 和 H_2O,常用 V_2O_5/TiO_2 催化剂,也有 Pt 或 Pd。常添加 WO_3 来增加催化剂的强度和热稳定性。NO_x 的去除率能达到 90% 以上。

SCR 主要反应式如下:

$$4NO + 4NH_3 + O_2 \longrightarrow 4N_2 + 6H_2O \tag{14-21}$$

$$2NO_2 + 4NH_3 + O_2 \longrightarrow 3N_2 + 6H_2O \tag{14-22}$$

主要副反应式如下:

$$SO_2 + O_2 \longrightarrow 2SO_3 \tag{14-23}$$

$$2NH_3 + SO_3 + H_2O \longrightarrow (NH_4)_2SO_4 \tag{14-24}$$

$$NH_3 + SO_3 + H_2O \longrightarrow NH_4HSO_4 \tag{14-25}$$

为避免 $(NH_4)_2SO_4$ 和 NH_4HSO_4 的生成,通常要求反应温度在 280℃ 以上。

SCR 脱硝系统基本工艺流程包括还原剂制备和 SCR 脱硝反应两个单元(图 14-20)。在还原剂制备单元,由厂区来的液氨首先进入液氨蒸发器,经升温汽化进入氨气缓冲罐待用。在 SCR 脱硝反应单元,烟气从余热锅炉 320~420℃ 温度区引出进入 SCR 脱硝反应器;来自脱硝剂制备单元中氨气缓冲罐的氨气进入氨/空气混合器,与来自稀释风机的空气按一定比例混合后,经氨喷射系统自 SCR 脱硝反应器前部烟道喷入原烟气中,与原烟气均匀混合后进入 SCR 脱硝反应器;在 SCR 脱硝反应器中,氨与烟气中的 NO_x 在催化剂的作用下发生还原反应,生成 N_2 和 H_2O,净化后的烟气返回省煤器继续回收热量。从 SCR 出来的烟气再经过钠碱洗涤除尘脱硫后从塔顶高烟囱排放。如果是新建余热锅炉,可以将催化剂床层直接布置在锅炉内部适宜的温度段(320~420℃)。

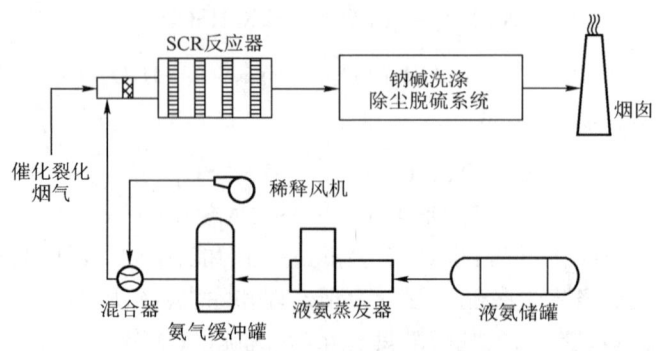

图 14-20 催化裂化烟气 SCR 法脱硝基本工艺流程

3. VOCs 污染治理

1) 单元处理技术

VOCs 废气处理技术按其作用原理可分为回收法和破坏法两类。回收法有吸收法、吸附法、冷凝法、膜分离法等,破坏法主要是燃烧法和生物法。当炼油废气中 VOCs 浓度 < 30000mg/m³ 时,一般采用燃烧(氧化)破坏法处理,燃烧(氧化)装置包括催化氧化装置、蓄热氧化装置、加热炉、焚烧炉、锅炉等;当 VOCs 浓度 ≥ 30000mg/m³ 时,一般宜优先采用吸附、吸收、冷凝、膜分离以及它们的组合工艺回收处理,不能达标时再采用燃烧(氧化)破坏法。

(1) 吸收法。吸收是指利用液体吸收剂对废气中污染物进行选择性吸收,以实现气体净化,在水溶性 VOCs 气体达标处理和高浓度 VOCs 气体回收上有广泛应用。柴油常温吸收法对汽油油气回收率可达 85%。在常温到柴油凝点之间,存在一个临界温度,在此温度下的油气回收率最高。柴油低温临界吸收不仅可用于油气回收,还能吸收有机硫化物、有机胺、H_2S 和 NH_3 等恶臭物质。

(2) 冷凝法。冷凝法是利用油气在不同温度及压力下具有不同的饱和蒸气压的性质,而使油气得以回收利用的一种方法。当系统温度降低到油气饱和蒸气压对应温度之下,或系统压力超过油气的饱和蒸气压时,油气组分就开始凝结成液体而从油气中分离出来,以实现回收。冷凝法可用于汽油、煤油、芳烃、柴油等油气回收。废气中的 VOCs 沸点越高、浓度越高,回收率越高。

(3) 吸附法。吸附法是利用吸附剂对废气组分吸附选择性的不同,与废气接触时将污染物吸附在表面,使其从废气中分离。吸附法广泛应用于油气回收,吸附剂常用活性炭。活性炭吸附—真空再生法广泛用于汽油油气回收,通过真空泵抽吸使活性炭再生,再生解吸的油气用汽油吸收,吸收后产生尾气返回活性炭吸附罐入口再进行吸附处理,对汽油油气的回收率可达 95% 以上。

(4) 膜分离法。膜分离法是将膜与原料气接触,在膜两侧压力差驱动下,利用不同气体分子透过膜的能力差异而使不同气体组分在膜两侧富集并实现分离。在有机废气处理上,应用膜分离的主要目的是回收有机物,而不是直接达到排放标准。膜分离常与吸收等方法组合用于油气回收。

(5) 燃烧法。燃烧法是指采用高温或在催化剂存在下,将废气中的污染物氧化成无害组分,同时还可回收一定的热量。燃烧法分为直接燃烧法、热力燃烧法、催化燃烧法、蓄热燃烧法等类型,主要用于 VOCs 和恶臭污染治理。直接燃烧法就是将高浓度的可燃废气当作燃料使用。如果废气不能维持自身燃烧,可采用燃料辅助的热力燃烧法。催化燃烧法是在催化剂的作用下,废气中的 VOCs 在较低的温度(一般为 250 ~ 300℃)下迅速氧化生成 CO_2 和水,使废气得到净化。催化燃烧法的基本构成包括换热器、加热器和催化燃烧反应器等设备。催化燃烧法适用 VOCs 浓度在 500 ~ 10000mg/m³ 的废气治理,为保障安全,要控制进入催化燃烧反应器的 VOCs 浓度在爆炸下限的 25% 以下。催化燃烧的温度一般在 200 ~ 450℃,床层空速一般在 10000 ~ 6000h^{-1},主要采用以 Pt、Pd 等贵金属为活性组分的催化剂。蓄热燃烧法适用于常压常温、排放稳定、VOCs 浓度在 500 ~ 3000mg/m³ 的大气量 VOCs 废气处理。蓄热燃烧装置(regenerative thermal oxidizers,RTO)设置若干可切换的蓄热体床层,交替循环进行热量释放和吸收。燃烧室排出的高温废气在流经蓄热体时被吸收蓄热;当蓄热体被切换至待处理废气通过时,被蓄热体预热到自燃温度后进入燃烧室。RTO 对 VOCs 去除非常彻底,最高可达 99%,

而且对热量的回收效率高,废气 VOCs 浓度在 2000mg/m³ 以上就能实现能量自给。

(6)生物法。生物法净化是利用微生物的生命活动过程把废气中的污染物转化为低害或无害物质的方法。废气生物净化法主要有生物过滤池、生物滴滤塔和生物洗涤塔净化等方法,在恶臭气体治理上应用较多。生物过滤池通过附着在填料床上微生物的新陈代谢,将废气中有害成分氧化 H_2S、NH_3 和烃类污染物分解成 CO_2、H_2O、NO_3^- 和 SO_4^{2-} 等无害或低毒物质。任何能够吸附气体化合物并支持微生物生长的多孔材料都可作为生物滤池的填充材料,工程上常用泥炭、土壤和活性炭等。生物滴滤塔的结构与生物过滤池相似,区别是塔内装填惰性填料,其顶部设有喷淋装置连续喷淋循环液,循环液中可以加入营养液和缓冲物质,促进填料表面形成生物膜,废气中的污染物通过溶解进入循环液、被生物膜吸附等最终被微生物降解。生物洗涤塔工艺是由吸收室和再生池构成。生物洗涤塔中的液相(带有活性污泥)是流动的,在吸收室和再生池内连续循环。活性污泥混合液在吸收室将废气中的污染物和 O_2 转入液相,在活性污泥池中,污染物经过微生物的新陈代谢,最终被降解。

2)氧化沥青尾气治理

氧化沥青生产过程是将渣油置于氧化塔内,在 260~280℃ 条件下,与空气中的 O_2 反应生成氧化沥青。氧化沥青尾气不仅致癌且有严重的恶臭气味,必须进行彻底的处理。常利用焚烧炉在 800~1000℃ 条件下焚烧,将有毒有害物质转化为低毒或无害物质,从而得以净化。

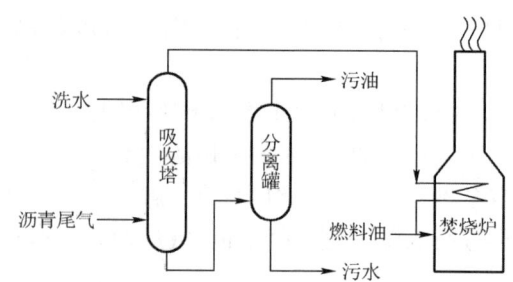

图 14-21 氧化沥青尾气焚烧工艺流程图

氧化沥青尾气焚烧工艺由预处理和焚烧炉两部分构成(图 14-21)。多采用水洗法或油洗法对尾气进行预处理,回收、脱除尾气夹带的油雾和沥青雾后,再送入焚烧炉。水洗预处理宜采用喷淋塔,油洗预处理宜采用填料塔。氧化沥青尾气的处理效果取决于焚烧温度和在焚烧炉内的停留时间。可采用如下工艺条件:焚烧炉焚烧温度 850℃、炉内焚烧时间 8s,或焚烧温度 1000℃、炉内焚烧时间 5s。考虑到预处理废液中含有苯并[a]芘等有毒有害物质,还需要进一步处理。因此,氧化沥青尾气也可以不经预处理而直接送焚烧炉。焚烧后的尾气经换热器通过排气筒排放。

3)高浓度 VOCs 污染治理

为了节约工程投资,也是便于操作维护,炼油企业对点源高浓度 VOCs 废气多采用集中治理方案。以某炼油企业 8000m³/h 废气催化燃烧装置为例,该装置主体由总烃浓度均化罐、过滤器和换热—加热—催化燃烧反应单元等组成(图 14-22)。换热—加热—催化燃烧反应单元包括热管—列管组合换热器、电加热器和催化燃烧反应器。电加热器用于装置开车阶段的废气预热,以及废气中可燃组分不足的热量补充。催化燃烧反应器是装置的核心设备,装填 WSH-1 型贵金属催化剂。污水处理场隔油池、浮选池、调节罐和污油浮渣罐产生的高浓度废气引入碱洗塔碱洗,经过初步脱硫后与来自装车台、沥青罐区以及油品罐区的高浓度废气汇合,并补充氮气使 VOCs 浓度稀释到爆炸限的 25% 之下,进入脱硫及总烃浓度均化罐进行预处理;深度脱除硫化物并完成对废气 VOCs 浓度的均化,同时分离出废气中的凝结水。预处理后的废气经过催化风机进入废气过滤器,除去粒径 ≥20μm 的粉尘后,进入换热—加热—催化燃烧反应单元,VOCs 氧化燃烧并释放出大量的反应热。处理后的气体携带热量进入换热器,与进入催化燃烧反应器前的废气进行充分换热,最后通过排气筒排放到大气。

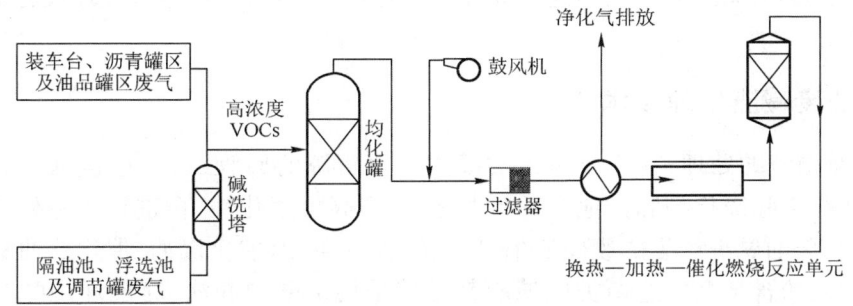

图 14-22　某炼油企业 8000m³/h 废气催化燃烧装置工艺流程图

4) 污水处理场恶臭污染治理

炼油企业污水处理场排放的恶臭气体有两类:一是物化处理设施和污油罐、浮渣池等处散发高浓度废气,在组成上以总烃为主,H_2S、NH_3 有机硫化物等恶臭物质浓度也比较高;二是生化处理设施和污泥池等处散发的低浓度废气,以恶臭物质为主。高浓度臭气适合采用燃烧法(催化氧化燃烧、RTO 等)处理;低浓度臭气处理适合采用碱液洗涤、吸附和生物除臭等方法,也可以吸附浓缩后用燃烧法处理。以某炼油企业污水处理场 80000m³/h 恶臭气体治理装置为例(图 14-23),该治理装置分为高浓度废气、低浓度废气两套处理系统。高浓度废气首先进入过滤器,去除细微颗粒物及水雾,然后经工艺风机增压后,进入 RTO 氧化炉进行燃烧与热量回收利用,净化烟气经排气筒排放。低浓度废气经过生物滴滤塔—生物过滤塔两级生物除臭处理后经排气筒排放。

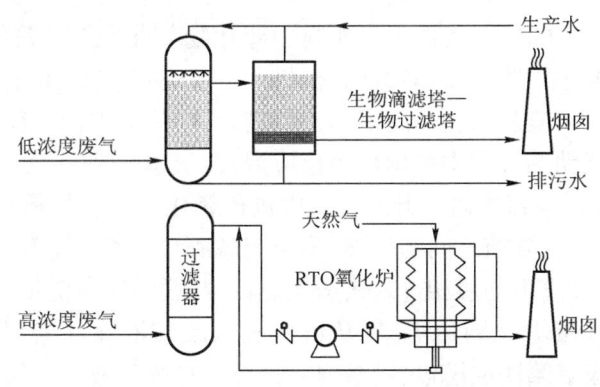

图 14-23　某炼油企业 80000m³/h 恶臭气体处理装置工艺流程图

第四节　固体废物的处理处置

《中华人民共和国固体废物污染环境防治法》是我国危险废物污染防治的专项法。危险废物的减量化、无害化和资源化以及全过程管理,对于炼油企业的可持续发展意义重大。对于排放量较小或附加值较低的危险废物,如废白土、废有机溶剂、废 FCC 催化剂等,单建处理设施并不经济,炼油企业一般将其对外委托处理。对于含有贵稀金属的危险废物,如废加氢裂化催化剂、废加氢精制催化剂和废催化重整催化剂等,一般是由生产商回收。对于废碱渣、废酸渣以及污水场"三泥"等大宗危险废物,潜在环境污染风险高,又富含高附加值资源,炼油企业普遍建有配套处理设施。本节将对这些危险废物的主流处理技术、典型处理设施及其工艺流程等进行介绍。

一、炼油废碱渣处理技术

对炼油废碱渣的处理,首先要考虑对高附加值资源的回收,这一过程也是对污染负荷的削减;其次是去除硫化物和其他有毒有害物质,提高可生化性,再进行达标处理。常压直馏汽油、煤油、柴油碱洗产生的废碱液中,环烷酸含量高;而催化汽油、催化柴油碱洗产生的废碱液中,挥发酚含量高。这两类废碱液都可以采用硫酸中和法,完成环烷酸和粗酚资源回收后,再进一步处理。在炼油废碱渣的工程处理技术中,以湿式氧化法和生物氧化法的应用最多。

1. 废碱渣湿式氧化

湿式氧化是指在高温(120~320℃)和高压(0.5~20MPa)的条件下,利用氧气(通常为空气)作氧化剂,对高浓度硫化物和有机污染物进行氧化分解的方法。根据反应温度和压力条件的不同,湿式氧化法可分为缓和湿式氧化法和高温高压湿式氧化法。炼油废碱渣的处理以缓和湿式氧化工艺居多,在较低反应温度和压力下(150~210℃、0.9~3.5MPa),氧化硫化物和有机硫化物(如硫醇和硫酚等),并消除其他恶臭成分。如果采用高温高压湿式氧化工艺(150~270℃、6~9MPa),则在脱臭的同时,对挥发酚和环烷酸等有机污染物也会有一定的去除效果。

某炼化企业 8×10^4 t/a 废碱渣湿式氧化装置采用缓和湿式氧化工艺(图14-24),对炼油废碱渣和乙烯废碱渣的混合料进行处理,工艺主体由湿式氧化反应器和洗涤器构成。湿式氧化反应器在2.5MPa、190℃的操作条件下将原料中硫化物氧化脱臭。洗涤塔用于降低脱臭废碱液温度,减少尾气排放中水蒸气及挥发性有机物。工艺流程如下:脱油废碱渣提升进入进料换热器升温,升温后的废碱渣从氧化反应器的上部进入,在反应器内外筒之间的环隙内与高温内回流液混合,在向下流动的过程中被预热到反应温度;废碱渣到达反应器下部时,与压缩空气及4MPa蒸汽混合,在反应器内筒上升的过程中进行氧化反应。物料到达反应器顶部后,部分废碱渣内回流至反应器内外筒之间的环隙,剩余废碱渣和空气排至气液分离罐,分离出的气相经减压进入洗涤塔。分离出的液相进入进料换热器,与脱油废碱渣换热降温后进入洗涤塔。液相进料从洗涤塔第八层塔盘到达塔底,从塔底进入废碱液冷却器,与循环水换热冷却到40℃后,部分回流到洗涤塔第四层塔盘,剩余部分排至脱臭废碱液罐。气相进料从洗涤塔的第八层塔盘向塔顶移动,与从第四层塔盘回流的低温液相接触,气相混合物中的水蒸气及挥发性有机物被冷凝回到塔底,剩余气相混合物经与第一层塔盘来的新鲜水接触进一步冷凝,由塔顶排出至尾气吸收罐,尾气吸收罐中的气相放空至大气,液相也排至脱臭废碱液罐。脱臭废碱液硫化物达到设计指标 <20mg/L,排至综合污水场继续处理。在一些工程案例中,缓和湿式氧化工艺能将硫化物降至2mg/L以下,去除40%~60%的COD。

2. 废碱渣生物强化处理

废碱渣生物强化处理主要应用快速生物反应器技术(quick bio reactor, QBR)。QBR技术利用高活性的专性微生物,在较高的容积负荷下运行,对废碱渣等高浓度、难生化降解废液的前处理效果较好,处理出水能达到综合污水场的进水要求,而且工程投资和运行成本较低。

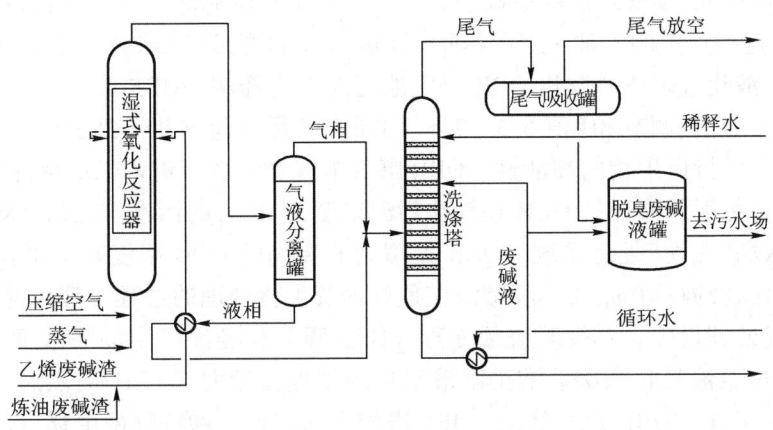

图 14-24 某炼化企业 8×10^4 t/a 废碱渣湿式氧化装置工艺流程

某炼油企业 60 m³/d 废碱渣综合处理装置采用 QBR 技术(图 14-25),主要处理对象是催化汽油碱渣、常压柴油碱渣和液化气碱渣,工艺主体由预处理单元、QBR 处理单元和快速生物过滤(quick biofilter, QBF)废气处理单元构成。预处理单元包括从催化汽油碱渣中提取粗酚[反应式(14-26)至(14-28)]和从常压柴油碱渣中提取环烷酸[反应式(14-29)至(14-31)]。汽油碱渣、柴油碱渣分别与硫酸充分混合后输入反应沉降器,酸化产生的粗酚、环烷酸与水体重力分离后,分别送往粗酚罐和环烷酸罐,作为产品外运;提取粗酚和环烷酸后的废碱渣进入 QBR 处理单元。

$$2RC_6H_4ONa + H_2SO_4 \longrightarrow Na_2SO_4 + 2RC_6H_4OH \tag{14-26}$$

$$2NaOH + H_2SO_4 \longrightarrow Na_2SO_4 + 2H_2O \tag{14-27}$$

$$Na_2S + H_2SO_4 \longrightarrow Na_2SO_4 + H_2S \uparrow \tag{14-28}$$

$$2RCOONa + H_2SO_4 \longrightarrow Na_2SO_4 + 2RCOOH \tag{14-29}$$

$$2NaOH + H_2SO_4 \longrightarrow NaSO_4 + 2H_2O \tag{14-30}$$

$$Na_2S + H_2SO_4 \longrightarrow NaSO_4 + H_2S \uparrow \tag{14-31}$$

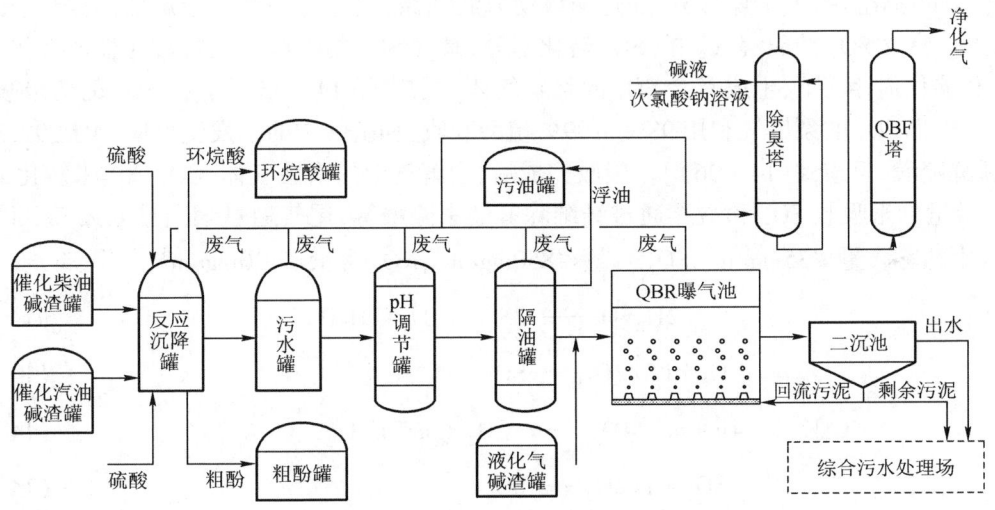

图 14-25 某炼油企业 60 m³/d 废碱渣综合处理装置工艺流程

在 QBR 处理单元,预处理后的废碱渣先经 pH 值调节罐调整到中性,然后自流进隔油罐,分离 pH 值调节过程产生的浮油,上层浮油自流进入废油罐,送往综合污水处理场污油罐;脱油后的废碱液与液化气碱渣一起进 QBR 曝气池完成生物降解。QBR 曝气池内接种高效微生物,并通过投加营养液、调节 pH 值 6.5~7.5、用新鲜水稀释盐含量 <25g/L、对曝气池混合液冷却降温等措施,维持微生物的高活性。QBR 曝气池混合液自流进入二次沉淀池(二沉池)进行泥水分离,部分污泥回流保持 QBR 曝气池污泥浓度,净化后的污水排往污水场继续处理,剩余污泥送往污水场"三泥"处理系统。QBR 处理后的废物的 COD 浓度基本可在 1000mg/L 以下,挥发酚和硫化物约在 10mg/L。废碱渣在预处理及生化处理的过程中都会逸出 VOCs 及 H_2S,必须配套废气处理设施。对废碱渣预处理、pH 值调节和隔油产生的高浓度 H_2S 进行密闭和废气收集,通过碱液吸收和次氯酸钠溶液氧化预处理去除大部分 H_2S,然后与 QBR 曝气池的低浓度废气一起进入 QBF 处理单元。QBF 塔内生物填料接种特种微生物,设有供氧、控温、保湿、供营养以及 pH 值调节等措施保障微生物活性,废气通过生物填料层的过程中污染物质被微生物吸收分解,去除 VOCs 和其他恶臭物质,净化气达标排放。

二、炼油废酸渣处理技术

炼油废酸渣按照其产生工艺主要有硫酸法烷基化废酸渣和 CILA 法烷基化废酸渣两类。这两类酸渣目前都有比较成熟的工程化处理技术,在资源回收利用方面也都很成功。

1. 硫酸法烷基化废酸渣处理

以某炼油企业 $1 \times 10^4 t/a$ 废酸再生装置为例(图 14-26),原料是硫酸法烷基化装置排出的废酸和部分酸性气,采用干法制硫酸工艺,生产浓度为 99.2% 的新鲜硫酸催化剂,供烷基化装置循环使用。装置系统构成包括:(1)废酸焚烧生成 SO_2;(2)裂解气的净化、冷却、干燥;(3) SO_2 的转化;(4) SO_3 的两级吸收成酸。在废酸焚烧生成 SO_2 部分,废酸通过喷嘴注入焚烧炉,和燃料气、空气和酸性气一起燃烧,形成高温富含 SO_2 的气体[反应式(14-32)、(14-33)],在这一过程中,废酸和酸性气中的烃类污染物也一并被处理[反应式(14-34)]。在裂解气的净化、冷却、干燥部分,通过两级动力波洗涤,气体冷却塔和干燥塔的净化、冷却和干燥,形成富含 SO_2 的裂解气。在 SO_2 转化部分,富含 SO_2 的裂解气通过转化器的四级转化,在 O_2 和催化剂存在下,生成富含 SO_3 的裂解气体[反应式(14-35)]。在 SO_3 的两级吸收成酸部分,富含 SO_3 的裂解气利用 98%~99% 硫酸吸收,和硫酸中的水发生反应,生成 99.2% 浓度的新鲜硫酸[反应式(14-36)]。吸收完成后,裂解气中的惰性气体、CO_2、N_2、未转化的 SO_2 和 O_2、微量的未吸收 SO_3 和酸雾通过纤维除雾器去除酸雾,尾气通过烟囱排入大气。设计要求尾气中酸雾含量 $\leq 35mg/m^3$,SO_2 含量 $\leq 850mg/m^3$,NO_x 含量 $\leq 120mg/m^3$。

$$2H_2SO_4 \longrightarrow 2SO_2 + O_2 + 2H_2O \tag{14-32}$$

$$H_2S + 3/2O_2 \longrightarrow SO_2 + H_2O \tag{14-33}$$

$$C_nH_m + (4n+m)/4O_2 \longrightarrow nCO_2 + m/2H_2O \tag{14-34}$$

$$SO_2 + 1/2O_2 \longrightarrow SO_3 \tag{14-35}$$

$$SO_3 + H_2O \longrightarrow H_2SO_4 \tag{14-36}$$

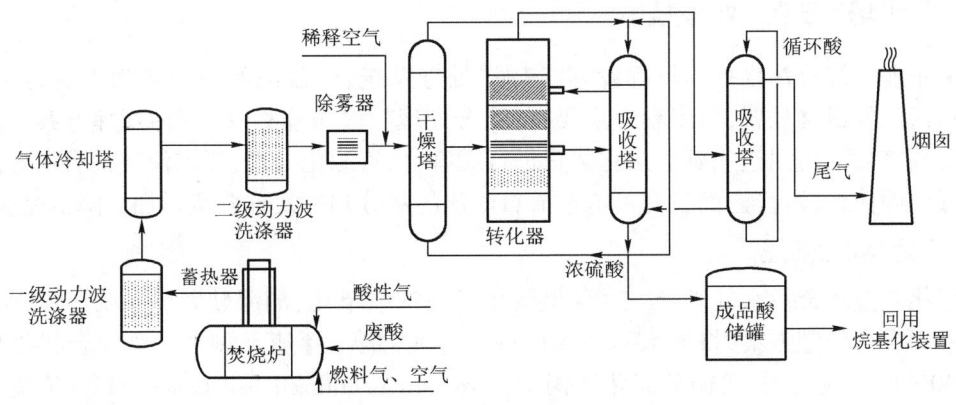

图 14-26 某炼油企业 $1 \times 10^4 t/a$ 废酸再生装置工艺流程

2. CILA 法烷基化废酸渣处理

以某炼化企业 $30 \times 10^4 t/a$ CILA 烷基化装置废离子液预处理系统为例,原料是 CILA 法烷基化装置排出的废离子液体和碱洗废水,采用水解—中和—脱水—干化工艺,回收酸溶油资源用于回炼,产生的含金属干化固渣可用于冶金原料。预处理系统主体由水解反应器、中和反应器、絮凝沉淀系统、机械脱水装置和干化装置构成(图 14-27)。工艺流程如下:装置排放的废离子液体和碱洗废水分别输送至储罐均质均量;中间水罐储存有自板框压滤机回流的浓盐水。废离子液体经机械隔膜泵提升至水解反应器,同时中间水罐的浓盐水经离心泵提升至水解反应器,作为水解介质对废离子液体进行失活处理,同时实现对废离子液体中酸溶油的分离;酸溶油上浮至水解反应器顶部,经浮式收油槽收集后进入污油罐储存,最终送往厂区延迟焦化装置作为原料掺炼。水解液自流进中和反应器,碱洗废水提升至中和反应器,生成含有金属氢氧化物沉淀的混合液。含固混合液随后进入絮凝沉淀罐,在絮凝剂作用下凝聚沉淀为较大絮体,送入板框式压滤机进行压滤。板框压滤生成的湿固渣进入料仓;压滤产生的滤液为浓盐水,回流至中间水罐用于水解反应。料仓内的湿固渣经造粒后送入低温干化设备,利用循环热风对这些颗粒进行干化处理,生成含水率为 15%~20% 的干化固渣颗粒输出系统。低温干化设备的能量回收过程会生成冷凝水,其污染负荷低,可直排污水场或送往凝结水回收装置。整套预处理工艺实现了对废离子液的安全可控水解和油分的高品质回收。

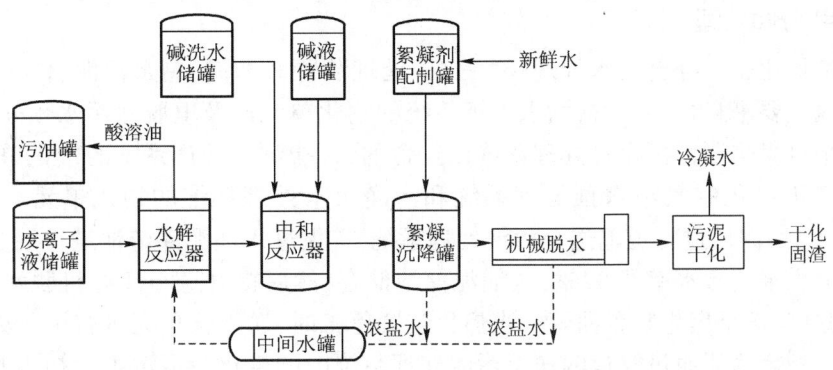

图 14-27 某炼油企业 $30 \times 10^4 t/a$ CILA 烷基化装置废离子液体预处理单元工艺流程

三、污水场"三泥"处理技术

炼油企业的综合污水处理场都设有"三泥"处理系统,以污泥的减量化为主要目的,一般不涉及对污泥的最终处置,在工程上主要有"混合处理"和"分质处理"两种处理方案。还有一种方案就是将含油污泥送入延迟焦化装置进行无害化、资源化处理,要求油泥具有良好的流动性和较低的固体颗粒含量,而且有可能造成石油焦的灰分和挥发分含量增加而降低品质。

1. "三泥"混合处理

某炼化企业综合污水处理场"三泥"装置由污泥浓缩单元、油泥破乳单元及污泥干化单元构成。采用混合处理方案,将含水率99%的罐(池)底油泥、浮渣及剩余污泥混合料处理为含水率约30%的干化污泥,送循环流化床锅炉(circulating fluidized bed boiler,CFB)焚烧或外委处置。工艺流程如图14-28所示:罐(池)底油泥和浮渣经调节罐均质均量后输入破乳罐。在破乳罐内投加浓硫酸破乳剂至pH值1.5~2.0,实现油、泥分离,污油回收至污油罐,污泥输入调理罐。在调理罐内投加烧碱调理剂恢复pH值至6.5~7.5。调理后的污泥与剩余污泥一起进重力浓缩罐初步脱水,再送至三相离心机深度脱水。脱水污泥送至干化机进行干化处理,干化机以0.5~0.7MPa低压蒸汽为热源,干化温度控制在≤160℃,并通入低压氮气对干化排气进行吹扫,控制氧气含量在<2.5%。干化机出料的含水率控制在25%~40%之间,经降温至≤45℃后暂存。最后送CFB掺烧或外委处置。干化过程中产生的水蒸气引入洗气塔进行冷凝和洗气处理,尾气送至污水场曝气池处理。

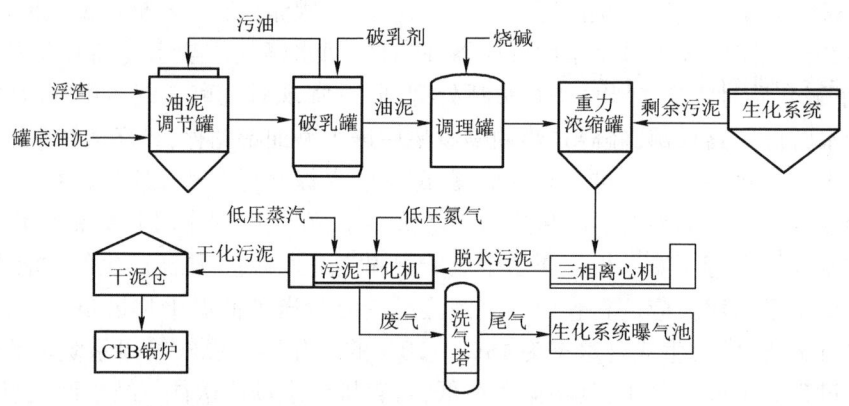

图14-28 某炼油企业污水处理场"三泥"处理装置工艺流程

2. "三泥"分质处理

某重质油炼化企业综合污水处理场"三泥"处理装置对油泥、剩余污泥、化学污泥进行分质处理。油泥主要来自含油、含盐污水处理系统的物化单元以及电脱盐污水预处理系统。剩余污泥主要来自煤焦制气污水预处理系统以及含油、含盐污水处理系统的生化单元。化学污泥主要来自煤焦气化制氢污水预处理系统和清净污水处理系统的物化单元。工艺流程如图14-29所示:油泥通过管道输送至污泥处理系统,首先进入油泥浮渣池进行混合,然后提升至油泥浓缩池脱水至含水率约97%,送油泥储池储存,然后提升送至离心机脱水至含水率约80%,由柱塞泵输送至焦化装置回炼。当焦化装置停工时,送干化单元进行干化处理,再统一送焚烧系统。剩余污泥通过管道输送至污泥处理系统内的生化污泥浓缩池初步脱水,然后送生化污泥储池储存,再提升送至离心机脱水至含水率80%~85%。脱水生化污泥送干化系统干化至含水率约30%,送焚烧系统。化学污泥通过管道输送至污泥处理系统内的化学污泥池初步脱水,然后送化学污泥储池储存,再提升送至离心机脱水至含水率约80%。脱水化学污泥送干化系统干化至含水率约30%,外委处置。

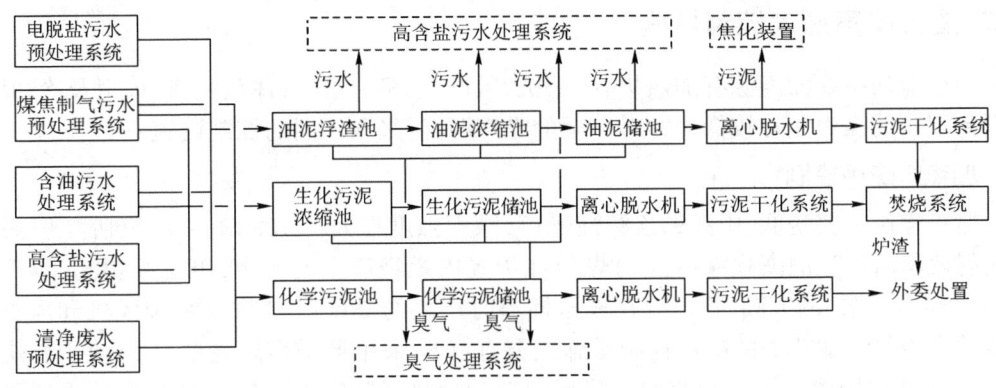

图14-29 某重质油炼化企业污水处理场"三泥"处理工艺流程

第五节 噪声污染防治

炼油企业的噪声污染防治主要执行《声环境质量标准》(GB 3096—2008)及《工业企业厂界环境噪声排放标准》(GB 12348—2008)两项国家标准。

一、噪声控制的基本方法

噪声控制可以从降低声源噪声、控制噪声的传播以及对受声者进行个人防护三个途径进行。在装置设计上,对噪声的控制主要采取消声、吸声、隔声和隔振等措施。

1. 消声

消声是控制空气动力性噪声的有效措施,适用于各种空气动力机械的进、排气口,管道以及各类高速气流放空口等。合适的消声器能使气流噪声降低20~40dB(A),主观感觉明显改善。根据消声原理,消声器可分为阻性消声器、抗性消声器和节流降压型消声器三大类。

2. 吸声

吸声是利用多孔吸声材料或采用共振吸声结构,通过将部分入射声能转化为热能而降低噪声。吸声处理只能降低反射声(即混响声),而不能降低声源的辐射声能。吸声处理主要应用在室内壁面吸声系数低,声波反射性较强,混响声较大的含有声源的车间、厂房,以及需要安静的各种操作间、控制室、化验室等。吸声降噪效果一般为3~5dB(A),较好的能在6~10dB(A)。

3. 隔声

隔声是采用隔声构件隔绝噪声的传播途径,从而降低受声点处的声级。隔声通常有两类应用:一是将噪声控制在局部范围内,如将压缩机房和泵房建成隔声室;二是保障局部有安静的声音环境,如中控室建成隔声室。隔声措施的实际应用有隔声室、隔声罩及隔声屏障等。

4. 隔振

声源可激发与之接触的基础或构件的振动而产生"固体声",尤其当声源引起其相连构件的共振时,将发出强烈的噪声。控制固体噪声的主要措施是将声源与基础之间采取隔振措施,以及被声源激发的构件如设备壳体、管道等采取阻尼减振措施。隔振措施主要采用隔振器和隔振材料,种类有金属弹簧减振器、橡胶减振器、空气弹簧、减振垫、软木以及毛毡等。

二、主要噪声源的控制措施

炼油企业的主要噪声源有加热炉、压缩机、风机、电机—泵、气体放空口、火炬及冷却塔等,其他设备发出的噪声相对较低。针对不同的噪声源,需采取不同的控制措施。

1. 加热炉噪声控制

加热炉噪声主要是低、中频的连续性噪声,噪声强度在 80~108dB(A),包括:(1)燃烧器高速喷射燃料时产生的高频噪声;(2)燃料在炉膛内燃烧产生的噪声,声压级很高,以低频为主;(3)燃料系统泵、调节阀、管道等在输送燃料时产生的噪声;(4)供风系统风机和风管运转时产生的噪声等。加热炉的噪声控制措施主要有:(1)采用低噪声燃烧器;(2)使用燃烧器消声罩;(3)安装进风消声箱;(4)将自然供风改造为预热强制供风;(5)在加热炉前设置隔声壁或隔声围墙等。

2. 压缩机噪声控制

离心式压缩机的噪声主要是湍流噪声,噪声级为 95~100dB(A)。往复式压缩机的噪声主要是由活塞往复运动引起的气流脉动以及进气噪声,噪声级为 95~120dB(A),以低频为主。压缩机的噪声控制措施有:(1)在压缩机进气口安装消声器;(2)采用隔声罩;(3)设置压缩机站房;(4)在压缩机和机座加隔振垫或隔振器,排出口与管道连接外加隔振软接头等。

3. 风机噪声控制

风机的噪声为空气动力性噪声,呈宽频特性,噪声级高达 100~130dB(A)。风机的降噪措施大致有:(1)在风机进出口安设消声器;(2)设置隔声罩;(3)对风机房采取隔声或吸声措施等。

4. 电机—泵噪声控制

机泵噪声主要发生在电机侧,以空气动力噪声为主,噪声级一般在 95~105dB(A)。电机噪声控制措施有:(1)安装电机隔声罩;(2)对机泵房采取隔声或吸声处理等措施。

5. 空气冷却器噪声控制

空气冷却器噪声主要来自冷却风机,以低频为主,噪声级一般为 94dB(A),最高可达 109dB(A)。空气冷却器的噪声控制,可从声源控制和噪声传播途径控制两方面着手,大致包括:(1)采用低噪声风机、电机;(2)沿空气冷却器的周边设置隔声墙或片式消声百页等。

6. 放空噪声控制

装置开停或非正常状态下常常实施气体放空。气体放空时的速度较高,与大气强烈混合会产生高频噪声,随着逐渐扩散、混合形成紊流,会产生低频噪声。气体放空的噪声级一般在 100dB(A) 以上,有的高达 120dB(A),主要通过在气体排放口安装消声器进行控制。

7. 火炬噪声控制

火炬噪声来源于介质的燃烧噪声、蒸汽喷射噪声等,正常情况的噪声级在 35dB(A),开停工及事故排放时可达 120~130dB(A),呈低频特性,影响范围较大。火炬噪声控制措施包括:(1)采用多孔喷嘴的蒸汽喷射器;(2)在火焰罩底部采用附壁效应喷嘴;(3)对混合燃烧安装消声罩等。

8. 冷却塔的噪声控制

炼油企业循环水场一般设置机械通风冷却塔,冷却塔噪声通常以落水噪声为主,噪声特性为低、中频。由于声源位置较高,多位于厂区的边缘,易造成厂界噪声超标。冷却塔噪声控制措施包括:(1)选用低噪声风机;(2)安装隔声屏障;(3)在水面设置缓冲填料。

在实际生产中,除了从设备上、工艺上、噪声传播途径以及敏感目标上采取有效的减噪措施之外,加强管理、严格操作规程,防止工作人员由于操作失误或管理水平低而造成的强噪声污染,也是一种重要的噪声污染防治措施。因此,必须对工作人员进行业务培训,使其掌握操作技术,严格按规程进行操作;同时还要加强管理,杜绝人为噪声污染事故的发生。

参 考 文 献

[1] 方向晨. 石油石化企业环境保护技术. 北京:中国石化出版社,2016.
[2] 陈家庆. 环保设备原理与设计. 北京:中国石化出版社,2018.
[3] 戴友芝,肖利平,唐受印. 污水处理工程.3版. 北京:化学工业出版社,2017.
[4] 赵杉林,张金辉. 石油石化污水处理技术及工程实例. 北京:中国石化出版社,2013.
[5] 张文艺,冯俊生,方华,等. 石油石化工业污水处理与回用技术. 北京:中国石化出版社,2013.
[6] 徐春明,杨朝和. 石油炼制工程.4版. 北京:石油工业出版社,2009.
[7] 王良均,吴孟周. 石油化工污水处理设计手册. 北京:中国石化出版社,1996.
[8] Huangfan Ye, Baodong Liu, QinghongWang, et al. Comprehensive chemical analysis and characterization of heavy oil electric desalting wastewaters in petroleum refineries. Science of the Total Environment, 2020 (724):138117.
[9] 刘天齐. 石油化工环境保护手册. 北京:烃加工出版社,1990.
[10] 刘忠生,王新,王海波,等. 炼油污水处理场挥发性有机物和恶臭废气处理技术. 石油炼制与化工,2018,49(5):85 – 91.
[11] 方向晨,刘忠生,王学海. 炼油企业恶臭气体治理技术. 石油化工安全环保技术,2008,24(5):48 – 50,62.
[12] 刘忠生,王海波,王新,等. 炼油厂储罐 VOCs 和恶臭治理新技术. 炼油技术与工程,2018,48(6):60 – 64.

第十五章 炼油厂的能量利用

第一节 概　　述

炼油厂以原油为原料生产各类石油产品，是重要的能源生产基地。但是，炼油厂在加工石油的过程中同时也消耗相当多的能量，而且所消耗的这些能量主要是来自原油及其产品本身。特别是近年来，劣质原油加工、油品质量升级、高附加值产品生产等使得加工流程更加复杂化。按照 2013 年发布的 GB 30251—2013《炼油单位产品能源消耗限额》，全国原油加工单位综合能耗为 62kg 标准油/t。因此，减少炼油厂的能耗就意味着从同样数量的原油中生产出更多的石油产品。国内炼油厂的能耗是逐年降低的。表 15-1 给出了国内炼油厂能耗变化情况。

表 15-1　国内炼油厂能耗变化情况

年份	1980	1990	2000	2010	2020
综合能耗，kg 标准油/t	90.4	73.0	76.7	62.0	60.0

在炼油能耗的总构成中，燃料占 30%～40%，催化烧焦占 10%～40%，电耗占 20%～30%，蒸汽占 10%～20%。在炼厂工艺装置中，催化裂化、催化重整和常减压蒸馏是主要耗能装置。一般来说，对配置大型催化装置的炼厂，三大装置能耗占工艺装置能耗的比重分别为：28%、23% 和 12% 左右，是炼油厂节能重点。

世界各国的炼油厂对节能高度重视始于 1973 年中东石油危机。从其发展历史来看，大体上经历了两个发展阶段。在第一阶段，主要是针对一些用能明显不合理的地方，通过采取加强管理、改善工艺操作、较小的技术改造以及加强保温等投资少、费力小的措施，就能取得比较明显的节能效果。在第二阶段，要求对炼油厂用能情况做更深入的分析，例如进行大系统优化，采用过程模拟、优化控制以及在工艺技术上进行革新等手段以达到进一步节能的目的。

我国炼油厂的节能工作从 20 世纪 70 年代末以来，取得了巨大的进展：炼油能耗从 1978 年的 105.4kg 标准油/t 原油左右降低到 2010 年 62.0kg 标准油/t 原油。目前我国炼油厂已处于第二发展阶段，要求节能工作有更高的水平，这就需要有工艺、自控、设备、计算机应用、管理等各方面的协同合作和共同努力。其中，对用能过程的深入分析，从中找出节能潜力之所在，无疑是最基础的和重要的根本性工作。

本章主要是从提高炼油工艺过程用能水平这一目的出发，运用热力学基础知识阐述炼油工艺中能量利用过程的基本原理和规律，并从中寻求节约用能的途径。对于制订一个具体的改善用能状况的方案，可能还需要许多其他方面的知识，例如过程模拟、系统优化等方面的知识，掌握这些知识还有待于对其他有关课程的学习。

第二节 用能过程分析的基本原理和方法

用能过程分析的理论基础是热力学第一定律和第二定律。本节主要是在简单重温热力学第一定律和第二定律的基础上,进一步简单介绍基于热力学第一定律和第二定律产生的三环节模型和夹点技术。

一、热力学第一定律及应用

热力学第一定律的最基本的内容就是能量守恒定律,也是目前能量平衡和计算热效率的基础。在形式上,热力学第一定律有多种表述方法,其中之一是:虽然能量以多种形式存在,但总能量是守恒的,当能量以某种形式消失的同时,就以另一种形式出现。此时,第一定律的最基本的形式可以写成:

$$输入系统的能量 - 输出系统的能量 = 系统储存能量的变化 \tag{15-1}$$

对一个稳定流动体系,上式可写成:

$$\Delta H + m\Delta u^2/2 + mg\Delta Z = Q - W_S \tag{15-2}$$

方程式的左方各项表示系统能量的变化,依次为焓、动能、位能的变化;右方的 Q 表示体系得到的热量(输入为正值),W_S 表示体系对外界做的轴功。在计算时,各项能量应使用相同的能量单位。

在很多情况下,动能和位能的变化与其他各项比较相对来说很小,一般都可以忽略。于是式(15-2)可简化为:

$$\Delta H = Q - W_S \tag{15-3}$$

在能量转换、传递的实际过程中,向体系提供的总能量 E_T 中有一部分 E_A 被有效地利用了,而总是有一部分 E_W 则被排弃到周围环境而耗散掉了,因此就有一个能量利用效率的问题。根据效率(η)的定义,可得:

$$\eta = (E_A/E_T) \times 100\% \tag{15-4}$$

在实际应用中常遇到的热效率、热功效率等,其计算的基本原理概源于此。但是由于具体情况不同或使用目的不同,往往对式(15-4)中的 E_A 和 E_T 所规定的含义会有所不同。

从上面的讨论中可以看到,热力学第一定律所考虑的只是能量的数量问题,并不涉及能量的质的问题。

二、热力学第二定律及应用

热力学第一定律指出了任何过程中的能量守恒这一客观规律,但是它并没有指出能量转变的方向和限度,而实际经验表明,这种限制是客观存在的。例如在能量平衡中,若以同样的单位来衡量,则一个单位的热与一个单位的功是相当的。但是若将能量以热的形式传递给一体系,令其做功,则不管所用的机器如何先进,都不能做到使全部传递的热量都转变为功。

热力学第二定律是阐明能量转变的方向和限度的规律,有多种表述方法。这里介绍两种最为普遍的表述:

(1)不可能从单一热源取热使之完全转变为有用功而不引起其他的变化。

(2)不可能把热从低温物体传给高温物体而不引起其他变化。

第一种表述并不是说热不可能转变为功,而是说除了热直接转变为功的那类变化外,不是在体系内就是在环境中必定有其他的变化发生。第二种表述也不是说热不可能从低温物体传给高温物体,而是强调这种过程是不可能自发进行的,例如冰箱的运转过程必须有外界加入的功。

根据热力学第二定律,一个在热源 T_1 和冷源 T_2 之间工作的热机从热源吸取的热量 Q_1 中,只能有一部分转变为功,而剩余的一部分热量 Q_2 则排到冷源中去,即:

$$W = Q_1 - Q_2 \tag{15-5}$$

通过推导可以证明,对工作在两个温度(T_1 和 T_2)的可逆机:

$$W/Q_1 = (T_1 - T_2)/T_1 \tag{15-6}$$

式(15-6)表示了可逆机的热功效率。由此式可见,欲使此热机的热功效率趋近于100%,其唯一的条件是 T_1 趋于无穷大,或 T_2 趋于零。实际上这两个条件都不可能达到。所以,所有的热机都在远低于100%的效率下操作。例如现代蒸汽动力装置的效率大约只有35%。

由于 $W = Q_1 - Q_2$,故式(15-6)可以写成:

$$Q_2/Q_1 = T_2/T_1 \tag{15-7}$$

考虑到习惯上规定体系吸收的热量为正,排出的热量为负,此式可写成:

$$Q_1/T_1 = -Q_2/T_2 \tag{15-8}$$

必须注意以上各式中的温度 T 都是指绝对温度。

若对可逆过程,定义 Q/T 为熵,以符号 S 表示,则:

$$\Delta S_{总} = Q_1/T_1 + Q_2/T_2 = 0 \tag{15-9}$$

此式表明,对可逆过程,其总熵变(体系的熵变 + 环境的熵变)等于零。

对不可逆过程,其总熵变总是大于零,为正值。因此,热力学第二定律提供了一个很重要的原理:一切自发过程都是向着总熵增大的方向进行,随着过程趋近于可逆过程,总熵变趋近于极限值——零。即一切自发过程的 $\Delta S_{总} \geq 0$,而总熵变为负值的过程是不可能发生的。

熵是一个状态函数,对于一个体系的可逆过程,其熵变:

$$dS = dQ_R/T \text{ 或 } \Delta S = \int dQ_R/T \tag{15-10}$$

式中,dQ_R 表示在可逆过程中体系与环境之间的微分量的热交换。

在前面讨论热力学第一定律时已知,对稳定流动体系有式(15-3),即:

$$\Delta H = Q - W$$

若此过程是可逆过程,则可写成:

$$\Delta H = Q_R - W_{max}$$

式中,Q_R 表示在可逆过程中供给体系的热量,W_{max} 表示体系在可逆过程中所做的功,也就是可能做的最大功。

由于 $Q_R = T_e \Delta S$,上式可以写成:

$$W_{max} = -\Delta H + T_e \Delta S \tag{15-11}$$

式(15-11)表示,对于稳定流动体系,在理想情况(可逆过程)下,体系所减少的能量(以焓表示)中只有扣除 $T_e \Delta S$ 后的那一部分能量才可用于做功。

如果以环境状态 e 为体系变化的最终状态,则对处于状态 1 的体系(例如某个物质),它所能做的最大功为:

$$W_{max} = -\Delta H_{1 \to e} + Q_{R, 1 \to e}$$

此时的 W_{max} 称为该体系在状态 1 下的"㶲"(Exergy)或"有效能",以 ϕ 表示:

$$\phi_1 = W_{max,1 \to e} = -\Delta H_{1 \to e} + T_e \Delta S_{1 \to e} \tag{15-12}$$

㶲的定义是:单位质量的物质从某个状态达到与周围环境(通常用 1atm、25℃或 298K 为基准,但也有用其他基准的)平衡时,它可能做的最大有用功称为该物质在该状态时所具有的㶲。由式(15-12)可见,在环境状态一定的条件下,㶲也是一个状态函数,它表示了物质处于某种状态下的一种热力学性质。

对于稳定流动体系,由式(15-12)可以推导出体系从状态 1 转变到状态 2 的过程中所发生的㶲的变化:

$$\Delta \phi_{1 \to 2} = \phi_2 - \phi_1 = \Delta H_{1 \to 2} - T_e \Delta S_{1 \to 2} \tag{15-13}$$

从以上讨论可以看到,物质所具备的能量包括有效能及不能用于做功的能,也就是说,热力学第二定律告诉我们,对用能过程进行分析时,不仅要注意它的量,而且还要注意它的质。与第一定律的能量守恒和热效率的概念有所区别,在用能过程的分析中第二定律指导人们去分析㶲的平衡以及㶲的利用效率。下面再举例说明。

某热电厂出售电力和 10kgf/cm² 饱和蒸汽。如果都以 1000kJ 计算,则相当于 0.277kW·h 电或 0.373kg 蒸汽。按 1000kJ 的能量计算,热电厂出售电力的价格要比蒸汽售价高一倍以上。但是用户并不会由此售价的差别而抱怨电力的售价太高,相反的还乐于接受。原因就在于这两种能量虽然在量上相等,但却有质量高低之分。电力之所以优质在于这 1000kJ 的能量几乎可以全部转化为有用功。若考虑传导时的电阻和机械的效率,有 90%~95% 的能量可以转化为有用功。而对于 1000kJ 的 10kgf/cm² 饱和蒸汽,理论上最多只能有 32% 的能量可以转化为有用功。

下面再分析一个冷、热流换热过程的能量转换情况。

设在换热过程中没有热损失,于是热流给出的热量全部传给了冷流,即:

$$-\Delta H_{热} = \Delta H_{冷}$$

也就是说,从热力学第一定律来看,能量没有损失。

再从㶲的利用率角度来看,在传热过程中,热流和冷流的有效能变化分别为:

$$\Delta \phi_{热} = \Delta H_{热} - T_e \Delta S_{热}$$
$$\Delta \phi_{冷} = \Delta H_{冷} - T_e \Delta S_{冷}$$
$$\Delta \phi_{总} = (\Delta H_{热} + \Delta H_{冷}) - T_e (\Delta S_{热} + \Delta S_{冷})$$

由于没有热损失,方程式右方的第一项为零,又由于实际的过程的总熵变总是大于零,即右方的第二项中的 $\Delta S_{热} + \Delta S_{冷} > 0$,因此,$\Delta \phi_{总} < 0$。即在没有热损失的情况下,冷、热流之间进行换热时,㶲总是有损失的。在这里,㶲的损失是由于高温位热能转化为低温位的热能而造成的。换句话说,虽然能量的数量没有变化,但是能量的质量降低了,㶲的损失就是反映了在此过程中能质降低的程度。冷、热流换热过程的进行情况离可逆过程越远,或者说是传热温差越大,则㶲的损失也就越大。

从以上讨论可见,从热力学第一定律引出的热效率虽然已广泛应用于用能过程的分析,但是它是不够全面的。为了更深入地分析用能过程、挖掘节能潜力,除了运用第一定律引出的热效率之外,还有必要利用从第二定律引出的㶲效率这一概念来分析用能过程。

三、三环节能量结构模型

华贲等根据能量在过程系统中的作用并通过追踪其变化入手,提出了三环节能量结构模型,即把总的用能过程分为三个环节:能量的传递和转换、能量的工艺利用、能量的回收利用。

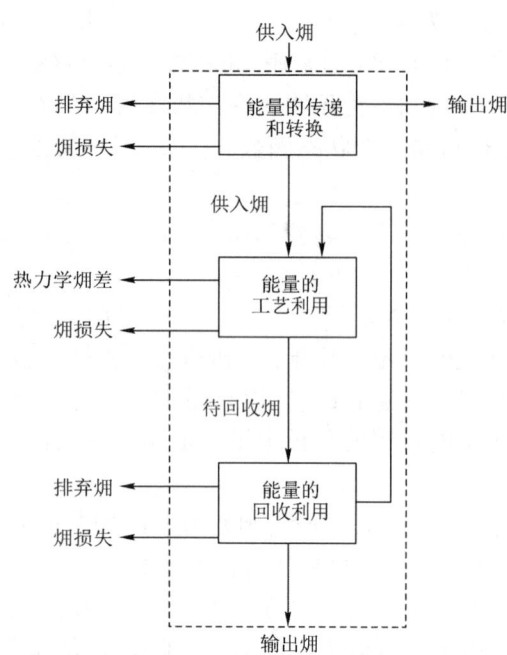

图 15-1　用能(㶲)三环节

下面对这三个环节分别作一简要描述。

1. 能量的传递和转换

供给炼油厂或生产装置的能量包括燃料、电力、热量(包括蒸汽)等。能量在传递的过程中会有损失。例如在电力传输时,在变压器和传输导线中都会有损失;在蒸汽热力管网中会有散热、压降、排凝等损失;在电能、燃料的化学能等转化为工艺过程所需的热和功等形式的能量时也会产生明显的能量损失。

供入的能量扣除上述的各项损失后才是有效的供入能量。

2. 能量的工艺利用

从能量传递和转换环节得到的有效供入能量是保证工艺过程赖以完成的能量,或可称为工艺用能。工艺用能是整个用能过程的中心环节,一般情况下它对能量利用的水平起着决定性的作用。尽管供给工艺过程使用的工艺用能的数量很大,但是在完成工艺过程的任务,或者说完成原料转化为产品的任务所实际消耗的能量常常并不是很大,它主要表现为产品与原料之间的物理能差和化学能差,总称为热力学能差或热力学能耗。例如,精馏塔的原料与分离产品之间的热力学能差是很小的。即使对强吸热反应,其产物与原料之间的热力学能差在总的有效供入能量中也只占一个很小的比例。有效供入能量中的大部分主要是被产品带出,另有一部分则可能在工艺过程内部循环使用,例如精馏塔的回流热、催化裂化装置内循环催化剂携带的部分焦炭燃烧热等。

3. 能量的回收利用

工艺过程排出的产物及其他排弃物常具有较高的温位,或有较高的压力,或其中某些组分具有可利用的化学能等,这些能量都应予以回收利用以减少能耗。所回收的能量部分在本工艺过程循环使用,部分则输出作其他用途。

以上三个用能环节也可以从热力学第二定律的观点以㶲(有效能)平衡来表示,如图 15-1 所示。

四、夹点技术

1. 洋葱模型

在夹点技术中,系统的分解及其层次特性可采用如图 15-2 所示的洋葱模型表示。模型核心的最内层为反应子系统,其次为分离子系统,第三层为热回收子系统即换热网络,第四层为公用工程子系统,最外层为"三废"处理子系统。在核心的反应器设计完成后,就确定了分离系统设计的条件,可以此为依据设计分离系统;反应系统与分离系统设计共同定义了过程加热、冷却负荷,在此基础上进行换热网络的设计;不能由热回收提供的加热、冷却负荷则决定了公用工程的需要量;最后系统产生的"三废"处理后排放。

2. 复合曲线和总复合曲线

在 $T—H$(温—焓)图上分别作出热、冷物流的复合曲线,热复合曲线在冷复合曲线的上方,并在水平方向上相互靠拢,当两复合曲线在某处的垂直距离刚好等于指定的最小温差 $\Delta T_{\min}$ 时,则该处即为夹点,如图 15-3 所示。

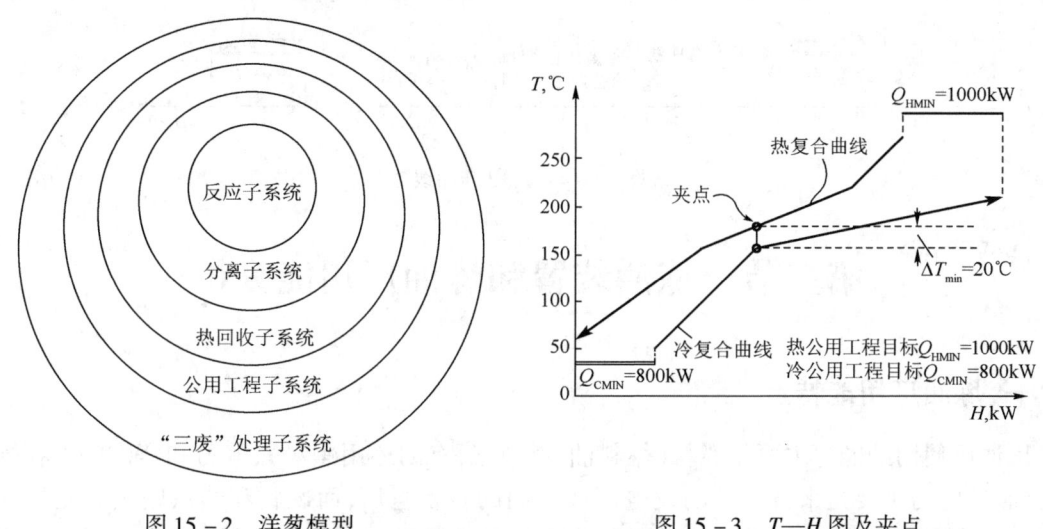

图 15-2　洋葱模型　　　　　　图 15-3　$T—H$ 图及夹点

通过该 $T—H$ 图,可以确定在指定的 $\Delta T_{\min}$ 下,换热网络所需的最小热公用工程量 Q_{HMIN} 和最小冷公用工程量 Q_{CMIN}。夹点把过程系统按温位分隔成两个区域,夹点上方只有冷、热物流间的换热和加热公用工程,没有任何热量流出,可看成是一个净热阱;夹点之下是冷端,只有冷、热物流间的换热和冷却公用工程,没有任何热量流入,可看成是一个净热源。

夹点具有两个特征:一是该处热、冷物流间的传热温差最小,刚好等于 $\Delta T_{\min}$;二是该处(温位)过程系统的热流量为零。

夹点技术的核心是三条基本原则:第一,应该避免有热流量通过夹点;第二,夹点上方应该避免引入公用工程冷却物流,即不应设置冷却器;第三,夹点下方应该避免引入公用工程加热物流,即不应设置加热器。如违背上述三条基本原则,就会增大公用工程负荷及相应的设备费用。

从冷热复合曲线可以进一步获得总复合曲线:将冷复合曲线上移半个夹点温差,将热复合曲线下移半个夹点温差,然后再由同温度下两曲线上的横坐标相减即得该温度下总复合曲线的横坐标值,如图 15-4 所示。因此,总复合曲线以冷、热流体的平均温度为纵坐标,焓为横坐标。

在总复合曲线上,热流量为零的点即为夹点,夹点上方为热阱,夹点下方为热源。总复合曲线的实质是在 $T—H$ 图上描述出过程系统中热流量沿温度的分布,即它从宏观上形象地描述了过程系统中不同温位处的能量流,提供出在什么温位需要补充外加能量,以及在什么温位可以回收能量的定量信息。因此,总复合曲线是用于过程能量集成的有效工具。

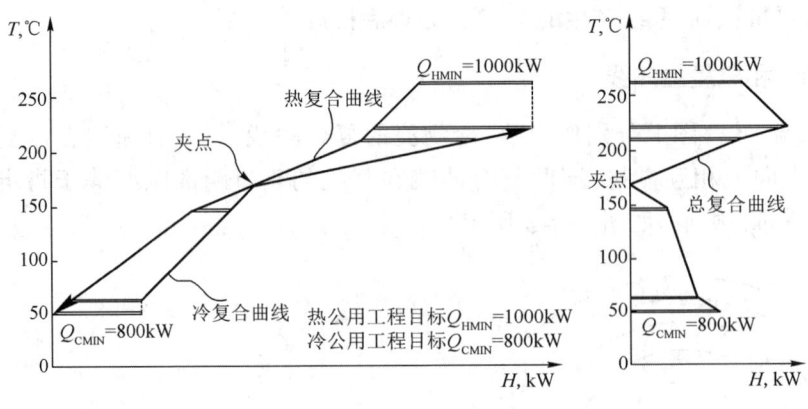

图 15-4　总复合曲线

第三节　炼油装置和炼油厂用能分析

一、炼油厂用能特点

炼油厂使用的能源主要是燃料(燃料油、燃料气,有的还用焦炭)、电力和蒸汽等。在国内的炼油厂,电力主要是来自厂外的发电厂或厂内的自备电厂,而燃料和蒸汽则主要是厂内自产。对某个工艺装置(或工艺过程)来说,作为能源的燃料、电力、蒸汽主要是外来的。在有些情况下,还可能有外来的部分热量,例如跨装置换热取得的热量等。

在工艺过程中,能量主要是通过热和功两种形式予以利用的。多数炼油工艺过程都必须将原料加热至某个温度,因而需要大量的能量。炼油过程几乎都是连续生产过程,要形成某压力下的连续流动的物流就必须对流体做功。因此,热和功是炼油厂用能的主要形式,在数量上占炼油厂用能的绝大部分。此外,化学反应过程或分离过程的产物与原料之间有化学能差,因而也要消耗一些能量,称热力学能耗。这部分能耗尽管在总能耗中所占的比例不大,但却是绝对必要的。

炼油厂的各种能源(燃料、电力、蒸汽)用于工艺过程(以热、流动功、化学能差等形式)时,必须通过能量的传递和能量形式的转换。在前几节的讨论中,已经知道在能量的传递和转换中不可避免地会带来㶲的损失。即使从热力学第一定律能量平衡的角度来分析,也会有能量损失。例如用电能驱动泵时,其转换为流动功的效率不可能达到100%,其中一部分能量最终以热的形式损失于环境大气中去。

炼油工艺过程排出的物流(产物或废料)一般具有较高的温位或可以利用的化学能,而且大多数是传热性能好而又易于传输的流体,因此,应从这些排出的物流尽可能地回收其中的能量。例如,原油蒸馏塔的侧线馏出物和塔底渣油都具有较高的温位,而进入储罐又必须降至较低的温度,因此从中可以回收利用相当可观的热能。又如催化裂化再生器排出的烟气不仅具有较高的温度(一般为 600~700℃),而且还可以利用其中 CO 的化学能(每千克 CO 燃烧成 CO_2 时可产生 10.13MJ 的热量)。从工艺过程排出物料中回收利用能量对减少能源消耗有很重要的实际意义。

二、炼油装置的能流图和㶲流图

一个炼油装置通常是一个比较完整的工艺过程,它由多个单元过程组成。对炼油装置用能分析时,可以对各环节的用能情况进行计算分析后,作出能流图,这样做可以更清晰地揭示装置的用能情况,并以便于进行综合分析。

下面以某个催化裂化装置为例予以说明。表 15-2 是该装置的能量平衡分析汇总表,图 15-5 是在汇总数据的基础上绘制的装置能流图。

表 15-2 某催化裂化装置的能量平衡分析汇总表

环 节	项 目	能量,MJ/t	有效能,MJ/t
供入能	燃料+焦炭	1953.5	1953.5
	水蒸气	1235.6	494
	电力	179.6	179.6
	热	137.5	36
	合计	3506.2	2663.1
传递转换	排弃损失	530	207.9
	过程有效能损失	—	901.3
	输出动力	16.8	16.8
	输出蒸汽	1320.6	451.6
	转换效率,%	84.9	58.3
工艺利用	有效供入	1638.7	1085.5
	回收循环	979.5	314.3
	总供入	2618.2	1399.8
	热力学能耗	262.5	293.4
	过程有效能损失	—	335.2
	其他损失	113.9	31.4
	过程利用效率,%	95.6	52.9
回收利用	待回收	2241.8	739.8
	回收循环	979.5	314.3
	回收输出	253.4	47.6
	排弃损失	1009.1	128.8
	过程有效能损失	—	249.1
	回收率,%	55	48.9
	净能耗	1914.5	2147.1

从图 15-5 可以清楚地看出供入能量的组成以及这些供入能量在传递转换、工艺利用和回收利用三个环节中的使用和损耗情况。

由图可见,由于能量传递和转换中的损失,全部供入能量中只有 84.9% 可供工艺过程使用。如果把回收循环使用的能量也计算在内,则总的工艺用能中只有 20.9% 是用于裂化反应等原料转化为产物过程的热力学能耗,而其余约 80% 的能量都是由产物或其他物流带出,因而必须要予以回收利用。在这部分能量回收的过程中,其中 15.1% 是散热损失和某些物流的

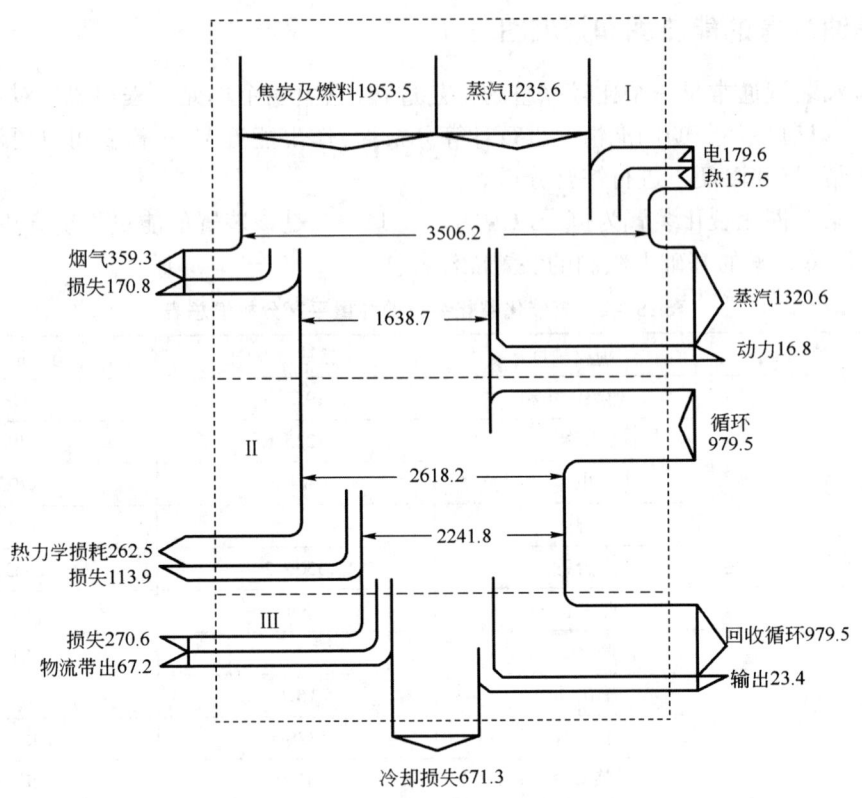

图 15-5　某催化裂化装置的能流图(单位:MJ/t)

排弃等直接损耗,29.9%则是由冷却水或冷却空气带走,最终损失于大气环境中,只有55%的能量得到回收利用。

从图 15-5 还可以看到,供入能量的数量取决于工艺用能的数量,而绝大部分的工艺用能则转变为待回收的能量。能量的回收效率不可能达到100%,因此,供入的能量越多,损耗的能量也越多。由此可见,减少工艺用能的需要量是改善用能过程的关键。

图 15-5 只是给出了整个装置的用能概貌,在具体研究如何改善用能状况时常常还需要进一步详细的分析。此时,可以以注明物流量和操作条件的工艺流程图为基础,围绕某个主要设备或某个子系统再作详细的能流图。

上述能流图是以热力学第一定律为理论基础的,它只反映了能量在数量上的守恒关系,并没有反映能量在质上的变化,因而难以揭示用能过程的合理性。例如,有两台锅炉,一台产生3MPa压力的蒸汽,另一台产生低压蒸汽。如果两台锅炉的热效率相同,则在能流图上看不出两者有什么明显的差别。但是从热力学第二定律来看,在消耗同样多的燃料时,第一台锅炉产生的蒸汽有较高的㶲值,而第二台锅炉产生的蒸汽的㶲值则较低。如果将第一台锅炉产生的中压蒸汽通过背压透平做功,同时排出低压蒸汽,则同样的燃料就多做了功,即燃料的利用效率提高了。因此,考察用能过程中的㶲的变化能更深入地揭示用能过程的合理性。从理论上来说,㶲损耗是过程的不可逆程度的反映。能量的传递、转化过程都是不可逆过程,因此必然伴有㶲损耗,只是其数值的大小取决于过程的不可逆程度。因此,对用能过程进行㶲平衡分析可以考察哪些㶲损耗是合理的,哪些是不合理的,从而找出节能的途径。

图 15-6 是上述催化裂化装置的㶲流图,它与图 15-5 的能流图是相对应的。与能流图相比,㶲流图中也有由于散热损失及物流排弃等原因引起的直接㶲损失,只是在数值上不同。例如,对能量转换环节,能流图中的转换效率为 84.9% [(3506.2 - 359.3 - 170.8)/3506.2],而㶲流图中则只有 58.0% [(2663.1 - 207.9 - 910.3)/2663.1]。这是因为能流图并没有考虑散热和排弃所损失的能量是能级较低的能量。

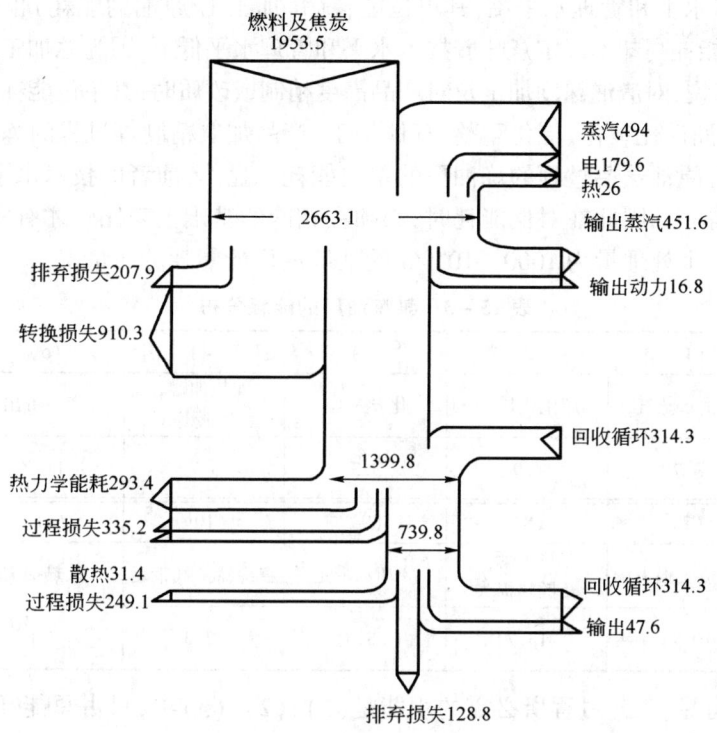

图 15-6 某催化裂化装置的㶲(有效能)流图(单位:MJ/t)

两种图之间的最主要的差别在于㶲流图中表示了在各个用能环节中由于能量的传递和转化引起的㶲损耗,这表明在这些用能环节中发生了能级降低的变化,而这一点在能流图中则完全没有反映。从两图表示的转换环节和工艺用能环节的利用效率比较可以明显地看到这些差别。

在实际工作中,能流图和㶲流图都是有用的。由于技术水平的限制,有些㶲损耗较大的过程暂时还难以改变,而有些㶲损耗不大的过程却可能用现有技术不难予以改善。例如,在图 15-6 中,产物带出的㶲只占总供入㶲的 4.8%(128.8/2663.1),似乎节能的潜力不大,但在能流图(图 15-5)中却可以看到产物带出的热量占总供入能的 21.1% [(671.3 + 67.2)/3506.2],这部分能量还有回收利用的潜力。因此,利用两种图互为补充的特点可以更全面深入地剖析用能过程。

原油及其馏分都是十分复杂的混合物,缺乏详细的组成分析数据及所有组分的热力学数据。因此,欲准确计算每个物流在流程中某一点上的㶲值是很困难的。为解决此困难,可以采用只计算进、出某个设备或某个系统的物流的㶲差或㶲损耗,这样可以避免计算原料和产物本身的㶲时遇到的困难。对于化学反应的㶲变化则可以近似的由反应热计算。在进行㶲分析计算时,在计算精度允许的范围内,应尽可能采用一些合理简化的方法。

能流图和㶲流图也可以用于整个炼油厂。炼油厂内除了生产装置外还有公用工程系统和辅助系统,如储运系统、供气、供风、供水系统、锅炉及蒸汽管网、污水处理系统等。虽然生产装置的用能占据主导地位,但是在对全厂的用能情况进行分析、统筹规划时,这些系统也应考虑在内。

各个炼油厂的构成不同,技术水平和管理水平也各异,因此其能耗分布也会有差别。但是对多数炼油厂来说,其间也有相似之处。

炼油厂的技术水平和管理水平高,其单位能耗(每加工1t原油的能耗)也会低。但反过来说,炼油厂的单位能耗高却不一定意味着技术水平和管理水平低下,因为总加工流程可能会有很大的差异。一般来说,对渣油深度加工及对产品高度精制或改质时,其单位能耗自然会较高。例如,一个包括了重油催化裂化、催化重整、气体加工、产品加氢精制等过程的炼油厂的单位能耗肯定高于一个只有原油蒸馏过程的炼油厂的单位能耗。显然,前者的技术水平比后者高得多,其产品价值也高得多。因此在对比能耗时,必须在相同的基础上来比较才有实际意义。

表15-3是一个处理量为1000×10^4t/a的某炼油厂的能耗分布情况。

表15-3　某炼油厂的能耗分布

序号	(1)	(2)	(3)	(4)	(5)	(6)
项目	产生水蒸气	产生机械功	化学反应	加热油罐、取暖等	产品带出	物料损失
占总能耗的百分比,%	3.7	4.9	3.3	3.7	11.2	0.1
序号	(7)	(8)	(9)	(10)	(11)	(12)
项目	水蒸气损失	加热炉烟气及散热损失	冷却水带走	空冷器空气带走	散热损失	其他
占总能耗的百分比,%	0.7	13.7	38.3	12.3	7.1	1.0

由表15-3可见,工艺过程所必需的用能是(1)、(2)、(3)项,只占总能耗的11.9%,即使再加上(4)、(5)项,也只是26.8%,这个数字里也包含了一些损失。其余的73.2%都是损失,占总能耗的2/3以上。在这些损失中,(8)、(9)、(10)项最为重要,这三项损失之和占总能耗的64.3%。应该说,从这三项损失中回收能量是该炼油厂节能工作的重点。减少(8)项的损失主要是提高加热炉的热效率,而减少(9)、(10)项损失则主要是优化换热流程和发展低温热源的利用技术。

图15-7是某炼油厂的总能流图。该厂进入的能源的形式是燃料的化学能、催化裂化焦炭的化学能和电能。其中锅炉和加热炉燃料的化学能占很大比例,为76.3%。这种情况在多数炼油厂也都是如此。催化裂化焦炭是催化裂化反应过程中的产物,它最终也还是来源于原油,也应计入供入能。此项焦炭的化学能占总供入能的比例达19.1%,不容忽视。

供入能在传递和转换环节中的能量损失占供入能的27.8%,这主要是锅炉和加热炉的热损失引起的。因此,提高锅炉和加热炉的热效率对节能有重要意义。再生器排出烟气的温度相当高(600~700℃),如果没有烟气能量回收设施,则焦炭的化学能的利用效率是很低的。在以渣油为原料的催化裂化过程中,焦炭产率更高,如何提高焦炭的化学能的利用效率更有重要的意义。

供给工艺过程使用的能量包括有效供入能和回收循环用能。实际上,为完成原料转化为产品所必需的热力学能耗是很小的,只占总工艺用能的5%,其余95%的能量主要是由工艺物流带出而待回收利用。这种情况再一次说明革新工艺过程是减少能耗的关键。

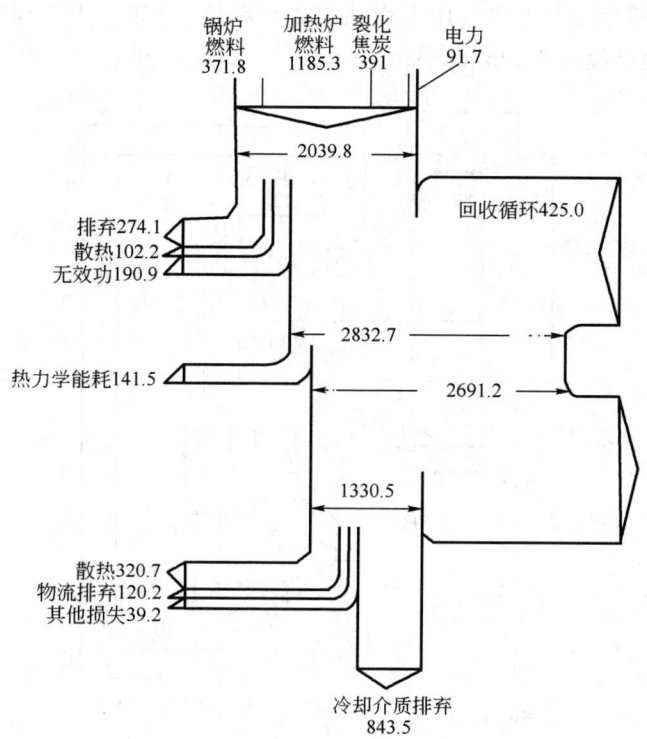

图 15-7 某炼油厂的总能流图(单位:MJ/t)

在能量回收环节,能量回收率为50.5%,其余的49.5%中,有18.1%是各种损失,包括散热损失、物料排弃损失等,余下的31.4%是产品冷却时由冷却水、冷却空气带走的热量。如果低温位热能可以部分利用,则还可能从这31.4%的能量中回收利用一部分能量。

如果从热力学第二定律的观点来分析㶲损耗分布,则上述三个环节的㶲损耗的比例关系将会有较大的变化。在供入能的传递和转化环节中的㶲损耗比例将会有较大的增长,这是因为供入能源(燃料、焦炭、电力)都有很高的能级,在转化为功及温位不太高的热时都会发生很大的㶲损耗。相反,冷却介质排出所产生的㶲损耗的比例将会大为减小,这是因为这部分热量的温位较低,能级也低。因此,从㶲损耗的分析来看,最根本的节能途径是减少供入的一次能源,以及设法降低供入能转化时的㶲损耗。

三、换热网络的节能潜力

当对一个现行的换热网络进行分析时,通常会考虑以下几个问题:(1)现行的换热网络是否合理?(2)若不合理,哪些用能环节不合理?(3)系统有多大的节能潜力?(4)应如何进行节能改造?

要回答这几个问题,可以根据夹点技术所确定的能量目标及其第二节中所给出的三条原则:(1)夹点之上不应设置任何公用工程冷却器;(2)夹点之下不应设置任何公用工程加热器;(3)不应有跨越夹点的传热。

下面通过一个简单的例子来分析一个已有的系统,并回答上述四个问题。

图 15-8 给出了一个简单的化工过程系统,由两个反应器、一个精馏塔和几个换热器组成。该系统中的所有余热都已进行了回收,最后排给冷却公用工程的废热的温度只有70℃。

此时,系统换热网络部分需要加热公用工程共 102 个单位,冷却公用工程共 60 个单位。这是一个看起来能量利用已经非常合理的系统。

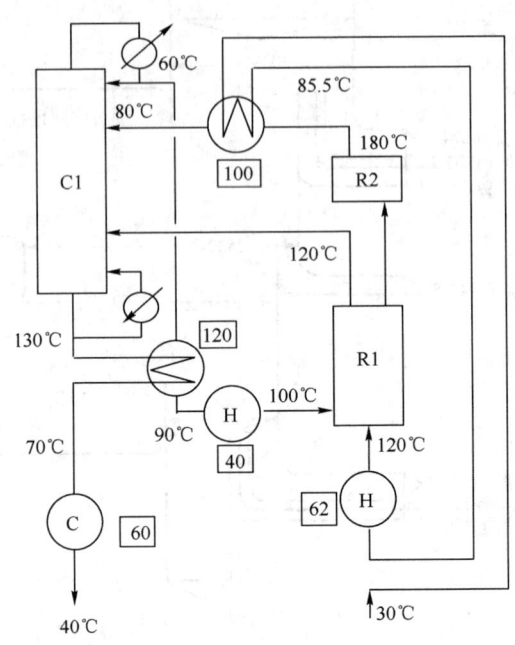

图 15-8 现行换热网络的分析

提取该过程的物流数据,如表 15-4 所示。

表 15-4 图 15-8 的物流参数

物流编号	物流类型	热容流率 C_P,kW/℃	供应温度,℃	目标温度,℃
1	热流	1.0	180	80
2	热流	2.0	130	40
3	冷流	1.8	30	120
4	冷流	4.0	60	100

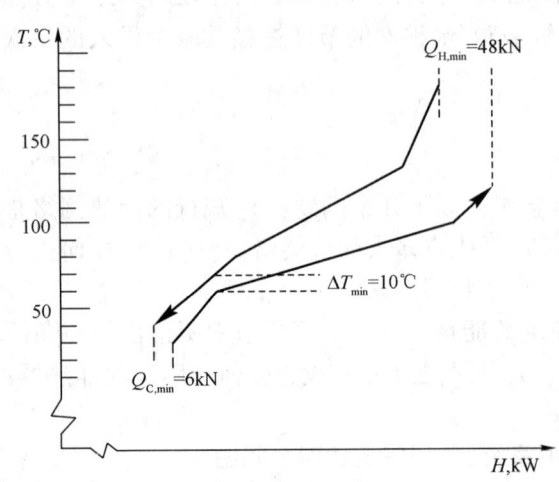

图 15-9 换热网络的夹点位置和能量目标

现行换热网络的最小温差为 10℃,出现在热流 2 与冷流 4 换热的换热器中。取夹点温差为 10℃,对该物流数据做出复合曲线求解,如图 15-9 所示,求得夹点位置在热流温度 70℃、冷流温度 60℃ 处,能量目标为:最小加热公用工程为 48 个单位,最小冷却公用工程为 6 个单位。

现在可以回答前面提出的第一个问题和第三个问题。首先,图 15-8 所示的能量系统是不合理的,其节能潜力可粗略地用下式计算:

节能潜力 = 实际加热公用工程量 - 最小加热公用工程量

故其节能潜力为 102 - 48 = 54 个单位,高达 53%。

如果要精确计算换热网络的节能潜力,分别计算加热公用工程的节能潜力和冷却公用工程的节能潜力如下:

加热公用工程节能潜力 = 实际加热公用工程量 - 最小加热公用工程量

冷却公用工程节能潜力 = 实际冷却公用工程量 - 最小冷却公用工程量

然后根据各公用工程所用的能量形式,乘以各自的折标系数后相加。由于本节的示例中,冷却公用工程为冷却水,比加热公用工程的费用低得多,故在粗略计算中,忽略了冷却公用工程的节省潜力。

第二个问题和第四个问题的回答要依赖于前面所提的三条原则。

首先检查有无夹点之上的冷却器。系统中只有一个冷却器,把热流 2 从 70℃ 冷却到 40℃,全部在夹点之下。故不存在夹点之上的冷却器。

然后检查有无夹点之下的加热器。系统中有两个加热器,一个把冷流 3 从 85.5℃ 加热到 120℃,另一个把冷流 4 从 90℃ 加热到 100℃。可见,这两个加热器均在夹点之上。故不存在夹点之下的加热器。

最后检查有无跨越夹点的传热。系统中有两个换热器,一个是热流 2 与冷流 4 的换热,热流 2 从 130℃ 降温到 70℃,把冷流 4 从 60℃ 加热到 90℃;另一个是热流 1 与冷流 3 的换热,热流 1 从 180℃ 降温到 80℃,把冷流 3 从 30℃ 加热到 85.5℃。可见,在热流 1 与冷流 3 的换热中发生了跨越夹点的传热,该跨越夹点的传热量为 (60 - 30) × 1.8 = 54 个单位,正是本系统的节能潜力。

这样,就回答了第二个问题,系统用能不合理的环节出现在热流 1 与冷流 3 的换热中,发生了 54 个单位的跨越夹点的传热。

最后一个问题仍然依赖前面所提的三条原则来回答,即冷流 3 在夹点之下部分(从 30℃ 到 60℃)的加热不能用夹点之上的热流,只能用夹点之下的热流,即只能用 70℃ 以下的热流 2。

最后得到优化改造后的系统,如图 15 - 10 所示,只增加一个换热器,就回收了 53% 的热量,使系统换热网络达到了能量目标。

实际的化工系统要比图 15 - 8 中的系统复杂得多,但分析的方法和步骤完全一样,只

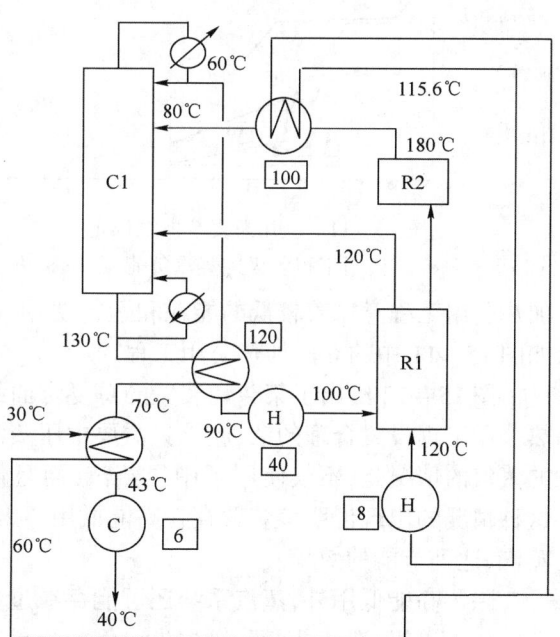

图 15 - 10 对图 15 - 8 系统换热网络的改造

是最后能量回收方案的确定要考虑现场实际因素,不是这样简单。

四、蒸汽动力系统分析

蒸汽动力系统是石化企业的重要组成部分,它消耗燃料和电力,为整个生产过程提供蒸汽、电力、冷却水、冷冻介质等公用工程。蒸汽动力系统是否合理,直接决定企业的能耗水平。

过程系统中的冷、热流体通过换热回收热量后,仍需蒸汽动力系统提供加热公用工程和冷

却公用工程,这些加热公用工程和冷却公用工程往往都是多级的。此外,任何企业的生产还需要动力,因此许多企业都有自己的自备电站。此时,应该使动力的发生与热能的供应结合起来,而最有效地利用燃料。

在蒸汽动力系统分析中,常用的工具不是冷热复合曲线图,而是第二节中介绍的总复合曲线图。由于温位高的加热蒸汽其㶲值和价格要比温位低的加热蒸汽高,而温位低的冷却介质其㶲值和价格要比冷却水贵得多,所以,在实际工程应用中合理采用不同温位的多级公用工程会提高能量利用效率且更经济。总复合曲线表明了整个系统所需与外界交换的热量和温位,是分析多级公用工程配置的重要工具。

在夹点之上,为了减少加热公用工程的费用,根据总复合曲线应选择尽量接近净热阱的加热公用工程级别。

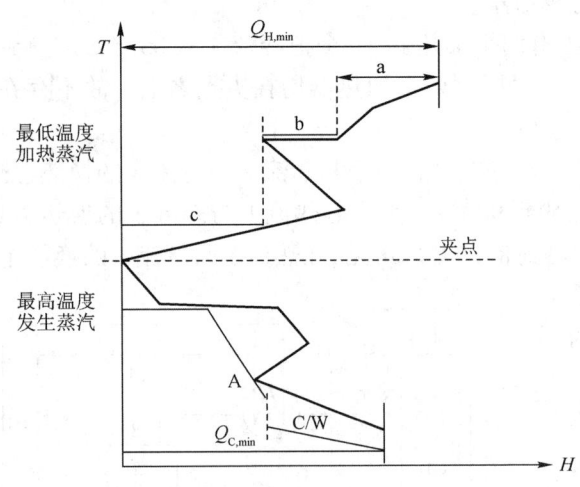

图 15-11 应用总复合曲线确定
公用工程各级别蒸汽负荷

对于采用蒸汽作为加热公用工程的情形,由于通常利用其热量中的潜热部分,故在 $T—H$ 图上表示出来为一条水平线。例如图 15-11 所示的总复合曲线,若可采用三种级别的加热蒸汽,则可按图示的方式选择(即图中的 a、b、c 三级)。图 15-11 中的 a、b、c 三条线段,表示了三级不同温度的加热公用工程,其纵坐标表示了公用工程的温度(注意,图上是平均温度,真实温度应加上半个夹点温差),其长度表示了所需要的公用工程的热量。

通常在设计时,当夹点之上存在"口袋"时,由于在"口袋"所在的温度区间,所需加热公用工程量保持不变,而较低温度的加热公用工程意味着较低的能耗和运行费用,故常在"口袋"底部选择一级加热公用工程,例如图 15-11 中的 c 段加热公用工程。

图 15-12 给出了某芳烃装置的总复合曲线,如图中实线部分所示。在夹点上方,如果加热公用工程设置合理的话,应该只需要中压蒸汽,如图中水平点画线所示。但该装置实际使用的蒸汽的情况是,不仅使用了中压蒸汽,而且使用了 4449kW 的高压蒸汽,如水平虚线所示。这种情况的出现说明该装置存在高能低用。因此,所有使用高压蒸汽的加热器,均可改用中压蒸汽,达到节能的效果。

除了高能低用外,蒸汽系统还可能存在过多蒸汽通过减温减压器从上一级压力等级到下一级压力等级,造成能量降级损失。例如如果一股过热蒸汽从 1.726MPa 及 315℃ 经绝热节流膨胀至 0.686MPa,现计算此过程的㶲变化。

流体的绝热节流膨胀是一个等焓过程。据此由热力学函数关系可计算得节流后的温度为 303℃。已知节流前后的温度和压力,可以从水蒸气表中查得节流前后的焓和熵值如下。

状态	压力,MPa	温度,℃	焓,kJ/kg	熵,kJ/kg
节流前,1	1.726	315	3065.7	6.91
节流后,2	0.686	303	3065.7	7.32

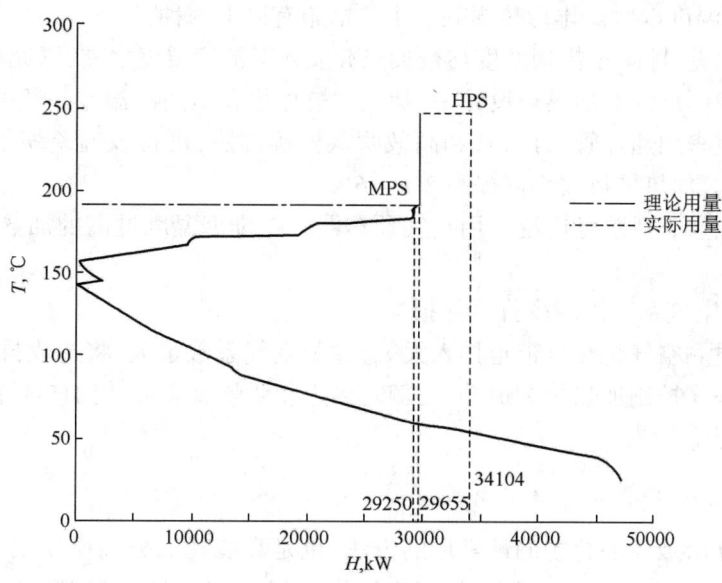

图 15-12　某芳烃装置各等级蒸汽用量分析

此节流过程的有效能变化为：

$$\Delta\phi = (H_2 - H_1) - T_e(S_2 - S_1) = 0 - 298 \times (7.32 - 6.91) = -122.18(\text{kJ/kg})$$

从计算结果可见，过热蒸汽经节流膨胀后，其焓虽然不变，但其㶲却下降了，即其能质降低了。炼油厂中有些高压水蒸气或气体无谓地节流降压，从能量的数量来看，似乎没有损失，但其实其质量已经降低了，实际上也是增大了能耗，因为白白地丧失了一部分可以回收的功。

夹点之下冷却公用工程的设置情况，分两种情况考虑：第一种，采用冷量的情况。为减少操作费用，应将环境介质的冷却公用工程用到最大，以减少低温冷量的用量。第二种，夹点温度较高，在这种情况下，净热源的温位足够高，应考虑用来发生蒸汽，以创造经济效益。图 15-11 夹点之下部分表示了用夹点之下净热源发生蒸汽以及用冷却水冷却的分配情况。发生蒸汽的过程由预热（斜线部分）和蒸发（水平线部分）组成，发生蒸汽的级别及流量可根据总复合曲线分析确定，如图 15-11 中的 A 点限制了发生蒸汽的量。

第四节　炼油厂节能途径

炼油厂合理用能、降低能耗对充分利用石油资源和降低生产成本有重要意义。本节主要结合近年来的节能工作发展需要简要地讨论炼油厂节能的主要途径。

一、单元设备的节能

1. 加热炉

加热炉是炼油厂消耗燃料的主要设备。提高加热炉效率，减少燃料消耗，对降低炼油厂总能耗具有重要意义。

加热炉中的加热过程大致可分成两步：燃料通过燃烧反应产生高温烟气，高温烟气再通过辐射、对流传热来加热另一个物流。

目前加热炉的节能途径主要有：

(1) 降低排烟温度以减少排烟热损失。主要措施有以下两种：

① 减小末端温差，即减小排烟温度与被加热介质入对流室温度之差，以充分利用对流室加热工艺介质。在我国传统的加热炉设计中，烟气与被加热介质间的温差一般按 100~150℃ 选取。通过在对流室采用翅片管、钉头管和高效吹灰器等方法，可将该温差缩小到 50℃。与过去采用的温差相比，加热炉热效率可提高 2%~6%。

② 回收烟气热量。目前已广泛采用空气预热器。在排烟温度过高的加热炉，还可安装加热水装置。

(2) 降低过剩空气系数以减少排烟热损失。

由于排烟时过剩空气将热量带走排入大气，过剩空气系数过大，将造成排烟热损失增加。可以利用计算机程序控制加热炉烟道挡板，随时测定和调整氧含量，使加热炉能长期平稳保持在最佳工况下运行。

2. 精馏过程

精馏是分离互溶液体混合物的最常用的方法，也是高能耗的分离操作之一。精馏过程的㶲损失是由下列因素引起的：(1) 流体流动阻力造成的压力降；(2) 不同温度物流间的传热或不同温度物流的混合；(3) 相浓度不平衡物流间的传质，或不同浓度物流的混合。

在精馏过程中，从再沸器获得热量，从冷凝器排出热量。提供给再沸器的热量的温度应高于离开再沸器的蒸气的露点；从冷凝器中排出的热量的温度应低于液体的泡点。因此，可以假定再沸和冷凝是在恒温下发生，且两者之间具有一定温差，如图 15-13 所示。

但实际上，塔的总热负荷不一定非得从塔底再沸器输入，从塔顶冷凝器输出。沿提馏段向上，轻组分汽化所需热量逐板减少；沿精馏段向下，重组分冷凝所需的冷量也逐板减少。基于精馏塔的逐板计算，可得表征精馏塔能量特性的塔的总复合曲线（column grand composite curves，CGCC），如图 15-14 所示。单塔的夹点位置在进料处。

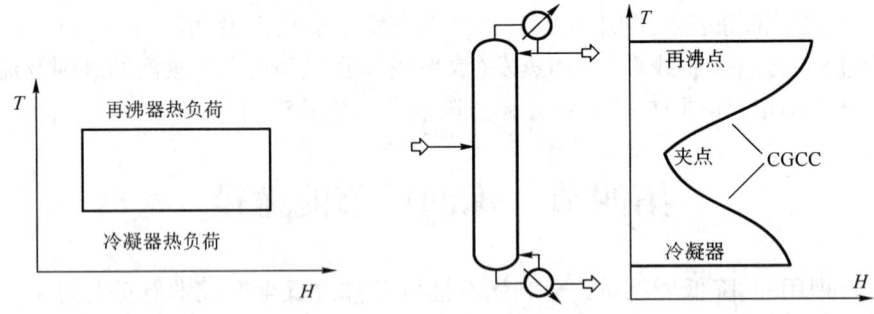

图 15-13 精馏塔 T—H 图　　图 15-14 多组分分离精馏塔的总复合曲线

图 15-14 显示了多组分分离精馏塔的总复合曲线，该曲线描述了实际接近最小热力学状况下精馏塔内能流沿塔板的分布。采用 CGCC 进行精馏塔的用能分析，可以为塔的用能优化提供改进目标，如进料位置改变、回流比改进、进料状况调整和中间再沸器/冷凝器的设置。在现有的流程模拟软件中已经具有绘制 CGCC 的功能，如在 Aspen Plus 精馏塔模块 RadFrac、MultiFrac、PetroFrac 中提供了生成板数—焓和温度—焓曲线的功能，在完成流程模拟的同时就能生成 CGCC，非常方便。

精馏过程有以下节能途径：

(1) 减小回流比。回流比是一个极其重要的工艺参数，精馏装置所需热能很大程度上取决于回流比,同时回流比还决定着塔板数的多少。在精馏塔的设计中,回流比的选择是一个经济问题,回流比增大,则能耗上升,而塔板数减少;回流比减小,能耗下降,但塔板数增多。所以要在能量费用和设备费用之间作出权衡。由于塔的设计时,回流比往往留有一定的裕量,因此在运行过程中,可以考虑通过减小回流比,达到节能的目的。此时,要以保证产品质量为约束。

图15-15(a)中 CGCC 夹点和纵坐标之间的水平距离表示塔的回流比减小目标。由图15-15(a)可知,该塔的回流比可以适当减小。当减小回流比时,CGCC 将向左移动,这样就同时减小了再沸器和冷凝器的负荷。为了保证分离效果,减小回流比的同时要增加塔板数。

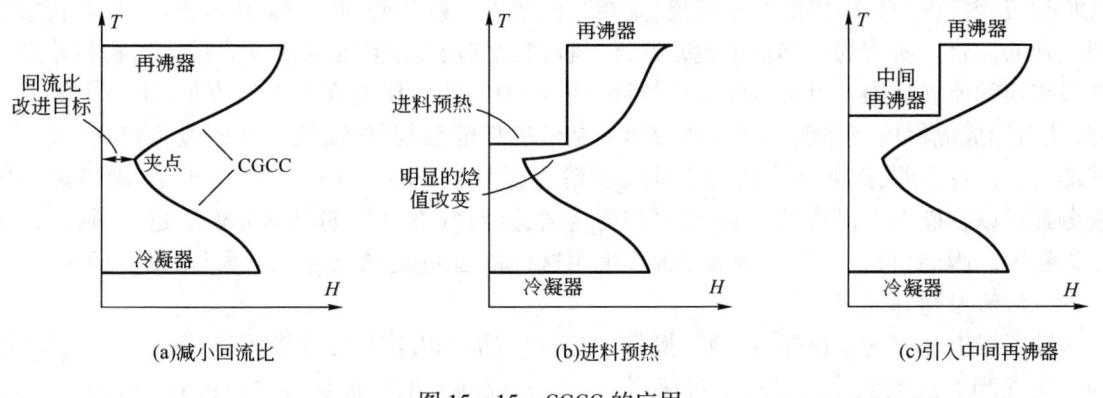

图15-15 CGCC 的应用

(2)预热进料。利用精馏塔采出液热能预热进料,以较低温位的热能代替了再沸器所要求的高温位热能,是低温位热能的有效利用方法。不适当的精馏塔进料将在进料位置附近导致一个明显的焓值变化。例如,过冷状态的进料将导致一个急冷,这将在再沸器一侧引起一个明显的焓变[图15-15(b)],这样就加大了再沸器中高温位公用工程负荷。对于这种情况,可以考虑对进料进行预热,这将减小再沸器的负荷,降低高温位公用工程的消耗。

(3)增设中间再沸器和中间冷凝器。温度是热能品质的度量,即使热负荷在数量上没有变化,如果温度分布发生了变化,就有可能减少不可逆损失。采用中间再沸器方式把再沸器加热量分配到塔底和塔中间段,采用中间冷凝器把冷凝器热负荷分配到塔顶和塔中间段,就是这样的节能措施。增设中间再沸器的条件是有不同温度的热源供用;增设中间冷凝器的条件是中间回收的热能有适当的用户,或者是可以用冷却水冷却,以减少塔顶所需制冷量负荷。

(4)塔釜液余热的利用。塔釜液的余热除了可以直接利用其显热预热进料外,还可将塔釜液通过闪蒸将显热变为潜热来利用。

(5)塔顶蒸气余热的回收利用。回收利用方法有:①直接热利用。通常产生低压蒸汽,在高温精馏、加压精馏中,用蒸汽发生器代替冷凝器把塔顶蒸气冷凝,可以得到低压蒸汽,外供其他用户作热源。②余热制冷。采用吸收式制冷装置(例如溴化锂制冷机)产生冷量,通常产生高于0℃的冷量。③余热发电。用塔顶余热产生低压蒸汽驱动透平发电。

(6)多效精馏。采用高压塔的塔顶蒸气作为低压塔的塔底再沸热源,就构成了多效流程。两效精馏操作所需热量与单塔精馏相比较,可以减少30%~40%。

(7)热泵精馏。把塔顶蒸气加压升温,使其返回用作本身的再沸热源,回收其冷凝潜热。由于塔顶和塔底的温度差是精馏分离的推动力,而且塔板压力损失也加剧了塔釜温度的上升,所以,把塔顶蒸气加压升温到塔底热源的水平,所需能量很大。因此,目前热泵精馏只用于沸点相近的组分的分离,其塔底和塔顶温差不大。蒸汽加压方式有两种:蒸气压缩机方式和蒸气喷射泵方式。

(8)多股进料和侧线出料。当两种或多种成分相同但浓度不同的料液要分离成相同的产品,原料液可分别在适当的位置加入塔内(即多股进料)进行精馏。当需要用同一原料生产组成不同的多种产品时,可在塔内相应组成的塔板上安装侧线,抽出产品,即侧线出料。侧线抽出的产品可为塔板上的泡点液体或饱和蒸气。这种方式既减少了塔数,也减少了所需热量,是一种节能的方法。

(9)热偶精馏。如果从某个塔内引出一股液相物流直接作为另一塔的塔顶回流,或引出气相物流直接作为另一塔的气相回流,则在某些塔中可避免使用冷凝器或再沸器,从而直接实现热量的偶合。所谓的热偶精馏就是这样一种通过气液互逆流动接触来直接进行物料输送和能量传递的流程结构。也可以将完全热偶合结构中的两个塔并在一个塔壳里,用一个隔板分开,从而形成隔板塔。热偶精馏在热力学上是最理想的系统结构,既可节省设备投资,又可节省能耗。计算表明,热偶精馏比两个常规塔精馏可节能20%~40%。但由于主、副塔之间气液分配难以在操作中保持设计值;分离难度越大,其对气液分配偏离的灵敏度越大,则操作越难以稳定。因此,只有易分离体系才推荐采用这种精馏,但也要注意精心设计,以保证主、副塔中的气液流量达到要求。

除了以上介绍的途径外,在精馏操作中还可以通过以下方法节能:(1)进料板、出料板的最佳化;(2)在线最佳控制;(3)通过使用高效塔板或高效填料提高塔效率;(4)与其他分离法及其他装置组合使用,例如精馏—萃取、精馏—吸附、膜精馏等混合系统。

3. 机泵

炼油厂中使用着大量的泵、鼓风机、压缩机等流体机械,电能消耗量中的大部分都是用于驱动这些流体机械。作为流体机械节能的措施,提高流体机械本身的性能无疑是必要的。但是,在改善流体机械的效率、提高其可靠性和扩大其高效率稳定运转范围等方面已付出了巨大的努力,不能期望今后在性能上有大的突破。

另一方面,流体机械的运行方面,却存在较大的节能潜力。现状是:流体机械制造时按充分满足额定性能进行设计,使用者在选用时考虑管路阻力、流量变化等又留有余地,结果采用了大容量设备,运行中用关小调节阀来调节流量,造成了不必要的损失。

因此,炼油厂可以考虑通过以下途径达到流体机械的节能:(1)选用合适的流体机械;(2)合理选择流量调节方法。

4. 换热器

换热过程是炼油厂最重要的单元操作之一,而换热造成的㶲损失占石化生产总㶲损失的10%以上。换热过程㶲损失的原因主要有二:一是由于温差传热引起的传热㶲损失,二是流动阻力引起的㶲损失。因此,要减少换热过程的㶲损失,就要从这两个方面着手。

要减少传热㶲损失,首先要设法减小传热温差。减小传热温差,可以通过尽量采用逆流换热、增大传热面积、强化传热以提高传热系数来获得。但增大传热面积,使换热器的投资费用增加,同时也使摩擦损耗增大。增加流体的流速可以提高换热器内流体对流传热系数,但同时流动阻力将随流速迅速增加,动力消耗所需的运行费用也将随之增加。因此,在换热器的选型中,要兼顾传热与流动损失,兼顾节能与投资,进行技术经济比较。

二、精馏系统的节能

多元精馏通常需要多个塔,构成精馏系统。从节能的角度来看,多元精馏系统的流程优化应包含以下内容:(1)精馏塔排列顺序的优化;(2)塔系热集成,即精馏系统内各物流之间的换热组合;(3)精馏系统与换热网络的热集成。

1. 精馏塔序的优化

将含有 n 个组分的混合物分离成 n 个产物时,需用 $(n-1)$ 个简单精馏塔。这些精馏塔的排列顺序通常是按照塔顶产物的挥发度依次下降的原则来排列的。实际上,当 $n>2$ 时,可以有多种排列方案。例如 $n=4$ 时可有 5 个排列方案,$n=6$ 时则可有 42 个排列方案。我们可以从众多的可能方案中挑选出用能最省的方案,特别是当混合物中挥发度高的组分占多数时,选出一个节能效果显著的排列方案有更大的可能性。

对于多元精馏系统的优化,也可以将所有可能的排列方案列出,逐个给以技术经济评价,然后择其最优者。但是这种做法工作量太大,也太烦琐。通常可以根据一些经验性规则作出数目不太多的排列方案,再从中进行择优。

对于精馏塔次序的排列,可以提出如下的一些规则:(1)当关键组分的相对挥发度接近 1 时,分离过程应当在没有非关键组分的条件下进行。(2)塔顶产物与塔底产物的摩尔流量相接近的排列方案是有利的。(3)将各组分逐个依次从精馏塔顶馏出是有利的。(4)数量过大的组分应尽早分出去。

上述规则之间可能会出现矛盾,最终需根据技术经济评价来判断。

精馏塔排列顺序的选优与各物流之间热组合的选优是互相影响的,因为只有当热组合确定时才能最终确定哪个精馏塔排列顺序为最优,但是热组合的确定又必须以精馏塔排列方案为基础,这种耦合关系使得计算过程大大复杂化。

对有三个产物的精馏系统进行热集成研究,可以产生九种分离序列,这九种分离序列可分为两类:简单精馏序列和热耦合塔系。简单精馏序列由一股物流将两个简单塔连接起来,产生的序列包括直接序列、间接序列、分布序列;热耦合塔系由两股或多股气液物流将两个塔连接起来,产生的塔系结构包括侧线精馏塔系、侧线汽提塔系、预分馏塔系、Petlyuk 塔、分隔墙塔、部分耦合预分馏塔系。这九种分离序列的结构简图示于图 15-16 中。

从图 15-16 中可以看出,在直接序列中,第一个塔将最轻的产物作为馏出物在塔顶分离出来,塔底物流进入第二个塔进行分离;在间接序列中,第一个塔将最重的产物在塔底分离出来,塔顶馏出物进入第二个塔作进一步分离;在分布序列中,第一个塔对进料作初步分离后,塔顶、塔底物流分别进入第二个塔和第三个塔进行分离。在侧线精馏塔系中,主塔塔顶、塔底分别得到最轻、最重的产物,侧线采出气相物流进入侧线精馏塔,精馏后在塔顶得到中间产物;在侧线汽提塔系中,主塔塔顶、塔底分别得到最轻、最重的产物,侧线采出液相物流进入侧线汽提塔,汽提后在塔底得到中间产物;在预分馏塔系中,进料经初步分离后,塔顶气相物流和塔底液相物流分别进入主塔作进一步分离,在塔顶、塔底和侧线得到最终产物;Petlyuk 塔与预分馏塔系近似,只是预分馏塔的冷、热物流皆由主塔提供;分隔墙塔与 Petlyuk 塔在原理上是一样的,但其操作在一个塔中进行;部分耦合预分馏塔系与 Petlyuk 塔相近,不同的是预分馏塔的热源不由主塔提供,而由再沸器提供。

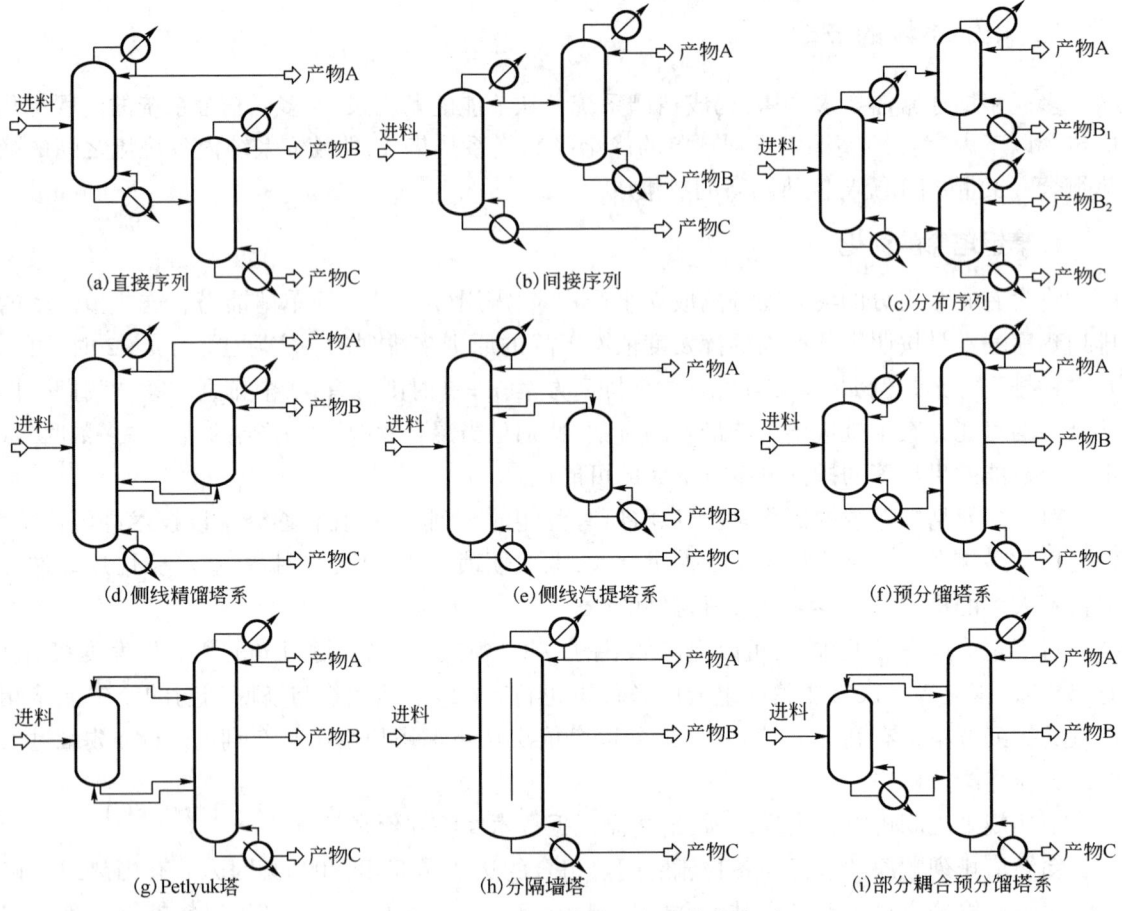

图 15-16 三个产物精馏的九种分离序列

在塔系的热集成研究中,对不同序列的投资成本和操作费用进行分析,就可以得到最优的精馏系统。这种计算的工作量是非常大的,可以借助现有软件工具进行分析,如 Aspen Distil。这里以苯乙烯分离过程的改造为例,对该分析方法加以说明。

在原有苯乙烯的分离过程中,精馏系统采用直接序列,有两个塔,第一个塔有 55 块板,塔径为 8.6m,冷凝器的传热面积为 123m^2,再沸器的传热面积为 278m^2;第二个塔有 30 块板,塔径为 5.6m,冷凝器的传热面积为 38m^2,再沸器的传热面积为 34m^2,最终有三个产物。针对相同的产品要求,在 Aspen Distil 中可以进行九种不同分离序列的费用比较,结果见表 15-5。

表 15-5 九种不同分离序列的费用比较

结构	年成本相对值	投资费用相对值	操作费用相对值
部分耦合预分馏塔系	1.000	1.665	1.000
分隔墙塔	1.002	1.000	1.068
预分馏塔系	1.028	1.668	1.033
Petlyuk 塔	1.054	1.608	1.068
分布序列	1.141	2.210	1.110
直接序列	1.196	1.675	1.227
侧线汽提塔系	1.258	1.753	1.292
侧线精馏塔系	1.304	1.626	1.359
间接序列	1.372	1.751	1.425

表 15-5 为满足分离要求情况下的计算结果,计算的设备尺寸与现存装置有差别,而改造是以充分利用现有设备为基础的,因此计算比较应针对现有设备尺寸进行。这里先重点比较年成本相对值及操作费用相对值都最低的部分耦合预分馏塔系,与直接序列相反,部分耦合预分馏塔系第一个塔的塔板数比主塔少,改造中需将直接序列的两塔顺序互换。通过调整回流比将直接序列各塔板数调整至 55 块板和 30 块板,部分耦合预分馏塔系各塔板数调整至 30 块板和 55 块板,此时按现有操作条件部分耦合预分馏塔系第一个塔的塔径为 5.817m,第二个塔的塔径为 9.010m,比现有塔径大,需要对操作条件进行调整。影响塔径的因素有气相密度、气相/液相流量,气相/液相流量受分离要求影响,不能够改变,而气相密度可变。根据已有的知识,气相密度与塔径成反比,而气相密度与操作压力相关,因此可通过改变操作压力来改变塔径。

通过加大部分耦合预分馏塔系各塔的操作压力,在满足现有设备尺寸情况下九种不同分离序列的费用比较的计算结果见表 15-6。可以看出,通过一系列满足设备尺寸的调整,部分耦合预分馏塔系的年成本相对值反而要比直接序列高,这是由于第一个塔塔顶的气相直接进入主塔,导致主塔气相进料以上塔段气相负荷过高,从而导致塔径过大。减小塔径需要增加气相密度,气相密度的增加会导致回流比和操作压力增加,操作压力的增加导致需要温度更高的加热蒸汽,更高的加热蒸汽及回流比的增加意味着更高的操作费用。

表 15-6 现有设备尺寸情况下九种不同分离序列的费用比较

结 构	年成本相对值	投资费用相对值	操作费用相对值
分隔墙塔	1.000	1.000	1.034
预分馏塔系	1.027	1.668	1.000
Petlyuk 塔	1.052	1.608	1.034
分布序列	1.139	2.210	1.075
直接序列	1.160	1.682	1.149
部分耦合预分馏塔系	1.173	1.626	1.170
侧线汽提塔系	1.256	1.753	1.251
侧线精馏塔系	1.302	1.626	1.316
间接序列	1.370	1.751	1.380

由于热耦合导致气量过大,这里可以考虑选用形式相近但不含热耦合的结构,即预分馏塔系结构。按照前述方法对预分馏塔系结构各塔尺寸进行调整,得到的计算结果见表 15-7。从计算结果可以初步选定预分馏塔系结构作为改造后装置的目标结构,塔体不需变动,只是顺序发生改变,换热器的需求为第一个塔冷凝器的传热面积为 $21m^2$,可用原 $38m^2$ 的代替,再沸器的传热面积为 $261m^2$,可用原 $278m^2$ 的代替,主塔冷凝器的传热面积为 $121m^2$,可用原 $129m^2$ 的代替,再沸器的传热面积为 $67m^2$,除原 $34m^2$ 的代替外,额外还需 $33m^2$。改造后,每月节省能耗费用 17333 美元,三个月收回改造成本。

表 15-7 调整后九种不同分离序列的费用比较

结 构	年成本相对值	投资费用相对值	操作费用相对值
分隔墙塔	1.000	1.000	1.000
Petlyuk 塔	1.052	1.608	1.000
预分馏塔系	1.090	1.701	1.033

结　　构	年成本相对值	投资费用相对值	操作费用相对值
分布序列	1.139	2.210	1.039
直接序列	1.160	1.682	1.111
部分耦合预分馏塔	1.173	1.626	1.131
侧线汽提塔系	1.256	1.753	1.210
侧线精馏塔系	1.302	1.626	1.272
间接序列	1.370	1.751	1.334

2. 塔系热集成

在塔系中,可以考虑热集成,这样可以明显降低运行费用。塔系的热集成,就是用某一个塔的塔顶冷凝热作为另一个塔的塔底再沸热源。但这样的直接热集成要求某塔的冷凝热与另塔所需的再沸热之间有足够的温差。

当温差不足时,例如图 15-17(a)中所示情况,可以考虑通过改变塔的操作压力形成足够的温差。可以提高 B 塔的压力或降低 C 塔压力,使 B 塔冷凝器为 C 塔再沸器提供热量;提高 A 塔的压力,使 A 塔冷凝器为 B 塔再沸器提供热量,形成如图 15-17(b)所示的热集成关系。

所以,改变塔的压力是可以考虑的一种热集成方法。塔压提高后,将产生以下效果:(1)相对挥发度将降低,使分离变得更困难,因此需要更多的塔板或较大的回流比;(2)蒸发潜热将降低,再沸器和冷凝器负荷降低;(3)蒸气密度增加,塔径可以减小;(4)再沸器温度提高,再沸器的温度受蒸发介质热分解的限制;(5)冷凝器温度升高。若降低塔压,则要避免:(1)真空运行;(2)冷凝器中使用冷剂。

改变塔压并不是塔系热集成的唯一方法。对图 15-17(a)所示系统,由于 B 塔再沸器温度高于 A 塔冷凝器温度,而 B 塔冷凝器温度又低于 C 塔再沸器温度,不能直接进行热集成。图 15-17(b)为进行热集成采用改变塔压,提高 A 塔压力,降低 C 塔压力,使得 A 塔的冷凝过程为 B 塔提供一部分再沸热,同时 B 塔的冷凝过程为 C 塔提供再沸热,实现了三个塔的热集成。但如果用三个塔的总复合曲线进行分析,可以发现,由于 B 塔和 C 塔的再沸热并不是都要在最高温度下输入,则若给塔 B 引入一个中间再沸器,用 A 塔的冷凝放热来作 B 塔中间再沸器的热源,塔 A 的压力不仅不必升高,还可降低;再给塔 C 引入一个中间再沸器,用 B 塔的冷凝放热来作 C 塔中间再沸器的热源,也不必降低 C 塔塔压,就很好地实现了三塔之间的热集成,如图 15-17(c)所示。同样也可以考虑采用中间冷凝器或者几种方法合用来实现塔系的热集成。

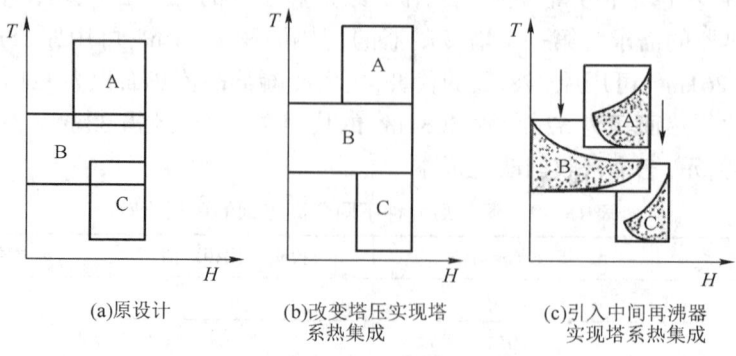

(a)原设计　　(b)改变塔压实现塔系热集成　　(c)引入中间再沸器实现塔系热集成

图 15-17　塔系的热集成

3. 塔系与背景过程的热集成

塔系作为整个过程系统中的一个子系统,其设计的好坏不能只从分离系统本身来考虑,而应从整个过程系统的角度来考查其合理性。不含塔系加热和冷却需求的过程系统,称之为背景过程。在背景过程总复合曲线的基础上,考虑塔系在整个过程系统中的位置和热集成方式。

假定一个精馏塔设置在夹点之上,即其吸热、排热均在夹点之上。此时,对夹点之下的加热公用工程没有影响。只要排热的温位足够高,就可以全部为过程所用。也就是说,总需公用工程加热量等于换热网络所需最小加热公用工程量加上精馏塔需热量与排热量之差。这样从整个系统的角度来看,能量利用率大大提高。

如果一个精馏塔设置在夹点之下,即其吸热、排热均在夹点之下。此时,对夹点之上的加热公用工程没有影响。而在夹点之下,精馏塔利用了过程的余热,不仅额外获得了热量,还使冷却公用工程用量减少,同夹点之上的设置一样,大大提高了能量利用率。

如果一个精馏塔跨越夹点设置,即吸热在夹点之上,排热在夹点之下,这样,由于过程在夹点之上为净热阱,需要 $Q_{H,min}$ 的热量,而精馏塔也需要 Q_{REB} 的热量,加热公用工程将总共提供 $Q_{H,min} + Q_{REB}$ 的热量。在夹点之下,过程为净热源,多余 $Q_{C,min}$ 的热量要排出,而精馏塔又排出 Q_{CON} 的热量,使冷却公用工程量增至 $Q_{C,min} + Q_{CON}$。可见,此种设置所消耗的热量与单独放置的精馏塔的效果一样,不能改善能量利用率。

因此,精馏系统的设置原则为:不跨越夹点。若精馏塔正好跨越夹点,可以通过改变压力将其位置移到夹点之上或之下,以实现与过程的热集成。

如果精馏系统的热负荷很大,在背景过程中找不到温度合适的足够的能量来提供其全部热负荷时,可以成本最优为依据选用下述方法中的一个:(1)减小回流比;(2)不完全的热集成;(3)将热负荷适当分配在几个子系统中,各自与背景过程实现热集成;(4)采用多效流程;(5)采用中间再沸器或中间冷凝器。

三、换热网络优化

原油换热流程(或称换热网络)的优化是一个较典型、普遍的例子。国内多数炼油厂都在不同程度上对原油换热流程进行了优化,并且取得了良好的节能效果。下面对换热流程的优化进行简要介绍。

换热流程的优化通常包括以下内容。

1. 确定最大的热回收量

根据过程的冷、热物流,可采用第三节中的冷热负荷曲线的方法,在指定的 ΔT_{min} 下,确定最大热回收量。

2. 换热网络的合成

冷流或热流,或它们的各一部分可以互相配对,因此,冷流与热流之间的匹配可以有许多种方案。在匹配过程中,应根据冷、热物流的温位进行配对,并遵循不跨越夹点换热的原则,这样做可以降低整个换热网络的不可逆程度。同时,还要考虑现场的实际制约因素。

在完成匹配工作的基础上,可以合成多种换热网络方案。关于如何合成换热网络,在文献中有多种规则可供选择。

3. 选择最佳的换热网络

对已有可供选择的方案进行技术经济评价,根据设定的目标选择其中最优者。在实际工作中可以列出的方案的数目常常很大,例如对一个只有 4 股物流的换热系统可以列出多达 200 个方案。如果对所有的方案都进行评价,不仅计算工作量太大,而且也没有必要,因为其中许多方案很明显地不可能是好方案。因此,一般都是初选出少数的方案,或根据一定的规则合成数目不大的方案,然后对之进行评价并优选其中的最佳者。

这样优选出的方案一般还不是最终确定的方案,通常还需要考虑某些定性的因素,例如安全可靠性、可操作性、产生污染的可能性等,还要对所选定的方案进行某些必要的修改、调整。

夹点技术在换热网络优化设计中应用最为广泛,在过程工业中得到了广泛的应用,并取得了巨大的经济效益。本节结合图 15-18 的案例,说明夹点技术在换热网络优化中的应用方法。

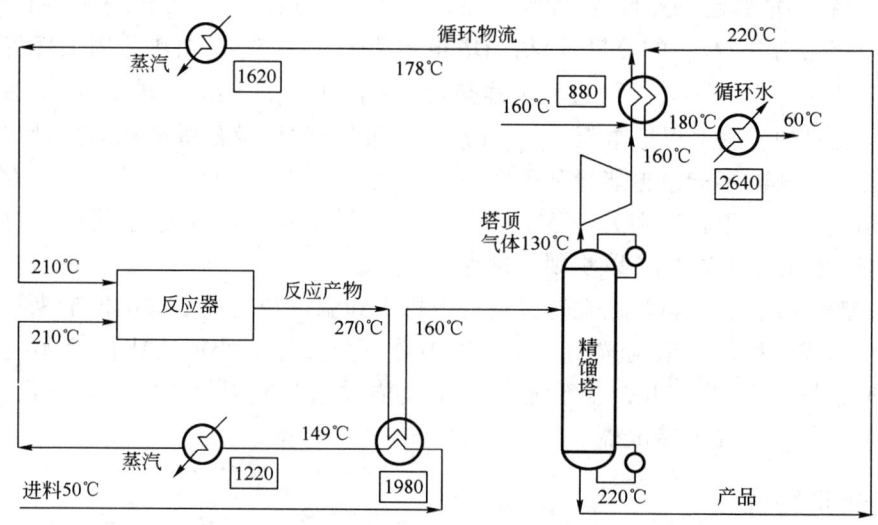

图 15-18 夹点技术应用案例流程

如图 15-18 所示流程中,50℃的进料与反应产物换热后,温度升至 149℃,经蒸汽加热至 210℃,与循环物流一同进入反应器并发生反应。温度为 270℃的反应产物与进料换热后,温度降为 160℃,然后进入精馏塔进行分离,塔顶为 130℃的气相物流采出,经压缩升温至 160℃,与补充物料混合后,经与塔底 220℃的产品物流换热后,升温至 178℃,然后再经蒸汽加热至 210℃,循环回反应器;塔底产品物流经换热后,温度降至 180℃,再用循环水降温至 60℃并出装置。图 15-18 中换热器附近方块中的数值是换热量,单位为 kW。

这是一个考虑了热集成的简单系统,该系统实际使用蒸汽的加热量为 2840kW,那么这样一个系统的能量利用是否合理呢?可以通过夹点技术进行分析。

图 15-19 为系统的 $T—H$ 图,图中上面的曲线为热物流复合曲线,下面的曲线为冷物流复合曲线,夹点传热温差设为 20℃(原系统最小传热温差)。从图 15-19 中可以看出,热公用工程的目标值为 1000kW,冷公用工程的目标值为 800kW,而如图 15-18 所示,现有系统的冷热公用工程量分别都多出了 1840kW。

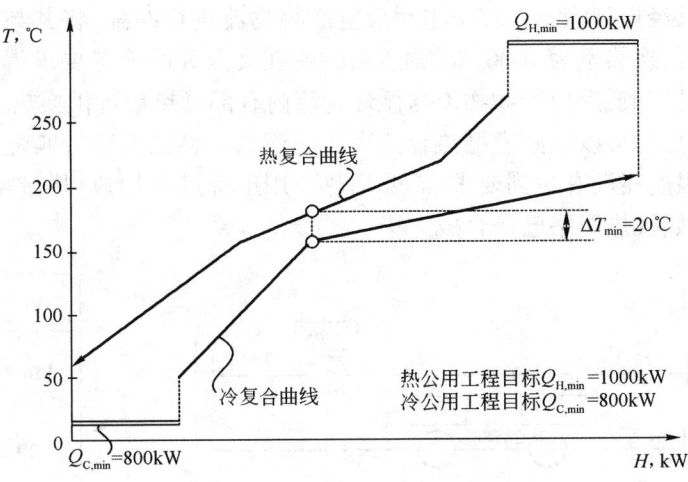

图 15-19 案例系统的 T—H 图

通过夹点方程:

$$实际耗能 = 目标值 + 通过夹点的传热量$$

可以知道通过夹点的传热量为 1840kW。图 15-20 为现有换热网络的栅格图,从图中可以看出,通过夹点的换热量为 1620kW,在夹点之下使用的热公用工程量为 220kW,这两者的和即为超过目标值的能耗量 1840kW。

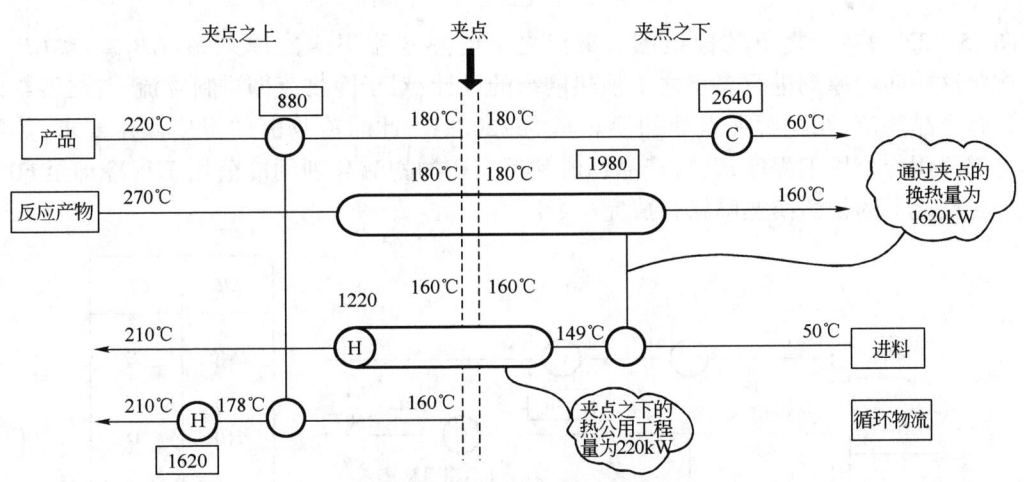

图 15-20 现有换热网络的栅格图

为了使换热网络能耗最低,夹点的设计原则为不跨越夹点换热,在夹点之上不能使用冷公用工程,在夹点之下不能使用热公用工程。针对本系统,为了达到最优的能耗目标值,需要重新构建换热网络,这里采用栅格图的方法。

既然最优换热网络不通过夹点换热,就可以将夹点之上的栅格图和夹点之下的栅格图分别考虑。图 15-21 为夹点之上的栅格图,图中左侧为栅格图,右侧表格为对应物流的焓变和热容流率。夹点之上的热容流率匹配原则为:$CP_{热物流} \leqslant CP_{冷物流}$。下面按照这一匹配原则进行夹点之上换热网络的设计:先对具有较大热容流率的热物流,即产品物流进行匹配。对于产品物流,其热容流率数值为 22kW/℃,与之匹配的冷物流的热容流率应大于这一值,根据表格数值,这一物流为循环物流,按图 15-21 所示将两者匹配,换热量为 880kW,此时产品物流在夹点处的换热要求已经得到满足。接下来对反应产物物流进行匹配,将其与剩下的唯一冷流即进料物流进行匹配,换热量为1000kW,则进料物流在夹点处的换热要求得到满足。此时物流在夹点处的换热已完成,反应产物物流与循环物流尚有部分热量可供换热,且传热温差大于夹点温度,二者的换热也可以不必遵循热容流率匹配原则。将二者进行匹配,换热量为620kW,此时循环物流的温度还没有达到要求,需要用热公用工程进行加热,热量需求为1000kW。至此,夹点之上的初始换热网络已经合成完毕。

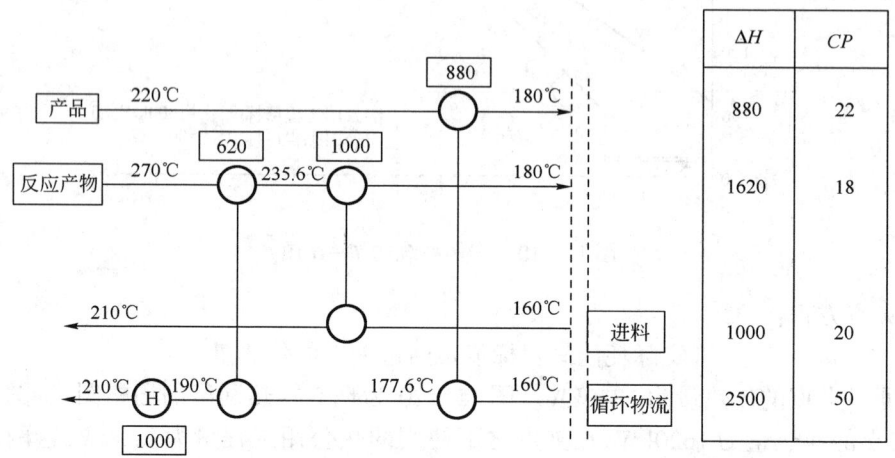

图 15-21　夹点之上的栅格图

图 15-22 为夹点之下的栅格图。夹点之下的热容流率匹配原则为:$CP_{冷物流} \leqslant CP_{热物流}$。下面按照这一匹配原则进行夹点之下换热网络的设计:对于冷物流即进料物流,与之匹配的热物流只有产品物流,匹配后夹点处的换热量为2200kW,此时冷物流的温度满足要求,热物流的不足部分用冷公用工程冷却,如产品物流和反应产物物流分别用冷公用工程冷却至60℃和160℃,夹点之下的初始换热网络合成完毕。

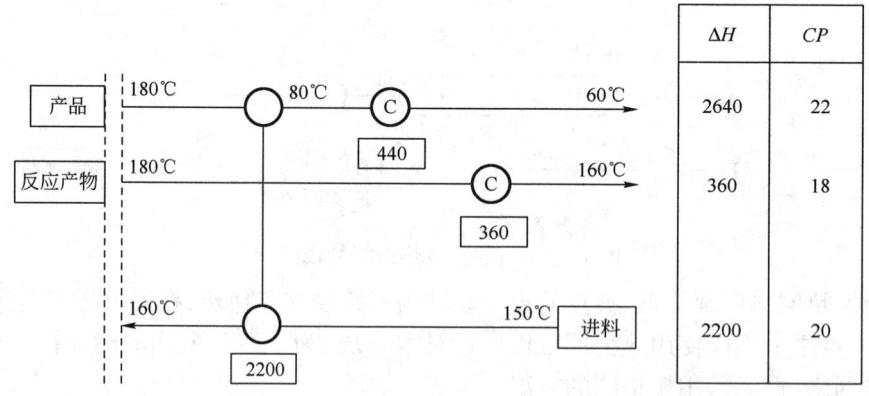

图 15-22　夹点之下的栅格图

将图 15-21 和图 15-22 组合后,就可以得到系统的初始换热网络,见图 15-23。从图 15-23中可以看出,原换热网络有5台换热器,而合成后的换热网络有7台换热器,多出2台换热器意味着改造后的设备投资将增加。为了减少投资,还可以采用路径的方法对合成的初始换热网络进行调优,最终得到费用最小的换热网络。另外,由于反应产物物流最终进入精馏塔,其入塔温度如果可以不受160℃的限制,那么就可以将入塔温度调至180℃,这时就能够取消一台冷却器,并且通过进料位置的调整,还能够降低再沸器的热负荷,从而实现系统的整体优化。

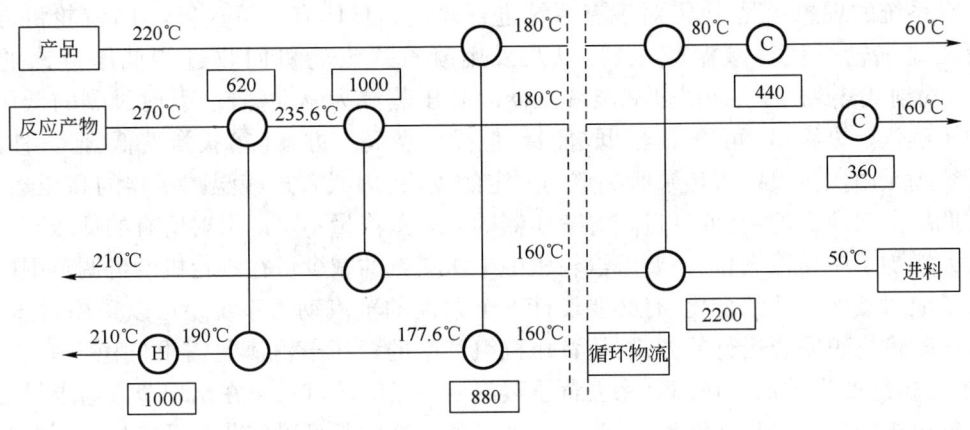

图 15-23　用夹点技术合成的初始换热网络

四、蒸汽动力系统的改进

炼油企业的蒸汽动力系统为工艺生产提供工艺用蒸汽和加热热源,一般多以 1.0MPa 的蒸汽为主。燃烧瓦斯、重油或煤生产蒸汽,为了最大限度地合理利用能源,多生产 3.5MPa 的中压或更高压力的蒸汽,中、高压蒸汽逐级利用,利用背压汽轮机或抽汽凝汽式汽轮机输出动力驱动压缩机、风机、水泵或发电。同时工艺生产如催化裂化等工艺过程也会产生一定量的蒸汽。炼油企业的蒸汽动力系统有以下特点:(1)多汽源;(2)多蒸汽用户;(3)多瓦斯生产点;(4)多瓦斯消耗点。炼油企业蒸汽动力系统的这些特点使得对该系统的优化具有较大的潜力,同时生产变化也导致了对蒸汽动力系统优化的要求。

在市场经济条件之下,炼油厂的生产常常根据市场作些调整,如柴汽比根据市场的需要而改变;化工型和润滑油型炼油厂也常常因为市场变化而改变产品的结构。这种改变常常会使各个装置的负荷率和开工率发生重大改变,相应地也会改变汽、电需求,并给蒸汽动力系统的运行带来极大的挑战。我国炼油厂蒸汽动力系统的设计考虑功热联产的运行弹性不够,因而在生产变化较大时功热联产效率降低,表现为夏季有低压蒸汽过剩,冬季则有大量的中压蒸汽减压减温。

当系统蒸汽量不过剩且仅存在减温减压器时,可通过调整抽汽/背压汽量或增设背压汽轮机回收这部分蒸汽的能量。

当系统仅存在低压蒸汽过剩的情况,且当低压蒸汽过剩量过大,超出汽轮机的调节范围,特别是夏季容易出现低压蒸汽过剩现象,此时需对系统做相应的改造,以回收这部分能量。具体有如下途径:(1)采用凝汽式汽轮机做功;(2)采暖等生活用热;(3)吸收式制冷;(4)采用蒸汽喷射式热泵,以高压蒸汽为驱动蒸汽,引射过剩的低压蒸汽,获得中压蒸汽。第(1)种方式,投资费用最高,但不受季节限制。第(2)种方式,投资费用最低,应优先考虑,但往往冬季热负荷大,夏季热负荷小,受季节影响大,夏季过剩的热量回收不充分。第(3)种方式,投资费用较高,当存在稳定的且温度不是太低(例如空调工况)的工艺用冷需求时,是很好的回收利用方式;但若不存在工艺用冷需求,仅用于生活空调时,回收就受季节限制。第(2)和(3)种方式可以结合起来,冬季供暖,夏季空调。第(4)种方式,投资低,不受季节限制,但要求高压蒸汽有富裕的量,中压蒸汽的减少量在汽轮机的可调范围内。

当蒸汽系统既存在减温减压器又存在低压蒸汽过剩,且仅调整汽轮机的进汽、抽汽量无法达到蒸汽系统的理想状况,则需对现有系统进行改造。具体有如下途径:(1)汽轮机方案,即采用背压式汽轮机代替减温减压器,以及采用凝汽式汽轮机回收过剩低压蒸汽的能量。(2)蒸汽喷射式热泵方案,即以过减温减压器的高压蒸汽为驱动蒸汽,引射过剩的低压蒸汽,获得中压蒸汽。方案(1)可以完全回收能量,但投资费高。方案(2)投资费低,但三种蒸汽量之间必须满足由蒸汽喷射式热泵所决定的一定的关系,即或者过减温减压器的高压蒸汽量大于引射低压蒸汽所需的量,或者过减温减压器的高压蒸汽量不足以引射所有的低压蒸汽,同时由于大大增加了中压蒸汽量,还要求汽轮机中中压蒸汽的减少量在汽轮机的可调范围内。

为了应对蒸汽负荷的变化,有必要设计一个柔性的蒸汽动力系统。可以采用背压汽轮机组和抽汽凝汽机组联合运行的方式,使背压机组产生的背压蒸汽满足需求量稳定的那部分热用户,抽凝机组产生的抽汽量满足除去背压蒸汽后不足的蒸汽量。在出现蒸汽需求量变化时,改变抽凝机组的进汽量和抽汽量,使蒸汽达到平衡。这样既可以使蒸汽系统具有可调节性,同时也充分利用了蒸汽能量。

例如,某石油化工企业有5个车间,其中车间1时开时停,图15-24为该厂各种情况下的总复合曲线,并要求蒸汽动力系统提供稳定的电功率7500kW。蒸汽动力系统拟采用3.5MPa和1.0MPa两种级别的蒸汽。

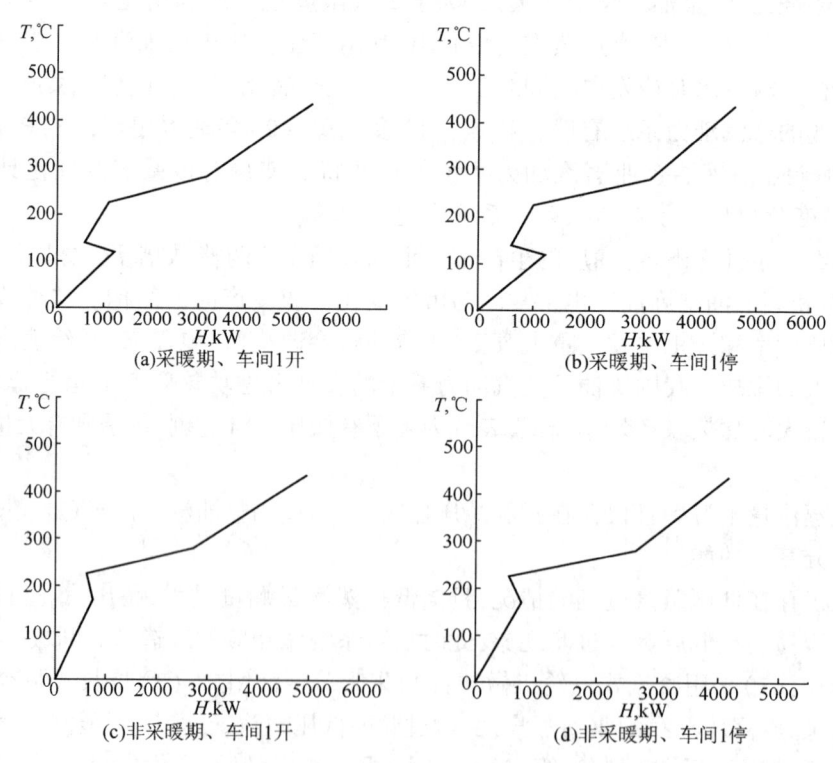

图15-24 某企业总复合曲线

由图15-24可知:采暖期、车间1开时,需3.5MPa的蒸汽4308kW(31t/h),1.0MPa的蒸汽1089kW(36t/h);采暖期、车间1停时,需3.5MPa的蒸汽3613kW(26t/h),1.0MPa的蒸汽998kW(33t/h);非采暖期、车间1开时,需3.5MPa的蒸汽4308kW(31t/h),1.0MPa的蒸汽

635kW(21t/h);非采暖期、车间1停时,需3.5MPa的蒸汽3613kW(26t/h),1.0MPa的蒸汽545kW(18t/h)。

为适应这种公用工程需求,可对蒸汽动力系统设计如下配置:90t/h中压锅炉一台,1500kW、3.5MPa/1.0MPa背压机组一台,6000kW抽汽压力1.0MPa的中压抽凝机组一台。蒸汽动力系统如下运行:

采暖期、车间1开时,锅炉产生3.5MPa的蒸汽90t/h,其中31t/h供生产用,18t/h供背压机组,40.5t/h供抽凝机组;抽凝机组抽汽18t/h,同背压机组排汽一道供生产所需1.0MPa蒸汽,总发电量7500kW。

采暖期、车间1停时,锅炉产生3.5MPa的蒸汽83t/h,其中26t/h供生产用,18t/h供背压机组,39t/h供抽凝机组;抽凝机组抽汽15t/h,同背压机组排汽一道供生产所需1.0MPa蒸汽,总发电量7500kW。

非采暖期、车间1开时,锅炉产生3.5MPa的蒸汽82t/h,其中31t/h供生产用,18t/h供背压机组,33t/h供抽凝机组;抽凝机组抽汽3t/h,同背压机组排汽一道供生产所需1.0MPa蒸汽,总发电量7500kW。

非采暖期、车间1停时,锅炉产生3.5MPa的蒸汽75.5t/h,其中26t/h供生产用,18t/h供背压机组,31.5t/h供抽凝机组;抽凝机组以纯凝工况运行,背压机组排汽供生产所需1.0MPa蒸汽,总发电量7500kW。

此外,很有必要开发出一个随时可以按照市场变化的需求快速估算生产方案变化及其对汽、电需求的预测系统,和一个根据不同汽、电需求给出锅炉、汽轮机等最优运行方案的辅助决策系统。它能快速反映市场变化对炼油装置、蒸汽、电的需求,给出满足需求的同时做到炼厂气联产利用、蒸汽逐级利用、无低压蒸汽过剩和中压蒸汽减温减压的优化运营方案;而当现有设施不能满足优化运营要求时,则给出及时改造基础设施的科学决策方案。

五、低温余热的回收利用

所谓低温余热,一般是指温度低于130℃的物流所携带走的热量。低温余热在炼油厂总能耗中占有相当大的比例,有的高达60%,它主要是由冷却水、冷却空气、加热炉排出烟气带走。由于低温余热在炼油厂总能耗中占的比例很大,将此部分热能回收利用有很大的吸引力。

从根本上说,最好的办法是尽可能减少低温位热源的产生,例如在设计换热流程时尽量按温位高低次序来安排换热等。但是低温位热源的产生终究是不可避免的。炼油厂的低温余热的利用途径目前大体上有以下几种。

1. 装置/厂际间的热联合

通过换热直接利用低温余热这种途径是最经济的,应当首先考虑采用。关键是要寻找到合适的热阱。如果把寻找目标的范围仅仅局限在本生产装置之内,一般是很难解决的,应当从全厂大范围内来统筹安排,即考虑装置/厂际间的热联合。装置/厂际间的热联合扩大了整个能量回收系统的系统边界,增加了能量回收的机会,可以取得更大的节能效果。

装置/厂际间热联合的基本思路就是将一个装置的余热输送给另外一个装置作为热源加热物流。装置/厂际间热联合有两种基本的集成方式:一种是直接使用工艺物流输送热量,即直接热联合;另一种是使用中间介质(热水、蒸汽、热油等)输送热量,即间接热联合。

这两种方式各有优缺点,应用于不同的场合。首先间接热联合使用中间介质输送热量,整个传热过程是工艺物流先传热给中间介质,中间介质再将热量输送至另一个装置与工艺物流换热，整个过程经历两次换热，所以整个传热过程的最小传热温差为两倍的夹点温差。夹点温差越大，能量回收就越少，故间接热联合回收的能量较小。并且由于两次换热，每次换热都需要一台换热器，所以间接热联合使用的换热器台数也较多。间接热联合的优点首先在于，中间介质可以相互混合，所以在一个装置与各个工艺物流换热之后，可以混合成一股送往另外一个装置，整个输送过程只需要一条管线。其次，中间介质组成单一，性质安全，适用于长距离输送。

对于直接热联合，有余热的装置中的工艺物流将热量直接输送到另一个装置换热，整个传热过程只经历了一次换热，最小传热温差即为夹点温差。故相比间接热联合，能量回收较多。并且因为换热次数较少，需要的换热器数目相比间接热联合也较少。但是由于工艺物流之间不能相互混合，参与换热的工艺物流都需要单独管线连接，使得管路费用相比间接热联合大大上升，在长距离情况下更为明显。

除了跨装置的换热外，目前较多采用的办法是预热锅炉给水、办公室和生活区取暖等。

2. 热泵

热泵是一种能使热量从低温物体转移到高温物体的能量利用装置。适当应用热泵，可以把那些不能直接利用的低温热能变为有用的热能，从而提高能量利用率，节省燃料。

常用的热泵有压缩式、吸收式、蒸汽喷射式和第二类吸收式，其中压缩式热泵是以消耗机械能为代价，其余几种热泵均以消耗热能为补偿，实现从低温热源向高温热源的泵热过程。

有的炼油厂将热泵技术用于某些精馏塔。其基本方法如下：选用一种合适的工质，此工质在塔顶冷凝器吸收塔顶馏出物放出的潜热后汽化，经过压缩机压缩后送入塔底再沸器，在再沸器放出热量而自身冷凝，又循环至塔顶冷凝器。总的效果是：以循环的工质为传递媒介，通过压缩机做功，将塔顶馏出物（较低温）的热量传到塔底再沸器，产生塔底气相回流（较高温）。

热泵的使用受到两个限制。第一个限制是只能在很小的温差范围内工作，例如上述例子中的冷凝器与再沸器间的温差不能大，因为压缩机的功率受此温差的影响很大，有的文献认为此温差不应超过20℃，但也有的认为此温差还可以更大些。由于受温差的限制，上述例子中的精馏塔只能限于塔底与塔顶温差较小的精馏塔。第二个限制是经济上是否合理。一些研究结果认为，关键的评价指标是回收热能与供入能之比（也称COP系数，即coefficient of performance）以及能量的价格，只有当回收能量的价值高于供入能量的价值时，才有可能考虑热泵方案。

3. 吸收式制冷

吸收式制冷以热能为驱动能源来获取冷量。对于用低温余热为热源的吸收式制冷，常采用的工质对为溴化锂—水，即以溴化锂溶液为吸收剂，以水为制冷剂，利用水在高真空下蒸发吸热达到制冷的目的。由于水在0℃结冰，所以溴化锂吸收式制冷机用于制取0℃以上的低温水，通常为7℃水。该低温水可以作为空调系统或生产工艺的冷源。

4. 余热动力回收

利用余热产生动力也是余热回收的途径之一，其不受季节的限制，但初投资高且热效率低，只有在余热量足够大时考虑。

余热动力回收的技术有热水扩容蒸汽朗肯循环、有机工质朗肯循环和卡琳娜循环。这几种技术在国内炼油厂均有应用。

国内某炼油厂将催化裂化装置和焦化装置的低温位油品（＜150℃）与加热锅炉用水和催化剂厂用水、生活区供暖和供热水作为一个大系统来考虑，并且采用了热水扩容蒸汽发电技术,取得了良好的效果。该低温余热利用方案的基本流程如图15-25所示。

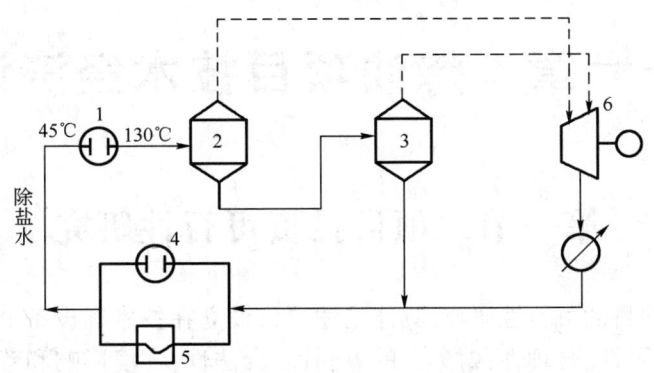

图15-25 某炼油厂的低温余热利用的基本流程
1—油—水换热器;2——级扩容蒸发器;3—二级扩容蒸发器;
4—锅炉给水换热;5—生活区供暖;6—汽轮机

该流程用水作为传热介质,进行闭路循环。首先进入生产装置(45℃)与排放油品换热至128~130℃,再进入低温热电站。在这里,水先进入一级扩容蒸发器,产生0.1~0.13MPa 蒸汽,进汽轮机做功发电。其余的水进入第二级扩容蒸发器,产生0.03~0.05MPa 蒸汽,进汽轮机的第二段做功发电,共发电2100kW。余下的水与汽轮机排出的凝结水汇合,送去与锅炉用水等换热及生活区供暖后,再送回生产装置去换热。这个系统投产后,全厂能耗降低了0.12~0.16GJ/t,净年收益约140万元,投资回收期为2.5年。

国内某炼油厂采用热水回收余热,以异丁烷为工质采用有机朗肯循环发电,80℃以上的热负荷来发电,发电后的80℃的热水去居民区供暖。

卡琳娜循环是以水与氨的非共沸混合物为工质的热力循环。由于其蒸发过程的变温特性,当与无相变的余热流换热时,吸、放热线吻合较好,有更高的效率和较低的㶲损失。但由于卡琳娜循环采用混合工质,其系统比起其他动力回收技术,要更复杂。

关于炼油厂的低温余热的利用问题,有两点是必须说明的。其一是无论采用哪种回收方法,也只能回收利用低温余热的一部分,全部回收是不可能的;其二是从热量平衡来看,低温余热占炼油厂总能耗的比例很大,例如有的达60%,但是从㶲平衡来看,所占的比例要小得多,因为这部分热能的温位低。综合这两点可以看到,在炼油厂的全部低温余热中,只有不太大的一部分是值得回收的。

参 考 文 献

[1] 侯凯锋,蒋荣兴,严鐏,等. 大型炼油厂能耗特点分析及节能措施探讨. 炼油技术与工程,2009, 39(9):46-50.
[2] 华贲. 工艺过程用能分析及综合. 北京:烃加工出版社,1989.
[3] Smith R. Chemical process design and integration. 2nd ed. Chichester,West Sussex,United Kingdom:John Wiley & Sons,Ltd,2016.
[4] 冯霄,王彧斐. 化工节能原理与技术. 4版,北京:化学工业出版社,2015.
[5] 魏奇业. 基于并行工程的炼油企业生产计划与能量系统集成研究. 广州:华南理工大学,2004.
[6] 华贲. 中国能源形势与炼油企业节能问题. 炼油技术与工程,2005,35(4):1-5.
[7] 唐桂华,庄正宁. 炼油厂加热炉节能方案分析. 化工机械,2000,27(6):352-354.

第十六章 炼油项目技术经济评价

第一节 项目投资可行性研究

对于炼油投资项目的可行性研究,具体论述项目设立在技术和设备上的科学性、适用性、可靠性;经济上的必要性、合理性;财务上的盈利性、合法性;环境影响和劳动卫生保障上的社会可行性;建设实施上的可行性以及合理利用能源、提高资源的利用效率。

一个炼油投资项目的设立要经历投资前时期、投资建设期及生产运营期三个时期,其全过程可大致用图 16-1 表示。

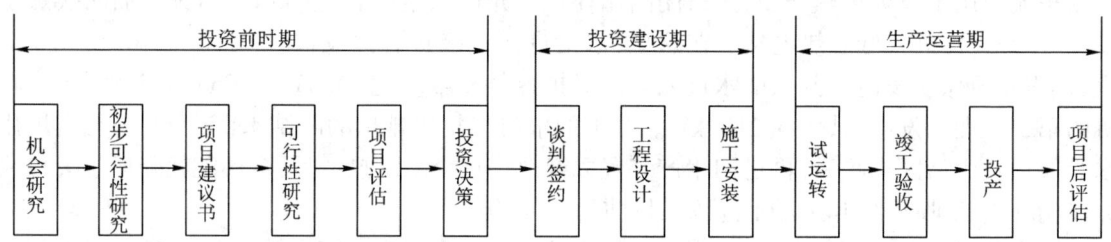

图 16-1 炼油投资项目进展过程

一、项目可行性研究与经济评价

投资前时期是决定项目效果的关键时期,是研究决策的重点。在机会研究阶段,企业根据市场需求和国家的产业政策,结合企业发展和经营规划,提出投资项目的设想,并对设想进行粗略分析。初步可行性研究和可行性研究的基本内容相同,只是研究的详细程度、深度与精度不同,有时可合并或省略一个。我国建设项目管理程序要求在对拟投资项目进行初步论证后,向有关主管部门提交项目建议书;在可行性研究完成后,主管部门或银行要组织专家进行评估。不难看出,可行性研究是炼油项目投资前时期的主要工作。

经济评价是炼油项目前期工作的重要内容,对于加强固定资产投资宏观调控、提高投资决策的科学化水平、引导和促进各类资源合理配置、优化投资结构、减少和规避投资风险、充分发挥投资效益等具有重要作用。经济评价应根据国民经济与社会发展以及行业、地区发展规划的要求,在项目初步方案的基础上,采用科学的分析方法,对拟建项目的财务可行性和经济合理性进行分析论证,为项目的科学决策提供经济方面的依据,包括财务评价(也称财务分析)和国民经济评价(也称经济分析)。财务评价是在国家现行财税制度和价格体系的前提下,从项目的角度出发,考虑未来项目建成后产品市场情景,计算项目范围内的财务效益和费用,分析项目的盈利能力和清偿能力,评价项目在财务上的可行性。国民经济评价是在合理配置社会资源的前提下,从国家经济整体利益的角度出发,计算项目对国民经济的贡献,分析项目的经济效率、效果和对社会的影响,评价项目在宏观经济上的合理性。

项目财务分析几乎与可行性研究的前几个环节都有关系,它所需要的基础数据,如投资、成本、利润及税金等,来源于前期的各项调查,资金规划除了与投资、成本、利润及税金等相关外,还与项目实施计划相联系。项目财务分析与可行性研究各环节的关系可大致用图16-2来表示。

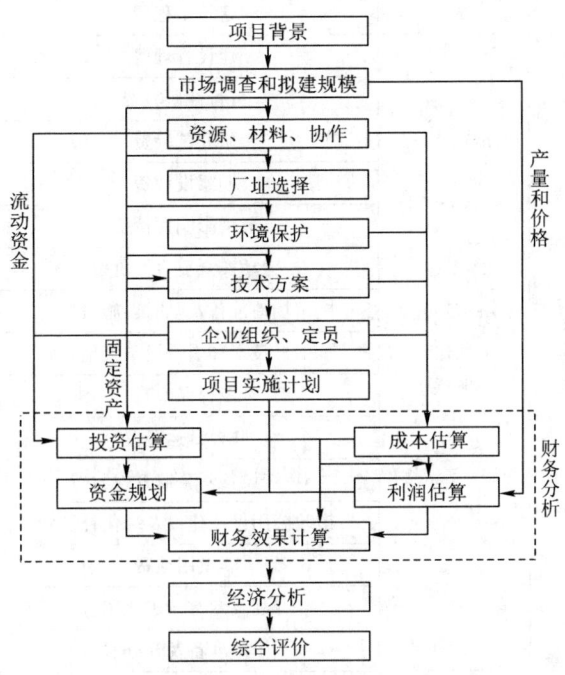

图 16-2 财务分析与可行性研究各环节的关系

二、投资及成本的估算

炼油项目在建设期间要投入资金、劳动力、材料和设备等资源;建成投产后再投入资金、劳动力、原料、燃料、水电气等资源进行生产;产品销售后获得经济收入,则回收投资和取得利润。建设中和生产时所消耗的资源要纳入投入,生产出的产品和副产品要纳入产出。在作技术经济评价时,投入和产出需要用现金或其他货币支付形态进行计量。经济评价的重要内容,实质上就是估算工程项目投入和产出之间的现金差额或比例。

炼油工程项目的现金流出(即投入的现金),包括项目建成投产之前的总投资和投产之后的总生产成本。工程建设项目的建设投资和生产成本是对技术方案进行经济分析、评价和优化比选的基础。在进行项目的技术方案评价时,优化方案的目标函数是投资和生产成本,或通过它们计算出来的获利性经济函数。一个炼油工程建设项目在从设想到建成的整个过程中,要进行多次经济评价,其深度和要求一次比一次高,只有确认达到要求的最低经济性效果时,才会继续下一步的工作,否则应立即中止,以免造成人力和财力的浪费。

1. 投资估算

炼油项目投资估算应在给定的建设规模、产品方案和工程技术方案的基础上,估算项目建设所需的费用。炼油项目总投资由建设投资、建设期贷款利息和铺底流动资金构成。炼油项目总投资组成如表16-1所示。

表 16-1 炼油项目总投资组成表

费用名称				形成资产类别
炼油项目报批总投资	建设投资	第一部分 工程费用	设备购置费	固定资产费用
			安装工程费	
			建筑工程费	
		第二部分 工程建设其他费用	建设管理费	固定资产费用
			可行性研究费	
			研究试验费	
			勘察设计费	
			环境影响评价费	
			劳动安全卫生评价费	
			场地准备及临时设施费	
			引进技术和引进设备其他费	
			工程保险费	
			联合试运转费	
			特殊设备安全监督检验费	
			市政公用设施建设及绿化补偿费	
			建设用地费	无形资产
			专利及专有技术使用费	
			生产准备及开办费	其他资产费用(递延资产)
		第三部分 预备费用	基本预备费	固定资产费用
			价差预备费	
	第四部分 应列入总投资的费用		建设期贷款利息	固定资产费用
			铺底流动资金	

1)建设投资

炼油项目的建设投资由工程费用、工程建设其他费用及预备费用构成,其中工程费用由设备购置费、安装工程费及建筑工程费构成;工程建设其他费用指在工程建设投资中支付的,除设备购置费、安装工程费及建筑工程费用以外的其他固定资产费用、无形资产和递延资产;预备费用包括基本预备费和价差预备费。

设备购置费指需要安装和不需要安装的全部设备(含必要的备品备件)的购置费、工器具及生产家具购置费,以及一次装入的填充物料、催化剂及化学药品等的购置费。设备购置费由设备价格、引进设备的从属费用、设备运杂费(包括成套设备订货手续费)构成。

安装工程费指需要安装的各类设备、材料的安装费用和材料费。

建筑工程费指建设项目设计范围内的建筑物、构筑物、总图竖向布置及其他大型土石方的费用。

工程建设其他费用包括土地征用费(含土地补偿费、青苗补偿费、居民安置费、地面附属物拆迁补偿费、征地管理费等)、耕地占用税、新菜地开发建设基金、建设期的城镇土地使用税、施工机构迁移费、超限设备运输特殊措施费、锅炉和压力容器检验费、进口设备材料国内检验费、建筑安装工程保险费等。

基本预备费是指在可行性研究阶段难以预料的工程费用和其他费用。

价差预备费是指建设项目在估算年至工程建成年内由于政策、价格变动而引起工程造价变化的预留费用,包括设备、工器具、建筑、安装及其他费用价格的变动费用。

2) 建设期贷款利息

建设期贷款利息是指在建设期内发生,并应计入固定资产的建设项目的贷款利息。建设期贷款利息应根据资金来源、贷款利率和建设期各年投资比例逐年计算。建设期贷款利息计算公式如下:

$$L = \sum_{t=1}^{m} [J + (D/2)] \times r$$

式中　L——建设期贷款利息;

　　　m——建设期年数;

　　　$\sum_{t=1}^{m}$——建设期第 1 年至第 m 年的合计;

　　　J——年初贷款本金累计;

　　　D——本年贷款额;

　　　r——年利率。

3) 铺底流动资金

铺底流动资金是生产经营性建设项目投产后,为进行正常的生产营运所需的周转资金。

2. 资金筹措

可行性研究阶段应说明建设投资及流动资金的来源渠道、落实程度、资金提供的条件,并推荐资金筹措方案,作为经济评价的基础。

资本金指在项目总投资中由投资者认缴的出资额,在可行性研究阶段对资本金的筹措应予说明。流动资金的筹措,按照国家规定,不低于经营性项目流动资金的 30% 为铺底流动资金由企业自筹,计入建设项目估算报批总投资和项目概算总投资;其余流动资金按申请贷款考虑,利息进入成本。

3. 确定营业收入

营业收入是指炼油厂销售产品获得的收入,是现金流量表中现金流入的主要构成,也是利润表的主要科目。营业收入是经济评价的重要数据,其估算的准确性极大地影响着项目财务效益的估计。

4. 总成本构成

炼油项目产品的成本是指工厂生产某种产品所需费用的总和。成本是决定工厂经济效益最重要的因素。炼油项目总成本构成如图 16-3 所示。

(1) 制造费用:企业各个生产单位(分厂、车间)为组织和管理生产所发生的折旧费、修理费及生产单位管理人员工资、福利、办公、差旅、运输、保险、劳动保护等其他费用。

(2) 外购原材料:原料及主要材料指经过加工构成产品实体的各种原材料和半成品(包括添加剂)。辅助材料指不构成产品实体,但有助于产品形成的材料。

(3) 外购燃料及动力:直接用于产品生产的燃料、水、电、汽、风等。

(4) 生产工人工资及福利:直接从事生产的工人的工资、奖金、津贴、补贴及福利费。

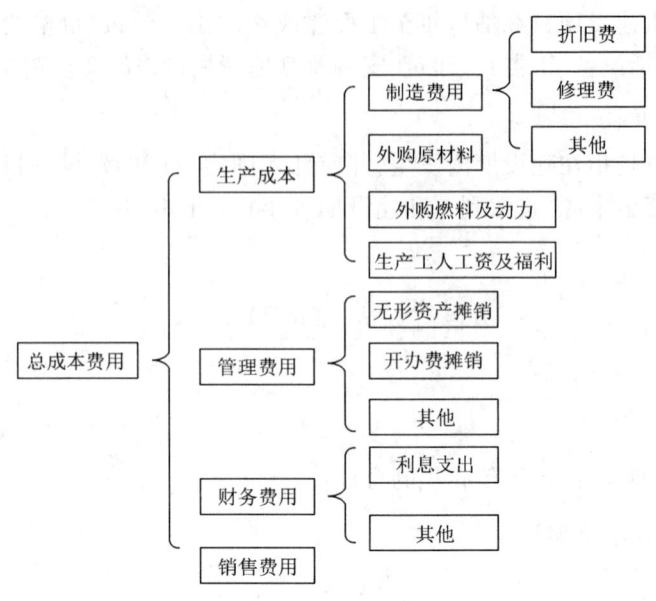

图 16-3 炼油项目总成本构成图

(5)管理费用：企业行政管理部门为管理和组织经营活动的各项费用，包括公司经费、工会经费、职工教育经费、劳动保险费、待业保险费、董事会费、咨询费、审计费、税金（房产、车船使用、土地使用、印花等税）、土地使用费、土地损失补偿费、技术转让费、技术开发费、无形资产摊销、开办费摊销、业务招待费以及其他管理费。

(6)财务费用：企业为筹集资金而发生的各项费用，包括生产经营期间的净利息支出、汇兑净损失、调剂外汇手续费、金融机构手续费以及筹资发生的其他财务费用。

(7)销售费用：销售过程中发生的各项费用，包括运输费、装卸费、包装费、保险费、展览费、差旅费、广告费，以及专设销售机构人员工资和其他经费。

5. 成本估算

1) 折旧费

在成本估算中，折旧费的估算起到主要作用。构成一个工厂的设备、建筑物和其他物质性财产，即固定资产，由于磨损、破旧或过时等原因，价值逐年递减，这部分损失应作为生产支出而计入成本，这就是折旧。固定资产的分类折旧年限以及折旧计算的方法，国家和主管部门有规定，企业应按规定执行。石油化工系统通常使用的折旧计算方法有如下几种：

(1)平均年限法。

$$年折旧额 = (固定资产原值 - 预计净残值)/折旧年限$$

其中 固定资产原值 = 建设投资 - 无形资产 - 递延资产 + 投资方向调节税 + 建设期利息

$$预计净残值 = 固定资产原值 \times 预计净残值率$$

(2)年限总额法（年数总和法）。

$$年折旧额 = (固定资产原值 - 预计净残值) \times 年折旧率$$

其中

$$年折旧率 = \frac{2(折旧年限 - 已使用年数)}{折旧年限 \times (折旧年限 + 1)} \times 100\%$$

(3) 双倍余额递减法。

$$年折旧额 = 固定资产净值 \times 年折旧率$$

其中 $$年折旧率 = (2/折旧年限) \times 100\%$$

采用双倍余额递减法时,应在折旧年限的最后两年,将固定资产在倒数第二年初的账面净值与预计净残值作差,再将得到的差值在最后两年内平均分摊。

2）摊销费

无形资产从开始使用之日起,应按照有关的协议、合同在受益期内分期平均摊销,没有规定受益期的按不少于 10 年的期限分期平均摊销。

递延资产中的开办费应在企业开始生产经营之日起,按照不短于 5 年的期限分年平均摊销。租入固定资产改良及大修理支出应当在租赁期内分年平均摊销。

三、财务分析

投资、产量、成本、价格等因素直接影响企业投资的经济效果,这些因素是由技术方案和市场环境决定的,即由项目本身的特性决定,它们是影响经济效果的主要因素。同时资金来源的构成、借贷资金偿还方式等因素也影响现金流,从而影响企业的经济效果,这些因素与项目特性无关,而只与财务条件有关。在进行财务分析时,一般分两步考察经济效果。第一步,排除财务条件的影响。把全部资金都看作自有资金,这种分析称为项目（即全投资）财务效果评价。第二步,分析包括财务条件在内的全部因素影响的结果,称为项目资本金（即自有资金）财务效果评价。"全投资"评价是在企业范围内考察项目的经济效果,"自有资金"评价则是考察企业投资的获利性,反映企业的利益,在炼油项目的经济评价过程中考察项目的经济效果,因此在这里仅介绍项目投资现金流量表的编制。首先要编制出项目（全投资）现金流量表,然后根据此表进行有关经济评价指标计算。项目投资效果评价,不考虑资金借贷、偿还,投入项目的资金一律视为自有资金。其净现金流公式为：

$$年净现金流 = 营业收入 + 资产回收 - 投资 - 经营成本 - 税金及附加$$

其中 $$经营成本 = 总成本费用 - 折旧与摊销费 - 借款利息$$

第二节 新建项目经济评价方法

一、资金的时间价值

任何工业项目的建设与运行,任何技术方案的实施,都有一个时间上的延续过程,对于投资者来说,资金的投入与收益的获取往往构成一个时间上有先有后的现金流量序列。要客观地评价工业项目或技术方案的经济效果,不仅要考虑现金流出与现金流入的数额,还必须考虑每笔现金流量发生的时间。在不同的时间付出或得到同样数额的资金在价值上是不等的,也就是说,资金的价值会随时间发生变化。今天可以用来投资的一笔资金,即使不考虑通货膨胀因素,也比将来可获得的同样数额的资金更有价值。因为当前可用的资金能够立即用来投资并带来收益,而将来才可取得的资金则无法用于当前的投资,也无法获取相应的收益。不同时间发生的等额资金在价值上的差别称为资金的时间价值。对于资金的时间价值,可以从两个方面理解。首先,资金随着时间的推移,其价值会增加,这种现象叫资金增值。资金属于商品经济范畴的概念,在商品经济条件下,资金是不断运动着的。资金的运动伴随着生产与交换的进行,生产与交换活动会给投资者带来利润,表现为资金的增值。资金增值的实质是劳动者在生产过程中创造了剩余价值。从投资者的角度来看,资金的增值特性使资金具有时间价值。其次,资金一旦用于投资,就不能用于现期消费。让渡现期消费是为了能在将来得到更多的消费,个人储蓄的动机和国家积累的目的都是如此。

可见工程项目在建设期中的投资,随着时间的推移,其终值是不断增大的。建设期越长,早期投资的未来价值越高,回收投资所需要的时间也越长。

二、利息、利率及资金等值

1. 利息与利率

利息是指占用资金所付的代价(或放弃使用资金所得的补偿)。如果将一笔资金存入银行,这笔资金就称为本金。经过一段时间之后,储户可在本金之外再得到一笔利息,利息通常根据利率来计算。利率是在一个计息周期内所得的利息额与借贷金额(即本金)之比,一般以百分数表示。

2. 单利与复利

利息的计算有单利计息和复利计息之分。

单利计息指仅用本金计算利息,利息不再生利息。复利计息时,是用本金和前期累计利息总额之和进行计息,即除最初的本金要计算利息外,每一计息周期的利息都要并入本金,再生利息。复利计算的本利和公式为:

$$F_n = P(1+i)^n$$

式中　F_n——本利和;

　　　P——本金;

　　　i——利率;

　　　n——计算利息的周期数。

3. 名义利率和实际利率

在实际经济活动中,计息周期有年、季、月、周、日等多种。这样就出现了不同计息周期的利率换算问题。假如按月计算利息,且其月利率为1%,通常称为"年利率12%,每月计息一次"。这个年利率12%称为"名义利率"。也就是说,名义利率等于每一计息周期的利率与每年的计息周期数的乘积。若按单利计息,名义利率与实际利率是一致的。但是,按复利计算,上述"年利率12%,每月计息一次"的实际有效年利率则不等于名义利率。

设名义利率为r,一年中计息次数为m,则一个计息周期的利率应为r/m,一年后本利和为:

$$F = P(1+r/m)^m$$

利息为

$$I = F - P = P(1+r/m)^m - P$$

按利率定义得实际利率i如下,该式就是名义利率r与有效实际利率i的换算公式:

$$i = (1+r/m)^m - 1$$

4. 资金等值

资金等值是指在考虑时间因素的情况下,不同时点发生的绝对值不等的资金可能具有相等的价值。例如现在的100元与一年后的106元,数量上并不相等,但如果将这笔资金存入银

行,年利率为6%,则两者是等值的。因为现在存入的100元,一年后的本金和利息之和为
$$100 \times (1 + 6\%) = 106(元)$$

利用等值的概念,可以把在一个时点发生的资金金额换算成另一时点的等值金额,这一过程叫资金等值计算。把将来某一时点的资金金额换算成现在时点的等值金额称为"折现"或"贴现"。将来时点上的资金折现后的资金金额称为"现值"。与现值等价的将来某时点的资金金额称为"终值"或"将来值"。需要说明的是,"现值"并非专指一笔资金"现在"的价值,它是一个相对的概念。一般地说,将 $t+k$ 个时点上发生的资金折现到第 t 个时点,所得的等值金额就是第 $t+k$ 个时点上资金金额的现值。进行资金等值计算中使用的反映资金时间价值的参数叫折现率。

三、经济评价方法

按是否考虑资金的时间价值,经济效果评价指标分为静态评价指标和动态评价指标。不考虑资金时间价值的评价指标称静态评价指标;考虑资金时间价值的评价指标称动态评价指标。静态评价指标主要用于技术经济数据不完备和不精确的项目初选阶段;动态评价指标则用于项目最后决策前的可行性研究阶段。

1. 静态评价方法——投资回收期

投资回收期是工程项目从开始投资算起或从开始投入生产算起,达到收回全部投资所需要的时间,是项目清偿能力和方案选择的评估指标。能使下式成立的 T_p 即为投资回收期。

$$\sum_{t=0}^{T_p} NB_t = \sum_{t=0}^{T_p} (B_t - C_t) = K$$

其中
$$NB_t = B_t - C_t$$

式中 　T_p——投资回收期;
　　　NB_t——第 t 年的净收入;
　　　B_t——第 t 年的收入;
　　　C_t——第 t 年的支出(不包括投资);
　　　K——投资总额。

对于各年净收入不等的项目,投资回收期通常用列表法求得。根据投资项目财务分析中使用的现金流量表也可计算投资回收期,其实用公式为:

$$T_p = T - 1 + \frac{第(T-1)年累积净现金绝对值}{第 T 年的净现金}$$

式中,T 为项目各年累积净现金流量首次为正值或零的年份。

基本做法是将计算出的实际投资回收期 T_p 与炼油项目的基准投资回收期 T_b 进行比较,并按以下标准评价项目的经济可行性:若 $T_p \leq T_b$,项目可行;$T_p > T_b$,项目不可行。

2. 动态评价方法

动态评价指标不仅计入了资金的时间价值,而且考察了项目在整个寿命期内收入与支出的全部经济数据。因此,它是比静态指标更全面、更科学的评价指标。

1)净现值

净现值(NPV)是反映项目在计算期内盈利能力的动态评价指标,它可以衡量项目是否超过行业的平均收益水平。该法将各年的净现金流量,根据部门的基准折现率折现到基准年

(一般是建设期初)的现值之和。

$$NPV = \sum_{t=0}^{n} S_t(1+i_0)^{-t}$$

式中 S_t——t 年的净现金流量(现金流入与现金流出的代数和);

i_0——基准折现率。

净现值率大于或等于零的项目是可以考虑接受的。多方案比选时,净现值越大的方案相对越优(净现值最大准则)。

2) 内部收益率

内部收益率(IRR)又称折现现金流量回收率、内部利润率,是反映项目盈利能力的重要动态评价指标。内部收益率是工程项目净现值等于零时的折现率,其表达式为

$$IRR = \sum_{t=0}^{n} S_t(1+i)^{-t} = 0$$

式中 IRR——内部收益率。

IRR 是工程贷款资金所能承受的最高利率。如果贷款利率越低,则工程项目的净现值越大,也就是利润越大;如果贷款利率太高,则净现值可能为负,也就是利润为负。当贷款利率为 IRR 时,项目在整个寿命期内的收益刚好可以偿还本息。内部收益率应高于贷款利率,应等于或高于行业的基准内部收益率。内部收益率一般用于衡量单方案的经济性,而不能直接用于互斥方案的比较,使用内部收益率进行多方案比选时,应采用差额内部收益率(ΔIRR)进行两两比较,选优。

3) 差额内部收益率

差额投资内部收益率即增量投资内部收益率,是两个方案各年净现金流量差额的现值之和等于零时的贴现率,其表达式为

$$NPV = \sum_{t=0}^{n} [(CI-CO)_2 - (CI-CO)_1]_t \cdot (1+\Delta IRR)^{-1} = 0$$

或 $\sum_{t=0}^{n} [(CI-CO)_2]_t \cdot (1+\Delta IRR)^{-1} = \sum_{t=0}^{n} [(CI-CO)_1]_t \cdot (1+\Delta IRR)^{-1}$

式中 $(CI-CO)_2$——投资大的方案的年净现金流量;

$(CI-CO)_1$——投资小的方案的年净现金流量。

比较两个方案净现值相等时的贴现率,确定增量部分投资的经济效果。采用差额内部收益率 ΔIRR 比选方案的判别准则是:$\Delta IRR \geq rc$ 时,投资大的方案较优;$\Delta IRR < rc$ 时,投资小的方案较优。其实质是将投资大的方案和投资小的方案进行对比,考察增量投资能否被增量收益抵消或抵消有余,即对增量现金流的经济性做出判断。

在计算内部收益率 IRR 时,需要求解一元高次方程,通常只能用试差法或计算机进行计算。

4) 动态投资回收期

为了克服静态投资回收期未考虑资金时间价值的缺点,在投资项目评价中有时采用动态投资回收期(T_p^*)。动态投资回收期的计算公式如下:

$$\sum_{t=0}^{T_p^*} (S_t)(1+i_0)^{-t} = 0$$

用动态投资回收期 T_p^* 评价投资项目的可行性,需要与根据同类项目的历史数据和投资

者意愿确定的基准动态投资回收期 T_b 相比较。基本做法是将计算出的实际投资回收期 T_p^* 与炼油项目的基准投资回收期 T_b 进行比较,并按以下标准评价项目的经济可行性:$T_p^* \leq T_b$,项目可行;$T_p^* > T_b$,项目不可行。

在进行项目经济评价时,需要利用现金流量表进行计算,一般的现金流量表分为项目投资现金流量表、项目资本金现金流量表、投资各方现金流量表、借款还本付息计算表、财务计划现金流量表及利润表,具体见表 16-2、表 16-3。

表 16-2 项目投资现金流量表

项目名称: 万元/万美元

序号	工程项目或费用名称	年份								
一	现金流入									
1	产品销售收入									
2	回收固定资产余值									
3	回收流动资金									
二	现金流出									
1	固定资产投资									
2	流动资产投资									
3	经营成本									
4	税金及附加									
5	所得税									
三	净现金流量(税前)									
四	净现金流量(税后)									
五	累计净现金流量(税后)									
六	累计净现金流量现值(税后)									

表 16-3 项目资本金现金流量表

项目名称: 万元/万美元

序号	工程项目或费用名称	年份								
一	现金流入									
1	产品销售收入									
2	回收固定资产余值									
3	回收流动资金									
二	现金流出									
1	自有资金投入									
2	长期借款									
3	流动资金借款									
4	其他短期借款									
5	经营成本									
6	税金及附加									
7	所得税									
三	净现金流量(税前)									
四	净现金流量(税后)									
五	累计净现金流量(税后)									
六	累计净现金流量现值(税后)									

第三节 改扩建项目经济评价方法

改扩建项目指既有企业利用原有资产与资源,投资形成新的生产(服务)设施,扩大或完善原有生产(服务)系统的活动,包括改建、扩建、迁建和停产复建等,目的在于增加产品供给,开发新型产品,调整产品结构,提高技术水平,降低资源消耗,节省运行费用,提高产品质量,改善劳动条件,治理生产环境等。

改扩建和技改项目效果评价方法总的原则是:考察项目建设、不建设两种情况下费用和收益的差别,这种差别就是项目引起的,也就是其效果所在。评价方法有两种:总量效果评价法(简称总量法)和增量效果评价法(简称增量法)。

改扩建项目范围的界定应以能说明项目的效益和费用为原则,在不影响评价结论的情况下应该尽可能缩小计算范围,但"有项目"与"无项目"计算范围应一致。无论改扩建项目界定范围有多大,"有项目"与"无项目"的效益和费用对应相减,计算的增量效益和增量费用都是对企业整体而言的。一般分以下三种情况:

(1)企业整体改扩建项目,项目经济评价范围与企业范围基本一致。经济评价方法应采用"有无对比法",注重总量分析。

(2)企业局部改扩建项目,改造或增建的生产装置不影响企业原有其他生产装置的物料平衡,项目效益和费用与企业的效益和费用易于分开计算,项目可视同新建项目,项目经济评价的范围即项目范围。可简化处理,经济评价方法采用"直接增量法"。

(3)企业局部改扩建项目,改造或增建的生产装置影响到企业原有其他生产装置的物料平衡,对企业原有生产产生重大影响,项目效益和费用与企业的效益和费用难于分开计算,项目经济评价的范围应以能说明项目的效益与费用为准,应扩大到其所影响的范围,有时需要扩展到企业中炼油或化工专业,有时甚至需要扩展到整个企业范围。因此,不宜简化处理,经济评价方法应采用"有无对比法",必要时还需采用"总量法"。

一、总量法

不进行改扩建和技改与进行改扩建和技改实际上是有待决策的两个方案,这两个方案是互相排斥的,因此,这类项目评价的实质是对互斥方案比较的研究。对于互斥方案,可以首先计算各方案的绝对效果(如 NPV),然后进行比较。所以首先分别计算改扩建、技改与否两种情况下的净现值,然后加以比较,这就是所说的总量法,其含义是从总量上衡量各自的效果。很显然,分别考察各种情况下的效果时,不涉及费用、收益的划分问题,即不需要判断它们是属于新上项目还是属于原有基础。总量法是对改扩建、技改与否的总量效果指标进行比较,按照互斥方案比较的要求,只能使用价值型指标(如净现值等),而不能使用效率型指标(如内部收益率等)。

若寿命期不等时,则不能简单地比较各自的净现值指标。对于某些改扩建、技改项目来说,可采用互斥方案比较中对寿命不等问题的处理方法,使用最小公倍数法或净年值法进行比较。对有些改扩建和技改项目来说,假定对原企业或技改方案作多次重复投资假设,往往是不合理的,此时比较可行的办法是设定一个不长于方案寿命的分析期(计算期),一般可用较短寿命期方案的寿命年限作为分析期,长寿命方案分析期末的资产残值计入现金流中。资产残值可凭经验估算或将初始投资按年等值分摊再计算出分析期末残值。一般说来,进行改扩建、技改方案的寿命期比不进行改扩建、技改方案的寿命期长。综合考虑原有资产处理和寿命期不等问题,两种方案净现值的计算公式可表示如下:

$$NPV_1 = -V_a + \sum_{t=0}^{n_1}(BK_{1t} + CI'_{1t} - CI_{1t})\left(\frac{P}{F}, i_0, t\right) + S_1\left(\frac{P}{F}, i_0, n_1\right)$$

$$NPV_2 = -V_a + \sum_{t=0}^{n_1}(BK_{2t} + CI'_{2t} - K_t - CI_{2t})\left(\frac{P}{F}, i_0, t\right) + S_2\left(\frac{P}{F}, i_0, n_1\right)$$

式中　NPV_1——不进行改扩建和技改的净现值;

　　　NPV_2——进行改扩建和技改的净现值;

　　　V_a——原有资产价值;

　　　BK_{1t}——不进行改扩建和技改第 t 年可获得的资产转让收入;

　　　BK_{2t}——进行改扩建和技改第 t 年可获得的资产转让收入;

　　　CI'_{1t}——不进行改扩建和技改第 t 年的现金流入(不含资产转让收入和期末资产残值回收);

　　　CI_{1t}——不进行改扩建和技改第 t 年实际的现金流出;

　　　CI'_{2t}——进行改扩建和技改第 t 年的现金流入(不含资产转让收入和期末资产残值回收);

　　　CI_{2t}——进行改扩建和技改第 t 年实际的现金流出;

　　　K_t——第 t 年的改扩建和技改投资;

　　　S_1——不进行改扩建和技改 n_1 年末的资产残值;

　　　S_2——进行改扩建和技改 n_1 年末的资产残值。

二、增量法

总量法虽有同时显示方案绝对效果和相对效果的优点,但是需要将原有资产视为投资,从而需要对原有资产进行估价,而资产估价是一件十分复杂和困难的工作,其工作量和难度往往超过项目评价本身。另外,总量法不能显示用于改扩建、技改的投资可达到的收益水平,因而只能对进行改扩建、技改与不进行改扩建、技改两种方案的相对优劣作出判断,无法揭示当存在其他投资机会时改扩建、技改项目是否最优。因此,总量法并不是改扩建和技改项目评价的理想方法,需要寻求更合理、更简便可行的方法。

增量法是对改扩建和技改所产生的增量效果进行评价的方法。增量法的程序如下:首先计算改扩建和技改产生的增量现金流,然后根据增量现金流进行增量效果指标计算,最后根据指标计算结果作决策判断。增量法可以采用净现值和内部收益率指标,称为增量净现值和增量内部收益率。当出现寿命不等问题时,可采取与总量法相同的方法处理。沿用总量法公式的符号,则增量净现值 NPV_d 计算公式如下:

$$NPV_d = \sum_{t=0}^{n_1}[-K_t + (BK_{2t} - BK_{1t}) + (CI'_{2t} - CI_{1t}) - (CI_{2t} - CI_{1t})] \cdot \left(\frac{P}{F}, i_0, t\right) +$$

$$(S_2 - S_1)\left(\frac{P}{F}, i_0, n_1\right)$$

增量内部收益率 IRR_d 可按以下方程求解：

$$\sum_{t=0}^{n_1}\left[-K_0+(BK_{2t}-BK_{1t})+(CI'_{2t}-CI'_{1t})-(CI_{2t}-CI_{1t})\right]\cdot\left(\frac{P}{F},IRR_d,t\right)+(S_2-S_1)\left(\frac{P}{F},IRR_d,n_1\right)=0$$

第四节 炼油项目财务评价参数

一、财务分析综合参数

1. 财务基准收益率

财务基准收益率是指项目投资者所期望达到的投资收益率。行业财务基准收益率作为评价参数，代表着行业内投资项目应达到的最低财务盈利水平，是行业内项目财务内部收益率的基准判据，也是计算财务净现值的折现率。当项目财务内部收益率高于或等于行业的基准收益率时，认为项目财务上是可行的。

采用"风险调整贴现率"进行风险分析的项目，可在基准收益率的基础上上浮 1%~3%。某炼油项目财务基准收益率表见表 16-4。

表 16-4 某炼油项目财务基准收益率表

项目	国家基准收益率(税前)	某国有石油公司基准收益率(税后)
新建一次加工能力和扩能改造	12%	12%
技术改造项目		12%
油品提标项目		10%

2. 资本金比例

根据《国务院关于调整和完善固定资产投资项目资本金制度的通知》（国发〔2015〕51号），炼油化工属于一般工业项目，最低资本金比例为 20%，其他类型项目可参照国家有关规定执行。

3. 铺底流动资金比例

按照《关于核定大中型基建项目总投资的通知》（计投资〔1992〕382号），铺底流动资金中自有流动资金的最低比例为 30%。

4. 汇率

参数给定，按国家公布变化适时选取。

二、成本估算参数

1. 人员费用

人员费用指按"生产要素法"估算成本时，按项目全部人员数量估算的薪酬，可按全部人员年薪酬的平均数值计算，或者按照人员类型和层次分别设定不同档次的薪酬进行计算。

$$人员费用 = 项目定员 \times 工人薪酬标准$$

炼油项目经济评价中,年均薪酬标准参考项目当地或相关定额,各企业可根据实际薪酬标准调整计取。

2. 维护及修理费

炼油项目维护及修理费一般按固定资产原值(扣除建设期利息)的2%计取。经营时间较长(折旧基本提完)的炼化装置,考虑到固定资产原值低,设备维护修理量大,可适当提高比例。

3. 无形资产摊销

无形资产摊销年限有明确规定的,按规定期限平均摊销;无规定的,一般可选择10年摊销。建设用地费按使用年限摊销,期末回收净值。

4. 其他资产摊销

其他资产摊销年限有明确规定的,按规定期限平均摊销;无规定的,一般可选择5年摊销。办公及生活家具购置费和培训费,投产第一年一次性全部摊销。长期待摊资产应在5年内平均摊销。

5. 折旧年限

炼油项目固定资产综合折旧年限为14年。

6. 固定资产净残值率

炼油项目固定资产净残值率为3%。

7. 其他营业费用

炼油投资项目,炼油产品中应扣除汽油、柴油、航煤、石脑油产品后的营业收入计取营业费用,费率为1%。

8. 其他制造费用

$$其他制造费用 = 固定资产原值(扣除建设期利息) \times 其他制造费费率$$

其他制造费费率为1% ~ 3%,其中炼油化工新建单套装置项目取低限。

三、营业收入估算参数

1. 进口原油价格

海运至中国的原油按照输出区分类,某时点该区域的原油运费做参考。

2. 原油到场价格的计算方法及参数

如果炼化企业从国际市场采购原油,则原油到厂价格根据以下公式计算:

$$原油中国到厂价 = 原油中国到岸价 + 原油进口税 + 原油进口其他费用 + 港口到炼厂运费$$

$$原油中国到岸价 = [原油离岸价格(美元/桶) + 原油海运费(美元/桶) + 海运保险费(美元/桶)] \times 美元兑人民币汇率 \times 吨桶换算系数$$

$$原油进口税 = 原油进口关税 + 原油进口增值税$$

$$原油进口其他费用 = 外贸进口代理手续费 + 银行财务费 + 存储费用 + 港口杂费$$

参数按照以下方法确定:(1)美元兑人民币汇率,按国家公布变化适时选取。(2)海运保险费 = 保险金额 × 保险费率,其中保险金额 = 货值 × 加成率(一般是加成10%) = (离岸价格 + 海运费) × 110%;保险费率一般0.04%。(3)原油进口关税为零。(4)原油进口增值税 =

原油中国到岸价×原油进口增值税税率,其中原油进口增值税税率为17%;采用不含税价格时,不考虑原油进口增值税。(5)原油进口其他费用包括外贸进口代理手续费、银行财务费、存储费用和港口杂费等,一般取82元/吨,不含税。

3. 炼油项目营业收入计算价格

沿海炼厂采用按"出口等价原则"确定的具有竞争力的出厂价进行评价。目标市场在国内的内陆炼厂,其价格在按照国家现行汽柴油出厂价定价的基础上,扣减目标市场对应的竞争贴水,作为项目评价价格。

1)出口等价原则

布伦特原油价格70美元/桶时,95号汽油出口离岸价应不高于4714元/吨,0号柴油出口离岸价应不高于4084元/吨。

布伦特原油价格60美元/桶时,95号汽油出口离岸价应不高于4162元/吨,0号柴油出口离岸价应不高于3538元/吨。

布伦特原油价格55美元/桶时,95号汽油出口离岸价应不高于3885元/吨,0号柴油出口离岸价应不高于3265元/吨。

以上价格为炼油厂国Ⅵ汽、柴油出厂价格,不能在此价格上加任何税和费。考虑到国内成品油过剩,国家鼓励出口,按此价格进行经济评价按加工贸易型考虑,加工进口原油免征增值税、消费税、城市维护建设税和教育费附加。出厂价格按照本参数给出的不含税价格计算销售收入,进厂原油价格也不考虑进项税,在评价时不计算增值税、消费税、城市维护建设税和教育费附加。为简化计算其他炼油产品也按不含税,不含增值税和消费税进行评价。建设投资中应包括增值税,生产期不能抵扣。

2)炼油产品出厂(成品油按国家定价公式计算)价格(不含税)

表16-5为炼油项目汽油、柴油产品竞争贴水表。考虑到我国成品油市场竞争实际,根据项目新增汽油、柴油销售的目标市场不同,在炼厂项目经济评价中,在表中的汽、柴油价格外,需另外考虑不同的市场竞争贴水,即在炼厂项目评价时采用的出厂价应是在给出的出厂价格基础上,根据对应的目标市场扣减相应的竞争贴水。

表16-5 炼油项目汽油、柴油产品竞争贴水表　　　　　　元/吨

分档	汽油贴水	柴油贴水	适用市场区域
一档	200	120	黑龙江、吉林、内蒙古、新疆、青海、甘肃、宁夏、西藏、江西、湖北、湖南
二档	300	180	北京、上海、天津、河北、山西、陕西、安徽、河南、云南、贵州、四川、重庆、江苏、浙江、福建、广西、海南、辽宁
三档	400	240	广东、山东

4. 税率及税额

1)增值税

增值税以销售额为计税依据。销售额是指纳税人销售货物或者应税劳务向买方收取的全部价款和价外费用(不包括收取的销项税额)。

按照财政部国家税务总局《关于全面推开营业税改征增值税试点的通知》(财税〔2016〕36号)。经国务院批准,自2016年5月1日起,在全国范围内全面推开营业税改征增值税(以下

称营改增)试点,建筑业、房地产业、金融业、生活服务业等全部营业税纳税人,纳入试点范围,由缴纳营业税改为缴纳增值税。财政部国家税务总局《关于简并增值税税率有关政策的通知》(财税〔2017〕37号),自2017年7月1日起,简并增值税税率结构,取消13%的增值税税率。税率可参见国家增值税相关法规。

2) 消费税

按照财政部国家税务总局《关于继续提高成品油消费税的通知》(财税〔2015〕11号),将汽油、石脑油、溶剂油和润滑油的消费税单位税额提高到1.52元/升;将柴油、航空煤油和燃料油消费税的单位税额提高到1.2元/升,航空煤油消费税继续暂缓征收。成品油消费税税率见表16-6。

表16-6 成品油消费税税率

序号	货物名称	标准税额 元/升	计算换算指标 升/吨	实际税额 元/吨
1	无铅汽油	1.52	1388	2109.8
2	柴油	1.2	1176	1411.2
3	航空煤油	1.2	1246	1495.2
4	石脑油	1.52	1385	2105.2
5	溶剂油	1.52	1282	1948.6
6	润滑油	1.52	1126	1711.5
7	燃料油	1.2	1015	1218.0

3) 城市维护建设税

城市维护建设税税率见表16-7。

表16-7 城市维护建设税税率表

项目所在地区	市区	县、镇	市区、县镇以外
城市维护建设税税率	7%	5%	1%

4) 教育费附加

按照国发〔1986〕50号、财综〔2010〕98号财政部《关于统一地方教育附加费政策有关规定》、国发〔2010〕35号《国务院关于统一内外资企业和个人城市维护建设税和教育附加费制度的通知》、财税〔2010〕103号《关于对外资企业征收城市维护建设税和教育附加费有关问题的通知》、国家税务总局〔2010〕第31号《关于中外合作开采石油资源适用城市维护建设税教育附加有关事宜的公告》等规定,教育费附加费率为3%,地方教育附加征收标准为2%,按实际缴纳的增值税和消费税税额为计税依据。

对出口产品退还增值税、消费税的,不退还教育费附加;对于增值税、消费税实行先征后返、先征后退、即征即退办法的,除另有规定外,不退(返)还已纳的教育费附加。

2010年12月1日起,对外商投资企业、外国企业及外籍个人征收教育费附加。

5) 所得税

依据2007年3月16日中华人民共和国主席令第63号《中华人民共和国企业所得税法》,企业所得税税率及其适用范围见表16-8。

表 16-8 所得税税率表

所得税税率	适用范围	备注
25%	一般企业	
15%	国家需要重点扶持的高新技术企业	按照国务院规定标准审核确认
15%	设在西部地区鼓励类企业	《西部地区鼓励类产业目录》鼓励类

为进一步鼓励西部大开发,自 2011 年 1 月 1 日至 2020 年 12 月 31 日,对设在西部地区的鼓励类产业企业减按 15% 的税率征收企业所得税。鼓励类产业企业是指以《西部地区鼓励类产业目录》中规定的产业项目为主要业务,且其主营收入占企业收入总额 70% 以上的企业。

西部地区包括:重庆市、四川省、贵州省、云南省、西藏自治区、陕西省、甘肃省、宁夏回族自治区、青海省、新疆维吾尔自治区、新疆生产建设兵团、内蒙古自治区和广西壮族自治区。湖南省湘西土家族苗族自治州、湖北恩施土家族苗族自治州、吉林省延边朝鲜族自治州,可以比照西部地区的税收政策执行。

5. 通用参数

(1)法定公积金比例。法定公积金按照税后利润扣除被没收的财物损失、支付各项税收的滞纳金与罚款和弥补企业以前年度亏损两项后的 10% 提取,法定公积金已达注册资金 50% 时可不再提取。法定公积金可用于弥补亏损或者用于转增资本金,但转增资本时,所留存的该项公积金不得少于转增前公司注册资本的 25%。

(2)流动资金筹措。流动资金估算可采用扩大指标法和详细估算法。①扩大指标法:适用于初步可研报告的编制。流动资金估算比例可采用正常年份经营成本的 15% ~ 20%。具体比例视项目情况确定。②详细法:适用于项目可行性研究。采用分项详细估算法估算流动资金时,对应收账款、存货(外购原材料、燃料、在产品、产成品及备品备件)、现金和应付账款分别确定最低周转天数。周转天数见表 16-9。炼油及化工装置改造项目,如不扩大规模,不增加流动资金占用量,可不估算增加的流动资金。

表 16-9 周转天数表

序号	项目		周转天数
1	应收账款		30 ~ 45
2	存货	原材料、燃料、动力	15 ~ 20
		在成品	1 ~ 7
		产成品	15 ~ 30
		备品备件	180 ~ 360
3	现金		15 ~ 30
4	应付账款		30 ~ 45

(3)评价年限。评价年限包括建设期和运营期。建设期是指项目资金正式投入工程开始到项目建成设计规模投产止所需要的建设时间。对于改扩建项目建设期一般等于建设工期,指项目从现场破土动工起到项目建成投产止所需要的时间。对于新设公司项目建设期一般从投资者投入资金算起。运营期根据项目经济寿命期、主要资产或主体设施综合折旧年限等因素综合考虑后确定。炼油化工项目参考建设期为 1 ~ 4 年,运营期为 15 ~ 20 年。

第五节　不确定性分析及风险分析

项目经济评价所采用的数据大部分来自预测和估算,具有一定程度的不确定性。为分析不确定性因素变化对评价指标的影响,估计项目可能承担的风险,应进行不确定性分析与经济风险分析,提出项目风险的预警、预报和相应的对策,为投资决策服务。

一、不确定性分析

不确定性分析主要包括盈亏平衡分析和敏感性分析。

1. 盈亏平衡分析

盈亏平衡分析是指通过计算项目达产年的盈亏平衡点(BEP),分析项目成本与收入的平衡关系,判断项目对产出品数量变化的适应能力和抗风险能力。盈亏平衡分析只用于财务分析。盈亏平衡点是项目的盈利与亏损的转折点,如图 16-4 所示,即在这一点上,销售(营业、服务)收入等于总成本费用,正好盈亏平衡。盈亏平衡点越低,表明项目适应产出品变化的能力越大,抗风险能力越强。

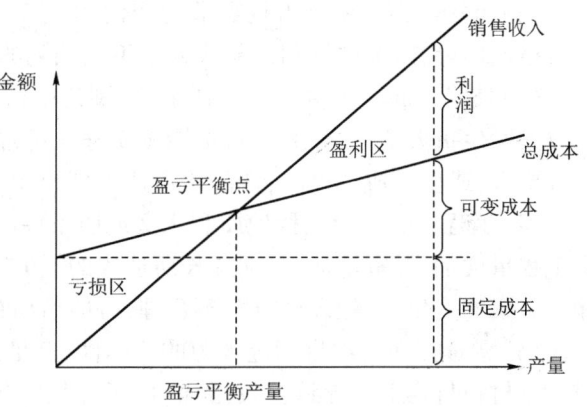

图 16-4　盈亏平衡图

2. 敏感性分析

所谓敏感性分析,是通过测定一个或多个不确定因素的变化所导致的决策评价指标的变化幅度,了解各种因素的变化对实现预期目标的影响程度,从而对外部条件发生不利变化时投资方案的承受能力作出判断。敏感性分析是经济决策中常用的一种不确定性分析方法。

单因素敏感性分析是就单个不确定因素的变动对方案经济效果的影响所作的分析。在分析方法上类似于数学上多元函数的偏微分,即在计算某个因素的变动对经济效果指标的影响时,假定其他因素均不变。单因素敏感性分析的步骤与内容如下:

(1)选择需要分析的不确定因素,并设定这些因素的变动范围。

(2)确定分析指标。

(3)计算各不确定因素在可能的变动范围内发生不同幅度变动所导致的方案经济效果指标的变动结果,建立起一一对应的数量关系,并用图或表的形式表示出来,如图 16-5 所示。

(4)确定敏感因素,对方案的风险情况作出判断。

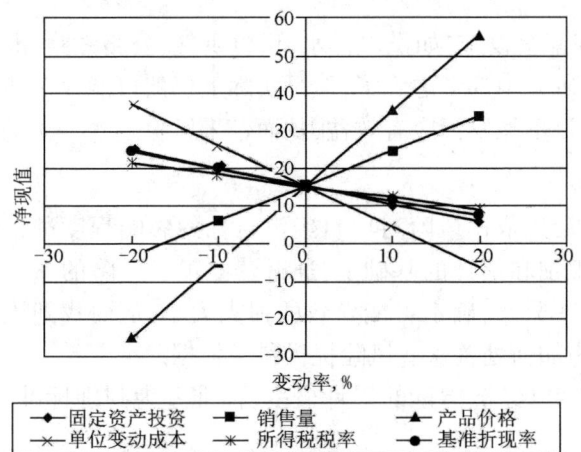

图 16-5　敏感性分析图

二、风险分析

1. 风险来源

炼油项目的经济风险来源于法律法规及政策变化、市场供需变化、资源开发与利用、技术的可靠性、工程方案、融资方案、组织管理、环境与社会、外部配套条件等一个方面或几个方面的共同影响,具体内容如下:

(1)政策方面。由于政府政策调整,使项目原定目标难以实现所造成的损失,如税收、金融、环保、产业政策等的调整变化,税率、利率、汇率、通货膨胀率的变化都会对项目经济效益带来影响。

(2)市场方面。由于市场需求的变化、竞争对手的竞争策略调整、项目产品销路不畅、产品价格低迷等,以至产量和销售收入达不到预期的目标,给项目预期收益带来的损失。

(3)技术方面。项目采用的技术,特别是引进技术的先进性、可靠性、适用性和经济性与原方案发生重大变化,导致项目不能按期进入正常生产状态,或生产能力利用率降低,达不到设计要求,或生产成本提高,产品质量达不到预期要求等。

(4)工程方面。因工程地质和水文地质条件出乎预料的变化,工程设计发生重大变化,导致工程量增加、投资增加、工期延长所造成的损失;由于前期准备工作不足,导致项目实施阶段建设方案的变化;工程设计方案不合理,可能给项目的生产经营带来影响等,造成经济损失。

(5)融资方面。项目资金来源的可靠性、充足性和及时性不能保证;由于工程量预计不足或设备材料价格上升导致投资增加;由于计划不周或外部条件等因素导致建设工期拖延;利率、汇率变化导致融资成本升高所造成的损失。

(6)组织管理方面。由于项目组织结构不当、管理机制不完善或是主要管理者能力参差不齐,导致项目不能按计划建成投产,投资超出估算;在项目投产后,未能制定有效的企业竞争策略,在市场竞争中失败。

(7)环境与社会方面。对于炼油项目,外部环境因素包括自然环境和社会环境因素的影响。如项目选址不当,项目对社区的影响、生态环境影响估计不足,或是项目环保措施不当,在项目建成后,可能对社区和生态带来严重影响,导致社区居民和社会的反对,造成直接经济损失。

(8)配套条件方面。建设项目需要的外部配套设施,如供水排水、供电供气、公路铁路、港口码头以及上下游配套设施等,虽然在可行性研究中都考虑到了,但是实际上仍然可能存在外部配套设施没有如期落实的问题,致使建设项目不能发挥应有效益,从而带来风险。

2. 风险评价

风险评价是对项目经济风险进行综合分析,是依据风险对项目经济目标的影响程度进行项目风险分级排序的过程。它是在项目风险识别和估计的基础上,通过建立项目风险的系统评价模型,列出各种风险因素发生的概率及概率分布,确定可能导致的损失大小,从而找到该项目的关键风险,确定项目的整体风险水平,为如何处置这些风险提供科学依据。

风险评价的判别标准可采用两种类型:(1)以经济指标的累计概率、标准差为判别标准。(2)以综合风险等级为判别标准。

风险等级的划分既要考虑风险因素出现的可能性又要考虑对风险出现后对项目的影响程度,有多种表述方法,一般应选择矩阵列表法划分风险等级。矩阵列表法简单直观,将风险因素出现的可能性及对项目的影响程度构造一个矩阵,表中每一单元对应一种风险的可能性及其影响程度。为适应现实生活中人们往往以单一指标描述事物的习惯,将风险的可能性与影响程度综合起来,用某种级别表示,见表 16-10。该表是以风险应对的方式来表示风险的综合等级。所示风险等级也可采用数学推导和专家判断相结合确定。

表 16-10 综合风险等级表

综合风险等级		风险影响程度			
		严重	较大	适度	低
风险的可能性	高	K	M	R	R
	较高	M	M	R	R
	适度	T	T	R	I
	低	T	T	R	I

综合风险等级分为 K、M、T、R、I 五个等级:K(kill)表示项目风险很强,出现这类风险就要放弃项目;M(modify plan)表示项目风险强,需要修正拟议中的方案,通过改变设计或采取补偿措施等;T(trigger)表示风险较强,设定某些指标的临界值,指标一旦达到临界值,就要变更设计或对负面影响采取补偿措施;R(review and reconsider)表示风险适度(较小),适当采取措施后不影响项目;I(ignore)表示风险弱,可忽略。

3. 风险应对

经济风险分析中找出的关键风险因素,对项目的成败具有重大影响,需要采取相应的应对措施,尽可能降低风险的不利影响,实现预期投资效益。在项目可行性分析阶段的主要应对策略如下:

(1)提出多个备选方案,通过多方案的技术、经济比较,选择最优方案。

(2)对有关重大工程技术难题潜在风险因素提出必要研究与试验课题,准确地把握有关问题,消除模糊认识。

(3)对影响投资、质量、工期和效益等有关数据,如价格、汇率和利率等风险因素,在编制投资估算、制定建设计划和分析经济效益时,应留有充分的余地,谨慎决策,并在项目执行过程中实施有效监控。

参 考 文 献

[1] 傅家骥,等. 工业技术经济学. 北京:清华大学出版社,1996.
[2] 赵国杰. 投资项目可行性研究. 2 版. 天津:天津大学出版社,2005.
[3] 中国石化咨询公司. 中国石油化工集团公司暨股份公司石油石化项目可行性研究报告编制规定. 北京:中国石油化工股份有限公司,2005.
[4] 青海油田公司规划计划处. 中国石油天然气股份有限公司建设项目后评价报告编制细则汇编(试行). 北京:中国石油勘探开发研究院,2005.
[5] 国家发展改革委员会、建设部. 建设项目经济评价方法与参数. 3 版. 北京:中国计划出版社,2006.
[6] 国家发展改革委. 建设项目经济评价方法与参数. 北京:中国计划出版社,2006.
[7] 中国石油天然气股份有限公司规划总院. 中国石油天然气集团公司油气管道建设项目经济评价方法与参数. 北京:中国石油天然气集团公司,2007.
[8] 中国石油天然气股份有限公司规划总院. 中国石油天然气集团公司生产服务及工程类建设项目经济评价方法与参数. 北京:中国石油天然气集团公司,2007.

[9] 中国石油天然气股份有限公司规划总院.中国石油天然气集团公司油气勘探开发建设项目经济评价方法与参数.北京:中国石油天然气集团公司,2007.

[10] 中国石油天然气股份有限公司规划总院.中国石油天然气集团公司油库和加油(气)站建设经济评价方法与参数.北京:中国石油天然气集团公司,2007.

[11] 中国石油天然气股份有限公司规划总院.中国石油天然气集团公司炼油化工建设项目经济评价方法与参数.北京:中国石油天然气集团公司,2007.

[12] 中华人民共和国住房和城乡建设部.石油建设项目经济评价方法与参数.北京:中国计划出版社,2010.

[13] 刘清志.石油技术经济学.东营:石油大学出版社,1988.